단기간 마무리 학습을 위한

7개년 과년도
일반기계기사 필기

Engineer General Machinery

허원회·박만재 지음

" 이 책을 선택한 당신, 당신은 이미 위너입니다! "

BM (주)도서출판 성안당

독자 여러분께 알려드립니다

일반기계기사 [필기] 시험을 본 후 그 문제 가운데 **10여 문제를 재구성**해서 성안당 출판사로 보내주시면, 채택된 문제에 대해서 성안당 도서 중 "**공조냉동기계기사 [필기]**" **1부를 증정**해 드립니다. 독자 여러분이 보내주시는 기출문제는 더 나은 책을 만드는 데 큰 도움이 됩니다. 감사합니다.

🔍 e-mail **coh@cyber.co.kr** (최옥현)

★ 메일을 보내주실 때 성명, 연락처, 주소를 기재해 주시기 바랍니다.
★ 보내주신 기출문제는 집필자가 검토한 후에 도서를 증정해 드립니다.

■ 도서 A/S 안내

성안당에서 발행하는 모든 도서는 저자와 출판사, 그리고 독자가 함께 만들어 나갑니다.

좋은 책을 펴내기 위해 많은 노력을 기울이고 있습니다. 혹시라도 내용상의 오류나 오탈자 등이 발견되면 "좋은 책은 나라의 보배"로서 우리 모두가 함께 만들어 간다는 마음으로 연락주시기 바랍니다. 수정 보완하여 더 나은 책이 되도록 최선을 다하겠습니다.

성안당은 늘 독자 여러분들의 소중한 의견을 기다리고 있습니다. 좋은 의견을 보내주시는 분께는 성안당 쇼핑몰의 포인트(3,000포인트)를 적립해 드립니다.

잘못 만들어진 책이나 부록 등이 파손된 경우에는 교환해 드립니다.

저자 문의 e-mail : drhwh@hanmail.net(허원회)
본서 기획자 e-mail : coh@cyber.co.kr(최옥현)
홈페이지 : http://www.cyber.co.kr 전화 : 031) 950-6300

3회독 플래너

SMART — **스**스로 **마**스터하는 **트**렌디한 수험서

7개년 과년도 일반기계기사 [필기]

항목	세부 항목	1회독	2회독	3회독
PART 1. 핵심이론	제1장 기계제도 및 설계	1~5일	1~3일	1일
	제2장 기계재료 및 제작			
	제3장 구조 해석			
	제4장 열·유체 해석			
PART 2. 과년도 출제문제	**2018년** 제1회 출제문제 제2회 출제문제 제4회 출제문제	6~7일	4일	2일
	2019년 제1회 출제문제 제2회 출제문제 제4회 출제문제	8~9일	5일	
	2020년 제1·2회 통합 출제문제 제3회 출제문제 제4회 출제문제	10~11일	6일	3일
	2021년 제1회 출제문제 제2회 출제문제 제4회 출제문제	12~13일	7일	
	2022년 제1회 출제문제 제2회 출제문제	14~15일	8일	4일
	2024년 제1회 복원문제 제2회 복원문제 제3회 복원문제	16~17일	9일	
	2025년 제1회 복원문제 제2회 복원문제 제3회 복원문제	18~19일	10일	5일
PART 3. CBT 대비 실전 모의고사	제1~5회 실전 모의고사	20일		

" 성안당이 수험생 여러분을 응원합니다! "

20일 완성! **10일 완성!** **5일 완성!**

7개년 과년도 일반기계기사 [필기]

스스로 체크하는 3회독 플래너

SMART — **스**스로 **마**스터하는 **트**렌디한 수험서

항목		세부 항목	1회독	2회독	3회독
PART 1. 핵심이론		제1장 기계제도 및 설계			
		제2장 기계재료 및 제작			
		제3장 구조 해석			
		제4장 열·유체 해석			
PART 2. 과년도 출제문제	2018년	제1회 출제문제			
		제2회 출제문제			
		제4회 출제문제			
	2019년	제1회 출제문제			
		제2회 출제문제			
		제4회 출제문제			
	2020년	제1·2회 통합 출제문제			
		제3회 출제문제			
		제4회 출제문제			
	2021년	제1회 출제문제			
		제2회 출제문제			
		제4회 출제문제			
	2022년	제1회 출제문제			
		제2회 출제문제			
	2024년	제1회 복원문제			
		제2회 복원문제			
		제3회 복원문제			
	2025년	제1회 복원문제			
		제2회 복원문제			
		제3회 복원문제			
PART 3. CBT 대비 실전 모의고사		제1~5회 실전 모의고사			

 일 완성   일 완성   일 완성

" 성안당이 수험생 여러분을 응원합니다! "

머리말

일반기계기사는 기계공학에 관한 지식을 활용하여 기계요소 및 시스템에 대한 설계, 원가계산, 제작, 설치, 보전 등을 수행하는 직무입니다.

이 책은 일반기계기사 자격시험을 준비하는 수험생들이 단기간 학습하고 쉽게 합격할 수 있도록 내용을 구성하였습니다.

이 책의 특징

1. 개정된 출제기준에 맞춰 각 과목별로 핵심만 추려 정리하였으며, 시험 직전 최종 마무리하는 데 활용할 수 있도록 하였습니다.
2. 과년도 출제문제를 상세한 해설과 함께 수록하였으며, 계산문제를 쉽게 풀어 해설하였습니다.
3. 역학을 공부하는 데 꼭 필요한 기초수학을 별도로 수록하였습니다.
4. CBT 시험 대비 모의고사를 수록하였습니다.

학습하는 과정에서 의문 나는 부분이 있는 독자는 필자(drhwh@hanmail.net)에게 의견을 보내주시면 신속하게 답변 드릴 것을 약속드리며, 이 책으로 공부하는 수험생 여러분들의 합격을 기원합니다.

끝으로 이 책을 출간하는 데 도움을 주신 성안당출판사의 이종춘 회장님과 직원 여러분께 감사드립니다. 아울러 늘 곁에서 용기를 북돋아주고 힘을 주는 사랑하는 아내에게 진심으로 고마운 마음을 전합니다.

저자 씀

출제기준

직무분야	기계	중직무분야	기계제작	자격종목	일반기계기사	적용기간	2024.1.1.~2026.12.31.
직무내용	기계공학에 관한 지식을 활용하여 기계요소 및 시스템에 대한 설계, 원가계산, 제작, 설치, 보전 등을 수행하는 직무이다.							
필기검정방법	객관식	문제수	80	시험시간	2시간			

필기과목명	문제수	주요 항목	세부항목	세세항목
기계제도 및 설계	20	1. 도면 작업 및 검토	(1) 도면 작성	① 좌표계 ② 투상법 및 도형 표시법 ③ 치수기입법 ④ 가공기호 ⑤ KS 및 ISO규격 산업규격의 이해와 활용
			(2) 공차 검토	① 치수공차 ② 기하공차 ③ 표면거칠기 ④ 끼워맞춤
		2. 형상모델링	(1) 모델링작업	① 모델링데이터 생성 ② 모델링프로그램 환경설정 ③ 모델트리 구성 ④ CAD모델의 종류와 특성 ⑤ 모델링방법
			(2) 모델링 분석	① 모델링데이터 검토 및 수정 ② 부품 간 결합상태 분석
			(3) 모델링데이터 출력	① 파일 저장 및 출력 ② 소요자재목록, 부품목록 등 정보 산출
		3. 요소공차 및 설계 검토	(1) 요구기능 파악	① 기계요소부품의 종류와 기능, 특성 ② 요소부품 정밀도 확인 및 공차
		4. 체결요소 설계	(1) 체결요소 선정 및 설계	① 나사, 나사부품 ② 키, 핀, 코터 ③ 리벳이음 및 용접이음
		5. 동력전달시스템 설계	(1) 설계 및 검토	① 축, 축이음 ② 베어링 ③ 캠, 마찰차, 클러치, 브레이크 ④ 벨트, 체인, 로프 ⑤ 기어 ⑥ 스프링

필기과목명	문제수	주요 항목	세부항목	세세항목
기계제도 및 설계	20	6. 유공압시스템 설계	(1) 요구사항 파악	① 유공압 기초 ② 유공압장치의 구성 및 작동유
			(2) 유공압시스템 구상	① 유공압기계 일반 ② 하역운반기계 ③ 공작기계 ④ 자동차 및 중장비
			(3) 유공압시스템 설계	① 유공압펌프 ② 유공압밸브 ③ 유공압액추에이터 ④ 부속기기 ⑤ 유공압회로 기호 ⑥ 회로 구성 및 제어
기계재료 및 제작	20	1. 요소부품 재질	(1) 요소부품 재료 파악	① 요소부품 재료의 종류(금속·비금속)
			(2) 요소부품 재질 선정	① 재질 적합성
			(3) 요소부품 공정 검토	① 요소부품 가공공정 ② 재료 제조공정 ③ 열처리공정
			(4) 열처리	① 열처리 종류 ② 탄소강의 열처리 ③ 표면경화 열처리 ④ 기타 표면처리방법 ⑤ 열처리에 따른 강도·경도의 변화 ⑥ 열처리에 따른 변형
		2. 절삭가공	(1) 작업 준비 및 가공	① 절삭이론 ② 절삭가공법 및 CNC가공 ③ 손다듬질가공 ④ 지그 및 고정구
			(2) 검사	① 측정법 ② 측정기기
		3. 기계제작법	(1) 비절삭가공	① 원형 및 주조 ② 소성가공 ③ 용접 및 판금·제관
			(2) 특수가공	① 특수가공 ② 정밀입자가공

필기과목명	문제수	주요 항목	세부항목	세세항목
구조 해석	20	1. 구조 및 진동 해석	(1) 준비	① 데이터 오류 확인 및 수정 ② 해석조건 정의 ③ 경계조건 설정 ④ 입력데이터 문서화
			(2) 해석	① 해석모델 수정 ② 경계조건 수정 및 재해석 ③ 보고서 작성
			(3) 결과 평가	① 해석결과 확인 및 개선 ② 검증방법 선정 및 해석결과 검증 ③ 해석결과의 데이터베이스화
		2. 재료역학	(1) 개요	① 힘과 모멘트 평형 ② 자유물체도
			(2) 응력과 변형률	① 응력-변형률선도 ② 크리프 및 피로 ③ 응력집중 ④ 파손이론 ⑤ 허용응력과 안전계수 ⑥ 부정정문제 ⑦ 탄성변형에너지 ⑧ 열응력
			(3) 비틀림	① 비틀림모멘트, 강성, 변형에너지 ② 박막튜브의 비틀림
			(4) 굽힘 및 전단	① 굽힘모멘트선도 ② 하중, 전단력 및 굽힘모멘트 이론
			(5) 보	① 곡률, 변형률 및 굽힘모멘트 관계 ② 전단류 ③ 보의 처짐 ④ 부정정보 ⑤ 카스틸리아노정리
			(6) 응력과 변형률 해석	① 평면응력과 평면변형률 ② 주응력과 최대 전단응력
			(7) 평면응력의 응용	① 삼축응력상태 (Bulk modulus & Dilatation) ② 압력용기 ③ 보의 최대 응력(굽힘응력과 전단응력 조합)
			(8) 기둥	① 편심하중을 받는 단주 ② 좌굴

필기과목명	문제수	주요 항목	세부항목	세세항목
구조 해석	20	3. 동역학	(1) 동역학의 기본이론	① 힘의 평형 ② 위치, 속도, 가속도 ③ 질점의 운동
			(2) 질점의 동역학	① 뉴턴의 운동 제2법칙 ② 질점의 선형운동량과 각운동량 ③ 질점의 운동에너지와 위치에너지 ④ 일과 에너지법칙 ⑤ 충격량과 운동량법칙 ⑥ 질점계의 동역학
			(3) 강체의 동역학	① 강체의 속도, 가속도, 각속도, 각가속도 ② 순간 회전 중심 ③ 평면운동에서의 절대속도와 상대속도 ④ 에너지방법과 운동량방법 ⑤ 강체의 각운동량
		4. 기계진동	(1) 기계진동 기본이론	① 힘의 평형, 스프링의 합성 ② 단순조화운동, 주기운동, 진폭과 위상각 ③ 진동 관련 용어 ④ 1자유도 진동
열·유체 해석	20	1. 열응력 및 유동 해석	(1) 준비	① 데이터 오류 확인 및 수정 ② 해석조건 정의 ③ 경계조건 설정 ④ 입력데이터 문서화
			(2) 해석	① 해석모델 수정 ② 경계조건 수정 및 재해석 ③ 보고서 작성
			(3) 결과 평가	① 해석결과 확인 및 개선 ② 검증방법 선정 및 해석결과 검증 ③ 해석결과의 데이터베이스화
		2. 열역학	(1) 개요	① 시스템과 검사체적 ② 물질의 상태와 상태량 ③ 과정과 사이클
			(2) 순수물질의 성질	① 순수물질의 열역학적 상태량 ② 순수물질의 상변화 및 습증기 ③ 이상기체의 성질 및 상태변화 ④ 이상기체와 실제 기체
			(3) 일과 열	① 일과 열의 정의 및 비교 ② 일의 계산 ③ 열전달

필기과목명	문제수	주요 항목	세부항목	세세항목
열·유체 해석	20	2. 열역학	(4) 열역학 기본법칙	① 열역학 제0법칙 ② 열역학 제1법칙 ③ 열역학 제2법칙 ④ 카르노사이클
			(5) 사이클 및 장치	① 동력사이클 ② 냉동사이클 ③ 열역학적 장치
		3. 유체역학	(1) 개요	① 유체의 정의와 연속체 ② 차원 및 단위 ③ 점성법칙 ④ 유체의 기타 특성
			(2) 유체정역학	① 유체정역학의 기초 ② 정수압 분포 및 액주계 ③ 유체작용력
			(3) 유체역학의 기본법칙	① 연속방정식 ② 베르누이방정식 ③ 운동량방정식 ④ 에너지방정식
			(4) 유체운동학	① 속도장, 가속도장 ② 유선, 유적선 ③ 속도퍼텐셜, 유동함수, 와도
			(5) 차원 해석 및 상사법칙	① 무차원수, 차원 해석 ② 모형과 원형, 상사법칙
			(6) 관 내 유동	① 관 내 유동의 특성 ② 층류점성유동 ③ 관로 내 손실
			(7) 물체 주위의 유동	① 경계층 유동 ② 박리, 후류 ③ 항력, 양력
			(8) 유체계측	① 유량계, 점도계, 압력계 등

역학공부에 필요한 기초수학

1 삼각함수

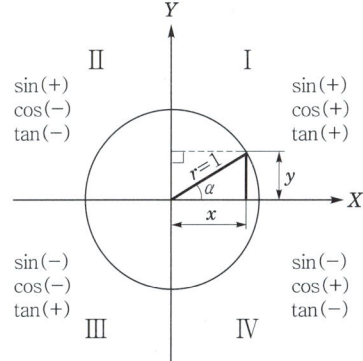

$$\sin\alpha = \frac{y}{r} = y, \quad \cos\alpha = \frac{x}{r} = x, \quad \tan\alpha = \frac{\sin\alpha}{\cos\alpha} = \frac{y}{x}$$

$$\csc\alpha = \frac{1}{\sin\alpha}, \quad \sec\alpha = \frac{1}{\cos\alpha}, \quad \cot\alpha = \frac{1}{\tan\alpha}$$

$$\sin(\alpha \pm \beta) = \sin\alpha\cos\beta \pm \cos\alpha\sin\beta, \quad \cos(\alpha \pm \beta) = \cos\alpha\cos\beta \mp \sin\alpha\sin\beta$$

$$\tan(\alpha \pm \beta) = \frac{\tan\alpha \pm \tan\beta}{1 \mp \tan\alpha\tan\beta}$$

$(0 < \alpha < 90°,\ \alpha + \beta = 90°)$

$\sin(-\alpha) = -\sin\alpha, \quad \cos(-\alpha) = \cos\alpha, \quad \tan(-\alpha) = -\tan\alpha$

$\sin(90° - \alpha) = \sin\beta = \cos\alpha, \quad \cos(90° - \alpha) = \cos\beta = \sin\alpha,$

$\tan(90° - \alpha) = \tan\beta = \cot\alpha$

$\sin(90° + \alpha) = \cos\alpha, \quad \cos(90° + \alpha) = -\sin\alpha, \quad \tan(90° + \alpha) = -\cot\alpha$

$\sin(180° - \alpha) = \sin\alpha, \quad \cos(180° - \alpha) = -\cos\alpha, \quad \tan(180° - \alpha) = -\tan\alpha$

$\sin(180° + \alpha) = -\sin\alpha, \quad \cos(180° + \alpha) = -\cos\alpha, \quad \tan(180° + \alpha) = -\tan\alpha$

1. $\dfrac{②}{①} = ③$

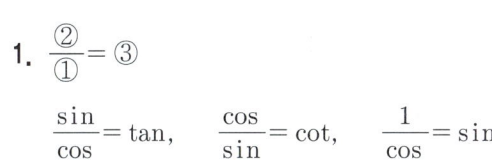

2. $ⓐ^2 + ⓑ^2 = ⓒ^2$

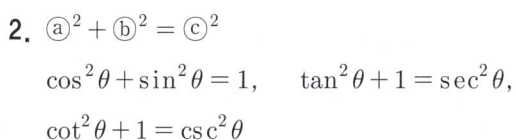

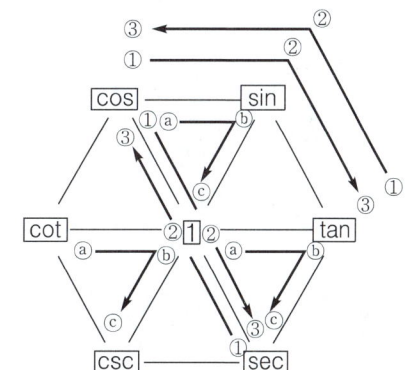

① 삼각함수의 2배각공식

$$\sin 2\theta = 2\sin\theta\cos\theta$$
$$\cos 2\theta = \cos^2\theta - \sin^2\theta = 2\cos^2\theta - 1 = 1 - 2\sin^2\theta$$
$$\tan 2\theta = \frac{2\tan\theta}{1-\tan^2\theta}$$

② 반각공식

$$\sin^2\theta = \frac{1}{2}(1-\cos 2\theta), \ \cos^2\theta = \frac{1}{2}(1+\cos 2\theta)$$

③ sin법칙

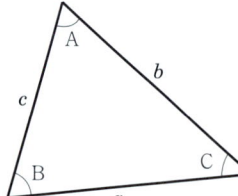

$$\frac{a}{\sin A} = \frac{b}{\sin B} = \frac{c}{\sin C}$$

2 지수

① $A^m A^n = A^{m+n}$ ex) $2^5 2^2 = 2^{5+2} = 2^7$

② $\dfrac{A^m}{A^n} = A^{m-n}$ ex) $\dfrac{2^5}{2^2} = 2^{5-2} = 2^3$

③ $A^{-m} = \dfrac{1}{A^m}$ ex) $2^{-5} = \dfrac{1}{2^5}$

④ $(A^m)^n = A^{mn}$ ex) $(2^5)^2 = 2^{5 \times 2} = 2^{10}$

⑤ $(AB)^m = A^m B^m$ ex) $(2 \times 3)^5 = 2^5 \times 3^5$

⑥ $\left(\dfrac{A}{B}\right)^m = \dfrac{A^m}{B^m}$ ex) $\left(\dfrac{2}{3}\right)^5 = \dfrac{2^5}{3^5}$

⑦ $A^{\frac{1}{m}} = \sqrt[m]{A}$ ex) $3^{\frac{1}{2}} = \sqrt{3}$

⑧ $A^{\frac{n}{m}} = \sqrt[m]{A^n}$ ex) $5^{\frac{2}{3}} = \sqrt[3]{5^2}$

⑨ $A^0 = 1 \ (A \neq 0)$ ex) $2^0 = 1, \ 3^0 = 1, \ 5^0 = 1$

3 로그함수

1. 상용로그(log)

$10^x = y, \ \log y = x$

2. 자연로그(ln)

$e^x = y, \ \ln y = x$

> **로그의 계산**
>
> $\log AB = \log A + \log B, \ \ \log \dfrac{A}{B} = \log A - \log B, \ \ \log \dfrac{1}{A} = -\log A$
>
> $\log A^n = n \log A, \ \ \log 1 = \ln 1 = 0$

4 미분

1. 일반식

$\dfrac{d}{dx} x^n = n x^{n-1}$

2. 삼각함수의 미분

$\dfrac{d}{d\theta} \sin\theta = \cos\theta, \quad \dfrac{d}{d\theta} \cos\theta = -\sin\theta, \quad \dfrac{d}{d\theta} \tan\theta = \sec^2\theta$

$\dfrac{d}{d\theta} \sin n\theta = n\cos\theta, \quad \dfrac{d}{d\theta} \cos n\theta = -n\sin\theta$

$\dfrac{d}{dx} \sin\theta = \cos\theta \dfrac{d\theta}{dx}, \quad \dfrac{d}{dx} \cos\theta = -\sin\theta \dfrac{d\theta}{dx}, \quad \dfrac{d}{dx} \tan\theta = \sec^2\theta \dfrac{d\theta}{dx}$

5 적분

1. 정적분

① 일반식

$$\int_a^b x^n\,dx = \left[\frac{x^{n+1}}{n+1}\right]_a^b (n \neq -1)$$

$$\int_a^b \frac{1}{x}\,dx = [\ln x]_a^b (x \neq 0), \quad \int_a^b f(x)\,dx = [f(x)]_a^b = f(b) - f(a)$$

② 삼각함수의 적분

$$\int_a^b \sin(n\theta)\,d\theta = \left[-\frac{\cos(n\theta)}{n}\right]_a^b, \quad \int_a^b \cos(n\theta)\,d\theta = \left[\frac{\sin(n\theta)}{n}\right]_a^b$$

$$\int_a^b \tan(n\theta)\,d\theta = \frac{1}{a}\ln\sec(n\theta)$$

2. 부정적분

$$\int x^n\,dx = \frac{x^{n+1}}{n+1} + C (여기서,\ C : 적분상수)$$

$$\int \frac{1}{x}\,dx = \ln x + C$$

6 기타

1. 근의 공식

$$ax^2 + bx + c = 0 \quad \therefore x = \frac{-b \pm \sqrt{b^2 - 4ac}}{2a}$$

2. 호도법(rad)

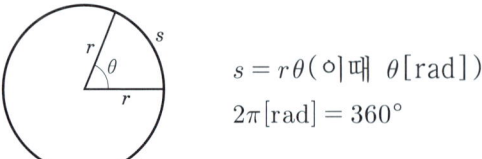

$s = r\theta$ (이때 $\theta[\text{rad}]$)

$2\pi[\text{rad}] = 360°$

[그리스문자]

대문자	소문자	이름	발음	대문자	소문자	이름	발음
A	α	alpha	알파	N	ν	nu	뉴
B	β	beta	베타	Ξ	ξ	xi	크사이, 크시
Γ	γ	gamma	감마	O	o	omicron	오미크론
Δ	δ	delta	델타	Π	π	pi	파이
E	ε, ϵ	epsilon	엡실론	P	ρ	rho	로
Z	ζ	zeta	제타	Σ	σ	sigma	시그마
H	η	eta	에타	T	τ	tau	타우
Θ	θ	theta	세타	Y	υ	upsilon	입실론
I	ι	iota	요타	Φ	ϕ	phi	파이, 피
K	κ	kappa	카파	X	χ	chi	카이, 키
Λ	λ	lambda	람다	Ψ	ψ	psi	프사이, 프시
M	μ	mu	뮤	Ω	ω	omega	오메가

차 례

PART 1 핵심이론

CHAPTER 1. 기계제도 및 설계

1. 도면 작업 및 검토 ·· 3
    - 1.1 기계제도의 개요 / 3
    - 1.2 도면의 종류와 크기 / 4
    - 1.3 선(line) / 7
    - 1.4 투상법 및 도형 표시법 / 8
    - 1.5 치수 기입법 / 11
    - 1.6 재료기호 및 표시방법 / 16
    - 1.7 배관 기호 및 도면 해독 / 20
    - 1.8 공업배관제도 / 23
    - 1.9 표면거칠기 / 24
    - 1.10 치수공차 / 27
    - 1.11 끼워맞춤 / 29
    - 1.12 기하공차 33
    - 1.13 가공기호 및 약호 / 38

2. 형상모델링(기하학적 모델링(2D/3D)) ·· 39
    - 2.1 3D(3차원)에서 모델링방법 / 39
    - 2.2 CAD시스템에 의한 성형 처리 / 41

3. 체결요소 설계 ·· 43
    - 3.1 나사(screw) / 43
    - 3.2 키, 코터, 핀 / 48
    - 3.3 리벳이음(rivet joint) / 51
    - 3.4 용접이음(welding joint) / 54

4. 동력전달시스템 설계 ·· 57
    - 4.1 축(shaft) / 57
    - 4.2 축이음 / 61
    - 4.3 베어링(bearing) / 64
    - 4.4 브레이크 및 플라이휠 / 69
    - 4.5 스프링 / 72
    - 4.6 벨트전동장치 / 74
    - 4.7 마찰차(friction wheel) / 80
    - 4.8 기어전동장치 / 84
    - 4.9 기타 / 90

5. 유공압시스템 설계 ·· 91
    - 5.1 유공압기초 / 91
    - 5.2 유압기기 / 92
    - 5.3 유압작동유 / 93
    - 5.4 실(seal) / 94
    - 5.5 여과기(strainer) / 94
    - 5.6 축압기(어큐뮬레이터) / 94
    - 5.7 펌프 / 95
    - 5.8 밸브의 종류 / 95
    - 5.9 액추에이터 / 96
    - 5.10 유압회로(속도제어회로) / 96
    - 5.11 유공압기계 일반응용 / 96
    - 5.12 하역 운반기계 / 97
    - 5.13 공작기계 / 97
    - 5.14 자동차, 중장비 및 어로기계 / 97

CHAPTER 2. 기계재료 및 제작

1. 요소부품 재질 · 99

1.1 기계재료 / 99 1.2 철강재료 / 102
1.3 비철금속재료 / 106 1.4 비금속재료(합성수지) / 108

2. 기계제작법 · 108

2.1 목형 / 108 2.2 주조 / 109
2.3 소성가공 / 110 2.4 강의 열처리 / 112
2.5 측정기 및 수기가공 / 113 2.6 용접 / 113
2.7 공작기계 / 115

CHAPTER 3. 구조 해석

1. 개요 · 120

1.1 SI단위계 / 120 1.2 그리스문자 / 121
1.3 중력장에서 등가속도운동 / 122

2. 재료역학 · 125

2.1 응력과 변형률 / 125 2.2 재료의 정역학 / 128
2.3 조합응력의 설계 / 130 2.4 평면도형의 성질 / 131
2.5 축의 비틀림 / 133 2.6 정정보 / 135
2.7 보 속의 응력 / 137 2.8 보의 처짐, 처짐각 / 138
2.9 부정정보 / 141 2.10 기둥 / 142

3. 기계동역학 · 144

3.1 동역학의 기본이론 / 144 3.2 기계동역학 / 144
3.3 물체의 운동역학 / 146

4. 기계진동 · 147

4.1 강체의 일과 운동 / 147 4.2 강제진동 / 149

CHAPTER 4. 열·유체 해석

1. 열응력 및 유동 해석 · 151

1.1 열응력(thermal stress) 해석 / 151
1.2 열전달(heat transfer) 해석 / 151
1.3 열응력과 열전달의 수치 해석방법 / 151

1.4 유동 해석의 기초 / 151 1.5 해석모델 / 152
  1.6 해석조건 설정 / 153
  1.7 난류모델(turbulence model)의 종류 / 154
  1.8 수치 해석법 / 154 1.9 난류모델 시뮬레이션 / 155

2. 기계열역학 ··· 155
  2.1 열역학의 기초 / 155 2.2 열역학 제1법칙 / 158
  2.3 이상기체(완전 기체) / 160 2.4 열역학 제2법칙과 엔트로피 / 164
  2.5 증기 / 166 2.6 증기원동소사이클 / 167
  2.7 가스동력사이클 / 168 2.8 노즐유동 / 170
  2.9 냉동사이클 / 171 2.10 연소 / 173
  2.11 전열(열전달) / 174

3. 기계유체역학 ··· 175
  3.1 유체의 기본적 성질과 정의 / 175
  3.2 유체 정역학 / 176 3.3 유체 운동학 / 177
  3.4 베르누이방정식과 그 응용 / 178
  3.5 운동량방정식과 그 응용 / 180 3.6 점성유동 / 180
  3.7 관로의 수두손실 / 182 3.8 개수로 유동 / 182
  3.9 압축성 유동 / 183 3.10 차원 해석과 상사법칙 / 183
  3.11 유체의 계측 / 184

PART 2 과년도 출제문제

2018년 제1회 출제문제 / 18-1
2018년 제2회 출제문제 / 18-19
2018년 제4회 출제문제 / 18-37

2019년 제1회 출제문제 / 19-1
2019년 제2회 출제문제 / 19-19
2019년 제4회 출제문제 / 19-35

2020년 제1·2회 통합 출제문제 / 20-1
2020년 제3회 출제문제 / 20-19
2020년 제4회 출제문제 / 20-37

2021년 제1회 출제문제 / 21-1
2021년 제2회 출제문제 / 21-16
2021년 제4회 출제문제 / 21-33

2022년 제1회 출제문제 / 22-1
2022년 제2회 출제문제 / 22-18

2024년 제1회 복원문제 / 24-1
2024년 제2회 복원문제 / 24-15
2024년 제3회 복원문제 / 24-29

2025년 제1회 복원문제 / 25-1
2025년 제2회 복원문제 / 25-15
2025년 제3회 복원문제 / 25-30

PART 3   CBT 대비 실전 모의고사

제1회 실전 모의고사 / 3
제1회 실전 모의고사 정답 및 해설 / 12

제2회 실전 모의고사 / 19
제2회 실전 모의고사 정답 및 해설 / 28

제3회 실전 모의고사 / 34
제3회 실전 모의고사 정답 및 해설 / 43

제4회 실전 모의고사 / 49
제4회 실전 모의고사 정답 및 해설 / 58

제5회 실전 모의고사 / 63
제5회 실전 모의고사 정답 및 해설 / 73

PART 01

핵심이론

- **제1장** 기계제도 및 설계
- **제2장** 기계재료 및 제작
- **제3장** 구조 해석
- **제4장** 열·유체 해석

PART 1

동역학

Chapter 1. 기계제도 및 설계

1 도면 작업 및 검토

1.1 기계제도의 개요

1) 제도의 정의

제도(drawing)라 함은 기계나 구조물의 모양 또는 크기를 일정한 규격에 따라 점, 선, 문자, 숫자, 기호 등을 사용하여 도면을 작성하는 과정을 말한다.

2) 제도의 규격

도면에 표현된 내용을 설계자가 직접 설명하지 않더라도 작업자가 정확하게 이해하기 위해서는 일정한 규약에 의하여 도면이 작성되어야 한다. 이러한 규약을 제도규격이라 한다. 세계의 각국들은 제도규격을 제정하여 도면을 작성하고 있으며, 점차 국제규격(ISO)으로 통일되어가고 있다. 다음 표는 각국의 표준규격과 KS의 분류기호를 표시한 것이다.

[각국의 표준규격]

각국의 명칭	표준규격기호
국제표준화기구(International Organization for Standardization)	ISO
한국산업규격(Korean Industrial Standards)	KS
영국규격(British Standards)	BS
독일규격(Deutsches Institute fur Normung)	DIN
미국규격(American National Standard Industrial)	ANSI
스위스규격(Schweizerisch Normen Vereinigung)	SNV
프랑스규격(Norme Francaise)	NF
일본공업규격(Japanese Industrial Standards)	JIS

[KS의 분류]

기호	부문	기호	부문	기호	부문
A	기본(통칙)	I	환경	S	서비스
B	기계	J	생물	T	물류
C	전기전자	K	섬유	V	조선
D	금속	L	요업	W	항공우주
E	광산	M	화학	X	정보
F	건설	P	의료	Z	기타
G	일용품	Q	품질경영	-	-
H	식품	R	수송기계	-	-

1.2 도면의 종류와 크기

1) 도면의 종류

(1) 도면의 성질에 따른 분류

① 원도(original drawing) : 켄트지나 와트만지 위에 연필로 그린 도면을 말한다. 또한 컴퓨터로 작성된 최초의 도면으로 트레이스도의 원본이 된다.
② 트레이스도(traced drawing) : 원도 위에 트레이싱지나 미농지를 놓고 연필 또는 먹물로 그린 도면으로, 일명 사도(tracing)라고도 한다.
③ 복사도(copy drawing) : 트레이스도를 원본으로 하여 복사한 도면으로, 청사진(blue print), 백사진(postive print) 및 전자복사도 등이 있다.

(2) 사용목적 및 내용에 따른 분류

① 사용목적에 따른 분류 : 계획도, 제작도, 주문도, 승인도, 견적도, 설명도, 공정도
② 내용에 따른 분류 : 전체 조립도, 부분 조립도, 부품도, 접속도, 배선도, 배관도, 기초도, 설치도, 배치도, 장치도
③ 표현형식에 따른 분류 : 외형도, 구조선도, 계통도, 곡면선도, 전개도

2) 도면의 크기 및 양식

기계제도에 사용되는 도면은 기계제도(KS B 0001) 규격과 도면의 크기 및 양식(KS A 0106)에서 정한 크기를 사용하며 A열 사이즈를 사용한다. 단, 표시할 도형이 길 경우 연장사이즈를 사용한다. 도면에는 반드시 도면의 윤곽, 표제란 및 중심마크를 마련해야 한다. 또한 도면의 크기는 가능한 작은 것을 사용해야 한다.

도면의 크기는 폭과 길이로 나타내는데, 그 비는 $1 : \sqrt{2}$ 가 되며 A0~A4를 사용한다. 도면은 길이방향을 좌, 우로 놓고 그리는 것이 바른 위치이나, A4 이하의 도면에서는 세로방향

을 좌, 우로 놓고서 사용하여도 좋다. 큰 도면을 접을 때에는 A4의 크기로 접는 것을 원칙으로 하되, 도면 우측 하단부에 있는 표제란이 겉으로 나오게 접는 것을 원칙으로 한다.

[도면 크기의 종류 및 윤곽치수]

호칭방법	치수 $a \times b$	c(최소)	d(최소)	
			철하지 않을 때	철할 때
A0	841×1189	20	20	25
A1	594×841			
A2	420×594	10	10	
A3	297×420			
A4	210×297			

3) 윤곽선, 표제란 및 부품란
제작도에서는 윤곽선을 긋고, 그 안에 표제란과 부품란을 그려 넣는다.
① 윤곽선 : 도면에 담는 내용을 기재하는 영역을 명확히 하고, 또 용지의 가장자리에서 생기는 손상으로 기재사항을 해치지 않도록 그리는 테두리선을 말한다. 선의 굵기는 도면의 크기에 따라 0.5mm 이상의 굵기인 실선으로 윤곽선을 긋는다.
② 표제란 : 도면의 오른쪽 아래에 표제란을 두어 여기에 도면번호, 도명, 척도, 투상법, 제도한 곳, 작성연월일, 작성자명 등을 기입하도록 한다.
③ 부품란 : 부품란의 위치는 도면의 오른쪽 위의 부분, 또는 도면의 오른쪽 아래일 경우에는 표제란의 위에 위치하며 품번, 품명, 재질, 수량, 무게, 공정, 비고란 등을 기입한다.

4) 중심마크
중심마크는 윤곽선으로부터 도면의 가장자리에 이르는 굵기 0.5mm의 직선으로 표시한다. 이것은 도면을 마이크로필름에 촬영, 복사할 때의 편의를 위하여 마련하는 것으로, 도면의 4변 각 중앙에 표시하며, 그 허용차는 ±0.5mm로 한다.

5) 척도
척도는 도면에서 그려진 길이와 대상물의 실제 길이와의 비율로 나타낸다. 도면에 그려진 길이와 대상물의 실제 길이가 같은 현척이 가장 보편적으로 사용되고, 실물보다 축소하여 그린 축척, 실물보다 확대하여 그린 배척이 있다.

[축척, 현척 및 배척의 값]

종류	난	값
축척	1	1:2, 1:5, 1:10, 1:20, 1:50, 1:100, 1:200
	2	$1:\sqrt{2}$, 1:2.5, $1:2\sqrt{2}$, 1:3, 1:4, $1:5\sqrt{2}$, 1:25, 1:250
현척	–	1:1
배척	1	2:1, 5:1, 10:1, 20:1, 50:1
	2	$\sqrt{2}:1$, $2.5\sqrt{2}:1$, 100:1

※ 비고 : 1란의 척도를 우선으로 사용한다.

(1) 척도의 표시방법

척도의 표시법은 다음과 같다.

$$A : B$$

- A : 도면에서의 크기
- B : 물체의 실제 크기

현척의 경우에는 A, B 모두를 1로 나타내고, 축척의 경우에는 A를 1, 배척의 경우에는 B를 1로 나타낸다.

(2) 척도의 기입방법

척도는 표제란에 기입하는 것이 원칙이나, 표제란이 없는 경우에는 도명이나 품번의 가까운 곳에 기입한다. 같은 도면에서 서로 다른 척도를 사용하는 경우에는 각 그림 옆에 사용된 척도를 기입하여야 한다. 또 그림의 형태가 치수와 비례하지 않을 때에는 치수 밑에 밑줄을 긋거나 "비례척이 아님" 또는 NS(Not to Scale) 등의 문자를 기입하여야 한다.

(3) 도면에 마련하는 것이 바람직한 사항

① 비교눈금 : 도면의 축소 또는 확대 복사의 작업 및 이들의 복사도면을 취급할 때의 편의를 위하여 도면에 비교눈금을 마련하는 것이 바람직하다.
② 도면의 구역 : 도면 중의 특정 부분의 위치를 지시하는 편의를 위하여 도면의 구역을 표시하는 것이 좋다.
③ 재단마크 : 복사한 도면을 재단하는 경우의 편의를 위하여 원도에 재단마크를 마련하는 것이 바람직하다.

1.3 선(line)

1) 선의 종류와 용도

명칭	선의 종류		선의 용도
외형선	굵은 실선	———————	대상물의 보이는 부분의 모양을 표시한다.
치수선	가는 실선		치수를 기입하기 위하여 쓰인다.
치수보조선			치수를 기입하기 위하여 도형으로부터 끌어내는 데 쓰인다.
지시선		———————	기호 및 지시사항을 기입하기 위하여 끌어내는 데 쓰인다.
회전단면선			도형 내에 그 부분의 절단한 곳을 90° 회전하여 표시하는 데 쓰인다.
수준면선			수면·유면 등의 위치를 표시하는 데 쓰인다.
숨은선	중간 굵기의 파선	- - - - - - -	대상물의 보이지 않는 부분의 모양을 표시하는 데 쓰인다.
중심선	가는 일점쇄선		• 도형의 중심을 표시하는 데 쓰인다. • 중심이 이동한 궤적을 표시하는 데 쓰인다.
기준선		— - — - —	위치결정의 근거가 되는 것을 명시할 때 쓰인다.
피치선			되풀이하는 도형의 피치를 취하는 기준을 표시하는 데 쓰인다.
특수 지정선	굵은 일점쇄선	—— - —— - ——	특수한 가공을 하는 부분 등 특별한 요구사항을 적용할 수 있는 범위를 표시하는 데 쓰인다.
가상선	가는 이점쇄선	— - - — - - —	가공 전·후의 모양, 인접 부분의 참고, 조립상 대면 혹은 상대운동의 위치 등을 표현하기 위해 사용한다.
무게중심선			단면의 무게 중심을 연결한 선을 표시한다.
파단선	불규칙한 파형의 가는 실선 또는 지그재그선	～～～	대상물의 일부를 파단한 경계 또는 일부를 떼어낸 경계를 표시하는 데 쓰인다.
절단선	가는 일점쇄선으로 끝 부분 및 방향이 변하는 부분을 굵게 한 것	⌐_⌐	단면도를 그리는 경우 그 절단위치를 대응하는 그림에 표시하는 데 쓰인다.
해칭	가는 실선의 규칙적인 줄을 늘어놓은 것	/////	도형의 한정된 특정 부분을 다른 부분과 구별하는 데 사용한다. 예를 들면, 단면도의 절단된 부분을 나타낸다.
특수한 용도의 선	가는 실선	———————	• 외형선 및 숨은선의 연장을 표시하는 데 사용한다. • 평면을 나타내거나 위치를 명시하는 데 사용한다.
	아주 굵은 실선	▬▬▬▬▬	얇은 부분의 단선도시를 명시하는 데 쓰인다.

2) 선의 굵기

① 선의 굵기의 기준은 0.18mm, 0.25mm, 0.35mm, 0.5mm, 0.7mm 및 1mm로 한다.
② 도면에서의 두 종류 이상의 선이 같은 장소에 겹치는 경우에는 다음에 나타낸 순위에 따라 우선되는 종류의 선으로 긋는다.
  • 우선순위 : 외형선＞숨은선＞절단선＞중심선＞무게중심선＞치수보조선

3) 선 긋는 법

① 수평선 : 왼쪽에서 오른쪽으로 단 한 번에 긋는다.
② 수직선 : 아래에서 위로 긋는다.
③ 사선
  ㉠ 오른쪽 위로 향한 것 : 아래에서 위쪽으로 긋는다.
  ㉡ 왼쪽 위로 향한 것 : 위쪽에서 아래로 긋는다.

1.4 투상법 및 도형 표시법

1) 투상법

(1) 회화적 투상도

투시도은 원근감을 갖도록 그리는 방법으로 건축이나 토목제도에 주로 사용되는 도법이다.

투상법의 종류	사용하는 그림의 종류	특징	주된 용어
정투상	정투상도	물체의 각 면을 따로따로 도형으로 배치하여 모양을 엄밀하고 정확하게 지면에 표시한 도면	일반도면
등각투상	등각투상도	3개의 면과 3개의 주축이 투상면에 대해 같은 각도로 경사지게 투상한 투상도	설명용 도면
부등각 투상	부등각투상도	3개의 면과 3개의 주축이 투상면에 대해 다른 각도로 경사지게 투상한 투상도	
사투상	카발리에도, 캐비닛도	한 화면을 중점적으로 정확하게 나타내며 경사시켜 투상하는 방법 • 경사각(α)에 따라 카발리에도($\alpha=45°$)와 캐비닛도($\alpha=60°$)가 있다.	

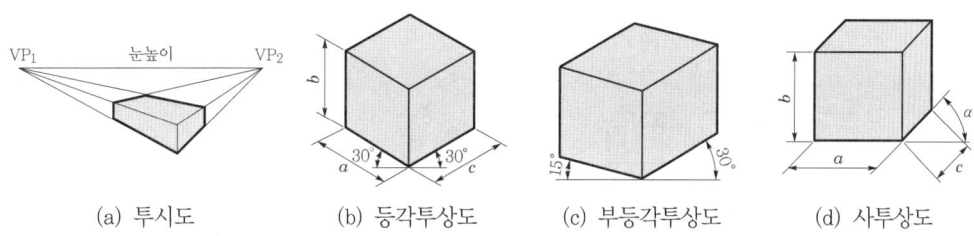

(a) 투시도 (b) 등각투상도 (c) 부등각투상도 (d) 사투상도

[회화적 투상법]

(2) 정투상도

서로 직교하는 투상면의 공간을 다음 그림과 같이 4등분한 것을 투상각이라 한다. 기계제도에서는 제3각법에 의한 정투상법을 사용함을 원칙으로 한다. 다만, 필요한 경우에는 제1각법에 따를 수도 있다. 그때 투상법의 기호를 표제란 또는 그 근처에 나타낸다.

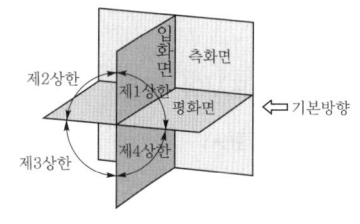

[공간의 구분]

① 제1각법
  ㉠ 물체를 제1상한에 놓고 투상하며, 투상면의 앞쪽에 물체를 놓는다.
  ㉡ 순서 : 눈 → 물체 → 투상면
  ㉢ 기호 :

② 제3각법
  ㉠ 물체를 제3상한에 놓고 투상하며, 투상면의 뒤쪽에 물체를 놓는다.
  ㉡ 순서 : 눈 → 투상면 → 물체
  ㉢ 기호 :

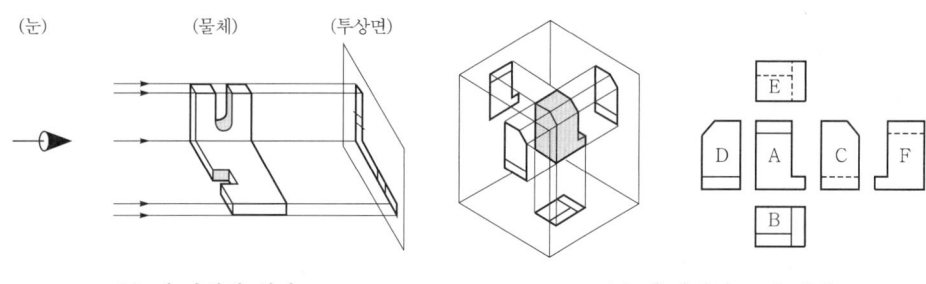

(a) 제1각법의 원리 (b) 제1각법의 도면 배치

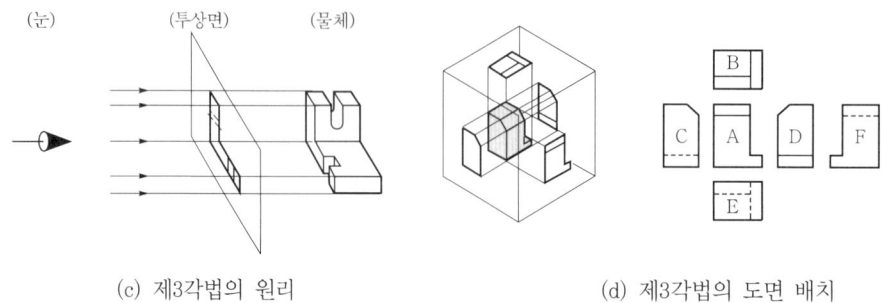

(c) 제3각법의 원리   (d) 제3각법의 도면 배치

[제1각법과 제3각법의 투상원리와 도면 배치]

2) 단면 표시와 종류

(1) 단면 표시

물체 내부와 같이 볼 수 없는 것을 도시할 때 숨은선으로 표시하면 복잡하므로 이와 같은 부분을 절단하여 내부가 보이도록 하면, 대부분의 숨은선이 없어지고 필요한 곳이 뚜렷하게 도시된다. 이와 같이 나타낸 도면을 단면도(sectional view)라고 하며 다음 원칙에 따른다.
① 단면도와 다른 도면과의 관계는 정투상법에 따른다.
② 절단면은 기본 중심선을 지나고 투상면에 평행한 면을 선택하되 같은 직선상에 있지 않아도 된다.
③ 투상도는 전부 또는 일부를 단면으로 도시할 수 있다.
④ 단면에는 절단하지 않은 면과 구별하기 위하여 해칭(hatching)이나 스머징(smudging)을 한다. 또한 단면도에 재료 등을 표시하기 위해 특수한 해칭 또는 스머징을 할 수 있다.
⑤ 단면 뒤에 있는 숨은선은 물체가 이해되는 범위 내에서 되도록 생략한다.
⑥ 절단면의 위치는 다른 관계도에 절단선으로 나타낸다. 다만, 절단위치가 명백할 경우에는 생략해도 좋다.

(2) 해칭과 스머징

① 해칭(hatching)이란 단면 부분에 가는 실선으로 빗금선을 긋는 방법이며, 스머징(smudging)이란 단면 주위를 색연필로 엷게 칠하는 방법이다.
② 중심선 또는 주요 외형선에 45° 경사지게 긋는 것이 원칙이나, 부득이한 경우에는 다른 각도(30°, 60°)로 표시한다.
③ 해칭선의 간격은 도면의 크기에 따라 다르나 보통 2~3mm의 간격으로 하는 것이 좋다.
④ 2개 이상의 부품이 인접할 경우에는 해칭의 방향과 간격을 다르게 하거나 각도를 틀리게 한다.
⑤ 간단한 도면에서 단면을 쉽게 알 수 있는 것은 해칭을 생략할 수 있다.
⑥ 동일 부품의 절단면 해칭은 동일한 모양으로 해칭하여야 한다.

⑦ 해칭 또는 스머징을 하는 부분 안에 문자, 기호 등을 기입하기 위하여 해칭 또는 스머징을 중단한다.

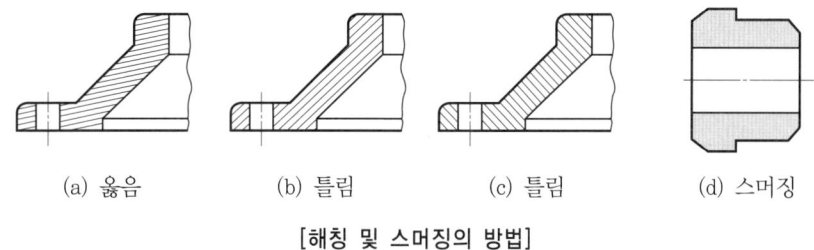

(a) 옳음   (b) 틀림   (c) 틀림   (d) 스머징

[해칭 및 스머징의 방법]

1.5 치수 기입법

1) 치수 기입의 원칙

도면에서 치수 기입은 중요하다. 작성자가 도면에 기입한 치수는 작업자가 가공 완성한 치수이다. 그러므로 정확한 치수를 기입해야 한다. 도면에 치수를 기입하는 경우에는 다음 사항에 유의하여야 한다.

① 대상물의 기능·제작·조립 등을 고려하여 필요하다고 생각되는 치수를 명료하게 도면에 지시한다.
② 치수는 대상물의 크기, 자세 및 위치를 가장 명확하게 표시하는 데 필요하고 충분한 것을 기입한다.
③ 도면에 나타내는 치수는 특별히 명시하지 않는 한 그 도면에 도시한 대상물의 다듬질 치수를 표시한다.
④ 치수에는 기능상 필요한 경우 치수의 허용한계를 기입한다. 다만, 이론적으로 정확한 치수는 제외한다.
⑤ 치수는 되도록 주투상도에 기입한다.
⑥ 치수는 중복 기입을 피한다.
⑦ 치수는 되도록 계산해서 구할 필요가 없도록 기입한다.
⑧ 치수는 필요에 따라 기준으로 하는 점, 선 또는 면을 기준으로 하여 기입한다.
⑨ 관련되는 치수는 되도록 한곳에 모아 기입한다.
⑩ 치수는 되도록 공정마다 배열을 분리하여 기입한다.
⑪ 치수 중 참고치수에 대하여는 치수수치에 괄호를 붙인다.

2) 치수 기입방법

치수 기입에는 다음 그림과 같이 치수, 치수선, 치수보조선, 지시선, 화살표, 치수숫자 등이 쓰인다.

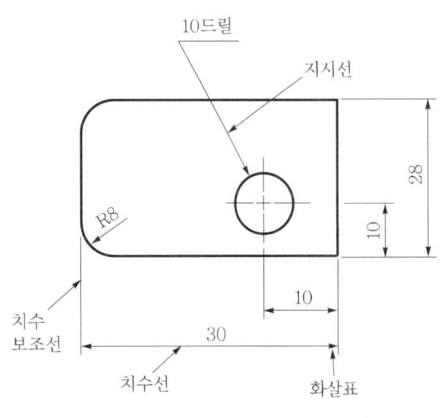

[치수 기입 관련 용어]   [등간격 기입]

(1) 치수선

0.25mm 이하의 가는 실선으로 그어 외형선과 구별하고, 양 끝에는 끝부분 기호를 붙인다.
① 외형선으로부터 치수선은 약 10~15mm 띄어서 긋고, 계속될 때는 같은 간격으로 긋는다.
② 원호를 나타내는 치수선은 호 쪽에만 화살표를 붙인다.
③ 원호의 지름을 나타내는 치수선은 수평선에 대해 45°의 직선으로 한다.

(2) 화살표

치수나 각도를 기입하는 치수선의 끝에 화살표를 붙여 그 한계를 표시한다. 한계를 표시하는 기호에는 그림 (b)가 있으며, 화살표를 그릴 때는 길이와 폭의 비율이 조화를 이루게 한다. 한 도면에서는 되도록 화살표의 크기를 같게 한다.

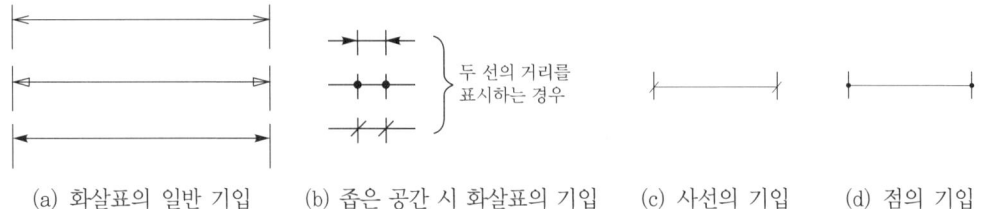

(a) 화살표의 일반 기입   (b) 좁은 공간 시 화살표의 기입   (c) 사선의 기입   (d) 점의 기입

(3) 치수에 사용되는 기호

치수숫자와 같이 쓰는 기호로는 다음과 같다.

기호	설명	기호	설명
ϕ	지름	$S\phi$	구의 지름
R	반지름	SR	구의 반지름
C	45° 모따기	□	정사각형
P	피치	t	두께

(4) 반지름의 치수 기입

① 반지름의 치수는 반지름기호 R을 치수숫자 앞에 기입하여 표시한다. 단, 반지름을 표시하는 치수선을 원호의 중심까지 긋는 경우에는 R을 생략해도 좋다(그림 (a) 참고).
② 원호의 반지름을 표시하는 치수선에는 원호 쪽에만 화살표를 붙인다. 또한 화살표나 치수숫자를 기입할 여유가 없을 때에는 그림 (b)에 따른다.
③ 원호의 중심위치를 표시할 필요가 있을 때에는 +자 또는 검은 둥근 점으로 표시한다.
④ 원호의 반지름이 클 때에는 중심을 옮겨 그림 (c)와 같이 치수선을 꺾어 표시해도 좋다. 이때 화살표가 붙은 치수선은 본래 중심위치로 향해야 한다.
⑤ 같은 중심을 가진 반지름은 누진치수 기입법을 사용하여 표시할 수 있다(그림 (d) 참고).

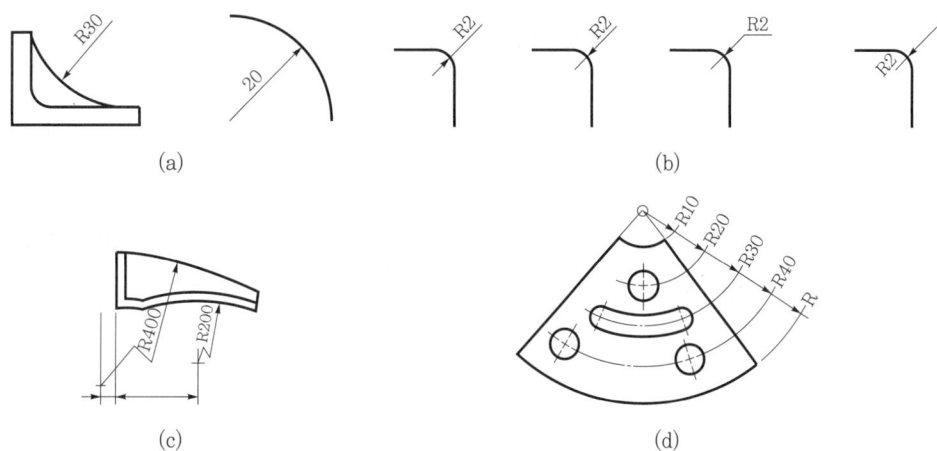

(5) 구의 지름 또는 반지름의 치수 기입

치수숫자 앞에 S를 φ 또는 R 앞에 기입하여 표시한다.

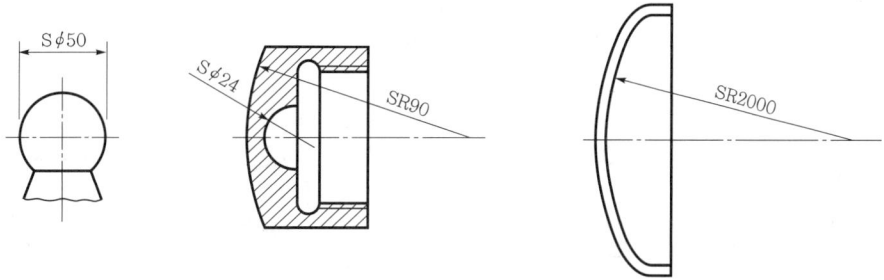

(6) 현, 원호, 각도의 치수 기입

현의 길이는 현에 수직으로 치수보조선을 긋고 평행한 치수선을 사용하여 표시한다. 원호의 길이는 현과 같은 치수보조선을 긋고 그 원호와 같은 중심의 원호를 치수선으로 하며, 치수숫자의 위에 원호를 표시하는 기호(⌒)를 붙인다.

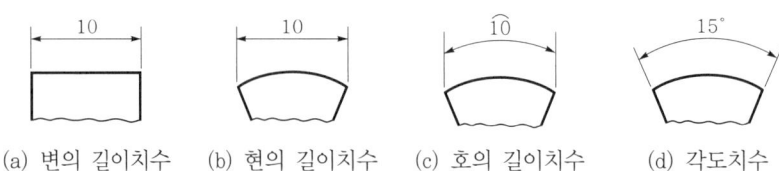

(a) 변의 길이치수   (b) 현의 길이치수   (c) 호의 길이치수   (d) 각도치수

(7) 구멍의 표시방법

① 드릴 구멍, 펀칭 구멍, 코어 구멍 등 구멍의 가공방법을 표시할 필요가 있을 때에는 치수 숫자 뒤에 가공방법의 용어를 표시한다.

[가공방법의 간략 지시]

가공방법	간략 지시	가공방법	간략 지시
주조한 대로	코어	드릴로 구멍 뚫기	드릴
프레스 펀칭	펀칭	리머 다듬질	리머

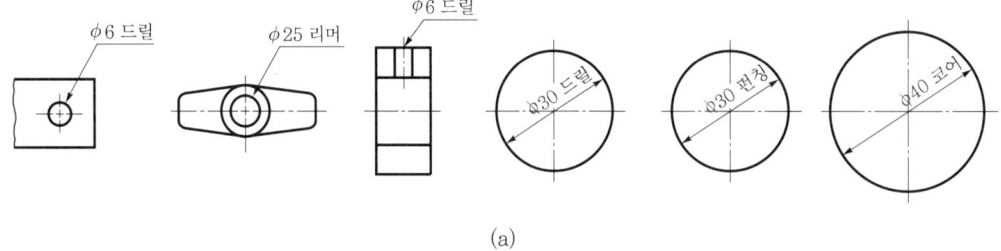

(a)

② 여러 개의 같은 치수의 볼트 구멍, 핀 구멍 등의 치수 표시는 그림 (b)와 같이 구멍의 수를 나타내는 숫자 다음에 구멍의 치수를 기입한다.

③ 구멍의 깊이를 지시할 때에는 구멍의 지름을 나타내는 치수 다음에 '깊이'라 쓰고 그 치수를 기입한다(그림 (b) 참고). 단, 구멍이 관통되었을 때에는 깊이를 기입하지 않는다(그림 (c) 참고). 구멍깊이는 그림 (e)의 H값이다.

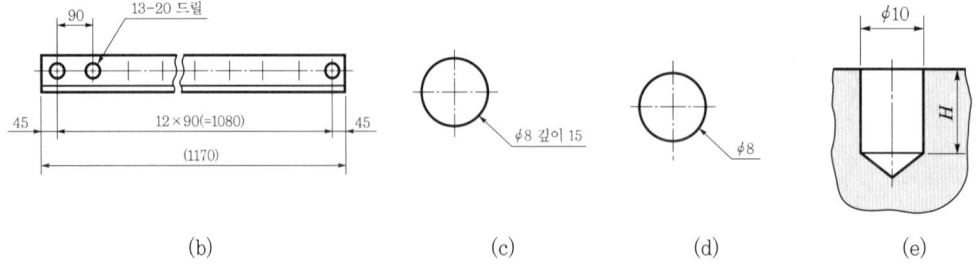

(b)   (c)   (d)   (e)

④ 자리파기의 표시방법은 자리파기의 지름을 나타내는 치수숫자 다음에 '자리파기'라 쓴다. 자리파기를 표시하는 도형은 그리지 않는다.

⑤ 경사진 구멍의 깊이는 구멍 중심선상의 깊이로 표시하거나(그림 (f) 참고), 치수선을 이용하여 표시한다(그림 (g) 참고).

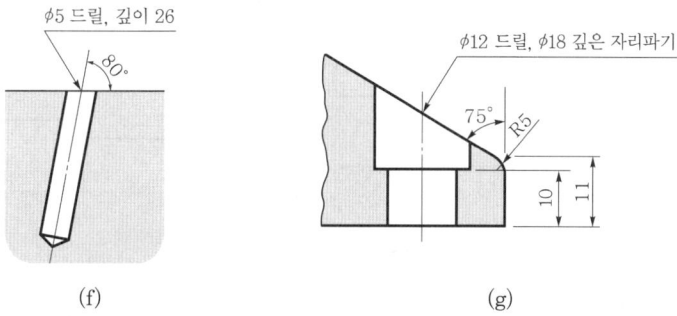

(f)　　　　　　　　(g)

(8) 모따기 표시방법

일반적인 모따기는 보통 치수 기입방법에 따라 표시한다. 45° 모따기의 경우에는 모따기의 치수숫자×45° 또는 모따기의 기호 C를 치수숫자 앞에 기입하여 표시한다.

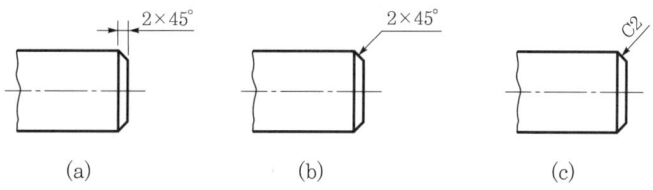

(a)　　　　　(b)　　　　　(c)

3) 치수의 배치

① **직렬치수 기입법** : 직렬로 나란히 연결된 개개의 치수에 주어진 공차가 누적되어도 관계없는 경우에 사용한다.
② **병렬치수 기입법** : 개개의 치수공차는 다른 치수의 공차에는 영향을 주지 않는다. 이 경우 기준이 되는 치수보조선의 위치는 기능, 가공 등의 조건을 고려하여 적절히 선택한다.

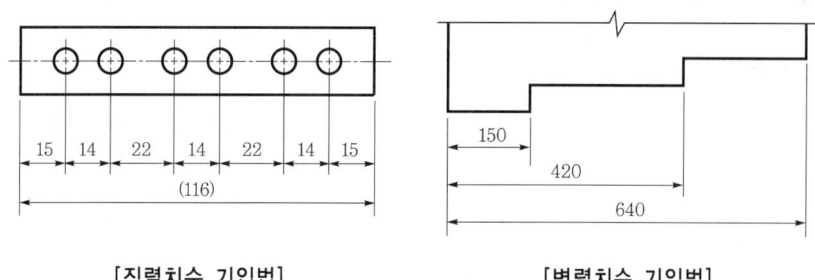

[직렬치수 기입법]　　　　　[병렬치수 기입법]

③ 누진치수 기입법 : 치수공차에 관하여 병렬치수 기입법과 동등한 의미를 가지면서 한 개의 연속된 치수선으로 간편하게 표시하는 방법이다. 치수기점의 위치는 기점기호(○)를 사용하고, 치수선의 다른 끝은 화살표로 나타낸다.

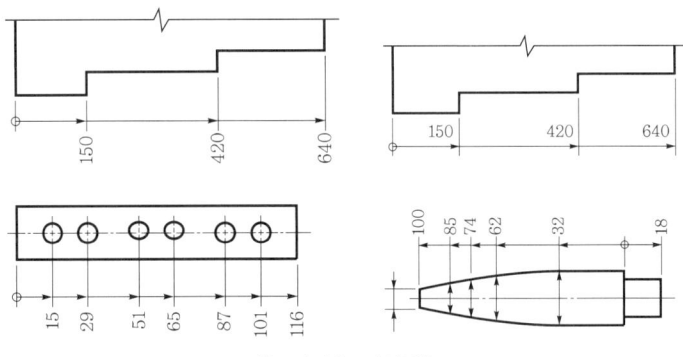

[누진치수 기입법]

④ 좌표치수 기입법 : 구멍의 위치나 크기 등의 치수는 좌표를 사용하여 표로 기입하여도 좋다. 이때 표에 표시한 X, Y 또는 β의 수치는 기준점에서의 수치이다. 기준점은 기능 또는 가공조건을 고려하여 적절히 선택한다.

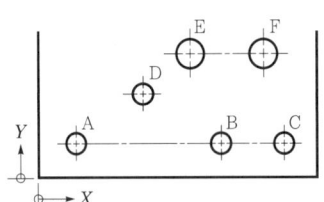

	X	Y	ϕ
A	20	20	14
B	140	20	14
C	200	20	14
D	60	60	14
E	100	90	26
F	180	90	26

[좌표치수 기입법]

1.6 재료기호 및 표시방법

1) 기계재료기호

도면에서 부품의 금속재료를 표시할 때 KS D에 정해진 기호를 사용하면 재질, 형상, 강도 등을 간단 명료하게 나타낼 수 있다.

2) 재료기호의 표시

① 제1번째 문자 : 재질을 나타내는 기호로서, 영어 또는 로마자의 머리문자 또는 원소기호 표시
② 제2번째 문자 : 규격명 또는 제품명을 표시하는 기호로서, 판, 봉, 관, 선, 주조품 등 제품의 형상별 종류 등과 용도 표시

③ 제3번째 문자 : 금속종별의 기호로서, 최저인장강도 또는 재질의 종류기호를 숫자 다음에 기입
④ 제4번째 문자 : 제조법 표시
⑤ 제5번째 문자 : 제품형상기호 표시

[제1번째 문자(재질)]

기호	재질	영문	기호	재질	영문
Al	알루미늄	aluminium	F	철	ferrum
AlB	알루미늄청동	aluminium bronze	MS	연강	mild steel
B	청동	bronze	NiCu	니켈구리합금	nickel-copper alloy
Bs	황동	brass	PB	인청동	phosphor bronze
Cu	구리 또는 구리합금	copper	S	강	steel
HBs	고강도 황동	high strength brass	SM	기계구조용 강	machine structure steel
HMn	고망간	high manganese	WM	화이트 메탈	white metal

[제2번째 문자(규격명 또는 제품명)]

기호	규격명 또는 제품명	기호	규격명 또는 제품명
B	봉(bar)	MC	가단 주철품
BC	청동주물	NC	니켈크롬강
BsC	황동주물	NCM	니켈크롬 몰리브덴강
C	주조품	P	판
CD	구상흑연주철	FS	일반구조용 관
CP	냉간압연 연강판	PW	피아노선
Cr	크롬강	S	일반구조용 압연재
CS	냉간압연 강대	SW	강선
DC	다이캐스팅(die casting)	T	관(tube)
F	단조품(forging)	TB	고탄소 크롬 베어링강
G	고압가스용기	TC	탄소공구강
HP	열간압연 연강판	TKM	기계구조용 탄소강관
HR	열간압연	THG	고압가스용기용 이음매 없는 강관
HS	열간압연 강대	W	선(wire)
K	공구강	WR	선재(wire rod)
KH	고속도 공구강	WS	용접구조용 압연강

[제3번째 문자(금속종별)]

기호	의미	예	기호	의미	예
1	1종	SHP 1	5A	5종 A	SPS 5A
2	2종	SHP 2	34	최저인장강도 또는 항복점	WMC 34
A	A종	SWS 41A	C	탄소함량(0.10~0.15%)	SM 12C
B	B종	SWS 41R	-	-	-

[제4번째 문자(제조법)]

구분	기호	의미	구분	기호	의미
조질도 기호	A	풀림상태(연질)	열처리 기호	N	노멀라이징
	H	경질		Q	퀜칭, 템퍼링
	1/2H	1/2 경질		SR	시험편에만 노멀라이징
	S	표준 조질		TN	시험편에 용접 후 열처리
표면 마무리 기호	D	무광택 마무리(dull finishing)	기타	CF	원심력 주강판
				K	킬드강
	B	광택 마무리(bright finishing)		CR	제어압연한 강판
				R	압연한 그대로의 강판

[제5번째 문자(제품형상)]

기호	제품	기호	제품	기호	제품
P	강판	□	각재	▱	평강
⊘	둥근 강	⬡	6각강	I	I형강
◎	파이프	⑧	8각강	⊏	채널(channel)

3) 용접부의 기호

① 기본기호 : 기본기호는 원칙적으로 두 부재 사이의 용접부모양을 표시한다.

양면플랜지형 맞대기용접	평행(I형) 맞대기용접	V형 맞대기용접	일면개선형 맞대기용접	V형 맞대기용접 (넓은 루트면)
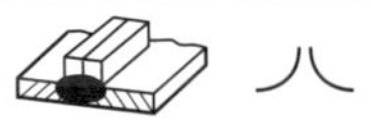 八	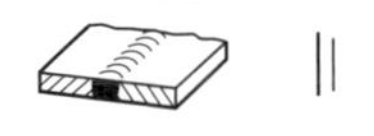 ‖	 V	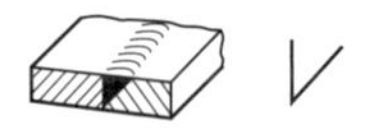 V	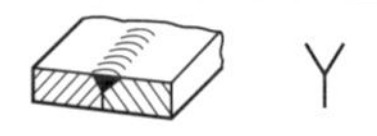 Y
한 면개선형 맞대기용접 (넓은 루트면)	U형 맞대기용접 (평행 또는 경사면)	J형 맞대기용접	이면용접	필릿용접
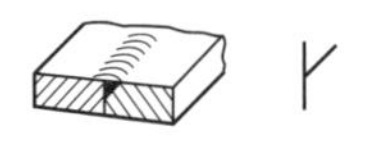 Y	 Y	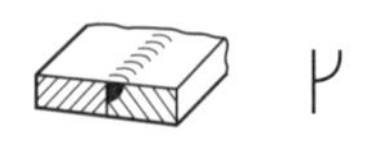 ⊬	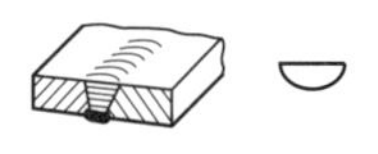 ⌣	 △

플러그용접 또는 슬롯용접(미국)	점(spot)용접	심(seam)용접	개선각이 급격한 V형 맞대기용접	개선각이 급격한 일면개선형 맞대기용접
가장자리용접 (에지용접)	표면육성	표면접합부	경사접합부	겹침접합부

② 보조기호 : 보조기호는 필요에 따라 아래 표의 것을 사용한다.

평면 (동일 평면으로 다듬질)	볼록형	오목형	끝단부를 매끄럽게 함	영구적인 덮개판 사용	제거 가능한 덮개판 사용
——	⌒	⌣	⌣	M	MR

③ 용접부의 기호 표시방법

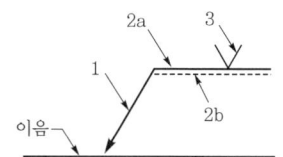

- 1 : 화살표(지시선)
- 2a : 기준선(실선)
- 2b : 동일선(파선)
- 3 : 용접기호

[표시방법(설명선)]

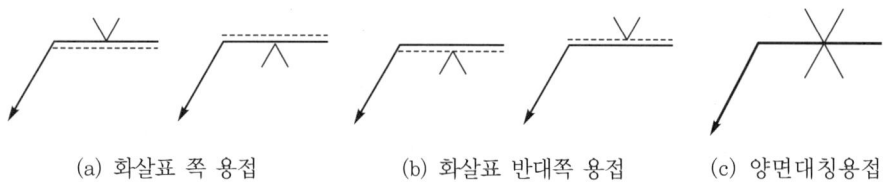

(a) 화살표 쪽 용접   (b) 화살표 반대쪽 용접   (c) 양면대칭용접

[기준선에 따른 기본기호의 위치]

④ 보조지시 : 보조지시는 용접부의 각종 특성을 상세히 지시하기 위해 필요하다. 다음 그림은 일주용접(전둘레용접, 원주용접)과 현장용접의 표시를 나타낸 것이다. 용접방법의 표시가 필요한 경우에는 기준선의 끝 꼬리 사이에 숫자로 표시하며, 용접방법의 표시숫자는 ISO 4063의 규정에 따른다.

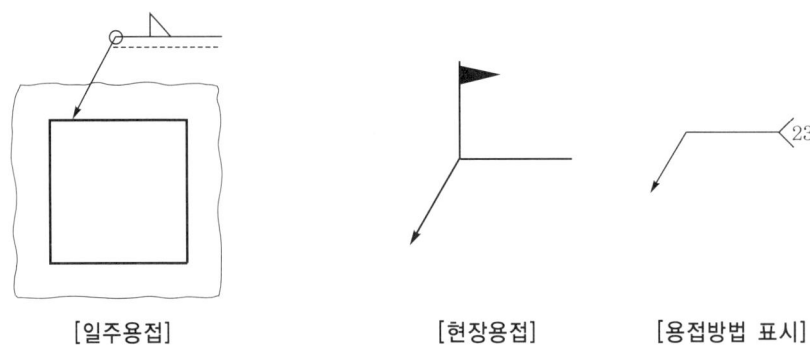

[일주용접]　　　　　　　　[현장용접]　　　　　　[용접방법 표시]

1.7 배관 기호 및 도면 해독

1) 배관제도의 종류

① 평면배관도 : 기계제도의 평면도와 같이 배관장치를 위에서 아래로 내려다보고 그린 도면으로, 배관과 직접 관련 없는 것은 대략적인 외형만 표시하고, 배관 접속과 관련 있는 기기는 전부 표시
② 입면(측면)배관도 : 배관장치를 측면에서 보고 그린 도면(측면도에 보고 그린 위치를 화살표로 명시)
③ 입체배관도 : 배관장치를 등각투상법 등을 사용하여 입체적 형상으로 평면에 나타낸 도면
④ 조립도 : 배관장치 전체를 명시한 도면
⑤ 부분조립도(상세조립도) : 배관장치의 일부분을 인출하여 상세히 그린 도면

2) 배관 도시기호

(1) 치수 기입법

① 치수 표시 : 일반적으로 치수선의 치수 표시는 숫자로 나타내되 mm를 단위로 하고, 각도는 보통 도(°)로 표시하며 필요에 따라 도, 분, 초로 표시하기도 한다.
② 높이 표시
　㉠ EL(elevation level) : 배관의 높이를 관의 중심을 기준으로 표시한다(EL을 먼저 표시하고 뒤에 치수 기입).
　　• BOP(bottom of pipe) : 서로 지름이 다른 관의 높이를 나타낼 때 적용되는 것으로 관 바깥지름의 밑면까지를 기준으로 하여 표시한다.
　　• TOP(top of pipe) : 지하의 매설배관작업과 같은 시공 시 BOP와 같은 목적으로 사용되나 관 윗면을 기준으로 표시한다.
　㉡ GL(ground level) : 포장된 지표면의 높이를 표시할 때 적용된다.
　㉢ FL(floor level) : 1층 바닥면을 기준으로 높이를 표시하는 방법이다.

③ 유체의 종류 도시

종류	공기	가스	유류	수증기	물
기호	A	G	O	S	W

(2) 관의 표시

① 관의 굵기와 재질, 계기 도시

유체관 표시		계기 표시			
S과열	40SPPS35 / 25SPPS35	계기 일반	압력계	온도계	유량계

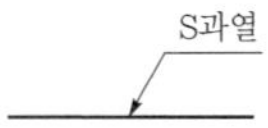

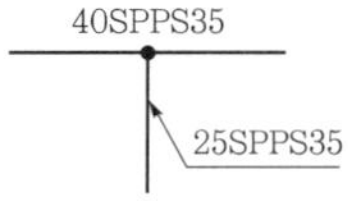

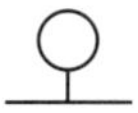

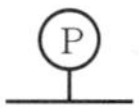

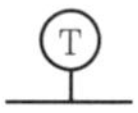

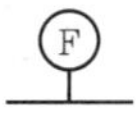

② 관의 연결방법

㉠ 관이음

연결방식	도시기호	예	연결방식	도시기호	예
나사식		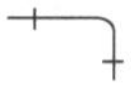	턱걸이식		
용접식		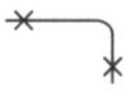	유니언식		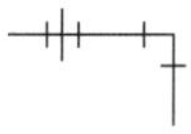
플랜지식		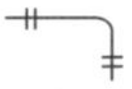	–	–	–

㉡ 신축이음

연결방식	도시기호	연결방식	도시기호
루프형		벨로즈형	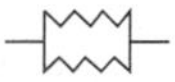
슬리브형	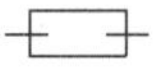	스위블형	

③ 관의 입체적 표시

상태	기호
관이 도면에 직각으로 앞쪽을 향해 구부러져 있을 때	 A
관이 앞쪽에서 도면에 직각으로 구부러져 있을 때	 A
관 A가 앞쪽에서 도면에 직각으로 구부러져 관 B에 접속할 때	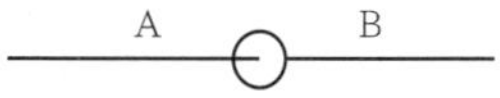 A B

④ 관의 접속상태

관의 접속상태		기호
접속하고 있지 않을 때		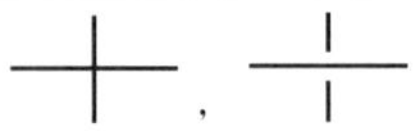 ─┼─ . ─┼─ 또는 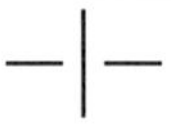 ─┤├─
접속하고 있을 때	교차	 ─┼─
	분기	 ─┼─

(3) 밸브 및 계기의 표시

종류		기호	종류	기호
글로브밸브(옥형밸브)		─▶●◀─	일반조작밸브	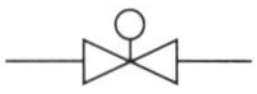
슬루스밸브(사절밸브)		─▶◀─	전자밸브	 Ⓢ
앵글밸브			전동밸브	 Ⓜ
체크밸브(역지밸브)		─▷▷─	도출밸브	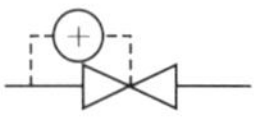 ⊕
버터플라이밸브(나비밸브)		 ▷◁ 또는  ▷◁	공기빼기밸브	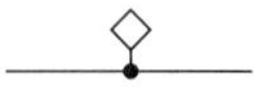 ◇
다이어프램밸브			닫혀 있는 일반밸브	 ─▶◀─
감압밸브(리듀싱밸브)			닫혀 있는 일반콕	◆
볼밸브		▷◁	온도계	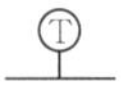 Ⓣ
안전밸브	스프링식		압력계	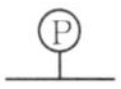 Ⓟ
	추식		가스계량기(가스미터)	 ─GM─
콕	일반	 ◇	유량계	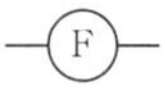 Ⓕ
	삼방	◇ ◇	액면계	 LG

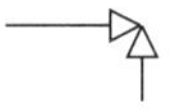

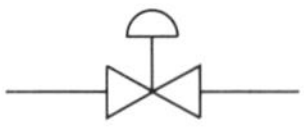

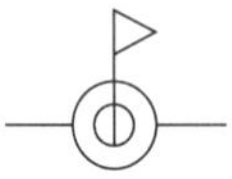

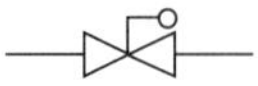

(4) 배관의 색채 표시

종류	물	증기	공기	가스	산, 염기	기름	전기
색채	청색	진한 적색	백색	황색	회자색	진한 황적색	엷은 황적색

1.8 공업배관제도

공업배관도면에는 평면배관도, 입면배관도, 입체배관도, 부분배관조립도, 공정도, 계통도, 배치도, 관장치도 등이 있다.

(1) 도면의 종류

① 계통도(flow diagram) : 기기장치의 형상을 배관기호로 표시하고 주요 밸브, 온도, 유량, 압력 등을 기입한 도면이다.

② PID(pipe and instrument diagram) : 프로세스 PID도면과 유틸리티 PID도면으로 구분되고 관장치의 설계, 제작, 시공, 운전, 조작, 공정, 수정, 안전, 가격 산출 등에 큰 도움을 주기 위해 모두 주계통의 라인, 계기, 제어기 및 장치기기 등에서 필요한 모든 자료를 도시한 도면이다.

③ 관장치도(배관도) : 관장치 일부분 등을 실제 공장에서 제작, 설치, 시공할 수 있도록 PID를 기본도면으로 하여 그린 도면으로 스풀(spool drawing)이 있다.

(2) 일반배관 도시기호(관지지기호 포함)

① Y형 여과기(스트레이너)의 도시기호

명칭	기호	명칭	관지지	기호
맞대기용접	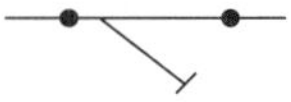	행거	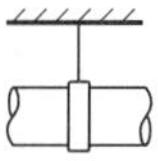	 H
소켓용접	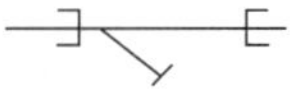	스프링행거	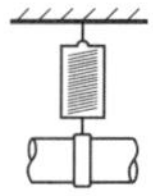	 SH
플랜지	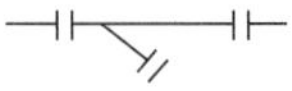	바닥지지		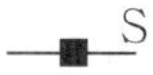 S
나사		스프링지지		 SS

② 일반배관의 도시기호

명칭	기호	명칭	기호
결연	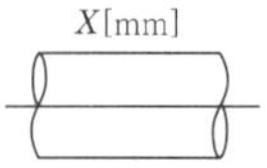 X[mm]	트랩	
보온관	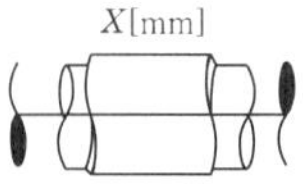 X[mm]	벤트	
인체 안전용 보온관	 PP	탱크용 벤트	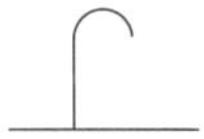
분리 가능관	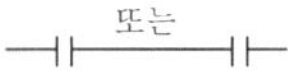 또는	**명칭**	**관지지**	**기호**
원추형 여과막		앵커		
평면형 여과막		가이드	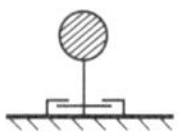	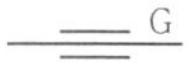 G
증기 가설관	X[mm]	슈	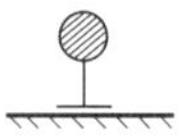	

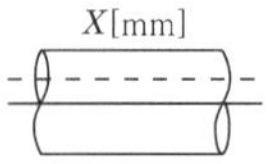

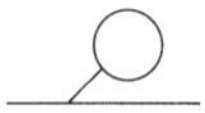

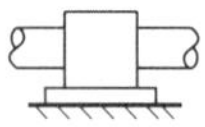

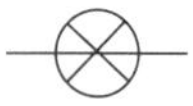

1.9 표면거칠기

1) 표면거칠기의 종류

① **산술평균거칠기(Ra)** : KS규격에서 권장하는 거칠기로서, 1999년 이전에는 이를 중심선평균거칠기라고 하였다. Ra 혹은 a로 표시하며 단위는 μm이다.

② **최대 높이거칠기(Ry)** : 단면곡선에서 기준길이를 잡고, 이 사이에 높은 곳(Rp)과 낮은 곳(Rv)의 차이를 측정한다. 1999년 이전에는 Rmax 혹은 s로 표시했으나, 지금은 Ry 혹은 s로 표시하며 단위는 μm이다.

③ **10점 평균거칠기(Rz)** : 기준길이 사이에서 가장 높은 산봉우리로부터 5번째 산봉우리까지의 표고(Y_p)의 절대값의 평균값과 가장 낮은 골바닥에서 5번째까지의 골바닥의 표고(Y_v)의 절대값의 평균값의 간격을 측정한다. Rz 혹은 z로 표시하며 단위는 μm이다.

④ **요철평균간격(S_m)** : 거칠기곡선에서 그 평균선의 방향에 기준길이만큼 뽑아내어 이 표본 부분에서 하나의 산 및 그것에 이웃한 하나의 골에 대응한 평균선의 길이의 합을 구하여 이 다수의 간격의 산술평균값을 mm로 나타낸 것이다.

⑤ **국부산봉우리 평균간격(S)** : 거칠기곡선에서 그 평균선의 방향에 기준길이만큼 뽑아내어 이 표본 부분에서 이웃한 국부산봉우리 사이에 대응하는 평균선의 길이(국부산봉우리의 간격)를 구하여 이 다수의 간격의 산술평균값을 mm로 나타낸 것이다.

⑥ 부하길이율(t_p) : 거칠기곡선에서 그 평균값의 방향으로 기준길이만큼 뽑아내어 이 표본 부분의 거칠기곡선을 산봉우리선에 평행한 절단레벨로 절단하였을 때에 얻어지는 절단길이의 합(η_p)의 기준길이에 대한 비를 백분율(%)로 나타낸 것이다.

2) 다듬질기호

① 다듬질기호를 학습하기 전에 다음과 같은 대상면 지시기호를 알아두어야 한다.

기호	의미
✓	절삭 등 제거가공의 여부가 문제되지 않는다.
▽	기계가공을 필요로 한다.
⌓	기계가공을 하지 않고 주조 및 단조 등의 상태로 두고, 단지 거스름 정도만을 제거하는 정도이다.

② 다듬질기호

기호	의미	기호	의미
—	가공이 없는 자연면	▽x	가공흔적이 거의 없는 보통 다듬면
⌓	주조면, 단조면의 거스름 제거 정도	▽y	고운 다듬면, 게이지의 측정면
▽w	가공흔적이 있는 거친 다듬면	▽z	정밀 다듬면, 래핑가공 광택이 남

3) 다듬질기호 및 표면거칠기의 표준값

다듬질기호		정도	사용 예	분류	Ry	Rz	Ra
⌓	/////	일체의 가공이 없는 자연면	압력에 견뎌야 하는 곳	자연면	특별히 규정하지 않음		
	⌢	고운 자연면을 그대로 두고 아주 거친 곳만 조금 가공	스패너자루, 핸들, 휠의 바퀴	주조면, 단조면			
▽w	▽	가공흔적이 남을 정도의 막다듬질	드릴가공면, 샤프트의 끝면	거친 다듬면	$100S$	$100Z$	$25a$
▽x	▽▽	가공흔적이 거의 없는 중다듬질	기어와 크랭크의 측면	보통(중간) 다듬면	$25S$	$25Z$	$6.3a$
▽y	▽▽▽	가공흔적이 전혀 없는 상다듬질	게이지의 측정면, 공작기계의 미끄럼면	고운 다듬면	$6.3S$	$6.3Z$	$1.6a$
▽z	▽▽▽▽	광택이 나는 고급다듬질	래핑, 버핑에 의한 특수 용도의 고급 플랜지면	정밀 다듬면	$0.8S$	$0.8Z$	$0.2a$

4) 면의 지시기호에 대한 각 지시기호의 위치

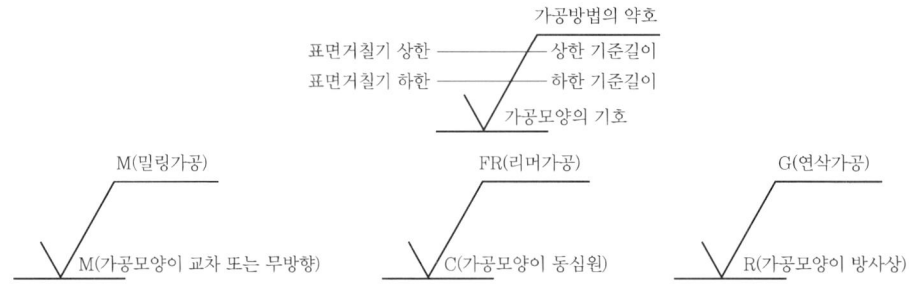

5) 표면거칠기를 표시하는 일반적인 사항

① 측정값은 μm로 나타낸다.
② 기입방법은 그림의 아래쪽 또는 오른쪽부터 읽을 수 있도록 기입한다.
③ 다듬질기호는 대상면을 나타내는 선, 연장선, 면의 치수보조선 등에 접하여 실체의 바깥쪽에 기입하며 필요한 경우 인출선에 기입해도 좋다.
④ 둥글기(필릿)부 또는 모따기부에 면의 지시기호를 기입할 때에는 반지름 또는 모따기를 나타내는 치수선을 연장한 지시선에 기입한다.
⑤ 둥근 구멍의 지름치수 또는 인출선을 사용하여 표시하는 경우에는 지름치수 다음에 기입한다.
⑥ 표면의 결의 기호는 되도록 치수를 지시한 투상도에 기입하고, 동일한 면에 대해서는 두 곳 이상의 위치에 기입하지 않는다.
⑦ 줄무늬방향을 지시할 때는 면의 지시기호의 오른쪽에 부기한다.
⑧ 부품 전체가 같은 다듬질기호일 때는 주투상도, 부품번호 혹은 표제란 등의 곁에 기입한다.
⑨ 1개의 부품에서 대부분이 동일한 표면의 결이고, 일부분만이 다를 경우에는 공통이 아닌 기호를 해당되는 면 위에 기입함과 동시에 공통인 결의 기호 다음에 묶음표를 붙여서 면의 지시기호만을 기입하든지, 공통이 아닌 기호를 나란하게 기입하든지 한다.
⑩ 면의 지시기호를 여러 곳에 반복해서 기입하는 경우 또는 기입하는 여지가 한정되어 있는 경우에는 대상면에 면의 지시기호와 알파벳 소문자로 기입하고 그 뜻을 주투상도, 부품번호, 표제란 등의 곁에 기입한다.
⑪ 둥글기부 또는 모따기부에 면의 지시기호를 기입하는 경우 이들 부분에 접속되는 2개의 면 중에서 어느 것이든 한쪽의 거친 면과 같아도 되는 경우에는 이 기호를 생략해도 좋다.
⑫ 표면거칠기를 기어에 기입할 때는 측면도의 잇봉우리에 따라서 기입하지 않고 피치선에 기입할 수도 있다.

1.10 치수공차

1) 용어정리
① 실치수 : 실제 제품을 측정한 치수(mm)
② 기준선 : 치수허용차의 기준이 되는 선이며, 치수허용차가 '0'인 직선으로 기준치수를 나타낼 때 사용
③ 기준치수 : 두 점 사이의 거리를 실제 측정한 치수로서, 위치수허용차 및 아래치수허용차를 적용하는데, 허용한계치수가 주어지는 기준이 되는 치수
④ 허용한계치수 : 허용할 수 있는 최대 및 최소의 2개의 극한치수(최대 허용치수와 최소 허용치수)
⑤ 최대 허용치수 : 제품에 있어서 허용되는 최대 치수

$$최대\ 허용치수 = 기준치수 + 위치수허용차$$

⑥ 최소 허용치수 : 제품에 있어서 허용되는 최소 치수

$$최소\ 허용치수 = 기준치수 + 아래치수허용차$$

⑦ 위치수허용차 : 기준치수에서부터 최대로 허용이 되는 공차

$$위치수허용차 = 최대\ 허용치수 - 기준치수$$

⑧ 아래치수허용차 : 기준치수에서부터 최소로 허용이 되는 공차

$$아래치수허용차 = 최소\ 허용치수 - 기준치수$$

⑨ 치수공차(공차폭) : 최대 허용치수와 최소 허용치수의 차이로서, 허용되는 공차 전체의 값

$$치수공차 = 최대\ 허용치수 - 최소\ 허용치수$$

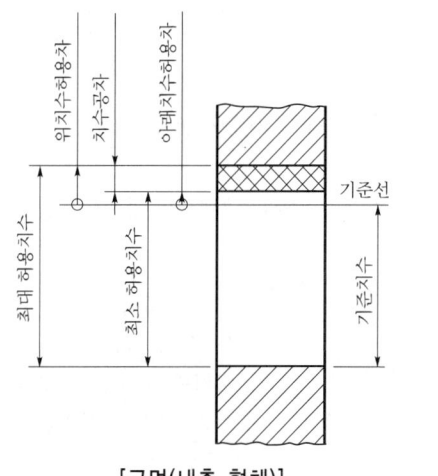
[구멍(내측 형체)]

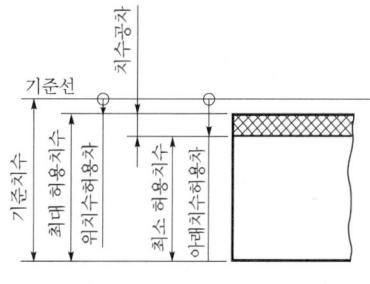
[축(외측 형체)]

2) IT 기본공차

치수공차방식·끼워맞춤방식으로 전체의 기준치수에 대하여 동일 수준에 속하는 치수공차의 한 그룹을 공차등급이라고 한다. 기본공차의 등급을 01급, 0급, 1급, 2급, …, 18급으로 총 20등급으로 구분하여 규정한다. 다음 표는 IT공차 적용 구분표로, 축의 등급이 구멍등급보다 한 등급이 높다.

구분	게이지제작공차	끼워맞춤공차	끼워맞춤 이외의 공차
구멍	IT 1급~IT 5급	IT 6급~IT 10급	IT 11급~IT 18급
축	IT 1급~IT 4급	IT 5급~IT 9급	IT 10급~IT 18급

3) 구멍과 축의 IT공차역

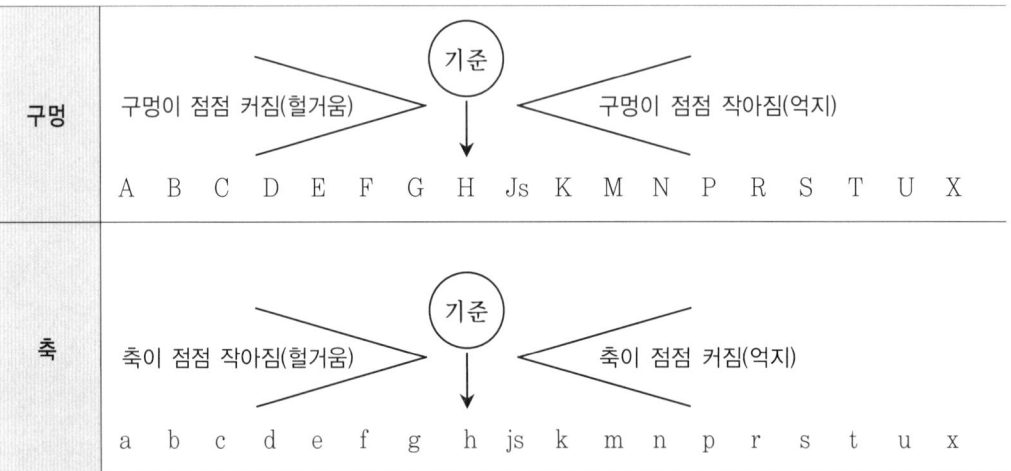

① 구멍은 알파벳의 대문자로, 축은 소문자로 표기한다.
② H, h가 들어가면 기준이 된다.
③ 구멍의 경우 알파벳 H 이하로 갈수록 구멍이 점점 커지고(헐거움), H 이상으로 갈수록 구멍이 점점 작아진다(억지).
④ 축의 경우 알파벳 h 이하로 갈수록 축이 점점 작아지고(헐거움), h 이상으로 갈수록 축이 점점 커진다(억지).
⑤ Js(구멍), js(축)의 경우는 위치수허용차와 아래치수허용차의 절댓값이 같다.
⑥ 적용 예

구멍	축	상호관계
$\phi 50H7$	$\phi 50g6$	구멍기준 헐거운 끼워맞춤
$\phi 50H7$	$\phi 50p6$	구멍기준 억지 끼워맞춤
$\phi 50G6$	$\phi 50h7$	축기준 헐거운 끼워맞춤
$\phi 50N6$	$\phi 50h7$	축기준 억지 끼워맞춤

4) 공차의 기입 예

(1) 일반 공차 기입방법

$$100 \begin{matrix} +0.25 \\ -0.15 \end{matrix} \leftarrow \text{위치수허용차} \\ \leftarrow \text{아래치수허용차}$$

(기준치수)

(2) IT공차 기입방법

① 구멍의 IT공차 기입
  ㉠ 100H7 : 기준치수 100인 구멍의 H7등급의 공차
  ㉡ 200H8 : 기준치수 200인 구멍의 H8등급의 공차
② 축의 IT공차 기입
  ㉠ 50h6 : 기준치수 50인 축의 h6등급의 공차
  ㉡ 125g5 : 기준치수 125인 축의 g5등급의 공차

(3) 한계치수공차 기입방법

$$100.25 \leftarrow \text{최대 허용치수}$$
$$99.85 \leftarrow \text{최소 허용치수}$$

1.11 끼워맞춤

1) 틈새와 죔새

① 틈새 : 구멍의 치수가 축의 치수보다 클 때의 치수로서, 헐거운 끼워맞춤이 된다.

  최소 틈새=구멍의 최소 허용치수−축의 최대 허용치수
  최대 틈새=구멍의 최대 허용치수−축의 최소 허용치수

② 죔새 : 구멍의 치수가 축의 치수보다 작을 때의 치수로서, 억지 끼워맞춤이 된다.

  최소 죔새=축의 최소 허용치수−구멍의 최대 허용치수
  최대 죔새=축의 최대 허용치수−구멍의 최소 허용치수

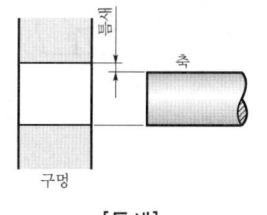

[틈새]　　　　　[죔새]

2) 끼워맞춤

① **헐거운 끼워맞춤** : 구멍의 최소 치수가 축의 최대 치수보다 큰 경우의 끼워맞춤으로 미끄럼 운동이나 회전운동이 필요한 부분에 적용된다.

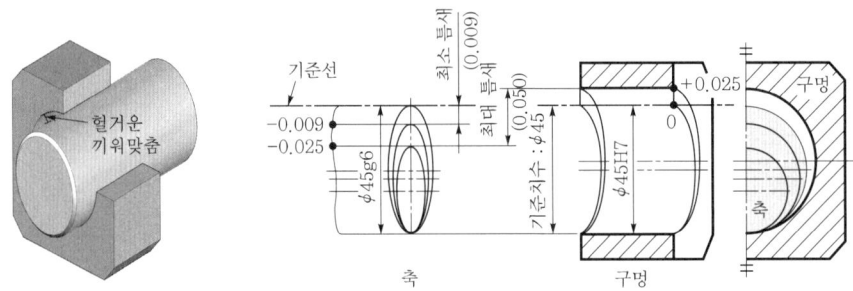

② **억지 끼워맞춤** : 구멍의 최대 치수가 축의 최소 치수보다 작은 경우로서 항상 억지 끼워맞춤의 상태로서 물려 있는 부품이나 반영구적인 곳에 적용된다.

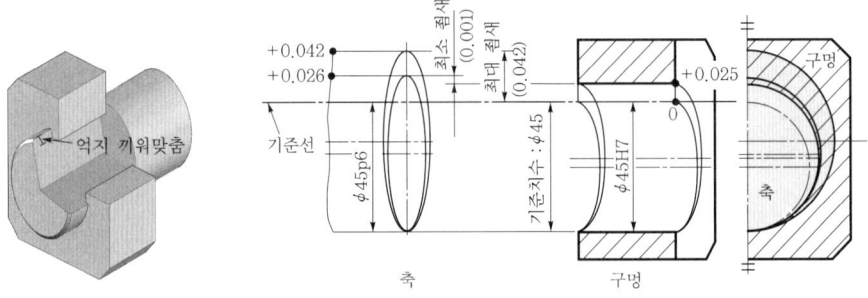

③ **중간 끼워맞춤** : 구멍과 축의 실제 치수에 따라 죔새와 틈새가 생기는 끼워맞춤으로 헐거운 끼워맞춤이나 억지 끼워맞춤으로는 얻을 수 없는 틈새나 죔새를 얻는 데 적용된다. 베어링 등 정밀 부분의 조립에 적용된다.

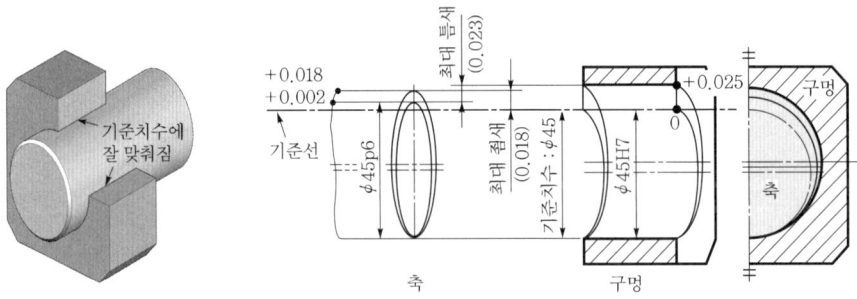

3) 구멍 또는 축기준식 끼워맞춤

① **구멍기준 끼워맞춤** : 구멍의 아래치수허용차가 '0'인 끼워맞춤방식으로, H기호의 구멍인 경우에 해당된다.

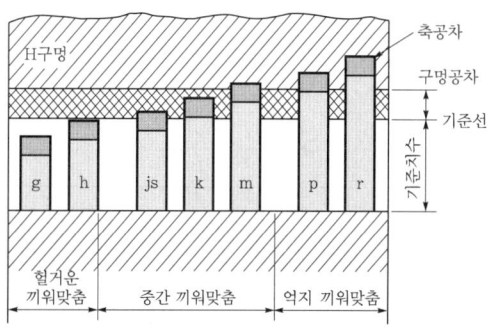

기준 구멍	축의 공차범위클래스													
	헐거운 끼워맞춤					중간 끼워맞춤			억지 끼워맞춤					
H6					g5	h5	js5	k5	m5					
					f6	g6	h6	js6	k6	m5	n6	p6		
H7					f6	g6	h6	js6	k6	m5	n6	p6	r6	s6	t6	u6	x6
			e7	f7			h7	js7						
H8					f7		h7							
			e8	f8			h8							
			d9	c9										
H9			d8	e8			h8							
		c9	d9	e9			h9							
H10	b9	e9	d9											

② **축기준 끼워맞춤** : 축의 위치수허용차가 '0'인 끼워맞춤방식으로, h기호의 축인 경우에 해당된다.

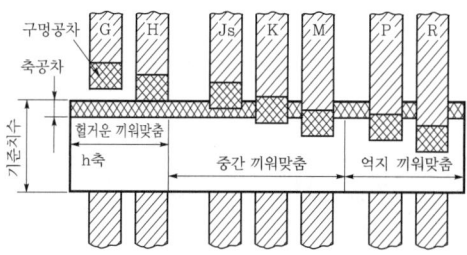

기준축	구멍의 공차범위클래스														
	헐거운 끼워맞춤				중간 끼워맞춤					억지 끼워맞춤					
h5				H6	Js6	K5	M5	N6	P6						
h6		F6	G6	H6	Js6	K6	M5	N6	P6						
		F7	G7	H7	Js7	K7	M7	N7	P7	R7	S7	T7	U7	X7	
h7	E7	F7		H7											
		F8		H8											
h8	D8	E8	F8	H8											
	D9	E9		H9											
h9		D8	E8	H8											
	C9	D9	E9	H9											
	B10	C10	D10												

✓ 학습 POINT

구멍과 축의 끼워맞춤

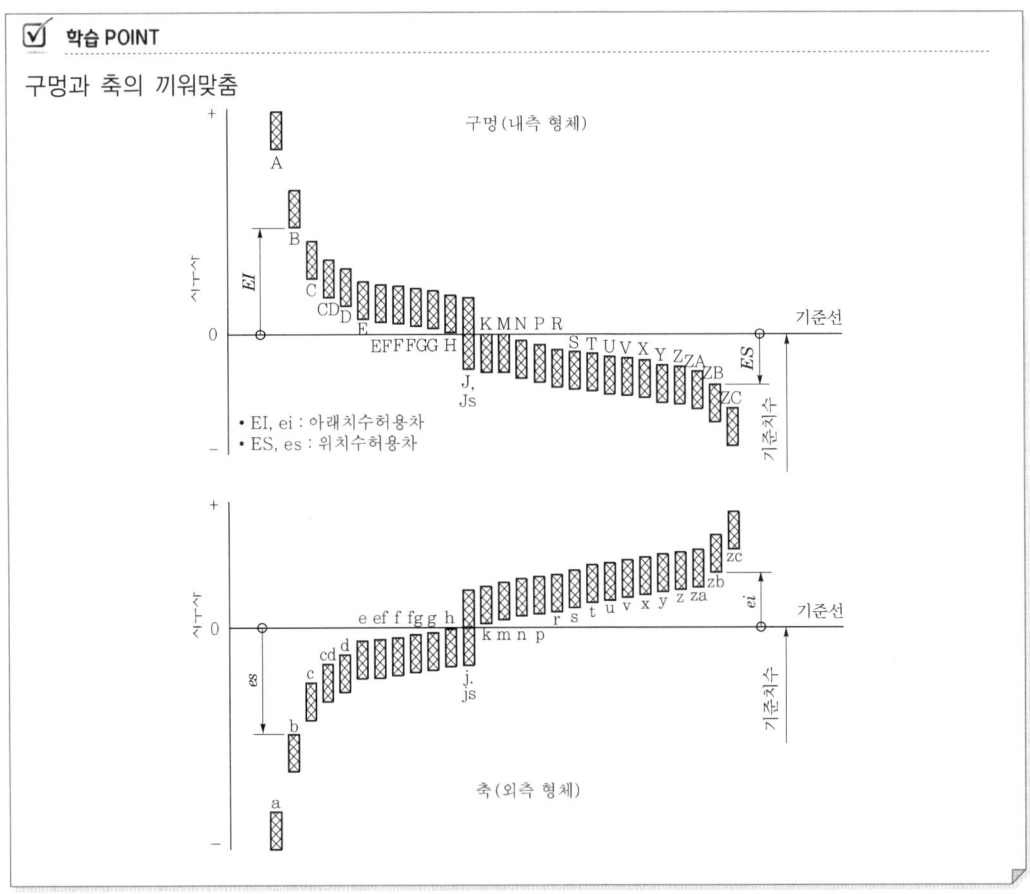

- EI, ei : 아래치수허용차
- ES, es : 위치수허용차

1.12 기하공차

1) 기하공차의 종류와 기호(KS B 0608)

적용하는 형체	공차의 종류		기호
단독 형체 (데이텀 불필요)	모양공차	진직도	—
		평면도	▱
		진원도	○
		원통도	⌭
단독 형체 또는 관련 형체		선의 윤곽도	⌒
		면의 윤곽도	⌓
관련 형체 (데이텀 필요)	자세공차	평행도	//
		직각도	⊥
		경사도	∠
	위치공차	위치도	⊕
		동심도	◎
		대칭도	≡
	흔들림공차	원주흔들림	↗
		온흔들림	↗↗

① **진직도**(straightness) : 실제 직선과 이상직선의 차를 말한다.
② **평면도**(flatness) : 실제 평면과 이상평면의 차 혹은 기하학적인 이상평면으로부터 허용될 수 있는 실제 면의 편차를 말한다.
③ **진원도**(roundness) : 실제 원형과 이상진원의 차를 말한다. 구를 측정할 때는 진원도 대신에 진구도(spherocity)라는 용어가 사용된다.
④ **원통도**(cylindricity) : 실제 원통면과 이상원통면의 차를 말한다. 원통도는 진직도, 평행도, 진원도를 복합한 기하공차이다.
⑤ **선의 윤곽도**(profile of any line) : 이론적으로 정확한 치수에 의해 정해진 기하학적 상태에서의 선의 윤곽차를 말한다.
⑥ **면의 윤곽도**(profile of any surface) : 선의 윤곽도와 같은 조건의 면의 윤곽의 차를 말한다.
⑦ **평행도**(parallelism) : 평행해야 할 직선과 직선, 직선과 평면, 평면과 평면 등의 조합에서 이들의 한쪽을 기준으로 하여 이 기준에 대한 평행한 이상직선 또는 이상평면에서 다른 쪽의 직선 또는 평면의 차를 말한다. 평행도는 둘 또는 그 이상의 면이나 직선이 모든 점에서 같은 거리에 있을 조건이다.

⑧ 직각도(squareness or perpendicularity) : 직각이어야 할 직선과 직선, 직선과 평면, 평면과 평면 등의 조합에서 이들의 한쪽을 기준으로 하여 이 기준에 대한 직각인 이상직선 또는 이상평면에서 다른 쪽의 직선 부분 또는 평면 부분의 차를 말한다.

⑨ 경사도(angularity) : 이론적으로 정확한 각도를 가진 직선이나 평면의 조합에서 이들의 한쪽을 기준으로 할 때의 다른 한쪽의 직선이나 평면의 차를 말한다.

⑩ 위치도(position) : 점, 직선, 평면을 기준으로 하는 부분의 정확한 위치에서의 차를 말한다.

⑪ 동심도(concentricity) : 같은 직선상에 있을 축선과 기준축의 차이며 동축도라고도 한다. 동심도와 유사한 것으로 편심도(eccentricity)가 있는데, 원통의 경우 허용되는 편심량은 허용되는 동심도의 절반이고, 따라서 동심도의 인디케이터판독값은 편심도의 2배이다.

⑫ 대칭도(symmetry) : 기준축선 또는 기준중심면에 대해 서로 대칭이 될 수 있는 부분위치에서의 차를 말한다.

⑬ 원주흔들림(run out) : 기준축선 주위에 기계 부분을 회전시킬 때 고정점에 대하여 그 표면의 지정된 방향으로 위치가 변하는 크기를 말한다. 흔들림공차역은 데이텀축직선에 수직한 임의의 측정평면 위에서 데이텀축직선과 일치하는 중심을 갖고 반지름방향으로 원주흔들림으로 규제된 공차만큼 떨어진 두 개의 동심원 사이의 영역이다.

⑭ 온흔들림(total run out) : 데이텀을 기준으로 규제 형체 표면의 두 방향에 적용되는 공차를 말한다. 원형방향과 직선방향에 모두 적용되는 흔들림공차이다.

2) 재료조건(material condition)

① 최대 실체조건(MMC) : 최대 질량의 실체를 갖는 조건이며 Ⓜ으로 표시한다. 형체의 실체가 최대가 되는 쪽의 허용한계치수로서 내측 형체에 대해서는 최소 허용치수를, 외측 형체에 대해서는 최대 허용치수를 의미한다. 최대 실체공차방식에서 외측 형체에 대한 실효치수의 식은 '최대 실체치수 + 기하공차'이다.

② 최소 실체조건(LMC) : 최소 질량의 실체를 갖는 조건 Ⓛ로 표시한다. 형체의 실체가 최소가 되는 쪽의 허용한계치수로서 내측 형체에 대해서는 최대 허용치수를, 외측 형체에 대해서는 최소 허용치수를 의미한다.

③ 형체치수무관계(RFS) : 규제기호로 Ⓢ를 사용하였으나 현재는 표시하지 않는다.

3) 기하공차의 부가기호

표시하는 기호		기호
공차붙이 형체	직접 표시하는 경우	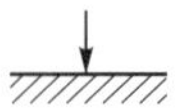
	문자기호에 의하여 표기하는 경우	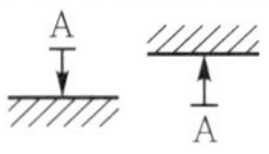

표시하는 기호		기호
데이텀	직접 표시하는 경우	
	문자기호에 의하여 표기하는 경우	
데이텀표적 기입틀		
이론적으로 정확한 치수		50 · 직사각형 테두리를 표시
돌출공차역		Ⓟ
최대 실체공차방식(MMS)		Ⓜ · 최대 질량의 실체를 갖는 조건
최소 실체조건		Ⓛ · 최소 질량의 실체를 갖는 조건
형체치수무관계(RFS)		Ⓢ · 규제기호로 표시하지 않음

4) 기하공차의 표시

① **기하공차의 기본표시** : 기하공차의 표시는 공차기입틀을 두 구획 이상으로 한다.

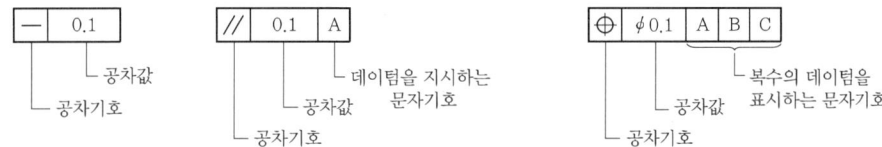

② 동일한 여러 개의 형상 또는 다수 개의 공차 표시

(a) 구멍의 공차 표시방법   (b) 2개 이상의 공차 표시방법

③ 공차에 의해 규제되는 형상의 표시

　㉠ 선 또는 면 자체에 공차를 직접 지정하는 경우

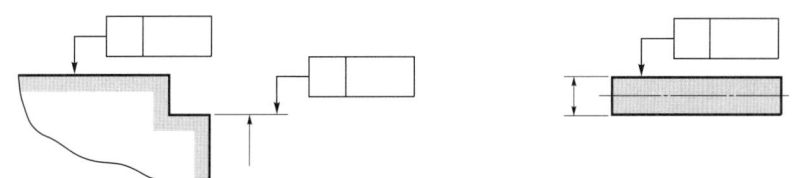

(a) 면 또는 외형선의 연장선 위에 공차를 지정하는 경우 (b) 면 자체에 공차를 지정하는 경우

ⓒ 축선 또는 중심선에 공차를 지정하는 경우

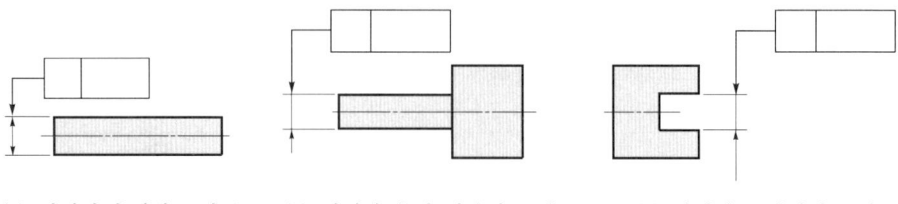

(a) 형체의 축선에 공차를 지정하는 경우
(b) 형체의 축선 일부에 공차를 지정하는 경우
(c) 형체의 중심면에 공차를 지정하는 경우

ⓒ 공통의 축선 또는 중심선에 공차를 지정하는 경우

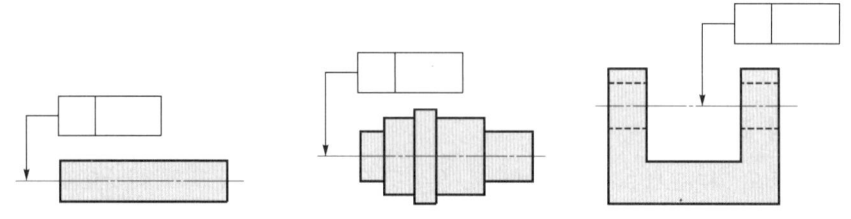

(a) 형체의 축선에 공차를 지정하는 경우
(b) 형체의 공통축선에 공차를 지정하는 경우

ⓔ 여러 개의 반복되는 형상에 공차를 지정하는 경우

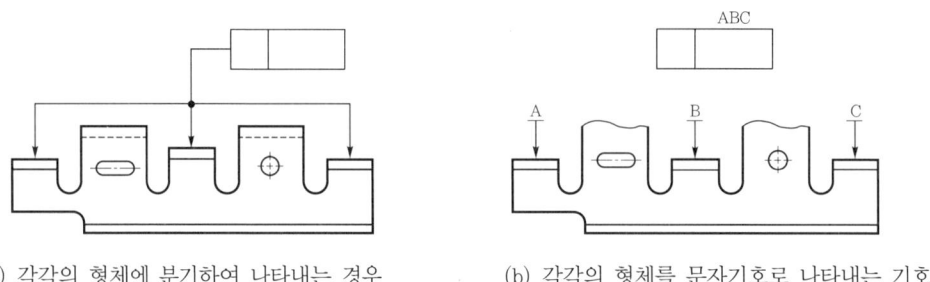

(a) 각각의 형체에 분기하여 나타내는 경우
(b) 각각의 형체를 문자기호로 나타내는 기호

5) 데이텀의 표시

데이텀은 기하공차를 지시할 때 그 기하공차값의 기준이 되는 선 또는 면이 된다.
① 데이텀의 표시방법
　㉠ 데이텀은 사각형 안에 알파벳으로 기호를 붙여 구분하고, 데이텀 삼각기호를 붙여서 나타낸다.
　ⓒ 데이텀 삼각기호는 까맣게 채우거나 채우지 않고 사용할 수 있다.

(a) 데이텀 삼각기호를 까맣게 칠한 경우
(b) 데이텀 삼각기호를 칠하지 않은 경우

ⓒ 데이텀 삼각기호는 면 또는 선을 직접 지시하거나 치수보조선이나 중심선을 연장하여 지시할 수 있다.

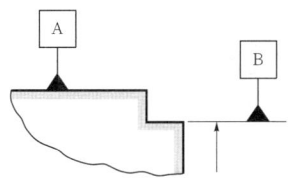

② 데이텀표시의 예
  ㉠ 치수선의 연장으로 표시할 때

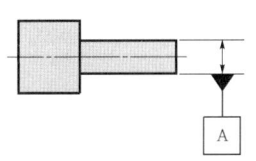 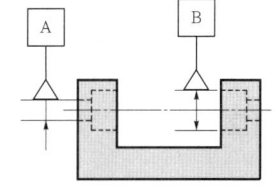

  (a) 치수가 지정되어 있는 형체의 축의 직선이 데이텀인 경우
  (b) 치수선의 화살표를 치수보조선 또는 외형선의 바깥쪽으로부터 기입한 경우

  ㉡ 중심선의 연장으로 표시할 때

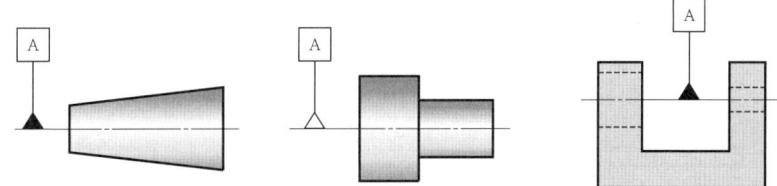

  ㉢ 기하공차의 지시와 데이텀의 기준면을 함께 표시할 때

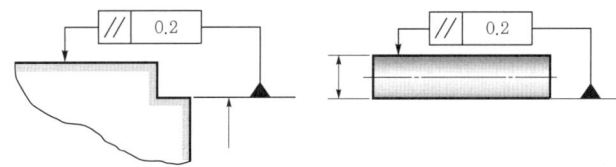

  ㉣ 일정 부분에 대해서만 기하공차를 적용할 때

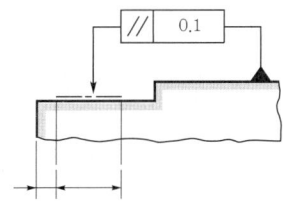

Chapter 1. 기계제도 및 설계 · **37**

1.13 가공기호 및 약호

1) 가공방법의 약호

가공방법	I	II	가공방법	I	II	가공방법	I	II
선반가공	L	선반	평삭반가공	P	평삭	벨트샌딩가공	GB	포연
밀링가공	M	밀링	형삭반가공	SH	형삭	스크레이퍼다듬질	FS	스크레이퍼
드릴가공	D	드릴	호닝가공	GH	호닝	래핑다듬질	FL	래핑
리머가공	FR	리머	액체호닝가공	SPL	액체호닝	줄다듬질	FF	줄
보링머신가공	B	보링	배럴연마가공	SPBR	배럴	페이퍼다듬질	FCA	페이퍼
브로치가공	BR	브로치	버프다듬질	FB	버프	주조	C	주조
연삭가공	G	연삭	블라스트다듬질	SB	블라스트	–	–	–

2) 줄무늬방향의 기호

기호	=	M
의미	가공에 의한 커터의 줄무늬방향이 기호를 기입한 그림의 투상면에 평행	가공에 의한 커터의 줄무늬가 여러 방향으로 교차 또는 무방향
가공면	셰이핑 등	래핑, 슈퍼피니싱, 정면밀링(가로이송), 엔드밀링 등
설명도	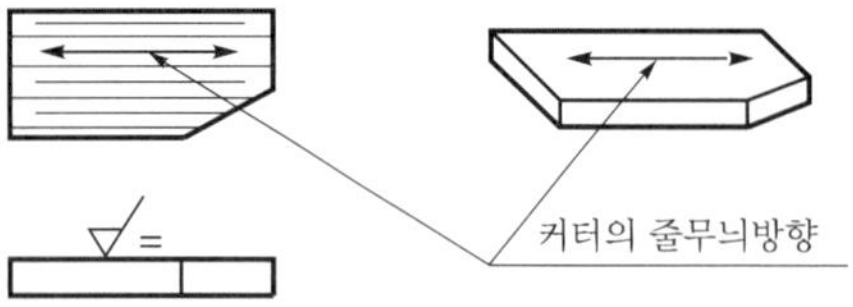	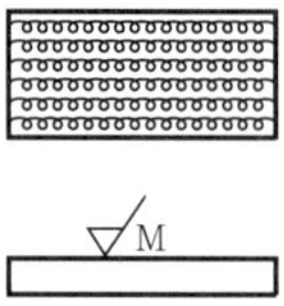
기호	⊥	C
의미	가공에 의한 커터의 줄무늬방향이 기호를 기입한 그림의 투상면에 직각	가공에 의한 커터의 줄무늬가 기호를 기입한 면의 중심에 대하여 거의 동심원모양
가공면	셰이핑(측면관점), 선삭, 원통연삭 등	끝면(포인트)절삭 등
설명도	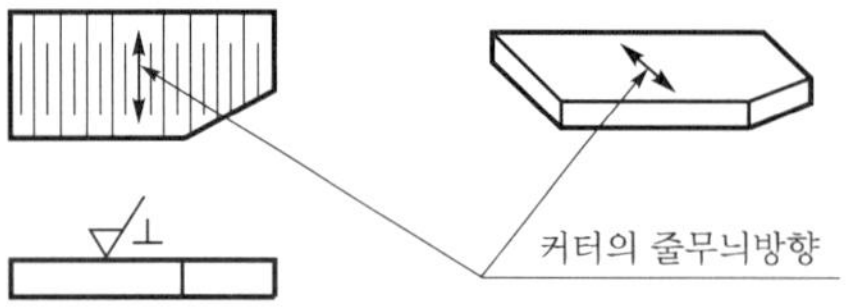	

기호	X	R
의미	가공에 의한 커터의 줄무늬방향이 기호를 기입한 그림의 투상면에 경사지고 두 방향으로 교차	가공에 의한 커터의 줄무늬가 기호를 기입한 면의 중심에 대하여 거의 레이디얼(방사상)모양
가공면	호닝 등	
설명도		

3) 구멍가공과 끼워맞춤 연관기호

기호	뜻
┼	공장에서 드릴가공 및 끼워맞춤을 하고, 카운터 싱크가 없는 것
⚹	공장에서 드릴가공, 현장에서 끼워맞춤을 하고, 먼 면에 카운터 싱크가 있는 것
⚹	현장에서 드릴가공 및 끼워맞춤을 하고, 먼 면에 카운터 싱크가 있는 것
⚹	현장에서 드릴가공 및 끼워맞춤을 하고, 양쪽 면에 카운터 싱크가 있는 것
⚹	공장에서 드릴가공 및 끼워맞춤을 하고, 가까운 면에 카운터 싱크가 있는 것
⚹	현장에서 드릴가공 및 끼워맞춤을 하고, 카운터 싱크가 없는 것

2 형상모델링(기하학적 모델링(2D/3D))

물체를 표현하는 형상모델링(geometrical modeling)은 컴퓨터 내부의 구조에 부여하는 방법을 의미한다.

2.1 3D(3차원)에서 모델링방법

1) **와이어프레임모델(wire frame model)**
   ① 선(line)으로 표현하고 선을 해독하여 형상을 유추 해석하는 모델링이다.
   ② 물체의 형상을 철사 줄로 엮어서 만든 모양으로 2D/3D형상을 점과 선으로 표현한다.

(1) 장점
① 형상모델링작업이 용이하다.　② 데이터 구조가 간단하다(데이터 용량이 작다).
③ 투시도 작성이 쉽다.　④ 처리속도가 빠르다.

(2) 단점
① 해설용 모델로 부적합하다.
② 물리적 성질의 계산(질량 및 관성모멘트)이 불가능하다.
③ 단면도 작성 시 숨은선(은선) 제거가 불가능하다.

2) 서피스모델(surface model)
와이어프레임모델이 선(line)으로 둘러싸인 부분을 면(surface)으로 정의하는 방식이다.

(1) 장점
① 단면도 작성이 가능하다.
② 은선 제거가 가능하다.
③ NC(Numerical Control)형상과 가공데이터를 얻을 수 있다.
④ 면과 면의 교선을 구할 수 있다.

(2) 단점
① 물리적 성질의 계산이 불가능하다.
② FEM(유한요소법)의 적용을 위한 해석모델이 어렵다.

3) 솔리드모델(solid model)
사용자가 좀 더 명확하고 오류 없이 물체를 이해할 수 있도록 물체를 솔리드(solid)형태로 디스플레이(display)하는 기법이다.

(1) 특징
① 물리적 성질의 계산이 가능하다.
② 단면도 작성이 쉽다.
③ 정확한 형체표현이 가능하다.
④ 메모리 및 데이터 처리가 크다.
⑤ 간섭(interference) 체크가 용이하다.
⑥ 불리언(boolean)연산을 통한 복잡한 형상표현이 가능하다.

(2) 솔리드모델링의 2가지 표현방식
① B-rep(Boundary representation)방식　② CSG(Constructive Solid Geometry)방식

[B-rep와 CSG의 비교]

구분	B-rep	CSG
데이터 작성	곤란	용이
데이터 구조	복잡	간단
필요메모리양	많다	적다
데이터 수정	곤란	용이
3면도 투시도 작성	용이	곤란
전개도 작성	용이	곤란
중량 계산	곤란(적분 계산법)	용이(몬테카를로법)
표면적 계산	용이	곤란
FEM 솔리드	곤란	용이
FEM 표면적	용이	곤란

※ FEM(유한요소법) : 공학분야에서 응용되는 근사적 계산방법으로 물체를 수천개의 부분으로 쪼개어 각각의 조각을 계산하는 방법

2.2 CAD시스템에 의한 성형 처리

1) 점(point)의 정의

① Cursor control방법 이용
② 절대좌표, 상대좌표, 극좌표에 의한 키보드 좌표 입력
③ 존재하는 요소의 끝점(end), 중앙점(mid), 중심점(center)
④ 두 요소의 교차점

2) 선(line)의 정의

① 임의의 두 점으로 표현
② 절대좌표, 상대좌표, 극좌표에 의한 키보드 좌표 입력
③ 두 요소의 끝점, 중앙점, 중심점 등을 연결한 선
④ 모따기 한 선(chamfer line)
⑤ 일정 간격에 의한 평행선(offset line)
⑥ 두 곡선(원)에 접하는 선(접선)

3) 원호(arc) 및 원(circle)의 정의

① 임의의 세 점을 지나는 원호
② 시작점, 끝점, 반지름에 의한 원호
③ 시작점, 중심점, 각도에 의한 원호
④ 시작점, 중심점, 끝점에 의한 원호
⑤ 두 요소의 라운딩 부분(fillet arc)

4) 원추곡선(conics), 타원(ellipses), 포물선(parabolas), 쌍곡선(hyperbolas)
① 3개의 점과 접점으로 구성
② 5개의 점으로 표시

5) 곡선(curves)
① 주어진 데이터의 점을 통과하는 spline곡선
② 베지어곡선(Bezier curve)
③ B스플라인곡선(B-spline curve)

6) 면(surface)
① 2개의 정의된 곡선(curve)의 한 면(rule surf)
② 축을 중심으로 회전시키는 면(rev surf)
③ 4개의 커브에 의한 면(edge surf)
④ 1개의 커브에 의한 1개의 진행방향 벡터에 의한 면(top surf, sweep)

7) CAD S/W에 의한 작업

(1) 도형의 변환(transformation)
CAD시스템에는 도형의 이동, 회전, 대칭 확대, 축소 복사 등의 도형 조작이 가능하다.
① 이동(translation) : 이동은 선택한 도형을 지정한 거리만큼 지정방향으로 움직이는 기능이다. → move
② 복사(copy) : 복사는 지정된 도형요소를 복사하여 원래의 물체와 새로운 물체를 만든다. → copy, array(이동, 복사)
③ 회전(rotate) : 회전은 회전축과 회전각 지정에 의한 물체의 움직임이다. → rotate array (회전, 복사)
④ 반전(대칭, mirror, symmetry)

(2) 도형의 겹침(level = layer = class)
CAD시스템도형을 구성하는 데이터를 몇 개의 층으로 구별하여 관리하는 기능으로, 복잡한 도면의 간소화, 조립도 표시 등에 유리하다.

3 체결요소 설계

3.1 나사(screw)

1) 나사의 종류

(1) 삼각나사(체결용 나사)

① 미터나사(metric screw, 나사산의 각(α)=60°) : 피치(p)는 mm단위로 쓰며, 호칭치수는 바깥지름(외경)을 mm로 나타낸다.
  예 M32-3 : 'M'은 미터나사를, '32'는 바깥지름(외경) 32mm를, '3'은 피치 3mm를 의미한다.

② 유니파이나사(unified screw, 나사산의 각(α)=60°) : 호칭치수는 바깥지름을 inch(인치)로 표시한 값과 1인치당 나사산의 수로 나타낸다. 유니파이나사는 ABC나사라고도 하며, 유니파이 가는 나사(UNF)와 유니파이 보통나사(UNC)가 있다.
  예 $\frac{1}{4}$-20UNC : '$\frac{1}{4}$'은 바깥지름 $\frac{1}{4}$인치를, '20'은 1inch(인치)당 나사산의 수를, 'UNC'는 유니파이 보통나사를 의미한다.

③ 휘트워스나사(Whitworth screw, 나사산의 각(α)=55°) : 인치계열 나사로 가장 오래된 영국 표준형 나사이다. 우리나라 KS규격에서는 1971년 폐지된 나사이다.

④ 관용나사(pipe screw, 나사산의 각(α)=55°) : 파이프를 연결할 때 누설을 방지하고 기밀을 유지하기 위해 사용되는 나사로써 관용테이퍼나사(PT)와 관용평행나사(PF)가 있다.

⑤ 셀러나사(Selle's screw, 나사산의 각(α)=60°) : 미국 표준 나사라고도 부르며, 산마루와 골이 각각 $\frac{p}{8}$로 평행하게 깎여져 있으며 미국기계에 많이 사용된다.

(2) 운동 및 동력 전달용 나사

① 사각나사(square screw, 나사산의 각(α)=90°) : 나사산의 모양이 정사각형에 가까운 모양이며, 용도는 잭(jack)나 프레스(press) 등의 운동 부분에 적합하며 교번하중을 받을 때 효과적인 운동용 나사이다.

② 사다리꼴나사(trapezoidal screw, 애크미나사) : 스러스트를 전달시키는 운동용 나사로는 순수 사각나사가 우수하나 제작이 곤란해서 사다리꼴로 대응한 나사이다. 나사산의 각은 미터계(TM)에서는 30°, 인치계(TW)에서는 29°로 정하고 있으며, 공작기계의 이송나사(feed screw), 리드 스크루(lead screw)로 널리 쓰인다.

③ 톱니나사(buttress screw) : 나사산의 단면이 톱니모양이며 삼각나사와 사각나사의 장점만을 공통으로 취한 나사로써, 나사산의 각도는 45°와 30°가 있다. 경사 단면이 없는 면에서 한쪽으로 집중하중이 작용하여 동력을 전달하는 나사이다.

④ 너클나사(round screw, 둥근나사, 나사산의 각(α)=30°) : 먼지, 모래, 녹 등이 나사산에 들어갈 염려가 있는 곳에 사용한다.
⑤ 볼나사(ball screw) : 수나사, 암나사 양쪽에 홈을 파서 2개 홈이 막대에 향하도록 맞대어 홈 사이에 수많은 볼을 배치한 나사이다. 적용은 자동차의 스티어링부(steering), NC공작기계 이송나사, 항공기 이송나사, 공업용 카메라 초점 조정용, 잠망경 등에 사용된다.

[볼나사의 장단점]

장점	단점
• 나사효율이 좋다.	• 자동체결이 곤란하다.
• 먼지에 대한 손상이 적다.	• 피치가 매우 커진다.
• 백래시를 작게 할 수 있다.	• 너트의 크기도 커진다.
• 윤활에 크게 주의할 필요가 없다.	• 고속에 소음이 발생한다.
• 고정밀도를 오래 유지할 수 있다.	• 가격이 비싸다.

(3) 기타 나사

① 작은나사(machine screw) : 지름 8mm 이하의 작은 나사로서, 힘을 많이 받지 않는 작은 부분과 얇은 판자 등을 붙이는데 사용되며, 머리 부분에는 드라이버로 죌 수 있도록 일자(-)홈 또는 십자(+)홈이 파여 있다.
② 멈춤나사(set screw) : 보스와 축을 고정시키고, 축에 끼워 맞춰진 기어와 폴리의 설치위치의 조정 및 키의 대용으로 쓰인다. 끝의 마찰, 걸림 등에 의하여 정지작용을 한다.

$$d = \frac{D}{8} + 0.8 [\text{cm}]$$

여기서, d : 멈춤나사의 지름(cm), D : 축지름(cm)

③ 태핑나사(tapping screw) : 끝을 침단 담금질하여 단단하게 한 작은나사의 일종으로써, 얇은 판이나 무른 재료에 암나사를 만들면서 죄어진다.

2) 리드와 피치

① 리드(lead, l) : 나사를 한 바퀴 돌릴 때 축방향으로 이동한 거리
② 피치(pitch, p) : 서로 인접한 나사산과 나사산 사이의 수평거리

$$l = np [\text{mm}]$$

여기서, n : 줄 수(1줄나사이면 $l=p$, 2줄나사이면 $l=2p$)

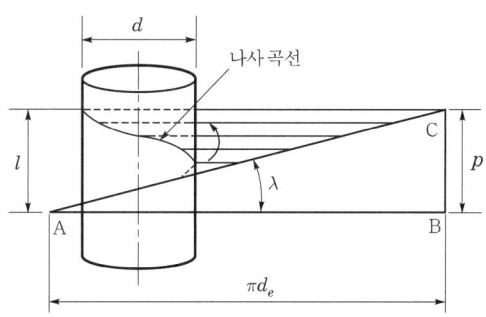

$$\tan\lambda = \frac{p}{\pi d_e}$$

$$경사각 = 리드각(\lambda) = \tan^{-1}\left(\frac{p}{\pi d_e}\right)$$

3) 나사의 효율(efficiency of thread, η)

① 사각나사의 효율(η)

$$\eta = \frac{\text{마찰이 없는 경우 회전력}(P_o)}{\text{마찰이 있는 경우 회전력}(P)} = \frac{\tan\lambda}{\tan(\lambda+\rho)}$$

② 삼각나사의 효율(η)

$$\eta = \frac{\tan\lambda}{\tan(\lambda+\rho')}$$

$$\tan\rho' = \mu' = \frac{\mu}{\cos\frac{\alpha}{2}}$$

여기서, μ' : 상당(유효=등가)마찰계수

③ 나사가 스스로 풀리지 않는 한계는 $\lambda = \rho$ 이므로

$$\eta = \frac{\tan\rho}{\tan 2\rho} = \frac{\tan\rho(1-\tan^2\rho)}{2\tan\rho} = \frac{1}{2}(1-\tan^2\rho)$$

따라서 자립상태를 유지하는 나사의 효율은 반드시 50% 이하이다.

④ 나사를 체결할 때 토크(비틀림모멘트)

$$T = P\frac{d_e}{2} = W\frac{d_e}{2}\tan(\rho+\lambda) = W\frac{d_e}{2}\left(\frac{p+\mu\pi d_e}{\pi d_e - \mu p}\right)[\text{N}\cdot\text{mm}]$$

나사가 저절로 풀리지 않기 위해서는 $\lambda \leq \rho$의 조건이 필요하다. 즉 마찰각이 리드각보다 커야 한다. 이것을 나사의 자립조건이라 한다.

> ☑ **학습 POINT**
>
> 나사를 푸는 힘$(P') = W\tan(\rho - \lambda)$[N]에서
> - $\lambda = \rho$이면 $P' = 0$이므로 임의의 위치에 정지한다(self locking : 자동체결).
> - $\lambda > \rho$이면 $P' < 0$이므로 저절로 풀린다.
> - $\lambda < \rho$이면 $P' > 0$이므로 나사를 푸는 데 힘이 필요하다.

4) 나사의 설계(볼트의 지름)

(1) 축방향으로 인장하중(W)만 작용하는 경우(훅(hook), 아이볼트(eye bolt))

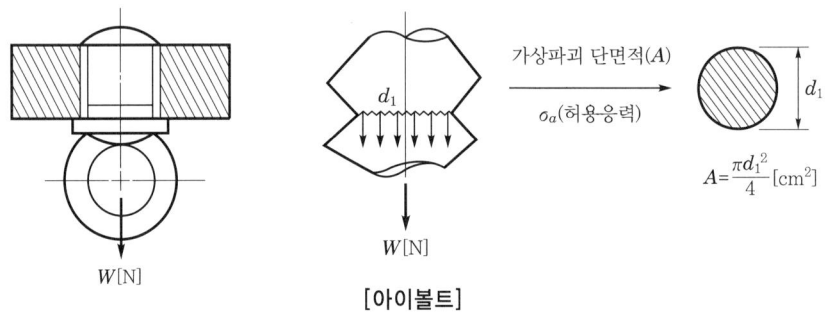

[아이볼트]

$$\sigma_a = \frac{W}{A} = \frac{W}{\frac{\pi d_1^2}{4}} = \frac{4W}{\pi d_1^2}[\text{MPa}=\text{N/mm}^2]$$

$$\therefore d_1 = \sqrt{\frac{4W}{\pi \sigma_a}}\,[\text{mm}]$$

지름이 3mm 이상인 나사에서는 보통 $d_1 > 0.8d$이므로 $d_1 \fallingdotseq 0.8d$로 하면 안전하다.

$$\sigma_a = \frac{4W}{\pi(0.8d)^2}$$

$$\therefore d = \sqrt{\frac{2W}{\sigma_a}}\,[\text{mm}]$$

(2) 축방향 하중과 동시에 비틀림을 받는 경우(죔용 나사, 나사잭, 압력용기)

축방향 하중과 비틀림에 의한 영향을 생각하여 인장 또는 압축의 $\left(1+\dfrac{1}{3}\right)$배의 하중이 축방향에 작용하는 것으로 보고 나사의 바깥지름(d)을 구한다.

$$d = \sqrt{\dfrac{2\left(1+\dfrac{1}{3}\right)W}{\sigma_a}} = \sqrt{\dfrac{8W}{3\sigma_a}}\ [\text{mm}]$$

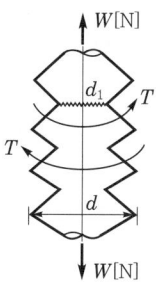

5) 너트의 높이

$$H = Zp = \dfrac{Wp}{\pi d_e h q_a} = \dfrac{4Wp}{\pi(d_2^2 - d_1^2)q_a}\ [\text{mm}]$$

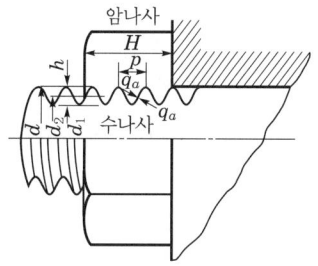

여기서, H : 암나사부의 길이
       Z : 끼워지는 부분의 나사산 수, p : 피치
       W : 축방향 하중, q_a : 허용접촉면압력(N/mm²)
       h : 걸리는 높이, d_1 : 골지름
       d_2 : 바깥지름(외경), d_e : 유효지름

$H = (0.8 \sim 1)d$ 정도로 규격에 규정하고 있다.

> ☑ **학습 POINT**
>
> - **너트의 풀림 방지법**
>   - 와셔를 사용하는 방법(스프링와셔, 이붙이와셔)
>   - 로크너트(lock nut)에 의한 방법
>   - 자동죔너트(self-locking)에 의한 방법
>   - 분할핀, 작은나사, 멈춤나사 등에 의한 방법
>   - 철사로 감아 메어서 풀림을 방지하는 방법
> - **와셔(washer)의 용도**
>   - 볼트구멍이 볼트지름보다 너무 클 때
>   - 볼트접촉면이 거칠거나 요철일 때
>   - 자리면이 기울어져 있을 때
>   - 내압력이 작은 목재, 고무 등에 볼트를 사용할 때
>   - 가스켓을 조일 때

3.2 키, 코터, 핀

1) 키(key)
축에 풀리, 기어, 플라이휠, 커플링 등의 회전체를 고정시키고 축과 회전체를 일체로 하여 회전을 전달시키는 기계요소이다(축재료보다 약간 강한 재료로 만든다).

(1) 키의 종류

① 성크키(sunk key) : 가장 널리 사용되는 일반적인 키로써 축과 보스의 양쪽에 모두 키홈을 파서 토크를 전달시키며 윗면에 $\frac{1}{100}$ 정도 기울기를 가지고 있는 수가 많으며, 기울기가 없는 평행 성크키도 있다. 성크키는 조립방법에 따라 축과 보스를 맞추고 키를 때려 박는 드라이빙키(driving key)와 축에 키를 끼운 다음 보스를 때려 박는 세트(set)키가 있다. 드라이빙키는 머리가 달린 비녀키(gib-headed key)가 널리 쓰인다.

② 새들키(saddle key, 안장키) : 축에는 홈을 파지 않고 보스에만 키홈이 파여 있고 축과 키 사이의 마찰력으로 회전력을 전달시키는 것으로 아주 작은 힘을 전달시킨다.

③ 평키(flat key) : 축에 키의 너비만큼 평평하게 깎은 키로서 새들키보다 약간 큰 힘을 전달시킬 수 있다.

④ 둥근키(round key, 핀키(pin key)) : 핸들과 같이 토크가 작은 것의 고정에 사용된다.

⑤ 반달키(woodruff key) : 반달모양의 키로서 축에 홈이 깊게 파져 있으므로 축의 강도가 약하게 된다. 그러나 키와 키홈이 모두 가공하기 쉽고, 키가 자동적으로 축과 보스 사이에 자리를 잘 잡을 수 있으므로 자동차, 공작기계 등에 널리 사용된다.

⑥ 접선키(tangential key) : 접선방향에 설치하는 키로서 $\frac{1}{100}$ 기울기를 가진 2개의 키를 1쌍으로 사용하고 회전방향이 한 방향이면 1쌍도 충분하지만, 양쪽 방향일 때는 중심각이 120°로 되는 위치의 2쌍을 설치한다. 아주 큰 토크의 회전에 알맞다. 정사각형 단면키를 90°로 배치한 것을 케네디키(kennedy key)라고 한다.

⑦ 원뿔키(cone key) : 축과 보스의 양쪽에 모두 키홈을 파지 않고 축구멍을 테이터구멍으로 하여 속이 빈 원뿔을 박아서 마찰력만으로 밀착시킨 키로써, 바퀴가 편식되지 않고 축 어느 위치에나 설치할 수 있는 것이 특징이다.

⑧ 미끄럼키(sliding key) : 회전력을 전달하는 동시에 축방향으로 보스를 이동시킬 필요가 있을 때 사용하는 것으로 키를 보스에 고정하는 경우와 축에 고정하는 경우가 있다.

⑨ 스플라인(spline) : 축의 둘레에 많은 키를 깎아 붙인 것과, 같은 것으로 키보다 훨씬 큰 토크를 전달할 수 있으며 내구력이 크다. 또한 축과 보스의 중심축을 정확하게 맞출 수 있는 특성이 있다. 자동차 공작기계, 항공기 발전용 증기터빈에 널리 쓰이며, 축 쪽을 스플라인축, 보스 쪽을 스플라인이라 한다. 턱의 수는 4~20개로 원주를 등분하여 만들고, 보스도 같은 모양으로 만들어준다.

⑩ 세레이션(serration) : 둥근 축 또는 원뿔축의 둘레에 같은 간격의 나사산모양으로 된 삼각형의 작은 이를 무수히 깎아 만든 것이다. 같은 바깥지름의 스플라인축보다 큰 회전력을 전달시킬 수 있다. 자동차 핸들의 고정용 전동기나 발전기의 전기자 축 등에 사용된다.

(2) 키의 강도(성크키의 강도)

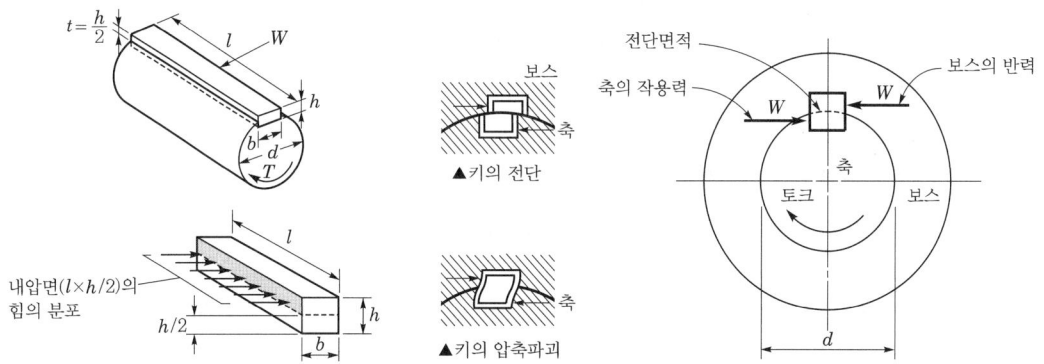

회전토크(비틀림모멘트) $T = W\dfrac{d}{2}[\text{N} \cdot \text{mm}]$

① 축과 보스의 접촉면에서 전단이 될 경우

$$\tau = \frac{W}{A} = \frac{W}{bl} = \frac{2T}{bld}[\text{MPa}]$$

② 키의 측면이 압축력을 받아 압축되는 경우

$$\sigma_c = \frac{W}{A} = \frac{W}{tl} = \frac{W}{\frac{h}{2}l} = \frac{2W}{hl} = \frac{4T}{hld}[\text{MPa}]$$

여기서, W : 키 측면에 작용하는 하중(N), b : 키폭(mm), h : 키높이(mm)
  l : 키길이(mm)

[참고] 키의 크기는 $b \times h \times l = 15 \times 10 \times 75$mm로 표시한다.

(3) 스플라인이 전달시킬 수 있는 토크

$$T = \eta P \frac{d_m}{2} = \eta Z(h-2c) l q_a \frac{d_m}{2}$$
$$= \eta Z(h-2c) l q_a \left(\frac{d_1 + d_2}{4}\right) [\text{N} \cdot \text{mm}]$$

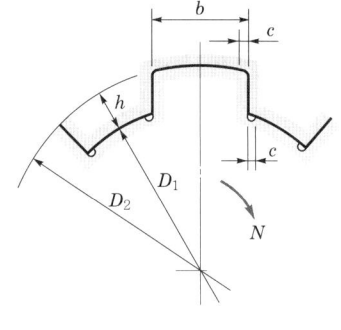

[스플라인축]

여기서, b : 이의 너비(mm), c : 잇면의 모따기(mm)
  d_m : 평균지름(mm)
  d_1 : 스플라인의 작은 지름(mm)
  d_2 : 스플라인의 큰 지름(mm)
  h : 이높이(mm), l : 보스의 길이(mm)
  z : 스플라인의 잇수, q_a : 이 옆면의 허용접촉면압력(N/mm^2)
  η : 이 측면의 접촉효율(75%), T : 전달토크(N · mm)

2) 코터이음(cotter joint)

코터는 편평한 키의 일종으로, 한쪽 기울기와 양쪽 기울기의 것이 있으나 한쪽 기울기의 코터가 많이 사용된다. 기울기는 빼기 쉽게 하기 위해 $\frac{1}{5} \sim \frac{1}{10}$로 하고, 보통은 $\frac{1}{20}$이나 반영구적으로 부착시킬 때에는 $\frac{1}{100}$로 한다.

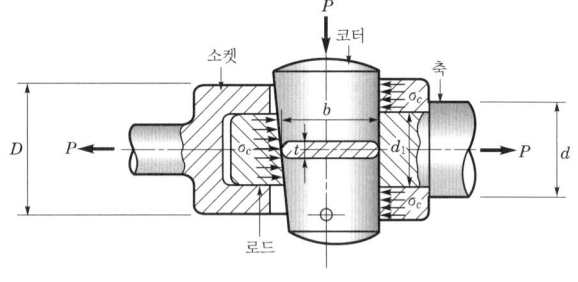

[코터이음의 구성]

① 양쪽 테이퍼 자립조건 : $\alpha \leq \rho$
② 한쪽 테이퍼 자립조건 : $\alpha \leq 2\rho$

3) 너클핀(knuckle pin)의 지름(d) 및 파괴강도

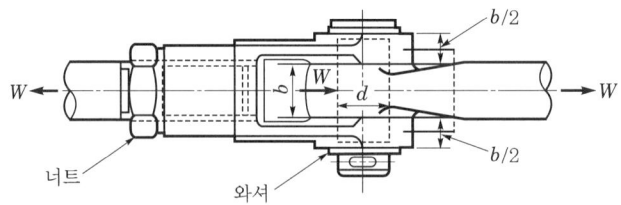

① 지름 : $p = \dfrac{W}{A} = \dfrac{W}{bd}$ [N/mm^2], $W = bdp = md^2 p (b = md, \ m = 1 \sim 1.5)$일 때

$$d = \sqrt{\frac{W}{mp}}\,[\text{mm}]$$

② 전단강도

$$W = \frac{\pi}{2}d^2\tau\,[\text{N}]$$

③ 굽힘강도 : $\dfrac{Wl}{8} = \dfrac{\pi}{32}d^3\sigma_b$ 일 때

$$W = 0.52\frac{d^2\sigma_b}{m}\,[\text{N}]$$

여기서, W : 하중(N), b : 핀의 링크와의 접촉길이(mm), m : 상수
p : 회전개소에 쓰이는 핀의 투영면에서의 면압력(MPa)
l : 핀과 이음과의 총접촉길이(mm)

3.3 리벳이음(rivet joint)

1) 리벳이음의 파괴강도

리벳이음이 파괴될 때에는 다음 그림과 같은 경우에 대해서 생기며, 리벳 설계를 할 때에는 각각의 경우에 대해 파괴가 생기지 않도록 치수의 강도를 결정해야 한다.

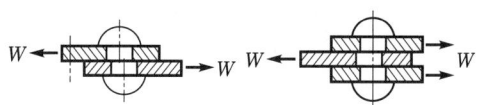

(a) 리벳이 전단됨

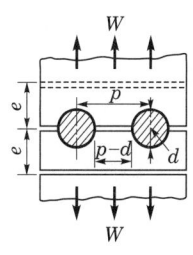 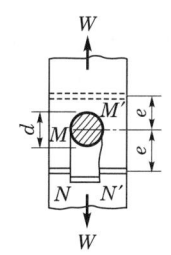 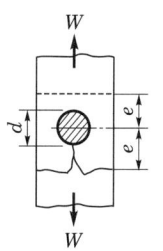 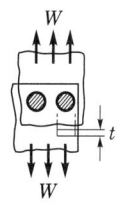

(b) 리벳구멍 사이에서 하중방향과 직각으로 강판이 절단됨
(c) 리벳과 강판 끝 사이에 강판이 전단됨
(d) 강판이 하중방향으로 찢어짐
(e) 리벳 또는 강판이 압축되어 부서짐

[리벳이음의 파괴상태]

여기서, W : 1피치당 작용하는 하중(N), t : 강판의 두께(mm), d : 리벳의 지름(mm)
τ_0 : 강판의 전단응력(MPa), p : 리벳의 피치(mm), d_0 : 리벳구멍의 지름(mm)
e : 리벳의 중심에서 판재의 가장자리까지의 거리(mm), σ_t : 판재의 인장응력(MPa)
σ_c : 판재의 압축응력(MPa), τ : 리벳의 전단응력(MPa)

(1) 리벳의 전단응력

그림 (a)에서 $W = \dfrac{\pi}{4} d^2 \tau$ [N]

$$\therefore \tau = \dfrac{W}{A} = \dfrac{4W}{\pi d^2} \text{[MPa]}$$

복수 전단의 경우에는 전단면적이 2배로 되므로

$$W = 2 \times \dfrac{\pi}{4} d^2 \tau = \dfrac{\pi}{2} d^2 \tau \text{[N]}$$

$$\therefore \tau = \dfrac{2W}{\pi d^2} \text{[MPa]}$$

(2) 판재의 인장응력

그림 (b)와 같이 판재는 리벳구멍 사이의 단면적이 가장 작은 곳에서 전단되므로

$$W = \sigma_t A = \sigma_t t(p-d) \text{[N]}$$

$$\therefore \sigma_t = \dfrac{W}{A} = \dfrac{W}{(p-d)t} \text{[MPa]}$$

(3) 판재의 전단응력

그림 (c)와 같이 응력이 발생하는 면이 단면 MN과 단면 M′N′이므로 면적은 $2et$로 된다.

$$W = 2 e t \tau_0 \text{[N]}$$

$$\therefore \tau_0 = \dfrac{W}{A} = \dfrac{W}{2et} \text{[MPa]}$$

(4) 판재의 압축응력

그림 (e)에서 $W = \sigma_c dt [\text{N}]$

$$\therefore \sigma_c = \frac{W}{A} = \frac{W}{dt}[\text{MPa}]$$

2) 리벳이음의 설계

(1) 리벳지름(d)의 설계

전단저항과 압축저항이 같다고 하면

$$\frac{\pi}{4}d^2\tau = dt\sigma_c$$

$$\therefore d = \frac{4t\sigma_c}{\pi\tau}[\text{mm}]$$

(2) 리벳피치(p)의 설계

전단저항과 인장저항이 같다고 하면

$$\frac{\pi}{4}d^2\tau = (p-d)t\sigma_t$$

$$\therefore p = d + \frac{\pi d^2 \tau}{4t\sigma_t}[\text{mm}]$$

τ와 σ_t의 적당한 값을 취할 수 있으므로 위 식에서와 같이 t의 값에 대하여 p를 계산할 수 있다.

(3) 경험식

① 바하(Bach)에 의한 겹치기 리벳이음의 경우 : $d = \sqrt{50\,t} - 4[\text{mm}]$
② 양쪽 덮개판 리벳이음의 경우
    ㉠ 1열일 때 $d = \sqrt{50\,t} - 5[\text{mm}]$
    ㉡ 2열일 때 $d = \sqrt{50\,t} - 6[\text{mm}]$
    ㉢ 3열일 때 $d = \sqrt{50\,t} - 7[\text{mm}]$

3) 리벳의 효율

강판에 구멍을 뚫으면 약하게 된다. 리벳구멍을 뚫은 강판의 강도와 구멍을 뚫기 전 강판의 강도와의 비를 강판의 효율(η_1)이라 하고, 강판의 인장강도를 σ_t라 하면

$$\eta_1 = \frac{1피치의\ 구멍이\ 있는\ 강판의\ 인장파괴강도}{1피치마다\ 강판의\ 인장파괴강도}$$

$$= \frac{\sigma_t(p-d)t}{\sigma_t p t} = \frac{p-d}{p} \times 100\% = \left(1 - \frac{d}{p}\right) \times 100\%$$

또 리벳의 전단파괴강도와 구멍을 뚫기 전 강판의 강도와의 비를 리벳의 효율(η_2)이라 하고, 리벳의 전단강도를 τ라 하면

$$\eta_2 = \frac{1피치\ 내에\ 있는\ 리벳의\ 전단파괴강도}{1피치\ 너비마다\ 강판의\ 인장파괴강도}$$

$$= \frac{\tau n \frac{\pi}{4} d^2}{\sigma_t p t} = \frac{n\pi d^2 \tau}{4 p t \sigma_t} \times 100\%$$

여기서, n : 1피치 안에 있는 리벳의 전단면 수

리벳이음의 효율은 이음강도를 나타내는 기준이 되므로 η_1과 η_2 중에서 작은 쪽의 값으로 나타낸다.

4) 보일러 강판의 두께(t)

$$t = \frac{pDS}{200\sigma_u \eta} + C [\text{mm}]$$

여기서, σ_a : 판의 허용인장응력(MPa), S : 안전계수, η : 리벳이음의 효율
p : 보일러 최고사용압력(N/cm^2), D : 보일러 몸통 안지름(mm)
σ_u : 강판의 인장(극한)강도(MPa), C : 부식상수(1mm)

3.4 용접이음(welding joint)

1) 용접의 특징

(1) 장점

용접이음은 리벳이음에 비해 다음과 같은 장점이 있다.
① 설계를 자유롭게 할 수 있고 용접한 물체의 무게를 가볍게 할 수 있으며, 용접한 물체의 무게를 가볍게 할 수 있을 뿐만 아니라 강도가 크다.
② 용접물의 구조가 간단하여 작업공정수가 적어지므로 제작비가 싸다.
③ 수밀, 기밀이 가능하므로 제품의 성능을 충분히 신뢰받을 수 있다.
④ 몇 개의 블록으로 분할하면 초대형품도 제작할 수 있다.

⑤ 강판의 두께에 규제가 없으므로 높은 이음효율을 얻을 수 있다.
⑥ 용접부에 내마멸성·내식성·내열성을 가지게 할 수 있다.

(2) 단점

짧은 시간에 높은 열을 이용하여 재료를 국부적으로 접합하므로 다음과 같은 단점이 있다.
① 용접이음에는 수축변형 및 잔류응력이 일어나 응력이 집중된다.
② 용접부에 균열이 생기면 계속 금이 가므로 용접 부분 및 용접연장에 제한을 받게 된다.

2) 용접이음의 강도

(1) 맞대기이음

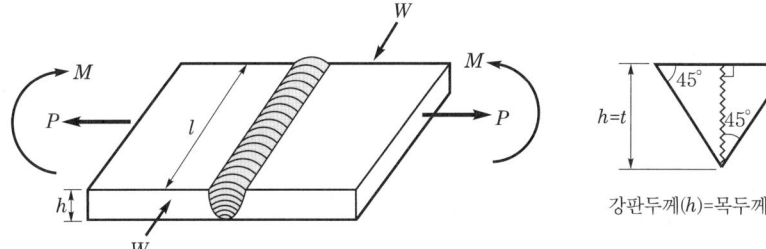

① 인장응력(σ_t) = $\dfrac{P}{A}$ = $\dfrac{P}{tl}$ = $\dfrac{P}{hl}$ [MPa]

② 전단응력(τ) = $\dfrac{W}{A}$ = $\dfrac{W}{tl}$ = $\dfrac{W}{hl}$ [MPa]

③ 굽힘응력(σ_b) = $\dfrac{M}{Z}$ = $\dfrac{M}{\frac{lt^2}{6}}$ = $\dfrac{6M}{lt^2}$ [MPa]

여기서, Z : 단면계수 $\left(=\dfrac{lt^2}{6}\right)$ (mm³)

(2) 필릿용접이음(fillet welding joint)

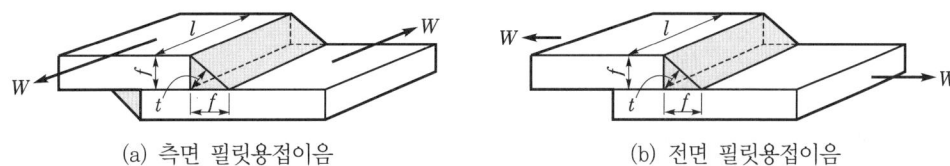

(a) 측면 필릿용접이음   (b) 전면 필릿용접이음

① 그림 (a)에서 목의 단면에 전단력이 작용하므로

$$\tau = \dfrac{W}{A} = \dfrac{W}{2tl} = \dfrac{W}{2f\cos 45°\, l} = \dfrac{0.707W}{fl}\ [\text{MPa}]$$

② 그림 (b)에서 수직응력(σ)은

$$\sigma = \frac{W}{A} = \frac{W}{tl} = \frac{W}{0.707fl} = \frac{1.4142\,W}{fl}\,[\text{MPa}]$$

(3) 축선이 편심되어 있는 경우 인장부재의 필릿용접길이

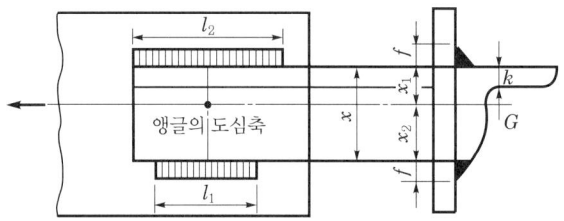

$$W = 0.707flr = tl\tau = 0.707f(l_1 + l_2)\tau\,[\text{N}]$$
$$l = l_1 + l_2,\ \ x = x_1 + x_2$$
$$\therefore\ l_1 = \frac{lx_1}{x}\,[\text{mm}],\ \ l_2 = \frac{lx_2}{x}\,[\text{mm}]$$

(4) 편심하중을 받는 필릿용접이음에서 최대(합성) 전단응력($\tau_{\max}$)

도심(O)에 작용하는 직접 전단력(W)과 도심 주위에 작용하는 모멘트(WL)는 같아야 평형을 유지한다.

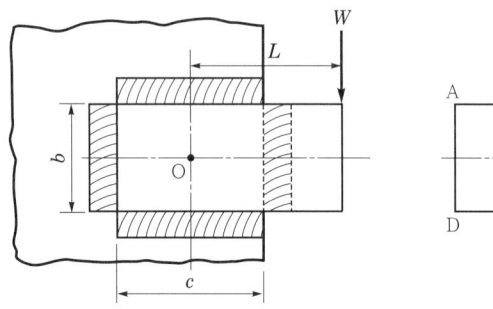 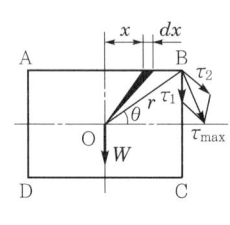

① 직접 전단응력 : $\tau_1 = \dfrac{W}{A} = \dfrac{W}{0.707fl}\,[\text{MPa}]$

여기서, $l = 2(b+c)\,[\text{mm}]$

② 모멘트에 의한 전단응력(τ_2) : B점에서 최대 응력을 받으므로

$$\tau_2 = \frac{WLr_B}{0.707f\,I_0}\,[\text{MPa}]$$

③ 최대 전단응력 : $\tau_{max} = \sqrt{\tau_1^2 + \tau_2^2 + 2\tau_1\tau_2\cos\theta}$ [MPa]

④ l 및 Z_p(극단면계수)의 값

　㉠ 4측 필릿 : $l = 2(b+l_1)$, $Z_p = \dfrac{(l_1+b)^3}{6}$

　㉡ 상하 2측 필릿 : $l = 2l_1$, $Z_p = \dfrac{l_1(3b^2+l_1^2)}{6}$

　㉢ 좌우 2측 필릿 : $l = 2b$, $Z_p = \dfrac{b(3l_1^2+b^2)}{6}$

4 동력전달시스템 설계

4.1 축(shaft)

1) 축의 설계 시 고려할 사항

① 강도(strength)　　　　② 휨변형(bending deflection)
③ 비틀림변형(torsion deflection)　④ 진동(vibration)
⑤ 부식(corrosion)　　　　⑥ 열응력(thermal stress)

2) 축의 재료역학적인 기초공식

(1) 축의 응력

다음 그림에서 보는 것처럼 W[N]의 우력이 작용할 때 전단변형률(shearing strain)을 γ이라 하면 전단응력 τ는 가로(전단)탄성계수를 G[GPa]라 할 때

$$\tau = G\gamma = G\tan\phi = G\phi = G\frac{\gamma\theta}{l}\,[\text{MPa}]$$

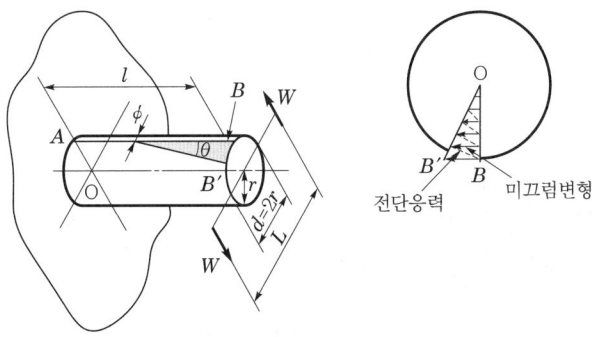

[축의 토크]

(2) 축의 비틀림

$$T = \tau Z_p [\text{N} \cdot \text{mm}]$$

즉 실체축의 경우 지름 d, 속빈축의 경우 바깥지름 d_2, 안지름 d_1이라 하면

① 실체축 : $I_p = I_x + I_y = 2I = 2 \times \dfrac{\pi d^4}{64} = \dfrac{\pi d^4}{32} [\text{mm}^4]$

② 속빈축 : $I_p = \dfrac{\pi}{32}(d_2^{\,4} - d_1^{\,4})[\text{mm}^4]$

3) 강도상에서 축의 설계

(1) 비틀림만을 받을 때

① 비틀림강도

$$T = \tau_a \frac{\pi}{16} d^3 [\text{N} \cdot \text{mm}]$$

$$\therefore d = \sqrt[3]{\frac{5.1T}{\tau_a}} [\text{mm}]$$

> **✓ 학습 POINT**
>
> 비틀림모멘트(T)와 전달동력(kW)의 관계
> $T = 7.02 \times 10^6 \dfrac{PS}{N} = 9.55 \times 10^6 \dfrac{kW}{N} [\text{N} \cdot \text{mm}]$

② 전동축(동력축)의 지름

㉠ PS 전달마력을 $N[\text{rpm}]$으로 전달하는 실제 축의 지름(d)

$$T = 7.02 \times 10^6 \frac{PS}{N} = \tau_a \frac{\pi d^3}{16} [\text{N} \cdot \text{mm}]$$

$$\therefore d = 329.43 \sqrt[3]{\frac{PS}{\tau_a N}} [\text{mm}]$$

$$T = 9.55 \times 10^6 \frac{kW}{N} = \tau_a \frac{\pi d^3}{16} [\text{N} \cdot \text{mm}]$$

$$\therefore d = 365.03 \sqrt[3]{\frac{kW}{\tau_a N}} [\text{mm}]$$

단, 축재료의 허용전단응력(τ_a)의 단위는 MPa이다.

㉡ 속빈축(바깥지름 d_2, 안지름 d_1)의 경우는 안·바깥지름비(내외경비) $x = d_1/d_2$라 하면

$$d_2 = 329.43 \sqrt[3]{\frac{PS}{(1-x^4)\tau_a N}} = 365.03 \sqrt[3]{\frac{kW}{(1-x^4)\tau_a N}} \text{ [mm]}$$

(2) 굽힘만을 받을 때

① 실체축의 경우

$$M = \sigma_b Z = \sigma_b \frac{\pi d^3}{32} \fallingdotseq \frac{d^3}{10.2} \sigma_b [\text{N} \cdot \text{mm}]$$

$$\therefore d_2 = \sqrt[3]{\frac{10.2M}{\sigma_b}} \text{ [mm]}$$

② 속빈축의 경우

$$M = \sigma_b \frac{\pi(d_2^4 - d_1^4)}{32 d_2} \fallingdotseq \sigma_b \left(\frac{d_2^4 - d_1^2}{10.2 d_2}\right) = \sigma_b \frac{d_2^3}{10.2}(1-x^4)$$

$$\therefore d_2 = \sqrt[3]{\frac{10.2M}{\sigma_b(1-x^4)}} \text{ [mm]}$$

여기서, M : 굽힘모멘트($\text{N} \cdot \text{mm}$), σ_b : 굽힘응력(N/mm^2), Z : 단면계수(mm^3)

(3) 굽힘과 비틀림을 동시에 받을 때

① 상당굽힘모멘트 : $M_e = \dfrac{M + \sqrt{M^2 + T^2}}{2} = \dfrac{M}{2}\left\{1 + \sqrt{1 + \left(\dfrac{T}{M}\right)^2}\right\} = \dfrac{1}{2}(M + T_e)[\text{N} \cdot \text{mm}]$

② 상당비틀림모멘트 : $T_e = \sqrt{M^2 + T^2} = M\sqrt{1 + \left(\dfrac{T}{M}\right)^2}$ [N · mm]

(4) 축 파괴의 3가지 학설

① 최대 주응력설에 의한 Rankine의 식 : $M_e = \dfrac{1}{2}(M + \sqrt{M^2 + T^2})[\text{N} \cdot \text{mm}]$

② 최대 전단응력설에 의한 Guest의 식 : $T_e = \sqrt{M^2 + T^2}$ [N · mm]

③ 최대 변형률설에 의한 Saint-Vennant의 식 : $M_e = 0.35M + 0.65\sqrt{M^2 + (a_0 T)^2}$ [N · mm]

(5) 동적하중을 받는 직선축의 강도(T와 M을 받는 축)

① 연성재료의 경우 : $d = \sqrt[3]{\dfrac{16}{\pi(1-x^4)\tau_a}\sqrt{(k_m M)^2 + (k_t T)^2}}$ [mm]

② 취성재료의 경우 : $d = \sqrt[3]{\dfrac{16}{\pi(1-x^4)\sigma_a}(k_m M + \sqrt{(k_m M)^2 + (k_t T)^2})}$ [mm]

[동적효과계수 k_m, k_t의 값]

하중의 종류	회전축		정지축	
	k_t	k_m	k_t	k_m
정하중 또는 극히 완만한 동하중	1.0	1.0	1.0	1.0
심한 변동하중 또는 가벼운 충격하중	1.0~1.5	1.5~2.0	1.5~2.0	1.5~2.0
격렬한 충격하중	1.5~3.0	2.0~3.0	-	-

4) 강도상에서 축의 설계

(1) 실체(중실)축의 경우

$$\theta = \dfrac{TL}{GI_p} = \dfrac{TL}{G}\dfrac{32}{\pi d^4} = \dfrac{10.2\,TL}{Gd^4}\,[\text{rad}]$$

이것을 $\theta[°]$로써 표시하면

$$\theta = \dfrac{360}{2\pi}\dfrac{TL}{GI_p} = 57.3\dfrac{TL}{GI_p} = 57.3\dfrac{TL}{G\dfrac{\pi d^4}{32}} \fallingdotseq 584\dfrac{TL}{Gd^4}\,[°]$$

$$T = 7.02 \times 10^6 \dfrac{PS}{N} = 9.55 \times 10^6 \dfrac{kW}{N}\,[\text{N}\cdot\text{mm}]$$

(2) 전동축의 바하 설계공식

⟨가정⟩ ① 축의 재질은 연강일 것($G=79.68\text{GPa}$)

② 축의 단위길이 1m당 비틀림각(θ)은 $\dfrac{1}{4}°$ 이내일 것

바하(Bach)는 연강에 대하여 $G=79.68\times 10^3\text{MPa}$이라 하고 전달동력을 kW라고 할 때

$$\theta = 584\dfrac{TL}{Gd^4}\,[°]$$

① 전달마력(PS)인 경우 : $d = 120\sqrt[4]{\dfrac{PS}{N}} \fallingdotseq 130\sqrt[4]{\dfrac{kW}{N}}$ [mm]

② 속빈축인 경우 : $d = 120\sqrt[4]{\dfrac{PS}{N(1-x^4)}} = 130\sqrt[4]{\dfrac{kW}{N(1-x^4)}}$ [mm]

여기서, x : 내외경비$\left(=\dfrac{d_1(\text{내경})}{d_2(\text{외경})}\right)$

5) 축의 위험속도

(1) 가벼운 축이 1개의 회전체를 가진 경우

$$N_c = \frac{30}{\pi}\omega_c = \frac{30}{\pi}\sqrt{\frac{g}{\delta}} \fallingdotseq 300\sqrt{\frac{1}{\delta}}\,[\text{rpm}]$$

여기서, ω_c : 위험각속도(rad/s), g : 중력가속도(980cm/s^2), δ : 축의 처짐(cm)

(2) 던커레이(Dunkerly)의 공식

$$\frac{1}{N_c^{\,2}} = \frac{1}{N_0^{\,2}} + \frac{1}{N_1^{\,2}} + \frac{1}{N_2^{\,2}} + \cdots$$

여기서, N_0 : 축만 회전하는 경우의 위험속도
$N_1,\ N_2,\ \cdots$: 각 회전체가 각각 단독으로 축에 설치되었을 경우의 위험속도

4.2 축이음

1) 축이음의 종류

원동축을 종동축에 연결시키는 기계요소를 축이음이라 한다. 축이음은 사용목적에 따라 커플링(coupling)과 클러치(clutch)로 크게 나누어진다.

2) 원통커플링의 토크와 체결력

① 전달토크 : $T = \dfrac{d}{2}\mu\displaystyle\int_0^{\frac{\pi}{2}} q\dfrac{L}{2}\dfrac{d}{2}d\phi = \mu\pi q\dfrac{L}{2}\dfrac{d^2}{2} = \dfrac{\mu\pi Wd}{2}\,[\text{N}\cdot\text{mm}]$

② 체결력 : $F = \mu q\pi dl = \mu\dfrac{W}{dl}\pi dl = \pi\mu W[\text{N}]$

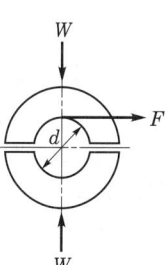

여기서, T : 축의 비틀림모멘트(N·mm)
W : 원통을 졸라매는 힘(N)
μ : 마찰계수(0.2~0.25), L : 원통의 전길이
q : 원통과 축 사이에 생기는 압력$\left(=\dfrac{W}{d\dfrac{L}{2}}\right)$[MPa]

3) 볼트에 생기는 전단력과 전달토크

① 전달비틀림모멘트 : $T = n\dfrac{\pi}{4}\delta^2 \tau_B \dfrac{D_B}{2} = \dfrac{n\pi\delta^2 \tau_B D_B}{8}[\text{N}\cdot\text{mm}]$

② 전단응력 : $\tau_B = \dfrac{2.55\,T}{\delta^2 n D_B}[\text{MPa}]$

여기서, δ : 볼트의 지름(mm), n : 볼트의 수, D_B : 볼트 중심 간의 지름(mm)

4) 유니버설이음의 각속비

$$\dfrac{\omega_B}{\omega_A} = \dfrac{\cos\alpha}{1 - \sin^2\theta\sin^2\alpha}$$

5) 원판클러치의 설계

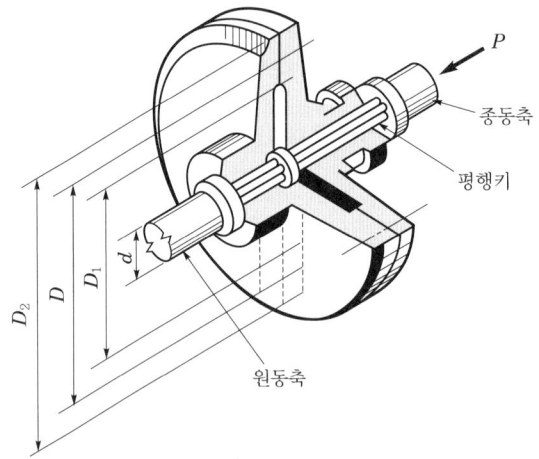

여기서, P : 축방향에 미치는 힘(N), q : 접촉면의 평균압력(N/mm²), μ : 마찰계수
D_1 : 안지름(mm), D_2 : 바깥지름(mm), D : 평균지름(mm)

(1) 토크

$$T = \mu P \dfrac{D}{2} = \mu \dfrac{\pi}{4}(D_2^{\,2} - D_1^{\,2})q \times \dfrac{1}{2} \times \dfrac{D_1 + D_2}{2}$$

$$= \mu \dfrac{\pi}{4}(D_2^{\,2} - D_1^{\,2})q\left(\dfrac{D_1 + D_2}{4}\right) = \dfrac{\mu\pi q D^2 b}{2}[\text{N}\cdot\text{mm}]$$

(2) 면압력

$$q = \frac{P}{A} = \frac{P}{\frac{\pi}{4}(D_2^2 - D_1^2)} = \frac{P}{\pi D b} = \frac{2T}{\pi \mu D^2 b} [\text{MPa} = \text{N/mm}^2]$$

다판의 경우일 때 면수를 Z라고 하면

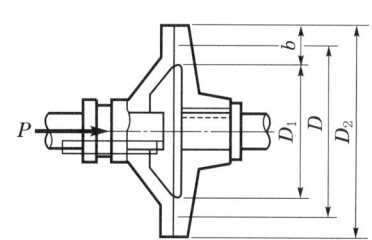
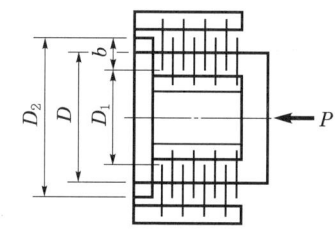

$$q = \frac{2T}{\pi \mu Z D^2 b} [\text{MPa}]$$

6) 원추클러치의 설계

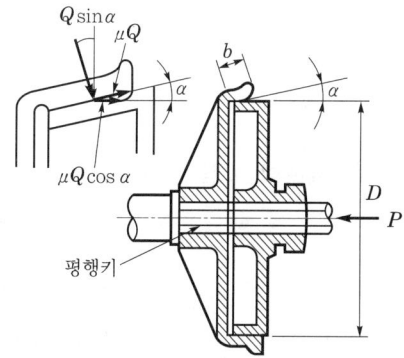

여기서, Q : 접촉면에서 수직으로 작용하는 힘(N), P : 축방향에 작용하는 힘(N)
μ : 마찰계수, 2α : 원추정각, b : 접촉면의 폭(mm), q : 접촉면의 평균압력(MPa)

(1) 접촉면에 수직으로 작용하는 힘

$$P = Q\sin\alpha + \mu Q\cos\alpha = Q(\sin\alpha + \mu\cos\alpha)$$

$$\therefore Q = \frac{P}{\sin\alpha + \mu\cos\alpha} [\text{N}]$$

(2) 마찰저항모멘트

$$T = \mu Q \frac{D}{2} = \mu \frac{D}{2}\left(\frac{P}{\sin\alpha + \mu\cos\alpha}\right)[\text{N}\cdot\text{mm}]$$

$$\therefore P = \frac{2T}{\mu D}(\sin\alpha + \mu\cos\alpha)[\text{N}]$$

(3) 접촉면의 평균압력

$$q = \frac{Q}{\pi D b} = \frac{2T}{\pi \mu D^2 b}[\text{MPa}]$$

$$\tan\alpha \geq \frac{1}{6} > \mu$$

4.3 베어링(bearing)

1) 롤링베어링의 설계

(1) 롤링베어링 부하용량의 이론식

① 볼의 경우 : $P = 0.2ZKd^2$
   여기서, P : 이론하중, Z : 볼의 수, d : 볼의 지름, K : 비하중롤러
② 롤러의 경우 : $P = 0.2ZKdl$
   여기서, l : 롤러의 길이, d : 롤러의 지름

(2) 수명 계산식

① 계산수명 : 실용상 수명의 정의는 같은 조건의 일군 베어링의 90%가 구름피로에 의한 박리(flaking)현상을 일으킴 없이 회전할 수 있는 총회전수로 되어 있고, 이것을 베어링의 계산수명이라고 한다. 또 기본부하용량은 10^6회전의 수명, 즉 33.3rpm으로 500시간의 수명을 주는 일정 하중(단, 레이디얼베어링의 경우는 순레이디얼하중, 스러스트베어링의 경우는 순스러스트하중)을 말한다. 계산수명 L_n은 다음과 같은 실험식으로 주어진다.

$$L_n = \left(\frac{C}{P}\right)^\gamma (10^6\text{회전단위})$$

$$\therefore P = \frac{C}{\sqrt[\gamma]{L_n}}[\text{N}]$$

계산수명을 시간단위로 표시하면

$$L_h = \frac{L_n \times 10^6}{60N} [\text{hr}]$$

또는

$$P = \frac{f_n}{f_h} C, \; f_h = \sqrt[\gamma]{\frac{L_h}{500}}, \; f_n = \sqrt[\gamma]{\frac{33.3}{N}}$$

여기서, L_n : 수명(10^6회전단위), L_h : 수명시간(h), C : 기본부하용량(N)
C_0 : 정적 기본부하용량(N), P : 베어링하중(N), P_t : 순스러스트하중(N)
P_r : 순레이디얼하중(N), X : 회전수(rpm), f_h : 수명계수, f_w : 하중계수
f_n : 속도계수, γ : 지수(볼베어링은 3, 롤러베어링은 10/3)

② 베어링하중(P)과 수명시간(L_h)

㉠ 볼베어링 : $L_h = 500 \dfrac{33.3}{N} \left(\dfrac{C}{P}\right)^3 = 500 \left(f_n \dfrac{C}{P}\right)^3 = 500 f_h^{\,3}$

㉡ 롤러베어링 : $L_h = 500 \dfrac{33.3}{N} \left(\dfrac{C}{P}\right)^{\frac{10}{3}} = 500 f_n^{\frac{10}{3}} = 500 \left(f_h \dfrac{C}{P}\right)^{\frac{10}{3}}$

단, $f_h = f_n \dfrac{C}{P}$

(3) 동등가하중

① 레이디얼베어링 : 방향과 크기가 변동하지 않는 레이디얼하중과 스러스트하중을 동시에 받을 경우

$$P = XVP_r + YP_t$$

여기서, V : 회전계수

② 스러스트베어링 : 방향과 크기가 변동하지 않는 스러스트하중과 레이디얼하중을 동시에 받는 호칭접촉각 $\alpha \neq 90°$일 때

$$P = XP_r + YP_t$$

③ 평균유효하중 : 하중이 최소 하중 $P_{\min}$과 최대 하중 $P_{\max}$ 사이를 직선적으로 변동하는 경우

$$P = \frac{1}{3}(P_{\min} + 2P_{\max})$$

2) 슬라이딩베어링의 일반사항

중간 저널의 경우에는 굽힘응력과 비틀림응력의 조합응력으로써 계산한다.

(1) 베어링압력(p)

① 저널베어링

$$p = \frac{P}{A} = \frac{P}{dl} [\text{MPa}]$$

② 스러스트베어링

$$p = \frac{P}{AZ} = \frac{4P}{\pi(d_2^2 - d_1^2)Z} [\text{MPa}]$$

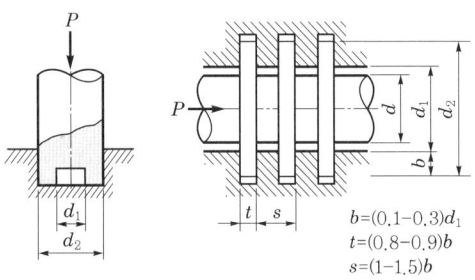

[스러스트베어링]

(2) 마찰계수

베어링은 유체윤활의 상태에 있어야 하며, 안전하기 위해서는 $\eta N/P$의 값을 μ의 최소값에 대응하는 값에 적어도 몇 배로 잡는 것이 좋다. 완전 윤활 때의 마찰계수는 Mackee의 실험식에 의하면 $\frac{l}{d} \geqq 0.75$일 때

$$\mu = \frac{33.3}{10^2} \frac{\eta N}{p} \frac{d}{c} + 0.002$$

$\frac{c}{d}$를 틈새비라고 하며, 보통 베어링에서는 $\frac{c}{d} \fallingdotseq \frac{1}{1000}$로 되어 있다.

(3) 솜머펠트수(Sommerfelt number)

$$S = \left(\frac{d}{c}\right)^2 \eta \frac{N}{p}$$

저널베어링 설계의 기본이 되는 수치로써 점도, 속도, 하중, 틈새비와 편심률의 관계를 표시한다.

3) 슬라이딩베어링의 설계

(1) 저널베어링의 설계

① 엔드저널(end journal)의 설계
  ㉠ 엔드저널의 지름 : 그림에서 저널의 길이를 $l[\text{mm}]$, 재료의 허용굽힘응력 $\sigma_a[\text{N/mm}^2]$, 최대 굽힘모멘트를 $M[\text{N} \cdot \text{mm}]$, 저널의 지름을 $d[\text{mm}]$라 하면

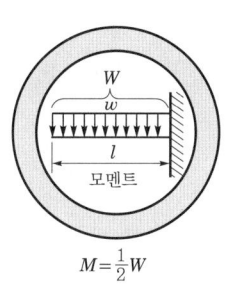
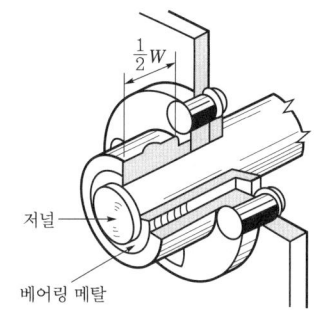

$$M = \frac{Wl}{2} = \sigma_a Z = \sigma_a \frac{\pi d^3}{32}$$

$$\therefore d = \sqrt[3]{\frac{Wl}{2} \times \frac{32}{\pi \sigma_a}} = \sqrt[3]{\frac{16\,Wl}{\pi \sigma_a}}\,[\text{mm}]$$

ⓒ 축지름비

$$\text{베어링압력}(p) = \frac{W}{A} = \frac{W}{dl}\,[\text{MPa}]$$

$$\therefore \frac{l}{d} = \sqrt{\frac{\pi \sigma_a}{16p}} = \sqrt{\frac{\sigma_a}{5.1p}}$$

② 중간 저널의 지름
  ㉠ 중간 저널의 지름 : 그림에서 $L = l + 2l_1$ 이라 하면

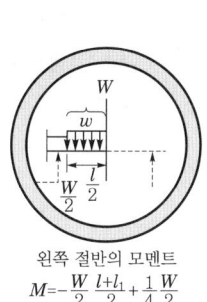
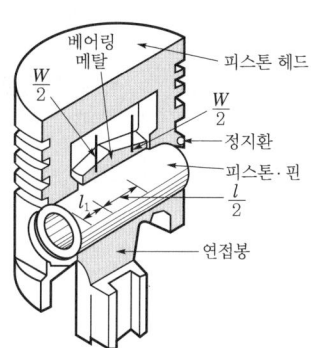

$$M_{\max} = \frac{W}{2}\left(\frac{l+l_1}{2} - \frac{l}{4}\right) = \frac{W}{8}(l + 2l_1) = \frac{WL}{8} = \sigma_a \frac{\pi d^3}{32}\,[\text{N}\cdot\text{mm}]$$

$$\therefore d = \sqrt[3]{\frac{4\,WL}{\pi \sigma_a}}$$

$L = el$ 이라 하면 $d = \sqrt[3]{\dfrac{1.25\,Wel}{\sigma_a}}$ 이며, 일반적으로 $e = 1.5$ 라 한다.

ⓒ 축지름비 : $W = pdl$, $e = \dfrac{L}{l} = 1.5$라 하면

$$d = \sqrt[3]{\dfrac{1.25\,Wel}{\sigma_a}} = \sqrt[3]{1.25 \times 1.5 \times \dfrac{pdl^2}{\sigma_a}}$$

$$\therefore \ \dfrac{l}{d} = \sqrt{\dfrac{\sigma_a}{1.9p}}$$

(2) 스러스트저널의 강도

① 피벗저널베어링의 경우

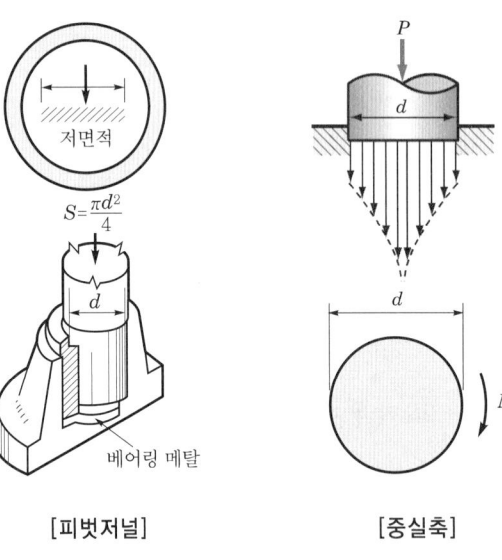
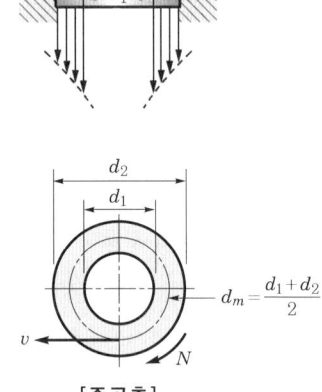

[피벗저널]   [중실축]   [중공축]

$$p = \dfrac{W}{A} = \dfrac{W}{\dfrac{\pi}{4}d^2}\,[\text{MPa}]$$

$$\therefore \ d = \sqrt{\dfrac{4W}{\pi p}}\,[\text{mm}]$$

② 칼라저널의 경우

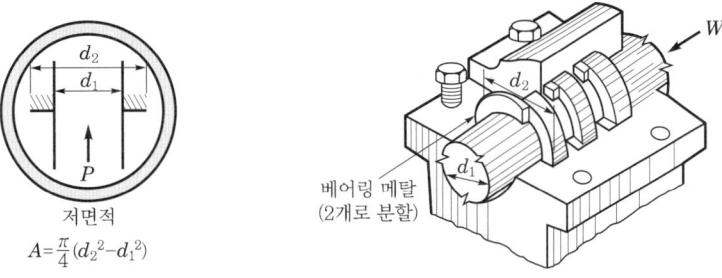

$$p = \frac{W}{AZ} = \frac{W}{\frac{\pi}{4}(d_2^2 - d_1^2)Z}[\text{MPa}]$$

$$\therefore d_2 = \sqrt{\frac{4W}{Z\pi p} + d_1^2}[\text{mm}]$$

(3) 마찰열을 고려한 저널의 설계

① $a_f = \dfrac{A_f}{dl} = \dfrac{\mu W v}{dl} = \mu p v [\text{MPa} \cdot \text{m/s}]$

pv를 압력속도계수 또는 발열계수라 하고, $\mu p v$를 비마찰작업량이라 한다.

② 레이디얼저널의 경우

$$pv = \frac{W}{dl}\frac{\pi dN}{60 \times 1,000}$$

$$\therefore l = \frac{\pi WN}{60,000 pv}[\text{mm}]$$

4.4 브레이크 및 플라이휠

1) 블록브레이크

(1) 블록브레이크의 토크

$$제동력(f) = \mu P[\text{N}]$$

$$T = f\frac{D}{2} = \mu P\frac{D}{2}[\text{N} \cdot \text{mm}]$$

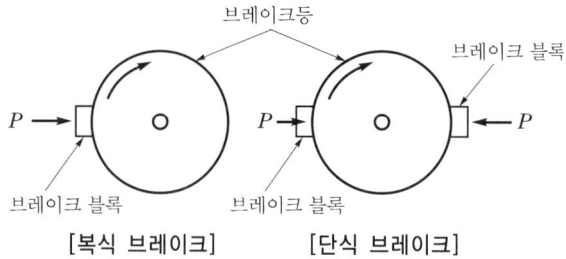

[복식 브레이크]   [단식 브레이크]

(2) 제동조작력(F)

구분	내작용선용($c > 0$)	중작용선용($c = 0$)	외작용선용($c < 0$)
그림			
우회전	$F = \dfrac{f(b+\mu c)}{\mu a}$ [N]	$F = \dfrac{fb}{\mu a}$ [N]	$F = \dfrac{f(b-\mu c)}{\mu a}$ [N]
좌회전	$F = \dfrac{f(b-\mu c)}{\mu a}$ [N]		$F = \dfrac{f(b+\mu c)}{\mu a}$ [N]

(3) 블록브레이크 자결작용

내작용의 좌회전과 외작용의 우회전에서 $F \leq 0$, 즉 $b \leq \mu c$, $\mu > \dfrac{b}{c}$면 자동적으로 브레이크가 걸린다.

2) 브레이크용량

브레이크의 단위시간, 단위면적당 일량을 브레이크용량($\mu q v$)이라 한다.

$$\mu q v = \frac{1{,}000 H_{kW}}{A} = \frac{\mu W v}{A} \text{[MPa} \cdot \text{m/s]}$$

브레이크용량 = 마찰계수 × 압력속도계수 = $\mu q v$

$$= \frac{\text{단위시간에 흡수되는 에너지}}{\text{접촉면적}} = \frac{1{,}000 H_{kW}}{st} \text{[MPa} \cdot \text{m/s]}$$

$$\therefore A = st = \frac{1{,}000 H_{kW}}{\mu q v} \text{[m}^2\text{]}$$

단, $q = \dfrac{W}{A}$ [N/mm²]

여기서, qv : 압력속도계수

3) 밴드브레이크(band brake)

(1) 밴드브레이크의 종류

밴드브레이크는 형식상 단동식 밴드브레이크, 차동식 밴드브레이크, 합동식 밴드브레이크로 나눈다.

(2) 밴드브레이크의 조작력

구분	단동식	차동식	합동식
그림	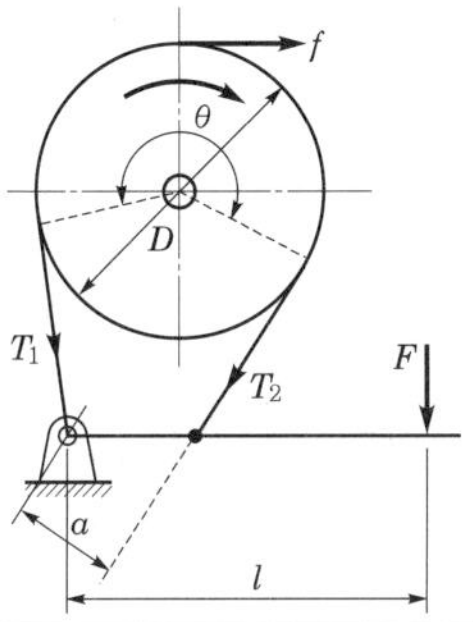	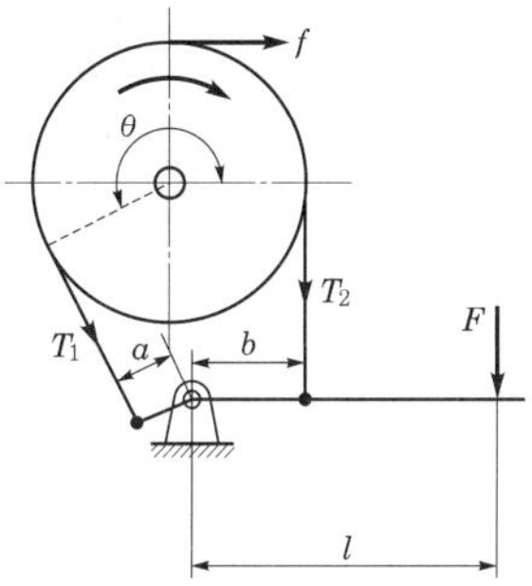	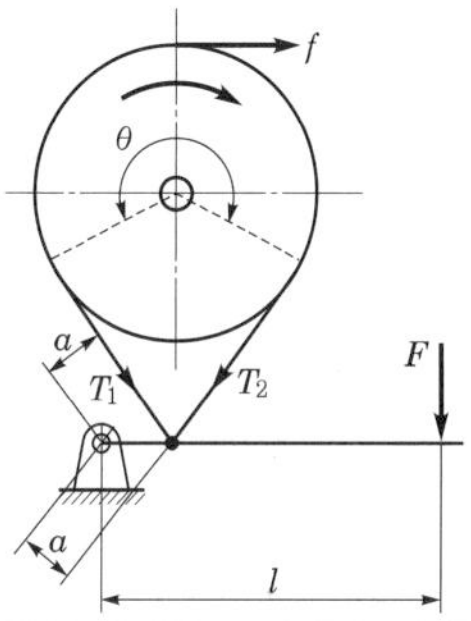
우회전	$F = f\dfrac{a}{l}\left(\dfrac{1}{e^{\mu\theta}-1}\right)$ [N]	$F = \dfrac{f(b-ae^{\mu\theta})}{l(e^{\mu\theta}-1)}$ [N]	$F = \dfrac{a}{l}f\left(\dfrac{e^{\mu\theta}+1}{e^{\mu\theta}-1}\right)$ [N]
좌회전	$F = f\dfrac{a}{l}\left(\dfrac{e^{\mu\theta}}{e^{\mu\theta}-1}\right)$ [N]	$F = \dfrac{f(be^{\mu\theta}-a)}{l(e^{\mu\theta}-1)}$ [N]	

(3) 밴드브레이크의 자체작용(self-locking action)

차동식 밴드브레이크의 경우 $F \leqq 0$이면 자동적으로 브레이크가 걸리고, $F \leqq 0$으로 되려면 우회전의 경우는 $ae^{\mu\theta} \geqq b$, 좌회전의 경우 $a \geqq be^{\mu\theta}$의 조건이 필요하다.

(4) 밴드브레이크의 치수

① 밴드의 두께

$$\sigma_a = \dfrac{T_t}{A} = \dfrac{T_t}{wh} \text{ [MPa]}$$

$$\therefore h = \dfrac{T_t}{\sigma_a w} \text{ [mm]}$$

여기서, w : 밴드의 너비(mm), T_t : 긴장측의 장력, h : 밴드의 두께
σ_a : 밴드재료의 허용응력

② 밴드브레이크의 용량

$$\mu q v = \frac{1{,}000 H_{kW}}{A} = \frac{1{,}000 H_{kW}}{r\theta b}\,[\text{N/mm}^2 \cdot \text{m/s}]$$

4.5 스프링

1) 코일스프링의 실용설계

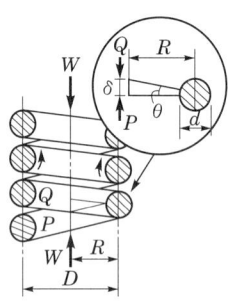

[압축코일스프링]

여기서, W : 하중(N), D : 코일의 평균지름(mm), d : 소선의 지름(mm)
p : 코일의 피치(mm), δ : 스프링의 처짐(mm), n : 유효권수(감김수)
K : 왈의 응력수정계수, E : 세로탄성계수(GPa), G : 가로탄성계수(GPa)
τ : 최대 전단응력(N/mm^2), θ : 비틀림각, σ : 최대 굽힘응력(N/mm^2)
U : 단위면적당 에너지(N·mm/mm^2)

(1) 스프링지수

$$C = \frac{2R}{d} = \frac{D}{d}$$

스프링지수(C)는 $5 < C < 12$의 범위에 있다.

(2) 응력값

실제의 전단응력은 스프링의 곡률반지름과 기타의 영향을 받아 앞의 계산식과 일치하지 않으므로 왈의 수정계수 K를 곱하여 수정한다.

$$\tau = K\frac{16RW}{\pi d^3} = K\frac{8DW}{\pi d^3} = K\frac{8CW}{\pi d^2}\,[\text{MPa}]$$

그리고 K는 스프링지수 C만의 함수이다. 즉

$$K = \frac{4C-1}{4C-4} + \frac{0.615}{C} = f(C)$$

(3) 스프링상수와 처짐량

① 스프링상수 : $k = \dfrac{W}{\delta} = \dfrac{Gd^4}{8nD^3} = \dfrac{Gd}{8nC^3} = \dfrac{GD}{8nC^4} = \dfrac{Gd^4}{64nR^3}$

② 처짐량 : $\delta = \dfrac{8nD^3}{Gd^4}W = \dfrac{8nC^3}{Gd}W$

(4) 서징(surging)

① 서징의 1차 고유진동수 : $f_1 = \dfrac{d}{2\pi nD^2}\sqrt{\dfrac{gG}{2\gamma}}$ [cps]

② 스프링강의 경우 : $f_1 = 3.56 \times 10^5 \dfrac{d}{nD^2}$

여기서, γ : 스프링재료의 비중량

2) 겹판스프링의 실용 설계

(1) 삼각형 스프링

① 굽힘응력 : $\sigma_b = \dfrac{6Wl}{bh^2}$ [MPa]

② 고정단의 너비 : $b = \dfrac{6Wl}{\sigma_b h^2}$ [mm]

③ 자유단에 생기는 처짐 : $\delta = \dfrac{6Wl^3}{bh^3 E}$ [mm]

여기서, W : 하중(N), l : 스팬의 길이(mm), E : 세로탄성계수(GPa)
h : 강판의 두께(mm), n : 강판의 수, b : 강판의 너비(mm)

(2) 겹판스프링(leaf spring)

양단 받침, 중앙집중하중일 때

$$\sigma_b = \dfrac{3}{2}\dfrac{Wl}{nbh^2}\text{[MPa]}$$

$$\delta = \dfrac{3}{8}\dfrac{Wl^3}{nbh^3 E}\text{[mm]}$$

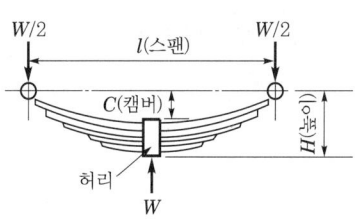

허리죔의 폭을 b라 하면 l 대신에 $l - 0.6e$를 대입한다.

4.6 벨트전동장치

1) 평벨트 전동의 속비

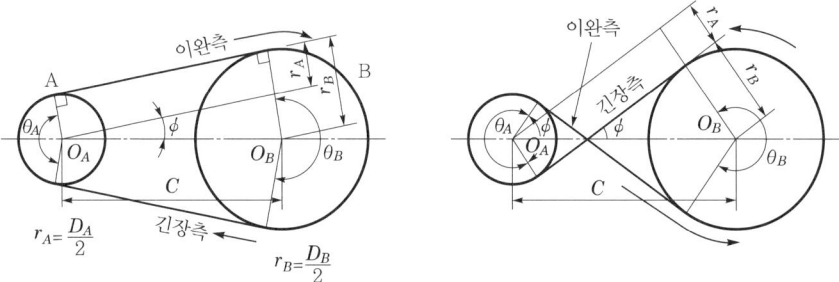

(1) 회전(원주)속도

$$v = \frac{\pi D_A N_A}{1,000 \times 60} = \frac{\pi D_B N_B}{1,000 \times 60} \,[\text{m/s}]$$

여기서, D_A, D_B : 원동차, 종동차 pulley의 지름(m)
N_A, N_B : 원동차, 종동차 pulley의 회전수(rpm)

(2) 속비

$$\varepsilon = \frac{N_B}{N_A} = \frac{D_A + h}{D_B + h} \fallingdotseq \frac{D_A}{D_B}$$

2) 벨트의 설계

(1) 벨트의 길이

① 평행형(바로 걸기형, open type)의 경우

$$L \fallingdotseq 2C + \frac{\pi}{2}(D_A + D_B) + \frac{(D_B - D_A)^2}{4C} \,[\text{mm}]$$

② +자형(엇걸기형, cross type)의 경우

$$L \fallingdotseq 2C + \frac{\pi}{2}(D_A + D_B) + \frac{(D_A + D_B)^2}{4C} \,[\text{mm}]$$

C는 보통 10m 이하로 한다.

$$\sin\phi = \frac{\frac{D_B}{2} - \frac{D_A}{2}}{C} = \frac{D_B - D_A}{2C}$$

$$\therefore \phi = \sin^{-1}\left(\frac{D_B - D_A}{2C}\right)$$

(2) 접촉 중심각

① 평행형의 경우

$$\theta_A = 180° - 2\phi = 180° - 2\sin^{-1}\left(\frac{D_B - D_A}{2C}\right)$$

$$\theta_B = 180° + 2\phi = 180° + 2\sin^{-1}\left(\frac{D_B - D_A}{2C}\right)$$

작은 편의 접촉각을 θ_A로 표시한다.

② +자형의 경우

$$\theta_A = \theta_B = 180° + 2\phi = 180° + 2\sin^{-1}\left(\frac{D_B + D_A}{2C}\right)$$

(3) 벨트의 전동마력

① 벨트의 장력

$$T_0 ≒ \frac{T_t + T_s}{2} [\text{N}]$$

$$e^{\mu\theta} = \frac{T_t}{T_s} \text{ (장력비로서 보통 2~5의 범위에 있다.)}$$

$$\frac{wv^2}{g} = \text{원심장력 } (v = 10\text{m/s 이상의 경우에 원심력에 의한 장력})$$

여기서, T_0 : 처음에 벨트를 걸 때 적당한 장력을 가지게 하는 것(초기장력)

② 아이텔바인(Eyetelwein)의 공식

$$e^{\mu\theta} = \frac{T_t - \frac{wv^2}{g}}{T_s - \frac{wv^2}{g}}$$

㉠ 유효장력 : $P_e = T_t - T_s = \left(T_t - \frac{wv^2}{g}\right)\frac{e^{\mu\theta} - 1}{e^{\mu\theta}}$

ⓒ 긴장측의 장력 : $T_t = P_e \dfrac{e^{\mu\theta}}{e^{\mu\theta}-1} + \dfrac{wv^2}{g}$ [N]

ⓒ 이완측의 장력 : $T_s = P_e \dfrac{1}{e^{\mu\theta}-1} + \dfrac{wv^2}{g}$ [N]

원심력을 무시하면 원심장력 $\dfrac{wv^2}{g} = 0$

$$T_t = P_e \dfrac{e^{\mu\theta}}{e^{\mu\theta}-1} \text{[N]}$$

$$T_s = P_e \dfrac{1}{e^{\mu\theta}-1} \text{[N]}$$

(4) 전달동력

① 전달동력

$$H_{kW} = \dfrac{P_e v}{1,000} = \left(T_t - \dfrac{wv^2}{g}\right) \dfrac{v}{1,000} \dfrac{e^{\mu\theta}-1}{e^{\mu\theta}} \text{[kW]}$$

$\dfrac{dH'}{dv} = 0$으로 하는 v의 값 $v_{\max}$의 경우 H'는 최대값이 된다.

$$\dfrac{dH'}{dv} = \left(T_t - \dfrac{3w}{g}v^2\right)\dfrac{e^{\mu\theta}-1}{102e^{\mu\theta}} = 0$$

$$\therefore \ T_t - \dfrac{3w}{g}v_1^{\,2} = 0$$

② 최대 속도

$$v_1 = v_{\max} = \sqrt{\dfrac{T_t g}{3w}}$$

3) 벨트의 강도치수

$$\sigma = \sigma_t + \sigma_b = \dfrac{T_t}{bh} + \dfrac{hE}{D}$$

$\dfrac{h}{D} > 35$로 하는 것이 좋다. $\dfrac{h}{D}$가 아주 크면 $\sigma_b = 0$으로 하여

$$\sigma = \frac{T_t}{bh}\,[\text{MPa}]$$

$$\therefore\ b = \frac{T_t}{\sigma_a h}\,[\text{mm}]$$

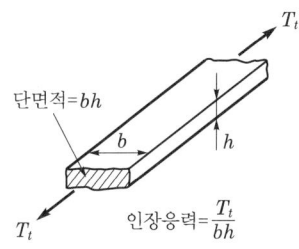
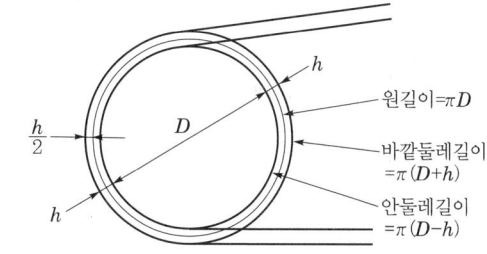

[벨트의 치수]

4) V벨트의 길이

$$L = \frac{\pi}{2}(D_A + D_B) + 2C + \frac{(D_B - D_A)^2}{4C}\,[\text{mm}]$$

5) V벨트의 전달동력

(1) 유효마찰계수

$$\mu' = \frac{\mu}{\sin\frac{\alpha}{2} + \mu\cos\frac{\alpha}{2}} \fallingdotseq \mu\cos\frac{\alpha}{2}$$

여기서, μ' : 유효마찰계수, μ : 평마찰계수, α : V홈의 각도($\fallingdotseq 40°$)

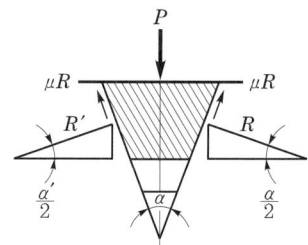

[등가마찰계수 또는 유효마찰계수]

(2) V벨트의 전달동력

$$H_{kW} = \frac{Z\left(T_t - \dfrac{wv^2}{g}\right)v}{1,000} \cdot \frac{e^{\mu\theta}-1}{e^{\mu\theta}} [\text{kW}]$$

여기서, T_t : 긴장측의 장력, v : V벨트의 속도(m/s), θ : V벨트의 접촉각(rad), Z : 가닥수

$$H_{kW} = \frac{ZT_t v}{1,000} \cdot \frac{e^{\mu\theta}-1}{e^{\mu\theta}} [\text{kW}]$$

(3) V벨트의 가닥수

$$Z = \frac{H}{H_0 k_1 k_2}$$

6) 롤러체인의 설계

(1) 체인의 길이

① 링크의 수

$$L_n = \frac{2C}{p} + \frac{1}{2}(z_1 + z_2) + \frac{0.0257p}{C}(z_1 - z_2)^2 [\text{개}]$$

$$\text{또는 } L_n = \frac{2C}{p} + \frac{1}{2}(z_1 + z_2) + \frac{[(z_2 - z_1)/2\pi]^2}{C/p} [\text{개}]$$

여기서, C : 두 축 사이의 거리(mm)

② 체인의 길이

$$L = pL_n [\text{mm}]$$
$$C = (30 \sim 50)p$$

(2) 체인의 속도

① 체인의 속비 : $\varepsilon = \dfrac{N_B}{N_A} = \dfrac{Z_A}{Z_B}$

② 체인의 속도 : v는 2~5m/s가 적당하다.

$$v = \frac{\pi D_A N_A}{1,000 \times 60} = \frac{p Z_A N_A}{60,000} [\text{m/s}]$$
$$= \frac{\pi D_B N_B}{1,000 \times 60} = \frac{p Z_B N_B}{60,000} [\text{m/s}]$$

단, $\pi D = pZ$

(3) 체인장치의 전달동력

$$H' = H_{kW} = \frac{Fv}{1,000k} = \frac{F_B v}{1,000kS}$$

여기서, k : 사용계수, v : 속도, F : 체인장력(N), F_B : 파단하중(N), S : 안전율

7) 스프로킷휠의 계산식

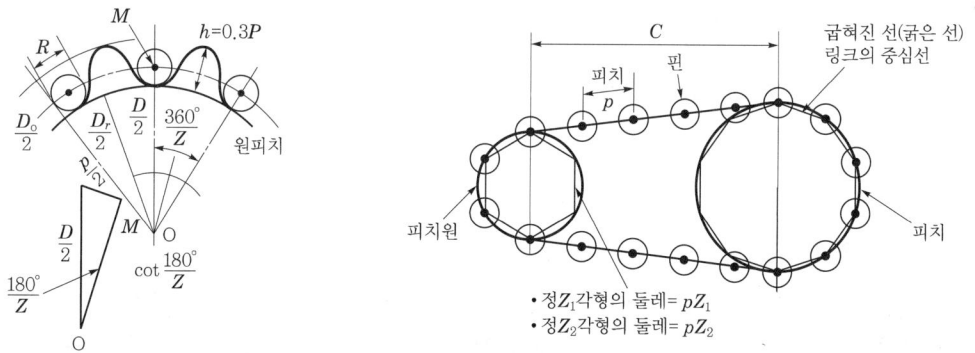

여기서, D : 피치원의 지름, D_o : 바깥지름, D_r : 이 밑원의 지름

(1) 피치원의 지름

$$\frac{D}{2}\sin\frac{180°}{Z} = \frac{p}{2}$$

$$\therefore D = \frac{p}{\sin\dfrac{180°}{Z}} = p\cosec\frac{180°}{Z} \text{ [mm]}$$

여기서, p : 피치(mm), Z : 잇수

(2) 중심선상의 이높이

$$h = 0.3p \text{[mm]}$$

(3) 바깥지름

$$\frac{D_o}{2} = h + \overline{OM} = 0.3p + \frac{p}{2}\cot\frac{180°}{Z}$$

$$\therefore D_o = p\left(0.6 + \cot\frac{180°}{Z}\right) \text{[mm]}$$

4.7 마찰차(friction wheel)

1) 원통마찰차

(1) 속비

$$\omega_A = \frac{2\pi}{60}N_A, \ \omega_B = \frac{2\pi}{60}N_B$$

$$\therefore \frac{\omega_A}{\omega_B} = \frac{N_A}{N_B}$$

$$\therefore v = r_A \omega_A = r_B \omega_B$$

$$\varepsilon = \frac{r_A}{r_B} = \frac{\omega_B}{\omega_A} = \frac{N_B}{N_A} = \frac{D_A}{D_B}$$

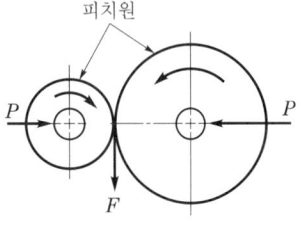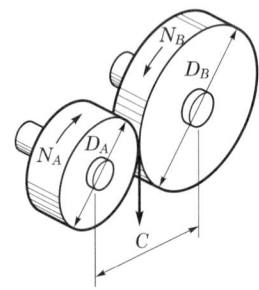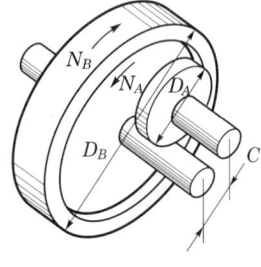

[원통마찰차]

(2) 중심거리

① 외접의 경우 : $C = \dfrac{D_A + D_B}{2} = \dfrac{D_A\left(1 + \dfrac{1}{\varepsilon}\right)}{2}$ [mm]

② 내접의 경우

  ㉠ $D_B > D_A$ 이면 $C = \dfrac{D_B - D_A}{2}$ [mm]

  ㉡ $D_B < D_A$ 이면 $C = \dfrac{D_A - D_B}{2}$ [mm]

(3) 속비와 중심거리의 관계

① 외접의 경우

$$D_A = \frac{2C}{1 + \dfrac{N_A}{N_B}} = \frac{2C}{1 + \dfrac{1}{\varepsilon}} [\text{mm}]$$

$$D_B = \frac{2C}{\dfrac{N_B}{N_A} + 1} = \frac{2C}{\varepsilon + 1} [\text{mm}]$$

② 내접의 경우

$$D_A = \frac{2C}{1 - \dfrac{N_A}{N_B}} = \frac{2C}{1 - \dfrac{1}{\varepsilon}} [\text{mm}]$$

$$D_B = \frac{2C}{\dfrac{N_B}{N_A} - 1} = \frac{2C}{\varepsilon - 1} [\text{mm}]$$

(4) 밀어붙이는 힘의 계산

밀어붙이는 힘이 P, 전달력 F, 마찰계수가 μ라 할 때 미끄러지지 않고 동력을 전달시키려면 $F \leq \mu P$이다.

(5) 전달토크와 전달동력

$$v = \frac{\pi D_A N_A}{1{,}000 \times 60} = \frac{\pi D_B N_B}{1{,}000 \times 60} [\text{m/s}]$$

단, D_A는 mm단위로 표시한 것이다.

$$H_{kW} = \frac{\mu P v}{1{,}000} = \frac{\mu P}{1{,}000}\left(\frac{\pi D_A N_A}{6{,}000}\right) = \frac{\mu P}{1{,}000}\left(\frac{\pi D_B N_B}{6{,}000}\right) [\text{kW}]$$

(6) 폭의 계산

접촉면의 허용면압력을 $f[\text{N/mm}]$라 하고, 접촉너비를 $b[\text{mm}]$라 하면

$$P \leq fb$$

$$\therefore b = \frac{P}{f}$$

(7) 전달모멘트

$$T = \mu P \frac{D_B}{2} [\text{N} \cdot \text{mm}]$$

2) 원뿔마찰차

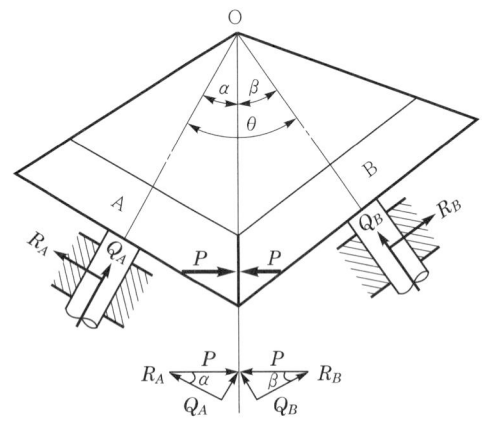

[원뿔차의 회전력과 전달동력]

(1) 속비

다음 그림에서 보는 것처럼 원동차 A, 종동차 B의 꼭지각을 2α, $2\beta[°]$, 회전각 수 N_A, N_B [rpm], 두 축이 맺는 각을 $\theta(=\alpha+\beta)[°]$라 할 때

$$\varepsilon = \frac{N_B}{N_A} = \frac{D_A}{D_B} = \frac{\overline{2\text{OC}}\sin\alpha}{\overline{2\text{OC}}\sin\beta}$$

$$= \frac{\sin\alpha}{\sin\beta} = \frac{\sin\alpha}{\sin(\theta-\alpha)} = \frac{\sin\alpha}{\sin\theta\cos\alpha - \cos\theta\sin\alpha}$$

$$= \frac{\tan\alpha}{\sin\theta - \cos\theta\tan\alpha}$$

(2) 속비와 α의 관계

$$\tan\alpha = \frac{\sin\theta}{\dfrac{N_A}{N_B} + \cos\theta} = \frac{\sin\theta}{\dfrac{1}{\varepsilon} + \cos\theta}$$

같은 방법으로 속비와 β의 관계는

$$\tan\beta = \frac{\sin\theta}{\dfrac{N_B}{N_A}+\cos\theta} = \frac{\sin\theta}{\varepsilon+\cos\theta}$$

$\theta = 90°$이면

$$\tan\alpha = \frac{N_B}{N_A} = \varepsilon, \ \tan\beta = \frac{N_A}{N_B} = \frac{1}{\varepsilon}$$

(3) 외접 원뿔마찰차

$$P = \frac{Q_A}{\sin\alpha} = \frac{Q_B}{\sin\beta}$$

합력 P는 접촉선의 중앙에 작용한다고 가정하여 표면속도는 평균속도를 취하며

$$v = 0.000524\left(\frac{D_B+D_B{'}}{2}\right)n_B [\text{m/s}]$$

마찰에 의하여 주어지는 회전력은

$$\mu P = \frac{\mu Q_A}{\sin\alpha} = \frac{\mu Q_B}{\sin\beta}$$

$$H_{kW} = \frac{\mu P v}{1,000} = \frac{\mu Q_A v}{1,000\sin\alpha} = \frac{\mu Q_B v}{1,000\sin\beta} [\text{kW}]$$

(4) 베어링에 걸리는 하중

축방향에 미는 힘 $Q_A = P\sin\alpha$, $Q_B = P\sin\beta$이고, 분력 $R_A = \dfrac{Q_A}{\tan\alpha}$, $R_B = \dfrac{Q_B}{\tan\beta}$으로 각각 A와 B의 베어링에의 가로하중으로 되어서 작용한다. $\theta = 90°$이면 $R_A = Q_B$, $R_B = Q_A$ 이다. 베어링에 작용하는 합성가로하중 R은

$$R = \sqrt{{R_A}^2+(\mu P)^2} \ \ \text{또는} \ \ R = \sqrt{{R_B}^2+(\mu P)^2}$$

Q_A와 Q_B는 추력(推力)으로 작용한다.

(5) 원뿔마찰차의 너비

접촉선의 1cm마다에 작용하는 힘을 $f[N]$라 하면 접촉선의 길이, 즉 바퀴의 너비 $b[\text{cm}]$는

$$b = \frac{P}{f} = \frac{Q_A}{f\sin\alpha} = \frac{Q_B}{f\sin\beta}[\text{cm}]$$

4.8 기어전동장치

1) 스퍼기어(spur gear, 평기어)의 크기

① 원주피치 : $p = \dfrac{\pi D}{Z} = \pi m$

② 모듈 : $m = \dfrac{p}{\pi} = \dfrac{D}{Z}[\text{mm}]$

③ 지름피치

　㉠ $p_d = \dfrac{\pi}{p} = \dfrac{Z}{D}[\text{inch}]$

　㉡ $m = \dfrac{25.4}{p_d}$

　$\therefore p_d = \dfrac{25.4}{m} = \dfrac{25.4Z}{D} = \dfrac{25.4\pi}{p}[\text{mm}]$

[p 및 m과 p_d 사이의 관계]

종류	기호	p를 기준	m을 기준	p_d을 기준
원주피치	p	$\dfrac{\pi D}{Z}$	πm	$\dfrac{\pi}{p_d}$
모듈	m	$\dfrac{p}{\pi}$	$\dfrac{D}{Z}$	25.4
지름피치	p_d	$\dfrac{\pi}{p}$	$\dfrac{25.4}{m}$	$\dfrac{Z}{D}$

2) 스퍼기어의 계산식

(1) 회전비

$$\varepsilon = \frac{N_B}{N_A} = \frac{D_A}{D_B} = \frac{mZ_A}{mZ_B} = \frac{Z_A}{Z_B}$$

(2) 기초원의 지름

$$D_{gA} = Z_A m \cos\alpha = D_A \cos\alpha$$
$$D_{gB} = Z_B m \cos\alpha = D_B \cos\alpha$$

(3) 기초원의 피치

$$P_g = \frac{\pi D_g}{Z} = \frac{\pi D}{Z}\cos\alpha = \pi m \cos\alpha$$

(4) 법선피치(p_n)

다음 그림에서 기초원은 지름 D_g[mm]의 원주를 잇수 Z로써 나눈 것을 법선피치(p_n)라 한다. 피치원의 지름을 D[mm], 압력각을 α[°]라 하면

$$p_n = p_g = \pi m \cos\alpha = \frac{\pi D_g}{Z} = p \cos\alpha = \frac{\pi D}{Z}\cos\alpha$$

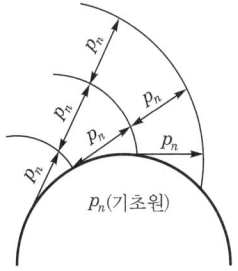

(5) 바깥지름

$$D_o = m(Z+2) = \frac{2+Z}{p_d}$$

$$\therefore\ m = \frac{D_o}{Z+2}\text{[mm]},\ p_d = \frac{Z+2}{D_o}\text{[inch]}$$

(6) 중심거리

$$C = \frac{D_A + D_B}{2} = \left(\frac{Z_A + Z_B}{2}\right)m = \frac{D_{bA} + D_{bB}}{2\cos\alpha}\text{[mm]}$$

(7) 언더컷(under cut)

언더컷을 일으키는 한계는 압력각에 의하여 다르고 이론적으로 다음 식으로 주어진다.

$$z_g = \frac{2a}{m(1-\cos^2\alpha)} = \frac{2a}{m\sin^2\alpha}$$

여기서, a : 이끝높이, m : 모듈, α : 압력각

모듈을 기준으로 한 보통 이의 표준 스퍼기어에서는 $m = a$이므로

$$z_g = \frac{2}{\sin^2\alpha}$$

[under cut 방지 한계치수(z_g)]

압력각	20°	14.5°
이론적 잇수	17	32
실용적 잇수	14	26

3) 압력각과 미끄럼 및 물림률의 관계

압력각을 크게 하면
① 언더컷을 방지할 수 있다.
② 물림률이 감소한다.
③ 잇면의 미끄럼률이 감소된다.
④ 베어링에 걸리는 하중이 증가된다.
⑤ 잇면의 곡률반지름이 커진다.
⑥ 받힐 수 있는 접촉압력이 커진다.
⑦ 이의 강도가 증대된다.

4) 전위기어

(1) 중심거리

$$C = \left(\frac{Z_1 + Z_2}{2}\right)m + \frac{Z_1 + Z_2}{2}\left(\frac{\cos\alpha}{\cos\alpha_b} - 1\right)m$$

표준 기어의 중심거리를 c라 하면

$$C = c + ym = \left(\frac{Z_1 + Z_2}{2}\right)m + ym = \left[\left(\frac{Z_1 + Z_2}{2}\right) + y\right]m$$

(2) 중심거리 증가계수

$C = c + ym$에서 y를 중심거리 증가계수라 한다.

(3) 기초원 지름

$$D_g = mZ\cos\alpha$$

(4) 바깥지름

바깥반지름 $= \dfrac{Zm}{2} + xm + m + \cdots$

$D_o = Zm + 2m(x+1)$
$\quad = (Z + 2x + 2)m$

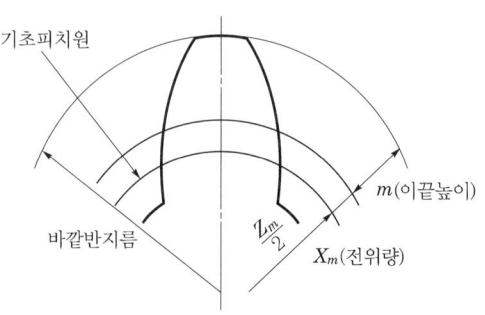

(5) 총이높이(H)

$$H' = (2+k)m$$
$$km = C(\text{이끝틈새})$$

여기서, k : 이끝틈새계수

5) 스퍼기어의 설계

① 스퍼기어(spur gear)의 강도를 생각할 때 이의 굽힘강도와 잇면의 접촉압력에 대한 강도, 고부하, 고속에서는 스코링강도(strength of scoring) 등 3가지 견지에서 검토된다.

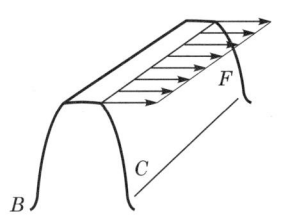 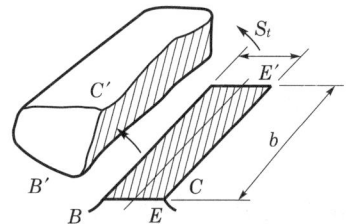

[굽힘에 의한 이의 절손]

② 이에 작용하는 힘

$$F = \frac{1{,}000 H_{kW}}{v}[\text{N}]$$
$$v = \frac{\pi DN}{60 \times 1{,}000}[\text{m/s}]$$

여기서, F : 회전력(피치원의 접선방향에 작용하는 힘)(N)

6) 헬리컬기어의 설계

치직각 치형에 비하여 축직각 치형은 이의 높이방향의 잇수는 같으나 가로의 너비방향, 즉 피치방향의 치수는 $\dfrac{1}{\cos\beta}$ 배로 된다.

(1) 모듈

$$m_s = \frac{m}{\cos\beta}$$

(2) 압력각

$$\tan\alpha_s = \frac{\tan\alpha}{\tan\beta}$$

(3) 피치원의 지름

$$D_s = Zm_s = Z\frac{m}{\cos\beta} = \frac{D}{\cos\beta}\,[\text{mm}]$$

(4) 바깥지름

바깥지름 D_o는 치선원의 지름 D_k와 같다.

$$D_o = D_k = D_s + 2m = Zm_s + 2m = \frac{Zm}{\cos\beta} + 2m = \left(\frac{Z}{\cos\beta} + 2\right)m\,[\text{mm}]$$

(5) 중심거리

$$C = \frac{D_{s1} + D_{s2}}{2} = \frac{Z_1 m_s + Z_2 m_s}{2} = \frac{(Z_1 + Z_2)m_s}{2} = \frac{(Z_1 + Z_2)m}{2\cos\beta}\,[\text{mm}]$$

7) 헬리컬기어의 스퍼기어(평기어)

$$Z_e = \frac{Z}{\cos^3\beta}$$

8) 베벨기어

(1) 베벨기어의 각부 명칭

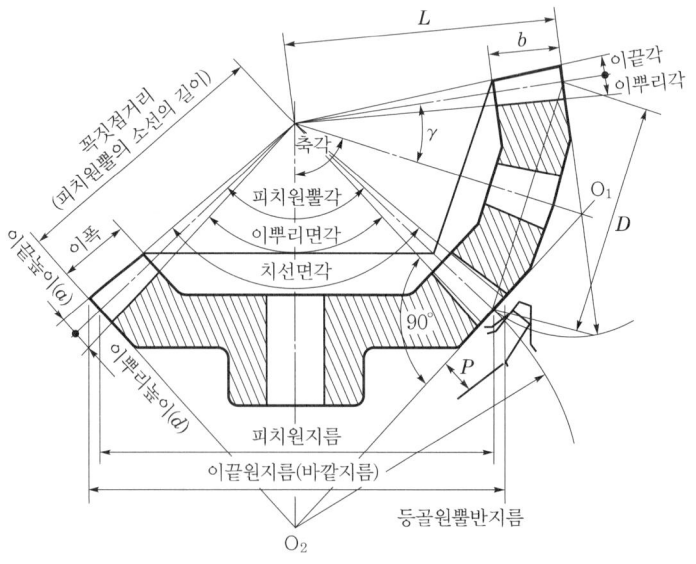

(2) 베벨기어의 설계

① 속비 : $\varepsilon = \dfrac{N_2}{N_1} = \dfrac{D_1}{D_2} = \dfrac{Z_1}{Z_2} = \dfrac{\omega_2}{\omega_1} = \dfrac{\sin\gamma_1}{\sin\gamma_2}$

② 피치원뿔각

$$\tan\gamma_1 = \dfrac{\sin\Sigma}{\dfrac{Z_2}{Z_1} + \cos\Sigma}$$

$$\tan\gamma_2 = \dfrac{\sin\Sigma}{\dfrac{Z_1}{Z_2}} + \cos\Sigma$$

촉각 $\Sigma = \gamma_1 + \gamma_2 = 90°$이면

$$\tan\gamma_1 = \dfrac{Z_1}{Z_2}, \ \tan\gamma_2 = \dfrac{Z_2}{Z_1}$$

③ 외단 원뿔거리 : $L = \dfrac{D_1}{2\sin\gamma_1} = \dfrac{D_2}{2\sin\gamma_2}$

여기서, γ : 피치원뿔각

$$L = \dfrac{D}{2\sin\gamma}, \ D = mZ$$

$$m' = m\lambda = m\left(\dfrac{L-b}{L}\right) = m\left(\dfrac{1-b}{L}\right) = m\left(1 - \dfrac{2b\sin\gamma}{D}\right) = m - \dfrac{2b\sin\gamma}{Z}$$

④ 이끝각(θ_a)

$$\tan\theta_a = \dfrac{a}{L}$$

여기서, a : 이끝높이

⑤ 이뿌리각(θ_d)

$$\tan\theta_d = \dfrac{d}{L}$$

여기서, d : 이뿌리높이

⑥ 이끝원뿔각(γ_a)

$$\gamma_{a1} = \gamma_1 + \theta_{a1}, \ \gamma_{a2} = \gamma_2 + \theta_{a2}$$

⑦ 이뿌리원뿔각(γ_d)

$$\gamma_{d1} = \gamma_1 + \theta_{d1}, \ \gamma_{d2} = \gamma_2 + \theta_{d2}$$

⑧ 외단 이끝원지름 : $D_g = D + 2a\cos\gamma$

⑨ 후원뿔각(δ)

$$\delta_1 = 90° - \gamma_1, \ \delta_2 = 90° - \gamma_2$$

4.9 기타

1) 파이프의 안지름

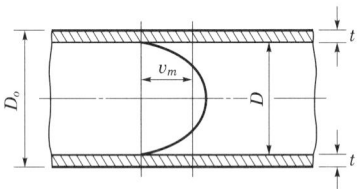

[파이프 내의 속도분포]

$$Q = Av_m = \frac{\pi}{4}\left(\frac{D}{1,000}\right)^2 v_m \ [\text{m}^3/\text{s}]$$

$$\therefore D = 2,000\sqrt{\frac{Q}{\pi v_m}} \fallingdotseq 1,128\sqrt{\frac{Q}{v_m}} \ [\text{mm}]$$

여기서, A : 파이프 내의 단면적(m^2), v_m : 평균유속(m/s)

2) 얇은 원통의 두께

원통을 1/2로 쪼개어 내압을 $p[\text{N/cm}^2]$, 두께를 $t[\text{mm}]$, 안지름을 $D[\text{mm}]$라 하면

① 원주응력(후프응력) : $\sigma_t = \dfrac{pD}{200t}$ [MPa]

② 두께 : 경험식으로부터 부식대(부식에 대한 정수)를 $C[\text{mm}]$, 이음효율을 η, 재료의 허용인장응력을 $\sigma_a[\text{N/mm}^2]$이라 하면

$$t = \frac{pD}{200\sigma_a \eta} + C[\text{mm}]$$

만일 강판의 인장(극한)강도를 $\sigma_u[\text{MPa}]$, 안전율을 S라 하면

$$\sigma_a = \frac{\sigma_u}{S}$$

$$\therefore t = \frac{DpS}{2\sigma_u \eta \times 100} + C[\text{mm}]$$

얇은 원통이라 함은 $\dfrac{t}{D} \leq \dfrac{1}{10}$의 경우를 말한다.

5 유공압시스템 설계

5.1 유공압기초

1) 파스칼의 원리(Pascal's principal)

밀폐된 용기의 임의의 한쪽에 가한(액체나 기체) 압력의 세기는 균일한 세기로 모든 방향으로 전달된다(유압잭, 유압프레스).

2) 연속방정식(질량보존의 법칙 적용)

① 질량유량의 연속방정식($\dot{m}$)

$$\dot{m} = \rho A V = C \ (\rho_1 A_1 V_1 = \rho_2 A_2 V_2)$$

② 체적유량(Q) : 비압축성 유체($\rho = c$)인 경우만 적용

$$Q = AV = \frac{\pi d^2}{4} V [\text{m}^3/\text{s}] \ (A_1 V_1 = A_2 V_2)$$

$$V = \frac{Q}{A} = \frac{Q}{\frac{\pi d^2}{4}} = \frac{4Q}{\pi d^2} [\text{m/s}]$$

3) 베르누이방정식(에너지보존의 법칙 적용)

$$\frac{P}{\gamma} + \frac{V^2}{2g} + Z = H = C$$

$$\frac{P_1}{\gamma} + \frac{V_1^2}{2g} + Z_1 = \frac{P_2}{\gamma} + \frac{V_2^2}{2g} + Z_2$$

여기서, $\frac{P}{\gamma}$: 압력수두(m), $\frac{V^2}{2g}$: 속도수두(m), Z : 위치수두(m), H : 전수두(m)

4) 레이놀즈수(R_e)

층류와 난류를 구별하는 무차원수로 직경이 d인 파이프(원관)인 경우 다음과 같이 정의한다.

$$R_e = \frac{\text{관성력}}{\text{점성력}} = \frac{\rho V d}{\mu} = \frac{Vd}{\nu} = \frac{4Q}{\pi d \nu}$$

여기서, ρ : 유체밀도($kg/m^3 = N \cdot s^2/m^4$), V : 평균속도(m/s), μ : 점성계수($Pa \cdot s$)
ν : 동점성계수$\left(= \dfrac{\mu}{\rho}\right)$($m^2/s$), d : 관의 입구지름, Q : 체적유량(m^3/s)

① 층류구역 : $R_e < 2,100$
② 천이구역 : $2,100 < R_e < 4,000$
③ 난류구역 : $R_e > 4,000$

5) 뉴턴의 점성법칙(Newton's viscosity law)

$$\tau = \mu \frac{du}{dy} [Pa = N/m^2]$$

여기서 τ : 전단응력($Pa = N/m^2$), μ : 점성계수($Pa \cdot s = N \cdot s/m^2 = kg/m \cdot s$)
$\dfrac{du}{dy}$: 속도구배(전단변형률)

5.2 유압기기

1) 장점
① 동작속도를 자유로이 바꿀 수 있다.
② 커다란 조작력을 간단히 얻으면 그 조절도 용이하다.
③ 전기적 조작과 조합이 간단하게 된다.
④ 원격조작이 된다.
⑤ 과부하에 대해서 안전장치로 만드는 것이 용이하다.
⑥ 압력에 대한 출력의 응답이 빠르다.

2) 분류
① 유압펌프 : 기어펌프, 베인펌프, 나사펌프, 플런저펌프
② 유압작동기(액추에이터) : 유압실린더, 유압모터
③ 유압제어밸브 : 유량제어밸브, 압력제어밸브, 방향제어밸브

3) 오일여과방식
전류식, 분류식, 복합식(샨트식)

5.3 유압작동유

1) 작동유의 구비조건

① 작동유를 확실히 전달시키기 위하여 비압축성이어야 한다.
② 동력손실을 최소화하기 위하여 장치의 오일온도범위에서 회로 내를 유연하게 유동할 수 있는 점도가 유지되어야 한다.
③ 운동부의 마모를 방지하고 실(seal) 부분에서의 오일 누설을 방지할 수 있는 정도의 점도를 가져야 한다.
④ 인화점과 발화점이 높아야 한다.
⑤ 장시간 사용하여도 화학적으로 안정하여야 한다(산화 안정성 및 내유화성).
⑥ 녹이나 부식 등의 발생을 방지하여야 한다(방청 및 방식성이 우수할 것).
⑦ 외부로부터 침입한 먼지나 오일 속에 혼입한 공기 등의 분리를 신속히 할 수 있어야 한다.
⑧ 점도지수가 높아야 한다(온도변화에 대한 점도변화가 적을 것).
⑨ 열전달률이 높아야 한다.
⑩ 실(seal)재와 적합성이 좋아야 한다.

> ☑ **학습 POINT**
>
> - 동력손실로 인한 점도가 너무 높을 때의 영향
>   - 기계효율(η_m) 저하
>   - 내부마찰 증대로 인한 온도 상승
>   - 소음, 캐비테이션(공동현상) 발생
>   - 유동저항 증대로 인한 압력손실 증대
>   - 유압기기 작동 불활발
> - 동력손실로 인한 점도가 너무 낮을 때의 영향
>   - 펌프 및 모터의 용적효율 저하
>   - 오일 누설 증대
>   - 압력유지 곤란
>   - 마모 증대
>   - 압력 발생 저하로 정확한 작동 불가능

2) 작동유의 첨가제

① 산화 방지제 : 유황화합물, 인산화합물, 아민 및 페놀화합물
② 방청제 : 유기산, 에스테르, 지방산염, 유기인화합물, 아민화합물
③ 소포제 : 실리콘유, 실리콘의 유기화합물
④ 점도지수 향상제 : 고분자중합체의 탄화수소
⑤ 유성 향상제 : 유기인화합물이나 유기에스테르와 같은 극성화합물

⑥ 유동성 강하제 : 유동점은 기름이 응고하는 온도보다 2.5℃ 높은 온도를 말하며 저온유동성을 나타내는 방법으로 표시된다. 실용상 최저온도는 유동점보다 10℃ 이상 높은 온도가 바람직하다.

5.4 실(seal)

고정 부분에 사용되는 실을 개스킷, 운동 부분에 사용하는 실을 패킹이라 한다.

5.5 여과기(strainer)

비교적 큰 불순물 제거에 사용되는 것을 스트레이너라고 한다. 필터를 여과작용면에서 분류하면 표면식, 적층식, 다공체식, 흡착식, 자식으로 크게 나눌 수 있다.

5.6 축압기(어큐뮬레이터)

1) 축압기의 용도
① 압력에너지의 축적(압력 보상, 충격압력 흡수)
② 맥동, 충격의 제거
③ 2차 유압회로 구동방출사이클시간 단축
④ 액체 수송(펌프 대용)

2) 축압기의 종류
중량식, 스프링식, 공기압식, 실린더식

3) 축압기의 용량

압력에너지의 축적용으로 사용할 경우 $p_0 V_0 = p_1 V_1 = p_2 V_2$ 에서

$$\Delta V = V_2 - V_1 = p_0 V_0 \left(\frac{1}{p_2} - \frac{1}{p_1} \right) = p_0 V_0 \left(\frac{p_1 - p_2}{p_1 p_2} \right) [\text{L}]$$

여기서, ΔV : 방출유량(L), p_0 : 기체의 봉입압력(Pa), V_0 : 축압기의 용량(L)
p_1, p_2 : 작동유압의 변화량(Pa)

5.7 펌프

1) 유압펌프

① 펌프축동력 : 펌프를 운전하는 데 필요한 동력

$$L_s = \frac{pQ}{7,500\eta}[\text{PS}] = \frac{pQ}{10,200\eta}[\text{kW}] = \frac{pQ}{\eta}[\text{kW}]$$

② 체적효율 : $\eta_v = \dfrac{Q_a}{Q_{th}} \times 100\%$

2) 기어펌프(gear pump)

① 흡입능력이 가장 크다.
② 송출량을 변화시킬 수 없다(정용량형 펌프).
③ 구조가 간단하고 비교적 가격이 싸다.
④ 운전보수가 용이하고 신뢰도가 높다.
⑤ 기름의 오염에 비교적 강하다.
⑥ 밸브가 필요 없고(입구, 출구) 왕복펌프에 비해 고속운전이 가능하다.
⑦ 이론송출량 : $Q_{th} = 2\pi m^2 zbN\,[\text{L/min}]$

3) 베인펌프(vane pump)

① 베인펌프는 10여 개의 베인을 가지며 적당한 압력포트(port), 캠링을 사용함으로써 송출압력에 맥동이 적다.
② 소음이 적고 기동토크가 작다.
③ 펌프의 구동동력에 비하여 형상이 소형이다.
④ 베인의 선단이 마모해도 압력 저하가 일어나지 않는다.
⑤ 비교적 고장이 적고 보수가 용이하다.
⑥ 송출압력은 7~21MPa 정도이다.

5.8 밸브의 종류

① 압력제어밸브 : 안전밸브, 릴리프밸브, 시퀀스밸브, 카운터밸런스밸브, 언로딩밸브(무부하밸브), 감압밸브(리듀싱밸브), 유체퓨즈, 압력스위치
② 유량제어밸브 : 스로틀밸브(교축밸브), 압력·온도보상형 유량조절밸브, 분류밸브
③ 방향제어밸브 : 체크밸브, 감속밸브, 셔틀밸브, 서보밸브

5.9 액추에이터

1) 종류
① 유압모터 : 기어모터, 베인모터, 플런저모터
② 유압실린더 : 피스톤형 실린더, 램형 실린더
③ 요동모터 : 베인형 요동모터, 피스톤형 요동모터

2) 유압모터
① 이론토크 : $T_{th} = \dfrac{pq}{2\pi}[\text{kN} \cdot \text{m} = \text{kJ}]$

② 동력 : $L_m = \dfrac{pQ}{1,000}[\text{kW}]$

여기서, p : 모터의 공급유와 배유의 압력차($\text{N/m}^2 = \text{Pa}$), Q : 모터에 공급되는 유량(m^3/s)

5.10 유압회로(속도제어회로)

① 미터 인 회로
② 미터 아웃 회로
③ 블리드 오프 회로

5.11 유공압기계 일반응용

유압기기는 공작기계를 비롯하여 하역운반기계, 건설용 중장비, 자동차, 선박, 항공기, 플라스틱 가공기, 자동차기계 등에 널리 사용되고 있으며, 유압기기가 유압을 이용하는 방법에 따라 분류하면 여러 가지가 있다.
① 힘을 증대하는 기계 : 파스칼의 원리를 이용하여 작은 힘으로 큰 힘을 발생시키는 방식에는 유압잭(hydraulic Jack), 유압프레스 등을 비롯한 모든 기계나 장치에 공통적으로 이용된다.
② 오일에 순응성을 이용한 기계
③ 오일에 점성을 이용한 기계 : 오일의 점성을 이용하여 충격이나 진동을 흡수 완화시킨다(댐퍼, 쇼크업소버)
④ 오일의 유속을 이용한 기계 : 오일의 팽창·수축을 이용한 것으로는 압력계, 온도계, 진동개페밸브 등 여러 가지가 있다(커플링, 토크컨버터).

5.12 하역 운반기계

1) 덤프트럭(dump truck)

덤프트럭은 단일 실린더와 링크장치로 되어 있는 형식으로 기어펌프가 작동되면 실린더 내 오일이 보내지고, 이때 유압의 힘으로 피스톤이 축을 밀어낸다. 덤프트럭의 주요부는 유압펌프와 실린더이고, 실린더가 1개인 것이 보통이나 2개인 것도 있다.

2) 지게차(forklift)

짐을 싣고 내리는데 쓰이는 차로, 지게차의 유압계통을 보면 작동은 엔진(기관) 출력으로 펌프를 작동시켜 오일탱크로부터 오일을 흡수하여 리프팅밸브와 틸팅밸브에 보내진다. 포크를 상하운동시키려면 리프팅밸브를 전환한 화물을 실은 포크를 위쪽으로 들었을 때 차체의 평형을 유지하려면 틸팅밸브의 레버를 조작한다.

3) 로딩리프트

유압식 로딩리프트의 작동은 전동기로 점프를 구동하면 오일탱크로부터 오일이 흡수되어 전환밸브끼리 보내지고, 전환밸브의 조작에 따라 실린더에 유압이 주어져 화물대를 상승시키게 되어 있다. 하강 시에는 전환밸브를 조작하여 화물대를 자중으로 내려오도록 하고 있다.

5.13 공작기계

1) 프레스(press)

① 금속가공용 프레스
② 분말성형 프레스
③ 분말성형 프레스에 이용되는 증압기

2) 플레이너(planer)

5.14 자동차, 중장비 및 어로기계

1) 유체커플링(fluid coupling)

펌프와 터빈으로 구성되어 있고, 유체를 매체로 하여 동력을 구동축(원동축)으로부터 피동축(종동축)으로 전달하는 것으로 양축의 회전속도비를 연속적으로 바꿀 수 있다. 유체커플링은 자동차에 이용하는 경우는 기어식 변속기와 조합한다.

2) 토크컨버터(torque converter)

(1) 개요

토크컨버터는 자동변속기(엔진과 변속기 사이)에서 사용되는 장치로서 엔진과 유성기어(planetary gear) 사이에 유체커플링으로 동력을 전달하는 장치이다. 자동차의 주행저항에 따라 자동적 연속적으로 구동력을 변화시킬 수 있다. 유체의 흐름은 '펌프(임펠러) → 터빈(런너) → 스테이터(고정자) → 펌프'로 반복 순환되며 토크를 증대((2~3) : 1)시킬 수 있다.

(2) 특징

① 시동에서 최고회전속도에 이르기까지 자동적으로 무단변속할 수 있다.
② 과부하 때문에 엔진이 정지하거나 손상되는 일이 없다.
③ 부하를 건 상태에서 원동기를 시동할 수 있다.
④ 기어나 마찰클러치와 같이 변속을 위해 끼우거나 빼는 것도 없다.
⑤ 충격력이나 진동을 유체로 완화시키므로 자동변속기의 엔진수명이 연장된다.

3) 유압브레이크(hydraulic brake)

액체(브레이크 플루드)를 이용하여 각 바퀴에 평균한 제동력을 전달하는 브레이크로, 브레이크를 밟으면 마스터 실린더에 유압이 발생하고 브레이크 호스나 브레이크 파이프를 경유하여 각 차륜의 휠 실린더 캘리퍼의 피스톤에 전달된다. 피스톤은 유압에 눌려 브레이크 슈나 패드를 누르는 힘이 되어 제동력이 된다. 물체의 운동을 정지시키는 힘을 유압으로 제동하는 장치로 자동차와 철도차량의 디스크브레이크 따위로 많이 쓰인다.

Chapter 2. 기계재료 및 제작

1 요소부품 재질

1.1 기계재료

1) 기계재료의 성질

(1) 금속의 성질

① 공통성질
  ㉠ 상온에서 고체이며 결정체(Hg 제외)이다.
  ㉡ 비중이 크고 고유의 광택을 갖는다.
  ㉢ 가공이 용이하고 연·전성이 좋다.
  ㉣ 열과 전기의 양도체이다.
  ㉤ 이온화하면 양(+)이온이 된다.

② 경금속과 중금속 : 비중 5를 기준으로 하여 비중이 5 이하인 것을 경금속이라 하고, 5 이상의 것을 중금속이라 한다.
  ㉠ 경금속 : Al(2.7), Mg(1.74), Be(1.85), Ca(1.55), Ti(4.5), Na(0.97), Li(0.53, 가장 가벼운 금속) 등
  ㉡ 중금속 : Ce(6.77), Zn(7.13), Cr(7.2), Fe(7.87), Cd(8.65), Ni(8.9), Co(8.9), Cu(8.92), Bi(9.75), Mo(10.2), Pb(11.34), Ir(22.5, 가장 무거운 금속) 등

(2) 기계재료의 물리적 성질과 기계적 성질

① 물리적 성질 : 비중, 용융점, 비열, 선팽창계수, 열전도율, 전기전도율
② 기계적 성질 : 항복점, 연성, 전성, 인성, 인장강도, 취성, 가공경화, 강도, 경도, 가단성, 가주성, 피로

2) 금속의 결정과 합금조직

(1) 금속의 결정

① 결정의 구조

기호	성질	원소	귀속 원자수	배위수	원자 충전율	비고

BCC	• 전연성이 적다.
	• 융점이 높다.
	• 강도가 크다.
		Fe(α-Fe, δ-Fe), Cr, W, Mo, V, Li, Na, Ta, K	2	8	68%	• A_2변태
						  (768℃, α-Fe)
						• A_4변태
						  (1,400℃, δ-Fe)
						• 융점(1,538℃)

FCC	• 많이 사용된다. • 전연성과 전기전도도가 크다. • 가공이 우수하다.	Al, Ag, Au, γ-Fe, Cu, Ni, Pb, Pt, Ca, β-Co, Rh, Pd, Th, Ce	4	12	74%	• A_3변태 (910℃, γ-Fe)
HCP	• 전연성이 불량하다. • 접착성이 적다. • 가공성이 좋지 않다.	Mg, Zn, Ti, Be, Hg, Zr, Cd, Os	2	12	70.45%	—

② 금속의 변태

㉠ 동소변태 : 고체 내에서 원자배열이 변하는 것(Fe(γ-Fe, δ-Fe), Co, Ti, Sn)

㉡ 자기변태 : 원자배열은 변화가 없고 자성만 변하는 것(Fe, Ni, Co)

(2) 합금의 조직

① 경도가 증가한다.

② 색이 변하며 주조성이 커진다.

③ 용융점이 낮아진다.

④ 성분을 이루는 금속보다 우수한 성질을 나타내는 경우가 많다.

3) 재료의 시험 및 검사

(1) 인장시험

① 인장강도 : $\sigma_B = \dfrac{최대\ 하중}{원단면적} = \dfrac{P_{\max}}{A_0}$ [MPa]

② 연신율 : $\varepsilon = \dfrac{시험\ 후\ 늘어난\ 길이(L') - 표점거리(L)}{표점거리(L)} \times 100\%$

(2) 경도시험

종류	브리넬경도	비커스경도	로크웰경도	쇼어경도
기호	H_B	H_V	H_R(H_RB, H_RC)	H_S
압입자의 모양	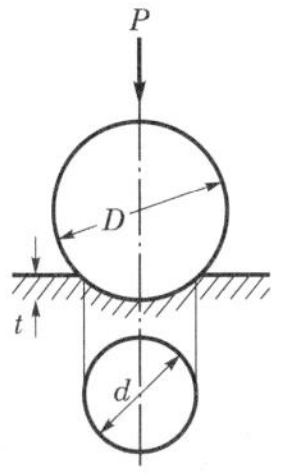 압입자는 강구	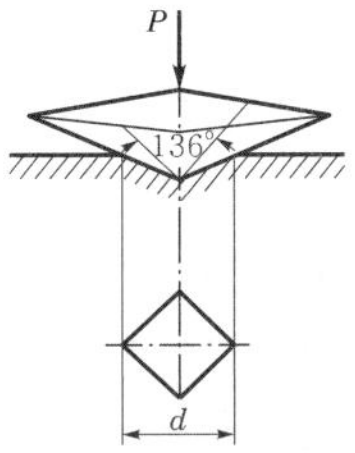 압입자는 선단이 사각뿔인 다이아몬드	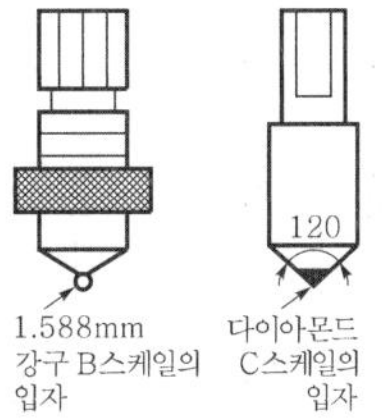 압입자는 강구(B스케일)와 다이아몬드(C스케일)	다이아몬드 $H_S = \dfrac{10,000}{65}\left(\dfrac{h}{h_0}\right)$
시험법의 원리	압입자에 하중을 걸어 자국의 크기로 경도를 조사한다. $H_B = \dfrac{P}{\pi Dt}$ $= \dfrac{2}{\pi D(D-\sqrt{D^2-d^2})}$	압입자에 하중을 작용시켜 자국의 대각선길이로서 조사한다. $H_V = \dfrac{\text{하중}}{\text{자국의 표면적}}$ $= \dfrac{P}{A} = \dfrac{1.8544P}{d^2}$	압입자에 하중을 걸어 홈의 깊이로 측정한다. 기준하중은 10kg이고, B스케일은 하중이 100kg, C스케일은 150kg이다. $H_RB = 130 - 500h$ $H_RC = 100 - 500h$	추를 일정한 높이에서 낙하시켜, 이때 반발한 높이로 측정한다.

경도시험에는 이외에도 긁힘시험, 진자시험, 마이어경도시험방법이 있다.

(3) 비파괴검사

자분탐상시험(MT), 침투탐상시험(PT), 완전류탐상시험(ET), 초음파탐상시험(UT), 방사선투과시험(RT), 누설검사(LT)

4) 재결정

① 가열시간 : 길수록 낮아진다.
② 가공도 : 클수록 낮아진다.
③ 가공 전 결정입자의 크기 : 미세할수록 낮아진다.

[각종 금속에 따른 재결정온도]

원소	Au	Ag	W	Cu	Ni	Al	Fe	Pb	Mg	Sn
재결정온도(℃)	200	200	1,000	200~300	600	150	450	-3	150	-7~25

1.2 철강재료

1) 철과 강

(1) 각종 노(爐)의 용량

① 용광로 : 1일 산출 선철의 무게를 톤(ton)으로 표시한다.
② 용선로 : 1시간당 용해량을 톤(ton)으로 표시한다.
③ 전로, 평로, 전기로 : 1회에 용해·산출되는 무게를 kgf(Newton) 또는 톤(ton)으로 표시한다.
④ 도가니로 : 1회 용해하는 구리의 무게를 번호로 표시한다.
    예 1회에 구리 200kgf(1.96kN)을 녹일 수 있는 도가니를 200번 도가니라고 부른다.

(2) 철강의 5원소

탄소(C), 규소(Si), 망간(Mn), 인(P), 황(S)으로 탄소가 철강의 성질에 가장 큰 영향을 준다.

(3) 강괴

① 림드강 : 평로, 전로에서 제조된 것을 Fe-Mn으로 불완전 탈산시킨 강
② 킬드강(진정강) : 평로, 전기로에서 제조된 용강을 Fe-Mn, Fe-Si, Al 등으로 완전 탈산한 강
③ 세미킬드강 : Al으로 림드와 킬드의 중간 탈산

2) 순철과 탄소강

(1) 순철

> ☑ **학습 POINT**
>
> 순철의 변태
> 순철의 변태에는 A_2(768℃), A_3(910℃), A_4(1,400℃)변태가 있으며 A_3, A_4변태를 동소변태라 하고, A_2변태를 자기변태라 한다. 순철은 변태에 따라서 α철, γ철, δ철의 3개 동소체가 있으며, α철은 910℃ 이하에서 체심입방격자(BCC)이고, γ철은 910~1,400℃ 사이에서 면심입방격자(FCC)로 존재하며, 1,400℃ 이상에서는 δ철이 체심입방격자로 존재한다. 순철의 표준조직은 대체로 다각형 입자로 되어 있으며, 상온에서 체심입방격자구조인 α 조직(페라이트조직)이다.

(2) 탄소강

① 청열메짐 : 강이 200~300℃ 가열되면 경도, 강도가 최대로 되고 연신율, 단면 수축은 줄어들어 메지게 되는 것으로, 이때 표면에 청색의 산화피막이 생성된다. 이것은 인에 기인된 것으로 알려져 있다.

② 적열메짐 : 황이 많은 강으로 고온(900℃ 이상)에서 메짐(강도는 증가, 연신율은 감소)이 나타난다.

[조직과 결정구조]

기호	명칭	결정구조 및 내용
α	α-페라이트	BCC(체심입방격자)
γ	오스테나이트	FCC(면심입방격자)
δ	δ-페라이트	BCC(체심입방격자)
Fe_3C	시멘타이트 또는 탄화철	금속 간 화합물
$\alpha + Fe_3C$	펄라이트	α와 Fe_3C의 기계적 혼합
$\gamma + Fe_3C$	레데부라이트	γ와 Fe_3C의 기계적 혼합

3) 열처리

(1) 일반 열처리(담금질)

경도와 강도를 증가시킨다.

(2) 담금질조직

① 마텐자이트
  ㉠ 수랭으로 인하여 오스테나이트에서 C가 과포화 페라이트로 된 것이다.
  ㉡ 침상의 조직으로 열처리조직 중 경도가 최대이고 부식에 강하다.

② 오스테나이트
  ㉠ 냉각속도가 지나치게 빠를 때 A_1 이상에 존재하는 오스테나이트가 상온까지 내려온 것이다.
  ㉡ 경도가 낮고 연신율이 크며 전기저항이 크나 비자성체이다. 고탄소강에서 발생한다(제거방법 : 서브제로처리).
  ㉢ 서브제로(심랭)처리 : 담금질 직후(조직의 성질 저하, 뜨임변형 유발) 잔류 오스테나이트를 없애기 위하여 0℃ 이하로 냉각하는 것이다(액체질소, 드라이아이스로 -80℃까지 냉각함).

③ 각 조직의 경도순서 : 시멘타이트(H_B 800) > 마텐자이트(600) > 트루스타이트(400) > 소르바이트(230) > 펄라이트(200) > 오스테나이트(150) > 페라이트(100)

④ 냉각속도에 따른 조직변화순서 : $M_{(수랭)} > T_{(유냉)} > S_{(공랭)} > P_{(노냉)}$

  ※ 펄라이트 : 노 안에서 서랭한 조직(열처리조직이 아님)

⑤ 뜨임 : 강인성을 증가시키기 위한 열처리이다.
  ㉠ 저온뜨임 : 내부응력만 제거하고 경도 유지(150℃)
  ㉡ 고온뜨임 : 소르바이트(sorbite)조직으로 만들어 강인성 유지(500~600℃)

⑥ 불림 : 결정조직의 균일화(표준화), 가공재료의 잔류응력 제거
⑦ 풀림 : 재질의 연화, 잔류응력 제거

(3) 항온열처리의 종류(항온변태곡선 ; TTT곡선=S곡선=C곡선)

① 오스템퍼
② 마템퍼
③ 마퀜칭

(4) 표면경화법

① 침탄법 : 고체침탄법, 액체침탄법, 가스침탄법
② 질화법

[침탄법과 질화법의 비교]

침탄법	질화법
• 경도가 작음 • 침탄 후 열처리가 큼 • 침탄 후 수정 가능함 • 단시간 표면경화 • 변형 생김 • 침탄층 단단함	• 경도가 큼 • 열처리 불필요 • 질화 후 수정이 불가능 • 장시간 표면경화 • 변형 적음 • 여림

③ 금속침투법(시멘테이션)
㉠ 세라다이징 : Zn 침투
㉡ 크로마이징 : Cr 침투
㉢ 칼로라이징 : Al 침투
㉣ 실리코나이징 : Si 침투
㉤ 보로나이징 : B 침투

4) 합금강

(1) 구조용 합금강(강인강)

① 저Mn강(1~2% Mn) : 펄라이트 Mn강, 듀콜강, 구조용 강
② 고Mn강(10~14% Mn) : 오스테나이트 Mn강, 하드필드강, 수인강

(2) 공구용 합금강

① 고속도강(SKH)
㉠ 대표적인 절삭용 공구재료
㉡ 일명 HSS-하이스
㉢ 표준형 고속도강 : 18 W-4 Cr-1 V, 탄소량 0.8%

② 주조경질합금 : Co-Cr-W(Mo)을 금형에 주조연마한 합금

> ✓ **학습 POINT**
>
> 스텔라이트(stellite)
> 주조경질합금의 대표적인 합금으로써 코발트(Co)를 주성분으로 Cr, W, Fe, C 등의 조성을 가진 합금이다. 경도가 높고 내마모성, 내식성을 가지며 600℃ 이상에서 고속도강보다 경도가 크다.

③ 초경합금
- 금속탄화물의 종류 : WC, TiC, TaC(결합재 : Co분말)

④ 세라믹공구 : 알루미나(Al_2O_3)를 주성분으로 소결시킨 일종의 도기

※ 고온경도의 크기 : 세라믹 > 초경합금 > 주조경질합금 > 고속도강 > 합금공구강 > 탄소공구강

(3) 특수 용도용 합금강

① 스테인리스강(STS)
　㉠ 13 Cr 스테인리스
　㉡ 18 Cr-8 Ni 스테인리스(오스테나이트계)

② 불변강(고Ni강)
　㉠ 비자성강으로 Ni 26%에서 오스테나이트조직을 갖음
　㉡ 인바, 슈퍼인바, 엘린바, 고엘린바, 퍼멀로이, 플래티나이트

5) 주철의 장단점

(1) 장점

① 용융점이 낮고 유동성이 좋다.
② 주조성이 양호하다.
③ 마찰저항이 좋다.
④ 가격이 저렴하다.
⑤ 절삭성이 우수하다.
⑥ 압축강도가 크다(인장강도의 3~4배).

(2) 단점

① 인장강도가 작다.
② 충격값이 작다.
③ 가공이 안 된다.

1.3 비철금속재료

1) 알루미늄(Al)과 그 합금

(1) 알루미늄

(2) 주조용 알루미늄합금

① Al-Cu계 합금

② Al-Si계 합금
  ㉠ 실루민(silumin)이 대표적이며 주조성이 좋으나 절삭성은 나쁘다.
  ㉡ 열처리효과가 없고 개질처리로 성질을 개선한다.
  ㉢ 로엑스(Lo-EX)합금 : Al-Si에 Mg을 첨가한 특수 실루민으로 열팽창이 극히 작다. Na을 개질처리한 것이며 내연기관의 피스톤에 사용한다.

③ Al-Mg계 합금 : Mg 12% 이하로서 하이드로날륨이라고도 한다.

④ Al-Cu-Si계 합금 : 라우탈이 대표적이며 Si 첨가로 주조성 향상, Cu 첨가로 절삭성을 향상시킨 합금이다.

⑤ Y합금(내열합금) : Al(92.5%)-Cu(4%)-Ni(2%)-Mg(1.5%)합금이며 고온강도가 크므로(250℃에서도 상온의 90% 강도 유지) 내연기관 실린더에 사용한다.

2) 구리(Cu)와 그 합금

(1) 구리

(2) 구리합금

① 황동(Cu-Zn)
  ㉠ 구리와 아연의 합금. 가공성, 주조성, 내식성, 기계성 우수
  ㉡ 7 : 3황동(α고용체)은 연신율 최대, 상온가공성 양호, 가공성 목적
  ㉢ 6 : 4황동(α+β고용체)은 인장강도 최대, 상온가공성 불량(600~800℃ 열간가공), 강도 목적

[황동의 종류]

종류	5% Zn	15% Zn	20% Zn	30% Zn	35% Zn	40% Zn
명칭	길딩메탈	래드 브라스	로우 브라스	카트리지 브라스	하이, 옐로브라스	문츠메탈, 6 : 4
용도 및 특성	화폐·메달용	소켓, 체결구용	장식용, 톰백	탄피 가공용, 7 : 3	7 : 3 황동보다 값이 쌈	값싸고 강도가 큼

※ 톰백 : 8~20% Zn 함유. 금에 가까운 색. 연성이 큼. 금 대용품, 장식품에 사용

② 특수 황동
　㉠ 연황동(쾌삭황동) : 황동(6 : 4)에 Pb 1.5~3% 첨가한 것이며 절삭성 개량. 대량생산, 정밀가공품에 사용
　㉡ 주석황동 : 내식성 목적(Zn의 산화, 탈아연 방지)으로 Sn 1% 첨가
　　• 애드미럴티황동 : 7 : 3황동에 Sn 1%를 첨가한 것이며 콘덴서튜브에 사용
　　• 네이벌황동 : 6 : 3황동에 Sn 1%를 첨가한 것이며 내해수성이 강해 선박기계에 사용
　　• 철황동(델타메탈) : 6 : 4황동에 Fe 1~2% 첨가한 것이며 강도, 내식성 우수. 광산, 선박, 화학기계에 사용
③ 청동(Cu-Sn) : 주조성, 강도, 내마멸성 우수
　※ 포금(건메탈) : 청동의 예전 명칭. 청동주물(BC)의 대표. 유연성, 내식성, 내수압성이 좋음. 성분은 Cu+Sn 10%+Zn 2%

3) 기타 비철금속과 그 합금

(1) 마그네슘(Mg)과 그 합금

① 물리적 성질 : 비중 1.74(실용금속 중 가장 가벼움), 용융점 650℃, 조밀육방격자, 산화연소가 잘 됨
② 기계적 성질 : 연신율 6%, HB 33, 재결정온도 150℃, 냉간가공성이 나쁘므로 300℃ 이상에서 열간가공

(2) 니켈(Ni)과 그 합금

① 니켈의 성질
　㉠ 비중 8.9, 용융점 1,455℃이며 전기저항이 크다.
　㉡ 상온에서 강자성체(360℃에서 자성 잃음(자기변태온도점))이다.
② 니켈합금
　㉠ Ni-Cu계 합금
　　• 콘스탄탄 : Ni 45%, 열전대, 전기저항선에 사용
　　• 어드밴스 : Ni 44%, Mn 1%, 정밀전기의 저항선
　　• 모넬메탈 : Ni 60~75%, Cu 26~30%, Fe 1~3%, 화학공업용, 강도와 내열성, 내식성 우수
　㉡ Ni-Fe계 합금
　　• 인바 : Ni 36%, 길이가 불변, 표준자, 바이메탈용
　　• 엘린바 : Ni 36%, Cr 12%, 탄성 불변, 시계부품, 소리굽쇠용
　　• 플래티나이트 : Ni 42~46%, Cr 18%, 열팽창 작음
　㉢ 진공관 도선용
　　• 퍼멀로이 : Ni 42~80%, 투자율이 큼, 자심재료, 장하코일용

- 인코넬 : Ni+Cr, Fe 첨가
- 하스텔로이 : Ni+Mo, Fe 첨가

※ 인코넬과 하스텔로이는 내식성 우수, 내열용으로도 쓰임

1.4 비금속재료(합성수지)

① 열경화성 수지 : 페놀수지, 요소수지, 멜라민수지, 실리콘수지
② 열가소성 수지 : 염화비닐수지, 폴리에틸렌수지, 초산비닐수지, 아크릴수지

2 기계제작법

2.1 목형

1) 목형용 재료

(1) 수축 방지법
① 양재, 건조재를 선택
② 겨울(동기)에 벌목
③ 적당한 도장
④ 많은 목편을 붙여서 제작

(2) 목재건조법
① 자연건조법 : 야적법, 가옥적법
② 인공건조법
  ㉠ 열기건조법 : 열기에 의한 건조
  ㉡ 침재법 : 수중에서 수액과 수분 치환
  ㉢ 자재법 : 용기 속에서 끓임(쪄서 건조)
  ㉣ 훈재법 : 연소가스나 배기가스로 건조
  ㉤ 전기건조법 : 전기저항열, 고주파열로 가열
  ㉥ 진공건조법 : 진공 중에서 가열
  ㉦ 증재법 : 2~3기압의 증기로 가열(건조가 빠르고 목재의 변형 및 수축이 적다)
  ㉧ 약제건조법 : KCl, H_2SO_4와 같은 흡수성 약제를 사용하여 건조

2) 목형 제작상 유의사항
수축여유, 가공여유, 기울기여유, 코어프린트, 라운딩, 덧붙임

3) 목형의 종류

(1) 구조에 의한 분류

① 현형
  ㉠ 단체형 : 레버, 화격자, 뚜껑 등 간단한 주물
  ㉡ 분할형 : 일반 복잡한 주물
  ㉢ 조립형 : 복잡한 주물
② 부분목형 : 큰 기어 등
③ 골격목형 : 대형 파이프, 대형 주물
④ 회전목형 : 풀리, 회전체
⑤ 고르개(긁기)목형 : 벤드파이프 등
⑥ 코어목형 : 중공 부분을 메우는 모래형의 목형
⑦ 매치플레이트 : 소형제품을 대량으로 생산할 때 판 1매에 상·하형을 만들어 쓰는 것

(2) 주물의 중량

$$W_m = \frac{W_p}{S_p}(1-3\phi), \quad W_m \fallingdotseq W_p\frac{S_m}{S_p}$$

(3) 주물의 결합과 대책

수축공

☑ **학습 POINT**

기공(blow hole)
- 쇳물의 주입온도를 높지 않게
- 통기성을 좋게
- 쇳물아궁이를 크게
- 주형 내의 수분 제거

2.2 주조

1) 주물사의 시험법

$$\text{통기도 } K = \frac{Vh}{PAt}[\text{cm/min}]$$

2) 주형 각부의 제작요령

탕구계는 주형의 쇳물 주입을 위해 만든 통로로 쇳물받이, 탕구, 탕도, 주입구로 구성한다.

$$압상력 \ P = AHS \text{[N]}$$
$$P_c = AHS + \frac{3}{4}VS \text{[N]}$$

3) 덧쇳물

① 주형 내 쇳물에 압력을 부여한다.
② 응고 시 체적 감소로 인한 쇳물을 보충한다.
③ 불순물과 용재의 일부를 배출한다.
④ 공기 제거로 주입량을 판다.

4) 코어받침대

코어의 자중, 쇳물의 압력이나 부력으로 코어가 일정 위치에 있기 곤란할 때 코어의 양단을 주형 내에 고정시키기 위한 것으로서 녹도록 주물과 같은 재질의 금속으로 만든다.

2.3 소성가공

1) 소성가공

① 성형치수가 정확하다.
② 조직이 치밀하고 강하다.
③ 대량생산으로 균일제품을 얻을 수 있다.
④ 재료의 사용량을 경제적으로 할 수 있다.

2) 열간가공

① 재결정온도 이상에서 가공하는 것이다.
② 가공이 용이하다(작은 동력으로 큰 변형이 발생).
③ 재질이 균일화된다.
④ 거친 가공에 적합하다.
⑤ 산화하기 쉽고 정밀가공이 곤란하다.

3) 냉간가공

① 재결정온도 이하에서 가공하는 것이다.
② 가공면이 아름답고 정밀한 모양으로 가공된다(제품의 치수가 정확하다).

③ 가공경화로 강도는 증가하나 연신율이 작아진다.
④ 가공방향으로 섬유조직이 생기고 판재 등은 방향에 따라 강도가 다르다.

4) 소성가공의 종류

단조가공, 압연가공, 인발가공, 압출가공, 판금가공, 제판가공, 전조가공

5) 단조의 종류

(1) 열간단조

해머단조, 프레스단조, 업셋단조, 압연단조(롤단조)

(2) 냉간단조

① 콜드헤딩 : 볼트, 리벳의 머리 제작
② 코이닝 : 매끈하고 정밀치수 제작(압인가공), 주화·메달 제작
③ 스웨이징 : 봉재, 관재의 지름 축소 또는 테이퍼 제작(단조작업의 일종으로 재료를 길이방향으로 압축하여 그 일부 또는 전체의 단면을 크게 하는 장치로 스웨이징가공이라고 한다)

6) 압연의 원리

① 압하량 $= H_0 - H_1$

② 압하율 $= \dfrac{H_0 - H_1}{H_0}$

여기서, H_0 : 롤러 통과 전의 두께, H_1 : 롤러 통과 후의 두께

7) 프레스가공

(1) 프레스가공의 분류

① 전단가공 : 블랭킹, 펀칭, 전단, 트리밍, 셰이빙, 브로칭, 노칭, 분단
② 성형가공 : 굽힘, 비딩, 인장, 딥드로잉, 벌징, 스피닝, 시밍, 네킹, 교정, 컬링
③ 압축가공 : 압인, 엠보싱, 스웨이징, 버니싱, 충격압출

(2) 전단가공

① 펀치에 작용하는 전단하중 : $P_s = \tau_s A = \tau_s t l [\text{N}]$

② 전단에 소요되는 동력 : $N = \dfrac{P v_m}{1,000 \times 60 \eta_m} [\text{kW}]$

8) 굽힘가공(스프링백)

① 경도가 높을수록 커진다.

② 같은 두께의 판재에서는 구부림반지름이 클수록, 구부림각도가 작을수록 크다.
③ 같은 판재에서 구부림반지름이 같을 때에는 두께가 얇을수록 크다.

2.4 강의 열처리

1) 열처리의 종류
열처리의 목적에 따라 담금질, 뜨임, 풀림, 불림 등으로 분류한다.

2) 급냉조직
① 오스테나이트 : 탄소가 $\gamma-Fe$ 중에 고용 또는 용해되어 있는 상태(면심입방격자)
② 마텐자이트 : 침상조직을 형성하며 경도가 가장 높음
③ 트루스타이트 : $\alpha-Fe$과 탄화철이 혼합된 조직
④ 소르바이트 : 트루스타이트보다 냉각속도를 느리게 하면 일어나는 조직(경도와 강도는 마르텐사이트와 펄라이트의 중간)
※ 각 조직경도의 상호관계 : 마텐자이트 > 트루스타이트 > 소르바이트 > 펄라이트 > 오스테나이트 > 페라이트

3) 표면경화

(1) 침탄법
① 고체침탄법
② 액체침탄법
③ 가스침탄법

(2) 청화법
강재와 접촉되면 활성탄소가 석출되어 철을 청화물, CN과 작용시켜 침탄과 질화가 동시에 행해지는 것으로 침탄질화법(표면경화법)이라고도 한다. 시안화칼륨(KCN), 시안화나트륨(NaCN)을 주성분으로 한다.

(3) 금속침투법(=시멘테이션)
강철표면에 타 금속(Cr, Al, Ti, Co, Si)을 스며들게 하여 그 표면에 합금층 및 금속피복을 만드는 방법이다.
① 크로마이징(Cr의 침투처리) : Cr은 내식, 내산, 내마모성이 좋으므로 Cr의 침투에 사용한다. 고체분말법과 가스크로마이징법이 있다.
② 칼로라이징(Al의 침투처리) : 강의 표면에 Al을 침투시키는 처리이며 내스케일성을 증가시키는 것을 목적으로 한다. 현재 많이 사용하는 방법은 혼합분말에 의한 방식이다.

③ 실리코나이징(Si의 침투처리) : 내식성을 증가시키는 방법으로 강철표면에 Si를 침투 및 확산시키는 처리로서 고체분말법과 가스법이 있다.
④ 보로나이징(B의 침투처리) : 강재표면에 붕소를 침투 및 확산시켜 경도가 높은 붕소화층을 형성시키는 경화법이다.
⑤ 세라다이징(Zn의 침투처리)

(4) 쇼트피닝

소재표면에 강이나 주철로 된 작은 입자($\phi 0.5 \sim 1.0$mm)들을 고속분사시켜 가공경화에 의해 표면경도를 높이는 경화법이다. 휨과 비틀림의 반복하중에 대한 피로한도는 현저히 증가하나, 인장강도나 압축강도는 거의 증가하지 않는다.

2.5 측정기 및 수기가공

1) 측정의 개요

① 직접측정 : 눈금이 있는 측정기를 사용하여 실제 치수를 재는 것
② 비교측정 : 이미 알고 있는 표준편의 양과의 차를 비교하는 것
③ 간접측정 : 기하학적으로 간단히 측정할 수 없는 경우 측정물에 볼, 롤러 등을 끼워 측정하는 것

2) 평면도의 측정

선정반, 스트레이트에지, 수준기, 오토콜리미터, 긴장강선

2.6 용접

1) 용접봉과 용제

$$용접봉지름\ D = \frac{t}{2} + 1 [\text{mm}]$$

① 연강 : 용제 사용하지 않음
② 반경강 : 중탄산소다 + 탄산소다
③ 주철 : 붕사
④ 동합금 : 염화리튬(15%), 염화칼륨(45%), 염화나트륨(30%), 플루오린화칼륨(7%)
⑤ 알루미늄 : 염산칼륨(3%)

2) 피복제의 역할

① 대기 중의 산소나 질소의 침입 방지
② 아크의 안정
③ 용융점이 낮은 가벼운 슬래그 조성
④ 용접금속의 탈산 및 정련작용
⑤ 용접금속에 합금원소의 첨가
⑥ 용적이 미세화하고 용착효율의 향상
⑦ 용융금속의 응고와 냉각속도 지연
⑧ 모든 자세의 용접 가능
⑨ 슬래그의 제거가 쉽고 파형이 고운 비드 형성
⑩ 모재표면의 산화물 제거

3) 아크용접부의 주된 결함

명칭	상태	주된 원인
오버랩 (overlap)	용융금속이 모재와 융합되지 못하고 모재 위에 겹쳐지는 상태(모재가 안 녹은 상태) 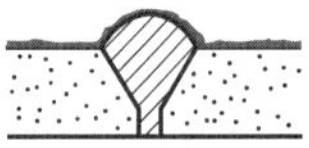	• 모재보다 용접봉이 굵을 때 • 운봉의 불량(봉의 각도 불량) • 용접전류가 너무 낮을 때 • 용접속도가 너무 느릴 때
기공 (blow hole)	용착금속 속에 남아있는 가스로 인한 구멍 	• 용접전류의 과대 • 용접봉에 습기가 많을 때 • 가스용접 시의 과열(모재 가운데 유황함유량이 과대할 때) • 모재에 불순물 부착
슬래그 섞임 (slag inclusion)	녹은 피복제가 용착금속표면에 떠 있거나 용착금속 속에 남아있는 것 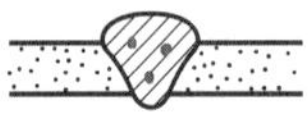	• 운봉의 불량 • 피복제의 조성 불량 • 용접전류 부적당 • 용접속도의 부적당
언더컷 (under cut)	용접선 끝에 생기는 작은 홈(모재가 과하게 녹은 상태) 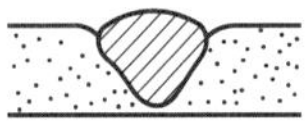	• 용접전류가 높을 때 • 운봉의 불량(봉의 각도 불량) • 아크길이가 너무 길 때 • 용접봉의 선택 및 취급 부적당 • 용접속도가 너무 빠를 때

4) 테르밋용접

테르밋혼합재료(Al분말과 산화철(Fe_2O_3)분말을 1:3으로 혼합)와 그 위에 점화재료(과산화바륨, 마그네슘 등 혼합분말)를 놓고 이에 점화하면 다음과 같이 테르밋반응이 일어난다.

$$Fe_2O_3 + 2Al \rightarrow Al_2O_3 + 2Fe + 189,100 cal$$
$$3Fe_3O_4 + 8Al \rightarrow 9Fe + 4Al_2O_3 + 702,500 cal$$

2.7 공작기계

1) 절삭이론

(1) 공작기계의 절삭방식과 그 종류
① 절인에 의한 가공 : 선삭, 드릴링 및 보링, 평삭, 밀링
② 입자에 의한 가공 : 연삭, 호닝, 슈퍼피니싱, 래핑

(2) 칩의 기본형태
① 유동형 칩
② 전단형 칩
③ 열단형 칩
④ 균열형 칩

(3) 구성인선의 방지방법
① 절삭깊이를 작게 할 것
② 공구(바이트)의 윗면경사각을 크게 할 것
③ 공구의 인선을 예리하게 할 것
④ 절삭속도를 크게 할 것(120m/min 이상)
⑤ 칩과 바이트 사이 윤활할 것

(4) 절삭속도

$$v = \frac{\pi d N}{1,000} [\text{m/min}]$$

(5) 공구수명
① 수명의 판정기준
   ㉠ 가공면에 광택이 있는 무늬 또는 점이 생길 때
   ㉡ 날의 마멸이 일정량에 달할 때
   ㉢ 완성치수의 변화가 일정량에 달할 때
   ㉣ 절삭저항의 주분력에는 변화가 없어도 배분력이나 이송분력이 급격히 증가하였을 때
② Taylor의 공구수명식 : $VT^n = C$
   여기서, V : 절삭속도(m/min), T : 공구수명(min)
      n : 공구와 공작물에 따른 상수(고속도강 : 0.1, 초경합금공구 : 0.125~0.25, 세라믹공구 : 0.40~0.55)
      C : 공구, 공작물의 절삭조건에 따른 상수

(6) 절삭공구재료의 구비조건

① 고온경도가 높을 것
② 마모저항이 클 것
③ 강인성이 클 것
④ 낮은 마찰일 것
⑤ 조형이 용이할 것
⑥ 적당한 가격일 것

2) 선삭가공

(1) 선반의 크기 표시

베드 위의 스윙, 양 센터 사이의 최대 거리 및 왕복대상의 스윙

(2) 보통선반의 주요부

① 주축대 : 공작물을 지지하면서 회전을 주는 곳
② 심압대 : 센터로 공작물을 지지하거나 드릴을 지지
③ 왕복대 : 주축대와 심압대 사이에 위치하여 베드 위를 세로로 이동
④ 베드 : 주축대, 왕복대, 심압대 등을 받쳐주는 대

(3) 절삭속도

$$V = \frac{\pi DN}{1,000} [\text{m/min}]$$

(4) 회전수

$$N = \frac{1,000\,V}{\pi D} [\text{rpm}]$$

3) 드릴링머신의 기본작업

① 드릴링 : 드릴로 구멍을 뚫는 작업
② 리밍 : 뚫린 구멍을 리머로 다듬는 작업
③ 태핑 : 탭을 사용하여 암나사를 가공하는 작업
④ 카운터보링 : 작은 나사, 둥근 머리볼트의 머리를 공작물에 묻히게 하기 위한 턱 있는 구멍 뚫기 가공
⑤ 카운터싱킹 : 접시머리볼트의 머리 부분이 묻히도록 원뿔자리파기 작업
⑥ 스폿페이싱 : 너트가 닿는 부분을 절삭하여 자리를 만드는 작업
⑦ 보링 : 뚫린 구멍이나 주조한 구멍을 넓히는 작업

4) 절삭속도, 절삭저항, 절삭동력

(1) 드릴의 절삭속도

$$V = \frac{\pi DN}{1,000}[\text{m/min}]$$

(2) 구멍뚫기에 소요되는 시간

$$T = \frac{t+h}{NS} = \frac{\pi d(t+h)}{1,000\,VS}[\text{min}]$$

5) 셰이핑 및 플레이너가공

$$N = \frac{1,000av}{l}[\text{rpm}]$$

$$\therefore v = \frac{Nl}{1,000a}[\text{m/min}]$$

6) 밀링머신

(1) 밀링머신의 크기 표시

테이블의 크기(길이×폭), 테이블의 이동거리(좌우×전후×상하), 주축 중심에서 테이블면까지의 최대 거리

(2) 밀링머신의 가공분야

① 평면절삭 : 기계부품의 평면가공
② 홈 및 키홈절삭 : 축의 키홈 또는 부품의 좁은 홈가공
③ 절단 : 두 개의 부분으로 절단
④ 측면절삭 : 계단모양 부분의 측면가공
⑤ 측면 각 홈절삭 : 더브테일의 각진 부분 가공
⑥ 곡면캠절삭 : 캠 또는 윤곽곡선 가공
⑦ 기어절삭 : 인벌류트기어의 이모양 가공
⑧ 나선절삭 : 드릴의 꼬인 홈가공
⑨ T홈절삭 : 테이블의 T홈가공

(3) 밀링커터의 절삭방향

상향절삭	하향절삭
• 칩이 절삭을 방해하지 않는다. • 절삭이 순조롭다. • 공작물을 확실히 고정해야 한다. • 커터의 수명이 짧고 동력을 낭비한다. • 절삭면이 고르지 못하다.	• 공작물의 고정이 간단하다. • 커터날의 마모가 적다. • 절삭면이 고르고 정밀하다. • 커터날의 가열이 적다. • 칩이 끼여서 절삭을 방해한다. • 아버가 휘기 쉽다.

7) 연삭가공

(1) 연삭숫돌

① 연삭숫돌의 연삭작용 : 연삭숫돌이 연삭과정 중에 입자가 마멸 → 파쇄 → 탈락 → 생성의 과정을 되풀이하여 새로운 입자가 생성되는 작용을 자생작용이라 한다.

② 연삭숫돌의 표시법

$$\begin{array}{ccccc} WA & 60 & K & 5 & V \\ \downarrow & \downarrow & \downarrow & \downarrow & \downarrow \\ 입자 & 입도 & 결합도 & 조직 & 결합제 \end{array}$$

③ 숫돌의 연삭작용과 수정

㉠ 로딩(눈메움) : 결합도가 강할 때 입자가 둔화되어도 탈락되지 않고 연삭열이 커지며, 연삭칩이 숫돌표면에 용착하여 기공을 메워버려 둔화는 가열층이 증가되어 다듬질면이 연삭소착(탄다고 함)된다.

㉡ 글레이징 : 결합도가 강하고 입자의 강도가 커서 자생작용을 하지 않을 때 입자 끝이 둔화되어 입자표면이 매끈매끈하여 연삭저항이 커지며 연삭소착이 일어난다.

㉢ 드레싱 : 숫돌입자가 글레이징이나 로딩이 일어날 경우 숫돌표면을 깎아 무딘 입자를 제거하여 예리한 날을 나타나게 하는 작업이다. 그 종류로는 성형드레서, 정밀감드레서, 입자봉드레서, 연삭숫돌드레서, 다이아몬드드레서 등이 있다.

㉣ 트루잉 : 연삭숫돌이 연삭가공 중 입자가 떨어져 나가 단면형상이 변하여 나사, 기어, 윤곽연삭 등에 있어서 정확한 단면을 얻기 어려워진다. 이때 모양을 정확하게 다듬는 작업을 말한다.

(2) 숫돌차 부착 시의 주의사항

① 숫돌차는 반드시 사용 전에 육안 또는 두들겨 균열을 검사한다.
② 숫돌차의 구멍지름은 축지름보다 0.2mm 정도 커야 한다.
③ 플랜지의 바깥지름은 평숫돌의 경우 숫돌차지름의 1/3 이상이어야 한다.
④ 숫돌차와 플랜지는 직접 접촉시켜서는 안 된다.

⑤ 양측의 플랜지는 지름이 같아야 한다.
⑥ 플랜지의 부착 후 밸런스를 맞춘다.
⑦ 숫돌차의 연삭기에는 부착시킨 후 짧은 시간(10분 정도) 공회전시킨다.

8) 기타 가공법

(1) 쇼트피닝

주철, 주강제의 작은 구상의 쇼트(지름 0.7~0.9mm의 볼)을 40~50m/s의 고속도로 공작물 표면에 분사하여 표면을 매끈하게 하는 동시에 0.2mm의 경화층을 얻게 되며, 쇼트, 해머와 같은 작용을 하여 피로강도나 기계적 성질을 향상시킨다. 크랭크축, 판스프링, 커넥팅로드, 기어, 로커암에 이용한다. 그 종류로 공기분사식, 무기분사식이 있다.

(2) 특수 가공

① 전해연마
② 전해연삭
③ 방전가공
④ 초음파가공

Engineer General Machinery

3 Chapter 구조 해석

1 개요

1.1 SI단위계

1) 기본단위(7개)

물리량	이름	기호	물리량	이름	기호
길이	미터 (meter)	m	열역학적 온도	켈빈 (kelvin)	K
질량	킬로그램 (kilogram)	kg	물질의 양	몰 (mole)	mol
시간	초 (second)	s	광도	칸델라 (candela)	cd
전류	암페어 (ampere)	A	–	–	–

2) 보조(보충)단위(2개)

물리량	이름	기호
평면각	라디안(radian)	rad
입체각	스테라디안(steradian)	sr

3) 유도(조립)단위

물리량	이름	기호
면적	평방미터	m^2
부피	입방미터	m^3
진동수	헤르츠(hertz)	Hz
질량밀도	입방미터당 킬로그램	kg/m^3

물리량	이름	기호
속력, 속도	초당 미터	m/s
각속도	초당 라디안	rad/s
가속도	초제곱당 미터	m/s^2
각가속도	초제곱당 라디안	rad/s^2
힘	뉴튼	$N = kg \cdot m/s^2$
압력	파스칼(pascal)	$Pa = N/m^2$
일, 에너지, 열의 양	줄(joule)	$J = N \cdot m$
일률	와트(watt)	$W = J/s$
전기의 양	쿨롱(coulomb)	$C = A \cdot s$
전위차, 기전력	볼트(volt)	$V = J/C$
전기장의 세기	미터당 볼트	$V/m = N/C$
전기저항	옴(ohm)	$\Omega = V/A$
전기용량	패럿(faraday)	$F = C/V$
자기플럭스	웨버(weber)	$Wb = N \cdot m/A$
인덕턴스	헨리(henry)	$H = V \cdot s/A$
자기플럭스밀도	테슬라(tesla)	$T = Wb/m^2$
자기장의 세기	미터당 암페어	A/m
엔트로피(entropy)	켈빈당 줄	J/K
비열용량	킬로그램 켈빈당 줄	$J/(kg \cdot K)$
열전도	미터 켈빈당 와트	$W/(m \cdot K)$
복사선강도	스테라디안당 와트	W/sr

1.2 그리스문자

대문자	소문자	읽기	대문자	소문자	읽기
A	α	Alpha(알파)	N	ν	Nu(뉴)
B	β	Beta(베타)	Ξ	ξ	Xi(크사이)
Γ	γ	Gamma(감마)	O	o	Omicron(오미크론)
Δ	δ	Delta(델타)	Π	π	Pi(파이)
E	ϵ, ε	Epsilon(엡실론)	P	ρ	Rho(로)
Z	ζ	Zeta(제타)	Σ	σ	Sigma(시그마)
H	η	Eta(에타)	T	τ	Tau(타우)
Θ	θ	Theta(시타)	Y	υ	Upsilon(입실론)
I	ι	Iota(이오타)	Φ	ϕ	Phi(파이)
K	κ	Kappa(카파)	X	χ	Chi(카이)
Λ	λ	Lambda(람다)	Ψ	ψ	Psi(프사이)
M	μ	Mu(뮤)	Ω	ω	Omega(오메가)

1.3 중력장에서 등가속도운동

1) 중력장(gravitational field)

지구상의 모든 물체는 항상 지구의 인력, 즉 중력(gravity)을 받고 있다. 지구 주위에서와 같이 중력이 작용하는 공간을 중력장이라 한다.

2) 중력가속도(g)

공기의 저항을 무시하면 지표면 근처의 동일한 장소에서 낙하하는 물체는 물체의 질량, 모양, 크기 등에 관계없이 일정한 가속도가 생긴다. 이 가속도는 지구의 중력에 의해 생기므로 중력가속도라 하고 g로 나타낸다($g = 9.8 \text{m/s}^2$).
① 중력가속도는 연직 아래방향, 즉 지구 중심을 향한다.
② 중력가속도는 장소에 따라 약간씩 다르며 평균 9.8m/s^2이다.
③ 지표면에서의 모든 낙하운동은 등가속도운동이다.
④ 물체에 작용하는 중력(무게) $W = mg$이다.

3) 자유낙하(freely falling)

손에 들고 있는 물체를 가만히 놓아 떨어뜨릴 때와 같이 초속도 없이($v_0 = 0$) 중력에 의해 낙하하는 등가속도 직선운동을 자유낙하라 한다. 자유낙하운동에서는 일단 공기의 저항은 무시한다(실제로 물체가 공기 중에서 낙하하면 공기의 저항을 받기 때문에 등가속도운동공식이 적용되지 못한다). 자유낙하운동은 지구 중심을 향하는 등가속도 직선운동이다. 등가속도 직선운동의 공식에 $v_0 = 0$, $a = g$를 대입하면 자유낙하운동의 공식이 나온다.

등가속도 직선운동		자유낙하운동
• t초 후 속도($v-t$)식 : $v = v_0 + at$ • t초 후 변위($s-t$)식 : $s = v_0 t + \dfrac{1}{2}at^2$ • 속도와 변위($s-v$)식 : $2as = v^2 - v_0^2$	$v_0 = 0$ $a = g$	$v = gt$ $s = \dfrac{1}{2}gt^2$ $2gs = v^2$

(1) s만큼 자유낙하하는 데 걸리는 시간(t)

$$s = \frac{1}{2}gt^2$$

$$\therefore t = \sqrt{\frac{2s}{g}} \; [\text{sec}]$$

(2) s만큼 자유낙하하는 순간의 물체속도(v)

$$2gs = v^2$$

$$\therefore v = \sqrt{2gs}\,[\text{m/s}]$$

※ 마찰, 저항을 무시할 때 자유낙하, 빗면, 곡면, 단진자 등 중력만을 받으면서 변위(연직높이) s만큼 낙하하면 그 순간의 속력은 $v = \sqrt{2gs}\,[\text{m/s}]$가 된다.

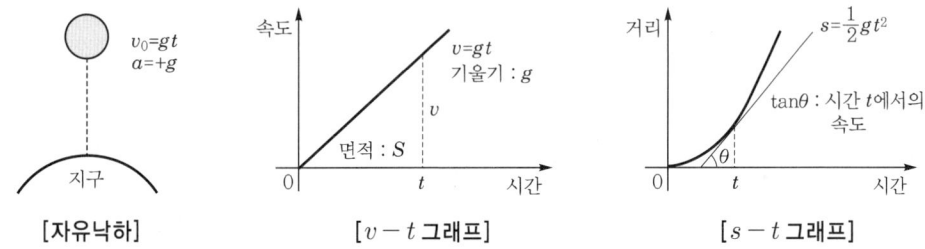

[자유낙하]   [$v-t$ 그래프]   [$s-t$ 그래프]

4) 연직하방운동(던져 내리기)

연직 아래방향으로 어떤 속도(초속도 v_0)로 던져진 물체에 작용하는 힘은 중력뿐이므로 중력가속도 g에 의한 등가속도운동을 한다. 손으로 던지는 경우에도 물체가 손을 떠날 때까지는 손에서 힘을 받아 가속되지만, 속도 v_0로 되어 손을 떠나면 그 후에는 손에서 힘을 받지 않고 중력에 의해 가속된다. 시간 0인 원점에서 물체를 초속도 v_0로 아래로 던진 후 시간 t에서의 속도 v와 낙하한 거리 h에 등가속도 직선운동의 공식에 따라 $a = g$, $s = h$를 대입하면 연직하방운동의 세 공식이 나온다.

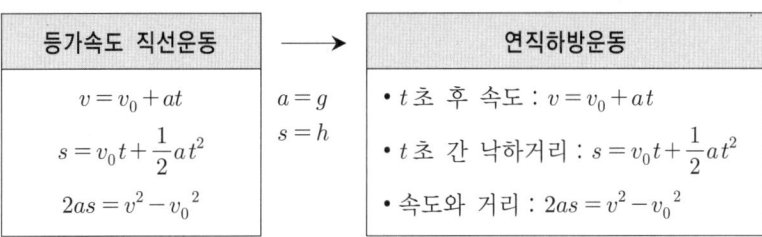

5) 연직상방운동(던져 올리기)

연직 위방향으로 초속도 v_0로 던져진 물체는 아래방향으로 중력가속도 g가 생기므로 매초 9.8m/s씩 속도가 감소한다. 즉 초속도와 중력가속도의 방향이 반대이므로 $-g$의 가속도를 받으며 등가속도 직선운동을 한다. 등가속도 직선운동의 공식에 $a = -g$, $s = h$를 대입하면 연직상방운동의 공식이 나온다.

등가속도 직선운동		연직하방운동
$v = v_0 + at$ $s = v_0 t + \dfrac{1}{2}at^2$ $2as = v^2 - v_0^2$	$a = -g$ $s = h$	• t초 후 속도 : $v = v_0 - at$ • t초 후 높이 : $h = v_0 t - \dfrac{1}{2}at^2$ • 속도와 높이 : $-2as = v^2 - v_0^2$

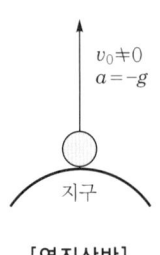

[연직상방]

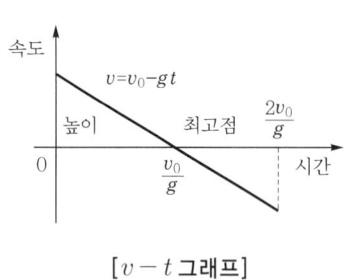

[$v-t$ 그래프]

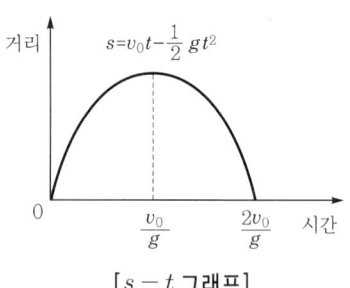

[$s-t$ 그래프]

(1) 최고점 도달시간

연직 아래로 중력이 작용하므로 연직 위로 던져진 물체는 얼마 후 최고높이에 도달하며, 그때 물체의 상승속도는 0이 된다. 즉 운동방향이 정반대로 변하는 순간의 속도 v는 $v=0$이 된다. 최고점에서 $v=0$이므로 $v = v_0 - at$를 이용하여

$$0 = v_0 - gt_1$$

$$\therefore t_1 = \dfrac{v_0}{g}$$

(2) 최고점 높이

최고점에서 $v=0$이므로 $-2as = v^2 - v_0^2$에 $s=H$, $v=0$을 대입하면

$$-2gH = 0 - v_0^2$$

$$\therefore H = \dfrac{v_0^2}{2g}$$

2 재료역학

2.1 응력과 변형률

1) 응력(도)

(1) 정의

단위면적(A)당 내력(P)의 크기

$$\sigma = \frac{P}{A}[\text{N/m}^2 = \text{Pa}]$$

(2) 응력의 종류

① 수직응력(=법선응력)

㉠ 인장응력 : $\sigma_t = \dfrac{P_t}{A}[\text{N/m}^2 = \text{Pa}]$

㉡ 압축응력 : $\sigma_c = \dfrac{P_c}{A}[\text{N/m}^2 = \text{Pa}]$

② 전단응력(=접선응력) : $\tau_s = \dfrac{P_s}{A}[\text{N/m}^2 = \text{Pa}]$

2) 변형률(=변형도)

(1) 수직응력(σ)에 의한 변형률(=선변형률)

① 세로(종)변형률(=길이(=하중=축)방향 변형률)

$$\varepsilon_l (= \varepsilon) = \pm \frac{\lambda}{l_0} = \frac{\text{변형 후 길이}(l_1) - \text{본래의 길이}(l_0)}{\text{본래의 길이}(l_0)}$$

② 가로(횡)변형률(=단면(직경)방향 변형률)

$$\varepsilon_d (= \varepsilon') = \mp \frac{\delta}{d_0} = \frac{\text{변형 후 직경}(d_1) - \text{본래의 직경}(d_0)}{\text{본래의 직경}(d_0)}$$

> ☑ **학습 POINT**
>
> • 푸아송의 비($\mu(\nu)$)
> − 세로변형률(ε_l)에 대한 가로변형률(ε_d)의 비
>
> $$\mu = \left|\frac{\varepsilon_d}{\varepsilon_l}\right| = \frac{1}{m} = \left|\frac{\frac{\delta}{d}}{\frac{\lambda}{l}}\right| = \frac{\frac{\delta}{d}}{\frac{\sigma}{E}} = \frac{E\delta}{\sigma d} \leq 0.5$$

$$\sigma d = mE\delta, \ \mu d\sigma = E\delta$$

여기서, m : 푸아송의 수(=푸아송비의 역수)

$$-\delta(=\Delta d) = \frac{\sigma d}{mE} = d - d_1(\text{인장 시}) = \frac{Pd}{mAE} = \frac{4Pd}{m\pi d^2 E} = \frac{4\mu P}{\pi dE}$$

- $\lambda = \dfrac{Pl}{AE} = \dfrac{\sigma l}{E}[\text{cm}], \ \delta = \dfrac{Pd}{mAE} = \dfrac{\mu d\sigma}{E}[\text{cm}]$

(2) 전단응력(τ)에 의한 변형률(= 전단변형률 = 각변형률)

$$\gamma = \frac{\lambda_s}{l} = \tan\phi \fallingdotseq \phi = 2\varepsilon$$

전단변형률(γ)은 길이변형률(ε)의 2배이다.

3) 응력 – 변형률선도

① 인장강도(=극한강도) : 인장시험 시 최대 하중을 시험편의 최초의 단면적으로 나눈 값이다.

$$\sigma_u(=\sigma_{\max}) = \frac{P_{\max}}{A_0}[\text{kPa}]$$

② 훅(Hooke)의 법칙(=정비례법칙) : 탄성(비례)한도 내에서 응력과 변형률은 정비례(선형탄성변형)한다.

$$\sigma = E\varepsilon[\text{GPa}]$$

4) 탄성계수

탄성계수는 응력과 같은 단위($\text{N/m}^2 = \text{Pa}$)를 갖는다.

※ 연강의 종탄성계수(E) = $2.1 \times 10^6 \text{kgf/cm}^2$ = 205.8GPa

① 수직응력(σ)에 의한 탄성계수(=세로(종)탄성계수=영계수(E))

$$\sigma = E\varepsilon = E\frac{\lambda}{l}$$

$$E = \frac{\sigma}{\varepsilon} = \frac{\sigma l}{\lambda} = \frac{Pl}{A\lambda}[\text{GPa}]$$

$$\lambda = \frac{\sigma l}{E} = \frac{Pl}{AE}[\text{mm}]$$

② 전단응력(τ)에 의한 탄성계수(=전단탄성계수=가로(횡)탄성계수(G))

$$\tau = G\gamma = G\frac{\lambda_s}{l}$$

$$G = \frac{\tau}{\gamma} = \frac{\tau l}{\lambda_s} = \frac{P_s l}{A \lambda_s} [\text{GPa}]$$

$$\lambda_s = \frac{\tau l}{G} = \frac{P_s l}{A G} [\text{mm}]$$

※ 연강의 전단탄성계수(G) = 79.68GPa

> **학습 POINT**
>
> **단면적변화율과 체적변화율**
>
> - 단면적변화율 : $\varepsilon_A = \dfrac{\Delta A}{A} = 2\mu\varepsilon = 2\mu\dfrac{\sigma}{E}[\text{cm}^2]$
>
> $\therefore \Delta V = V\varepsilon(1-2\mu) = Al\varepsilon(1-2\mu) = \dfrac{Pl}{E}(1-2\mu)[\text{cm}^3]$
>
> - 체적변화율(=변형률) : $\varepsilon_V = \dfrac{\Delta V}{V} = \dfrac{\Delta A}{A}\left(\dfrac{\Delta l}{l}\right) =$ 단면적변화율 × 길이변화율
>
> - 모든 재료는 인장응력이 작용할 때 체적이 감소하는 일은 없으므로
>
> $\varepsilon_V = \varepsilon(1-2\mu) \geq 0$
>
> $\therefore \mu \leq \dfrac{1}{2}$
>
> 예) 고무인 경우($\mu = 0.5$) $\varepsilon_v = 0$(고무는 완전탄성체이므로 길이가 늘어나도 체적은 변하지 않는다.)

③ 탄성계수(E, G, K, m) 사이의 관계

  ㉠ $K = \dfrac{mE}{3(m-2)} = \dfrac{E}{3(1-2\mu)}[\text{kPa}]$

  ㉡ $G = \dfrac{mE}{2(m+1)} = \dfrac{E}{2(1+\mu)}[\text{kPa}]$

  ㉢ $m = \dfrac{2G}{E-2G} \geq 2$

5) 허용응력(σ_a)과 안전율(S)

① 허용응력

  ㉠ 탄성한도 내에서 안전상 허용할 수 있는 최대 응력

  ㉡ 극한강도 > 항복응력 > 탄성한도 > 허용응력(σ_a) ≥ 사용응력(σ_w)

② 안전율(=안전계수)

$$\sigma_a = \frac{\sigma_u}{S}$$

$$\therefore S = \frac{\sigma_u}{\sigma_a}$$

③ 응력집중 : 응력집중계수(＝형상계수(a_k))

$$a_k = \frac{\sigma_{max}}{\sigma_{av}}$$

$$\therefore \sigma_{max} = a_k \sigma_{av} (\sigma_{max} \leqq \sigma_a)$$

6) 라미(Lami)의 정리(＝sin정리)

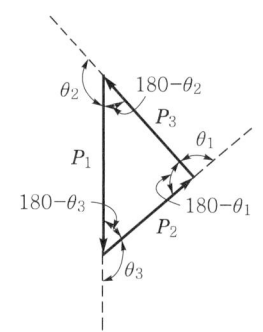

삼각함수 sin법칙 $\dfrac{P_1}{\sin(180°-\theta_1)} = \dfrac{P_2}{\sin(180°-\theta_2)}$

$= \dfrac{P_3}{\sin(180°-\theta_3)}$ 에서 $\sin(180°-\theta) = \sin\theta$ 이므로

$$\frac{P_1}{\sin\theta_1} = \frac{P_2}{\sin\theta_2} = \frac{P_3}{\sin\theta_3}$$

2.2 재료의 정역학

1) 조합부재의 응력

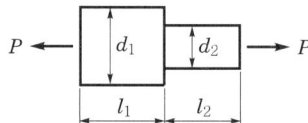

직렬조합에서

$$\lambda(\text{전체 늘음량}) = \lambda_1 + \lambda_2$$

$$= \frac{Pl_1}{A_1 E_1} + \frac{Pl_2}{A_2 E_2} = \frac{\sigma_1 l_1}{E_1} + \frac{\sigma_2 l_2}{E_2} [\text{cm}]$$

2) 탄성(변형)에너지

(1) 수직응력(σ)에 의한 탄성에너지

외력(P)이 작용 시 재료 내부에 축적된 탄성에너지

$$U = \frac{1}{2} P\delta = \frac{P^2 l}{2AE} = \frac{P^2}{2}\left(\frac{l}{AE}\right) = \frac{\sigma^2}{2E} Al = \frac{\sigma^2}{2E} V [\text{N} \cdot \text{m} = \text{J}]$$

① 수직응력에 의한 최대 탄성에너지(＝레질리언스계수(u))
  → 단위체적(V)당 탄성(변형)에너지(U)(＝변형에너지밀도)

$$u = \frac{U}{V} = \frac{\dfrac{\sigma^2}{2E} V}{V} = \frac{\sigma^2}{2E} = \frac{E\varepsilon^2}{2} = \frac{\sigma\varepsilon}{2} [\text{N} \cdot \text{m/m}^3 = \text{J/m}^3]$$

② 레질리언스는 응력의 제곱에 비례한다. 즉 레질리언스는 변형률의 제곱에 비례한다.

(2) 전단응력(τ)에 의한 탄성에너지

$$U = \frac{1}{2}P_s \lambda_s = \frac{P_s^2 l}{2AG} = \frac{\tau^2}{2G}Al = \frac{\tau^2}{2G}V\,[\text{N}\cdot\text{m}=\text{J}]$$

$$u = \frac{U}{V} = \frac{\frac{\tau^2}{2G}V}{V} = \frac{\tau^2}{2G} = \frac{1}{2}G\gamma^2\,[\text{N}\cdot\text{m/m}^3=\text{J/m}^3]$$

3) 자중에 의한 응력

(1) 균일 단면봉인 경우

① 자중에 의한 응력

$$\sigma_x = \frac{W_x}{A} = \frac{\gamma Ax}{A} = \gamma x$$

$$\therefore \sigma_{\max} = \gamma l \leq \sigma_a$$

② 자중에 의한 변형량 : $\delta = \dfrac{\gamma l^2}{2E}[\text{m}]$

③ 하단에 하중 P 가 작용하는 경우

$$\delta(=\lambda) = \frac{Pl}{AE} + \frac{\gamma l^2}{2E} = \frac{Pl}{AE} + \frac{\gamma A l^2}{2AE} = \frac{l}{AE}\left(P + \frac{\gamma A l}{2}\right) = \frac{l}{AE}\left(P + \frac{W}{2}\right)$$

(2) 원추봉인 경우

① 자중에 의한 응력

$$\sigma_x = \frac{W_x}{A_x} = \frac{\gamma x}{3}[\text{Pa}]$$

$$\therefore \sigma_{\max} = \frac{\gamma l}{3}[\text{Pa}]$$

② 자중에 의한 변형량

$$\delta = \frac{Pl}{AE} = \frac{\gamma l^2}{6E}[\text{cm}]$$

4) 충격응력

① 충격응력 : $\sigma = \dfrac{W}{A}\left(1 \pm \sqrt{1 + \dfrac{2AEh}{Wl}}\right) = \sigma_0\left(1 + \sqrt{1 + \dfrac{2h}{\lambda_0}}\right)[\text{N/mm}^2=\text{Pa}]$

② 충격에 의한 늘음량(=변형량) : $\lambda = \dfrac{\sigma l}{E} = \dfrac{Wl}{AE}\left(1+\sqrt{1+\dfrac{2h}{\lambda_0}}\right) = \lambda_0\left(1+\sqrt{1+\dfrac{2h}{\lambda_0}}\right)$[mm]

5) 내압(P)을 받는 얇은 원통의 설계

$\dfrac{t}{d} \leq \dfrac{1}{10}$ 일 때

① 원주응력(후프응력) : $\sigma_1 = \dfrac{Pd}{2t}$[N/mm^2]

② 축방향 응력(=길이방향 응력) : $\sigma_2 = \dfrac{Pd}{4t} = \dfrac{1}{2}\sigma_1$[N/mm^2]

축방향 응력(σ_2)은 원주방향 응력(σ_1)의 $\dfrac{1}{2}$배이다. 즉 원주응력이 2배 더 크므로 두께(t) 계산에서 원주응력을 고려한다.

6) 열응력

① $\sigma = E\alpha(t_2 - t_1)$[MPa]
② $P = AE\alpha \Delta t$[N]

2.3 조합응력의 설계

1) 2축응력의 주응력

최대, 최소 법선응력($\sigma_{n\max}$, $\sigma_{n\min}$)만 작용하고, 전단응력은 0($\tau_n = 0$)인 평면을 주평면이라고 하며, 이때의 최대, 최소 법선응력을 주응력이라고 한다.

2) 평면응력

(1) 주평면(주응력면)의 위치

① 최대, 최소 주응력($\sigma_{\max}$, $\sigma_{\min}$)을 구하기 위한 경사각(θ_p)

$$\tan 2\theta_p = \dfrac{-2\tau_{xy}}{\sigma_x - \sigma_y}$$

② 최대 주응력

$$\sigma_{\max} = \sigma_1 = \dfrac{1}{2}(\sigma_x + \sigma_y) + \sqrt{\left(\dfrac{\sigma_x - \sigma_y}{2}\right)^2 + \tau_{xy}^2}$$
$$= \sigma_{av} + R = \sigma_{av} + \tau_{\max}(\text{모어응력원의 반경})$$

③ 최소 주응력

$$\sigma_{\min} = \sigma_2 = \frac{1}{2}(\sigma_x + \sigma_y) - \sqrt{\left(\frac{\sigma_x - \sigma_y}{2}\right)^2 + \tau_{xy}^2} = \sigma_{av} - R = \sigma_{av} - \tau_{\max}$$

$$\therefore \sigma_1 + \sigma_2 = \sigma_x + \sigma_y$$

(2) 주전단응력(최대 전단응력)

$$\tau_{\max} = \frac{1}{2}\sqrt{(\sigma_x - \sigma_y)^2 + 4\tau_{xy}^2} = R(\text{모어원의 반경}) = \frac{1}{2}(\sigma_1 - \sigma_2)$$

(3) 평면변형률

① 주변형률($\varepsilon_{\max} = \varepsilon_1,\ \varepsilon_{\min} = \varepsilon_2$)

$$\varepsilon = \frac{1}{2}(\varepsilon_x + \varepsilon_y) \pm \frac{1}{2}\sqrt{(\varepsilon_x - \varepsilon_y)^2 + \gamma_{xy}^2} = \frac{\varepsilon_x + \varepsilon_y}{2} \pm \sqrt{\left(\frac{\varepsilon_x - \varepsilon_y}{2}\right)^2 + \left(\frac{\gamma_{xy}}{2}\right)^2}$$

$$\therefore \tan 2\theta = \frac{\gamma_{xy}}{\varepsilon_x - \varepsilon_y}$$

② 주전단변형률

$$\frac{\gamma_{\max}}{2} = \sqrt{\left(\frac{\varepsilon_x - \varepsilon_y}{2}\right)^2 + \left(\frac{\gamma_{xy}}{2}\right)^2}$$

$$\therefore \gamma_{\max} = \sqrt{(\varepsilon_x - \varepsilon_y)^2 + \gamma_{xy}^2}$$

2.4 평면도형의 성질

1) 단면 1차 모멘트와 도심

(1) 단면 1차 모멘트(=기하학모멘트)

① x축을 기준한 단면 1차 모멘트 : $G_x = \int_A y\,dA = A\,\overline{y}\,[\text{cm}^3]$

② y축을 기준한 단면 1차 모멘트 : $G_y = \int_A x\,dA = A\,\overline{x}\,[\text{cm}^3]$

(2) 단면의 도심($\bar{x}, \bar{y}$)

구분(단면)	도심	구분(단면)	도심
직사각형 (구형)	$G_x = \dfrac{bh^2}{2}[\text{cm}^3]$, $\bar{y} = \dfrac{h}{2}[\text{cm}]$ 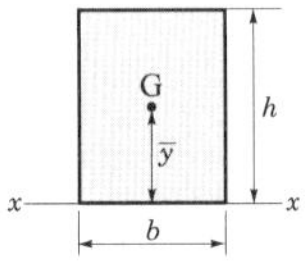	반원	$G_x = \dfrac{2r^3}{3}[\text{cm}^3]$, $\bar{y} = \dfrac{4r}{3\pi}[\text{cm}]$ 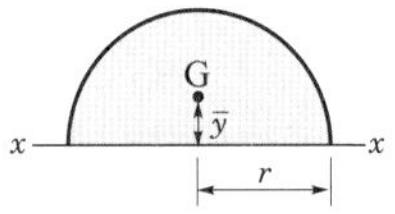
삼각형	$G_x = \dfrac{bh^2}{6}[\text{cm}^3]$, $\bar{y} = \dfrac{h}{3}[\text{cm}]$ 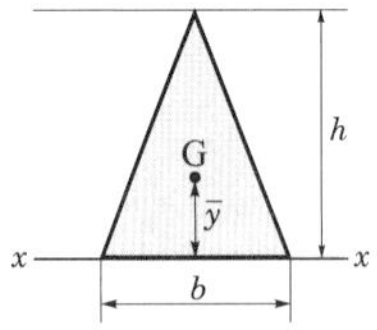	부채꼴	$\bar{x} = \dfrac{2r}{3\alpha}\sin\alpha[\text{cm}]$ 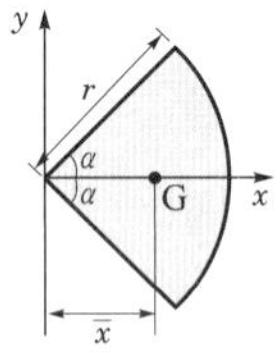
사다리꼴	$G_x = \dfrac{h^2}{6}(2a+b)[\text{cm}^3]$, $\bar{y} = \dfrac{h}{3}\left(\dfrac{2a+b}{a+b}\right)[\text{cm}]$ 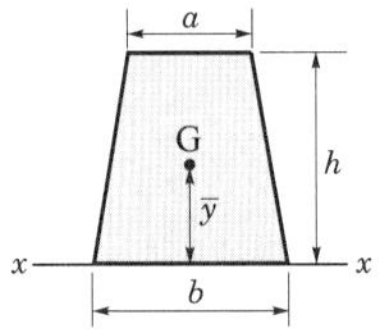	–	–

2) 단면 2차 모멘트(=관성모멘트)

- x축에 대한 단면 2차 모멘트 : $I_x = \displaystyle\int y^2 \, dA [\text{cm}^4]$
- y축에 대한 단면 2차 모멘트 : $I_y = \displaystyle\int x^2 \, dA [\text{cm}^4]$

(1) 단면 2차 모멘트의 평행축정리

$$I_x{}' = I_x + A\,a^2 [\text{cm}^4]$$

(2) 단면계수와 단면 2차 반경(=회전반경)

① 단면계수(Z)

㉠ 원형 단면의 단면계수 : $Z = \dfrac{\pi d^3}{32}[\text{cm}^3]$

㉡ 직사각형 단면의 단면계수

$$Z_x = \frac{bh^2}{6}, \ Z_y = \frac{hb^2}{6}$$

$$\therefore \frac{Z_x}{Z_y} = \frac{h}{b}$$

② 단면 2차 반경(=최소 회전반경) : 단면 2차 모멘트(I)를 그 도형의 단면적(A)으로 나눈 값의 제곱근이다.

$$I = Ak^2 [\text{cm}^2 \times \text{cm}^2 = \text{cm}^4]$$

$$\therefore k = \sqrt{\frac{I}{A}} \ [\text{cm}]$$

3) 단면 2차 극모멘트(=극관성모멘트)

① 원형 단면인 경우 : $I_p = \dfrac{\pi d^4}{32} = \dfrac{\pi r^4}{2} [\text{cm}^4]$

② 중공축 단면인 경우 : $I_p = \dfrac{\pi D_2^4}{32}(1-x^4)[\text{cm}^4]$

여기서, x : 내외경비 $\left(=\dfrac{D_1}{D_2}\right)$

③ 극단면계수(Z_p) → 비틀림에 대한 저항성 $\left(\tau = \dfrac{T}{Z_p}\right)$

㉠ 원형축 : $Z_p = \dfrac{\pi d^3}{16}$

㉡ 중공축 : $Z_p = \dfrac{\pi d_2^3}{16}(1-x^4)$

2.5 축의 비틀림

1) 원형 단면축의 비틀림

① 비틀림전단응력 : $\tau = G\gamma = G\dfrac{r\theta}{l}[\text{N/m}^2 = \text{Pa}]$

② 비틀림저항모멘트

$$T = \tau_{\max} Z_P \ [\text{N} \cdot \text{m}]$$

$$\therefore \tau_{\max} = \frac{T}{Z_P}[\text{N/m}^2 = \text{Pa}]$$

2) 축의 강성도에 의한 설계

$$비틀림각\ \theta = \frac{Tl}{GI_P}[\text{rad}]$$

$$\theta = \frac{180°}{\pi}\frac{Tl}{GI_P} = 57.3°\frac{Tl}{GI_P}[°]$$

3) 코일스프링

(1) 스프링 내에 작용하는 최대 전단응력

$$\tau_{\max} = K\frac{16WR}{\pi d^3} = K\frac{8WD}{\pi d^3}[\text{N/m}^2 = \text{Pa}]$$

① 왈의 수정계수 : $K = \dfrac{4C-1}{4C-4} + \dfrac{0.615}{C}$

② 스프링지수 : $C = \dfrac{D}{d} = \dfrac{2R}{d}$ $(5 < C < 12)$

(2) 코일스프링의 처짐량

$$\delta = \frac{64WR^3 n}{Gd^4} = \frac{8WD^3 n}{Gd^4} = \frac{8W\left(\dfrac{D}{d}\right)^3 n}{Gd} = \frac{8WC^3 n}{Gd}[\text{mm}]$$

(3) 스프링상수(=강성(도))

① 스프링상수 : $k = \dfrac{W}{\delta}[\text{N/cm}]$

② 합성(등가)스프링상수

   ㉠ 직렬연결인 경우

$$\frac{1}{k} = \frac{1}{k_1} + \frac{1}{k_2}$$

$$\therefore k = \frac{k_1 k_2}{k_1 + k_2}[\text{N/cm}]$$

   ㉡ 병렬연결인 경우 : $k = k_1 + k_2[\text{N/cm}]$

2.6 정정보

1) 보의 종류

(1) 정정보

① 단순보(=받침보)

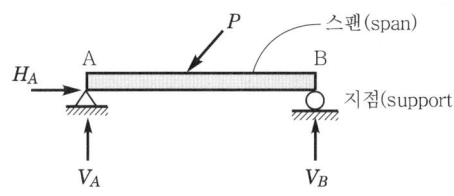

② 외팔보

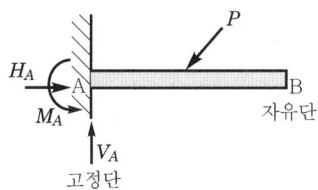

③ 돌출보(=내민보=내다지보)

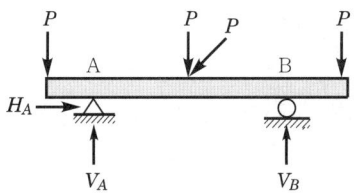

(2) 부정정보

① 양단 고정보

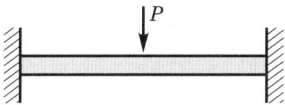

② 일단 고정 타단 지지보

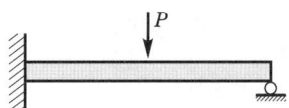

③ 연속보

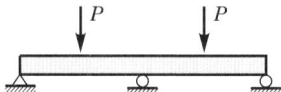

2) 분포하중(w)과 전단력(F), 휨모멘트(M) 사이의 관계식

① $-w = \dfrac{dF}{dx}[\text{N/m}]$, $F = -\displaystyle\int w\,dx\,[\text{N}]$

② $F = \dfrac{dM}{dx}[\text{N}]$, $M = \displaystyle\int F\,dx\,[\text{N}\cdot\text{m}]$

3) 전단력선도와 굽힘모멘트선도

구분	전단력선도 (S.F.D)	굽힘모멘트선도 (B.M.D)
집중하중 (P[N])	일정	1차 직선
균일분포하중 (w [N/m])	1차 직선	2차 곡선
점변분포하중 (w_o [N/m])	2차 곡선(포물선)	3차 곡선

단순보일 때

① 집중하중(P) 작용 시 : $M_{\max} = \dfrac{Pab}{l}[\text{N}\cdot\text{m}]$

☑ **학습 POINT**

반력(R)과 S.F.D, B.M.D의 관계
- 지점에서의 전단력(F)은 그 지점의 반력과 같다.
- B.M.D는 S.F.D보다 1차원씩 앞선다.

  $M = \displaystyle\int F\,dx$ (B.M.D는 S.F.D의 적분곡선이다.)

  $F = \dfrac{dM}{dx}$ (S.F.D는 B.M.D의 미분곡선이다.)

- 전단력선도(S.F.D)에서 $F=0$인 지점(변곡점)에서 최대 휨모멘트($M_{\max}$)가 발생한다($\because F=\dfrac{dM}{dx}$(기울기) = 이므로).
- S.F.D가 (+)인 구간에서는 B.M.D가 증가하고, (−)인 구간에서는 감소하는 그래프를 그린다.
- S.F.D의 전단력값(선도의 높이)이 B.M.D의 기울기이다$\left(F=\dfrac{dM}{dx}\text{(기울기)}\right)$.
- 임의의 X지점의 굽힘모멘트(M_x)값은 x 단면까지의 S.F.D면적과 같다($M_x = \int F dx$).

② 균일분포하중 작용 시 : $M_{\max} = \dfrac{wl^2}{8} = \dfrac{Wl}{8} [\text{N} \cdot \text{m}]$

③ 삼각형 점변분포하중 작용 시 : $M_{\max} = \dfrac{wl^2}{9\sqrt{3}} [\text{N} \cdot \text{m}]$

2.7 보 속의 응력

1) 보 속의 굽힘응력

$$\sigma_b = \dfrac{M}{I} y = \dfrac{M}{Z} [\text{N/m}^2 = \text{Pa}] \ (\sigma_b \leq \sigma_a)$$

$$M = \sigma_b Z = \sigma_b \dfrac{I}{y} [\text{N} \cdot \text{m}]$$

2) 보 속의 전단응력

$$\tau = \dfrac{FG}{bI} [\text{N/mm}^2 = \text{MPa}]$$

① 직사각형(구형) 단면인 경우 : $\tau = \dfrac{3F}{2A}\left(1 - \dfrac{4y_1^2}{h^2}\right)[\text{MPa}]$, $\tau_{\max} = \dfrac{3F}{2A}[\text{MPa}]$

② 원형 단면인 경우 : $\tau = \dfrac{4F}{3A}\left[1 - \left(\dfrac{y_1}{r_o}\right)^2\right][\text{MPa}]$, $\tau_{\max} = \dfrac{FG}{bI} = \dfrac{4F}{3A}[\text{MPa}]$

2.8 보의 처짐, 처짐각

1) 처짐(탄성)곡선의 미분방정식

$$EI\frac{d^2y}{dx^2} = -M \ (EIy'' = -M)$$

✓ 학습 POINT

탄성곡선의 미분방정식 정리

$EI\dfrac{d^4y}{dx^4} = -\dfrac{dF}{dx} = w$ (분포하중) $(EIy'''' = w)$

　　　한 번 더 미분 ⇑

$EI\dfrac{d^3y}{dx^3} = -\dfrac{dM}{dx} = -F$ (전단력) $(EIy''' = -F)$

　　　미분 ⇑

$\therefore EI\dfrac{d^2y}{dx^2} = -M (EIy'' = -M)$

　　　적분 ⇓

$EI\dfrac{dy}{dx} = -\int M dx + c_1$

$\therefore \dfrac{dy}{dx} = \theta (처짐각) = -\int \dfrac{M}{EI} dx + c_1$

　　　한 번 더 적분 ⇓

$EIy = -\iint M dx dx + c_1 x_1 + c_2$

$\therefore y = \delta (처짐) = -\iint \dfrac{M}{EI} dx dx + c_1 x_1 + c_2$

---

2) 외팔보

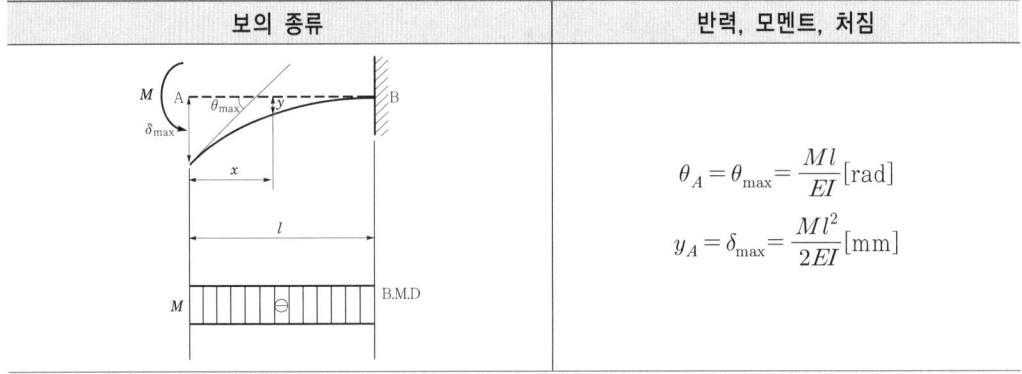

보의 종류	반력, 모멘트, 처짐
(그림: 외팔보, 길이 l, 자유단 A에 모멘트 M, B.M.D)	$\theta_A = \theta_{\max} = \dfrac{Ml}{EI} [\text{rad}]$ $y_A = \delta_{\max} = \dfrac{Ml^2}{2EI} [\text{mm}]$

보의 종류	반력, 모멘트, 처짐
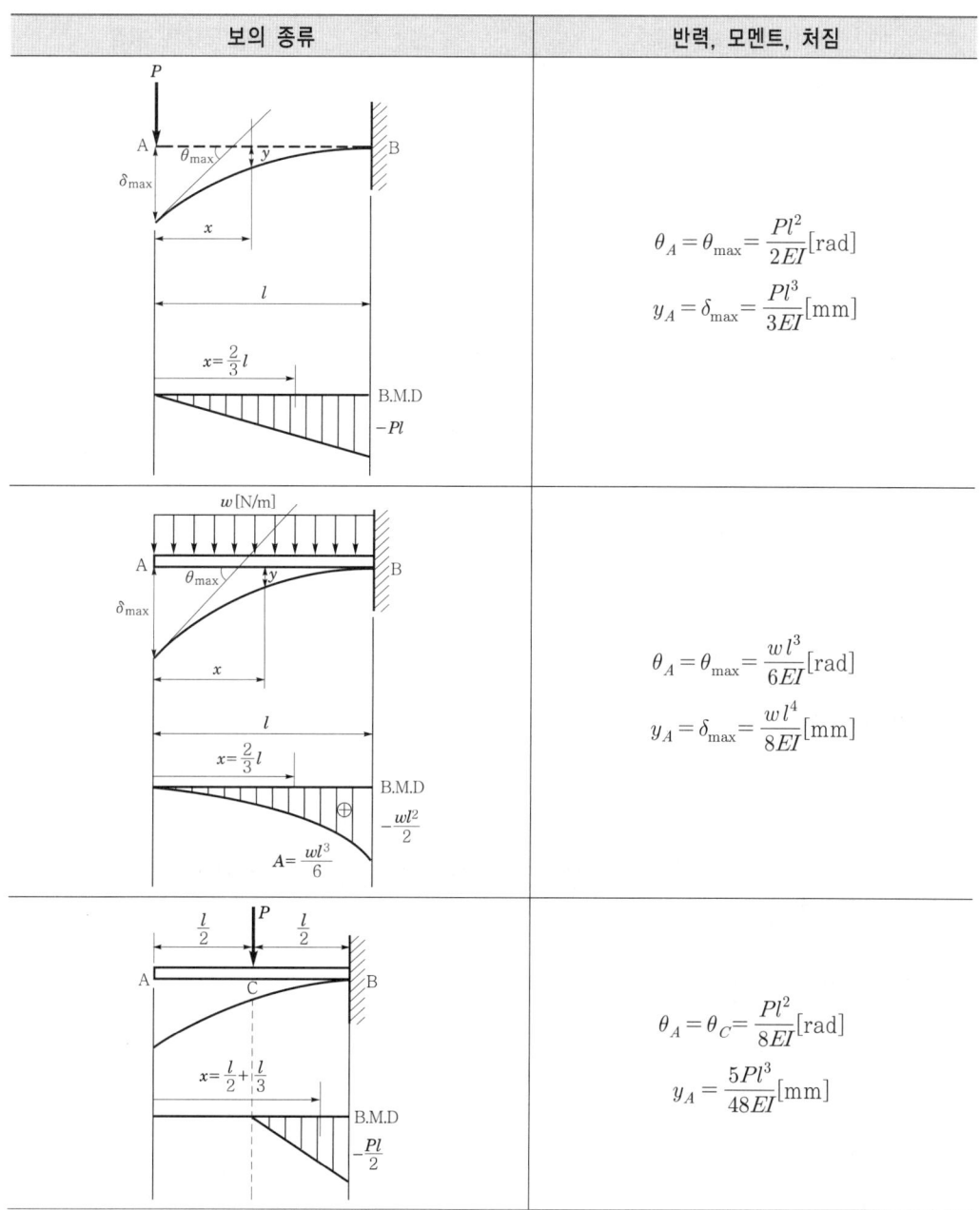	$\theta_A = \theta_{\max} = \dfrac{Pl^2}{2EI}$ [rad] $y_A = \delta_{\max} = \dfrac{Pl^3}{3EI}$ [mm]
	$\theta_A = \theta_{\max} = \dfrac{wl^3}{6EI}$ [rad] $y_A = \delta_{\max} = \dfrac{wl^4}{8EI}$ [mm]
	$\theta_A = \theta_C = \dfrac{Pl^2}{8EI}$ [rad] $y_A = \dfrac{5Pl^3}{48EI}$ [mm]

보의 종류	반력, 모멘트, 처짐
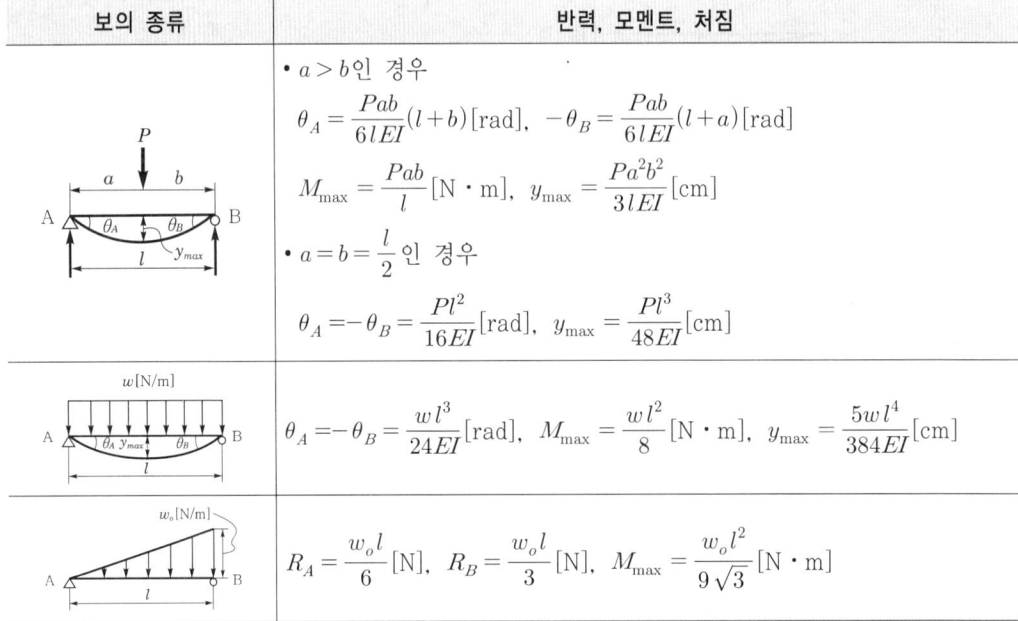	$\theta_A = \theta_C = \dfrac{wl^3}{48EI}[\text{rad}]$ $y_A = \dfrac{7wl^4}{384EI}[\text{mm}]$
	$\theta_A = \theta_{\max} = \dfrac{wl^3}{24EI}[\text{rad}]$ $y_A = \dfrac{wl^4}{30EI}[\text{mm}]$

3) 단순보(simple)

보의 종류	반력, 모멘트, 처짐
	• $a > b$인 경우 $\theta_A = \dfrac{Pab}{6lEI}(l+b)[\text{rad}],\ -\theta_B = \dfrac{Pab}{6lEI}(l+a)[\text{rad}]$ $M_{\max} = \dfrac{Pab}{l}[\text{N}\cdot\text{m}],\ y_{\max} = \dfrac{Pa^2b^2}{3lEI}[\text{cm}]$ • $a = b = \dfrac{l}{2}$인 경우 $\theta_A = -\theta_B = \dfrac{Pl^2}{16EI}[\text{rad}],\ y_{\max} = \dfrac{Pl^3}{48EI}[\text{cm}]$
	$\theta_A = -\theta_B = \dfrac{wl^3}{24EI}[\text{rad}],\ M_{\max} = \dfrac{wl^2}{8}[\text{N}\cdot\text{m}],\ y_{\max} = \dfrac{5wl^4}{384EI}[\text{cm}]$
	$R_A = \dfrac{w_o l}{6}[\text{N}],\ R_B = \dfrac{w_o l}{3}[\text{N}],\ M_{\max} = \dfrac{w_o l^2}{9\sqrt{3}}[\text{N}\cdot\text{m}]$

2.9 부정정보

1) 양단 고정보

보의 종류	반력, 모멘트, 처짐
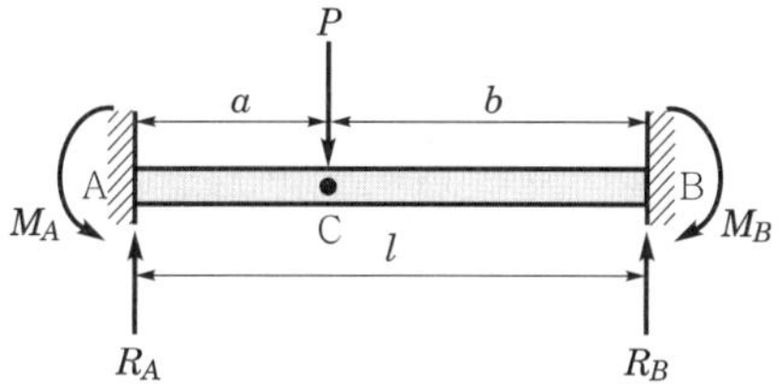 (그림: 집중하중 P가 C점에 작용, 거리 a, b)	$M_A = -\dfrac{Pab^2}{l^2}$, $M_B = -\dfrac{Pa^2b}{l^2}$ $R_A = \dfrac{Pb^2}{l^3}(3a+b)$, $R_B = \dfrac{Pa^2}{l^3}(a+3b)$ $y_C = \dfrac{Pa^3b^3}{3l^3EI}$
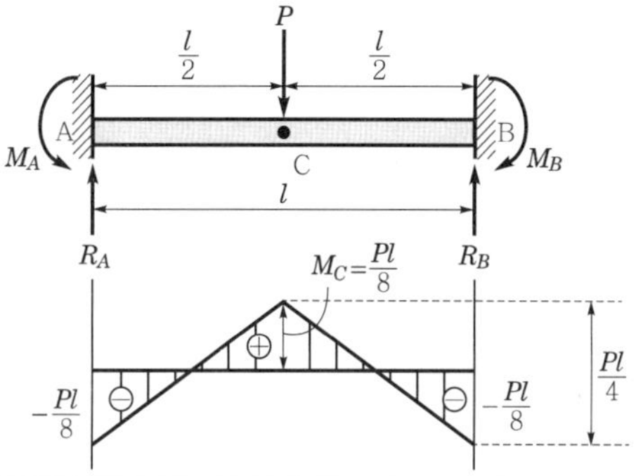 (그림: 집중하중 P가 중앙에 작용)	$a = b = \dfrac{l}{2}$ $y_C = y_{\max} = \dfrac{Pl^3}{192EI}$
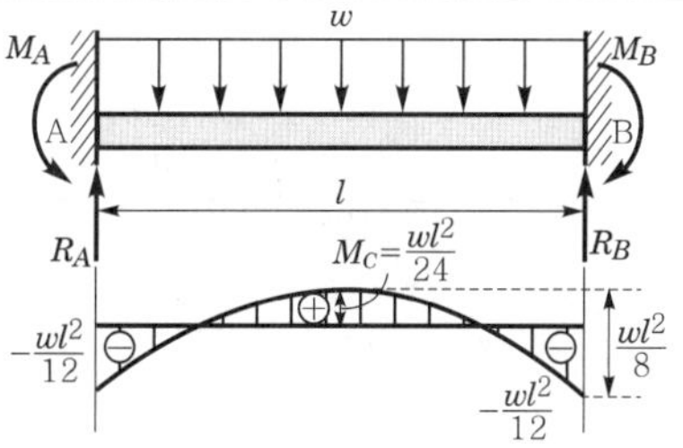 (그림: 등분포하중 w)	$y_{\max} = \dfrac{wl^4}{384EI}$

2) 일단 고정 타단 지지보

보의 종류	반력, 모멘트, 처짐
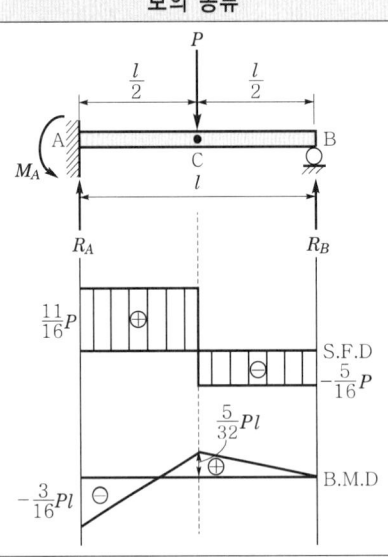	$R_A = \dfrac{11}{16}P, \ R_B = \dfrac{5}{16}P$ $y_C = \dfrac{7Pl^3}{768EI}$
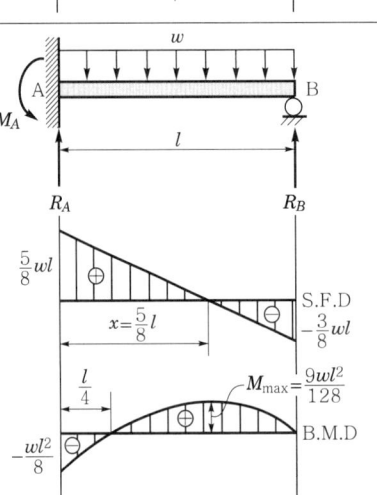	$R_A = \dfrac{5}{8}wl, \ R_B = \dfrac{3}{8}wl$ $M_{\max} = \dfrac{9wl^2}{128} \left(x = \dfrac{5l}{8} \text{일 때} \right)$ $y_{\max} = \dfrac{wl^4}{185EI} \fallingdotseq 0.0054\dfrac{wl^4}{EI}$

2.10 기둥

1) 장주

오일러의 공식(Euler's formula, 실험식)에서

① 좌굴(임계)하중 : $P_B = n\pi^2 \dfrac{EI_{\min}}{l^2} = \dfrac{\pi^2 EI_{\min}}{(l_k)^2} = \dfrac{\pi^2 EA}{\left(\dfrac{l_k}{k_G}\right)^2}$ [N]

여기서, $I_{\min} = Ak_G^2$, $k_G = \sqrt{\dfrac{I_{\min}}{A}}$ [m]

② 좌굴(임계)응력 : $\sigma_B = \dfrac{P_{cr}}{A} = n\pi^2 \dfrac{EI}{Al^2} = n\pi^2 \dfrac{EAk_G^2}{Al^2}$

$\qquad\qquad\qquad = n\pi^2 \dfrac{E}{\left(\dfrac{l}{k_G}\right)^2} = n\pi^2 \dfrac{E}{\lambda^2}$ [MPa]

[단말계수(n)와 좌굴길이(l_k)]

구분	그림	좌굴길이(l_k)	단말계수(n)
일단 고정 타단 자유단	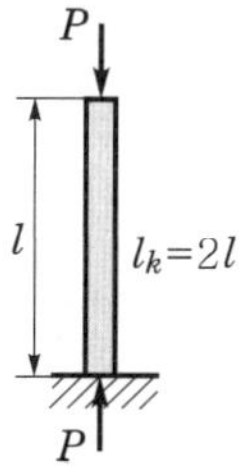 $l_k = 2l$	2	$\dfrac{1}{4} = 0.25$
양단 힌지단	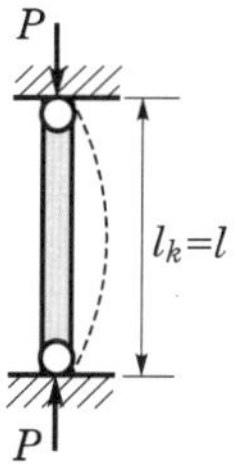 $l_k = l$	1	1
일단 힌지 타단 고정단	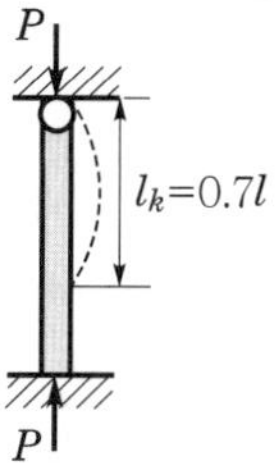 $l_k = 0.7l$	0.7	2
양단 고정단	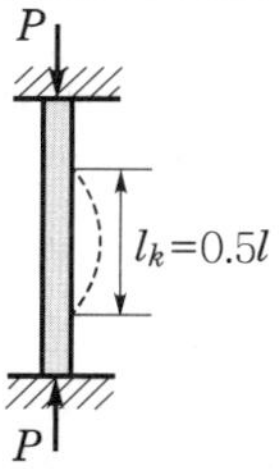 $l_k = 0.5l$	0.5	4

※ $n = \left(\dfrac{l}{l_k}\right)^2$, 좌굴길이($l_k$) = $\dfrac{l}{\sqrt{n}}$

※ 단말계수(n)가 클수록 강한 기둥이다.

3 기계동역학

3.1 동역학의 기본이론

1) 속도

① 선속도 : $v = \dfrac{S}{t}$, $\vec{v} = \dfrac{d\vec{r}}{dt} = \dot{r}\,[\text{m/s}]$

② 각속도 : $\omega = \dfrac{d\theta}{dt} = \dot{\theta}\,[\text{rad/s}]$

2) 가속도

① 가속도 : $a = \dfrac{dv}{dt} = \dot{v} = \dfrac{d^2r}{dt^2} = \ddot{r}\,[\text{m/s}^2]$

② 각가속도 : $\alpha = \dfrac{d\omega}{dt} = \dot{\omega} = \dfrac{d^2\theta}{dt^2} = \ddot{\theta}\,[\text{rad/s}^2]$

3) 일률(=동력)

단위시간(t)당 행해진 일(W)의 양이다.

$$P = \dfrac{N}{t} = \dfrac{\vec{F}\Delta\vec{r}}{t} = \vec{F}\vec{V}\,[\text{N}\cdot\text{m/s} = \text{W}]$$

3.2 기계동역학

1) 직선운동

(1) 등가속도운동

① $v = v_0 + at$

② $S = v_0 t + \dfrac{1}{2}at^2$

③ $v^2 - v_0^2 = 2aS$

여기서, v_0 : 초기속도(m/s)

(2) 수직 아래방향으로 던진 물체의 운동

$v_0 > 0$, $a = g$일 때

① $v = v_0 + gt$

② $h = v_0 t + \dfrac{1}{2} gt^2$

③ $v^2 - v_0^2 = 2gh$

2) 곡선운동

(1) 최고도달높이

① 최고높이 도달시간 : $V_y = 0$일 때

$$t = \dfrac{V_{0y}}{g} = \dfrac{V_0}{g} \sin\theta$$

② 최고높이 : $H = \dfrac{V_{0y}^2}{2g} = \dfrac{V_0^2}{2g} \sin^2\theta$

(2) 수평도달거리

① $l = V_{0x} t$

② $L = 2l = 2 V_0 \cos\theta \dfrac{V_0}{g} \sin\theta = \dfrac{V_0^2}{g} \sin\theta$

3) 원판의 회전운동

(1) 등속원운동

① 각속도 : $\omega = \dfrac{d\theta}{dt} = \dot{\theta} = \dfrac{2\pi N}{60} [\text{rad/s}]$

② 원주속도(선속도) : $v = \dfrac{ds}{dt} = \dfrac{rd\theta}{dt} = r\omega [\text{m/s}]$

③ 주기(T 또는 τ) : 등속원운동하는 물체가 1회전(cycle)하는 데 소용되는 시간(sec)

$$T = \dfrac{2\pi}{\omega} [\text{s/cycle}]$$

④ 진동수(f) : 단위시간당 원운동하는 회전수

$$f = \dfrac{1}{T} = \dfrac{\omega}{2\pi} [\text{cycle/s} = \text{cps, Hz}]$$

(2) 등각가속도운동

① 각가속도 : $\alpha = \dfrac{d\omega}{dt} = \dfrac{\omega}{2\pi} = \ddot{\theta} [\text{rad/s}^2]$

② 가속도

$$a = \frac{dv}{dt} = \frac{rd\omega}{dt} = r\alpha [\text{m/s}^2]$$

$$\therefore \alpha = \frac{a}{r} [\text{rad/s}^2]$$

㉠ 법선(반경방향)가속도 : $a_n(a_r) = r\omega^2 = \frac{v^2}{r}[\text{m/s}^2]$

㉡ 접선(횡방향)가속도 : $a_n(a_0) = r\alpha [\text{m/s}^2]$

3.3 물체의 운동역학

1) 힘과 가속도

(1) 구심력과 원심력

$$F = ma_n = m\frac{v^2}{r} = mr\omega^2 [\text{N}]$$

(2) 진자(회전)운동

① 단진자

$$l\ddot{\theta} + g\theta = 0$$

$$\omega = \sqrt{\frac{g}{l}}$$

$$f = \frac{\omega}{2\pi} = \frac{1}{2\pi}\sqrt{\frac{g}{l}} [\text{Hz}]$$

$$T = \frac{2\pi}{\omega} = 2\pi\sqrt{\frac{l}{g}} [\text{sec}]$$

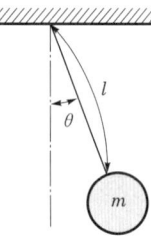

② 원추진자 : $f = \frac{\omega}{2\pi} = \frac{1}{2\pi}\sqrt{\frac{g}{h}} [\text{Hz}]$

2) 충격량(역적)과 운동량

$$\text{반발계수 } e = \frac{\text{충돌 후 상대속도}}{\text{충돌 전 상대속도}} = -\frac{V_{A/B}{'}}{B_{A/B}} = -\frac{V_A{'} - V_B{'}}{V_A - V_B}$$

① 완전 탄성충돌($e = 1$) : 충돌 전·후 두 질점의 운동량의 합과 운동에너지의 합은 보존된다.
   예 기체분자들의 충돌, 상아공끼리의 충돌
② 완전 소성충돌($e = 0$) : 충돌 후 반발됨이 전혀 없이 한 덩어리가 되어 두 질점의 상대속도가 0이 되는 충돌로, 두 질점의 전체 운동량이 보존되나 전체 에너지는 보존되지 않는다.
③ 불완전 탄성충돌($0 < e < 1$) : 충돌 후 운동량은 보존되나 운동에너지는 보존되지 않는다(감소한다).

4 기계진동

4.1 강체의 일과 운동

1) 평면운동

병진운동과 회전운동의 조합형태

① 미끄럼 없는 원판의 평면운동

$$\sum F = ma_G$$

미끄러짐이 없는 경우($a_G = r\alpha$) $P - F = mr\alpha$

$$\sum m_G = I_G \alpha, \quad Fr = \frac{1}{2}mr^2\alpha$$

$$\therefore \alpha = \frac{2F}{mr}$$

② 순간 중심 : 어느 한 순간에 물체의 회전 중심으로 물체 위의 어느 한 점의 선속도는 순간 중심으로부터 떨어진 거리에 비례한다.

2) 관성모멘트

① 속이 꽉 찬 구 : 쇠공, 구슬 등

$$I = \frac{2}{5}mr^2 [\text{kg} \cdot \text{m}^2]$$

② 속이 빈 구 : 축구공, 농구공 등

$$I = \frac{2}{3}mr^2 [\text{kg} \cdot \text{m}^2]$$

③ 중심축(대칭축)을 지나는 경우 원판 : CD나 플라이휠처럼 중심을 기준으로 회전하는 원판

$$I = \frac{1}{2}mr^2 [\text{kg} \cdot \text{m}^2]$$

④ 가늘고 긴 봉

㉠ 중심을 지나는 축 : 봉의 중앙에서 수직으로 회전

$$I = \frac{1}{12}mL^2 [\text{kg} \cdot \text{m}^2]$$

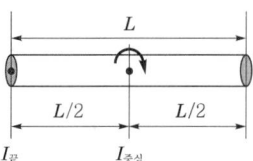

㉡ 한쪽 끝을 지나는 축 : 문짝이 경첩에서 회전하는 것과 같은 경우

$$I = \frac{1}{3}mL^2 [\text{kg} \cdot \text{m}^2]$$

[참고] $I_{\text{끝}} = I_{\text{중심}} + m\left(\frac{L}{2}\right)^2 = \frac{1}{12}mL^2 + \frac{1}{4}mL^2 = \frac{1}{3}mL^2 [\text{kg} \cdot \text{m}^2]$

3) 단순조화진동

운동방정식 $x(t) = X\sin(\omega t + \phi)$, 변위 $x = X\sin\omega t$에서

① 최대 변위 : $x_{\max} = X$

② 속도 : $\dot{x} = \dfrac{dx}{dt} = \omega X\cos\omega t = \omega X\sin\left(\omega t + \dfrac{\pi}{2}\right)$ [m/s]

③ 최대 속도 : $\dot{x}_{\max} = \omega X$ [m/s]

④ 가속도 : $\ddot{x} = \dfrac{d^2x}{dt^2} = -\omega^2 X\sin\omega t = \omega^2 X\sin(\omega t + \pi)$ [m/s^2]

⑤ 최대 가속도 : $\ddot{x}_{\max} = \omega^2 X$ [m/s^2]

4) 에너지보존법칙

U자관 내에 들어있는 액체의 진동

$$f_n = \dfrac{\omega_n}{2\pi} = \dfrac{1}{2\pi}\sqrt{\dfrac{2g}{l}} \text{ [Hz]}$$

$$\tau = \dfrac{1}{f_n} = \dfrac{2\pi}{\omega_n} = 2\pi\sqrt{\dfrac{l}{2g}} \text{ [sec]}$$

5) 등가스프링상수

① 직렬연결

$$\dfrac{1}{k_{eq}} = \dfrac{1}{k_1} + \dfrac{1}{k_2}$$

$$\therefore k_{eq} = \dfrac{k_1 k_2}{k_1 + k_2}$$

② 병렬연결 : $k_{eq} = k_1 + k_2$

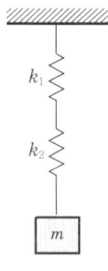 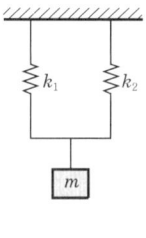 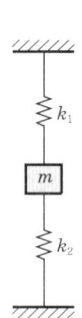

[직렬연결]　　　　[병렬연결]

③ 진동수비 : 감쇠고유진동수(ω_{nd})와 비감쇠고유진동수(ω_n)의 비

$$\gamma = \dfrac{\omega_{nd}}{\omega_n} = \sqrt{1-\zeta^2}$$

6) 대수감쇠율

$$\delta = \frac{1}{n} \ln \frac{x_0}{x_n} \left(\frac{x_0}{x_n} = e^{n\delta} \right)$$

$$\delta = \frac{2\pi\zeta}{\sqrt{1-\zeta^2}}$$

$$\therefore \zeta = \frac{\delta}{\sqrt{4\pi^2 + \delta^2}}$$

여기서, δ : 대수감쇠율, n : 사이클(주기)수, x_0 : 초기진폭, x_n : n사이클(주기) 후 진폭

감쇠비(ζ)가 아주 작은 경우 $\zeta^2 \approx 0$이면 $\delta \simeq 2\pi\zeta$이다.

☑ 학습 POINT

- 감쇠비(ζ) = $\dfrac{\text{감쇠계수}(C)}{\text{임계감쇠계수}(C_c)} = \dfrac{C}{2\sqrt{mk}} = \dfrac{C}{2\sqrt{\dfrac{w}{g}k}}$

- $m\ddot{x} + C\dot{x} + kx = 0$ (감쇠자유진동방정식)
  - 임계감쇠 : $C = C_c$, $C = 2\sqrt{mk}$
  - 과도감쇠 : $C > C_c$, $C > 2\sqrt{mk}$
  - 부족감쇠 : $C < C_c$, $C < 2\sqrt{mk}$

4.2 강제진동

1) 최대 진폭이 생기는 진동수비

① 최대 진폭 : $X_p = \dfrac{\dfrac{F_o}{k}}{2\zeta\sqrt{1-\zeta^2}}$

② 최대 진폭이 생기는 진동수비 : $\gamma_p = \sqrt{1-2\zeta^2}$

2) 전달률

① 전달률 : $TR = \dfrac{\text{최대 전달력}}{\text{최대 기진력}} = \dfrac{F_{TR}}{F_o} = \dfrac{\sqrt{k^2 + (C\omega)^2}}{\sqrt{(k-m\omega^2)^2 + (C\omega)^2}} = \dfrac{\sqrt{1+(2\zeta\gamma)^2}}{\sqrt{(1-\gamma^2)^2 + (2\zeta\gamma)^2}}$

② 감쇠가 없는 경우(감쇠비 무시 : $\zeta \approx 0$)

$$TR = \frac{1}{|1-\gamma^2|}$$

$$\therefore \gamma = \sqrt{1 + \frac{1}{TR}}$$

③ 기초에 전달되는 힘을 감소시키는 경우(전달률을 줄이는 방법), 즉 감쇠비를 무시한 경우($\zeta \fallingdotseq 0$)

$$TR = \frac{1}{|1-\gamma^2|} = 1 \text{일 때 } \gamma = \frac{\omega}{\omega_n} = \sqrt{2}$$

㉠ $\gamma = \dfrac{\omega}{\omega_n} > \sqrt{2}$ 인 경우 : 전달률(TR) < 1(감소)

㉡ $\gamma = \dfrac{\omega}{\omega_n} < \sqrt{2}$ 인 경우 : 전달률(TR) > 1(증가)

Chapter 4. 열·유체 해석

1 열응력 및 유동 해석

1.1 열응력(thermal stress) 해석

구속된 물체 내에 온도차에 의해 발생하는 열응력을 물성치와 함께 경계조건(boundary condition)을 부여하여 해석한다.

1.2 열전달(heat transfer) 해석

열전달상태는 전도, 대류, 복사가 있으며, 열전달계수($W/m^2 \cdot K$)에 따른 경계조건을 이용하여 해석한다.

1.3 열응력과 열전달의 수치 해석방법

① 유한차분법(FDM : Finite Difference Method)
② 유한요소법(FEM : Finite Elements Method)
③ 유한체적법(FVM : Finite Value Method)
④ 경계요소법(BEM : Boundary Element Method)

1.4 유동 해석의 기초

1) 전산유체역학(CFD)

전산유체역학(CFD : Computational Fluid Dynamics)이란 컴퓨터로 유체역학 지배방정식 (N.S equation)의 근사해를 개선하는 방법(유체를 모사하는 방법)이다.
※ 모사 : 어떤 대상이나 현상을 있는 그대로 본떠서 언어나 그림으로 묘사함

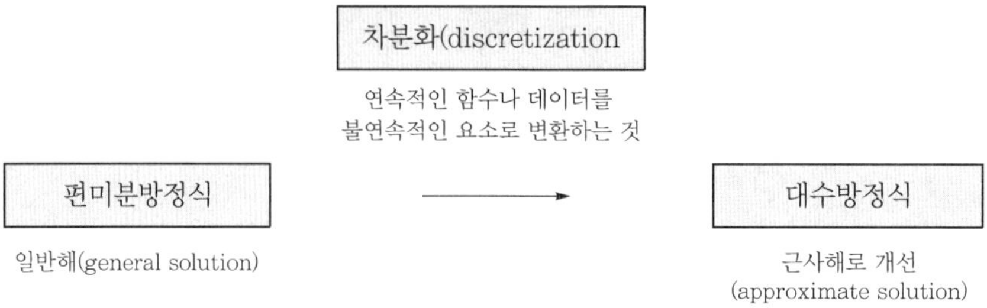

차분화(discretization)
연속적인 함수나 데이터를
불연속적인 요소로 변환하는 것

편미분방정식 → 대수방정식

일반해(general solution)　　　　　　　　　근사해로 개선
　　　　　　　　　　　　　　　　　　　　(approximate solution)

2) 전산유체역학 유동해석의 각 단계

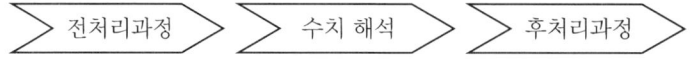

전처리과정 > 수치 해석 > 후처리과정

(1) 전처리과정(pre-processing)
① 유체영역 설정(유체거동)
② 메싱(meshing) = 유체원소 분할(최소 집합 : cell/lattice)

(2) 수치 해석(simulation)
① 유체 해석기법(2D/3D)
② 조건 설정
　㉠ 경계조건(B.C) : 모사한 유동환경(물리적으로 타당한 조건 부여)
　㉡ 공기조건(I.V) : 비정상 해석 시 정확한 초기조건 요구
③ 모델링
④ 수렴 : 지배방정식 근사해 계산이 성공한 경우
⑤ 발산 : 지배방정식 근사해 계산이 실패한 경우 데이터 오류(메싱, 경계조건 초기조건) 수정

(3) 후처리과정(post-processing)
다양한 방법으로 수치 해석의 결과를 확인하는 과정

1.5 해석모델

1) 모델 생성 및 경계 설정

CAD프로그램을 이용하여 모델을 생성하고 해석하고자 하는 영역을 설정한다. 다음 그림에서와 같이 다섯 부분의 경계를 나누어 처리한다.

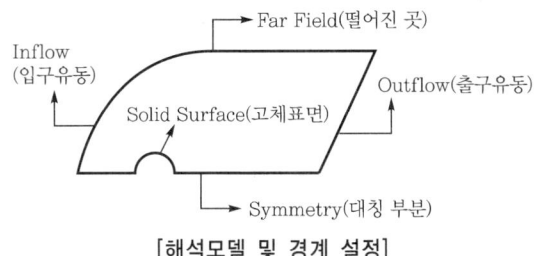

[해석모델 및 경계 설정]

2) 경계조건(boundary condition)

유동장(flow field) 계산에 있어서 해의 수렴과 발산에 많은 영향을 미치는 것은 수치 해석방법보다 경계조건에 있음은 널리 알려져 있는 사실이다. 점성유동의 물리적 경계조건으로 물체경계에서 유동의 점착조건과 온도에 관한 조건이 중요시된다.

① 고체표면의 점착조건으로 운동속도에 대한 벽점착조건(no-slip condition)을 처리한다.
   ※ 벽점착조건(no slip condition) : 유체가 고체표면 위를 흐를 때 고체표면에서 유체입자가 고체와 미끄럼이 없다는 조건, 즉 벽(wall)에서 유체의 속도가 0이다.
② 온도는 단열벽(adiabatic wall) 및 벽조건으로 처리하고 있다.
③ 압력과 밀도의 경우는 법선구배가 0인 노이만(Neumann)의 경계조건을 사용한다.
④ 물체로부터 멀리 떨어진 곳(far field)은 내부해로부터 영향을 받지 않는 자유흐름조건(free-stream condition)으로 적용한다.
⑤ 대칭 부분(symmetry part)은 대칭선(symmetry line)을 따라 횡단하는 유동이 0이므로 경계상의 법선속도성분이 0임을 이용하여 노이만의 경계조건을 적용한다.
⑥ 입출구유동은 주흐름방향의 속도구배$\left(\dfrac{du}{dy}\right)$를 0으로 놓는 노이만의 경계조건을 적용한다.

3) 격자 형성

격장 형성은 물리공간과 계산공간 간의 관계를 구하는 것이다. 물리공간과 계산공간이 1:1로 대응되도록 내부의 격자점들을 결정하는 것이다.

1.6 해석조건 설정

1) 정상상태(steady state)

온도특성이 시간의 변화에 따라 변화가 없는 상태이다.

2) 과도상태(transient state)

물리량이 정상상태에서 어떤 영향에 의한 다른 정상상태로 이동하는 도중의 상태를 말한다. 상태변화는 시간적으로 변화를 따르는 것이 된다.

예 전열에서는 물체를 급열·급랭하게 되면 그것이 정상온도가 되기까지 시간적으로 온도변화가 생기는데, 그 상태를 과도상태라고 한다.

1.7 난류모델(turbulence model)의 종류

1) 혼합길이난류모델(mixing length turbulence model)
① 자연대류(natural convection) 해석용으로 개발된 모델이다.
② 공기 등의 기체흐름을 대상으로 적용한다.
③ 난류 점성(turbulent flow viscosity) 외점성계수$(\eta) = \rho l^2 \left| \dfrac{du}{dy} \right|$
④ 프란틀(Prandtl)의 혼합길이$(l) = ky$[m]
   이때 카르만상수$(k) = 0.4$, $wall(y=0)$, $l=0$

2) $\kappa - \varepsilon$ 모델
$\kappa - \varepsilon$ 모델은 단순한 형태의 모델로, κ는 난류운동에너지로, ε은 난류 소산율을 나타내며 매우 높은 예측성과 해(solution)의 수렴성을 가지면서 다양한 형태의 유동장에 적용된다.

1.8 수치 해석법

1) 유한요소법(FEM : Finite Element Method)
복잡한 공학 및 과학문제를 해결하는 데 사용되는 강력한 수치기법이다(이산화 및 메싱(meshing)).
① 1차원 요소 : 선(line)
② 2차원 요소 : 삼각형, 사각형
③ 3차원 요소 : 사면체, 오면체, 육면체
※ 이산화 : 컴퓨터가 근사해를 계산할 수 있도록 방정식을 변환하는 과정

2) 유한체적법(FVM : Finite Volume Method, 유한차분법)
공기나 액체의 유동이나 열의 흐름을 기술하는 편미분방정식의 수리 해법의 하나이며 보존법칙의 형태로 기술된 방정식을 다루는 게 적합한 차분법의 일종이다. 기본적으로 사변형(육면체)의 격자계를 사용하는 점이나 미분한 몫을 이산화할 때의 방식 등은 유한차분법과 완전히 같다.

3) 경계요소법(BEM : Boundary Element Method)
선형 편미분방정식을 푸는 수치 해석방법으로 유체역학, 전자기학, 음향학 등 다양한 분야에서 사용된다.

1.9 난류모델 시뮬레이션

① LES(Large Eddy Simulation) : 나비에-스톡스방정식(Navier-Stokes equation)의 격자에 공간평균을 취하는 레이놀즈(Reynolds)방정식에 기초를 두지 않는 계산방법이다.
② RANS(Reynolds Average Navier-Stokes Simulation) : 레이놀즈 평균화된 나비에-스톡스방정식을 해석하는 시간평균기법이다. 정상상태 해석 시 사용가능하며 산업분야에서 가장 많이 사용하는 난류모델 시뮬레이션이다.
③ SRS(Scale Resolving Simulation) : 비정상상태 해법이고 큰 eddy(소용돌이)유동 해석기법을 포함하고 있고 큰 eddy는 직접 계산하고 격자보다 작은 eddy모델링하는 방법이다.
④ DNS(Direct Numerical Simulation, 직접수치모사) : 난류유동에 사용되는 방정식인데, 가장 작은 난류 eddy와 가장 빠른 변동까지 포착하기 위해 충분히 세밀한 격자망과 충분히 작은 시간간격으로 시간변화의 해를 직접 구하는 방법이다.

2 기계열역학

2.1 열역학의 기초

1) 계(system)

(1) 정의

① 계의 종류
  ㉠ 밀폐계(=비유동계) : 검사질량 일정
   • 물질유동 ×, 에너지 전달 ○
   • 계의 경계면이 닫혀 있어 계의 경계를 통한 물질(질량)의 유동이 없는 계로, 에너지(일 또는 열)의 전달은 있는 계
   • 즉 계 내의 물질(질량)은 일정 불변
  ㉡ 개방계(=유동계) : 검사체적 일정
   • 물질유동 ○, 에너지 전달 ○
   • 계의 경계면이 열려 있어 계의 경계를 통한 외부(주위)와의 물질의 유동이 있고, 에너지의 전달도 있는 계
  ㉢ 고립계(=절연계)
   • 물질유동 ×, 에너지 전달 ×
   • 계의 경계를 통한 외부와의 물질이나 에너지의 전달이 전혀 없다고 가정한 계
  ㉣ 단열계 : $\delta Q = 0$
   • 열전달 ×

- 계의 경계를 통한 외부와의 열의 출입이 전혀 없다고 가정한 계
- 등엔트로피 $S = C$(일정)

② 열역학적 성질(=상태량)
㉠ 종량적(용량성) 성질(상태량)
- 물질의 양에 비례하는 상태량
- 체적(V), 엔탈피(H), 엔트로피(S), 내부에너지(U), 질량(m) 등

㉡ 강성적(강도성) 성질(상태량)
- 물질의 양에 무관한 상태량
- 압력(p), 온도(t), 점도(μ), 속도(V) 및 비상태량(비체적(v), 비엔탈피(h), 비엔트로피(s), 비내부에너지(u)) 등
  ※ 비상태량 : 단위질량당 종량성(용량성) 상태량

③ 절대온도(T)
㉠ 켈빈(Kelvin)의 절대온도 : 섭씨온도를 기준으로 한 절대온도(=열역학적 절대온도)

$$T = t_C + 273.15 \fallingdotseq t_C + 273 [\text{K}]$$

㉡ 랭킨(Rankine)의 절대온도 : 화씨온도를 기준으로 한 절대온도

$$T_R = t_F + 459.67 \fallingdotseq t_F + 460 [°\text{R}]$$

(2) 비열(C)

① 물의 비열(C) = 1kcal/kg · ℃ = 4.186kJ/kg · K
② 열량 : $_1Q_2 = mC(t_2 - t_1)$ [kJ]
③ 비열이 온도(t)만의 함수인 경우 평균비열 : $Q = mC_m(t_2 - t_1)$ [kJ]

(3) 물리적 성질

① 비중량 : $\gamma = \dfrac{G}{V}$ [N/m³]

② 밀도(=비질량)

$$\rho = \frac{m}{V} = \frac{G}{Vg} = \frac{\gamma}{g} [\text{kg/m}^3, \text{N} \cdot \text{s}^2/\text{m}^4]$$

$$\therefore \gamma = \rho g \text{ (밀도와 비중량 사이의 관계식)}$$

③ 비체적(v 또는 v_s)

$$v_s = \frac{V}{m} = \frac{1}{\rho} [\text{m}^3/\text{kg}]$$

$$\therefore \rho = \frac{1}{v_s} [\text{kg/m}^3]$$

④ 비중(=상대밀도) : S(무차원 양(수))$= \dfrac{\rho}{\rho_w} = \dfrac{\gamma}{\gamma_w}$

(4) 압력

$$p = \dfrac{F}{A} [\text{N/m}^2 = \text{Pa}]$$

① 대기압(p_o)
  ㉠ 대기가 누르는 압력
  ㉡ 표준대기압(1atm)$=1.0332\text{kgf/cm}^2 = 10,332\text{kgf/m}^2 = 760\text{mmHg} = 10.33\text{mH}_2\text{O}$
   $=14.7\text{psi}(=\text{lb/in}^2) = 1.01325\text{bar} = 1013.25\text{mbar}(=\text{mmbar})$
   $=101,325\text{Pa}(=\text{N/m}^2) = 101.325\text{kPa}$
  ㉢ $1\text{bar} = 10^5\text{Pa} = 100\text{kPa}$

② 게이지압력(계기압력, p_g[atg])
  ㉠ 국소대기압을 기준면으로 해서 측정된 압력
  ㉡ 정(+)압 : 대기압보다 높은 압력(일반적인 계기압력)
  ㉢ 부(-)압 : 대기압보다 낮은 압력(=진공압력=진공게이지로 측정한 압력(mmHg))

③ 절대압력($p_a = p_{abs}$[ata])=대기압±게이지압

(5) 동력

단위시간당 행한 일량으로 일률(=공률)이라고도 한다.

$$P = \dfrac{W}{t} [\text{N}\cdot\text{m/s} = \text{J/s} = \text{W}]$$

※ $1\text{kW} = 1\text{kJ/s} = 1,000\text{W} = 1,000\text{J/s} = 1,000\text{N}\cdot\text{m/s} = 3,600\text{kJ/h} = 102\text{kgf}\cdot\text{m/s}$
 $= 860\text{kcal/h} = 1.36\text{PS}$

(6) 열역학 제0법칙(=열평형의 법칙)

온도계의 원리를 적용한 법칙이다. 온도가 서로 다른 두 물체를 혼합할 때 열손실이 없다고 가정하면 온도가 높은 물체는 열량을 방출(-)하고, 온도가 낮은 물체는 열량을 흡수(+)하여 두 물체 사이에 온도차가 없이 열평형상태에 도달하게 된다(방출열량=흡입열량)

(7) 열의 전달(전도, 대류, 복사)

> **✓ 학습 POINT**
>
> 대류열전달 시 중요시되는 무차원수
> - 누셀수$(Nu) = \dfrac{\alpha D}{\lambda}$
> - 프란틀수$(Pr) = \dfrac{\mu C_p}{\lambda}$
> - 그라스호프수$(Gr) = \dfrac{g\beta L^3 \Delta T}{\nu^2}$
> - 레이놀즈수$(Re) = \dfrac{VL}{\nu} = \dfrac{\rho VD}{\mu}$
>
> 여기서, α : 열전달계수(W/m²·K), λ : 열전도계수(W/m·K), μ : 점성계수(Pa·s)

(8) 열효율

$$\eta = \frac{3{,}600 H_{kW}}{H_L m_f} = \frac{3{,}600 \times 0.735 H_{PS}}{H_L m_f} \times 100\%$$

여기서, H : 정미출력(kW, PS), H_L : 연료의 저위발열량(kJ/kg)
   m_f : 시간당 연료소비량(kg/h)

2.2 열역학 제1법칙

1) 열역학 제1법칙

(1) 정의
① 에너지보존법칙
② 가역법칙($Q = W$), 양적법칙
③ 제1종 영구운동기관을 부정하는 법칙
④ 열량(Q) = 일량(W)[J 또는 kJ]

(2) 제1종 영구운동기관
외부로부터 일이나 열을 전혀 공급받지 않고(=에너지의 소비 없이) 연속적으로 계속해서 일을 할 수 있는(=동력을 발생시킨다고) 기관

2) 정지계에 대한 에너지식(=밀폐계=비유동계)

$$_1Q_2 = (U_2 - U_1) + {_1W_2}[\text{kJ}]$$

※ $\delta Q = dU + \delta W [\text{kJ}]$, $dU = \delta Q - \delta W [\text{kJ}]$, $\delta W = \delta Q - dU [\text{kJ}]$

> **☑ 학습 POINT**
>
> 일량(W)과 열량(Q)의 부호규약
>
>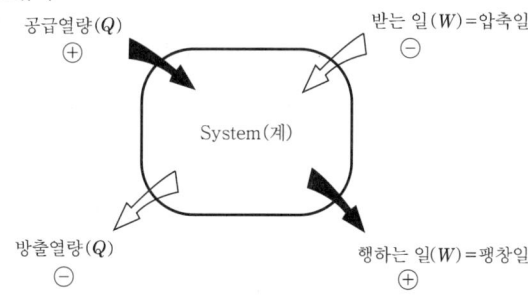
>
> ※ 단위질량(m)당 가(공급)열량(Q) = 비열량(q) = $\dfrac{Q}{m}$ [kJ/kg]
>
> $$_1q_2 = \frac{_1Q_2}{m} = \frac{(U_2 - U_1) + {_1W_2}}{m} = (u_2 - u_1) + {_1w_2}\,[\text{kJ/kg}]$$

3) 엔탈피(상태함수 = 점함수)

① 엔탈피 : $H = U + PV\,[\text{kJ}]$

② 비엔탈피(h) : 단위질량(m)당 엔탈피(H, 강도성 상태량)

$$h = \frac{H}{m} = \frac{U + PV}{m} = u + Pv = u + \frac{P}{\rho}\,[\text{kJ/kg}]$$

4) 밀폐계 일과 개방계 일(절대일과 공업일)

① 절대일량 : $_1W_2 = \displaystyle\int_1^2 P\,dV\,[\text{N·m=J}]$

② 공업일량 : $W_t = -\displaystyle\int_1^2 V\,dP\,[\text{N·m=J}]$

③ 절대일($_1W_2$)과 공업일(W_t)의 관계식 : $W_t = P_1V_1 + {_1W_2} - P_2V_2\,[\text{N·m=J}]$

2.3 이상기체(완전 기체)

1) 보일과 샤를의 법칙

① 보일(Boyle)의 법칙(=등온법칙($T=C$, $T_1 = T_2$)=마리오테(Mariotte)의 법칙)

$$Pv = C, \ P_1 v_1 = P_2 v_2, \ \frac{v_2}{v_1} = \frac{P_1}{P_2}, \ \ln\frac{v_2}{v_1} = \ln\frac{P_1}{P_2}$$

② 샤를(Charle)의 법칙(=등압법칙($P=C$)=게이뤼삭(Gay-Lussac)의 법칙)

$$\frac{v}{T} = C, \ \frac{v_1}{T_1} = \frac{v_2}{T_2}, \ \frac{v_2}{v_1} = \frac{T_2}{T_1}$$

③ 보일과 샤를의 법칙 : $\dfrac{Pv}{T} = C$

④ 이상기체의 상태방정식

$$Pv = RT \ \text{또는} \ P\frac{V}{m} = RT$$

$$\therefore PV = mRT$$

> ☑ 학습 POINT
>
> 실제 기체(가스)가 이상기체(=완전기체)의 특성을 근사적으로 만족시킬 조건
> - 온도(T), 비체적(v)이 클수록
> - 압력(P), 분자량(M), 밀도(ρ)가 작을수록

2) 아보가드로(Avogadro)의 법칙

① 분자량(=몰질량) : $M = \dfrac{m}{n}[\text{kg/kmol}]$

② 일반(=공통)기체상수(R_u 또는 $\overline{R}$)

$$MR = \overline{R} = C \ \text{증명}$$
$$M_1 R_1 = M_2 R_2 = \text{Constant}$$
$$MR = C = \overline{R} = 8.314 \text{kJ/kmol} \cdot \text{K}$$

3) 비열 간의 관계식

(1) 이상기체의 비열

① 정적(등적)비열(C_v), 내부에너지변화량 : $du = C_v dT [\text{kJ/kg}], \ dU = mC_v dT [\text{kJ}]$

② 정압(등압)비열(C_p), 엔탈피변화량 : $dh = C_p dT$ [kJ/kg], $dH = mC_p dT$ [kJ]

(2) 비열비

$$\text{단열지수}(k) = \frac{C_p}{C_v} > 1$$

(3) 비열 간의 관계식

$$C_p - C_v = R$$

① 정적비열 : $C_v = \dfrac{R}{k-1}$ [kJ/kg·K]

② 정압비열 : $C_p = kC_v = k\left(\dfrac{R}{k-1}\right)$ [kJ/kg·K]

(4) 줄(Joule)의 법칙

완전 기체인 경우 내부에너지는 온도만의 함수이다.

$$du = C_v dT, \ u = f(T)$$

4) 이상기체의 상태변화(가역변화)

(1) 정적변화 ($V = C, \ dV = 0$)

① $P, \ V, \ T$ 관계식 : $\dfrac{P_1}{T_1} = \dfrac{P_2}{T_2}$

② 외부에 하는 일(팽창일) : $_1W_2 = \displaystyle\int_1^2 PdV = 0$

③ 공업일(압축일) : $W_t = -\displaystyle\int_1^2 VdP = \int_2^1 VdP = V(P_1 - P_2) = mR(T_1 - T_2)$

④ 내부에너지변화 : $\Delta U = U_2 - U_1 = mC_v(T_2 - T_1)$

⑤ 엔탈피변화 : $\Delta H = H_2 - H_1 = mC_p(T_2 - T_1)$

⑥ 가열량 : $Q = U_2 - U_1 = mC_v(T_2 - T_1)$

⑦ 폴리트로픽지수 : $n = \infty$

⑧ 정적비열 : $C_v = \dfrac{R}{k-1}$

⑨ 엔트로피변화 : $\Delta S = S_2 - S_1 = mC_v \ln \dfrac{T_2}{T_1} = mC_v \ln \dfrac{P_2}{P_1}$

(2) 정압변화($P = C$, $dP = 0$)

① P, V, T 관계식 : $\dfrac{V_1}{T_1} = \dfrac{V_2}{T_2}$

② 외부에 하는 일(팽창일) : $_1W_2 = P(V_2 - V_1) = mR(T_2 - T_1)$

③ 공업일(압축일) : $W_t = 0$

④ 내부에너지변화 : $\Delta U = U_2 - U_1 = mC_v(T_2 - T_1)$

⑤ 엔탈피변화 : $\Delta H = H_2 - H_1 = mC_p(T_2 - T_1)$

⑥ 가열량 : $Q = H_2 - H_1 = mC_p(T_2 - T_1)$

⑦ 폴리트로픽지수 : $n = 0$

⑧ 정압비열 : $C_p = \dfrac{kR}{k-1} = kC_v$

⑨ 엔트로피변화 : $\Delta S = S_2 - S_1 = mC_p \ln \dfrac{T_2}{T_1} = mC_p \ln \dfrac{V_2}{V_1}$

(3) 등온변화($T = C$, $dT = 0$)

① P, V, T 관계식 : $P_1 V_1 = P_2 V_2$

② 외부에 하는 일(팽창일) : $_1W_2 = P_1 V_1 \ln \dfrac{V_2}{V_1} = P_1 V_1 \ln \dfrac{P_1}{P_2} = mRT \ln \dfrac{V_2}{V_1} = mRT \ln \dfrac{P_1}{P_2}$

③ 공업일(압축일) : $W_t = {_1W_2}$

④ 내부에너지변화 : $\Delta U = 0$

⑤ 엔탈피변화 : $\Delta H = 0$

⑥ 가열량 : $Q = W_t = {_1W_2} = mRT \ln \dfrac{V_2}{V_1} = mRT \ln \dfrac{P_1}{P_2}$

⑦ 폴리트로픽지수 : $n = 1$

⑧ 비열 : $C = \infty$

⑨ 엔트로피변화 : $\Delta S = mR \ln \dfrac{V_2}{V_1} = mR \ln \dfrac{P_1}{P_2}$

(4) 단열변화($PV^k = c$, $Q = 0$)

① P, V, T 관계식

$$\dfrac{T_2}{T_1} = \left(\dfrac{P_2}{P_1}\right)^{\frac{k-1}{k}} = \left(\dfrac{V_1}{V_2}\right)^{k-1}$$

② 외부에 하는 일(팽창일)

$$_1W_2 = \frac{1}{k-1}(P_1V_1 - P_2V_2) = \frac{mRT_1}{k-1}\left(1 - \frac{T_2}{T_1}\right)$$

$$= \frac{mRT_1}{k-1}\left[1 - \left(\frac{V_1}{V_2}\right)^{k-1}\right] = \frac{mRT_1}{k-1}\left[1 - \left(\frac{P_2}{P_1}\right)^{\frac{k-1}{k}}\right]$$

③ 공업일(압축일) : $W_t = k_1W_2$

④ 내부에너지변화 : $\Delta U = -_1W_2$

⑤ 엔탈피변화 : $\Delta H = W_t$

⑥ 가열량 : $Q = 0$

⑦ 폴리트로픽지수 : $n = k$

⑧ 비열 : $C = 0$

⑨ 엔트로피변화 : $\Delta S = 0$

(5) 폴리트로픽변화($PV^n = C$)

① P, V, T 관계식 : $\dfrac{T_2}{T_1} = \left(\dfrac{P_2}{P_1}\right)^{\frac{n-1}{n}} = \left(\dfrac{V_1}{V_2}\right)^{n-1}$

② 외부에 하는 일(팽창일) : $_1W_2 = \dfrac{1}{n-1}(P_1V_1 - P_2V_2) = \dfrac{P_1V_1}{n-1}\left(1 - \dfrac{T_2}{T_1}\right) = \dfrac{mR}{n-1}(T_1 - T_2)$

③ 공업일(압축일) : $W_t = n_1W_2$

④ 내부에너지변화 : $\Delta U = mC_v(T_2 - T_1) = \dfrac{n-1}{k-1}\,_1W_2$

⑤ 엔탈피변화 : $\Delta H = 0$

⑥ 가열량 : $Q = mC_n(T_2 - T_1)$

⑦ 폴리트로픽지수 : $-\infty < n < +\infty$

⑧ 폴리트로픽비열 : $C_n = C_v\dfrac{n-k}{n-1}$

⑨ 엔트로피변화 : $\Delta S = mC_v\ln\dfrac{T_2}{T_1} = mC_v(n-k)\ln\dfrac{V_1}{V_2} = mC_v\left(\dfrac{n-k}{n}\right)\ln\dfrac{P_2}{P_1}$

※ $\ln\dfrac{T_2}{T_1} = (n-1)\ln\dfrac{V_1}{V_2} = \left(\dfrac{n-1}{n}\right)\ln\dfrac{P_2}{P_1}$

> ☑ 학습 POINT
>
> 줄-톰슨효과
> - 실제 가스(수증기, 냉매)인 경우 교축팽창 시 압력강하($P_1 > P_2$)와 동시에 온도도 강하($T_1 > T_2$)한다는 사실이다.
> - 줄-톰슨계수$(\mu) = \left(\dfrac{\partial T}{\partial P}\right)_{h=C}$
> - 이상기체인 경우는 교축팽창 시 $P_1 > P_2$, $T_1 = T_2$이므로 $\mu = 0$(항상 0)이다.

2.4 열역학 제2법칙과 엔트로피

1) 열역학 제2법칙

과정의 방향성을 제시한 비가역법칙으로 실제적인 법칙이다. 엔트로피라는 열량적 상태량을 적용한 법칙으로 제2종 영구운동기관을 부정한 법칙이다(엔트로피 증가법칙($\Delta S > 0$)).

> ☑ 학습 POINT
>
> 제2종 영구운동기관
> 단일 열원저장소가 외부에서 열을 받아(온도변화 없이) 전부 일로 변환시키고 영구적으로 계속해서 운전할 수 있다고 생각되는 기관(열역학 제2법칙(엔트로피 증가법칙)에 위배)

2) 열기관의 열효율

모든 열기관의 열효율을 구하는 일반식

$$\eta = \frac{\text{정미일량}(W_{net})}{\text{공급열량}(Q_1)} = \frac{Q_1 - Q_2}{Q_1} = 1 - \frac{Q_2}{Q_1}$$

3) 카르노사이클

① 구성 : 등온팽창($1 \to 2$) → 가역단열팽창($2 \to 3$) → 등온압축($3 \to 4$) → 가역단열압축($4 \to 1$)

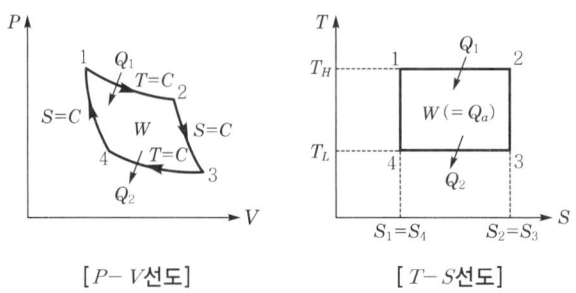

[$P-V$선도]   [$T-S$선도]

② 열효율 : $\eta_c = \dfrac{W_{net}}{Q_1} = 1 - \dfrac{Q_2}{Q_1} = 1 - \dfrac{T_L}{T_H} = 1 - \dfrac{T_2}{T_1}$

4) 엔트로피

① 열량적 상태량, 종량적 상태량, 상태(점)함수 : $\Delta S = \dfrac{\delta Q}{T}[\text{kJ/K}]$

② 단위질량당 엔트로피 = 비엔트로피(ds)(강성적 상태량) : $ds = \dfrac{\Delta S}{m} = \dfrac{\delta q}{T}[\text{kJ/kg} \cdot \text{K}]$

5) 열역학 제3법칙(= Nernst의 열 정리 = 엔트로피의 절대값을 정의한 법칙)

자연계의 어떠한 방법으로도 저온체의 온도를 절대 0도(0K)에 이르게 할 수 없다(순수 물질인 경우 절대 0도 부근에서 엔트로피는 0에 접근한다).

6) 엔트로피변화량

(1) 열역학 제1 기초식(밀폐계)에 대한 엔트로피변화량(T와 V의 함수)

$$S_2 - S_1 = mC_v \ln \dfrac{T_2}{T_1} + mR \ln \dfrac{V_2}{V_1}[\text{kJ/K}]$$

(2) 열역학 제2 기초식(개방계)에 대한 엔트로피변화량(T와 P의 함수)

$$S_2 - S_1 = mC_p \ln \dfrac{T_2}{T_1} - mR \ln \dfrac{P_2}{P_1} = mC_p \ln \dfrac{T_2}{T_1} + mR \ln \dfrac{P_1}{P_2}[\text{kJ/K}]$$

(3) 이상기체의 상태변화에 따른 엔트로피변화량

① 등적변화($v = C$) : $S_2 - S_1 = mC_v \ln \dfrac{T_2}{T_1} = mC_v \ln \dfrac{P_2}{P_1}[\text{kJ/K}]$

② 등압변화($P = C$) : $S_2 - S_1 = mC_p \ln \dfrac{T_2}{T_1} = mC_p \ln \dfrac{V_2}{V_1}[\text{kJ/K}]$

③ 등온변화($T = C$) : $S_2 - S_1 = mR \ln \dfrac{V_2}{V_1} = mR \ln \dfrac{P_1}{P_2} = m(C_p - C_v) \ln \dfrac{V_2}{V_1}[\text{kJ/K}]$

④ 가역단열변화($\delta Q = 0$) = 등엔트로피변화($S = C$) ⇐ isentropic change

$$dS = \dfrac{\delta Q}{T} = 0, \ S_2 - S_1 = 0, \ S_1 = S_2$$

$\therefore S = \text{Constant}$

만일 비가역단열변화인 경우 엔트로피가 증가한다($\Delta S > 0$).

⑤ Polytropic변화

$$S_2 - S_1 = mC_v\left(\frac{n-k}{n-1}\right)\ln\frac{T_2}{T_1} = mC_v(n-k)\ln\frac{V_1}{V_2} = mC_v\left(\frac{n-k}{n}\right)\ln\frac{P_2}{P_1}$$
$$= mC_n\ln\frac{T_2}{T_1}$$

7) 유효에너지와 무효에너지

① 유효에너지 : $Q_a = W = \eta_c Q_1 = \left(1 - \frac{T_2}{T_1}\right)Q_1 = Q_1 - \frac{Q_1}{T_1}T_2 = Q_1 - T_2 \Delta S \,[\text{kJ}]$

② 무효에너지 : $Q_2 = (1 - \eta_c)Q_1 = \frac{T_2}{T_1}Q_1 = T_2 \Delta S \,[\text{kJ}]$

2.5 증기

1) 순수 물질의 상변화(H$_2$O, 물)

등압가열($P = C$)상태이다.

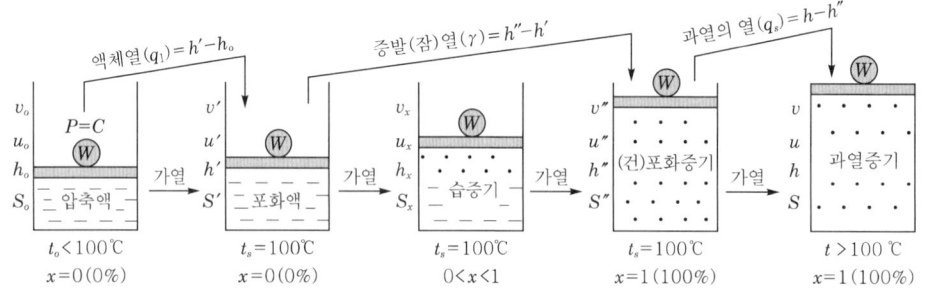

① 압축액(수)(=과냉액) : 쉽게 증발하지 않는 액체(100℃ 이하의 물)

② 포화액(수) : 쉽게 증발하려고 하는 액체(액체로서는 최대의 부피를 갖는 경우의 물)(포화온도(t_s)=100℃)

③ 습증기 : 포화액+증기혼합물(포화온도(t_s)=100℃)

④ (건)포화증기 : 쉽게 응축되려고 하는 증기(포화온도(t_s)=100℃)

⑤ 과열증기 : 잘 응축하지 않는 증기(100℃ 이상)

⑥ 건(조)도 : $x = \dfrac{\text{증기의 질량}(m_{\text{vapor}})}{\text{습증기의 총질량}(m_{\text{total}})}$

2) 증기의 열적상태량

① 액체열 : $q_l = h' - h_o = (u' - u_o) + P(v' - v_o)$ [kJ/kg]

② 증발(잠)열 : $\gamma = h'' - h' = (u'' - u') + P(v'' - v') = \rho + \psi$
= 내부증발열 + 외부증발열 [kJ/kg]

여기서, γ = 539kcal/kg = 2,257kJ/kg(100℃ 물의 증발열)

3) 습증기의 상태량

① 건조도가 x인 습증기의 비체적 : $v_x = v' + x(v'' - v')$ [m³/kg]

② 습증기의 비내부에너지 : $u_x = u' + x(u'' - u') = u' + x\rho$ [kJ/kg]

③ 습증기의 비엔탈피 : $h_x = h' + x(h'' - h') = h' + x\gamma$ [kJ/kg]

④ 습증기의 비엔트로피 : $s_x = s' + x(s'' - s') = s' + x\dfrac{\gamma}{T_s}$ [kJ/kg·K]

2.6 증기원동소사이클

1) 랭킨사이클(증기원동소의 기본(이상)사이클)

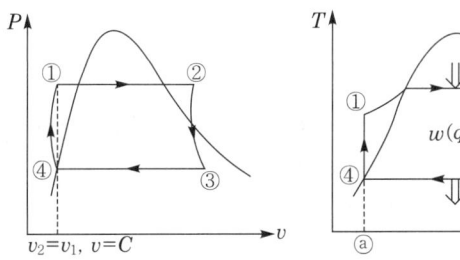

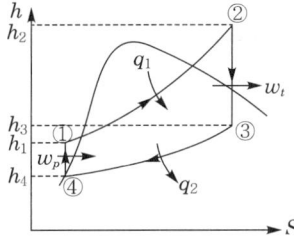

- 열효율 : $\eta_R = \dfrac{w_{net}}{q_1} = \dfrac{w_t - w_p}{q_1} = \dfrac{(h_2 - h_3) - (h_1 - h_4)}{h_2 - h_1}$

※ 랭킨사이클의 열효율은 초온, 초압(터빈 입구)을 높이거나 응축기(복수기) 압력(터빈 출구)을 낮게 할수록 증가한다.

2) 재열사이클

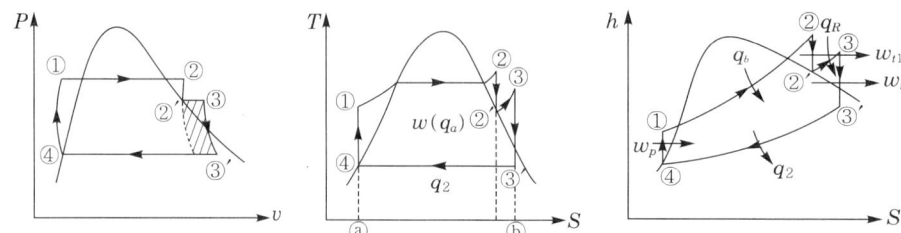

- 열효율 : $\eta_{Reh} = \dfrac{w_{net}}{q_1} = \dfrac{(w_{t1}+w_{t2})-w_p}{q_b+q_R} = \dfrac{\{(h_2-h_{2'})+(h_3-h_{3'})\}-(h_1-h_4)}{(h_2-h_1)+(h_3-h_{2'})}$

3) 재생사이클(2단 주기 재생사이클)

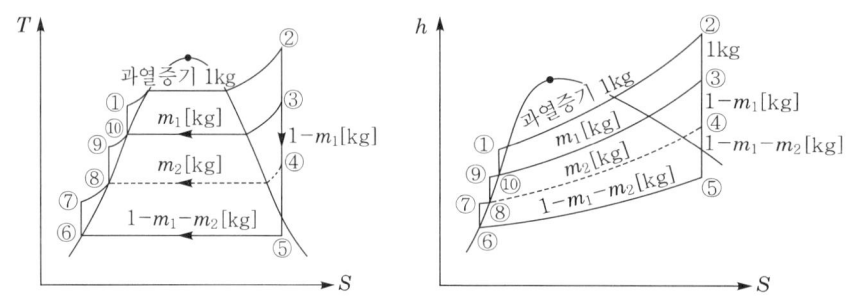

- 열효율 : $\eta_{Reg} = \dfrac{w_{net}}{q_1} = \dfrac{(h_2-h_5)-\{m_1(h_3-h_5)+m_2(h_4-h_5)\}}{h_2-h_{10}}$

2.7 가스동력사이클

1) 오토사이클(가솔린기관의 기본사이클 = 정적(등적) 사이클)

① 구성 : 단열압축(1→2) → 등적연소(2→3) → 단열팽창(3→4) → 등적배기(방열)(4→1)

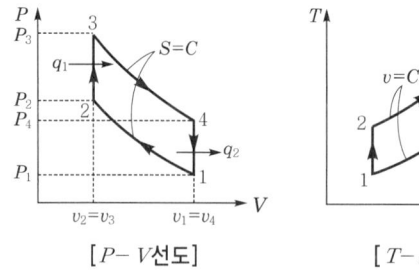
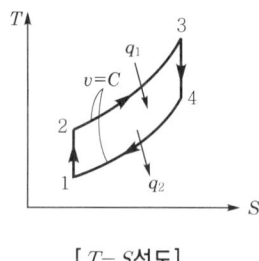

[$P-V$ 선도]   [$T-S$ 선도]

② 이론열효율 : $\eta_{tho} = 1 - \left(\dfrac{1}{\varepsilon}\right)^{k-1}$

③ 압축비 : $\varepsilon = \sqrt[k-1]{\dfrac{1}{1-\eta_{tho}}} = \left(\dfrac{1}{1-\eta_{tho}}\right)^{\frac{1}{k-1}}$

④ 평균유효압력 : $P_{meo} = P_1 \dfrac{(\alpha-1)(\varepsilon^k - \varepsilon)}{(k-1)(\varepsilon-1)} [\mathrm{Pa} = \mathrm{N/m^2}]$

2) 디젤사이클(정압사이클 = 저속디젤기관의 기본사이클)

① 구성 : 단열압축(1 → 2) → 등압연소(2 → 3) → 단열팽창(3 → 4) → 등적배기(방열)(4 → 1)

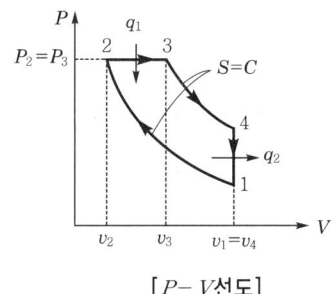
[P-V선도]

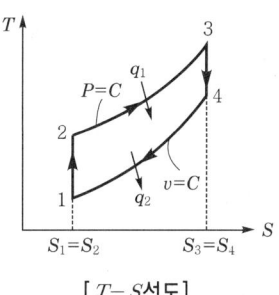
[T-S선도]

② 이론열효율 : $\eta_{thd} = 1 - \left(\dfrac{1}{\varepsilon}\right)^{k-1} \dfrac{\sigma^k - 1}{k(\sigma-1)}$

※ 디젤사이클은 비열비(k)가 일정할 때 압축비(ε)와 단절비(σ)만의 함수로, 압축비를 크게 하고 단절비를 작게 할수록 열효율은 증가한다.

3) 사바테사이클(합성(복합)사이클)

① 구성

등열압축(1 → 2) → $\begin{bmatrix} \text{등적연소}(2 \to 2') \\ \text{등압연소}(2' \to 3) \end{bmatrix}$ → 단열팽창(3 → 4) → 등적배기(방열)(4 → 1)

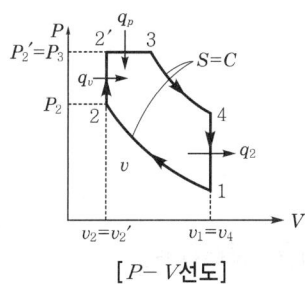
[P-V선도]   [T-S선도]

② 이론열효율 : $\eta_{ths} = 1 - \left(\dfrac{1}{\varepsilon}\right)^{k-1} \dfrac{\rho\sigma^k - 1}{(\rho-1) + k\rho(\sigma-1)}$

> ☑ **학습 POINT**
> 각 기본이론사이클의 열효율 비교
> - 초온, 초압, 가열량 및 압축비를 일정하게 하면 $\eta_{tho} > \eta_{ths} > \eta_{thd}$
> - 초온, 초압, 가열량 및 최고압력를 일정하게 하면 $\eta_{thd} > \eta_{ths} > \eta_{tho}$

4) 가스터빈사이클(브레이턴사이클)

① 이론열효율 : $\eta_{thB} = 1 - \left(\dfrac{1}{\gamma}\right)^{\frac{k-1}{k}}$

② 압력비 : $\gamma = \left(\dfrac{1}{1-\eta_{thB}}\right)^{\frac{k}{k-1}} = \sqrt[\frac{k}{k-1}]{\dfrac{1}{1-\eta_{thB}}}$

※ 브레이턴사이클은 압력비(γ)만의 함수로 압력비를 크게 할수록 열효율은 증가한다.

5) 기타 사이클의 구성

① 에릭슨사이클 : 등압변화 2, 등온변화 2
② 스털링사이클 : 등적변화 2, 등온변화 2
③ 앳킨슨사이클 : 등적변화 1, 등압변화 1, 가역단열변화 2
④ 르누아르사이클
  ㉠ 등적변화 1, 가역단열변화 1, 등압변화 1
  ㉡ 압축과정이 없는 것이 특징이며 펄스제트기관과 유사한 사이클

2.8 노즐유동

1) 연속방정식

$$\dot{m} = \dfrac{Q}{v} = \dfrac{AV}{v} = \rho A V [\text{kg/s}]$$

2) 단열유동인 경우 노즐의 출구속도

$$V_2 = \sqrt{2(h_1 - h_2)} = 44.72\sqrt{h_1 - h_2}\,[\text{m/s}]$$

3) 노즐의 임계(한계)속도, 임계온도, 임계비체적, 임계압력

① 임계속도 : $V_c = V_{\max} = \sqrt{kRT_c} = \sqrt{kP_c v_c}\,[\text{m/s}]$

② 임계온도 : $T_c = T_1\left(\dfrac{2}{k+1}\right)[\text{K}]$

③ 임계비체적 : $v_c = v_1 \left(\dfrac{k+1}{2}\right)^{\frac{1}{k-1}} [\text{m}^3/\text{kg}]$

④ 임계압력 : $P_c = P_1 \left(\dfrac{2}{k+1}\right)^{\frac{k}{k-1}} [\text{N}/\text{m}^2]$

> **학습 POINT**
>
> - $\phi^2 = \dfrac{h_1 - h_{2'}}{h_1 - h_2} = \eta_n = 1 - S$
>   노즐효율(η_n)은 속도계수(ϕ)의 제곱과 같다.
> - 실제(정미) 열낙차 $h_1 - h_{2'} = \phi^2(h_1 - h_2)$ = 속도계수^2 × 가역단열열낙차[kJ/kg]
> - 초킹 : 노즐 출구압력을 감소시키면 질량유량이 증가하다가 어느 한계압력 이상 감소하면 질량유량이 더 이상 증가하지 않는 현상

4) 축소 – 확대노즐에서의 아음속흐름과 초음속흐름

축소노즐 입구에서 아음속($Ma < 1$)흐름이 나타나고, 노즐의 목에서는 음속($Ma = 1$) 또는 아음속($Ma < 1$)흐름을 얻을 수 있으며, 확대노즐 출구에서 초음속($Ma > 1$)흐름을 얻을 수 있다. 즉 아음속유동을 가속시켜 초음속유동을 얻으려면 축소–확대노즐(라발노즐)을 사용하여 얻을 수 있다.

2.9 냉동사이클

1) 냉동

① 냉동기의 성능(성적)계수 : $(COP)_R = \dfrac{\text{냉동능력}(Q_L)}{\text{투자된 일}(W_c)} = \dfrac{Q_2}{Q_1 - Q_2} = \dfrac{T_2}{T_1 - T_2}$

② 열펌프의 성능(성적)계수 : $(COP)_{HP} = \dfrac{Q_1}{W_c} = \dfrac{Q_1}{Q_1 - Q_2} = \dfrac{T_1}{T_1 - T_2}$

> **학습 POINT**
>
> 성능계수
> $$\varepsilon_{HP} = \dfrac{Q_1}{W_c} = \dfrac{W_c + Q_2}{W_c} = 1 + \dfrac{Q_2}{W_c} = 1 + \varepsilon_R$$
> $$\therefore \varepsilon_R = \varepsilon_{HP} - 1$$
> 열펌프의 성능계수(ε_{HP})는 냉동기의 성능계수(ε_R)보다 1만큼 더 크다(열펌프의 성능계수는 항상 1보다 크다).

2) 증기압축냉동사이클(건압축냉동사이클)

① 구성 : 증발기(1→2) → 압축기(2→3) → 응축기(3→4) → 팽창밸브(4→1)
　　　　　등압(등온)흡열　　단열압축　　　등압방열　　　교축팽창

② 성적계수 : $\varepsilon_R = \dfrac{q_2}{w_c} = \dfrac{h_2 - h_1}{h_3 - h_2}$

3) 냉동톤, 냉매순환량, 압축기 소비동력

(1) 냉동톤

1RT ≒ 13897.52kJ/h ≒ 3.86kW

> **학습 POINT**
>
> 물의 융해잠열(γ) = 79.68kcal/kg ≒ 334kJ/kg(SI단위인 경우)
>
> $1RT = \dfrac{1,000kg \times 333.54kcal/kg}{24hr} ≒ 13897.52kJ/h (= 3.86kW)$

(2) 냉매순환량

$$\dot{m} = \dfrac{RT(냉동톤)}{q_2(냉동효과)} [kg/h]$$

(3) 압축기 소비동력

$$L_c = \dfrac{Q_2}{\varepsilon_R} = \dfrac{3.86 RT}{\varepsilon_R} [kW]$$

(4) 냉매의 구비조건

① 물리적 조건
　㉠ 응축기 압력은 너무 높지 않을 것
　㉡ 증발기 압력은 너무 낮지 않을 것
　㉢ 임계온도는 상온보다 높을 것
　㉣ 응고점이 낮을 것
　㉤ 증발열이 클 것(액체는 비열이 적을 것)
　㉥ 증기의 비체적은 작을 것
　㉦ 터보냉동기일 때 비중이 클 것
　㉧ 비열비(단열지수)가 적을 것
　㉨ 표면장력이 적을 것

② 화학적 조건
　㉠ 부식성이 없을 것
　㉡ 무해, 무독일 것
　㉢ 인화성 및 폭발성이 없을 것
　㉣ 윤활유에 녹지 않을 것
　㉤ 증기 및 액체의 점성이 적을 것
　㉥ 전기저항 및 전열계수는 클 것
③ 기타
　㉠ 구입이 용이할 것
　㉡ 누설이 적을 것
　㉢ 값이 쌀 것

4) 흡수식 냉동사이클

냉매	흡수제
물(H_2O)	브롬화리튬(LiBr)
암모니아(NH_3)	물(H_2O)

※ 흡수식 냉동사이클은 압축기가 없어서 소음·진동은 없으나 성능계수(ε_R)는 증기압축식보다 더 작다.

2.10 연소

1) 완전 연소

① 탄소(C)의 연소 : $C + O_2 = CO_2 + 406879.2 \, kJ/kmol$

② 수소(H_2)의 연소

　㉠ 물이 수증기일 때 : $H_2 + \dfrac{1}{2}O_2 = H_2O + 241,820 \, kJ/kmol$

　㉡ 물이 액체일 때 : $H_2 + \dfrac{1}{2}O_2 = H_2O + 285,830 \, kJ/kmol$

③ 황(S)의 연소 : $S + O_2 = SO_2 + 334,880 \, kJ/kmol$

2) 저위발열량과 고위발열량

① 저위발열량(진발열량)

$$H_L = 33,907C + 142,324\left(H - \dfrac{O}{8}\right) + 10,465S - 2,512W = H_h - 2,512(9H + W) \, [kJ/kg]$$

② 고위발열량(총발열량) : $H_h = 33,907C + 142,324\left(H - \dfrac{O}{8}\right) + 10,465S \, [kJ/kg]$

> ☑ **학습 POINT**
>
> - C_mH_n(탄화수소)연료계 연소반응식
>
> $$C_mH_n + \left(m + \frac{n}{4}\right)O_2 \rightarrow mCO_2 + \frac{n}{2}H_2O$$
>
> - LNG(액화천연가스)의 주성분은 메탄(CH_4)이다(공기보다 가볍다).
> - LPG(액화석유가스)의 주성분은 프로판(C_3H_8)과 부탄(C_4H_{10})이다(공기보다 무겁다).
>
> - 옥탄(C_8H_{18})의 연소반응식
>
> $$C_8H_{18} + \left(8 + \frac{18}{4}\right)O_2 \rightarrow 8CO_2 + 9H_2O$$
>
> $$C_8H_{18} + 12.5O_2 \rightarrow 8CO_2 + 9H_2O$$

2.11 전열(열전달)

1) 전도(conduction)

① 푸리에의 열전도법칙 : $q_{con} = -KA\dfrac{dT}{dx}[W]$

② 원통에서의 열전도(반경방향) : $q_{con} = \dfrac{2\pi L k}{\ln\dfrac{r_2}{r_1}}(t_1 - t_2) = \dfrac{2\pi L}{\dfrac{1}{k}\ln\dfrac{r_2}{r_1}}(t_1 - t_2)[W]$

2) 대류(convection)

$$\text{뉴턴의 냉각법칙 } q_{con} = hA(t_w - t_\infty)[W]$$

여기서, h : 대류열전달계수($W/m^2 \cdot K$)

3) 열관류(고온측 유체 → 금속벽 내부 → 저온측 유체의 열전달)

$$q = KA(t_1 - t_2)[W]$$

$$\text{열관류율(열통과율) } K = \frac{1}{R} = \frac{1}{\dfrac{1}{\alpha_1} + \sum\dfrac{l}{\lambda} + \dfrac{1}{\alpha_2}}[W/m^2 \cdot K]$$

4) 복사(radiation)

$$\text{스테판-볼츠만(Stefan-Boltzmann)의 법칙 } q_R = \varepsilon \sigma A T^4[W]$$

$$\therefore q_R \propto T^4 \text{ (복사열은 흑체표면의 절대온도 4승에 비례한다.)}$$

여기서, ε : 복사율$(0<\varepsilon<1)$, σ : 스테판–볼츠만상수$(=5.67\times10^{-8}\text{W/m}^2\cdot\text{K}^4)$
A : 전열면적(m^2), T : 흑체표면의 절대온도(K)

3 기계유체역학

3.1 유체의 기본적 성질과 정의

1) 밀도, 비체적, 비중량, 비중

① 밀도(=비질량) : $\rho = \dfrac{m}{V}[\text{kg/m}^3 = \text{N}\cdot\text{s}^2/\text{m}^4]$, $\rho_w = 1{,}000\text{kg/m}^3 = 1{,}000\text{N}\cdot\text{s}^2/\text{m}^4$

② 비체적 : $v = \dfrac{V}{m} = \dfrac{1}{\rho}[\text{m}^3/\text{kg}]$

③ 비중량 : $\gamma = \dfrac{W}{V} = \rho g[\text{N/m}^3]$, $\gamma_w = 9{,}800\text{N/m}^3 = 9.8\text{kN/m}^3 = 62.4\text{lbf/ft}^3$

④ 비중(=상대밀도) : $S = \dfrac{\rho}{\rho_w} = \dfrac{\gamma}{\gamma_w}$

2) 이상유체(=완전유체)

① 비점성(점성이 없음)이고 비압축성인 유체
② $pv = RT$, $PV = mRT$(이상기체상태방정식)
　공기의 기체상수는 분자량이 28.97kg/kmol이므로 $R = 287\text{N}\cdot\text{m/kg}\cdot\text{K} = 0.287\text{kJ/kg}\cdot\text{K}$

3) 체적탄성계수와 음속

① 체적탄성계수(E)와 압축률(β)

$$\beta = -\dfrac{dv}{v}\dfrac{1}{dp} = \dfrac{d\rho}{\rho}\dfrac{1}{dp}[\text{m}^2/\text{N} = \text{Pa}^{-1}]$$

$$K = \dfrac{1}{\beta} = -\dfrac{dp}{dv/v} = \dfrac{dp}{d\rho/\rho}[\text{Pa} = \text{N/m}^2]$$

② 음속(C) $= \sqrt{\dfrac{dp}{d\rho}} = \sqrt{\dfrac{K}{\rho}} = \sqrt{\dfrac{kp}{\rho}} = \sqrt{kRT}[\text{m/s}]$

4) Newton의 점성법칙

① Newton의 점성법칙 : $\tau = \mu \dfrac{du}{dy}[\text{Pa}]$

② 점성계수의 차원과 단위
  ㉠ 차원 : $[FL^{-2}T]$, $[ML^{-1}T^{-1}]$
  ㉡ 단위 : $\mu = \dfrac{N/m^2}{(m/s)/m} = \dfrac{N \cdot s}{m^2} = \dfrac{kg}{m \cdot s} (= Pa \cdot s)$
  ㉢ CGS계 유도단위 : $1poise = 1dyne \cdot s/cm^2 = 1g/cm \cdot s = 10^{-1}Pa \cdot s (= N \cdot s/m^2)$

③ 동점성계수
  ㉠ $\nu = \dfrac{\mu}{\rho} [m^2/s]$
  ㉡ $1St = 1cm^2/s$ (CGS계 유도단위)

5) 표면장력(Surface tension)

① 물방울일 경우 : $\sigma = \dfrac{\Delta p\, d}{4} = \dfrac{\Delta p\, r}{2} [N/m]$

② 비눗방울일 경우 : $\sigma = \dfrac{\Delta p\, d}{8} = \dfrac{\Delta p\, r}{4} [N/m]$

6) 모세관현상에 의한 액면 상승높이

$$h = \dfrac{4\sigma \cos\beta}{\gamma d} = \dfrac{4\sigma \cos\beta}{\rho g d} [mm]$$

3.2 유체 정역학

1) 압력과 파스칼의 원리

$$p = \dfrac{F}{A} [N/m^2 = Pa]$$

2) 비압축성 유체의 정압력분포

$$dp = -\gamma dy = -\rho g\, dy \text{ (직교좌표에서 압력변화 미분형)}$$
$$p = \gamma h$$

3) 대기압, 계기압력, 절대압력

① 표준대기압 : $1atm = 760mmHg = 10.332mH_2O = 1.0332kgf/cm^2 = 1.01325bar$
  $= 101,325Pa (= N/m^2) = 101.325kPa = 14.7psi (= lb/in^2)$

② 절대압력(P_a) = 국소대기압(P_o) ± 계기압력(P_g)

4) 정지유체 속의 평면에 작용하는 힘

① 수평면에 작용하는 힘

$$p = \gamma h \, [\text{Pa} = \text{N/m}^2]$$
$$F = pA = \gamma h A \, [\text{N}]$$

② 경사평면에 작용하는 힘(=전압력/전압력 작용위치)

$$F = \gamma \bar{y} \sin\theta A = \gamma \bar{h} A \, [\text{N}]$$
$$y_p = \bar{y} + \frac{I_G}{A\bar{y}} \, [\text{m}]$$

압력 중심은 항상 도심점보다 $\dfrac{I_G}{A\bar{y}}$ 만큼 아래에 있다.

③ 수직한 평면에 작용하는 힘

$$F = \gamma \bar{h} A = \frac{1}{2} \gamma h A \, [\text{N}]$$
$$y_p = \frac{2}{3} h \, [\text{m}]$$

5) 상대평형

① 수평등가속도운동

$$\tan\theta = \frac{a_x}{g} = \frac{h_1 - h_2}{l}$$
$$\therefore \theta = \tan^{-1}\left(\frac{a_x}{g}\right)$$

② 등속회전원운동(강제와 운동) : $h = \dfrac{p - p_0}{\gamma} = \dfrac{\gamma^2 \omega^2}{2g} \, [\text{m}]$

3.3 유체 운동학

1) 유체유동의 유형

① 정상유동 : $\dfrac{\partial \rho}{\partial t} = 0, \ \dfrac{\partial p}{\partial t} = 0, \ \dfrac{\partial T}{\partial t} = 0, \ \dfrac{\partial V}{\partial t} = 0$

② 비정상유동 : $\dfrac{\partial \rho}{\partial t} \neq 0, \ \dfrac{\partial p}{\partial t} \neq 0, \ \dfrac{\partial T}{\partial t} \neq 0, \ \dfrac{\partial V}{\partial t} \neq 0$

2) 유선

유선은 유체흐름의 공간에서 어느 순간에 각 점에서의 속도방향과 접선방향이 일치하는 연속적인 곡선을 말한다.

$$V \times \overrightarrow{dr} = 0, \quad \frac{dx}{u} = \frac{dy}{v} = \frac{dz}{w}$$

3) 연속방정식과 그 적용 예

① 연속방정식(=질량보존의 법칙) : $\frac{\partial}{\partial x}\rho u + \frac{\partial}{\partial y}\rho v + \frac{\partial}{\partial z}\rho w = -\frac{\partial}{\partial t}\rho$ (3차원, 압축성, 비정상유동의 연속방정식)

② 비압축성 유동의 경우

$$\nabla \cdot V = 0$$

$$\frac{\partial u}{\partial x} + \frac{\partial v}{\partial y} + \frac{\partial w}{\partial z} = 0$$

$$\frac{d\rho}{\rho} + \frac{dA}{A} + \frac{dV}{V} = 0 \text{ (연속방정식 미분형)}$$

비압축성 유동이면 $\rho = C$이므로 체적유량(Q)은 다음과 같이 된다.

$$Q = AV = A_1V_1 = A_2V_2[\text{m}^3/\text{s}]$$

3.4 베르누이방정식과 그 응용

1) 오일러방정식과 베르누이방정식

① 오일러의 운동방정식 : $\frac{dp}{\rho} + gdz + VdV = 0$

② 오일러(Euler)의 운동방정식을 유도할 때 사용한 가정
  ㉠ 유체입자는 유선을 따라 움직인다(1차원 유동).
  ㉡ 유체는 마찰이 없이 흐른다(비점성유동).
  ㉢ 정상유동이다.

③ 베르누이방정식

$$\frac{p}{\rho} + gZ + \frac{V^2}{2} = \text{일정} = H$$

한 유선상에 있는 임의의 두 점 1, 2에 대하여

$$\frac{p}{\gamma}+\frac{V^2}{2g}+Z=H=일정$$

$$\frac{p_1}{\gamma}+\frac{V_1^2}{2g}+Z_1=\frac{p_2}{\gamma}+\frac{V_2^2}{2g}+Z_2$$

여기서, $\frac{p}{\gamma}$: 압력수두, $\frac{V^2}{2g}$: 속도수두, Z : 위치수두, H : 전수두

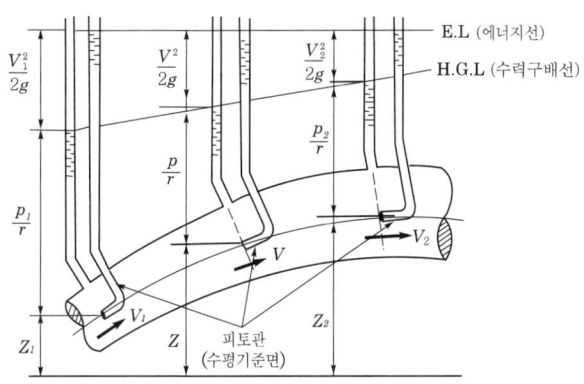

[베르누이방정식 전수두]

> ☑ **학습 POINT**
>
> - 에너지선(E.L)= $\frac{p}{\gamma}+\frac{V^2}{2g}+Z$ = H.G.L + $\frac{V^2}{2g}$ [m]
> - 에너지선(E.L)은 수력구배선(H.G.L)보다 항상 속도수두 $\left(\frac{V^2}{2g}\right)$ 만큼 위에 있는 선이다.
> - 수력구배선(피에조미터선, H.G.L)= $\frac{p}{\gamma}+Z$ = E.L − $\frac{V^2}{2g}$ [m]

2) 베르누이방정식의 적용 예

① 토리첼리(Torricelli)의 정리 : $V_2=\sqrt{2gh}$ [m/s]

② 피토관 : $V_1=\sqrt{2g\Delta h}$ [m/s], $\frac{p}{\gamma}+\frac{V^2}{2g}+Z=C=H$ [m]

③ 피토정압관 : $V_1=\sqrt{2gR\left(\frac{\gamma_0}{\gamma}-1\right)}=\sqrt{2gR\left(\frac{S_0}{S}-1\right)}$ [m/s]

④ 벤투리미터 : $Q=\dfrac{CA_2}{\sqrt{1-\left(\dfrac{A_2}{A_1}\right)^2}}\sqrt{2gR\left(\dfrac{\gamma_0}{\gamma}-1\right)}=\dfrac{CA_2}{\sqrt{1-\left(\dfrac{A_2}{A_1}\right)^2}}\sqrt{2gR\left(\dfrac{S_0}{S}-1\right)}$ [m³/s]

3) 손실동력

$$kW = \gamma QH = 9,800\,QH\,[\text{W}] = 9.8\,QH\,[\text{kW}]$$

3.5 운동량방정식과 그 응용

1) 유체의 운동량방정식

$$F = \rho_2 Q_2 V_2 - \rho_1 Q_1 V_1 [\text{N}]$$
$$F = \rho Q(V_2 - V_1)[\text{N}]$$

2) 분사추진

① 탱크에 붙어있는 노즐에 의한 추진 : $F = \rho A V^2 = \rho A(2gh) = 2\gamma Ah[\text{N}]$
② 제트기의 추진 : $F = \rho_2 Q_2 V_2 - \rho_1 Q_1 V_1 [\text{N}]$
③ 로켓의 추진 : $F = \rho Q V[\text{N}]$

3) 운동량수정계수

$$\beta = \frac{1}{V^2 A}\int_A u^2 dA = \frac{1}{A}\int_A \left(\frac{u}{V}\right)^2 dA$$

3.6 점성유동

1) 층류와 난류(레이놀즈의 실험)

① 층류 : $Re < 2,100$
② 천이 : $2,100 < Re < 4,000$
③ 난류 : $Re < 4,000$

$$V = \frac{Q}{A} = \frac{Q}{\frac{\pi d^2}{4}} = \frac{4Q}{\pi}d^2[\text{m/s}]$$

$$\therefore Re = \frac{\rho Vd}{\mu} = \frac{Vd}{\nu} = \frac{4Q}{\pi d\nu}$$

2) 수평원관 속에서의 층류유동(하겐-푸아죄유방정식)

$$\tau = -\frac{r}{2}\frac{dp}{dx}[\text{Pa}]$$

$$u = u_{\max}\left[1-\left(\frac{r}{r_0}\right)^2\right][\text{m/s}]$$

$$Q = \frac{\pi r_0^4 \Delta p}{8\mu L} = \frac{\pi d^4 \Delta p}{128\mu L}[\text{m}^3/\text{s}]$$

3) 프란틀의 혼합거리

$$\eta = \rho l^2 \left|\frac{\partial \overline{u}}{\partial y}\right|, \quad l = ky$$

4) 유체경계층이론

① 경계층

② 경계층두께(δ)

$$\frac{u}{u_\infty} = 0.99(=0.99\%), \quad Re_x = \frac{\rho u_\infty x}{\mu} = \frac{u_\infty x}{\nu}$$

㉠ 층류($Re < 5 \times 10^5$)일 때 $\dfrac{\delta}{x} = \dfrac{5}{\sqrt{Re}}$

㉡ 난류($Re > 5 \times 10^5$)일 때 $\dfrac{\delta}{x} = \dfrac{0.38}{\sqrt[5]{Re_x}} = \dfrac{0.38}{(Re_x)^{\frac{1}{5}}}$

✓ 학습 POINT

- 평판의 임계레이놀즈수 : $Re_c = 5 \times 10^5$
- 층류(Re) $< 5 \times 10^5$

---

③ 배제두께 : $\delta_t = \displaystyle\int_0^\infty \left(1 - \frac{u}{V_0}\right)dy$

5) 경계층유동

① 항력과 양력 : $D = C_D A \dfrac{\rho V_0^2}{2}[\text{N}], \quad L = C_L A \dfrac{\rho V_0^2}{2}[\text{N}]$

② 스토크스(Stokes)의 법칙 : $D = 6\pi R \mu V = 3\pi \mu V d[\text{N}]$

3.7 관로의 수두손실

1) 원관유동에서의 수두손실

$$h_L = f\frac{L}{D}\frac{V^2}{2g}[\text{m}] \text{ (Darcy의 방정식)}$$

$$f = 0.3164Re^{-1/4}, \ 3,000 < Re < 100,000 \text{ (Blausius의 실험식)}$$

※ 층류($Re < 2,100$)흐름인 경우 관마찰계수(f)는 레이놀즈수(Re)만의 함수이다.

$$f = \frac{64}{Re}$$

2) 비원형 단면을 갖는 관로

$$R_h = \frac{A}{P}[\text{m}], \ h_L = f\frac{L}{D_h}\frac{V^2}{2g} = f\frac{L}{4R_h}\frac{V^2}{2g}$$

3) 원관에서의 부차적 손실

$$h_L = K\frac{V^2}{2g}, \ \text{등가길이 } L_e = \frac{KD}{f}$$

① 돌연 확대관에서의 손실 : $h_L = K\frac{V_1^2}{2g}[\text{m}]$

② 돌연 축소관에서의 손실 : $h_L = \frac{(V_0 - V_2)^2}{2g}[\text{m}], \ K = \left(\frac{1}{C_c} - 1\right)^2$

3.8 개수로 유동

1) 체지(Chézy)의 방정식과 매닝(Manning)의 방정식

$$V = \sqrt{\frac{2g}{\lambda}}\sqrt{R_h S} = C\sqrt{R_h S}[\text{m/s}]$$

$$Q = AV = \frac{1}{n}AR_h^{2/3}S^{1/2}[\text{m}^3/\text{s}]$$

2) 비에너지와 임계깊이

$$E = y + \frac{V^2}{2g}$$

$$V > \sqrt{gy_c} \text{ 또는 } \frac{V}{\sqrt{gy_c}} > 1, \ Fr > 1 \ (\text{사류})$$

$$V < \sqrt{gy_c} \text{ 또는 } \frac{V}{\sqrt{gy_c}} < 1, \ Fr < 1 \ (\text{상류})$$

3) 수력도약

① 수력도약 후 깊이 : $y_2 = \dfrac{y_1}{2}\left(-1 + \sqrt{1 + \dfrac{8V_1^2}{gy_1}}\right)$

② 수력도약으로 인한 손실수두 : $h_L = \dfrac{(y_2 - y_1)^3}{4y_1 y_2}[\text{m}]$

3.9 압축성 유동

1) 마하수와 마하각

① $M = \dfrac{V}{a} = \dfrac{V}{\sqrt{kRT}}$

② $\sin\mu = \dfrac{a}{V} = \dfrac{1}{M}$

2) 임계상태

$$\frac{T^*}{T_0} = \frac{2}{k+1} = 0.833, \ \frac{\rho^*}{\rho_0} = \left(\frac{2}{k+1}\right)^{\frac{1}{k-1}} = 0.634, \ \frac{p^*}{p_0} = \left(\frac{2}{k+1}\right)^{\frac{k}{k-1}} = 0.528$$

3.10 차원 해석과 상사법칙

1) 버킹엄의 파이정리

$$\pi = n - m (\text{무차원수} = \text{물리량} - \text{기본차원수})$$

2) 무차원수

무차원수	물리적 의미	정의	적용
레이놀즈수 (Reynolds number)	$\dfrac{관성력}{점성력}$	$Re = \dfrac{VL}{\nu} = \dfrac{\rho VL}{\mu}$	일반적으로 모든 유체유동문제에서 중요한 변수임
프루드수 (Froude number)	$\dfrac{관성력}{중력}$	$Fr = \dfrac{V}{\sqrt{gL}}$	자유표면을 가지는 유동
오일러수 (Euler's number)	$\dfrac{압축력}{관성력}$	$Eu = \dfrac{p}{\rho V^2} \left(\text{or } \dfrac{\Delta p}{\rho V^2}\right)$	압력이나 압력차가 중요한 유동
마하수 (Mach Number)	$\dfrac{관성력}{압축력}$	$Ma = \dfrac{V}{C}$	압축성 유동
코시수 (Cauchy Number)	$\dfrac{관성력}{압축력}$	$Ca = \dfrac{\rho V^2}{E} = Ma^2$	압축성 유동
스트로할수 (Strouhal Number)	$\dfrac{원심력}{관성력}$	$St = \dfrac{fL}{V}$	특성주파수를 가지는 비정상유동
웨버수 (Weber Number)	$\dfrac{관성력}{표면장력}$	$We = \dfrac{\rho V^2 L}{\sigma}$	표면장력이 중요한 유동

여기서, C : 음속, E : 체적탄성계수, g : 중력가속도, L : 특성길이, V : 속도
p : 압력, Δp : 압력차, ρ : 밀도, μ : 점성계수, σ : 표면장력
ν : 동점성계수, f : 진동주파수

3.11 유체의 계측

1) 유체의 밀도·비중·비중량의 계측

① 비중병을 이용하는 방법
② 부력을 이용하는 방법
③ 비중계를 이용하는 방법
④ U자관을 이용하는 방법

2) 점성계수의 계측

① 낙구식 점도계 : 스토크스의 법칙 적용

$$\mu = \dfrac{d^2(\gamma_s - \gamma_l)}{18V}[\text{Pa}\cdot\text{s}]$$

② 오스트발트점도계 : 하겐-푸아죄유방정식 적용

$$Q = \dfrac{\Delta p \pi d^4}{128\mu L}[\text{m}^3/\text{s}]$$

③ 세이볼트점도계

※ 뉴턴의 점성법칙 적용 : 맥미첼점도계, 스토머점도계

3) 동압(유속) 측정

피토정압관 $V = \sqrt{2g\Delta h\left(\dfrac{S_0}{S}-1\right)}\,[\text{m/s}]$

4) 유량 측정

① 벤투리미터 : $Q = A_2 V_2' = \dfrac{C_v A_2}{\sqrt{1-\left(\dfrac{A_2}{A_1}\right)^2}}\sqrt{2gR\left(\dfrac{S_0}{S}-1\right)}\,[\text{m}^3/\text{s}]$

② 노즐 : $Q = CA_2\sqrt{2gR\left(\dfrac{S_0}{S}-1\right)}\,[\text{m}^3/\text{s}]$

③ 오리피스 : $Q = CA_0\sqrt{2g\left(\dfrac{p_1-p_2}{\gamma}\right)} = CA_0\sqrt{2gR\left(\dfrac{S_0}{S}-1\right)}\,[\text{m}^3/\text{s}]$

④ 위어(weir) : 개수로 유량 측정용 계기

㉠ 사각위어 : $Q = KLH^{\frac{3}{2}}\,[\text{m}^3/\text{min}]$

㉡ 삼각위어 : $Q = KH^{\frac{5}{2}} = \dfrac{8}{15}C\tan\dfrac{\phi}{2}\sqrt{2g}\,H^{\frac{5}{2}}\,[\text{m}^3/\text{min}]$

PART 02

과년도 출제문제

- 2018 출제문제
- 2019 출제문제
- 2020 출제문제
- 2021 출제문제
- 2022 출제문제
- 2024 복원문제
- 2025 복원문제

PART 2

과년도 출제문제

Engineer General Machinery

제1과목 · 재료역학

01 최대 사용강도(σ_{max})=240MPa, 내경 1.5m, 두께 3mm의 강재원통형 용기가 견딜 수 있는 최대 압력은 몇 kPa인가? (단, 안전계수는 2이다.)

① 240　　② 480
③ 960　　④ 1,920

해설
$\sigma_a = \dfrac{\sigma_{max}}{S} = \dfrac{240}{2} = 120\text{MPa}$

$\sigma_a = \dfrac{PD}{2t}$ [MPa]

$\therefore P = \dfrac{2\sigma_a t}{D} = \dfrac{2 \times 120 \times 10^3 \times 0.003}{1.5} = 480\text{kPa}$

02 길이가 $l+2a$인 균일 단면봉의 양단에 인장력 P가 작용하고, 양단에서의 거리가 a인 단면에 Q의 축하중이 가하여 인장될 때 봉에 일어나는 변형량은 약 몇 cm인가? (단, l=60cm, a=30cm, P=10kN, Q=5kN, 단면적 A=4cm², 탄성계수는 210GPa이다.)

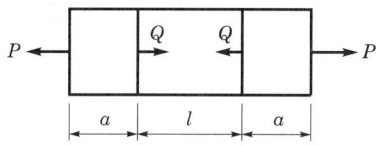

① 0.0107　　② 0.0207
③ 0.0307　　④ 0.0407

해설
$\lambda = 2\dfrac{Pa}{AE} + \dfrac{(P-Q)l}{AE} = \dfrac{1}{AE}[2Pa + (P-Q)l]$

$= \dfrac{1}{4 \times 210 \times 10^5} \times (2 \times 10 \times 10^3 \times 30 + (10-5) \times 10^3 \times 60)$

$= 0.0107\text{cm}$

03 다음 그림과 같은 직사각형 단면의 목재 외팔보에 집중하중 P가 C점에 작용하고 있다. 목재의 허용압축응력을 8MPa, 끝단 B점에서의 허용처짐량을 23.9mm라고 할 때 허용압축응력과 허용처짐량을 모두 고려하여 이 목재에 가할 수 있는 집중하중 P의 최대값은 약 몇 kN인가? (단, 목재의 탄성계수는 12GPa, 단면 2차 모멘트 1,022×10⁻⁶m⁴, 단면계수는 4.601×10⁻³m³이다.)

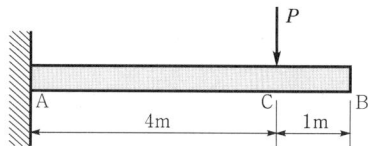

① 7.8　　② 8.5
③ 9.2　　④ 10.0

해설
㉠ $\delta_B = \dfrac{PL^3}{3EI} + \dfrac{PL^2}{2EI}L_1 = \dfrac{PL^2}{6EI}(2L + 3L_1)$ [m]

$\therefore P = \dfrac{6EI\delta_B}{L^2(2L+3L_1)}$

$= \dfrac{6 \times 12 \times 10^6 \times 1,022 \times 10^{-6} \times 0.0239}{4^2 \times (2 \times 4 + 3 \times 1)}$

$\fallingdotseq 10\text{kN}$

㉡ $M_{max} = \sigma Z = PL$

$\therefore P = \dfrac{\sigma Z}{L} = \dfrac{8 \times 10^3 \times 4.601 \times 10^{-3}}{4} = 9.2\text{kN}$

$\therefore$ 안전성을 고려한 P의 최대값은 9.2kN이다.

04 코일스프링의 권수를 n, 코일의 지름 D, 소선의 지름 d인 코일스프링의 전체 처짐 δ는? (단, 이 코일에 작용하는 힘은 P, 가로탄성계수는 G이다.)

① $\dfrac{8nPD^3}{Gd^4}$　　② $\dfrac{8nPD^2}{Gd}$

③ $\dfrac{8nPD^2}{Gd^2}$　　④ $\dfrac{8nPD}{Gd^2}$

정답 01. ② 02. ① 03. ③ 04. ①

해설 $\delta = \dfrac{8nPD^3}{Gd^4}$ [cm]

05 다음 그림과 같은 보에 대한 굽힘모멘트선도로 옳은 것은?

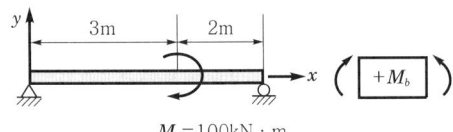

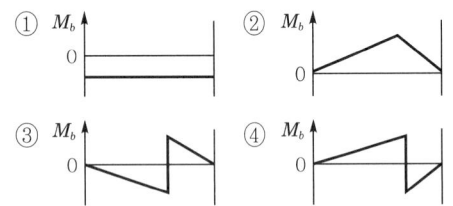

해설 우력(M_o)만이 작용하는 단순보인 경우 양쪽 반력의 크기는 같다. 따라서 전단력선도(S.F.D)는 일정하고, 굽힘모멘트선도(B.M.D)는 1차 직선함수이다.
$\sum M_b = 0$
$R_A \times 5 + 100 = 0$
$\therefore R_A = -20$N

㉠ $\overline{AC}$구간($0 \le x \le 3$)
　　$M_x = R_A x = -20x$
　・$x=0$일 때 $M=0$
　・$x=3$일 때 $M=-60$N·m

㉡ $\overline{BC}$구간($0 \le x \le 2$)
　　$M_x = R_B x = 20x$
　・$x=0$일 때 $M=0$
　・$x=2$일 때 $M=40$N·m

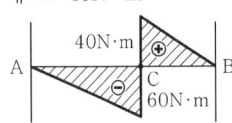

06 양단이 힌지로 지지되어 있고 길이가 1m인 기둥이 있다. 단면이 30mm×30mm인 정사각형이라면 임계하중은 약 몇 kN인가? (단, 탄성계수는 210GPa이고, Euler의 공식을 적용한다.)

① 133　　② 137
③ 140　　④ 146

해설 $P_{cr} = n\pi^2 \dfrac{EI_G}{L^2}$

$= 1 \times \pi^2 \times \dfrac{210 \times 10^6 \times \dfrac{(30 \times 10^{-3})^4}{12}}{1^2} = 140$kN

07 직사각형 단면(폭×높이=12cm×5cm)이고, 길이 1m인 외팔보가 있다. 이 보의 허용굽힘응력이 500MPa이라면 높이와 폭의 치수를 서로 바꾸면 받을 수 있는 하중의 크기는 어떻게 변화하는가?

① 1.2배 증가　　② 2.4배 증가
③ 1.2배 감소　　④ 변화 없다

해설 $PL = \sigma \dfrac{bh^2}{6}$
$P \propto bh^2$
$\therefore \dfrac{P_2}{P_1} = \dfrac{b^2 h}{bh^2} = \dfrac{b}{h} = \dfrac{12}{5} = 2.4$배 증가

08 다음 금속재료의 거동에 관한 일반적인 설명으로 틀린 것은?

① 재료에 가해지는 응력이 일정하더라도 오랜 시간이 경과하면 변형률이 증가할 수 있다.
② 재료의 거동이 탄성한도로 국한된다고 하더라도 반복하중이 작용하면 재료의 강도가 저하될 수 있다.
③ 응력-변형률곡선에서 하중을 가할 때와 제거할 때의 경로가 다르게 되는 현상을 히스테리시스라 한다.
④ 일반적으로 크리프는 고온보다 저온상태에서 더 잘 발생한다.

해설 일반적으로 크리프(creep)는 저온보다 고온상태에서 더 잘 발생한다.

09 $\sigma_x=700$MPa, $\sigma_y=-300$MPa이 작용하는 평면 응력상태에서 최대 수직응력($\sigma_{\max}$)과 최대 전단응력($\tau_{\max}$)은 각각 몇 MPa인가?

① $\sigma_{\max}=700$, $\tau_{\max}=300$
② $\sigma_{\max}=600$, $\tau_{\max}=400$
③ $\sigma_{\max}=500$, $\tau_{\max}=700$
④ $\sigma_{\max}=700$, $\tau_{\max}=500$

해설 $\sigma_{\max} = \sigma_x = 700\text{MPa}$
$\sigma_{\min} = \sigma_y = -300\text{MPa}$
$\therefore \tau_{\max} = \dfrac{1}{2}(\sigma_{\max} - \sigma_{\min})$
$\qquad = \dfrac{1}{2} \times [700 - (-300)] = 500\text{MPa}$

10 다음 그림과 같은 정삼각형 트러스의 B점에 수직으로, C점에 수평으로 하중이 작용하고 있을 때 부재 AB에 작용하는 하중은?

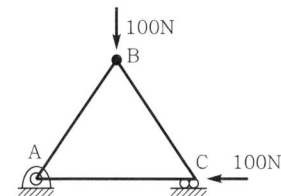

① $\dfrac{100}{\sqrt{3}}$N
② $\dfrac{100}{3}$N
③ $100\sqrt{3}$N
④ 50N

해설 BA 및 BC에 발생하는 힘 $AB = BC = X$
$2X\cos 30° = 100$
$\therefore X = \dfrac{100}{2 \times \cos 30°} = \dfrac{100}{2 \times \dfrac{\sqrt{3}}{2}} = \dfrac{100}{\sqrt{3}}$N

11 지름 80mm의 원형 단면의 중립축에 대한 관성모멘트는 약 몇 mm⁴인가?

① 0.5×10^6
② 1×10^6
③ 2×10^6
④ 4×10^6

해설 $I_G = \dfrac{\pi d^4}{64} = \dfrac{\pi \times 80^4}{64} = 2 \times 10^6 \text{mm}^4$

12 다음 그림과 같은 T형 단면을 갖는 돌출보의 끝에 집중하중 $P=4.5$kN이 작용한다. 단면 A-A에서의 최대 전단응력은 약 몇 kPa인가? (단, 보의 단면 2차 모멘트는 5,313cm⁴이고, 밑면에서 도심까지의 거리는 125mm이다.)

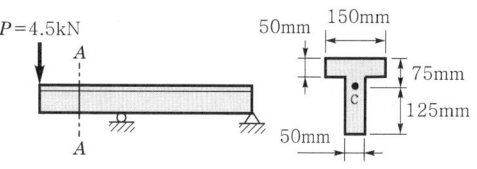

① 421
② 521
③ 662
④ 721

해설 $Q = A\bar{y} = (5 \times 12.5) \times \dfrac{12.5}{2} \times 10^{-6}$
$\qquad = 3.91 \times 10^{-4} \text{m}^3$
$\therefore \tau = \dfrac{PQ}{bI_a} = \dfrac{4.5 \times 3.91 \times 10^{-4}}{0.05 \times 5,313 \times 10^{-8}} \fallingdotseq 662\text{kPa}$

13 다음 그림과 같이 초기온도 20℃, 초기길이 19.95cm, 지름 5cm인 봉을 간격이 20cm인 두 벽면 사이에 넣고 봉의 온도를 220℃로 가열했을 때 봉에 발생되는 응력은 몇 MPa인가? (단, 탄성계수 $E=210$GPa이고, 균일 단면을 갖는 봉의 선팽창계수 $\alpha=1.2\times10^{-5}$/℃이다.)

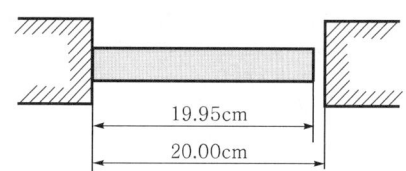

① 0
② 25.2
③ 257
④ 504

해설 열에 의한 길이변화량(틈새 δ_1이 있는 경우)
$\delta_1 = 20 - 19.95 = 0.05\text{cm}$
$\delta = l\alpha\Delta t = 19.95 \times 1.2 \times 10^{-5} \times (220-20) = 0.048\text{cm}$
$\delta_1 > \delta$이므로 응력이 벽에 작용하지 않는다.
$\therefore \sigma = 0$

정답 09. ④ 10. ① 11. ③ 12. ③ 13. ①

14 다음 그림과 같이 집중하중 P를 받고 있는 고정지지보가 있다. B점에서의 반력의 크기를 구하면 몇 kN인가?

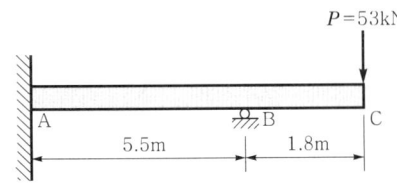

① 54.2   ② 62.4
③ 70.3   ④ 79.0

해설 $M_o = PL_1 = 53 \times 1.8 = 95.4 \text{kN} \cdot \text{m}$

$$\frac{(R_B - P)L^3}{3EI} = \frac{M_o L^2}{2EI}$$

$$\therefore R_B = P + \frac{3M_o}{2L} = 53 + \frac{3 \times 95.4}{2 \times 5.5} = 79 \text{kN}$$

15 길이가 L이며 관성모멘트가 I_p이고 전단탄성계수가 G인 부재에 토크 T가 작용될 때 이 부재에 저장된 변형에너지는?

① $\dfrac{TL}{GI_p}$ ② $\dfrac{T^2 L}{2GI_p}$

③ $\dfrac{T^2 L}{GI_p}$ ④ $\dfrac{TL}{2GI_p}$

해설 $\theta = \dfrac{TL}{GI_p}[\text{rad}]$

$\therefore U = \dfrac{T\theta}{2} = \dfrac{T^2 L}{2GI_p}[\text{kJ}]$

16 비틀림모멘트 T를 받고 있는 직경이 d인 원형축의 최대 전단응력은?

① $\tau = \dfrac{8T}{\pi d^3}$ ② $\tau = \dfrac{16T}{\pi d^3}$

③ $\tau = \dfrac{32T}{\pi d^3}$ ④ $\tau = \dfrac{64T}{\pi d^3}$

해설 $T = \tau Z_p = \tau \dfrac{\pi d^3}{16}[\text{N} \cdot \text{m}]$

$\therefore \tau = \dfrac{16T}{\pi d^3}[\text{MPa}]$

17 지름 50mm의 알루미늄봉에 100kN의 인장하중이 작용할 때 300mm의 표점거리에서 0.219mm의 신장이 측정되고, 지름은 0.01215mm만큼 감소되었다. 이 재료의 전단탄성계수 G는 약 몇 GPa인가? (단, 알루미늄재료는 탄성거동범위 내에 있다.)

① 21.2   ② 26.2
③ 31.2   ④ 36.2

해설 $\varepsilon = \dfrac{\lambda}{l} = \dfrac{0.219}{300} = 0.00073$

$\varepsilon' = \dfrac{\delta}{d} = \dfrac{0.01215}{50} = 0.000243$

$\therefore \mu = \dfrac{1}{m} = \dfrac{|\varepsilon'|}{\varepsilon} = \dfrac{0.000243}{0.00073} = 0.333$

$\sigma = E\varepsilon$

$\therefore E = \dfrac{\sigma}{\varepsilon} = \dfrac{P}{A\varepsilon} = \dfrac{100 \times 10^{-6}}{\dfrac{\pi}{4} \times 0.05^2 \times 0.00073} = 69.77 \text{GPa}$

$mE = 2G(m+1)$

$\therefore G = \dfrac{mE}{2(m+1)} = \dfrac{E}{2(1+\mu)} = \dfrac{69.77}{2 \times (1+0.33)}$

$= 26.17 \text{GPa}$

18 다음 정사각형 단면(40mm×40mm)을 가진 외팔보가 있다. a-a면에서의 수직응력(σ_n)과 전단응력(τ_s)은 각각 몇 kPa인가?

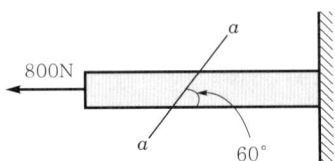

① $\sigma_n = 693$, $\tau_s = 400$
② $\sigma_n = 400$, $\tau_s = 693$
③ $\sigma_n = 375$, $\tau_s = 217$
④ $\sigma_n = 217$, $\tau_s = 375$

해설 $\sigma_n = \dfrac{P}{A}\cos^2\theta = \dfrac{0.8}{0.04^2} \times \cos^2 30° = 375 \text{kPa}$

$\tau_s = \dfrac{1}{2}\sigma_x \sin 2\theta = \dfrac{P}{2A}\sin 60°$

$= \dfrac{0.8}{2 \times 0.04^2} \times \sin 60° ≒ 217 \text{kPa}$

정답 14. ④ 15. ② 16. ② 17. ② 18. ③

19 다음 그림과 같은 외팔보가 있다. 보의 굽힘에 대한 허용응력을 80MPa로 하고, 자유단 B로부터 보의 중앙점 C 사이에 등분포하중 w를 작용시킬 때 w의 허용 최대값은 몇 kN/m인가? (단, 외팔보의 폭×높이는 5cm×9cm이다.)

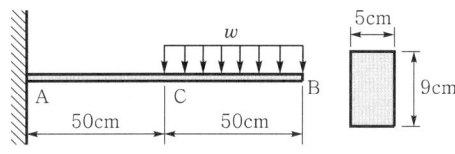

① 12.4 ② 13.4
③ 14.4 ④ 15.4

해설 $\sigma_a = \dfrac{M_{max}}{Z} = \dfrac{M_{max}}{\dfrac{bh^2}{6}} = \dfrac{6M_{max}}{bh^2} = \dfrac{6 \times 0.38w}{bh^2}$ [kPa]

$\therefore w = \dfrac{\sigma_a bh^2}{6 \times 0.38} = \dfrac{80 \times 10^3 \times 0.05 \times 0.09^2}{6 \times 0.38}$
$= 14.21\text{kN/m}$

20 다음 보의 자유단 A지점에서 발생하는 처짐은 얼마인가? (단, EI는 굽힘강성이다.)

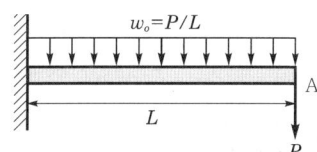

① $\dfrac{5PL^3}{6EI}$ ② $\dfrac{7PL^3}{12EI}$
③ $\dfrac{11PL^3}{24EI}$ ④ $\dfrac{17PL^3}{48EI}$

해설 $\delta_A = \delta_1 + \delta_2 = \dfrac{PL^3}{8EI} + \dfrac{PL^3}{3EI} = \dfrac{11PL^3}{24EI}$ [cm]

여기서, δ_1 : 균일분포하중작용 시 외팔보 자유단 처짐량 $\left(= \dfrac{w_o L^4}{8EI} = \dfrac{PL^3}{8EI}\right)$

δ_2 : 집중하중(P)작용 시 외팔보 자유단 처짐량 $\left(= \dfrac{PL^3}{3EI}\right)$

제2과목 · 기계열역학

21 다음 중 강성적(강도성, intensive) 상태량이 아닌 것은?

① 압력 ② 온도
③ 엔탈피 ④ 비체적

해설 강도성 상태량은 물질의 양과 무관한 상태량으로 압력, 온도, 비체적 등이고, 엔탈피는 물질의 양에 비례하는 종량성(용량성) 상태량이다.

22 이상기체공기가 안지름 0.1m인 관을 통하여 0.2m/s로 흐르고 있다. 공기의 온도는 20℃, 압력은 100kPa, 기체상수는 0.287kJ/kg·K이라면 질량유량은 약 몇 kg/s인가?

① 0.0019 ② 0.0099
③ 0.0119 ④ 0.0199

해설 $\dot{m} = \rho AV = \dfrac{P}{RT} AV$
$= \dfrac{100}{0.287 \times 293} \times \dfrac{\pi \times 0.1^2}{4} \times 0.2 = 0.0019\text{kg/s}$

23 이상적인 오토사이클에서 단열압축되기 전 공기가 101.3kPa, 21℃이며, 압축비 7로 운전할 때 이 사이클의 효율은 약 몇 %인가? (단, 공기의 비열비는 1.4이다.)

① 62% ② 54%
③ 46% ④ 42%

해설 $\eta_{tho} = \left[1 - \left(\dfrac{1}{\varepsilon}\right)^{k-1}\right] \times 100\% = \left[1 - \left(\dfrac{1}{7}\right)^{1.4-1}\right] \times 100\%$
$= 54\%$

24 이상기체가 정압과정으로 dT만큼 온도가 변하였을 때 1kg당 변화된 열량 Q는? (단, C_v는 정적비열, C_p는 정압비열, k는 비열비를 나타낸다.)

① $Q = C_v dT$ ② $Q = k^2 C_v dT$
③ $Q = C_p dT$ ④ $Q = k C_p dT$

해설 등압변화($P = C$)인 경우
가열량(δQ) $= dH = mC_p dT$ [kJ]
$\therefore Q = mC_p dT = 1 \times C_p dT$ [kJ]

25 저온실로부터 46.4kW의 열을 흡수할 때 10kW의 동력을 필요로 하는 냉동기가 있다면 이 냉동기의 성능계수는?

① 4.64   ② 5.65
③ 7.49   ④ 8.82

해설 $\varepsilon_R = \dfrac{Q_c}{W_c} = \dfrac{46.4}{10} = 4.64$

26 열역학적 변화와 관련하여 다음 설명 중 옳지 않은 것은?

① 단위질량당 물질의 온도를 1℃ 올리는 데 필요한 열량을 비열이라 한다.
② 정압과정으로 시스템에 전달된 열량은 엔트로피변화량과 같다.
③ 내부에너지는 시스템의 질량에 비례하므로 종량적(extensive) 상태량이다.
④ 어떤 고체가 액체로 변화할 때 융해(melting)라고 하고, 어떤 고체가 기체로 변화할 때 승화(sublimation)라고 한다.

해설 정압과정($P=C$) 시 시스템에 전달된 열량은 엔탈피변화량과 같다($\delta Q = dH - VdP$). 이때 $dP=0$이므로
∴ $\delta Q = dH = mC_p dT$[kJ]

27 다음 4가지의 경우에서 ( ) 안의 물질이 보유한 엔트로피가 증가한 경우는?

ⓐ 컵에 있는 (물)이 증발하였다.
ⓑ 목욕탕의 (수증기)가 차가운 타일벽에서 물로 응결되었다.
ⓒ 실린더 안의 (공기)가 가역단열적으로 팽창되었다.
ⓓ 뜨거운 (커피)가 식어서 주위온도와 같게 되었다.

① ⓐ   ② ⓑ
③ ⓒ   ④ ⓓ

해설 ⓐ경우 비가역과정 시 엔트로피는 증가한다($\Delta S > 0$).

28 초기압력 100kPa, 초기체적 0.1m³인 기체를 버너로 가열하여 기체체적이 정압과정으로 0.5m³가 되었다면 이 과정 동안 시스템이 외부에 한 일은 약 몇 kJ인가?

① 10   ② 20
③ 30   ④ 40

해설 $_1W_2 = \int_1^2 PdV = P(V_2 - V_1) = 100 \times (0.5 - 0.1)$
$= 40$kJ

29 공기압축기에서 입구공기의 온도와 압력은 각각 27℃, 100kPa이고, 체적유량은 0.01m³/s이다. 출구에서 압력이 400kPa이고, 이 압축기의 등엔트로피효율이 0.8일 때 압축기의 소요동력은 약 몇 kW인가? (단, 공기의 정압비열과 기체상수는 각각 1kJ/kg·K, 0.287kJ/kg·K이고, 비열비는 1.40이다.)

① 0.9   ② 1.7
③ 2.1   ④ 3.8

해설 $kW = \dfrac{1}{\eta_{ad}} \left(\dfrac{k}{k-1}\right) P_1 V_1 \left[\left(\dfrac{P_2}{P_1}\right)^{\frac{k-1}{k}} - 1\right]$
$= \dfrac{1}{0.8} \times \dfrac{1.4}{1.4-1} \times 100 \times 0.01 \times \left[\left(\dfrac{400}{100}\right)^{\frac{1.4-1}{1.4}} - 1\right]$
$\fallingdotseq 2.13$kW

30 증기터빈발전소에서 터빈 입구의 증기엔탈피는 출구의 엔탈피보다 136kJ/kg 높고, 터빈에서의 열손실은 10kJ/kg이다. 증기속도는 터빈 입구에서 10m/s이고, 출구에서 110m/s일 때 이 터빈에서 발생시킬 수 있는 일은 약 몇 kJ/kg인가?

① 10   ② 90
③ 120   ④ 140

해설 $w_T = (h_1 - h_2) + \dfrac{1}{2}(v_1^2 - v_2^2)$
$= (136 - 10) + \dfrac{1}{2} \times (10^2 - 110^2) \times 10^{-3}$
$= 120$kJ/kg

정답 25. ① 26. ② 27. ① 28. ④ 29. ③ 30. ③

31 엔트로피(s)변화 등과 같은 직접 측정할 수 없는 양들을 압력(P), 비체적(v), 온도(T)와 같은 측정가능한 상태량으로 나타내는 Maxwell관계식과 관련하여 틀린 것은?

① $\left(\dfrac{\partial T}{\partial P}\right)_s = \left(\dfrac{\partial v}{\partial s}\right)_P$

② $\left(\dfrac{\partial T}{\partial v}\right)_s = -\left(\dfrac{\partial P}{\partial s}\right)_v$

③ $\left(\dfrac{\partial v}{\partial T}\right)_P = -\left(\dfrac{\partial s}{\partial P}\right)_T$

④ $\left(\dfrac{\partial P}{\partial v}\right)_T = \left(\dfrac{\partial s}{\partial T}\right)_v$

[해설] 내부에너지(u), 엔탈피(h), 깁스함수(g), 헬름홀츠함수(A)의 관계식으로부터 4개의 Maxwell관계식이 유도된다.

㉠ $du = Tds - Pdv$
$\left(\dfrac{\partial T}{\partial v}\right)_s = -\left(\dfrac{\partial P}{\partial s}\right)_v$
∴ $h = u + Pv$

㉡ $dh = Tds + vdP$
$\left(\dfrac{\partial T}{\partial P}\right)_s = \left(\dfrac{\partial v}{\partial s}\right)_P$
∴ $\Delta u = q + w$

㉢ $dg = -sdT + vdP$
$-\left(\dfrac{\partial s}{\partial P}\right)_T = \left(\dfrac{\partial v}{\partial T}\right)_P$
∴ $g = h - Ts$

㉣ $dA = -sdT - Pdv$
$\left(\dfrac{\partial s}{\partial v}\right)_T = \left(\dfrac{\partial P}{\partial T}\right)_v$
∴ $A = u - Ts$

32 이상적인 복합사이클(사바테사이클)에서 압축비는 16, 최고압력비(압력 상승비)는 2.3, 체절비는 1.6이고, 공기의 비열비는 1.4일 때 이 사이클의 효율은 약 몇 %인가?

① 55.52 ② 58.41
③ 61.54 ④ 64.88

[해설] $\eta_{ths} = \left[1 - \left(\dfrac{1}{\varepsilon}\right)^{k-1} \dfrac{\rho\sigma^k - 1}{(\rho-1) + k\rho(\sigma-1)}\right] \times 100\%$
$= \left[1 - \left(\dfrac{1}{16}\right)^{1.4-1} \times \dfrac{2.3 \times 1.6^{1.4} - 1}{(2.3-1) + 1.4 \times 2.3 \times (1.6-1)}\right]$
$\times 100\%$
≒ 64.88%

33 다음 그림과 같이 온도(T)-엔트로피(S)로 표시된 이상적인 랭킨사이클에서 각 상태의 엔탈피(h)가 다음과 같다면 이 사이클의 효율은 약 몇 %인가? (단, $h_1 = 30$kJ/kg, $h_2 = 31$kJ/kg, $h_3 = 274$kJ/kg, $h_4 = 668$kJ/kg, $h_5 = 764$kJ/kg, $h_6 = 478$kJ/kg이다.)

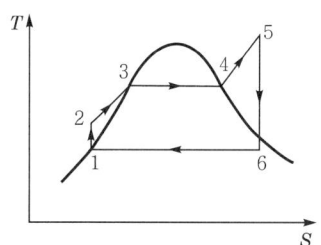

① 39 ② 42
③ 53 ④ 58

[해설] $\eta_R = \dfrac{w_{net}}{q_1} = \dfrac{w_t - w_p}{q_1}$
$= \dfrac{(h_5 - h_6) - (h_2 - h_1)}{h_5 - h_2} \times 100\%$
$= \dfrac{(764 - 478) - (31 - 30)}{764 - 31} \times 100\% ≒ 39\%$

34 대기압이 100kPa일 때 계기압력이 5.23MPa인 증기의 절대압력은 약 몇 MPa인가?

① 3.02 ② 4.12
③ 5.33 ④ 6.43

[해설] $P_a = P_o + P_g = 0.1 + 5.23 = 5.33$MPa

35 온도가 각기 다른 액체 A(50℃), B(25℃), C(10℃)가 있다. A와 B를 동일질량으로 혼합하면 40℃로 되고, A와 C를 동일질량으로 혼합하면 30℃로 된다. B와 C를 동일질량으로 혼합할 때는 몇 ℃로 되겠는가?

① 16.0℃ ② 18.4℃
③ 20.0℃ ④ 22.5℃

[해설] 열역학 제0법칙 적용
$Q = m_1 C_1(t_1 - t_m) = m_2 C_2(t_m - t_2)$[kJ]
㉠ A와 B를 혼합 시
$C_A(50 - 40) = C_B(40 - 25)$
$10 C_A = 15 C_B$

$$\therefore C_A = \frac{3}{2} C_B$$

ⓒ A와 C를 혼합 시
$$C_A(50-30) = C_C(30-10)$$
$$\therefore C_A = C_C$$

ⓒ B와 C를 혼합 시
$$C_B(25-t_m) = C_C(t_m-10)$$
$$\frac{C_C}{C_B} = \frac{25-t_m}{t_m-10} = \frac{3}{2}$$
$$2(25-t_m) = 3(t_m-10)$$
$$\therefore t_m = \frac{80}{5} = 16℃$$

36 어떤 기체가 5kJ의 열을 받고 0.18kN·m의 일을 외부로 하였다. 이때의 내부에너지의 변화량은?

① 3.24kJ ② 4.82kJ
③ 5.18kJ ④ 6.14kJ

해설 $Q = (U_2 - U_1) + {}_1W_2$ [kJ]
$\therefore U_2 - U_1 = Q - {}_1W_2 = 5 - 0.18 = 4.82$kJ

37 단위질량의 이상기체가 정적과정하에서 온도가 T_1에서 T_2로 변하였고, 압력도 P_1에서 P_2로 변하였다면 엔트로피변화량 ΔS는? (단, C_v와 C_p는 각각 정적비열과 정압비열이다.)

① $\Delta S = C_v \ln \frac{P_1}{P_2}$ ② $\Delta S = C_p \ln \frac{P_2}{P_1}$
③ $\Delta S = C_v \ln \frac{T_2}{T_1}$ ④ $\Delta S = C_p \ln \frac{T_1}{T_2}$

해설 $\Delta S = \frac{\delta Q}{T} = \frac{mC_v dT}{T} = mC_v \ln \frac{T_2}{T_1} = mC_v \ln \frac{P_2}{P_1}$ [kJ/K]

38 랭킨사이클에서 25℃, 0.01MPa 압력의 물 1kg을 5MPa 압력의 보일러로 공급한다. 이때 펌프가 가역단열과정으로 작용한다고 가정할 경우 펌프가 한 일은 약 몇 kJ인가? (단, 물의 비체적은 0.001m³/kg이다.)

① 2.58   ② 4.99
③ 20.10 ④ 40.20

해설 $w_p = -\int_1^2 vdP = \int_2^1 vdP = v(P_1-P_2)$
$= 0.001 \times (5-0.01) \times 10^3 = 4.99$kJ/kg

39 520K의 고온열원으로부터 18.4kJ 열량을 받고 273K의 저온열원에 13kJ의 열량을 방출하는 열기관에 대하여 옳은 설명은?

① Clausius 적분값은 -0.0122kJ/K이고 가역과정이다.
② Clausius 적분값은 -0.0122kJ/K이고 비가역과정이다.
③ Clausius 적분값은 $+0.0122$kJ/K이고 가역과정이다.
④ Clausius 적분값은 $+0.0122$kJ/K이고 비가역과정이다.

해설 클라우지우스 적분값
$$\oint \frac{\delta Q}{T} \leq 0 \text{(가역이면 등호, 비가역이면 부등호)}$$
$\therefore \frac{Q_1}{T_1} - \frac{Q_2}{T_2} = \frac{18.4}{520} - \frac{13}{273} = -0.0122$kJ/K이므로 비가역과정이다.

40 압력 2MPa, 온도 300℃의 수증기가 20m/s 속도로 증기터빈으로 들어간다. 터빈 출구에서 수증기압력이 100kPa, 속도는 100m/s이다. 가역단열과정으로 가정 시 터빈을 통과하는 수증기 1kg당 출력일은 약 몇 kJ/kg인가? (단, 수증기표로부터 2MPa, 300℃에서 비엔탈피는 3023.5kJ/kg, 비엔트로피는 6.7663kJ/kg·K이고, 출구에서의 비엔탈피 및 비엔트로피는 다음 표와 같다.)

출구	포화액	포화증기
비엔트로피(kJ/kg·K)	1.3025	7.3593
비엔탈피(kJ/kg)	417.44	2675.46

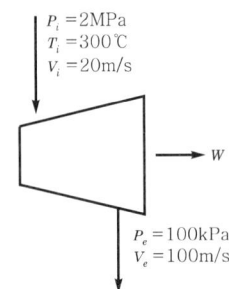

① 1534   ② 564.3
③ 153.4 ④ 764.5

정답 36. ② 37. ③ 38. ② 39. ② 40. ②

해설 $x = \dfrac{s_x - s'}{s'' - s'} = \dfrac{6.7663 - 1.3025}{7.3593 - 1.3025} = 0.902$

$h_2 = h' + x\gamma = h' + x(h'' - h')$
$\quad = 417.44 + 0.902 \times (2675.46 - 417.44)$
$\quad = 2454.174 \text{kJ/kg}$

$\therefore w_t = h_1 - h_2 = 3023.5 - 2454.174$
$\quad = 569.326 \text{kJ/kg}$

제3과목 · 기계유체역학

41 지름 0.1mm, 비중 2.3인 작은 모래알이 호수 바닥으로 가라앉을 때 잔잔한 물속에서 가라앉는 속도는 약 몇 mm/s인가? (단, 물의 점성계수는 $1.12 \times 10^{-3} \text{N} \cdot \text{s/m}^2$이다.)

① 6.32 ② 4.96
③ 3.17 ④ 2.24

해설 $V = \dfrac{d^2(\gamma_s - \gamma_l)}{18\mu}$
$= \dfrac{0.1^2 \times (2.3 - 1) \times 9,800 \times 10^{-3}}{18 \times 1.12 \times 10^{-3}} ≒ 6.32 \text{mm/s}$

42 반지름 R인 파이프 내에 점도 μ인 유체가 완전발달 층류유동으로 흐르고 있다. 길이 L을 흐르는 데 압력손실이 Δp만큼 발생했을 때 파이프 벽면에서의 평균전단응력은?

① $\mu \dfrac{R}{4} \dfrac{\Delta p}{L}$ ② $\mu \dfrac{R}{2} \dfrac{\Delta p}{L}$
③ $\dfrac{R}{4} \dfrac{\Delta p}{L}$ ④ $\dfrac{R}{2} \dfrac{\Delta p}{L}$

해설 $\tau = \dfrac{\Delta p}{L} \dfrac{R}{2} [\text{kPa}]$

43 1/20로 축소한 모형 수력발전댐과 역학적으로 상사한 실제 수력발전댐이 생성할 수 있는 동력의 비(모형 : 실제)는 약 얼마인가?

① 1 : 1,800   ② 1 : 8,000
③ 1 : 35,800 ④ 1 : 160,000

해설 중력과 관성력이 지배적이므로 역학적 상사조건에서 프루드수가 같아야 한다.

$(Fr)_p = (Fr)_m$

$\left(\dfrac{V}{\sqrt{lg}}\right)_p = \left(\dfrac{V}{\sqrt{lg}}\right)_m$

$g_p \simeq g_m$

$\left(\dfrac{V_m}{V_p}\right)^2 = \dfrac{l_m}{l_p} = \dfrac{1}{20}$

$\therefore V_p^2 = 20 V_m^2$

㉠ 실형과 모형 사이에 항력계수(C_D)도 같아야 하므로

$\left(\dfrac{D}{\dfrac{\rho A V^2}{2}}\right)_p = \left(\dfrac{D}{\dfrac{\rho A V^2}{2}}\right)_m$

㉡ 동력$(P) = DV$이므로

$\left(\dfrac{P}{\dfrac{\rho A V^3}{2}}\right)_p = \left(\dfrac{P}{\dfrac{\rho A V^3}{2}}\right)_m$

$g_p \simeq g_m$

$\dfrac{P_p}{l_p^2 V_p^3} = \dfrac{P_m}{l_m^2 V_m^3}$

$\dfrac{P_m}{P_p}(\text{동력비}) = \left(\dfrac{l_m}{l_p}\right)^2 \left(\dfrac{V_m}{V_p}\right)^3$
$= \left(\dfrac{1}{20}\right)^2 \times \left(\dfrac{1}{20\sqrt{20}}\right)^3 ≒ 35,800$

$\therefore P_m : P_p = 1 : 35,800$

44 평균반지름이 R인 얇은 막형태의 작은 비눗방울의 내부압력을 P_i, 외부압력을 P_o라고 할 경우 표면장력(σ)에 의한 압력차($|P_i - P_o|$)는?

① $\dfrac{\sigma}{4R}$ ② $\dfrac{\sigma}{R}$
③ $\dfrac{4\sigma}{R}$ ④ $\dfrac{2\sigma}{R}$

해설 ㉠ $\Delta P = \dfrac{4\sigma}{R} [\text{Pa}]$: 비눗방울
㉡ $\Delta P = \dfrac{2\sigma}{R} [\text{Pa}]$: 물방울

45 안지름 100mm인 파이프 안에 2.3m³/min의 유량으로 물이 흐르고 있다. 관길이가 15m라고 할 때 이 사이에서 나타나는 손실수두는 약 몇 m인가? (단, 관마찰계수는 0.01로 한다.)

① 0.92   ② 1.82
③ 2.13   ④ 1.22

정답 41. ① 42. ④ 43. ③ 44. ③ 45. ②

해설 $Q = AV [\text{m}^3/\text{s}]$

$$V = \frac{Q}{A} = \frac{\frac{2.3}{60}}{\frac{\pi}{4} \times 0.1^2} = 4.88 \text{m/s}$$

$$\therefore h_L = \lambda \frac{L}{d} \frac{V^2}{2g} = 0.01 \times \frac{15}{0.1} \times \frac{4.88^2}{2 \times 9.8} = 1.82 \text{m}$$

46 비압축성 유체의 2차원 유동속도성분이 $u = x^2 t$, $v = x^2 - 2xyt$이다. 시간(t)이 2일 때 $(x, y) = (2, -1)$에서 x방향 가속도(a_x)는 약 얼마인가? (단, u, v는 각각 x, y방향 속도성분이고, 단위는 모두 표준단위이다.)

① 32 ② 34
③ 64 ④ 68

해설 $a_x = \frac{\partial u}{\partial t} + u \frac{\partial u}{\partial x}$

$= x^2 + x^2 t(2xt)$
$= 2^2 + 2^2 \times 2 \times (2 \times 2 \times 2) = 68$

[참고] $a_y = v \frac{\partial v}{\partial y} + \frac{\partial u}{\partial t}$
$= (x^2 - 2xyt)(2x - 2yt) + (-2xy)$

47 다음과 같이 유체의 정의를 설명할 때 괄호 속에 가장 알맞은 용어는 무엇인가?

유체란 아무리 작은 (   )에도 저항할 수 없어 연속적으로 변형하는 물질이다.

① 수직응력 ② 중력
③ 압력   ④ 전단응력

해설 유체란 아주 작은 전단응력이라도 작용하면 연속적으로 변형하는 물질(정지상태로 있을 수 없는 물질)이다.

48 어느 물리법칙이 $F(a, V, \nu, L) = 0$과 같은 식으로 주어졌다. 이 식을 무차원수의 함수로 표시하고자 할 때 이에 관계되는 무차원수는 몇 개인가? (단, a, V, ν, L은 각각 가속도, 속도, 동점성계수, 길이이다.)

① 4 ② 3
③ 2 ④ 1

해설 무차원수(π) = 물리량(n) - 기본차원수(m)
$= 4 - 2 = 2$개

49 경계층(boundary layer)에 관한 설명 중 틀린 것은?

① 경계층 바깥의 흐름은 퍼텐셜흐름에 가깝다.
② 균일속도가 크고 유체의 점성이 클수록 경계층의 두께는 얇아진다.
③ 경계층 내에서는 점성의 영향이 크다.
④ 경계층은 평판선단으로부터 하류로 갈수록 두꺼워진다.

50 유체(비중량 10N/m³)가 중량유량 6.28N/s로 지름 40cm인 관을 흐르고 있다. 이 관 내부의 평균유속은 약 몇 m/s인가?

① 50.0 ② 5.0
③ 0.2   ④ 0.8

해설 $G = \gamma A V [\text{N/s}]$

$\therefore V = \frac{G}{\gamma A} = \frac{6.28}{10 \times \frac{\pi}{4} \times 0.4^2} = 5.0 \text{m/s}$

51 지름 20cm, 속도 1m/s인 물제트가 다음 그림과 같이 넓은 평판에 60° 경사하여 충돌한다. 분류가 평판에 작용하는 수직방향 힘 F_N은 약 몇 N인가? (단, 중력에 대한 영향은 고려하지 않는다.)

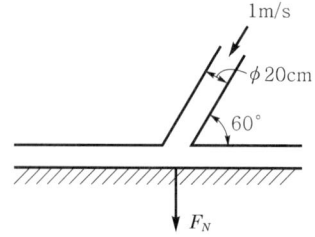

① 27.2 ② 31.4
③ 2.72 ④ 3.14

해설 $F_N = \rho Q V \sin\theta = \rho A V^2 \sin\theta$
$= 1,000 \times \frac{\pi}{4} \times 0.2^2 \times 1^2 \times \sin 60°$
$= 27.2 \text{N}$

정답 46. ④ 47. ④ 48. ③ 49. ② 50. ② 51. ①

52 안지름이 20cm, 높이가 60cm인 수직원통형 용기에 밀도 850kg/m³인 액체가 밑면으로부터 50cm 높이만큼 채워져 있다. 원통형 용기와 액체가 일정한 각속도로 회전할 때 액체가 넘치기 시작하는 각속도는 약 몇 rpm인가?

① 134　　② 189
③ 276　　④ 392

해설 $\omega = \frac{1}{R}\sqrt{2gh} = \frac{1}{0.1}\sqrt{2 \times 9.8 \times 0.1} = 14\text{rad/s}$

$\omega = \frac{2\pi N}{60}$

$\therefore N = \frac{60\omega}{2\pi} = \frac{60 \times 14}{2\pi} \fallingdotseq 134\text{rpm}$

53 유체계측과 관련하여 크게 유체의 국소속도를 측정하는 것과 체적유량을 측정하는 것으로 구분할 때 다음 중 유체의 국소속도를 측정하는 계측기는?

① 벤투리미터　　② 얇은 판 오리피스
③ 열선속도계　　④ 로터미터

54 (x, y)좌표계의 비회전 2차원 유동장에서 속도 퍼텐셜(potential) ϕ는 $\phi = 2x^2 y$로 주어졌다. 이때 점 (3, 2)인 곳에서 속도벡터는? (단, 속도퍼텐셜 ϕ는 $\vec{V} \equiv \nabla\phi = \text{grad}\phi$로 정의된다.)

① $24\vec{i} + 18\vec{j}$　　② $-24\vec{i} + 18\vec{j}$
③ $12\vec{i} + 9\vec{j}$　　④ $-12\vec{i} + 9\vec{j}$

해설 $\vec{V} = \nabla\phi = \frac{\partial\phi}{\partial x}\vec{i} + \frac{\partial\phi}{\partial y}\vec{j} = (4xy)\vec{i} + (2x^2)\vec{j}$
$= (4 \times 3 \times 2)\vec{i} + (2 \times 3^2)\vec{j} = 24\vec{i} + 18\vec{j}$

55 수평면과 60° 기울어진 벽에 지름이 4m인 원형창이 있다. 창의 중심으로부터 5m 높이에 물이 차 있을 때 창에 작용하는 합력의 작용점과 원형창의 중심(도심)과의 거리(C)는 약 몇 m인가? (단, 원의 2차 면적모멘트는 $\frac{\pi R^4}{4}$이고, 여기서 R은 원의 반지름이다.)

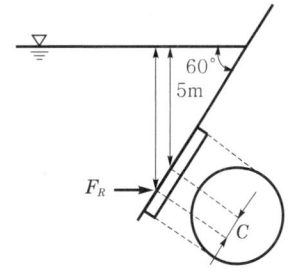

① 0.0866　　② 0.173
③ 0.866　　④ 1.73

해설 $\bar{y} \times \sin 60° = 5$
$(x+2) \times \sin 60° = 5$
$\therefore x = \frac{5}{\sin 60°} - 2 = 3.77\text{m}$
$\therefore \bar{y} = 3.77 + 2 = 5.77\text{m}$
$y_F = \bar{y} + \frac{I_G}{A\bar{y}}$

$\therefore C = y_F - \bar{y} = \frac{I_G}{A\bar{y}} = \frac{\frac{\pi \times 2^4}{4}}{\pi \times 2^2 \times 5.77} = 0.173\text{m}$

56 연직하방으로 내려가는 물제트에서 높이 10m인 곳에서 속도는 20m/s였다. 높이 5m인 곳에서의 물의 속도는 약 몇 m/s인가?

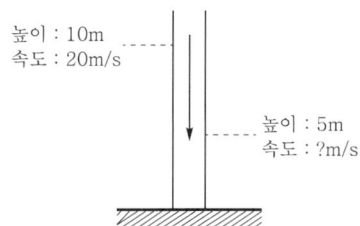

① 29.45　　② 26.34
③ 23.88　　④ 22.32

해설 $z_1 + \frac{V_1^2}{2g} = z_2 + \frac{V_2^2}{2g}$

$10 + \frac{20^2}{2g} = 5 + \frac{V_2^2}{2g}$

$10 + 20.41 = 5 + \frac{V_2^2}{2g}$

$\therefore V_2 = \sqrt{2 \times 9.8 \times (30.41 - 5)} = 22.32\text{m/s}$

정답 52. ①　53. ③　54. ①　55. ②　56. ④

57 공기로 채워진 0.189m³의 오일드럼통을 사용하여 잠수부가 해저 바닥으로부터 오래된 배의 닻을 끌어올리려 한다. 바닷물 속에서 닻을 들어올리는데 필요한 힘은 1,780N이고, 공기 중에서 드럼통을 들어 올리는데 필요한 힘은 222N이다. 공기로 채워진 드럼통을 닻에 연결한 후 잠수부가 이 닻을 끌어올리는 데 필요한 최소 힘은 약 몇 N인가? (단, 바닷물의 비중은 1.025이다.)

① 72.8 ② 83.4
③ 92.5 ④ 103.5

해설 $F = (1,780 + 222) - F_B$
$= (1,780 + 222) - \gamma' V$
$= (1,780 + 222) - \gamma_\omega SV$
$= (1,780 + 222) - 9,800 \times 1.025 \times 0.189$
$≒ 103.5N$

58 다음 그림에서 압력차($P_x - P_y$)는 약 몇 kPa인가?

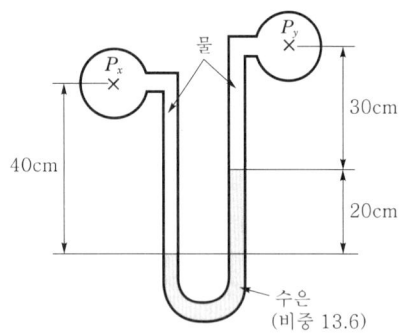

① 25.67 ② 2.57
③ 51.34 ④ 5.13

해설 $P_x + 9.8 \times 0.4 - 13.6 \times 9.8 \times 0.2 - 9.8 \times 0.3 = P_y$
∴ $P_x - P_y = 13.6 \times 9.8 \times 0.2 + 9.8 \times 0.3 - 9.8 \times 0.4$
$= 25.68kPa$

59 수력기울기선(Hydraulic Grade Line : HGL)이 관보다 아래에 있는 곳에서의 압력은?

① 완전진공이다. ② 대기압보다 낮다.
③ 대기압과 같다. ④ 대기압보다 높다.

해설 수력구배선(HGL)이 관보다 아래에 있는 곳에서의 압력은 대기압보다 낮다.

60 원관 내부의 흐름이 층류 정상유동일 때 유체의 전단응력분포에 대한 설명으로 알맞은 것은?

① 중심축에서 0이고 반지름방향 거리에 따라 선형적으로 증가한다.
② 관벽에서 0이고 중심축까지 선형적으로 증가한다.
③ 단면에서 중심축을 기준으로 포물선분포를 가진다.
④ 단면적 전체에서 일정하다.

해설 원관 내부의 흐름이 층류 정상유동 시 전단응력(τ)의 분포는 반지름(r)에 직선적(선형적)으로 비례한다.

$\tau = \frac{\Delta P}{L} \frac{r}{2} [Pa]$

㉠ $r = 0$(관의 중심) : $\tau = 0$
㉡ $r = r_0$(관의 벽면) : $\tau_{max} = \frac{\Delta P}{L} \frac{r_0}{2} [Pa]$

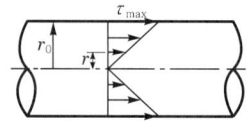

제4과목 · 기계재료 및 유압기기

61 플라스틱재료의 일반적인 특징을 설명한 것 중 틀린 것은?

① 완충성이 크다.
② 성형성이 우수하다.
③ 자기윤활성이 풍부하다.
④ 내식성은 낮으나 내구성이 높다.

해설 플라스틱재료의 일반적인 특징
㉠ 완충성(충격흡수)이 크다.
㉡ 성형성이 우수하다.
㉢ 자기윤활성이 풍부하다.
㉣ 전기전열성이 좋다(전기를 잘 전달하지 않는다).
㉤ 내식성이 크고 내약품성도 뛰어나며 알칼리에도 잘 견딘다.
㉥ 마찰계수가 작고 기계적 성질이 우수하다(가볍고 튼튼하다, 비중 1~1.5).
㉦ 단단하나 열에 약하다.

정답 57. ④ 58. ① 59. ② 60. ① 61. ④

62 주조용 알루미늄합금의 질별기호 중 T6이 의미하는 것은?
① 어닐링한 것
② 제조한 그대로의 것
③ 용체화처리 후 인공시효경화처리한 것
④ 고온가공에서 냉각 후 자연시효시킨 것

해설 T6 : 고용화열처리+시효경화Al봉

63 주철에 대한 설명으로 옳은 것은?
① 주철은 액상일 때 유동성이 좋다.
② 주철은 C와 Si 등이 많을수록 비중이 커진다.
③ 주철은 C와 Si 등이 많을수록 용융점이 높아진다.
④ 흑연이 많을 경우 그 파단면은 백색을 띠며 백주철이라 한다.

해설 주철(cast iron)은 액상일 때 유동성(주조성)이 좋다.

64 특수강을 제조하는 목적이 아닌 것은?
① 절삭성 개선
② 고온강도 저하
③ 담금질성 향상
④ 내마멸성, 내식성 개선

해설 특수강(합금강 : 탄소강의 성질을 개선시킨 강)의 제조 목적 : 절삭성, 내마멸성, 내식성 개선, 담금질성 향상

65 확산에 의한 경화방법이 아닌 것은?
① 고체침탄법   ② 가스질화법
③ 쇼트피닝   ④ 침탄질화법

해설 확산에 의한 경화방법 : 고체침탄법, 가스질화법, 침탄질화법

66 조미니시험(Jominy test)은 무엇을 알기 위한 시험방법인가?
① 부식성   ② 마모성
③ 충격인성   ④ 담금질성

해설 조미니시험은 담금질성 경화능시험이다.

67 기계태엽, 정밀계측기, 다이얼게이지 등을 만드는 재료로 가장 적합한 것은?
① 인청동   ② 엘린바
③ 미하나이트   ④ 애드미럴티

해설 엘린바(elinvar)는 실온 부근에서 온도변화가 있더라도 탄성계수가 변화하지 않는 Fe+36% Ni+12% Cr합금으로 기계태엽, 정밀계측, 전자기장치, 다이얼게이지 등에 널리 사용되는 재료이다.

68 금속재료에 외력을 가했을 때 미끄럼이 일어나는 과정에서 생긴 국부적인 격자배열의 선결함은?
① 전위   ② 공공
③ 적층결함   ④ 결정립경계

해설 전위(dislocation)는 금속재료에 외력을 가했을 때 미끄럼이 일어나는 과정에서 생긴 국부적인 격자배열의 선결함이다.

69 배빗메탈(babbitt metal)에 관한 설명으로 옳은 것은?
① Sn-Sb-Cu계 합금으로서 베어링재료로 사용된다.
② Cu-Ni-Si계 합금으로서 도전율이 좋으므로 강력도전재료로 이용된다.
③ Zn-Cu-Ti계 합금으로서 강도가 현저히 개선된 경화형 합금이다.
④ Al-Cu-Mg계 합금으로서 상온시효처리하여 기계적 성질을 개선시킨 합금이다.

해설 배빗메탈은 베어링합금으로서 주석(Sn)-안티몬(Sb)-구리(Cu)계 합금으로 고온, 고압에 견딜 수 있고 화이트메탈이라고도 한다.

70 Fe-C평형상태도에서 나타날 수 있는 반응이 아닌 것은?
① 포정반응   ② 공정반응
③ 공석반응   ④ 편정반응

해설 Fe-C평형상태도에서 불변반응 3가지 : 포정반응(1,495℃), 공정반응(1,148℃), 공석반응(723℃)
※ 편정반응(단정반응) : 하나의 액상으로부터 다른 액상 및 고용체를 동시에 일으키는 반응

정답 62.③ 63.① 64.② 65.③ 66.④ 67.② 68.① 69.① 70.④

71 부하가 급격히 변화하였을 때 그 자중이나 관성력 때문에 소정의 제어를 못하게 된 경우 배압을 걸어주어 자유낙하를 방지하는 역할을 하는 유압제어밸브로 체크밸브가 내장된 것은?

① 카운터밸런스밸브 ② 릴리프밸브
③ 스로틀밸브   ④ 감압밸브

해설 카운터밸런스밸브(counter balance valve)는 유압제어밸브로 중력에 의한 낙하를 방지하기 위해 배압(back pressure)을 걸어주어 자유낙하를 방지해주는 밸브로 체크밸브가 내장되어 있다.

72 다음 중 유압장치의 운동 부분에 사용되는 실(seal)의 일반적인 명칭은?

① 심리스(seamless) ② 개스킷(gasket)
③ 패킹(packing)   ④ 필터(filter)

해설 유압장치의 운동 부분에 사용되는 실은 패킹이고, 고정 부분(정지 부분)에 사용하는 실은 개스킷이다.

73 미터-아웃(meter-out)유량제어시스템에 대한 설명으로 옳은 것은?

① 실린더로 유입하는 유량을 제어한다.
② 실린더의 출구관로에 위치하여 실린더로부터 유출되는 유량을 제어한다.
③ 부하가 급격히 감소되더라도 피스톤이 급진되지 않도록 제어한다.
④ 순간적으로 고압을 필요로 할 때 사용한다.

해설 미터 아웃 회로는 실린더의 출구관로에 위치하여 실린더로부터 유출되는 유량을 제어하는 속도제어회로이다.

74 다음 기호에 대한 명칭은?

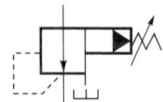

① 비례전자식 릴리프밸브
② 릴리프붙이 시퀀스밸브
③ 파일럿작동형 감압밸브
④ 파일럿작동형 릴리프밸브

해설 도시된 유압기호는 파일럿작동형 감압밸브(reducing valve)이다.

75 다음 중 어큐뮬레이터의 용도에 대한 설명으로 틀린 것은?

① 에너지축적용
② 펌프 맥동흡수용
③ 충격압력의 완충용
④ 유압유 냉각 및 가열용

해설 어큐뮬레이터(accumulator, 축압기)의 용도
㉠ 에너지축적용(유압에너지저장)
㉡ 펌프 맥동흡수용
㉢ 충격압력의 완충용
㉣ 고장, 정전 시 긴급유압원으로 사용(펌프역할 대용)
㉤ 2차 회로보상(사이클방출시간 단축)

76 온도 상승에 의하여 윤활유의 점도가 낮아질 때 나타나는 현상이 아닌 것은?

① 누설이 잘 된다.
② 기포의 제거가 어렵다.
③ 마찰 부분의 마모가 증대된다.
④ 펌프의 용적효율이 저하된다.

해설 유압작동유(윤활유)의 점도가 낮을 때
㉠ 누설이 잘 된다.
㉡ 압력유지가 곤란(고체마찰 발생)하다.
㉢ 마찰 부분 마모가 증대된다.
㉣ 펌프의 용적(체적)효율이 저하된다.

77 다음 그림과 같은 유압회로의 명칭으로 옳은 것은?

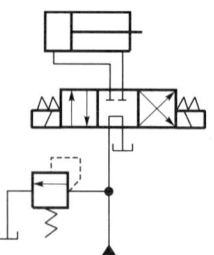

① 브레이크회로
② 압력설정회로
③ 최대 압력제한회로
④ 임의위치로크회로

정답 71.① 72.③ 73.② 74.③ 75.④ 76.② 77.④

[해설] 도시된 유압회로의 명칭은 임의위치로크회로이다.

78 펌프의 압력이 50Pa, 토출유량은 40m³/min인 레이디얼피스톤펌프의 축동력은 약 몇 W인가? (단, 펌프의 전효율은 0.85이다.)

① 3,921 ② 39.21
③ 2,352 ④ 23.52

[해설]
$$L_s = \frac{PQ}{\eta_p} = \frac{50 \times \frac{40}{60}}{0.85} = 39.216\text{W}$$

79 크래킹압력(cracking pressure)에 관한 설명으로 가장 적합한 것은?

① 파일럿관로에 작용시키는 압력
② 압력제어밸브 등에서 조절되는 압력
③ 체크밸브, 릴리프밸브 등에서 압력이 상승하고 밸브가 열리기 시작하여 어느 일정한 흐름의 양이 인정되는 압력
④ 체크밸브, 릴리프밸브 등의 입구 쪽 압력이 강하하고 밸브가 닫히기 시작하여 밸브의 누설량이 어느 규정의 양까지 감소했을 때의 압력

[해설] 크래킹압력이란 체크밸브, 릴리프밸브 등에서 압력이 상승하고 밸브가 열리기 시작하여 어느 일정한 흐름의 양이 인정되는 압력을 말한다.

80 다음 중 기어모터의 특성에 관한 설명으로 가장 거리가 먼 것은?

① 정회전, 역회전이 가능하다.
② 일반적으로 평기어를 사용한다.
③ 비교적 소형이며 구조가 간단하기 때문에 값이 싸다.
④ 누설량이 적고 토크변동이 작아서 건설기계에 많이 이용된다.

[해설] 기어모터(gear motor)는 누설량이 많고 토크변동이 크다. 베어링작용하중이 크기 때문에 수명이 짧다.

제5과목 · 기계제작법 및 기계동력학

81 반지름이 1m인 원을 각속도 60rpm으로 회전하는 1kg 질량의 선형운동량(linear momentum)은 몇 kg·m/s인가?

① 6.28 ② 1.0
③ 62.8 ④ 10.0

[해설] 선형운동량 $= mV = mr\omega = mr\frac{2\pi N}{60}$
$$= 1 \times 1 \times \frac{2\pi \times 60}{60} = 6.28 \text{kg} \cdot \text{m/s}$$

82 질량 m인 물체가 h의 높이에서 자유낙하한다. 공기저항을 무시할 때 이 물체가 도달할 수 있는 최대 속력은? (단, g는 중력가속도이다.)

① $\sqrt{mgh}$ ② $\sqrt{mh}$
③ $\sqrt{gh}$ ④ $\sqrt{2gh}$

[해설] 질량 m인 물체가 지면에 부딪히기 직전의 위치에너지(potential energy)는 0이고, 이때 최대 속도(v)는 $\sqrt{2gh}$ [m/s]이다.

83 전기모터의 회전자가 3,450rpm으로 회전하고 있다. 전기를 차단했을 때 회전자는 일정한 각가속도로 속도가 감소하여 정지할 때까지 40초가 걸렸다. 이때 각가속도의 크기는 약 몇 rad/s²인가?

① 361.0 ② 180.5
③ 86.25 ④ 9.03

[해설]
$$\alpha = \frac{\omega}{t} = \frac{\frac{2\pi N}{60}}{t} = \frac{2\pi N}{60t} = \frac{2\pi \times 3,450}{60 \times 40} = 9.03 \text{rad/s}^2$$

84 국제단위체계(SI)에서 1N에 대한 설명으로 옳은 것은?

① 1g의 질량에 1m/s²의 가속도를 주는 힘이다.
② 1g의 질량에 1m/s의 속도를 주는 힘이다.
③ 1kg의 질량에 1m/s²의 가속도를 주는 힘이다.
④ 1kg의 질량에 1m/s의 속도를 주는 힘이다.

[해설] 1N은 1kg의 질량에 1m/s²의 가속도를 주는 힘이다.
1N = 1kg × 1m/s²

정답 78. ② 79. ③ 80. ④ 81. ① 82. ④ 83. ④ 84. ③

85 다음 그림과 같이 0.6m 길이에 질량 5kg의 균질봉이 축의 직각방향으로 30N의 힘을 받고 있다. 봉이 $\theta = 0°$일 때 시계방향으로 초기각속도 $\omega_1 = 10\text{rad/s}$이면 $\theta = 90°$일 때 봉의 각속도는? (단, 중력의 영향을 고려한다.)

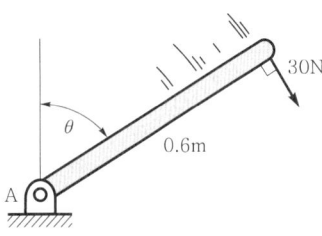

① 12.6rad/s ② 14.2rad/s
③ 15.6rad/s ④ 17.2rad/s

해설 그림 ⓐ는 $\theta = 0°$(위치 ①)와 $\theta = 90°$(위치 ②)일 때 봉의 운동에너지(운동학선도)를 그린 것이다. 고정된 회전 중심 A가 질량 중심 G를 기준으로 초기 운동에너지를 구할 수 있다. 고정점 A를 기준으로 한 운동에너지를 구하면

$T_1 = \frac{1}{2} J_A \omega_1^2 = \frac{1}{2}\left(\frac{mL^2}{3}\right)\omega_1^2$

$= \frac{1}{2} \times \frac{5 \times 0.6^2}{3} \times 10^2 = 30\text{J}$

G점을 기준으로 운동에너지를 구하면

$T_1 = \frac{1}{2} m V_{G1}^2 + \frac{1}{2} J_G \omega_1^2$

$= \frac{1}{2} \times 5 \times 3^2 + \frac{1}{2} \times \frac{mL^2}{12} \times \omega_1^2$

$= \frac{1}{2} \times 5 \times 3^2 + \frac{1}{2} \times \frac{5 \times 0.6^2}{12} \times 10^2 = 30\text{J}$

결국 같은 결과를 얻는다. 최종 위치에서는

$T_2 = \frac{1}{2} J_A \omega_2^2 = \frac{1}{2}\left(\frac{mL^2}{3}\right)\omega_2^2$

$= \frac{1}{2} \times \frac{5 \times 0.6^2}{3} \times \omega_2^2 = 0.3\omega_2^2[\text{J}]$

임의자유물체도(FBD) ⓑ에 반력 A_x, A_y는 이동하지 않으므로 일을 하지 않는다. G점에 작용한 49.05N의 무게는 수직거리(Δy)=0.3m만큼 아래로 이동한다. 30N의 힘은 $\frac{1}{2}\pi \times 0.6$m거리를 경도의 접선방향으로 이동한다.
일과 에너지의 원리 $T_1 + \Sigma U_{1 \to 2} = T_2$

$30 + (49.05 \times 0.3 + 30 \times \frac{1}{2}\pi \times 0.6) = 0.3\omega_2^2$

$72.98 = 0.3\omega_2^2$

$\therefore \omega_2 = \sqrt{\frac{72.98}{0.3}} \fallingdotseq 15.6\text{rad/s}$

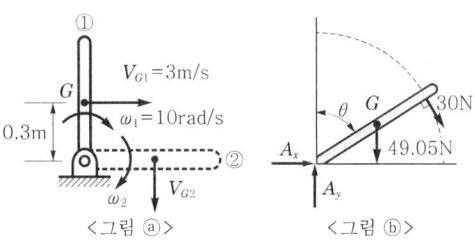

<그림 ⓐ>   <그림 ⓑ>

86 20m/s의 속도를 가지고 직선으로 날아오는 무게 9.8N의 공을 0.1초 사이에 멈추게 하려면 약 몇 N의 힘이 필요한가?

① 20 ② 200
③ 9.8 ④ 98

해설 $Ft = mv = \frac{W}{g}v[\text{N}\cdot\text{s}]$

$\therefore F = \frac{mv}{t} = \frac{Wv}{gt} = \frac{9.8 \times 20}{9.8 \times 0.01} = 200\text{N}$

87 기계진동의 전달률(transmissibility ratio)을 1 이하로 조정하기 위해서는 진동수의 비(ω/ω_n)를 얼마로 하면 되는가?

① $\sqrt{2}$ 이하로 한다.
② 1 이상으로 한다.
③ 2 이상으로 한다.
④ $\sqrt{2}$ 이상으로 한다.

해설 $\gamma\left(=\frac{\omega}{\omega_n}\right) > \sqrt{2}$

88 스프링상수가 20N/cm와 30N/cm인 두 개의 스프링을 직렬로 연결했을 때 등가스프링상수값은 몇 N/cm인가?

① 50 ② 12
③ 10 ④ 25

해설 $k_{eq} = \dfrac{1}{\dfrac{1}{k_1}+\dfrac{1}{k_2}} = \dfrac{k_1 k_2}{k_1 + k_2} = \dfrac{20 \times 30}{20 + 30} = 12\text{N/m}$

정답 85. ③ 86. ② 87. ④ 88. ②

89 동일한 질량과 스프링상수를 가진 2개의 시스템에서 하나는 감쇠가 없고, 다른 하나는 감쇠비가 0.12인 점성감쇠가 있다. 이때 감쇠진동시스템의 감쇠고유진동수와 비감쇠진동시스템의 고유진동수의 차이는 비감쇠진동시스템 고유진동수의 약 몇 %인가?

① 0.72 ② 1.24
③ 2.15 ④ 4.24

해설 감쇠 고유진동수(ω_d) $= \omega_n \sqrt{1-\left(\dfrac{c}{c_c}\right)^2} = \omega_n \sqrt{1-\xi^2}$

여기서, ω_n : 비감쇠 고유진동수 $\left(= \sqrt{\dfrac{k}{m}}\right)$

$\therefore \left(1 - \dfrac{\omega_d}{\omega_n}\right) \times 100 = (1 - \sqrt{1-\xi^2}) \times 100$
$= (1 - \sqrt{1-0.12^2}) \times 100 = 0.72$

90 다음 그림과 같이 스프링상수는 400N/m, 질량은 100kg인 1자유도계 시스템이 있다. 초기에 변위는 0이고 스프링변형량도 없는 상태에서 x 방향으로 3m/s의 속도로 움직이기 시작한다고 가정할 때 이 질량체의 속도 v를 위치 x에 관한 함수로 나타내면?

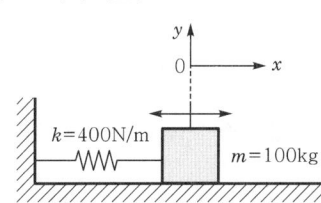

① $\pm(9-4x^2)$ ② $\pm\sqrt{9-4x^2}$
③ $\pm(16-9x^2)$ ④ $\pm\sqrt{16-9x^2}$

해설 ㉠ $x=0$, $v=3$m/s일 때
$E = \dfrac{1}{2}mv^2 + \dfrac{1}{2}kx^2 = \dfrac{1}{2} \times 100 \times 3^2 = 450$

㉡ $E = \dfrac{1}{2}mv^2 + \dfrac{1}{2}kx^2$
$450 = \dfrac{1}{2} \times 100 \times v^2 + \dfrac{1}{2} \times 400 \times x^2$
$\therefore v = \pm\sqrt{9-4x^2}$ [m/s]

91 다음 가공법 중 연삭입자를 사용하지 않는 것은?

① 초음파가공 ② 방전가공
③ 액체호닝 ④ 래핑

해설 연삭입자가공의 종류 : 초음파가공, 액체호닝, 래핑(습식, 건식), 슈퍼피니싱

92 다음 중 주물의 첫 단계인 모형(pattern)을 만들 때 고려사항으로 가장 거리가 먼 것은?

① 목형구배 ② 수축여유
③ 팽창여유 ④ 기계가공여유

해설 모형제작 시 고려사항 : 수축여유, 가공여유, 라운딩, 목형구배(테이퍼), 덧붙임(stop off), 코어프린트(core print)

93 선반에서 주분력이 1.8kN, 절삭속도가 150m/min일 때 절삭동력은 약 몇 kW인가?

① 4.5 ② 6
③ 7.5 ④ 9

해설 절삭동력 $= Fv = 1.8 \times \dfrac{150}{60} = 4.5$kN·m/s (=kW)

94 정격 2차 전류 300A인 용접기를 이용하여 실제 270A의 전류로 용접을 했을 때 허용사용률이 94%이었다면 정격사용률은 약 몇 %인가?

① 68 ② 72
③ 76 ④ 80

해설 정격사용률 $= \left(\dfrac{\text{실제 용접전류}}{\text{정격 2차 전류}}\right)^2 \times$ 허용사용률
$= \left(\dfrac{270}{300}\right)^2 \times 94$
$= 76.14\%$

95 다음 중 심냉처리(sub-zero treatment)에 대한 설명으로 가장 적절한 것은?

① 강철을 담금질하기 전에 표면에 붙은 불순물을 화학적으로 제거시키는 것
② 처음에 기름으로 냉각한 다음 계속하여 물 속에 담그고 냉각하는 것
③ 담금질 직후 바로 템퍼링하기 전에 얼마 동안 0℃에 두었다가 템퍼링하는 것
④ 담금질 후 0℃ 이하의 온도까지 냉각시켜 잔류오스테나이트를 마텐자이트화하는 것

정답 89.① 90.② 91.② 92.③ 93.① 94.③ 95.④

[해설] 심냉처리는 담금질(퀜칭) 후 0℃ 이하의 온도까지 냉각시켜 잔류오스테나이트를 마텐자이트조직으로 변화시키는 열처리법이다.

96 다음 측정기구 중 진직도를 측정하기에 적합하지 않은 것은?

① 실린더게이지 ② 오토콜리메이터
③ 측미현미경   ④ 정밀수준기

[해설] 실린더게이지는 구멍의 깊은 부분 내경측정용 게이지이다.

97 전해연마의 특징에 대한 설명으로 틀린 것은?

① 가공변질층이 없다.
② 내부식성이 좋아진다.
③ 가공면에는 방향성이 있다.
④ 복잡한 형상을 가진 공작물의 연마도 가능하다.

[해설] 전해연마(electrolytic polishing)는 비철금속의 공작물을 인산 또는 황산(H_2SO_4) 등의 전해액 속에 넣어 DC(직류)를 짧은 시간 동안 통전하여 표면을 녹여 아름답고 방향성이 없는 매끈한 표면처리를 얻는 가공법이다.

98 냉간가공에 의하여 경도 및 항복강도가 증가하나 연신율은 감소하는데, 이 현상을 무엇이라 하는가?

① 가공경화   ② 탄성경화
③ 표면경화   ④ 시효경화

[해설] 냉간가공 시 경도 및 항복강도는 증가하나 연신율은 감소하는 현상을 가공경화라 한다. 가공경화된 재료는 항복점이 높아져서 경도가 증가하지만 전연성이 저하되고 취성이 나타나므로 가공을 계속하면 파단되는 상태에 이르게 된다.

99 절삭유제를 사용하는 목적이 아닌 것은?

① 능률적인 칩 제거
② 공작물과 공구의 냉각
③ 절삭열에 의한 정밀도 저하 방지
④ 공구 윗면과 칩 사이의 마찰계수 증대

[해설] 절삭유제의 사용목적
㉠ 능률적인 칩 제거
㉡ 공작물과 공구의 냉각
㉢ 절삭열에 의한 정밀도 저하 방지
㉣ 공구 윗면과 칩 사이의 마찰계수 감소

100 다음 중 자유단조에 속하지 않는 것은?

① 업세팅(up-setting)
② 블랭킹(blanking)
③ 늘리기(drawing)
④ 굽히기(bending)

[해설] 단조가공(forging)은 재료를 기계나 해머로 두들겨 성형하는 가공으로 조직을 미세화시키고 균질상태로 성형하며 자유단조와 형단조가 있다.
㉠ 자유단조 : 절단, 늘리기, 넓히기, 굽히기, 압축, 구멍뚫기, 비틀림, 단짓기 등
㉡ 형단조(금형을 사용하여 가공하는 방법) : 균일한 제품을 빠르게 대량생산하는 장점이 있으나 금형의 가격이 비싸다.
※ 블랭킹은 전단가공에 속한다.

정답 96. ① 97. ③ 98. ① 99. ④ 100. ②

2018 제2회 출제문제

| 2018. 4. 28. 시행 |

제1과목 · 재료역학

01 원형 단면축이 비틀림을 받을 때 그 속에 저장되는 탄성변형에너지 U는 얼마인가? (단, T: 토크, L: 길이, G: 가로탄성계수, I_P: 극관성모멘트, I: 관성모멘트, E: 세로탄성계수이다.)

① $U = \dfrac{T^2L}{2GI}$ ② $U = \dfrac{T^2L}{2EI}$

③ $U = \dfrac{T^2L}{2EI_P}$ ④ $U = \dfrac{T^2L}{2GI_P}$

해설 $\theta = \dfrac{TL}{GI_P}$

$\therefore U = \dfrac{T\theta}{2} = \dfrac{T \cdot \frac{TL}{GI_P}}{2} = \dfrac{T^2L}{2GI_P}$ [kJ]

02 다음 그림의 H형 단면의 도심축인 Z축에 관한 회전반경(radius of gyration)은 얼마인가?

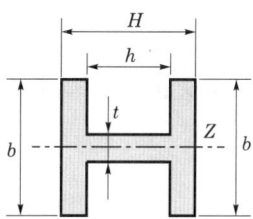

① $K_z = \sqrt{\dfrac{Hb^3 - (b-t)^3 b}{12(bH - bh + th)}}$

② $K_z = \sqrt{\dfrac{12Hb^3 + (b-t)^3 b}{bH + bh + th}}$

③ $K_z = \sqrt{\dfrac{ht^3 + Hb^3 - hb^3}{12(bH - bh + th)}}$

④ $K_z = \sqrt{\dfrac{12Hb^3 + (b+t)^3 b}{bH + bh - th}}$

해설 $K_z = \sqrt{\dfrac{I_G}{A}} = \sqrt{\dfrac{ht^3 + Hb^3 - hb^3}{12(bH - bh + th)}}$ [m]

03 다음 그림과 같이 전길이에 걸쳐 균일분포하중 w를 받는 보에서 최대 처짐 δ_{max}를 나타내는 식은? (단, 보의 굽힘강성계수는 EI이다.)

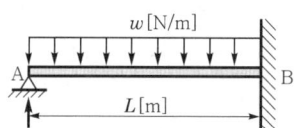

① $\dfrac{wL^4}{64EI}$ ② $\dfrac{wL^4}{128.5EI}$

③ $\dfrac{wL^4}{184.6EI}$ ④ $\dfrac{wL^4}{192EI}$

해설 일단 고정 타단 지지보(균일분포하중을 받는 경우)의 최대 처짐량

$\delta_{max} = \dfrac{wL^4}{184.6EI} = 0.0054\dfrac{wL^4}{EI}$ [cm]

04 다음 그림과 같은 보에서 발생하는 최대 굽힘모멘트는 몇 kN·m인가?

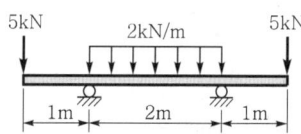

① 2   ② 5
③ 7   ④ 10

해설 $M_{max} = PL_1 = 5 \times 1 = 5$ kN·m (= kJ)

05 지름이 60mm인 연강축이 있다. 이 축의 허용전단응력은 40MPa이며, 단위길이 1m당 허용회전각도는 1.5°이다. 연강의 전단탄성계수를 80GPa이라 할 때 이 축의 최대 허용토크는 약 몇 N·m인가?

① 696   ② 1,696
③ 2,664   ④ 3,664

정답 01. ④ 02. ③ 03. ③ 04. ② 05. ②

해설 $T = \tau Z_P = \tau \dfrac{\pi d^3}{16} = 40 \times 10^6 \times \dfrac{\pi \times 0.06^3}{16}$
$= 1{,}696 \text{N} \cdot \text{m}$

06 다음 그림에서 784.8N과 평형을 유지하기 위한 힘 F_1과 F_2는?

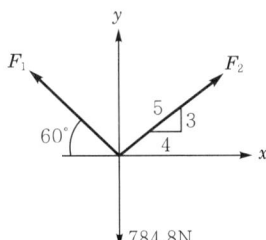

① $F_1 = 395.2\text{N},\ F_2 = 632.4\text{N}$
② $F_1 = 790.4\text{N},\ F_2 = 632.4\text{N}$
③ $F_1 = 790.4\text{N},\ F_2 = 395.2\text{N}$
④ $F_1 = 632.4\text{N},\ F_2 = 395.2\text{N}$

해설 ㉠ $\Sigma F_x = 0$
그림에서 $\cos\theta = \dfrac{4}{5}$
$\cos 60° F_1 = \dfrac{4}{5} F_2$
$0.5 F_1 = 0.8 F_2$
$\therefore F_1 = 1.6 F_2\ [\text{N}]$

㉡ $\Sigma F_y = 0$
그림에서 $\sin\theta = \dfrac{3}{5}$
$\sin 60° F_1 + \dfrac{3}{5} F_2 = 784.8\text{N}$
$1.386 F_2 + 0.6 F_2 = 784.8\text{N}$
$1.986 F_2 = 784.8\text{N}$
$\therefore F_2 = \dfrac{784.8}{1.986} \fallingdotseq 395.2\text{N}$
$\therefore F_1 = 1.6 F_2 = 1.6 \times 395.2 \fallingdotseq 632.4\text{N}$

07 지름 3cm인 강축이 26.5rev/s의 각속도로 26.5kW의 동력을 전달하고 있다. 이 축에 발생하는 최대 전단응력은 약 몇 MPa인가?

① 30 ② 40
③ 50 ④ 60

해설 $T = 9.55 \times 10^3 \dfrac{kW}{N} = 9.55 \times 10^3 \times \dfrac{26.5}{26.5 \times 60}$
$= 159.17 \text{N} \cdot \text{m} = 159.17 \times 10^3 \text{N} \cdot \text{mm}$
$\therefore \tau = \dfrac{T}{Z_P} = \dfrac{16T}{\pi d^3} = \dfrac{16 \times 159.17 \times 10^3}{\pi \times 30^3} = 30\text{MPa}$

08 다음 그림에 표시한 단순지지보에서의 최대 처짐량은? (단, 보의 굽힘강성은 EI이고, 자중은 무시한다.)

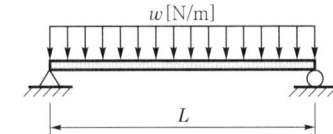

① $\dfrac{wl^3}{48EI}$ ② $\dfrac{wl^4}{24EI}$
③ $\dfrac{5wl^3}{253EI}$ ④ $\dfrac{5wl^4}{384EI}$

해설 $\delta_{\max} = \dfrac{5wl^4}{384EI}\ [\text{m}]$

09 평면응력상태에서 $\varepsilon_x = -150 \times 10^{-6}$, $\varepsilon_y = -280 \times 10^{-6}$, $\gamma_{xy} = 850 \times 10^{-6}$일 때 최대 주변형률($\varepsilon_1$)과 최소 주변형률($\varepsilon_2$)은 각각 약 얼마인가?

① $\varepsilon_1 = 215 \times 10^{-6},\ \varepsilon_2 = -645 \times 10^{-6}$
② $\varepsilon_1 = 645 \times 10^{-6},\ \varepsilon_2 = 215 \times 10^{-6}$
③ $\varepsilon_1 = 315 \times 10^{-6},\ \varepsilon_2 = -645 \times 10^{-6}$
④ $\varepsilon_1 = -545 \times 10^{-6},\ \varepsilon_2 = 315 \times 10^{-6}$

해설 $\varepsilon_1 = \dfrac{1}{2}(\varepsilon_x + \varepsilon_y) + \sqrt{\left(\dfrac{\varepsilon_x - \varepsilon_y}{2}\right)^2 + \left(\dfrac{\gamma_{xy}}{2}\right)^2}$
$= \dfrac{1}{2}(\varepsilon_x + \varepsilon_y) + \dfrac{1}{2}\sqrt{(\varepsilon_x - \varepsilon_y)^2 + \gamma_{xy}^2}$
$= \dfrac{1}{2} \times (-150 \times 10^{-6} - 280 \times 10^{-6})$
$+ \dfrac{1}{2}\sqrt{(-150 \times 10^{-6} + 280 \times 10^{-6})^2 + (850 \times 10^{-6})^2}$
$= 215 \times 10^{-6}$

$\varepsilon_2 = \dfrac{1}{2}(\varepsilon_x + \varepsilon_y) - \dfrac{1}{2}\sqrt{(\varepsilon_x - \varepsilon_y)^2 + \gamma_{xy}^2}$
$= \dfrac{1}{2} \times (-150 \times 10^{-6} - 280 \times 10^{-6})$
$- \dfrac{1}{2}\sqrt{(-150 \times 10^{-6} + 280 \times 10^{-6})^2 + (850 \times 10^{-6})^2}$
$= -645 \times 10^{-6}$

정답 06.④ 07.① 08.④ 09.①

10 폭 3cm, 높이 4cm의 직사각형 단면을 갖는 외팔보가 자유단에 다음 그림에서와 같이 집중하중을 받을 때 보 속에 발생하는 최대 전단응력은 몇 N/cm²인가?

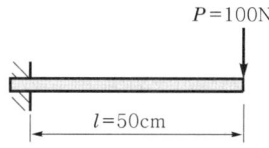

① 12.5　　② 13.5
③ 14.5　　④ 15.5

[해설] $\tau_{\max} = \dfrac{3P}{2A} = \dfrac{3 \times 100}{2 \times (3 \times 4)} = 12.5 \text{N/cm}^2$

11 길이 6m인 단순지지보에 등분포하중 q가 작용할 때 단면에 발생하는 최대 굽힘응력이 337.5MPa이라면 등분포하중 q는 약 몇 kN/m인가? (단, 보의 단면은 폭×높이=40mm×100mm이다.)

① 4　　② 5
③ 6　　④ 7

[해설] $M_{\max} = \sigma Z = \sigma \dfrac{bh^2}{6} = \dfrac{qL^2}{8}$

$\dfrac{qL^2}{8} = \sigma \dfrac{bh^2}{6}$

$\therefore q = \dfrac{4}{3} \dfrac{\sigma bh^2}{L^2} = \dfrac{4}{3} \times \dfrac{337.5 \times 10^3 \times 0.04 \times 0.1^2}{6^2}$
$= 5 \text{kN/m}$

12 보의 자중을 무시할 때 다음 그림과 같이 자유단 C에 집중하중 $2P$가 작용할 때 B점에서 처짐곡선의 기울기각은? (단, 세로탄성계수 E, 단면 2차모멘트를 I라고 한다.)

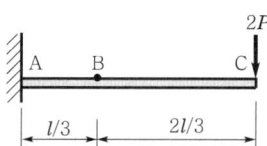

① $\dfrac{5}{9} \dfrac{Pl^2}{EI}$　　② $\dfrac{5}{18} \dfrac{Pl^2}{EI}$

③ $\dfrac{5}{27} \dfrac{Pl^2}{EI}$　　④ $\dfrac{5}{36} \dfrac{Pl^2}{EI}$

[해설] $\theta_B = \dfrac{A_M}{EI} = \dfrac{\dfrac{2Pl \times l}{2} - \dfrac{4}{3}Pl \times \dfrac{2}{3}l \times \dfrac{1}{2}}{EI}$

$= \dfrac{5}{9} \dfrac{Pl^2}{EI} \text{[rad]}$

13 다음 그림과 같은 외팔보에 대한 전단력선도로 옳은 것은? (단, 아랫방향을 양(+)으로 본다.)

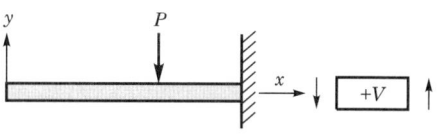

①　②　③　④

[해설] P가 고정단까지 일정하게 작용한다(S.F.D 일정).

14 다음 그림과 같이 길이가 동일한 2개의 기둥 상단에 중심압축하중 2,500N이 작용할 경우 전체 수축량은 약 몇 mm인가? (단, 단면적 A_1=1,000mm², A_2=2,000mm², 길이 L=300mm, 재료의 탄성계수 E=90GPa이다.)

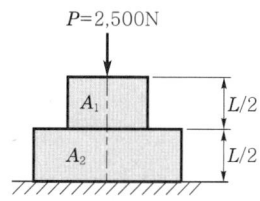

① 0.625　　② 0.0625
③ 0.00625　　④ 0.000625

[해설] $\lambda_{\text{total}} = \lambda_1 + \lambda_2 = \dfrac{PL}{2E}\left(\dfrac{1}{A_1} + \dfrac{1}{A_2}\right)$

$= \dfrac{2,500 \times 300}{2 \times 90 \times 10^3} \times \left(\dfrac{1}{1,000} + \dfrac{1}{2,000}\right)$

$= 6.25 \times 10^{-3} = 0.00625 \text{mm}$

정답　10. ①　11. ②　12. ①　13. ④　14. ③

15 최대 사용강도 400MPa의 연강보에 30kN의 축방향의 인장하중이 가해질 경우 강봉의 최소 지름은 몇 cm까지 가능한가? (단, 안전율은 5이다.)

① 2.69   ② 2.99
③ 2.19   ④ 3.02

해설 $S = \dfrac{\sigma_{max}}{\sigma_a}$

$\therefore \sigma_a = \dfrac{\sigma_{max}}{S} = \dfrac{400}{5} = 80\text{MPa}$

$\sigma_a = \dfrac{P_t}{A} = \dfrac{4P_t}{\pi d^2}$

$\therefore d = \sqrt{\dfrac{4P_t}{\pi \sigma_a}} = \sqrt{\dfrac{4 \times 30,000}{\pi \times 80}} = 21.85\text{mm} ≒ 2.19\text{cm}$

16 다음 그림과 같이 A, B의 원형 단면봉은 길이가 같고 지름이 다르며 양단에서 같은 압축하중 P를 받고 있다. 응력은 각 단면에서 균일하게 분포된다고 할 때 저장되는 탄성변형에너지의 비 $\dfrac{U_B}{U_A}$는 얼마가 되겠는가?

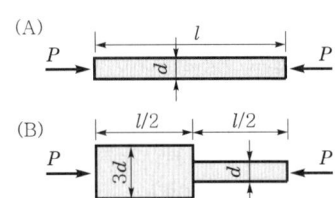

① $\dfrac{1}{3}$ ② $\dfrac{5}{9}$
③ 2   ④ $\dfrac{9}{5}$

해설 $U_A = \dfrac{P^2 l}{2EA} = \dfrac{4P^2 l}{2E\pi d^2}$ [kJ]

$U_B = \dfrac{4P^2\left(\dfrac{l}{2}\right)}{2E\pi d^2} + \dfrac{4P^2\left(\dfrac{l}{2}\right)}{2E\pi(3d)^2} = \dfrac{4P^2 l}{2E\pi d^2}\left(\dfrac{1}{2} + \dfrac{1}{18}\right)$

$= \dfrac{4P^2 l}{2E\pi d^2}\left(\dfrac{10}{18}\right)$ [kJ]

$\therefore \dfrac{U_B}{U_A} = \dfrac{10}{18} = \dfrac{5}{9}$

17 원통형 압력용기에 내압 P가 작용할 때 원통부에 발생하는 축방향의 변형률 ε_x 및 원주방향 변형률 ε_y는? (단, 강판의 두께 t는 원통의 지름 D에 비하여 충분히 작고, 강판재료의 탄성계수 및 푸아송비는 각각 E, ν이다.)

① $\varepsilon_x = \dfrac{PD}{4tE}(1-2\nu),\ \varepsilon_y = \dfrac{PD}{4tE}(1-\nu)$

② $\varepsilon_x = \dfrac{PD}{4tE}(1-2\nu),\ \varepsilon_y = \dfrac{PD}{4tE}(2-\nu)$

③ $\varepsilon_x = \dfrac{PD}{4tE}(2-\nu),\ \varepsilon_y = \dfrac{PD}{4tE}(1-\nu)$

④ $\varepsilon_x = \dfrac{PD}{4tE}(1-\nu),\ \varepsilon_y = \dfrac{PD}{4tE}(2-\nu)$

해설 $\varepsilon_x = \dfrac{\sigma_x}{E} - \dfrac{\sigma_y}{mE} = \dfrac{PD}{4tE} - \dfrac{\nu PD}{2tE} = \dfrac{PD}{4tE}(1-2\nu)$

$\varepsilon_y = \dfrac{\sigma_y}{E} - \dfrac{\sigma_x}{mE} = \dfrac{PD}{2tE} - \dfrac{\nu PD}{4tE} = \dfrac{PD}{4tE}(2-\nu)$

18 지름 20mm, 길이 1,000mm의 연강봉이 50kN의 인장하중을 받을 때 발생하는 신장량은 약 몇 mm인가? (단, 탄성계수 $E = 210\text{GPa}$이다.)

① 7.58   ② 0.758
③ 0.0758   ④ 0.00758

해설 $\lambda = \dfrac{Pl}{AE} = \dfrac{Pl}{\dfrac{\pi d^2}{4}E} = \dfrac{4Pl}{\pi d^2 E}$

$= \dfrac{4 \times 50 \times 10^3 \times 1,000}{\pi \times 20^2 \times 210 \times 10^3} = 0.758\text{mm}$

19 지름이 0.1m이고 길이가 15m인 양단 힌지인 원형강 장주의 좌굴임계하중은 약 몇 kN인가? (단, 장주의 탄성계수는 200GPa이다.)

① 43   ② 55
③ 67   ④ 79

해설 $P_{cr} = n\pi^2 \dfrac{EI_G}{L^2} = 1 \times \pi^2 \times \dfrac{200 \times 10^6 \times \dfrac{\pi \times 0.1^4}{64}}{15^2}$

$≒ 43\text{kN}$

정답 15. ③ 16. ② 17. ② 18. ② 19. ①

20 다음과 같이 3개의 링크를 핀을 이용하여 연결하였다. 2,000N의 하중 P가 작용할 경우 핀에 작용되는 전단응력은 약 몇 MPa인가? (단, 핀의 직경은 1cm이다.)

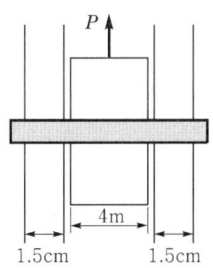

① 12.73　　② 13.24
③ 15.63　　④ 16.56

해설 $\tau = \dfrac{P_s}{2A} = \dfrac{2,000}{2 \times \dfrac{\pi \times 10^2}{4}} = \dfrac{2,000 \times 4}{2 \times \pi \times 100}$
$= 12.73\text{MPa}(= \text{N/mm}^2)$

제2과목 · 기계열역학

21 마찰이 없는 실린더 내에 온도 500K, 비엔트로피 3kJ/kg · K인 이상기체가 2kg 들어있다. 이 기체의 비엔트로피가 10kJ/kg · K이 될 때까지 등온과정으로 가열한다면 가열량은 약 몇 kJ인가?

① 1,400kJ　　② 2,000kJ
③ 3,500kJ　　④ 7,000kJ

해설 $s_2 - s_1 = \dfrac{{}_1 q_2}{T}$ [kJ/kg · K]
∴ $Q = m \cdot {}_1q_2 = mT(s_2 - s_1)$
$= 2 \times 500 \times (10-3) = 7,000\text{kJ}$

22 온도 150℃, 압력 0.5MPa의 공기 0.2kg이 압력이 일정한 과정에서 원래 체적의 2배로 늘어난다. 이 과정에서의 일은 약 몇 kJ인가? (단, 공기는 기체상수가 0.287kJ/kg · K인 이상기체로 가정한다.)

① 12.3kJ　　② 16.5kJ
③ 20.5kJ　　④ 24.3kJ

해설 $P_1 V_1 = mRT_1$
$V_1 = \dfrac{mRT_1}{P_1} = \dfrac{0.2 \times 0.287 \times (150+273)}{0.5 \times 10^3}$
$= 0.048\text{m}^3$
∴ ${}_1W_2 = \int_1^2 PdV = P(V_2 - V_1) = PV_1\left(\dfrac{V_2}{V_1} - 1\right)$
$= 0.5 \times 10^3 \times 0.048 \times (2-1) = 24.3\text{kJ}$

23 랭킨사이클의 열효율을 높이는 방법으로 틀린 것은?

① 복수기의 압력을 저하시킨다.
② 보일러압력을 상승시킨다.
③ 재열(reheat)장치를 사용한다.
④ 터빈 출구온도를 높인다.

해설 랭킨사이클의 효율을 높이려면 복수기압력(배압)은 낮추고, 보일러압력은 높이고, 재열장치를 사용하여 터빈 출구온도를 낮춘다.

24 유체의 교축과정에서 Joule-Thomson계수(μ_J)가 중요하게 고려되는데, 이에 대한 설명으로 옳은 것은?

① 등엔탈피과정에 대한 온도변화와 압력변화의 비를 나타내며 $\mu_J < 0$인 경우 온도 상승을 의미한다.
② 등엔탈피과정에 대한 온도변화와 압력변화의 비를 나타내며 $\mu_J < 0$인 경우 온도강하를 의미한다.
③ 정적과정에 대한 온도변화와 압력변화의 비를 나타내며 $\mu_J < 0$인 경우 온도 상승을 의미한다.
④ 정적과정에 대한 온도변화와 압력변화의 비를 나타내며 $\mu_J < 0$인 경우 온도강하를 의미한다.

해설 줄-톰슨계수(μ_J) = $\dfrac{\partial T}{\partial P}$
㉠ $\partial T > 0 (T_1 > T_2)$(온도 강하 시) : $\mu_J > 0$
㉡ $\partial T = 0 (T_1 = T_2)$(등온 시) : $\mu_J = 0$
㉢ $\partial T < 0 (T_1 < T_2)$(온도 상승 시) : $\mu_J < 0$

정답 20. ①　21. ④　22. ④　23. ④　24. ①

25 이상적인 카르노사이클의 열기관이 500℃인 열원으로부터 500kJ을 받고 25℃에 열을 방출한다. 이 사이클의 일(W)과 효율(η_{th})은 얼마인가?

① $W=307.2$kJ, $\eta_{th}=0.6143$
② $W=207.2$kJ, $\eta_{th}=0.5748$
③ $W=250.3$kJ, $\eta_{th}=0.8316$
④ $W=401.5$kJ, $\eta_{th}=0.6517$

해설 $\eta_{th} = \dfrac{W_{net}}{Q_1} = 1 - \dfrac{T_2}{T_1} = 1 - \dfrac{25+273}{500+273} = 0.6143$

∴ $W_{net} = \eta_{th} Q_1 = 0.6143 \times 500 = 307.2$kJ

26 Brayton사이클에서 압축기 소요일은 175kJ/kg, 공급열은 627kJ/kg, 터빈 발생일은 406kJ/kg으로 작동될 때 열효율은 약 얼마인가?

① 0.28 ② 0.37
③ 0.42 ④ 0.48

해설 $\eta_B = \dfrac{w_{net}}{q_1} = \dfrac{w_t - w_e}{q_1} = \dfrac{406-175}{627} = 0.37$

27 다음 열역학상태량 중 종량적 상태량(extensive property)에 속하는 것은?

① 압력 ② 체적
③ 온도 ④ 밀도

해설 종량적 상태량(extensive quantity of state, 종량적 성질(property))은 물질의 양에 비례하는 상태량으로 체적(V), 엔탈피(H), 질량(m), 엔트로피(ΔS), 내부에너지(U) 등이 있다. 압력, 온도, 밀도(비질량), 비체적(v) 등은 물질의 양과 무관한 강도성 상태량(intensive quantity of state)이다.

28 매 시간 20kg의 연료를 소비하여 74kW의 동력을 생산하는 가솔린기관의 열효율은 약 몇 %인가? (단, 가솔린의 저위발열량은 43,470kJ/kg이다.)

① 18 ② 22
③ 31 ④ 43

해설 $\eta = \dfrac{3,600 kW}{H_L m_f} \times 100\% = \dfrac{3,600 \times 74}{43,470 \times 20} \times 100\%$
$= 30.64 ≒ 31\%$

29 천제연 폭포의 높이가 55m이고 주위와 열교환을 무시한다면 폭포수가 낙하한 후 수면에 도달할 때까지 온도 상승은 약 몇 K인가? (단, 폭포수의 비열은 4.2kJ/kg·K이다.)

① 0.87 ② 0.31
③ 0.13 ④ 0.68

해설 가열량=위치에너지
$mC\Delta t = mgz$

∴ $\Delta t = \dfrac{gz}{C} = \dfrac{9.8 \times 55 \times 10^{-3}}{4.2} ≒ 0.13$K

30 피스톤-실린더장치 내에 있는 공기가 0.3m³에서 0.1m³로 압축되었다. 압축되는 동안 압력(P)과 체적(V) 사이에 $P=aV^{-2}$의 관계가 성립하며 계수 $a=6$kPa·m⁶이다. 이 과정 동안 공기가 한 일은 약 얼마인가?

① -53.3kJ ② -1.1kJ
③ 253kJ ④ -40kJ

해설 $_1W_2 = \int_1^2 PdV = a\int_{V_1}^{V_2} V^{-2} dV = a\left[\dfrac{V^{-2+1}}{-2+1}\right]_{0.3}^{0.1}$
$= \dfrac{a}{1-2}(V_2^{-1} - V_1^{-1}) = \dfrac{a}{2-1}(V_1^{-1} - V_2^{-1})$
$= 6 \times (0.3^{-1} - 0.1^{-1}) = -40$kJ

31 다음 그림과 같이 다수의 추를 올려놓은 피스톤이 장착된 실린더가 있는데 실린더 내의 초기압력은 300kPa, 초기체적은 0.05m³이다. 이 실린더에 열을 가하면서 적절히 추를 제거하여 폴리트로픽지수가 1.3인 폴리트로픽변화가 일어나도록 하여 최종적으로 실린더 내의 체적이 0.2m³가 되었다면 가스가 한 일은 약 몇 kJ인가?

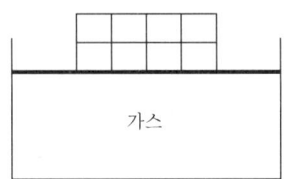

① 17 ② 18
③ 19 ④ 20

정답 25. ① 26. ② 27. ② 28. ③ 29. ③ 30. ④ 31. ①

해설
$$PV^n = C$$
$$P_1V_1^n = P_2V_2^n$$
$$P_2 = P_1\left(\frac{V_1}{V_2}\right)^n = 300 \times \left(\frac{0.05}{0.2}\right)^{1.3} = 49.48\text{kPa}$$
$$\therefore {}_1W_2 = \frac{1}{n-1}(P_1V_1 - P_2V_2)$$
$$= \frac{1}{1.3-1} \times (300 \times 0.05 - 49.48 \times 0.2)$$
$$= 17\text{kJ}$$

32 다음 중 이상적인 증기터빈의 사이클인 랭킨사이클을 옳게 나타낸 것은?

① 가역등온압축 → 정압가역 → 가역등온팽창 → 정압냉각
② 가역단열압축 → 정압가열 → 가역단열팽창 → 정압냉각
③ 가역등온압축 → 정적가열 → 가역등온팽창 → 정적냉각
④ 가역단열압축 → 정적가열 → 가역단열팽창 → 정적냉각

해설 랭킨사이클(rankine cycle)의 구성(과정) : 가역단열압축(펌프) → 정압가열(보일러 & 과열기) → 가역단열팽창(터빈) → 정압냉각(복수기)

33 어떤 카르노열기관이 100℃와 30℃ 사이에서 작동되며 100℃의 고온에서 100kJ의 열을 받아 40kJ의 유용한 일을 한다면 이 열기관에 대하여 가장 옳게 설명한 것은?

① 열역학 제1법칙에 위배된다.
② 열역학 제2법칙에 위배된다.
③ 열역학 제1법칙과 제2법칙에 모두 위배되지 않는다.
④ 열역학 제1법칙과 제2법칙에 모두 위배된다.

해설 $\eta_c = 1 - \frac{T_2}{T_1} = 1 - \frac{30+273}{100+273} = 0.188$

$\eta = \frac{W_{net}}{Q_1} = \frac{40}{100} = 0.4$

$\therefore \eta > \eta_c$ 이므로 열역학 제2법칙에 위배된다.

34 내부에너지가 30kJ인 물체에 열을 가하여 내부에너지가 50kJ이 되는 동안에 외부에 대하여 10kJ의 일을 하였다. 이 물체에 가해진 열량은?

① 10kJ   ② 20kJ
③ 30kJ   ④ 60kJ

해설 $Q = \Delta U + W = (50-30) + 10 = 30\text{kJ}$

35 증기압축냉동사이클로 운전하는 냉동기에서 압축기 입구, 응축기 입구, 증발기 입구의 엔탈피가 각각 387.2kJ/kg, 435.1kJ/kg, 241.8kJ/kg일 경우 성능계수는 약 얼마인가?

① 3.0   ② 4.0
③ 5.0   ④ 6.0

해설 $\varepsilon_R = \frac{q_2}{w_c} = \frac{387.2 - 241.8}{435.1 - 387.2} = 3.04$

36 온도 20℃에서 계기압력 0.183MPa의 타이어가 고속주행으로 온도 80℃로 상승할 때 압력은 주행 전과 비교하여 약 몇 kPa 상승하는가? (단, 타이어의 체적은 변하지 않고, 타이어 내의 공기는 이상기체로 가정한다. 그리고 대기압은 101.3kPa이다.)

① 37kPa   ② 58kPa
③ 286kPa   ④ 445kPa

해설 $V = \frac{P}{T} = C$

$\frac{P_1}{T_1} = \frac{P_2}{T_2}$

$\therefore P_2 = P_1\left(\frac{T_2}{T_1}\right) = (101.3 + 183) \times \left(\frac{80+273}{20+273}\right)$

$= 342.52\text{kPa}$

$\therefore \Delta P = P_2 - P_1 = 342.53 - 284.3 = 58.23\text{kPa}$

37 습증기상태에서 엔탈피 h를 구하는 식은? (단, h_f는 포화액의 엔탈피, h_g는 포화증기의 엔탈피, x는 건도이다.)

① $h = h_f + (xh_g - h_f)$ ② $h = h_f + x(h_g - h_f)$
③ $h = h_g + (xh_f - h_g)$ ④ $h = h_g + x(h_g - h_f)$

해설 $h = xh_g + (1-x)h_f = h_f + x(h_g - h_f)\text{[kJ/kg]}$

정답 32. ② 33. ② 34. ③ 35. ① 36. ② 37. ②

38 온도가 T_1인 고열원으로부터 온도가 T_2인 저열원으로 열전도, 대류, 복사 등에 의해 Q만큼 열전달이 이루어졌을 때 전체 엔트로피변화량을 나타내는 식은?

① $\dfrac{T_1 - T_2}{Q(T_1 \times T_2)}$ ② $\dfrac{Q(T_1 + T_2)}{T_1 \times T_2}$

③ $\dfrac{Q(T_1 - T_2)}{T_1 \times T_2}$ ④ $\dfrac{T_1 + T_2}{Q(T_1 \times T_2)}$

해설 $(\Delta S)_{total} = \Delta S_1$(고온체 엔트로피 감소량)
  $+ \Delta S_2$(저온체 엔트로피 증가량)
$= \dfrac{-Q}{T_1} + \dfrac{Q}{T_2} = Q\left(\dfrac{-1}{T_1} + \dfrac{1}{T_2}\right)$
$= Q\left(\dfrac{1}{T_2} - \dfrac{1}{T_1}\right) = Q\left(\dfrac{T_1 - T_2}{T_1 T_2}\right)$

39 이상기체에 대한 관계식 중 옳은 것은? (단, C_p, C_v는 정압 및 정적비열, k는 비열비이고, R은 기체상수이다.)

① $C_p = C_v - R$ ② $C_v = \dfrac{k-1}{k}R$

③ $C_p = \dfrac{k}{k-1}R$ ④ $R = \dfrac{C_p + C_v}{2}$

해설 비열 간의 관계식

㉠ $k = \dfrac{C_p}{C_v}$
  $\therefore C_p = kC_v$

㉡ $C_p - C_v = R$
  $kC_v - C_v = R$
  $C_v(k-1) = R$
  $\therefore C_v = \dfrac{R}{k-1}$ [kJ/kg · K]
  $C_p = kC_v = \dfrac{k}{k-1}R$ [kJ/kg · K]

40 1kg의 공기가 100℃를 유지하면서 가역등온팽창하여 외부에 500kJ의 일을 하였다. 이때 엔트로피의 변화량은 약 몇 kJ/K인가?

① 1.895 ② 1.665
③ 1.467 ④ 1.340

해설 $T = C$
$\therefore \Delta S = \dfrac{Q}{T} = \dfrac{500}{100 + 273} = 1.340 \text{kJ/K}$

제3과목 · 기계유체역학

41 길이 150m의 배가 10m/s의 속도로 항해하는 경우를 길이 4m의 모형 배로 실험하고자 할 때 모형 배의 속도는 약 몇 m/s로 해야 하는가?

① 0.133 ② 0.534
③ 1.068 ④ 1.633

해설 배의 모형시험은 중력이 중요시되는 Froude수를 만족시켜야 하므로
$\left(\dfrac{V}{\sqrt{lg}}\right)_p = \left(\dfrac{V}{\sqrt{lg}}\right)_m$
$g_p \simeq g_m$
$\therefore V_m = V_p\sqrt{\dfrac{l_m}{l_p}} = 10\sqrt{\dfrac{4}{150}} = 1.633 \text{m/s}$

42 다음 그림과 같은 수문(폭×높이=3m×2m)이 있을 경우 수문에 작용하는 힘의 작용점은 수면에서 몇 m 깊이에 있는가?

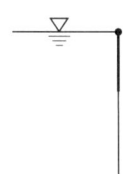 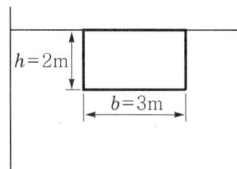

① 약 0.7m ② 약 1.1m
③ 약 1.3m ④ 약 1.5m

해설 $y_p = \dfrac{2}{3}h = \dfrac{2}{3} \times 2 = 1.33 \text{m}$

[별해] $y_p = y_c + \dfrac{I_c}{Ay_c} = 1 + \dfrac{\frac{3 \times 2^3}{12}}{(2 \times 3) \times 1} = 1.33 \text{m}$

43 흐르는 물의 속도가 1.4m/s일 때 속도수두는 약 몇 m인가?

① 0.2 ② 10
③ 0.1 ④ 1

정답 38. ③ 39. ③ 40. ④ 41. ④ 42. ③ 43. ③

해설 $h = \dfrac{V^2}{2g} = \dfrac{1.4^2}{2 \times 9.8} = 0.1\text{m}$

44 다음의 무차원수 중 개수로와 같은 자유표면유동과 가장 밀접한 관련이 있는 것은?

① Euler수 ② Froude수
③ Mach수 ④ Plandtl수

해설 개수로(open channel flow)는 중력이 중요시되는 Froude수 $= \dfrac{\text{관성력}}{\text{중력}} = \dfrac{V}{\sqrt{lg}}$ 가 중요시된다.

45 x, y 평면의 2차원 비압축성 유동장에서 유동함수(stream function) ψ는 $\psi = 3xy$로 주어진다. 점 (6, 2)와 점 (4, 2) 사이를 흐르는 유량은?

① 6   ② 12
③ 16 ④ 24

해설 $q = \psi_1 - \psi_2 = 3 \times 6 \times 2 - 3 \times 4 \times 2 = 12\text{m}^3/\text{s} \cdot \text{m}$

46 원통 속의 물이 중심축에 대하여 ω의 각속도로 강체와 같이 등속회전하고 있을 때 가장 압력이 높은 지점은?

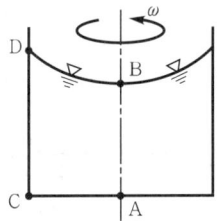

① 바닥면의 중심점 A
② 액체표면의 중심점 B
③ 바닥면의 가장자리 C
④ 액체표면의 가장자리 D

해설 강제와류운동(forced vortex motion) 시 벽면에서 최고높이(h) $= \dfrac{r_o^2 \omega^2}{2g}$[m]이므로 압력이 가장 높은 지점은 바닥면 가장자리 C점이다.

47 개방된 탱크 내에 비중이 0.8인 오일이 가득 차 있다. 대기압이 101kPa이라면 오일탱크수면으로부터 3m 깊이에서 절대압력은 약 몇 kPa인가?

① 25   ② 249
③ 12.5 ④ 125

해설 $P_a = P_o + P_g = P_o + \gamma h = P_o + \gamma_w S h$
$= 101 + 9.8 \times 0.8 \times 3 ≒ 125\text{kPa}$

48 다음 그림과 같이 물이 고여있는 큰 댐 아래에 터빈이 설치되어 있고 터빈의 효율이 85%이다. 터빈 이외에서의 다른 모든 손실을 무시할 때 터빈의 출력은 약 몇 kW인가? (단, 터빈 출구관의 지름은 0.8m, 출구속도 V는 10m/s이고 출구압력은 대기압이다.)

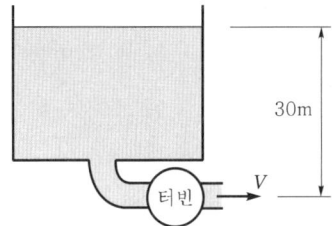

① 1,043 ② 1,227
③ 1,470 ④ 1,732

해설 $kW = 9.8QH\eta_t = 9.8AVH\eta_t$
$= 9.8 \times \dfrac{\pi \times 0.8^2}{4} \times 10 \times 30 \times 0.85 = 1,043\text{kW}$

49 2차원 정상유동의 속도방정식이 $V = 3(-x\boldsymbol{i} + y\boldsymbol{j})$라고 할 때 이 유동의 유선의 방정식은? (단, C는 상수를 의미한다.)

① $xy = C$ ② $y/x = C$
③ $x^2 y = C$ ④ $x^3 y = C$

해설 $\dfrac{dx}{u} = \dfrac{dy}{v}$, $\dfrac{dx}{-x} + C = \dfrac{dy}{y}$
$-\ln x + C = \ln y$, $\ln x + \ln y = C$
$\ln xy = C$
$xy = e^C = C$
$\therefore xy = C$

50 지름 2cm의 노즐을 통하여 평균속도 0.5m/s로 자동차의 연료탱크에 비중 0.9인 휘발유 20kg을 채우는 데 걸리는 시간은 약 몇 s인가?

① 66 ② 78
③ 102 ④ 141

해설 $\dfrac{\dot{m}}{t} = \rho AV$

$\therefore t = \dfrac{\dot{m}}{\rho AV} = \dfrac{\dot{m}}{(\rho_w S)AV}$

$= \dfrac{20}{(1,000 \times 0.9) \times \dfrac{\pi}{4} \times 0.02^2 \times 0.5} = 141.54\text{s}$

51 체적탄성계수가 2.086GPa인 기름의 체적을 1% 감소시키려면 가해야 할 압력은 몇 Pa인가?

① 2.086×10^7 ② 2.086×10^4
③ 2.086×10^3 ④ 2.086×10^2

해설 $E = -\dfrac{dP}{\dfrac{dV}{V}}$ [Pa]

$\therefore dP = E\left(-\dfrac{dV}{V}\right) = 2.086 \times 10^9 \times 0.01$

$= 2.086 \times 10^7 \text{Pa}$

52 표면장력의 차원으로 맞는 것은? (단, M : 질량, L : 길이, T : 시간)

① MLT^{-2} ② ML^2T^{-1}
③ $ML^{-1}T^{-2}$ ④ MT^{-2}

해설 표면장력(surface tension)이란 유체(액체)표면에서 유체입자의 단위길이당 작용하는 힘이다.
N/m = FL^{-1} = $(MLT^{-2})L^{-1}$ = MT^{-2}

[참고] • 물방울의 표면장력(σ) = $\dfrac{PD}{4}$ [N/m]
• 비눗방울의 표면장력(σ) = $\dfrac{PD}{8}$ [N/m]

53 경계층의 박리(separation)현상이 일어나기 시작하는 위치는?

① 하류방향으로 유속이 증가할 때
② 하류방향으로 압력이 감소할 때
③ 경계층두께가 0으로 감소될 때
④ 하류방향의 압력기울기가 역으로 될 때

해설 경계층 박리는 점성(실제)유동에서 압력 상승에 의해 물체표면 가까이 있던 유체층점성이 운동량을 이기지 못해 유체입자가 물체표면으로부터 이탈하는 현상으로서 유속이 감소할 때 일어나기 시작한다.

(역압력구배 $\dfrac{\partial P}{\partial x} > 0$, $\dfrac{\partial V}{\partial x} < 0$)

54 원관 내의 완전발달층류유동에서 유량에 대한 설명으로 옳은 것은?

① 관의 길이에 비례한다.
② 관지름의 제곱에 반비례한다.
③ 압력강하에 반비례한다.
④ 점성계수에 반비례한다.

해설 원관 내 수평층류유동 시 유량(Q)을 구하는 공식(하겐-포아젤방정식)

$Q = \dfrac{\Delta P \pi d^4}{128 \mu L}$ [m³/s]

$\therefore Q \propto \dfrac{1}{\mu}$ (유량은 점성계수에 반비례한다.)

55 다음 그림과 같이 비중 0.8인 기름이 흐르고 있는 개수로에 단순피토관을 설치하였다. $\Delta h = 20$mm, $h = 30$mm일 때 속도 V는 약 몇 m/s인가?

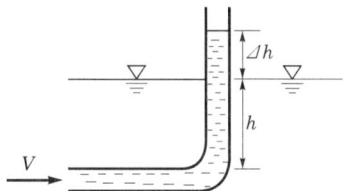

① 0.56 ② 0.63
③ 0.77 ④ 0.99

해설 $V = \sqrt{2g\Delta h} = \sqrt{2 \times 9.8 \times 0.02} = 0.63$m/s

56 수평으로 놓인 안지름 5cm인 곧은 원관 속에서 점성계수 0.4Pa·s의 유체가 흐르고 있다. 관의 길이 1m당 압력강하가 8kPa이고 흐름상태가 층류일 때 관 중심부에서의 최대 유속(m/s)은?

① 3.125 ② 5.217
③ 7.312 ④ 9.714

해설 $U_{max} = \dfrac{1}{4\mu}\dfrac{\Delta P}{l}r_o^2 = \dfrac{1}{4 \times 0.4} \times \dfrac{8,000}{1} \times 0.025^2$
$= 3.125$m/s

정답 50.④ 51.① 52.④ 53.④ 54.④ 55.② 56.①

57 벽면에 평행한 방향의 속도(u)성분만이 있는 유동장에서 전단응력을 τ, 점성계수를 μ, 벽면으로부터의 거리를 y로 표시하면 뉴턴의 점성법칙을 옳게 나타낸 식은?

① $\tau = \mu \dfrac{dy}{du}$ ② $\tau = \mu \dfrac{du}{dy}$

③ $\tau = \dfrac{1}{\mu}\dfrac{du}{dy}$ ④ $\mu = \tau\sqrt{\dfrac{du}{dy}}$

[해설] 뉴턴의 점성법칙(τ) $= \mu \dfrac{du}{dy}$ [Pa]

58 여객기가 888km/h로 비행하고 있다. 엔진의 노즐에서 연소가스를 375m/s로 분출하고, 엔진의 흡기량과 배출되는 연소가스의 양은 같다고 가정한다면 엔진의 추진력은 약 몇 N인가? (단, 엔진의 흡기량은 30kg/s이다.)

① 3,850N   ② 5,325N
③ 7,400N   ④ 11,250N

[해설] $F_{th} = \dot{m}(V_2 - V_1) = 30 \times \left(3.75 - \dfrac{888}{3.6}\right) = 3{,}850\,\text{N}$

59 구형 물체 주위의 비압축성 점성유체의 흐름에서 유속이 대단히 느릴 때(레이놀즈수가 1보다 작을 경우) 구형 물체에 작용하는 항력 D_r은? (단, 구의 지름은 d, 유체의 점성계수를 μ, 유체의 평균속도를 V라 한다.)

① $D_r = 3\pi\mu dV$ ② $D_r = 6\pi\mu dV$

③ $D_r = \dfrac{3\pi\mu dV}{g}$ ④ $D_r = \dfrac{3\pi dV}{\mu g}$

[해설] $Re < 1$인 경우 구의 항력은 스토크스법칙(Stokes law)을 적용한다.
$D_r = 3\pi\mu dV$ [N]

60 지름이 10mm의 매끄러운 관을 통해서 유량 0.02L/s의 물이 흐를 때 길이 10m에 대한 압력손실은 약 몇 Pa인가? (단, 물의 동점성계수는 $1.4 \times 10^{-6}\,\text{m}^2/\text{s}$이다.)

① 1.140Pa   ② 1.819Pa
③ 1,140Pa   ④ 1,819Pa

[해설]
$\Delta P = \dfrac{128\mu QL}{\pi d^4} = \dfrac{128\rho\nu QL}{\pi d^4}$
$= \dfrac{128 \times 1{,}000 \times 1.4 \times 10^{-6} \times 0.02 \times 10^{-3} \times 10}{\pi \times 0.01^4}$
$= 1{,}140\,\text{Pa}$

제4과목 · 기계재료 및 유압기기

61 다음은 일반적으로 수지에 나타나는 배향특성에 대한 설명으로 틀린 것은?

① 금형온도가 높을수록 배향은 커진다.
② 수지의 온도가 높을수록 배향이 작아진다.
③ 사출시간이 증가할수록 배향이 증대된다.
④ 성형품의 살두께가 얇아질수록 배향이 커진다.

[해설] 배향성은 섬유배열의 규칙성으로, 금형온도가 높을수록 배향은 작아진다.

62 표점거리가 100mm, 시험편의 평행부 지름이 14mm인 시험편을 최대 하중 6,400kgf로 인장한 후 표점거리가 120mm로 변화되었을 때 인장강도는 약 몇 kgf/mm²인가?

① 10.4   ② 32.7
③ 41.6   ④ 61.4

[해설] $\sigma_{\max} = \dfrac{P_{\max}}{A_o} = \dfrac{P_{\max}}{\dfrac{\pi d_o^2}{4}} = \dfrac{4P_{\max}}{\pi d_o^2} = \dfrac{4 \times 6{,}400}{\pi \times 14^2}$
$= 41.6\,\text{kgf/mm}^2 \,(= 407.68\,\text{MPa})$

63 금속침투법 중 Zn을 강의 표면에 침투, 확산시키는 표면처리법은?

① 크로마이징   ② 세라다이징
③ 칼로라이징   ④ 보로나이징

[해설] 금속침투법(cementation)
㉠ 크로마이징 : Cr 침투
㉡ 세라다이징 : Zn 침투
㉢ 칼로라이징 : Al 침투
㉣ 보로나이징 : B 침투
㉤ 실리코나이징 : Si 침투

정답 57. ② 58. ① 59. ① 60. ③ 61. ① 62. ③ 63. ②

64 다음 그림과 같은 상태도의 명칭은?

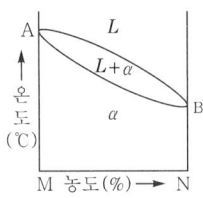

① 편정형 고용체상태도
② 전율고용체상태도
③ 공정형 한율상태도
④ 부분고용체상태도

65 황(S)성분이 적은 선철을 용해로에서 용해한 후 주형이 주입 전 Mg, Ca 등을 첨가시켜 흑연을 구상화한 주철은?

① 합금주철   ② 칠드주철
③ 가단주철   ④ 구상흑연주철

해설 구상흑연주철은 황(S)성분이 적은 선철(pig iron)을 용해로에서 용해한 후 주형에 주입 전 마그네슘(Mg), 칼슘(Ca) 등을 첨가하여 흑연을 구상화시킨 주철로, 일명 노듈러주철, 덕타일주철이라고도 한다.

66 다음 합금 중 베어링용 합금이 아닌 것은?

① 화이트메탈   ② 켈밋합금
③ 배빗메탈   ④ 문쯔메탈

해설 ㉠ 베어링용 합금 : 화이트메탈, 배빗메탈, 켈밋메탈
㉡ 문쯔메탈(6 : 4황동) : Cu-Zn합금에 납을 첨가, 인장강도 최대

67 금속나트륨 또는 플루오린화 알칼리 등의 첨가에 의해 조직이 미세화되어 기계적 성질의 개선 및 가공성이 증대되는 합금은?

① Al-Si   ② Cu-Sn
③ Ti-Zr   ④ Cu-Zn

해설 금속나트륨 또는 플루오린화 알칼리 등의 첨가에 의해 조직이 미세화되어 기계적 성질의 개선 및 가공성이 증대되는 합금은 Silumin(Al-Si)이다.

68 상온에서 순철의 결정격자는?

① 체심입방격자   ② 면심입방격자
③ 조밀육방격자   ④ 정방격자

해설 상온에서 순철(pure iron)의 결정격자는 체심입방격자(BCC)이다(α-Fe, δ-Fe).

69 탄소함유량이 0.8%가 넘는 고탄소강의 담금질 온도로 가장 적당한 것은?

① A_1온도보다 30~50℃ 정도 높은 온도
② A_2온도보다 30~50℃ 정도 높은 온도
③ A_3온도보다 30~50℃ 정도 높은 온도
④ A_4온도보다 30~50℃ 정도 높은 온도

해설 탄소함유량이 0.8% 이상인 고탄소강의 담금질온도는 A_1변태점(공석점 723℃)보다 30~50℃ 정도 높은 온도이다.

70 영구자석강이 갖추어야 할 조건으로 가장 적당한 것은?

① 잔류자속밀도 및 보자력이 모두 클 것
② 잔류자속밀도 및 보자력이 모두 작을 것
③ 잔류자속밀도가 작고 보자력이 클 것
④ 잔류자속밀도가 크고 보자력이 작을 것

해설 영구자석강이 갖추어야 할 조건 : 잔류자속밀도 및 보자력이 모두 클 것
[참고] • 잔류자속밀도 : 대칭적 주기적인 자화조건 아래서 재료의 자기화력이 0이 될 때 그에 대응하는 자속밀도
• 보자력 : 자화된 자성체에 역자기장을 걸어 그 자성체의 자화가 0이 되게 하는 자기장의 세기(자석의 성질을 유지하려는 성질)

71 체크밸브, 릴리프밸브 등에서 압력이 상승하고 밸브가 열리기 시작하여 어느 일정한 흐름의 양이 인정되는 압력은?

① 토출압력   ② 서지압력
③ 크래킹압력 ④ 오버라이드압력

해설 ㉠ 크래킹압력(cracking pressure) : 체크밸브, 릴리프밸브 등에서 압력이 상승하고 밸브가 열리기 시작하여 어느 일정한 흐름의 양이 인정되는 압력

정답 64.② 65.④ 66.④ 67.① 68.① 69.① 70.① 71.③

ⓒ 오버라이드압력(override pressure) : 설정압력과 크래킹압력의 차로, 압력차가 클수록 릴리프밸브의 성능이 나쁘고 포핏진동을 일으키는 원인이 됨

72 다음 유압회로는 어떤 회로에 속하는가?

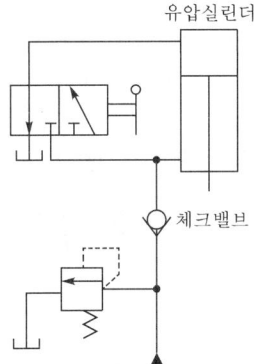

① 로크회로
② 무부하회로
③ 블리드 오프 회로
④ 어큐뮬레이터회로

해설 도시된 유압회로는 로크회로(lock circuit)를 나타낸 것이다.

73 다음 그림은 KS유압도면기호에서 어떤 밸브를 나타낸 것인가?

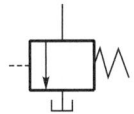

① 릴리프밸브   ② 무부하밸브
③ 시퀀스밸브   ④ 감압밸브

해설 도시된 유압기호는 무부하밸브(언로딩밸브)를 나타낸 것이다.

74 유압모터의 종류가 아닌 것은?

① 회전피스톤모터 ② 베인모터
③ 기어모터   ④ 나사모터

해설 유압모터의 종류 : 기어모터, 베인모터, 회전피스톤모터
※ 나사모터(screw motor)는 없고 나사(스크루)펌프는 있다.

75 유압베인모터의 1회전당 유량이 50cc일 때 공급압력은 800N/cm², 유량은 30L/min으로 할 경우 베인모터의 회전수는 약 몇 rpm인가? (단, 누설량은 무시한다.)

① 600   ② 1,200
③ 2,666   ④ 5,333

해설 $N = \dfrac{Q}{q_n} = \dfrac{30 \times 10^3}{50} = 600 \mathrm{rpm}$

76 다음 그림과 같은 유압잭에서 지름이 $D_2 = 2D_1$일 때 누르는 힘 F_1과 F_2의 관계를 나타낸 식으로 옳은 것은?

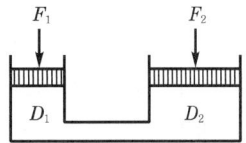

① $F_2 = F_1$ ② $F_2 = 2F_1$
③ $F_2 = 4F_1$ ④ $F_2 = 8F_1$

해설 $P_1 = P_2$

$\dfrac{F_1}{A_1} = \dfrac{F_2}{A_2}$

$\therefore F_2 = F_1\left(\dfrac{A_2}{A_1}\right) = F_1\left(\dfrac{D_2}{D_1}\right)^2 = F_1\left(\dfrac{2D_1}{D_1}\right)^2 = 4F_1[\mathrm{N}]$

77 다음 어큐뮬레이터의 종류 중 피스톤형의 특징에 대한 설명으로 가장 적절하지 않은 것은?

① 대형도 제작이 용이하다.
② 축유량을 크게 잡을 수 있다.
③ 형상이 간단하고 구성품이 적다.
④ 유실에 가스침입의 염려가 없다.

해설 피스톤형의 특징
ⓐ 대형도 제작이 용이하다(쉽다).
ⓑ 축유량을 크게 잡을 수 있다.
ⓒ 형상이 간단하고 구성품이 적다(피스톤로드가 없는 유압실린더와 같은 구조).
ⓓ 자유부동피스톤이 오일과 가스로 분리된다.
ⓔ 크기에 비해 높은 출력을 내고 작동이 매우 정확하다.

정답 72.① 73.② 74.④ 75.① 76.③ 77.④

78 주로 펌프의 흡입구에 설치되어 유압작동유의 이물질을 제거하는 용도로 사용하는 기기는?

① 드레인플러그
② 스트레이너
③ 블래더
④ 배플

해설 주로 펌프의 흡입구에 설치되어 유압작동유의 이물질을 제거하는 용도로 사용하는 기기는 스트레이너(strainer, 여과기)이다.

79 카운터밸런스밸브에 관한 설명으로 옳은 것은?

① 두 개 이상의 분기회로를 가질 때 각 유압실린더를 일정한 순서로 순차작동시킨다.
② 부하의 낙하를 방지하기 위해서 배압을 유지하는 압력제어밸브이다.
③ 회로 내의 최고압력을 설정해준다.
④ 펌프를 무부하운전시켜 동력을 절감시킨다.

해설 카운터밸런스밸브(counter balance valve)는 부하의 낙하를 방지하기 위해 배압을 유지하는 체크밸브가 내장된 압력제어밸브이다.

80 유압기본회로 중 미터 인 회로에 대한 설명으로 옳은 것은?

① 유량제어밸브는 실린더에서 유압작동유의 출구측에 설치한다.
② 유량제어밸브를 탱크로 바이패스되는 관로쪽에 설치한다.
③ 릴리프밸브를 통하여 분기되는 유량으로 인한 동력손실이 크다.
④ 압력설정회로로 체크밸브에 의하여 양방향만의 속도가 제어된다.

해설 미터 인 회로(meter in circuit)는 유량제어밸브를 실린더 입구측에 설치한 회로로 릴리프밸브를 통하여 분기되는 유량으로 속도제어회로 중 동력손실이 가장 크다.

제5과목·기계제작법 및 기계동력학

81 압축된 스프링으로 100g의 추를 밀어올려 위에 있는 종을 치는 완구를 설계하려고 한다. 스프링상수가 80N/m라면 종을 치게 하기 위한 최소의 스프링압축량은 약 몇 cm인가? (단, 다음 그림의 상태는 스프링이 전혀 변형되지 않은 상태이며, 추가 종을 칠 때는 이미 추와 스프링은 분리된 상태이다. 또한 중력은 아래로 작용하고 스프링의 질량은 무시한다.)

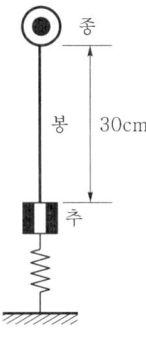

① 8.5
② 9.9
③ 10.6
④ 12.4

해설 탄성에너지=위치에너지
$$U = \frac{1}{2}k\delta^2 = mg(h+\delta)[\text{N}\cdot\text{m}=\text{J}]$$
$$\frac{1}{2}\times 80 \times \delta^2 = mgh + mg\delta$$
$$40\delta^2 - mgh - mg\delta = 0$$
2차 연립방정식 근의 공식에 대입하여 정리하면
$$\therefore \delta = \frac{mg + \sqrt{(mg)^2 + 4\times 40 \times mgh}}{2\times 40}$$
$$= \frac{0.1\times 9.8 + \sqrt{(0.1\times 9.8)^2 + 4\times 40 \times 0.1 \times 9.8 \times 0.3}}{2\times 40}$$
$$= 0.099\text{m} = 9.9\text{cm}$$

82 펌프가 견고한 지면 위의 네 모서리에 하나씩 총 4개의 동일한 스프링으로 지지되어 있다. 이 스프링의 정적처짐이 3cm일 때 이 기계의 고유진동수는 약 몇 Hz인가?

① 3.5
② 7.6
③ 2.9
④ 4.8

해설 $f_n = \dfrac{\omega}{2\pi} = \dfrac{1}{2\pi}\sqrt{\dfrac{k}{m}} = \dfrac{1}{2\pi}\sqrt{\dfrac{g}{\delta}} = \dfrac{1}{2\pi}\sqrt{\dfrac{980}{3}}$
$= 2.9 \text{Hz (CPS)}$

83 다음 그림과 같은 진동계에서 무게 W는 22.68N, 댐핑계수 C는 0.0579N·s/cm, 스프링정수 K가 0.357N/cm일 때 감쇠비(damping ratio)는 약 얼마인가?

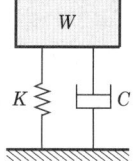

① 0.19　② 0.22
③ 0.27　④ 0.32

해설 $\xi = \dfrac{C}{C_c} = \dfrac{C}{2\sqrt{mK}} = \dfrac{C}{2\sqrt{\dfrac{W}{g}K}}$
$= \dfrac{0.0579}{2\sqrt{\dfrac{22.68}{980}\times 0.357}} \approx 0.32$

84 엔진(질량 m)의 진동이 공장 바닥에 직접 전달될 때 바닥에는 힘이 $F_0\sin\omega t$로 전달된다. 이때 전달되는 힘을 감소시키기 위해 엔진과 바닥 사이에 스프링(스프링상수 k)과 댐퍼(감쇠계수 c)를 달았다. 이를 위해 진동계의 고유진동수(ω_n)와 외력의 진동수(ω)는 어떤 관계를 가져야 하는가?
(단, $\omega_n = \sqrt{\dfrac{k}{m}}$이고 t는 시간을 의미한다.)

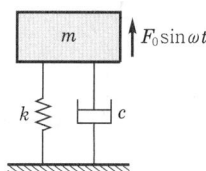

① $\omega_n < \omega$　② $\omega_n > \omega$
③ $\omega_n < \dfrac{\omega}{\sqrt{2}}$　④ $\omega_n > \dfrac{\omega}{\sqrt{2}}$

해설 $m\ddot{x} + c\dot{x} + kx = F_0\sin\omega t$
$\therefore \omega_n < \dfrac{\omega}{\sqrt{2}}$

[참고] 전달률(TR)과 진동수비(γ) $= \dfrac{\omega}{\omega_n}$의 관계식

$TR = \dfrac{\text{최대 전달력}(F_{tr})}{\text{최대 기진력}(F_o)}$

만약 댐퍼계수(C)가 무시되는 경우라면
$TR = \left|\dfrac{1}{1-\gamma^2}\right| = \dfrac{1}{\gamma^2-1}$

여기서, $\gamma = \dfrac{\omega}{\omega_n}$

원진동수(ω) $= \dfrac{2\pi N}{60}$ [rad/s]

고유진동수(ω_n) $= \sqrt{\dfrac{k}{m}} = \sqrt{\dfrac{g}{\delta_{st}}}$

감쇠비(ξ) $= \dfrac{c}{c_c} = \dfrac{c}{2\sqrt{mk}}$

- $TR = 1$이면 $\gamma = \sqrt{2}$, 임계값
- $TR < 1$이면 $\gamma > \sqrt{2}$, 진동절연(감쇠비 감소)
- $TR > 1$이면 $\gamma < \sqrt{2}$, 감쇠비 증가

85 경사면에 질량 M의 균일한 원기둥이 있다. 이 원기둥에 감겨있는 실을 경사면과 동일한 방향으로 위쪽으로 잡아당길 때 미끄럼이 일어나지 않기 위한 실의 장력 T의 조건은? (단, 경사면의 각도를 α, 경사면과 원기둥 사이의 마찰계수를 μ_s, 중력가속도를 g라 한다.)

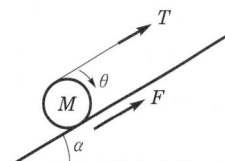

① $T \leq Mg(3\mu_s\sin\alpha + \cos\alpha)$
② $T \leq Mg(3\mu_s\sin\alpha - \cos\alpha)$
③ $T \leq Mg(3\mu_s\cos\alpha + \sin\alpha)$
④ $T \leq Mg(3\mu_s\cos\alpha - \sin\alpha)$

86 다음 그림과 같은 질량 3kg인 원판의 반지름이 0.2m일 때 $x-x'$축에 대한 질량관성모멘트의 크기는 약 몇 kg·m²인가?

① 0.03
② 0.04
③ 0.05
④ 0.06

정답 83.④　84.③　85.④　86.④

[해설] $J_G = \frac{1}{2}mR^2 = \frac{1}{2} \times 3 \times 0.2^2 = 0.06 \text{kg} \cdot \text{m}^2$

87 공을 지면에서 수직방향으로 9.81m/s의 속도로 던졌을 때 최대 도달높이는 지면으로부터 약 몇 m인가?

① 4.9 ② 9.8
③ 14.7 ④ 19.6

[해설] $h = \frac{v^2}{2g} = \frac{9.81^2}{2 \times 9.8} \fallingdotseq 4.9\text{m}$

88 다음 그림과 같이 2개의 질량이 수평으로 놓인 마찰이 없는 막대 위를 미끄러진다. 두 질량의 반발계수가 0.6일 때 충돌 후 A의 속도(v_A)와 B의 속도(v_B)로 옳은 것은? (단, 오른쪽 방향이 +이다.)

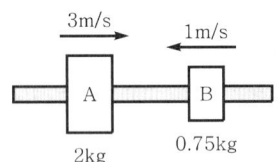

① $v_A = 3.65\text{m/s}, \ v_B = 1.25\text{m/s}$
② $v_A = 1.25\text{m/s}, \ v_B = 3.65\text{m/s}$
③ $v_A = 3.25\text{m/s}, \ v_B = 1.65\text{m/s}$
④ $v_A = 1.65\text{m/s}, \ v_B = 3.25\text{m/s}$

[해설]
$v_A = \frac{(1+e)m_2v_2 + v_1(m_1 - m_2e)}{m_1 + m_2}$
$= \frac{(1+0.6) \times 0.75 \times (-1) + 3 \times (2 - 0.75 \times 0.6)}{2 + 0.75}$
$= 1.25\text{m/s}$

$v_B = \frac{(1+e)m_1v_1 + v_2(m_2 - m_1e)}{m_1 + m_2}$
$= \frac{(1+0.6) \times 2 \times 3 + (-1) \times (0.75 - 2 \times 0.6)}{2 + 0.75}$
$= 3.65\text{m/s}$

[참고] • 반발계수(e) = 1 : 탄성충돌
• 반발계수(e) < 1 : 비탄성충돌
• 반발계수(e) = 0 : 완전비탄성충돌

89 다음 설명 중 뉴턴(Newton)의 제1법칙으로 맞는 것은?

① 질점의 가속도는 작용하고 있는 합력에 비례하고 그 합력의 방향과 같은 방향에 있다.
② 질점에 외력이 작용하지 않으면 정지상태를 유지하거나 일정한 속도로 일직선상에서 운동을 계속한다.
③ 상호작용하고 있는 물체 간의 작용력과 반작용력은 크기가 같고 방향이 반대이며 동일직선상에 있다.
④ 자유낙하하는 모든 물체는 같은 가속도를 가진다.

[해설] 뉴턴의 운동 제1법칙(관성의 법칙)은 질점에 외력이 작용하지 않으면 정지상태를 유지하거나 일정한 속도로 일직선상에서 운동을 계속한다. 물체를 밀거나 당기지 않는 한 물체는 계속 정지상태로 머물러 있거나 직선상의 운동을 계속하려는 경향이 있다는 의미이다.

90 다음 그림 (a)를 그림 (b)와 같이 모형화했을 때 성립되는 관계식은?

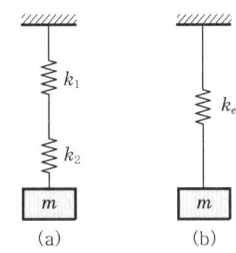

① $\frac{1}{k_{eq}} = \frac{1}{k_1} + \frac{1}{k_2}$ ② $k_{eq} = k_1 + k_2$
③ $k_{eq} = k_1 + \frac{1}{k_2}$ ④ $k_{eq} = \frac{1}{k_1} + \frac{1}{k_2}$

[해설] $k_{eq} = \frac{1}{\frac{1}{k_1} + \frac{1}{k_2}} = \frac{k_1 k_2}{k_1 + k_2}$ [N/cm](직렬연결 시)

91 사형(砂型)과 금속형(金屬型)을 사용하며 내마모성이 큰 주물을 제작할 때 표면은 백주철이 되고 내부는 회주철이 되는 주조방법은?

① 다이캐스팅법 ② 원심주조법
③ 칠드주조법 ④ 셀주조법

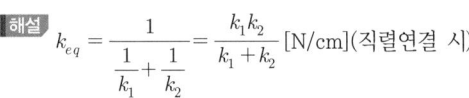

[해설] 칠드주조법(child casting)은 모래형(사형)과 열전도율이 큰 금형을 사용하여 주형을 제작하여 주조하는 방법으로 주철이 급랭하면 내마모성이 큰 주물을 제작 시 표면이 단단한 탄화철(백주철)로 되어 칠드층을 이루며, 내부는 서서히 냉각되어 회주철(연한 성질의 주철)이 되는 주조법이다. 예로 기차 차륜, 압연롤러 등에 사용된다.

92 불활성가스가 공급되면서 용가재인 소모성 전극와이어를 연속적으로 보내서 아크를 발생시켜 용접하는 불활성가스아크용접법은?

① MIG용접 ② TIG용접
③ 스터드용접 ④ 레이저용접

[해설] ⓐ MIG용접 : 소모성 전극와이어를 연속적으로 보내 아크를 발생시켜 용접하는 불활성가스아크용접법이다. CO_2가스를 사용하면 CO_2용접이 된다.
ⓑ TIG용접 : 용가재 비소모성 불활성가스(아르곤용접)을 말한다(스테인리스용접).

93 절삭공구에 발생하는 구성인선의 방지법이 아닌 것은?

① 절삭깊이를 작게 할 것
② 절삭속도를 느리게 할 것
③ 절삭공구의 인선을 예리하게 할 것
④ 공구의 윗면경사각(rake angle)을 크게 할 것

[해설] 구성인선(built up edge)의 방지법
ⓐ 절삭깊이를 작게 할 것
ⓑ 절삭속도를 빠르게(120m/min 이상) 할 것
ⓒ 절삭공구의 인선을 예리하게 할 것
ⓓ 공구의 윗면경사각을 크게(30° 이상) 할 것

94 0℃ 이하의 온도에서 냉각시키는 조직으로 공구강의 경도 증가 및 성능을 향상시킬 수 있으며 담금질된 오스테나이트를 마텐자이트화하는 열처리법은?

① 질량효과(mass effect)
② 완전풀림(full annealing)
③ 화염경화(fame hardening)
④ 심냉처리(sub-zero treatment)

[해설] 심냉처리는 담금질(퀜칭) 후 0℃ 이하의 온도까지 냉각시켜 잔류오스테나이트를 마텐자이트조직으로 변화시키는 열처리법이다.

95 압연가공에서 압하율을 나타내는 공식은? (단, H_0는 압연 전의 두께, H_1은 압연 후의 두께이다.)

① $\dfrac{H_1 - H_0}{H_1} \times 100[\%]$ ② $\dfrac{H_0 - H_1}{H_0} \times 100[\%]$
③ $\dfrac{H_1 + H_0}{H_1} \times 100[\%]$ ④ $\dfrac{H_1}{H_0} \times 100[\%]$

[해설] 압하량 = $H_0 - H_1$
∴ 압하율 = $\dfrac{H_0 - H_1}{H_0} \times 100[\%] = \left(1 - \dfrac{H_1}{H_0}\right) \times 100[\%]$

96 다음 중 아크(Arc)용접봉의 피복제 역할에 대한 설명으로 가장 적절한 것은?

① 용착효율을 낮춘다.
② 전기통전작용을 한다.
③ 응고와 냉각속도를 촉진시킨다.
④ 산화 방지와 산화물의 제거작용을 한다.

[해설] 아크용접봉의 피복제(flux) 역할
ⓐ 아크를 안정화시킨다.
ⓑ 산화 및 질화를 방지한다.
ⓒ 산화 방지와 산화물의 제거작용을 한다.
ⓓ 용착효율을 향상시킨다.
ⓔ 응고와 냉각속도를 느리게 한다.
ⓕ 전기통전작용을 방지(억제)한다.

97 연삭가공을 한 후 가공표면을 검사한 결과 연삭크랙(crack)이 발생되었다. 이때 조치하여야 할 사항으로 옳지 않은 것은?

① 비교적 경(硬)하고 연삭성이 좋은 지석을 사용하고 이송을 느리게 한다.
② 연삭액을 사용하여 충분히 냉각시킨다.
③ 결합도가 연한 숫돌을 사용한다.
④ 연삭깊이를 적게 한다.

[해설] 비교적 연하고 연삭성이 좋은 지석을 사용하고 이송을 빠르게 한다.

정답 92.① 93.② 94.④ 95.② 96.④ 97.①

98 두께 4mm인 탄소강판에 지름 1,000mm의 펀칭을 할 때 소요되는 동력은 약 kW인가? (단, 소재의 전단저항은 245.25MPa, 프레스 슬라이드의 평균속도는 5m/min, 프레스의 기계효율(η)은 65%이다.)

① 146　　② 280
③ 396　　④ 538

해설 절삭동력 $= \dfrac{Fv}{\eta_m} = \dfrac{\tau_s \pi d t v}{\eta_m}$

$= \dfrac{245.25 \times \pi \times 1,000 \times 4 \times 10^{-3} \times \dfrac{5}{60}}{0.65}$

$\fallingdotseq 396\text{kW}$

99 회전하는 상자 속에 공작물과 숫돌입자, 공작액, 콤파운드 등을 넣고 서로 충돌시켜 표면의 요철을 제거하며 매끈한 가공면을 얻는 가공법은?

① 호닝(honing)
② 배럴(barrel)가공
③ 쇼트피닝(shot peening)
④ 슈퍼피니싱(super finishing)

해설 ㉠ 배럴가공은 회전하는 상자 속에 공작물과 숫돌입자, 공작액, 콤파운드 등을 넣고 서로 충돌시켜 표면의 요철을 제거하며 매끈한 가공면(광택)을 얻는 가공법이다.
㉡ 배럴가공의 특징
 • 작업이 간단하고 기계설비가 저렴하다.
 • 복잡한 형상의 가공물을 동시에 가공한다.
 • 금속, 비금속재료에 관계없이 가공이 가능하다.
 • 다량의 제품을 한 번에 일정한 품질로 가공할 수 있다.

100 다음 중 연삭숫돌의 결합제(bond)로 주성분이 점토와 장석이고 열에 강하고 연삭액에 대해서도 안전하므로 광범위하게 사용되는 결합제는?

① 비트리파이드　② 실리케이트
③ 레지노이드　　④ 셀락

해설 연삭숫돌의 결합제로 주성분이 점토와 장석이고 열에 강하고 연삭액에 대해서도 안전하므로 숫돌바퀴의 대부분은 비트리파이드(vitrified)결합제이다.

제1과목 · 재료역학

01 다음 그림과 같이 원형 단면을 갖는 외팔보에 발생하는 최대 굽힘응력 σ_b는?

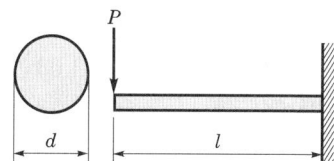

① $\dfrac{32Pl}{\pi d^3}$ ② $\dfrac{32Pl}{\pi d^4}$

③ $\dfrac{6Pl}{\pi d^2}$ ④ $\dfrac{\pi d}{6Pl}$

해설 $M_{\max} = \sigma_b Z$

$\therefore \sigma_b = \dfrac{M_{\max}}{Z} = \dfrac{Pl}{\dfrac{\pi d^3}{32}} = \dfrac{32Pl}{\pi d^3}$ [MPa]

02 양단이 힌지로 된 길이 4m인 기둥의 임계하중을 오일러공식을 사용하여 구하면 약 몇 N인가? (단, 기둥의 세로탄성계수 $E = 200\text{GPa}$이다.)

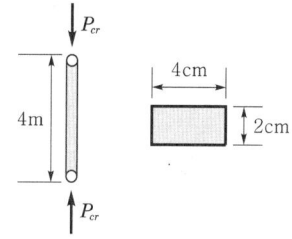

① 1,645   ② 3,290
③ 6,580   ④ 13,160

해설
$P_{cr} = n\pi^2 \dfrac{EI_G}{l^2} = 1 \times \pi^2 \times \dfrac{200 \times 10^3 \times \dfrac{40 \times 20^3}{12}}{4,000^2}$

$\fallingdotseq 3,290\text{N}$

여기서, n : 양단 힌지단인 경우 단말(끝단)계수 $(=1)$

03 다음 단면에서 도심의 y축좌표는 얼마인가?

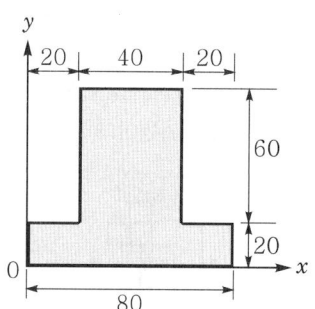

① 30   ② 34
③ 40   ④ 44

해설 $G_X = \displaystyle\int_A y\,dA = A\overline{y}\,[\text{cm}^3]$

$\therefore \overline{y} = \dfrac{G_X}{A} = \dfrac{\int_A y\,dA}{A} = \dfrac{A_1\overline{y_1} + A_2\overline{y_2}}{A_1 + A_2}$

$= \dfrac{1,600 \times 10 + 2,400 \times 50}{1,600 + 2,400} = 34\text{cm}$

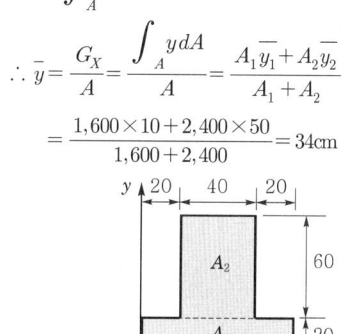

04 길이가 50cm인 외팔보의 자유단에 정적인 힘을 가하여 자유단에서의 처짐량이 1cm가 되도록 외팔보를 탄성변형시키려고 한다. 이때 필요한 최소한의 에너지는 약 몇 J인가? (단, 외팔보의 세로탄성계수는 200GPa, 단면은 한 변의 길이가 2cm인 정사각형이라고 한다.)

① 3.2   ② 6.4
③ 9.6   ④ 12.8

해설 $\delta = \dfrac{Pl^3}{3EI}$

정답 01. ① 02. ② 03. ② 04. ①

$$P = \frac{3EI\delta}{l^3} = \frac{3 \times 200 \times 10^3 \times \frac{20^4}{12} \times 10}{500^3} = 640\text{N}$$

$$\therefore U = \frac{P\delta}{2} = \frac{640 \times 0.01}{2} = 3.2\text{J}$$

05 다음 그림에서 클램프(clamp)의 압축력이 $P = 5$kN일 때 $m-n$ 단면의 최소 두께 h를 구하면 약 몇 cm인가? (단, 직사각형 단면의 폭 $b = 10$mm, 편심거리 $e = 50$mm, 재료의 허용응력 $\sigma_w = 200$MPa이다.)

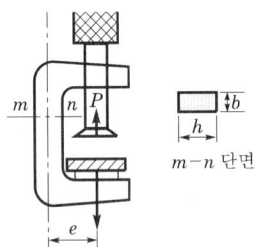

① 1.34 ② 2.34
③ 2.86 ④ 3.34

해설 $M = Pe = 5,000 \times 5 = 25,000\text{N} \cdot \text{cm}$
$A = h$
$Z = \frac{h^2}{6}$
$\sigma = \frac{P}{A} + \frac{M}{Z} = \frac{5,000}{h} + \frac{6 \times 25,000}{h^2} = 20,000\text{N/cm}^2$
$20,000h^2 - 5,000h - 6 \times 25,000 = 0$
$h^2 - 0.25h - 7.5 = 0$
$\therefore h = \frac{0.25 + \sqrt{0.25^2 + 4 \times 7.5}}{2} = 2.86\text{cm}$

06 지름 d인 장봉의 지름을 2배로 했을 때 비틀림강도는 몇 배가 되는가?

① 2배 ② 4배
③ 8배 ④ 16배

해설 $T = \tau Z_P = \tau \frac{\pi d^3}{16}[\text{N} \cdot \text{m}]$
$T \propto d^3$
$\therefore \frac{T_2}{T_1} = \left(\frac{2d_1}{d_1}\right)^3 = 8$

07 강선의 지름이 5mm이고 코일의 반지름이 50mm인 15회 감긴 스프링이 있다. 이 스프링에 힘이 작용할 때 처짐량이 50mm일 때 P는 약 몇 N인가? (단, 재료의 전단탄성계수 $G = 100$GPa이다.)

① 18.32 ② 22.08
③ 26.04 ④ 28.43

해설 코일스프링인 경우 $\delta_{\max} = \frac{8nD^3P}{Gd^4}$
$\therefore P = \frac{Gd^4\delta_{\max}}{8nD^3} = \frac{100 \times 10^3 \times 5^4 \times 50}{8 \times 15 \times 100^3} = 26.04\text{N}$

08 다음 그림과 같이 단순지지보가 B점에서 반시계방향의 모멘트를 받고 있다. 이때 최대의 처짐이 발생하는 곳은 A점으로부터 얼마나 떨어진 거리인가?

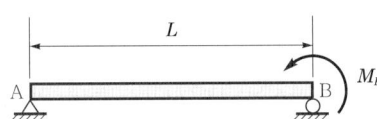

① $\frac{L}{2}$ ② $\frac{L}{\sqrt{2}}$
③ $L\left(1 - \frac{1}{\sqrt{3}}\right)$ ④ $\frac{L}{\sqrt{3}}$

해설 A에서 전단력$(F) = \frac{dM}{dx}$이 0이 되는 위험 단면의 위치는 $\frac{L}{\sqrt{3}}$ 만큼 떨어진 지점(굽힘모멘트 최대)이다.

09 푸아송(Poisson)비가 0.3인 재료에서 세로탄성계수(E)와 가로탄성계수(G)의 비(E/G)는?

① 0.15 ② 1.5
③ 2.6   ④ 3.2

정답 05. ③ 06. ③ 07. ③ 08. ④ 09. ③

해설 $G = \dfrac{mE}{2(m+1)} = \dfrac{E}{2(1+\mu)}$ [GPa]

∴ $\dfrac{E}{G} = 2(1+\mu) = 2 \times (1+0.3) = 2.6$

10 다음 그림과 같은 양단 고정보에서 고정단 A에서 발생하는 굽힘모멘트는? (단, 보의 굽힘강성계수는 EI이다.)

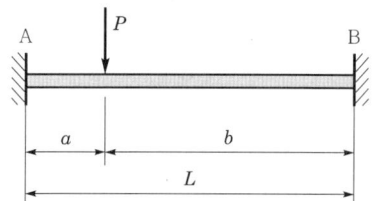

① $M_A = \dfrac{Pab}{L}$ ② $M_A = \dfrac{Pab(a-b)}{L}$

③ $M_A = \dfrac{Pab}{L}\left(\dfrac{a}{L}\right)$ ④ $M_A = \dfrac{Pab}{L}\left(\dfrac{b}{L}\right)$

해설 $M_A = \dfrac{Pab^2}{L^2}$, $M_B = \dfrac{Pa^2b}{L^2}$

11 다음 그림과 같은 선형 탄성균일 단면 외팔보의 굽힘모멘트선도로 가장 적당한 것은?

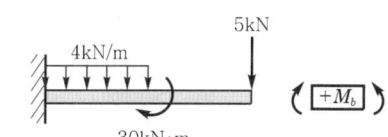

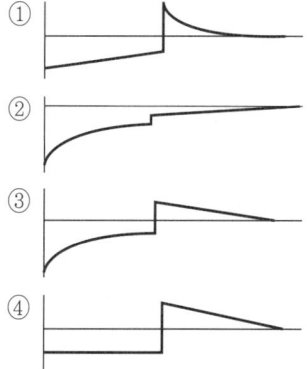

해설 외팔보에서 굽힘모멘트(M)선도는 집중하중이 작용하는 구간에서는 직선(1차 함수)으로, 분포하중이 작용하는 구간에서는 2차 함수곡선으로 도시된다.

12 다음 단면의 도심축($X-X$)에 대한 관성모멘트는 약 몇 m⁴인가?

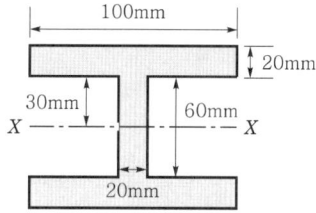

① 3.627×10^{-6} ② 4.267×10^{-7}
③ 4.933×10^{-7} ④ 6.893×10^{-6}

해설 $I_{X-X} = \dfrac{BH^3}{12} - 2 \times \dfrac{bh^3}{12}$

$= \dfrac{0.1 \times 0.1^3}{12} - 2 \times \dfrac{0.04 \times 0.06^3}{12}$

$= 6.893 \times 10^{-6} \mathrm{m}^4$

13 한 변의 길이가 10mm인 정사각형 단면의 막대가 있다. 온도를 60℃ 상승시켜서 길이가 늘어나지 않게 하기 위해 8kN의 힘이 필요할 때 막대의 선팽창계수(α)는 약 몇 ℃⁻¹인가? (단, 탄성계수 $E = 200$GPa이다.)

① $\dfrac{5}{3} \times 10^{-6}$ ② $\dfrac{10}{3} \times 10^{-6}$

③ $\dfrac{15}{3} \times 10^{-6}$ ④ $\dfrac{20}{3} \times 10^{-6}$

해설 $P = \sigma A = EA\alpha\Delta t$ [N]

∴ $\alpha = \dfrac{P}{EA\Delta t} = \dfrac{8,000}{200 \times 10^3 \times 10^2 \times 60}$

$= 6.67 \times 10^{-6} = \dfrac{20}{3} \times 10^{-6}$ ℃⁻¹ ($= 1/$℃)

14 길이가 l인 외팔보에서 다음 그림과 같이 삼각형 분포하중을 받고 있을 때 최대 전단력과 최대 굽힘모멘트는?

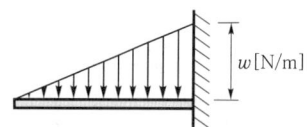

① $\dfrac{wl}{2}$, $\dfrac{wl^2}{6}$ ② wl, $\dfrac{wl^2}{3}$

③ $\dfrac{wl}{2}$, $\dfrac{wl^2}{3}$ ④ $\dfrac{wl^2}{2}$, $\dfrac{wl}{6}$

정답 10. ④ 11. ② 12. ④ 13. ④ 14. ①

해설 보의 반력은 최대 전단력과 크기가 같다(외팔보인 경우).

㉠ 최대 전단력 $(F_{max}) = \dfrac{wl}{2}$ [N]

㉡ 최대 굽힘모멘트 $(M_{max}) = \dfrac{wl}{2} \times \dfrac{l}{3} = \dfrac{wl^2}{6}$ [N·m]

15 다음 그림과 같은 단순지지보에서 길이(l)는 5m, 중앙에서 집중하중 P가 작용할 때 최대 처짐이 43mm라면 이때 집중하중 P의 값은 약 몇 kN인가? (단, 보의 단면(폭(b)×높이(h)) = 5cm ×12cm), 탄성계수 E = 210GPa로 한다.)

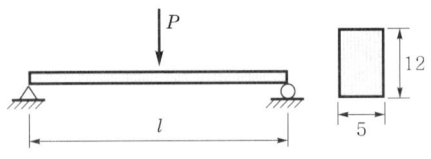

① 50   ② 38
③ 25   ④ 16

해설 $\delta = \dfrac{Pl^3}{48EI}$

∴ $P = \dfrac{48EI\delta}{l^3}$

$= \dfrac{48 \times 210 \times 10^6 \times \dfrac{0.05 \times 0.12^3}{12} \times 0.043}{5^3}$

$\fallingdotseq 25\text{kN}$

16 볼트에 7,200N의 인장하중을 작용시키면 머리부에 생기는 전단응력은 몇 MPa인가?

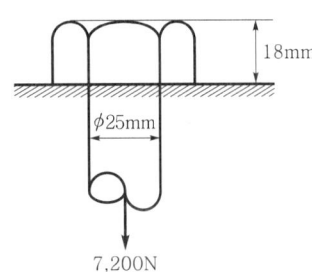

① 2.56   ② 3.1
③ 5.1   ④ 6.25

해설 $\tau = \dfrac{W}{A} = \dfrac{W}{\pi dh} = \dfrac{7,200}{\pi \times 25 \times 18} \fallingdotseq 5.1\text{MPa}$

17 400rpm으로 회전하는 바깥지름 60mm, 안지름 40mm인 중공 단면축의 허용비틀림각도가 1°일 때 이 축이 전달할 수 있는 동력의 크기는 약 몇 kW인가? (단, 전단탄성계수 G = 80GPa, 축길이 L = 3m이다.)

① 15   ② 20
③ 25   ④ 30

해설 $\theta = 57.3 \dfrac{TL}{GI_P} = 57.3 \dfrac{TL}{G \dfrac{\pi d_2^4}{32}(1-x^4)}$

$\fallingdotseq 584 \dfrac{TL}{G d_2^4 (1-x^4)} = 584 \times \dfrac{9.55 \times 10^6 \dfrac{kW}{N} L}{G d_2^4 (1-x^4)}$

∴ $kW = \dfrac{G d_2^4 (1-x^4) \theta N}{584 \times 9.55 \times 10^6 \times L}$

$= \dfrac{80 \times 10^3 \times 60^4 \times \left[1-\left(\dfrac{40}{60}\right)^4\right] \times 1 \times 400}{584 \times 9.55 \times 10^6 \times 3,000}$

$\fallingdotseq 20\text{kW}$

18 다음 그림과 같은 구조물에 1,000N의 물체가 매달려 있을 때 두 개의 강선 AB와 AC에 작용하는 힘의 크기는 약 몇 N인가?

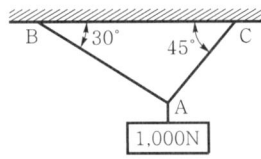

① AB=732, AC=897
② AB=707, AC=500
③ AB=500, AC=707
④ AB=897, AC=732

해설
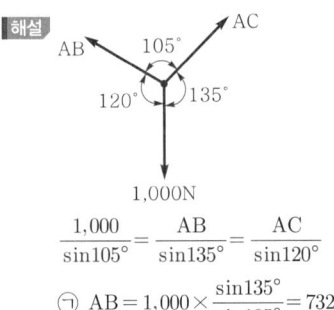

$\dfrac{1,000}{\sin 105°} = \dfrac{AB}{\sin 135°} = \dfrac{AC}{\sin 120°}$

㉠ $AB = 1,000 \times \dfrac{\sin 135°}{\sin 105°} = 732\text{N}$

정답 15. ③ 16. ③ 17. ② 18. ①

ⓛ $AC = 1,000 \times \dfrac{\sin 120°}{\sin 105°} ≒ 897N$

19 다음 그림과 같이 스트레인로제트(strain rosette)를 45°로 배열한 경우 각 스트레인게이지에 나타나는 스트레인량을 이용하여 구해지는 전단변형률 γ_{xy}는?

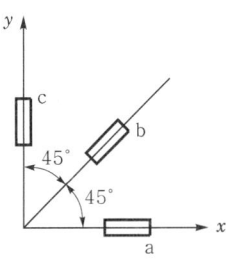

① $\sqrt{2}\varepsilon_b - \varepsilon_a - \varepsilon_c$　　② $2\varepsilon_b - \varepsilon_a - \varepsilon_c$
③ $\sqrt{3}\varepsilon_b - \varepsilon_a - \varepsilon_c$　　④ $3\varepsilon_b - \varepsilon_a - \varepsilon_c$

해설
$\varepsilon_b = \dfrac{1}{2}(\varepsilon_a + \varepsilon_c) + \dfrac{1}{2}(\varepsilon_a - \varepsilon_c)\cos 2\theta + \dfrac{\gamma_{xy}}{2}\sin 2\theta$
$\quad = \dfrac{1}{2}(\varepsilon_a + \varepsilon_c) + \dfrac{1}{2}(\varepsilon_a - \varepsilon_c)\cos 90° + \dfrac{\gamma_{xy}}{2}\sin 90°$
$2\varepsilon_b = \varepsilon_a + \varepsilon_c + \gamma_{xy}$
$\therefore \gamma_{xy} = 2\varepsilon_b - \varepsilon_a - \varepsilon_c$

20 단면적이 4cm²인 강봉에 다음 그림과 같이 하중이 작용할 때 이 봉은 약 몇 cm 늘어나는가? (단, 세로탄성계수 $E=210GPa$이다.)

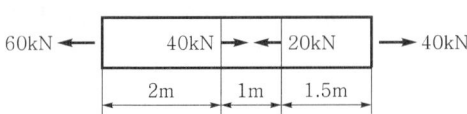

① 0.80　　② 0.24
③ 0.0028　　④ 0.015

해설 $\lambda_{total} = \dfrac{1}{AE}(P_1L_1 + P_2L_2 + P_3L_3)$
$\quad = \dfrac{1}{4 \times 250 \times 10^2} \times (60 \times 200 + 20 \times 100 + 40 \times 150)$
$\quad ≒ 0.24$cm

제2과목 · 기계열역학

21 다음 그림의 증기압축냉동사이클(온도(T)-엔트로피(s)선도)이 열펌프로 사용될 때의 성능계수는 냉동기로 사용될 때의 성능계수의 몇 배인가? (단, 각 지점에서의 엔탈피는 $h_1=180kJ/kg$, $h_2=210kJ/kg$, $h_3=h_4=50kJ/kg$이다.)

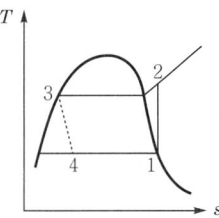

① 0.81　　② 1.23
③ 1.63　　④ 2.12

해설
$\varepsilon_H = \dfrac{q_1}{W_c} = \dfrac{h_2 - h_3}{h_2 - h_1} = \dfrac{210 - 50}{210 - 180} = \dfrac{160}{30} = 5.33$

$\varepsilon_R = \dfrac{q_2}{W_c} = \dfrac{h_1 - h_4}{h_2 - h_1} = \varepsilon_H - 1 = 5.33 - 1 = 4.33$

$\therefore \dfrac{\varepsilon_H}{\varepsilon_R} = \dfrac{5.33}{4.33} = 1.23$

22 물질이 액체에서 기체로 변해가는 과정과 관련하여 다음 설명 중 옳지 않은 것은?

① 물질의 포화온도는 주어진 압력하에서 그 물질의 증발이 일어나는 온도이다.
② 물의 포화온도가 올라가면 포화압력도 올라간다.
③ 액체의 온도가 현재 압력에 대한 포화온도보다 낮을 때 그 액체를 압축액 또는 과냉각액이라 한다.
④ 어떤 물질이 포화온도하에서 일부는 액체로 존재하고, 일부는 증기로 존재할 때 전체 질량에 대한 액체질량의 비를 건도로 정의한다.

해설 건도(x) = $\dfrac{증기질량}{전체\ 질량} \times 100\%$

23 공기 1kg을 1MPa, 250℃의 상태로부터 등온과정으로 0.2MPa까지 압력변화를 할 때 외부에 대하여 한 일은 약 몇 kJ인가? (단, 공기는 기체상수가 0.287kJ/kg·K인 이상기체이다.)

① 157   ② 242
③ 313   ④ 465

해설
$_1W_2 = mRT\ln\dfrac{P_1}{P_2} = 1 \times 0.287 \times (250+273) \times \ln\dfrac{1}{0.2}$
$\fallingdotseq 242\text{kJ}$

24 100kPa의 대기압하에서 용기 속 기체의 진공압이 15kPa이었다. 이 용기 속 기체의 절대압력은 약 몇 kPa인가?

① 85   ② 90
③ 95   ④ 115

해설 $P_a = P_o - P_v = 100 - 15 = 85\text{kPa}$

25 다음 열역학성질(상태량)에 대한 설명 중 옳은 것은?

① 엔탈피는 점함수(point function)이다.
② 엔트로피는 비가역과정에 대해서 경로함수이다.
③ 시스템 내 기체가 열평형(thermal equilibrium) 상태라 함은 압력이 시간에 따라 변하지 않는 상태를 말한다.
④ 비체적은 종량적(extensive) 상태량이다.

해설 엔탈피는 상태함수(점함수)로 완전미적분함수이다.

26 피스톤-실린더로 구성된 용기 안에 이상기체 공기 1kg이 400K, 200kPa 상태로 들어있다. 이 공기가 300K의 충분히 큰 주위로 열을 빼앗겨 온도가 양쪽 다 300K이 되었다. 그동안 압력은 일정하다고 가정하고, 공기의 정압비열은 1.004kJ/kg·K일 때 공기와 주위를 합친 총엔트로피 증가량은 약 몇 kJ/K인가?

① 0.0229   ② 0.0458
③ 0.1674   ④ 0.3347

해설
$(\Delta S)_{\text{total}} = mC_p\dfrac{T_2}{T_1} + \dfrac{mC_p(T_1-T_2)}{T_2}$
$= 1 \times 1.004 \times \ln\dfrac{300}{400} + \dfrac{1 \times 1.004 \times (400-300)}{300}$
$= 0.0458\text{kJ/K}$

27 폴리트로픽지수가 1.33인 기체가 폴리트로픽과정으로 압력이 2배가 되도록 압축된다면 절대온도는 약 몇 배가 되는가?

① 1.19배   ② 1.42배
③ 1.85배   ④ 2.24배

해설
$\dfrac{T_2}{T_1} = \left(\dfrac{P_2}{P_1}\right)^{\frac{n-1}{n}} = 2^{\frac{1.33-1}{1.33}} \fallingdotseq 1.19$

28 비열이 0.475kJ/kg·K인 철 10kg을 20℃에서 80℃로 올리는 데 필요한 열량은 몇 kJ인가?

① 222   ② 252
③ 285   ④ 315

해설 $Q = mc(t_2-t_1) = 10 \times 0.475 \times (80-20) = 285\text{kJ}$

29 압축비가 7.5이고 비열비가 1.4인 이상적인 오토사이클의 열효율은 약 몇 %인가?

① 55.3   ② 57.6
③ 48.7   ④ 51.2

해설
$\eta_{tho} = \left[1 - \left(\dfrac{1}{\varepsilon}\right)^{k-1}\right] \times 100\%$
$= \left[1 - \left(\dfrac{1}{7.5}\right)^{1.4-1}\right] \times 100\% = 55.3\%$

30 정압비열이 0.8418kJ/kg·K이고 기체상수가 0.1889kJ/kg·K인 이상기체의 정적비열은 약 몇 kJ/kg·K인가?

① 4.456
② 1.220
③ 1.031
④ 0.653

해설 $C_v = C_p - R = 0.8418 - 0.1889 = 0.653\text{kJ/kg·K}$

31 산소(O_2) 4kg, 질소(N_2) 6kg, 이산화탄소(CO_2) 2kg으로 구성된 기체혼합물의 기체상수(kJ/kg·K)는 약 얼마인가?

① 0.328   ② 0.294
③ 0.267   ④ 0.241

정답 23.② 24.① 25.① 26.② 27.① 28.③ 29.① 30.④ 31.③

해설 $R = \sum_{i=1}^{n} \frac{m_i}{m} R_i$

$= \frac{4}{12} \times \frac{8.314}{32} + \frac{6}{12} \times \frac{8.314}{28} + \frac{2}{12} \times \frac{8.314}{44}$

$= 0.0866 + 0.1485 + 0.0315$

$\fallingdotseq 0.267 \text{kJ/kg} \cdot \text{K}$

32 열기관이 1,100K인 고온열원으로부터 1,000kJ의 열을 받아서 온도가 320K인 저온열원에서 600kJ의 열을 방출한다고 한다. 이 열기관이 클라우지우스 부등식($\oint \frac{\delta Q}{T} \leq 0$)을 만족하는지 여부와 동일온도범위에서 작동하는 카르노열기관과 비교하여 효율은 어떠한가?

① 클라우지우스 부등식을 만족하지 않고 이론적인 카르노열기관과 효율이 같다.
② 클라우지우스 부등식을 만족하지 않고 이론적인 카르노열기관보다 효율이 크다.
③ 클라우지우스 부등식을 만족하고 이론적인 카르노열기관과 효율이 같다.
④ 클라우지우스 부등식을 만족하고 이론적인 카르노열기관보다 효율이 작다.

해설 $\eta_c = 1 - \frac{T_2}{T_1} = 1 - \frac{320}{1,100} = 0.709 (= 70.9\%)$

$\eta = 1 - \frac{Q_2}{Q_1} = 1 - \frac{600}{1,000} = 0.4 (= 40\%)$

$\oint \frac{\delta Q}{T} \leq 0$, 즉 가역사이클은 등호(=), 비가역사이클(실제 사이클)은 부등호(<)의 조건을 만족하며, 실제 사이클은 가역사이클인 카르노사이클보다 효율이 작다($\eta_c > \eta$).

33 실린더 내부의 기체의 압력을 150kPa로 유지하면서 체적을 0.05m³에서 0.1m³까지 증가시킬 때 실린더가 한 일은 약 몇 kJ인가?

① 1.5   ② 15
③ 7.5   ④ 75

해설 $_1 W_2 = \int_1^2 PdV = P(V_2 - V_1)$

$= 150 \times (0.1 - 0.05) = 7.5 \text{kJ}$

34 4kg의 공기를 압축하는데 300kJ의 일을 소비함과 동시에 110kJ의 열량이 방출되었다. 공기 온도가 초기에는 20℃이었을 때 압축 후의 공기 온도는 약 몇 ℃인가? (단, 공기는 정적비열이 0.716kJ/kg · K인 이상기체로 간주한다.)

① 78.4   ② 71.7
③ 93.5   ④ 86.3

해설 $Q = (U_2 - U_1) +\ _1W_2 \text{[kJ]}$

$\therefore U_2 - U_1 = Q -\ _1W_2 = -110 - (-300) = 190 \text{kJ}$

등적변화($V = C$) 시 내부에너지변화량은 가열량과 같으므로 $Q = mC_v(t_2 - t_1) \text{[kJ]}$이다.

$\therefore t_2 = t_1 + \frac{Q}{mC_v} = 20 + \frac{190}{4 \times 0.716} = 86.34℃$

35 체적이 200L인 용기 속에 기체가 3kg 들어있다. 압력이 1MPa, 비내부에너지가 219kJ/kg일 때 비엔탈피는 약 몇 kJ/kg인가?

① 286   ② 258
③ 419   ④ 442

해설 $h = U + Pv = 219 + 1 \times 10^3 \times \frac{0.2}{3} \fallingdotseq 286 \text{kJ/kg}$

36 다음 그림과 같은 압력(P)-부피(V)선도에서 $T_1 = 561K$, $T_2 = 1,010K$, $T_3 = 690K$, $T_4 = 383K$인 공기(정압비열 1kJ/kg · K)를 작동유체로 하는 이상적인 브레이턴사이클(Brayton cycle)의 열효율은?

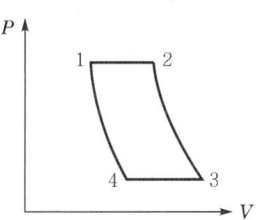

① 0.388   ② 0.444
③ 0.316   ④ 0.412

해설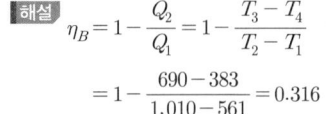

$\eta_B = 1 - \frac{Q_2}{Q_1} = 1 - \frac{T_3 - T_4}{T_2 - T_1}$

$= 1 - \frac{690 - 383}{1,010 - 561} = 0.316$

37 위치에너지의 변화를 무시할 수 있는 단열노즐 내를 흐르는 공기의 출구속도가 600m/s이고 노즐 출구에서의 엔탈피가 입구에 비해 179.2kJ/kg 감소할 때 공기의 입구속도는 약 몇 m/s인가?

① 16　　　　② 40
③ 225　　　 ④ 425

해설
$$\frac{v_2^2 - v_1^2}{2,000} = h_1 - h_2$$
$$v_1^2 = v_2^2 - 2,000(h_1 - h_2)$$
$$\therefore v_1 = \sqrt{v_2^2 - 2,000(h_1 - h_2)}$$
$$= \sqrt{600^2 - 2,000 \times 179.2} = 40\text{m/s}$$

38 효율이 30%인 증기동력사이클에서 1kW의 출력을 얻기 위하여 공급되어야 할 열량은 약 몇 kW인가?

① 1.25　　　② 2.51
③ 3.33　　　④ 4.90

해설
$$\eta = \frac{W_{net}}{Q_1} \times 100[\%]$$
$$\therefore Q_1 = \frac{W_{net}}{\eta} = \frac{1}{0.3} = 3.33\text{kW}$$

39 질량이 4kg인 단열된 강재용기 속에 온도 25℃의 물 18L가 들어가 있다. 이 속에 200℃의 물체 8kg을 넣었더니 열평형에 도달하여 온도가 30℃가 되었다. 물의 비열은 4.187kJ/kg·K이고, 강재의 비열은 0.4648kJ/kg·K일 때 이 물체의 비열은 약 몇 kJ/kg·K인가? (단, 외부와의 열교환은 없다고 가정한다.)

① 0.244　　② 0.267
③ 0.284　　④ 0.302

해설
$$(m_1C_1 + m_2C_2)(t_2 - t_m) = mC(t - t_m)$$
$$(4 \times 0.4648 + 18 \times 4.187) \times (30 - 25) = 8C \times (200 - 30)$$
$$\therefore C = \frac{(4 \times 0.4648 + 18 \times 4.187) \times (30 - 25)}{8 \times (200 - 30)}$$
$$\approx 0.284\text{kJ/kg} \cdot \text{K}$$

40 엔트로피에 관한 설명 중 옳지 않은 것은?

① 열역학 제2법칙과 관련된 개념이다.
② 우주 전체의 엔트로피는 증가하는 방향으로 변화한다.
③ 엔트로피는 자연현상의 비가역성을 측정하는 척도이다.
④ 비가역현상은 엔트로피가 감소하는 방향으로 일어난다.

해설 비가역변화인 경우 엔트로피는 항상 증가한다(열역학 제2법칙=비가역법칙=엔트로피 증가법칙).

제3과목 · 기계유체역학

41 지름 200mm 원형관에 비중 0.9, 점성계수 0.52poise인 유체가 평균속도 0.48m/s로 흐를 때 유체흐름의 상태는? (단, 레이놀즈수(Re)가 2,100≤Re≤4,000일 때 천이구간으로 한다.)

① 층류　　　② 천이
③ 난류　　　④ 맥동

해설
$$Re = \frac{\rho V d}{\mu} = \frac{(0.9 \times 1,000) \times 0.48 \times 0.2}{0.52 \times 0.1}$$
$$\approx 1,662 < 2,100(\text{층류})$$

42 온도 25℃인 공기에서의 음속은 약 몇 m/s인가? (단, 공기의 비열비는 1.4, 기체상수는 287J/kg·K이다.)

① 312　　　② 346
③ 388　　　④ 433

해설 $C = \sqrt{kRT} = \sqrt{1.4 \times 287 \times (25 + 273)} = 346\text{m/s}$

43 시속 800km의 속도로 비행하는 제트기가 400m/s의 상대속도로 배기가스를 노즐에서 분출할 때의 추진력은? (단, 이때 흡기량은 25kg/s이고, 배기되는 연소가스는 흡기량에 비해 2.5% 증가하는 것으로 본다.)

① 3,922N　　② 4,694N
③ 4,875N　　④ 6,346N

정답 37.② 38.③ 39.③ 40.④ 41.① 42.② 43.②

해설 $F_{th} = m_2 v_2 - m_1 v_1$
$= (25 + 25 \times 0.025) \times 400 - 25 \times \dfrac{800}{3.6} = 4,694N$

44 다음 4가지의 유체 중에서 점성계수가 가장 큰 뉴턴유체는?

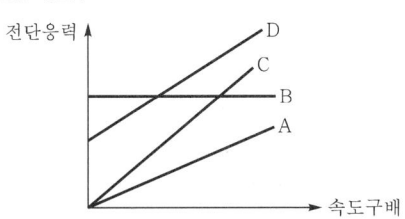

① A ② B
③ C ④ D

해설 뉴턴유체는 점성계수(μ)가 일정 시 전단응력(τ)은 속도구배$\left(\dfrac{du}{dy}\right)$에 비례한다. 즉 뉴턴의 점성법칙을 만족시키는 유체를 뉴턴유체(Newton fluid)라 한다.
$\tau = \mu \dfrac{du}{dy}$ [Pa]

45 안지름이 50cm인 원관에 물이 2m/s의 속도로 흐르고 있다. 역학적 상사를 위해 관성력과 점성력만을 고려하여 $\dfrac{1}{5}$로 축소된 모형에서 같은 물로 실험할 경우 모형에서의 유량은 약 몇 L/s 인가? (단, 물의 동점성계수는 $1 \times 10^{-6} m^2/s$이다.)

① 34 ② 79
③ 118 ④ 256

해설 $(Re)_p = (Re)_m$
$\left(\dfrac{Vd}{\nu}\right)_p = \left(\dfrac{Vd}{\nu}\right)_m$
$\nu_p \simeq \nu_m$
$V_p d_p = V_m d_m$
$2 \times 0.5 = V_m \times 0.5 \times \dfrac{1}{5}$
$\therefore V_m = 10 m/s$
$\therefore Q_m = A_m V_m = \dfrac{\pi d_m^2}{4} V_m = \dfrac{\pi}{4} \times \left(0.5 \times \dfrac{1}{5}\right)^2 \times 10$
$\fallingdotseq 0.079 m^3/s = 79 L/s$

46 함수 $f(a, V, t, \nu, L) = 0$을 무차원변수로 표시하는데 필요한 독립무차원수 π는 몇 개인가? (단, a는 음속, V는 속도, t는 시간, ν는 동점성계수, L은 특성길이이다.)

① 1 ② 2
③ 3 ④ 4

해설 무차원수(π) = $n - m$ = 물리량 - 기본차원수
= 5 - 2 = 3개
여기서, n : 단위를 가지고 있는 모든 물리량
- a : 음속(m/s) = LT^{-1}
- V : 속도(m/s) = LT^{-1}
- t : 시간(sec) = T
- ν : 동점성계수(m^2/s) = $L^2 T^{-1}$
- L : 특성길이(m) = L
m : 기본차원수(L, T)

47 수두차를 읽어 관내 유체의 속도를 측정할 때 U자관(U-tube) 액주계 대신 역U자관(inverted U-tube) 액주계가 사용되었다면 그 이유로 가장 적절한 것은?

① 계기유체(gauge fluid)의 비중이 관내 유체보다 작기 때문에
② 계기유체(gauge fluid)의 비중이 관내 유체보다 크기 때문에
③ 계기유체(gauge fluid)의 점성계수가 관내 유체보다 작기 때문에
④ 계기유체(gauge fluid)의 점성계수가 관내 유체보다 크기 때문에

해설 역U자관 액주계를 사용하는 이유는 계기유체의 비중이 관내 유체보다 작기 때문이다.

48 다음 그림에서 벽의 구멍을 통해 분사되는 물의 속도(V)는? (단, 그림에서 S는 비중을 나타낸다.)

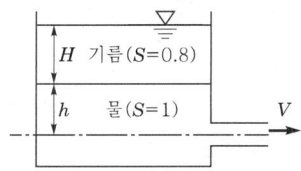

① $\sqrt{2gH}$ ② $\sqrt{2g(H+h)}$
③ $\sqrt{2g(0.8H+h)}$ ④ $\sqrt{2g(H+0.8h)}$

정답 44. ③ 45. ② 46. ③ 47. ① 48. ③

해설 $V = \sqrt{2g(0.8H+h)}\,[\text{m/s}]$

49 정지유체 속에 잠겨있는 평면이 받는 힘에 관한 내용 중 틀린 것은?
① 깊게 잠길수록 받는 힘이 커진다.
② 크기는 도심에서의 압력에 전체 면적을 곱한 것과 같다.
③ 수평으로 잠긴 경우 압력 중심은 도심과 일치한다.
④ 수직으로 잠긴 경우 압력 중심은 도심보다 약간 위쪽에 있다.

해설 수직으로 잠긴 경우 압력의 중심은 도심보다 $\dfrac{I_G}{Ay}$ 만큼 아래에 위치한다.

50 다음 물리량을 질량, 길이, 시간의 차원을 이용하여 나타내고자 한다. 이 중 질량의 차원을 포함하는 물리량은?

㉠ 속도	㉡ 가속도
㉢ 동점성계수	㉣ 체적탄성계수

① ㉠ ② ㉡
③ ㉢ ④ ㉣

해설 ㉠ 속도(m/s)$= LT^{-1}$
㉡ 가속도(m/s^2)$= LT^{-2}$
㉢ 동점성계수(m^2/s)$= L^2T^{-1}$
㉣ 체적탄성계수(N/m^2)$= FL^{-2} = (MLT^{-2})L^{-2}$
$\qquad = ML^{-1}T^{-2}$
∴ 체적탄성계수만이 질량을 포함하는 차원을 갖는다.

51 지름 2mm인 구가 밀도 0.4kg/m^3, 동점성계수 1.0×10^{-4}m^2/s인 기체 속을 0.03m/s로 운동한다고 하면 항력은 약 몇 N인가?
① 2.26×10^{-8} ② 3.52×10^{-7}
③ 4.54×10^{-8} ④ 5.86×10^{-7}

해설 $D = 3\pi\mu vd = 3\pi\rho\nu vd$
$= 3\pi \times (0.4 \times 1.0 \times 10^{-4}) \times 0.03 \times 0.002$
$≒ 2.26 \times 10^{-8}$ N

52 극좌표계(r, θ)로 표현되는 2차원 퍼텐셜유동(potential flow)에서 속도퍼텐셜(velocity potential, ϕ)이 다음과 같을 때 유동함수(stream function, Ψ)로 가장 적절한 것은? (단, A, B, C는 상수이다.)

$$\phi = A\ln r + Br\cos\theta$$

① $\Psi = \dfrac{A}{r}\cos\theta + Br\sin\theta + C$
② $\Psi = \dfrac{A}{r}\sin\theta - Br\cos\theta + C$
③ $\Psi = A\theta + Br\sin\theta + C$
④ $\Psi = A\theta - Br\cos\theta + C$

해설 극좌표계의 퍼텐셜유동
$u_r = -\dfrac{1}{r}\dfrac{\partial \Psi}{\partial \theta} = -\dfrac{\partial \phi}{\partial r},\ u_\theta = \dfrac{\partial \Psi}{\partial r} = -\dfrac{1}{r}\dfrac{\partial \phi}{\partial \theta}$
$-\dfrac{1}{r}\dfrac{\partial \Psi}{\partial \theta} = -\dfrac{\partial(A\ln r + Br\cos\theta)}{\partial r} = -\dfrac{A}{r} + B\cos\theta$
$\partial \Psi = (A + Br\cos\theta)\partial\theta$
$\int \partial \Psi = \int (A + Br\cos\theta)\partial\theta$
∴ $\Psi = A\theta + Br\sin\theta + C$

53 60N의 무게를 가진 물체를 물속에서 측정하였을 때 무게가 10N이었다. 이 물체의 비중은 약 얼마인가? (단, 물속에서 측정할 시 물체는 완전히 잠겼다고 가정한다.)
① 1.0 ② 1.2
③ 1.4 ④ 1.6

해설 $G_a = W + F_B = W + \gamma V$
$60 = 10 + 9,800\,V$
$V = \dfrac{60-10}{9,800} = \dfrac{50}{9,800} = 5.1 \times 10^{-3}$ m^3
∴ $S = \dfrac{\gamma}{\gamma_w} = \dfrac{\dfrac{G_a}{V}}{\gamma_w} = \dfrac{60}{9,800 \times 5.1 \times 10^{-3}} = 1.2$

54 안지름 0.1m의 물이 흐르는 관로에서 관벽의 마찰손실수두가 물의 속도수두와 같다면 그 관로의 길이는 약 몇 m인가? (단, 관마찰계수는 0.03이다.)
① 1.58 ② 2.54
③ 3.33 ④ 4.52

해설
$$h_L = f \frac{l}{d} \frac{V^2}{2g}^{\,0}$$
$$\therefore l = \frac{d}{f} = \frac{0.1}{0.03} = 3.33\text{m}$$

55 물펌프의 입구 및 출구의 조건이 다음과 같고 펌프의 송출유량이 0.2m³/s이면 펌프의 동력은 약 몇 kW인가? (단, 손실은 무시한다.)

- 입구 : 계기압력 −3kPa, 안지름 0.2m, 기준면으로부터 높이 +2m
- 출구 : 계기압력 250kPa, 안지름 0.15m, 기준면으로부터 높이 +5m

① 45.7 ② 53.5
③ 59.3 ④ 65.2

해설
$$V_1 = \frac{Q}{A_1} = \frac{0.2}{\frac{\pi}{4} \times 0.2^2} = 6.366\text{m/s}$$
$$V_2 = \frac{Q}{A_2} = \frac{0.2}{\frac{\pi}{4} \times 0.15^2} = 11.317\text{m/s}$$
$$\frac{P_1}{\gamma_w} + \frac{V_1^2}{2g} + Z_1 + h_p = \frac{P_2}{\gamma_w} + \frac{V_2^2}{2g} + Z_2$$
$$\frac{-3 \times 10^3}{9,800} + \frac{6.366^2}{2 \times 9.8} + 2 + h_p = \frac{250 \times 10^3}{9,800} + \frac{11.317^2}{2 \times 9.8} + 5$$
$$\therefore h_p = 33.283$$
$$\therefore L_P = \gamma_w Q h_p = 9,800 \times 0.2 \times 33.283 = 65234.68\text{W} = 65.2\text{kW}$$

56 2차원 속도장이 다음 식과 같이 주어졌을 때 유선의 방정식은 어느 것인가? (단, 직각좌표계에서 u, v는 x, y방향의 속도성분을 나타내며, C는 임의의 상수이다.)

$$u = x, \quad v = -y$$

① $xy = C$ ② $\dfrac{x}{y} = C$
③ $x^2 y = C$ ④ $xy^2 = C$

해설
$$\frac{dx}{u} = \frac{dy}{v}$$
$$\frac{dx}{x} = -\frac{dy}{y}$$
$$\ln x = -\ln y + \ln C$$
$$\ln x + \ln y = \ln C$$
$$\ln xy = C$$
$$\therefore xy = e^C = C$$

57 다음 중 경계층의 박리(separation)가 일어나는 주원인은?

① 압력이 증기압 이하로 떨어지기 때문에
② 유동방향으로 밀도가 감소하기 때문에
③ 경계층의 두께가 0으로 수렴하기 때문에
④ 유동과정에 역압력구배가 발생하기 때문에

해설 경계층의 박리가 일어나는 주원인은 유동과정에서 역압력구배가 발생하기 때문이다.

58 안지름이 각각 2cm, 3cm인 두 파이프를 통하여 속도가 같은 물이 유입되어 하나의 파이프로 합쳐져서 흘러나간다. 유출되는 속도가 유입속도와 같다면 유출파이프의 안지름은 약 몇 cm인가?

① 3.61 ② 4.24
③ 5.00 ④ 5.85

해설
$$Q_1 + Q_2 = Q_3$$
$$A_1 V_1 + A_2 V_2 = A_3 V_3$$
$$\frac{\pi}{4} d_1^2 V_1 + \frac{\pi}{4} d_2^2 V_2 = \frac{\pi}{4} d_3^2 V_3$$
$$(d_1^2 + d_2^2) V = d_3^2 V$$
$$\therefore d_3 = \sqrt{d_1^2 + d_2^2} = \sqrt{2^2 + 3^2} = \sqrt{13} ≒ 3.61\text{cm}$$

59 원관 내 완전발달층류유동에 관한 설명으로 옳지 않은 것은?

① 관 중심에서 속도가 가장 크다.
② 평균속도는 관 중심속도의 절반이다.
③ 관 중심에서 전단응력이 최대값을 갖는다.
④ 전단응력은 반지름방향으로 선형적으로 변화한다.

해설 전단응력은 관의 중심에서 0이고 반지름방향으로 선형적으로 증가하여 관의 벽면에서 전단응력은 최대값을 갖는다.
$$\tau_{\max} = \frac{\Delta P}{l}\left(\frac{d}{4}\right)$$

정답 55. ④ 56. ① 57. ④ 58. ① 59. ③

60 다음 그림과 같이 용기에 물과 휘발유가 주입되어 있을 때 용기 바닥면에서의 게이지압력은 약 몇 kPa인가? (단, 휘발유의 비중은 0.7이다.)

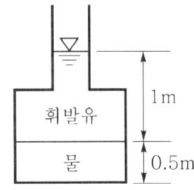

① 1.59 ② 3.64
③ 6.86 ④ 11.77

해설 $P_g = \gamma_w s h_1 + \gamma_w h_2$
    $= 9.81 \times 0.7 \times 1 + 9.81 \times 0.5 ≒ 11.772 kPa$

제4과목 · 기계재료 및 유압기기

61 0℃ 이하의 온도로 냉각하는 작업으로 강의 잔류오스테나이트를 마텐자이트로 변태시키는 것을 목적으로 하는 열처리는?

① 마퀜칭 ② 마템퍼링
③ 오스포밍 ④ 심냉처리

해설 심냉처리(sub-zero treatment)는 0℃ 이하의 온도로 냉각시켜 강의 잔류오스테나이트를 마텐자이트로 변태하므로 담금질경도를 증가시키는 열처리이다.

62 다음 금속 중 자기변태점이 가장 높은 것은?

① Fe ② Co
③ Ni ④ Fe₃C

해설 자기변태점 : Co(1,160℃)>Fe(768℃)>Ni(358℃)
>Fe₃C(210℃)

63 산화알루미나(Al₂O₃) 등을 주성분으로 하며 철과 친화력이 없고 열을 흡수하지 않으므로 공구를 과열시키지 않아 고속정밀가공에 적합한 공구의 재질은?

① 세라믹 ② 인코넬
③ 고속도강 ④ 탄소공구강

해설 세라믹(ceramic)의 주성분은 Al₂O₃이다.

64 구상흑연주철을 제조하기 위한 접종제가 아닌 것은?

① Mg ② Sn
③ Ce ④ Ca

해설 구상흑연주철의 제조 시 접종제는 Mn, Ce, Ca이다.

65 금속을 소성가공할 때 냉간가공과 열간가공을 구분하는 온도는?

① 변태온도 ② 단조온도
③ 재결정온도 ④ 담금질온도

해설 냉간가공과 열간가공의 기준(구별)온도는 재결정온도이다.

66 다음 조직 중 경도가 가장 낮은 것은?

① 페라이트 ② 마텐자이트
③ 시멘타이트 ④ 트루스타이트

해설 경도의 크기순서는 M>T>S>P>A>F이다.

67 금속에서 자유도(F)를 구하는 식으로 옳은 것은? (단, 압력은 일정하며 C : 성분, P : 상의 수이다.)

① $F = C - P + 1$ ② $F = C + P + 1$
③ $F = C - P + 2$ ④ $F = C + P + 2$

해설 금속의 자유도 $F = C - P + 1$

68 켈밋합금(kelmet alloy)의 주요 성분으로 옳은 것은?

① Pb-Sn ② Cu-Pb
③ Sn-Sb ④ Zn-Al

해설 켈밋합금의 주요 성분은 구리(Cu)와 납(Pb)이다.

69 저탄소강기어(gear)의 표면에 내마모성을 향상시키기 위해 붕소(B)를 기어표면에 확산침투시키는 처리는?

① 세라다이징(sherardizing)
② 아노다이징(anodizing)
③ 보로나이징(boronizing)
④ 칼로라이징(calorizing)

정답 60.④ 61.④ 62.② 63.① 64.② 65.③ 66.① 67.① 68.② 69.③

[해설] 금속침투법
　㉠ 세라다이징 : Zn
　㉡ 칼로라이징 : Al
　㉢ 보로나이징 : B
　※ 아노다이징은 금속표면처리방법으로 양극과 음극 중 양극을 처리하는 방법이다.

70 60~70% Ni에 Cu를 첨가한 것으로 내열·내식성이 우수하므로 터빈의 날개, 펌프의 임펠러 등의 재료로 사용되는 합금은?

① Y합금　　② 모넬메탈
③ 콘스탄탄　④ 문쯔메탈

71 다음 그림과 같은 유압회로도에서 릴리프밸브는?

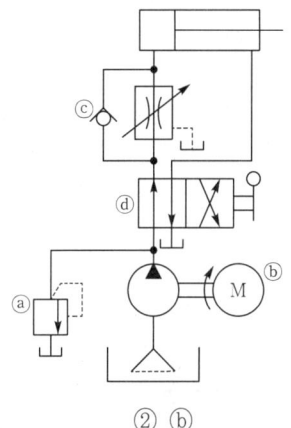

① ⓐ　　② ⓑ
③ ⓒ　　④ ⓓ

[해설] ⓑ 전동기
　　ⓒ 체크밸브
　　ⓓ 4포트 2위치 4방밸브

72 두 개의 유입관로의 압력에 관계없이 정해진 출구유량이 유지되도록 합류하는 밸브는?

① 집류밸브　② 셔틀밸브
③ 적층밸브　④ 프리필밸브

73 유압펌프의 종류가 아닌 것은?

① 기어펌프　② 베인펌프
③ 피스톤펌프　④ 마찰펌프

[해설] 유압펌프의 종류 : 기어펌프, 베인펌프, 피스톤펌프

74 다음 유압기호는 어떤 밸브의 상세기호인가?

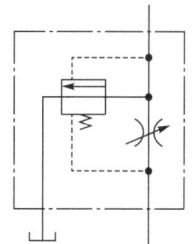

① 직렬형 유량조정밸브
② 바이패스형 유량조정밸브
③ 체크밸브붙이 유량조정밸브
④ 기계조작 가변교축밸브

[해설] 도시된 유압기호는 바이패스형 유량조정밸브의 상세기호이다.

75 다음의 설명에 맞는 원리는?

> 정지하고 있는 유체 중의 압력은 모든 방향에 대하여 같은 압력으로 작용한다.

① 보일의 원리
② 샤를의 원리
③ 파스칼의 원리
④ 아르키메데스의 원리

76 다음 그림과 같은 유압기호의 명칭은?

① 모터　　② 필터
③ 가열기　④ 분류밸브

[해설] 도시된 유압기호는 필터를 나타낸다.

77 유압펌프에 있어서 체적효율이 90%이고 기계효율이 80%일 때 유압펌프의 전효율은?

① 90%
② 88.8%
③ 72%
④ 23.7%

[해설] $\eta_p = \eta_v \eta_m = 0.9 \times 0.8 = 0.72 = 72\%$

78 동일축상에 2개 이상의 펌프작용요소를 가지고 각각 독립한 펌프작용을 하는 형식의 펌프는?

① 다단펌프
② 다련펌프
③ 오버센터펌프
④ 가역회전형 펌프

79 유압펌프에서 실제 토출량과 이론토출량의 비를 나타내는 용어는?

① 펌프의 토크효율
② 펌프의 전효율
③ 펌프의 입력효율
④ 펌프의 용적효율

[해설] 용적(체적)효율 = $\frac{\text{실제 토출량}}{\text{이론토출량}} \times 100\%$

80 다음 중 어큐뮬레이터회로(accumulator circuit)의 특징에 해당되지 않는 것은?

① 사이클시간 단축과 펌프용량 저감
② 배관파손 방지
③ 서지압의 방지
④ 맥동의 발생

제5과목·기계제작법 및 기계동력학

81 스프링과 질량만으로 이루어진 1자유도 진동시스템에 대한 설명으로 옳은 것은?

① 질량이 커질수록 시스템의 고유진동수는 커지게 된다.
② 스프링상수가 클수록 움직이기가 힘들어져서 진동주기가 길어진다.
③ 외력을 가하는 주기와 시스템의 고유주기가 일치하면 이론적으로는 응답변위는 무한대로 커진다.
④ 외력의 최대 진폭의 크기에 따라 시스템의 응답주기는 변한다.

82 공 A가 v_0의 속도로 다음 그림과 같이 정지된 공 B와 C지점에서 부딪힌다. 두 공 사이의 반발계수가 1이고 충돌각도가 θ일 때 충돌 후에 공 B의 속도의 크기는? (단, 두 공의 질량은 같고, 마찰은 없다고 가정한다.)

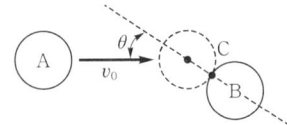

① $\frac{1}{2}v_0\sin\theta$ ② $\frac{1}{2}v_0\cos\theta$
③ $v_0\sin\theta$ ④ $v_0\cos\theta$

[해설]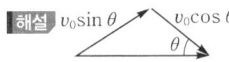
㉠ A의 속도 : $v_0\sin\theta[\text{m/s}]$
㉡ B의 속도 : $v_0\cos\theta[\text{m/s}]$

83 다음 그림에서 질량 100kg의 물체 A와 수평면 사이의 마찰계수는 0.3이며 물체 B의 질량은 30kg이다. 힘 P_y의 크기는 시간($t[\sec]$)의 함수이며 $P_y = 15t^2[\text{N}]$이다. t는 0sec에서 물체 A가 오른쪽으로 2m/s로 운동을 시작한다면 t가 5sec일 때 이 물체(A)의 속도는 약 몇 m/s인가?

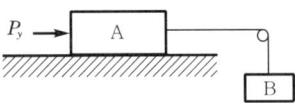

① 6.81   ② 7.22
③ 7.81   ④ 8.64

[해설] $\sum F = ma = m\dfrac{dV}{dt}$

$\sum F dt = mdV$

$(P_y - \mu W_A + W_B)dt = (m_A + m_B)dV$

$(15t^2 - \mu m_A g + m_B g)dt = (m_A + m_B)dV$

$\displaystyle\int_0^5 (15t^2 - \mu m_A g + m_B g)dt = \int_{V_1}^{V_2}(m_A + m_B)dV$

$\left[\dfrac{15t^3}{3} - \mu m_A g t + m_B g t\right]_0^5 = (m_A + m_B)(V_2 - V_1)$

$5 \times 5^3 - 0.3 \times 100 \times 9.8 \times 5 + 30 \times 9.8 \times 5 = (100 + 30) \times (V_2 - 2)$

$625 = 130 \times (V_2 - 2)$

$\therefore V_2 = 2 + \dfrac{625}{130} \fallingdotseq 6.81\text{m/s}$

정답 78.② 79.④ 80.④ 81.③ 82.④ 83.①

84 다음 그림은 시간(t)에 대한 가속도(a)의 변화를 나타낸 그래프이다. 가속도를 시간에 대한 함수식으로 옳게 나타낸 것은?

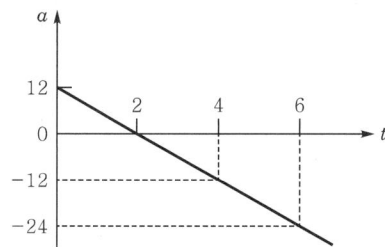

① $a = 12 - 6t$
② $a = 12 + 6t$
③ $a = 12 - 12t$
④ $a = 12 + 12t$

85 다음과 같은 운동방정식을 갖는 진동시스템에서 감쇠비(damping ratio)를 나타내는 식은?

$$m\ddot{x} + c\dot{x} + kx = 0$$

① $\dfrac{c}{2\sqrt{mk}}$
② $\dfrac{k}{2\sqrt{mc}}$
③ $\dfrac{m}{2\sqrt{ck}}$
④ $2\sqrt{mck}$

[해설] $\xi = \dfrac{c}{c_c} = \dfrac{c}{2\sqrt{mk}}$

86 스프링상수가 k인 스프링을 4등분하여 자른 후 각각의 스프링을 다음 그림과 같이 연결하였을 때 이 시스템의 고유진동수(ω_n)는 약 몇 rad/s인가?

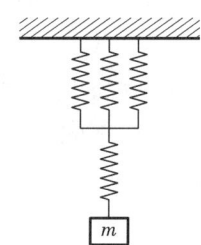

① $\omega_n = \sqrt{\dfrac{2k}{m}}$
② $\omega_n = \sqrt{\dfrac{3k}{m}}$
③ $\omega_n = 2\sqrt{\dfrac{k}{m}}$
④ $\omega_n = \sqrt{\dfrac{5k}{m}}$

[해설] $\dfrac{1}{k_n} = \dfrac{1}{3k} + \dfrac{1}{k} = \dfrac{4}{3k}$ ∴ $k_n = \dfrac{3}{4}k$

$m' = \dfrac{m}{4}$ ∴ $\omega_n = \sqrt{\dfrac{k_n}{m'}} = \sqrt{\dfrac{\frac{3}{4}k}{\frac{m}{4}}} = \sqrt{\dfrac{3k}{m}}$

87 물체의 최대 가속도가 680cm/s², 매분 480사이클의 진동수로 조화운동을 한다면 물체의 진동진폭은 약 몇 mm인가?

① 1.8mm
② 1.2mm
③ 2.4mm
④ 2.7mm

[해설] $\alpha_{max} = x\omega^2 [\text{mm/s}^2]$

∴ $x = \dfrac{\alpha_{max}}{\omega^2} = \dfrac{\alpha_{max}}{\left(\dfrac{2\pi N}{60}\right)^2} = \dfrac{6,800}{\left(\dfrac{2\pi \times 480}{60}\right)^2} ≒ 2.7\text{mm}$

88 원판의 각속도가 5초 만에 0부터 1,800rpm까지 일정하게 증가하였다. 이때 원판의 각가속도는 몇 rad/s²인가?

① 360
② 60
③ 37.7
④ 3.77

[해설] $\omega = \dfrac{2\pi N}{60} = \dfrac{2\pi \times 1,800}{60} = 188.5 \text{rad/s}$

∴ 각가속도(α) $= \dfrac{\omega}{t} = \dfrac{188.5}{5} = 37.7 \text{rad/s}^2$

89 네 개의 가는 막대로 구성된 정사각프레임이 있다. 막대 각각의 질량과 길이는 m과 b이고, 프레임은 ω의 각속도로 회전하고 질량 중심 G는 v의 속도로 병진운동하고 있다. 프레임의 병진운동에너지와 회전운동에너지가 같아질 때 질량 중심 G의 속도(v)는 얼마인가?

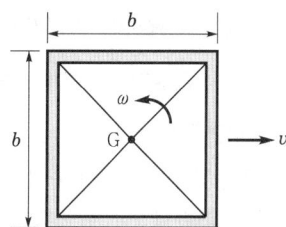

① $\dfrac{b\omega}{\sqrt{2}}$
② $\dfrac{b\omega}{\sqrt{3}}$
③ $\dfrac{b\omega}{2}$
④ $\dfrac{b\omega}{\sqrt{5}}$

정답 84.① 85.① 86.② 87.④ 88.③ 89.②

해설
$$J_o = \left\{\frac{mb^2}{12} + m\left(\frac{b}{2}\right)^2\right\} \times 4 = \frac{4mb^2}{3}$$
$$T_1 = T_2$$
$$\frac{1}{2} \times 4mv^2 = \frac{1}{2} J_o \omega^2$$
$$2mv^2 = \frac{1}{2} \times \frac{4mb^2}{3} \omega^2$$
$$v^2 = \frac{b^2}{3}\omega^2$$
$$\therefore v = \frac{b\omega}{\sqrt{3}} [\text{m/s}]$$

90 20g의 탄환이 수평으로 1,200m/s의 속도로 발사되어 정지해 있던 300g의 블록에 박힌다. 이후 스프링에 발생한 최대 압축길이는 약 몇 m인가? (단, 스프링상수는 200N/m이고 처음에 변형되지 않은 상태였다. 바닥과 블록 사이의 마찰은 무시한다.)

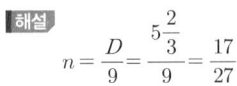

① 2.5 ② 3.0
③ 3.5 ④ 4.0

해설
$$m_1v_1 + m_2v_2 = (m_1 + m_2)v'$$
$$0.02 \times 1,200 + 0.3 \times 0 = (0.02 + 0.3) \times v'$$
$$\therefore v' = 75\text{m/s}$$
$$\frac{1}{2}mv'^2 = \frac{1}{2}kx^2$$
$$\frac{1}{2} \times (0.02 + 0.3) \times 75^2 = \frac{1}{2} \times 200 \times x^2$$
$$\therefore x = 3\text{m}$$

91 단식분할법을 이용하여 밀링가공으로 원을 중심각 $5\frac{2}{3}°$씩 분할하고자 한다. 분할판 27구멍을 사용하면 가장 적합한 가공법은?

① 분할판 27구멍을 사용하여 17구멍씩 돌리면서 가공한다.
② 분할판 27구멍을 사용하여 20구멍씩 돌리면서 가공한다.
③ 분할판 27구멍을 사용하여 12구멍씩 돌리면서 가공한다.
④ 분할판 27구멍을 사용하여 8구멍씩 돌리면서 가공한다.

해설
$$n = \frac{D}{9} = \frac{5\frac{2}{3}}{9} = \frac{17}{27}$$

92 특수윤활제로 분류되는 극압윤활유에 첨가하는 극압물이 아닌 것은?

① 염소 ② 유황
③ 인   ④ 동

93 강의 열처리에서 탄소(C)가 고용된 면심입방격자구조의 γ철로서 매우 안정된 비자성체인 급랭조직은?

① 오스테나이트(Austenite)
② 마텐자이트(Martensite)
③ 트루스타이트(Troostite)
④ 소르바이트(Sorbite)

94 선반에서 연동척에 대한 설명으로 옳은 것은?

① 4개의 돌려 맞출 수 있는 조(jaw)가 있고, 조는 각각 개별적으로 조절된다.
② 원형 또는 6각형 단면을 가진 공작물을 신속히 고정할 수 있는 척이며, 조(jaw)는 3개가 있고 동시에 작동한다.
③ 스핀들테이퍼구멍에 슬리브를 꽂고, 여기에 척을 꽂은 것으로 가는 지름고정에 편리하다.
④ 원판 안에 전자석을 장입하고, 이것에 직류전류를 보내어 척(chuck)을 자화시켜 공작물을 고정한다.

95 1차로 가공된 가공물의 안지름보다 다소 큰 강구를 압입하여 통과시켜서 가공물의 표면을 소성변형시켜 가공하는 방법으로 표면거칠기가 우수하고 정밀도를 높이는 것은?

① 래핑   ② 호닝
③ 버니싱 ④ 슈퍼피니싱

정답 90.② 91.① 92.④ 93.① 94.② 95.③

96 지름이 50mm인 연삭숫돌로 지름이 10mm인 공작물을 연삭할 때 숫돌바퀴의 회전수는 약 몇 rpm인가? (단, 숫돌의 원주속도는 1,500m/min이다.)

① 4,759
② 5,809
③ 7,449
④ 9,549

해설 $V = \dfrac{\pi d N}{1,000}[\text{m/min}]$

$\therefore N = \dfrac{1,000\,V}{\pi d} = \dfrac{1,000 \times 1,500}{\pi \times 50} \fallingdotseq 9,549\text{rpm}$

97 스폿용접과 같은 원리로 접합할 모재의 한쪽 판에 돌기를 만들어 고정전극 위에 겹쳐놓고 가동전극으로 통전과 동시에 가압하여 저항열로 가열된 돌기를 접합시키는 용접법은?

① 플래시버트용접
② 프로젝션용접
③ 업셋용접
④ 단접

98 용융금속에 압력을 가하여 주조하는 방법으로 주형을 회전시켜 주형 내면을 균일하게 압착시키는 주조법은?

① 셸몰드법
② 원심주조법
③ 저압주조법
④ 진공주조법

99 압연공정에서 압연하기 전 원재료의 두께를 50mm, 압연 후 재료의 두께를 30mm로 한다면 압하율(draft percent)은 얼마인가?

① 20%
② 30%
③ 40%
④ 50%

해설 압하율$(\phi) = \dfrac{H_o - H}{H_o} \times 100\% = \left(1 - \dfrac{H}{H_o}\right) \times 100\%$

$= \left(1 - \dfrac{30}{50}\right) \times 100\% = 40\%$

100 내경측정용 게이지가 아닌 것은?

① 게이지블록
② 실린더게이지
③ 버니어캘리퍼스
④ 내경 마이크로미터

해설 게이지블록(블록게이지)는 길이측정의 표준이 되는 게이지로 생산공장의 현장에서 공작용, 검사용으로 사용된다.

정답 96. ④ 97. ② 98. ② 99. ③ 100. ①

2019 제1회 출제문제

| 2019. 3. 3. 시행 |

제1과목 · 재료역학

01 다음 그림과 같이 길이 $l=4$m의 단순보에 균일분포하중 w가 작용하고 있으며 보의 최대 굽힘응력 $\sigma_{\max}=85$N/cm²일 때 최대 전단응력은 약 몇 kPa인가? (단, 보의 단면적은 지름이 11cm인 원형 단면이다.)

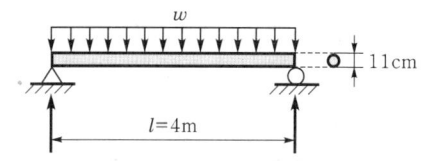

① 1.7   ② 15.6
③ 22.9 ④ 25.5

해설 $\sigma = 85\text{N/cm}^2 = 85 \times 10^4 \text{N/m}^2 = 850 \text{kN/m}^2 (=\text{kPa})$

$M_{\max} = \sigma Z$

$\dfrac{wl^2}{8} = \sigma \dfrac{\pi d^3}{32}$

$\therefore w = \dfrac{8\sigma \pi d^3}{32 l^2} = \dfrac{8 \times 850 \times \pi \times 0.11^3}{32 \times 4^2} = 0.055 \text{kN/m}$

$F = R_A = R_B = \dfrac{wl}{2} = \dfrac{0.055 \times 4}{2} = 0.11 \text{kN}$

$\therefore \tau_{\max} = \dfrac{4F}{3A} = \dfrac{4F}{3\pi r^2} = \dfrac{4 \times 0.11}{3 \times \pi \times 0.055^2} = 15.4 \text{kPa}$

02 폭 $b=60$mm, 길이 $L=340$mm의 균일강도 외팔보의 자유단에 집중하중 $P=3$kN이 작용한다. 허용굽힘응력을 65MPa이라 하면 자유단에서 250mm 되는 지점의 두께 h는 약 몇 mm인가? (단, 보의 단면은 두께는 변하지만 일정한 폭 b를 갖는 직사각형이다.)

① 24   ② 34
③ 44   ④ 54

해설 $\sigma = \dfrac{M}{Z} = \dfrac{M}{\dfrac{bh^2}{6}} = \dfrac{6M}{bh^2} = \dfrac{6Px}{bh^2} = \dfrac{6PL}{bh_o^2} =$ 일정

$h_o = \sqrt{\dfrac{6PL}{\sigma b}} = \sqrt{\dfrac{6 \times 3,000 \times 340}{65 \times 60}} \fallingdotseq 39.61 \text{mm}$

$\dfrac{x}{h^2} = \dfrac{L}{h_o^2}$

$\therefore h = h_o \sqrt{\dfrac{x}{L}} = 39.61 \sqrt{\dfrac{250}{340}} \fallingdotseq 34 \text{mm}$

[별해] $h = \sqrt{\dfrac{6Px}{\sigma b}} = \sqrt{\dfrac{6 \times 3,000 \times 250}{65 \times 60}} \fallingdotseq 34 \text{mm}$

03 다음 그림과 같은 균일 단면을 갖는 부정정보가 단순지지단에서 모멘트 M_o를 받는다. 단순지지단에서의 반력 R_A는? (단, 굽힘강성 EI는 일정하고, 자중은 무시한다.)

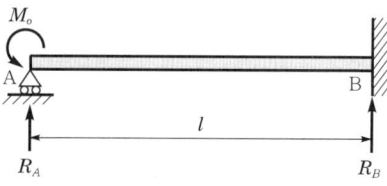

① $\dfrac{3M_o}{2l}$ ② $\dfrac{3M_o}{4l}$
③ $\dfrac{2M_o}{3l}$ ④ $\dfrac{4M_o}{3l}$

해설
㉠ 우력(M_o)이 작용하는 외팔보처짐량 $\delta_1 = \dfrac{M_o l^2}{2EI}$

㉡ 미지반력(R_A)에 의한 처짐량 $\delta_2 = \dfrac{R_A l^3}{3EI}$

㉢ 지점(A)에서의 처짐량은 0이므로 $\delta_1 = \delta_2$이다.

$\dfrac{M_o l^2}{2EI} = \dfrac{R_A l^3}{3EI}$

$\therefore R_A = \dfrac{3M_o}{2l}$ [N]

정답 01. ② 02. ② 03. ①

04 다음 그림과 같은 단면에서 대칭축 $n-n$에 대한 단면 2차 모멘트는 약 몇 cm⁴인가?

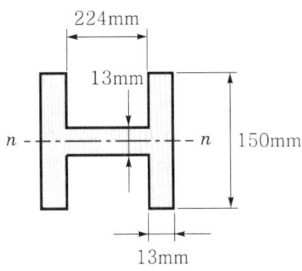

① 535 ② 635
③ 735 ④ 835

해설 $I_G = 2\dfrac{bh^3}{12} + \dfrac{BH^3}{12} = 2 \times \dfrac{1.3 \times 15^3}{12} + \dfrac{22.4 \times 1.3^3}{12}$
$= 735.35 \text{cm}^4$

05 다음 그림과 같은 트러스가 점 B에서 다음 그림과 같은 방향으로 5kN의 힘을 받을 때 트러스에 저장되는 탄성에너지는 약 몇 kJ인가? (단, 트러스의 단면적은 1.2cm², 탄성계수는 10^6Pa이다.)

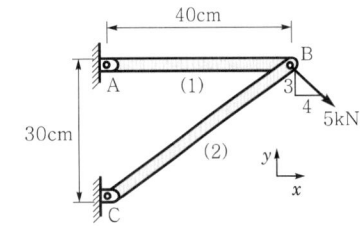

① 52.1 ② 106.7
③ 159.0 ④ 267.7

해설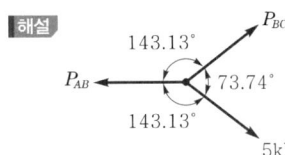

Sine정리 적용
$\dfrac{5}{\sin 143.13°} = \dfrac{P_{AB}}{\sin 73.74°} = \dfrac{P_{BC}}{\sin 143.13°}$
$\therefore P_{AB} = 8\text{kN}, \ P_{BC} = 5\text{kN}$
$\therefore U = U_{AB} + U_{BC} = \dfrac{P_{AB}^2 l_{AB} + P_{BC}^2 l_{BC}}{2AE}$
$= \dfrac{8^2 \times 0.4 + 5^2 \times 0.5}{2 \times 1.2 \times 10^{-4} \times 10^3} ≒ 159\text{kJ}$

06 평면응력상태의 한 요소에 σ_x=100MPa, σ_y=−50MPa, τ_{xy}=0을 받는 평판에서 평면 내에서 발생하는 최대 전단응력은 몇 MPa인가?

① 75 ② 50
③ 25 ④ 0

해설 $\tau_{\max} = \sqrt{\left(\dfrac{\sigma_x - \sigma_y}{2}\right)^2 + \tau_{xy}^2} = \sqrt{\left(\dfrac{100+50}{2}\right)^2 + 0}$
$= 75\text{MPa}$

07 바깥지름 50cm, 안지름 30cm의 속이 빈 축은 동일한 단면적을 가지며 재질의 원형축에 비하여 약 몇 배의 비틀림모멘트에 견딜 수 있는가? (단, 중공축과 중실축의 전단응력은 같다.)

① 1.1배 ② 1.2배
③ 1.4배 ④ 1.7배

해설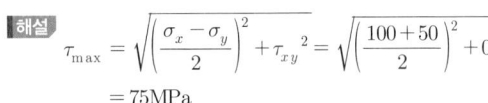

$A = \dfrac{\pi d^2}{4} = \dfrac{\pi}{4}(d_2^2 - d_1^2)$
$d = \sqrt{d_2^2 - d_1^2} = \sqrt{50^2 - 30^2} = 40\text{cm}$
$\therefore \dfrac{T_2}{T_1} = \dfrac{Z_{p2}}{Z_{p1}} = \dfrac{\pi d_2^3}{16}(1-x^4)\dfrac{16}{\pi d^3} = \left(\dfrac{d_2}{d}\right)^3(1-x^4)$
$= \left(\dfrac{50}{40}\right)^3 \times \left[1 - \left(\dfrac{3}{5}\right)^4\right] = 1.7$

08 진변형률(ε_T)과 진응력(σ_T)을 공칭응력(σ_n)과 공칭변형률(ε_n)로 나타낼 때 옳은 것은?

① $\sigma_T = \ln(1+\sigma_n)$, $\varepsilon_T = \ln(1+\varepsilon_n)$
② $\sigma_T = \ln(1+\sigma_n)$, $\varepsilon_T = \ln\dfrac{\sigma_T}{\sigma_n}$
③ $\sigma_T = \sigma_n(1+\varepsilon_n)$, $\varepsilon_T = \ln(1+\varepsilon_n)$
④ $\sigma_T = \ln(1+\varepsilon_n)$, $\varepsilon_T = \varepsilon_n(1+\sigma_n)$

해설 ㉠ 공칭응력(σ_n)은 응력계산 시 최초 시편의 단면적(A_o)을 기준으로 하고, 진응력(σ_T)은 변하는 실제 단면적을 기준으로 한다. 이때 표점거리 내의 체적은 일정하다고 가정한다.
$A_o L_o = AL$

정답 04.③ 05.③ 06.① 07.④ 08.③

$$\frac{A_o}{A} = \frac{L}{L_o}$$

$$\therefore \sigma_T = \frac{P}{A} = \frac{P}{A_o}\frac{A_o}{A} = \sigma_n \frac{L}{L_o}$$

$$= \sigma_n \left(\frac{L-L_o+L_o}{L_o}\right) = \sigma_n(1+\varepsilon_n)$$

ⓒ 공칭변형률(ε_n)은 늘음량을 본래 길이로 나눈 값이고, 진변형률(ε_T)은 매 순간 변화된 시편의 길이를 고려하여 계산한 값이다.

$$\varepsilon_n = \frac{\delta}{L_o} = \frac{L-L_o}{L_o}$$

$$\therefore \varepsilon_T = \int_{L_o}^{L} \frac{dL}{L} = \ln\frac{L}{L_o} = \ln\frac{L-L_o+L_o}{L_o}$$

$$= \ln(1+\varepsilon_n)$$

09 길이 1m인 외팔보가 다음 그림처럼 $q=5$kN/m의 균일분포하중과 $P=1$kN의 집중하중을 받고 있을 때 B점에서의 회전각은 얼마인가? (단, 보의 굽힘강성은 EI이다.)

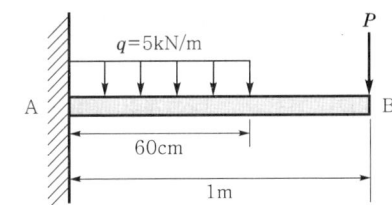

① $\dfrac{120}{EI}$ ② $\dfrac{260}{EI}$

③ $\dfrac{486}{EI}$ ④ $\dfrac{680}{EI}$

해설 $\theta_{max} = \theta_1 + \theta_2 = \dfrac{PL^2}{2EI} + \dfrac{A_M}{EI} = \dfrac{1}{EI}\left(\dfrac{PL^2}{2} + \dfrac{bh}{3}\right)$

$= \dfrac{1}{EI}\left(\dfrac{1,000\times 1^2}{2} + \dfrac{0.6}{3}\times\left(\dfrac{5,000\times 0.6^2}{2}\right)\right)$

$= \dfrac{680}{EI}$ [rad]

10 탄성계수(영계수) E, 전단탄성계수 G, 체적탄성계수 K 사이에 성립되는 관계식은?

① $E = \dfrac{9KG}{2K+G}$ ② $E = \dfrac{3K-2G}{6K+2G}$

③ $K = \dfrac{EG}{3(3G-E)}$ ④ $K = \dfrac{9EG}{3E+G}$

해설 $K = \dfrac{EG}{3(3G-E)} = \dfrac{EG}{9G-3E}$ [GPa]

11 다음 그림과 같은 막대가 있다. 길이는 4m이고, 힘은 지면에 평행하게 200N만큼 주었을 때 o점에 작용하는 힘과 모멘트는?

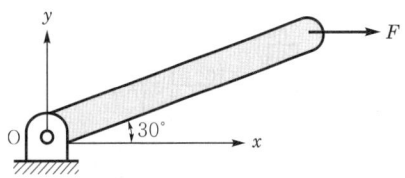

① $F_{ox}=0$, $F_{oy}=200$N, $M_z=200$N·m
② $F_{ox}=200$N, $F_{oy}=0$, $M_z=400$N·m
③ $F_{ox}=200$N, $F_{oy}=200$N, $M_z=200$N·m
④ $F_{ox}=0$, $F_{oy}=0$, $M_z=400$N·m

해설 $F_{ox}=200$N, $F_{oy}=0$,
$M_z = FL\sin 30° = 200\times 4\times \sin 30° = 400$N·m

12 양단이 고정된 직경 30mm, 길이가 10m인 중실축에서 다음 그림과 같이 비틀림모멘트 1.5kN·m가 작용할 때 모멘트작용점에서의 비틀림은 약 몇 rad인가? (단, 봉재의 전단탄성계수 $G=100$GPa이다.)

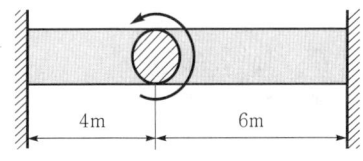

① 0.45 ② 0.56
③ 0.63 ④ 0.77

해설 $T_A = \dfrac{Tb}{l} = \dfrac{1.5\times 6}{10} = 0.9$kN·m

$T_B = \dfrac{Ta}{l} = \dfrac{1.5\times 4}{10} = 0.6$kN·m

모멘트작용점에서 좌우비틀림각은 같으므로 $\theta_A = \theta_B$이다.

$\dfrac{T_A a}{GI_P} = \dfrac{T_B b}{GI_P} = \dfrac{32 T_A a}{G\pi d^4} = \dfrac{32\times 0.9\times 4}{100\times 10^6 \times \pi \times 0.03^4}$

$= 0.45$rad

13 다음 그림과 같은 치차전동장치에서 A치차로부터 D치차로 동력을 전달한다. B와 C치차의 피치원의 직경의 비가 $\dfrac{D_B}{D_C} = \dfrac{1}{9}$일 때 두 축의 최대 전단응력들이 같아지게 되는 직경의 비 $\dfrac{d_2}{d_1}$은 얼마인가?

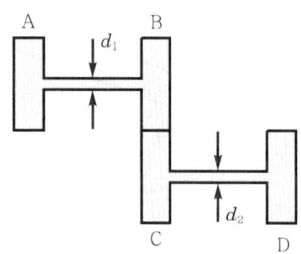

① $\left(\dfrac{1}{9}\right)^{\frac{1}{3}}$ ② $\dfrac{1}{9}$

③ $9^{\frac{1}{3}}$ ④ $9^{\frac{2}{3}}$

해설
㉠ $T_1 = \tau_1 Z_{p1} = \tau_1 \dfrac{\pi d_1^3}{16} = P_B D_B$

∴ $P_B = \dfrac{T_1}{D_B} = \left(\tau_1 \dfrac{\pi d_1^3}{16}\right) \dfrac{1}{D_B}$

㉡ $T_2 = \tau_2 Z_{p2} = \tau_2 \dfrac{\pi d_2^3}{16} = P_C D_C$

∴ $P_C = \dfrac{T_2}{D_C} = \left(\tau_2 \dfrac{\pi d_2^3}{16}\right) \dfrac{1}{D_C}$

㉢ $\dfrac{T_2}{T_1} = \dfrac{Z_{p2}}{Z_{p1}} = \left(\dfrac{d_2}{d_1}\right)^3 = \dfrac{D_C}{D_B} = 9$

∴ $\dfrac{d_2}{d_1} = 9^{\frac{1}{3}} (= \sqrt[3]{9})$

14 다음 그림과 같은 단순지지보에서 2kN/m의 분포하중이 작용할 경우 중앙의 처짐이 0이 되도록 하기 위한 힘 P의 크기는 몇 kN인가?

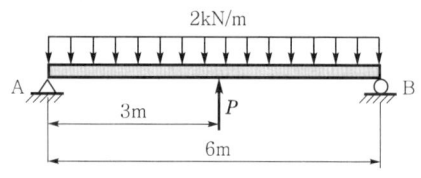

① 6.0 ② 6.5
③ 7.0 ④ 7.5

해설 $\dfrac{5wL^4}{384EI} = \dfrac{PL^3}{48EI}$

∴ $P = \dfrac{5wL}{8} = \dfrac{5 \times 2 \times 6}{8} = 7.5\text{kN}$

15 다음 그림과 같이 길이 l인 단순지지된 보 위를 하중 W가 이동하고 있다. 최대 굽힘응력은?

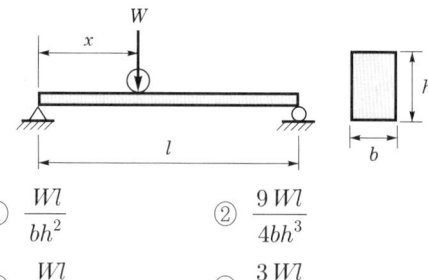

① $\dfrac{Wl}{bh^2}$ ② $\dfrac{9Wl}{4bh^3}$

③ $\dfrac{Wl}{2bh^2}$ ④ $\dfrac{3Wl}{2bh^2}$

해설 $\sigma = \dfrac{M}{Z} = \dfrac{Wl}{4} \times \dfrac{6}{bh^2} = \dfrac{3Wl}{2bh^2}$ [MPa]

16 다음 그림과 같은 외팔보에 균일분포하중 w가 전길이에 걸쳐 작용할 때 자유단의 처짐 δ는 얼마인가? (단, E : 탄성계수, I : 단면 2차 모멘트이다.)

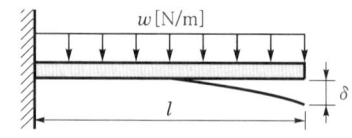

① $\dfrac{wl^4}{3EI}$ ② $\dfrac{wl^4}{6EI}$

③ $\dfrac{wl^4}{8EI}$ ④ $\dfrac{wl^4}{24EI}$

해설
㉠ 외팔보 자유단의 최대 처짐량$(\delta) = \dfrac{wl^4}{8EI}$

㉡ 외팔보 자유단의 최대 처짐각$(\theta_{\max})$
 $= \dfrac{wl^3}{6EI}$ [rad]

정답 13. ③ 14. ④ 15. ④ 16. ③

17 부재의 양단이 자유롭게 회전할 수 있도록 되어 있고 길이가 4m인 압축부재의 좌굴하중을 오일러공식으로 구하면 약 몇 kN인가? (단, 세로탄성계수는 100GPa이고 단면 $b \times h$ =100mm×50mm이다.)

① 52.4　　② 64.4
③ 72.4　　④ 84.4

해설
$$P_B = n\pi^2 \frac{EI_G}{L^2} = 1 \times \pi^2 \times \frac{100 \times 10^6 \times \frac{0.1 \times 0.05^3}{12}}{4^2}$$
$$= 64.26 \text{kN}$$

18 단면적이 2cm²이고 길이가 4m인 환봉에 10kN의 축방향 하중을 가하였다. 이때 환봉에 발생한 응력은 몇 N/m²인가?

① 5,000　　② 2,500
③ 5×10^5　　④ 5×10^7

해설
$$\sigma = \frac{P}{A} = \frac{10 \times 10^3}{2 \times 10^{-4}} = 5 \times 10^7 \text{N/m}^2 (= \text{Pa})$$

19 다음 그림과 같이 단면적이 2cm²인 AB 및 CD 막대의 B점과 C점이 1cm만큼 떨어져 있다. 두 막대에 인장력을 가하여 늘인 후 B점과 C점에 핀을 끼워 두 막대를 연결하려고 한다. 연결 후 두 막대에 작용하는 인장력은 약 몇 kN인가? (단, 재료의 세로탄성계수는 200GPa이다.)

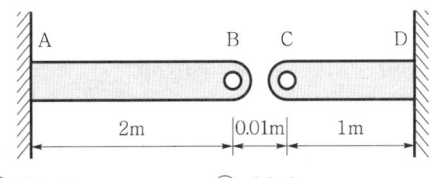

① 33.3　　② 66.6
③ 99.9　　④ 133.3

해설
$$\lambda = \frac{PL}{AE}$$
$$\therefore P = \frac{AE\lambda}{L} = \frac{2 \times 10^{-4} \times 200 \times 10^6 \times 0.01}{3}$$
$$= 133.33 \text{kN}$$

20 두께 8mm의 강판으로 만든 안지름 40cm의 얇은 원통에 1MPa의 내압이 작용할 때 강판에 발생하는 후프응력(원주응력)은 몇 MPa인가?

① 25　　② 37.5
③ 12.5　　④ 50

해설
$$\sigma = \frac{PD}{2t} = \frac{1 \times 400}{2 \times 8} = 25 \text{MPa}$$

제2과목・기계열역학

21 어떤 기체동력장치가 이상적인 브레이턴사이클로 다음과 같이 작동할 때 이 사이클의 열효율은 약 몇 %인가? (단, 온도(T)-엔트로피(s)선도에서 T_1=30℃, T_2=200℃, T_3=1,060℃, T_4=160℃이다.)

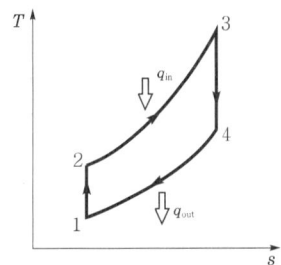

① 81%　　② 85%
③ 89%　　④ 92%

해설 $q_{in} = C_P(T_3 - T_2)$, $q_{out} = C_P(T_4 - T_1)$
$$\therefore \eta_{thB} = 1 - \frac{q_{out}}{q_{in}} = 1 - \frac{T_4 - T_1}{T_3 - T_2}$$
$$= 1 - \frac{160 - 30}{1,060 - 200} \fallingdotseq 0.85 = 85\%$$

22 체적이 일정하고 단열된 용기 내에 80℃, 320kPa의 헬륨 2kg이 들어있다. 용기 내에 있는 회전날개가 20W의 동력으로 30분 동안 회전한다고 할 때 용기 내의 최종온도는 약 몇 ℃인가? (단, 헬륨의 정적비열은 3.12kJ/kg・K이다.)

① 81.9℃　　② 83.3℃
③ 84.9℃　　④ 85.8℃

정답 17.② 18.④ 19.④ 20.① 21.② 22.④

해설 $Q = mC_v(t_2 - t_1)$
$\therefore t_2 = t_1 + \dfrac{Q}{mC_v} = 80 + \dfrac{0.02 \times 3,600 \times 0.5}{2 \times 3.12} \fallingdotseq 85.8℃$

23 유리창을 통해 실내에서 실외로 열전달이 일어난다. 이때 열전달량은 약 몇 W인가? (단, 대류열전달계수는 50W/m² · K, 유리창 표면온도는 25℃, 외기온도는 10℃, 유리창면적은 2m²이다.)

① 150
② 500
③ 1,500
④ 5,000

해설 $q_{conv} = hA(t_i - t_o) = 50 \times 2 \times (25 - 10) \fallingdotseq 1,500 W$

24 밀폐계가 가역정압변화를 할 때 계가 받은 열량은?

① 계의 엔탈피변화량과 같다.
② 계의 내부에너지변화량과 같다.
③ 계의 엔트로피변화량과 같다.
④ 계가 주위에 대해 한 일과 같다.

해설 $\delta Q = dH - VdP$[kJ]에서 $P = C$이므로 $dP = 0$이다. 따라서 $\delta Q = dH = mC_p dT$[kJ], 즉 등압과정 시 가열량은 엔탈피변화량과 같다.

25 실린더에 밀폐된 8kg의 공기가 다음 그림과 같이 $P_1 = 800$kPa, 체적 $V_1 = 0.27$m³에서 $P_2 = 350$kPa, 체적 $V_2 = 0.80$m³로 직선변화하였다. 이 과정에서 공기가 한 일은 약 몇 kJ인가?

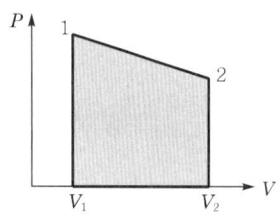

① 305
② 334
③ 362
④ 390

해설 절대일은 $P-V$선도의 면적과 같다.
$_1W_2 = P_2(V_2 - V_1) + \dfrac{1}{2}(P_1 - P_2)(V_2 - V_1)$
$= (V_2 - V_1)\left[P_2 + \dfrac{1}{2}(P_1 - P_2)\right]$
$= (0.80 - 0.27) \times \left[350 + \dfrac{1}{2} \times (800 - 350)\right]$
$\fallingdotseq 305$kJ

26 이상기체에 대한 다음 관계식 중 잘못된 것은? (단, C_v는 정적비열, C_p는 정압비열, u는 내부에너지, T는 온도, V는 부피, h는 엔탈피, R은 기체상수, k는 비열비이다.)

① $C_v = \left(\dfrac{\partial u}{\partial T}\right)_V$
② $C_p = \left(\dfrac{\partial h}{\partial T}\right)_V$
③ $C_p - C_v = R$
④ $C_v = \dfrac{kR}{k-1}$

해설 $C_p = \left(\dfrac{\partial q}{\partial T}\right)_P = \left(\dfrac{\partial h}{\partial T}\right)_P$

27 터빈, 압축기, 노즐과 같은 정상유동장치의 해석에 유용한 몰리에(Mollier)선도를 옳게 설명한 것은?

① 가로축에 엔트로피, 세로축에 엔탈피를 나타내는 선도이다.
② 가로축에 엔탈피, 세로축에 온도를 나타내는 선도이다.
③ 가로축에 엔트로피, 세로축에 밀도를 나타내는 선도이다.
④ 가로축에 비체적, 세로축에 압력을 나타내는 선도이다.

해설 터빈, 압축기, 노즐과 같은 정상유동장치에 유용한 몰리에선도는 세로(y)축에 엔탈피를, 가로(x)축에 엔트로피를 나타내는 선도이다.

28 다음 중 강도성 상태량(Intensive property)이 아닌 것은?

① 온도
② 압력
③ 체적
④ 밀도

해설 강도성 상태량(성질)은 물질의 양과 무관한 상태량으로 비체적, 온도, 압력, 밀도(비질량) 등이 있다. 체적(V)은 용량성(종량성) 상태량이다.

29 600kPa, 300K 상태의 이상기체 1kmol이 엔탈피가 등온과정을 거쳐 압력이 200kPa로 변했다. 이 과정 동안의 엔트로피변화량은 약 몇 kJ/K인가? (단, 일반기체상수($\overline{R}$)는 8.31451kJ/kmol·K이다.)

① 0.782 ② 6.31
③ 9.13   ④ 18.6

해설 $\Delta S = n\overline{R}\ln\dfrac{P_1}{P_2} = 1 \times 8.31451 \times \ln\dfrac{600}{200} = 9.13 \text{kJ/K}$

30 열역학 제2법칙에 관해서는 여러 가지 표현으로 나타낼 수 있는데, 다음 중 열역학 제2법칙과 관계되는 설명으로 볼 수 없는 것은?

① 열을 일로 변환하는 것은 불가능하다.
② 열효율이 100%인 열기관을 만들 수 없다.
③ 열은 저온물체로부터 고온물체로 자연적으로 전달되지 않는다.
④ 입력되는 일 없이 작동하는 냉동기를 만들 수 없다.

해설 열을 일로 변환하는 것은 가능하다. 단, 100% 변환시키는 것은 불가능하다.
열역학 제2법칙=비가역법칙(엔트로피 증가법칙)

31 다음 그림과 같은 Rankine사이클로 작동하는 터빈에서 발생하는 일은 약 몇 kJ/kg인가? (단, h는 엔탈피, s는 엔트로피를 나타내며, h_1 = 191.8kJ/kg, h_2 = 193.8kJ/kg, h_3 = 2799.5kJ/kg, h_4 = 2007.5kJ/kg이다.)

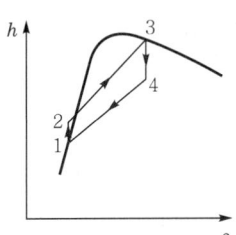

① 2.0kJ/kg   ② 792.0kJ/kg
③ 2605.7kJ/kg ④ 1815.7kJ/kg

해설 $w_t = h_3 - h_4 = 2799.5 - 2007.5 = 792 \text{kJ/kg}$

32 공기 1kg이 압력 50kPa, 부피 3m³인 상태에서 압력 900kPa, 부피 0.5m³인 상태로 변화할 때 내부에너지가 160kJ 증가하였다. 이때 엔탈피는 약 몇 kJ이 증가하였는가?

① 30   ② 185
③ 235 ④ 460

해설 $H_2 - H_1 = (U_2 - U_1) + (P_2V_2 - P_1V_1)$
$= 160 + (900 \times 0.5 - 50 \times 3) = 460 \text{kJ}$

33 다음 그림과 같은 단열된 용기 안에 25℃의 물이 0.8m³ 들어있다. 이 용기 안에 100℃, 50kg의 쇳덩어리를 넣은 후 열적평형이 이루어졌을 때 최종온도는 약 몇 ℃인가? (단, 물의 비열은 4.18 kJ/kg·K, 철의 비열은 0.45kJ/kg·K이다.)

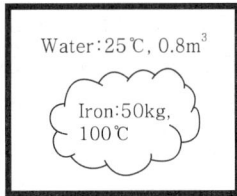

① 25.5 ② 27.4
③ 29.2 ④ 31.4

해설 철의 방열량(고온체 방열량)=물의 흡열량(저온체 흡열량)
$m_1 C_1 (t_1 - t_m) = m_2 C_2 (t_m - t_2)$
$\therefore t_m = \dfrac{m_1 C_1 t_1 + m_2 C_2 t_2}{m_1 C_1 + m_2 C_2}$
$= \dfrac{50 \times 0.45 \times 100 + 800 \times 4.18 \times 25}{50 \times 0.45 + 800 \times 4.18} ≒ 25.5℃$

34 시간당 380,000kg의 물을 공급하여 수증기를 생산하는 보일러가 있다. 이 보일러에 공급하는 물의 엔탈피는 830kJ/kg이고, 생산되는 수증기의 엔탈피는 3,230kJ/kg이라고 할 때 발열량이 32,000 kJ/kg인 석탄을 시간당 34,000kg씩 보일러에 공급한다면 이 보일러의 효율은 약 몇 %인가?

① 66.9% ② 71.5%
③ 77.3% ④ 83.8%

해설 $\eta_B = \dfrac{G_a(h_2 - h_1)}{H_L m_f} \times 100\%$

$= \dfrac{380{,}000 \times (3{,}230 - 830)}{32{,}000 \times 34{,}000} \times 100\% \fallingdotseq 83.8\%$

35 어느 내연기관에서 피스톤의 흡기과정으로 실린더 속에 0.2kg의 기체가 들어왔다. 이것을 압축할 때 15kJ의 일이 필요하였고, 10kJ의 열을 방출하였다고 한다면 이 기체 1kg당 내부에너지의 증가량은?

① 10kJ/kg ② 25kJ/kg
③ 35kJ/kg ④ 50kJ/kg

해설 $u_2 - u_1 = \dfrac{{}_1W_2}{m} = \dfrac{15 - 10}{0.2} = 25\,\text{kJ/kg}$

36 압력 2MPa, 300℃의 공기 0.3kg이 폴리트로픽과정으로 팽창하여 압력이 0.5MPa로 변화하였다. 이때 공기가 한 일은 약 몇 kJ인가? (단, 공기는 기체상수가 0.287kJ/kg·K인 이상기체이고, 폴리트로픽지수는 1.3이다.)

① 416 ② 157
③ 573 ④ 45

해설 ${}_1W_2 = \dfrac{mRT_1}{n-1}\left[1 - \left(\dfrac{P_2}{P_1}\right)^{\frac{n-1}{n}}\right]$

$= \dfrac{0.3 \times 0.287 \times 573}{1.3 - 1} \times \left[1 - \left(\dfrac{0.5}{2}\right)^{\frac{1.3-1}{1.3}}\right] = 45.02\,\text{kJ}$

37 이상적인 오토사이클에서 열효율을 55%로 하려면 압축비를 약 얼마로 하면 되겠는가? (단, 기체의 비열비는 1.4이다.)

① 5.9 ② 6.8
③ 7.4 ④ 8.5

해설 $\eta_{tho} = 1 - \left(\dfrac{1}{\varepsilon}\right)^{k-1}$

$\therefore \varepsilon = \left(\dfrac{1}{1-\eta_{tho}}\right)^{\frac{1}{k-1}} = \left(\dfrac{1}{1-0.55}\right)^{\frac{1}{1.4-1}} \fallingdotseq 7.4$

38 이상기체 1kg이 초기에 압력 2kPa, 부피 0.1m³를 차지하고 있다. 가역등온과정에 따라 부피가 0.3m³로 변화했을 때 기체가 한 일은 약 몇 J인가?

① 9,540 ② 2,200
③ 954   ④ 220

해설 ${}_1W_2 = P_1V_1 \ln \dfrac{V_2}{V_1} = 2{,}000 \times 0.1 \times \ln \dfrac{0.3}{0.1} = 220\,\text{J}$

39 다음 중 기체상수(gas constant, R[kJ/kg·K])값이 가장 큰 기체는?

① 산소(O_2)
② 수소(H_2)
③ 일산화탄소(CO)
④ 이산화탄소(CO_2)

해설 $mR = \overline{R} = 8.314\,\text{kJ/kmol·K}$

분자량(m)과 각 기체상수(R)는 반비례하므로 분자량이 작을수록 기체상수(R)는 커진다.

∴ 수소는 분자량이 2이므로

기체상수(R) $= \dfrac{\overline{R}}{m} = \dfrac{8.314}{2} = 4.157\,\text{kJ/kg·K}$

※ 분자량의 크기순서 : $CO_2(44) > O_2(32) > CO(28) > H_2(2)$

40 계의 엔트로피변화에 대한 열역학적 관계식 중 옳은 것은? (단, T는 온도, S는 엔트로피, U는 내부에너지, V는 체적, P는 압력, H는 엔탈피를 나타낸다.)

① $TdS = dU - PdV$
② $TdS = dH - PdV$
③ $TdS = dU - VdP$
④ $TdS = dH - VdP$

해설 $\delta Q = dH - VdP$

$dS = \dfrac{\delta Q}{T}$[kJ/K]이므로 $\delta Q = TdS$[kJ]

$\therefore TdS = dH - VdP$[kJ]

정답 35.② 36.④ 37.③ 38.④ 39.② 40.④

제3과목 · 기계유체역학

41 유속 3m/s로 흐르는 물속에 흐름방향의 직각으로 피토관을 세웠을 때 유속에 의해 올라가는 수주의 높이는 약 몇 m인가?
① 0.46   ② 0.92
③ 4.6   ④ 9.2

해설 $h = \dfrac{v^2}{2g} = \dfrac{3^2}{2 \times 9.8} ≒ 0.46\text{m}$

42 온도 27℃, 절대압력 380kPa인 기체가 6m/s로 지름 5cm인 매끈한 원관 속을 흐르고 있을 때 유동상태는? (단, 기체상수는 187.8N · m/kg · K, 점성계수는 1.77×10⁻⁵kg/m · s, 상, 하 임계레이놀즈수는 각각 4,000, 2,100이라 한다.)
① 층류영역   ② 천이영역
③ 난류영역   ④ 퍼텐셜영역

해설 $\rho = \dfrac{P}{RT} = \dfrac{380}{0.1878 \times (27+273)} = 6.74\text{kg/m}^3$

∴ $Re = \dfrac{\rho V d}{\mu} = \dfrac{6.74 \times 6 \times 0.05}{1.77 \times 10^{-5}} = 114318.03 > 4,000$
(난류영역)

43 일정간격의 두 평판 사이에 흐르는 완전발달된 비압축성 정상유동에서 x는 유동방향, y는 평판 중심을 0으로 하여 x방향에 직교하는 방향의 좌표를 나타낼 때 압력강하와 마찰손실의 관계로 옳은 것은? (단, P는 압력, τ는 전단응력, μ는 점성계수(상수)이다.)
① $\dfrac{dP}{dy} = \mu \dfrac{d\tau}{dx}$ ② $\dfrac{dP}{dy} = \dfrac{d\tau}{dx}$
③ $\dfrac{dP}{dx} = \dfrac{d\tau}{dy}$ ④ $\dfrac{dP}{dx} = \dfrac{1}{\mu}\dfrac{d\tau}{dy}$

해설 $\sum F_x = 0$
$2Pdy - 2(P+dP)dy - 2d\tau dx = 0$
$-2dPdy - 2d\tau dx = 0$
$dPdy = d\tau dx$
∴ $\dfrac{dP}{dx} = \dfrac{d\tau}{dy}$

44 2m×2m×2m의 정육면체로 된 탱크 안에 비중이 0.8인 기름이 가득 차 있고 위 뚜껑이 없을 때 탱크의 한 옆면에 작용하는 전체 압력에 의한 힘은 약 몇 kN인가?
① 7.6   ② 15.7
③ 31.4   ④ 62.8

해설 $F = \gamma \bar{h} A = (\gamma_w S)\bar{h} A = 9.8 S \bar{h} A$
$= 9.8 \times 0.8 \times 1 \times (2 \times 2) ≒ 31.4\text{kN}$

45 다음 그림과 같은 원형관에 비압축성 유체가 흐를 때 A 단면의 평균속도가 V_1일 때 B 단면에서의 평균속도 V는?

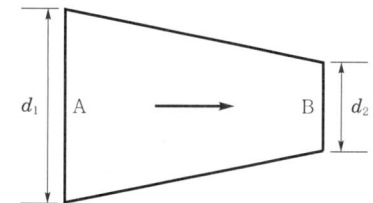

① $V = \left(\dfrac{d_1}{d_2}\right)^2 V_1$ ② $V = \dfrac{d_1}{d_2} V_1$
③ $V = \left(\dfrac{d_2}{d_1}\right)^2 V_1$ ④ $V = \dfrac{d_2}{d_1} V_1$

해설 $Q = AV[\text{m}^3/\text{s}]$에서 $A_1 V_1 = A_2 V$이므로
∴ $V = V_1 \dfrac{A_1}{A_2} = V_1 \left(\dfrac{d_1}{d_2}\right)^2 [\text{m/s}]$

46 다음 그림과 같이 유속 10m/s인 물 분류에 대하여 평판을 3m/s의 속도로 접근하기 위하여 필요한 힘은 약 몇 N인가? (단, 분류의 단면적은 0.01m²이다.)

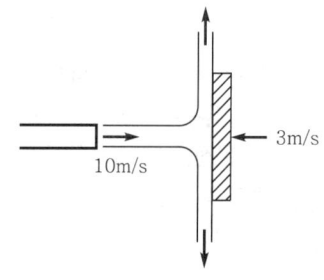

① 130   ② 490
③ 1,350   ④ 1,690

정답 41.① 42.③ 43.③ 44.③ 45.① 46.④

해설 $F = \rho Q(V-U) = \rho A(V-U)^2$
$= 1{,}000 \times 0.01 \times [10-(-3)]^2 = 1{,}690\text{N}$

47 정상, 2차원, 비압축성 유동장의 속도성분이 다음과 같이 주어질 때 가장 간단한 유동함수(Ψ)의 형태는? (단, u는 x방향, v는 y방향의 속도성분이다.)

$$u = 2y, \quad v = 4x$$

① $\Psi = -2x^2 + y^2$
② $\Psi = -x^2 + y^2$
③ $\Psi = -x^2 + 2y^2$
④ $\Psi = -4x^2 + 4y^2$

해설 유동함수(stream function)란 두 유선 사이에 유동하는 체적유량(volume flow rate)을 말한다.
$d\Psi = udy = -vdx$
이를 편미분으로 나타내면
$\dfrac{\partial \Psi}{\partial y} = u = 2y, \quad \dfrac{\partial \Psi}{\partial x} = -v = -4x$
유동함수(Ψ)는 x, y함수이므로
$\therefore \Psi = -2x^2 + y^2$

48 중력은 무시할 수 있으나 관성력과 점성력 및 표면장력이 중요한 역할을 하는 미세구조물 중 마이크로채널 내부의 유동을 해석하는데 중요한 역할을 하는 무차원수만으로 짝지어진 것은?

① Reynolds수, Froude수
② Reynolds수, Mach수
③ Reynolds수, Weber수
④ Reynolds수, Cauchy수

해설 레이놀즈수는 점성력이, 웨버수는 표면장력이 중요시되는 무차원수이다.
$Re = \dfrac{\text{관성력}}{\text{점성력}}, \quad We = \dfrac{\text{관성력}}{\text{표면장력}}$

49 물을 사용하는 원심펌프의 설계점에서의 전양정이 30m이고 유량은 1.2m³/min이다. 이 펌프를 설계점에서 운전할 때 필요한 축동력이 7.35kW라면 이 펌프의 효율은 약 얼마인가?

① 75%
② 80%
③ 85%
④ 90%

해설 $\eta_p = \dfrac{L_w}{L_s} = \dfrac{9.8\,QH}{7.35} = \dfrac{9.8 \times \frac{1.2}{60} \times 30}{7.35} \times 100\% = 80\%$

50 다음과 같은 베르누이방정식을 적용하기 위해 필요한 가정과 관계가 먼 것은? (단, 식에서 P는 압력, ρ는 밀도, V는 유속, γ는 비중량, Z는 유체의 높이를 나타낸다.)

$$P_1 + \dfrac{1}{2}\rho V_1^2 + \gamma Z_1 = P_2 + \dfrac{1}{2}\rho V_2^2 + \gamma Z_2$$

① 정상유동
② 압축성 유체
③ 비점성유체
④ 동일한 유선

해설 베르누이방정식 $\left(P + \dfrac{\rho V^2}{2} + \gamma Z = C\right)$의 가정
㉠ 정상류 $\left(\dfrac{\partial v}{\partial t} = 0\right)$일 것
㉡ 유체입자는 유선을 따를 것
㉢ 무마찰(비점성유동)일 것
㉣ 비압축성 유체($\rho = C$, $\gamma = C$)일 것

51 골프공 표면의 딤플(dimple, 표면굴곡)이 항력에 미치는 영향에 대한 설명으로 잘못된 것은?

① 딤플은 경계층의 박리를 지연시킨다.
② 딤플이 층류계층을 난류경계층으로 천이시키는 역할을 한다.
③ 딤플이 골프공의 전체적인 항력을 감소시킨다.
④ 딤플은 압력저항보다 점성저항을 줄이는데 효과적이다.

해설 딤플은 점성저항보다 압력저항을 줄이는데 더 효과적이다.

52 점성계수가 0.3N·s/m²이고, 비중이 0.9인 뉴턴유체가 지름 30mm인 파이프를 통해 3m/s의 속도로 흐를 때 Reynolds수는?

① 24.3
② 270
③ 2,700
④ 26,460

해설 $Re = \dfrac{\rho Vd}{\mu} = \dfrac{1{,}000 \times 0.9 \times 3 \times 0.03}{0.3} = 270$

정답 47. ① 48. ③ 49. ② 50. ② 51. ④ 52. ②

53 비중 0.85인 기름의 자유표면으로부터 10m 아래에서의 계기압력은 약 몇 kPa인가?

① 83   ② 830
③ 98   ④ 980

해설 $P = \gamma h = (\gamma_w S)h = (9.8 \times 0.85) \times 10 = 83.3\text{kPa}$

54 2차원 유동장이 $\vec{V}(x, y) = cx\vec{i} - cy\vec{j}$로 주어질 때 가속도장 $\vec{a}(x, y)$는 어떻게 표시되는가? (단, 유동장에서 c는 상수를 나타낸다.)

① $\vec{a}(x, y) = cx^2\vec{i} - cy^2\vec{j}$
② $\vec{a}(x, y) = cx^2\vec{i} + cy^2\vec{j}$
③ $\vec{a}(x, y) = c^2x\vec{i} - c^2y\vec{j}$
④ $\vec{a}(x, y) = c^2x\vec{i} + c^2y\vec{j}$

해설 $\vec{a} = u\dfrac{\partial \vec{V}}{\partial x} + V\dfrac{\partial \vec{V}}{\partial y} = cx(c\vec{i}) - cy(-c\vec{j}) = c^2x\vec{i} + c^2y\vec{j}$

55 물(비중량 9,800N/m³) 위를 3m/s의 속도로 항진하는 길이 2m인 모형선에 작용하는 조파저항이 54N이다. 길이 50m인 실선을 이것과 상사한 조파상태인 해상에서 항진시킬 때 조파저항은 약 얼마인가? (단, 해수의 비중량은 10,075N/m³이다)

① 43kN   ② 433kN
③ 87kN   ④ 867kN

해설 $\left(\dfrac{V}{\sqrt{lg}}\right)_p = \left(\dfrac{V}{\sqrt{lg}}\right)_m$ 에서 $g_p \simeq g_m$ 이므로

$\therefore V_p = V_m\sqrt{\dfrac{l_p}{l_m}} = 3 \times \sqrt{\dfrac{50}{2}} = 15\text{m/s}$

$\left(\dfrac{2D}{\gamma A V^2}\right)_p = \left(\dfrac{2D}{\gamma A V^2}\right)_m$

$\therefore D_p = D_m\left(\dfrac{\gamma_p}{\gamma_m}\right)\left(\dfrac{L_p}{L_m}\right)^2\left(\dfrac{V_p}{V_m}\right)^2$

$= 54 \times \dfrac{10,075}{9,800} \times \left(\dfrac{50}{2}\right)^2 \times \left(\dfrac{15}{3}\right)^2$

$= 867,427\text{N} ≒ 867.43\text{kN}$

56 동점성계수가 10cm²/s이고 비중이 1.2인 유체의 점성계수는 몇 Pa·s인가?

① 0.12   ② 0.24
③ 1.2   ④ 2.4

해설 $\mu = \nu\rho = 10 \times 10^{-4} \times 1,200 = 1.2\text{Pa} \cdot \text{s}$

57 어떤 액체의 밀도는 890kg/m³, 체적탄성계수는 2,200MPa이다. 이 액체 속에서 전파되는 소리의 속도는 약 몇 m/s인가?

① 1,572   ② 1,483
③ 981   ④ 345

해설 $C = \sqrt{\dfrac{E}{\rho}} = \sqrt{\dfrac{2,200 \times 10^6}{890}} = 1,572\text{m/s}$

58 펌프로 물을 양수할 때 흡입측에서의 압력이 진공압력계로 75mmHg(부압)이다. 이 압력은 절대압력으로 약 몇 kPa인가? (단, 수은의 비중은 13.6이고, 대기압은 760mmHg이다.)

① 91.3   ② 10.4
③ 84.5   ④ 23.6

해설 $P_a = P_o - P_g = 101.325 - \dfrac{75}{760} \times 101.325$

$= 91.33\text{kPa(abs)}$

59 평판 위를 어떤 유체가 층류로 흐를 때 선단으로부터 10cm 지점에서 경계층두께가 1mm일 때 20cm 지점에서의 경계층두께는 얼마인가?

① 1mm   ② $\sqrt{2}$ mm
③ $\sqrt{3}$ mm   ④ 2mm

해설 경계층 층류유동 시 경계층의 두께(δ)는 선단으로부터 떨어진 거리(x)의 제곱근에 비례한다($\delta \propto \sqrt{x}$).

$\dfrac{\delta_2}{\delta_1} = \sqrt{\dfrac{x_2}{x_1}}$

$\therefore \delta_2 = \delta_1\sqrt{\dfrac{x_2}{x_1}} = 1 \times \sqrt{\dfrac{20}{10}} = \sqrt{2}\text{ mm}$

정답 53. ① 54. ④ 55. ④ 56. ③ 57. ① 58. ① 59. ②

60 원관에서 난류로 흐르는 어떤 유체의 속도가 2배로 변하였을 때 마찰계수가 변경 전 마찰계수의 $\frac{1}{\sqrt{2}}$로 줄었다. 이때 압력손실은 몇 배로 변하는가?

① $\sqrt{2}$ 배
② $2\sqrt{2}$ 배
③ 2배
④ 4배

해설 $\Delta P = f \dfrac{L}{d} \dfrac{\gamma V^2}{2g}$ [kPa]

$\therefore \dfrac{\Delta P_2}{\Delta P_1} = \left(\dfrac{f_2}{f_1}\right)\left(\dfrac{V_2}{V_1}\right)^2 = \dfrac{1}{\sqrt{2}} \times 2^2 = 2\sqrt{2}$

제4과목 · 기계재료 및 유압기기

61 아름답고 매끈한 플라스틱제품을 생산하기 위한 금형재료의 요구되는 특성이 아닌 것은?

① 결정입도가 클 것
② 편석 등이 적을 것
③ 핀홀 및 흠이 없을 것
④ 비금속개재물이 적을 것

해설 기계가공성이 우수하고 결정입도는 작을 것

62 경도시험에서 압입체의 다이아몬드 원추각이 120°이며 기준하중이 10kgf인 시험법은?

① 쇼어경도시험
② 브리넬경도시험
③ 비커스경도시험
④ 로크웰경도시험

해설 로크웰경도시험은 압입체의 다이아몬드 원추각이 120°이며 기준하중은 10kgf이다(B스케일은 100kgf, C스케일은 150kgf=10+140).

63 Al합금 중 개량처리를 통해 Si의 조대한 육각판상을 미세화시킨 합금의 명칭은?

① 라우탈
② 실루민
③ 문쯔메탈
④ 두랄루민

해설 ㉠ 라우탈(lautal) : Al-Cu-Si계 합금
㉡ 실루민(silumin) : Al-Si계 합금
㉢ 문쯔메탈(muntz metal) : 6:4황동(Cu 60%-Zn 40%)
㉣ 두랄루민 : Al-Cu-Mg-Mn-Si

64 S곡선에 영향을 주는 요소들을 설명한 것 중 틀린 것은?

① Ti, Al 등이 강재에 많이 함유될수록 S곡선은 좌측으로 이동된다.
② 강 중에 첨가원소로 인하여 편석이 존재하면 S곡선의 위치도 변화한다.
③ 강재가 오스테나이트상태에서 가열온도가 상당히 높으면 높을수록 오스테나이트 결정립은 미세해지고, S곡선의 코(nose)부근도 왼쪽으로 이동한다.
④ 강이 오스테나이트상태에서 외부로부터 응력을 받으면 응력이 커지게 되어 변태시간이 짧아져 S곡선의 변태 개시선은 좌측으로 이동한다.

해설 S곡선=C곡선=T.T.T곡선(시간-온도-변태곡선) 오스테나이트온도가 낮아지면 200℃ 이하에서 미세한 펄라이트(pearlite)조직이 얻어진다.

65 구상흑연주철에서 나타나는 페딩(Fading)현상이란?

① Ce, Mg첨가에 의해 구상흑연화를 촉진하는 것
② 구상화처리 후 용탕상태로 방치하면 흑연 구상화효과가 소멸하는 것
③ 코크스비를 낮추어 고온용해하므로 용탕에 산소 및 황의 성분이 낮게 되는 것
④ 두께가 두꺼운 주물이 흑연구상화처리 후에도 냉각속도가 늦어 편상흑연조직으로 되는 것

해설 구상흑연주철에서 구상화처리 후 용탕상태로 방치하면 흑연구상화효과가 소멸하는 것은 페딩현상이다.

66 Fe-C평형상태도에서 γ고용체가 시멘타이트를 석출 개시하는 온도선은?

① A_{cm}선
② A_3선
③ 공석선
④ A_2선

정답 60. ② 61. ① 62. ④ 63. ② 64. ③ 65. ② 66. ①

해설 γ고용체가 시멘타이트(Fe_3C)를 석출 개시하는 온도선은 A_{cm}선이다.

67 다음 금속 중 재결정온도가 가장 높은 것은?
① Zn   ② Sn
③ Fe   ④ Pb

해설 금속의 재결정온도 : Fe(450℃), W(1,200℃), Ni(600℃), Pb(-3℃), Zn(5~25℃), Sn(7~25℃)

68 순철의 변태에 대한 설명 중 틀린 것은?
① 동소변태점은 A_3점과 A_4점이 있다.
② Fe의 자기변태점은 약 768℃ 정도이며 큐리(curie)점이라고도 한다.
③ 동소변태는 결정격자가 변하는 변태를 말한다.
④ 자기변태는 일정온도에서 급격히 비연속적으로 일어난다.

해설 동소변태는 일정온도에 급격히 비연속적으로 일어나고, 자기변태는 넓은 온도범위에서 연속적으로 변화한다.

69 심냉(sub-zero)처리의 목적을 설명한 것 중 옳은 것은?
① 자경강에 인성을 부여하기 위한 방법이다.
② 급열·급냉 시 온도이력현상을 관찰하기 위한 것이다.
③ 항온담금질하여 베이나이트조직을 얻기 위한 방법이다.
④ 담금질 후 변형을 방지하기 위해 잔류오스테나이트를 마텐자이트조직으로 얻기 위한 방법이다.

해설 심냉처리, 즉 서브제로처리의 목적은 담금질 후 변형을 방지하기 위해 잔류오스테나이트를 마텐자이트조직으로 얻기 위한 처리방법이다.

70 베인펌프의 일반적인 구성요소가 아닌 것은?
① 캠링   ② 베인
③ 로터   ④ 모터

해설 베인펌프(vane pump)의 구성요소 : 캠링, 베인, 로터(rotor)

71 저압력을 어떤 정해진 높은 출력으로 증폭하는 회로의 명칭은?
① 부스터회로
② 플립플롭회로
③ 온·오프제어회로
④ 레지스터회로

해설 부스터회로(booster circuit)란 저압력을 어떤 정해진 높은 출력으로 증폭하는 회로이다.

72 점성계수(coefficient of viscosity)는 기름의 중요성질이다. 점도가 너무 낮을 경우 유압기기에 나타나는 현상은?
① 유동저항이 지나치게 커진다.
② 마찰에 의한 동력손실이 증대된다.
③ 각 부품 사이에서 누출손실이 커진다.
④ 밸브나 파이프를 통과할 때 압력손실이 커진다.

해설 점도가 낮은 경우 각 부품 사이에서 누출손실이 커진다.

73 Mg-Al계 합금에 소량의 Zn과 Mn을 넣은 합금은?
① 일렉트론(elektron)합금
② 스텔라이트(stellite)합금
③ 알클래드(alclad)합금
④ 자마크(zamak)합금

해설 ② 스텔라이트합금 : Co(주성분)-Cr-W-Fe-C합금
③ 알클래드합금 : 고강도 Al합금에 순도가 높은 Al판을 피복하여 내식성을 향상시킨 것
④ 자마크합금 : Cu-Ni-Al과 동합금, 4% Al 포함한 대표적인 자마크합금

74 지름이 2cm인 관 속을 흐르는 물의 속도가 1m/s이면 유량은 약 몇 cm^3/s인가?
① 3.14   ② 31.4
③ 314   ④ 3,140

정답 67.③ 68.④ 69.④ 70.④ 71.① 72.③ 73.① 74.③

해설 $Q = AV = \dfrac{\pi d^2}{4}V = \dfrac{\pi \times 2^2}{4} \times 100 = 314.16 \text{cm}^3/\text{s}$

75 감압밸브, 체크밸브, 릴리프밸브 등에서 밸브시트를 두들겨 비교적 높은 음을 내는 일종의 자려진동현상은?

① 유격현상 ② 채터링현상
③ 페입현상 ④ 캐비테이션현상

해설 채터링(chattering)현상이란 감압밸브, 체크밸브, 릴리프밸브 등에서 밸브시트를 두들겨 비교적 높은 음을 내는 일종의 자려진동(vibration)현상이다. 스위치나 릴레이 등의 접점이 개폐될 때 발생하는 진동이다.

76 한쪽방향으로 흐름은 자유로우나 역방향의 흐름을 허용하지 않는 밸브는?

① 체크밸브 ② 셔틀밸브
③ 스로틀밸브 ④ 릴리프밸브

해설 체크밸브(check valve)는 방향제어밸브로 유체를 한쪽방향으로만 흐르게 하고 반대쪽(역방향) 흐름을 차단시키는(흐름을 허용하지 않는) 밸브이다.

77 유압파워유닛의 펌프에서 이상소음 발생의 원인이 아닌 것은?

① 흡입관의 막힘
② 유압유에 공기혼입
③ 스트레이너가 너무 큼
④ 펌프의 회전이 너무 빠름

해설 유압파워유닛펌프에서의 이상소음 발생원인
㉠ 흡입관의 막힘
㉡ 유압유에 공기혼입
㉢ 펌프의 회전이 너무 빠름

78 다음 중 유량제어밸브에 의한 속도제어회로를 나타낸 것이 아닌 것은?

① 미터 인 회로 ② 블리드 오프 회로
③ 미터 아웃 회로 ④ 카운터회로

해설 속도제어회로의 종류 : 미터 인 회로, 미터 아웃 회로, 블리드 오프 회로

79 유공압실린더의 미끄러짐면의 운동이 간헐적으로 되는 현상은?

① 모노피딩(Mono-feeding)
② 스틱슬립(Stick-slip)
③ 컷 인 다운(Cut in-down)
④ 듀얼액팅(Dual acting)

해설 유공압실린더의 미끄럼면의 운동이 간헐적으로 되는 현상은 스틱슬립이다.

80 유체를 에너지원 등으로 사용하기 위하여 가압상태로 저장하는 용기는?

① 디퓨저 ② 액추에이터
③ 스로틀 ④ 어큐뮬레이터

해설 어큐뮬레이터(accumulator, 축압기)는 각종 제어시스템에서 액추에이터를 작동시키는 유체를 가압상태로 저장하는 용기이다. 유체의 가압에 질소, 불활성가스 등을 사용하는 경우는 유체와의 격리방법에 의해 블래더형(bladder type), 다이어프램형, 피스톤형으로 분류된다. 어큐뮬레이터는 맥동이나 충격을 흡수 및 제거하는 기능을 가지고 있다.

제5과목 · 기계제작법 및 기계동력학

81 반지름이 r인 균일한 원판의 중심에 200N의 힘이 수평방향으로 가해진다. 원판의 미끄러짐을 방지하는데 필요한 최소 마찰력(F)은?

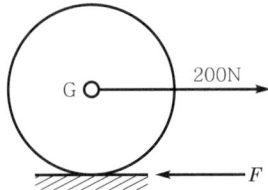

① 200N ② 100N
③ 66.67N ④ 33.33N

해설 $V = r\omega$의 양변을 t로 미분하면
$\dfrac{dV}{dt} = r\dfrac{d\omega}{dt}$
∴ $a = r\alpha [\text{m/s}^2]$
$\sum M_G = I_G \alpha$

정답 75.② 76.① 77.③ 78.④ 79.② 80.④ 81.③

$Fr = \frac{1}{2}mr^2\alpha$

$\therefore \alpha = \frac{2F}{mr}$

$\sum F = ma$

$P - F = mr\alpha = 2F$

$\therefore P = 3F$

최소 마찰계수$(\mu) = \frac{P}{3N} = \frac{P}{3mg}$

$\therefore F = \mu N = \frac{P}{3} = \frac{200}{3} = 66.67\text{N}$

82 다음 그림은 스프링과 감쇠기로 지지된 기관(engine, 총질량 m)이며, m_1은 크랭크기구의 불평형회전질량으로 회전 중심으로부터 r만큼 떨어져 있고, 회전주파수는 ω이다. 이 기관의 운동방정식이 $m\ddot{x} + c\dot{x} + kx = F(t)$라고 할 때 $F(t)$로 옳은 것은?

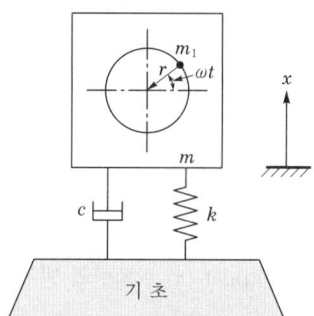

① $F(t) = \frac{1}{2}m_1r\omega^2\sin\omega t$

② $F(t) = \frac{1}{2}m_1r\omega^2\cos\omega t$

③ $F(t) = m_1r\omega^2\sin\omega t$

④ $F(t) = m_1r\omega^2\cos\omega t$

해설 ㉠ 변위$(S) = r\sin\omega t$

㉡ 속도$(V) = \frac{dS}{dt} = r\omega\cos\omega t$

㉢ 가속도$(a) = \frac{dV}{dt} = -r\omega^2\sin\omega t$

$\therefore F(t) = m_1r\omega^2\sin\omega t$

83 길이가 1m이고 질량이 3kg인 가느다란 막대에서 막대 중심축과 수직하면서 질량 중심을 지나는 축에 대한 질량관성모멘트는 몇 kg·m²인가?

① 0.20 ② 0.25
③ 0.30 ④ 0.40

해설 $I_G = \frac{mL^2}{12} = \frac{3 \times 1^2}{12} = 0.25 \text{kg} \cdot \text{m}^2$

84 무게 20N인 물체가 2개의 용수철에 의하여 다음 그림과 같이 놓여있다. 한 용수철은 1cm 늘어나는데 1.7N이 필요하며, 다른 용수철은 1cm 늘어나는데 1.3N이 필요하다. 변위진폭이 1.25cm가 되려면 정적평형위치에 있는 물체는 약 얼마의 초기속도(cm/s)를 주어야 하는가? (단, 이 물체는 수직운동만 한다고 가정한다.)

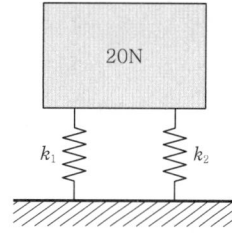

① 11.5 ② 18.1
③ 12.4 ④ 15.2

해설 $k_1 = \frac{W_1}{x_1} = 1.7\text{N/cm}$

$k_2 = \frac{W_2}{x_2} = 1.3\text{N/cm}$

병렬연결일 때
$k = k_1 + k_2 = 1.7 + 1.3 = 3\text{N/cm} = 300\text{N/m}$

20N인 물체의 질량$(m) = \frac{W}{g} = \frac{20}{9.8} = 2.04\text{kg}$

$W = kx$

에너지보존의 법칙 적용

$\frac{mV^2}{2} = \frac{1}{2}kx^2$

$\therefore V = \sqrt{\frac{kx^2}{m}} = \sqrt{\frac{300 \times 0.0125^2}{2.04}}$

$= 0.152\text{m/s} = 15.2\text{cm/s}$

정답 82. ③ 83. ② 84. ④

85 아이스하키선수가 친 퍽이 얼음 바닥 위에서 30m를 가서 정지하였는데 그 시간이 9초가 걸렸다. 퍽과 얼음 사이의 마찰계수는 얼마인가?

① 0.046　　　② 0.056
③ 0.066　　　④ 0.076

해설 $S = \frac{1}{2}at^2 [m]$

$\therefore a = \frac{2S}{t^2} = \frac{2 \times 30}{9^2} = \frac{60}{81} m/s^2$

$F = \mu N = ma$

$\therefore \mu = \frac{F}{N} = \frac{ma}{mg} = \frac{a}{g} = \frac{\frac{60}{81}}{9.8} = \frac{60}{81 \times 9.8} = 0.076$

86 전동기를 이용하여 무게 9,800N의 물체를 속도 0.3m/s로 끌어올리려 한다. 장치의 기계적 효율을 80%로 하면 최소 몇 kW의 동력이 필요한가?

① 3.2　　　② 3.7
③ 4.9　　　④ 6.2

해설 $kW = \frac{Power}{1,000\eta_m} = \frac{WV}{1,000\eta_m} = \frac{9,800 \times 0.3}{1,000 \times 0.8} ≒ 3.7kW$

87 다음 그림과 같이 Coulomb감쇠를 일으키는 진동계에서 지면과의 마찰계수는 0.1, 질량 $m =$ 100kg, 스프링상수 $k = 981N/cm$이다. 정지상태에서 초기변위를 2cm 주었다가 놓을 때 4cycle 후의 진폭은 약 몇 cm가 되겠는가?

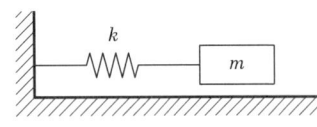

① 0.4　　　② 0.1
③ 1.2　　　④ 0.8

해설 쿨롱감쇠(마찰감쇠) $m\ddot{x} + kx \pm \mu mg = 0$

$\mu mg = ka$

쿨롱의 감쇠계수$(a) = \frac{\mu mg}{k}$

$= \frac{0.1 \times 100 \times 9.1}{981} = 0.1cm$

$\therefore x_n = x_o - 4an = 2 - 4 \times 0.1 \times 4 = 0.4cm$

※ 쿨롱마찰에 의한 자유진동은 한 사이클 동안 진폭이 $4\mu F \cdot N/K$만큼 감소한다(1/2사이클당 $2\mu F \cdot N/K$만큼 감소한다).

88 단순조화운동(Harmonic motions)일 때 속도와 가속도의 위상차는 얼마인가?

① $\frac{\pi}{2}$　　　② π
③ 2π　　　④ 0

해설 단순조화운동일 때 속도(velocity)와 가속도(acceleration)의 위상차는 $\frac{\pi}{2}$이다.

89 어떤 물체가 정지상태로부터 다음 그래프와 같은 가속도(a)로 속도가 변화한다. 이때 20초 경과 후의 속도는 약 몇 m/s인가?

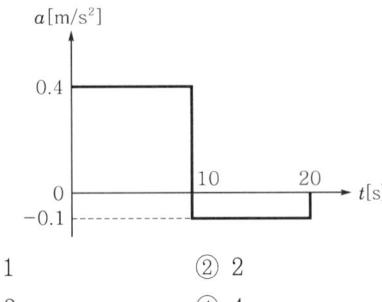

① 1　　　② 2
③ 3　　　④ 4

해설 $a-t$선도에서 면적의 크기는 속도(v)를 나타낸다.

$\therefore v = 0.4 \times 10 - (0.1 \times 10) = 3m/s$

90 구성인선(built up edge)의 방지대책으로 틀린 것은?

① 공구경사각을 크게 한다.
② 절삭깊이를 작게 한다.
③ 절삭속도를 낮게 한다.
④ 윤활성이 좋은 절삭유제를 사용한다.

해설 구성인선의 방지대책
㉠ 공구의 윗면경사각을 크게 한다.
㉡ 절삭깊이를 작게 한다.
㉢ 절삭속도를 크게 한다(절삭저항 감소).
㉣ 윤활성이 좋은 절삭유를 사용한다.

91 축구공을 지면으로부터 1m의 높이에서 자유낙하시켰더니 0.8m 높이까지 다시 튀어 올랐다. 이 공의 반발계수는 얼마인가?

① 0.89　　　② 0.83
③ 0.80　　　④ 0.77

[해설] 반발계수$(e) = \dfrac{V'}{V} = \dfrac{\sqrt{2gh'}}{\sqrt{2gh}}$

$= \sqrt{\dfrac{h'}{h}} = \sqrt{\dfrac{0.8}{1}} = 0.89$

[참고] • $e=1$: 탄성충돌
• $e<1$: 비탄성충돌
• $e=0$: 완전비탄성충돌

92 다음 중 저온뜨임의 특성으로 가장 거리가 먼 것은?

① 내마모성 저하
② 연마균열 방지
③ 치수의 경년변화 방지
④ 담금질에 의한 응력 제거

[해설] 저온뜨임(점성뜨임, 100~200℃에서 수냉)하면 경도의 감소 없이 점성과 내마모성이 향상된다.

93 다음 중 나사의 유효지름측정과 가장 거리가 먼 것은?

① 나사마이크로미터
② 센터게이지
③ 공구현미경
④ 삼침법

[해설] 센터게이지(center gage)는 선반가공 시 공작물의 각도를 측정하는 공구이다.

94 다이(die)에 탄성이 뛰어난 고무를 적층으로 두고 가공소재를 형상을 지닌 펀치로 가압하여 가공하는 성형가공법은?

① 전자력성형법   ② 폭발성형법
③ 엠보싱법   ④ 마폼법

[해설] 기계판금가공의 특수한 것으로 마폼법(marforming)은 다이에 고무를 사용하는 것으로 고무에 의한 드로잉의 대표적인 가공법이나 마텐자이트온도영역에서 소성가공을 하는 가공열처리로 마텐자이트가 미세화되고 강해진다.

95 주조에서 탕구계의 구성요소가 아닌 것은?

① 쇳물받이   ② 탕도
③ 피더   ④ 주입구

[해설] 주조에서 탕구계의 구성요소 : 쇳물받이(주입컵 : pouring cup), 탕도(runner), 주입구(gate), 탕구(sprue)

96 TIG용접과 MIG용접에 해당하는 용접은?

① 불활성가스아크용접
② 서브머지드아크용접
③ 교류아크 셀룰로스계 피복용접
④ 직류아크 일미나이트계 피복용접

[해설] TIG용접과 MIG용접은 불활성가스아크용접이다. 불활성가스란 고온에서도 금속과 반응하지 않는 가스로 Ar, He, Ne, Kr, Xe, Rn 등이 있다.

97 다음 인발가공에서 인발조건의 인자로 가장 거리가 먼 것은?

① 절곡력(folding force)
② 역장력(back tension)
③ 마찰력(friction force)
④ 다이각(die angle)

[해설] 인발(drawing)에 영향을 미치는 인자 : 역장력, 마찰력, 단면 감소율, 다이각(die angle), 인발속도, 인발력, 인발재료, 윤활, 온도 등

98 다음 중 전주가공의 특징으로 가장 거리가 먼 것은?

① 가공시간이 길다.
② 복잡한 형상, 중공축 등을 가공할 수 있다.
③ 모형과의 오차를 줄일 수 있어 가공정밀도가 높다.
④ 모형 전체면에 균일한 두께로 전착이 쉽게 이루어진다.

[해설] ⊙ 전주가공(electro forming) : 전기분해에 의해 도금하는 방식
ⓒ 전주가공의 특징
• 첨가제와 전주조건으로 전착금속의 기계적 성질을 쉽게 조정할 수 있다.
• 가공정밀도가 높아 모형과의 오차를 ±25μm 정도로 할 수 있다.
• 모형 전체면에 일정한 두께로 전착하기가 어렵다.

[정답] 92. ① 93. ② 94. ④ 95. ③ 96. ① 97. ① 98. ④

- 금속의 종류에 제한을 받는다.
- 생산(가공)시간이 길다.
- 복잡한 형상, 이음매 없는 관, 중공축 등을 가공할 수 있다.
- 제작가격이 다른 가공법에 비해 비싸다.
- 크기에 제한을 받지 않는다.

99 연강을 고속도강바이트로 셰이퍼가공할 때 바이트의 1분간 왕복횟수는? (단, 절삭속도는 15m/min이고 공작물의 길이(행정의 길이)는 150mm, 절삭행정의 시간과 바이트 1왕복의 시간과의 비 $k=3/5$ 이다.)

① 10회
② 15회
③ 30회
④ 60회

해설 셰이퍼(shaper)가공시간$(T) = \dfrac{\omega}{nf}$

$= \dfrac{공작물의\ 폭(\mathrm{mm})}{1분간\ 왕복횟수(\mathrm{stoke/min}) \times 이송(\mathrm{mm/stoke})}$ [min]

$\therefore n = \dfrac{1,000kV}{L} = \dfrac{1,000 \times \dfrac{3}{5} \times 15}{150} = 60$회

100 드릴링머신으로 할 수 있는 기본작업 중 접시머리볼트의 머리 부분이 묻히도록 원뿔자리파기 작업을 하는 가공은?

① 태핑
② 카운터싱킹
③ 심공드릴링
④ 리밍

해설 ㉠ 카운터싱킹 : 드릴링머신으로 할 수 있는 기본작업 중 접시머리볼트의 머리 부분이 묻히도록 원뿔자리파기 작업을 하는 가공
㉡ 태핑(tapping) : 탭(tap)을 사용하여 암나사를 가공하는 작업(1번탭 55%, 2번탭 25%, 3번탭 20%)

2019 제2회 출제문제

| 2019. 4. 27. 시행 |

제1과목 · 재료역학

01 원형축(바깥지름 d)을 재질이 같은 속이 빈 원형축(바깥지름 d, 안지름 $d/2$)으로 교체하였을 경우 받을 수 있는 비틀림모멘트는 몇 % 감소하는가?

① 6.25 ② 8.25
③ 25.6 ④ 52.6

해설 $T = \tau Z_p$ 에서 $T \propto Z_p$ (비틀림모멘트는 극단면계수에 비례한다.)

$\dfrac{Z_p(\text{실제 축})}{Z_p(\text{중공축})} = \dfrac{\pi d^3}{16} \times \dfrac{16}{\pi d^3} \times \left[1-\left(\dfrac{1}{2}\right)^4\right] = \dfrac{15}{16}$

∴ 감소율$(\phi) = \left(1 - \dfrac{15}{16}\right) \times 100\% = 6.25\%$

02 푸아송의 비 0.3, 길이가 3m인 원형 단면의 막대에 축방향의 하중이 가해진다. 이 막대의 표면에 원주방향으로 부착된 스트레인게이지가 -1.5×10^{-4}의 변형률을 나타낼 때 이 막대의 길이변화로 옳은 것은?

① 0.135mm 압축   ② 0.135mm 인장
③ 1.5mm 압축   ④ 1.5mm 인장

해설 $\varepsilon = \dfrac{|\varepsilon'|}{\nu} = \dfrac{\lambda}{L}$

∴ $\lambda = \dfrac{|\varepsilon'|L}{\nu} = \dfrac{1.5 \times 10^{-4} \times 3{,}000}{0.3} = 1.5\text{mm}$ 인장

03 안지름이 80mm, 바깥지름이 90mm이고 길이가 3m인 좌굴하중을 받는 파이프압축부재의 세장비는 얼마 정도인가?

① 100 ② 110
③ 120 ④ 130

해설 $\lambda = \dfrac{L}{k_G} = \dfrac{L}{\sqrt{\dfrac{I_G}{A}}} = \dfrac{L}{\sqrt{\dfrac{d_1^2 + d_2^2}{16}}} = \dfrac{L}{\dfrac{\sqrt{d_1^2 + d_2^2}}{4}}$

$= \dfrac{3{,}000}{\dfrac{\sqrt{80^2 + 90^2}}{4}} = 100$

04 지름 30mm의 환봉시험편에서 표점거리를 10mm로 하고 스트레인게이지를 부착하여 신장을 측정한 결과 인장하중 25kN에서 신장 0.0418mm가 측정되었다. 이때의 지름은 29.97mm이었다. 이 재료의 푸아송비(ν)는?

① 0.239   ② 0.287
③ 0.0239 ④ 0.0287

해설 $\delta = d - d' = 30 - 29.97 = 0.03$

∴ $\nu = \dfrac{|\varepsilon'|}{\varepsilon} = \dfrac{\dfrac{\delta}{d}}{\dfrac{\lambda}{L}} = \dfrac{\delta L}{d \lambda} = \dfrac{0.03 \times 10}{30 \times 0.0418} = 0.239$

05 다음과 같은 단면에 대한 2차 모멘트 I_z는 약 몇 mm^4인가?

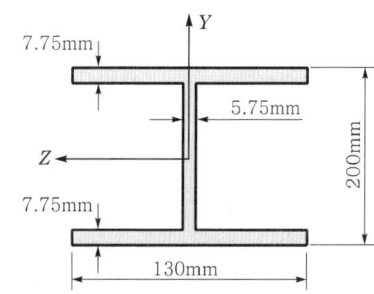

① 18.6×10^6 ② 21.6×10^6
③ 24.6×10^6 ④ 27.6×10^6

해설 $I_z = \dfrac{BH^3}{12} - \dfrac{bh^3}{12} \times 2 = \dfrac{1}{12}(BH^3 - bh^3 \times 2)$

$= \dfrac{1}{12} \times (130 \times 200^3 - 62.125 \times 184.5^3 \times 2)$

$= 21.6 \times 10^6 \text{mm}^4$

06 지름 4cm, 길이가 3m인 선형탄성 원형축이 800rpm으로 3.6kW를 전달할 때 비틀림각은 몇 도(°)인가? (단, 전단탄성계수는 84GPa이다.)

① 0.0085° ② 0.35°
③ 0.48°   ④ 5.08°

정답 01. ① 02. ④ 03. ① 04. ① 05. ② 06. ②

[해설] $T = 9.55 \times 10^3 \dfrac{kW}{N} = 9.55 \times 10^3 \times \dfrac{3.6}{800} = 42.98\text{N} \cdot \text{m}$

$\therefore \theta = 57.3 \dfrac{TL}{GI_P} = 57.3 \dfrac{TL}{G\dfrac{\pi d^4}{32}} = 57.3 \dfrac{32TL}{G\pi d^4}$

$\fallingdotseq 584 \dfrac{TL}{Gd^4} = 584 \times \dfrac{42.98 \times 3}{84 \times 10^9 \times 0.04^4} \fallingdotseq 0.35°$

07 다음 그림과 같이 한쪽 끝을 지지하고 다른 쪽을 고정한 보가 있다. 보의 단면은 직경 10cm의 원형이고 보의 길이는 L이며 보의 중앙에 2,094N의 집중하중 P가 작용하고 있다. 이때 보에 작용하는 최대 굽힘응력이 8MPa라고 한다면 보의 길이 L은 약 몇 m인가?

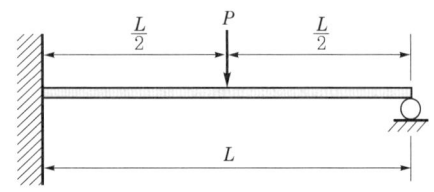

① 2.0　　② 1.5
③ 1.0　　④ 0.7

[해설] $M_A = \sigma Z = \sigma \dfrac{\pi d^3}{32} = 8 \times \dfrac{\pi \times 100^3}{32} \times 10^{-3} = 785.4\text{N} \cdot \text{m}$

$M_A = \dfrac{3}{16}PL$

$\therefore L = \dfrac{16M_A}{3P} = \dfrac{16 \times 785.4}{3 \times 2,094} \fallingdotseq 2\text{m}$

08 다음과 같이 길이 L인 일단 고정 타단 지지보에 등분포하중 w가 작용할 때 고정단 A로부터 전단력이 0이 되는 거리(x)는 얼마인가?

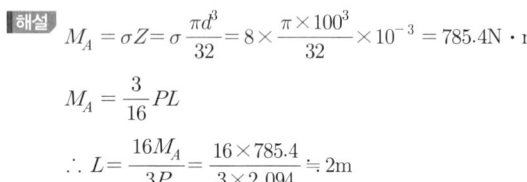

① $\dfrac{2}{3}L$　　② $\dfrac{3}{4}L$
③ $\dfrac{5}{8}L$　　④ $\dfrac{3}{8}L$

[해설] $F_x = R_A - wx = \dfrac{5}{8}wL - wx = 0$

$\therefore x = \dfrac{5}{8}L[\text{m}]$

09 두께 10mm의 강판에 지름 23mm의 구멍을 만드는데 필요한 하중은 약 몇 kN인가? (단, 강판의 전단응력 $\tau = 750$MPa이다.)

① 243　　② 352
③ 473　　④ 542

[해설] $P_s = \tau A = \tau \pi dt = 750 \times \pi \times 23 \times 10 \times 10^{-3} \fallingdotseq 542\text{kN}$

10 다음 그림과 같은 구조물에서 점 A에 하중 $P = 50$kN이 작용하고 A점에서 오른편으로 $F = 10$kN이 작용할 때 평형위치의 변위 x는 몇 cm인가? (단, 스프링탄성계수(k) = 5kN/cm이다.)

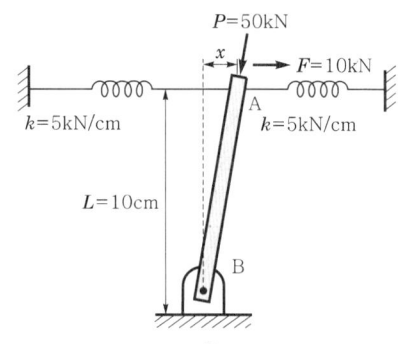

① 1　　② 1.5
③ 2　　④ 3

[해설] $\Sigma M_B = 0$

$FL = 50x$

$\therefore x = \dfrac{FL}{50} = \dfrac{10 \times 10}{50} = 2\text{cm}$

11 직육면체가 일반적인 3축응력 σ_x, σ_y, σ_z를 받고 있을 때 체적변형률 ε_v는 대략 어떻게 표현되는가?

① $\varepsilon_v \simeq \dfrac{1}{3}(\varepsilon_x + \varepsilon_y + \varepsilon_z)$

② $\varepsilon_v \simeq \varepsilon_x + \varepsilon_y + \varepsilon_z$

③ $\varepsilon_v \simeq \varepsilon_x\varepsilon_y + \varepsilon_y\varepsilon_z + \varepsilon_z\varepsilon_x$

④ $\varepsilon_v \simeq \dfrac{1}{3}(\varepsilon_x\varepsilon_y + \varepsilon_y\varepsilon_z + \varepsilon_z\varepsilon_x)$

정답 07. ①　08. ③　09. ④　10. ③　11. ②

해설 $\varepsilon_v \simeq \varepsilon_x + \varepsilon_y + \varepsilon_z$

12 다음 그림과 같이 C점에 집중하중 P가 작용하고 있는 외팔보의 자유단에서 경사각 θ를 구하는 식은? (단, 보의 굽힘강성 EI는 일정하고, 자중은 무시한다.)

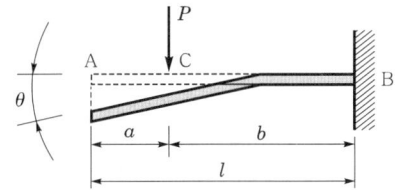

① $\theta = \dfrac{Pl^2}{2EI}$ ② $\theta = \dfrac{3Pl^2}{2EI}$

③ $\theta = \dfrac{Pa^2}{2EI}$ ④ $\theta = \dfrac{Pb^2}{2EI}$

해설 $\theta = \dfrac{A_M}{EI} = \dfrac{\dfrac{Pb^2}{2}}{EI} = \dfrac{Pb^2}{2EI}$ [rad]

여기서, A_M : B.M.D(굽힘모멘트선도)면적

13 단면적이 7cm²이고, 길이가 10m인 환봉의 온도를 10℃ 올렸더니 길이가 1mm 증가했다. 이 환봉의 열팽창계수는?

① 10^{-2}/℃ ② 10^{-3}/℃
③ 10^{-4}/℃ ④ 10^{-5}/℃

해설 $\lambda = L\alpha \Delta t$

$\therefore \alpha = \dfrac{\lambda}{L\Delta t} = \dfrac{1}{10 \times 10^3 \times 10} = 10^{-5}$/℃

14 단면 20cm×30cm, 길이 6m의 목재로 된 단순보의 중앙에 20kN의 집중하중이 작용할 때 최대 처짐은 약 몇 cm인가? (단, 세로탄성계수 E =10GPa이다.)

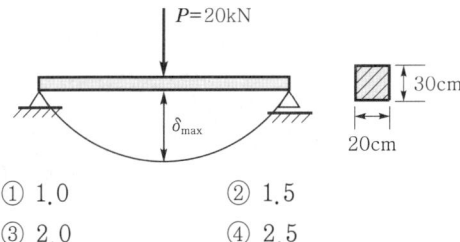

① 1.0 ② 1.5
③ 2.0 ④ 2.5

해설 $\delta_{\max} = \dfrac{PL^3}{48EI} = \dfrac{20 \times 6^3}{48 \times 10 \times 10^6 \times \dfrac{0.2 \times 0.3^3}{12}}$

$= 0.02\text{m} \fallingdotseq 2\text{cm}$

15 끝이 닫혀있는 얇은 벽의 둥근 원통형 압력용기에 내압 p가 작용한다. 용기의 벽이 안쪽 표면 응력상태에서 일어나는 절대 최대 전단응력을 구하면? (단, 탱크의 반경=r, 벽두께=t이다.)

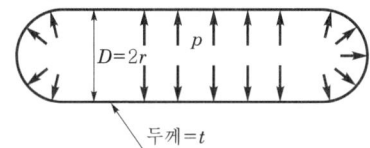

① $\dfrac{pr}{2t} - \dfrac{p}{2}$ ② $\dfrac{pr}{4t} - \dfrac{p}{2}$

③ $\dfrac{pr}{4t} + \dfrac{p}{2}$ ④ $\dfrac{pr}{2t} + \dfrac{p}{2}$

해설 $\tau_{\max} = \dfrac{pr}{2t} + \dfrac{p}{2}$ [MPa]

16 길이 3m의 직사각형 단면 $b \times h$ =5cm×10cm를 가진 외팔보에 w의 균일분포하중이 작용하여 최대 굽힘응력 500N/cm²가 발생할 때 최대 전단응력은 약 몇 N/cm²인가?

① 20.2 ② 16.5
③ 8.3 ④ 5.4

해설 $M_{\max} = \sigma Z = \sigma \dfrac{bh^2}{6} = 500 \times \dfrac{5 \times 10^2}{6}$

$= 41666.67\text{N} \cdot \text{cm}$

$M_{\max} = \dfrac{wL^2}{2}$

$w = \dfrac{2M_{\max}}{L^2} = \dfrac{2 \times 41666.67}{300^2} = 0.93\text{N/cm}$

$\therefore \tau_{\max} = \dfrac{3V_{\max}}{2A} = \dfrac{3V_{\max}}{2bh} = \dfrac{3 \times 0.93 \times 300}{2 \times 5 \times 10}$

$= 8.37\text{N/cm}^2$

정답 12. ④ 13. ④ 14. ③ 15. ④ 16. ③

17 다음 그림과 같은 형태로 분포하중을 받고 있는 단순지지보가 있다. 지지점 A에서의 반력 R_A는 얼마인가? (단, 분포하중 $\omega(x) = \omega_o \sin \dfrac{\pi x}{L}$ 이다.)

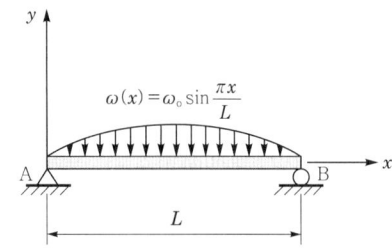

① $\dfrac{2\omega_o L}{\pi}$ ② $\dfrac{\omega_o L}{\pi}$

③ $\dfrac{\omega_o L}{2\pi}$ ④ $\dfrac{\omega_o L}{2}$

해설
$$\int_0^L dF_x = \int_0^L \omega_o \sin\dfrac{\pi x}{L} dx$$
$$F = \left[-\dfrac{\omega_o \cos\dfrac{\pi x}{L}}{\dfrac{\pi}{L}}\right]_0^L = -\dfrac{\omega_o L}{\pi}(\cos\pi - 1)$$
$$= \dfrac{\omega_o L}{\pi}(1 - \cos\pi) = \dfrac{2\omega_o L}{\pi} \text{ [N]}$$
$$\therefore R_A = R_B = \dfrac{\omega_o L}{\pi} \text{ [N]}$$

[별해] $R_A + R_B$ = sin 함수곡선의 전체 면적
$$R_A = \dfrac{2bh}{\pi} = \dfrac{2\left(\dfrac{L}{2}\right)\omega_o}{\pi} = \dfrac{\omega_o L}{\pi} \text{ [N]}$$
$$A = \dfrac{2bh}{\pi}$$

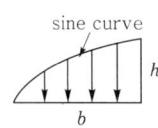

18 다음 그림에서 C점에서 작용하는 굽힘모멘트는 몇 N · m인가?

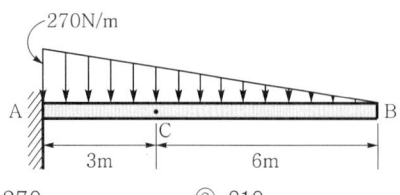

① 270 ② 810
③ 540 ④ 1,080

해설 $L : 270 = x : w_x$
$$w_x = 270\dfrac{x}{L} = 270 \times \dfrac{6}{9} = 180\text{N/m}$$
$$\therefore M_C = \left(\dfrac{180 \times 6}{2}\right) \times \dfrac{6}{3} = 1,080\text{N} \cdot \text{m}$$

19 다음 그림과 같은 평면응력상태에서 최대 주응력은 약 몇 MPa인가? (단, σ_x =500MPa, σ_y = $-$300MPa, τ_{xy} = $-$300MPa이다.)

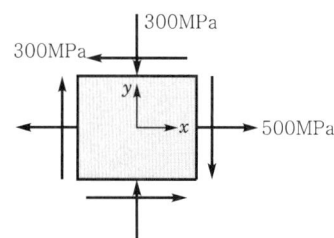

① 500 ② 600
③ 700 ④ 800

해설
$$\sigma_{\max} = \dfrac{1}{2}(\sigma_x + \sigma_y) + \sqrt{\left(\dfrac{\sigma_x - \sigma_y}{2}\right)^2 + \tau_{xy}^2}$$
$$= \dfrac{1}{2}\times(500 - 300) + \sqrt{\left(\dfrac{500+300}{2}\right)^2 + (-300)^2}$$
$$= 600\text{MPa}$$

20 강재 중공축이 25kN · m의 토크를 전달한다. 중공축의 길이가 3m이고, 이때 축에 발생하는 최대 전단응력이 90MPa이며, 축에 발생된 비틀림각이 2.5°라고 할 때 축의 외경과 내경을 구하면 각각 약 몇 mm인가? (단, 축재료의 전단탄성계수는 85GPa이다.)

① 146, 124 ② 136, 114
③ 140, 132 ④ 133, 112

해설
$$\theta = 57.3\dfrac{TL}{GI_p} = 57.3\dfrac{\tau Z_p L}{G\dfrac{d_2}{2}Z_p} = 57.3\dfrac{2\tau L}{Gd_2} [°]$$
$$\therefore d_2 = \dfrac{57.3 \times 2\tau L}{G\theta} = \dfrac{57.3 \times 2 \times 90 \times 3,000}{85 \times 10^3 \times 2.5}$$
$$= 145.61 \fallingdotseq 146\text{mm}$$
$$\theta = 57.3\dfrac{TL}{GI_p} = 57.3\dfrac{32TL}{G\pi(d_2^4 - d_1^4)} = 584\dfrac{TL}{G(d_2^4 - d_1^4)} [°]$$
$$d_2^4 - d_1^4 = \dfrac{584TL}{G\theta}$$

$$d_1^4 = d_2^4 - \frac{584\,TL}{G\theta}$$

$$\therefore d_1 = \sqrt[4]{d_2^4 - \frac{584\,TL}{G\theta}}$$

$$= \sqrt[4]{146^4 - \frac{584 \times 25 \times 10^6 \times 3{,}000}{85 \times 10^3 \times 2.5}} \fallingdotseq 125\text{mm}$$

제2과목 · 기계열역학

21 어떤 사이클이 다음 온도(T)-엔트로피(s)선도와 같을 때 작동유체에 주어진 열량은 약 몇 kJ/kg인가?

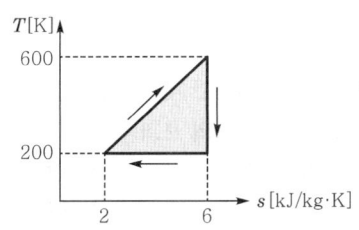

① 4 ② 400
③ 800 ④ 1,600

해설 $T-s$ 선도에서 면적은 열량(kJ)을 나타낸다.

$$\therefore q = \frac{(600-200) \times (6-2)}{2} = 800\text{kJ/kg}$$

22 압력이 100kPa이며 온도가 25℃인 방의 크기가 240m³이다. 이 방에 들어있는 공기의 질량은 약 몇 kg인가? (단, 공기는 이상기체로 가정하며, 공기의 기체상수는 0.287kJ/kg · K이다.)

① 0.00357 ② 0.28
③ 3.57 ④ 280

해설 $PV = mRT$

$$\therefore m = \frac{PV}{RT} = \frac{100 \times 240}{0.287 \times (25+273)} \fallingdotseq 280\text{kg}$$

23 용기에 부착된 압력계에 읽힌 계기압력이 150kPa이고 국소대기압이 100kPa일 때 용기 안의 절대압력은?

① 250kPa ② 150kPa
③ 100kPa ④ 50kPa

해설 $P_a = P_o + P_g = 100 + 150 = 250\text{kPa}$

24 수증기가 정상과정으로 40m/s의 속도로 노즐에 유입되어 275m/s로 빠져나간다. 유입되는 수증기의 엔탈피는 3,300kJ/kg, 노즐로부터 발생되는 열손실은 5.9kJ/kg일 때 노즐 출구에서의 수증기엔탈피는 약 몇 kJ/kg인가?

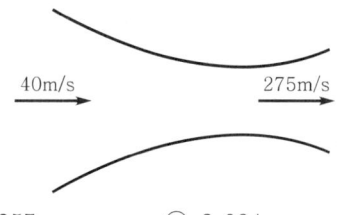

① 3,257 ② 3,024
③ 2,795 ④ 2,612

해설 $V_2 = 44.72\sqrt{h_1 - h_2}\,[\text{m/s}]$

$$h_1 - h_2 = \left(\frac{V_2}{44.72}\right)^2 = \left(\frac{275}{44.72}\right)^2 = 37.81\text{kJ/kg}$$

$$\therefore h_2 = h_1 - (37.81 + 5.9) = 3{,}300 - (37.81 + 5.9)$$
$$\fallingdotseq 3{,}257\text{kJ/kg}$$

25 클라우지우스(Clausius) 부등식을 옳게 표현한 것은? (단, T는 절대온도, Q는 시스템으로 공급된 전체 열량을 표시한다.)

① $\oint \frac{\delta Q}{T} \geq 0$ ② $\oint \frac{\delta Q}{T} \leq 0$

③ $\oint T\delta Q \geq 0$ ④ $\oint T\delta Q \leq 0$

해설 클라우지우스 부등식 $\oint \frac{\delta Q}{T} \leq 0$

등호(=)는 가역사이클, 부등호(<)는 비가역사이클이다.

26 500W의 전열기로 4kg의 물을 20℃에서 90℃까지 가열하는데 몇 분이 소요되는가? (단, 전열기에서 열은 전부 온도 상승에 사용되고, 물의 비열은 4,180J/kg · K이다.)

① 16 ② 27
③ 39 ④ 45

정답 21. ③ 22. ④ 23. ① 24. ① 25. ② 26. ③

해설 전열기용량(Q) = $0.5 \times 60 \times t = 30t$
물의 가열량(Q_1) = $mC(t_2 - t_1)$
$= 4 \times 4.18 \times (90 - 20) = 1170.4 kJ$
$Q = Q_1$ 일 때
$\therefore t = \dfrac{Q_1}{30} = \dfrac{1170.4}{30} ≒ 39분$

27 R-12를 작동유체로 사용하는 이상적인 증기압축냉동사이클이 있다. 여기서 증발기 출구엔탈피는 229kJ/kg, 팽창밸브 출구엔탈피는 81kJ/kg, 응축기 입구엔탈피는 255kJ/kg일 때 이 냉동기의 성적계수는 약 얼마인가?

① 4.1 ② 4.9
③ 5.7 ④ 6.8

해설 $\varepsilon_R = \dfrac{q_e}{w_c} = \dfrac{229-81}{255-229} = 5.7$

28 화씨온도가 86°F일 때 섭씨온도는 몇 °C인가?

① 30 ② 45
③ 60 ④ 75

해설 $t_℃ = \dfrac{5}{9}(t_{°F} - 32) = \dfrac{5}{9} \times (86 - 32) = 30℃$

29 가역과정으로 실린더 안의 공기를 50kPa, 10℃ 상태에서 300kPa까지 압력(P)과 체적(V)의 관계가 다음과 같은 과정으로 압축할 때 단위질량당 방출되는 열량은 약 몇 kJ/kg인가? (단, 기체상수는 0.287kJ/kg·K이고, 정적비열은 0.7kJ/kg·K이다.)

$PV^{1.3}$ = 일정

① 17.2 ② 37.2
③ 57.2 ④ 77.2

해설 $k = \dfrac{C_p}{C_c} = \dfrac{0.987}{0.7} = 1.41$

$T_2 = T_1 \left(\dfrac{P_2}{P_1}\right)^{\frac{n-1}{n}} = 283 \times \left(\dfrac{300}{50}\right)^{\frac{1.3-1}{1.3}} ≒ 428K$

$\therefore q = C_n(T_2 - T_1) = C_v \left(\dfrac{n-k}{n-1}\right)(T_2 - T_1)$

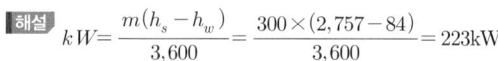
$= 0.7 \times \dfrac{1.3 - 1.41}{1.3 - 1} \times (428 - 283) = -37.2 kJ/kg$

30 효율이 40%인 열기관에서 유효하게 발생되는 동력이 110kW라면 주위로 방출되는 총열량은 약 몇 kW인가?

① 375 ② 165
③ 135 ④ 85

해설 $\eta = \dfrac{W_{net}}{Q_1} = 1 - \dfrac{Q_2}{Q_1}$

$\therefore Q_2 = Q_1(1-\eta) = \dfrac{W_{net}}{\eta}(1-\eta) = \dfrac{110}{0.4} \times (1-0.4)$
$= 165 kW$

31 보일러에 물(온도 20℃, 엔탈피 84kJ/kg)이 유입되어 600kPa의 포화증기(온도 159℃, 엔탈피 2,757kJ/kg)상태로 유출된다. 물의 질량유량이 300kg/h이라면 보일러에 공급된 열량은 약 몇 kW인가?

① 121 ② 140
③ 223 ④ 345

해설 $kW = \dfrac{m(h_s - h_w)}{3,600} = \dfrac{300 \times (2,757 - 84)}{3,600} = 223 kW$

32 다음 그림과 같이 실린더 내의 공기가 상태 1에서 상태 2로 변화할 때 공기가 한 일은? (단, P는 압력, V는 부피를 나타낸다.)

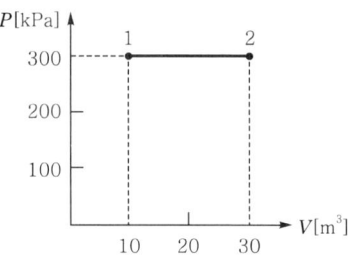

① 30kJ ② 60kJ
③ 3,000kJ ④ 6,000kJ

해설 $_1W_2 = \displaystyle\int_1^2 PdV = P(V_2 - V_1) = 300 \times (30 - 10)$
$= 6,000 kJ$

정답 27. ③ 28. ① 29. ② 30. ② 31. ③ 32. ④

33 압력이 0.2MPa이고, 초기온도가 120℃인 1kg의 공기를 압축비 18로 가역단열압축하는 경우 최종온도는 약 몇 ℃인가? (단, 공기는 비열비가 1.4인 이상기체이다.)

① 676℃ ② 776℃
③ 876℃ ④ 976℃

해설 $T_2 = T_1 \varepsilon^{k-1} = (120+273) \times 18^{1.4-1} = 1248.82K - 273$
$\fallingdotseq 976℃$

34 등엔트로피효율이 80%인 소형 공기터빈의 출력이 270kJ/kg이다. 입구온도는 600K이며, 출구압력은 100kPa이다. 공기의 정압비열은 1.004 kJ/kg·K, 비열비는 1.4일 때 입구압력(kPa)은 약 몇 kPa인가? (단, 공기는 이상기체로 간주한다.)

① 1,984 ② 1,842
③ 1,773 ④ 1,621

해설 $h_1 - h_2 = \dfrac{h_1 - h_2'}{\eta} = \dfrac{270}{0.8} = 337.5 \text{kJ/kg}$

$h_1 - h_2 = C_p(T_1 - T_2) = C_p T_1 \left[1 - \dfrac{T_2}{T_1}\right]$

$= C_p T_1 \left[1 - \left(\dfrac{P_2}{P_1}\right)^{\frac{k-1}{k}}\right]$

$= 1.004 \times 600 \times \left[1 - \left(\dfrac{P_2}{P_1}\right)^{\frac{k-1}{k}}\right]$

$= 337.5 \text{kJ/kg}$

$1 - \left(\dfrac{P_2}{P_1}\right)^{\frac{k-1}{k}} = \dfrac{337.5}{1.004 \times 600} = 0.5603$

$\left(\dfrac{P_2}{P_1}\right)^{\frac{k-1}{k}} = 1 - 0.5603 = 0.4397$

$\dfrac{P_2}{P_1} = 0.4397^{\frac{k}{k-1}} = 0.4397^{\frac{1.4}{1.4-1}} = 0.4397^{3.5}$

$\therefore P_1 = \dfrac{P_2}{0.4397^{3.5}} = \dfrac{100}{0.4397^{3.5}} \fallingdotseq 1,773 \text{kPa}$

※ 등엔트로피효율은 가역단열효율을 의미한다.

35 100℃와 50℃ 사이에서 작동하는 냉동기로 가능한 최대 성능계수(COP)는 약 얼마인가?

① 7.46 ② 2.54
③ 4.25 ④ 6.46

해설 $(COP)_R = \dfrac{T_2}{T_1 - T_2} = \dfrac{323}{373 - 323} = 6.46$

36 Van der Waals 상태방정식은 다음과 같이 나타낸다. 이 식에서 $\dfrac{a}{v^2}$, b는 각각 무엇을 의미하는 것인가? (단, P는 압력, v는 비체적, R은 기체상수, T는 온도를 나타낸다.)

$$\left(P + \dfrac{a}{v^2}\right) \times (v - b) = RT$$

① 분자 간의 작용인력, 분자 내부에너지
② 분자 간의 작용인력, 기체분자들이 차지하는 체적
③ 분자 자체의 질량, 분자 내부에너지
④ 분자 자체의 질량, 기체분자들이 차지하는 체적

해설 $\dfrac{a}{v^2}$는 분자 간의 작용인력을, b는 기체분자들이 차지하는 체적을 의미한다.

37 카르노사이클로 작동되는 열기관이 고온체에서 100kJ의 열을 받고 있다. 이 기관의 열효율이 30%라면 방출되는 열량은 약 몇 kJ인가?

① 30 ② 50
③ 60 ④ 70

해설 $\eta_c = 1 - \dfrac{Q_2}{Q_1}$

$\therefore Q_2 = Q_1(1 - \eta_c) = 100 \times (1 - 0.3) = 70 \text{kJ}$

38 어떤 시스템에서 유체는 외부로부터 19kJ의 일을 받으면서 167kJ의 열을 흡수하였다. 이때 내부에너지의 변화는 어떻게 되는가?

① 148kJ 상승한다. ② 186kJ 상승한다.
③ 148kJ 감소한다. ④ 186kJ 감소한다.

해설 $\Delta U = Q - W = 167 - (-19) = 186 \text{kJ}$ 상승

정답 33. ④ 34. ③ 35. ④ 36. ② 37. ④ 38. ②

39 체적이 500cm³인 풍선에 압력 0.1MPa, 온도 288K의 공기가 가득 채워져 있다. 압력이 일정한 상태에서 풍선 속 공기온도가 300K으로 상승했을 때 공기에 가해진 열량은 약 얼마인가? (단, 공기는 정압비열이 1.005kJ/kg·K, 기체상수가 0.287kJ/kg·K인 이상기체로 간주한다.)

① 7.3J
② 7.3kJ
③ 14.6J
④ 14.6kJ

해설
$$Q = mC_p(T_2 - T_1) = \frac{P_1 V_1}{RT_1} C_p(T_2 - T_1)$$
$$= \frac{0.1 \times 10^3 \times 500 \times 10^{-6}}{0.287 \times 288} \times 1.005 \times (300 - 288)$$
$$= 7.29 \times 10^{-3} \text{kJ} ≒ 7.3 \text{J}$$

40 어떤 시스템에서 공기가 초기에 290K에서 330K로 변화하였고, 이때 압력은 200kPa에서 600kPa로 변화하였다. 이때 단위질량당 엔트로피변화는 약 몇 kJ/kg·K인가? (단, 공기는 정압비열이 1.006kJ/kg·K이고, 기체상수가 0.287kJ/kg·K인 이상기체로 간주한다.)

① 0.445
② -0.445
③ 0.185
④ -0.185

해설
$$s_2 - s_1 = C_p \ln\frac{T_2}{T_1} - R\ln\frac{P_2}{P_1}$$
$$= 1.006 \times \ln\frac{330}{290} - 0.287 \times \ln\frac{600}{200}$$
$$= -0.185 \text{kJ/kg·K}$$

제3과목 · 기계유체역학

41 분수에서 분출되는 물줄기높이를 2배로 올리려면 노즐 입구에서의 게이지압력을 약 몇 배로 올려야 하는가? (단, 노즐 입구에서의 동압은 무시한다.)

① 1.414
② 2
③ 2.828
④ 4

해설 물줄기높이(h)는 노즐 입구의 게이지압력(P_g)에 비례한다.

42 수면의 높이차이가 10m인 두 개의 호수 사이에 손실수두가 2m인 관로를 통해 펌프로 물을 양수할 때 3kW의 동력이 필요하다면 이때 유량은 약 몇 L/s인가?

① 18.4
② 25.5
③ 32.3
④ 45.8

해설 $kW = 9.8QH$
$$\therefore Q = \frac{kW}{9.8H} = \frac{3}{9.8 \times (10+2)}$$
$$= 0.0255 \text{m}^3/\text{s} = 25.5 \text{L/s}$$

43 경사가 30°인 수로에 물이 흐르고 있다. 유속이 12m/s로 흐름이 균일하다고 가정하며 연직방향으로 측정한 수심이 60cm이다. 수로의 폭을 1m로 한다면 유량은 약 몇 m³/s인가?

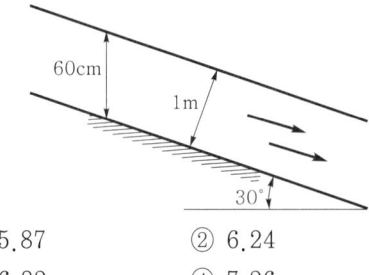

① 5.87
② 6.24
③ 6.82
④ 7.26

해설 $Q = AV\cos\theta = 0.6 \times 1 \times 12 \times \cos 30° ≒ 6.24 \text{m}^3/\text{s}$

44 정지된 액체 속에 잠겨있는 평면이 받는 압력에 의해 발생하는 합력에 대한 설명으로 옳은 것은?

① 크기가 액체의 비중량에 반비례한다.
② 크기는 도심에서의 압력에 전체 면적을 곱한 것과 같다.
③ 경사진 평면에서의 작용점은 평면의 도심과 일치한다.
④ 수직평면의 경우 작용점이 도심보다 위쪽에 있다.

해설 정지유체인 경우 수평으로 잠겨져 있는 물체에 작용하는 전압력(F) = $PA = \gamma hA$[N]의 크기는 도심에서의 압력에 전체 면적을 곱한 것과 같다.

45 체적탄성계수가 $2 \times 10^9 \text{N/m}^2$인 유체를 2% 압축하는데 필요한 압력은?

① 1GPa
② 10MPa
③ 4GPa
④ 40MPa

해설 $E = -\dfrac{dp}{\dfrac{dv}{v}}$ [Pa]

$\therefore dp = E\left(-\dfrac{dv}{v}\right) = 2 \times 10^3 \times 0.02 = 40\text{MPa}$

46 일반적으로 뉴턴유체에서 온도 상승에 따른 액체의 점성계수변화에 대한 설명으로 옳은 것은?

① 분자의 무질서한 운동이 커지므로 점성계수가 증가한다.
② 분자의 무질서한 운동이 커지므로 점성계수가 감소한다.
③ 분자 간의 결합력이 약해지므로 점성계수가 증가한다.
④ 분자 간의 결합력이 약해지므로 점성계수가 감소한다.

해설 액체는 온도가 증가하면 분자 간의 결합력이 약해져서 일반적으로 점성계수는 감소한다.

47 경계층 밖에서 퍼텐셜흐름의 속도가 10m/s일 때 경계층의 두께는 속도가 얼마일 때의 값으로 잡아야 하는가? (단, 일반적으로 정의하는 경계층두께를 기준으로 삼는다.)

① 10m/s
② 7.9m/s
③ 8.9m/s
④ 9.9m/s

해설 경계층두께$(\delta) = \dfrac{U}{U_\infty} = 0.99 (= 99\%)$

$\therefore U = 0.99 U_\infty = 0.99 \times 10 = 9.9 \text{m/s}$

48 점성계수(μ)가 0.005Pa·s인 유체가 수평으로 놓인 안지름이 4cm인 곧은 관을 30cm/s의 평균속도로 흘러가고 있다. 흐름상태가 층류일 때 수평길이 800cm 사이에서의 압력강하(Pa)는?

① 120
② 240
③ 360
④ 480

해설 $\Delta P = \dfrac{128\mu QL}{\pi d^4} = \dfrac{128\mu(AV)L}{\pi d^4} = \dfrac{128\mu\left(\dfrac{\pi d^2}{4}V\right)L}{\pi d^4}$

$= \dfrac{32\mu VL}{d^2} = \dfrac{32 \times 0.005 \times 0.3 \times 8}{0.04^2} = 240\text{Pa}$

49 동점성계수가 $1.5 \times 10^{-5} \text{m}^2/\text{s}$인 공기 중에서 30m/s의 속도로 비행하는 비행기의 모형을 만들어 동점성계수가 $1.0 \times 10^{-6} \text{m}^2/\text{s}$인 물속에서 6m/s의 속도로 모형시험을 하려 한다. 모형(L_m)과 실형(L_p)의 길이비(L_m/L_p)를 얼마로 해야 되는가?

① $\dfrac{1}{75}$
② $\dfrac{1}{15}$
③ $\dfrac{1}{5}$
④ $\dfrac{1}{3}$

해설 $(R_e)_p = (R_e)_m$

$\left(\dfrac{VL}{\nu}\right)_p = \left(\dfrac{VL}{\nu}\right)_m$

$\therefore \dfrac{L_m}{L_p} = \dfrac{\nu_m}{\nu_p}\left(\dfrac{V_p}{V_m}\right) = \dfrac{1 \times 10^{-6}}{1.5 \times 10^{-5}} \times \dfrac{30}{6} = 0.33\left(= \dfrac{1}{3}\right)$

50 평행한 평판 사이의 층류흐름을 해석하기 위해서 필요한 무차원수와 그 의미를 바르게 나타낸 것은?

① 레이놀즈수=관성력/점성력
② 레이놀즈수=관성력/탄성력
③ 프루드수=중력/관성력
④ 프루드수=관성력/점성력

해설 평행한 두 평판 사이의 층류흐름은 점성이 중요시되기 때문에 레이놀즈수(Re=관성력/점성력)가 중요한 무차원수이다.

51 물이 지름이 0.4m인 노즐을 통해 20m/s의 속도로 맞은편 수직벽에 수평으로 분사된다. 수직벽에는 지름 0.2m의 구멍이 있으며, 뚫린 구멍으로 유량의 25%가 흘러나가고, 나머지 75%는 반경방향으로 균일하게 유출된다. 이때 물에 의해 벽면이 받는 수평방향의 힘은 약 몇 kN인가?

① 0
② 9.4
③ 18.9
④ 37.7

정답 45.④ 46.④ 47.④ 48.② 49.④ 50.① 51.④

해설 $F = 0.75\rho A V^2 = 0.75 \times 1 \times \dfrac{\pi}{4} \times 0.4^2 \times 20^2 = 37.7\text{kN}$

52 다음 중 유선(stream line)을 가장 올바르게 설명한 것은?

① 에너지가 같은 점을 이은 선이다.
② 유체입자가 시간에 따라 움직인 궤적이다.
③ 유체입자의 속도벡터와 접선이 되는 가상곡선이다.
④ 비정상유동 때의 유동을 나타내는 곡선이다.

해설 유선이란 유체입자의 속도벡터와 접선이 일치되는 연속적 가상곡선이다.

53 바닷물밀도는 수면에서 1,025kg/m³이고 깊이 100m마다 0.5kg/m³씩 증가한다. 깊이 1,000m에서 압력은 계기압력으로 약 몇 kPa인가?

① 9,560
② 10,080
③ 10,240
④ 10,800

해설 $P_1 = \gamma_1 h_1 = \rho_1 g h_1 = 1,025 \times 9.8 \times 1,000 \times 10^{-3}$
$\quad = 10,045\text{kPa}$
$P_2 = \gamma_2 h_2 = \rho_2 g h_2 = 0.5 \times 8 \times 9.8 \times 1,000 \times 10^{-3}$
$\quad = 39.2\text{kPa}$
$\therefore P = P_1 + P_2 = 10084.2\text{kPa}$

54 관 속에 흐르는 물의 유속을 측정하기 위하여 삽입한 피토정압관에 비중이 3인 액체를 사용하는 마노미터를 연결하여 측정한 결과 액주의 높이차이가 10cm로 나타났다면 유속은 약 몇 m/s인가?

① 0.99
② 1.40
③ 1.98
④ 2.43

해설 $V = \sqrt{2gh\left(\dfrac{S_o}{S} - 1\right)} = \sqrt{2 \times 9.8 \times 0.1 \times \left(\dfrac{3}{1} - 1\right)}$
$\quad = 1.98\text{m/s}$

55 높이가 0.7m, 폭이 1.8m인 직사각형 덕트에 유체가 가득 차서 흐른다. 이때 수력직경은 약 몇 m인가?

① 1.01
② 2.02
③ 3.14
④ 5.04

해설 수력직경$(D_H) = 4R_h = 4\dfrac{A}{P} = 4 \times \dfrac{hb}{2(h+b)}$
$\quad = 4 \times \dfrac{0.7 \times 1.8}{2 \times (0.7+1.8)} = 1.01\text{m}$

여기서, A : 유동 단면적(m²)
$\quad\quad P$: 접수길이(고체벽면과 액체가 접하는 길이(m)

56 동점성계수가 1.5×10^{-5}m²/s인 유체가 안지름이 10cm인 관 속으로 흐르고 있을 때 층류 임계속도(cm/s)는? (단, 층류 임계레이놀즈수는 2,100이다.)

① 24.7
② 31.5
③ 43.6
④ 52.3

해설 $R_{ec} = \dfrac{Vd}{\nu}$
$\therefore V = \dfrac{R_{ec}\nu}{d} = \dfrac{2,100 \times 1.5 \times 10^{-5}}{0.1}$
$\quad = 0.315\text{m/s} = 31.5\text{cm/s}$

57 다음 중 유체의 속도구배와 전단응력이 전형적으로 비례하는 유체를 설명한 가장 알맞은 용어는 무엇인가?

① 점성유체
② 뉴턴유체
③ 비압축성 유체
④ 정상유동유체

해설 뉴턴유체(Newtonian fluid)는 전단응력(τ)과 속도구배 $\left(\dfrac{du}{dy}\right)$가 정비례한다(선형적으로 비례한다).

58 속도퍼텐셜이 $\phi = x^2 - y^2$인 2차원 유동에 해당하는 유동함수로 가장 옳은 것은?

① $x^2 + y^2$
② $2xy$
③ $-3xy$
④ $2x(y-1)$

해설 유동함수 $d\psi = Udy = -Vdx$
$\dfrac{\partial \psi}{\partial y} = 2x, \ \dfrac{\partial \psi}{\partial x} = -2y$
$\therefore \psi = 2xy$

정답 52. ③ 53. ② 54. ③ 55. ① 56. ② 57. ② 58. ②

59 물을 담은 그릇을 수평방향으로 4.2m/s²로 운동시킬 때 물은 수평에 대하여 약 몇 도(°) 기울어지겠는가?

① 18.4° ② 23.2°
③ 35.6° ④ 42.9°

해설 $\tan\theta = \dfrac{a_x}{g}$

$\therefore \theta = \tan^{-1}\dfrac{a_x}{g} = \tan^{-1}\dfrac{4.2}{9.8} = 23.2°$

60 몸무게가 750N인 조종사가 지름 5.5m의 낙하산을 타고 비행기에서 탈출하였다. 항력계수가 1.0이고 낙하산의 무게를 무시한다면 조종사의 최대 종속도는 약 몇 m/s가 되는가? (단, 공기의 밀도는 1.2kg/m³이다.)

① 7.25 ② 8.00
③ 5.26 ④ 10.04

해설 $D = C_D \dfrac{\rho A V^2}{2}$ [N]

$\therefore V = \sqrt{\dfrac{2D}{C_D \rho A}} = \sqrt{\dfrac{2 \times 750}{1 \times 1.2 \times \dfrac{\pi \times 5.5^2}{4}}} = 7.25\text{m/s}$

제4과목 · 기계재료 및 유압기기

61 다음 중 비중이 가장 작고 항공기부품이나 전자 및 전기용 제품의 케이스용도로 사용되고 있는 합금재료는?

① Ni합금 ② Cu합금
③ Pb합금 ④ Mg합금

해설 마그네슘(Mg)은 비중이 1.74로 실용적인 금속 중 가장 가볍고 항공기부품, 전자 및 전기용 제품의 케이스용도로 사용되고 있는 합금재료이다.

62 다음의 조직 중 경도가 가장 높은 것은?

① 펄라이트(pearlite)
② 페라이트(ferrite)
③ 마텐자이트(martensite)
④ 오스테나이트(austenite)

해설 담금질조직 중 경도가 가장 높은 것은 마텐자이트이다.

63 강의 열처리방법 중 표면경화법에 해당하는 것은?

① 마퀜칭 ② 오스포밍
③ 침탄질화법 ④ 오스템퍼링

해설 강의 표면열처리경화법은 침탄질화법이다.

64 칼로라이징은 어떤 원소를 금속표면에 확산침투시키는 방법인가?

① Zn ② Si
③ Al ④ Cr

해설 금속침투법(시멘테이션)
㉠ Al : 칼로라이징
㉡ Si : 실리코나이징
㉢ Zn : 세라다이징
㉣ Cr : 크로마이징
㉤ B : 보로나이징

65 Fe-C평형상태도에서 온도가 가장 낮은 것은?

① 공석점 ② 포정점
③ 공정점 ④ Fe의 자기변태점

해설 Fe-C평형상태도에서 온도가 가장 낮은 것은 공석점(A_1변태점 723℃)이다.
※ 철의 자기변태점(A_2변태점) 768℃, 공정점 1,130℃, 포정점 1,495℃

66 열경화성 수지에 해당되는 것은?

① ABS수지 ② 에폭시수지
③ 폴리아미드 ④ 염화비닐수지

해설 열경화성 수지의 종류에 에폭시수지, 요소수지, 멜라민수지, 알키드수지, 우레탄수지, 불포화 폴리에스테르 등이 있다.

67 다음 중 반발을 이용하여 경도를 측정하는 시험법은?

① 쇼어경도시험 ② 마이어경도시험
③ 비커즈경도시험 ④ 로크웰경도시험

정답 59.② 60.① 61.④ 62.③ 63.③ 64.③ 65.① 66.② 67.①

[해설] 반발을 이용한 경도측정법은 쇼어(shore)경도시험이다.
$$H_s = \frac{10,000}{65}\frac{h}{h_o}$$

68 구리(Cu)합금에 대한 설명 중 옳은 것은?
① 청동은 Cu+Zn합금이다.
② 베릴륨청동은 시효경화성이 강력한 Cu합금이다.
③ 애드미럴티황동은 6 : 4황동에 Sb을 첨가한 합금이다.
④ 네이벌황동은 7 : 3황동에 Ti을 첨가한 합금이다.

[해설] ① 청동 : Cu+Sn합금
③ 애드미럴티황동 : 7 : 3황동에 Sn 1%를 첨가한 합금
④ 네이벌황동 : 6 : 4황동에 Sn 1%를 첨가한 합금
[참고] • 톰백 : Cu 80~95%+Zn 5~20%
• 델타활동 : 6 : 4황동+Fe 1~2%

69 면심입방격자(FCC)의 단위격자 내에 원자수는 몇 개인가?
① 2개 ② 4개
③ 6개 ④ 8개

[해설] 면심입방격자(FCC)의 단위격자 내 원자수는 4개이다.
※ 체심입방격자(BCC)와 조밀육방격자(HCP)는 2개다.

70 어큐뮬레이터(accumulator)의 역할에 해당하지 않는 것은?
① 갑작스런 충격압력을 막아주는 역할을 한다.
② 축척된 유압에너지의 방출사이클시간을 연장한다.
③ 유압회로 중 오일 누설 등에 의한 압력강하를 보상하여 준다.
④ 유압펌프에서 발생하는 맥동을 흡수하여 진동이나 소음을 방지한다.

[해설] 어큐뮬레이터(축압기)는 축척된 유압에너지의 방출사이클시간을 단축시킨다.

71 다음 그림과 같은 유압기호가 나타내는 명칭은?

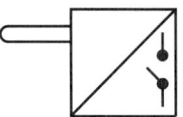

① 전자변환기 ② 압력스위치
③ 리밋스위치 ④ 아날로그변환기

[해설] 도시된 유압기호는 리밋스위치이다.

72 부하의 하중에 의한 자유낙하를 방지하기 위해 배압(back pressure)을 부여하는 밸브는?
① 체크밸브 ② 감압밸브
③ 릴리프밸브 ④ 카운터밸런스밸브

[해설] 자유낙하를 방지하기 위해 배압을 부여하는 압력제어밸브는 카운터밸런스밸브이다.

73 합금주철에서 특수합금원소의 영향을 설명한 것 중 틀린 것은?
① Ni은 흑연화를 방지한다.
② Ti은 강한 탈산제이다.
③ V은 강한 흑연화 방지원소이다.
④ Cr은 흑연화를 방지하고 탄화물을 안정화한다.

[해설] 니켈(Ni)은 흑연화 촉진원소이다.

74 액추에이터의 공급 쪽 관로에 설정된 바이패스 관로의 흐름을 제어함으로써 속도를 제어하는 회로는?

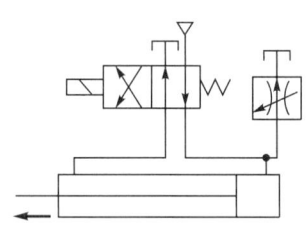

① 배압회로
② 미터 인 회로
③ 플립플롭회로
④ 블리드 오프 회로

정답 68. ② 69. ② 70. ② 71. ③ 72. ④ 73. ① 74. ④

해설 액추에이터의 공급 쪽 관로에 설정된 바이패스관로의 흐름을 제거함으로써 속도를 제어하는 회로는 블리드 오프 회로(bleed off circuit)이다.

75 유압실린더에서 피스톤로드가 부하를 미는 힘이 50kN, 피스톤속도가 5m/min인 경우 실린더 내경이 8cm이라면 소요동력은 약 몇 kW인가? (단, 편로드형 실린더이다.)

① 2.5   ② 3.17
③ 4.17 ④ 5.3

해설 $kW = \dfrac{FV}{1,000} = \dfrac{50,000 \times \dfrac{5}{60}}{1,000} = 4.17 \text{kW}$

76 유압작동유에서 요구되는 특성이 아닌 것은?

① 인화점이 낮고 증기분리압이 클 것
② 유동성이 좋고 관로저항이 적을 것
③ 화학적으로 안정될 것
④ 비압축성일 것

해설 유압작동유는 인화점이 높고 증기분리압이 작을 것

77 유압시스템의 배관계통과 시스템구성에 사용되는 유압기기의 이물질을 제거하는 작업으로 오랫동안 사용하지 않던 설비의 운전을 다시 시작하였을 때나 유압기계를 처음 설치하였을 때 수행하는 작업은?

① 펌핑   ② 플러싱
③ 스위핑 ④ 클리닝

해설 유압기기의 이물질을 제거하는 작업은 플러싱이다.

78 유동하고 있는 액체의 압력이 국부적으로 저하되어 증기나 함유기체를 포함하는 기포가 발생하는 현상은?

① 캐비테이션현상 ② 채터링현상
③ 서징현상   ④ 역류현상

해설 유동하고 있는 액체의 압력이 국부적으로 저하되어 증기나 함유기체를 포함하는 기포가 발생하는 현상은 캐비테이션(cavitation, 공동현상)이다.

79 다음 기어펌프에서 발생하는 폐입현상을 방지하기 위한 방법으로 가장 적절한 것은?

① 오일을 보충한다.
② 베인을 교환한다.
③ 베어링을 교환한다.
④ 릴리프홈이 적용된 기어를 사용한다.

해설 기어펌프에서 발생하는 폐입현상을 방지하기 위한 방법으로 가장 적절한 것은 릴리프홈이 적용된 기어를 사용하는 것이다.

80 다음 중 오일의 점성을 이용하여 진동을 흡수하거나 충격을 완화시킬 수 있는 유압응용장치는?

① 압력계   ② 토크컨버터
③ 쇼크업소버 ④ 진동개폐밸브

해설 오일의 점성을 이용하거나 충격을 완화시킬 수 있는 유압응용장치는 쇼크업소버(shock absorber)이다.

제5과목 · 기계제작법 및 기계동력학

81 80rad/s로 회전하던 세탁기의 전원을 끈 후 20초가 경과하여 정지하였다면 세탁기가 정지할 때까지 약 몇 바퀴를 회전하였는가?

① 127   ② 254
③ 542   ④ 7,620

해설 $\theta = \dfrac{1}{2}\alpha t^2 = \dfrac{1}{2}\omega t = \dfrac{1}{2} \times 80 \times 20 = 800 \text{rad}$

∴ 한 바퀴는 2π이므로 $\dfrac{800}{2\pi} = 127.32$ 회전

82 시간 t에 따른 변위 $x(t)$가 다음과 같은 관계식을 가질 때 가속도 $a(t)$에 대한 식으로 옳은 것은?

$$x(t) = X_o \sin\omega t$$

① $a(t) = \omega^2 X_o \sin\omega t$
② $a(t) = \omega^2 X_o \cos\omega t$
③ $a(t) = -\omega^2 X_o \sin\omega t$
④ $a(t) = -\omega^2 X_o \cos\omega t$

정답 75.③ 76.① 77.② 78.① 79.④ 80.③ 81.① 82.③

[해설] $x = X_o \sin\omega t$
$\dot{x}(v) = \omega X_o \cos\omega t$
$\ddot{x}(a) = -\omega^2 X_o \sin\omega t$

83 20m/s의 같은 속력으로 달리던 자동차 A, B가 교차로에서 직각으로 충돌하였다. 충돌 직후 자동차 A의 속력은 약 몇 m/s인가? (단, 자동차 A, B의 질량은 동일하며 반발계수는 0.7, 마찰은 무시한다.)

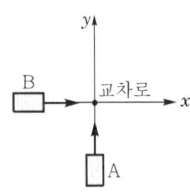

① 17.3　　② 18.7
③ 19.2　　④ 20.4

[해설] ㉠ x축
$e = 0.7$
$-\left(\dfrac{V_{Afx} - V_{Bfx}}{V_{Aix} - V_{Bix}}\right) = 0.7$
$-\left(\dfrac{V_{Afx} - V_{Bfx}}{0 - 20}\right) = 0.7$
$\therefore V_{Afx} - V_{Bfx} = 14$ ………… ①
㉡ x축 운동량보전법칙
$m_A V_{Aix} + m_B V_{Bix} = m_A V_{Afx} + m_B V_{Bfx}$
$\therefore V_{Afx} + V_{Bfx} = 20$ ………… ②
㉢ 식 ①과 ②를 정리하면
$V_{Afx} = 17\text{m/s}$
$V_{Bfx} = 20 - V_{Afx} = 20 - 17 = 3\text{m/s}$
㉣ x축과 y축 운동이 같으므로
$V_{Afy} = 17\text{m/s}, \ V_{Bfy} = 3\text{m/s}$
$\therefore V_A = \sqrt{V_{Afy}^2 + V_{Bfy}^2} = \sqrt{17^2 + 3^2} \fallingdotseq 17.3\text{m/s}$

84 체중이 600N인 사람이 타고 있는 무게 5,000N의 엘리베이터가 200m의 케이블에 매달려 있다. 이 케이블을 모두 감아올리는데 필요한 일은 몇 kJ인가?

① 1,120　　② 1,220
③ 1,320　　④ 1,420

[해설] $PE = Wh = 5.6 \times 200 = 1,120\text{kJ}$

85 달 표면에서 중력가속도는 지구 표면에서의 $\dfrac{1}{6}$이다. 지구 표면에서 주기가 T인 단진자를 달로 가져가면 그 주기는 어떻게 변하는가?

① $\dfrac{1}{6}T$　　② $\dfrac{1}{\sqrt{6}}T$
③ $\sqrt{6}\,T$　　④ $6T$

[해설] $T = 2\pi\sqrt{\dfrac{L}{g}}\,[\sec]$에서 $T \propto \dfrac{1}{g}$
$\dfrac{T'}{T} = \sqrt{\dfrac{g}{g'}} = \sqrt{6}$
$\therefore T' = \sqrt{6}\,T$

86 다음 그림은 물체운동의 $v-t$선도(속도-시간선도)이다. 그래프에서 시간 t_1에서의 접선의 기울기는 무엇을 나타내는가?

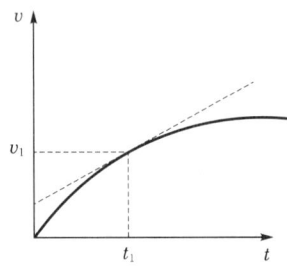

① 변위　　② 속도
③ 가속도　　④ 총 움직인 거리

[해설] $v-t$ 선도에서 $a = \dfrac{dv}{dt}$를 이용해서 $a_1 = \dfrac{v_1}{t_1}$이다. 즉 어떤 순간의 가속도를 구할 수 있다.

87 $2\ddot{x} + 3\dot{x} + 8x = 0$으로 주어지는 진동계에서 대수 감소율(logarithmic decrement)은?

① 1.28
② 1.58
③ 2.18
④ 2.54

[해설] 감쇠비(ξ) $= \dfrac{C}{C_c} = \dfrac{C}{2\sqrt{mk}} = \dfrac{3}{2\sqrt{2 \times 8}} = 0.375$
$\therefore$ 대수 감소율(δ) $= \dfrac{2\pi\xi}{\sqrt{1-\xi^2}} = \dfrac{2\pi \times 0.375}{\sqrt{1-0.375^2}} = 2.54$

정답　83. ①　84. ①　85. ③　86. ③　87. ④

88 감쇠비 ζ가 일정할 때 전달률을 1보다 작게 하려면 진동수비는 얼마의 크기를 가지고 있어야 하는가?

① 1보다 작아야 한다.
② 1보다 커야 한다.
③ $\sqrt{2}$ 보다 작아야 한다.
④ $\sqrt{2}$ 보다 커야 한다.

해설 전달률(TR)이 작을수록 진동의 절연성이 우수하다.
㉠ $TR=1$이면 진동수비(γ)= $\dfrac{\omega}{\omega_o}$= $\sqrt{2}$
㉡ $TR<1$이면 $\gamma = \dfrac{\omega}{\omega_o} > \sqrt{2}$ 으로 진동절연(감쇠비 감소)
㉢ $TR>1$이면 $\gamma = \dfrac{\omega}{\omega_o} < \sqrt{2}$ (감쇠비 증가)

89 y축방향으로 움직이는 질량 m인 질점이 다음 그림과 같은 위치에서 v의 속도를 갖고 있다. O점에 대한 각운동량은 얼마인가? (단, a, b, c는 원점에서 질점까지의 x, y, z방향의 거리이다.)

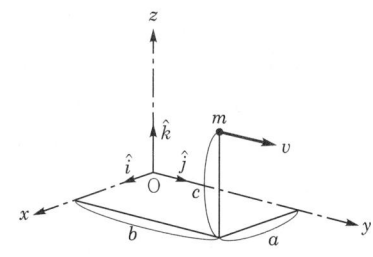

① $mv(c\hat{i}-a\hat{k})$
② $mv(-c\hat{i}+a\hat{k})$
③ $mv(c\hat{i}+a\hat{k})$
④ $mv(-c\hat{i}-a\hat{k})$

90 레이저(laser)가공에 대한 특징으로 틀린 것은?

① 밀도가 높은 단색성과 평행도가 높은 지향성을 이용한다.
② 가공물에 빛을 쏘이면 순간적으로 일부분이 가열되어 용해되거나 증발되는 원리이다.
③ 초경합금, 스테인리스강의 가공은 불가능한 단점이 있다.
④ 유리, 플라스틱관의 절단이 가능하다.

해설 레이저가공은 초경합금, 스테인리스강의 가공도 가능하다.

91 질량 50kg의 상자가 넘어가지 않도록 하면서 질량 10kg의 수레에 가할 수 있는 힘 P의 최대값은 얼마인가? (단, 상자는 수레 위에서 미끄러지지 않는다고 가정한다.)

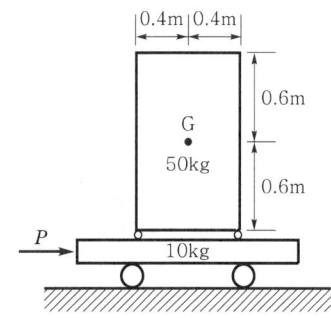

① 292N
② 392N
③ 492N
④ 592N

해설 $60 \times 9.8 \times 0.4 + 30 \times 9.8 \times 0.8 \leq P \times 1.2$
∴ $P \geq 392N$

92 다음 표준고속도강의 함유량표기에서 "18"의 의미는?

18 − 4 − 1

① 탄소의 함유량
② 텅스텐의 함유량
③ 크롬의 함유량
④ 바나듐의 함유량

해설 표준고속도강(SKH) 18−4−1에서 18은 텅스텐(W)의 함유량 18%, 4는 크롬(Cr)의 함유량 4%, 1은 바나듐(V)의 함유량 1%를 나타낸다.

93 피복아크용접에서 피복제의 역할로 틀린 것은?

① 아크를 안정시킨다.
② 용착금속을 보호한다.
③ 용착금속의 급랭을 방지한다.
④ 용착금속의 흐름을 억제한다.

해설 피복제(flux)의 역할
㉠ 아크(arc)를 안정화시킨다.
㉡ 용착금속의 흐름을 원활하게 한다.
㉢ 용착금속을 보호한다.
㉣ 용착금속의 급랭을 방지한다.
㉤ 산화 및 질화를 방지한다.
㉥ 전기절연작용을 한다.

정답 88. ④ 89. ② 90. ③ 91. ② 92. ② 93. ④

94 절삭가공을 할 때 절삭온도를 측정하는 방법으로 사용하지 않는 것은?

① 부식을 이용하는 방법
② 복사고온계를 이용하는 방법
③ 열전대(thermo couple)에 의한 방법
④ 칼로리미터(calorimeter)에 의한 방법

95 선반가공에서 직경 60mm, 길이 100mm의 탄소강 재료환봉을 초경바이트를 사용하여 1회 절삭 시 가공시간은 약 몇 초인가? (단, 절삭깊이 1.5mm, 절삭속도 150m/min, 이송은 0.2mm/rev이다.)

① 38초 ② 42초
③ 48초 ④ 52초

해설 $T = \dfrac{L}{NS} = \dfrac{L}{\left(\dfrac{1,000\,V}{\pi d}\right)S} = \dfrac{100}{\dfrac{1,000 \times \dfrac{150}{60}}{\pi \times 60} \times 0.2}$

≒ 38sec

96 300mm×500mm인 주철주물을 만들 때 필요한 주입추의 무게는 약 몇 kgf인가? (단, 쇳물아궁이 높이가 120mm, 주물밀도는 7,200kg/m³이다.)

① 129.6 ② 149.6
③ 169.6 ④ 189.6

해설 $P = \gamma A H = \rho g A H$
$= 7,200 \times 9.8 \times 0.3 \times 0.5 \times 0.12$
$= 1270.08\text{N} = 129.6\text{kgf}$
이때 $1\text{N} = \dfrac{1}{9.8}\text{kgf}$

97 프레스작업에서 전단가공이 아닌 것은?

① 트리밍(trimming)
② 컬링(curling)
③ 셰이빙(shaving)
④ 블랭킹(blanking)

해설 컬링은 성형가공이다.

98 다음 중 직접측정기가 아닌 것은?

① 측장기
② 마이크로미터
③ 버니어캘리퍼스
④ 공기마이크로미터

해설 공기마이크로미터는 비교측정기이다.

99 스프링백(spring back)에 대한 설명으로 틀린 것은?

① 경도가 클수록 스프링백의 변화도 커진다.
② 스프링백의 양은 가공조건에 의해 영향을 받는다.
③ 같은 두께의 판재에서 굽힘반지름이 작을수록 스프링백의 양은 커진다.
④ 같은 두께의 판재에서 굽힘각도가 작을수록 스프링백의 양은 커진다.

해설 스프링백은 같은 두께의 판재에서 굽힘반지름이 작을수록 스프링백의 양은 작아진다.

100 내접기어 및 자동차의 3단 기어와 같은 단이 있는 기어를 깎을 수 있는 원통형 기어절삭기계로 옳은 것은?

① 호빙머신
② 그라인딩머신
③ 마그기어셰이퍼
④ 펠로즈기어셰이퍼

해설 펠로즈기어셰이퍼는 내접기어 및 자동차의 3단 기어와 같은 단이 있는 기어를 깎을 수 있는 원통형 기어절삭기계이다.

정답 94.① 95.① 96.① 97.② 98.④ 99.③ 100.④

2019 제4회 출제문제

| 2019. 9. 21. 시행 |

제1과목 · 재료역학

01 단면의 폭(b)과 높이(h)가 6cm×10cm인 직사각형이고 길이가 100cm인 외팔보 자유단에 10kN의 집중하중이 작용할 경우 최대 처짐은 약 몇 cm인가? (단, 세로탄성계수는 210GPa이다.)

① 0.104 ② 0.254
③ 0.317 ④ 0.542

해설 $\delta_{max} = \dfrac{PL^3}{3EI} = \dfrac{10 \times 100^3}{3 \times 210 \times 10^2 \times \dfrac{6 \times 10^3}{12}} = 0.317$cm

여기서, $E = 210$GPa $= 210 \times 10^6$kPa$(=$kN/m$^2)$
$= 210 \times 10^2$kN/cm^2

02 다음 그림과 같은 외팔보에 있어서 고정단에서 20cm 되는 지점의 굽힘모멘트 M은 약 몇 kN·m인가?

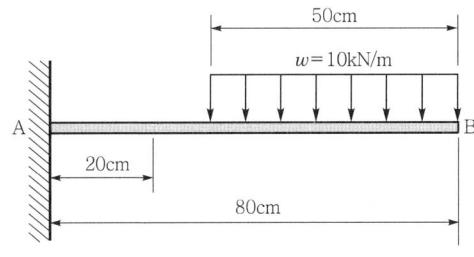

① 1.6 ② 1.75
③ 2.2 ④ 2.75

해설 $M = wl_1\left(\dfrac{l_1}{2} + 0.1\right) = 10 \times 0.5 \times \left(\dfrac{0.5}{2} + 0.1\right)$
$= 1.75$kN·m$(=$kJ$)$

03 길이가 L이고 직경이 d인 축과 동일재료로 만든 길이 $2L$인 축이 같은 크기의 비틀림모멘트를 받았을 때 같은 각도만큼 비틀어지게 하려면 직경은 얼마가 되어야 하는가?

① $\sqrt{3}\,d$ ② $\sqrt[4]{3}\,d$
③ $\sqrt{2}\,d$ ④ $\sqrt[4]{2}\,d$

해설 $\theta = \dfrac{TL}{GI_p} = \dfrac{32TL}{G\pi d^4}$ [rad]

$\theta = \theta_2$
$\dfrac{32TL}{G\pi d^4} = \dfrac{32T(2L)}{G\pi d_2^4}$
$d_2^4 = 2d^4$
$\therefore d_2 = \sqrt[4]{2}\,d$

04 다음 그림과 같은 양단이 지지된 단순보의 전길이에 4kN/m의 등분포하중이 작용할 때 중앙에서의 처짐이 0이 되기 위한 P의 값은 몇 kN인가? (단, 보의 굽힘강성 EI는 일정하다.)

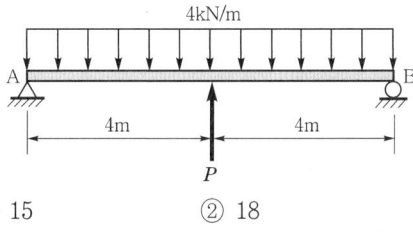

① 15 ② 18
③ 20 ④ 25

해설 균일분포하중을 받는 단순보 최대 처짐량=집중하중(P)을 받는 단순보 최대 처짐량

$\dfrac{5wl^4}{384EI} = \dfrac{Pl^3}{48EI}$

$\therefore P = \dfrac{5}{8}wl = \dfrac{5}{8} \times 4 \times 8 = 20$kN

05 철도 레일을 20℃에서 침목에 고정하였는데, 레일의 온도가 60℃가 되면 레일에 작용하는 힘은 약 몇 kN인가? (단, 선팽창계수 $\alpha = 1.2 \times 10^{-6}$/℃, 레일의 단면적 5,000mm^2, 세로탄성계수는 210GPa이다.)

① 40.4 ② 50.4
③ 60.4 ④ 70.4

해설 $P = \sigma A = EA\alpha(t_2 - t_1)$
$= 210 \times 10^6 \times 5,000 \times 10^{-6} \times 1.2 \times 10^{-6} \times (60 - 20)$
$= 50.4$kN

정답 01. ③ 02. ② 03. ④ 04. ③ 05. ②

06 안지름 80cm의 얇은 원통에 내압 1MPa이 작용할 때 원통의 최소 두께는 몇 mm인가? (단, 재료의 허용응력은 80MPa이다.)

① 1.5　　② 5
③ 8　　　④ 10

해설 $t = \dfrac{PD}{2\sigma} = \dfrac{1 \times 800}{2 \times 80} = 5\text{mm}$

07 지름이 d인 원형 단면봉이 비틀림모멘트 T를 받을 때 발생되는 최대 전단응력 τ를 나타내는 식은? (단, I_P는 단면의 극단면 2차 모멘트이다.)

① $\dfrac{Td}{2I_P}$　　② $\dfrac{I_P d}{2T}$

③ $\dfrac{T I_P}{2d}$　　④ $\dfrac{2T}{I_P d}$

해설 $T = \tau Z_P = \tau \dfrac{I_P}{\dfrac{d}{2}} = \tau \dfrac{2I_P}{d}$

$\therefore \tau = \dfrac{Td}{2I_P}$

08 다음 그림과 같이 양단이 고정된 단면적 1cm², 길이 2m의 케이블을 B점에서 아래로 10mm만큼 잡아당기는데 필요한 힘 P는 약 몇 N인가? (단, 케이블재료의 세로탄성계수는 200GPa이며, 자중은 무시한다.)

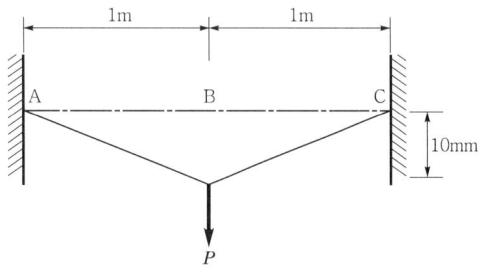

① 10　　② 20
③ 30　　④ 40

해설 $\tan\theta = \dfrac{10}{1,000} = 0.01$

$\therefore \theta = \tan^{-1} 0.01 = 0.01 \text{rad}$

$\lambda = 10 \times \sin\theta = 0.1 \text{mm}$

$\therefore P = 2F\sin\theta = \dfrac{2AE\lambda}{L}\sin\theta$

$= \dfrac{2 \times 100 \times 200 \times 10^3 \times 0.1}{2 \times 10^3} \times 0.01 = 20\text{N}$

09 지름이 2cm, 길이가 20cm인 경강봉이 인장하중을 받을 때 길이는 0.016cm만큼 늘어나고 지름은 0.0004cm만큼 줄었다. 이 연강봉의 푸아송비는?

① 0.25　　② 0.5
③ 0.75　　④ 4

해설 $\mu = \dfrac{1}{m} = \dfrac{|\varepsilon'|}{\varepsilon} = \dfrac{\dfrac{\delta}{d}}{\dfrac{\lambda}{L}} = \dfrac{\delta L}{d\lambda} = \dfrac{0.0004 \times 20}{2 \times 0.016} = 0.25$

10 다음 그림과 같은 외팔보에서 고정부에서의 굽힘모멘트를 구하면 약 몇 kN·m인가?

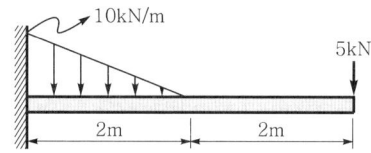

① 26.7(반시계방향)　② 26.7(시계방향)
③ 46.7(반시계방향)　④ 46.7(시계방향)

해설 $M = PL + \left(\dfrac{w_o l}{2}\right)\dfrac{l}{3} = 5 \times 4 + \dfrac{10 \times 2}{2} \times \dfrac{2}{3}$

$= 26.7\text{kN} \cdot \text{m}(\circlearrowleft)$

11 다음 그림에서 최대 굽힘응력은?

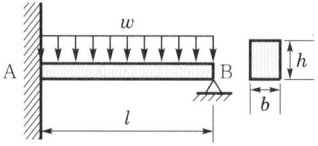

① $\dfrac{27}{64}\dfrac{wl^2}{bh^2}$　　② $\dfrac{64}{27}\dfrac{wl^2}{bh^2}$

③ $\dfrac{7}{128}\dfrac{wl^2}{bh^2}$　　④ $\dfrac{64}{128}\dfrac{wl^2}{bh^2}$

정답 06.② 07.① 08.② 09.① 10.① 11.①

해설 $M_{\max} = \sigma Z$

$\therefore \sigma = \dfrac{M_{\max}}{Z} = \dfrac{\dfrac{9wl^2}{128}}{\dfrac{bh^2}{6}} = \dfrac{27wl^2}{64bh^2}$ [MPa]

[참고] $\tau_{\max} = \dfrac{3F}{2A} = \dfrac{3R_A}{2bh} = \dfrac{3 \times \dfrac{5wl}{8}}{2bh} = \dfrac{15wl}{16bh}$ [MPa]

12 단면이 가로 100mm, 세로 150mm인 사각 단면 보가 다음 그림과 같이 하중(P)을 받고 있다. 전단응력에 의한 설계에서 P는 각각 100kN씩 작용할 때 이 재료의 허용전단응력은 약 몇 MPa인가? (단, 안전계수는 2이다.)

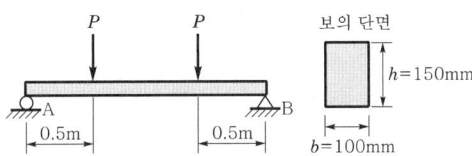

① 10 ② 15
③ 18 ④ 20

해설 $\tau_{\max} = \dfrac{3F}{2A} = \dfrac{3P}{2bh} = \dfrac{3 \times 100 \times 10^3}{2 \times 100 \times 150} = 10$MPa

$s = \dfrac{\tau_a}{\tau_{\max}}$

$\therefore \tau_a = s\tau_{\max} = 2 \times 10 = 20$MPa

13 세로탄성계수가 200GPa, 푸아송의 비가 0.3인 판재에 평면하중이 가해지고 있다. 이 판재의 표면에 스트레인게이지를 부착하고 측정한 결과 $\varepsilon_x = 5 \times 10^{-4}$, $\varepsilon_y = 3 \times 10^{-4}$일 때 σ_x는 약 몇 MPa인가? (단, x축과 y축이 이루는 각은 90도이다.)

① 99 ② 100
③ 118 ④ 130

해설 $\sigma_x = \dfrac{E(\varepsilon_x + \mu\varepsilon_y)}{1 - \mu^2}$

$= \dfrac{200 \times 10^3 \times (5 \times 10^{-4} + 0.3 \times 3 \times 10^{-4})}{1 - 0.3^2}$

$\fallingdotseq 130$MPa

14 다음 그림과 같이 원형 단면을 갖는 연강봉이 100kN의 인장하중을 받을 때 이 봉의 신장량은 약 몇 cm인가? (단, 세로탄성계수는 200GPa이다.)

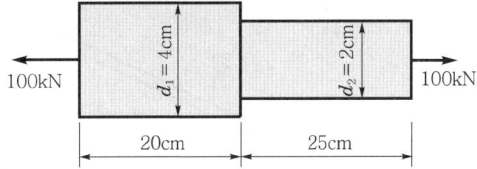

① 0.0478 ② 0.0956
③ 0.143 ④ 0.191

해설 $\lambda = \lambda_1 + \lambda_2 = \dfrac{P}{E}\left(\dfrac{l_1}{A_1} + \dfrac{l_2}{A_2}\right) = \dfrac{P}{E}\left(\dfrac{4l_1}{\pi d_1^2} + \dfrac{4l_2}{\pi d_2^2}\right)$

$= \dfrac{4P}{\pi E}\left(\dfrac{l_1}{d_1^2} + \dfrac{l_2}{d_2^2}\right)$

$= \dfrac{4 \times 100}{\pi \times 200 \times 10^6} \times \left(\dfrac{0.2}{0.04^2} + \dfrac{0.25}{0.02^2}\right)$

$\fallingdotseq 4.78 \times 10^{-4}$m $= 0.0478$cm

15 다음 그림에서 단순보의 최대 처짐량(δ_1)과 양단 고정보의 최대 처짐량(δ_2)의 비(δ_1/δ_2)는 얼마인가? (단, 보의 굽힘강성 EI는 일정하고, 자중은 무시한다.)

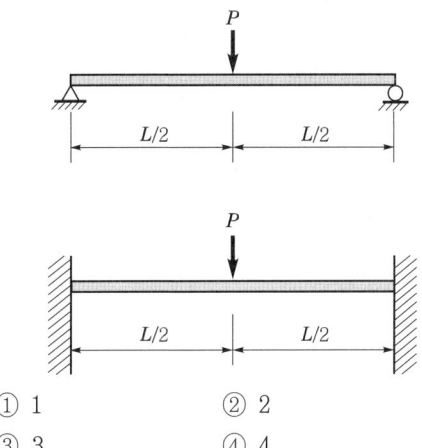

① 1 ② 2
③ 3 ④ 4

해설 $\dfrac{\delta_1}{\delta_2} = \dfrac{\dfrac{PL^3}{48EI}}{\dfrac{PL^3}{192EI}} = 4$

정답 12. ④ 13. ④ 14. ① 15. ④

16 다음 그림과 같이 봉이 평형상태를 유지하기 위해 O점에 작용시켜야 하는 모멘트는 약 몇 N·m인가? (단, 봉의 자중은 무시한다.)

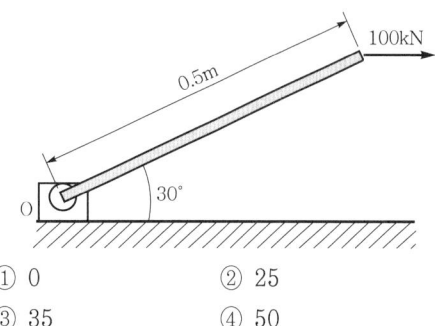

① 0   ② 25
③ 35   ④ 50

해설 $M_o = PL\sin\theta = 100 \times 0.5 \times \sin 30° = 25\text{N·m}(=\text{J})$

17 단면의 도심 O를 지나는 단면 2차 모멘트 I_x는 약 얼마인가?

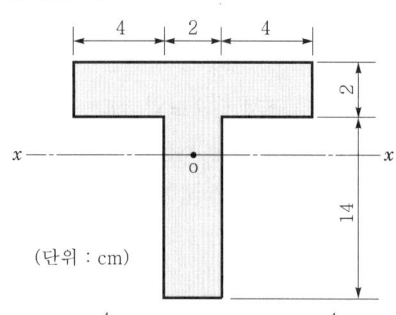

(단위 : cm)

① $1,210\text{mm}^4$ ② 120.9mm^4
③ $1,210\text{cm}^4$ ④ 120.9cm^4

해설 $G_x = \int_A y dA = A\bar{y}\,[\text{cm}^3]$

$\bar{y} = \dfrac{G_x}{A} = \dfrac{A_1\bar{y}_1 + A_2\bar{y}_2}{A_1 + A_2} = \dfrac{10 \times 2 \times 15 + 14 \times 2 \times 7}{10 \times 2 + 14 \times 2}$

$= 10.33\text{m}$

$\therefore I_o = I_{G1} + A_1\bar{y}_1^2 + I_{G2} + A_2\bar{y}_2^2$

$= \dfrac{BH^3}{12} + BH\bar{y}_1^2 + \dfrac{bh^3}{12} + bh\bar{y}_2^2$

$= \dfrac{10 \times 2^3}{12} + 10 \times 2 \times 4.67^2 + \dfrac{2 \times 14^3}{12}$
$\quad + 2 \times 14 \times 3.33^2$

$\fallingdotseq 1,210\text{cm}^4$

18 다음 그림과 같은 비틀림모멘트가 1kN·m에서 축적되는 비틀림변형에너지는 약 몇 N·m인가? (단, 세로탄성계수는 100GPa이고, 푸아송의 비는 0.25이다.)

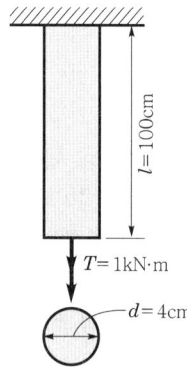

① 0.5   ② 5
③ 50   ④ 500

해설 $G = \dfrac{mE}{2(m+1)} = \dfrac{E}{2(1+\mu)} = \dfrac{100}{2 \times (1+0.25)} = 40\text{GPa}$

$\therefore U = \dfrac{T\theta}{2} = \dfrac{T^2 l}{2GI_p} = \dfrac{1,000^2 \times 1}{2 \times 40 \times 10^9 \times \dfrac{\pi \times 0.04^4}{32}}$

$\fallingdotseq 50\text{N·m}(=\text{J})$

19 평면응력상태에 있는 재료 내부에 서로 직각인 두 방향에서 수직응력 σ_x, σ_y가 작용할 때 생기는 최대 주응력과 최소 주응력을 각각 σ_1, σ_2라 하면 다음 중 어느 관계식이 성립하는가?

① $\sigma_1 + \sigma_2 = \dfrac{\sigma_x + \sigma_y}{2}$

② $\sigma_1 + \sigma_2 = \dfrac{\sigma_x + \sigma_y}{4}$

③ $\sigma_1 + \sigma_2 = \sigma_x + \sigma_y$

④ $\sigma_1 + \sigma_2 = 2(\sigma_x + \sigma_y)$

해설 $\sigma_1 = \dfrac{\sigma_x + \sigma_y}{2} + \sqrt{\left(\dfrac{\sigma_x - \sigma_y}{2}\right)^2 + \tau_{xy}^2}$ ㉠

$\sigma_2 = \dfrac{\sigma_x + \sigma_y}{2} - \sqrt{\left(\dfrac{\sigma_x - \sigma_y}{2}\right)^2 + \tau_{xy}^2}$ ㉡

$\therefore \sigma_1 + \sigma_2 = \sigma_x + \sigma_y$

정답 16. ② 17. ③ 18. ③ 19. ③

20 8cm×12cm인 직사각형 단면의 기둥길이를 L_1, 지름 20cm인 원형 단면의 기둥길이를 L_2라 하고 세장비가 같다면 두 기둥의 길이의 비(L_2/L_1)는 얼마인가?

① 1.44　② 2.16
③ 2.5　④ 3.2

해설　$\lambda_1 = \lambda_2$

$$\frac{L_1}{k_{G1}} = \frac{L_2}{k_{G2}}$$

$$\therefore \frac{L_2}{L_1} = \frac{k_{G2}}{k_{G1}} = \frac{2\sqrt{3}\,d}{4b} = \frac{2\sqrt{3}\times 20}{4\times 8} ≒ 2.16$$

제2과목 · 기계열역학

21 압력이 200kPa인 공기가 압력이 일정한 상태에서 400kcal의 열을 받으면서 팽창하였다. 이러한 과정에서 공기의 내부에너지가 250kcal만큼 증가하였을 때 공기의 부피변화(m³)는 얼마인가? (단, 1kcal은 4.186kJ이다.)

① 0.98　② 1.21
③ 2.86　④ 3.14

해설　$Q = \Delta U + P\Delta V$

$$\therefore \Delta V = \frac{Q - \Delta U}{P} = \frac{(400-250)\times 4.186}{200} ≒ 3.14\,\text{m}^3$$

22 기체가 열량 80kJ 흡수하여 외부에 대하여 20kJ 일을 하였다면 내부에너지변화(kJ)는?

① 20　② 60
③ 80　④ 100

해설　$Q = (U_2 - U_1) + W\,[\text{kJ}]$

$\therefore U_2 - U_1 = Q - W = 80 - 20 = 60\,\text{kJ}$

23 열역학 제2법칙에 대한 설명으로 옳은 것은?

① 과정(process)의 방향성을 제시한다.
② 에너지의 양을 결정한다.
③ 에너지의 종류를 판단할 수 있다.
④ 공학적 장치의 크기를 알 수 있다.

해설　열역학 제2법칙은 비가역법칙(엔트로피 증가법칙)으로 열의 방향성을 제시한 법칙이다.

24 카르노냉동기에서 흡열부와 방열부의 온도가 각각 -20℃와 30℃인 경우 이 냉동기에 40kW의 동력을 투입하면 냉동기가 흡수하는 열량(RT)은 얼마인가? (단, 1RT=3.86kW이다.)

① 23.62　② 52.48
③ 78.36　④ 126.48

해설　$(COP)_R = \frac{T_2}{T_1 - T_2} = \frac{-20+273}{(30+273)-(-20+273)}$

$= 5.06$

$(COP)_R = \frac{Q_e}{W_c} = \frac{3.86RT}{W_c}$

$\therefore RT = \frac{(COP)_R W_c}{3.86} = \frac{5.06 \times 40}{3.86} ≒ 52.44$

25 포화액의 비체적은 0.001242m³/kg이고 포화증기의 비체적은 0.3469m³/kg인 어떤 물질이 있다. 이 물질이 건도 0.65인 상태로 2m³인 공간에 있다고 할 때 이 공간 안에 차지한 물질의 질량(kg)은?

① 8.85　② 9.42
③ 10.08　④ 10.84

해설　$v_x = v' + x(v'' - v')\,[\text{m}^3/\text{kg}]$

$\frac{V}{m} = v' + x(v'' - v')$

$\therefore m = \frac{V}{v' + x(v'' - v')}$

$= \frac{2}{0.001242 + 0.65 \times (0.3469 - 0.001242)}$

$≒ 8.85\,\text{kg}$

26 질량이 m이고 비체적이 v인 구(sphere)의 반지름이 R이다. 이때 질량이 $4m$, 비체적이 $2v$로 변화한다면 구의 반지름은 얼마인가?

① $2R$　② $\sqrt{2}\,R$
③ $\sqrt[3]{2}\,R$　④ $\sqrt[3]{4}\,R$

정답　20. ②　21. ④　22. ②　23. ①　24. ②　25. ①　26. ①

[해설] 구의 체적(V) = $mv = \frac{4}{3}\pi R^3$ [m³]

구의 비체적(v) = $\frac{V}{m} = \frac{4\pi R^3}{3m}$ [m³/kg]

$V' = 4m \times 2v = 8mv = 8V$
$R'^3 = 8R^3$
$\therefore R' = 2R$

27 입구엔탈피 3,155kJ/kg, 입구속도 24m/s, 출구엔탈피 2,385kJ/kg, 출구속도 98m/s인 증기터빈이 있다. 증기유량이 1.5kg/s이고 터빈의 축출력이 900kW일 때 터빈과 주위 사이의 열전달량은 어떻게 되는가?

① 약 124kW의 열을 주위로 방열한다.
② 주위로부터 약 124kW의 열을 받는다.
③ 약 248kW의 열을 주위로 방열한다.
④ 주위로부터 약 248kW의 열을 받는다.

[해설] $Q = W_t + m(h_2 - h_1) + \frac{m(v_2^2 - v_1^2)}{2} \times 10^{-3}$

$= 900 + 1.5 \times (2,385 - 3,155)$
$+ \frac{1.5 \times (98^2 - 24^2)}{2} \times 10^{-3}$
$\fallingdotseq 248$kW(방열)

28 공기 1kg을 정압과정으로 20℃에서 100℃까지 가열하고, 다음에 정적과정으로 100℃에서 200℃까지 가열한다면 전체 가열에 필요한 총에너지(kJ)는? (단, 정압비열은 1.009kJ/kg·K, 정적비열은 0.72kJ/kg·K이다.)

① 152.7   ② 162.8
③ 139.8   ④ 146.7

[해설] $Q = Q_p + Q_v = mC_p(t_{p2} - t_{p1}) + mC_v(t_{v2} - t_{v1})$
$= 1 \times 1.009 \times (100 - 20) + 1 \times 0.72 \times (200 - 100)$
$= 152.72$kJ

29 질량유량이 10kg/s인 터빈에서 수증기의 엔탈피가 800kJ/kg 감소한다면 출력(kW)은 얼마인가? (단, 역학적 손실, 열손실은 모두 무시한다.)

① 80   ② 160
③ 1,600 ④ 8,000

[해설] 출력 = $m\Delta h = 10 \times 800 = 8,000$kJ/s(= kW)

30 다음 그림과 같은 오토사이클의 효율(%)은? (단, T_1 = 300K, T_2 = 689K, T_3 = 2,364K, T_4 = 1,029K이고 정적비열은 일정하다.)

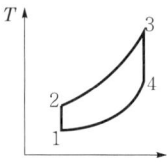

① 42.5   ② 48.5
③ 56.5   ④ 62.5

[해설] $\eta_{tho} = 1 - \frac{q_2}{q_1} = 1 - \frac{T_4 - T_1}{T_3 - T_2} = 1 - \frac{1,029 - 300}{2,364 - 689}$
$\fallingdotseq 0.5647 \fallingdotseq 56.5\%$

31 1,000K의 고열원으로부터 750kJ의 에너지를 받아서 300K의 저열원으로 550kJ의 에너지를 방출하는 열기관이 있다. 이 기관의 효율(η)과 Clausius 부등식의 만족 여부는?

① η = 26.7%이고 Clausius 부등식을 만족한다.
② η = 26.7%이고 Clausius 부등식을 만족하지 않는다.
③ η = 73.3%이고 Clausius 부등식을 만족한다.
④ η = 73.3%이고 Clausius 부등식을 만족하지 않는다.

[해설] ㉠ $\eta = \left(1 - \frac{Q_2}{Q_1}\right) \times 100\% = \left(1 - \frac{550}{750}\right) \times 100\% \fallingdotseq 26.7\%$

㉡ $\Delta s = \frac{Q_1}{T_1} - \frac{Q_2}{T_2} = \frac{750}{1,000} - \frac{550}{300} = -1.083 < 0$
(Clausius 부등식 만족)

32 공기가 등온과정을 통해 압력이 200kPa, 비체적이 0.02m³/kg인 상태에서 압력이 100kPa인 상태로 팽창하였다. 공기를 이상기체로 가정할 때 시스템이 이 과정에서 한 단위질량당 일(kJ/kg)은 약 얼마인가?

① 1.4   ② 2.0
③ 2.8   ④ 5.6

[정답] 27. ③ 28. ① 29. ④ 30. ③ 31. ① 32. ③

해설) $W = P_1 V_1 \ln \dfrac{P_1}{P_2} = 200 \times 0.02 \times \ln \dfrac{200}{100} ≒ 2.8 \text{kJ/kg}$

33 증기압축냉동기에 사용되는 냉매의 특징에 대한 설명으로 틀린 것은?

① 냉매는 냉동기의 성능에 영향을 미친다.
② 냉매는 무독성, 안정성, 저가격 등의 조건을 갖추어야 한다.
③ 무기화합물냉매인 암모니아는 열역학적 특성이 우수하고 가격이 비교적 저렴하여 널리 사용되고 있다.
④ 최근에는 오존파괴문제로 CFC냉매 대신에 R-12(CCl_2F_2)가 냉매로 사용되고 있다.

해설) 최근에는 오존파괴문제로 CFC냉매, R-12(CCl_2F_2) 냉매 대신에 HFC-134a냉매가 사용되고, HCFC(R-22)냉매도 HFC(R-410a)로 대체냉매가 에어컨냉매로 쓰인다.

34 열역학적 관점에서 일과 열에 관한 설명으로 틀린 것은?

① 일과 열은 온도와 같은 열역학적 상태량이 아니다.
② 일의 단위는 J(joule)이다.
③ 일의 크기는 힘과 그 힘이 작용하여 이동한 거리를 곱한 값이다.
④ 일과 열은 점함수(point function)이다.

해설) 일과 열은 상태량이 아니고, 열과 일은 도정함수(경로함수, 과정함수)이다.

35 다음 중 브레이턴사이클의 과정으로 옳은 것은?

① 단열압축 → 정적가열 → 단열팽창 → 정적방열
② 단열압축 → 정압가열 → 단열팽창 → 정적방열
③ 단열압축 → 정적가열 → 단열팽창 → 정압방열
④ 단열압축 → 정압가열 → 단열팽창 → 정압방열

해설) 브레이턴사이클의 과정은 단열압축 → 정압가열(연소) → 단열팽창 → 정압방열($P=C$)이다.

36 오토사이클의 효율이 55%일 때 101.3kPa, 20℃의 공기가 압축되는 압축비는 얼마인가? (단, 공기의 비열비는 1.4이다.)

① 5.28 ② 6.32
③ 7.36 ④ 8.18

해설) $\eta_{tho} = 1 - \left(\dfrac{1}{\varepsilon}\right)^{k-1}$

$\therefore \varepsilon = \left(\dfrac{1}{1-\eta_{tho}}\right)^{\frac{1}{k-1}} = \left(\dfrac{1}{1-0.55}\right)^{\frac{1}{1.4-1}} = 7.36$

37 메탄올의 정압비열(C_p)이 다음과 같은 온도 T[K]에 의한 함수로 나타날 때 메탄올 1kg을 200K에서 400K까지 정압과정으로 가열하는데 필요한 열량(kJ)은? (단, C_p의 단위는 kJ/kg·K이다.)

$$C_p = a + bT + cT^2$$
$$(a = 3.51,\ b = -0.00135,\ c = 3.47 \times 10^{-5})$$

① 722.9 ② 1311.2
③ 1268.7 ④ 866.2

해설) $Q = mC_p dT = m(a + bT + cT^2)dT$

$= m\left[a(T_2 - T_1) - b\left(\dfrac{T_2^2 - T_1^2}{2}\right) + \dfrac{c}{3}(T_2^3 - T_1^3)\right]$

$= 1 \times \left[3.51 \times (400 - 200) - 0.00135 \times \left(\dfrac{400^2 - 100^2}{2}\right)\right.$

$\left. + \dfrac{3.47 \times 10^{-5}}{3} \times (400^3 - 100^3)\right]$

$= 1268.73 \text{kJ}$

38 100℃의 수증기 10kg이 100℃의 물로 응축되었다. 수증기의 엔트로피변화량(kJ/K)은? (단, 물의 잠열은 100℃에서 2,257kJ/kg이다.)

① 14.5 ② 5,390
③ -22,570 ④ -60.5

해설) $\Delta s = \dfrac{Q_L}{T_s} = \dfrac{-10 \times 2,257}{100 + 273} ≒ -60.51 \text{kJ/K}$

정답 33. ④ 34. ④ 35. ④ 36. ③ 37. ③ 38. ④

39 분자량이 32인 기체의 정적비열이 0.714kJ/kg·K일 때 이 기체의 비열비는? (단, 일반기체상수는 8.314kJ/kmol·K이다.)

① 1.364   ② 1.382
③ 1.414   ④ 1.446

[해설] $k = \dfrac{C_p}{C_v} = \dfrac{C_v + R}{C_v} = \dfrac{C_v + \dfrac{\overline{R}}{M}}{C_v} = \dfrac{0.714 + \dfrac{8.314}{32}}{0.714}$
$\fallingdotseq 1.364$

40 내부에너지가 40kJ, 절대압력이 200kPa, 체적이 0.1m³, 절대온도가 300K인 계의 엔탈피(kJ)는?

① 42   ② 60
③ 80   ④ 240

[해설] $H = U + PV = 40 + 200 \times 0.1 = 60\,\text{kJ}$

제3과목 · 기계유체역학

41 다음 중 유선(stream line)에 대한 설명으로 옳은 것은?

① 유체의 흐름에 있어서 속도벡터에 대하여 수직한 방향을 갖는 선이다.
② 유체의 흐름에 있어서 유동 단면의 중심을 연결한 선이다.
③ 비정상류 흐름에서만 유동의 특성을 보여주는 선이다.
④ 속도벡터에 접하는 방향을 가지는 연속적인 선이다.

[해설] 유선이란 유체의 흐름(유동)에 있어서 속도벡터와 접선방향이 일치되는 연속적인 가상곡선을 말한다.

42 밀도가 500kg/m³인 원기둥이 1/3만큼 액체면 위로 나온 상태로 떠 있다. 이 액체의 비중은?

① 0.33   ② 0.5
③ 0.75   ④ 1.5

[해설] $s = \dfrac{\gamma}{\gamma_w} = \dfrac{500 \times 9.8 \times \dfrac{1}{3}}{9,800} = 0.75$

43 안지름이 0.01m인 관내로 점성계수가 0.005 N·s/m², 밀도가 800kg/m³인 유체가 1m/s의 속도로 흐를 때 이 유동의 특성은? (단, 천이구간은 레이놀즈수가 2,100~4,000에 포함될 때를 기준으로 한다.)

① 층류유동
② 난류유동
③ 천이유동
④ 위 조건으로는 알 수 없다.

[해설] $Re = \dfrac{\rho V d}{\mu} = \dfrac{800 \times 1 \times 0.01}{0.005} = 1,600 < 2,100\,(\text{층류})$

44 다음 그림과 같이 비중 0.85인 기름이 흐르고 있는 개수로에 피토관을 설치하였다. $\Delta h = 30\text{mm}$, $h = 100\text{mm}$일 때 기름의 유속은 약 몇 m/s인가?

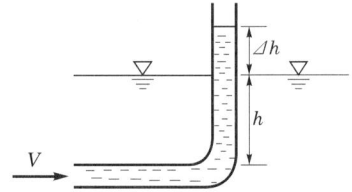

① 0.767   ② 0.976
③ 1.59   ④ 6.25

[해설] $V = \sqrt{2g\Delta h} = \sqrt{2 \times 9.8 \times 0.03} \fallingdotseq 0.767\,\text{m/s}$

45 마찰계수가 0.02인 파이프(안지름 0.1m, 길이 50m) 중간에 부차적 손실계수가 5인 밸브가 부착되어 있다. 밸브에서 발생하는 손실수두는 총 손실수두의 약 몇 %인가?

① 20   ② 25
③ 33   ④ 50

[해설] $h_L = f\dfrac{L}{d}\dfrac{v^2}{2g} + k\dfrac{v^2}{2g} = \left(f\dfrac{L}{d} + k\right)\dfrac{v^2}{2g}$
$= \left(0.02 \times \dfrac{50}{0.1} + 5\right)\dfrac{v^2}{2g} = 15\dfrac{v^2}{2g}\,[\text{m}] \quad \cdots\cdots\,\text{㉠}$
$h_L{'} = k\dfrac{v^2}{2g} = 5\dfrac{v^2}{2g}\,[\text{m}] \quad \cdots\cdots\,\text{㉡}$
$\therefore \dfrac{\text{부차적 손실수두}(h_L{'})}{\text{총손실수두}(h_L)} = \dfrac{5}{15} \fallingdotseq 0.33 = 33\%$

정답 39.① 40.② 41.④ 42.③ 43.① 44.① 45.③

46 점성계수(μ)가 0.098N·s/m²인 유체가 평판 위를 $u(y) = 750y - 2.5 \times 10^{-6}y^3$[m/s]의 속도분포로 흐를 때 평판면($y=0$)에서의 전단응력은 약 몇 N/m²인가? (단, y는 평판면으로부터 m단위로 잰 수직거리이다.)

① 7.35 ② 73.5
③ 14.7 ④ 147

해설 $\dfrac{du}{dy}\bigg|_{y=0} = 750 - 3 \times 2.5 \times 10^{-6}y^2 = 750\sec^{-1}$

$\therefore \tau = \mu\dfrac{du}{dy} = 0.098 \times 750 = 73.5\text{Pa}(=\text{N/m}^2)$

47 2차원 극좌표계(r, θ)에서 속도퍼텐셜이 다음과 같을 때 원주방향 속도(v_θ)는? (단, 속도퍼텐셜 ϕ는 $\vec{V} = \nabla\phi$로 정의된다.)

$$\phi = 2\theta$$

① $4\pi r$ ② $2r$
③ $\dfrac{4\pi}{r}$ ④ $\dfrac{2}{r}$

해설 $v_\theta = \dfrac{\partial\phi}{\partial\theta} = \dfrac{2}{r}$[m/s]

48 다음 그림과 같이 고정된 노즐로부터 밀도가 ρ인 액체의 제트가 속도 V로 분출하여 평판에 충돌하고 있다. 이때 제트의 단면적이 A이고 평판이 u인 속도로 제트와 반대방향으로 운동할 때 평판에 작용하는 힘 F는?

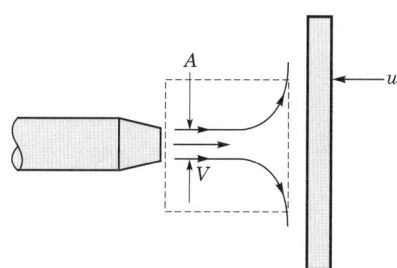

① $F = \rho A(V - u)$ ② $F = \rho A(V - u)^2$
③ $F = \rho A(V + u)$ ④ $F = \rho A(V + u)^2$

해설 $F = \rho A(V + u)^2$[N]

49 지름이 0.01m인 구 주위를 공기가 0.001m/s로 흐르고 있다. 항력계수 $C_D = \dfrac{24}{Re}$로 정의할 때 구에 작용하는 항력은 약 몇 N인가? (단, 공기의 밀도는 1.1774kg/m³, 점성계수 1.983×10^{-5} kg/m·s이며 Re는 레이놀즈수를 나타낸다.)

① 1.9×10^{-9} ② 3.9×10^{-9}
③ 5.9×10^{-9} ④ 7.9×10^{-9}

해설 $Re = \dfrac{\rho Vd}{\mu} = \dfrac{1.1774 \times 0.001 \times 0.01}{1.983 \times 10^{-5}} \fallingdotseq 0.6 < 1$

$\therefore D = 3\pi\mu Vd = 3\pi \times 1.983 \times 10^{-5} \times 0.001 \times 0.01$
$\fallingdotseq 1.9 \times 10^{-9}$N

50 다음 그림과 같이 설치된 펌프에서 물의 유입지점 1의 압력은 98kPa, 방출지점 2의 압력은 105kPa이고 유입지점으로부터 방출지점까지의 높이는 20m이다. 배관요소에 따른 전체 수두손실은 4m이고 관지름이 일정할 때 물을 양수하기 위해서 펌프가 공급해야 할 압력은 약 몇 kPa인가?

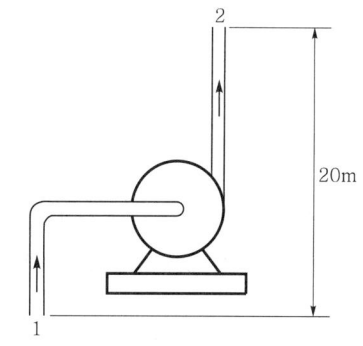

① 242 ② 324
③ 431 ④ 514

해설 $P = (P_2 - P_1) + \gamma_w(H + h_L)$
$= (105 - 98) + 9.8 \times (20 + 4) = 242.2\text{kPa}$

51 유체 속에 잠겨있는 경사진 판의 윗면에 작용하는 압력힘의 작용점에 대한 설명 중 옳은 것은?

① 판의 도심보다 위에 있다.
② 판의 도심에 있다.
③ 판의 도심보다 아래에 있다.
④ 판의 도심과는 관계가 없다.

정답 46. ② 47. ④ 48. ④ 49. ① 50. ① 51. ③

해설
$$y_F = \bar{y} + \frac{I_G}{A\bar{y}} [m]$$
전압력의 작용위치(y_F)는 도심($\bar{y}$)보다 $\frac{I_G}{A\bar{y}} < 1$만큼 아래에 있다.

52 안지름이 4mm이고 길이가 10m인 수평원형관 속을 20℃의 물이 층류로 흐르고 있다. 배관 10m의 길이에서 압력강하가 10kPa이 발생하며, 이때 점성계수는 $1.02 \times 10^{-3} N \cdot s/m^2$일 때 유량은 약 cm^3/s인가?

① 6.16 ② 8.52
③ 9.52 ④ 12.16

해설
$$Q = \frac{\Delta P \pi d^4}{128 \mu L} = \frac{10 \times 10^3 \times \pi \times 0.004^4}{128 \times 1.02 \times 10^{-3} \times 10}$$
$$= 6.16 \times 10^{-6} m^3/s$$

53 역학적 상사성이 성립하기 위해 무차원수인 프루드수를 같게 해야 되는 흐름은?

① 점성계수가 큰 유체의 흐름
② 표면장력이 문제가 되는 흐름
③ 자유표면을 가지는 유체의 흐름
④ 압축성을 고려해야 되는 유체의 흐름

해설 프루드수(Froude Number)는 중력이 중요시되는 무차원수로 $Fr = \frac{관성력}{중력} = \frac{V}{\sqrt{lg}}$ 이다. 따라서 자유표면을 가지는 유체유동에서 상사(닮음)조건을 만족해야 한다.

54 표준대기압상태인 어떤 지방의 호수에서 지름이 d인 공기의 기포가 수면으로 올라오면서 지름이 2배로 팽창하였다. 이때 기포의 최초 위치는 수면으로부터 약 몇 m 아래인가? (단, 기포 내의 공기는 Boyle법칙에 따르며 수중의 온도도 일정하다고 가정한다. 또한 수면의 기압(표준대기압)은 101.325kPa이다.)

① 70.8 ② 72.3
③ 74.6 ④ 77.5

해설 구(기포)의 체적(V) $= \frac{4}{3}\pi R^3 = \frac{\pi d^3}{6} [m^3]$에서 $V \propto d^3$
$$P_0 V_0 = P_1 V_1$$
$$P_0 = P_1 \frac{V_1}{V_0} = P_1 \left(\frac{2d}{d}\right)^3 = 101.325 \times 8 = 810.6 kPa$$
$$P_0 = \gamma_w (10.33 + z) = 9.8 \times (10.33 + z)$$
$$= 101.234 + 9.8z = 810.6$$
$$\therefore z = \frac{810.6 - 101.234}{9.8} ≒ 72.38m$$

55 평판 위를 공기가 유속 15m/s로 흐르고 있다. 선단으로부터 10cm인 지점의 경계층두께는 약 몇 mm인가? (단, 공기의 동점성계수는 $1.6 \times 10^{-5} m^2/s$이다.)

① 0.75 ② 0.98
③ 1.36 ④ 1.63

해설 $Re = \frac{Vd}{\nu} = \frac{15 \times 0.1}{1.6 \times 10^{-5}} = 93,750 < 10^5$ (층류)
$$\therefore \delta = \frac{5d}{\sqrt{Re}} = \frac{5 \times 100}{\sqrt{93,750}} ≒ 1.63mm$$

56 비중이 0.8인 액체를 10m/s 속도로 수직방향으로 분사하였을 때 도달할 수 있는 최고높이는 약 몇 m인가? (단, 액체는 비압축성, 비점성유체이다.)

① 3.1 ② 5.1
③ 7.4 ④ 10.2

해설 $h = \frac{v^2}{2g} = \frac{10^2}{2 \times 9.8} ≒ 5.1m$

57 다음 중에서 차원이 다른 물리량은?

① 압력 ② 전단응력
③ 동력 ④ 체적탄성계수

해설 ① 압력(P) $= N/m^2 (=Pa) = FL^{-2} = (MLT^{-2})L^{-2}$
$= ML^{-1}T^{-2}$
② 전단응력(τ) $= N/m^2 (=Pa) = FL^{-2} = (MLT^{-2})L^{-2}$
$= ML^{-1}T^{-2}$
③ 동력 $= N \cdot m/s (=J/s=W) = FLT^{-1}$
$= (MLT^{-2})LT^{-1} = ML^2T^{-3}$
④ 체적탄성계수(E) $= N/m^2 (=Pa) = FL^{-2}$
$= (MLT^{-2})L^{-2} = ML^{-1}T^{-2}$

정답 52.① 53.③ 54.② 55.④ 56.② 57.③

58 지상에서의 압력은 P_1, 지상 1,000m 높이에서의 압력을 P_2라고 할 때 압력비(P_2/P_1)는? (단, 온도가 15℃로 높이에 상관없이 일정하다고 가정하고 공기의 밀도는 기체상수가 287J/kg·K인 이상기체법칙을 따른다.)

① 0.80　　② 0.89
③ 0.95　　④ 1.1

해설 $\rho = \dfrac{P}{RT} = \dfrac{101.325}{0.287 \times (15+273)} = 1.226 \text{kg/m}^3$

$\therefore \dfrac{P_2}{P_1} = \dfrac{P_1 - \rho gh}{P_1}$

$= \dfrac{101.325 - 1.226 \times 9.8 \times 1,000 \times 10^{-3}}{101.325} ≒ 0.89$

59 비행기 날개에 작용하는 양력 F에 영향을 주는 요소는 날개의 코드길이 L, 받음각 α, 자유유동속도 V, 유체의 밀도 ρ, 점성계수 μ, 유체 내에서의 음속 c이다. 이 변수들로 만들 수 있는 독립무차원매개변수는 몇 개인가?

① 2　　② 3
③ 4　　④ 5

해설 $n - m = 7 - 3 = 4$개

60 원유를 매분 240L의 비율로 안지름 80mm인 파이프를 통하여 100m 떨어진 곳으로 수송할 때 관내의 평균유속은 약 몇 m/s인가?

① 0.4　　② 0.8
③ 2.5　　④ 3.1

해설 $Q = AV[\text{m}^3/\text{s}]$

$\therefore V = \dfrac{Q}{A} = \dfrac{\frac{0.24}{60}}{\frac{\pi}{4} \times 0.08^2} ≒ 0.8 \text{m/s}$

제4과목 · 기계재료 및 유압기기

61 베이나이트(bainite)조직을 얻기 위한 항온열처리조작으로 옳은 것은?

① 마퀜칭　　② 소성가공
③ 노멀라이징　　④ 오스템퍼링

해설 오스템퍼링에서 얻어지는 조직을 베이나이트라고 하며 마텐자이트조직보다 부드럽고 인성이 풍부하여 실용적으로 이용하는 일이 많다(기계적 성질이 매우 우수함).

62 보자력이 작고 미세한 외부자기장의 변화에도 크게 자화되는 특징을 가진 연질자성재료는?

① 센더스트　　② 알니코자석
③ 페라이트자석　　④ 희토류계 자석

해설 센더스트(sendust)는 Al 4~8%, Si 6~11%, 나머지는 Fe로 조성된 합금으로 전류자속밀도가 크고 보자력이 우수한 자성재료이다.

63 다음의 조직 중 경도가 가장 높은 것은?

① 펄라이트　　② 마텐자이트
③ 소르바이트　　④ 트루스타이트

해설 담금질조직 중 경도가 가장 높은 것은 마텐자이트조직이다.

64 레데부라이트에 대한 설명으로 옳은 것은?

① α와 Fe의 혼합물이다.
② γ와 Fe_3C의 혼합물이다.
③ δ와 Fe의 혼합물이다.
④ α와 Fe_3C의 혼합물이다.

해설 레데부라이트는 γ-Fe과 시멘타이트(Fe_3C)의 혼합물이다.

65 다음 중 공구강강재의 종류에 해당되지 않는 것은?

① STS3　　② SM25C
③ STC105　　④ SKH51

해설 SM25C는 기계구조용 탄소강재이다.

66 재료의 전연성을 알기 위해 구리판, 알루미늄판 및 그 밖의 연성판재를 가압하여 변형능력을 시험하는 것은?

① 굽힘시험　　② 압축시험
③ 커핑시험　　④ 비틀림시험

정답 58. ②　59. ③　60. ②　61. ④　62. ①　63. ②　64. ②　65. ②　66. ③

해설 커핑시험(cupping test)은 재료의 전연성(전성+연성)을 알기 위해 구리판, 알루미늄판 및 그 밖의 연성판재를 가압하여 변형능력을 시험하는 것이다. 즉 커핑시험은 성형시험이다.

67 주철의 특징을 설명한 것 중 틀린 것은?

① 백주철은 Si함량이 적고, Mn함량이 많아 화합탄소로 존재한다.
② 회주철은 C, Si함량이 많고, Mn함량이 적은 파면이 회색을 나타내는 것이다.
③ 구상흑연주철은 흑연의 형상에 따라 판상, 구상, 공정상 흑연주철로 나눌 수 있다.
④ 냉경주철은 주물표면을 회주철로 인성을 높게 하고, 내부는 Fe_3C로 단단한 조직으로 만든다.

해설 칠드주철(냉경주철)은 주철을 금형이 붙어있는 사형에 주입하여 응고 시 필요 부분만을 급냉시켜 급냉된 부분의 강인성을 갖게 하는데, 이러한 조작은 칠(chill)이라고 하며, 두께는 10~25mm 정도이다. 표면은 Fe_3C(탄화철)로 단단한 조직이고, 내부는 연한 조직으로 되어 있다.

68 다음 중 알루미늄합금계가 아닌 것은?

① 라우탈   ② 실루민
③ 하스텔로이   ④ 하이드로날륨

해설 하스텔로이는 Ni을 주요 성분으로 하고 Mo, C, Fe이 함유된 내산·내열합금으로서 펌프, 밸브, 기타 고온재료에 사용되며 상품명에서 나온 말이다.

69 회복과정에서의 축적에너지에 대한 설명으로 옳은 것은?

① 가공도가 적을수록 축적에너지의 양은 증가한다.
② 결정입도가 작을수록 축적에너지의 양은 증가한다.
③ 불순물원자의 첨가가 많을수록 축적에너지의 양은 감소한다.
④ 낮은 가공온도에서의 변형은 축적에너지의 양을 감소시킨다.

해설 회복과정에서는 결정입도가 작을수록 축적에너지의 양은 증가한다.

70 황동의 화학적 성질과 관계없는 것은?

① 탈아연부식   ② 고온탈아연
③ 자연균열   ④ 가공경화

해설 가공경화(work hardening)는 소성변형을 일으켰을 때 그 탄성한도가 높아져 소성변형에 대한 저항력이 증가하는 것을 말한다.

71 유압펌프에서 유동하고 있는 작동유의 압력이 국부적으로 저하되어 증기나 함유기체를 포함하는 기포가 발생하는 현상은?

① 폐입현상
② 공진현상
③ 캐비테이션현상
④ 유압유의 열화촉진현상

해설 캐비테이션(cavitation)현상은 유압펌프에서 유동하고 있는 작동유의 압력이 국부적으로 저하되어 증기나 함유기체를 포함하는 기포가 발생하는 현상으로 공동현상이라고도 한다.

72 필요에 따라 작동유체의 일부 또는 전량을 분기시키는 관로는?

① 바이패스관로   ② 드레인관로
③ 통기관로   ④ 주관로

해설 바이패스관로는 필요에 따라 작동유체의 일부 또는 전체 양을 분기시키는 관로를 말한다.

73 압력 6.86MPa, 토출량 50L/min이고 운전 시 소요동력이 7kW인 유압펌프의 효율은 약 몇 %인가?

① 78   ② 82
③ 87   ④ 92

해설
$$\eta_p = \frac{\text{펌프동력}(L_p)}{\text{소요동력}(kW)} = \frac{PQ}{kW}$$

$$= \frac{6.86 \times 10^3 \times \frac{0.05}{60}}{7} ≒ 0.816 ≒ 82\%$$

정답 67.④ 68.③ 69.② 70.④ 71.③ 72.① 73.②

74 유압작동유의 구비조건에 대한 설명으로 틀린 것은?

① 인화점 및 발화점이 낮을 것
② 산화 안정성이 좋을 것
③ 점도지수가 높을 것
④ 방청성이 좋을 것

[해설] 유압작동유는 인화점 및 발화점이 높고 응고점은 낮아야 한다.

75 다음 중 압력제어밸브에 속하지 않는 것은?

① 카운터밸런스밸브
② 릴리프밸브
③ 시퀀스밸브
④ 체크밸브

[해설] 체크밸브(check valve)는 방향제어밸브로 역류 방지용 밸브이다. 즉 유체를 한쪽으로만 흐르게 하고 반대쪽은 차단시켜 흐르지 못하게 한다.

76 액추에이터의 배출 쪽 관로 내의 흐름을 제어함으로써 속도를 제어하는 회로는?

① 방향제어회로 ② 미터 인 회로
③ 미터 아웃 회로 ④ 압력제어회로

[해설] 액추에이터(actuator)의 배출 쪽 관로 내의 흐름을 제어함으로써 속도를 제어하는 회로는 미터 아웃 회로(meter out circuit)이다.

77 유압속도제어회로 중 미터 아웃 회로의 설치목적과 관계없는 것은?

① 피스톤이 자주할 염려를 제거한다.
② 실린더에 배압을 형성한다.
③ 유압작동유의 온도를 낮춘다.
④ 실린더에서 유출되는 유량을 제어하여 피스톤속도를 제어한다.

[해설] 유압작동유의 온도를 낮추는 것은 미터 아웃 회로의 목적과 관계없다.

78 다음 그림과 같은 유압기호의 설명이 아닌 것은?

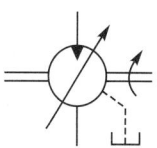

① 유압펌프를 의미한다.
② 1방향 유동을 나타낸다.
③ 가변용량형 구조이다.
④ 외부드레인을 가졌다.

[해설] 삼각형 꼭짓점 부분이 안쪽으로 있는 것은 유압모터를 의미하고, 화살표는 가변용량형을 나타내는 구조이다.

79 실린더행정 중 임의의 위치에서 실린더를 고정시킬 필요가 있을 때라 할지라도 부하가 클 때 또는 장치 내의 압력 저하로 실린더피스톤이 이동하는 것을 방지하기 위한 회로로 가장 적합한 것은?

① 축압기회로 ② 로킹회로
③ 무부하회로 ④ 압력설정회로

[해설] 로킹회로는 방향제어회로(directional control valve)로 액추에이터의 운동방향을 바꾸거나 정지위치에서 액추에이터를 유지하기 위한 회로로 2위치 전환밸브나 3위치 전환밸브가 사용된다.

80 긴 스트로크를 줄 수 있는 다단 튜브형의 로드를 가진 실린더는?

① 벨로즈형 실린더
② 탠덤형 실린더
③ 가변스트로크실린더
④ 텔레스코프형 실린더

[해설] 장축 작동형 다단 실린더는 텔레스코프 실린더이다. 텔레스코프 실린더는 2단 실린더행정으로 기존 실린더보다 작은 공간으로 설치 가능하다.

정답 74.① 75.④ 76.③ 77.③ 78.① 79.② 80.④

제5과목 · 기계제작법 및 기계동력학

81 지면으로부터 경사각이 30°인 경사면에 정지된 블록이 미끄러지기 시작하여 10m/s의 속력이 될 때까지 걸린 시간은 약 몇 초인가? (단, 경사면과 블록과의 동마찰계수는 0.3이라고 한다.)

① 1.42 ② 2.13
③ 2.84 ④ 4.24

해설
$a = g\sin\theta - \mu_k g\cos\theta = g(\sin\theta - \mu_k \cos\theta)$
$= 9.8 \times (\sin 30° - 0.3 \times \cos 30°) ≒ 2.35 \text{m/s}^2$
$v = at$
$\therefore t = \dfrac{v}{a} = \dfrac{10}{2.35} ≒ 4.25$초

82 다음 그림과 같은 단진자운동에서 길이 L이 4배로 늘어나면 진동주기는 약 몇 배로 변하는가? (단, 운동은 단일평면상에서만 한다고 가정하고 진동각변위(θ)는 충분히 작다고 가정한다.)

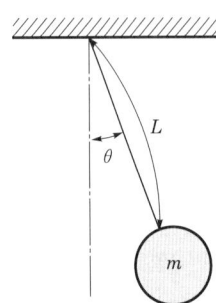

① $\sqrt{2}$ ② 2
③ 4 ④ 16

해설
$T = \dfrac{1}{f} = \dfrac{2\pi}{\omega} = 2\pi\sqrt{\dfrac{m}{k}} = 2\pi\sqrt{\dfrac{L}{g}}$ [sec]
$T \propto \sqrt{L}$
$\therefore \dfrac{T_2}{T_1} = \dfrac{\sqrt{4L}}{\sqrt{L}} = \sqrt{4} = 2$

83 장력이 100N 걸려있는 줄을 모터가 지속적으로 5m/s의 속력으로 끌어당기고 있다면 모터의 일률(power)은 몇 W인가?

① 51 ② 250
③ 350 ④ 500

해설 일률(=동력) $= Fv = 100 \times 5 = 500 \text{N} \cdot \text{m/s} (= \text{W})$

84 회전속도가 2,000rpm인 원심팬이 있다. 방진고무로 탄성지지시켜 진동전달률을 0.3으로 하고자 할 때 방진고무의 정적 수축량은 약 몇 mm인가? (단, 방진고무의 감쇠계수는 0으로 가정한다.)

① 0.71 ② 0.97
③ 1.41 ④ 2.20

해설 전달률$(TR) = \dfrac{\sqrt{1+(2\xi r)^2}}{\sqrt{(1-r^2)^2+(2\xi r)^2}}$ 에서 $\xi = 0$이면

$\omega = \dfrac{2\pi N}{60} = \dfrac{2\pi \times 2,000}{60} = 209.33 \text{rad/s}$

$TR = \left|\dfrac{1}{1-r^2}\right| = \left|\dfrac{1}{1-\left(\dfrac{\omega}{\omega_n}\right)^2}\right| = \dfrac{3}{10}$

$\left(\dfrac{\omega}{\omega_n}\right)^2 = 1 + \dfrac{1}{0.3} = \dfrac{13}{3}$

$\omega_n = \sqrt{\dfrac{3\omega^2}{13}} = \sqrt{\dfrac{3 \times 209.33^2}{13}} = 100.56 \text{rad/s}$

$\therefore \delta_{st} = \dfrac{g}{\omega_n^2} = \dfrac{9,800}{100.56^2} ≒ 0.97 \text{mm}$

85 x방향에 대한 운동방정식이 다음과 같이 나타날 때 이 진동계에서의 감쇠고유진동수(damped natural frequency)는 약 몇 rad/s인가?

$$2\ddot{x} + 3\dot{x} + 8x = 0$$

① 1.35 ② 1.85
③ 2.25 ④ 2.75

해설 $m\ddot{x} + C\dot{x} + kx = 0$

$\omega_n = \sqrt{\dfrac{k}{m}} = \sqrt{\dfrac{8}{2}} = 2$

$\xi = \dfrac{C}{C_c} = \dfrac{C}{2\sqrt{mk}} = \dfrac{3}{2\sqrt{2 \times 8}} = 0.375$

$\therefore \omega_{nd} = \omega_n\sqrt{1-\xi^2} = 2\sqrt{1-0.375^2} = 1.85 \text{rad/s}$

86 물리량에 대한 차원표시가 틀린 것은? (단, M : 질량, L : 길이, T : 시간)

① 힘 : MLT^{-2}
② 각가속도 : T^{-2}
③ 에너지 : ML^2T^{-1}
④ 선형운동량 : MLT^{-1}

정답 81. ④ 82. ② 83. ④ 84. ② 85. ② 86. ③

[해설] ① 힘$(F) = ma = \text{kg} \cdot \text{m/s}^2 = MLT^{-2}$
② 각가속도$(\alpha) = \dfrac{\omega}{t} = \text{rad/s}^2 = T^{-2}$
③ 에너지$(E) = Fs = N \cdot m = FL = (MLT^{-2})L$
$\quad = ML^2T^{-2}$
④ 선형운동량 $= mv = \text{kg} \cdot \text{m/s} = MLT^{-1}$

87 A에서 던진 공이 L_1만큼 날아간 후 B에서 튀어 올라 다시 날아간다. B에서의 반발계수를 e라 하면 다시 날아간 거리 L_2는? (단, 공과 바닥 사이에서 마찰은 없다고 가정한다.)

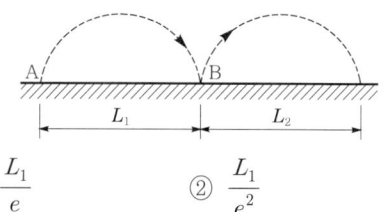

① $\dfrac{L_1}{e}$ ② $\dfrac{L_1}{e^2}$
③ eL_1 ④ e^2L_1

[해설] $e = \dfrac{L_2}{L_1}$
$\therefore L_2 = eL_1 \, [m]$

88 다음 그림과 같이 반지름이 45mm인 바퀴가 미끄럼이 없이 왼쪽으로 구르고 있다. 바퀴 중심의 속력은 0.9m/s로 일정하다고 할 때 바퀴 끝단의 한 점(A)의 속도(v_A[m/s])와 가속도(a_A [m/s^2])의 크기는?

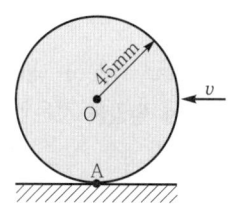

① $v_A = 0$, $a_A = 0$
② $v_A = 0$, $a_A = 18$
③ $v_A = 0.9$, $a_A = 0$
④ $v_A = 0.9$, $a_A = 18$

[해설] $v_A = 0$
$a_A = r\omega^2 = r\left(\dfrac{v_0}{r}\right)^2 = \dfrac{v_0^2}{r} = \dfrac{0.9^2}{0.045} = 18 \text{m/s}^2$

89 다음 식과 같은 단순조화운동(simple harmonic motion)에 대한 설명으로 틀린 것은? (단, 변위 x는 시간 t에 대한 함수이고, A, ω, ϕ는 상수이다.)

$$x(t) = A\sin(\omega t + \phi)$$

① 변위와 속도 사이에 위상차가 없다.
② 주기적으로 같은 운동이 반복된다.
③ 가속도의 진폭은 변위의 진폭에 비례한다.
④ 가속도의 주기와 변위의 주기는 동일하다.

[해설] 변위(x)와 속도($\dot{x}$) 사이에는 위상차가 있다.

90 길이가 L인 가늘고 긴 일정한 단면의 봉이 좌측단에서 핀으로 지지되어 있다. 봉을 다음 그림과 같이 수평으로 정지시킨 후 이를 놓아서 중력에 의해 회전시킨다면 봉의 위치가 수직이 되는 순간에 봉의 각속도는? (단, g는 중력가속도를 나타내고 핀 부분의 마찰은 무시한다.)

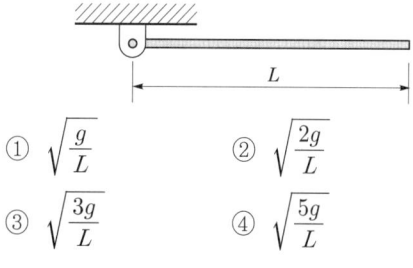

① $\sqrt{\dfrac{g}{L}}$ ② $\sqrt{\dfrac{2g}{L}}$
③ $\sqrt{\dfrac{3g}{L}}$ ④ $\sqrt{\dfrac{5g}{L}}$

[해설] $\omega_n = \sqrt{\dfrac{3g}{L}}$

91 지름 400mm의 롤러를 이용하여 폭 300mm, 두께 25mm의 판재를 열간압연하여 두께 20mm가 되었을 때 압하량과 압하율은?

① 압하량 : 5mm, 압하율 : 20%
② 압하량 : 5mm, 압하율 : 25%
③ 압하량 : 20mm, 압하율 : 25%
④ 압하량 : 100mm, 압하율 : 20%

[해설] 압하량$(\phi) = H_0 - H_1 = 25 - 20 = 5$mm
압하율$(\psi) = \dfrac{H_0 - H_1}{H_0} \times 100\% = \dfrac{25-20}{25} \times 100\%$
$\quad = 20\%$

정답 87. ③ 88. ② 89. ① 90. ③ 91. ①

92 절삭유가 갖추어야 할 조건으로 틀린 것은?

① 마찰계수가 적고 인화점이 높을 것
② 냉각성이 우수하고 윤활성이 좋을 것
③ 장시간 사용해도 변질되지 않고 인체에 무해할 것
④ 절삭유의 표면장력이 크고 칩의 생성부에는 침투되지 않을 것

해설 절삭유는 표면장력이 작고 칩의 생성부에도 침투가 될 것

93 렌치, 스패너 등 작은 공구를 단조할 때 다음 중 가장 적합한 것은?

① 로터리스웨이징   ② 프레스가공
③ 형단조   ④ 자유단조

해설 형단조는 렌치, 스패너 등 작은 공구를 단조할 때 적합하다.

94 일반적으로 보통선반의 크기를 표시하는 방법이 아닌 것은?

① 스핀들의 회전속도
② 왕복대 위의 스윙
③ 베드 위의 스윙
④ 주축대와 심압대 양 센터 간 최대 거리

해설 보통선반의 크기표시 : 베드 위의 스윙, 왕복대 위의 스윙, 주축대와 심압대 양 센터 간 최대 거리

95 강재의 표면에 Si를 침투시키는 방법으로 내식성, 내열성 등을 향상시키는 방법은?

① 브로나이징   ② 칼로라이징
③ 크로마이징   ④ 실리코나이징

해설 금속침투법(시멘테이션) : 브로나이징(B), 칼로라이징(Al), 크로마이징(Cr), 실리코나이징(Si), 세라다이징(Zn)

96 주물용으로 가장 많이 사용하는 주물사의 주성분은?

① Al_2O_3 ② SiO_2
③ MgO ④ FeO_3

해설 주물용으로 가장 많이 사용하는 주물사의 주성분은 이산화규소(SiO_2)로 실리카(silica)라고도 한다.

97 방전가공(Electro Discharge Machining)에서 전극재료의 구비조건으로 적절하지 않은 것은?

① 기계가공이 쉬울 것
② 가공속도가 빠를 것
③ 전극소모량이 많을 것
④ 가공정밀도가 높을 것

해설 방전가공(EDM)에서 전극재료는 전극소모량이 적을 것

98 버니어캘리퍼스의 눈금 24.5mm를 25등분한 경우 최소 측정값은 몇 mm인가? (단, 본척의 눈금간격은 0.5mm이다.)

① 0.01   ② 0.02
③ 0.05   ④ 0.1

해설 최소 측정값 $= 1 - \dfrac{24.5}{25} = 0.02\text{mm}$

99 용접 시 발생하는 불량(결함)에 해당하지 않는 것은?

① 오버랩   ② 언더컷
③ 콤퍼지션   ④ 용입 불량

해설 용접 시 발생하는 구조상 결함에는 오버랩, 언더컷, 용입 불량, 스패터링 등이 있다.

100 유성형(planetary type) 내면연삭기를 사용한 가공으로 가장 적합한 것은?

① 암나사의 연삭
② 호브(hob)의 치형연삭
③ 블록게이지의 끝마무리 연삭
④ 내연기관 실린더의 내면연삭

해설 유성형(플래니터리) 내면연삭기를 사용한 가공으로 가장 적합한 것은 내연기관의 실린더 내면연삭가공이다. 공작물을 정지시키고 숫돌이 '회전운동+공전운동'을 하는 연삭방식으로 공작물의 형상이 복잡하거나 대형의 공작물이어서 회전시키기 어려울 때 사용한다. 주로 내경연삭작업방식에 해당한다.

정답 92.④ 93.③ 94.① 95.④ 96.② 97.③ 98.② 99.③ 100.④

2020 제1·2회 통합 출제문제

| 2020. 6. 6. 시행 |

제1과목 · 재료역학

01 원형 단면축에 147kW의 동력을 회전수 2,000rpm 으로 전달시키고자 한다. 축지름은 약 몇 cm로 해야 하는가? (단, 허용전단응력은 $\tau_w = 50$MPa 이다.)

① 4.2 ② 4.6
③ 8.5 ④ 9.9

해설 $T = 9.55 \times 10^6 \dfrac{\text{kW}}{N} [\text{N} \cdot \text{mm}]$

$= 9.55 \times 10^6 \times \dfrac{147}{2,000} = 701,925 \text{N} \cdot \text{mm}$

$T = \tau Z_P = \tau \dfrac{\pi d^3}{16} [\text{N} \cdot \text{mm}]$

$\therefore d = \sqrt[3]{\dfrac{16T}{\pi \tau}} = \sqrt[3]{\dfrac{16 \times 701,925}{\pi \times 50}} = 41.5\text{mm} ≒ 4.2\text{cm}$

02 다음 그림과 같이 외팔보의 중앙에 집중하중 P 가 작용하는 경우 P가 작용하는 지점에서의 처짐은? (단, 보의 굽힘강성 EI는 일정하고, L은 보의 전체의 길이이다.)

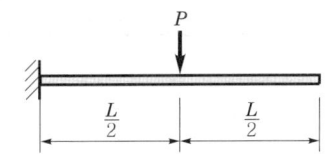

① $\dfrac{PL^3}{3EI}$ ② $\dfrac{PL^3}{24EI}$

③ $\dfrac{PL^3}{8EI}$ ④ $\dfrac{5PL^3}{48EI}$

해설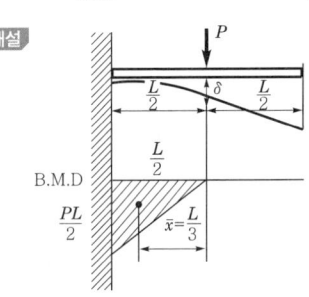

$\delta = \dfrac{A_m \overline{x}}{EI} = \dfrac{\dfrac{L}{2} \times \dfrac{PL}{2} \times \dfrac{1}{2} \times \dfrac{L}{3}}{EI} = \dfrac{PL^3}{24EI} [\text{cm}]$

03 직사각형 단면의 단주에 150kN 하중이 중심에서 1m만큼 편심되어 작용할 때 이 부재 BD에서 생기는 최대 압축응력은 약 몇 kPa인가?

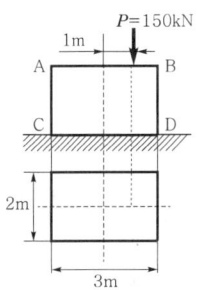

① 25   ② 50
③ 75   ④ 100

해설 $\sigma_{\max} = \sigma_c + \sigma_b = \dfrac{P}{A} + \dfrac{M}{Z}$

$= \dfrac{P}{bh} + \dfrac{Pa}{Z} = \dfrac{P}{bh} + \dfrac{6Pa}{bh^2}$

$= \dfrac{150}{2 \times 3} + \dfrac{6 \times 150 \times 1}{2 \times 3^2} = 75\text{kPa}$

04 다음 그림과 같은 균일 단면의 돌출보에서 반력 R_A는? (단, 보의 자중은 무시한다.)

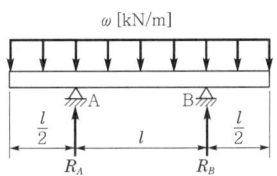

① ωl ② $\dfrac{\omega l}{4}$

③ $\dfrac{\omega l}{3}$ ④ $\dfrac{\omega l}{2}$

해설 $\Sigma F_y = 0$

$R_A + R_B = $ 면적$(= 2wl)[\text{kN}]$

$\therefore R_A = R_B = wl [\text{kN}]$

정답 01. ① 02. ② 03. ③ 04. ①

05 양단이 고정된 축을 다음 그림과 같이 $m-n$ 단면에서 T만큼 비틀면 고정단 AB에서 생기는 저항비틀림모멘트의 비 T_A/T_B는?

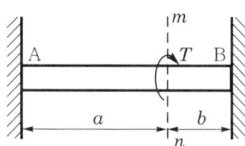

① $\dfrac{b^2}{a^2}$ ② $\dfrac{b}{a}$
③ $\dfrac{a}{b}$ ④ $\dfrac{a^2}{b^2}$

[해설] $T_A = \dfrac{Tb}{l}$, $T_B = \dfrac{Ta}{l}$

$\therefore \dfrac{T_A}{T_B} = \dfrac{Tb}{l} \times \dfrac{l}{Ta} = \dfrac{b}{a}$

06 다음 그림의 평면응력상태에서 최대 주응력은 약 몇 MPa인가? (단, σ_x =175MPa, σ_y =35MPa, τ_{xy} =60MPa이다.)

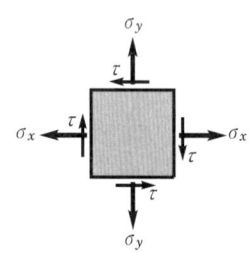

① 92 ② 105
③ 163 ④ 197

[해설] $\sigma_{\max} = \dfrac{1}{2}(\sigma_x + \sigma_y) + \sqrt{\left(\dfrac{\sigma_x - \sigma_y}{2}\right)^2 + \tau_{xy}^2}$

$= \dfrac{1}{2} \times (175+35) + \sqrt{\left(\dfrac{175-35}{2}\right)^2 + 60^2}$

$= 197\text{MPa}$

07 동일한 길이와 재질로 만들어진 두 개의 원형 단면축이 있다. 각각의 지름이 d_1, d_2일 때 각 축에 저장되는 변형에너지 u_1, u_2의 비는? (단, 두 축은 모두 비틀림모멘트 T를 받고 있다.)

① $\dfrac{u_1}{u_2} = \left(\dfrac{d_2}{d_1}\right)^4$ ② $\dfrac{u_2}{u_1} = \left(\dfrac{d_2}{d_1}\right)^3$
③ $\dfrac{u_1}{u_2} = \left(\dfrac{d_2}{d_1}\right)^3$ ④ $\dfrac{u_2}{u_1} = \left(\dfrac{d_2}{d_1}\right)^4$

[해설] 비틀림탄성변형에너지$(u) = \dfrac{T\theta}{2} = \dfrac{T^2 l}{2GI}$[kJ]에서

$u \propto \dfrac{1}{I}$이다.

$\therefore \dfrac{u_1}{u_2} = \dfrac{I_2}{I_1} = \dfrac{\pi d_2^{\,4}}{32} \times \dfrac{32}{\pi d_1^{\,4}} = \left(\dfrac{d_2}{d_1}\right)^4$

[참고] $\dfrac{1}{\rho} = \dfrac{M}{EI} = \dfrac{\theta}{l} \rightarrow \theta = \dfrac{Ml}{EI}$[rad]

08 철도 레일의 온도가 50℃에서 15℃로 떨어졌을 때 레일에 생기는 열응력은 약 몇 MPa인가? (단, 선팽창계수는 0.000012/℃, 세로탄성계수는 210GPa이다.)

① 4.41 ② 8.82
③ 44.1 ④ 88.2

[해설] $\sigma = E\alpha \Delta t = 210 \times 10^3 \times 0.000012 \times 35 = 88.2\text{MPa}$

09 다음 그림과 같이 양단에서 모멘트가 작용할 경우 A지점의 처짐각 θ_A는? (단, 보의 굽힘강성 EI는 일정하고, 자중은 무시한다.)

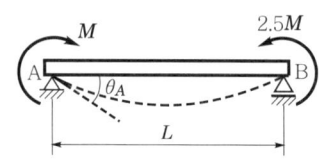

① $\dfrac{ML}{2EI}$ ② $\dfrac{2ML}{5EI}$
③ $\dfrac{ML}{6EI}$ ④ $\dfrac{3ML}{4EI}$

[해설] $\theta_A = \dfrac{(2M_A + M_B)L}{6EI} = \dfrac{(2M + 2.5M)L}{6EI}$

$= \dfrac{4.5ML}{6EI} = \dfrac{3ML}{4EI}$[rad]

[참고] $\theta_B = \dfrac{(M_A + 2M_B)L}{6EI}$[rad]

정답 05.② 06.④ 07.① 08.④ 09.④

10 다음 그림과 같은 트러스구조물에서 B점에서 10kN의 수직하중을 받으면 BC에 작용하는 힘은 몇 kN인가?

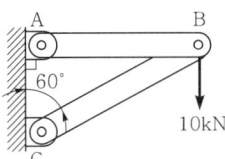

① 20　　　　② 17.32
③ 10　　　　④ 8.66

해설 $F_{BC}\cos\theta = 10$
∴ $F_{BC} = \dfrac{10}{\cos 60°} = 20\text{kN}$

11 다음 그림과 같이 길고 얇은 평판이 평면변형률 상태로 σ_x를 받고 있을 때 ε_x는?

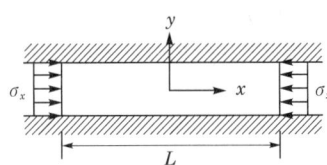

① $\varepsilon_x = \left(\dfrac{1-\nu}{E}\right)\sigma_x$　　② $\varepsilon_x = \left(\dfrac{1+\nu}{E}\right)\sigma_x$

③ $\varepsilon_x = \left(\dfrac{1-\nu^2}{E}\right)\sigma_x$　　④ $\varepsilon_x = \left(\dfrac{1+\nu^2}{E}\right)\sigma_x$

해설 $\sigma_x = \dfrac{E\varepsilon_x}{1-\nu^2}$ [MPa]

∴ $\varepsilon_x = \left(\dfrac{1-\nu^2}{E}\right)\sigma_x$

12 다음 그림과 같은 음영 부분의 단면을 갖는 중공축이 있다. 이 단면의 O점에 관한 극단면 2차 모멘트는?

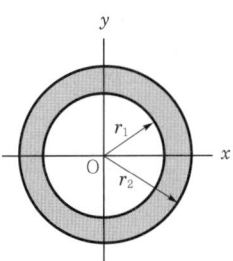

① $\pi(r_2^4 - r_1^4)$

② $\dfrac{\pi}{2}(r_2^4 - r_1^4)$

③ $\dfrac{\pi}{4}(r_2^4 - r_1^4)$

④ $\dfrac{\pi}{16}(r_2^4 - r_1^4)$

해설 $I_p = \dfrac{\pi}{32}(d_2^4 - d_1^4)$

$= \dfrac{\pi d_2^4}{32}\left[1 - \left(\dfrac{d_1}{d_2}\right)^4\right]$

$= \dfrac{\pi \times (2r_2)^4}{32}\left[1 - \left(\dfrac{2r_1}{2r_2}\right)^4\right]$

$= \dfrac{\pi r_2^4}{2}\left[1 - \left(\dfrac{r_1}{r_2}\right)^4\right]$

$= \dfrac{\pi}{2}(r_2^4 - r_1^4)\,[\text{cm}^4]$

13 외팔보의 자유단에 연직방향으로 10kN의 집중하중이 작용하면 고정단에 생기는 굽힘응력은 약 몇 MPa인가? (단, 단면(폭×높이) $b \times h =$ 10cm×15cm, 길이 1.5m이다.)

① 0.9　　　　② 5.3
③ 40　　　　④ 100

해설 $M_{\max} = PL = 10 \times 10^3 \times 1{,}500 = 15 \times 10^6 \text{N} \cdot \text{mm}$

∴ $\sigma = \dfrac{M_{\max}}{Z} = \dfrac{M_{\max}}{\dfrac{bh^2}{6}} = \dfrac{6M_{\max}}{bh^2}$

$= \dfrac{6 \times 15 \times 10^6}{100 \times 150^2} = 40\text{MPa}$

14 지름 300mm의 단면을 가진 속이 찬 원형보가 굽힘을 받아 최대 굽힘응력이 100MPa이 되었다. 이 단면에 작용한 굽힘모멘트는 약 몇 kN·m인가?

① 265　　　　② 315
③ 360　　　　④ 425

해설 $M_{\max} = \sigma Z = 100 \times 10^3 \times \dfrac{\pi \times 0.3^3}{32} = 265.07\text{kPa}$

정답　10. ①　11. ③　12. ②　13. ③　14. ①

15 원형봉에 축방향 인장하중 $P=88$kN이 작용할 때 직경의 감소량은 약 몇 mm인가? (단, 봉은 길이 $L=2$m, 직경 $d=40$mm, 세로탄성계수는 70GPa, 푸아송비 $\mu=0.3$이다.)

① 0.006 ② 0.012
③ 0.018 ④ 0.036

해설
$\sigma = \dfrac{P}{A} = \dfrac{P}{\dfrac{\pi d^2}{4}} = \dfrac{4P}{\pi d^2} = \dfrac{4 \times 88 \times 10^3}{\pi \times 40^2} = 70.03$MPa

$\therefore \delta = \dfrac{d\sigma}{mE} = \dfrac{\mu d\sigma}{E} = \dfrac{0.3 \times 40 \times 70.03}{70 \times 10^3} = 0.012$

16 전체 길이가 L이고 일단 지지 및 타단 고정보에서 삼각형 분포하중이 작용할 때 지지점 A에서의 반력은? (단, 보의 굽힘강성 EI는 일정하다.)

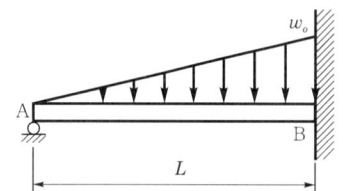

① $\dfrac{1}{2} w_o L$ ② $\dfrac{1}{3} w_o L$
③ $\dfrac{1}{5} w_o L$ ④ $\dfrac{1}{10} w_o L$

해설
$\dfrac{R_A L^3}{3EI} = \dfrac{w_o L^4}{30EI}$

$\therefore R_A = \dfrac{w_o L}{10}$ [N]

17 지름 D인 두께가 얇은 링(ring)을 수평면 내에서 회전시킬 때 링에 생기는 인장응력을 나타내는 식은? (단, 링의 단위길이에 대한 무게를 W, 링의 원주속도를 V, 링의 단면적을 A, 중력가속도를 g로 한다.)

① $\dfrac{WV^2}{DAg}$ ② $\dfrac{WDV^2}{Ag}$
③ $\dfrac{WV^2}{Ag}$ ④ $\dfrac{WV^2}{Dg}$

해설
$\sigma = \dfrac{\gamma V^2}{g} = \dfrac{WV^2}{gA}$

18 단면적이 4cm²인 강봉에 다음 그림과 같은 하중이 작용하고 있다. $W=60$kN, $P=25$kN, $l=20$cm일 때 BC 부분의 변형률 ε은 약 얼마인가? (단, 세로탄성계수는 200GPa이다.)

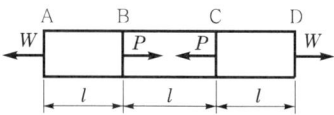

① 0.00043 ② 0.0043
③ 0.043   ④ 0.43

해설
$\varepsilon_{BC} = \dfrac{W-P}{AE} = \dfrac{60-25}{4 \times 10^{-4} \times 200 \times 10^6} = 0.00043$

19 오일러공식이 세장비 $\dfrac{l}{k} > 100$에 대해 성립한다고 할 때 양단이 힌지인 원형 단면기둥에서 오일러공식이 성립하기 위한 길이 l과 지름 d와의 관계가 옳은 것은? (단, 단면의 회전반경을 k라 한다.)

① $l > 4d$ ② $l > 25d$
③ $l > 50d$ ④ $l > 100d$

해설 직경이 d인 원형 단면의 최소 회전반지름(k)
$= \sqrt{\dfrac{I_G}{A}} = \sqrt{\dfrac{\pi d^4}{64} \times \dfrac{4}{\pi d^2}} = \sqrt{\dfrac{d^2}{16}} = \dfrac{d}{4}$ [m]

$\therefore l > 100k = 100 \times \dfrac{d}{4} = 25d$

20 다음 그림과 같은 단면을 가진 외팔보가 있다. 그 단면의 자유단에 전단력 $V=40$kN이 발생한다면 단면 $a-b$ 위에 발생하는 전단응력은 약 몇 MPa인가?

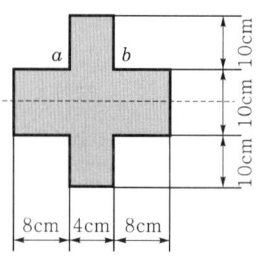

① 4.57 ② 4.22
③ 3.87 ④ 3.14

정답 15. ② 16. ④ 17. ③ 18. ① 19. ② 20. ③

해설 $I_G = \dfrac{BH^3}{12} + 2\dfrac{bh^3}{12}$

$= \dfrac{4 \times 30^3}{12} + 2 \times \dfrac{8 \times 10^3}{12}$

$= 10333.33 \text{cm}^4 = 10333.33 \times 10^4 \text{mm}^4$

$\therefore \tau = \dfrac{VQ}{bI_G}$

$= \dfrac{40 \times 10^3 \times (40 \times 100) \times 100}{40 \times 10333.33 \times 10^4}$

$= 3.87 \text{MPa}(= \text{N/mm}^2)$

제2과목 · 기계열역학

21 압력 1,000kPa, 온도 300℃ 상태의 수증기(엔탈피 3051.15kJ/kg, 엔트로피 7.1228kJ/kg · K)가 증기터빈으로 들어가서 100kPa 상태로 나온다. 터빈의 출력일이 370kJ/kg일 때 터빈의 효율(%)은?

▶ 수증기의 포화상태표(압력 100kPa/온도 99.62℃)

엔탈피(kJ/kg)		엔트로피(kJ/kg · K)	
포화액체	포화증기	포화액체	포화증기
417.44	2675.46	1.3025	7.3593

① 15.6 ② 33.2
③ 66.8 ④ 79.8

해설 증발열$(\gamma) = h'' - h'$
$= 2675.46 - 417.44 = 2258.02 \text{kJ/kg}$
$s_x = s' + x(s'' - s')[\text{kJ/kg} \cdot \text{K}]$
$\therefore x = \dfrac{s_x - s'}{s'' - s'} = \dfrac{7.1228 - 1.3025}{7.3593 - 1.3025} ≒ 0.96$
$h_x = h' + x(h'' - h') = h' + x\gamma$
$= 417.44 + 0.96 \times 2258.02 ≒ 2585.14 \text{kJ/kg}$
가역일$(w_t) = h - h_x$
$= 3051.15 - 2585.14 = 466.01 \text{kJ/kg}$
$\therefore$ 터빈효율$(\eta_t) = \dfrac{\text{비가역일(실제 일)}}{\text{가역일(이론일)}}$
$= \dfrac{370}{466.01} \times 100\%$
$≒ 79.4\%$

22 열역학 제2법칙에 대한 설명으로 틀린 것은?

① 효율이 100%인 열기관은 얻을 수 없다.
② 제2종의 영구기관은 작동물질의 종류에 따라 가능하다.
③ 열은 스스로 저온의 물질에서 고온의 물질로 이동하지 않는다.
④ 열기관에서 작동물질이 일을 하게 하려면 그보다 더 저온인 물질이 필요하다.

해설 제2종 영구운동기관(열효율이 100%인 기관)은 열역학 제2법칙에 위배되는 기관이다.

23 300L 체적의 진공인 탱크가 25℃, 6MPa의 공기를 공급하는 관에 연결된다. 밸브를 열어 탱크 안의 공기압력이 5MPa이 될 때까지 공기를 채우고 밸브를 닫았다. 이 과정이 단열이고 운동에너지와 위치에너지의 변화를 무시한다면 탱크 안의 공기의 온도(℃)는 얼마가 되는가? (단, 공기의 비열비는 1.4이다.)

① 1.5 ② 25.0
③ 84.4 ④ 144.2

해설 $C_p T_1 = C_v T_2$
$\therefore T_2 = \dfrac{C_p}{C_v} T_1 = kT_1$
$= 1.4 \times (25 + 273)$
$= 417.2\text{K} - 273$
$= 144.2℃$

24 단열된 가스터빈의 입구측에서 압력 2MPa, 온도 1,200K인 가스가 유입되어 출구측에서 압력 100kPa, 온도 600K로 유출된다. 5MW의 출력을 얻기 위해 가스의 질량유량(kg/s)은 얼마이어야 하는가? (단, 터빈의 효율은 100%이고, 가스의 정압비열은 1.12kJ/kg · K이다.)

① 6.44 ② 7.44
③ 8.44 ④ 9.44

정답 21. ④ 22. ② 23. ④ 24. ②

해설 $W_t = mC_p(T_1 - T_2)$

$\therefore m = \dfrac{W_t}{C_p(T_1 - T_2)}$

$= \dfrac{5,000}{1.12 \times (1,200 - 600)} = 7.44 \text{kg/s}$

25 공기 10kg이 압력 200kPa, 체적 5m³인 상태에서 압력 400kPa, 온도 300℃인 상태로 변한 경우 최종체적(m³)은 얼마인가? (단, 공기의 기체상수는 0.287kJ/kg·K이다.)

① 10.7　　② 8.3
③ 6.8　　　④ 4.1

해설 $P_2 V_2 = mRT_2$

$\therefore V_2 = \dfrac{mRT_2}{P_2} = \dfrac{10 \times 0.287 \times (300+273)}{400} = 4.11 \text{m}^3$

26 이상적인 냉동사이클에서 응축기 온도가 30℃, 증발기 온도가 -10℃일 때 성적계수는?

① 4.6　　② 5.2
③ 6.6　　④ 7.5

해설 $\varepsilon_R = \dfrac{T_2}{T_1 - T_2} = \dfrac{-10+273}{(30+273)-(-10+273)} = 6.6$

27 초기압력 100kPa, 초기체적 0.1m³인 기체를 버너로 가열하여 기체체적이 정압과정으로 0.5m³이 되었다면 이 과정 동안 시스템이 외부에 한 일(kJ)은?

① 10　　② 20
③ 30　　④ 40

해설 $_1W_2 = \int_1^2 PdV = P(V_2 - V_1)$

$= 100 \times (0.5 - 0.1) = 40 \text{kJ}$

28 랭킨사이클에서 보일러 입구엔탈피 192.5kJ/kg, 터빈 입구엔탈피 3002.5kJ/kg, 응축기 입구엔탈피 2361.8kJ/kg일 때 열효율은(%)은? (단, 펌프의 동력은 무시한다.)

① 203　　② 22.8
③ 25.7　　④ 29.5

해설 $\eta_R = \dfrac{h_3 - h_4}{h_2 - h_1} \times 100\%$

$= \dfrac{3002.5 - 2361.8}{3002.5 - 192.5} \times 100\% = 22.8\%$

29 준평형 정적과정을 거치는 시스템에 대한 열전달량은? (단, 운동에너지와 위치에너지의 변화는 무시한다.)

① 0이다.
② 이루어진 일량과 같다.
③ 엔탈피변화량과 같다.
④ 내부에너지변화량과 같다.

해설 준평형 정적과정($V=C$) 시 열전달량은 내부에너지 변화량과 같다.
[참고] $\delta Q = dU + PdV$[kJ]에서 dV가 0일 때 $\delta Q = dU = mC_v dT$[kJ]이다.

30 1kW의 전기히터를 이용하여 101kPa, 15℃의 공기로 차 있는 100m³의 공간을 난방하려고 한다. 이 공간은 견고하고 밀폐되어 있으며 단열되어 있다. 히터를 10분 동안 작동시킨 경우 이 공간의 최종온도(℃)는? (단, 공기의 정적비열은 0.718kJ/kg·K이고, 기체상수는 0.287kJ/kg·K이다.)

① 18.1　　② 21.8
③ 25.3　　④ 29.4

해설 ㉠ $PV = mRT$

$\therefore m = \dfrac{PV}{RT} = \dfrac{101 \times 100}{0.287 \times 288} = 122.19 \text{kg}$

㉡ $Q = mC_v(T_2 - T_1)$[kJ]

$\therefore T_2 = T_1 + \dfrac{Q}{mC_v} = 288 + \dfrac{3,600 \times \frac{1}{6}}{122.19 \times 0.718}$

$\fallingdotseq 294.84 \text{K} - 273 = 21.84℃$

31 펌프를 사용하여 150kPa, 26℃의 물을 가역단열과정으로 650kPa까지 변화시킨 경우 펌프의 일(kJ/kg)은? (단, 26℃ 포화액의 비체적은 0.001m³/kg이다.)

① 0.4　　② 0.5
③ 0.6　　④ 0.7

정답 25.④　26.③　27.④　28.②　29.④　30.②　31.②

해설 $w_p = -\int_1^2 vdP = \int_2^1 vdP = v(P_1 - P_2)$
$= 0.001 \times (650 - 150) = 0.5 \text{kJ/kg}$

32 열역학적 관점에서 다음 장치들에 대한 설명으로 옳은 것은?

① 노즐은 유체를 서서히 낮은 압력으로 팽창하여 속도를 감속시키는 기구이다.
② 디퓨저는 저속의 유체를 가속하는 기구이며 그 결과 유체의 압력이 증가한다.
③ 터빈은 작동유체의 압력을 이용하여 열을 생성하는 회전식 기계이다.
④ 압축기의 목적은 외부에서 유입된 동력을 이용하여 유체의 압력을 높이는 것이다.

해설 압축기의 목적은 외부에서 유입된 동력을 이용하여 유체의 압력을 높이는 것이다.

33 피스톤-실린더장치에 들어있는 100kPa, 27℃의 공기가 600kPa까지 가역단열과정으로 압축된다. 비열비가 1.4로 일정하다면 이 과정 동안에 공기가 받은 일(kJ/kg)은? (단, 공기의 기체상수는 0.287kJ/kg·K이다.)

① 263.6   ② 171.8
③ 143.5   ④ 116.9

해설 $w_t = \frac{R}{k-1}(T_1 - T_2) = \frac{RT_1}{k-1}\left(1 - \frac{T_2}{T_1}\right)$
$= \frac{RT_1}{k-1}\left[1 - \left(\frac{P_2}{P_1}\right)^{\frac{k-1}{k}}\right]$
$= \frac{0.287 \times (27+273)}{1.4-1} \times \left[1 - \left(\frac{600}{100}\right)^{\frac{1.4-1}{1.4}}\right]$
$= -143.9 \text{kJ/kg}$

34 다음 중 가장 큰 에너지는?

① 100kW 출력의 엔진이 10시간 동안 한 일
② 발열량 10,000kJ/kg의 연료를 100kg 연소시켜 나오는 열량
③ 대기압하에서 10℃의 물 10m³를 90℃로 가열하는데 필요한 열량(단, 물의 비열은 4.2kJ/kg·K이다.)
④ 시속 100km로 주행하는 총질량 2,000kg인 자동차의 운동에너지

해설 ① 1kW=3,600kJ/h이므로
$W = 100 \times 3,600 \times 10 = 3,600,000 \text{kJ} = 3,600 \text{MJ}$
② $Q = mH_l = 100 \times 10,000 = 1,000,000 \text{kJ} = 1,000 \text{MJ}$
③ $Q = mC(t_2 - t_1) = \rho_w vC(t_2 - t_1)$
$= 1,000 \times 10 \times 4.2 \times (90-10)$
$= 3,360,000 \text{kJ} = 3,360 \text{MJ}$
④ $KE = \frac{1}{2}mv^2$
$= \frac{1}{2} \times 2,000 \times \left(\frac{100}{3.6}\right)^2$
$= 771,604.94 \text{J} = 771.60 \text{kJ} = 0.772 \text{MJ}$

35 이상기체 1kg을 300K, 100kPa에서 500K까지 "PV^n = 일정"의 과정($n=1.2$)을 따라 변화시켰다. 이 기체의 엔트로피변화량(kJ/K)은? (단, 기체의 비열비는 1.3, 기체상수는 0.287kJ/kg·K이다.)

① -0.244   ② -0.287
③ -0.344   ④ -0.373

해설 폴리트로픽변화일 때
$C_v = \frac{R}{k-1} = \frac{0.287}{1.3-1} ≒ 0.957 \text{kJ/kg·K}$
$\therefore ds = \frac{\delta Q}{T} = \frac{mC_n dT}{T}$
$= mC_n \ln\frac{T_2}{T_1} = mC_v\left(\frac{n-k}{n-1}\right)\ln\frac{T_2}{T_1}$
$= 1 \times 0.957 \times \frac{1.2-1.3}{1.2-1} \times \ln\frac{500}{300}$
$= -0.244 \text{kJ/K}$

36 실린더 내의 공기가 100kPa, 20℃ 상태에서 300kPa이 될 때까지 가역단열과정으로 압축된다. 이 과정에서 실린더 내의 계에서 엔트로피의 변화(kJ/kg·K)는? (단, 공기의 비열비(k)는 1.4이다.)

① -1.35   ② 0
③ 1.35   ④ 13.5

정답 32. ④ 33. ③ 34. ① 35. ① 36. ②

[해설] 가역단열과정($q=0$) 시 엔트로피변화량은 0이다. 즉 등엔트로피과정(isentropic process)이다.

37 다음은 시스템(계)과 경계에 대한 설명이다. 옳은 내용을 모두 고른 것은?

> ㉮ 검사하기 위하여 선택한 물질의 양이나 공간 내의 영역을 시스템(계)이라 한다.
> ㉯ 밀폐계는 일정한 양의 체적으로 구성된다.
> ㉰ 고립계의 경계를 통한 에너지출입은 불가능하다.
> ㉱ 경계는 두께가 없으므로 체적을 차지하지 않는다.

① ㉮, ㉰
② ㉯, ㉱
③ ㉮, ㉰, ㉱
④ ㉮, ㉯, ㉰, ㉱

38 용기 안에 있는 유체의 초기 내부에너지는 700kJ이다. 냉각과정 동안 250kJ의 열을 잃고 용기 내에 설치된 회전날개로 유체에 100kJ의 일을 한다. 최종상태의 유체의 내부에너지(kJ)는 얼마인가?

① 350
② 450
③ 550
④ 650

[해설] $Q=(U_2-U_1)+W[\text{kJ}]$
$U_2-U_1=Q-W=-250-(-100)=-150\text{kJ}$
$\therefore U_2=U_1-150=700-150=550\text{kJ}$

39 보일러에 온도 40℃, 엔탈피 167kJ/kg인 물이 공급되어 온도 350℃, 엔탈피 3,115kJ/kg인 수증기가 발생한다. 입구와 출구에서의 유속은 각각 5m/s, 50m/s이고 공급되는 물의 양이 2,000kg/h일 때 보일러에 공급해야 할 열량(kW)은? (단, 위치에너지변화는 무시한다.)

① 631
② 832
③ 1,237
④ 1,638

[해설] 보일러에 공급할 열량
$= m\Delta h + m\Delta KE$
$= \dfrac{2,000\times(3,115-167)}{3,600} + \dfrac{2,000}{3,600}\times\dfrac{50^2-5^2}{2}\times 10^{-3}$
$\fallingdotseq 1638.46\text{kW}$

40 다음 그림과 같은 공기표준브레이튼(Brayton)사이클에서 작동유체 1kg당 터빈일(kJ/kg)은? (단, $T_1=300\text{K}$, $T_2=475.1\text{K}$, $T_3=1,100\text{K}$, $T_4=694.5\text{K}$이고, 공기의 정압비열과 정적비열은 각각 1.0035kJ/kg·K, 0.7165kJ/kg·K이다.)

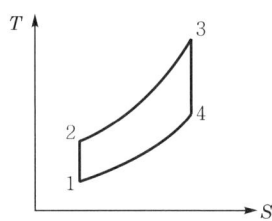

① 290
② 407
③ 448
④ 627

[해설] $w_t = h_3 - h_4 = C_p(T_3 - T_4)$
$= 1.0035\times(1,100-694.5) \fallingdotseq 407\text{kJ/kg}$

제3과목 · 기계유체역학

41 모세관을 이용한 점도계에서 원형관 내의 유동은 비압축성 뉴턴유체의 층류유동으로 가정할 수 있다. 원형관의 입구측과 출구측의 압력차를 2배로 늘렸을 때 동일한 유체의 유량은 몇 배가 되는가?

① 2배
② 4배
③ 8배
④ 16배

[해설] 모세관을 이용한 점도계에서 원형관 내의 유동은 비압축성 뉴턴유체의 층류유동으로 가정하여 하겐-포아젤법칙을 이용하여 점도를 측정한다.
점성계수(μ) $= \dfrac{\Delta P \pi d^4}{128 Q L}[\text{Pa}\cdot\text{s}]$

정답 37.③ 38.③ 39.④ 40.② 41.①

따라서 압력강하(ΔP) = $\dfrac{128\mu QL}{\pi d^4}$ [Pa]이므로 $\Delta P \propto Q$이므로 2배가 된다.

42 지름이 10cm인 원통에 물이 담겨져 있다. 수직인 중심축에 대하여 300rpm의 속도로 원통을 회전시킬 때 수면의 최고점과 최저점의 수직높이차는 약 몇 cm인가?

① 0.126　　② 4.2
③ 8.4　　　④ 12.6

해설 $w = \dfrac{2\pi N}{60} = \dfrac{2\pi \times 300}{60} = 31.42\,\text{rad/s}$

$\therefore h = \dfrac{r^2 w^2}{2g} = \dfrac{0.05^2 \times 31.42^2}{2 \times 9.8} ≒ 0.126\,\text{m} = 12.6\,\text{cm}$

43 다음 그림과 같이 비중이 1.3인 유체 위에 깊이 1.1m로 물이 채워져 있을 때 직경 5cm의 탱크 출구로 나오는 유체의 평균속도는 약 몇 m/s인가? (단, 탱크의 크기는 충분히 크고, 마찰손실은 무시한다.)

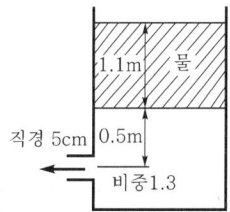

① 3.9　　② 5.1
③ 7.2　　④ 7.7

해설 $P = \gamma_w h = 9{,}800 \times 1.1 = 10{,}780\,\text{Pa}$

$P = \gamma' h_e$ [Pa]

$\therefore$ 등가깊이(h_e) = $\dfrac{P}{\gamma'} = \dfrac{10{,}780}{9{,}800 \times 1.3} = 0.846\,\text{m}$

$H = h_e + 0.5 = 0.846 + 0.5 = 1.346\,\text{m}$

$\therefore V = \sqrt{2gH} = \sqrt{2 \times 9.8 \times 1.346} ≒ 5.14\,\text{m/s}$

44 다음 유체역학적 양 중 질량차원을 포함하지 않는 양은 어느 것인가? (단, MLT 기본차원을 기준으로 한다.)

① 압력　　　　② 동점성계수
③ 모멘트　　　④ 점성계수

해설 동점성계수의 단위는 m^2/s이므로 차원 $L^2 T^{-1}$로 질량차원(M)을 포함하지 않는 양이다.

[참고] ・압력(P) = FL^{-2} = $(MLT^{-2})L^{-2}$ = $ML^{-1}T^{-2}$
　　　・모멘트(M) = FL = $(MLT^{-2})L$ = $ML^2 T^{-2}$
　　　・점성계수(μ) = FTL^{-2} = $(MLT^{-2})TL^{-2}$ = $ML^{-1}T^{-1}$

45 다음 그림과 같이 오일이 흐르는 수평관으로 두 지점의 압력차 $p_1 - p_2$를 측정하기 위하여 오리피스와 수은을 넣은 U자관을 설치하였다. $p_1 - p_2$로 옳은 것은? (단, 오일의 비중량은 γ_{oil}이며, 수은의 비중량은 γ_{Hg}이다.)

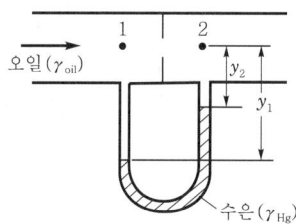

① $(y_1 - y_2)(\gamma_{\text{Hg}} - \gamma_{\text{oil}})$
② $y_2(\gamma_{\text{Hg}} - \gamma_{\text{oil}})$
③ $y_1(\gamma_{\text{Hg}} - \gamma_{\text{oil}})$
④ $(y_1 - y_2)(\gamma_{\text{oil}} - \gamma_{\text{Hg}})$

해설 $p_1 - p_2 = h(\gamma_{\text{Hg}} - \gamma_{\text{oil}}) = (y_2 - y_1)(\gamma_{\text{Hg}} - \gamma_{\text{oil}})$ [kPa]

46 속도퍼텐셜 $\phi = K\theta$인 와류유동이 있다. 중심에서 반지름 r인 원주에 따른 순환(circulation)식으로 옳은 것은? (단, K는 상수이다.)

① 0　　　　② K
③ πK　　④ $2\pi K$

해설 임의의 공간곡선에 따른 순환(Γ)은 그 곡선을 경계에 갖고 임의의 공간곡선순환에 수직인 와도성분(w_n)을 면적적분한 것과 같다. 소용돌이가 없는 흐름에 있어서 폐곡선을 일주할 때 속도퍼텐셜($\phi = K\theta$)의 변화와 같다.

$\therefore$ 순환(Γ) = $2\pi K$

[참고] 비회전유동(소용돌이가 없는 흐름) 시 순환은 0이다.

정답 42. ④　43. ②　44. ②　45. ①　46. ④

47 다음 그림과 같이 평행한 두 원판 사이에 점성계수 $\mu=0.2\text{N}\cdot\text{s/m}^2$인 유체가 채워져 있다. 아래 판은 정지되어 있고, 위 판은 1,800rpm으로 회전할 때 작용하는 돌림힘은 약 몇 N·m인가?

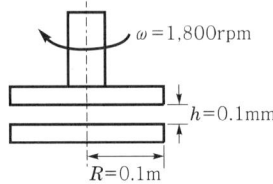

① 9.4
② 38.3
③ 46.3
④ 59.2

해설 미소회전토크$(dT)=r\tau dA=r\mu\dfrac{rw}{h}2\pi rdr$

여기서, $\tau=\mu\dfrac{rw}{h}$[Pa]

$\therefore T=2\pi\mu\dfrac{w}{h}\int_0^R r^3 dr=2\pi\mu\dfrac{w}{h}\left[\dfrac{r^4}{4}\right]_0^R=\dfrac{\pi}{2}\mu\dfrac{wR^4}{h}$

$=\dfrac{\pi}{2}\times 0.2\times\dfrac{1}{0.1\times 10^{-3}}\times\dfrac{2\pi\times 1{,}800}{60}\times 0.1^4$

$\fallingdotseq 59.2\text{N}\cdot\text{m}$

48 피에조미터관에 대한 설명으로 틀린 것은?
① 계기유체가 필요 없다.
② U자관에 비해 구조가 단순하다.
③ 기체의 압력측정에 사용할 수 있다.
④ 대기압 이상의 압력측정에 사용할 수 있다.

해설 피에조미터관은 압력측정용 액주계로, 용기 속의 유체는 기체가 아닌 액체이어야 한다.

49 밀도가 0.84kg/m³이고 압력이 87.6kPa인 이상기체가 있다. 이 이상기체의 절대온도를 2배 증가시킬 때 이 기체에서의 음속은 약 몇 m/s인가? (단, 비열비는 1.4이다.)
① 280
② 340
③ 540
④ 720

해설 $T=\dfrac{P}{\rho R}=\dfrac{87.6\times 10^3}{0.84\times 287}=363\text{K}$

$\therefore C=\sqrt{\dfrac{kP}{\rho}}=\sqrt{kR(2T)}$

$=\sqrt{1.4\times 287\times 2\times 363}=540\text{m/s}$

50 평판 위에 점성, 비압축성 유체가 흐르고 있다. 경계층두께 δ에 대하여 유체의 속도 u의 분포는 다음과 같다. 이때 경계층운동량두께에 대한 식으로 옳은 것은? (단, U는 상류속도, y는 평판과의 수직거리이다.)

- $0 \le y \le \delta$: $\dfrac{u}{U}=\dfrac{2y}{\delta}-\left(\dfrac{y}{\delta}\right)^2$
- $y > \delta$: $u=U$

① 0.1δ
② 0.125δ
③ 0.133δ
④ 0.166δ

해설 $\delta_m=\dfrac{1}{\rho U_0^2}\int_0^\delta \rho U(U_\infty-U)dy$

$=\int_0^\delta \dfrac{U}{U_\infty}\left(1-\dfrac{U}{U_\infty}\right)dy$

$=\int_0^\delta\left(\dfrac{2y}{\delta}-\dfrac{5y^2}{\delta^2}+\dfrac{4y^3}{\delta^3}-\dfrac{y^4}{\delta^4}\right)dy$

$=\delta-\dfrac{5\delta}{3}+\delta-\dfrac{\delta}{5}=0.133\delta$

51 다음 그림과 같이 폭이 2m인 수문 ABC가 A점에서 힌지로 연결되어 있다. 그림과 같이 수문이 고정될 때 수평인 케이블 CD에 걸리는 장력은 약 몇 kN인가? (단, 수문의 무게는 무시한다.)

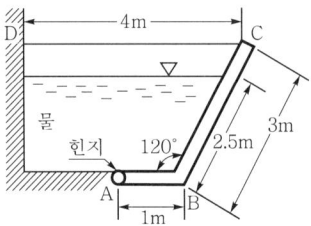

① 38.3
② 35.4
③ 25.2
④ 22.9

해설 $y_p=\bar{y}+\dfrac{I_G}{A\bar{y}}=1.25+\dfrac{\dfrac{2\times 2.5^3}{12}}{2.5\times 2\times 1.25}\fallingdotseq 1.67\text{m}$

$F=\gamma\bar{y}\sin\theta A$
$=9.8\times 1.25\times\sin 60°\times(2.5\times 2)=53.04\text{kN}$

$F\times\sin 30°\times[(2.5-1.67)\times\sin 30°+1]$
$+F\times\cos 30°\times(2.5-1.67)\times\cos 30°$
$+(1\times 2.5)\times\sin 60°\times 2\times 9.8\times 0.5=T\times 3\times\sin 60°$

$\therefore T=\dfrac{97.77}{3\times\sin 60°}\fallingdotseq 35.4\text{kN}$

정답 47. ④ 48. ③ 49. ③ 50. ③ 51. ②

52 지름 100mm관에 글리세린이 9.42L/min의 유량으로 흐른다. 이 유동은? (단, 글리세린의 비중은 1.26, 점성계수는 $\mu = 2.9 \times 10^{-4}$ kg/m·s 이다.)

① 난류유동 ② 층류유동
③ 천이유동 ④ 경계층유동

해설 $Q = AV [\text{m}^3/\text{s}]$

$V = \dfrac{Q}{A} = \dfrac{Q}{\dfrac{\pi d^2}{4}} = \dfrac{4Q}{\pi d^2} = \dfrac{4 \times \dfrac{9.42 \times 10^{-3}}{60}}{\pi \times 0.1^2} = 0.02 \text{m/s}$

$\therefore Re = \dfrac{\rho V d}{\mu} = \dfrac{(1,000 \times 1.26) \times 0.02 \times 0.1}{2.9 \times 10^{-4}}$
$= 8,690 > 4,000$ 이므로 난류유동

53 다음 그림과 같이 날카로운 사각모서리 입출구를 갖는 관로에서 전수두 H는? (단, 관의 길이를 l, 지름은 d, 관마찰계수는 f, 속도수두는 $\dfrac{V^2}{2g}$ 이고 입구손실계수는 0.5, 출구손실계수는 1.0이다.)

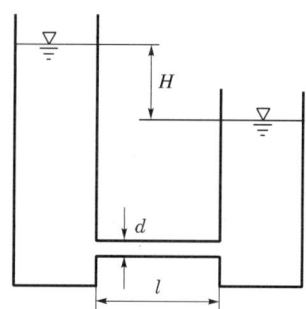

① $H = \left(1.5 + f\dfrac{l}{d}\right)\dfrac{V^2}{2g}$

② $H = \left(1 + f\dfrac{l}{d}\right)\dfrac{V^2}{2g}$

③ $H = \left(0.5 + f\dfrac{l}{d}\right)\dfrac{V^2}{2g}$

④ $H = f\dfrac{l}{d}\dfrac{V^2}{2g}$

해설 $H = \left(1.5 + f\dfrac{l}{d}\right)\dfrac{V^2}{2g} [\text{m}]$

54 현의 길이가 7m인 날개의 속력이 500km/h로 비행할 때 이 날개가 받는 양력이 4,200kN이라고 하면 날개의 폭은 약 몇 m인가? (단, 양력계수 $C_L = 1$, 항력계수 $C_D = 0.02$, 밀도 $\rho = 1.2$kg/m³이다.)

① 51.84 ② 63.17
③ 70.99 ④ 82.36

해설 $V = 500 \text{km/h} = \dfrac{500}{3.6} = 138.89 \text{m/s}$

$L = C_L \dfrac{\rho A V^2}{2} = C_L \dfrac{\rho b l V^2}{2} [\text{N}]$

$\therefore b = \dfrac{2L}{C_L \rho l V^2} = \dfrac{2 \times 4,200 \times 10^3}{1 \times 1.2 \times 7 \times 138.89^2} \fallingdotseq 51.84 \text{m}$

55 다음 그림과 같이 물이 유량 Q로 저수조로 들어가고 속도 $V = \sqrt{2gh}$로 저수조 바닥에 있는 면적 A_2의 구멍을 통하여 나간다. 저수조의 수면높이가 변화하는 속도 $\dfrac{dh}{dt}$는?

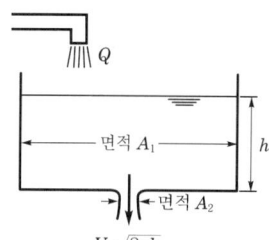

① $\dfrac{Q}{A_2}$ ② $\dfrac{A_2\sqrt{2gh}}{A_1}$

③ $\dfrac{Q - A_2\sqrt{2gh}}{A_2}$ ④ $\dfrac{Q - A_2\sqrt{2gh}}{A_1}$

해설 $V = \dfrac{dh}{dt} = \dfrac{Q - A_2\sqrt{2gh}}{A_1} [\text{m/s}]$

56 중력가속도 g, 체적유량 Q, 길이 L로 얻을 수 있는 무차원수는?

① $\dfrac{Q}{\sqrt{gL}}$ ② $\dfrac{Q}{\sqrt{gL^3}}$

③ $\dfrac{Q}{\sqrt{gL^5}}$ ④ $Q\sqrt{gL^3}$

해설 $\Pi = \dfrac{Q}{\sqrt{gL^5}} = \dfrac{\text{m}^3/\text{s}}{(\text{m/s}^2 \times \text{m}^5)^{\frac{1}{2}}} = \dfrac{\text{m}^3/\text{s}}{(\text{m}^6/\text{s}^2)^{\frac{1}{2}}} = 1$

정답 52. ① 53. ① 54. ① 55. ④ 56. ③

57 다음 그림과 같이 속도가 V인 유체가 속도 U로 움직이는 곡면에 부딪혀 90°의 각도로 유동방향이 바뀐다. 다음 중 유체가 곡면에 가하는 힘의 수평방향 성분크기가 가장 큰 것은? (단, 유체의 유동 단면적은 일정하다.)

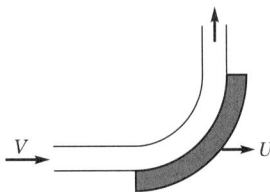

① $V=10 \text{m/s}$, $U=5 \text{m/s}$
② $V=20 \text{m/s}$, $U=15 \text{m/s}$
③ $V=10 \text{m/s}$, $U=4 \text{m/s}$
④ $V=25 \text{m/s}$, $U=20 \text{m/s}$

해설 $F = \rho A(V-U)^2(1-\cos\theta)[\text{N}]$
동일조건에서는 곡면에 대한 분류의 상대속도($V-U$)가 큰 값이 수평방향에 가해지는 힘이 크다.

58 담배연기가 비정상유동으로 흐를 때 순간적으로 눈에 보이는 담배연기는 다음 중 어떤 것에 해당하는가?

① 유맥선
② 유적선
③ 유선
④ 유선, 유적선, 유맥선 모두에 해당됨

해설 유맥선(streak line)은 모든 유체입자의 순간궤적이다.

59 관로의 전 손실수두가 10m인 펌프로부터 21m 지하에 있는 물을 지상 25m의 송출액면에 10m³/min의 유량으로 수송할 때 축동력이 124.5kW이다. 이 펌프의 효율은 약 얼마인가?

① 0.70 ② 0.73
③ 0.76 ④ 0.80

해설 $\eta_p = \dfrac{L_w}{L_s} = \dfrac{9.8QH}{L_s}$
$= \dfrac{9.8 \times \frac{10}{60} \times (10+21+25)}{124.5} \fallingdotseq 0.73(=73\%)$

60 길이 150m인 배를 길이 10m인 모형으로 조파저항에 관한 실험을 하고자 한다. 실형의 배가 70km/h로 움직인다면 실형과 모형 사이의 역학적 상사를 만족하기 위한 모형의 속도는 약 몇 km/h인가?

① 271 ② 56
③ 18   ④ 10

해설 조파저항은 Froude Number를 만족시켜야 하므로
$(Fr)_p = (Fr)_m$
$\left(\dfrac{V}{\sqrt{Lg}}\right)_p = \left(\dfrac{V}{\sqrt{Lg}}\right)_m$
$g_p \approx g_m$
$\therefore V_m = V_p\sqrt{\dfrac{l_m}{l_p}} = 70\sqrt{\dfrac{10}{150}} = 18.07 \text{km/h}$

제4과목 · 기계재료 및 유압기기

61 배빗메탈(babbit metal)에 관한 설명으로 옳은 것은?

① Sn-Sb-Cu계 합금으로서 베어링재료로 사용된다.
② Cu-Ni-Si계 합금으로서 도전율이 좋으므로 강력도전재료로 이용된다.
③ Zn-Cu-Ti계 합금으로서 강도가 현저히 개선된 경화형 합금이다.
④ Al-Cu-Mg계 합금으로서 상온시효처리하여 기계적 성질을 개선시킨 합금이다.

해설 배빗메탈은 Sn-Sb-Cu계 합금으로서 베어링재료로 사용된다.

62 고용체합금의 시효경화를 위한 조건으로서 옳은 것은?

① 급냉에 의해 제2상의 석출이 잘 이루어져야 한다.
② 고용체의 용해도한계가 온도가 낮아짐에 따라 증가해야만 한다.
③ 기지상은 단단하여야 하며, 석출물은 연한 상이어야 한다.
④ 최대 강도 및 경도를 얻기 위해서는 기지조직과 정합상태를 이루어야만 한다.

정답 57.③ 58.① 59.② 60.③ 61.① 62.④

63 고Mn강(hadfield steel)에 대한 설명으로 옳은 것은?

① 고온에서 서냉하면 M₃C가 석출하여 취약해진다.
② 소성변형 중 가공경화성이 없으며 인장강도가 낮다.
③ 1,200℃ 부근에서 급냉하여 마텐자이트단상으로 하는 수인법을 이용한다.
④ 열전도성이 좋고 팽창계수가 작아 열변형을 일으키지 않는다.

64 플라스틱재료의 일반적인 특징으로 옳은 것은?

① 내구성이 매우 높다.
② 완충성이 매우 낮다.
③ 자기윤활성이 거의 없다.
④ 복합화에 의한 재질의 개량이 가능하다.

65 현미경조직검사를 실시하기 위한 철강용 부식제로 옳은 것은?

① 왕수 ② 질산용액
③ 나이탈용액 ④ 염화 제2철용액

66 상온의 금속(Fe)을 가열하였을 때 체심입방격자에서 면심입방격자로 변하는 점은?

① A₀변태점 ② A₂변태점
③ A₃변태점 ④ A₄변태점

해설 α-Fe(체심입방격자) $\xrightarrow{A_3변태점(910℃)}$ γ-Fe(면심입방격자) $\xrightarrow{A_4변태점(1,400℃)}$ δ-Fe(체심입방격자)

67 스테인리스강을 조직에 따라 분류할 때의 기준조직이 아닌 것은?

① 페라이트계 ② 마텐자이트계
③ 시멘타이트계 ④ 오스테나이트계

해설 스테인리스강을 조직에 따라 분류할 때의 기준조직은 페라이트계, 오스테나이트계(18-8스테인리스강), 마텐자이트계이다.

68 담금질한 공석강의 냉각곡선에서 시편을 20℃의 물속에 넣었을 때 ㉮와 같은 곡선을 나타낼 때의 조직은?

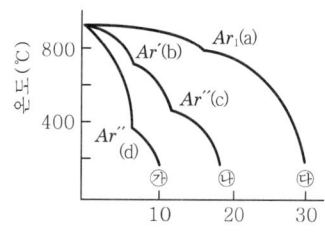

① 펄라이트 ② 오스테나이트
③ 마텐자이트 ④ 베이나이트+펄라이트

해설 ㉯ 마텐자이트+펄라이트
㉰ 펄라이트
[참고] Ar' : 급냉, Ar'' : 서냉

69 항온열처리방법에 해당하는 것은?

① 뜨임(tempering)
② 어닐링(annealing)
③ 마퀜칭(marquenching)
④ 노멀라이징(normalizing)

해설 ㉠ 일반열처리방법 : 뜨임(템퍼링), 어닐링(풀림), 노멀라이징(불림), 퀜칭(담금질) 등
㉡ 항온열처리방법 : 마퀜칭, 마템퍼, 오스포밍 등

70 고강도합금으로써 항공기용 재료에 사용되는 것은?

① 베릴륨동
② Naval brass
③ 알루미늄청동
④ Extra Super Duralumin

해설 Extra Super Duralumin(초초두랄루민)은 두랄루민에 동과 마그네슘(Mg)의 양을 늘리고 규소(Si)양을 줄인 것으로 고강도합금으로써 항공기용 재료에 널리 사용된다.

71 유체토크컨버터의 주요 구성요소가 아닌 것은?

① 펌프 ② 터빈
③ 스테이터 ④ 릴리프밸브

해설 유체토크컨버터의 구성 3요소 : 펌프, 터빈, 스테이터(stator)

정답 63.① 64.④ 65.③ 66.③ 67.③ 68.③ 69.③ 70.④ 71.④

72 미터 아웃 회로에 대한 설명으로 틀린 것은?

① 피스톤속도를 제어하는 회로이다.
② 유량제어밸브를 실린더의 입구측에 설치한 회로이다.
③ 기본형은 부하변동이 심한 공작기계의 이송에 사용된다.
④ 실린더에 배압이 걸리므로 끌어당기는 하중이 작용해도 자주 할 염려가 없다.

해설 미터 아웃 회로(meter out circuit)는 유량제어밸브를 실린더의 출구측에 설치한 회로이다.

73 압력제어밸브의 종류가 아닌 것은?

① 체크밸브   ② 감압밸브
③ 릴리프밸브 ④ 카운터밸런스밸브

해설 체크밸브(check valve)는 방향제어밸브의 대표적인 밸브로 유체를 한쪽 방향으로만 흐르게 하고, 반대쪽은 차단시켜주는 역류 방지용 밸브이다.

74 유압유의 구비조건으로 적절하지 않은 것은?

① 압축성이어야 한다.
② 점도지수가 커야 한다.
③ 열을 방출시킬 수 있어야 한다.
④ 기름 중의 공기를 분리시킬 수 있어야 한다.

해설 유압유(작동유)는 비압축성 유체이어야 한다.

75 유압장치의 특징으로 적절하지 않은 것은?

① 원격제어가 가능하다.
② 소형장치로 큰 출력을 얻을 수 있다.
③ 먼지나 이물질에 의한 고장의 우려가 없다.
④ 오일에 기포가 섞여 작동이 불량할 수 있다.

해설 유압장치는 먼지나 이물질에 의한 고장의 우려가 크다.

76 유압실린더 취급 및 설계 시 주의사항으로 적절하지 않은 것은?

① 적당한 위치에 공기구멍을 장치한다.
② 쿠션장치인 쿠션밸브는 감속범위의 조정용으로 사용된다.
③ 쿠션장치인 쿠션링은 헤드 엔드축에 흐르는 오일을 촉진한다.
④ 원칙적으로 더스트와이퍼를 연결해야 한다.

해설 유압실린더의 쿠션장치는 유압실린더의 피스톤이 고속으로 후진할 때 발생하는 관성에너지를 유체의 저항력, 즉 열에너지를 흡수함으로써 초과압력에 의한 누유 발생위험을 제거해주는 장치이다.

77 다음 그림의 유압회로도에서 ①의 밸브명칭으로 옳은 것은?

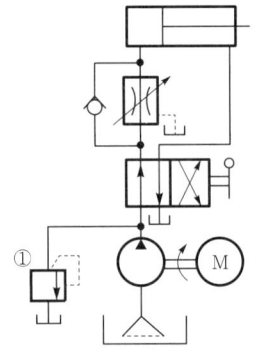

① 스톱밸브   ② 릴리프밸브
③ 무부하밸브 ④ 카운터밸런스밸브

해설 유압회로도에서 ①은 유압제어밸브인 릴리프밸브이다.

78 펌프에 대한 설명으로 틀린 것은?

① 피스톤펌프는 피스톤을 경사판, 캠, 크랭크 등에 의해서 왕복운동시켜 액체를 흡입 쪽에서 토출 쪽으로 밀어내는 형식의 펌프이다.
② 레이디얼피스톤펌프는 피스톤의 왕복운동 방향이 구동축에 거의 직각인 피스톤펌프이다.
③ 기어펌프는 케이싱 내에 물리는 2개 이상의 기어에 의해 액체를 흡입 쪽에서 토출 쪽으로 밀어내는 형식의 펌프이다.
④ 터보펌프는 덮개차를 케이싱 외에 회전시켜 액체로부터 운동에너지를 뺏어 액체를 토출하는 형식의 펌프이다.

79 채터링현상에 대한 설명으로 적절하지 않은 것은?

① 소음을 수반한다.
② 일종의 자려진동현상이다.
③ 감압밸브, 릴리프밸브 등에서 발생한다.
④ 압력, 속도변화에 의한 것이 아닌 스프링의 강성에 의한 것이다.

80 다음 그림과 같은 유압기호의 명칭은?

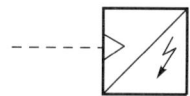

① 경음기   ② 소음기
③ 리밋스위치   ④ 아날로그변환기

해설 도시된 그림은 아날로그변환기이다.

제5과목 · 기계제작법 및 기계동력학

81 국제단위체계(SI)에서 1N에 대한 설명으로 맞는 것은?

① 1g의 질량에 $1m/s^2$의 가속도를 주는 힘이다.
② 1g의 질량에 $1m/s$의 속도를 주는 힘이다.
③ 1kg의 질량에 $1m/s^2$의 가속도를 주는 힘이다.
④ 1kg의 질량에 $1m/s$의 속도를 주는 힘이다.

해설 $F = ma$
$1N = 1kg \times 1m/s^2$

82 30°로 기울어진 표면에 질량 50kg인 블록이 질량 m인 추와 다음 그림과 같이 연결되어 있다. 경사표면과 블록 사이의 마찰계수가 0.5일 때 이 블록을 경사면으로 끌어올리기 위한 추의 최소 질량은 약 몇 kg인가?

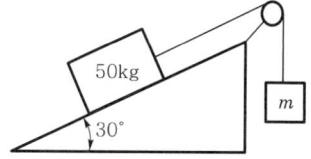

① 36.5   ② 41.8
③ 46.7   ④ 54.2

해설 $m_1 g\sin\theta + \mu m_1 g\cos\theta = mg$
$m_1\sin\theta + \mu m_1\cos\theta = m$
$50 \times \sin30° + 0.5 \times 50 \times \cos30° = m$
∴ $m ≒ 46.7kg$

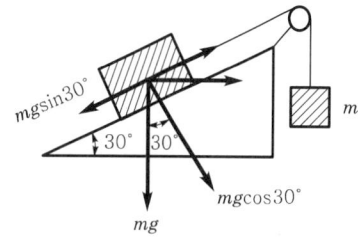

83 다음 그림과 같이 질량이 동일한 두 개의 구슬 A, B가 있다. 초기에 A의 속도는 v이고, B는 정지되어 있다. 충돌 후 A와 B의 속도에 관한 설명으로 맞는 것은? (단, 두 구슬 사이의 반발계수는 1이다.)

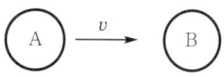

① A와 B 모두 정지한다.
② A와 B 모두 v의 속도를 가진다.
③ A와 B 모두 $\frac{v}{2}$의 속도를 가진다.
④ A는 정지하고, B는 v의 속도를 가진다.

84 다음 그림과 같이 최초 정지상태에 있는 바퀴에 줄이 감겨있다. 힘을 가하여 줄의 가속도(a)가 $a = 4t[m/s^2]$일 때 바퀴의 각속도(w)를 시간의 함수로 나타내면 몇 rad/s인가?

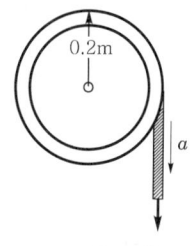

① $8t^2$ ② $9t^2$
③ $10t^2$ ④ $11t^2$

정답 79.④ 80.④ 81.③ 82.③ 83.④ 84.③

해설 $a = \dfrac{dv}{dt}\,[\text{m/s}^2]$

$v = \displaystyle\int_0^t a\,dt = \int_0^t (4t)\,dt = 2t^2\,[\text{m/s}]$

$v = r\omega$

$\therefore \omega = \dfrac{v}{r} = \dfrac{2t^2}{0.2} = 10t^2\,[\text{rad/s}]$

85 다음 그림과 같이 질량이 10kg인 봉의 끝단이 홈을 따라 움직이는 블록 A, B에 구속되어 있다. 초기에 $\theta = 0°$에서 정지하여 있다가 블록 B에 수평력 $P = 50\text{N}$이 작용하여 $\theta = 45°$가 되는 순간에 봉의 각속도는 약 몇 rad/s인가? (단, 블록 A와 B의 질량과 마찰은 무시하고, 중력가속도 $g = 9.81\text{m/s}^2$이다.)

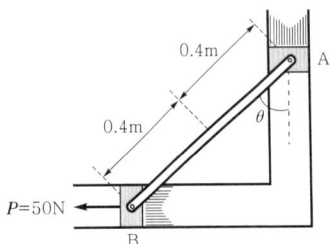

① 3.11 ② 4.11
③ 5.11 ④ 6.11

해설 ㉠ 운동에너지

$T_2 = \dfrac{1}{2}mV_{G2}^2 + \dfrac{1}{2}I_G W_2^2$

$= \dfrac{1}{2} \times 10 V_{G2}^2 + \dfrac{1}{2} \times \left(\dfrac{1}{12} \times 10 \times 0.8^2\right) W_2^2$

$= 5V_{G2}^2 + 0.267 W_2^2$

㉡ 순간 중심의 원리 적용(A는 아래로, B는 왼쪽으로 움직인다.)

$V_{G2} = r_G W_2 = 0.4 \times \tan 45° \, W_2 = 0.4 W_2$

$\therefore T_2 = 5 \times (0.4 W_2)^2 + 0.267 W_2^2 = 1.067 W_2^2$

㉢ 일과 에너지의 원리 적용

봉의 질량 중심은 아랫방향으로 수직하게 $\Delta y = 0.4 - 0.4 \times \cos 45°\text{m}$만큼 이동하고, 수평력의 작용점은 좌측방향 $S = 0.8 \times \sin 45°\text{m}$만큼 이동하였다.

$T_1 + \sum U_{1 \to 2} = T_2$

$T_1 + (W\Delta y + PS) = T_2$

$0 + \{98.1 \times (0.4 - 0.4 \times \cos 45°) + 50 \times (0.8 \times \sin 45°)\}$
$= 1.067 W_2^2$

$\therefore W_2 = 6.11 \text{rad/s}\,(\downarrow)$

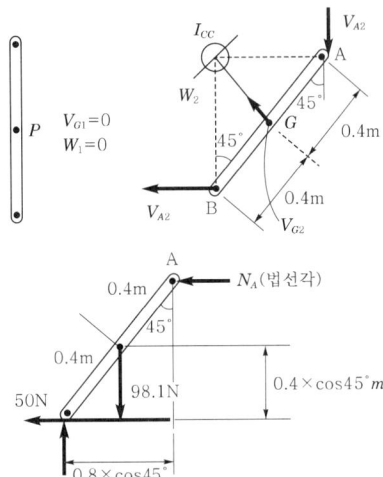

86 스프링상수가 20N/cm와 30N/cm인 두 개의 스프링을 직렬로 연결했을 때 등가스프링상수값은 몇 N/cm인가?

① 10 ② 12
③ 25 ④ 50

해설 $k_{eq} = \dfrac{1}{\dfrac{1}{k_1} + \dfrac{1}{k_2}} = \dfrac{k_1 k_2}{k_1 + k_2} = \dfrac{20 \times 30}{20 + 30} = 12\text{N/cm}$

87 엔진(질량 m)의 진동이 공장 바닥에 직접 전달될 때 바닥에 힘이 $F_0 \sin\omega t$로 전달된다. 이때 전달되는 힘을 감소시키기 위해 엔진과 바닥 사이에 스프링(스프링상수 k)과 댐퍼(감쇠계수 c)를 달았다. 이를 위해 진동계의 고유진동수(ω_n)와 외력의 진동수(ω)는 어떤 관계를 가져야 하는가? (단, $\omega_n = \sqrt{\dfrac{k}{m}}$이고 t는 시간을 의미한다.)

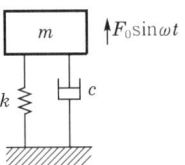

① $\omega_n > \omega$ ② $\omega_n < 2\omega$
③ $\omega_n < \dfrac{\omega}{\sqrt{2}}$ ④ $\omega_n > \dfrac{\omega}{\sqrt{2}}$

정답 85. ④ 86. ② 87. ③

해설 전달되는 힘을 감소시키기 위한 방법 $\gamma = \dfrac{\omega}{\omega_n} > \sqrt{2}$ 인 경우 $\omega_n < \dfrac{\omega}{\sqrt{2}}$ 이다.

88 90km/h의 속력으로 달리던 자동차가 100m 전방의 장애물을 발견한 후 제동을 하여 장애물 바로 앞에 정지하기 위해 필요한 제동력의 크기는 몇 N인가? (단, 자동차의 질량은 1,000kg이다.)

① 3,125 ② 6,250
③ 40,500 ④ 81,000

해설 제동일=운동에너지

$\mu FS = \dfrac{mV^2}{2}$

$\therefore F = \dfrac{mV^2}{2\mu S} = \dfrac{1,000 \times \left(\dfrac{90}{36}\right)^2}{2 \times 1 \times 100} = 3,125\text{N}$

89 다음 중 계의 고유진동수에 영향을 미치지 않는 것은?

① 계의 초기조건
② 진동물체의 질량
③ 계의 스프링계수
④ 계를 형성하는 재료의 탄성계수

해설 고유진동수$(f_n) = \dfrac{1}{2\pi}\sqrt{\dfrac{k}{m}}$ [Hz]

$\therefore$ 계의 초기조건은 고유진동수에 영향을 미치는 인자가 아니다.

90 다음 그림과 같이 질량이 m인 물체가 탄성스프링으로 지지되어 있다. 초기위치에서 자유낙하를 시작하고 초기스프링의 변형량이 0일 때 스프링의 최대 변형량(x)은? (단, 스프링의 질량은 무시하고, 스프링상수는 k, 중력가속도는 g이다.)

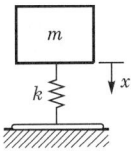

① $\dfrac{mg}{k}$ ② $\dfrac{2mg}{k}$
③ $\sqrt{\dfrac{mg}{k}}$ ④ $\sqrt{\dfrac{2mg}{k}}$

91 쇼트피닝(shot peening)에 대한 설명으로 틀린 것은?

① 쇼트피닝은 얇은 공작물일수록 효과가 크다.
② 가공물표면에 작은 해머와 같은 작용을 하는 형태로 일종의 열간가공법이다.
③ 가공물표면에 가공경화된 잔류압축응력층이 형성된다.
④ 반복하중에 대한 피로파괴에 큰 저항을 갖고 있기 때문에 각종 스프링에 널리 이용된다.

해설 쇼트피닝은 금속재료의 표면에 강이나 주철의 작은 입자를 고속으로 분사시켜 가공경화층을 만든다. 스프링, 축, 핀 등에 적용하며 피로한도를 현저하게 향상시킨다.

92 오스테나이트조직을 굳은 조직인 베이나이트로 변환시키는 항온변태열처리법은?

① 서브제로 ② 마템퍼링
③ 오스포밍 ④ 오스템퍼링

해설 오스템퍼링(austempering)은 오스테나이트의 항온변태열처리의 일종으로, 이때 얻어지는 조직은 베이나이트조직으로 인성이 강하다.

93 전기도금의 반대현상으로 가공물을 양극, 전기저항이 적은 구리, 아연을 음극에 연결한 후 용액에 침지하고 통전하여 금속표면의 미소돌기부분을 용해하여 거울면과 같이 광택이 있는 면을 가공할 수 있는 특수가공은?

① 방전가공 ② 전주가공
③ 전해연마 ④ 슈퍼피니싱

94 주철과 같은 강하고 깨지기 쉬운 재료(메진 재료)를 저속으로 절삭할 때 생기는 칩의 형태는?

① 균열형 칩 ② 유동형 칩
③ 열단형 칩 ④ 전단형 칩

95 두께 50mm의 연강판을 압연롤러를 통과시켜 40mm가 되었을 때 압하율은 몇 %인가?

① 10　　② 15
③ 20　　④ 25

해설 $\phi = \dfrac{H_0 - H_1}{H_0} \times 100\% = \dfrac{50-40}{50} \times 100\% = 20\%$

96 용접의 일반적인 장점으로 틀린 것은?

① 품질검사가 쉽고 잔류응력이 발생하지 않는다.
② 재료가 절약되고 중량이 가벼워진다.
③ 작업공정수가 감소한다.
④ 기밀성이 우수하며 이음효율이 향상된다.

해설 용접은 품질검사가 곤란하고 높은 온도로 인한 잔류응력이 발생한다.

97 프레스가공에서 전단가공의 종류가 아닌 것은?

① 블랭킹　　② 트리밍
③ 스웨이징　　④ 셰이빙

98 주물사에서 가스 및 공기에 해당하는 기체가 통과하여 빠져나가는 성질은?

① 보온성　　② 반복성
③ 내구성　　④ 통기성

99 선반가공에서 직경 60mm, 길이 100mm의 탄소강재료 환봉을 초경바이트를 사용하여 1회 절삭 시 가공시간은 약 몇 초인가? (단, 절삭깊이 1.5mm, 절삭속도 150m/min, 이송은 0.2mm/rev이다.)

① 38　　② 42
③ 48　　④ 52

해설 $V = \dfrac{\pi d N}{1{,}000} \ [\text{m/min}]$

$N = \dfrac{1{,}000\,V}{\pi d} = \dfrac{1{,}000 \times 150}{\pi \times 60} = 796 \text{rpm}$

$\therefore\ T = \dfrac{L}{NS} = \dfrac{100}{796 \times 0.2} \fallingdotseq 0.63\text{min} \fallingdotseq 38\text{sec}$

100 침탄법에 비하여 경화층은 얇으나 경도가 크고 담금질이 필요 없으며 내식성 및 내마모성이 커서 고온에도 변화되지 않지만 처리시간이 길고 생산비가 많이 드는 표면경화법은?

① 마퀜칭　　② 질화법
③ 화염경화법　　④ 고주파경화법

해설 침탄법과 질화법의 비교

침탄법	질화법
경도가 작다.	경도가 크고 취성이 있다.
열처리가 필요하다.	열처리가 불필요하다.
변형이 생긴다.	변형이 적다.
수정이 가능하다.	수정이 불가능하다.
침탄층은 단단하다.	질화층은 여리다.

[참고] 경화층의 두께는 침탄법이 질화법보다 깊다.

정답 95. ③　96. ①　97. ③　98. ④　99. ①　100. ②

2020 제3회 출제문제

| 2020. 8. 22. 시행 |

제1과목 · 재료역학

01 다음 구조물에 하중 $P=1$kN이 작용할 때 연결핀에 걸리는 전단응력은 약 얼마인가? (단, 연결핀의 지름은 5mm이다.)

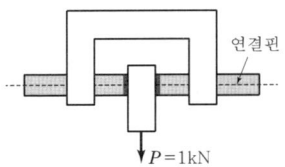

① 25.46kPa   ② 50.92kPa
③ 25.46MPa ④ 50.92MPa

해설 $\tau = \dfrac{P}{2A} = \dfrac{1{,}000}{2 \times \dfrac{\pi}{4} \times 5^2} = 25.46\text{MPa}$

02 100rpm으로 30kW를 전달시키는 길이 1m, 지름 7cm인 둥근 축단의 비틀림각은 약 몇 rad인가? (단, 전단탄성계수는 83GPa이다.)

① 0.26   ② 0.30
③ 0.015 ④ 0.009

해설 $T = 9.55 \times 10^6 \dfrac{\text{kW}}{N}[\text{N} \cdot \text{mm}]$

$= 9.55 \times 10^6 \times \dfrac{30}{100} = 2{,}865{,}000 \text{N} \cdot \text{mm}$

$\therefore \theta = \dfrac{TL}{GI_P} = \dfrac{TL}{G\dfrac{\pi d^4}{32}} = \dfrac{32TL}{G\pi d^4}$

$= \dfrac{32 \times 2{,}865{,}000 \times 1{,}000}{83 \times 10^3 \times \pi \times 70^4} \fallingdotseq 0.015\text{rad}$

03 길이가 5m이고 직경이 0.1m인 양단 고정보 중앙에 200N의 집중하중이 작용할 경우 보의 중앙에서의 처짐은 약 몇 m인가? (단, 보의 세로탄성계수는 200GPa이다.)

① 2.36×10^{-5} ② 1.33×10^{-4}
③ 4.58×10^{-4} ④ 1.06×10^{-3}

해설 $\delta_{\max} = \dfrac{PL^3}{192EI}$

$= \dfrac{200 \times 5{,}000^3}{192 \times 200 \times 10^3 \times \dfrac{\pi \times 100^4}{64}}$

$= 0.1326\text{mm} \fallingdotseq 1.33 \times 10^{-4}\text{m}$

04 다음 그림과 같이 800N의 힘이 브래킷의 A에 작용하고 있다. 이 힘의 점 B에 대한 모멘트는 약 몇 N·m인가?

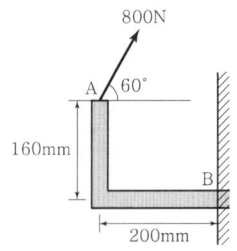

① 160.6   ② 202.6
③ 238.6   ④ 253.6

해설 $M_B = 800 \times \cos 60° \times 0.16 + 800 \times \sin 60° \times 0.2$
$\fallingdotseq 202.6\text{N} \cdot \text{m}$

05 길이 10m, 단면적 2cm²인 철봉을 100℃에서 다음 그림과 같이 양단을 고정했다. 이 봉의 온도가 20℃로 되었을 때 인장력은 약 몇 kN인가? (단, 세로탄성계수는 200GPa, 선팽창계수 $\alpha = 0.000012/℃$이다.)

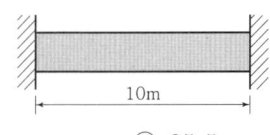

① 19.2   ② 25.5
③ 38.4   ④ 48.5

정답 01. ③ 02. ③ 03. ② 04. ② 05. ③

해설 $P = \sigma A = EA\alpha\Delta t$
$= 200 \times 10^6 \times 2 \times 10^{-4} \times 0.000012 \times (100-20)$
$= 38.4 \text{kN}$

06 다음 그림과 같이 외팔보의 끝에 집중하중 P가 작용할 때 자유단에서의 처짐각 θ는? (단, 보의 굽힘강성 EI는 일정하다.)

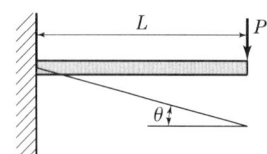

① $\dfrac{PL^2}{2EI}$ ② $\dfrac{PL^3}{6EI}$

③ $\dfrac{PL^2}{8EI}$ ④ $\dfrac{PL^2}{12EI}$

해설

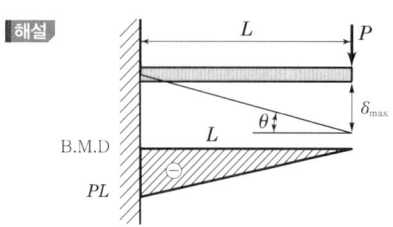

$\theta_{\max} = \dfrac{A_M}{EI} = \dfrac{\frac{1}{2}PL^2}{EI} = \dfrac{PL^2}{2EI} [\text{rad}]$

[참고] $\delta_{\max} = \theta_{\max}\bar{x} = \dfrac{A_M \bar{x}}{EI}$
$= \dfrac{PL^2}{2EI} \times \dfrac{2L}{3} = \dfrac{PL^3}{3EI} [\text{m}]$

07 비틀림모멘트 2kN·m가 지름 50mm인 축에 작용하고 있다. 축의 길이가 2m일 때 축의 비틀림각은 약 몇 rad인가? (단, 축의 전단탄성계수는 85GPa이다.)

① 0.019 ② 0.028
③ 0.054 ④ 0.077

해설 $\theta = \dfrac{TL}{GI_p} = \dfrac{32TL}{G\pi d^4}$
$= \dfrac{32 \times 2 \times 2}{85 \times 10^6 \times \pi \times 0.05^4} \fallingdotseq 0.077 \text{rad}$

08 다음 외팔보가 균일분포하중을 받을 때 굽힘에 의한 탄성변형에너지는? (단, 굽힘강성 EI는 일정하다.)

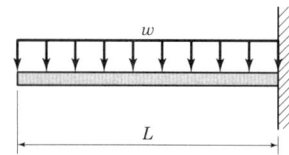

① $U = \dfrac{w^2L^5}{20EI}$

② $U = \dfrac{w^2L^5}{30EI}$

③ $U = \dfrac{w^2L^5}{40EI}$

④ $U = \dfrac{w^2L^5}{50EI}$

해설 $U = \dfrac{1}{2EI}\int_0^L M_x^2 dx = \dfrac{1}{2EI}\int_0^L \left(-\dfrac{wx^2}{2}\right)^2 dx$
$= \dfrac{w^2}{8EI}\int_0^L x^4 dx = \dfrac{w^2}{8EI}\left[\dfrac{x^5}{5}\right]_0^L = \dfrac{w^2L^5}{40EI}[\text{kJ}]$

09 판두께 3mm를 사용하여 내압 20kN/cm²를 받을 수 있는 구형(spherical) 내압용기를 만들려고 할 때 이 용기의 최대 안전내경 d를 구하면 몇 cm인가? (단, 이 재료의 허용인장응력을 $\sigma_w = 800\text{kN/cm}^2$로 한다.)

① 24 ② 48
③ 72 ④ 96

해설 $\sigma_a = \dfrac{Pd}{4t} [\text{kN/cm}^2]$

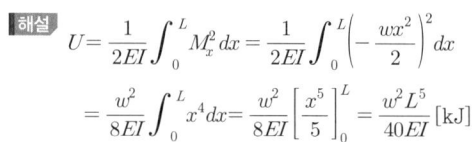

10 다음과 같은 평면응력상태에서 최대 주응력 σ_1은?

$\sigma_x = \tau, \ \sigma_y = 0, \ \tau_{xy} = -\tau$

① 1.414τ ② 1.80τ
③ 1.618τ ④ 2.828τ

정답 06. ① 07. ④ 08. ③ 09. ② 10. ③

해설
$$\sigma_1 = \frac{1}{2}(\sigma_x + \sigma_y) + \frac{1}{2}\sqrt{(\sigma_x - \sigma_y)^2 + 4\tau_{xy}^2}$$
$$= \frac{1}{2}(\sigma_x + \sigma_y) + \sqrt{\left(\frac{\sigma_x - \sigma_y}{2}\right)^2 + \tau_{xy}^2}$$
$$= \frac{1}{2}(\tau + 0) + \sqrt{\left(\frac{\tau}{2}\right)^2 + (-\tau)^2}$$
$$= 1.618\tau$$

11 다음 그림과 같은 돌출보에서 $w = 120$kN/m의 등분포하중이 작용할 때 중앙 부분에서의 최대 굽힘응력은 약 몇 MPa인가? (단, 단면은 표준 I형보로 높이 $h = 60$cm이고 단면 2차 모멘트 $I = 98,200$cm⁴이다.)

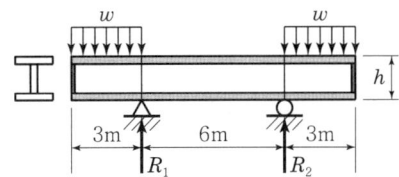

① 125   ② 165
③ 185   ④ 195

해설
$$M_{\max} = (wL_1)\frac{L_1}{2} = \frac{wL_1^2}{2} = \frac{120 \times 3^2}{2}$$
$$= 540\text{kN} \cdot \text{m} = 540 \times 10^6 \text{N} \cdot \text{mm}$$
$$\therefore \sigma = \frac{M_{\max}}{Z} = \frac{M_{\max} y}{I}$$
$$= \frac{540 \times 10^6 \times \frac{600}{2}}{98,200 \times 10^4} \fallingdotseq 165\text{MPa}$$

12 다음 그림과 같은 부채꼴 도심(centroid)의 위치 $\bar{x}$는?

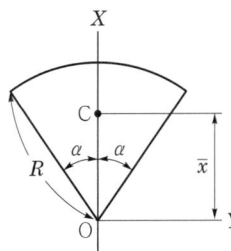

① $\bar{x} = \frac{2}{3}R$ ② $\bar{x} = \frac{3}{4}R$
③ $\bar{x} = \frac{3}{4}R\sin\alpha$ ④ $\bar{x} = \frac{2R}{3\alpha}\sin\alpha$

해설
$$G_y = \int_A x\,dA = A\bar{x}$$
$$= \alpha R^2 \left(\frac{2R}{3\alpha}\sin\alpha\right) = \frac{2}{3}R^3 \sin\alpha \,[\text{cm}^3]$$
$$\therefore \bar{x} = \frac{G_y}{A} = \frac{\frac{2}{3}R^3 \sin\alpha}{\alpha R^2} = \frac{2R}{3\alpha}\sin\alpha \,[\text{cm}]$$

13 다음 그림과 같은 단주에서 편심거리 e에 압축하중 $P = 80$kN이 작용할 때 단면에 인장응력이 생기지 않기 위한 e의 한계는 몇 cm인가? (단, G는 편심하중이 작용하는 단주 끝단의 평면상 위치를 의미한다.)

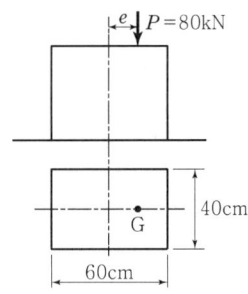

① 8   ② 10
③ 12   ④ 14

해설
$$e = \frac{Z}{A} = \frac{\frac{bh^2}{6}}{bh} = \frac{h}{6} = \frac{60}{6} = 10\text{cm}$$

14 다음 그림과 같이 균일 단면을 가진 단순보에 균일하중 w[kN/m]이 작용할 때 이 보의 탄성곡선식은? (단, 보의 굽힘강성 EI는 일정하고, 자중은 무시한다.)

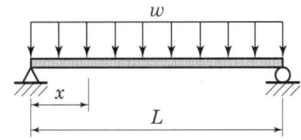

① $y = \frac{wx}{24EI}(L^3 - 2Lx^2 + x^3)$
② $y = \frac{w}{24EI}(L^3 - Lx^2 + x^3)$
③ $y = \frac{w}{24EI}(L^3x - Lx^2 + x^3)$
④ $y = \frac{wx}{24EI}(L^3 - 2x^2 + x^3)$

정답 11. ② 12. ④ 13. ② 14. ①

[해설]
$$M_x = \frac{wLx}{2} - \frac{wx^2}{2}$$
$$EI\frac{d^2y}{dx^2} = \frac{wx^2}{2} - \frac{wLx}{2}$$
$$EI\frac{dy}{dx} = \frac{wx^3}{6} - \frac{wLx^2}{4} + C_1$$
$$EIy = \frac{wx^4}{24} - \frac{wLx^3}{12} + C_1x + C_2$$
$$= \frac{wx^4}{24} - \frac{wLx^3}{12} + \frac{wL^3x}{24}$$
$$\therefore y = \frac{ux}{24EI}(L^3 - 2Lx^2 + x^3)$$

[참고] $x=0, \ y=0 \ ; \ C_2 = 0$
$x=l, \ y=0 \ ; \ C_1 = \frac{wL^3}{24}$

15 길이 3m, 단면의 지름이 3cm인 균일 단면의 알루미늄봉이 이다. 이 봉에 인장하중 20kN이 걸리면 봉은 약 몇 cm 늘어나는가? (단, 세로탄성계수는 72GPa이다.)

① 0.118
② 0.239
③ 1.18
④ 2.39

[해설]
$$\lambda = \frac{PL}{AE} = \frac{20 \times 3}{\frac{\pi}{4} \times 0.03^2 \times 72 \times 10^6}$$
$$≒ 0.001178\text{m} ≒ 0.118\text{cm}$$

16 지름 70mm인 환봉에 20MPa의 최대 전단응력이 생겼을 때 비틀림모멘트는 약 몇 kN·m인가?

① 4.50
② 3.60
③ 2.70
④ 1.35

[해설]
$$T = \tau Z_p = \tau \frac{\pi d^3}{16} = 20 \times 10^3 \times \frac{\pi \times 0.07^3}{16}$$
$$≒ 1.35\text{kN} \cdot \text{m}(= \text{kJ})$$

17 다음과 같이 스팬(span) 중앙에 힌지(hinge)를 가진 보의 최대 굽힘모멘트는 얼마인가?

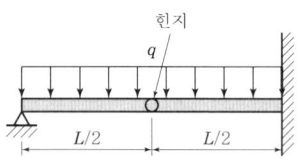

① $\dfrac{qL^2}{4}$
② $\dfrac{qL^2}{6}$
③ $\dfrac{qL^2}{8}$
④ $\dfrac{qL^2}{12}$

[해설]
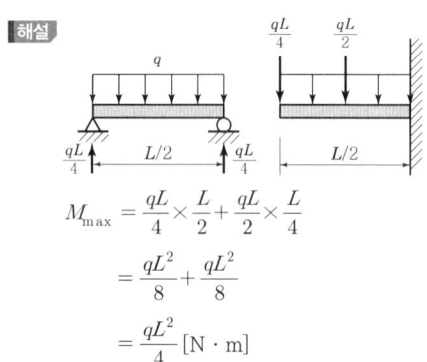

$$M_{\max} = \frac{qL}{4} \times \frac{L}{2} + \frac{qL}{2} \times \frac{L}{4}$$
$$= \frac{qL^2}{8} + \frac{qL^2}{8}$$
$$= \frac{qL^2}{4} [\text{N} \cdot \text{m}]$$

18 다음 그림과 같이 원형 단면을 가진 보가 인장하중 $P=90$kN을 받는다. 이 보는 강(steel)으로 이루어져 있고, 세로탄성계수는 210GPa이며 푸아송비 $\mu=1/3$이다. 이 보의 체적변화 ΔV는 약 몇 mm³인가? (단, 보의 직경 $d=30$mm, 길이 $L=5$m이다.)

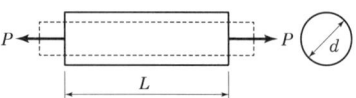

① 114.28
② 314.28
③ 514.28
④ 714.28

[해설]
$$\Delta V = V\varepsilon(1-2\mu) = AL\frac{\sigma}{E}(1-2\mu)$$
$$= AL\frac{P}{AE}(1-2\mu) = \frac{PL}{E}(1-2\mu)$$
$$= \frac{90 \times 10^3 \times 5,000}{210 \times 10^3} \times \left(1 - 2 \times \frac{1}{3}\right)$$
$$= 714.28\text{mm}^3$$

정답 15. ① 16. ④ 17. ① 18. ④

19 다음 그림과 같은 단순지지보에 모멘트(M)와 균일분포하중(w)이 작용할 때 A점의 반력은?

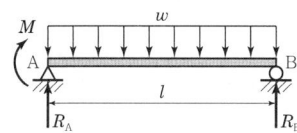

① $\dfrac{wl}{2} - \dfrac{M}{l}$ ② $\dfrac{wl}{2} - M$

③ $\dfrac{wl}{2} + M$ ④ $\dfrac{wl}{2} + \dfrac{M}{l}$

해설 $\Sigma M_B = 0$

$M + R_A l - wl \dfrac{l}{2} = 0$

$R_A l = \dfrac{wl^2}{2} - M$

$\therefore R_A = \dfrac{wl}{2} - \dfrac{M}{l}$ [N]

20 0.4m×0.4m인 정사각형 ABCD를 다음 그림에 나타내었다. 하중을 가한 후의 변형상태는 점선으로 나타내었다. 이때 A지점에서 전단변형률 성분의 평균값(γ_{xy})은?

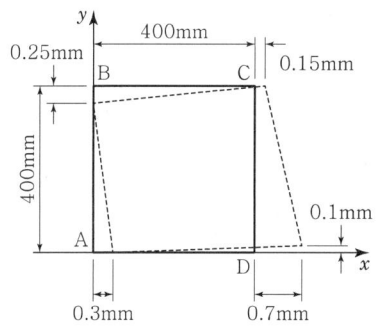

① 0.001 ② 0.000625
③ −0.0005 ④ −0.000625

해설 ㉠ A점을 기준한 x방향 평균변형량

$= \dfrac{0.3 + 0.15}{2} = 0.225$

㉡ A점을 기준한 y방향 평균변형량

$= \dfrac{0.25 + 0.1}{2} = 0.175$

$\therefore \gamma_{xy} = \pm \dfrac{1}{2} \times \left(\dfrac{0.225}{400} + \dfrac{0.175}{400} \right) = \pm 0.0005$

제2과목·기계열역학

21 다음은 오토(Otto)사이클의 온도−엔트로피($T-S$) 선도이다. 이 사이클의 열효율을 온도를 이용하여 나타낼 때 옳은 것은? (단, 공기의 비열은 일정한 것으로 본다.)

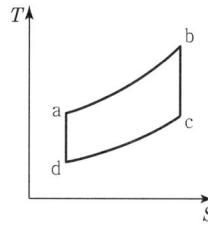

① $1 - \dfrac{T_c - T_d}{T_b - T_a}$ ② $1 - \dfrac{T_b - T_a}{T_c - T_d}$

③ $1 - \dfrac{T_a - T_d}{T_b - T_c}$ ④ $1 - \dfrac{T_b - T_c}{T_a - T_d}$

해설 $\eta_{tho} = 1 - \dfrac{Q_2}{Q_1} = 1 - \dfrac{T_c - T_d}{T_b - T_a}$

여기서, Q_1(공급열량) $= mC_v(T_b - T_a)$
Q_2(방출열량) $= mC_v(T_c - T_d)$

22 다음 중 강도성 상태량(intensive property)이 아닌 것은?

① 온도 ② 내부에너지
③ 밀도 ④ 압력

해설 강도성 상태량은 물질의 양과는 관계없는 상태량으로 온도, 압력, 밀도(비질량), 비체적 등이 있고, 내부에너지(U)는 물질의 양에 비례하는 상태량으로 종량성 상태량(extensive property)이다.

23 고온열원(T_1)과 저온열원(T_2) 사이에서 작동하는 역카르노사이클에 의한 열펌프(heat pump)의 성능계수는?

① $\dfrac{T_1 - T_2}{T_1}$ ② $\dfrac{T_2}{T_1 - T_2}$

③ $\dfrac{T_1}{T_1 - T_2}$ ④ $\dfrac{T_1 - T_2}{T_2}$

해설 열펌프의 성능(성적)계수

$$(COP)_{HP} = \frac{Q_1}{Q_1-Q_2} = \frac{T_1}{T_1-T_2} = (COP)_R + 1$$

[참고] 냉동기의 성능계수

$$(COP)_R = \frac{Q_2}{Q_1-Q_2} = \frac{T_2}{T_1-T_2} = (COP)_{HP} - 1$$

24 냉매가 갖추어야 할 요건으로 틀린 것은?

① 증발온도에서 높은 잠열을 가져야 한다.
② 열전도율이 커야 한다.
③ 표면장력이 커야 한다.
④ 불활성이고 안전하며 비가연성이어야 한다.

해설 냉매는 표면장력(surface tension)이 작아야 한다.

25 100℃의 구리 10kg을 20℃의 물 2kg이 들어 있는 단열용기에 넣었다. 물과 구리 사이의 열전달을 통한 평형온도는 약 몇 ℃인가? (단, 구리의 비열은 0.45kJ/kg·K, 물의 비열은 4.2kJ/kg·K이다.)

① 48 ② 54
③ 60 ④ 68

해설 열역학 제0법칙=열평형의 법칙
고온체 방열량=저온체 흡열량
$m_1C_1(t_1-t_m) = m_2C_2(t_m-t_2)$

$$\therefore 평균온도(t_m) = \frac{m_1C_1t_1 + m_2C_2t_2}{m_1C_1 + m_2C_2}$$

$$= \frac{10 \times 0.45 \times 100 + 2 \times 4.2 \times 20}{10 \times 0.45 + 2 \times 4.2}$$

$$≒ 48℃$$

26 이상기체 2kg이 압력 98kPa, 온도 25℃ 상태에서 체적이 0.5m³였다면 이 이상기체의 기체상수는 약 몇 J/kg·K인가?

① 79 ② 82
③ 97 ④ 102

해설 $PV = mRT$

$$\therefore R = \frac{PV}{mT} = \frac{98 \times 10^3 \times 0.5}{2 \times (25+273)} = 82.21 \text{J/kg·K}$$

27 다음 중 스테판-볼츠만의 법칙과 관련이 있는 열전달은?

① 대류 ② 복사
③ 전도 ④ 응축

해설 스테판-볼츠만(Stefan-Boltzmann)의 법칙은 복사열전달의 법칙으로, 복사열전달량은 흑체표면의 절대온도 4승에 비례한다는 법칙이다($q_R \propto T^4$).

28 어떤 습증기의 엔트로피가 6.78kJ/kg·K라고 할 때 이 습증기의 엔탈피는 약 몇 kJ/kg인가? (단, 이 기체의 포화액 및 포화증기의 엔탈피와 엔트로피는 다음과 같다.)

구분	포화액	포화증기
엔탈피(kJ/kg)	384	2,666
엔트로피(kJ/kg·K)	1.25	7.62

① 2,365 ② 2,402
③ 2,473 ④ 2,511

해설 ㉠ $s_x = s' + x(s''-s')$ [kJ/kg·K]

$$\therefore x = \frac{s_x - s'}{s'' - s'} = \frac{6.78-1.25}{7.62-1.25} = 0.868$$

㉡ $h_x = h' + x(h''-h')$
$= 384 + 0.868 \times (2,666-384)$
$≒ 2,365 \text{kJ/kg}$

29 단열된 노즐에 유체가 10m/s의 속도로 들어와서 200m/s의 속도로 가속되어 나간다. 출구에서의 엔탈피가 2,770kJ/kg일 때 입구에서의 엔탈피는 약 몇 kJ/kg인가?

① 4,370 ② 4,210
③ 2,850 ④ 2,790

해설 단열유동이 노즐 출구의 속도(V_2) = $44.72\sqrt{h_1-h_2}$ [m/s]에서

$$h_1 - h_2 = \left(\frac{V_2}{44.72}\right)^2 = \left(\frac{200}{44.72}\right)^2 = 20 \text{kJ/kg}$$

정답 24. ③ 25. ① 26. ② 27. ② 28. ① 29. ④

∴ 입구에서의 비엔탈피(h_1) = h_2 + 20
= 2,770 + 20
= 2,790kJ/kg

30 압력(P)-부피(V)선도에서 이상기체가 다음 그림과 같은 사이클로 작동한다고 할 때 한 사이클 동안 행한 일은 어떻게 나타내는가?

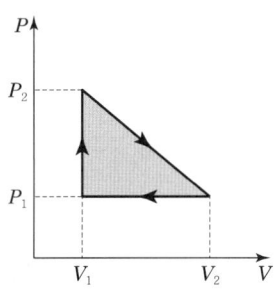

① $\dfrac{(P_2+P_1)(V_2+V_1)}{2}$

② $\dfrac{(P_2-P_1)(V_2+V_1)}{2}$

③ $\dfrac{(P_2+P_1)(V_2-V_1)}{2}$

④ $\dfrac{(P_2-P_1)(V_2-V_1)}{2}$

해설 $P-V$선도에서 면적은 일량을 의미한다. 따라서 음영 부분의 면적이 한 사이클 동안 행한 일이므로(삼각형면적)

$_1W_2 = \dfrac{(P_2-P_1)(V_2-V_1)}{2}$ [kJ]

31 클라우지우스(Clausius)의 부등식을 옳게 나타낸 것은? (단, T는 절대온도, Q는 시스템으로 공급된 전체 열량을 나타낸다.)

① $\oint T\delta Q \leq 0$ ② $\oint T\delta Q \geq 0$

③ $\oint \dfrac{\delta Q}{T} \leq 0$ ④ $\oint \dfrac{\delta Q}{T} \geq 0$

해설 클라지우스의 부등식은 가역사이클이면 등호, 비가역사이클이면 부등호이다.

∴ $\oint \dfrac{\delta Q}{T} \leq 0$

32 어떤 유체의 밀도가 741kg/m³이다. 이 유체의 비체적은 약 몇 m³/kg인가?

① 0.78×10^{-3} ② 1.35×10^{-3}
③ 2.35×10^{-3} ④ 2.98×10^{-3}

해설 비체적(v)은 밀도(ρ)의 역수이므로

∴ $v = \dfrac{V}{m} = \dfrac{1}{\rho} = \dfrac{1}{741} ≒ 1.35 \times 10^{-3}$m³/kg

33 어떤 물질에서 기체상수(R)가 0.189kJ/kg·K, 임계온도가 305K, 임계압력이 7,380kPa이다. 이 기체의 압축성 인자(compressibility factor, Z)가 다음과 같은 관계식을 나타낸다고 할 때 이 물질의 20℃, 1,000kPa 상태에서의 비체적(v)은 약 몇 m³/kg인가? (단, P는 압력, T는 절대온도, P_r은 환산압력, T_r은 환산온도를 나타낸다.)

$$Z = \dfrac{Pv}{RT} = 1 - 0.8\dfrac{P_r}{T_r}$$

① 0.0111   ② 0.0303
③ 0.0491   ④ 0.0554

해설 ㉠ $T_r = \dfrac{T}{T_c} = \dfrac{20+273}{305} = 0.961$

㉡ $P_r = \dfrac{P}{P_c} = \dfrac{1,000}{7,380} = 0.136$

㉢ $v = \dfrac{ZRT}{P} = \left(1 - 0.8\dfrac{P_r}{T_r}\right)\dfrac{RT}{P}$

$= \left(1 - 0.8 \times \dfrac{0.136}{0.961}\right) \times \dfrac{0.189 \times (20+273)}{1,000}$

$= 0.0491$m³/kg

34 전류 25A, 전압 13V를 가하여 축전지를 충전하고 있다. 충전하는 동안 축전지로부터 15W의 열손실이 있다. 축전지의 내부에너지변화율은 약 몇 W인가?

① 310   ② 340
③ 370   ④ 420

해설 축전지 내부에너지(dU) = VI - 열손실량
= 13 × 25 - 15
= 310W

정답 30. ④ 31. ③ 32. ② 33. ③ 34. ①

35 카르노사이클로 작동하는 열기관이 1,000℃의 열원과 300K의 대기 사이에서 작동한다. 이 열기관이 사이클당 100kJ의 일을 할 경우 사이클당 1,000℃의 열원으로부터 받은 열량은 약 몇 kJ인가?

① 70.0   ② 76.4
③ 130.8   ④ 142.9

해설 $\eta_c = \dfrac{w_{net}}{Q} = 1 - \dfrac{T_2}{T_1} = 1 - \dfrac{300}{1,000+273} = 0.764$

$\therefore Q = \dfrac{w_{net}}{\eta_c} = \dfrac{100}{0.764} = 130.8\text{kJ}$

36 이상적인 랭킨사이클에서 터빈 입구온도가 350℃이고 75kPa과 3MPa의 압력범위에서 작동한다. 펌프 입구와 출구, 터빈 입구와 출구에서 엔탈피는 각각 384.4kJ/kg, 387.5kJ/kg, 3,116kJ/kg, 2,403kJ/kg이다. 펌프일을 고려한 사이클의 열효율과 펌프일을 무시한 사이클의 열효율차이는 약 몇 %인가?

① 0.0011   ② 0.092
③ 0.11   ④ 0.18

해설

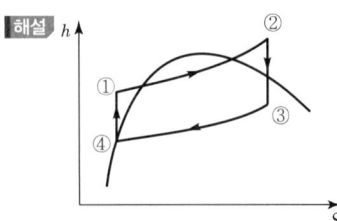

여기서, $h_1 = 384.4\text{kJ/kg}$, $h_2 = 387.5\text{kJ/kg}$
$h_3 = 3,116\text{kJ/kg}$, $h_4 = 2,403\text{kJ/kg}$

㉠ $\eta_R = \dfrac{w_t - w_p}{q_1} = \dfrac{(h_3-h_4)-(h_2-h_1)}{h_3-h_2} \times 100\%$

$= \dfrac{(3,116-2,403)-(387.5-384.4)}{3,116-387.5} \times 100\%$

$= 26\%$

㉡ 펌프일량(w_p) 무시($h_2 ≒ h_1$(put))

$\eta_R' = \dfrac{w_t}{q_1'} = \dfrac{h_3-h_4}{h_3-h_1} \times 100$

$= \dfrac{3,116-2,403}{3,116-384.4} \times 100 = 26.1\%$

㉢ $\eta_R' - \eta_R = 26.1 - 26 = 0.1\%$

37 기체가 0.3MPa로 일정한 압력하에 8m³에서 4m³까지 마찰 없이 압축되면서 동시에 500kJ의 열을 외부로 방출하였다면 내부에너지의 변화는 약 몇 kJ인가?

① 700   ② 1,700
③ 1,200   ④ 1,400

해설 $_1W_2 = \int_1^2 PdV = P(V_2-V_1)$

$= 0.3 \times 10^3 \times (4-8) = -1,200\text{kJ}$

$Q = (U_2 - U_1) + {_1W_2}\text{[kJ]}$

$\therefore U_2 - U_1 = Q - {_1W_2} = -500 - (-1,200) = 700\text{kJ}$

38 이상적인 교축과정(throttling process)을 해석하는데 있어서 다음 설명 중 옳지 않은 것은?

① 엔트로피는 증가한다.
② 엔탈피의 변화가 없다고 본다.
③ 정압과정으로 간주한다.
④ 냉동기의 팽창밸브의 이론적인 해석에 적용될 수 있다.

해설 이상적인 교축과정은 비가역과정으로 엔트로피 증가, 등엔탈피(엔탈피변화가 없다)과정이다. 교축이란 냉동기 팽창밸브에서 압력을 강화($P_1 > P_2$)시키는데 적용되며, 실제 기체(냉매)에서는 교축팽창 시 온도도 강하한다($T_1 > T_2$).

39 이상기체로 작동하는 어떤 기관의 압축비가 17이다. 압축 전의 압력 및 온도는 112kPa, 25℃이고 압축 후의 압력은 4,350kPa이었다. 압축 후의 온도는 약 몇 ℃인가?

① 53.7   ② 180.2
③ 236.4   ④ 407.8

해설 ㉠ $P_1V_1^k = P_2V_2^k$에서 $\dfrac{P_2}{P_1} = \left(\dfrac{V_1}{V_2}\right)^k$이다. 이때 양변에 ln을 취하면 $\ln\dfrac{P_2}{P_1} = k\ln\dfrac{V_1}{V_2} = k\ln\varepsilon$이므로

$\therefore k = \dfrac{\ln\dfrac{P_2}{P_1}}{\ln\dfrac{V_1}{V_2}} = \dfrac{\ln\dfrac{P_2}{P_1}}{\ln\varepsilon(압축비)} = \dfrac{\ln\dfrac{4,350}{112}}{\ln 17} = 1.2916$

정답 35. ③ 36. ③ 37. ① 38. ③ 39. ④

ⓛ $\dfrac{T_2}{T_1} = \left(\dfrac{V_1}{V_2}\right)^{k-1}$

$\therefore T_2 = T_1\left(\dfrac{V_1}{V_2}\right)^{k-1} = T_1 \varepsilon^{k-1} = 298 \times 17^{1.2916-1}$

$= 680.79K - 273 ≒ 407.8℃$

40 압력이 0.2MPa, 온도가 20℃의 공기를 압력이 2MPa로 될 때까지 가역단열압축했을 때 온도는 약 몇 ℃인가? (단, 공기는 비열비가 1.4인 이상기체로 간주한다.)

① 225.7 ② 273.7
③ 292.7 ④ 358.7

해설 $\dfrac{T_2}{T_1} = \left(\dfrac{P_2}{P_1}\right)^{\frac{k-1}{k}}$

$\therefore T_2 = T_1\left(\dfrac{P_2}{P_1}\right)^{\frac{k-1}{k}} = 293 \times \left(\dfrac{2}{0.2}\right)^{\frac{1.4-1}{1.4}}$

$= 565.69K - 273 ≒ 292.7℃$

제3과목 · 기계유체역학

41 낙차가 100m인 수력발전소에서 유량이 5m³/s 이면 수력터빈에서 발생하는 동력(MW)은 얼마인가? (단, 유도관의 마찰손실은 10m이고, 터빈의 효율은 80%이다.)

① 3.53 ② 3.92
③ 4.41 ④ 5.52

해설 동력 $= \gamma_w Q H_e \eta = \gamma_w Q (H_t - h_l)\eta$

$= 9.8 \times 5 \times (100-10) \times 0.8$

$= 3,528kW ≒ 3.53MW$

42 어떤 물리량 사이의 함수관계가 다음과 같이 주어졌을 때 독립무차원수 π항은 몇 개인가? (단, a는 가속도, V는 속도, t는 시간, ν는 동점성계수, L은 길이이다.)

$$F(a, V, t, \nu, L) = 0$$

① 1 ② 2
③ 3 ④ 4

해설 독립무차원수(π) = 물리량(n) - 기본차원수(m)
$= 5 - 2 = 3$개

43 다음 그림과 같은 노즐을 통하여 유량 Q만큼의 유체가 대기로 분출될 때 노즐에 미치는 유체의 힘 F는? (단, A_1, A_2는 노즐의 단면 1, 2에서의 단면적이고, ρ는 유체의 밀도이다.)

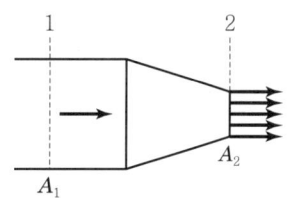

① $F = \dfrac{\rho A_2 Q^2}{2}\left(\dfrac{A_2 - A_1}{A_1 A_2}\right)^2$

② $F = \dfrac{\rho A_2 Q^2}{2}\left(\dfrac{A_1 + A_2}{A_1 A_2}\right)^2$

③ $F = \dfrac{\rho A_1 Q^2}{2}\left(\dfrac{A_1 + A_2}{A_1 A_2}\right)^2$

④ $F = \dfrac{\rho A_1 Q^2}{2}\left(\dfrac{A_1 - A_2}{A_1 A_2}\right)^2$

해설 ⓖ $\dfrac{P_1}{\gamma} + \dfrac{V_1^2}{2g} = \dfrac{V_2^2}{2g}$

$\therefore P_1 = \dfrac{\gamma}{2g}(V_2^2 - V_1^2) = \dfrac{\rho}{2}(V_2^2 - V_1^2)$

ⓛ $\sum F = \rho Q (V_2 - V_1)$

$P_1 A_1 - F = \rho Q (V_2 - V_1)$

$\dfrac{\rho}{2}(V_2^2 - V_1^2)A_1 - F = \rho Q (V_2 - V_1)$

$F = \dfrac{\rho}{2}(V_2^2 - V_1^2)A_1 - \rho Q (V_2 - V_1)$

$= \dfrac{\rho A_1}{2}\left(\dfrac{Q^2}{A_2^2} - \dfrac{Q^2}{A_1^2}\right) - \rho Q\left(\dfrac{Q}{A_2} - \dfrac{Q}{A_1}\right)$

$= \dfrac{\rho A_1 Q^2}{2}\left(\dfrac{1}{A_2^2} - \dfrac{2}{A_1 A_2} + \dfrac{1}{A_1^2}\right)$

$= \dfrac{\rho A_1 Q^2}{2}\left(\dfrac{A_1 - A_2}{A_1 A_2}\right)^2$ [N]

정답 40. ③ 41. ① 42. ③ 43. ④

44 다음 그림과 같이 원판수문이 물속에 설치되어 있다. 그림 중 C는 압력의 중심이고, G는 원판의 도심이다. 원판의 지름을 d라 하면 작용점의 위치 η는?

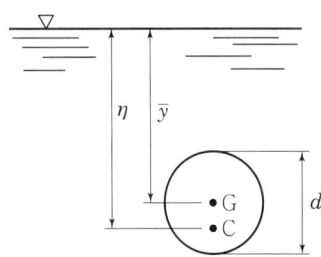

① $\eta = \bar{y} + \dfrac{d^2}{8\bar{y}}$ ② $\eta = \bar{y} + \dfrac{d^2}{16\bar{y}}$

③ $\eta = \bar{y} + \dfrac{d^2}{32\bar{y}}$ ④ $\eta = \bar{y} + \dfrac{d^2}{64\bar{y}}$

해설 $\eta = \bar{y} + \dfrac{I_G}{A\bar{y}} = \bar{y} + \dfrac{\frac{\pi d^4}{64}}{\frac{\pi d^2}{4}\bar{y}} = \bar{y} + \dfrac{d^2}{16\bar{y}}$ [m]

45 체적이 30m³인 어느 기름의 무게가 247kN이었다면 비중은 얼마인가? (단, 물의 밀도는 1,000kg/m³이다.)

① 0.80   ② 0.82
③ 0.84   ④ 0.86

해설 $\gamma = \dfrac{W}{V} = \dfrac{247}{30} = 8.23\text{kN/m}^3$

$\therefore \rho = \dfrac{\gamma}{\gamma_w} = \dfrac{8.23}{9.8} \fallingdotseq 0.84$

46 비압축성 유체가 다음 그림과 같이 단면적 $A(x) = 1 - 0.04x$ [m²]로 변화하는 통로 내를 정상상태로 흐를 때 P점($x=0$)에서의 가속도(m/s²)는 얼마인가? (단, P점에서의 속도는 2m/s, 단면적은 1m²이며, 각 단면에서의 유속은 균일하다고 가정한다.)

① -0.08
② 0
③ 0.08
④ 0.16

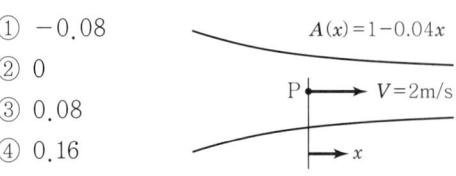

해설 $V = \dfrac{Q}{A} = Q(1 - 0.04x)^{-1}$ [m/s]

$a_x = V\dfrac{\partial V}{\partial x} = VQ(-1)(1-0.04x)^{-2}(-0.04)$

$\therefore x = 0$일 때
$a_x = 2 \times 2 \times (-1) \times (-0.04) = 0.16\text{m/s}^2$

47 수면의 차이가 H인 두 저수지 사이에 지름 d, 길이 l인 관로가 연결되어 있을 때 관로에서의 평균유속(V)을 나타내는 식은? (단, f는 관마찰계수이고, g는 중력가속도이며, K_1, K_2는 관 입구와 출구에서의 부차적 손실계수이다.)

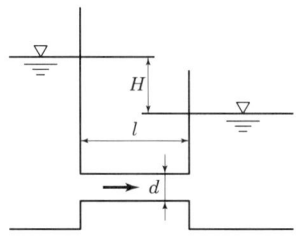

① $V = \sqrt{\dfrac{2gdH}{K_1 + fl + K_2}}$

② $V = \sqrt{\dfrac{2gH}{K_1 + fdl + K_2}}$

③ $V = \sqrt{\dfrac{2gdH}{K_1 + \dfrac{f}{l} + K_2}}$

④ $V = \sqrt{\dfrac{2gH}{K_1 + f\dfrac{l}{d} + K_2}}$

해설 $H = \left(K_1 + f\dfrac{l}{d} + K_2\right)\dfrac{V^2}{2g}$ [m]

$\therefore V = \sqrt{\dfrac{2gH}{K_1 + f\dfrac{l}{d} + K_2}}$ [m/s]

48 공기의 속도 24m/s인 풍동 내에서 익현길이 1m, 익의 폭 5m인 날개에 작용하는 양력(N)은 얼마인가? (단, 공기의 밀도는 1.2kg/m³, 양력계수는 0.455이다.)

① 1,572   ② 786
③ 393   ④ 91

해설 $D = C_D\dfrac{\rho A V^2}{2} = 0.455 \times \dfrac{1.2 \times (5 \times 1) \times 24^2}{2} \fallingdotseq 786.24\text{N}$

정답 44. ② 45. ③ 46. ④ 47. ④ 48. ②

49 (x, y)평면에서의 유동함수(정상, 비압축성 유동)가 다음과 같이 정의된다면 $x=4$m, $y=6$m의 위치에서의 속도(m/s)는 얼마인가?

$$\psi = 3x^2y - y^3$$

① 156 ② 92
③ 52   ④ 38

해설 $U = -\dfrac{\partial \psi}{\partial y}$, $V = \dfrac{\partial \psi}{\partial x}$

$\partial \psi = -Udy = Vdx$

$\therefore \vec{V} = \dfrac{\partial \psi}{\partial y} = 3x^2 + 3y^2 = 3 \times 4^2 + 3 \times 6^2 = 156 \text{m/s}$

50 유체의 정의를 가장 올바르게 나타낸 것은?

① 아무리 작은 전단응력에도 저항할 수 없어 연속적으로 변형하는 물질
② 탄성계수가 0을 초과하는 물질
③ 수직응력을 가해도 물체가 변하지 않는 물질
④ 전단응력이 가해질 때 일정한 양의 변형이 유지되는 물질

해설 유체(fluid)란 아무리 작은 전단응력에도 저항할 수 없어 연속적으로 변형하는 물질(정지상태로 있을 수 없는 물질)이다.

51 밀도 1.6kg/m³인 기체가 흐르는 관에 설치한 피토정압관(Pitot-static tube)의 두 단자 간 압력차가 4cmH₂O이었다면 기체의 속도(m/s)는 얼마인가?

① 7   ② 14
③ 22 ④ 28

해설 $V = \sqrt{2gh\left(\dfrac{\rho_w}{\rho} - 1\right)}$

$= \sqrt{2 \times 9.8 \times 0.04 \times \left(\dfrac{1,000}{1.6} - 1\right)} = 22 \text{m/s}$

52 3.6m³/min을 양수하는 펌프의 송출구의 안지름이 23cm일 때 평균유속(m/s)은 얼마인가?

① 0.96 ② 1.20
③ 1.32 ④ 1.44

해설 $Q = AV [\text{m}^3/\text{s}]$

$\therefore V = \dfrac{Q}{A} = \dfrac{Q}{\dfrac{\pi d^2}{4}} = \dfrac{4Q}{\pi d^2} = \dfrac{4 \times \dfrac{3.6}{60}}{\pi \times 0.23^2} = 1.44 \text{m/s}$

53 국소대기압이 1atm이라고 할 때 다음 중 가장 높은 압력은?

① 0.13atm(gage pressure)
② 115kPa(absolute pressure)
③ 1.1atm(absolute pressure)
④ 11mH₂O(absolute pressure)

54 수평원관 속에 정상류의 층류흐름이 있을 때 전단응력에 대한 설명으로 옳은 것은?

① 단면 전체에서 일정하다.
② 벽면에서 0이고 관 중심까지 선형적으로 증가한다.
③ 관 중심에서 0이고 반지름방향으로 선형적으로 증가한다.
④ 관 중심에서 0이고 반지름방향으로 중심으로부터 거리의 제곱에 비례하여 증가한다.

해설 수평원관 속에 정상류 층류유동 시 전단응력(τ)은 관의 중심에서 0이고 반지름방향으로 선형적(직선적)으로 증가한다(벽면에서 최대).

55 다음 그림과 같은 두 개의 고정된 평판 사이에 얇은 판이 있다. 얇은 판 상부에는 점성계수가 0.05N·s/m²인 유체가 있고, 하부에는 점성계수가 0.1N·s/m²인 유체가 있다. 이 판을 일정속도 0.5m/s로 끌 때 끄는 힘이 최소가 되는 거리 y는? (단, 고정평판 사이의 폭은 h[m], 평판들 사이의 속도분포는 선형이라고 가정한다.)

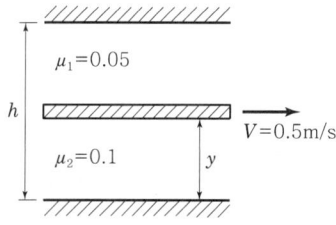

① $0.293h$ ② $0.482h$
③ $0.586h$ ④ $0.879h$

정답 49.① 50.① 51.③ 52.④ 53.② 54.③ 55.③

해설 F = 윗면이 받는 전단력 + 아랫면이 받는 전단력

$$= \mu A \left(\frac{V}{h-y}\right) + 2\mu A \frac{V}{y} = \mu A V \left(\frac{1}{h-y} + \frac{2}{y}\right)$$

F를 최소로 하는 것은

$$\frac{dF}{dy} = \mu A V \left[\frac{1}{(h-y)^2} - \frac{2}{y^2}\right] = 0$$

평판의 면적을 A, 아랫면으로부터 y인 위치에서 평판을 끄는데 힘이 최소가 되는 거리 y는

$$y^2 - 4hy + 2h^2 = 0$$

$$\therefore y = (2-\sqrt{2})h = 0.586h\,[m]$$

[별해] ㉠ $F_1 = A\mu_1 \left(\frac{V}{h-y}\right)$ [N]

양변을 y에 대해 미분하면

$$\frac{dF_1}{dy} = \frac{-A\mu_1 V}{(h-y)^2}$$

㉡ $F_2 = A\mu_2 \frac{V}{y}$ [N]

양변을 y에 대해 미분하면

$$\frac{dF_2}{dy} = \frac{-A\mu_2 V}{y^2}$$

㉢ 끄는 힘이 최소가 되는 조건은

$$\frac{dF_1}{dy} = \frac{dF_2}{dy}$$

$$\frac{\mu_1}{(h-y)^2} = \frac{\mu_2}{y^2}$$

$$(\mu_2 - \mu_1)y^2 - 2\mu_2 hy + \mu_2 h^2 = 0$$

$$0.05y^2 - 0.2hy + 0.1h^2 = 0$$

2차 연립방정식 근의 공식에 대입하면

$$y = \frac{0.2h \pm \sqrt{0.04h^2 - 0.02h^2}}{2 \times 0.05}$$

$y_1 = 3.414h$, $y_2 = 0.586h$

∴ 두 값 중 최소값인 $y = 0.586h$

56 직경 1cm인 원형관 내의 물의 유동에 대한 천이레이놀즈수는 2,300이다. 천이가 일어날 때 물의 평균유속(m/s)은 얼마인가? (단, 물의 동점성계수는 $10^{-6} m^2/s$이다.)

① 0.23
② 0.46
③ 2.3
④ 4.6

해설 $R_{ec} = \frac{Vd}{\nu}$

$$\therefore V = \frac{R_{ec}\nu}{d} = \frac{2,300 \times 10^{-6}}{0.01} = 0.23 m/s$$

57 프란틀의 혼합거리(mixing length)에 대한 설명으로 옳은 것은?

① 전단응력과 무관하다.
② 벽에서 0이다.
③ 항상 일정하다.
④ 층류유동문제를 계산하는 데 유용하다.

해설 $l = ky$ [m]

$l \propto y$ (벽면에서 수직거리 y에 비례한다.)

∴ $y = 0$일 때 벽에서 $l = 0$이다.

58 다음 그림과 같이 유리관 A, B 부분의 안지름은 각각 30cm, 10cm이다. 이 관에 물을 흐르게 하였더니 A에 세운 관에는 물이 60cm, B에 세운 관에는 물이 30cm 올라갔다. A와 B 각 부분에서 물의 속도(m/s)는?

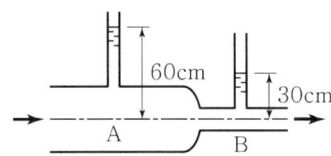

① $V_A = 2.73$, $V_B = 24.5$
② $V_A = 2.44$, $V_B = 22.0$
③ $V_A = 0.542$, $V_B = 4.88$
④ $V_A = 0.271$, $V_B = 2.44$

해설 $\frac{P_A}{\gamma} + \frac{V_A^2}{2g} = \frac{P_B}{\gamma} + \frac{V_B^2}{2g}$

$$\frac{P_A - P_B}{\gamma} = \frac{V_B^2 - V_A^2}{2g} = 0.6 - 0.3 = 0.3 m$$

$$A_A V_A = A_B V_B$$

$$V_A = V_B \frac{A_B}{A_A} = V_B \left(\frac{d_B}{d_A}\right)^2 = V_B \times \left(\frac{10}{30}\right)^2 = \frac{1}{9} V_B$$

$$\frac{(9V_A)^2 - V_A^2}{2g} = 0.3$$

$$\frac{80 V_A^2}{2g} = 0.3$$

$$\therefore V_A = \sqrt{\frac{2g \times 0.3}{80}} = 0.271 m/s$$

$V_B = 9 V_A = 9 \times 0.271 ≒ 2.44 m/s$

정답 56. ① 57. ② 58. ④

59 해수의 비중은 1.025이다. 바닷물 속 10m 깊이에서 작업하는 해녀가 받는 계기압력(kPa)은 약 얼마인가?

① 94.4 ② 100.5
③ 105.6 ④ 112.7

해설 $P = \gamma' h = \gamma_w S h = 9.8 \times 1.025 \times 10 ≒ 100.5 \text{kPa}$

60 어떤 물리적인 계(system)에서 물리량 F가 물리량 A, B, C, D의 함수관계가 있다고 할 때 차원해석을 한 결과 두 개의 무차원수 $\dfrac{F}{AB^2}$와 $\dfrac{B}{CD^2}$를 구할 수 있었다. 그리고 모형실험을 하여 $A=1$, $B=1$, $C=1$, $D=1$일 때 $F=F_1$을 구할 수 있었다. 여기서 $A=2$, $B=4$, $C=1$, $D=2$인 원형의 F는 어떤 값을 가지는가? (단, 모든 값들은 SI단위를 가진다.)

① F_1
② $16F_1$
③ $32F_1$
④ 위의 자료만으로는 예측할 수 없다.

해설 $\dfrac{F}{F_1} = \dfrac{AB^3}{CD^2} = \dfrac{2 \times 4^3}{1 \times 2^2} = 32$ ∴ $F = 32F_1$

제4과목 · 기계재료 및 유압기기

61 다음의 강종 중 탄소의 함유량이 가장 많은 것은?

① SM25C ② SKH51
③ STC105 ④ STD11

62 피로한도에 대한 설명으로 옳은 것은?
① 지름이 크면 피로한도는 커진다.
② 노치가 있는 시험편의 피로한도는 크다.
③ 표면이 거친 것이 고운 것보다 피로한도가 커진다.
④ 노치가 있을 때와 없을 때의 피로한도비를 노치계수라 한다.

해설 노치계수(fatigue notch factor)란 노치가 없는 평활한 재료의 피로한도를 노치가 있는 재료의 피로한도로 나눈 값이다.

63 염욕의 관리에서 강박시험에 대한 다음 ( ) 안에 알맞은 내용은?

> 강박시험 후 강박을 손으로 구부려서 휘어지면 이 염욕은 ( )작용을 한 것으로 판단하다.

① 산화 ② 환원
③ 탈탄 ④ 촉매

64 다음 중 결합력이 가장 약한 것은?
① 이온결합(ionic bond)
② 공유결합(covalent bond)
③ 금속결합(metallic bond)
④ 반 데 발스결합(Van der Waals bond)

65 Fe−Fe₃C평형상태도에서 A$_{cm}$선이란?
① 마텐자이트가 석출되는 온도선을 말한다.
② 트루스타이트가 석출되는 온도선을 말한다.
③ 시멘타이트가 석출되는 온도선을 말한다.
④ 소르바이트가 석출되는 온도선을 말한다.

해설 A$_{cm}$선이란 시멘타이트(Fe₃C)가 석출되는 온도선이다.

66 5~20% Zn의 황동을 말하며 강도는 낮으나 전연성이 좋고 색깔이 금에 가까우므로 모조금이나 판 및 선 등에 사용되는 것은?
① 톰백
② 두랄루민
③ 문쯔메탈
④ Y합금

해설 톰백(tombac)은 황금색을 띠고 있는 모조금으로서 장식용 주물 등에 사용된다. Zn 5~20%, Cu 80~90%, Sn 0~1%를 함유한 황동으로 강도는 낮으나 전연성이 좋다.

정답 59. ② 60. ③ 61. ④ 62. ④ 63. ③ 64. ④ 65. ③ 66. ①

67 유화물계통의 편석 및 수지상 조직을 제거하여 연신율을 향상시킬 수 있는 열처리방법으로 가장 적합한 것은?

① 퀜칭
② 템퍼링
③ 확산풀림
④ 재결정풀림

68 주철의 조직을 지배하는 요소로 옳은 것은?

① S, Si의 양과 냉각속도
② C, Si의 양과 냉각속도
③ P, Cr의 양과 냉각속도
④ Cr, Mg의 양과 냉각속도

해설 주철의 조직을 지배하는 요소는 탄소(C)와 규소(Si)의 양과 냉각속도에 따라 결정된다.

69 Ni-Fe계 합금에 대한 설명으로 틀린 것은?

① 엘린바는 온도에 따른 탄성율의 변화가 거의 없다.
② 슈퍼인바는 20℃에서 팽창계수가 거의 0(Zero)에 가깝다.
③ 인바는 열팽창계수가 상온 부근에서 매우 작아 길이의 변화가 거의 없다.
④ 플래티나이트는 60% Ni와 15% Sn 및 Fe의 조성을 갖는 소결합금이다.

해설 플래티나이트(platinite)는 니켈(Ni) 46%를 함유하고 팽창계수가 유리와 거의 같다(Ni-Fe의 합금).

70 강을 생산하는 제강로를 염기성과 산성으로 구분하는데, 이것은 무엇으로 구분하는가?

① 노 내의 내화물
② 사용되는 철광석
③ 발생하는 가스의 성질
④ 주입하는 용제의 성질

해설 제강법은 선철(pig iron)에 포함된 C, Si, P, S 등의 불순물을 제거하고 정련시키는 것으로, 노 내의 내화물에 따라 산성과 염기성(알칼리성)으로 구분한다.

71 일반적인 베인펌프의 특징으로 적절하지 않은 것은?

① 부품수가 많다.
② 비교적 고장이 적고 보수가 용이하다.
③ 펌프의 구동동력에 비해 형상이 소형이다.
④ 기어펌프나 피스톤펌프에 비해 토출압력의 맥동이 크다.

해설 베인펌프(vane pump)는 기어펌프나 피스톤펌프에 비해 토출압력의 맥동과 소음이 적다.

72 다음 그림과 같은 유압기호가 나타내는 것은? (단, 그림의 기호는 간략기호이며, 간략기호에서 유로의 화살표는 압력의 보상을 나타낸다.)

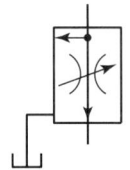

① 가변교축밸브
② 무부하릴리프밸브
③ 직렬형 유량조정밸브
④ 바이패스형 유량조정밸브

해설 도시된 그림은 바이패스형 유량조절밸브이다.

73 유압회로에서 속도제어회로의 종류가 아닌 것은?

① 미터 인 회로
② 미터 아웃 회로
③ 블리드 오프 회로
④ 최대 압력제한회로

해설 속도제어회로 : 미터 인 회로, 미터 아웃 회로, 블리드 오프 회로

74 감압밸브, 체크밸브, 릴리프밸브 등에서 밸브시트를 두드려 비교적 높은 음을 내는 일종의 자려진동현상은?

① 컷인   ② 점핑
③ 채터링   ④ 디컴프레션

정답 67. ③ 68. ② 69. ④ 70. ① 71. ④ 72. ④ 73. ④ 74. ③

75 다음 그림과 같은 단동실린더에서 피스톤에 $F=500N$의 힘이 발생하면 압력 P는 약 몇 kPa이 필요한가? (단, 실린더의 직경은 40mm이다.)

① 39.8
② 398
③ 79.6
④ 796

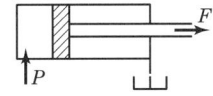

해설 $P = \dfrac{F}{A} = \dfrac{4F}{\pi d^2} = \dfrac{4 \times 500}{\pi \times 0.04^2} ≒ 397.887 \text{MPa} ≒ 398 \text{kPa}$

76 어큐뮬레이터의 용도와 취급에 대한 설명으로 틀린 것은?

① 누설유량을 보충해주는 펌프 대용 역할을 한다.
② 어큐뮬레이터에 부속쇠 등을 용접하거나 가공, 구멍뚫기 등을 해서는 안 된다.
③ 어큐뮬레이터를 운반, 결합, 분리 등을 할 때는 봉입가스를 유지하여야 한다.
④ 유압펌프에 발생하는 맥동을 흡수하여 이상 압력을 억제하여 진동이나 소음을 방지한다.

해설 어큐뮬레이터를 운반, 결합, 분리 등을 할 때는 봉입가스를 반드시 빼고 작업해야 한다.

77 유압유의 점도가 낮을 때 유압장치에 미치는 영향으로 적절하지 않은 것은?

① 배관저항 증대
② 유압유의 누설 증가
③ 펌프의 용적효율 저하
④ 정확한 작동과 정밀한 제어의 곤란

해설 배관저항의 증대는 유압유의 점도가 높을 때 미치는 영향이다.

78 실린더 입구의 분기회로에 유량제어밸브를 설치하여 실린더 입구측의 불필요한 압유를 배출시켜 작동효율을 증진시키는 회로는?

① 로킹회로
② 증강회로
③ 동조회로
④ 블리드 오프 회로

79 상시개방형 밸브로 옳은 것은?

① 감압밸브
② 무부하밸브
③ 릴리프밸브
④ 카운터밸런스밸브

80 기어펌프의 폐입현상에 관한 설명으로 적절하지 않은 것은?

① 진동, 소음의 원인이 된다.
② 한 쌍의 이가 맞물려 회전할 경우 발생한다.
③ 폐입 부분에서 팽창 시 고압이, 압축 시 진공이 형성된다.
④ 방지책으로 릴리프홈에 의한 방법이 있다.

제5과목 · 기계제작법 및 기계동력학

81 200kg의 파일을 땅속으로 박고자 한다. 파일 위의 1.2m 지점에서 무게가 1t인 해머가 떨어질 때 완전소성충돌이라고 한다면, 이때 파일이 땅속으로 들어가는 거리는 약 몇 m인가? (단, 파일에 가해지는 땅의 저항력은 150kN이고, 중력가속도는 9.81m/s²이다.)

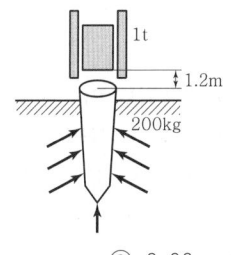

① 0.07
② 0.09
③ 0.14
④ 0.19

해설 ㉠ 무게 1ton인 해머가 파일에 닿을 때($V_o = 0$, $s = 1.2\text{m}$)
$2as = V^2 - V_o^2 [\text{m/s}]$
$2 \times 9.81 \times 1.2 = V^2$
$\therefore V = \sqrt{2 \times 9.81 \times 1.2} = 4.852 \text{m/s}$

㉡ 충돌과정이 완전소성충돌이면
$m_1 V_1 = (m_1 + m_2) V_2$
$1,000 \times 4.852 = (1,000 + 200) \times V_2$
$\therefore V_2 = \dfrac{1,000 \times 4.852}{1,200} = 4.04 \text{m/s}$

정답 75. ② 76. ③ 77. ① 78. ④ 79. ① 80. ③ 81. ①

ⓒ 땅의 저항력이 150kN일 때 등가속도운동이면
$$a' = \frac{F}{m} = \frac{150 \times 10^3}{1,200} = 125 \text{m/s}^2$$
$$2a's' = V_2^2 - V_o^2$$
$$2 \times 125 \times s' = 4.04^2 - 0$$
$$\therefore s' = \frac{4.04^2}{2 \times 125} = 0.0653 ≒ 0.07\text{m}$$

82 평탄한 지면 위를 미끄럼이 없이 구르는 원통 중심의 가속도가 1m/s²일 때 이 원통의 각가속도는 몇 rad/s²인가? (단, 반지름 r은 2m이다.)

① 0.2　　② 0.5
③ 5　　　④ 10

[해설] $\alpha = \dfrac{a}{r} = \dfrac{1}{2} = 0.5 \text{rad/s}^2$

83 자동차가 반경 50m의 원형도로를 25m/s의 속도로 달리고 있을 때 반경방향으로 작용하는 가속도는 몇 m/s²인가?

① 9.8　　② 10.0
③ 12.5　　④ 25.0

[해설] $a = \dfrac{V^2}{r} = \dfrac{25^2}{50} = 12.5 \text{m/s}^2$

84 수평면과 a의 각을 이루는 마찰이 있는(마찰계수 μ) 경사면에서 무게가 W인 물체를 힘 P를 가하여 등속력으로 끌어올릴 때 힘 P가 한 일에 대한 무게 W인 물체를 끌어올리는 일의 비, 즉 효율은?

① $\dfrac{1}{1+\mu \cot a}$

② $\dfrac{1}{1-\mu \cot a}$

③ $\dfrac{1}{1+\mu \cos a}$

④ $\dfrac{1}{1-\mu \sin a}$

[해설] $\eta = \dfrac{W \sin\alpha}{P + \mu W \cos\alpha} = \dfrac{W \sin\alpha}{W \sin\alpha + \mu W \cos\alpha}$
$= \dfrac{1}{1 + \mu \cot \alpha}$

85 어떤 물체가 $x(t) = A\sin(4t+\phi)$로 진동할 때 진동주기 T [s]는 약 얼마인가?

① 1.57　　② 2.54
③ 4.71　　④ 6.28

[해설] $T = \dfrac{1}{f} = \dfrac{2\pi}{\omega} = \dfrac{2\pi}{4} = 1.57$초

[참고] $x(t) = A\sin(\omega t + \phi) = A\sin(4t+\phi)$

86 1자유도의 질량-스프링계에서 스프링상수 k가 2kN/m, 질량 m이 20kg일 때 이 계의 고유주기는 약 몇 초인가? (단, 마찰은 무시한다.)

① 0.63　　② 1.54
③ 1.93　　④ 2.34

[해설] $T = \dfrac{1}{f_n} = \dfrac{2\pi}{\omega} = \dfrac{2\pi}{\sqrt{\dfrac{k}{m}}} = \dfrac{2\pi}{\sqrt{\dfrac{2,000}{20}}} = 0.63$초

87 두 조화운동 $x_1 = 4\sin 10t$와 $x_2 = 4\sin 10.2t$를 합성하면 맥놀이(beat)현상이 발생하는데, 이때 맥놀이진동수(Hz)는 약 얼마인가? (단, t의 단위는 s이다.)

① 31.4　　② 62.8
③ 0.0159　④ 0.0318

[해설] 맥놀이진동수$(f_b) = \dfrac{\omega_2 - \omega_1}{2\pi} = \dfrac{10.2 - 10}{2\pi} = 0.0318$Hz

88 반경이 r인 실린더가 위치 1의 정지상태에서 경사를 따라 높이 h만큼 굴러 내려갔을 때 실린더 중심의 속도는? (단, g는 중력가속도이며, 미끄러짐은 없다고 가정한다.)

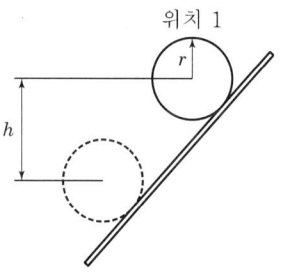

① $\sqrt{2gh}$　　　② $0.707\sqrt{2gh}$
③ $0.816\sqrt{2gh}$　④ $0.845\sqrt{2gh}$

정답 82. ②　83. ③　84. ①　85. ①　86. ①　87. ④　88. ③

해설 경사면에서의 평면운동이므로 에너지보존의 법칙을 적용하면

㉠ 경사면에서의 운동에너지는 $T = T_1 + T_2$이므로

$$T = \frac{1}{2}mv^2 + \frac{1}{2}J_G w^2 = \frac{1}{2}mv^2 + \frac{1}{2} \times \frac{1}{2}mr^2 \times \left(\frac{v}{r}\right)^2$$
$$= \frac{1}{2}mv^2 + \frac{1}{4}mv^2 = \frac{3}{4}mv^2$$

㉡ 중력퍼텐셜에너지 $V_g = mgh$

㉢ 에너지보존의 법칙에 의해 $T = V_g$에서

$$\frac{3}{4}mv^2 = mgh$$
$$v^2 = \frac{2}{3} \times 2gh$$
∴ $v = 0.816\sqrt{2gh}$ [m/s]

89 1자유도시스템에서 감쇠비가 0.1인 경우 대수감소율은?

① 0.2315   ② 0.4315
③ 0.6315   ④ 0.8315

해설 $\delta = \dfrac{2\pi\xi}{\sqrt{1-\xi^2}} = \dfrac{2\pi \times 0.1}{\sqrt{1-0.1^2}} ≒ 0.6315$

90 다음 그림과 같은 조건에서 어떤 투사체가 초기속도 360m/s로 수평방향과 30°의 각도로 발사되었다. 이때 2초 후 수직방향에 대한 속도는 약 몇 m/s인가? (단, 공기저항 무시, 중력가속도는 9.81m/s²이다.)

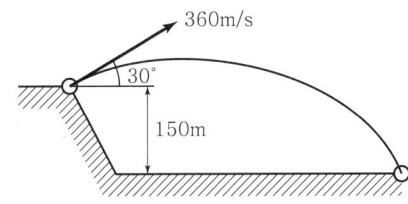

① 40.1   ② 80.2
③ 160   ④ 321

해설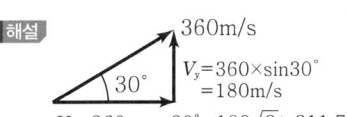

$V_y = 360 \times \sin 30° = 180$m/s
$V_x = 360 \times \cos 30° = 180\sqrt{3} ≒ 311.77$m/s

∴ 2초 후 수직방향속도
$V_y' = V_y - gt = 180 - 9.81 \times 2 = 160.38$m/s

91 피복아크용접봉의 피복제 역할로 틀린 것은?

① 아크를 안정시킨다.
② 모재표면의 산화물을 제거한다.
③ 용착금속의 급냉을 방지한다.
④ 용착금속의 흐름을 억제한다.

92 3차원 측정기에서 측정물의 측정위치를 감지하여 x, y, z축의 위치데이터를 컴퓨터에 전송하는 기능을 가진 것은?

① 프로브   ② 측정암
③ 컬럼   ④ 정반

93 와이어컷방전가공에서 와이어이송속도 0.2mm/min, 가공물두께가 10mm일 때 가공속도는 몇 mm²/min인가?

① 0.02   ② 0.2
③ 2   ④ 20

해설 $V = St = 0.2 \times 10 = 2$mm²/min

94 단조용 공구 중 소재를 올려놓고 타격을 가할 때 받침대로 사용하며 크기는 중량으로 표시하는 것은?

① 대뫼   ② 앤빌
③ 정반   ④ 단조용 탭

95 목재의 건조방법에서 자연건조법에 해당하는 것은?

① 야적법   ② 침재법
③ 자재법   ④ 증재법

96 다음 공작기계에 사용되는 속도열 중 일반적으로 가장 많이 사용되고 있는 속도열은?

① 대수급수속도열
② 등비급수속도열
③ 등차급수속도열
④ 조화급수속도열

정답 89. ③ 90. ③ 91. ④ 92. ① 93. ③ 94. ② 95. ① 96. ②

97 두께 5mm의 연강판에 직경 10mm의 펀칭작업을 하는데 크랭크프레스램의 속도가 10m/min이라면, 이때 프레스에 공급되어야 할 동력은 약 몇 kW인가? (단, 연강판의 전단강도는 294.3MPa이고, 프레스의 기계적 효율은 80%이다.)

① 21.32 ② 15.54
③ 13.52 ④ 9.63

해설 동력 $= \dfrac{\tau A V}{\eta_m} = \dfrac{\tau \pi dt\, V}{\eta_m}$

$= \dfrac{294.3 \times 10^3 \times \pi \times 0.01 \times 0.005 \times \dfrac{10}{60}}{0.8}$

$= 9.63 \text{kW}$

98 절연성의 가공액 내에 도전성 재료가 전극과 공작물을 넣고 약 60~300V의 펄스전압을 걸어 약 5~50μm까지 접근시켜 발생하는 스파크에 의한 가공방법은?

① 방전가공
② 전해가공
③ 전해연마
④ 초음파가공

99 저온뜨임에 대한 설명으로 틀린 것은?

① 담금질에 의한 응력 제거
② 치수의 경년변화 방지
③ 연마균열 생성
④ 내마모성 향상

100 전해연마가공법의 특징이 아닌 것은?

① 가공면에 방향성이 없다.
② 복잡한 형상의 제품도 연마가 가능하다.
③ 가공변질층이 있고 평활한 가공면을 얻을 수 있다.
④ 연질의 알루미늄, 구리 등도 쉽게 광택면을 얻을 수 있다.

해설 전해연마가공법의 특징
㉠ 가공변질층이 나타나지 않으므로 평활한 가공면을 얻을 수 있다.
㉡ 복잡한 형상의 제품도 연마할 수 있다.
㉢ 가공면에는 방향성이 없다.
㉣ 내마모성, 내부식성이 향상된다.
㉤ 연질의 금속, 즉 알루미늄, 구리(동), 코발트, 크롬, 탄소강, 니켈 등도 쉽게 연마할 수 있다.

정답 97. ④ 98. ① 99. ③ 100. ③

2020 제4회 출제문제

| 2020. 9. 26. 시행 |

제1과목 · 재료역학

01 자유단에 집중하중 P를 받는 외팔보의 최대 처짐 δ_1과 $W=wL$이 되게 균일분포하중(w)이 작용하는 외팔보의 자유단 처짐 δ_2가 동일하다면 두 하중들의 비 W/P는 얼마인가? (단, 보의 굽힘강성은 EI로 일정하다.)

① $\dfrac{8}{3}$ ② $\dfrac{3}{8}$
③ $\dfrac{5}{8}$ ④ $\dfrac{8}{5}$

해설 $\delta_1 = \delta_2$
$$\dfrac{PL^3}{3EI} = \dfrac{WL^3}{8EI}$$
$$\therefore \dfrac{W}{P} = \dfrac{8}{3}$$

02 다음 부정정보에서 고정단의 모멘트 M_o는?

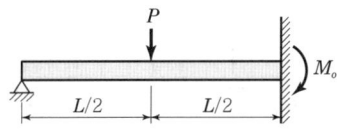

① $\dfrac{PL}{3}$ ② $\dfrac{PL}{4}$
③ $\dfrac{PL}{6}$ ④ $\dfrac{3PL}{16}$

해설 $M_o = R_A L - P\dfrac{L}{2} = \dfrac{5PL}{16} - \dfrac{PL}{2} = -\dfrac{3PL}{16}$

03 다음 그림과 같은 외팔보에 저장된 굽힘변형에너지는? (단, 세로탄성계수는 E이고, 단면의 관성모멘트는 I이다.)

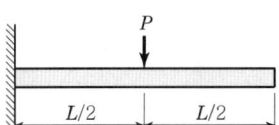

① $\dfrac{P^2L^3}{8EI}$ ② $\dfrac{P^2L^3}{12EI}$
③ $\dfrac{P^2L^3}{24EI}$ ④ $\dfrac{P^2L^3}{48EI}$

해설 $U = \dfrac{P^2}{2EI}\displaystyle\int_0^{\frac{L}{2}} x^2 dx = \dfrac{P^2}{2EI}\left[\dfrac{x^3}{3}\right]_0^{\frac{L}{2}}$
$= \dfrac{P^2}{6EI}[x^3]_0^{\frac{L}{2}} = \dfrac{P^2}{6EI}\left(\dfrac{L}{2}\right)^3 = \dfrac{P^2L^3}{48EI}$ [J]

04 지름 7mm, 길이 250mm인 연강시험편으로 비틀림시험을 하여 얻은 결과 토크 4.08N·m에서 비틀림각이 8°로 기록되었다. 이 재료의 전단탄성계수는 약 몇 GPa인가?

① 64 ② 53
③ 41 ④ 31

해설 $\theta = 584\dfrac{TL}{Gd^4}$ [°]
$\therefore G = \dfrac{584TL}{\theta d^4} = \dfrac{584 \times 4.08 \times 0.25}{8 \times (7 \times 10^{-3})^4}$
$= 3.10 \times 10^{10}$ Pa $= 31$ GPa

05 다음 그림과 같은 보에 하중 P가 작용하고 있을 때 이 보에 발생하는 최대 굽힘응력이 $\sigma_{\max}$라면 하중 P는?

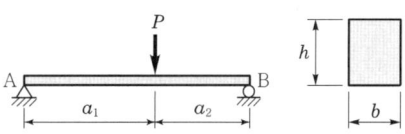

① $P = \dfrac{bh^2(a_1+a_2)\sigma_{\max}}{6a_1 a_2}$

② $P = \dfrac{bh^3(a_1+a_2)\sigma_{\max}}{6a_1 a_2}$

③ $P = \dfrac{b^2 h(a_1+a_2)\sigma_{\max}}{6a_1 a_2}$

④ $P = \dfrac{b^3 h(a_1+a_2)\sigma_{\max}}{6a_1 a_2}$

정답 01. ① 02. ④ 03. ④ 04. ④ 05. ①

해설

$$\sigma_{max} = \frac{M}{Z} = \frac{\dfrac{Pa_1 a_2}{a_1+a_2}}{\dfrac{bh^2}{6}} \text{[MPa]}$$

$$\therefore P = \frac{bh^2(a_1+a_2)\sigma_{max}}{6a_1 a_2} \text{[N]}$$

06 다음 그림과 같이 수평강체봉 AB의 한쪽을 벽에 힌지로 연결하고 죔임봉 CD로 매단 구조물이 있다. 죔임봉의 단면적은 1cm², 허용인장응력은 100MPa일 때 B단의 최대 안전하중 P는 몇 kN인가?

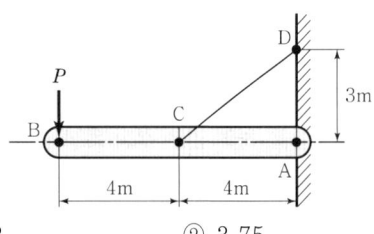

① 3 ② 3.75
③ 6 ④ 8.33

해설 $P \times 8 - \sigma_{CD} A \sin\theta \times 4 = 0$

$$\therefore P = \frac{4\sigma_{CD} A \sin\theta}{8}$$

$$= \frac{4 \times 100 \times 100 \times \frac{3}{5}}{8} = 3,000\text{N} = 3\text{kN}$$

07 지름 35cm의 차축이 0.2°만큼 비틀렸다. 이때 최대 전단응력이 49MPa이라고 하면 이 차축의 길이는 약 몇 m인가? (단, 재료의 전단탄성계수는 80GPa이다.)

① 2.5 ② 2.0
③ 1.5 ④ 1

해설 $\tau = G\gamma = G\dfrac{r\theta}{L}$ [MPa]

$$\therefore L = \frac{Gr\theta}{\tau} = \frac{80 \times 10^3 \times \frac{0.35}{2} \times \frac{0.2}{57.3}}{49} \fallingdotseq 1\text{m}$$

08 양단이 고정된 균일 단면봉의 중간 단면 C에 축하중 P를 작용시킬 때 A, B에서 반력은?

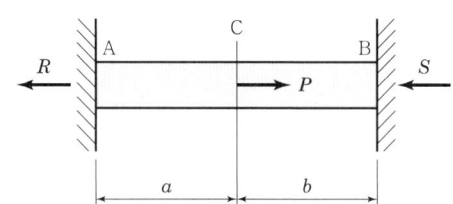

① $R = \dfrac{P(a+b^2)}{a+b}$, $S = \dfrac{P(a^2+b)}{a+b}$

② $R = \dfrac{Pb^2}{a+b}$, $S = \dfrac{Pa^2}{a+b}$

③ $R = \dfrac{Pb}{a+b}$, $S = \dfrac{Pa}{a+b}$

④ $R = \dfrac{Pa}{a+b}$, $S = \dfrac{Pb}{a+b}$

해설 ㉠ $R = \dfrac{Pb}{l} = \dfrac{Pb}{a+b}$ [N]

㉡ $S = \dfrac{Pa}{l} = \dfrac{Pa}{a+b}$ [N]

09 다음과 같은 보에서 C점(A에서 4m 떨어진 점)에서의 굽힘모멘트값은 약 몇 kN·m인가?

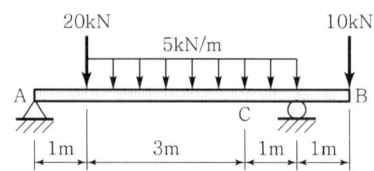

① 5.5 ② 11
③ 13 ④ 22

해설 ㉠ $R_A \times 5 - 20 \times 4 - (4 \times 5) \times 2 + 10 \times 1 = 0$

$$\therefore R_A = \frac{80+40-10}{5} = 22\text{kN}$$

㉡ $M_C = R_A \times 4 - 20 \times 3 - (3 \times 5) \times 1.5$
$= 22 \times 4 - 60 - 22.5$
$= 5.5\text{kN} \cdot \text{m}$

정답 06. ① 07. ④ 08. ③ 09. ①

10 다음 그림과 같은 직사각형 단면에서 $y_1 = (2/3)h$의 위쪽 면적(빗금 부분)의 중립축에 대한 단면 1차 모멘트 Q는?

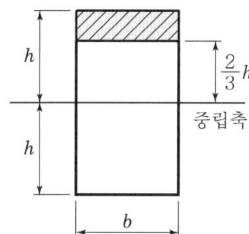

① $\dfrac{3}{8}bh^2$ ② $\dfrac{3}{8}bh^3$

③ $\dfrac{5}{18}bh^2$ ④ $\dfrac{5}{18}bh^3$

해설
$$Q = \int_A y\,dA = \int_{y_1}^{h} yb\,dy = b\int_{\frac{2}{3}h}^{h} y\,dy = b\left[\dfrac{y^2}{2}\right]_{\frac{2}{3}h}^{h}$$
$$= \dfrac{b}{2}\left(h^2 - \dfrac{4}{9}h^2\right) = \dfrac{5}{18}bh^2\,[\text{cm}^3]$$

11 공칭응력(nominal stress : σ_n)과 진응력(true stress : σ_t) 사이의 관계식으로 옳은 것은? (단, ε_n은 공칭변형률(nominal strain), ε_t는 진변형률(true strain)이다.)

① $\sigma_t = \sigma_n(1 + \varepsilon_t)$
② $\sigma_t = \sigma_n(1 + \varepsilon_n)$
③ $\sigma_t = \ln(1 + \sigma_n)$
④ $\sigma_t = \ln(\sigma_n + \varepsilon_n)$

12 다음 그림과 같이 등분포하중이 작용하는 보에서 최대 전단력의 크기는 몇 kN인가?

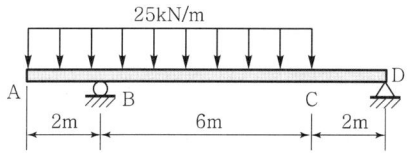

① 50   ② 100
③ 150   ④ 200

해설 ㉠ $-(25 \times 2) \times 1 + R_B \times 8 - (25 \times 6) \times 5 = 0$

$$\therefore R_B = \dfrac{50 \times 1 + 150 \times 5}{8} = 100\text{kN}$$

㉡ $-R_D \times 8 + (25 \times 6) \times 3 - (25 \times 2) \times 1 = 0$

$$\therefore R_D = \dfrac{450 \times 3 - 50 \times 1}{8} = 50\text{kN}$$

㉢ 돌출보인 경우 양쪽의 반력 중 큰 쪽의 반력이 최대 전단력이다($R_B > R_D$)

$$\therefore R_B = 100\text{kN}$$

13 $\sigma_x = 700$MPa, $\sigma_y = -300$MPa이 작용하는 평면응력상태에서 최대 수직응력($\sigma_{\max}$)과 최대 전단응력($\tau_{\max}$)은 각각 몇 MPa인가?

① $\sigma_{\max} = 700$, $\tau_{\max} = 300$
② $\sigma_{\max} = 700$, $\tau_{\max} = 500$
③ $\sigma_{\max} = 600$, $\tau_{\max} = 400$
④ $\sigma_{\max} = 500$, $\tau_{\max} = 700$

해설 ㉠ $\sigma_{n\max} = \sigma_x = 700$MPa

㉡ $\tau_{n\max} = \dfrac{1}{2}(\sigma_x - \sigma_y)$
$= \dfrac{1}{2} \times (700 - (-300)) = 500$MPa

14 안지름이 2m이고 1,000kPa의 내압이 작용하는 원통형 압력용기의 최대 사용응력이 200MPa이다. 용기의 두께는 약 몇 mm인가? (단, 안전계수는 2이다.)

① 5   ② 7.5
③ 10   ④ 12.5

해설 ㉠ $\sigma_a = \dfrac{\sigma_w}{S} = \dfrac{200}{2} = 100$MPa

㉡ $\sigma_a = \dfrac{PD}{2t}$ [MPa]

$$\therefore t = \dfrac{PD}{2\sigma_a} = \dfrac{1 \times 2,000}{2 \times 100} = 10\text{mm}$$

15 양단이 고정단인 주철재질의 원주가 있다. 이 기둥의 임계응력을 오일러식에 의해 계산한 결과 $0.0247E$로 얻어졌다면 이 기둥의 길이는 원주직경의 몇 배인가? (단, E는 재료의 세로탄성계수이다.)

① 12 ② 10
③ 0.05 ④ 0.001

해설 ㉠ 양단 고정단인 기둥의 단말계수$(n)=4$
㉡ $\sigma_{cr} = n\pi^2 \dfrac{E}{\lambda^2} = 0.0247E$

$\therefore \lambda = \sqrt{\dfrac{n\pi^2}{0.0247}} = \sqrt{\dfrac{4\pi^2}{0.0247}} ≒ 40$

㉢ 원형 단면인 경우
$k_G = \sqrt{\dfrac{I_G}{A}} = \sqrt{\dfrac{\pi d^4}{64} \times \dfrac{4}{\pi d^2}} = \sqrt{\dfrac{d^2}{16}} = \dfrac{d}{4}$

㉣ $\lambda = \dfrac{L}{k_G} = \dfrac{L}{\dfrac{d}{4}} = \dfrac{4L}{d} = 40$

$\therefore \dfrac{L}{d} = 10$

16 높이가 L이고 저면의 지름이 D, 단위체적당 중량 γ의 다음 그림과 같은 원추형의 재료가 자중에 의해 변형될 때 저장된 변형에너지값은? (단, 세로탄성계수는 E이다.)

① $\dfrac{\pi\gamma D^2 L^3}{24E}$

② $\dfrac{(\pi\gamma^2\pi^2 D^3)^2}{72E}$

③ $\dfrac{\pi\gamma DL^2}{96E}$

④ $\dfrac{\gamma^2\pi D^2 L^3}{360E}$

해설 ㉠ $x : d_x = L : D$
$\therefore d_x = \dfrac{Dx}{L}$ [m]

㉡ $V_x = A_x x = \dfrac{\pi d_x^2}{4} x$
$= \dfrac{\pi}{4}\left(\dfrac{Dx}{L}\right)^2 dx = \dfrac{\pi D^2}{4L^2} x^2 dx$ [m³]

㉢ $dU = \dfrac{\sigma_x^2 V_x}{2E} = \dfrac{\left(\dfrac{\gamma}{3}x\right)^2 \dfrac{\pi}{4}\left(\dfrac{D}{L}x\right)^2 dx}{2E} = \dfrac{\gamma^2\pi D^2 x^4 dx}{72EL^2}$

㉣ $\int_0^L dU = \dfrac{\gamma^2\pi D^2}{72EL^2}\int_0^L x^4 dx$

$\therefore U = \dfrac{\gamma^2\pi D^2}{72EL^2}\left[\dfrac{x^5}{5}\right]_0^L$

$= \dfrac{\gamma^2\pi D^2}{72EL^2} \times \dfrac{L^5}{5} = \dfrac{\gamma^2\pi D^2 L^3}{360E}$ [kJ]

17 다음 그림과 같은 단면의 축이 전달할 토크가 동일하다면 각 축의 재료 선정에 있어서 허용전단응력의 비 τ_A/τ_B의 값은 얼마인가?

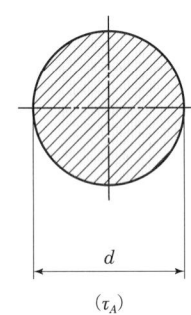 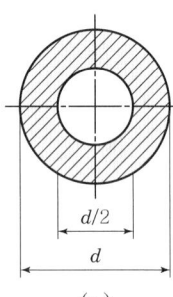
(τ_A)　　　　　(τ_B)

① $\dfrac{15}{16}$ ② $\dfrac{9}{16}$
③ $\dfrac{16}{15}$ ④ $\dfrac{16}{9}$

해설 $\dfrac{\tau_A}{\tau_B} = \dfrac{Z_B}{Z_A} = \dfrac{\dfrac{\pi d^3}{16}(1-x^4)}{\dfrac{\pi d^3}{16}} = 1-\left(\dfrac{1}{2}\right)^4 = \dfrac{15}{16}$

18 단면지름이 3cm인 환봉이 25kN의 전단하중을 받아서 0.00075rad의 전단변형률을 발생시켰다. 이때 재료의 세로탄성계수는 약 몇 GPa인가? (단, 이 재료의 푸아송비는 0.30이다.)

① 75.5 ② 94.4
③ 122.6 ④ 157.2

해설 $G = \dfrac{mE}{2(m+1)} = \dfrac{E}{2(1+\mu)}$ [GPa]

$\therefore E = 2G(1+\mu) = 2\dfrac{P_s}{A\gamma}(1+\mu)$

$= 2 \times \dfrac{25\times 10^3}{\dfrac{\pi\times 30^2}{4}\times 0.00075} \times (1+0.3)\times 10^{-3}$

$≒ 122.6\,\text{GPa}$

19 원형 단면의 단순보가 다음 그림과 같이 등분포하중 $w=10\text{N/m}$를 받고 허용응력이 800Pa일 때 단면의 지름은 최소 몇 mm가 되어야 되는가?

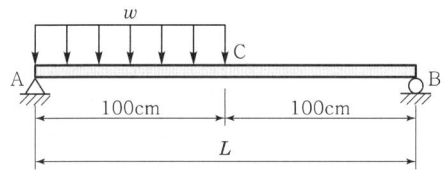

① 330 ② 430
③ 550 ④ 650

해설 ㉠ $\sum M_B = 0$
$R_A \times 2 - (10 \times 1) \times 1.5 = 0$
$\therefore R_A = \dfrac{15}{2} = 7.5\text{N}$

㉡ $F_x = R_A - 10x = 7.5 - 10x$
$F_x = 0$(위험 단면의 위치)일 때 $x = 0.75\text{m}$

㉢ $M_{\max} = R_A x - 10x\dfrac{x}{2} = 7.5x - 5x^2$
$= 7.5 \times 0.75 - 5 \times 0.75^2 = 2.813\text{N}\cdot\text{m}$

㉣ $\sigma = \dfrac{M}{Z} = \dfrac{M}{\dfrac{\pi d^3}{32}} = \dfrac{32M}{\pi d^3}$

$\therefore d = \sqrt[3]{\dfrac{32M}{\pi\sigma}} = \sqrt[3]{\dfrac{32 \times 2.813}{\pi \times 800}} = 0.33\text{m} = 330\text{mm}$

20 다음 그림과 같이 지름 d인 강철봉이 안지름 d, 바깥지름 D인 동관에 끼워져서 두 강체평판 사이에서 압축되고 있다. 강철봉 및 동관에 생기는 응력을 각각 σ_s, σ_c라고 하면 응력의 비 (σ_s/σ_c)의 값은? (단, 강철(E_s) 및 동(E_c)의 탄성계수는 각각 $E_s=200\text{GPa}$, $E_c=120\text{GPa}$이다.)

① $\dfrac{3}{5}$
② $\dfrac{4}{5}$
③ $\dfrac{5}{4}$
④ $\dfrac{5}{3}$

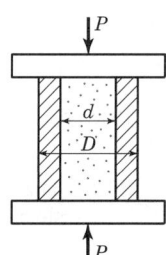

해설 $\dfrac{\sigma_s}{\sigma_c} = \dfrac{E_s}{E_c} = \dfrac{200}{120} = \dfrac{5}{3}$

제2과목 · 기계열역학

21 비가역단열변화에 있어서 엔트로피변화량은 어떻게 되는가?
① 증가한다.
② 감소한다.
③ 변화량은 없다.
④ 증가할 수도, 감소할 수도 있다.

해설 비가역단열변화인 경우 엔트로피변화량은 항상 증가한다.

22 다음 그림과 같이 A, B 두 종류의 기체가 한 용기 안에서 박막으로 분리되어 있다. A의 체적은 0.1m^3, 질량은 2kg이고, B의 체적은 0.4m^3, 밀도는 1kg/m^3이다. 박막이 파열되고 난 후에 평형에 도달하였을 때 기체혼합물의 밀도(kg/m³)는 얼마인가?

A	B

① 4.8 ② 6.0
③ 7.2 ④ 8.4

해설 $\rho = \dfrac{m}{V} = \dfrac{m_1+m_2}{V_1+V_2} = \dfrac{2+(1\times 0.4)}{0.1+0.4} = 4.8\text{kg/m}^3$

23 엔트로피(s)변화 등과 같이 직접 측정할 수 없는 양들을 압력(P), 비체적(v), 온도(T)와 같은 측정 가능한 상태량으로 나타내는 Maxwell관계식과 관련하여 다음 중 틀린 것은?

① $\left(\dfrac{\partial T}{\partial P}\right)_s = \left(\dfrac{\partial v}{\partial s}\right)_P$

② $\left(\dfrac{\partial T}{\partial v}\right)_s = -\left(\dfrac{\partial P}{\partial s}\right)_v$

③ $\left(\dfrac{\partial v}{\partial T}\right)_P = -\left(\dfrac{\partial s}{\partial P}\right)_T$

④ $\left(\dfrac{\partial P}{\partial v}\right)_T = \left(\dfrac{\partial s}{\partial T}\right)_v$

정답 19. ① 20. ④ 21. ① 22. ① 23. ④

해설 맥스웰관계식(4개의 일반관계식)

㉠ $\left(\dfrac{\partial T}{\partial P}\right)_s = \left(\dfrac{\partial v}{\partial s}\right)_P$

㉡ $\left(\dfrac{\partial T}{\partial v}\right)_s = -\left(\dfrac{\partial P}{\partial s}\right)_v$

㉢ $\left(\dfrac{\partial v}{\partial T}\right)_P = -\left(\dfrac{\partial s}{\partial P}\right)_T$

㉣ $\left(\dfrac{\partial P}{\partial T}\right)_v = \left(\dfrac{\partial s}{\partial v}\right)_T$

24 냉매로서 갖추어야 될 요구조건으로 적합하지 않은 것은?

① 불활성이고 안정하며 비가연성이어야 한다.
② 비체적이 커야 한다.
③ 증발온도에서 높은 잠열을 가져야 한다.
④ 열전도율이 커야 한다.

해설 냉매는 비체적이 작아야 한다.

25 어떤 이상기체 1kg이 압력 100kPa, 온도 30℃의 상태에서 체적 0.8m³을 점유한다면 기체상수(kJ/kg·K)는 얼마인가?

① 0.251   ② 0.264
③ 0.275   ④ 0.293

해설 $PV = mRT$

$\therefore R = \dfrac{PV}{mT}$

$= \dfrac{100 \times 0.8}{1 \times (30+273)}$

$= 0.264 \text{kJ/kg} \cdot \text{K}$

26 어떤 가스의 비내부에너지 u[kJ/kg], 온도 t[℃], 압력 P[kPa], 비체적 v[m³/kg] 사이에는 다음의 관계식이 성립한다면 이 가스의 정압비열(kJ/kg·℃)은 얼마인가?

$$u = 0.28t + 532$$
$$Pv = 0.560(t+380)$$

① 0.84   ② 0.68
③ 0.50   ④ 0.28

해설 $C_p = \left(\dfrac{\partial h}{\partial t}\right)_P = \dfrac{d}{dt}(u+Pv)$

$= \dfrac{d}{dt}(0.28t + 532 + 0.560(t+380))$

$= 0.28 + 0.56 = 0.84 \text{kJ/kg} \cdot \text{K}$

27 이상적인 가역과정에서 열량 ΔQ가 전달될 때 온도 T가 일정하면 엔트로피변화 ΔS를 구하는 계산식으로 옳은 것은?

① $\Delta S = 1 - \dfrac{\Delta Q}{T}$

② $\Delta S = 1 - \dfrac{T}{\Delta Q}$

③ $\Delta S = \dfrac{\Delta Q}{T}$

④ $\Delta S = \dfrac{T}{\Delta Q}$

해설 엔트로피변화량$(\Delta S) = \dfrac{\Delta Q}{T}$ [kJ/K]

28 다음 중 경로함수(path function)는?

① 엔탈피   ② 엔트로피
③ 내부에너지 ④ 일

해설 엔탈피, 엔트로피, 내부에너지는 열량적 상태량으로 점함수(상태함수)이고, 일은 과정(경로)함수이다.

29 랭킨사이클의 각 점에서의 엔탈피가 다음과 같을 때 사이클의 이론열효율(%)은?

- 보일러 입구 : 58.6kJ/kg
- 보일러 출구 : 810.3kJ/kg
- 응축기 입구 : 614.2kJ/kg
- 응축기 출구 : 57.4kJ/kg

① 32   ② 30
③ 28   ④ 26

해설 $\eta_R = \dfrac{\text{정미일량}(w_{net})}{\text{공급열량}(q_1)} \times 100\%$

$= \dfrac{(810.3 + 614.2) - (58.6 - 57.4)}{810.3 - 58.6} \times 100\%$

$= 26\%$

정답 24. ② 25. ② 26. ① 27. ③ 28. ④ 29. ④

30 원형 실린더를 마찰 없는 피스톤이 덮고 있다. 피스톤에 비선형 스프링이 연결되고 실린더 내의 기체가 팽창하면서 스프링이 압축된다. 스프링의 압축길이가 X[m]일 때 피스톤에는 $kX^{1.5}$[N]의 힘이 걸린다. 스프링의 압축길이가 0m에서 0.1m로 변하는 동안에 피스톤이 하는 일이 W_a이고, 0.1m에서 0.2m로 변하는 동안에 하는 일이 W_b라면 W_a/W_b는 얼마인가?

① 0.083 ② 0.158
③ 0.214 ④ 0.333

해설 $W = \int F dx = \int kX^{1.5} dX [\text{N} \cdot \text{m}]$에서

$W_a = k\left[\dfrac{X^{2.5}}{1.5+1}\right]_0^{0.1} = \dfrac{k}{2.5} \times (0.1^{2.5} - 0)$

$= 1.264 \times 10^{-3}k = \dfrac{k}{2.5} \times 0.00316 [\text{J}]$

$W_b = \dfrac{k}{2.5}[X^{2.5}]_{0.1}^{0.2} = \dfrac{k}{2.5} \times (0.2^{2.5} - 0.1^{2.5})$

$= 5.892 \times 10^{-3}k = \dfrac{k}{2.5} \times 0.01473 [\text{J}]$

$\therefore \dfrac{W_a}{W_b} = \dfrac{0.00316}{0.01473} = 0.214$

31 내부에너지가 30kJ인 물체에 열을 가하여 내부에너지가 50kJ이 되는 동안에 외부에 대하여 10kJ의 일을 하였다. 이 물체에 가해진 열량(kJ)은?

① 10 ② 20
③ 30 ④ 60

해설 $Q = (U_2 - U_1) + W = (50 - 30) + 10 = 30 \text{kJ}$

32 풍선에 공기 2kg이 들어있다. 일정압력 500kPa 하에서 가열팽창하여 체적이 1.2배가 되었다. 공기의 초기온도가 20℃일 때 최종온도(℃)는 얼마인가?

① 32.4 ② 53.7
③ 78.6 ④ 92.3

해설 $P = C$이므로 $\dfrac{V}{T} = C$이다.

$\dfrac{T_2}{T_1} = \dfrac{V_2}{V_1}$

$\therefore T_2 = T_1 \dfrac{V_2}{V_1}$

$= (20+273) \times 1.2 = 351.6 \text{K} - 273 = 78.6℃$

33 처음 압력이 500kPa이고, 체적이 2m³인 기체가 "PV=일정"인 과정으로 압력이 100kPa까지 팽창할 때 밀폐계가 하는 일(kJ)을 나타내는 계산식으로 옳은 것은?

① $1,000 \ln \dfrac{2}{5}$

② $1,000 \ln \dfrac{5}{2}$

③ $1,000 \ln 5$

④ $1,000 \ln \dfrac{1}{5}$

해설 등온변화인 경우

절대일(밀폐계일, $_1W_2) = P_1 V_1 \ln \dfrac{V_2}{V_1} = P_1 V_1 \ln \dfrac{P_1}{P_2}$

$= 500 \times 2 \times \ln \dfrac{500}{100}$

$= 1,000 \ln 5 [\text{kJ}]$

34 자동차엔진을 수리한 후 실린더블록과 헤드 사이에 수리 전과 비교하여 더 두꺼운 개스킷을 넣었다면 압축비와 열효율은 어떻게 되겠는가?

① 압축비는 감소하고, 열효율도 감소한다.
② 압축비는 감소하고, 열효율은 증가한다.
③ 압축비는 증가하고, 열효율은 감소한다.
④ 압축비는 증가하고, 열효율도 증가한다.

35 고온열원의 온도가 700℃이고, 저온열원의 온도가 50℃인 카르노열기관의 열효율(%)은?

① 33.4
② 50.1
③ 66.8
④ 78.9

해설 $\eta_c = 1 - \dfrac{T_2}{T_1} = 1 - \dfrac{50+273}{700+273} = 0.668 = 66.8\%$

정답 30. ③ 31. ③ 32. ③ 33. ③ 34. ① 35. ③

36 밀폐계에서 기체의 압력이 100kPa으로 일정하게 유지되면서 체적이 1m³에서 2m³로 증가되었을 때 옳은 설명은?

① 밀폐계의 에너지변화는 없다.
② 외부로 행한 일은 100kJ이다.
③ 기체가 이상기체라면 온도가 일정하다.
④ 기체가 받은 열은 100kJ이다.

해설 $W = \int_1^2 pdV = p(V_2 - V_1) = 100 \times (2-1) = 100\text{kJ}$
∴ 팽창일(밀폐계일)은 절대일로 어떤 계가 외부로 행한 일은 100kJ이다.

37 최고온도 1,300K와 최저온도 300K 사이에서 작동하는 공기표준Brayton사이클의 열효율(%)은? (단, 압력비는 9, 공기의 비열비는 1.4이다.)

① 30.4 ② 36.5
③ 42.1 ④ 46.6

해설 $\eta_B = 1 - \left(\frac{1}{\gamma}\right)^{\frac{k-1}{k}}$
$= 1 - \left(\frac{1}{9}\right)^{\frac{1.4-1}{1.4}} = 0.466 = 46.6\%$

38 랭킨사이클에서 25℃, 0.01MPa 압력의 물 1kg을 5MPa 압력의 보일러로 공급한다. 이때 펌프가 가역단열과정으로 작용한다고 가정할 경우 펌프가 한 일(kJ)은? (단, 물의 비체적은 0.001m³/kg이다.)

① 2.58 ② 4.99
③ 20.12 ④ 40.24

해설 $W_p = -\int_1^2 VdP = \int_2^1 VdP$
$= V(P_1 - P_2) = 0.001 \times (5-0.01) \times 10^3 = 4.99\text{kJ}$

39 성능계수가 3.2인 냉동기가 시간당 20MJ의 열을 흡수한다면 이 냉동기의 소비동력(kW)은?

① 2.25 ② 1.74
③ 2.85 ④ 1.45

해설 소비동력$(W_c) = \frac{Q_e}{\varepsilon_R} = \frac{\frac{20 \times 10^3}{3,600}}{3.2} = 1.74\text{kJ/s}(=\text{kW})$

40 이상적인 디젤기관의 압축비가 16일 때 압축 전의 공기온도가 90℃라면 압축 후의 공기온도(℃)는 얼마인가? (단, 공기의 비열비는 1.4이다.)

① 1101.9 ② 718.7
③ 808.2   ④ 827.4

해설 $\frac{T_2}{T_1} = \left(\frac{V_1}{V_2}\right)^{k-1} = \varepsilon^{k-1}$
∴ $T_2 = T_1 \varepsilon^{k-1}$
$= (90+273) \times 16^{1.4-1}$
$= 1100.4\text{K} - 273 = 827.4℃$

제3과목 · 기계유체역학

41 효율 80%인 펌프를 이용하여 저수지에서 유량 0.05m³/s으로 물을 5m 위에 있는 논으로 올리기 위하여 효율 95%의 전기모터를 사용한다. 전기모터의 최소 동력은 몇 kW인가?

① 2.45 ② 2.91
③ 3.06 ④ 3.22

해설 $L_m = \frac{\gamma_w Q H}{\eta_p \eta_m} = \frac{9.8 \times 0.05 \times 5}{0.8 \times 0.95} = 3.22\text{kW}$

42 다음 그림에서 입구 A에서 공기의 압력은 3×10⁵Pa, 온도 20℃, 속도 5m/s이다. 그리고 출구 B에서 공기의 압력은 2×10⁵Pa, 온도 20℃이면 출구 B에서의 속도는 몇 m/s인가? (단, 압력값은 모두 절대압력이며, 공기는 이상기체로 가정한다.)

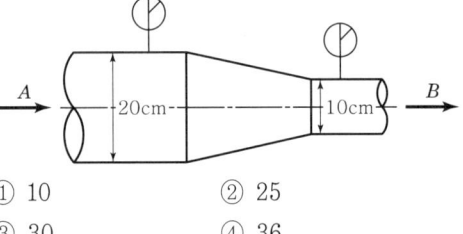

① 10 ② 25
③ 30 ④ 36

해설 $\dot{m} = \rho_A A_A V_A = \rho_B A_B V_B [\text{kg/s}]$

$\therefore V_B = \dfrac{\rho_A}{\rho_B}\dfrac{A_A}{A_B}V_A = \dfrac{\rho_A}{\rho_B}\left(\dfrac{d_A}{d_B}\right)^2 V_A$

$= \dfrac{P_A}{P_B}\left(\dfrac{d_A}{d_B}\right)^2 V_A = \dfrac{3\times 10^5}{2\times 10^5}\times\left(\dfrac{20}{10}\right)^2\times 5$

$= 30\,\text{m/s}$

[참고] $\rho = \dfrac{P}{RT}$ 에서 $\rho \propto P$ 이다.

43 세 변의 길이가 a, $2a$, $3a$인 작은 직육면체가 점도 μ인 유체 속에서 매우 느린 속도 V로 움직일 때 항력 F는 $F = F(a, \mu, V)$로 가정할 수 있다. 차원해석을 통하여 얻을 수 있는 F에 대한 표현식으로 옳은 것은?

① $\dfrac{F}{\mu V a}=$ 상수

② $\dfrac{F}{\mu V^2 a}=$ 상수

③ $\dfrac{F}{\mu^2 V}=f\left(\dfrac{V}{a}\right)$

④ $\dfrac{F}{\mu V a}=f\left(\dfrac{a}{\mu V}\right)$

해설 $\dfrac{F}{\mu V a}=\dfrac{\text{N}}{\text{N}\cdot\text{s/m}^2\times\text{m/s}\times\text{m}}=1$ (상수)

44 온도 증가에 따른 일반적인 점성계수변화에 대한 설명으로 옳은 것은?

① 액체와 기체 모두 증가한다.
② 액체와 기체 모두 감소한다.
③ 액체는 증가하고, 기체는 감소한다.
④ 액체는 감소하고, 기체는 증가한다.

해설 일반적으로 온도가 상승하면 액체는 점성이 감소하고, 기체는 증가한다.

45 다음 그림과 같이 지름 D와 깊이 H의 원통용기 내에 액체가 가득 차 있다. 수평방향으로의 등가속도(가속도=a)운동을 하여 내부의 물의 35%가 흘러넘쳤다면 가속도 a와 중력가속도 g의 관계로 옳은 것은? (단, $D = 1.2H$이다.)

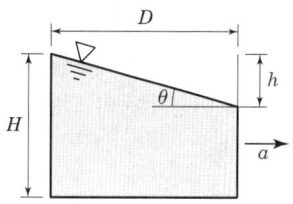

① $a = 0.58g$
② $a = 0.85g$
③ $a = 1.35g$
④ $a = 1.42g$

해설 ㉠ 넘쳐흐른 체적을 V_s, 원통의 체적을 V_o라 하면

$V_s = \dfrac{3.5}{10} V_o$

$\dfrac{1}{2}\times\dfrac{\pi D^2}{4}h = \dfrac{3.5}{10}\times\dfrac{\pi D^2}{4}H$

$\therefore h = \dfrac{7}{10}H$

㉡ $\tan\theta = \dfrac{h}{D} = \dfrac{0.7}{1.2} = 0.583\left(=\dfrac{a}{g}\right)$

$\therefore a = 0.583g$

46 다음 U자관 압력계에서 A와 B의 압력차는 몇 kPa인가? (단, $H_1 = 250\,\text{mm}$, $H_2 = 200\,\text{mm}$, $H_3 = 600\,\text{mm}$이고 수은의 비중은 13.6이다.)

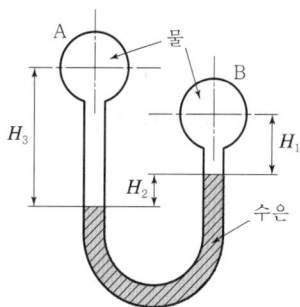

① 3.50
② 23.2
③ 35.0
④ 232

해설 $P_A + 9.8 H_3 = P_B + 9.8 H_1 + (9.8\times 13.6)H_2$

$\therefore P_A - P_B = 9.8 H_1 + (9.8\times 13.6)H_2 - 9.8 H_3$

$= 9.8\times 0.25 + (9.8\times 13.6)\times 0.2 - 9.8\times 0.6$

$≒ 23.23\,\text{kPa}$

정답 43. ① 44. ④ 45. ① 46. ②

47 물($\mu=1.519\times10^{-3}$kg/m·s)이 직경 0.3cm, 길이 9m인 수평파이프 내부를 평균속도 0.9m/s로 흐를 때 어떤 유동이 되는가?

① 난류유동
② 층류유동
③ 등류유동
④ 천이유동

해설 $Re = \dfrac{\rho Vd}{\mu} = \dfrac{1,000\times 0.9 \times 0.003}{1.519\times 10^{-3}} = 1777.5 < 2,100$

∴ 층류

48 정상 2차원 퍼텐셜유동의 속도장이 $u=-6y$, $v=-4x$일 때 이 유동의 유동함수가 될 수 있는 것은? (단, C는 상수이다.)

① $-2x^2-3y^2+C$
② $2x^2-3y^2+C$
③ $-2x^2+3y^2+C$
④ $2x^2+3y^2+C$

해설 유동함수(stream function) $u=\dfrac{\partial \psi}{\partial y}$, $v=-\dfrac{\partial \psi}{\partial x}$

$2x^3-3y^2+C$

49 2차원 직각좌표계(x, y)에서 속도장이 다음과 같은 유동이 있다. 유동장 내의 점 (L, L)에서 유속의 크기는? (단, $\vec{i}, \vec{j}$는 각각 x, y방향의 단위벡터를 나타낸다.)

$$\vec{V}(x, y) = \dfrac{U}{L}(-x\vec{i}+y\vec{i})$$

① 0
② U
③ $2U$
④ $\sqrt{2}\,U$

해설 ㉠ $x=L$, $y=L$을 대입하면
∴ $\vec{V} = \dfrac{U}{L}(-L\vec{i}+L\vec{j}) = U(-\vec{i}+\vec{j})$

㉡ $U=-U$, $V=U$일 때
∴ $|\vec{V}| = \sqrt{U^2+V^2} = \sqrt{(-U)^2+U^2} = \sqrt{2}\,U$

50 표준공기 중에서 속도 V로 낙하하는 구형의 작은 빗방울이 받는 항력은 $F_D=3\pi\mu VD$로 표시할 수 있다. 여기에서 μ는 공기의 점성계수이며, D는 빗방울의 지름이다. 정지상태에서 빗방울입자가 떨어지기 시작했다고 가정할 때 이 빗방울의 최대 속도(종속도, terminal velocity)는 지름 D의 몇 제곱에 비례하는가?

① 3
② 2
③ 1
④ 0.5

해설 $V = \dfrac{D^2(\gamma_s-\gamma_l)}{18\mu}$ [m/s]

∴ $V \propto D^2$

51 지름이 10cm인 원관에서 유체가 층류로 흐를 수 있는 임계레이놀즈수를 2,100으로 할 때 층류로 흐를 수 있는 최대 평균속도는 몇 m/s인가? (단, 흐르는 유체의 동점성계수는 1.8×10^{-6}m²/s이다.)

① 1.89×10^{-3}
② 3.78×10^{-2}
③ 1.89
④ 3.78

해설 $R_{ec} = \dfrac{Vd}{\nu}$

∴ $V = \dfrac{R_{ec}\nu}{d}$
$= \dfrac{2,100\times 1.8\times 10^{-6}}{0.1}$
$= 0.0378 = 3.78\times 10^{-2}$ m/s

52 계기압 10kPa의 공기로 채워진 탱크에서 지름 0.02m인 수평관을 통해 출구지름 0.01m인 노즐로 대기(101kPa) 중으로 분사된다. 공기밀도가 1.2kg/m³으로 일정할 때 0.02m인 관 내부계기압력은 약 몇 kPa인가? (단, 위치에너지는 무시한다.)

① 9.4
② 9.0
③ 8.6
④ 8.2

정답 47. ② 48. ② 49. ④ 50. ② 51. ② 52. ①

53 피토정압관을 이용하여 흐르는 물의 속도를 측정하려고 한다. 액주계에는 비중 13.6인 수은이 들어있고 액주계에서 수은의 높이차이가 20cm일 때 흐르는 물의 속도는 몇 m/s인가? (단, 피토정압관의 보정계수는 $C=0.96$이다.)

① 6.75 ② 6.87
③ 7.54 ④ 7.84

해설
$$V = C\sqrt{2gh\left(\frac{S_{Hg}}{S_{H_2O}}-1\right)}$$
$$= 0.96\sqrt{2\times 9.8\times 0.2\times \left(\frac{13.6}{1}-1\right)}$$
$$= 6.75 \text{m/s}$$

54 점성계수 $\mu=0.98\text{N}\cdot\text{s/m}^2$인 뉴턴유체가 수평벽면 위를 평행하게 흐른다. 벽면($y=0$) 근방에서의 속도분포가 $u=0.5-150(0.1-y)^2$이라고 할 때 벽면에서의 전단응력은 몇 Pa인가? (단, y[m]는 벽면에 수직한 방향의 좌표를 나타내며, u는 벽면 근방에서의 접선속도(m/s)이다.)

① 0
② 0.306
③ 3.12
④ 29.4

해설 $\tau = \mu\dfrac{du}{dy} = 0.98\times 30 = 29.4\text{Pa}(=\text{N/m}^2)$

55 점성·비압축성 유체가 수평방향으로 균일속도로 흘러와서 두께가 얇은 수평평판 위를 흘러갈 때 Blasius의 해석에 따라 평판에서의 층류경계층의 두께에 대한 설명으로 옳은 것을 모두 고르면?

> ㉮ 상류의 유속이 클수록 경계층의 두께가 커진다.
> ㉯ 유체의 동점성계수가 클수록 경계층의 두께가 커진다.
> ㉰ 평판의 상단으로부터 멀어질수록 경계층의 두께가 커진다.

① ㉮, ㉯ ② ㉮, ㉰
③ ㉯, ㉰ ④ ㉮, ㉯, ㉰

56 액체제트가 깃(vane)에 수평방향으로 분사되어 θ만큼 방향을 바꾸어 진행할 때 깃을 고정시키는 데 필요한 힘의 합력의 크기를 $F(\theta)$라고 한다. $\dfrac{F(\pi)}{F\left(\dfrac{\pi}{2}\right)}$는 얼마인가? (단, 중력과 마찰은 무시한다.)

① $\dfrac{1}{\sqrt{2}}$ ② 1
③ $\sqrt{2}$ ④ 2

57 다음 그림과 같은 수문(ABC)에서 A점은 힌지로 연결되어 있다. 수문을 그림과 같은 닫은 상태로 유지하기 위해 필요한 힘 F는 몇 kN인가?

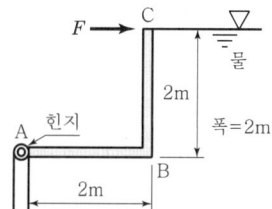

① 78.4 ② 58.8
③ 52.3 ④ 39.2

해설 $\sum M_{Hinge} = 0$
$$y_p = \frac{2}{3}h = \frac{2}{3}\times 2 = 1.33\text{m}$$
$$F_H = \gamma\bar{h}A = 9.8\times 1\times(2\times 2) = 39.2\text{kN}$$
$$F_{AB} = \gamma h A = 9.8\times 2\times(2\times 2) = 78.4\text{kN}$$
$$F\times 2 - F_H\times(2-y_p) - F_{AB}\times 1 = 0$$
$$\therefore F = \frac{F_H\times(2-y_p) + F_{AB}\times 1}{2}$$
$$= \frac{39.2\times(2-1.33) + 78.4\times 1}{2}$$
$$= 52.33\text{kN}$$

정답 53.① 54.④ 55.③ 56.③ 57.③

58 관내의 부차적 손실에 관한 설명 중 틀린 것은?

① 부차적 손실에 의한 수두는 손실계수에 속도수두를 곱해서 계산한다.
② 부차적 손실은 배관요소에서 발생한다.
③ 배관의 크기변화가 심하면 배관요소의 부차적 손실이 커진다.
④ 일반적으로 짧은 배관계에서 부차적 손실은 마찰손실에 비해 상대적으로 작다.

[해설] 일반적으로 짧은 배관계에서 부차적 손실은 마찰손실에 비해 상대적으로 크다.

59 공기 중을 20m/s로 움직이는 소형 비행선의 항력을 구하려고 $\frac{1}{4}$축척의 모형을 물속에서 실험하려고 할 때 모형의 속도는 몇 m/s로 해야 하는가?

구분	물	공기
밀도(kg/m³)	1,000	1
점성계수(N·s/m²)	1.8×10^{-3}	1×10^{-5}

① 4.9 ② 9.8
③ 14.4 ④ 20

[해설] $\left(\frac{\rho V d}{\mu}\right)_p = \left(\frac{\rho V d}{\mu}\right)_m$

$\therefore V_m = V_p \frac{\rho_p}{\rho_m} \frac{\mu_m}{\mu_p} \frac{l_p}{l_m}$

$= 20 \times \frac{1}{1,000} \times \frac{1.8 \times 10^{-3}}{1 \times 10^{-5}} \times \frac{4}{1} = 14.4 \text{m/s}$

60 지름이 8mm인 물방울의 내부압력(게이지압력)은 몇 Pa인가? (단, 물의 표면장력은 0.075N/m이다.)

① 0.037 ② 0.075
③ 37.5 ④ 75

[해설] $\sigma = \frac{Pd}{4} [\text{N/m}]$

$\therefore P = \frac{4\sigma}{d} = \frac{4 \times 0.075}{8 \times 10^{-3}} = 37.5 \text{N/m}^2 (= \text{Pa})$

제4과목 · 기계재료 및 유압기기

61 베어링에 사용되는 구리합금인 켈밋의 주성분은?

① Cu-Sn ② Cu-Pb
③ Cu-Al ④ Cu-Ni

[해설] 켈밋의 주성분은 구리(Cu)와 납(Pb)이다.

62 알루미늄 및 그 합금의 질별기호 중 H가 의미하는 것은?

① 어닐링한 것
② 용체화처리한 것
③ 가공경화한 것
④ 제조한 그대로의 것

[해설] 알루미늄 및 그 합금(알루미늄합금)의 질별기호는 합금분류숫자 뒤에 표시한다.
[참고] 기본질별기호
- F : 제조한 상태 그대로의 것(기계적 성질에 제한이 없음)
- O : 어닐링(소둔)하고 재결정시킨 것
- H : 가공경화된 것
- T : F 또는 O와는 다른 성질을 갖도록 열처리한 것

63 다음 중 용융점이 가장 낮은 것은?

① Al ② Sn
③ Ni ④ Mo

[해설] 용융점이 가장 낮은 것은 주석(Sn 232℃)이다.
[참고] 알루미늄(Al) : 660℃, 니켈(Ni) : 1,452℃, 몰리브덴(Mo) : 2,450℃

64 표면은 단단하고, 내부는 인성을 가지는 주철로 압연용 롤, 분쇄기 롤, 철도차량 등 내마멸성이 필요한 기계부품에 사용되는 것은?

① 회주철 ② 칠드주철
③ 구상흑연주철 ④ 펄라이트주철

정답 58. ④ 59. ③ 60. ③ 61. ② 62. ③ 63. ② 64. ②

65 체심입방격자(BCC)의 인접 원자수(배위수)는 몇 개인가?

① 6개
② 8개
③ 10개
④ 12개

해설 체심입방격자의 인접 원자수(배위수)는 8개이다.

66 탄소강이 950℃ 전후의 고온에서 적열메짐(red brittleness)을 일으키는 원인이 되는 것은?

① Si   ② P
③ Cu   ④ S

해설 탄소강이 900~950℃ 부근에서 고온취성(적열취성)을 일으키는 원인은 황(S)이며, 망간(Mn)은 적열취성 방지원소이다.

67 금속재료의 파괴형태를 설명한 것 중 다른 하나는?

① 외부힘에 의해 국부수축 없이 갑자기 발생되는 단계로 취성파단이 나타난다.
② 균열의 전파 전 또는 전파 중에 상당한 소성변형을 유발한다.
③ 인장시험 시 컵-콘(원뿔)형태로 파괴된다.
④ 미세한 공공형태의 딤플형상이 나타난다.

68 열경화성 수지에 해당하는 것은?

① ABS수지
② 폴리스티렌
③ 폴리에틸렌
④ 에폭시수지

해설 열경화성 수지 : 페놀수지, 요소수지, 멜라민수지, 규소수지, 폴리에스테르수지, 에폭시수지, 폴리우레탄수지 등

69 Fe-Fe₃C평형상태도에 대한 설명으로 옳은 것은?

① A_0는 철의 자기변태점이다.
② A_1변태선을 공석선이라 한다.
③ A_2는 시멘타이트의 자기변태점이다.
④ A_3는 약 1,400℃이며 탄소의 함유량이 약 4.3% C이다.

해설 ㉠ A_0는 210℃로 시멘타이트 자기변태점이다.
㉡ A_1변태선을 공석선이라 하며 변태점은 723℃이다.
㉢ A_2는 768℃로 철의 자기변태점이다.
㉣ A_3는 910℃로 철의 동소변태점으로 탄소함유량(C)은 43%이다.
㉤ A_4는 1,400℃로 철의 동소변태점이다.

70 오스테나이트형 스테인리스강에 대한 설명으로 틀린 것은?

① 내식성이 우수하다.
② 공식을 방지하기 위해 할로겐이온의 고농도를 피한다.
③ 자성을 띠고 있으며 18% Co와 8% Cr을 함유한 합금이다.
④ 입계부식 방지를 위하여 고용화처리를 하거나 Nb 또는 Ti을 첨가한다.

해설 오스테나이트형 스테인리스강은 자성이 없으며(비자성체) 크롬(18%)과 니켈(8%)을 함유한 합금이다.

71 유압장치의 운동 부분에 사용되는 실(seal)의 일반적인 명칭은?

① 심리스(seamless)
② 개스킷(gasket)
③ 패킹(packing)
④ 필터(filter)

해설 유압장치에서 운동 부분에 사용되는 실은 패킹이고, 고정 부분에 사용되는 실은 개스킷이다.

정답 65. ② 66. ④ 67. ① 68. ④ 69. ② 70. ③ 71. ③

72 유압회로 중 미터 인 회로에 대한 설명으로 옳은 것은?

① 유량제어밸브는 실린더에서 유압작동유의 출구측에 설치한다.
② 유량제어밸브는 탱크로 바이패스되는 관로 쪽에 설치한다.
③ 릴리프밸브를 통하여 분기되는 유량으로 인한 동력손실이 있다.
④ 압력설정회로로 체크밸브에 의하여 양방향만의 속도가 제어된다.

해설 미터 인 회로(meter in circuit)는 릴리프밸브를 통하여 분기되는 유량으로 인한 동력손실이 있으며, 유량제어밸브는 실린더에서 유압작동유의 입구측에 설치한다.

73 다음 그림과 같은 전환밸브의 포트수와 위치에 대한 명칭으로 옳은 것은?

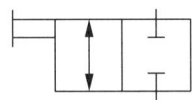

① 2/2－way밸브
② 2/4－way밸브
③ 4/2－way밸브
④ 4/4－way밸브

해설 제시된 그림은 2위치 2방향 밸브이다.

74 KS규격에 따른 유면계의 기호로 옳은 것은?

①    ②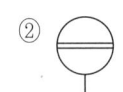

③   ④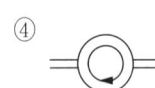

해설 ① 검류계
③ 압력계
④ 회전속도계

75 유압장치의 각 구성요소에 대한 기능의 설명으로 적절하지 않은 것은?

① 오일탱크는 유압작동유의 저장기능, 유압부품의 설치공간을 제공한다.
② 유압제어밸브에는 압력제어밸브, 유량제어밸브, 방향제어밸브 등이 있다.
③ 유압작동체(유압구동기)는 유압장치 내에서 요구된 일을 하며 유체동력을 기계적 동력으로 바꾸는 역할을 한다.
④ 유압작동체(유압구동기)에는 고무호스, 이음쇠, 필터, 열교환기 등이 있다.

76 속도제어회로의 종류가 아닌 것은?

① 미터 인 회로
② 미터 아웃 회로
③ 로킹회로
④ 블리드 오프 회로

해설 속도제어회로에는 미터 인 회로, 미터 아웃 회로, 블리드 오프 회로가 있다.

77 어큐뮬레이터의 종류인 피스톤형의 특징에 대한 설명으로 적절하지 않은 것은?

① 대형도 제작이 용이하다.
② 축의 유량을 크게 잡을 수 있다.
③ 형상이 간단하고 구성품이 적다.
④ 유실에 가스침입의 염려가 없다.

78 유압펌프에서 실제 토출량과 이론토출량의 비를 나타내는 용어는?

① 펌프의 토크효율
② 펌프의 전효율
③ 펌프의 입력효율
④ 펌프의 용적효율

해설 유압펌프의 체적(용적)효율(η_v)
$= \dfrac{실제\ 토출량(Q_a)}{이론토출량(Q_{th})} \times 100[\%]$

79 난연성 작동유의 종류가 아닌 것은?

① R & O형 작동유
② 수중 유형 유화유
③ 물-글리콜형 작동유
④ 인산 에스테르형 작동유

해설 유압유(hydraulic oil)의 광유계 작동유(순광유, R & O 작동유)는 내마모성 작동유, 고점도 작동유 등이 있고, 난연성 작동유는 W/O에멀션, 물-글리콜 등 함수계 작동유체 및 인산 에스테르 등의 합성계 작동유체가 있다.

80 작동유 속의 불순물을 제거하기 위하여 사용하는 부품은?

① 패킹
② 스트레이너
③ 어큐뮬레이터
④ 유체커플링

해설 스트레이너(strainer)는 작동유 속의 불순물(이물질)을 제거하기 위해 사용되는 부품(여과기)이다.

제5과목 · 기계제작법 및 기계동력학

81 등가속도운동에 관한 설명으로 옳은 것은?

① 속도는 시간에 대하여 선형적으로 증가하거나 감소한다.
② 변위는 시간에 대하여 선형적으로 증가하거나 감소한다.
③ 속도는 시간의 제곱에 비례하여 증가하거나 감소한다.
④ 변위는 속도의 세제곱에 비례하여 증가하거나 감소한다.

82 다음 그림과 같이 원판에서 원주에 있는 점 A의 속도가 12m/s일 때 원판의 각속도는 약 몇 rad/s인가? (단, 원판의 반지름 r은 0.3m이다.)

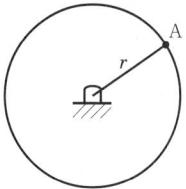

① 10
② 20
③ 30
④ 40

해설 $V = r\omega [m/s]$
$\therefore \omega = \dfrac{V}{r} = \dfrac{12}{0.3} = 40\text{rad/s}$

83 같은 길이의 두 줄에 질량 20kg의 물체가 매달려 있다. 이 중 하나의 줄을 자르는 순간, 남는 줄의 장력은 약 몇 N인가? (단, 줄의 질량 및 강성은 무시한다.)

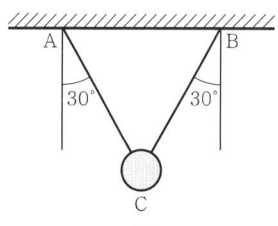

① 98
② 170
③ 196
④ 250

해설 $T = mg\cos 30° = 20 \times 9.8 \times \cos 30° ≒ 170\text{N}$

84 다음 단순조화운동식에서 진폭을 나타내는 것은?

$$x = A\sin(\omega t + \phi)$$

① A
② ωt
③ $\omega t + \phi$
④ $A\sin(\omega t + \phi)$

해설 x : 변위, A : 진폭, ω : 각진동수(각속도), ϕ : 초기 위상, $\omega t + \phi$: 위상각

정답 79. ① 80. ② 81. ① 82. ④ 83. ② 84. ①

85 균질한 원통(cylinder)이 다음 그림과 같이 물에 떠 있다. 평형상태에 있을 때 손으로 눌렀다가 놓아주면 상하진동을 하게 되는데, 이때 진동주기(τ)에 대한 식으로 옳은 것은? (단, 원통질량은 m, 원통 단면적은 A, 물의 밀도는 ρ이고, g는 중력가속도이다.)

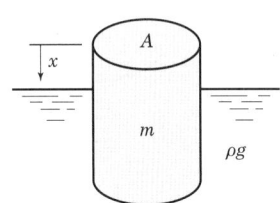

① $\tau = 2\pi \sqrt{\dfrac{\rho g}{mA}}$ ② $\tau = 2\pi \sqrt{\dfrac{mA}{\rho g}}$

③ $\tau = 2\pi \sqrt{\dfrac{m}{\rho g A}}$ ④ $\tau = 2\pi \sqrt{\dfrac{\rho g A}{m}}$

해설 $\sum F = m\ddot{x}$
$-\gamma A x = m\ddot{x}$
$m\ddot{x} + \gamma A x = 0$
$\gamma = \rho g$이므로
$m\ddot{x} + \rho g A x = 0$
$\ddot{x} + \dfrac{\rho g A}{m} x = 0$
$\therefore \tau = \dfrac{1}{f_n} = \dfrac{2\pi}{\omega_n} = 2\pi \sqrt{\dfrac{k}{m}} = 2\pi \sqrt{\dfrac{m}{\rho g A}}$ [sec]

86 질량 30kg의 물체를 담은 두레박 B가 레일을 따라 이동하는 크레인 A에 6m 길이의 줄에 의해 수직으로 매달려 이동하고 있다. 일정한 속도로 이동하던 크레인이 갑자기 정지하자 두레박 B가 수평으로 3m까지 흔들렸다. 크레인 A의 이동속력은 약 몇 m/s인가?

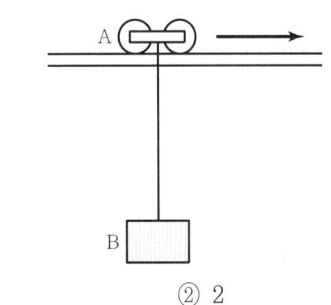

① 1   ② 2
③ 3   ④ 4

해설 ㉠ $h = 6 - 3\sqrt{3} = 0.8\text{m}$
㉡ 에너지보존의 법칙 적용
$\dfrac{1}{2}mV^2 = mgh$
$\therefore V = \sqrt{2gh}$
$= \sqrt{2 \times 9.8 \times 0.8}$
$\fallingdotseq 4\text{m/s}$

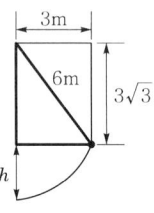

87 다음 그림과 같이 진동계에 가진력 $F(t)$가 작용할 때 바닥으로 전달되는 힘의 최대 크기가 F_1보다 작기 위한 조건은? (단, $\omega_n = \sqrt{\dfrac{k}{m}}$ 이다.)

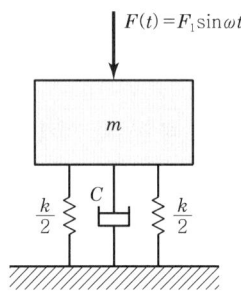

① $\dfrac{\omega}{\omega_n} < 1$ ② $\dfrac{\omega}{\omega_n} > 1$

③ $\dfrac{\omega}{\omega_n} > \sqrt{2}$ ④ $\dfrac{\omega}{\omega_n} < \sqrt{2}$

88 두 질점이 정면 중심으로 완전탄성충돌할 경우에 관한 설명으로 틀린 것은?

① 반발계수값은 1이다.
② 전체 에너지는 보존되지 않는다.
③ 두 질점의 전체 운동량이 보존된다.
④ 충돌 후 질점의 상대속도는 충돌 전 두 질점의 상대속도와 같은 크기이다.

해설 완전탄성충돌이란 충돌 전 운동에너지의 합과 충돌 후 운동에너지의 합이 보존되는 충돌, 즉 운동량과 운동에너지, 즉 전체 에너지가 보존된다.
[참고] 비탄성충돌은 운동량은 보존되지만 운동에너지는 보존되지 않는다. 완전비탄성충돌은 충돌 후 두 물체가 한 덩어리가 되어 운동하는 충돌이다.

정답 85. ③ 86. ④ 87. ③ 88. ②

89 길이 1.0m, 질량 10kg의 막대가 A점에 핀으로 연결되어 정지하고 있다. 1kg의 공이 수평속도 10m/s로 막대의 중심을 때릴 때 충돌 직후 막대의 각속도는 약 몇 rad/s인가? (단, 공과 막대 사이의 반발계수는 0.4이다.)

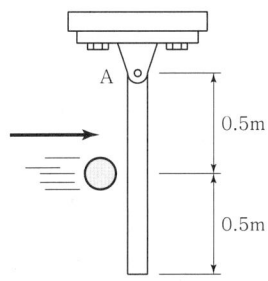

① 1.95
② 0.86
③ 0.68
④ 1.23

해설 각운동량보존

공과 봉을 하나의 계로 생각하자. 공과 봉 사이에 생기는 충격력은 내력이므로 점 A에 대한 각운동량은 보존된다. 또한 공과 봉의 무게는 비충격력이다. 운동학데이터를 사용하면

$H_{A1} = H_{A2}$

$0.5 m_B V_{B1} = 0.5 m_B V_{B2} + 0.5 m_R V_{G2} + I_G \omega_2$

$0.5 \times 1 \times 10 = 0.5 \times 1 \times V_{B2} + 0.5 \times 10 \times 0.5 \times \omega_2$
$+ \dfrac{10}{12} \times 1^2 \times \omega_2$

$5 = 0.5 V_{B2} + 3.33 \omega_2$ ·················· ㉠

반발계수$(e) = \dfrac{V_G - V_{B2}}{V_{B1} - V_{G1}}$

$0.4 = \dfrac{0.5\omega_2 - V_{B2}}{10 - 0}$

$\therefore V_{B2} = 0.5\omega_2 - 4$ ·················· ㉡

식 ㉡을 ㉠에 대입 후 V_{B2}를 소거하면

$5 = 0.5(0.5\omega_2 - 4) + 3.33\omega_2$

$\therefore \omega_2 = \dfrac{7}{3.58} ≒ 1.96 \text{rad/s}$

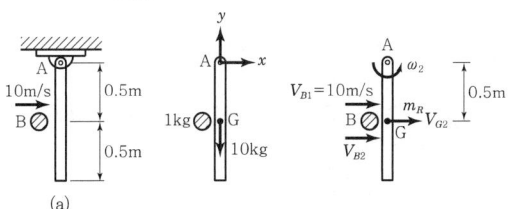

90 질량이 18kg, 스프링상수가 50N/cm, 감쇠계수 0.6N·s/cm인 1자유도 점성감쇠계에서 진동계의 감쇠비는?

① 0.10
② 0.20
③ 0.33
④ 0.50

해설 $\xi = \dfrac{\text{감쇠계수}(C)}{\text{임계감쇠계수}(C_c)}$

$= \dfrac{C}{2\sqrt{mk}} = \dfrac{0.6}{2\sqrt{\dfrac{18 \times 50}{100}}} = 0.1$

91 와이어컷(wire cut)방전가공의 특징으로 틀린 것은?

① 표면거칠기가 양호하다.
② 담금질강과 초경합금의 가공이 가능하다.
③ 복잡한 형상의 가공물을 높은 정밀도로 가공할 수 있다.
④ 가공물의 형상이 복잡함에 따라 가공속도가 변한다.

해설 와이어컷방전가공은 가공물의 형상이나 복잡함에 관계없이 가공속도가 변하지 않는다.

92 어미나사의 피치가 6mm인 선반에서 1인치당 4산의 나사를 가공할 때 A와 D의 기어의 잇수는 각각 얼마인가? (단, A는 주축기어의 잇수이고, D는 어미나사기어의 잇수이다.)

① $A = 60$, $D = 40$
② $A = 40$, $D = 60$
③ $A = 127$, $D = 120$
④ $A = 120$, $D = 127$

해설 미터식 리드스크루로 인치식 나사를 깎는 경우 깎으려는 나사산수(t)를 피치로 표시하면 $\dfrac{1}{t}$[inch]이고, mm로 환산하면 $\dfrac{1}{t} \times \dfrac{127}{5}$[mm]가 된다. 공작물의 피치 $\dfrac{1}{4}$inch를 mm로 환산하면

$\therefore \dfrac{A}{D} = \dfrac{X}{P} = \dfrac{\dfrac{1}{4} \times \dfrac{127}{5}}{6} = \dfrac{127}{4 \times 6 \times 5} = \dfrac{127}{120}$

정답 89. ① 90. ① 91. ④ 92. ③

93 다음 중 소성가공에 속하지 않는 것은?
① 코이닝(coining)
② 스웨이징(swaging)
③ 호닝(honing)
④ 딥드로잉(deep drawing)

해설 호닝은 정밀입자가공으로 원통 모양으로 된 공작물의 안쪽을 숫돌로 재빨리 정밀하게 다듬는 가공방법이다.

94 노즈반지름이 있는 바이트로 선삭할 때 가공면의 이론적 표면거칠기를 나타내는 식은? (단, f는 이송, R은 공구의 날끝 반지름이다.)
① $\dfrac{f^2}{8R}$
② $\dfrac{f}{8R^2}$
③ $\dfrac{f}{8R}$
④ $\dfrac{f}{4R}$

해설 표면거칠기 = $\dfrac{f^2}{8R}$

95 경화된 작은 강철볼(ball)을 공작물표면에 분사하여 표면을 매끈하게 하는 동시에 피로강도와 그 밖의 기계적 성질을 향상시키는 데 사용하는 가공방법은?
① 쇼트피닝
② 액체호닝
③ 슈퍼피니싱
④ 래핑

96 Al을 강의 표면에 침투시켜 내스케일성을 증가시키는 금속침투방법은?
① 파커라이징(parkerizing)
② 칼로라이징(calorizing)
③ 크로마이징(chromizing)
④ 금속용사법(metal spraying)

해설 금속침투법(시멘테이션)
㉠ 알루미늄(Al) : 칼로라이징
㉡ 아연(Zn) : 세라다이징
㉢ 붕소(B) : 보로나이징
㉣ 규소(Si) : 실리코나이징
㉤ 크롬(Cr) : 크로마이징

97 다음 중 자유단조에 속하지 않는 것은?
① 업세팅(up-setting)
② 블랭킹(blanking)
③ 늘리기(drawing)
④ 굽히기(bending)

해설 블랭킹은 프레스가공에서 전단가공에 속한다.

98 주물의 결함 중 기공(blow hole)의 방지대책으로 가장 거리가 먼 것은?
① 주형 내의 수분을 적게 할 것
② 주형의 통기성을 향상시킬 것
③ 용탕에 가스함유량을 높게 할 것
④ 쇳물의 주입온도를 필요 이상으로 높게 하지 말 것

해설 주물결함 중 기공을 방지하려면 용탕에 가스함유량을 적게 하고 주물의 용해온도 및 주입온도를 필요 이상 높게 하지 말아야 한다.

99 용접피복제의 역할로 틀린 것은?
① 아크를 안정시킨다.
② 용접에 필요한 원소를 보충한다.
③ 전기절연작용을 한다.
④ 모재표면의 산화물을 생성해준다.

해설 용접피복제(flux)는 모재표면의 산화물을 억제시킨다.

100 방전가공에서 전극재료의 구비조건으로 가장 거리가 먼 것은?
① 기계가공이 쉬워야 한다.
② 가공전극의 소모가 커야 한다.
③ 가공정밀도가 높아야 한다.
④ 방전이 안전하고 가공속도가 빨라야 한다.

해설 방전가공 전극재료의 구비조건
㉠ 기계가공이 용이할 것
㉡ 가공전극의 소모가 적을 것(방전에 의한 전극소모가 적을 것)
㉢ 가공정밀도가 높을 것
㉣ 방전이 안전하고 가공속도가 빠를 것

정답 93.③ 94.① 95.① 96.② 97.② 98.③ 99.④ 100.②

2021 제1회 출제문제

| 2021. 3. 7. 시행 |

제1과목 · 재료역학

01 길이 500mm, 지름 16mm의 균일한 강봉의 양 끝에 12kN의 축방향 하중이 작용하여 길이는 300μm가 증가하고 지름은 2.4μm가 감소하였다. 이 선형 탄성거동하는 봉재료의 푸아송비는?

① 0.22
② 0.25
③ 0.29
④ 0.32

해설
$$\mu = \frac{1}{m} = \frac{|\varepsilon'|}{\varepsilon} = \frac{\frac{\delta}{d}}{\frac{\lambda}{L}} = \frac{\delta L}{d\lambda} = \frac{2.4 \times 10^{-3} \times 500}{16 \times 300 \times 10^{-3}} = 0.25$$

02 다음 그림과 같이 균일 단면봉이 100kN의 압축하중을 받고 있다. 재료의 경사 단면 $Z-Z$에 생기는 수직응력 σ_n, 전단응력 τ_n의 값은 각각 약 몇 MPa인가? (단, 균일 단면봉의 단면적은 1,000mm²이다.)

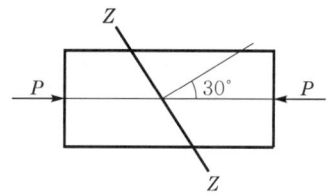

① $\sigma_n = -38.2$, $\tau_n = 26.7$
② $\sigma_n = -68.4$, $\tau_n = 58.8$
③ $\sigma_n = -75.0$, $\tau_n = 43.3$
④ $\sigma_n = -86.2$, $\tau_n = 56.8$

해설
$$\sigma_n = -\sigma_x \cos^2\theta = -\frac{P}{A}\cos^2\theta$$
$$= -\frac{100 \times 10^3}{1,000} \times \cos^2 30° = -75\text{MPa}$$
$$\tau_n = \frac{1}{2}\sigma_x \sin 2\theta = \frac{1}{2} \times 100 \times \sin(2 \times 30°) = 43.3\text{MPa}$$
여기서, $\sigma_x = \frac{P}{A} = \frac{100 \times 10^3}{1,000} = 100\text{N/mm}^2 (= \text{MPa})$

03 지름 20mm인 구리합금봉에 30kN의 축방향 인장하중이 작용할 때 체적변형률은 약 얼마인가? (단, 세로탄성계수는 100GPa, 푸아송비는 0.3이다.)

① 0.38
② 0.038
③ 0.0038
④ 0.00038

해설
$$\varepsilon_v = \frac{\Delta v}{v} = \varepsilon(1-2\mu) = \frac{\sigma}{E}(1-2\mu) = \frac{P}{AE}(1-2\mu)$$
$$= \frac{30 \times 10^3}{\frac{\pi \times 20^2}{4} \times 100 \times 10^3} \times (1 - 2 \times 0.3)$$
$$= 3.8 \times 10^{-4} = 0.00038$$

04 단면계수가 0.01m³인 사각형 단면의 양단 고정보가 2m의 길이를 가지고 있다. 중앙에 최대 몇 kN의 집중하중을 가할 수 있는가? (단, 재료의 허용굽힘응력은 80MPa이다.)

① 800
② 1,600
③ 2,400
④ 3,200

해설 $M_{\max} = \sigma Z$
$$\frac{PL}{8} = \sigma Z$$
$$\therefore P = \frac{8\sigma Z}{L} = \frac{8 \times 80 \times 10^3 \times 0.01}{2} = 3,200\text{kN}$$

05 다음 그림에서 고정단에 대한 자유단의 전 비틀림각은? (단, 전단탄성계수는 100GPa이다.)

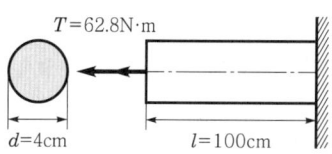

① 0.00025rad
② 0.0025rad
③ 0.025rad
④ 0.25rad

해설
$$\theta = \frac{TL}{GI_P} = \frac{62.8 \times 1}{100 \times 10^9 \times \frac{\pi \times 0.04^4}{32}}$$
$$= 2.5 \times 10^{-3} = 0.0025\text{rad}$$

정답 01. ② 02. ③ 03. ④ 04. ④ 05. ②

06 단면적이 각각 A_1, A_2, A_3이고, 탄성계수가 각각 E_1, E_2, E_3인 길이 l인 재료가 강성판 사이에서 인장하중 P를 받아 탄성변형했을 때 재료 1, 3 내부에 생기는 수직응력은? (단, 2개의 강성판은 항상 수평을 유지한다.)

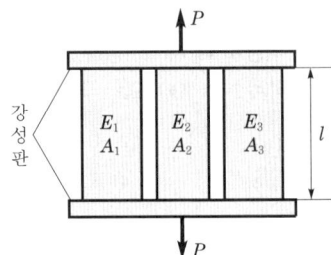

① $\sigma_1 = \dfrac{PE_1}{A_1E_1 + A_2E_2 + A_3E_3}$,
$\sigma_3 = \dfrac{PE_3}{A_1E_1 + A_2E_2 + A_3E_3}$

② $\sigma_1 = \dfrac{PE_2E_3}{E_1(A_1E_1 + A_2E_2 + A_3E_3)}$,
$\sigma_3 = \dfrac{PE_1E_2}{E_3(A_1E_1 + A_2E_2 + A_3E_3)}$

③ $\sigma_1 = \dfrac{PE_1}{A_3A_2E_1 + A_3A_1E_2 + A_1A_2E_3}$,
$\sigma_3 = \dfrac{PE_3}{A_3A_2E_1 + A_3A_1E_2 + A_1A_2E_3}$

④ $\sigma_1 = \dfrac{PE_2E_3}{A_3A_2E_1 + A_3A_1E_2 + A_1A_2E_3}$,
$\sigma_3 = \dfrac{PE_1E_2}{A_3A_2E_1 + A_3A_1E_2 + A_1A_2E_3}$

[해설] $\sigma_1 = \dfrac{PE_1}{A_1E_1 + A_2E_2 + A_3E_3}$ [MPa]

$\sigma_3 = \dfrac{PE_3}{A_1E_1 + A_2E_2 + A_3E_3}$ [MPa]

[참고] 병렬조합인 경우 응력은 탄성계수에 비례한다.

07 지름 20mm, 길이 50mm의 구리막대의 양단을 고정하고 막대를 가열하여 40℃ 상승했을 때 고정단을 누르는 힘은 약 몇 kN인가? (단, 구리의 선팽창계수 $\alpha = 0.16 \times 10^{-4}$/℃, 세로탄성계수는 110GPa이다.)

① 52 ② 30
③ 25 ④ 22

[해설] $P = \sigma A = EA\alpha \Delta t$
$= 110 \times 10^6 \times \dfrac{\pi}{4} \times 0.02^2 \times 0.16 \times 10^{-4} \times 40 \fallingdotseq 22\text{kN}$

08 지름 6mm인 곧은 강선을 지름 1.2m의 원통에 감았을 때 강선에 생기는 최대 굽힘응력은 약 몇 MPa인가? (단, 세로탄성계수는 200GPa이다.)

① 500   ② 800
③ 900   ④ 1,000

[해설] $\sigma = \dfrac{Ey}{\rho} = \dfrac{200 \times 10^3 \times 3}{600} = 1,000\text{MPa}$

09 직사각형($b \times h$)의 단면적 A를 갖는 보에 전단력 V가 작용할 때 최대 전단응력은?

① $\tau_{max} = 0.5 \dfrac{V}{A}$ ② $\tau_{max} = \dfrac{V}{A}$
③ $\tau_{max} = 1.5 \dfrac{V}{A}$ ④ $\tau_{max} = 2 \dfrac{V}{A}$

[해설] $\tau_{max} = \dfrac{3V}{2A} = 1.5 \dfrac{V}{A}$ [MPa]

10 다음 그림과 같이 균일분포하중을 받는 보의 지점 B에서의 굽힘모멘트는 몇 kN·m인가?

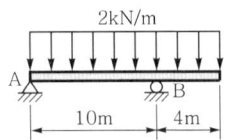

① 16   ② 10
③ 8   ④ 1.6

[해설] $M_B = \dfrac{WL_1^2}{2} = \dfrac{2 \times 4^2}{2} = 16\text{kN} \cdot \text{m}$

11 두께 10mm인 강판으로 직경 2.5m의 원통형 압력용기를 제작하였다. 최대 내부압력이 1,200kPa일 때 축방향 응력은 몇 MPa인가?

① 75   ② 100
③ 125   ④ 150

[해설] $\sigma_t = \dfrac{PD}{4t} = \dfrac{1,200 \times 2.5}{4 \times 0.01} = 75,000\text{kPa} = 75\text{MPa}$

정답 06. ① 07. ④ 08. ④ 09. ③ 10. ① 11. ①

12 지름 10mm, 길이 2m인 둥근 막대의 한끝을 고정하고 타단을 자유로이 10°만큼 비틀었다면 막대에 생기는 최대 전단응력은 약 몇 MPa인가? (단, 재료의 전단탄성계수는 84GPa이다.)

① 18.3 ② 36.6
③ 54.7 ④ 73.2

해설 $\theta = 584 \dfrac{TL}{Gd^4} = 584 \dfrac{\tau Z_p L}{Gd^4}$ [°]

$\therefore \tau = \dfrac{Gd^4\theta}{584 Z_p L} = \dfrac{84 \times 10^3 \times 10^4 \times 10}{584 \times \dfrac{\pi \times 10^3}{16} \times 2,000} = 36.63\text{MPa}$

13 다음 그림과 같이 등분포하중 w가 가해지고 B점에서 지지되어 있는 고정지지보가 있다. A점에 존재하는 반력 중 모멘트는?

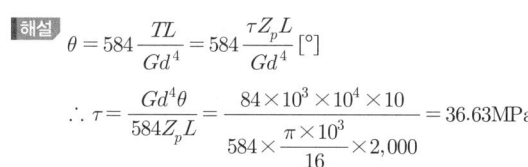

① $\dfrac{1}{8}wL^2$ (시계방향) ② $\dfrac{1}{8}wL^2$ (반시계방향)
③ $\dfrac{7}{8}wL^2$ (시계방향) ④ $\dfrac{7}{8}wL^2$ (반시계방향)

해설 $M_A = R_B L - wL\dfrac{L}{2} = \dfrac{3wL^2}{8} - \dfrac{wL^2}{2} = -\dfrac{wL^2}{8}$ (↶)

14 다음 그림과 같은 일단 고정 타단 지지보의 중앙에 $P=4,800$N의 하중이 작용하면 지지점의 반력(R_B)은 약 몇 kN인가?

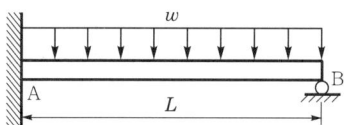

① 3.2 ② 2.6
③ 1.5 ④ 1.2

해설 $R_B = \dfrac{5}{16}P = \dfrac{5}{16} \times 4,800 = 1,500\text{N} = 1.5\text{kN}$

[참고] $R_A = \dfrac{11}{16}P$[N], 고정단 반력이 항상 더 크다.

15 지름이 2cm이고 길이가 1m인 원통형 중실기둥의 좌굴에 관한 임계하중을 오일러공식으로 구하면 약 몇 kN인가? (단, 기둥의 양단은 회전단이고, 세로탄성계수는 200GPa이다.)

① 11.5 ② 13.5
③ 15.5 ④ 17.5

해설 $P_{cr} = n\pi^2 \dfrac{EI_G}{L^2}$

$= 1 \times \pi^2 \times \dfrac{200 \times 10^6 \times \dfrac{\pi \times 0.02^4}{64}}{1^2} \fallingdotseq 15.5\text{kN}$

16 두 변의 길이가 각각 b, h인 직사각형의 A점에 관한 극관성모멘트는?

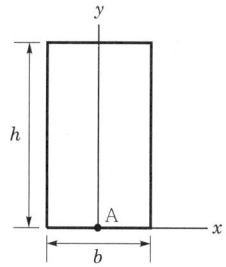

① $\dfrac{bh}{12}(b^2+h^2)$ ② $\dfrac{bh}{12}(b^2+4h^2)$
③ $\dfrac{bh}{12}(4b^2+h^2)$ ④ $\dfrac{bh}{3}(b^2+h^2)$

해설 $I_p = I_x + I_y = \dfrac{bh^3}{3} + \dfrac{hb^3}{12} = \dfrac{bh}{12}(4h^2+b^2)$

17 보의 길이 l에 등분포하중 w를 받는 직사각형 단순보의 최대 처짐량에 대한 설명으로 옳은 것은? (단, 보의 자중은 무시한다.)

① 보의 폭에 정비례한다.
② l의 3승에 정비례한다.
③ 보의 높이의 2승에 반비례한다.
④ 세로탄성계수에 반비례한다.

해설 $\delta_{\max} = \dfrac{5wl^4}{384EI} = \dfrac{5wl^4}{384E\dfrac{bh^3}{12}} = \dfrac{60wl^4}{384Ebh^3}$

$\therefore \delta_{\max} \propto \dfrac{1}{E}$

정답 12. ② 13. ② 14. ③ 15. ③ 16. ② 17. ④

18 반원부재에 다음 그림과 같이 $0.5R$ 지점에 하중 P가 작용할 때 지지점 B에서의 반력은?

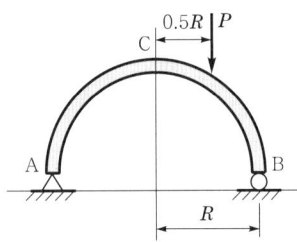

① $\dfrac{P}{4}$
② $\dfrac{P}{2}$
③ $\dfrac{3P}{4}$
④ P

해설 $\sum M_A = 0(\oplus)$, put)
$R_B \times 2R - P \times \dfrac{3}{2}R = 0$
$\therefore R_B = \dfrac{P \times \dfrac{3}{2}R}{2R} = \dfrac{3}{4}P[\text{N}]$

19 상단이 고정된 원추형체의 단위체적에 대한 중량을 γ라 하고, 원추 밑면의 지름이 d, 높이가 l일 때 이 재료의 최대 인장응력을 나타낸 식은? (단, 자중만을 고려한다.)

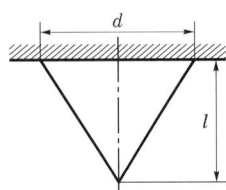

① $\sigma_{\max} = \gamma l$
② $\sigma_{\max} = \dfrac{1}{2}\gamma l$
③ $\sigma_{\max} = \dfrac{1}{3}\gamma l$
④ $\sigma_{\max} = \dfrac{1}{4}\gamma l$

해설 $\sigma_{\max} = \dfrac{\gamma l}{3}$ [MPa]

20 원통형 코일스프링에서 코일반지름 R, 소선의 지름 d, 전단탄성계수를 G라고 하면 코일스프링 한 권에 대해서 하중 P가 작용할 때 소선의 비틀림각 ϕ를 나타내는 식은?

① $\dfrac{32PR}{Gd^2}$
② $\dfrac{32PR^2}{Gd^2}$
③ $\dfrac{64PR}{Gd^4}$
④ $\dfrac{64PR^2}{Gd^4}$

해설 $\delta = R\phi = \dfrac{64nR^3P}{Gd^4}$
한 권이므로 $(n=1)$
$\therefore \phi = \dfrac{\delta}{R} = \dfrac{64R^2P}{Gd^4}$ [rad]

제2과목 · 기계열역학

21 다음 중 가장 낮은 온도는?
① 104℃
② 284°F
③ 410K
④ 684R

해설 ② 284°F : $t_c = \dfrac{5}{9}(t_F - 32) = \dfrac{5}{9} \times (284 - 32) = 140$℃
③ 410K : $T = t_c + 273$[K]에서
$t_c = T - 273 = 410 - 273 = 137$℃
④ 684R : $R = t_F + 460$[R]에서
$t_F = R - 460 = 684 - 460 = 224$°F이므로
$t_c = \dfrac{5}{9}(t_F - 32) = \dfrac{5}{9} \times (224 - 32) = 106.67$℃

22 온도 15℃, 압력 100kPa 상태의 체적이 일정한 용기 안에 어떤 이상기체 5kg이 들어있다. 이 기체가 50℃가 될 때까지 가열되는 동안의 엔트로피 증가량은 약 몇 kJ/K인가? (단, 이 기체의 정압비열과 정적비열은 각각 1.001kJ/kg · K, 0.7171kJ/kg · K이다.)
① 0.411
② 0.486
③ 0.575
④ 0.732

해설 $\Delta S = mC_v \ln \dfrac{T_2}{T_1}$
$= 5 \times 0.7171 \times \ln \dfrac{50 + 273}{15 + 273} = 0.411 \text{kJ/K}$

23 어떤 냉동기에서 0℃의 물로 0℃의 얼음 2ton을 만드는데 180MJ의 일이 소요된다면 이 냉동기의 성적계수는? (단, 물의 융해열은 334kJ/kg이다.)
① 2.05
② 2.32
③ 2.65
④ 3.71

해설 $(COP)_R = \dfrac{Q_e}{W_c} = \dfrac{2,000 \times 334}{180 \times 10^3} = 3.71$

정답 18.③ 19.③ 20.④ 21.① 22.① 23.④

24 증기터빈에서 질량유량이 1.5kg/s이고 열손실률이 8.5kW이다. 터빈으로 출입하는 수증기에 대한 값은 다음 그림과 같다면 터빈의 출력은 약 몇 kW인가?

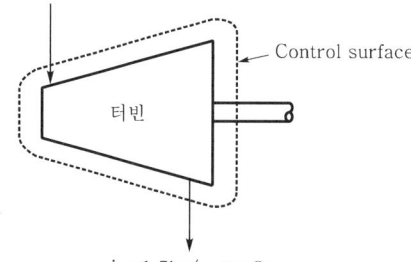

① 273kW ② 656kW
③ 1,357kW ④ 2,616kW

해설 $Q_L = W_t + \dot{m}(h_e - h_i) + \dfrac{\dot{m}}{2}(v_e^2 - v_i^2) \times 10^{-3}$
$\qquad + \dot{m}g(z_e - z_i) \times 10^{-3}$
$-8.5 = W_t + 1.5 \times (2675.5 - 3,137)$
$\qquad + \dfrac{1.5}{2} \times (200^2 - 50^2) \times 10^{-3}$
$\qquad + 1.5 \times 9.8 \times (3 - 6) \times 10^{-3}$
$\therefore W_t = -8.5 + 692.25 - 28.125 + 0.0441$
$\qquad = 655.67 ≒ 656$kW

25 계가 비가역사이클을 이룰 때 클라우지우스(Clausius)의 적분을 옳게 나타낸 것은? (단, T는 온도, Q는 열량이다.)

① $\oint \dfrac{\delta Q}{T} < 0$ ② $\oint \dfrac{\delta Q}{T} > 0$
③ $\oint \dfrac{\delta Q}{T} \geq 0$ ④ $\oint \dfrac{\delta Q}{T} \leq 0$

해설 비가역사이클인 경우 클라우지우스의 폐적분값은 부등호이다 $\left(\oint \dfrac{\delta Q}{T} < 0\right)$.

26 비열비가 1.29, 분자량이 44인 이상기체의 정압비열은 약 몇 kJ/kg·K인가? (단, 일반기체상수는 8.314kJ/kmol·K이다.)

① 0.51 ② 0.69
③ 0.84 ④ 0.91

해설 $mR = \overline{R} = 8.314$kJ/kmol·K이므로
기체상수(R) = $\dfrac{\overline{R}}{분자량(m)} = \dfrac{8.314}{44}$
$\qquad ≒ 0.189$kJ/kg·K
$\therefore C_p = \dfrac{k}{k-1}R = \dfrac{1.29}{1.29-1} \times 0.189 = 0.84$kJ/kg·K

27 과열증기를 냉각시켰더니 포화영역 안으로 들어와서 비체적이 0.2327m³/kg이 되었다. 이때 포화액과 포화증기의 비체적이 각각 1.079×10⁻³m³/kg, 0.5243m³/kg이라면 건도는 얼마인가?

① 0.964 ② 0.772
③ 0.653 ④ 0.443

해설 $v_x = v' + x(v'' - v')$ [m³/kg]
$\therefore x = \dfrac{v_x - v'}{v'' - v'} = \dfrac{0.2327 - 1.079 \times 10^{-3}}{0.5243 - 1.079 \times 10^{-3}} ≒ 0.443$

28 증기동력사이클의 종류 중 재열사이클의 목적으로 가장 거리가 먼 것은?

① 터빈 출구의 습도가 증가하여 터빈날개를 보호한다.
② 이론열효율이 증가한다.
③ 수명이 연장된다.
④ 터빈 출구의 질(quality)을 향상시킨다.

해설 재열사이클은 습도로 인한 터빈날개의 부식 방지와 열효율 향상에 목적이 있다.

29 온도 20℃에서 계기압력 0.183MPa의 타이어가 고속주행으로 온도 80℃로 상승할 때 압력은 주행 전과 비교하여 약 몇 kPa 상승하는가? (단, 타이어의 체적은 변하지 않고, 타이어 내의 공기는 이상기체로 가정하며, 대기압은 101.3kPa이다.)

① 37kPa ② 58kPa
③ 286kPa ④ 445kPa

해설 $V = C, \ \dfrac{P}{T} = C, \ \dfrac{P_1}{T_1} = \dfrac{P_2}{T_2}$ 에서
$P_2 = P_1 \dfrac{T_2}{T_1} = (101.3 + 183) \times \dfrac{80 + 273}{20 + 273} = 342.52$kPa
$\therefore \Delta P = P_2 - P_1 = 342.52 - 284.3 = 58.22$kPa

정답 24. ② 25. ① 26. ③ 27. ④ 28. ① 29. ②

30 온도가 127℃, 압력이 0.5MPa, 비체적이 0.4m³/kg인 이상기체가 같은 압력하에서 비체적이 0.3m³/kg으로 되었다면 온도는 약 몇 ℃가 되는가?

① 16　　② 27
③ 96　　④ 300

해설 $T_2 = T_1 \dfrac{v_2}{v_1} = (273+127) \times \dfrac{0.3}{0.4} = 300K - 273 = 27℃$

31 수소(H_2)가 이상기체라면 절대압력 1MPa, 온도 100℃에서의 비체적은 약 몇 m³/kg인가? (단, 일반기체상수는 8.3145kJ/kmol·K이다.)

① 0.781　　② 1.26
③ 1.55　　④ 3.46

해설 $Pv = RT$

$\therefore v = \dfrac{RT}{P} = \dfrac{\dfrac{8.3145}{2} \times (100+273)}{1 \times 10^3} = 1.55 m^3/kg$

32 증기를 가역단열과정을 거쳐 팽창시키면 증기의 엔트로피는?

① 증가한다.
② 감소한다.
③ 변하지 않는다.
④ 경우에 따라 증가도 하고, 감소도 한다.

해설 가역단열변화($Q=0$)인 경우 엔트로피변화량은 0이다 ($\Delta S = 0$).

33 밀폐용기에 비내부에너지가 200kJ/kg인 기체가 0.5kg 들어있다. 이 기체를 용량이 500W인 전기가열기로 2분 동안 가열한다면 최종상태에서 기체의 내부에너지는 약 몇 kJ인가? (단, 열량은 기체로만 전달된다고 한다.)

① 20kJ　　② 100kJ
③ 120kJ　　④ 160kJ

해설 $Q = 500W = 0.5kW = 0.5 \times (2 \times 60) = 60kJ$
$Q = U_2 - U_1$
$\therefore U_2 = Q + U_1 = 60 + (200 \times 0.5) = 160kJ$

34 10℃에서 160℃까지 공기의 평균정적비열은 0.7315kJ/kg·K이다. 이 온도변화에서 공기 1kg의 내부에너지변화는 약 몇 kJ인가?

① 101.1kJ　　② 109.7kJ
③ 120.6kJ　　④ 131.7kJ

해설 $\Delta U = mC_v(t_2 - t_1)$
$= 1 \times 0.7315 \times (160 - 10) \fallingdotseq 109.72kJ$

35 한 밀폐계가 190kJ의 열을 받으면서 외부에 20kJ의 일을 한다면 이 계의 내부에너지의 변화는 약 얼마인가?

① 210kJ만큼 증가한다.
② 210kJ만큼 감소한다.
③ 170kJ만큼 증가한다.
④ 170kJ만큼 감소한다.

해설 $Q = \Delta U + W [kJ]$
$\therefore \Delta U = Q - W = 190 - 20 = 170kJ$ (내부에너지변화량 증가)

36 완전가스의 내부에너지(U)는 어떤 함수인가?

① 압력과 온도의 함수이다.
② 압력만의 함수이다.
③ 체적과 압력의 함수이다.
④ 온도만의 함수이다.

해설 완전가스인 경우 내부에너지(U)는 절대온도(T)만의 함수이다(줄의 법칙, $U = f(T)$)

37 열펌프를 난방에 이용하려 한다. 실내온도는 18℃이고, 실외온도는 -15℃이며, 벽을 통한 열손실은 12kW이다. 열펌프를 구동하기 위해 필요한 최소 동력은 약 몇 kW인가?

① 0.65kW　　② 0.74kW
③ 1.36kW　　④ 1.53kW

해설 $\varepsilon_H = \dfrac{T_1}{T_1 - T_2} = \dfrac{18 + 273}{(18+273) - (-15+273)} \fallingdotseq 8.82$

$\therefore kW = \dfrac{Q_L}{\varepsilon_H} = \dfrac{12}{8.82} = 1.36kW$

정답　30. ②　31. ③　32. ③　33. ④　34. ②　35. ③　36. ④　37. ③

38 이상적인 카르노사이클의 열기관이 500℃인 열원으로부터 500kJ을 받고 25℃에 열을 방출한다. 이 사이클의 일(W)과 효율(η_{th})은 얼마인가?

① $W=307.2$kJ, $\eta_{th}=0.6143$
② $W=307.2$kJ, $\eta_{th}=0.5748$
③ $W=250.3$kJ, $\eta_{th}=0.6143$
④ $W=250.3$kJ, $\eta_{th}=0.5748$

해설 ㉠ $\eta_{th}=1-\dfrac{T_2}{T_1}=1-\dfrac{25+273}{500+273}=0.6143(=61.43\%)$
㉡ $\eta_{th}=\dfrac{W_{net}}{Q_1}$
∴ $W_{net}=\eta_{th}\,Q_1=0.6143\times500=307.2$kJ

39 오토사이클의 압축비(ε)가 8일 때 이론열효율은 약 몇 %인가? (단, 비열비(k)는 1.4이다.)

① 36.8%   ② 46.7%
③ 56.5%   ④ 66.6%

해설 $\eta_{tho}=1-\left(\dfrac{1}{\varepsilon}\right)^{k-1}=1-\left(\dfrac{1}{8}\right)^{1.4-1}=0.565=56.5\%$

40 계가 정적과정으로 상태 1에서 상태 2로 변화할 때 단순 압축성 계에 대한 열역학 제1법칙을 바르게 설명한 것은? (단, U, Q, W는 각각 내부에너지, 열량, 일량이다.)

① $U_1-U_2=Q_{12}$ ② $U_2-U_1=W_{12}$
③ $U_1-U_2=W_{12}$ ④ $U_2-U_1=Q_{12}$

해설 $Q_{12}=(U_2-U_1)+W_{12}$[kJ]
등적변화($V=C$)인 경우 $W_{12}=\int_1^2 PdV=0$이므로 가열량은 내부에너지변화량과 같다($Q_{12}=\Delta U$).

제3과목 · 기계유체역학

41 기준면에 있는 어떤 지점에서의 물의 유속이 6m/s, 압력이 40kPa일 때 이 지점에서의 물의 수력기울기선의 높이는 약 몇 m인가?

① 3.24   ② 4.08
③ 5.92   ④ 6.81

해설 $HGL=\dfrac{P}{\gamma_w}=\dfrac{40}{9.8}=4.08$m

[참고] EL(에너지선)$=HGL+\dfrac{v^2}{2g}$
$=4.08+\dfrac{6^2}{2\times9.8}=5.92$m

42 유체역학에서 연속방정식에 대한 설명으로 옳은 것은?

① 뉴턴의 운동 제2법칙이 유체 중의 모든 점에서 만족하여야 함을 요구한다.
② 에너지와 일 사이의 관계를 나타낸 것이다.
③ 한 유선 위에 두 점에 대한 단위체적당의 운동량의 관계를 나타낸 것이다.
④ 검사체적에 대한 질량보존을 나타내는 일반적인 표현식이다.

해설 연속방정식이란 검사체적(control volume)에 대한 질량보존의 원리를 적용한 표현식이다.

43 다음 그림과 같은 탱크에서 A점에 표준대기압이 작용하고 있을 때 B점의 절대압력은 약 몇 kPa인가? (단, A점과 B점의 수직거리는 2.5m이고, 기름의 비중은 0.92이다.)

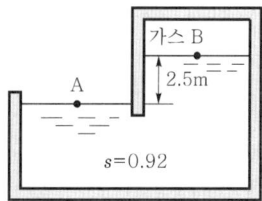

① 78.8   ② 788
③ 179.8   ④ 1,798

해설 $P_B=P_A-\gamma_w Sh$
$=101.325-9.8\times0.92\times2.5≒78.8$kPa

44 2차원 직각좌표계(x, y)상에서 x방향의 속도 $u=1$, y방향의 속도 $v=2x$인 어떤 정상상태의 이상유체에 대한 유동장이 있다. 다음 중 같은 유선 상에 있는 점을 모두 고르면?

ㄱ. (1, 1)   ㄴ. (1, -1)   ㄷ. (-1, 1)

① ㄱ, ㄴ   ② ㄴ, ㄷ
③ ㄱ, ㄷ   ④ ㄱ, ㄴ, ㄷ

정답 38.① 39.③ 40.④ 41.② 42.④ 43.① 44.③

45 경계층의 박리(separation)가 일어나는 주원인은?
① 압력이 증기압 이하로 떨어지기 때문에
② 유동방향으로 밀도가 감소하기 때문에
③ 경계층의 두께가 0으로 수렴하기 때문에
④ 유동과정에 역압력구배가 발생하기 때문에

[해설] 경계층에서 박리가 일어나는 주원인은 유동과정에서 역압력구배 $\left(\dfrac{\partial u}{\partial x} < 0, \dfrac{\partial p}{\partial x} > 0\right)$가 발생하기 때문이다.

46 표면장력이 0.07N/m인 물방울의 내부압력이 외부압력보다 10Pa 크게 되려면 물방울의 지름은 몇 cm인가?
① 0.14 ② 1.4
③ 0.28 ④ 2.8

[해설] 물방울의 표면장력(σ)$= \dfrac{PD}{4}$ [Pa]

$\therefore D = \dfrac{4\sigma}{P} = \dfrac{4 \times 0.07}{10} = 0.028\text{m} = 2.8\text{cm}$

47 가스 속에 피토관을 삽입하여 압력을 측정하였더니 정체압이 128Pa, 정압이 120Pa이었다. 이 위치에서의 유속은 몇 m/s인가? (단, 가스의 밀도는 1.0kg/m³이다.)
① 1 ② 2
③ 4 ④ 8

[해설] P_s(정체압)$= P$(정압)$+ P_v$(동압)$= P + \dfrac{\rho v^2}{2}$ [Pa]

$\therefore v = \sqrt{\dfrac{2(P_s - P)}{\rho}} = \sqrt{\dfrac{2 \times (128 - 120)}{1.0}} = 4\text{m/s}$

48 평면 벽과 나란한 방향으로 점성계수가 2×10^{-5} Pa·s인 유체가 흐를 때 평면과의 수직거리 y[m]인 위치에서 속도가 $u = 5(1 - e^{-0.2y})$[m/s]이다. 유체에 걸리는 최대 전단응력은 약 몇 Pa인가?
① 2×10^{-5} ② 2×10^{-6}
③ 5×10^{-6} ④ 10^{-4}

[해설] $\tau = \mu \dfrac{du}{dy} = 2 \times 10^{-5}$ Pa

49 안지름 1cm의 원관 내를 유동하는 0℃의 물의 층류 임계레이놀즈수가 2,100일 때 임계속도는 약 몇 cm/s인가? (단, 0℃ 물의 동점성계수는 0.01787cm²/s이다.)
① 37.5 ② 375
③ 75.1 ④ 751

[해설] $R_{ec} = \dfrac{vd}{\nu}$

$\therefore v = \dfrac{R_{ec} \nu}{d} = \dfrac{2,100 \times 0.01787}{1} ≒ 37.53\text{cm/s}$

50 다음 중 정체압의 설명으로 틀린 것은?
① 정체압은 정압과 같거나 크다.
② 정체압은 액주계로 측정할 수 없다.
③ 정체압은 유체의 밀도에 영향을 받는다.
④ 같은 정압의 유체에서는 속도가 빠를수록 정체압이 커진다.

[해설] 정체압(stagnation pressure)은 액주계로 측정할 수 있다. 유속이 0인 지점의 정체압(P_s)= 정압(P)+ 동압$\left(\dfrac{\rho v^2}{2}\right)$이다.

51 지름 4m의 원형 수문이 수면과 수직방향이고 그 최상단이 수면에서 3.5m만큼 잠겨있을 때 수문에 작용하는 힘 F와 수면으로부터 힘의 작용점까지의 거리 x는 각각 얼마인가?

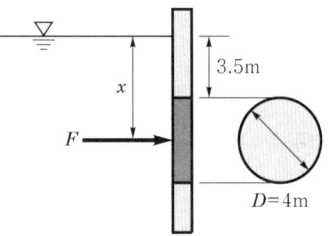

① 638kN, 5.68m ② 677kN, 5.68m
③ 638kN, 5.57m ④ 677kN, 5.57m

[해설] ㉠ $F = \gamma \bar{h} A = 9.8 \times \left(3.5 + \dfrac{4}{2}\right) \times \dfrac{\pi \times 4^2}{4} ≒ 677.33\text{kN}$

㉡ $x = y_F = \bar{y} + \dfrac{I_G}{A\bar{y}} = 5.5 + \dfrac{\dfrac{\pi \times 4^4}{64}}{\dfrac{\pi \times 4^2}{4} \times 5.5} = 5.68\text{m}$

정답 45.④ 46.④ 47.③ 48.① 49.① 50.② 51.②

52 어떤 물체가 대기 중에서 무게는 6N이고, 수중에서 무게는 1.1N이었다. 이 물체의 비중은 약 얼마인가?

① 1.1 ② 1.2
③ 2.4 ④ 5.5

해설 ㉠ 대기 중의 무게(G_a)=물속의 무게(W)+부력(F_B)
$= W + \gamma_w V$

$G_a - W = \gamma_w V$

$\therefore V = \dfrac{G_a - W}{\gamma_w} = \dfrac{6-1.1}{9,800} = 5.1 \times 10^{-4} \text{m}^3$

㉡ 물체의 비중량(γ) $= \dfrac{G_a}{V} = \dfrac{6}{5.1 \times 10^{-4}}$
$= 11764.71 \text{N/m}^3$

㉢ 물체의 비중(S) $= \dfrac{\gamma}{\gamma_w} = \dfrac{11764.71}{9,800} \fallingdotseq 1.2$

53 지름 D_1 = 30cm의 원형 물제트가 대기압상태에서 V의 속도로 중앙 부분에 구멍이 뚫린 고정원판에 충돌하여 원판 뒤로 지름 D_2 = 10cm의 원형 물제트가 같은 속도로 흘러나가고 있다. 이 원판이 받는 힘이 100N이라면 물제트의 속도 V는 약 몇 m/s인가?

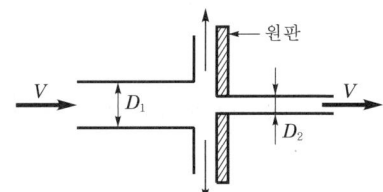

① 0.95 ② 1.26
③ 1.59 ④ 2.35

해설 $F = \rho(A_1 - A_2)V^2$ [N]

$\therefore V = \sqrt{\dfrac{F}{\rho(A_1 - A_2)}}$

$= \sqrt{\dfrac{F}{1,000 A_1 \left(1 - \dfrac{A_2}{A_1}\right)}}$

$= \sqrt{\dfrac{F}{1,000 A_1 \left[1 - \left(\dfrac{D_2}{D_1}\right)^2\right]}}$

$= \sqrt{\dfrac{100}{1,000 \times \dfrac{\pi}{4} \times 0.3^2 \times \left[1 - \left(\dfrac{1}{3}\right)^2\right]}} = 1.26 \text{m/s}$

54 길이 600m이고 속도 15km/h인 선박에 대해 물속에서의 조파저항을 연구하기 위해 길이 6m인 모형선의 속도는 몇 km/h로 해야 하는가?

① 2.7 ② 2.0
③ 1.5 ④ 1.0

해설 $(Fr)_p = (Fr)_m$

$\left(\dfrac{V}{\sqrt{lg}}\right)_p = \left(\dfrac{V}{\sqrt{lg}}\right)_m$

$g_p \simeq g_m$

$\therefore V_m = V_p \sqrt{\dfrac{l_m}{l_p}} = 15 \sqrt{\dfrac{6}{600}} = 1.5 \text{km/h}$

55 동점성계수가 1×10^{-4} m²/s인 기름이 안지름 50mm의 관을 3m/s의 속도로 흐를 때 관의 마찰계수는?

① 0.015 ② 0.027
③ 0.043 ④ 0.061

해설 $Re = \dfrac{Vd}{\nu} = \dfrac{3 \times 0.05}{1 \times 10^{-4}} = 1,500 < 2,100$ (층류)

$\therefore f = \dfrac{64}{Re} = \dfrac{64}{1,500} \fallingdotseq 0.043$

56 수평으로 놓인 지름 10cm, 길이 200m인 파이프에 완전히 열린 글로브밸브가 설치되어 있고, 흐르는 물의 평균속도는 2m/s이다. 파이프의 관마찰계수가 0.02이고, 전체 수두손실이 10m이면 글로브밸브의 손실계수는 약 얼마인가?

① 0.4 ② 1.8
③ 5.8 ④ 9.0

해설 $h_L = \left(f \dfrac{L}{d} + k\right) \dfrac{V^2}{2g}$

$10 = \left(0.02 \times \dfrac{200}{0.1} + k\right) \times \dfrac{2^2}{2 \times 9.8}$

$10 = (40 + k) \times 0.204$

$\therefore k \fallingdotseq 9.02$

57 유동장에 미치는 힘 가운데 유체의 압축성에 의한 힘만이 중요할 때에 적용할 수 있는 무차원수로 옳은 것은?

① 오일러수 ② 레이놀즈수
③ 프루드수 ④ 마하수

해설 압축성 유동에 의한 힘만이 중요시될 때 중요한 무차원수는 마하수(Mach Number)이다.

정답 52. ② 53. ② 54. ③ 55. ③ 56. ④ 57. ④

58 일률(power)을 기본차원인 M(질량), L(길이), T(시간)로 나타내면?

① L^2T^{-2}
② $MT^{-2}L^{-1}$
③ ML^2T^{-2}
④ ML^2T^{-3}

해설 일률, 즉 동력의 단위는 Watt($=N \cdot m/s=J/s$)이다.
$F=LT^{-1}=(MLT^{-2})LT^{-1}=ML^2T^{-3}$
[참고] $F=ma=kg \cdot m/s^2=MLT^{-2}$

59 (x, y)좌표계의 비회전 2차원 유동장에서 속도퍼텐셜(potential) ϕ는 $\phi=2x^2y$로 주어졌다. 이때 점 (3, 2)인 곳에서 속도벡터는? (단, 속도퍼텐셜 ϕ는 $\vec{V} \equiv \nabla\phi = grad\phi$로 정의된다.)

① $24\vec{i}+18\vec{j}$
② $-24\vec{i}+18\vec{j}$
③ $12\vec{i}+9\vec{j}$
④ $-12\vec{i}+9\vec{j}$

해설 $\vec{V} \equiv \nabla\phi = grad\phi = \left(\dfrac{\partial}{\partial x}i + \dfrac{\partial}{\partial y}j\right)2x^2y$

$\dfrac{\partial \phi}{\partial x} = 4xy = 4 \times 3 \times 2 = 24$

$\dfrac{\partial \phi}{\partial y} = 2x^2 = 2 \times 3^2 = 18$

$\therefore \vec{V} = \dfrac{\partial \phi}{\partial x}i + \dfrac{\partial \phi}{\partial y}j = 24\vec{i}+18\vec{j}$

60 Stokes의 법칙에 의해 비압축성 점성유체에 구(sphere)가 낙하될 때 항력(D)을 나타낸 식으로 옳은 것은? (단, μ : 유체의 점성계수, a : 구의 반지름, V : 구의 평균속도, C_D : 항력계수, 레이놀즈수가 1보다 작아 박리가 존재하지 않는다고 가정한다.)

① $D=6\pi a\mu V$
② $D=4\pi a\mu V$
③ $D=2\pi a\mu V$
④ $D=C_D\pi a\mu V$

해설 $Re<0.6(≒1)$인 경우
$\therefore D=3\pi\mu Vd = 3\pi\mu V \times 2a = 6\pi\mu Va[N]$

제4과목·기계재료 및 유압기기

61 과냉 오스테나이트상태에서 소성가공을 한 다음 냉각하여 마텐자이트화하는 열처리방법은?

① 오스포밍
② 크로마이징
③ 심냉처리
④ 인덕션하드닝

해설 오스포밍(ausforming)이란 금속재료의 기계적 성질 등의 향상을 위해 소성가공과 열처리를 조합해서 향하는 열처리로 준안정 오스테나이트상태에서 가공을 행하고 잇달아 마텐자이트변태를 일으키게 하는 열처리방법이다. 보통의 강보다 35%가 큰 재료가 얻어진다.

62 Fe-Fe₃C계 평형상태도에서 나타날 수 있는 반응이 아닌 것은?

① 포정반응
② 공정반응
③ 공석반응
④ 편정반응

해설 Fe-Fe₃C계 평형상태도에서 나타날 수 있는 반응
㉠ 공석반응(C 0.77%, A_1변태점, 723℃) : γ-Fe ⇌ 펄라이트
㉡ 공정반응(C 4.3%, 1,130℃) : 액체 ⇌ 레데부라이트
㉢ 포정반응(1,495℃) : δ-Fe ⇌ γ-Fe+액체

63 가열과정에서 순철의 A₃변태에 대한 설명으로 틀린 것은?

① BCC가 FCC로 변한다.
② 약 910℃ 부근에서 일어난다.
③ α-Fe이 γ-Fe로 변화한다.
④ 격자구조에 변화가 없고 자성만 변한다.

해설 격자구조에 변화가 없고 자성만 변하는 변태는 A_2변태점(768℃)이다.
[참고] 순철의 자기변태점은 Curie point(퀴리점)이라고 한다.

64 표점거리가 100mm, 시험편의 평행부지름이 14mm인 인장시험편을 최대 하중 6,400kgf로 인장한 후 표점거리가 120mm로 변화되었을 때 인장강도는 약 몇 kgf/mm²인가?

① 10.4
② 32.7
③ 41.6
④ 166.3

해설 $\sigma_t = \dfrac{P}{A} = \dfrac{6,400}{\dfrac{\pi}{4} \times 14^2} ≒ 41.6 kgf/mm^2$

65 다음 중 열경화성 수지가 아닌 것은?

① 페놀수지
② ABS수지
③ 멜라민수지
④ 에폭시수지

정답 58. ④ 59. ① 60. ① 61. ① 62. ④ 63. ④ 64. ③ 65. ②

해설 **열경화성 수지**
㉠ 열을 가하여 어떤 모양을 만든 다음에는 다시 열을 가하여도 물러지지 않는 수지(형태가 변화하지 않는 수지)
㉡ 페놀수지, 멜라민수지, 에폭시수지, 알키드, 우레탄수지, 불포화 폴리에스테르, 요소수지

66 주철의 성질에 대한 설명으로 옳은 것은?
① C, Si 등이 많을수록 용융점은 높아진다.
② C, Si 등이 많을수록 비중은 작아진다.
③ 흑연편이 클수록 자기감응도는 좋아진다.
④ 주철의 성장원인으로 마텐자이트의 흑연화에 의한 수축이 있다.

해설 주철(cast iron)은 C, Si 등이 많을수록 비중(S)은 작아진다.

67 마텐자이트(martensite)변태의 특징에 대한 설명으로 틀린 것은?
① 마텐자이트는 고용체의 단일상이다.
② 마텐자이트변태는 확산변태이다.
③ 마텐자이트변태는 협동적 원자운동에 의한 변태이다.
④ 마텐자이트의 결정 내에는 격자결함이 존재한다.

68 Al−Cu−Ni−Mg합금으로 시효경화하며 내열합금 및 피스톤용으로 사용되는 것은?
① Y합금 ② 실루민
③ 라우탈 ④ 하이드로날륨

해설 Y합금은 내열합금 및 피스톤용으로 사용되며 Al−Cu−Ni−Mg합금으로 시효경화한다.

69 냉간압연스테인리스강판 및 강대(KS D 3698)에서 석출경화계 종류의 기호로 옳은 것은?
① STS305 ② STS410
③ STS430 ④ STS630

해설 STS630은 고강도 스테인리스(H1150)로 석출경화 열처리를 하며 높은 항복강도(725MPa)를 가진다.

70 구리 및 구리합금에 대한 설명으로 옳은 것은?
① Cu+Sn합금을 황동이라 한다.
② Cu+Zn합금을 청동이라 한다.
③ 문쯔메탈(muntz metal)은 60% Cu+40% Zn합금이다.
④ Cu의 전기전도율은 금속 중에서 Ag보다 높고 자성체이다.

해설 ① Cu+Sn합금을 청동(bronze)이라 한다.
② Cu+Zn합금을 황동(brass)이라 한다.
④ Cu의 전기전도율은 금속 중에서 Ag보다 낮고 비자성체이다.

71 개스킷(gasket)에 대한 설명으로 옳은 것은?
① 고정 부분에 사용되는 실(seal)
② 운동 부분에 사용되는 실(seal)
③ 대기로 개방되어 있는 구멍
④ 흐름의 단면적을 감소시켜 관로 내 저항을 맞게 하는 기구

해설 개스킷은 고정 부분에 사용되는 실(seal)이다.

72 자중에 의한 낙하, 운동물체의 관성에 의한 액추에이터의 자중 등을 방지하기 위해 배압을 생기게 하고 다음 방향의 흐름이 자류로 흐르도록 한 밸브는?
① 풋밸브 ② 스풀밸브
③ 카운터밸런스밸브 ④ 변환밸브

해설 카운터밸런스밸브는 중력에 의한 낙하를 방지하기 위해 배압을 유지하는 압력제어밸브이다.

73 유압에서 체적탄성계수에 대한 설명으로 틀린 것은?
① 압력의 단위와 같다.
② 압력의 변화량과 체적의 변화량과 관계있다.
③ 체적탄성계수의 역수는 압축률로 표현한다.
④ 유압에 사용되는 유체가 압축되기 쉬운 정도를 나타낸 것으로 체적탄성계수가 클수록 압축이 잘 된다.

해설 체적탄성계수가 크다는 것은 압축하기 어렵다는 것을 의미한다.

정답 66. ② 67. ② 68. ① 69. ④ 70. ③ 71. ① 72. ③ 73. ④

74 오일의 팽창, 수축을 이용한 유압응용장치로 적절하지 않은 것은?

① 진동개폐밸브 ② 압력계
③ 온도계   ④ 쇼크업소버

[해설] 쇼크업소버는 충격흡수기(완충기)이다.

75 다음 그림과 같은 유압회로의 명칭으로 적합한 것은?

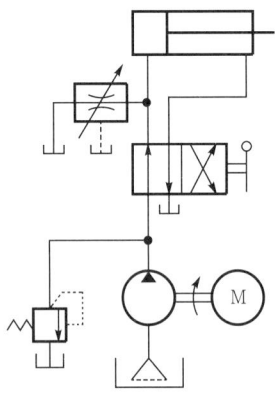

① 어큐뮬레이터회로
② 시퀀스회로
③ 블리드 오프 회로
④ 로킹(로크)회로

[해설] 도시된 유압회로의 명칭은 블리드 오프 회로(bleed off circuit)이다.

76 토출량이 일정한 용적형 펌프의 종류가 아닌 것은?

① 기어펌프   ② 베인펌프
③ 터빈펌프   ④ 피스톤펌프

[해설] 용적형 펌프의 종류 : 기어펌프, 베인펌프, 피스톤펌프
[참고] 터빈펌프는 고양정 저유량의 원심펌프이다.

77 유압모터의 효율에 대한 설명으로 틀린 것은?

① 전효율은 체적효율에 비례한다.
② 전효율은 기계효율에 반비례한다.
③ 전효율은 축 출력과 유체 입력의 비로 표현한다.
④ 체적효율은 실제 송출유량과 이론송출유량의 비로 표현한다.

[해설] 전효율은 기계효율에 비례한다.

78 펌프의 효율을 구하는 식으로 틀린 것은? (단, 펌프에 손실이 없을 때 토출압력은 P_0, 실제 펌프토출압력은 P, 이론펌프토출량은 Q_0, 실제 펌프토출량은 Q, 유체동력은 L_h, 축동력은 L_s이다.)

① 용적효율 = $\dfrac{Q}{Q_0}$

② 압력효율 = $\dfrac{P_0}{P}$

③ 기계효율 = $\dfrac{L_h}{L_s}$

④ 전효율 = 용적효율×압력효율×기계효율

79 다음 그림과 같은 기호의 밸브명칭은?

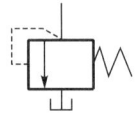

① 스톱밸브   ② 릴리프밸브
③ 체크밸브   ④ 가변교축밸브

80 압력제어밸브에서 어느 최소 유량에서 어느 최대 유량까지의 사이에 증대하는 압력은?

① 오버라이드압력 ② 전량압력
③ 정격압력   ④ 서지압력

제5과목 · 기계제작법 및 기계동력학

81 자동차 B, C가 브레이크가 풀린 채 정지하고 있다. 이때 자동차 A가 1.5m/s의 속력으로 B와 충돌하면 이후 B와 C가 다시 충돌하게 되어 결국 3대의 자동차가 연쇄충돌하게 된다. 이때 B와 C가 충돌한 직후 자동차 C의 속도는 약 몇 m/s인가? (단, 모든 자동차 간 반발계수는 $e=0.75$이고, 모든 자동차는 같은 종류로 질량이 같다.)

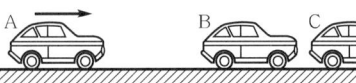

① 0.16   ② 0.39
③ 1.15   ④ 1.31

해설
$$V_B' = V_B + \frac{m_A}{m_A + m_B}(1+e)(V_A - V_B)$$
$$= \frac{1}{2} \times (1+0.75) \times 1.5 = 1.3125 \text{m/s}$$
$$\therefore V_C' = \cancel{V_C}^0 + \frac{m_B'}{m_B' + m_C}(1+e)(V_B' - \cancel{V_C'}^0)$$
$$= \frac{1}{2} \times (1+0.75) \times 1.3125 = 1.1484 ≒ 1.15 \text{m/s}$$

82 북극과 남극이 일직선으로 관통된 구멍을 통하여 북극에서 지구 내부를 향하여 초기속도 $v_0 = 10\text{m/s}$로 한 질점을 던졌다. 그 질점이 A점($S = R/2$)을 통과할 때의 속력은 약 몇 km/s인가? (단, 지구 내부는 균일한 물질로 채워져 있으며, 중력가속도는 O점에서 0이고, O점으로부터의 위치 S에 비례한다고 가정한다. 그리고 지표면에서 중력가속도는 9.8m/s², 지구반지름은 $R = 6,371$km이다.)

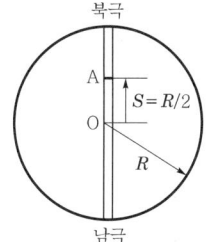

① 6.84
② 7.90
③ 8.44
④ 9.81

해설
$$dS = \frac{R}{g} d\alpha \quad \cdots\cdots ㉠$$
$$-\alpha dS = vdv \quad \cdots\cdots ㉡$$

식 ㉠을 식 ㉡에 대입하면
$$-\alpha \left(\frac{R}{g} d\alpha\right) = vdv$$
$$-\frac{R}{g}\int_g^{\frac{g}{2}} \alpha d\alpha = \int_{v_0}^{v_A} vdv$$
$$\frac{3}{8}Rg = \frac{1}{2}(v_A^2 - v_0^2)$$
$$\therefore v_A = \sqrt{\frac{3}{4}Rg + v_0^2}$$
$$= \sqrt{\frac{3}{4} \times 6,371 \times 10^3 \times 9.8 + 10^2}$$
$$= 6843.02 \text{m/s} ≒ 6.84 \text{km/s}$$

83 강체의 평면운동에 대한 설명으로 틀린 것은?
① 평면운동은 병진과 회전으로 구분할 수 있다.
② 평면운동은 순간 중심점에 대한 회전으로 생각할 수 있다.
③ 순간 중심점은 위치가 고정된 점이다.
④ 곡선경로를 움직이더라도 병진운동이 가능하다.

해설 순간 중심점(순간 회전 중심)은 위치가 시간과 함께 이동하는 점(운동할 때 정해지는 점)이다.

84 질량 $m = 100$kg인 기계가 강성계수 $k = 1,000$kN/m, 감쇠비 $\zeta = 0.2$인 스프링에 의해 바닥에 지지되어 있다. 이 기계에 $F = 485\sin200t$[N]의 가진력이 작용하고 있다면 바닥에 전달되는 힘은 약 몇 N인가?

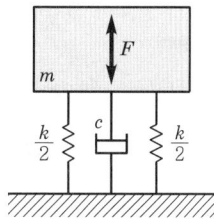

① 100
② 200
③ 300
④ 400

해설
$$\gamma = \frac{\omega}{\omega_n} = \frac{\omega}{\sqrt{\frac{k}{m}}} = \frac{200}{\sqrt{\frac{1,000 \times 10^3}{100}}} = 2$$
$$\therefore F_{th} = F_o\sqrt{\frac{1+(2\xi\gamma)^2}{(1-\gamma^2)^2 + (2\xi\gamma)^2}}$$
$$= 485\sqrt{\frac{1+(2 \times 0.2 \times 2)^2}{(1-2^2)^2 + (2 \times 0.2 \times 2)^2}} ≒ 200 \text{N}$$

85 다음 그림과 같은 진동시스템의 운동방정식은?

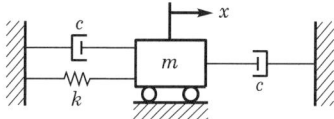

① $m\ddot{x} + \frac{c}{2}\dot{x} + kx = 0$
② $m\ddot{x} + c\dot{x} + \frac{kc}{k+c}x = 0$
③ $m\ddot{x} + \frac{kc}{k+c}\dot{x} + kx = 0$
④ $m\ddot{x} + 2c\dot{x} + kx = 0$

정답 82. ① 83. ③ 84. ② 85. ④

해설 감쇠장치인 댐퍼가 2개 설치되어 있으므로 감쇠자유 운동방정식은 $m\ddot{x}+2c\dot{x}+kx=0$이다.

86 20g의 탄환이 수평으로 1,200m/s의 속도로 발사되어 정지해 있던 300g의 블록에 박힌다. 이후 스프링에 발생한 최대 압축길이는 약 몇 m인가? (단, 스프링상수는 200N/m이고 처음에 변형되지 않은 상태였다. 바닥과 블록 사이의 마찰은 무시한다.)

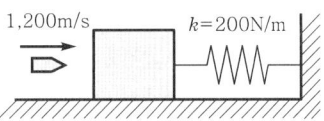

① 2.5 ② 3.0
③ 3.5 ④ 4.0

해설 ㉠ 처음 운동량$(mv) = 0.02 \times 1,200 = 24$kg·m/s
㉡ 박힌 후 운동량$(m'v') = (0.3+0.02) \times v'$
$= 24$kg·m/s
$\therefore v' = \dfrac{24}{0.32} = 75$m/s
㉢ 에너지보존법칙 적용
운동에너지 $= \dfrac{1}{2}m'v'^2 = \dfrac{1}{2} \times 0.32 \times 75^2$
$= 900$N·m$(=J)$
㉣ 스프링의 최대 압축 시 에너지
$= \dfrac{1}{2}kx^2 = \dfrac{1}{2} \times 200 \times x^2 = 900$J
$\therefore x = 3$m

87 물체의 위치 x가 $x = 6t^2 - t^3$[m]로 주어졌을 때 최대 속도의 크기는 몇 m/s인가? (단, 시간의 단위는 초이다.)

① 10 ② 12
③ 14 ④ 16

해설 $a = \dfrac{d^2t}{dt^2} = 12 - 6t$
가속도$(a)=0$일 때 속도가 최대이므로
$12-6t=0$
$\therefore t=2$sec
$\therefore \vec{V} = \dfrac{dx}{dt} = 12t - 3t^2 = 12 \times 2 - 3 \times 2^2 = 12$m/s

88 진동수(f), 주기(T), 각진동수(ω)의 관계를 표시한 식으로 옳은 것은?

① $f = \dfrac{1}{T} = \dfrac{\omega}{2\pi}$ ② $f = T = \dfrac{\omega}{2\pi}$
③ $f = \dfrac{1}{T} = \dfrac{2\pi}{\omega}$ ④ $f = \dfrac{2\pi}{T} = \omega$

해설 진동수$(f) = \dfrac{1}{주기(T)} = \dfrac{\omega}{2\pi}$ [Hz]

89 경사면에 질량 M의 균일한 원기둥이 있다. 이 원기둥에 감겨있는 실을 경사면과 동일한 방향인 위쪽으로 잡아당길 때 미끄럼이 일어나지 않기 위한 실의 장력 T의 조건은? (단, 경사면의 각도를 α, 경사면과 원기둥 사이의 마찰계수를 μ_s, 중력가속도를 g라 한다.)

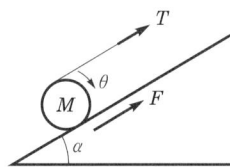

① $T \le Mg(3\mu_s \sin\alpha + \cos\alpha)$
② $T \le Mg(3\mu_s \sin\alpha - \cos\alpha)$
③ $T \le Mg(3\mu_s \cos\alpha + \sin\alpha)$
④ $T \le Mg(3\mu_s \cos\alpha - \sin\alpha)$

90 직선진동계에서 질량 98kg의 물체가 16초간에 10회 진동하였다. 이 진동계의 스프링상수는 몇 N/cm인가?

① 37.8 ② 15.1
③ 22.7 ④ 30.2

해설 $f_n = \dfrac{\omega_n}{2\pi} = \dfrac{1}{2\pi}\sqrt{\dfrac{k}{m}}$ [Hz]
$\therefore k = (2\pi)^2 m f_n^2 = (2\pi)^2 \times 98 \times \left(\dfrac{10}{16}\right)^2$
$= 1511.28$N/m $\fallingdotseq 15.11$N/cm

91 단체모형, 분할모형, 조립모형의 종류를 포괄하는 실제 제품과 같은 모양의 모형은?

① 고르게모형 ② 회전모형
③ 코어모형   ④ 현형

정답 86.② 87.② 88.① 89.④ 90.② 91.④

92 용접부의 시험검사방법 중 파괴시험에 해당하는 것은?

① 외관시험　② 초음파탐상시험
③ 피로시험　④ 음향시험

해설 외관시험, 초음파탐상시험(UT), 음향시험 등은 비파괴검사이고, 피로시험(fatigue test)은 파괴시험이다.

93 담금질된 강의 마텐자이트조직은 경도는 높지만 취성이 매우 크고 내부적으로 잔류응력이 많이 남아 있어서 A_1 이하의 변태점에서 가열하는 열처리과정을 통하여 인성을 부여하고 잔류응력을 제거하는 열처리는?

① 풀림　② 불림
③ 침탄법　④ 뜨임

94 압연에서 롤러의 구동은 하지 않고 감는 기계의 인장구동으로 압연을 하는 것으로 연질재의 박판 압연에 사용되는 압연기는?

① 3단 압연기　② 4단 압연기
③ 유성압연기　④ 스테켈압연기

95 스프링 등과 같은 기계요소의 피로강도를 향상시키기 위해 작은 강구를 공작물의 표면에 충돌시켜서 가공하는 방법은?

① 쇼트피닝　② 전해가공
③ 전해연삭　④ 화학연마

96 절삭가공 시 발생하는 절삭온도측정방법이 아닌 것은?

① 부식을 이용하는 방법
② 복사고온계를 이용하는 방법
③ 열전대에 의한 방법
④ 칼로리미터에 의한 방법

해설 절삭가공 시 절삭온도측정방법
㉠ 칩(chip)의 색깔에 의한 방법
㉡ 칼로리미터(calorimeter)에 의한 방법
㉢ 복사고온계에 의한 방법
㉣ 삽입된 열전대(열전쌍)에 의한 방법
㉤ 사용온도에 의한 방법

97 방전가공의 특징으로 틀린 것은?

① 무인가공이 불가능하다.
② 가공 부분에 변질층이 남는다.
③ 전극의 형상대로 정밀하게 가공할 수 있다.
④ 가공물의 경도와 관계없이 가공이 가능하다.

해설 방전가공은 무인가공이 가능하다.

98 압연가공에서 가공 전의 두께가 20mm이던 것이 가공 후의 두께가 15mm로 되었다면 압하율은 몇 %인가?

① 20　② 25
③ 30　④ 40

해설
$$\phi = \frac{H_0 - H_1}{H_0} \times 100\% = \left(1 - \frac{H_1}{H_0}\right) \times 100\%$$
$$= \left(1 - \frac{15}{20}\right) \times 100\% = 25\%$$

99 전기아크용접에서 언더컷의 발생원인으로 틀린 것은?

① 용접속도가 너무 빠를 때
② 용접전류가 너무 높을 때
③ 아크길이가 너무 짧을 때
④ 부적당한 용접봉을 사용했을 때

해설 전기아크용접(arc welding)에서 언더컷(under cut)의 발생원인은 용접속도가 빠르고 용접전류가 높으며 부적당한 용기재(용접봉)을 사용했을 때 발생한다.

100 브라운샤프형 분할대로 $5\frac{1}{2}°$의 각도를 분할할 때 분할크랭크의 회전을 어떻게 하면 되는가?

① 27구멍 분할판으로 14구멍씩
② 18구멍 분할판으로 11구멍씩
③ 21구멍 분할판으로 7구멍씩
④ 24구멍 분할판으로 15구멍씩

해설
분할크랭크회전수$(n) = \frac{D}{9} = \frac{\frac{11}{2}}{9} = \frac{11}{18}$
∴ 18구멍 분할판으로 11구멍씩 회전시킨다.

정답 92. ③　93. ④　94. ④　95. ①　96. ①　97. ①　98. ②　99. ③　100. ②

2021 제2회 출제문제

| 2021. 5. 15. 시행 |

제1과목 · 재료역학

01 다음 그림과 같이 길이가 $2L$인 양단 고정보의 중앙에 집중하중이 아래로 가해지고 있다. 이때 중앙에서 모멘트 M이 발생하였다면 이 집중하중(P)의 크기는 어떻게 표현되는가?

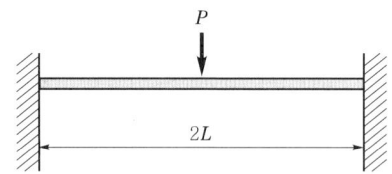

① $\dfrac{M}{L}$ ② $\dfrac{8M}{L}$

③ $\dfrac{2M}{L}$ ④ $\dfrac{4M}{L}$

해설 $M = \dfrac{Pab}{L} - \dfrac{M_A b + M_B a}{L} = \dfrac{2Pa^2b^2}{L^3}$ [N·m]

이때 $a = b = \dfrac{L}{2}$이면 $M = \dfrac{PL}{8}$ [N·m]이다. 여기에 $L = 2L$을 대입하면

$M = \dfrac{P(2L)}{8} = \dfrac{PL}{4}$

$\therefore P = \dfrac{4M}{L}$ [N]

02 허용인장강도가 400MPa인 연강봉에 30kN의 축방향 인장하중이 가해질 경우 이 강봉의 지름은 약 몇 cm인가? (단, 안전율은 5이다.)

① 2.69 ② 2.93
③ 2.19 ④ 3.33

해설 $\sigma_a = \dfrac{\sigma_u}{S} = \dfrac{400}{5} = 80\text{MPa} = 8,000\text{N/cm}^2 = 8\text{kN/cm}^2$

$\sigma_a = \dfrac{P}{A} = \dfrac{P}{\dfrac{\pi d^2}{4}} = \dfrac{4P}{\pi d^2}$

$\therefore d = \sqrt{\dfrac{4P}{\pi \sigma_a}} = \sqrt{\dfrac{4 \times 30}{\pi \times 8}} = 2.19\text{cm}$

03 전체 길이에 걸쳐서 균일분포하중 200N/m가 작용하는 단순 지지보의 최대 굽힘응력은 몇 MPa인가? (단, 폭×높이=3cm×4cm인 직사각형 단면이고 보의 길이는 2m이다. 또한 보의 지점은 양 끝단에 있다.)

① 12.5 ② 25.0
③ 14.9 ④ 29.8

해설 $M_{\max} = \dfrac{wL^2}{8} = \dfrac{200 \times 2^2}{8}$
$= 100\text{N·m} = 100 \times 10^3 \text{N·mm}$

$Z = \dfrac{bh^2}{6} = \dfrac{30 \times 40^2}{6} = 8,000\text{mm}^3$

$\therefore \sigma = \dfrac{M_{\max}}{Z} = \dfrac{100 \times 10^3}{8,000} = 12.5\text{MPa}$

04 다음 그림과 같은 단순보의 중앙점(C)에 굽힘모멘트는?

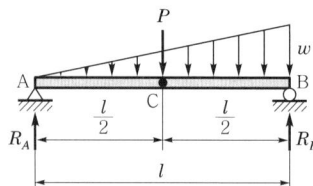

① $\dfrac{Pl}{2} + \dfrac{wl^2}{8}$ ② $\dfrac{Pl}{2} + \dfrac{wl^2}{48}$

③ $\dfrac{Pl}{4} + \dfrac{5wl^2}{48}$ ④ $\dfrac{Pl}{4} + \dfrac{wl^2}{16}$

해설 $\Sigma M_B = 0$(B점 기준)

$R_A l - \dfrac{Pl}{2} - \dfrac{wl}{2} \times \dfrac{l}{3} = 0$

$R_A = \dfrac{P}{2} + \dfrac{wl}{6}$ [N]

$\therefore M_C = R_A \times \dfrac{l}{2} - \dfrac{w}{2} \times \dfrac{1}{2} \times \left(\dfrac{l}{2} \times \dfrac{1}{3}\right)$

$= \left(\dfrac{P}{2} + \dfrac{wl}{6}\right) \times \dfrac{l}{2} - \dfrac{wl}{8} \times \dfrac{l}{6}$

$= \dfrac{Pl}{4} + \dfrac{wl^2}{12} - \dfrac{wl^2}{48} = \dfrac{Pl}{4} + \dfrac{wl^2}{16}$ [N·m]

정답 01. ④ 02. ③ 03. ① 04. ④

05 지름 50mm인 중심축 ABC가 A에서 모터에 의해 구동된다. 모터는 600rpm으로 50kW의 동력을 전달한다. 기계를 구동하기 위해서 기어 B는 35kW, 기어 C는 15kW를 필요로 한다. 축 ABC에 발생하는 최대 전단응력은 몇 MPa인가?

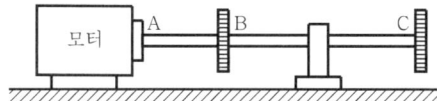

① 9.73
② 22.7
③ 32.4
④ 64.8

해설
㉠ $T_A = 9.55 \times 10^6 \dfrac{kW_A}{N} = 9.55 \times 10^6 \times \dfrac{50}{600}$
   $= 795833.33 N \cdot mm$
   $\therefore \tau_A = \dfrac{T_A}{Z_p} = \dfrac{16 T_A}{\pi d^3} = \dfrac{16 \times 795833.33}{\pi \times 50^3}$
   $\fallingdotseq 32.43 MPa$

㉡ $T_B = 9.55 \times 10^6 \dfrac{kW_B}{N} = 9.55 \times 10^6 \times \dfrac{35}{600}$
   $= 557083.33 N \cdot mm$
   $\therefore \tau_B = \dfrac{T_B}{Z_p} = \dfrac{16 T_B}{\pi d^3} = \dfrac{16 \times 557083.33}{\pi \times 50^3} \fallingdotseq 22.7 MPa$

㉢ $T_C = 9.55 \times 10^6 \dfrac{kW_C}{N} = 9.55 \times 10^6 \times \dfrac{15}{600}$
   $= 238,750 N \cdot mm$
   $\therefore \tau_C = \dfrac{T_C}{Z_p} = \dfrac{16 T_C}{\pi d^3} = \dfrac{16 \times 238,750}{\pi \times 50^3} \fallingdotseq 9.73 MPa$

$\therefore \tau_A > \tau_B > \tau_C$

06 다음과 같이 3개의 링크를 핀을 이용하여 연결하였다. 2,000N의 하중 P가 작용할 경우 핀에 작용되는 전단응력은 약 몇 MPa인가? (단, 핀의 지름은 1cm이다.)

① 12.73
② 13.24
③ 15.63
④ 16.56

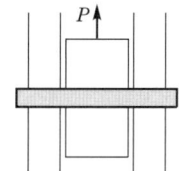

해설 $\tau = \dfrac{P_s}{2A} = \dfrac{P_s}{2 \times \dfrac{\pi d^2}{4}} = \dfrac{2P_s}{\pi d^2} = \dfrac{2 \times 2,000}{\pi \times 10^2}$
$\fallingdotseq 12.73 MPa$

07 직사각형 단면의 단주에 150kN 하중이 중심에서 1m만큼 편심되어 작용할 때 이 부재 AC에서 생기는 최대 인장응력은 몇 kPa인가?

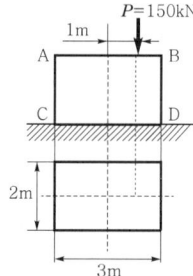

① 25
② 50
③ 87.5
④ 100

해설 $\sigma_{max} = -\dfrac{P}{A} + \dfrac{Pae_2}{I} = -\dfrac{150}{2 \times 3} + \dfrac{150 \times 1 \times 1.5}{\dfrac{2 \times 3^3}{12}}$
$= 25 kPa$

08 반경 r, 내압 P, 두께 t인 얇은 원통형 압력용기의 면내에서 발생되는 최대 전단응력(2차원 응력상태에서의 최대 전단응력)의 크기는?

① $\dfrac{Pr}{2t}$
② $\dfrac{Pr}{t}$
③ $\dfrac{Pr}{4t}$
④ $\dfrac{2Pr}{t}$

해설 $\tau_{max} = \dfrac{1}{2}(\sigma_x - \sigma_y) = \dfrac{1}{2}\left(\dfrac{Pr}{t} - \dfrac{Pr}{2t}\right) = \dfrac{Pr}{4t}$

09 다음 보에 발생하는 최대 굽힘모멘트는?

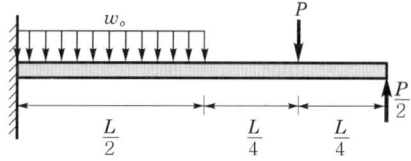

① $\dfrac{L}{4}(w_o L - 2P)$
② $\dfrac{L}{4}(w_o L + 2P)$
③ $\dfrac{L}{8}(w_o L - 2P)$
④ $\dfrac{L}{8}(w_o L + 2P)$

해설 $M_{max} = -\dfrac{P}{2}L + \dfrac{3}{4}PL + \dfrac{w_o L}{2}\left(\dfrac{L}{4}\right)$
$= \dfrac{PL}{4} + \dfrac{w_o L^2}{8} = \dfrac{L}{8}(w_o L + 2P)$

정답 05. ③ 06. ① 07. ① 08. ③ 09. ④

10 다음 그림과 같이 균일분포하중을 받는 외팔보에 대해 굽힘에 의한 탄성변형에너지는? (단, 굽힘강성 EI는 일정하다.)

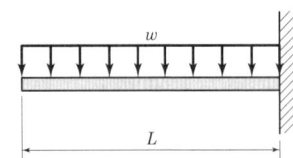

① $\dfrac{w^2L^5}{80EI}$ ② $\dfrac{w^2L^5}{160EI}$

③ $\dfrac{w^2L^5}{20EI}$ ④ $\dfrac{w^2L^5}{40EI}$

해설
$$U = \dfrac{1}{2EI}\int_0^L M_x{}^2 dx = \dfrac{1}{2EI}\int_0^L \left(\dfrac{w_o x^2}{2}\right)^2 dx$$
$$= \dfrac{1}{2EI} \times \dfrac{w_o{}^2}{4}\int_0^L x^4 dx$$
$$= \dfrac{w_o{}^2}{8EI}\left[\dfrac{x^5}{5}\right]_0^L = \dfrac{w_o{}^2}{8EI} \times \dfrac{L^5}{5} = \dfrac{w_o{}^2 L^5}{40EI}$$

11 다음 그림과 같이 전체 길이가 $3L$인 외팔보에 하중 P가 B점과 C점에 작용할 때 자유단 B에서의 처짐량은? (단, 보의 굽힘강성 EI는 일정하고, 자중은 무시한다.)

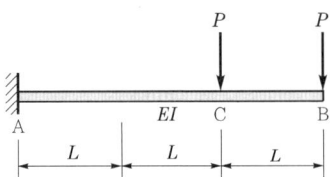

① $\dfrac{44}{3}\dfrac{PL^3}{EI}$ ② $\dfrac{35}{3}\dfrac{PL^3}{EI}$

③ $\dfrac{37}{3}\dfrac{PL^3}{EI}$ ④ $\dfrac{41}{3}\dfrac{PL^3}{EI}$

해설
$$\delta_B = \dfrac{P(3L)^3}{3EI} + \dfrac{P(2L)^3}{3EI} + \theta_C L$$
$$= \dfrac{P(3L)^3}{3EI} + \dfrac{P(2L)^3}{3EI} + \dfrac{P(2L)^2}{2EI}L$$
$$= \dfrac{54PL^3}{6EI} + \dfrac{16PL^3}{6EI} + \dfrac{12PL^3}{6EI}$$
$$= \dfrac{41PL^3}{3EI}$$

12 다음 그림과 같은 직사각형 단면의 목재 외팔보에 집중하중 P가 C점에 작용하고 있다. 목재의 허용압축응력을 8MPa, 끝단 B점에서의 허용처짐량을 23.9mm라고 할 때 허용압축응력과 허용처짐량을 모두 고려하여 이 목재에 가할 수 있는 집중하중 P의 최대값은 약 몇 kN인가? (단, 목재의 세로탄성계수는 12GPa, 단면 2차 모멘트는 $1,022 \times 10^{-6}$m^4, 단면계수는 4.601×10^{-3}m^{3}이다.)

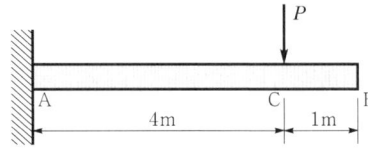

① 7.8   ② 8.5
③ 9.2   ④ 10.0

해설
㉠ $\delta_B = \dfrac{Pl^3}{3EI}$
$$\therefore P = \dfrac{3EI\delta_B}{l^3}$$
$$= \dfrac{3 \times 12 \times 10^6 \times 1,022 \times 10^{-6} \times 23.9 \times 10^{-3}}{5^3}$$
$$= 7.03\text{kN}$$
㉡ $M_{\max} = \sigma Z$
$PL = \sigma Z$
$$\therefore P = \dfrac{\sigma Z}{L} = \dfrac{8 \times 10^3 \times 4.601 \times 10^{-3}}{4} = 9.2\text{kN}$$

13 다음 그림과 같은 단면에서 가로방향 도심축에 대한 단면 2차 모멘트는 약 몇 mm^{4}인가?

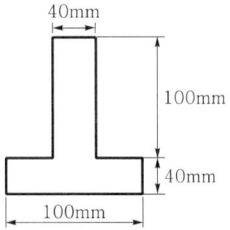

① 10.67×10^6 ② 13.67×10^6
③ 20.67×10^6 ④ 23.67×10^6

해설
$$I_G = \dfrac{bh^3}{12} + A_1 \bar{y_1}^2 + \dfrac{BH^3}{12} + A_2 \bar{y_2}^2$$
$$= \dfrac{40 \times 100^3}{12} + 4,000 \times 35^2 + \dfrac{100 \times 40^3}{12} + 4,000 \times 35^2$$
$$= 13.67 \times 10^6 \text{mm}^4$$

정답 10. ④ 11. ④ 12. ③ 13. ②

14 다음 그림과 같이 평면응력조건하에 최대 주응력은 몇 kPa인가? (단, $\sigma_x = 400$kPa, $\sigma_y = -400$kPa, $\tau_{xy} = 300$kPa이다.)

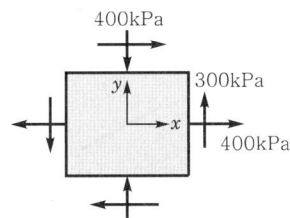

① 400 ② 500
③ 600 ④ 700

[해설]
$$\sigma_{max} = \frac{1}{2}(\sigma_x + \sigma_y) + \sqrt{\left(\frac{\sigma_x - \sigma_y}{2}\right)^2 + \tau_{xy}^2}$$
$$= \frac{1}{2} \times (400 - 400) + \sqrt{\left(\frac{400 - (-400)}{2}\right)^2 + 300^2}$$
$$= 500 \text{MPa}$$

15 길이 15m, 봉의 지름 10mm인 강봉에 $P=8$kN을 작용시킬 때 이 봉의 길이방향 변형량은 약 몇 mm인가? (단, 이 재료의 세로탄성계수는 210GPa이다.)

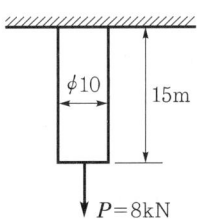

① 5.2 ② 6.4
③ 7.3 ④ 8.5

[해설]
$$\lambda = \frac{PL}{AE} = \frac{8,000 \times 15 \times 10^3}{\frac{\pi}{4} \times 10^2 \times 210 \times 10^3} ≒ 7.3 \text{mm}$$

16 지름 200mm인 축이 120rpm으로 회전하고 있다. 2m 떨어진 두 단면에서 측정한 비틀림각이 1/15rad이었다면 이 축에 작용하고 있는 비틀림 모멘트는 약 몇 kN·m인가? (단, 가로탄성계수는 80GPa이다.)

① 418.9 ② 356.6
③ 305.7 ④ 286.8

[해설]
$$\theta = \frac{TL}{GI_P} = \frac{TL}{G\frac{\pi d^4}{32}} = \frac{32TL}{G\pi d^4} \text{[rad]}$$
$$\therefore T = \frac{G\pi d^4 \theta}{32L} = \frac{80 \times 10^6 \times \pi \times 0.2^4 \times \frac{1}{15}}{32 \times 2}$$
$$≒ 418.9 \text{kN·m}$$

17 5cm×4cm 블록이 x축을 따라 0.05cm만큼 인장되었다. y방향으로 수축되는 변형률(ε_y)은? (단, 푸아송비(ν)는 0.30이다.)

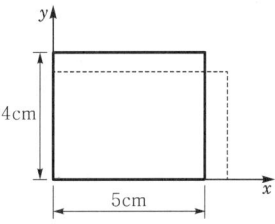

① 0.00015 ② 0.0015
③ 0.003   ④ 0.03

[해설]
$$\nu = \frac{|\varepsilon_y|}{\varepsilon_x}$$
$$\therefore \varepsilon_y = \nu \varepsilon_x = \nu \frac{\lambda}{b} = 0.3 \times \frac{0.05}{5} = 0.003$$

18 단면적이 5cm², 길이가 60cm인 연강봉을 천장에 매달고 30℃에서 0℃로 냉각시킬 때 길이의 변화를 없게 하려면 봉의 끝에 몇 kN의 추를 달아야 하는가? (단, 세로탄성계수 200GPa, 열팽창계수 $\alpha = 12 \times 10^{-6}$/℃이고 봉의 자중은 무시한다.)

① 60 ② 36
③ 30 ④ 24

[해설]
$$P = \sigma A = EA\alpha \Delta t$$
$$= 200 \times 10^6 \times 5 \times 10^{-4} \times 12 \times 10^{-6} \times 30 = 36 \text{kN}$$

19 바깥지름이 46mm인 속이 빈 축이 120kW의 동력을 전달하는데, 이때의 각속도는 40rev/s이다. 이 축의 허용비틀림응력이 80MPa일 때 안지름은 약 몇 mm 이하이어야 하는가?

① 29.8 ② 41.8
③ 36.8 ④ 48.8

[정답] 14. ② 15. ③ 16. ① 17. ③ 18. ② 19. ②

[해설] ㉠ $T = 9.55 \times 10^6 \dfrac{kW}{N}$

$= 9.55 \times 10^6 \times \dfrac{120}{40 \times 60} = 477,500 N \cdot mm$

㉡ $T = \tau_a Z_p = \tau_a \dfrac{\pi d_2^3}{16}(1-x^4)$

$\therefore x = \sqrt[4]{1 - \dfrac{16T}{\tau_a \pi d_2^3}} = \sqrt[4]{1 - \dfrac{16 \times 477,500}{80 \times \pi \times 46^3}} = 0.91$

㉢ $d_1 = x d_2 = 0.91 \times 46 = 41.86mm$

20 알루미늄봉이 다음 그림과 같이 축하중을 받고 있다. BC 간에 작용하고 있는 하중의 크기는?

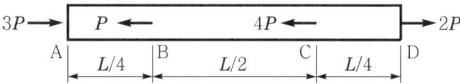

① $2P$ ② $3P$
③ $4P$ ④ $8P$

[해설]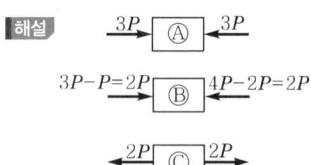

제2과목 · 기계열역학

21 4kg의 공기를 온도 15℃에서 일정체적으로 가열하여 엔트로피가 3.35kJ/K 증가하였다. 이때 온도는 약 몇 K인가? (단, 공기의 정적비열은 0.717kJ/kg · K이다.)

① 927
② 337
③ 533
④ 483

[해설] $\Delta S = \dfrac{\delta Q}{T} = \dfrac{mC_v dT}{T} = mC_v \int_1^2 \dfrac{1}{T} dT$

$= mC_v \ln \dfrac{T_2}{T_1} [kJ/K]$

$\therefore T_2 = T_1 e^{\frac{\Delta S}{mC_v}} = (15+273) \times e^{\frac{3.35}{4 \times 0.717}} ≒ 927K$

22 실린더에 밀폐된 8kg의 공기가 다음 그림과 같이 압력 P_1=800kPa, 체적 V_1=0.27m³에서 P_2=350kPa, V_2=0.80m³로 직선변화하였다. 이 과정에서 공기가 한 일은 약 몇 kJ인가?

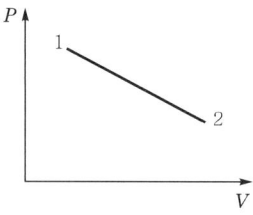

① 305   ② 334
③ 362   ④ 390

[해설] $P-V$선도의 면적은 일량을 의미한다.

$_1W_2 = P_2(V_2 - V_1) + \dfrac{P_1 - P_2}{2}(V_2 - V_1)$

$= 350 \times (0.8 - 0.27) + \dfrac{800 - 350}{2} \times (0.8 - 0.27)$

$≒ 305 kN \cdot m (= kJ)$

23 압력 100kPa, 온도 20℃인 일정량의 이상기체가 있다. 압력을 일정하게 유지하면서 부피가 처음 부피의 2배가 되었을 때 기체의 온도는 약 몇 ℃가 되는가?

① 148   ② 256
③ 313   ④ 586

[해설] $P = C, \dfrac{V}{T} = C$

$\dfrac{V_1}{T_1} = \dfrac{V_2}{T_2}$

$\therefore T_2 = T_1 \dfrac{V_2}{V_1} = (20+273) \times 2 = 586K - 273 = 313℃$

24 유리창을 통해 실내에서 실외로 열전달이 일어난다. 이때 열전달량은 약 몇 W인가? (단, 대류열전달계수는 50W/m² · K, 유리창표면온도는 25℃, 외기온도는 10℃, 유리창면적은 2m²이다.)

① 150   ② 500
③ 1,500 ④ 5,000

[해설] $q_{conv} = hA(t_s - t_o) = 50 \times 2 \times (25-10) = 1,500W$

정답 20. ① 21. ① 22. ① 23. ③ 24. ③

25 어떤 열기관이 550K의 고열원으로부터 20kJ의 열량을 공급받아 250K의 저열원에 14kJ의 열량을 방출할 때 이 사이클의 Clausius적분값과 가역, 비가역 여부의 설명으로 옳은 것은?

① Clausius적분값은 -0.0196kJ/K이고 가역사이클이다.
② Clausius적분값은 -0.0196kJ/K이고 비가역사이클이다.
③ Clausius적분값은 0.0196kJ/K이고 가역사이클이다.
④ Clausius적분값은 0.0196kJ/K이고 비가역사이클이다.

[해설] $\Delta S = \dfrac{Q_1}{T_1} + \dfrac{-Q_2}{T_2} = \dfrac{20}{550} + \dfrac{-14}{250} \fallingdotseq -0.0196\text{kJ/K}$이고 비가역사이클이다.

[참고] 비가역사이클인 경우 Clausius의 적분값은 $\oint \dfrac{\delta Q}{T} < 0$이다.

26 다음 그림과 같은 Rankine사이클의 열효율은 약 얼마인가? (단, h는 엔탈피, s는 엔트로피를 나타내며, h_1=191.8kJ/kg, h_2=193.8kJ/kg, h_3=2799.5kJ/kg, h_4=2007.5kJ/kg이다.)

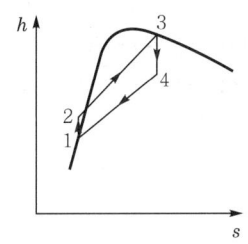

① 30.3% ② 36.7%
③ 42.9% ④ 48.1%

[해설] $\eta_R = \dfrac{w_{net}}{q_1} = \dfrac{w_t - w_p}{q_1} \times 100\%$
$= \dfrac{(h_3 - h_4) - (h_2 - h_1)}{h_3 - h_2} \times 100\%$
$= \dfrac{(2799.5 - 2007.5) - (193.8 - 191.8)}{2799.5 - 193.8} \times 100\%$
$\fallingdotseq 30.3\%$

27 상태 1에서 경로 A를 따라 상태 2로 변화하고 경로 B를 따라 다시 상태 1로 돌아오는 가역사이클이 있다. 다음의 사이클에 대한 설명으로 틀린 것은?

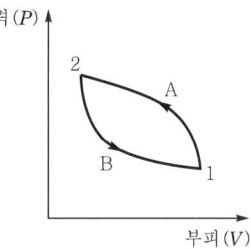

① 사이클과정 동안 시스템의 내부에너지변화량은 0이다.
② 사이클과정 동안 시스템은 외부로부터 순(net)일을 받았다.
③ 사이클과정 동안 시스템의 내부에서 외부로 순(net)열이 전달되었다.
④ 이 그림으로 사이클과정 동안 총엔트로피변화량을 알 수 없다.

[해설] 가역사이클인 경우 엔트로피변화량은 0이다.
$\oint \dfrac{\delta Q}{T} = 0$

28 다음 4가지 경우에서 ( ) 안의 물질이 보유한 엔트로피가 증가한 경우는?

ⓐ 컵에 있는 (물)이 증발하였다.
ⓑ 목욕탕의 (수증기)가 차가운 타일벽에서 물로 응결되었다.
ⓒ 실린더 안의 (공기)가 가역단열적으로 팽창되었다.
ⓓ 뜨거운 (커피)가 식어서 주위 온도와 같게 되었다.

① ⓐ ② ⓑ
③ ⓒ ④ ⓓ

[해설] 비가역변화 시 엔트로피는 증가한다. 즉 컵에 있는 물이 증발 시 엔트로피는 증가한다.

정답 25. ② 26. ① 27. ④ 28. ①

29 냉동기 냉매의 일반적인 구비조건으로서 적합하지 않은 것은?

① 임계온도가 높고, 응고온도가 낮을 것
② 증발열이 작고, 증기의 비체적이 클 것
③ 증기 및 액체의 점성(점성계수)이 작을 것
④ 부식성이 없고, 안정성이 있을 것

해설 냉매는 증발(잠)열이 크고, 증기의 비체적은 작을 것

30 오토사이클로 작동되는 기관에서 실린더의 극간체적(clearance volume)이 행정체적(stroke volume)의 15%라고 하면 이론열효율은 약 얼마인가? (단, 비열비 $k=1.4$이다.)

① 39.3% ② 45.2%
③ 50.6% ④ 55.7%

해설 $\varepsilon = 1 + \dfrac{V_s}{V_c} = 1 + \dfrac{1}{0.15} = 7.67$

$\therefore \eta_{tho} = 1 - \left(\dfrac{1}{\varepsilon}\right)^{k-1} = 1 - \left(\dfrac{1}{7.67}\right)^{1.4-1}$
$\quad \fallingdotseq 0.557 = 55.7\%$

31 보일러, 터빈, 응축기, 펌프로 구성되어 있는 증기원동소가 있다. 보일러에서 2,500kW의 열이 발생하고 터빈에서 550kW의 일을 발생시킨다. 또한 펌프를 구동하는 데 20kW의 동력이 추가로 소모된다면 응축기에서의 방열량은 약 몇 kW인가?

① 980
② 1,930
③ 1,970
④ 3,070

해설 ㉠ $\eta_R = \dfrac{W_{net}}{Q_1} = \dfrac{W_T - W_P}{Q_1}$

$\quad = \dfrac{550-20}{2,500} = 0.212 = 21.2\%$

㉡ $\eta_R = 1 - \dfrac{Q_2}{Q_1}$

$\therefore Q_2 = (1-\eta_R)Q_1$
$\quad = (1-0.212) \times 2,500 = 1,970 \text{kW}$

32 복사열을 방사하는 방사율과 면적이 같은 2개의 방열판이 있다. 각각의 온도가 A방열판은 120℃, B방열판은 80℃일 때 두 방열판의 복사열전달량(Q_A/Q_B)비는?

① 1.08 ② 1.22
③ 1.54 ④ 2.42

해설 $\dfrac{Q_A}{Q_B} = \left(\dfrac{T_A}{T_B}\right)^4 = \left(\dfrac{120+273}{80+273}\right)^4 \fallingdotseq 1.54$

[참고] 복사전열량(Q)은 흑체표면의 절대온도(T^4)에 비례한다($Q \propto T^4$).

33 열역학 제2법칙과 관계된 설명으로 가장 옳은 것은?

① 과정(상태변화)의 방향성을 제시한다.
② 열역학적 에너지의 양을 결정한다.
③ 열역학적 에너지의 종류를 판단한다.
④ 과정에서 발생한 총 일의 양을 결정한다.

해설 ㉠ 열역학 제2법칙=엔트로피 증가법칙(비가역법칙)
㉡ 열은 온도차가 있을 때 고온에서 저온으로 이동한다(방향성을 제시한 법칙).

34 질량이 5kg인 강제용기 속에 물이 20L 들어있다. 용기와 물이 24℃인 상태에서 이 속에 질량이 5kg이고 온도가 180℃인 어떤 물체를 넣었더니 일정시간 후 온도가 35℃가 되면서 열평형에 도달하였다. 이때 이 물체의 비열은 약 몇 kJ/kg·K인가? (단 물의 비열은 4.2kJ/kg·K, 강의 비열은 0.46kJ/kg·K이다.)

① 0.88 ② 1.12
③ 1.31 ④ 1.86

해설 열역학 제0법칙(열평형의 법칙) 적용
고온체 방열량=저온체 흡열량
$m_1 C_1(t_1 - t_m) = (m_2 C_2 + m_3 C_3)(t_m - t_2)$

$\therefore C_1 = \dfrac{(m_2 C_2 + m_3 C_3)(t_m - t_2)}{m_1(t_1 - t_m)}$

$\quad = \dfrac{(5 \times 0.46 + 20 \times 4.2) \times (35-24)}{5 \times (180-35)}$

$\quad = 1.31 \text{kJ/kg} \cdot \text{K}$

정답 29. ② 30. ④ 31. ③ 32. ③ 33. ① 34. ③

35 완전히 단열된 실린더 안의 공기가 피스톤을 밀어 외부로 일을 하였다. 이때 외부로 행한 일의 양과 동일한 값(절대값기준)을 가지는 것은?

① 공기의 엔탈피변화량
② 공기의 온도변화량
③ 공기의 엔트로피변화량
④ 공기의 내부에너지변화량

해설 가열단열팽창 시 외부에 행한 일량은 내부에너지변화량(감소량)과 크기가 같다.
[참고] $\delta Q = dU + \delta W$[kJ]에서 $\delta Q = 0$(가열단열변화 시)일 때 $\delta W = -dU = -mC_v dT$
양변을 적분하면
∴ $_1W_2 = U_1 - U_2 = mC_v(T_1 - T_2)$[kJ]

36 어느 왕복동내연기관에서 실린더 안지름이 6.8cm, 행정이 8cm일 때 평균유효압력은 1,200kPa이다. 이 기관의 1행정당 유효일은 약 몇 kJ인가?

① 0.09　　② 0.15
③ 0.35　　④ 0.48

해설 $W_{net} = P_{me} V_s = P_{me} AS$
$= 1,200 \times \dfrac{\pi \times 0.068^2}{4} \times 0.08 ≒ 0.35$kJ

37 이상적인 오토사이클의 열효율이 56.5%이라면 압축비는 약 얼마인가? (단, 작동유체의 비열비는 1.4로 일정하다.)

① 7.5　　② 8.0
③ 9.0　　④ 9.5

해설 $\varepsilon = \left(\dfrac{1}{1-\eta_{tho}}\right)^{\frac{1}{k-1}} = \left(\dfrac{1}{1-0.565}\right)^{\frac{1}{1.4-1}} = 8$

38 기체상수가 0.462kJ/kg·K인 수증기를 이상기체로 간주할 때 정압비열(kJ/kg·K)은 약 얼마인가? (단, 이 수증기의 비열비는 1.33이다.)

① 1.86　　② 1.54
③ 0.64　　④ 0.44

해설 $C_p = \dfrac{k}{k-1} R = \dfrac{1.33}{1.33-1} \times 0.462 = 1.862$kJ/kg·K

39 카르노사이클로 작동되는 열기관이 200kJ의 열을 200℃에서 공급받아 20℃에서 방출한다면 이 기관의 일은 약 얼마인가?

① 38kJ　　② 54kJ
③ 63kJ　　④ 76kJ

해설 $\eta_c = \dfrac{W_{net}}{Q_1} = 1 - \dfrac{Q_2}{Q_1} = 1 - \dfrac{T_2}{T_1} = 1 - \dfrac{20+273}{200+273} = 0.38$
∴ $W_{net} = \eta_c Q_1 = 0.38 \times 200 = 76$kJ

40 시스템 내의 임의의 이상기체 1kg이 채워져 있다. 이 기체의 정압비열은 1.0kJ/kg·K이고, 초기온도가 50℃인 상태에서 323kJ의 열량을 가하여 팽창시킬 때 변경 후 체적은 변경 전 체적의 약 몇 배가 되는가? (단, 정압과정으로 팽창한다.)

① 1.5배　　② 2배
③ 2.5배　　④ 3배

해설 $Q = mC_p(T_2 - T_1) = mC_p T_1\left(\dfrac{T_2}{T_1} - 1\right)$
$= mC_p T_1\left(\dfrac{V_2}{V_1} - 1\right)$
$\dfrac{V_2}{V_1} - 1 = \dfrac{Q}{mC_p T_1}$
∴ $\dfrac{V_2}{V_1} = 1 + \dfrac{Q}{mC_p T_1} = 1 + \dfrac{323}{1 \times 1.0 \times (50+273)} = 2$배

제3과목 · 기계유체역학

41 단면적이 각각 10cm²와 20cm²인 관이 서로 연결되어 있다. 비압축성 유동이라 가정하면 20cm² 관 속의 평균유속이 2.4m/s일 때 10cm² 관 내의 평균속도는 약 몇 m/s인가?

① 4.8　　② 1.2
③ 9.6　　④ 2.4

해설 $Q = AV$[m³/s]
$A_1 V_1 = A_2 V_2$
∴ $V_1 = V_2 \dfrac{A_2}{A_1} = 2.4 \times \dfrac{20}{10} = 4.8$m/s

정답 35. ④　36. ③　37. ②　38. ①　39. ④　40. ②　41. ①

42 동점성계수가 10cm²/s이고 비중이 1.2인 유체의 점성계수는 몇 Pa·s인가?

① 1.2　　② 0.12
③ 2.4　　④ 0.24

해설 $\nu = \dfrac{\mu}{\rho}$ [m²/s]

$\therefore \mu = \nu\rho = 10 \times 10^{-4} \rho_w S$
$= 10 \times 10^{-4} \times 1,000 \times 1.2 = 1.2\,\text{Pa}\cdot\text{s}$

43 밀도가 ρ인 액체와 접촉하고 있는 기체 사이의 표면장력이 σ라고 할 때 다음 그림과 같은 지름 d의 원통모세관에서 액주의 높이 h를 구하는 식은? (단, g는 중력가속도이다.)

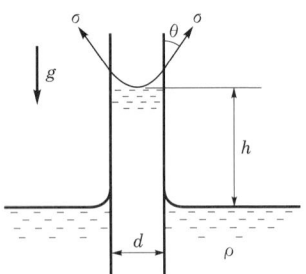

① $h = \dfrac{2\sigma\sin\theta}{\rho g d}$　　② $h = \dfrac{2\sigma\cos\theta}{\rho g d}$

③ $h = \dfrac{4\sigma\sin\theta}{\rho g d}$　　④ $h = \dfrac{4\sigma\cos\theta}{\rho g d}$

해설 $h = \dfrac{4\sigma\cos\theta}{\gamma d} = \dfrac{4\sigma\cos\theta}{\rho g d}$

44 마노미터를 설치하여 액체탱크의 수압을 측정하려고 한다. 수은(비중=13.6)액주의 높이차가 $H=50\text{cm}$이면 A점에서의 계기압력은 약 얼마인가? (단, 액체의 밀도는 900kg/m³이다.)

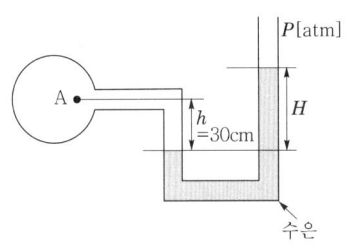

① 63.9kPa　　② 4.2kPa
③ 63.9Pa　　④ 4.2Pa

해설 $P_A = \gamma_{Hg} H - \gamma h = \rho_{Hg} gH - \rho g h$
$= 13,600 \times 9.8 \times 0.5 - 900 \times 9.8 \times 0.3$
$= 63,994\,\text{Pa} = 63.9\,\text{kPa}$

45 평판 위를 지나는 경계층 유동에서 경계층 두께가 δ인 경계층 내 속도 u가 $\dfrac{u}{U} = \sin\dfrac{\pi y}{2\delta}$로 주어진다. 여기서 y는 평판까지 거리, U는 주류속도이다. 이때 경계층 배제두께(boundary layer displacement thickness) δ^*와 δ의 비 $\dfrac{\delta^*}{\delta}$는 약 얼마인가?

① 0.333
② 0.363
③ 0.500
④ 0.667

해설 배제두께의 정의식에 속도분포를 대입하면

$\delta^* = \int_0^\delta \left(1 - \dfrac{u}{u_o}\right)dy = \int_0^\delta \left(1 - \sin\dfrac{\pi}{2}\dfrac{y}{\delta}\right)dy$

$= \delta \int_0^1 \left(1 - \sin\dfrac{\pi}{2}\eta\right)d\eta = \delta\left[\eta + \dfrac{2}{\pi}\cos\dfrac{\pi}{2}\eta\right]_0^1$

$= \delta\left(1 - \dfrac{2}{\pi}\right) = 0.363\delta$

$\therefore \dfrac{\delta^*}{\delta} = 0.363$

46 매끄러운 원관에서 물의 속도가 V일 때 압력강하가 Δp_1이었고, 이때 완전한 난류유동이 발생되었다. 속도를 $2V$로 하여 실험을 하였다면 압력강하는 얼마가 되는가?

① Δp_1　　② $2\Delta p_1$
③ $4\Delta p_1$　　④ $8\Delta p_1$

해설 ㉠ 층류유동 시 압력강하 $(\Delta p_1) = \dfrac{128\mu QL}{\pi d^4} = \dfrac{32\mu VL}{d^2}$

$\therefore \Delta p_1 \propto V$

㉡ 난류유동 시 압력강하 $(\Delta p_2) = f\dfrac{L}{d}\dfrac{\gamma V^2}{2g}$

$\therefore \Delta p_2 \propto V^2$

㉢ $\dfrac{\Delta p_2}{\Delta p_1} = 4$

$\therefore \Delta p_2 = 4\Delta p_1$

정답 42. ①　43. ④　44. ①　45. ②　46. ③

47 수력구배선(hydraulic grade line)에 대한 설명으로 옳은 것은?

① 에너지선보다 위에 있어야 한다.
② 항상 수평선이다.
③ 위치수두와 속도수두의 합을 나타내며 주로 에너지선 아래에 있다.
④ 위치수두와 압력수두의 합을 나타내며 주로 에너지선 아래에 있다.

해설 수력구배선(HGL)은 압력수두$\left(\dfrac{P}{\gamma}\right)$+위치수두($Z$)를 연결한 선으로 에너지선(EL)보다는 속도수두$\left(\dfrac{V^2}{2g}\right)$만큼 아래에 위치한다.

48 한 변이 2m인 위가 열려있는 정육면체통에 물을 가득 담아 수평방향으로 9.8m/s²의 가속도로 잡아당겼을 때 통에 남아 있는 물의 양은 약 몇 m³인가?

① 8
② 4
③ 2
④ 1

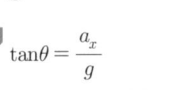

해설 $\tan\theta = \dfrac{a_x}{g}$

$\therefore \theta = \tan^{-1}\dfrac{9.8}{9.8} = 45°$

$\therefore$ 통에 남아 있는 물의 양(Q) = $\dfrac{1}{2}$×밑면적×높이

$= \dfrac{1}{2} \times 2 \times 2 \times 2 = 4\text{m}^3$

49 지름 D인 구가 점성계수 μ인 유체 속에서 관성을 무시할 수 있을 정도로 느린 속도 V로 움직일 때 받는 힘 F를 D, μ, V의 함수로 가정하여 차원해석하였을 때 얻을 수 있는 식은?

① $\dfrac{F}{(D\mu V)^{1/2}}$=상수 ② $\dfrac{F}{D\mu V}$=상수
③ $\dfrac{F}{D\mu V^2}$=상수 ④ $\dfrac{F}{(D\mu V)^2}$=상수

해설 무차원수= $\dfrac{F}{D\mu V} = \dfrac{\text{N}}{\text{m}\times\text{N}\cdot\text{s/m}^2\times\text{m/s}}$=상수

50 다음 그림과 같이 바닥부 단면적이 1m²인 탱크에 설치된 노즐에서 수면과 노즐 중심부 사이 높이가 1m인 경우 유량을 Q라고 한다. 이 유량을 2배로 하기 위해서는 수면상에 약 몇 kg 정도의 피스톤을 놓아야 하는가?

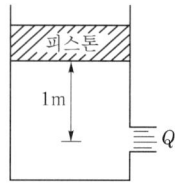

① 1,000 ② 2,000
③ 3,000 ④ 4,000

해설 $\dfrac{P_1}{\gamma} + \dfrac{V_1^2}{2g} + Z_1 = \dfrac{P_2}{\gamma} + \dfrac{V_2^2}{2g} + Z_2$

$\dfrac{P}{A}/\gamma + \cancel{\dfrac{V_1^2}{2g}}^0 + Z_1 = \cancel{\dfrac{P_2}{\gamma}}^0 + \dfrac{V_2^2}{2g} + Z_2$

$\dfrac{P/1}{1,000} + 1 = \dfrac{(2\sqrt{2g\times 1})^2}{2g} + 0$

$\dfrac{P}{1,000} = 3$

$\therefore P = 3,000\text{kg}$

51 길이 100m의 배를 길이 5m인 모형으로 실험할 때 실형이 40km/h로 움직이는 경우와 역학적 상사를 만족시키기 위한 모형의 속도는 약 몇 km/h인가? (단, 점성마찰은 무시한다.)

① 4.66
② 8.94
③ 12.96
④ 18.42

해설 배의 모형시험은 중력이 중요시되므로 Froude수 $\left(\dfrac{V}{\sqrt{Lg}}\right)$를 만족시킨다.

$(Fr)_p = (Fr)_m$

$\left(\dfrac{V}{\sqrt{Lg}}\right)_p = \left(\dfrac{V}{\sqrt{Lg}}\right)_m$

$g_p \simeq g_m$

$\therefore V_m = V_p\sqrt{\dfrac{L_m}{L_p}} = 40\sqrt{\dfrac{5}{100}} = 8.94\text{km/h}$

정답 47. ④ 48. ② 49. ② 50. ③ 51. ②

52 어떤 물체의 속도가 초기속도의 2배가 되었을 때 항력계수가 초기항력계수의 1/2로 줄었다. 초기에 물체가 받는 저항력이 D라고 할 때 변화된 저항력은 얼마가 되는가?

① $2D$ ② $4D$
③ $\dfrac{1}{2}D$ ④ $\sqrt{2}D$

[해설] $D = C_D \dfrac{\rho A V^2}{2}$

$\dfrac{D'}{D} = \dfrac{C_D'}{C_D}\left(\dfrac{V'}{V}\right)^2 = \dfrac{1}{2} \times 2^2 = 2$

∴ 변화된 저항력 $(D') = 2D$

53 5℃의 물(점성계수 1.5×10^{-3} kg/m·s)이 안지름 0.25cm, 길이 10m인 수평관 내부를 1m/s로 흐른다. 이때 레이놀즈수는 얼마인가?

① 166.7 ② 600
③ 1666.7 ④ 6,000

[해설] $Re = \dfrac{\rho V d}{\mu} = \dfrac{1,000 \times 1 \times 0.0025}{1.5 \times 10^{-3}} = 1666.7$

54 다음 그림과 같이 비중이 0.83인 기름이 12m/s의 속도로 수직 고정평판에 직각으로 부딪치고 있다. 판에 작용되는 힘 F는 약 몇 N인가?

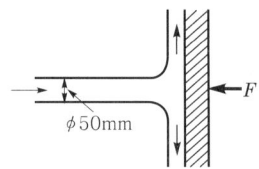

① 23.5 ② 28.9
③ 288.6 ④ 234.7

[해설] $F = \rho Q V = \rho A V^2 = \rho_w S A V^2$

$= 1,000 \times 0.83 \times \dfrac{\pi}{4} \times 0.05^2 \times 12^2 ≒ 234.7\text{N}$

55 비압축성 유동에 대한 Navier-Stokes방정식에서 나타나지 않는 힘은?

① 체적력(중력) ② 압력
③ 점성력 ④ 표면장력

[해설] 나비에-스톡스방정식에서 고려되는 힘 : 체적력(중력), 압력, 점성력

56 다음 중 Hagen-Poiseuille법칙을 이용한 세관식 점도계는?

① 맥미셀(Mac Michael)점도계
② 세이볼트(Saybolt)점도계
③ 낙구식 점도계
④ 스토머(Stormer)점도계

[해설] Hagen-Poiseuille의 법칙을 이용한 세관식 점도계에는 세이볼트점도계와 오스발트점도계가 있다.

57 다음 그림과 같은 수문에서 멈춤장치 A가 받는 힘은 약 몇 kN인가? (단, 수문의 폭은 3m이고, 수은의 비중은 13.6이다.)

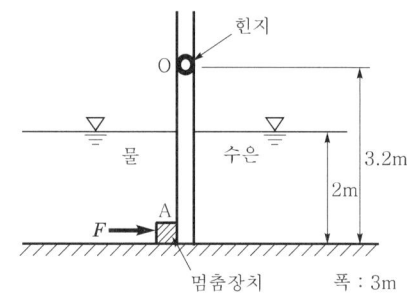

① 37 ② 510
③ 586 ④ 879

[해설] $\sum M_{\text{Hinge}} = 0$

$y_p = 1.2 + 2 \times \dfrac{2}{3} = 2.53\text{m}$ (수문 좌우측 작용점)

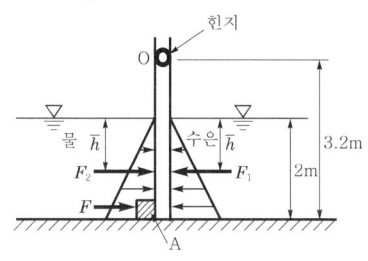

$F_1 = \gamma_{\text{Hg}} \bar{h} A = (9.8 \times 13.6) \times 1 \times 6 = 800\text{kN}$
$F_2 = \gamma_w \bar{h} A = 9.8 \times 1 \times 6 = 58.8\text{kN}$
$F_1 \times 2.53 - F_2 \times 2.53 - F \times 3.2 = 0$

∴ $F = \dfrac{2.53(F_1 - F_2)}{3.2} = \dfrac{2.53 \times (800 - 58.8)}{3.2} = 586\text{kN}$

정답 52. ① 53. ③ 54. ④ 55. ④ 56. ② 57. ③

58. 2차원 직각좌표계(x, y)에서 유동함수(stream function, Ψ)가 $\Psi = y - x^2$인 정상유동이 있다. 다음 중 속도의 크기가 $\sqrt{5}$인 점 (x, y)을 모두 고르면?

| ㉠ (1, 1) ㉡ (1, 2) ㉢ (2, 1) |

① ㉠ ② ㉢
③ ㉠, ㉡ ④ ㉡, ㉢

59. 압력과 밀도를 각각 P, ρ라 할 때 $\sqrt{\dfrac{\Delta P}{\rho}}$의 차원은? (단, M, L, T는 각각 질량, 길이, 시간의 차원을 나타낸다.)

① $\dfrac{L}{T}$ ② $\dfrac{L}{T^2}$
③ $\dfrac{M}{LT}$ ④ $\dfrac{M}{L^2T}$

[해설] $\sqrt{\dfrac{\Delta P}{\rho}} = \left(\dfrac{N/m^2}{N \cdot s^2/m^4}\right)^{\frac{1}{2}}$

$= (m^2/s^2)^{1/2} = m/s = LT^{-1} = \dfrac{L}{T}$

60. 비중이 0.85이고 동점성계수가 $3 \times 10^{-4} m^2/s$인 기름이 안지름 10cm 원관 내를 20L/s로 흐른다. 이 원관 100m 길이에서의 수두손실은 약 몇 m인가?

① 16.6 ② 24.9
③ 49.8 ④ 82.1

[해설] ㉠ $Re = \dfrac{\rho V d}{\mu} = \dfrac{V d}{\nu} = \dfrac{4Q}{\pi d \nu}$

$= \dfrac{4 \times 20 \times 10^{-3}}{\pi \times 0.1 \times 3 \times 10^{-4}} ≒ 849 < 2,100$ (층류)

㉡ $Q = AV [m^3/s]$

$\therefore V = \dfrac{Q}{A} = \dfrac{20 \times 10^{-3}}{\dfrac{\pi \times 0.1^2}{4}} ≒ 2.55 m/s$

㉢ $h_L = f \dfrac{L}{d} \dfrac{V^2}{2g} = \dfrac{64}{Re} \dfrac{L}{d} \dfrac{V^2}{2g}$

$= \dfrac{64}{849} \times \dfrac{100}{0.1} \times \dfrac{2.55^2}{2 \times 9.8} ≒ 24.9 m$

제4과목 · 기계재료 및 유압기기

61. 강을 담금질하면 경도가 크고 메지므로 인성을 부여하기 위하여 A_1변태점 이하의 온도에서 일정시간 유지하였다가 냉각하는 열처리방법은?

① 퀜칭(Quenching)
② 템퍼링(Tempering)
③ 어닐링(Annealing)
④ 노멀라이징(Normalizing)

62. 열경화성 수지나 충전강화수지(FRTP) 등에 사용되는 것으로 내열성, 내마모성, 내식성이 필요한 열간 금형용 재료는?

① STC3 ② STS5
③ STD61 ④ SM45C

[해설] STD61(열간금형공구강)은 장기간 고온에 노출되는 동안 강도와 경도를 유지하는 합금공구강으로 SKD61이라고도 표기한다.

63. 탄소강에 함유된 인(P)의 영향을 옳게 설명한 것은?

① 경도를 감소시킨다.
② 결정립을 미세화시킨다.
③ 연신율을 증가시킨다.
④ 상온취성의 원인이 된다.

[해설] 탄소강에서 인(P)은 상온취성의 원인이 된다.

64. 구리판, 알루미늄판 등 기타 연성의 판재를 가압성형하여 변형능력을 시험하는 시험법은?

① 커핑시험 ② 마멸시험
③ 압축시험 ④ 크리프시험

[해설] 구리판, 알루미늄판 등 기타 연성의 판재를 가압성형하여 변형능력을 시험하는 시험법은 커핑(cupping test)시험이다.

65. 스테인리스강의 조직계에 해당되지 않는 것은?

① 펄라이트계 ② 페라이트계
③ 마텐자이트계 ④ 오스테나이트계

정답 58. ③ 59. ① 60. ② 61. ② 62. ③ 63. ④ 64. ① 65. ①

[해설] 스테인리스강의 조직계에는 페라이트계, 오스테나이트계(18-8스테인레스), 마텐자이트계가 있다.

66 라우탈(Lautal)합금의 주성분으로 옳은 것은?
① Al-Si ② Al-Mg
③ Al-Cu-Si ④ Al-Cu-Ni-Mg

[해설] 라우탈합금의 주성분은 Al-Cu-Si이다.

67 금속을 냉간가공하였을 때의 기계적·물리적 성질의 변화에 대한 설명으로 틀린 것은?
① 냉간가공도가 증가할수록 강도는 증가한다.
② 냉간가공도가 증가할수록 연신율은 증가한다.
③ 냉간가공이 진행됨에 따라 전기전도율은 낮아진다.
④ 냉간가공이 진행됨에 따라 전기적 성질인 투자율은 감소한다.

[해설] 냉간가공 시 냉간가공도가 증가할수록 연신율은 감소한다.

68 켈밋합금(Kelmet alloy)의 주요 성분으로 옳은 것은?
① Pb-Sn ② Cu-Pb
③ Sn-Sb ④ Zn-Al

[해설] 켈밋합금의 주요 성분은 구리(Cu)와 납(Pb)이다.

69 다음 그림과 같은 항온열처리하여 마텐자이트와 베이나이트의 혼합조직을 얻는 열처리는?

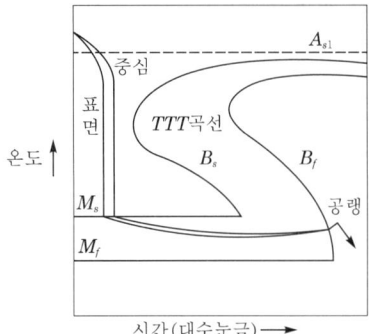

① 담금질 ② 패턴팅
③ 마템퍼링 ④ 오스템퍼링

70 Fe-C평형상태도에 대한 설명으로 틀린 것은?
① 강의 A_2변태선은 약 768℃이다.
② A_1변태선을 공석선이라 하며 약 723℃이다.
③ A_0변태점을 시멘타이트의 자기변태점이라 하며 약 210℃이다.
④ 공정점에서의 공정물을 펄라이트라 하며 약 1,490℃이다.

[해설] 공정점: C 4.3%, 1,130℃, 레데부라이트

71 유량제어밸브에 속하는 것은?
① 스톱밸브
② 릴리프밸브
③ 브레이크밸브
④ 카운터밸런스밸브

[해설] 릴리프밸브, 브레이크밸브, 카운터밸런스밸브는 압력제어밸브이다.

72 유압 및 유압장치에 대한 설명으로 적절하지 않은 것은?
① 자동제어, 원격제어가 가능하다.
② 오일에 기포가 섞이거나 먼지, 이물질에 의해 고장이나 작동이 불량할 수 있다.
③ 굴삭기와 같은 큰 힘을 필요로 하는 건설기계는 유압보다는 공압을 사용한다.
④ 유압장치는 공압장치에 비해 복귀관과 같은 배관을 필요로 하므로 배관이 상대적으로 복잡해질 수 있다.

[해설] 굴삭기와 같은 큰 힘을 필요로 하는 건설기계는 공압보다는 유압을 사용한다.

73 패킹재료로서 요구되는 성질로 적절하지 않은 것은?
① 내마모성이 있을 것
② 작동유에 대하여 적당한 저항성이 있을 것
③ 온도, 압력의 변화에 충분히 견딜 수 있을 것
④ 패킹이 유체와 접하므로 그 유체에 의해 연화되는 재질일 것

정답 66.③ 67.② 68.② 69.③ 70.④ 71.① 72.③ 73.④

74 오일탱크의 구비조건에 대한 설명으로 적절하지 않은 것은?

① 오일탱크의 바닥면은 바닥에서 일정간격 이상을 유지하는 것이 바람직하다.
② 오일탱크는 스트레이너의 삽입이나 분리를 용이하게 할 수 있는 출입구를 만든다.
③ 오일탱크 내에 격판(방해판)은 오일의 순환거리를 짧게 하고 기포의 방출이나 오일의 냉각을 보존한다.
④ 오일탱크의 용량은 장치의 운전 중지 중 장치 내의 작동유가 복귀하여도 지장이 없을 만큼의 크기를 가져야 한다.

[해설] 오일탱크 내에는 격판으로 펌프의 흡입측과 복귀측을 구별하여 오일탱크 내에서의 오일의 순환거리를 길게 하고 기포의 방출이나 오일의 냉각을 보존하며 먼지의 일부를 침전케 할 수 있도록 한다. 복귀유를 오일탱크의 측벽에 따라 흐르도록 하는 것은 좋은 방법이다.

75 다음 간략기호의 명칭은? (단, 스프링이 없는 경우이다.)

① 체크밸브
② 스톱밸브
③ 일정비율 감압밸브
④ 저압 우선형 셔틀밸브

[해설] 도시된 유압기호는 체크밸브(check valve)이다.

76 유압실린더에서 오일에 의해 피스톤에 15MPa의 압력이 가해지고 피스톤속도가 3.5cm/s일 때 이 실린더에서 발생하는 동력은 약 몇 kW인가? (단, 실린더 안지름은 100mm이다.)

① 2.74
② 4.12
③ 6.18
④ 8.24

[해설] 동력 $= PQ = 15 \times 10^3 \times \dfrac{\pi \times 0.1^2}{4} \times 3.5 \times 10^{-2}$
$\fallingdotseq 4.12\text{kW}$

77 토출량이 일정하지 않으며 주로 저압에서 사용하는 비용적형 펌프의 종류가 아닌 것은?

① 베인펌프
② 원심펌프
③ 축류펌프
④ 혼류펌프

78 다음 기호의 명칭은?

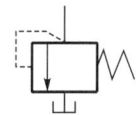

① 풋밸브
② 감압밸브
③ 릴리프밸브
④ 디셀러레이션밸브

[해설] 도시된 기호는 릴리프밸브이다.

79 유압펌프의 소음 및 진동이 크게 발생하는 이유로 적절하지 않은 것은?

① 흡입관 또는 필터가 막힌 경우
② 펌프의 설치위치가 매우 높은 경우
③ 토출압력이 매우 높게 설정된 경우
④ 흡입관의 직경이 매우 크거나 길이가 짧을 경우

80 유량제어밸브를 실린더 출구측에 설치한 회로로서 실린더에서 유출되는 유량을 제어하여 피스톤속도를 제어하는 회로는?

① 미터 인 회로
② 미터 아웃 회로
③ 블리드 오프 회로
④ 카운터밸런스회로

제5과목 · 기계제작법 및 기계동력학

81 질량 3kg인 물체가 10m/s로 가다가 정지하고 있는 4kg의 물체에 충돌하여 두 물체가 함께 움직인다면 충돌 후의 속도는 몇 m/s인가?

① 2.3
② 3.4
③ 3.8
④ 4.3

[해설] 운동량보존의 법칙 적용
$3 \times 10 = (3+4) \times V$
$\therefore V = \dfrac{3 \times 10}{3+4} ≒ 4.3 \text{m/s}$

[별해] $V = \dfrac{m_1 V_1}{m_1 + m_2} = \dfrac{3 \times 10}{3+4} ≒ 4.3 \text{m/s}$

82 두 개의 블록이 정지상태에서 움직이기 시작한다. 풀리와 로프 사이의 마찰이 없다고 가정하고, 블록 A와 수평면 간의 마찰계수를 0.25라고 할 때 줄에 걸리는 장력은 약 몇 N인가? (단, A 블록의 질량은 200kg, B블록의 질량은 300kg이다.)

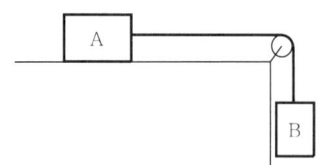

① 1,270　　② 1,470
③ 4,420　　④ 5,890

[해설] $\Sigma F = ma$와 마찰력$(F) = \mu mg$이므로
$m_B g - \mu m_A g = (m_A + m_B)a$
$a = \dfrac{m_B - \mu m_A}{m_A + m_B} g = \dfrac{300 - 0.25 \times 200}{200 + 300} \times 9.8 = 4.9 \text{m/s}^2$
$\therefore T = m_B(g-a) = 300 \times (9.8 - 4.9) = 1,470\text{N}$

83 다음 그림과 같이 회전자의 질량은 30kg이고 회전반경은 200mm이다. 3,600rpm으로 회전하고 있던 회전자가 정지하기까지 5.3분이 걸렸을 때 정지하는 동안 마찰에 의한 평균모멘트의 크기는 약 몇 N·m인가?

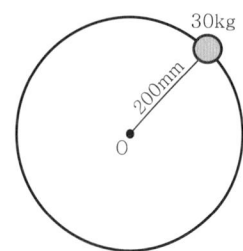

① 1.4　　② 2.4
③ 3.4　　④ 4.4

[해설] $V = V_0 + at$
$0 = r\omega + at$
$a = -\dfrac{r\omega}{t} = -\dfrac{0.2 \times \dfrac{2\pi \times 3,600}{60}}{5.3 \times 60} = -0.237 \text{m/s}^2$
$\therefore T = Fr = mar = 30 \times 0.237 \times 0.2 = 1.42 \text{N} \cdot \text{m}$

84 반지름이 1m인 바퀴가 60rpm으로 미끄러지지 않고 굴러갈 때 바퀴의 운동에너지는 약 몇 J인가? (단, 바퀴의 질량은 10kg이고, 바퀴는 얇은 두께의 원판형상이다.)

① 296　　② 245
③ 198　　④ 164

[해설] $V = \dfrac{\pi d N}{60} = \dfrac{\pi (2r) N}{60} = \dfrac{\pi \times 2 \times 1 \times 60}{60} = 6.28 \text{m/s}$

$\therefore$ 바퀴의 운동에너지(T)
= 선형운동에너지 + 회전운동에너지
$= \dfrac{1}{2} m V^2 + \dfrac{1}{2} J_G w^2$
$= \dfrac{1}{2} m V^2 + \dfrac{1}{2} \dfrac{mr^2}{2} \left(\dfrac{V}{r}\right)^2$
$= \dfrac{3}{4} m V^2 = \dfrac{3}{4} \times 10 \times 6.28^2$
$≒ 296 \text{N} \cdot \text{m} (= \text{J})$

85 질량 m은 탄성스프링으로 지지되어 있으며 다음 그림과 같이 $x = 0$일 때 자유낙하를 시작한다. $x = 0$일 때 스프링의 변형량은 0이며, 탄성스프링의 질량은 무시하고 스프링상수는 k이다. 질량 m의 속도가 최대가 될 때 탄성스프링의 변형량(x)은?

① 0
② $\dfrac{mg}{2k}$
③ $\dfrac{mg}{k}$
④ $\dfrac{2mg}{k}$

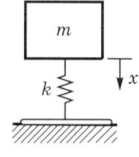

[해설] 속도가 최대일 때는 질량 m에 가해지는 힘이 0일 때
$\Sigma F = 0$
$kx = mg$
$\therefore x = \dfrac{mg}{k} [\text{m}]$

정답 82. ② 83. ① 84. ① 85. ③

86 중량은 100N이고, 스프링상수는 100N/cm인 진동계에서 임계감쇠계수는 약 몇 N·s/cm인가?

① 36.4 ② 26.4
③ 16.4 ④ 6.4

해설 $C_c = 2\sqrt{mk} = 2\sqrt{\dfrac{W}{g}k}$

$= 2 \times \sqrt{\dfrac{100}{980} \times 100} = 6.4\text{N} \cdot \text{s/cm}^2$

87 질점이 시간 t에 대하여 다음과 같이 단순조화운동을 나타낼 때 이 운동의 주기는?

$$y(t) = C\cos(\omega t - \phi)$$

① $\dfrac{\pi}{\omega}$ ② $\dfrac{2\pi}{\omega}$
③ $\dfrac{\omega}{2\pi}$ ④ $2\pi\omega$

해설 $T = \dfrac{1}{f_n} = \dfrac{1}{\dfrac{\omega}{2\pi}} = \dfrac{2\pi}{\omega}$ [sec]

88 다음 그림과 같은 시스템에서 질량 $m = 5$kg이고 스프링상수 $k = 20$N/m이며 기진력 $\sin\omega t$[N]가 작용하였다. 초기조건 $t = 0$일 때 $x(0) = 0$, $\dot{x}(0) = 0$이면 시간 t일 때의 변위 x는?

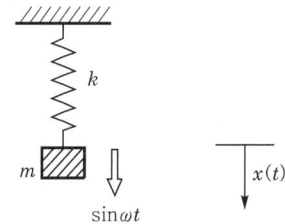

① $x = \dfrac{1}{5(4-\omega^2)}(\sin\omega t + \dfrac{\omega}{2}\cos 2t)$

② $x = \dfrac{1}{5(4-\omega^2)}(\sin\omega t + \dfrac{\omega}{2}\sin 2t)$

③ $x = \dfrac{1}{5(4-\omega^2)}(\sin\omega t - \dfrac{\omega}{2}\cos 2t)$

④ $x = \dfrac{1}{5(4-\omega^2)}(\sin\omega t - \dfrac{\omega}{2}\sin 2t)$

89 다음 물리량 중 스칼라(scalar)양은?

① 속력(speed)
② 변위(displacement)
③ 가속도(acceleration)
④ 운동량(momentum)

90 다음 그림과 같이 길이(l)가 2.4m이고, 반지름(a)이 0.4m인 원통이 있다. 이 원통의 질량이 150kg일 때 중심에서 y축방향에 대한 질량관성모멘트(I_y)는 약 몇 kg·m²인가?

① 12 ② 36 ③ 78 ④ 120

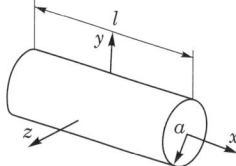

해설 $I_y = \dfrac{mL^2}{12} + \dfrac{ma^2}{4}$

$= \dfrac{150 \times 2.4^2}{12} + \dfrac{150 \times 0.4^2}{4} = 78\text{kg} \cdot \text{m}^2$

91 센터리스연삭의 특징으로 틀린 것은?

① 가늘고 긴 가공물의 연삭에 적합하다.
② 연속작업을 할 수 있어 대량생산이 용이하다.
③ 키홈과 같은 긴 홈이 있는 가공물은 연삭이 어렵다.
④ 축방향의 추력이 있으므로 연삭여유가 커야 한다.

해설 센터리스연삭기는 연삭여유가 작아도 된다. 연삭숫돌의 수명이 길다.
[참고] 긴 홈이 있는 가공물, 대형이나 중량물의 연삭도 불가능하다.

92 바이트의 노즈반지름 $r = 0.2$mm, 이송 $S = 0.05$mm/rev로 선삭을 할 때 이론적인 표면거칠기는 약 몇 mm인가?

① 0.15 ② 0.015
③ 0.0015 ④ 0.00015

해설 $H = \dfrac{S^2}{8r} = \dfrac{0.05^2}{8 \times 0.2} ≒ 0.00156$mm

93 회전하는 상자 속에 공작물과 숫돌입자, 공작액, 콤파운드 등을 넣고 서로 충돌시켜 표면의 요철을 제거하며 매끈한 가공면을 얻는 가공법은?

① 호닝(honing)
② 배럴(barrel)가공
③ 쇼트피닝(shot peening)
④ 슈퍼피니싱(super finishing)

해설 배럴가공
㉠ 정의 : 회전하는 상자 속에 공작물과 숫돌입자, 공작액, 콤파운드 등을 넣고 서로 충돌시켜 표면의 요철을 제거하며 매끈한 가공면(광택)을 얻는 가공법이다.
㉡ 특징
 • 작업이 간단하고 기계설비가 저렴하다.
 • 복잡한 형상의 가공물을 동시에 가공한다.
 • 금속, 비금속재료에 관계없이 가공이 가능하다.
 • 다량의 제품을 한 번에 일정한 품질로 가공할 수 있다.

94 일반 열처리 중 풀림의 종류에 포함되지 않는 것은?

① 가압풀림   ② 완전 풀림
③ 항온풀림   ④ 구상화풀림

95 강판의 두께가 2mm, 최대 전단강도가 440MPa 인 재료에 지름이 24mm인 구멍을 뚫을 때 펀치에 작용되어야 하는 힘은 약 몇 N인가?

① 44,766   ② 51,734
③ 66,350   ④ 72,197

해설 $\tau = \dfrac{P_s}{A} = \dfrac{P_s}{\pi dt}$ [MPa]
∴ $P_s = \tau A = \tau \pi dt = 440 \times \pi \times 24 \times 2 ≒ 66,350$N

96 전단가공의 종류에 해당하지 않는 것은?

① 비딩(beading)
② 펀칭(punching)
③ 트리밍(trimming)
④ 블랭킹(blanking)

해설 비딩은 성형가공에 속한다.

97 공기마이크로미터의 특징을 설명한 것으로 틀린 것은?

① 배율이 높고 정도가 좋다.
② 접촉측정자를 사용하지 않을 때에는 측정력이 거의 0에 가깝다.
③ 측정물에 부착된 기름이나 먼지를 분출공기로 불어내므로 보다 정확한 측정이 가능하다.
④ 직접측정기로서 큰 치수(1개)와 작은 치수(2개)로 이루어진 마스터가 최소 3개 필요하다.

해설 공기마이크로미터는 비교측정기로서 최대·최소허용한계치수의 2개의 표준 게이지가 필요하다.

98 주물을 제작할 때 생사형 주형의 경우 주물 500kg, 주물의 두께에 따른 계수를 2.2라 할 때 주입시간은 약 몇 초인가?

① 33.8   ② 49.2
③ 52.8   ④ 56.4

해설 $t = k\sqrt{W} = 2.2\sqrt{500} ≒ 49.2$sec

99 다음 중 방전가공의 전극재질로 가장 적절한 것은?

① S   ② Cu
③ Si   ④ Al_2O_3

해설 방전가공의 전극재질로 가장 적절한 것은 구리(Cu)이다.

100 모재의 용접부에 용제공급관을 통하여 입상의 용제를 쌓아놓고 그 속에 와이어전극을 송급하면 모재 사이에서 아크가 발생하며, 그 열에 의하여 와이어 자체가 용융되어 접합되는 용접방법은?

① MIG용접   ② 원자수소아크용접
③ 탄산가스아크용접 ④ 서브머지드아크용접

해설 서브머지드아크용접(submerged arc welding) : 아크나 발생가스가 다 같이 용제 속에 잠겨있어서 잠호용접이라고 하며 상품명으로 링컨용접법이라고도 한다(유니언멜트용접). 용제(flux) 속에서 와이어(wire)가 분리되어 공급되고 아크가 용제 속에서 발생되므로 불가시아크용접이라고도 한다(자동용접).

정답 93. ② 94. ① 95. ③ 96. ① 97. ④ 98. ② 99. ② 100. ④

제1과목 · 재료역학

01 다음 그림과 같이 20cm×10cm의 단면을 갖고 양단이 회전단으로 된 부재가 중심축방향으로 압축력 P가 작용하고 있을 때 장주의 길이가 2m라면 세장비는 약 얼마인가?

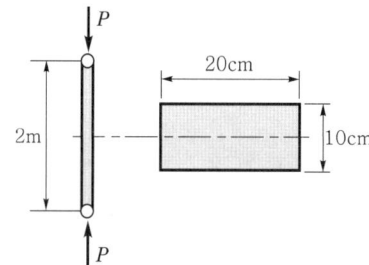

① 89 ② 69
③ 49 ④ 29

해설 $\lambda = \dfrac{l}{k_{\min}} = \dfrac{l}{\sqrt{\dfrac{I_y}{A}}} = \dfrac{l}{\sqrt{\dfrac{hb^3}{12}}{bh}} = \dfrac{l}{\dfrac{b}{2\sqrt{3}}}$

$= \dfrac{2\sqrt{3}\,l}{b} = \dfrac{2\sqrt{3}\times 2}{0.1} = 69.28$

02 다음 그림과 같이 지름 10cm의 원형 단면보 끝단에 3.6kN의 하중을 가하고 동시에 1.8kN · m 의 비틀림모멘트를 작용시킬 때 고정단에 생기는 최대 전단응력은 약 몇 MPa인가?

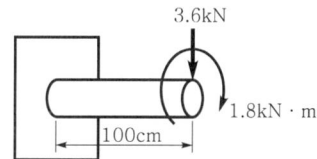

① 10.1 ② 20.5
③ 30.3 ④ 40.6

해설 ㉠ $M = PL = 3.6\times 10^3 \times 10^3 = 3.6\times 10^6\,\text{N}\cdot\text{mm}$
㉡ $T = 1.8\times 10^6\,\text{N}\cdot\text{mm}$

㉢ $T_e = \sqrt{M^2 + T^2}$
$= \sqrt{(3.6\times 10^6)^2 + (1.8\times 10^6)^2}$
$= 4.02\times 10^6\,\text{N}\cdot\text{mm}$

㉣ $T_e = \tau Z_p = \tau\dfrac{\pi d^3}{16}$ [N · mm]

$\therefore \tau = \dfrac{16T_e}{\pi d^3} = \dfrac{16\times 4.02\times 10^6}{\pi\times 100^3} = 20.5\,\text{MPa}$

03 지름이 25mm이고 길이가 6m인 강봉의 양쪽단에 100kN의 인장력이 작용하여 6mm가 늘어났다. 이때의 응력과 변형률은? (단, 재료는 선형 탄성거동을 한다.)

① 203.7MPa, 0.01
② 203.7kPa, 0.01
③ 203.7MPa, 0.001
④ 203.7kPa, 0.001

해설 ㉠ $\sigma = \dfrac{P}{A} = \dfrac{P_t}{\dfrac{\pi d^2}{4}} = \dfrac{4P_t}{\pi d^2} = \dfrac{4\times 100\times 10^3}{\pi\times 25^2}$
$= 203.7\,\text{MPa}$

㉡ $\varepsilon = \dfrac{\lambda}{L} = \dfrac{6}{6,000} = 0.001$

04 다음 그림과 같이 전길이에 걸쳐 균일분포하중 w를 받는 보에서 최대 처짐 $\delta_{\max}$를 나타내는 식은? (단, 보의 굽힘강성계수는 EI이다.)

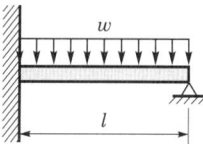

① $\dfrac{wl^4}{64EI}$ ② $\dfrac{wl^4}{128.5EI}$
③ $\dfrac{wl^4}{184.6EI}$ ④ $\dfrac{wl^4}{192EI}$

해설 $\delta_{\max} = \dfrac{wl^4}{184.6EI} = 0.0054\dfrac{wl^4}{EI}$ [cm]

정답 01. ② 02. ② 03. ③ 04. ③

05 보에서 원형과 정사각형의 단면적이 같을 때 단면계수의 비 $\dfrac{Z_1}{Z_2}$는 약 얼마인가? (단, 여기에서 Z_1은 원형 단면의 단면계수, Z_2는 정사각형 단면의 단면계수이다.)

① 0.531   ② 0.846
③ 1.182   ④ 1.258

해설
$$A = \dfrac{\pi d^2}{4} = a^2$$
$$\therefore a = \dfrac{\sqrt{\pi}}{2}d$$
$$Z_2 = \dfrac{a^3}{6} = \dfrac{\left(\dfrac{\sqrt{\pi}}{2}d\right)^3}{6} = \dfrac{\pi\sqrt{\pi}\,d^3}{48}$$
$$\therefore \dfrac{Z_1}{Z_2} = \dfrac{\pi d^3}{32} \times \dfrac{48}{\pi\sqrt{\pi}\,d^3} = \dfrac{3}{2\sqrt{\pi}} = 0.846$$

06 다음 그림에서 A지점에서의 반력을 구하면 약 몇 N인가?

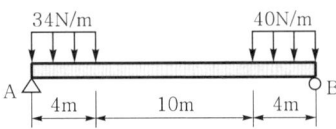

① 118   ② 127
③ 132   ④ 139

해설 $\sum M_B = 0$
$$R_A \times 18 - (34 \times 4) \times 16 - (40 \times 4) \times 2 = 0$$
$$\therefore R_A = \dfrac{(34 \times 4) \times 16 + (40 \times 4) \times 2}{18} \fallingdotseq 139\text{N}$$

07 다음 그림과 같은 삼각형 분포하중을 받는 단순보에서 최대 굽힘모멘트는? (단, 보의 길이는 L이다.)

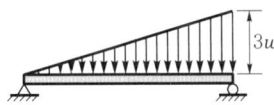

① $\dfrac{wL^2}{2\sqrt{2}}$ ② $\dfrac{wL^2}{3\sqrt{3}}$
③ $\dfrac{wL^2}{4\sqrt{2}}$ ④ $\dfrac{wL^2}{9\sqrt{3}}$

해설 $\sum M_B = 0$
$$R_A L - \dfrac{3wL}{2} \times \dfrac{L}{3} = 0$$
$$\therefore R_A = \dfrac{wL}{2} [\text{N}]$$
$$L : 3w = x : w_x$$
$$\therefore w_x = \dfrac{3w}{L}x [\text{N/m}]$$
$$V_x = R_A - \dfrac{w_x x}{2} = \dfrac{wL}{2} - \dfrac{3wx^2}{2L} [\text{N}]$$
전단력($V_x = 0$)인 위험 단면이므로 $0 = \dfrac{wL}{2} - \dfrac{3wx^2}{2L}$
$$\therefore x = \dfrac{L}{\sqrt{3}} [\text{m}]$$
$$\therefore M_x = R_A x - \dfrac{w_x x}{2} \times \dfrac{x}{3} = \dfrac{wL}{2}x - \dfrac{wx^3}{2L}$$
$$= \dfrac{wL}{2} \times \dfrac{L}{\sqrt{3}} - \dfrac{w\left(\dfrac{L}{\sqrt{3}}\right)^3}{2L}$$
$$= \dfrac{wL^2}{2\sqrt{3}} - \dfrac{wL^3}{6\sqrt{3}L} = \dfrac{wL^2}{2\sqrt{3}} - \dfrac{wL^2}{6\sqrt{3}}$$
$$= \dfrac{3wL^2 - wL^2}{6\sqrt{3}} = \dfrac{wL^2}{3\sqrt{3}} [\text{N} \cdot \text{m}]$$

08 다음 그림과 같이 단순지지되어 중앙에서 집중하중 P를 받는 직사각형 단면보에서 보의 길이는 L, 폭이 b, 높이가 h일 때 최대 굽힘응력($\sigma_{\max}$)과 최대 전단응력($\tau_{\max}$)의 비 $\left(\dfrac{\sigma_{\max}}{\tau_{\max}}\right)$는?

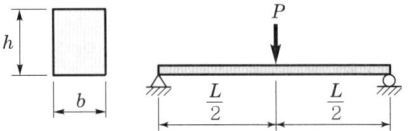

① $\dfrac{h}{L}$ ② $\dfrac{2h}{L}$
③ $\dfrac{L}{h}$ ④ $\dfrac{2L}{h}$

해설
$$\sigma_{\max} = \dfrac{M_{\max}}{Z} = \dfrac{6 \times \dfrac{PL}{4}}{bh^2} = \dfrac{3PL}{2bh^2} [\text{MPa}]$$
$$\tau_{\max} = \dfrac{3V}{2A} = \dfrac{3 \times \dfrac{P}{2}}{2bh} = \dfrac{3P}{4bh} [\text{MPa}]$$
$$\therefore \dfrac{\sigma_{\max}}{\tau_{\max}} = \dfrac{3PL}{2bh^2} \times \dfrac{4bh}{3P} = \dfrac{2L}{h}$$

정답 05. ② 06. ④ 07. ② 08. ④

09 공학적 변형률(engineering strain) e와 진변형률(true strain) ε 사이의 관계식으로 옳은 것은?

① $\varepsilon = \ln(e+1)$ ② $\varepsilon = e\ln(e)$
③ $\varepsilon = \ln(e)$ ④ $\varepsilon = 3e$

해설 진변형률(ε)=ln(공학적 변형률(e)+1)

10 외경이 내경의 2배인 중공축과 재질과 길이가 같고 지름이 중공축의 외경과 같은 중실축이 동일회전수에 동일동력을 전달한다면, 이때 중실축에 대한 중공축의 비틀림각의 비$\left(\dfrac{중공축\ 비틀림각}{중실축\ 비틀림각}\right)$는?

① 1.07   ② 1.57
③ 2.07   ④ 2.57

해설 $\theta = \dfrac{TL}{GI_p}\left(\theta \propto \dfrac{1}{I_p}\right)$

$\therefore \dfrac{\theta_2}{\theta_1} = \dfrac{I_{p1}}{I_{p2}} = \dfrac{\pi d^4}{32} \times \dfrac{32}{\pi d^4(1-x^4)} = \dfrac{1}{1-x^4}$

$= \dfrac{1}{1-\left(\dfrac{1}{2}\right)^4} \fallingdotseq 1.07$

11 다음 그림과 같이 재료가 동일한 A, B의 원형 단면봉에서 같은 크기의 압축하중 F를 받고 있다. 응력은 각 단면에서 균일하게 분포된다고 할 때 저장되는 탄성변형에너지의 비 $\dfrac{U_B}{U_A}$는 얼마가 되겠는가?

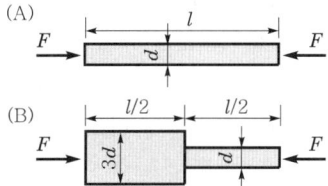

① $\dfrac{5}{9}$ ② $\dfrac{1}{3}$
③ $\dfrac{9}{5}$ ④ 3

해설 $U_A = \dfrac{F^2 l}{2AE}$, $U_B = \left(1 \times \dfrac{1}{2} + \dfrac{1}{3^2} \times \dfrac{1}{2}\right)\dfrac{F^2 l}{2AE} = \dfrac{5F^2 l}{9AE}$

$\therefore \dfrac{U_B}{U_A} = \dfrac{5}{9}$

12 동일한 전단력이 작용할 때 원형 단면보의 지름을 d에서 $3d$로 하면 최대 전단응력의 크기는? (단, $\tau_{\max}$는 지름이 d일 때의 최대 전단응력이다.)

① $9\tau_{\max}$ ② $3\tau_{\max}$
③ $\dfrac{1}{3}\tau_{\max}$ ④ $\dfrac{1}{9}\tau_{\max}$

해설 직경이 d인 원형 단면인 경우

$\tau_{\max} = \dfrac{4V}{3A} = \dfrac{16V}{3\pi d^2}$

$\tau_{\max} \propto \dfrac{1}{d^2}$

$\therefore$ 직경이 $3d$인 경우 $\tau_{\max}' = \dfrac{1}{9}\tau_{\max}$

13 다음 그림과 같이 반지름이 5cm인 원형 단면을 갖는 ㄱ자 프레임에서 A점 단면의 수직응력(σ)은 약 몇 MPa인가?

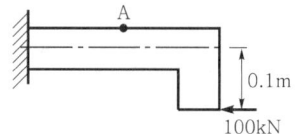

① 79.1   ② 89.1
③ 99.1   ④ 109.1

해설 $\sigma_A = -\dfrac{P}{A} + \dfrac{M}{Z} = -\dfrac{P}{\pi d^2} + \dfrac{4Pe}{\pi d^3}$

$= -\dfrac{100 \times 10^3}{\pi \times 50^2} + \dfrac{4 \times 100 \times 10^3 \times 100}{\pi \times 50^3} \fallingdotseq 89.13 \text{MPa}$

14 정사각형 단면의 짧은 봉에서 축방향(z방향) 압축응력 40MPa를 받고 있고, x방향과 y방향으로 압축응력 10MPa씩 받을 때 축방향의 길이 감소량은 약 몇 mm인가? (단, 세로탄성계수 100GPa, 푸아송비 0.25, 단면의 한 변은 120mm, 축방향 길이는 200mm이다.)

① 0.003   ② 0.03
③ 0.007   ④ 0.07

해설 $\delta = \varepsilon L = \dfrac{L}{E}(-\sigma_z + 2\mu\sigma)$

$= \dfrac{200}{100 \times 10^3} \times (-40 + 2 \times 0.25 \times 10)$

$= -0.07\text{mm}\ ((-)는\ 감소량)$

정답 09. ①   10. ①   11. ①   12. ④   13. ②   14. ④

15 다음 그림과 같은 단붙이 봉에 인장하중 P가 작용할 때 축지름의 비 $d_1 : d_2 = 4 : 3$으로 하면 d_1 부분에 발생하는 응력 σ_1과 d_2 부분에 발생하는 응력 σ_2의 비는?

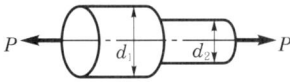

① $\sigma_1 : \sigma_2 = 9 : 16$
② $\sigma_1 : \sigma_2 = 16 : 9$
③ $\sigma_1 : \sigma_2 = 4 : 9$
④ $\sigma_1 : \sigma_2 = 9 : 4$

해설 $P = \sigma_1 A_1 = \sigma_2 A_2 [N]$

$$\frac{\sigma_1}{\sigma_2} = \frac{A_2}{A_1} = \left(\frac{d_2}{d_1}\right)^2 = \left(\frac{3}{4}\right)^2 = \frac{9}{16}$$

$\therefore \sigma_1 : \sigma_2 = 9 : 16$

16 높이 30cm, 폭 20cm의 직사각형 단면을 가진 길이 3m의 목재 외팔보가 있다. 자유단에 최대 몇 kN의 하중을 작용시킬 수 있는가? (단, 외팔보의 허용굽힘응력은 15MPa이다.)

① 15   ② 25
③ 35   ④ 45

해설 $M_{\max} = \sigma Z$

$PL = \sigma \dfrac{bh^2}{6}$

$\therefore P = \dfrac{\sigma bh^2}{6L} = \dfrac{15 \times 10^3 \times 0.2 \times 0.3^2}{6 \times 3} = 15\text{kN}$

17 다음 그림과 같은 보가 분포하중과 집중하중을 받고 있다. 지점 B에서의 반력의 크기를 구하면 몇 kN인가?

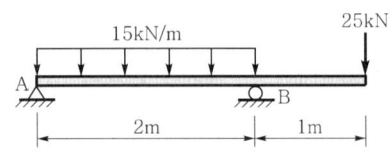

① 28.5   ② 40.5
③ 52.5   ④ 55.5

해설 $\sum M_A = 0$

$25 \times 3 - R_B \times 2 + (15 \times 2) \times 1 = 0$

$\therefore R_B = \dfrac{25 \times 3 + (15 \times 2) \times 1}{2} = 52.5\text{kN}$

18 2축응력상태의 재료 내에서 서로 직각방향으로 400MPa의 인장응력과 300MPa의 압축응력이 작용할 때 재료 내에 생기는 최대 수직응력은 몇 MPa인가?

① 300   ② 350
③ 400   ④ 500

해설 $\sigma_{\max} = \sigma_x = 400\text{MPa}$

19 다음 그림과 같은 외팔보에 집중하중 $P=50$kN이 작용할 때 자유단의 처짐은 약 몇 cm인가? (단, 보의 세로탄성계수는 200GPa, 단면 2차 모멘트는 10^5cm^4이다.)

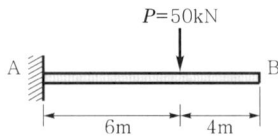

① 2.4   ② 3.6
③ 4.8   ④ 6.4

해설 $\delta_B = \dfrac{PL^3}{3EI} + \dfrac{PL^2}{2EI} L_1$

$= \dfrac{50 \times 600^3}{3 \times 200 \times 10^2 \times 10^5} + \dfrac{50 \times 600^2 \times 400}{2 \times 200 \times 10^2 \times 10^5}$

$= 3.6\text{cm}$

20 회전수 120rpm으로 35kW의 동력을 전달하는 원형 단면축은 길이가 2m이고, 지름이 6cm이다. 이 축에서 발생한 비틀림각도는 약 몇 rad인가? (단, 이 재료의 가로탄성계수는 83GPa이다.)

① 0.019   ② 0.036
③ 0.053   ④ 0.078

해설 $T = 9.55 \times 10^3 \dfrac{kW}{N} = 9.55 \times 10^3 \times \dfrac{35}{120} \fallingdotseq 2,786\text{N} \cdot \text{m}$

$\therefore \theta = \dfrac{TL}{GI_p} = \dfrac{32\,TL}{G\pi d^4}$

$= \dfrac{32 \times 2,786 \times 2}{83 \times 10^9 \times \pi \times 0.06^4}$

$\fallingdotseq 0.053\text{rad}$

정답 15. ① 16. ① 17. ③ 18. ③ 19. ② 20. ③

제2과목 · 기계열역학

21 섭씨온도 −40℃를 화씨온도(℉)로 환산하면 약 얼마인가?

① −16℉ ② −24℉
③ −32℉ ④ −40℉

해설 $t_F = \dfrac{9}{5}t_c + 32 = 1.8t_c + 32 = 1.8 \times (-40) + 32$
$= -40℉$

22 역카르노사이클로 운전하는 이상적인 냉동사이클에서 응축기 온도가 40℃, 증발기 온도가 −10℃이면 성능계수는 약 얼마인가?

① 4.26 ② 5.26
③ 3.56 ④ 6.56

해설 $\varepsilon_R = \dfrac{T_2}{T_1 - T_2} = \dfrac{-10 + 273}{40 + 273 - (-10 + 273)} = 5.26$

23 두께 1cm, 면적 0.5m²의 석고판의 뒤에 가열판이 부착되어 1,000W의 열을 전달한다. 가열판의 뒤는 완전히 단열되어 열은 앞면으로만 전달된다. 석고판 앞면의 온도는 100℃이고, 석고의 열전도율은 0.79W/m·K일 때 가열판에 접하는 석고면의 온도는 약 몇 ℃인가?

① 110 ② 125
③ 140 ④ 155

해설 $Q_c = \lambda F\left(\dfrac{t_1 - t_2}{L}\right)$[W]

∴ $t_1 = t_2 + \dfrac{Q_L L}{\lambda F} = 100 + \dfrac{1,000 \times 0.01}{0.79 \times 0.5} ≒ 125.32℃$

24 어떤 기체의 정압비열이 2,436J/kg·K이고, 정적비열이 1,943J/kg·K일 때 이 기체의 비열비는 약 얼마인가?

① 1.15 ② 1.21
③ 1.25 ④ 1.31

해설 $k = \dfrac{C_p}{C_v} = \dfrac{2,436}{1,943} ≒ 1.25$

25 다음 그림과 같은 증기압축냉동사이클이 있다. 1, 2, 3상태의 엔탈피가 다음과 같을 때 냉매의 단위질량당 소요동력(w_c)과 냉동능력(q_L)은 얼마인가? (단, 각 위치에서의 엔탈피(h)값은 각각 $h_1 = 178.16$kJ/kg, $h_2 = 210.38$kJ/kg, $h_3 = 74.53$kJ/kg이고, 그림에서 T는 온도, S는 엔트로피를 나타낸다.)

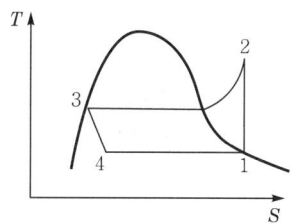

① $w_c = 32.22$kJ/kg, $q_L = 103.63$kJ/kg
② $w_c = 32.22$kJ/kg, $q_L = 135.85$kJ/kg
③ $w_c = 103.63$kJ/kg, $q_L = 32.22$kJ/kg
④ $w_c = 135.85$kJ/kg, $q_L = 32.22$kJ/kg

해설 ㉠ $w_c = h_2 - h_1$
$= 210.38 - 178.16 = 32.22$kJ/kg
㉡ $q_L = h_1 - h_3 = h_2 - h_4$
$= 178.16 - 74.53 = 103.63$kJ/kg

26 30℃, 100kPa의 물을 800kPa까지 압축하려고 한다. 물의 비체적이 0.001m³/kg으로 일정하다고 할 때 단위질량당 소요된 일(공업일)은 약 몇 J/kg인가?

① 167 ② 602
③ 700 ④ 1,412

해설 $w_t = \dfrac{W_t}{m} = -\int_1^2 v dP = v\int_2^1 dP = v(P_1 - P_2)$
$= 0.001 \times (800 - 100) \times 10^3 = 700$J/kg

27 14.33W의 전등을 매일 7시간 사용하는 집이 있다. 30일 동안 약 몇 kJ의 에너지를 사용하는가?

① 10,830 ② 15,020
③ 17,420 ④ 22,840

해설 $Q = 14.33 \times 10^{-3} \times 7 \times 30 \times 3,600 ≒ 10,830$kJ
[참고] 1kWh=3,600kJ, 1kW=3,600kJ/h

정답 21. ④ 22. ② 23. ② 24. ③ 25. ① 26. ③ 27. ①

28 10kg의 증기가 온도 50℃, 압력 38kPa, 체적 7.5m³일 때 총내부에너지는 6,700kJ이다. 이와 같은 상태의 증기가 가지고 있는 엔탈피는 약 몇 kJ인가?

① 8,346 ② 7,782
③ 7,304 ④ 6,985

해설 $H = U + pV = 6,700 + 38 \times 7.5 = 6,985 \text{kJ}$

29 이상기체인 공기 2kg이 300K, 600kPa 상태에서 500K, 400kPa 상태로 변화되었다. 이 과정 동안의 엔트로피변화량은 약 몇 kJ/K인가? (단, 공기의 정적비열과 정압비열은 각각 0.717kJ/kg·K과 1.004kJ/kg·K으로 일정하다.)

① 0.73 ② 1.83
③ 1.02 ④ 1.26

해설 $R = C_p - C_v = 1.004 - 0.717 = 0.287 \text{kJ/kg} \cdot \text{K}$

$\therefore \Delta S = mR \ln \dfrac{P_1}{P_2} + mC_p \ln \dfrac{T_2}{T_1}$

$= 2 \times 0.287 \times \ln \dfrac{600}{400} + 2 \times 1.004 \times \ln \dfrac{500}{300}$

$\fallingdotseq 1.26 \text{kJ/K}$

30 피스톤-실린더로 구성된 용기 안에 300kPa, 100℃ 상태의 CO_2가 0.2m³ 들어있다. 이 기체를 "$PV^{1.2}$ =일정"인 관계가 만족되도록 피스톤 위에 추를 더해가며 온도가 200℃가 될 때까지 압축하였다. 이 과정 동안 기체가 외부로부터 받은 일을 구하면 약 몇 kJ인가? (단, P는 압력, V는 부피이고, CO_2의 기체상수는 0.189kJ/kg·K이며, CO_2는 이상기체처럼 거동한다고 가정한다.)

① 20 ② 60
③ 80 ④ 120

해설 $P_1V = mRT_1$

$\therefore m = \dfrac{P_1V}{RT_1} = \dfrac{300 \times 0.2}{0.189 \times (100+273)} \fallingdotseq 0.85 \text{kg}$

$\therefore {}_1W_2 = \dfrac{mR}{n-1}(T_1 - T_2)$

$= \dfrac{0.85 \times 0.189}{1.2 - 1} \times (100 - 200) \fallingdotseq -80.33 \text{kJ}$

31 어느 가역상태변화를 표시하는 다음 그림과 같은 온도(T)-엔트로피(S)선도에서 빗금으로 나타낸 부분의 면적은 무엇을 의미하는가?

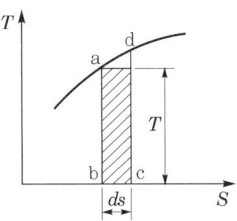

① 힘 ② 열량
③ 압력 ④ 비체적

해설 $T-S$선도에서 도시된 면적은 열량을 의미한다.

$\Delta S = \dfrac{\delta Q}{T} [\text{kJ/K}]$

$\therefore \delta Q = T\Delta S = \text{K} \times \text{kJ/K} = \text{kJ}$(열량)

32 마찰이 없는 피스톤이 끼워진 실린더가 있다. 이 실린더 내 공기의 초기압력은 500kPa이며, 초기체적은 0.05m³이다. 실린더를 가열하였더니 실린더 내 공기가 열손실 없이 체적이 0.1m³로 증가되었다. 이 과정에서 공기가 행한 일은 몇 kJ인가? (단, 압력은 변하지 않았다.)

① 10 ② 25
③ 40 ④ 100

해설 ${}_1W_2 = \int_1^2 PdV = P(V_2 - V_1)$

$= 500 \times (0.1 - 0.05) = 25 \text{kJ}$

33 4kg의 공기를 압축하는데 300kJ의 일을 소비함과 동시에 110kJ의 열량이 방출되었다. 공기온도가 초기에는 20℃이었을 때 압축 후의 공기온도는 약 몇 ℃인가? (단, 공기는 정적비열이 0.716kJ/kg·K으로 일정한 이상기체로 간주한다.)

① 78.4 ② 71.7
③ 93.5 ④ 86.3

해설 $Q = mC_v(t_2 - t_1)$

$\therefore t_2 = t_1 + \dfrac{Q}{mC_v} = 20 + \dfrac{300 - 110}{4 \times 0.716} \fallingdotseq 86.3℃$

정답 28. ④ 29. ④ 30. ③ 31. ② 32. ② 33. ④

34 어느 증기터빈에 0.4kg/s로 증기가 공급되어 260kW의 출력을 낸다. 입구의 증기엔탈피 및 속도는 각각 3,000kJ/kg, 720m/s, 출구의 증기엔탈피 및 속도는 각각 2,500kJ/kg, 120m/s 이면 이 터빈의 열손실은 약 몇 kW가 되는가?

① 15.9　　② 40.8
③ 20.4　　④ 104

해설 $Q = W_t + m(h_2 - h_1) + \frac{m}{2}(V_2^2 - V_1^2)$
$= 260 + 0.4 \times (2,500 - 3,000)$
$+ \frac{0.4}{2} \times (120^2 - 720^2) \times 10^{-3}$
$= -40.8 \text{kW}(= \text{kJ/s})$

35 다음 중 서로 같은 단위를 사용할 수 없는 것은?

① 열량(heat transfer)과 일(work)
② 비내부에너지(specific internal energy)와 비엔탈피(specific enthalpy)
③ 비엔탈피(specific enthalpy)와 비엔트로피(specific entropy)
④ 비열(specific heat)과 비엔트로피(seific entropy)

해설 ① 열량(Q[kJ])=일량(W[kJ])
② 비내부에너지(kJ/kg)=비엔탈피(kJ/kg)
③ 비엔탈피(kJ/kg), 비엔트로피(kJ/kg·K)
④ 비열(C[kJ/kg·K])=비엔트로피(kJ/kg·K)

36 온도 100℃의 공기 0.2kg이 압력이 일정한 과정을 거쳐 원래 체적의 2배로 늘어났다. 이때 공기에 전달된 열량은 약 몇 kJ인가? (단 공기는 이상기체이며, 기체상수는 0.287kJ/kg·K, 정적비열은 0.718kJ/kg·K이다.)

① 75.0kJ　　② 8.93kJ
③ 21.4kJ　　④ 34.7kJ

해설 $C_p = C_v + R = 0.718 + 0.287 = 1.005 \text{kJ/kg·K}$
$\therefore Q = mC_p(T_2 - T_1)$
$= mC_pT_1\left(\frac{T_2}{T_1} - 1\right) = mC_pT_1\left(\frac{V_2}{V_1} - 1\right)$
$= 0.2 \times 1.005 \times (100 + 273) \times (2 - 1)$
$≒ 75 \text{kJ}$

37 온도가 T_1인 고열원으로부터 온도가 T_2인 저열원으로 열전도, 대류, 복사 등에 의해 Q만큼 열전달이 이루어졌을 때 전체 엔트로피변화량을 나타내는 식은?

① $\frac{T_1 - T_2}{Q(T_1 \times T_2)}$　　② $\frac{Q(T_1 + T_2)}{T_1 \times T_2}$

③ $\frac{Q(T_1 - T_2)}{T_1 \times T_2}$　　④ $\frac{T_1 + T_2}{Q(T_1 \times T_2)}$

해설 $(\Delta S)_{total} = \Delta S_1 + \Delta S_2 = Q\left(\frac{-1}{T_1} + \frac{1}{T_2}\right)$
$= Q\left(\frac{1}{T_2} - \frac{1}{T_1}\right) = Q\left(\frac{T_1 - T_2}{T_1 T_2}\right) > 0$

38 다음의 열기관이 열역학 제1법칙과 제2법칙을 만족하면서 출력일(W)이 최대가 될 때 W의 값으로 옳은 것은? (단, T는 온도, Q는 열량을 나타낸다.)

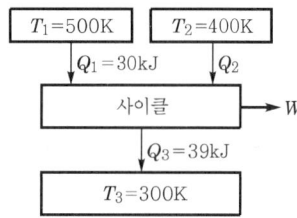

① 34kJ　　② 29kJ
③ 24kJ　　④ 19kJ

해설 ㉠ $\frac{Q_1}{T_1} + \frac{Q_2}{T_2} = \frac{Q_3}{T_3}$
$\frac{30}{500} + \frac{Q_2}{400} = \frac{39}{300}$
$\therefore Q_2 = 28 \text{kJ}$
㉡ 열역학 제1법칙(에너지보존법칙)
$Q_1 + Q_2 = W + Q_3$
$\therefore W = (Q_1 + Q_2) - Q_3 = (30 + 28) - 39 = 19 \text{kJ}$

39 랭킨사이클의 열효율 증대방법에 해당하지 않는 것은?

① 복수기(응축기) 압력 저하
② 보일러 압력 증가
③ 터빈 입구온도 저하
④ 보일러에서 증기온도 상승

정답 34. ② 35. ③ 36. ① 37. ③ 38. ④ 39. ③

해설 랭킨사이클의 효율 증대법
ㄱ. 복수기(응축기) 압력 저하
ㄴ. 보일러 압력 증가
ㄷ. 터빈 입구온도 상승
ㄹ. 보일러 증기온도 상승

40 다음 중 이상적인 증기터빈의 사이클인 랭킨사이클을 옳게 나타낸 것은?

① 가역단열압축 → 정압가열 → 가역단열팽창 → 정압냉각
② 가열단열압축 → 정적가열 → 가역단열팽창 → 정적냉각
③ 가역등온압축 → 정압가열 → 가역등온팽창 → 정압냉각
④ 가역등온압축 → 정적가열 → 가역등온팽창 → 정적냉각

해설 랭킨사이클의 구성 : 가열단열압축($S=C$) → 정압가열($P=C$) → 가역단열팽창($S=C$) → 정압냉각(방열, $P=C$)

제3과목 · 기계유체역학

41 평판을 지나는 경계층 유동에서 속도분포가 경계층 바깥에서는 균일속도, 경계층 내에서는 다음과 같이 주어질 때 경계층 배제두께(displacement thickness) δ^* 와 경계층 두께 δ 의 관계식으로 옳은 것은? (단, u 는 평판으로부터의 거리 y 에 따른 경계층 내의 속도분포, U 는 경계층 밖의 균일속도이다.)

$$u(y) = U\frac{y}{\delta}$$

① $\delta^* = \dfrac{\delta}{4}$ ② $\delta^* = \dfrac{\delta}{3}$
③ $\delta^* = \dfrac{\delta}{2}$ ④ $\delta^* = \dfrac{2\delta}{3}$

해설 $\delta^* = \int_0^\delta \left(1-\dfrac{u}{U}\right)dy = \int_0^\delta \left(1-\dfrac{y}{\delta}\right)dy = \left[y-\dfrac{y^2}{2\delta}\right]_0^\delta$
$= \delta - \dfrac{\delta^2}{2\delta} = \delta - \dfrac{\delta}{2} = \dfrac{\delta}{2}$

42 관 속에서 유체가 흐를 때 유동이 완전한 난류라면 수두손실은?

① 유체속도에 비례한다.
② 유체속도의 제곱에 비례한다.
③ 유체속도에 반비례한다.
④ 유체속도의 제곱에 반비례한다.

해설 완전 난류유동 시 손실수두(h_L)는 속도수두에 비례한다($h_L \propto V^2$).
$$h_L = f\dfrac{L}{d}\dfrac{V^2}{2g}\,[\text{m}]$$

43 원관 내부의 흐름이 층류 정상유동일 때 유체의 전단응력분포에 대한 설명으로 알맞은 것은?

① 중심축에서 0이고 반지름방향 거리에 따라 선형적으로 증가한다.
② 관벽에서 0이고 중심축까지 선형적으로 증가한다.
③ 단면에서 중심축을 기준으로 포물선분포를 가진다.
④ 단면 전체에서 일정하게 나타난다.

해설 수평원관 층류유동 시 전단응력(τ)의 분포는 $\tau = \dfrac{\Delta P}{L}\dfrac{r}{2}$ [MPa]이다. 전단응력은 반지름(r)에 직선(선형)적으로 비례한다($\tau \propto r$).
ㄱ. 관의 중심($r=0$)에서 $\tau=0$
ㄴ. 관의 벽면($r=r_o$)에서 $\tau_{\max} = \dfrac{\Delta P}{L}\dfrac{r_o}{2} = \dfrac{\Delta P}{L}\dfrac{d}{4}$

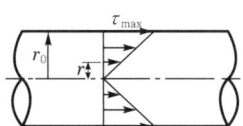

44 어떤 액체기둥높이 25cm와 수은기둥높이 4cm에 의한 압력이 같다면 이 액체의 비중은 약 얼마인가? (단, 수은의 비중은 13.6이다.)

① 7.35 ② 6.36
③ 4.04 ④ 2.18

해설 $S_w h_w = S_{\text{Hg}} h_{\text{Hg}}$
$\therefore S_w = S_{\text{Hg}}\dfrac{h_{\text{Hg}}}{h_w} = 13.6 \times \dfrac{4}{25} \fallingdotseq 2.18$

정답 40. ① 41. ③ 42. ② 43. ① 44. ④

45 2m/s의 속도로 물이 흐를 때 피토관 수두높이 h는?

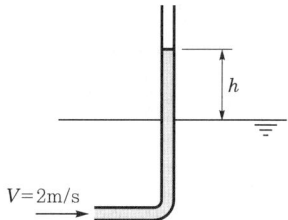

① 0.053m ② 0.102m
③ 0.204m ④ 0.412m

[해설] 피토관에서 유속(V)= $\sqrt{2gh}$ [m/s]

$\therefore h = \dfrac{V^2}{2g} = \dfrac{2^2}{2 \times 9.8} = 0.204\text{m}$

46 다음 그림과 같이 매우 큰 두 저수지 사이에 터빈이 설치되어 동력을 발생시키고 있다. 물이 흐르는 유량은 50m³/min이고, 배관의 마찰손실 수두는 5m, 터빈의 작동효율이 90%일 때 터빈에서 얻을 수 있는 동력은 약 몇 kW인가?

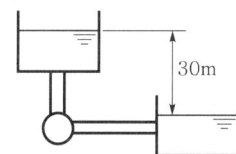

① 318 ② 286
③ 184 ④ 204

[해설] $H_e = H - h_L = 30 - 5 = 25\text{m}$

$\therefore$ 터빈동력= $\gamma_w Q H_e \eta_t$

$= 9.8 \times \dfrac{50}{60} \times 25 \times 0.9 ≒ 184\text{kW}$

47 체적이 1m³인 물체의 무게를 물속에서 측정하였을 때 4,000N이었다. 이 물체의 비중은?

① 2.11 ② 1.85
③ 1.62 ④ 1.41

[해설] 공기 중의 물체무게(G_a)=물속의 무게(W)+부력(F_B)

$= 4,000 + 9,800 \times 1$
$= 13,800\text{N}$

물체의 비중량(γ)=13,800N/m³

$\therefore$ 물체의 비중(S)= $\dfrac{\gamma}{\gamma_w} = \dfrac{13,800}{9,800} ≒ 1.41$

48 해수 내에서 잠수함이 2.5m/s로 끌며 움직이고 있는 지름이 280mm인 구형의 음파탐지기에 작용하는 항력을 풍동실험을 통해 예측하려고 한다. 지름이 140mm인 구형모형을 사용한 풍동실험에서 Reynolds수를 같게 하여 실험하였을 때 풍동에서 측정한 항력에 몇 배를 곱해야 해수 내 음파탐지기의 항력을 구할 수 있는가? (단, 바닷물의 평균밀도는 1,025kg/m³, 동점성계수는 1.4×10⁻⁶m²/s이며, 공기의 밀도는 1.23kg/m³, 동점성계수는 1.4×10⁻⁵m²/s로 한다. 또한 이 항력연구는 다음 식이 성립한다.)

$$\dfrac{F}{\rho V^2 D^2} = f(Re)$$

여기서, F : 항력, ρ : 밀도, V : 속도
D : 지름, Re : 레이놀즈수

① 1.67배 ② 3.33배
③ 6.67배 ④ 8.33배

[해설] $(Re)_p = (Re)_m$

$\left(\dfrac{VL}{\nu}\right)_p = \left(\dfrac{VL}{\nu}\right)_m$

$V_m = V_p \left(\dfrac{L_p}{L_m}\right)\left(\dfrac{\nu_m}{\nu_p}\right)$

$= 2.5 \times \dfrac{280}{140} \times \dfrac{1.4 \times 10^{-5}}{1.4 \times 10^{-6}} = 50\text{m/s}$

$\dfrac{F_m}{F_p} = \dfrac{\rho_p}{\rho_m}\left(\dfrac{V_p}{V_m}\right)^2 \left(\dfrac{L_p}{L_m}\right)^2$

$= \dfrac{1,025}{1.23} \times \left(\dfrac{2.5}{50}\right)^2 \times \left(\dfrac{280}{140}\right)^2 ≒ 8.33$

$\therefore F_m = 8.33 F_p$

49 다음 중 점성계수를 측정하는 데 적합한 것은?

① 피토관(pitot tube)
② 슐리렌법(schlieren method)
③ 벤투리미터(venturi meter)
④ 세이볼트법(saybolt method)

[해설] 세이볼트점도계는 하겐-포아젤의 방정식을 기초한 동점성계수의 측정용 계기이다.

50 실온에서 엔진오일은 절대점성계수 0.12kg/m·s, 밀도 800kg/m³이고, 공기는 절대점성계수 1.8× 10^{-5}kg/m·s, 밀도 1.2kg/m³이다. 엔진오일의 동점성계수는 공기의 동점성계수의 약 몇 배인가?

① 5 ② 10
③ 15 ④ 20

해설 ㉠ 기름의 동점성계수(ν_o)

$$\nu_o = \frac{\mu_o}{\rho_o} = \frac{0.12}{800} = 1.5 \times 10^{-4} \text{m}^2/\text{s}$$

㉡ 공기의 동점성계수(ν_a)

$$\nu_a = \frac{\mu_a}{\rho_a} = \frac{1.8 \times 10^{-5}}{1.2} = 1.5 \times 10^{-5} \text{m}^2/\text{s}$$

$$\therefore \frac{\nu_o}{\nu_a} = \frac{1.5 \times 10^{-4}}{1.5 \times 10^{-5}} = 10$$

51 Buckingham의 파이(pi)정리를 바르게 설명한 것은? (단, k는 변수의 개수, r은 변수를 표현하는데 필요한 최소한의 기준차원의 개수이다.)

① $(k-r)$개의 독립적인 무차원수의 관계식으로 만들 수 있다.
② $(k+r)$개의 독립적인 무차원수의 관계식으로 만들 수 있다.
③ $(k-r+1)$개의 독립적인 무차원수의 관계식으로 만들 수 있다.
④ $(k+r+1)$개의 독립적인 무차원수의 관계식으로 만들 수 있다.

해설 버킹험의 파이(pi)정리
$\pi(pi) = k-r = $ 변수(물리량)수 $-$ 기본차원수

52 다음 중 밀도가 가장 큰 액체는?

① 1g/cm³ ② 비중 1.5
③ 1,200kg/m³ ④ 비중량 8,000N/m³

해설 ① $\rho = 1\text{g/cm}^3 = 1,000\text{kg/m}^3 (= \text{N}\cdot\text{s}^2/\text{m}^4)$
② $\rho = \rho_w S = 1,000 \times 1.5 = 1,500\text{kg/m}^3 (= \text{N}\cdot\text{s}^2/\text{m}^4)$
③ $\rho = 1,200\text{kg/m}^3 (= \text{N}\cdot\text{s}^2/\text{m}^4)$
④ $\rho = \frac{\gamma}{g} = \frac{8,000}{9.8} ≒ 816.33\text{kg/m}^3 (= \text{N}\cdot\text{s}^2/\text{m}^4)$

[참고] 밀도(ρ)가 가장 큰 액체는 비중이 1.5인 액체이다.

53 다음 그림과 같이 단면적 A_1은 0.4m², 단면적 A_2는 0.1m²인 동일평면상의 관로에서 물의 유량이 1,000L/s일 때 관을 고정시키는 데 필요한 x방향의 힘 F_x의 크기는 약 몇 N인가? (단, 단면 1과 2의 높이차는 1.5m이고, 단면 2에서 물은 대기로 방출되며, 곡관의 자체 중량, 곡관 내부 물의 중량 및 곡관에서의 마찰손실은 무시한다.)

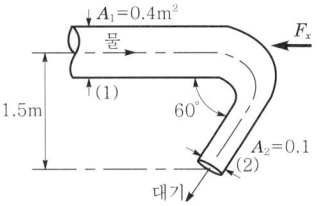

① 10,159 ② 15,358
③ 20,370 ④ 24,018

해설 ㉠ 베르누이방정식 적용

$$\frac{P_1}{\gamma} + \frac{V_1^2}{2g} + Z_1 = \frac{P_2}{\gamma}^{0} + \frac{V_2^2}{2g} + Z_2$$

$$\frac{P_1}{\gamma} = \frac{V_2^2 - V_1^2}{2g} + (Z_2 - Z_1) = \frac{10^2 - 2.5^2}{2 \times 9.8} - 1.5$$

$$= 3.283\text{m}$$

$$\therefore P_1 = 9,800 \times 3.283 = 32,175\text{Pa}(=\text{N/m}^2)$$

여기서, $V_1 = \frac{Q}{A_1} = \frac{1}{0.4} = 2.5\text{m/s}$

$V_2 = \frac{Q}{A_2} = \frac{1}{0.1} = 10\text{m/s}$

㉡ 운동량방정식 적용

$\Sigma F_x = \rho Q(V_{x2} - V_{x1})[\text{N}]$
$P_1 A_1 - F_x = \rho Q(V_{x2} - V_{x1})$
$\therefore F_x = P_1 A_1 - \rho Q(V_{x2} - V_{x1})$
$= P_1 A_1 + \rho Q(V_2 \cos 60° + V_1)$
$= 32,175 \times 0.4 + 1,000 \times 1 \times (10 \times \cos 60° + 2.5)$
$= 20,370\text{N}$

54 어떤 액체의 밀도는 890kg/m³, 체적탄성계수는 2,200MPa이다. 이 액체 속에서 전파되는 소리의 속도는 약 몇 m/s인가?

① 1,572 ② 1,483
③ 981 ④ 345

해설 $C = \sqrt{\frac{K}{\rho}} = \sqrt{\frac{2,200 \times 10^6}{890}} = 1572.23\text{m/s}$

정답 50. ② 51. ① 52. ② 53. ③ 54. ①

55 점성을 지닌 액체가 지름 4mm의 수평으로 놓인 원통형 튜브를 $12\times10^{-6}m^3/s$의 유량으로 흐르고 있다. 길이 1m에서의 압력손실은 약 몇 kPa인가? (단, 튜브의 입구로부터 충분히 멀리 떨어져 있어서 유체는 축방향으로만 흐르며, 유체의 밀도는 $1,180kg/m^3$, 점성계수는 $0.0045N\cdot s/m^2$이다.)

① 7.59 ② 8.59
③ 9.59 ④ 10.59

해설 $\Delta P = \dfrac{128\mu QL}{\pi d^4} = \dfrac{128\times 0.0045\times 12\times 10^{-6}\times 1}{\pi \times 0.004^4}$
$= 8594.37\text{Pa}(=N/m^2) \fallingdotseq 8.59\text{kPa}$

56 다음 그림과 같은 원통 주위의 퍼텐셜유동이 있다. 원통표면상에서 상류유속(V)과 동일한 크기의 유속이 나타나는 위치(θ)는?

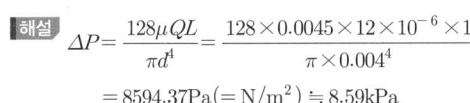

① 90° ② 30°
③ 45° ④ 60°

해설 $V_\theta = 2V\sin\theta[m/s]$에서 $\theta=30°$이면 $\sin30°=\dfrac{1}{2}$이므로 $V_\theta = V$이다.

57 지름 0.1mm, 비중 2.3인 작은 모래알이 호수 바닥으로 가라앉을 때 잔잔한 물속에서 가라앉는 속도는 약 몇 mm/s인가? (단, 물의 점성계수는 $1.12\times10^{-3}N\cdot s/m^2$이다.)

① 6.32 ② 4.96
③ 3.17 ④ 2.24

해설 $\mu = \dfrac{d^2(\gamma_s - \gamma_e)}{18V}$ [Pa·s]

$\therefore V = \dfrac{d^2(\gamma_s - \gamma_e)}{18\mu}$
$= \dfrac{(0.1\times 10^{-3})^2 \times 9,800 \times (2.3-1)}{1.8 \times 1.12 \times 10^{-3}}$
$\fallingdotseq 6.32\times 10^{-3}m/s = 6.32mm/s$

58 다음 중 옳은 설명을 모두 고른 것은?

㉮ 정상(steady)유동일 때 유맥선(streak line), 유적선(path line), 유선(stream line)은 동일하다.
㉯ 공간상의 한 공통점을 지나온 모든 유체들로 이루어진 선을 유적선이라 한다.
㉰ 유선은 유체속도장과 접하는 선을 말한다.

① ㉮, ㉯ ② ㉮, ㉰
③ ㉯, ㉰ ④ ㉮, ㉯, ㉰

해설 공간상의 한 공통점을 지나온 모든 유체들로 이루어진 선을 유맥선(streak line)이라 한다.
[참고] 비정상유동인 경우 유선과 유적선은 일치하지 않지만, 정상유동인 경우는 유선·유적선·유맥선은 모두 일치한다. 유선은 유체속도장과 접하는 선을 말한다. 즉 임의의 순간에 모든 점에서 속도벡터에 접하는 선이다.

59 다음 그림과 같이 폭이 2m, 높이가 3m인 평판이 물속에 수직으로 잠겨있다. 이 평판의 한쪽 면에 작용하는 전체 압력에 의한 힘은 약 몇 kN인가?

① 88
② 176
③ 233
④ 265

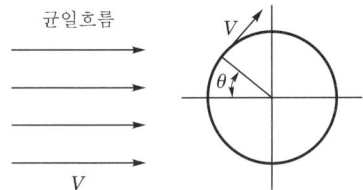

해설 $F = \gamma_w \bar{h} A = 9.8\times(3+1.5)\times(2\times 3) \fallingdotseq 265\text{kN}$

60 2차원(r, θ) 평면에서 연속방정식은 다음과 같이 주어진다. 비압축성 유동이고 반지름방향의 속도 V_r은 반지름방향의 거리 r만의 함수이며, 접선방향의 속도 $V_\theta = 0$일 때 V_r은 어떤 함수가 되는가?

$$\dfrac{\partial \rho}{\partial t} + \dfrac{1}{r}\dfrac{\partial(r\rho V_r)}{\partial r} + \dfrac{1}{r}\dfrac{\partial(\rho V_\theta)}{\partial \theta} = 0$$
(단, t는 시간, ρ는 밀도이다.)

① r에 비례하는 함수
② r^2에 비례하는 함수
③ r에 반비례하는 함수
④ r^2에 반비례하는 함수

정답 55. ② 56. ② 57. ① 58. ② 59. ④ 60. ③

해설 반지름방향의 속도(V_r)는 반지름방향의 거리(r)에 반비례한다$\left(V_r \propto \dfrac{1}{r}\right)$.

제4과목 · 기계재료 및 유압기기

61 일정한 높이에서 낙하시킨 추(해머)의 반발한 높이로 경도를 측정하는 시험법은?

① 브리넬경도시험 ② 로크웰경도시험
③ 비커스경도시험 ④ 쇼어경도시험

해설 일정한 높이에서 낙하시킨 추(해머)의 반발높이로 경도를 측정하는 시험방법은 쇼어경도시험(shore hardness test)이다.

$H_s = \dfrac{10,000}{65} \dfrac{h}{h_o}$

62 침탄, 질화와 같이 Fe 중에 탄소 또는 질소의 원자를 침입시켜 한쪽으로만 확산하는 것은?

① 자기확산 ② 상호확산
③ 단일확산 ④ 격자확산

해설 침탄, 질화와 같이 철(Fe) 중에 탄소(C) 또는 질소(N)의 원자를 침입시켜 한쪽으로만 확산하는 것은 단일확산이다.

63 알루미늄, 마그네슘 및 그 합금의 질별 기호 중 가공경화한 것을 나타내는 기호로 옳은 것은?

① O ② H
③ W ④ F

해설 H는 알루미늄(Al), 마그네슘(Mg) 및 그 합금의 질별 기호 중 가공경화한 것을 나타내는 기호이다.

64 다이캐스팅용 Al합금에 Si원소를 첨가하는 이유가 아닌 것은?

① 유동성이 증가한다.
② 열간취성이 감소한다.
③ 용탕 보급성이 양호해진다.
④ 금형에 점착성이 증가한다.

해설 다이캐스팅용 Al합금에 규소(Si)를 첨가하면 금형에 점착성이 감소한다.

65 주철에 대한 설명으로 틀린 것은?

① 흑연이 많을 경우에는 그 파단면이 회색을 띤다.
② 600℃ 이상의 온도에서 가열 및 냉각을 반복하면 부피가 감소하여 과열을 저지한다.
③ 주철 중에 전 탄소량은 흑연과 화합탄소를 합한 것이다.
④ C와 Si의 함량에 따른 주철의 조직관계를 나타낸 것을 마우러조직도라 한다.

66 결정성 플라스틱 및 비결정성 플라스틱을 비교 설명한 것 중 틀린 것은?

① 비결정성에 비해 결정성 플라스틱은 많은 열량이 필요하다.
② 비결정성에 비해 결정성 플라스틱은 금형 냉각시간이 길다.
③ 결정성 플라스틱에 비해 비결정성 플라스틱은 치수 정밀도가 높다.
④ 결정성 플라스틱에 비해 비결정성 플라스틱은 특별한 용융온도나 고화온도를 갖는다.

해설 결정성 수지는 용융온도 이하에서 결정구조를 이루고, 용융온도 이상에서는 비결정구조를 이룬다(비결정성 플라스틱은 온도가 상승하면 연화하고 성형이 가능하나, 결정성 플라스틱은 결정융점에서 비결정으로 변화하고 더욱 가열하여 연화 뒤 성형하기 때문에 성형온도까지 열량이 필요하고 고화할 때까지 많은 열을 방출한다).

67 다음 중 자기변태점이 가장 높은 것은?

① Fe
② Co
③ Ni
④ Fe_3C

해설 자기변태점온도 : Co(1,160℃) > Fe(768℃) > Ni(358℃) > Fe_3C(210℃)

정답 61.④ 62.③ 63.② 64.④ 65.② 66.④ 67.②

68 황(S)을 많이 함유한 탄소강에서 950℃ 전후의 고온에서 발생하는 취성은?

① 저온취성 ② 불림취성
③ 적열취성 ④ 뜨임취성

해설 황(S)이 많이 함유한 탄소강에서 950℃ 전후의 고온에서 발생하는 취성은 고온(적열)취성이다.

69 서브제로(sub-zero)처리를 하는 주요 목적으로 옳은 것은?

① 잔류오스테나이트조직을 유지하기 위해
② 잔류오스테나이트를 레데부라이트화하기 위해
③ 잔류오스테나이트를 베이나이트화하기 위해
④ 잔류오스테나이트를 마텐자이트화하기 위해

해설 서브제로(심냉)처리를 하는 주요 목적은 0℃ 이하에서 잔류오스테나이트를 마텐자이트화하기 위함이다.

70 금속의 응고에 대한 설명으로 틀린 것은?

① Fe의 결정성장방향은 [0001]이다.
② 응고과정에서 고상과 액상 간의 경계가 형성된다.
③ 응고과정에서 운동에너지가 열의 형태로 방출되는 것을 응고잠열이라 한다.
④ 액체금속이 응고할 때 용융점보다 낮은 온도에서 응고되는 것을 과냉각이라 한다.

71 유압장치에서 펌프의 무부하운전 시 특징으로 적절하지 않은 것은?

① 펌프의 수명연장
② 유온 상승 방지
③ 유압유 노화 촉진
④ 유압장치의 가열 방지

해설 유압장치에서 펌프의 무부하운전 시 특징
㉠ 펌프의 수명연장
㉡ 유온 상승 방지
㉢ 유압유 노화 촉진 방지
㉣ 유압장치의 가열 방지

72 1개의 유압실린더에서 전진 및 후진단에 각각의 리밋스위치를 부착하는 이유로 가장 적합한 것은?

① 실린더의 위치를 검출하여 제어에 사용하기 위하여
② 실린더 내의 온도를 제어하기 위하여
③ 실린더의 속도를 제어하기 위하여
④ 실린더 내의 압력을 계측하고 제어하기 위하여

73 다음 기호의 명칭은?

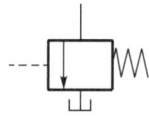

① 체크밸브   ② 무부하밸브
③ 스톱밸브   ④ 급속배기밸브

해설 도시된 유압기호는 무부하밸브(unloading valve)이다.

74 오일탱크의 필요조건으로 적절하지 않은 것은?

① 오일탱크의 바닥면은 바닥에 밀착시켜 간격이 없도록 해야 한다.
② 오일탱크에는 스트레이너의 삽입이나 분리를 용이하게 할 수 있는 출입구를 만든다.
③ 공기빼기 구멍에는 공기청정을 하여 먼지의 혼입을 방지한다.
④ 먼지, 절삭분 등의 이물질이 혼입되지 않도록 주유구에는 여과망, 캡을 부착한다.

75 속도제어회로가 아닌 것은?

① 미터 인 회로
② 미터 아웃 회로
③ 블리드 오프 회로
④ 로크(로킹)회로

해설 속도제어회로의 종류 : 미터 인 회로, 미터 아웃 회로, 블리드 오프 회로

정답 68. ③ 69. ④ 70. ① 71. ③ 72. ① 73. ② 74. ① 75. ④

76 다음 회로처럼 A, B 두 실린더가 순차적으로 작동하는 회로는?

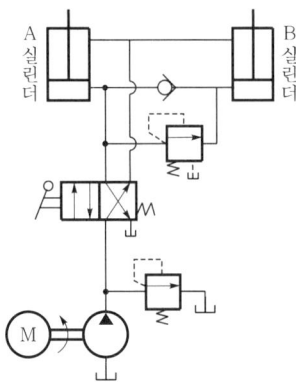

① 언로더회로　　② 디컴프레션회로
③ 시퀀스회로　　④ 카운터밸런스회로

[해설] 도시된 회로는 시퀀스회로이다.

77 유압작동유의 구비조건으로 적절하지 않은 것은?

① 비중과 열팽창계수가 적어야 한다.
② 열을 방출시킬 수 있어야 한다.
③ 점도지수가 높아야 한다.
④ 압축성이어야 한다.

[해설] 유압작동유는 비압축성 유체($\rho = c$)이어야 한다.

78 유압작동유에 1,760N/cm²의 압력을 가했더니 체적이 0.19% 감소되었다. 이때 압축률은 얼마인가?

① 1.08×10^{-5} cm²/N
② 1.08×10^{-6} cm²/N
③ 1.08×10^{-7} cm²/N
④ 1.08×10^{-8} cm²/N

[해설] 압축률(β)은 체적탄성계수(E)의 역수이다.

$$E = -\frac{dp}{\frac{dv}{v}} \,[\text{N/cm}^2]$$

$$\therefore \beta = \frac{1}{E} = \frac{-\frac{dv}{v}}{dp} = \frac{0.19 \times 10^{-2}}{1,760}$$
$$= 1.08 \times 10^{-6}\,\text{cm}^2/\text{N}$$

79 유량제어밸브의 종류가 아닌 것은?

① 분류밸브　　② 디셀러레이션밸브
③ 언로드밸브　　④ 스로틀밸브

[해설] 유량제어밸브 : 분류밸브, 디셀러레이션밸브, 스로틀(교축)밸브
[참고] 언로드밸브는 압력제어밸브이다.

80 어큐뮬레이터는 고압용기이므로 장착과 취급에 각별한 주의가 요망되는데, 이와 관련된 설명으로 적절하지 않은 것은?

① 점검 및 보수가 편리한 장소에 설치한다.
② 어큐뮬레이터에 용접, 가공, 구멍뚫기 등을 통해 설치에 유연성을 부여한다.
③ 충격 완충용으로 사용할 경우는 가급적 충격이 발생하는 곳으로부터 가까운 곳에 설치한다.
④ 펌프와 어큐뮬레이터와의 사이에는 체크밸브를 설치하여 유압유가 펌프 쪽으로 역류하는 것을 방지한다.

제5과목 · 기계제작법 및 기계동력학

81 지름 1m의 플라이휠(flywheel)이 등속회전운동을 하고 있다. 플라이휠 외측의 접선속도가 4m/s일 때 회전수는 약 몇 rpm인가?

① 76.4　　② 86.4
③ 96.4　　④ 106.4

[해설] $V = \frac{\pi d N}{60}$ [m/s]

$$\therefore N = \frac{60 V}{\pi d} = \frac{60 \times 4}{\pi \times 1} \fallingdotseq 76.4\,\text{rpm}$$

82 자동차가 경사진 30도 비탈길에 주차되어 있다. 미끄러지지 않기 위해서는 노면과 바퀴와의 마찰계수값이 약 얼마 이상이어야 하는가?

① 0.122　　② 0.366
③ 0.500　　④ 0.578

[해설] $\mu = \tan\theta = \tan 30° \fallingdotseq 0.578$

정답　76.③　77.④　78.②　79.③　80.②　81.①　82.④

83 일정한 반경 r인 원을 따라 균일한 각속도 ω로 회전하고 있는 질점의 가속도에 대한 설명으로 옳은 것은?

① 가속도는 0이다.
② 가속도는 법선방향(radial direction)의 값만 갖는다(접선방향은 0이다).
③ 가속도는 접선방향(transverse direction)의 값만 갖는다(법선방향은 0이다).
④ 가속도는 법선방향과 접선방향의 값을 모두 갖는다.

[해설] 일정한 반경 r인 원을 따라 균일한 각속도 ω로 회전하고 있는 질점의 가속도
㉠ 가속도는 0이 아니다($a_m = r\omega^2 \,[m/s^2]$).
㉡ 가속도는 법선방향만 갖는다(접선방향은 0이다).

84 다음 표는 마찰이 없는 빗면을 따라 내려오는 물체의 속력에 따른 운동에너지와 위치에너지를 나타낸 것이다. 속력이 $\frac{3}{2}v$일 때의 위치에너지(A)는? (단, 에너지보존법칙을 만족한다.)

구분	위치에너지	운동에너지
v	1,500J	
$\frac{3}{2}v$	A	
$2v$		1,600J

① 1,400J
② 1,000J
③ 800J
④ 600J

[해설] 위치에너지(PE)+운동에너지(KE)=일정
㉠ v일 때 $KE = \frac{1}{2}mv^2$
㉡ $2v$일 때 $KE = \frac{1}{2}m(2v)^2 = 2mv^2 = 1,600J$
∴ v일 때 $KE = 400J$
 ($PE + KE = 1,500 + 400 = 1,900J$)
㉢ $\frac{3}{2}v$일 때 $KE = \frac{1}{2}m\left(\frac{3}{2}v\right)^2 = \frac{9}{4}\left(\frac{1}{2}mv^2\right)$
 $= \frac{9}{4} \times 400 = 900J$
∴ $\frac{3}{2}v$일 때 $PE = A = 1,900 - 900 = 1,000J$

85 다음 그림과 같이 일부가 천공된 불균형 바퀴가 미끄러짐 없이 굴러가고 있을 때 각 경우 중 운동에너지의 크기에 대한 설명으로 옳은 것은? (단, 3가지 모두 각속도 ω는 동일하다.)

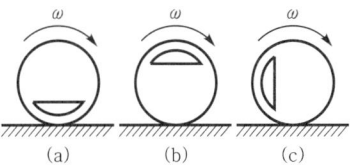

(a) (b) (c)

① (a)경우가 가장 크다.
② (b)경우가 가장 크다.
③ (c)경우가 가장 크다.
④ (a), (b), (c) 모두 같다.

[해설] 강체(rigid body)의 운동에너지 $= \frac{1}{2}mV^2 + \frac{1}{2}I\omega^2$
㉠ $\frac{1}{2}mV^2$: (a), (b), (c) 모두 같다.
㉡ $\frac{1}{2}I\omega^2$: (a) > (c) > (b)

86 다음 그림과 같이 두 개의 질량이 스프링에 연결되어 있을 때 이 시스템의 고유진동수에 해당하는 것은?

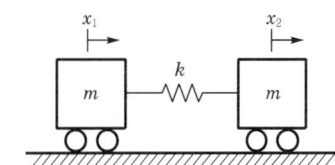

① $\sqrt{\dfrac{k}{m}}$
② $\sqrt{\dfrac{2k}{m}}$
③ $\sqrt{\dfrac{3k}{m}}$
④ $2\sqrt{\dfrac{k}{m}}$

[해설] $\omega = \sqrt{\left(\dfrac{m+m}{mm}\right)k} = \sqrt{\dfrac{2k}{m}}$

87 다음 중 소성가공에 속하지 않는 것은?

① 압연가공
② 선반가공
③ 인발가공
④ 단조가공

[해설] 소성가공의 종류 : 압연가공, 인발가공, 압출가공, 단조가공, 전조가공, 프레스가공
[참고] 선반가공은 절삭가공이다.

정답 83.② 84.② 85.① 86.② 87.②

88 다음 그림과 같은 1자유도 진동계에서 W가 50N, k가 0.32N/cm이고, 감쇠비가 $\zeta=0.4$일 때 이 진동계의 점성감쇠계수 C는 약 몇 N·s/m인가?

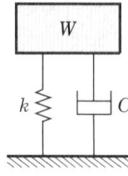

① 5.48 ② 54.8
③ 10.22 ④ 102.2

해설 $m = \dfrac{W}{g} = \dfrac{50}{9.8} = 5.1\text{kg}$

$k = 0.32\text{N/cm} = 32\text{N/m}$

$\zeta = \dfrac{C}{C_c} = \dfrac{C}{2\sqrt{mk}}$

$\therefore C = C_c\zeta = 2\sqrt{mk}\,\zeta$
$= 2\sqrt{5.1 \times 32} \times 0.4 ≒ 10.22\text{N·s/m}$

89 다음 그림과 같이 스프링상수는 400N/m, 질량은 100kg인 1자유도계 시스템이 있다. 초기변위는 0이고 스프링변형량도 없는 상태에서 x방향으로 3m/s의 속도로 움직이기 시작한다고 가정할 때 이 질량체의 속도 v를 위치 x에 관한 함수로 나타낸 것은?

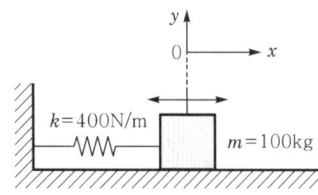

① $\pm(3-4x^2)$ ② $\pm(3-9x^2)$
③ $\pm\sqrt{9-4x^2}$ ④ $\pm\sqrt{9-9x^2}$

해설 에너지보존법칙 적용

㉠ $x=0$일 때 $v=3\text{m/s}$
$E = \dfrac{1}{2}mv^2 + \dfrac{1}{2}kx^2 = \dfrac{1}{2} \times 100 \times 3^2 = 450\text{J}$

㉡ $v=0$일 때
$E = \dfrac{1}{2}mv^2 + \dfrac{1}{2}kx^2$
$450 = \dfrac{1}{2} \times 400 \times x^2$
$\therefore x = 1.5\text{m}$

㉢ $E = \dfrac{1}{2}mv^2 + \dfrac{1}{2}kx^2$
$450 = \dfrac{1}{2} \times 100 \times v^2 + \dfrac{1}{2} \times 400 \times x^2$
$100v^2 = 900 - 400x^2$
$\therefore v = \pm\sqrt{9-4x^2}$

90 조화진동의 변위 x와 시간 t의 관계를 나타낸 식 $x = a\sin(\omega t + \phi)$에서 ϕ가 의미하는 것은?

① 진폭 ② 주기
③ 초기위상 ④ 각진동수

해설 변위$(x) = a\sin(\omega t + \phi)\text{[m]}$
여기서, a : 진폭
ϕ : 초기위상
ω : 각진동수
$\omega t + \phi$: 위상각

91 속도가 각각 v_1, $v_2(v_1 > v_2)$이고, 질량이 모두 m인 두 물체가 동일한 방향으로 운동하여 충돌 후 하나로 되었을 때의 속도(v)는?

① $v_1 - v_2$ ② $v_1 + v_2$
③ $\dfrac{v_1 - v_2}{2}$ ④ $\dfrac{v_1 + v_2}{2}$

해설 운동량보존법칙 적용
충돌 전 = 충돌 후
$m(v_1 + v_2) = 2mv$
$\therefore v = \dfrac{v_1 + v_2}{2}\text{[m/s]}$

92 드로잉률에 대한 설명으로 옳은 것은?

① 드로잉률이 작을수록 제품의 깊이가 깊은 것이므로 드로잉에 필요한 힘도 증가하게 된다.
② 드로잉률이 클수록 제품의 깊이가 깊은 것이므로 드로잉에 필요한 힘도 증가하게 된다.
③ 드로잉률이 작을수록 제품의 깊이가 낮은 것이므로 드로잉에 필요한 힘도 증가하게 된다.
④ 드로잉률이 클수록 제품의 깊이가 낮은 것이므로 드로잉에 필요한 힘도 증가하게 된다.

정답 88.③ 89.③ 90.③ 91.④ 92.①

93 방전가공의 특징으로 틀린 것은?

① 전극이 필요하다.
② 가공 부분에 변질층이 남는다.
③ 전극 및 가공물에 큰 힘이 가해진다.
④ 통전되는 가공물은 경도와 관계없이 가공이 가능하다.

해설 방전가공(EDM : Electric Discharge Machine)의 특징
㉠ 장점
  • 비접촉성으로 기계적인 힘이 가해지지 않는다.
  • 재료의 경도, 인성에 관계없이 전기도체면 쉽게 가공한다.
  • 복잡한 표면형상이나 미세한 가공이 가능하다.
  • 가공면의 열변질층두께가 균일하며 마무리 가공이 쉽다.
  • 다듬질면은 방향성이 없고 균일하다.
㉡ 단점
  • 가공속도가 느리다.
  • 가공상의 전극소재에 제한이 있다.
  • 전극의 소모가 있으며 화재 발생에 유의해야 한다.

94 스폿용접과 같은 원리로 접합할 모재의 한쪽 판에 돌기를 만들어 고정전극 위에 겹쳐놓고 가동전극으로 동전과 동시에 가압하여 저항열로 가열된 돌기를 접합시키는 용접법은?

① 플래시버트용접   ② 프로젝션용접
③ 업셋용접   ④ 단접

해설 프로젝션(projection, 돌기)용접은 점(spot)용접과 같은 원리로 제품의 한쪽 또는 양쪽에 돌기를 만들어 이 부분에 용접전류를 집중시켜 압접하는 방법이다.

95 밀링에서 브라운샤프형 분할판으로 지름피치 12, 잇수가 76개인 스퍼기어를 절삭할 때 사용하는 분할판의 구멍열은?

① 16구멍   ② 17구멍
③ 18구멍   ④ 19구멍

해설 분할크랭크의 회전수
$n = \dfrac{40}{\text{공작물의 등분분할수}(N)} = \dfrac{40}{76} = \dfrac{10}{19}$
즉 19구멍열을 사용하여 10구멍씩 회전한다.

96 전해연마의 일반적인 특징에 대한 설명으로 옳은 것은?

① 가공면에는 방향성이 있다.
② 내마멸성, 내부식성이 저하된다.
③ 연마량이 적으므로 깊은 홈이 제거되지 않는다.
④ 복잡한 형상의 공작물, 선 등의 연마가 불가능하다.

해설 전해연마(electrolytic polishing)란 비철금속의 공작물을 인산 또는 황산 등의 전해액 속에 넣어서 전류를 짧은 시간 동안 통전하여 표면을 녹여 아름답고 방향성이 없는 매끈한 표면처리를 얻는 가공법이다. 또한 연마량이 적으므로 작은 요철($1\sim 2\mu m$)은 쉽게 연마되지만, 큰 요철은 연마 후에도 홈집이 제거되지 않고 남는다.

97 일반적으로 저탄소강을 초경합금으로 선반가공할 때 힘의 크기가 가장 큰 것은?

① 이송분력   ② 배분력
③ 주분력   ④ 부분력

해설 절삭저항(절삭력)의 3분력 크기순서 : 주분력>배분력>이송분력

98 가공의 영향으로 생긴 스트레인이나 내부응력을 제거하고 미세한 표준조직으로 기계적 성질을 향상시키는 열처리법은?

① 소프트닝   ② 보로나이징
③ 하드페이싱 ④ 노멀라이징

99 롤러 중심거리 200mm인 사인바로 게이지블록 42mm를 사용하여 피측정물의 경사면이 정반과 평행을 이루었을 때 피측정물의 구배값은 약 몇 도(°)인가?

① 30   ② 25
③ 21   ④ 12

해설 $\sin\alpha = \dfrac{H}{L}$
$\therefore \alpha = \sin^{-1}\dfrac{H}{L} = \sin^{-1}\dfrac{42}{200} \fallingdotseq 12°$

정답 93.③ 94.② 95.④ 96.③ 97.③ 98.④ 99.④

100 Al합금 등과 같은 용융금속을 고속, 고압으로 금속주형에 주입하여 정밀제품을 다량생산하는 특수주조방법은?

① 다이캐스팅법
② 인베스트먼트주조법
③ 칠드주조법
④ 원심주조법

[해설] 다이캐스팅(die casting)주조법은 정밀주조법의 일종으로 정밀한 금형에 용융금속을 고속·고압으로 주입하여 얻은 방법으로, 주물재료는 Al합금, Zn합금, Cu합금, Mg합금, Sn합금 등이 사용되며 주로 전기기구, 계산기, 사진기, 재봉틀, 사무용 기구 등 다량생산에 이용된다.

정답 100. ①

2022 제1회 출제문제

| 2022. 3. 5. 시행 |

제1과목 · 재료역학

01 양단이 회전지지로 된 장주에서 거리 e만큼 편심된 곳에 축방향 하중 P가 작용할 때 이 기둥에서 발생하는 최대 압축응력(σ_{max})은? (단, A는 기둥 단면적, $2c$는 단면의 두께, r은 단면의 회전반경, E는 세로탄성계수이다.)

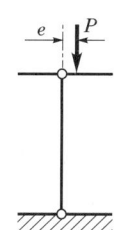

① $\sigma_{max} = \dfrac{P}{A}\left[1 + \dfrac{ec}{r^2}\sec\left(\dfrac{L}{r}\sqrt{\dfrac{P}{4EA}}\right)\right]$

② $\sigma_{max} = \dfrac{P}{A}\left[1 + \dfrac{ec}{r^2}\sec\left(\dfrac{L}{r}\sqrt{\dfrac{P}{2EA}}\right)\right]$

③ $\sigma_{max} = \dfrac{P}{A}\left[1 + \dfrac{ec}{r^2}\text{cosec}\left(\dfrac{L}{r}\sqrt{\dfrac{P}{4EA}}\right)\right]$

④ $\sigma_{max} = \dfrac{P}{A}\left[1 + \dfrac{ec}{r^2}\text{cosec}\left(\dfrac{L}{r}\sqrt{\dfrac{P}{2EA}}\right)\right]$

해설
$\sigma_{max} = \dfrac{P}{A} + \dfrac{Mc}{I} = \dfrac{P}{A} + \dfrac{PV_{max}c}{Ar^2}$

$= \dfrac{P}{A}\left(1 + \dfrac{ec}{r^2}\sec\dfrac{\lambda L}{2}\right)$

$= \dfrac{P}{A}\left[1 + \dfrac{ec}{r^2}\sec\left(\dfrac{L}{r}\sqrt{\dfrac{P}{4EA}}\right)\right]$ (secant공식 이용)

여기서, $\lambda = \sqrt{\dfrac{P}{EI}} = \sqrt{\dfrac{P}{EAr^2}}$

02 지름 100mm의 원에 내접하는 정사각형 단면을 가진 강봉이 10kN의 인장력을 받고 있다. 단면에 작용하는 인장응력은 약 몇 MPa인가?

① 2   ② 3.1
③ 4   ④ 6.3

해설 $\sigma = \dfrac{P}{a^2} = \dfrac{10 \times 10^3}{\dfrac{100^2}{2}} = 2\text{MPa}(= \text{N/mm}^2)$

이때 $d^2 = 2a^2$이므로 $a^2 = \dfrac{d^2}{2}$

03 다음 그림과 같은 막대가 있다. 길이는 4m이고, 힘(F)은 지면에 평행하게 200N만큼 주었을 때 O점에 작용하는 힘(F_{ox}, F_{oy})과 모멘트(M_z)의 크기는?

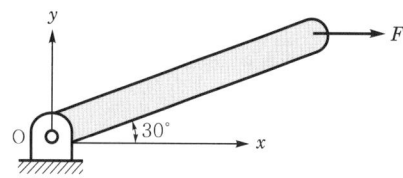

① $F_{ox} = 200\text{N}$, $F_{oy} = 0$, $M_z = 400\text{N} \cdot \text{m}$
② $F_{ox} = 0$, $F_{oy} = 200\text{N}$, $M_z = 200\text{N} \cdot \text{m}$
③ $F_{ox} = 200\text{N}$, $F_{oy} = 200\text{N}$, $M_z = 200\text{N} \cdot \text{m}$
④ $F_{ox} = 0$, $F_{oy} = 0$, $M_z = 400\text{N} \cdot \text{m}$

해설 ㉠ $F_{ox} = 200\text{N}$
㉡ $F_{oy} = 0$
㉢ $M_z = FL\sin 30° = 200 \times 4 \times \sin 30° = 400\text{N} \cdot \text{m}$

04 기계요소의 임의의 점에 대하여 스트레인을 측정하여 보니 다음과 같이 나타났다. 현 위치로부터 시계방향으로 30° 회전된 좌표계의 y방향의 스트레인 ε_y는 얼마인가? (단, ε은 각 방향별 수직변형률, γ는 전단변형률을 나타낸다.)

- $\varepsilon_x = -30 \times 10^{-6}$
- $\varepsilon_y = -10 \times 10^{-6}$
- $\gamma_{xy} = 10 \times 10^{-6}$

① -14.95×10^{-6} ② -12.64×10^{-6}
③ -10.67×10^{-6} ④ -9.32×10^{-6}

정답 01. ① 02. ① 03. ① 04. ③

해설
$$\varepsilon_y = \frac{1}{2}(\varepsilon_x + \varepsilon_y) - \frac{1}{2}(\varepsilon_x - \varepsilon_y)\cos 2\theta + \frac{1}{2}\gamma_{xy}\sin 2\theta$$
$$= \frac{1}{2}\times(-30-10)\times 10^{-6} - \frac{1}{2}\times(-30+10)\times 10^{-6}$$
$$\times \cos(2\times 30°) + \frac{1}{2}\times 10\times 10^{-6}\times \sin(2\times 30°)$$
$$= -10.67\times 10^{-6}$$

05 도심축에 대한 단면 2차 모멘트가 가장 크도록 직사각형 단면(폭(b)×높이(h))을 만들 때 단면 2차 모멘트를 직사각형 폭(b)에 관한 식으로 옳게 나타낸 것은? (단, 직사각형 단면은 지름이 d인 원에 내접한다.)

① $\dfrac{\sqrt{3}}{4}b^4$ ② $\dfrac{\sqrt{3}}{3}b^4$

③ $\dfrac{3}{\sqrt{3}}b^4$ ④ $\dfrac{4}{\sqrt{3}}b^4$

해설 우측 그림에서 $d^2 = b^2 + h^2$ ············· ㉠

$\therefore b = \sqrt{d^2 - h^2} = (d^2 - h^2)^{\frac{1}{2}}$

$I = \dfrac{bh^3}{12} = \dfrac{(d^2-h^2)^{\frac{1}{2}}h^3}{12}$ 에서

$\dfrac{dI}{dh} = 0$ 으로 놓고 정리하면

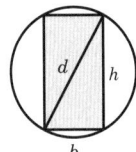

$\dfrac{dI}{dh} = \dfrac{3h^2}{12}(d^2-h^2)^{\frac{1}{2}} - \dfrac{h^3}{12}\times \dfrac{(d^2-h^2)^{-\frac{1}{2}}\times 2h}{2} = 0$

$\therefore d^2 = \dfrac{4}{3}h^2$ ············· ㉡

㉡을 ㉠에 대입하면

$\dfrac{4}{3}h^2 = b^2 + h^2$

$b^2 = \dfrac{1}{3}h^2$

$\therefore h = \sqrt{3}\,b$

$\therefore I = \dfrac{bh^3}{12} = \dfrac{b(\sqrt{3}\,b)^3}{12} = \dfrac{\sqrt{3}}{4}b^4$

06 길이 15m, 지름 10mm의 강봉에 8kN의 인장하중을 걸었더니 탄성변형이 생겼다. 이때 늘어난 길이는 약 몇 mm인가? (단, 이 강재의 세로탄성계수는 210GPa이다.)

① 1.46 ② 14.6
③ 0.73 ④ 7.3

해설
$$\lambda = \dfrac{PL}{AE} = \dfrac{8\times 15}{\dfrac{\pi}{4}\times 0.01^2 \times 210\times 10^6}$$
$$= 7.28\times 10^{-3}\text{m} \fallingdotseq 7.3\text{mm}$$

07 다음 그림과 같이 2개의 비틀림모멘트를 받고 있는 중공축의 a-a 단면에서 비틀림모멘트에 의한 최대 전단응력은 약 몇 MPa인가? (단, 중공축의 바깥지름은 10cm, 안지름은 6cm이다.)

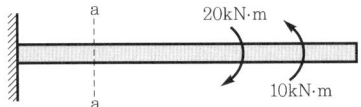

① 25.5 ② 36.5
③ 47.5 ④ 58.5

해설
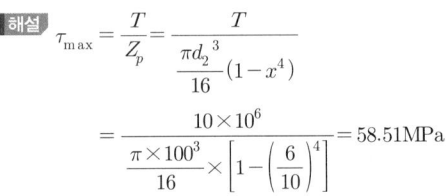

08 다음 그림과 같은 보에서 $P_1 = 800$N, $P_2 = 500$N이 작용할 때 보의 왼쪽에서 2m 지점에 있는 a위치에서의 굽힘모멘트의 크기는 약 몇 N·m인가?

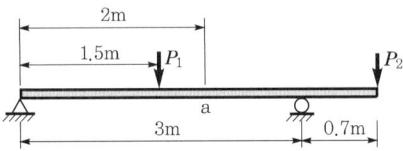

① 133.3 ② 166.7
③ 204.6 ④ 257.4

해설 $\Sigma M_B = 0$

$R_a \times 3 - P_1 \times 1.5 + P_2 \times 0.7 = 0$

$R_a = \dfrac{P_1 \times 1.5 - P_2 \times 0.7}{3} = \dfrac{800\times 1.5 - 500\times 0.7}{3}$

$= 283.33$N

$\therefore M_a = R_a \times 2 - P_1 \times 0.5$
$= 283.33\times 2 - 800\times 0.5$
$\fallingdotseq 166.7$N·m

정답 05.① 06.④ 07.④ 08.②

09 5cm×10cm 단면의 3개의 목재를 목재용 접착제로 접착하여 다음 그림과 같이 10cm×15cm의 사각 단면을 갖는 합성보를 만들었다. 접착부에 발생하는 전단응력은 약 몇 kPa인가? (단, 이 합성보는 양단이 길이 2m인 단순지지보이며 보의 중앙에 800N의 집중하중을 받는다.)

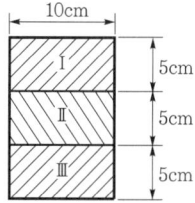

① 57.6 ② 35.5
③ 82.4 ④ 160.8

해설 $V = \dfrac{P}{2} = \dfrac{800}{2} = 400\text{N}$

$Q = \dfrac{b}{2}\left(\dfrac{h^2}{4} - y_1^2\right) = \dfrac{100}{2} \times \left(\dfrac{150^2}{4} - 25^2\right) = 250,000\text{mm}^3$

$\therefore \tau = \dfrac{VQ}{bI_G} = \dfrac{400 \times 250,000}{100 \times \dfrac{100 \times 150^3}{12}}$

$= 0.03555\text{MPa} = 35.55\text{kPa}$

10 외팔보 AB에서 중앙(C)에 모멘트 M_c와 자유단에 하중 P가 동시에 작용할 때 자유단(B)에서의 처짐량이 영(0)이 되도록 M_c를 결정하면? (단, 굽힘강성 EI는 일정하다.)

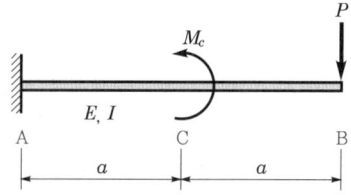

① $M_c = \dfrac{8}{9}Pa$ ② $M_c = \dfrac{16}{9}Pa$
③ $M_c = \dfrac{24}{9}Pa$ ④ $M_c = \dfrac{32}{9}Pa$

해설 $\dfrac{P(2a)^3}{3EI} = \dfrac{M_c a \times \dfrac{3}{2}a}{EI}$

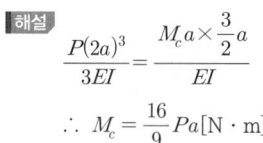

$\therefore M_c = \dfrac{16}{9}Pa[\text{N}\cdot\text{m}]$

11 지름 20cm, 길이 40cm인 콘크리트원통에 압축하중 20kN이 작용하여 지름이 0.0006cm만큼 늘어나고 길이는 0.0057cm만큼 줄었을 때 푸아송비는 약 얼마인가?

① 0.18 ② 0.24
③ 0.21 ④ 0.27

해설 $\mu = \dfrac{1}{m} = \dfrac{|\varepsilon'|}{\varepsilon} = \dfrac{\dfrac{\delta}{d}}{\dfrac{\lambda}{L}} = \dfrac{\delta L}{d\lambda} = \dfrac{0.0006 \times 40}{20 \times 0.0057} \fallingdotseq 0.21$

12 다음 그림과 같은 외팔보가 있다. 보의 굽힘에 대한 허용응력을 80MPa로 하고, 자유단 B로부터 보의 중앙점 C 사이에 등분포하중 w를 작용시킬 때 w의 최대 허용값은 몇 kN/m인가? (단, 외팔보의 폭×높이는 5cm×9cm이다.)

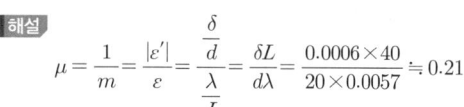

① 12.4 ② 13.4
③ 14.4 ④ 15.4

해설 $\sigma_a = \dfrac{M_{\max}}{Z} = \dfrac{M_{\max}}{\dfrac{bh^2}{6}} = \dfrac{6M_{\max}}{bh^2} = \dfrac{6 \times 0.38w}{bh^2}[\text{kPa}]$

$\therefore w = \dfrac{\sigma_a bh^2}{6 \times 0.38} = \dfrac{80 \times 10^3 \times 0.05 \times 0.09^2}{6 \times 0.38}$

$= 14.21\text{kN/m}$

13 다음 그림과 같은 직육면에 블록은 전단탄성계수 500MPa이고, 상하면에 강체평판이 부착되어 있다. 아래쪽 평판은 바닥면에 고정되어 있으며, 위쪽 평판은 수평방향 힘 P가 작용한다. 힘 P에 의해서 위쪽 평판이 수평방향으로 0.8mm 이동되었다면 가해진 힘 P는 약 몇 kN인가?

① 60
② 80
③ 100
④ 120

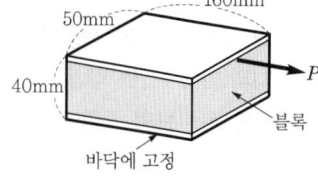

[해설] $\tau = G\gamma$

$\dfrac{P}{A} = G\dfrac{\lambda_s}{L}$

$\therefore P = AG\dfrac{\lambda_s}{L} = (0.05 \times 0.16) \times 500 \times 10^3 \times \dfrac{0.8}{40}$

$= 80\text{kN}$

14 다음 그림과 같이 지름 50mm의 연강봉의 일단을 벽에 고정하고, 자유단에는 50cm 길이의 레버 끝에 600N의 하중을 작용시킬 때 연강봉에 발생하는 최대 굽힘응력과 최대 전단응력은 각각 몇 MPa인가?

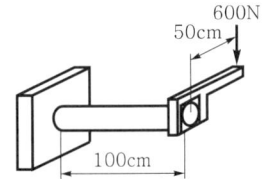

① 최대 굽힘응력 : 51.8, 최대 전단응력 : 27.3
② 최대 굽힘응력 : 27.3, 최대 전단응력 : 51.8
③ 최대 굽힘응력 : 41.8, 최대 전단응력 : 27.3
④ 최대 굽힘응력 : 27.3, 최대 전단응력 : 41.8

[해설] ㉠ $T_e = \sqrt{T^2 + M^2} = \sqrt{(600 \times 0.5)^2 + (600 \times 1)^2}$
$= 670.82\text{N} \cdot \text{m}$

$T_e = \tau Z_P = \tau \dfrac{\pi d^3}{16} [\text{N} \cdot \text{mm}]$

$\therefore \tau = \dfrac{T_e}{Z_p} = \dfrac{16 T_e}{\pi d^3} = \dfrac{16 \times 670.82 \times 10^3}{\pi \times 50^3}$
$= 27.35 \text{N/mm}^2 (= \text{MPa})$

㉡ $M_e = \dfrac{1}{2}(M + T_e) = \dfrac{1}{2} \times (600 + 670.82)$
$= 635.41\text{kN} \cdot \text{m}$

$M_e = \sigma Z = \sigma \dfrac{\pi d^3}{32} [\text{N} \cdot \text{mm}]$

$\therefore \sigma = \dfrac{M_e}{Z} = \dfrac{32 M_e}{\pi d^3} = \dfrac{32 \times 635.41 \times 10^3}{\pi \times 50^3} = 51.8\text{MPa}$

15 다음 그림과 같이 10kN의 집중하중과 4kN·m의 굽힘모멘트가 작용하는 단순지지보에서 A위치의 반력 R_A는 약 몇 kN인가? (단, 4kN·m의 모멘트는 보의 중앙에서 작용한다.)

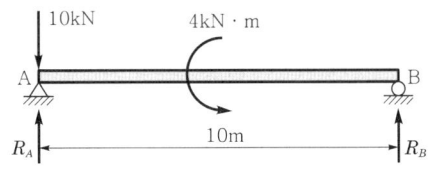

① 6.8   ② 14.2
③ 8.6   ④ 10.4

[해설] $\Sigma M_B = 0$
$R_A \times 10 - 10 \times 10 - 4 = 0$
$\therefore R_A = \dfrac{10 \times 10 + 4}{10} = 10.4\text{kN}$

16 바깥지름 80mm, 안지름 60mm인 중공축에 4kN·m의 토크가 작용되고 있다. 최대 전단변형률은 얼마인가? (단, 축재료의 전단탄성계수는 27GPa이다.)

① 0.00122   ② 0.00216
③ 0.00324   ④ 0.00410

[해설] $\tau = \dfrac{P}{A} = G\gamma = \dfrac{T}{Z_p} [\text{MPa}]$

$\therefore \gamma = \dfrac{T}{GZ_p} = \dfrac{T}{G\dfrac{\pi d_2^3}{16}(1-x^4)}$

$= \dfrac{4 \times 10^6}{27 \times 10^3 \times \dfrac{\pi \times 80^3}{16} \times \left[1 - \left(\dfrac{60}{80}\right)^4\right]}$

$\fallingdotseq 2.16 \times 10^{-3} = 0.00216 \text{rad}$

17 다음 그림과 같이 전체 길이가 l인 보의 중앙에 집중하중 $P[\text{N}]$와 균일분포하중 $w[\text{N/m}]$가 동시에 작용하는 단순보에서 최대 처짐은? (단, $w \times l = P$이고 보의 굽힘강성 EI는 일정하다.)

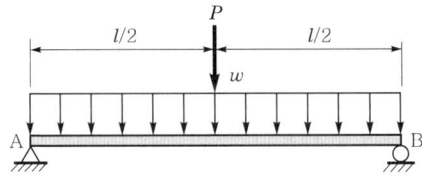

① $\dfrac{5Pl^3}{48EI}$ ② $\dfrac{13Pl^3}{64EI}$

③ $\dfrac{5Pl^3}{192EI}$ ④ $\dfrac{13Pl^3}{384EI}$

[정답] 14. ① 15. ④ 16. ② 17. ④

해설 $\delta_{max} = \dfrac{Pl^3}{48EI} + \dfrac{5Pl^3}{384EI} = \dfrac{13Pl^3}{384EI}$

이때 균일분포하중(w[N/m])을 받는 단순보의 중앙에서 최대 처짐량(δ) = $\dfrac{5wl^4}{384EI} = \dfrac{5Pl^3}{384EI}$

18 다음 그림의 구조물이 수직하중 $2P$를 받을 때 구조물 속에 저장되는 총탄성변형에너지는? (단, 구조물의 단면적은 A, 세로탄성계수는 E로 모두 같다.)

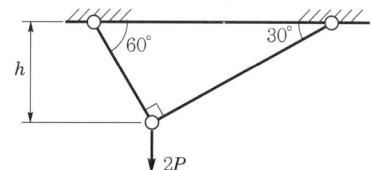

① $\dfrac{P^2 h}{4AE}(1+\sqrt{3})$ ② $\dfrac{P^2 h}{2AE}(1+\sqrt{3})$

③ $\dfrac{P^2 h}{AE}(1+\sqrt{3})$ ④ $\dfrac{2P^2 h}{AE}(1+\sqrt{3})$

해설

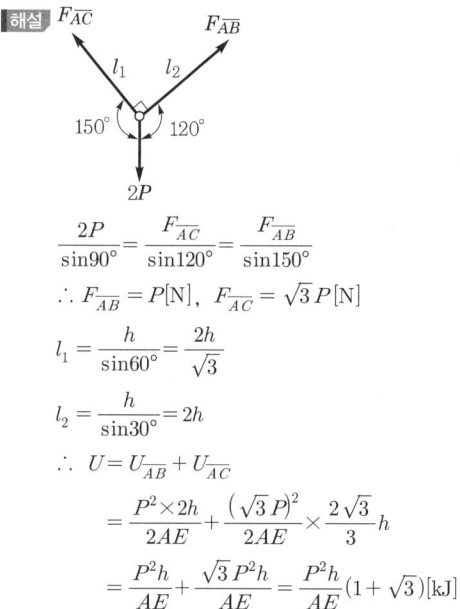

$\dfrac{2P}{\sin 90°} = \dfrac{F_{\overline{AC}}}{\sin 120°} = \dfrac{F_{\overline{AB}}}{\sin 150°}$

∴ $F_{\overline{AB}} = P$[N], $F_{\overline{AC}} = \sqrt{3}\,P$[N]

$l_1 = \dfrac{h}{\sin 60°} = \dfrac{2h}{\sqrt{3}}$

$l_2 = \dfrac{h}{\sin 30°} = 2h$

∴ $U = U_{\overline{AB}} + U_{\overline{AC}}$

$= \dfrac{P^2 \times 2h}{2AE} + \dfrac{(\sqrt{3}\,P)^2}{2AE} \times \dfrac{2\sqrt{3}}{3}h$

$= \dfrac{P^2 h}{AE} + \dfrac{\sqrt{3}\,P^2 h}{AE} = \dfrac{P^2 h}{AE}(1+\sqrt{3})$ [kJ]

19 다음 그림과 같이 w[N/m]의 분포하중을 받는 길이 L의 양단 고정보에서 굽힘모멘트가 0이 되는 곳은 보의 왼쪽으로부터 대략 어디에 위치해 있는가?

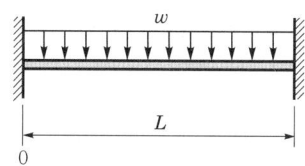

① $0.5L$ ② $0.33L$, $0.67L$
③ $0.21L$, $0.79L$ ④ $0.26L$, $0.74L$

해설 $M_x = -\dfrac{wL^2}{12} + \dfrac{wL}{2}x - \dfrac{wL^2}{2}x^2$

$= -\dfrac{w}{12}(6x^2 - 6Lx + L^2)$

$= 0$

∴ $x = 0.21L$ 또는 $0.789L(\fallingdotseq 0.79L)$

20 한 변이 50cm이고 얇은 두께를 가진 정사각형 파이프가 20,000N·m의 비틀림모멘트를 받을 때 파이프두께는 약 몇 mm 이상으로 해야 하는가? (단, 파이프재료의 허용비틀림응력은 40MPa이다.)

① 0.5mm ② 1.0mm
③ 1.5mm ④ 2.0mm

해설 $T = 2t\tau A_o = 2t\tau(a-t)^2$

$20,000 \times 1,000 = 2 \times 40 \times t(500-t)^2$

$250,000 = t(500-t)^2 = t(500^2 - 2\times 500 t + t^2)$

$= 500^2 t - 1,000t^2 + t^3$ (3차항 무시)

$1,000t^2 - 500^2 t + 250,000 = 0$

$t^2 - 250t + 250 = 0$

∴ $t = \dfrac{250 - \sqrt{250^2 - 4\times 1 \times 250}}{2\times 1} = 1\text{mm}$

제2과목 · 기계열역학

21 1MPa, 230℃ 상태에서 압축계수(compressibility factor)가 0.95인 기체가 있다. 이 기체의 실제 비체적은 약 몇 m³/kg인가? (단, 이 기체의 기체상수는 461J/kg·K이다.)

① 0.14 ② 0.18
③ 0.22 ④ 0.26

해설 $Pv = CRT$

∴ $v = \dfrac{CRT}{P} = \dfrac{0.95 \times 0.461 \times (230+273)}{1\times 10^3} = 0.22\text{m}^3/\text{kg}$

정답 18. ③ 19. ③ 20. ② 21. ③

22 Van der Waals 상태방정식은 다음과 같이 나타낸다. 이 식에서 $\frac{a}{v^2}$, b는 각각 무엇을 의미하는 것인가? (단, P는 압력, v는 비체적, R은 기체상수, T는 온도를 나타낸다.)

$$\left(P + \frac{a}{v^2}\right)(v-b) = RT$$

① 분자 간의 작용력, 분자 내부에너지
② 분자 자체의 질량, 분자 내부에너지
③ 분자 간의 작용력, 기체분자들이 차지하는 체적
④ 분자 자체의 질량, 기체분자들이 차지하는 체적

해설 ㉠ $\frac{a}{v^2}$: 분자 간의 작용력

㉡ b : 기체분자들이 차지하는 체적

23 효율이 40%인 열기관에서 유효하게 발생되는 동력이 110kW라면 주위로 방출되는 총열량은 약 몇 kW인가?

① 375 ② 165
③ 135 ④ 85

해설 ㉠ $Q_1 = \frac{W_{net}}{\eta} = \frac{110}{0.4} = 275\text{kW}$

㉡ $\eta = \frac{W_{net}}{Q_1} = 1 - \frac{Q_2}{Q_1}$

∴ $Q_2 = (1-\eta)Q_1 = (1-0.4) \times 275 = 165\text{kW}$

24 랭킨사이클로 작동되는 증기동력발전소에서 20MPa의 압력으로 물이 보일러에 공급되고, 응축기 출구에서 온도는 20℃, 압력은 2.339kPa이다. 이때 급수펌프에서 수행하는 단위질량당 일은 약 몇 kJ/kg인가? (단, 20℃에서 포화액의 비체적은 0.001002m³/kg, 포화증기의 비체적은 57.79m³/kg이며, 급수펌프에서는 등엔트로피과정으로 변화한다고 가정한다.)

① 0.4681
② 20.04
③ 27.14
④ 1020.6

해설 $w_p = -\int_1^2 v\,dp$

$= \int_2^1 v\,dp = v(p_1 - p_2)$

$= 0.001002 \times (20 \times 10^3 - 2.339) ≒ 20.04\text{kJ/kg}$

25 피스톤-실린더에 기체가 존재하며 피스톤의 단면적은 5cm²이고 피스톤에 외부에서 500N의 힘이 가해진다. 이때 주변 대기압력이 0.099MPa이면 실린더 내부기체의 절대압력(MPa)은 약 얼마인가?

① 0.901 ② 1.099
③ 1.135 ④ 1.275

해설 $P_a = P_o + P_g = P_o + \frac{P}{A} = 0.099 + \frac{500}{500} = 1.099\text{MPa}$

26 비열이 0.9kJ/kg·K, 질량이 0.7kg으로 동일하며, 온도가 각각 200℃와 100℃인 두 금속덩어리를 접촉시켜서 온도가 평형에 도달하였을 때 총엔트로피변화량은 약 몇 J/K인가?

① 8.86 ② 10.42
③ 13.25 ④ 16.87

해설 $t_m = \frac{m_1 t_1 + m_2 t_2}{m_1 + m_2} = \frac{0.7 \times 200 + 0.7 \times 100}{0.7 + 0.7} = 150℃$

∴ $\Delta S = m_1 C_1 \ln\frac{T_m}{T_1} + m_2 C_2 \ln\frac{T_m}{T_2}$

$= 0.7 \times 900 \times \ln\frac{273+150}{273+200}$

$+ 0.7 \times 900 \times \ln\frac{273+150}{273+100}$

$= 8.86\text{J/K}$

27 이상기체의 상태변화에서 내부에너지가 일정한 상태변화는?

① 등온변화
② 정압변화
③ 단열변화
④ 정적변화

해설 이상기체인 경우 내부에너지가 일정한 경우는 등온변화이다.
$U = f(t)$

정답 22. ③ 23. ② 24. ② 25. ② 26. ① 27. ①

28 다음 그림과 같은 이상적인 열펌프의 압력(P)-엔탈피(h)선도에서 각 상태의 엔탈피는 다음과 같을 때 열펌프의 성능계수는? (단, h_1 =155kJ/kg, h_3 =593kJ/kg, h_4 =827kJ/kg)

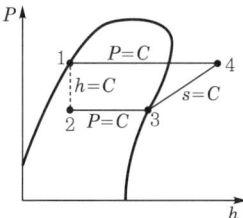

① 1.8 ② 2.9
③ 3.5 ④ 4.0

해설 $\varepsilon_{HP} = \dfrac{q_c}{w_c} = \dfrac{h_4 - h_1}{h_4 - h_3} = \dfrac{827 - 155}{827 - 593} = 2.87 ≒ 2.9$

29 압력이 일정할 때 공기 5kg을 0℃에서 100℃까지 가열하는 데 필요한 열량은 약 몇 kJ인가? (단, 비열(C_p)은 온도 t[℃]에 관계한 함수로 C_p = 1.01+0.000079t[kJ/kg · ℃]이다.)

① 365 ② 436
③ 480 ④ 507

해설 $Q = m\int_{t_1}^{t_2} C_p dt = m\int_{t_1}^{t_2}(1.01 + 0.000079t)dt$
$= m\left[1.01(t_2 - t_1) + \dfrac{0.000079}{2}(t_2^2 - t_1^2)\right]_0^{100}$
$= 5 \times \left[1.01 \times 100 + \dfrac{0.000079}{2} \times 100^2\right]$
$≒ 507$kJ

30 기관의 실린더 내에서 1kg의 공기가 온도 120℃에서 열량 40kJ를 얻어 등온팽창한다고 하면 엔트로피의 변화는 얼마인가?

① 0.102kJ/kg · K
② 0.132kJ/kg · K
③ 0.162kJ/kg · K
④ 0.192kJ/kg · K

해설 $s_2 - s_1 = \dfrac{q}{T} = \dfrac{40}{120 + 273} = 0.102$kJ/kg · K

31 고온 400℃, 저온 50℃의 온도범위에서 작동하는 Carnot사이클열기관의 효율을 구하면 약 몇 %인가?

① 43 ② 46
③ 49 ④ 52

해설 $\eta_c = 1 - \dfrac{T_2}{T_1} = 1 - \dfrac{50 + 273}{400 + 273} = 0.52 = 52\%$

32 물질의 양을 1/2로 줄이면 강도성(강성적) 상태량(intensive properties)은 어떻게 되는가?

① 1/2로 줄어든다. ② 1/4로 줄어든다.
③ 변화가 없다.   ④ 2배로 늘어난다.

해설 강도성 상태량은 물질의 양과 관계없는 상태량이다 (변화가 없다).

33 수평으로 놓인 노즐에서 증기가 흐르고 있다. 입구에서의 엔탈피는 3,106kJ/kg이고, 입구속도는 13m/s, 출구속도는 300m/s일 때 출구에서의 증기엔탈피의 약 몇 kJ/kg인가? (단, 노즐에서의 열교환 및 외부로의 일량은 무시할 수 있을 정도로 작다고 가정한다.)

① 3,146 ② 3,208
③ 2,963 ④ 3,061

해설 노즐 출구유속(w_2) = $44.72\sqrt{h_1 - h_2}$ [m/s]
$h_1 - h_2 = \left(\dfrac{w_2}{44.72}\right)^2 = \left(\dfrac{300}{44.72}\right)^2 = 45$kJ/kg
∴ $h_2 = h_1 - 45 = 3,106 - 45 = 3,061$kJ/kg

34 단열노즐에서 공기가 팽창한다. 노즐 입구에서 공기속도는 60m/s, 온도는 200℃이며, 출구에서 온도는 50℃일 때 출구에서 공기속도는 약 얼마인가? (단, 공기비열은 1.0035kJ/kg · K이다.)

① 62.5m/s ② 328m/s
③ 552m/s ④ 1,901m/s

해설 $V_2 = 44.72\sqrt{h_1 - h_2}$
$= 44.72\sqrt{C_p(T_1 - T_2)}$
$= 44.72\sqrt{1.0035 \times (200 + 273) - (50 + 273)}$
$≒ 549$m/s

35 물 10kg을 1기압하에서 20℃로부터 60℃까지 가열할 때 엔트로피의 증가량은 약 몇 kJ/kg인가? (단, 물의 정압비열은 4.18kJ/kg·K이다.)

① 9.78　　② 5.35
③ 8.32　　④ 14.8

해설 $\Delta S = mC_p \ln\frac{T_2}{T_1} = 10 \times 4.18 \times \ln\frac{60+273}{20+273} \fallingdotseq 5.35 \text{kJ/K}$

36 질량이 4kg인 단열된 강재용기 속에 물 18L가 들어 있으며, 25℃로 평형상태에 있다. 이 속에 200℃의 물체 8kg을 넣었더니 열평형에 도달하여 온도가 30℃가 되었다. 물의 비열은 4.187kJ/kg·K이고, 강재(용기)의 비열은 0.4648kJ/kg·K일 때 물체의 비열은 약 몇 kJ/kg·K인가? (단, 외부와의 열교환은 없다고 가정한다.)

① 0.244　　② 0.267
③ 0.284　　④ 0.302

해설 고온체 방열량 = 저온체 흡열량
$m_1 C_1(t_1 - t_m) = (m_2 C_2 + m_3 C_3)(t_m - t_o)$
$8 \times C_1 \times (200-30) = (4 \times 0.4648 + 18 \times 4.187) \times (30-25)$
$\therefore C_1 = \frac{386.126}{1,360} \fallingdotseq 0.284 \text{kJ/kg·K}$

37 다음의 물리량 중 물질의 최초, 최종상태뿐 아니라 상태변화의 경로에 따라서도 그 변화량이 달라지는 것은?

① 일　　② 내부에너지
③ 엔탈피　　④ 엔트로피

해설 열과 일은 경로함수(Path function)로써 과정(경로)에 따라 값이 달라진다.
※ 내부에너지, 엔탈피, 엔트로피는 완전 미분적분이 가능한 상태함수(점함수)이다.

38 압력이 0.2MPa이고 초기온도가 120℃인 1kg의 공기를 압축비 18로 가역단열압축하는 경우 최종온도는 약 몇 ℃인가? (단, 공기는 비열비가 1.4인 이상기체이다.)

① 676℃　　② 776℃
③ 876℃　　④ 976℃

해설 $\frac{T_2}{T_1} = \left(\frac{V_1}{V_2}\right)^{k-1} = \varepsilon^{k-1}$
$\therefore T_2 = T_1 \varepsilon^{k-1} = (120+273) \times 18^{1.4-1}$
$\fallingdotseq 1,249\text{K} - 273 \fallingdotseq 976℃$

39 공기 표준사이클로 운전하는 이상적인 디젤사이클이 있다. 압축비는 17.5, 비열비는 1.4, 체절비(또는 분사단절비, cut-off ratio)는 2.1일 때 이 디젤사이클의 효율은 약 몇 %인가?

① 60.5　　② 62.3
③ 64.7　　④ 66.8

해설 $\eta_{thd} = 1 - \left(\frac{1}{\varepsilon}\right)^{k-1} \frac{\sigma^k - 1}{k(\sigma-1)}$
$= 1 - \left(\frac{1}{17.5}\right)^{1.4-1} \times \frac{2.1^{1.4}-1}{1.4 \times (2.1-1)}$
$\fallingdotseq 0.623 = 62.3\%$

40 고열원 500℃와 저열원 35℃ 사이에 열기관을 설치하였을 때 사이클당 10MJ의 공급열량에 대해서 7MJ의 일을 하였다고 주장한다면 이 주장은?

① 열역학적으로 타당한 주장이다.
② 가역기관이라면 타당한 주장이다.
③ 비가역기관이라면 타당한 주장이다.
④ 열역학적으로 타당하지 않은 주장이다.

해설 $\eta_c = 1 - \frac{T_2}{T_1} = 1 - \frac{35+273}{500+273} \fallingdotseq 0.602 = 60.2\%$
$\eta = \frac{W_{net}}{Q_1} = \frac{7}{10} = 0.7 = 70\%$
∴ 열역학 제2법칙에 위배된다. 즉 열역학적으로 타당하지 않은 주장이다.

제3과목 · 기계유체역학

41 실형의 1/25인 기하학적으로 상사한 모형 댐을 이용하여 유동특성을 연구하려고 한다. 모형 댐의 상부에서 유속이 1m/s일 때 실제 댐에서 해당 부분의 유속은 약 몇 m/s인가?

① 0.025　　② 0.2
③ 5　　④ 25

정답 35.② 36.③ 37.① 38.④ 39.② 40.④ 41.③

해설 $(F_r)_p = (F_r)_m$

$\left(\dfrac{V}{\sqrt{Lg}}\right)_p = \left(\dfrac{V}{\sqrt{Lg}}\right)_m$

$g_p \simeq g_m$

$\therefore V_p = V_m \sqrt{\dfrac{L_p}{L_m}} = 1\sqrt{\dfrac{25}{1}} = 5\text{m/s}$

42 반지름 0.5m인 원통형 탱크에 1.5m 높이로 물을 채우고 중심축을 기준으로 각속도 10rad/s로 회전시킬 때 탱크 저면의 중심에서 압력은 계기압력으로 약 몇 kPa인가? (단, 탱크의 윗면은 열려 대기 중에 노출되어 있으며, 물은 넘치지 않는다고 한다.)

① 2.26 ② 4.22
③ 6.42 ④ 8.46

해설 $H = \dfrac{\gamma_o^2 \omega^2}{4g} = \dfrac{0.5^2 \times 10^2}{4 \times 9.8} = 0.64\text{m}$

$\therefore P = \gamma(1.5 - H) = 9.8 \times (1.5 - 0.64) = 8.43\text{kPa}$

43 경계층(boundary layer)에 관한 설명 중 틀린 것은?

① 경계층 바깥의 흐름은 퍼텐셜흐름에 가깝다.
② 균일속도가 크고 유체의 점성이 클수록 경계층의 두께는 얇아진다.
③ 경계층 내에서는 점성의 영향이 크다.
④ 경계층은 평판 선단으로부터 하류로 갈수록 두꺼워진다.

해설 유체점성이 클수록 경계층의 두께는 두꺼워진다.

44 정지유체 속에 잠겨 있는 평면에 대하여 유체에 의해 받는 힘에 관한 설명 중 틀린 것은?

① 깊게 잠길수록 받는 힘이 커진다.
② 크기는 도심에서의 압력에 전체 면적을 곱한 것과 같다.
③ 평면이 수평으로 놓인 경우 압력 중심은 도심과 일치한다.
④ 평면이 수직으로 놓인 경우 압력 중심은 도심보다 약간 위쪽에 있다.

해설 평면이 수직으로 놓인 경우 압력 중심은 도심보다 $\dfrac{I_G}{A_g}$ 만큼 항상 아래쪽에 있다.

45 (r, θ)좌표계에서 코너를 흐르는 비점성, 비압축성 유체의 2차원 유동함수($\psi[\text{m}^2/\text{s}]$)는 다음과 같다. 이 유동함수에 대한 속도퍼텐셜(ϕ)의 식으로 옳은 것은? (단, r은 m단위이고, C는 상수이다.)

$$\psi = 2r^2 \sin 2\theta$$

① $\phi = 2r^2 \cos 2\theta + C$
② $\phi = 2r^2 \tan 2\theta + C$
③ $\phi = 4r \cos \theta^2 + C$
④ $\phi = 4r \tan \theta^2 + C$

46 두 평판 사이에 점성계수가 2N·s/m^{2}인 뉴턴유체가 다음과 같은 속도분포($u[\text{m/s}]$)로 유동한다. 여기서 y는 두 평판 사이의 중심으로부터 수직방향 거리(m)를 나타낸다. 평판 중심으로부터 $y = 0.5\text{cm}$ 위치에서의 전단응력의 크기는 약 몇 N/m^{2}인가?

$$u(y) = 1 - 10{,}000y^2$$

① 100 ② 200
③ 1,000 ④ 2,000

해설 $\tau = \mu \dfrac{du}{dy}\Big|_{y=0.005} = 2(-20{,}000y)$
$= 2 \times (-20{,}000 \times 0.005) = 200\text{Pa}(= \text{N/m}^2)$

47 개방된 탱크 내에 비중이 0.8인 오일이 가득 차 있다. 대기압이 101kPa라면 오일탱크 수면으로부터 3m 깊이에서 절대압력은 약 몇 kPa인가?

① 208 ② 249
③ 174 ④ 125

해설 $P_a = P_o + P_g = P_o + \gamma h = P_o + \gamma_w sh$
$= 101 + 9.8 \times 0.8 \times 3$
$\fallingdotseq 125\text{kPa}$

정답 42. ④ 43. ② 44. ④ 45. ① 46. ② 47. ④

48 피토-정압관과 액주계를 이용하여 공기의 속도를 측정하였다. 비중이 약 1인 액주계 유체의 높이차이는 10mm이고, 공기밀도는 1.22kg/m³일 때 공기의 속도는 약 몇 m/s인가?

① 2.1
② 12.7
③ 68.4
④ 160.2

해설 $v = \sqrt{2gh\left(\dfrac{\rho_o}{\rho} - 1\right)} = \sqrt{2 \times 9.8 \times 0.01 \times \left(\dfrac{1,000}{1.22} - 1\right)}$
$\fallingdotseq 12.7 \text{m/s}$

49 축동력이 10kW인 펌프를 이용하여 호수에서 30m 위에 위치한 저수지에 25L/s의 유량으로 물을 양수한다. 펌프에서 저수지까지 파이프시스템의 비가역적 수두손실이 4m라면 펌프의 효율은 약 몇 %인가?

① 63.7
② 78.5
③ 83.3
④ 88.7

해설 $\eta_p = \dfrac{L_w}{L_s} = \dfrac{9.8QH}{L_s}$
$= \dfrac{9.8 \times (25 \times 10^{-3}) \times (30+4)}{10} \times 100\% = 83.3\%$

50 다음 그림과 같은 반지름 R인 원관 내의 층류유동속도분포는 $u(r) = U\left(1 - \dfrac{r^2}{R^2}\right)$으로 나타내어진다. 여기서 원관 내 전체가 아닌 $0 \le r \le \dfrac{R}{2}$인 원형 단면을 흐르는 체적유량 Q를 구하면? (단, U는 상수이다.)

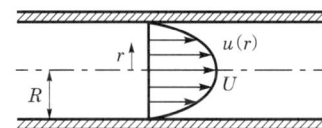

① $Q = \dfrac{5\pi UR^2}{16}$
② $Q = \dfrac{7\pi UR^2}{16}$
③ $Q = \dfrac{5\pi UR^2}{32}$
④ $Q = \dfrac{7\pi UR^2}{32}$

해설 $Q = UdA = U(2\pi r dr)$
$= 2\pi U \int_0^{\frac{R}{2}} \left(1 - \dfrac{r^2}{R^2}\right) r dr = 2\pi U \left[\dfrac{r^2}{2} - \dfrac{r^4}{4R^2}\right]_0^{\frac{R}{2}}$
$= 2\pi U \left(\dfrac{R^2}{8} - \dfrac{R^2}{64}\right) = \dfrac{7\pi UR^2}{32} \text{ [m}^3\text{/s]}$

51 밀도 890kg/m³, 점성계수 2.3kg/m·s인 오일이 지름 40cm, 길이 100m인 수평원관 내를 평균속도 0.5m/s로 흐른다. 입구의 영향을 무시하고 압력강하를 이길 수 있는 펌프의 소요동력은 약 몇 kW인가?

① 0.58
② 1.45
③ 2.90
④ 3.63

해설 동력 $= \Delta PQ = \dfrac{128\mu Q^2 L}{\pi d^4}$
$= \dfrac{128 \times 2.3 \times \left(\dfrac{\pi}{4} \times 0.4^2 \times 0.5\right)^2 \times 100}{\pi \times 0.4^4}$
$= 1443.67\text{W} \fallingdotseq 1.45\text{kW}$

52 유체의 회전벡터(각속도)가 ω인 회전유동에서 와도(vorticity, ζ)는?

① $\zeta = \dfrac{\omega}{2}$
② $\zeta = \sqrt{\dfrac{\omega}{2}}$
③ $\zeta = 2\omega$
④ $\zeta = \sqrt{2\omega}$

해설 유체의 회전벡터(각속도)가 ω인 회전유동에서 와도(ζ)는 2ω이다.

53 날개길이(span) 10m, 날개시위(chord length)는 1.8m인 비행기가 112m/s의 속도로 날고 있다. 이 비행기의 항력계수가 0.0761일 때 비행에 필요한 동력은 약 몇 kW인가? (단, 공기의 밀도는 1.2173kg/m³, 날개는 사각형으로 단순화하며, 양력은 충분히 발생한다고 가정한다.)

① 1,172
② 1,343
③ 1,570
④ 3,733

해설 동력 $= DV = \left(C_D \dfrac{\rho A V^2}{2}\right) V = C_D \dfrac{\rho A V^3}{2}$
$= 0.0761 \times \dfrac{1.2173 \times (10 \times 1.8) \times 112^3}{2} \times 10^{-3}$
$\fallingdotseq 1,172\text{kW}$

정답 48.② 49.③ 50.④ 51.② 52.③ 53.①

54 점성계수가 0.7poise이고 비중이 0.7인 유체의 동점성계수는 몇 stokes인가?

① 0.1 ② 1.0
③ 10   ④ 100

해설 $\gamma = \dfrac{\mu}{\rho} = \dfrac{\mu}{\rho_w s} = \dfrac{0.7\text{g/cm}\cdot\text{s}}{1\times 0.7\text{g/cm}^3} = 1\text{cm}^2/\text{s}(=\text{stokes})$

이때 $\rho_w = 1{,}000\text{kg/m}^3 = 1\text{g/cm}^3$

55 다음 그림과 같이 평판의 왼쪽 면에 단면적 0.01m², 속도 10m/s인 물제트가 직각으로 충돌하고 있다. 평판의 오른쪽 면에 단면적이 0.04m²인 물제트를 쏘아 평판이 정지상태를 유지하려면 속도 V_2는 약 몇 m/s여야 하는가?

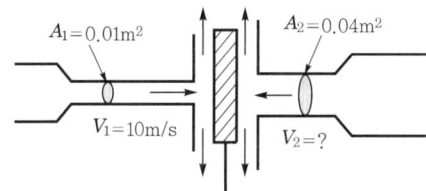

① 2.5 ② 5.0
③ 20   ④ 40

해설 $F = F_1 - F_2 = \rho Q_1 V_1 - \rho Q_2 V_2 = 0$

$\rho A_1 V_1^2 = \rho A_2 V_2^2$

$\therefore V_2 = V_1\sqrt{\dfrac{A_1}{A_2}} = 10\sqrt{\dfrac{0.01}{0.04}} = 5\text{m/s}$

56 다음 그림과 같은 노즐에서 나오는 유량이 0.078m³/s일 때 수위(H)는 약 얼마인가? (단, 노즐 출구의 안지름은 0.1m이다.)

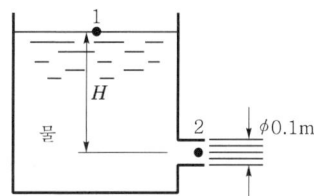

① 5m   ② 10m
③ 0.5m ④ 1m

해설 $Q = AV = A\sqrt{2gH}[\text{m}^3/\text{s}]$

$\therefore H = \dfrac{1}{2g}\left(\dfrac{Q}{A}\right)^2 = \dfrac{1}{2\times 9.8}\times\left(\dfrac{0.078}{\frac{\pi}{4}\times 0.1^2}\right)^2 = 5.03\text{m}$

57 다음 그림과 같이 탱크로부터 15℃의 공기가 수평한 호스와 노즐을 통해 Q의 유량으로 대기 중으로 흘러나가고 있다. 탱크 안의 게이지압력이 10kPa일 때 유량 Q는 약 몇 m³/s인가? (단, 노즐 끝단의 지름은 0.02m, 대기압은 101kPa이고, 공기의 기체상수는 287J/kg·K이다.)

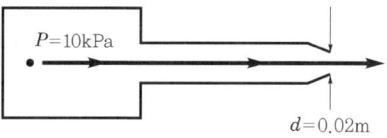

① 0.038 ② 0.042
③ 0.046 ④ 0.054

해설 $\rho = \dfrac{P}{RT} = \dfrac{P_o + P_g}{RT} = \dfrac{101+10}{0.287\times(15+273)} = 1.33\text{kg/m}^3$

$V = \sqrt{\dfrac{2P}{\rho}} = \sqrt{\dfrac{2\times 10\times 10^3}{1.33}} = 122.63\text{m/s}$

$\therefore Q = AV = \dfrac{\pi}{4}\times 0.02^2\times 122.63 = 0.038\text{m}^3/\text{s}$

58 원형 관내를 완전한 층류로 물이 흐를 경우 관마찰계수(f)에 대한 설명으로 옳은 것은?

① 상대조도(ε/D)만의 함수이다.
② 마하수(Ma)만의 함수이다.
③ 오일러수(Eu)만의 함수이다.
④ 레이놀즈수(Re)만의 함수이다.

해설 층류($Re < 2{,}100$)흐름인 경우 관마찰계수(f)는 레이놀즈수(Re)만의 함수이다.

$f = \dfrac{64}{Re}$

59 어느 물리법칙이 $F(a, V, \nu, L) = 0$과 같은 식으로 주어졌다. 이 식을 무차원수의 함수로 표시하고자 할 때 이에 관계되는 무차원수는 몇 개인가? (단, a, V, ν, L은 각각 가속도, 속도, 동점성계수, 길이이다.)

① 4 ② 3
③ 2 ④ 1

해설 무차원개수(π) = $n - m = 4 - 2 = 2$개

60 밀도가 800kg/m³인 원통형 물체가 다음 그림과 같이 1/3이 액체면 위에 떠있는 것으로 관측되었다. 이 액체의 비중은 약 얼마인가?

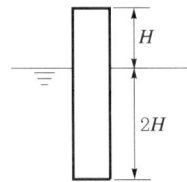

① 0.2
② 0.67
③ 1.2
④ 1.5

해설 물체의 무게(W)=부력(F_B)
$\rho g A(3H) = 9,800 SA(2H)$
$\therefore S = \dfrac{3\rho g}{9,800 \times 2} = \dfrac{3 \times 800 \times 9.8}{9,800 \times 2} = 1.2$

제4과목 · 기계재료 및 유압기기

61 주강품에 대한 설명 중 틀린 것은?
① 용접에 의한 보수가 용이하다.
② 주조 후에는 일반적으로 풀림을 실시하여 주조응력을 제거한다.
③ 주조방법에 의하여 용강을 주형에 주입하여 만든 강제품을 주강품이라 한다.
④ 중탄소주강은 탄소의 함유량이 약 0.1~0.15% C 범위이다.

해설 주강품은 탄소함유량에 따라 저탄소주강(0.21% C), 중탄소주강(0.2~0.5% C), 고탄소주강(0.5% C 이상)으로 나눈다.

62 다음 중 항온열처리방법이 아닌 것은?
① 질화법
② 마퀜칭
③ 마템퍼링
④ 오스템퍼링

해설 질화법은 강철에 질소를 화합시켜 표면을 단단하게 만드는 방법(표면경화법)이다.

63 피삭성을 향상시키기 위해 쾌삭강에 첨가하는 원소가 아닌 것은?
① Te
② Pb
③ Sn
④ Bi

해설 텔루륨(Te, 텔루르), 납(Pb), 비스무트(Bi) 등은 피삭성을 향상시키기 위해 쾌삭강에 첨가하는 원소이다.

64 0.8% 탄소를 고용한 탄소강을 800℃로 가열하였다가 서서히 냉각시켰을 때 나타나는 조직은?
① 펄라이트(pearlite)
② 오스테나이트(austenite)
③ 시멘타이트(cementite)
④ 레데뷰라이트(ledeburite)

해설 펄라이트(pearlite)는 0.8% C를 고용한 탄소강을 800℃로 가열하였다가 서서히 냉각시켰을 때 나타나는 조직이다.

65 5~20% Zn의 황동을 말하며 강도는 낮으나 전연성이 좋고 금색에 가까우므로 모조금이나 판 및 선 등에 사용되는 것은?
① 톰백
② 문쯔메탈
③ Y-합금
④ 네이벌황동

해설 톰백(tombac)
㉠ 황금색을 띠고 있으므로 모조금으로서 장식용 주물로 사용된다.
㉡ 5~20% Zn의 황동(brass)을 말하며 강도는 낮으나 전연성이 좋으므로 판이나 선(wire) 등에 사용된다.

66 체심입방격자에 해당하는 귀속원자수는?
① 1개
② 2개
③ 3개
④ 4개

해설 체심입방격자(BCC)의 귀속원자수는 2개이다.

정답 60. ③ 61. ④ 62. ① 63. ③ 64. ① 65. ① 66. ②

67 전자강판(규소강판)에 요구되는 특성을 설명한 것 중 틀린 것은?

① 투자율이 높아야 한다.
② 포화자속밀도가 높아야 한다.
③ 자화에 의한 치수의 변화가 적어야 한다.
④ 박판을 적층하여 사용할 때 층간저항이 낮아야 한다.

[해설] 박판을 적층하여 사용 시 층간저항이 높아야(커야) 한다.

68 Fe-C평형상태도에서 [δ고용체]+(L(융액)) ⇌ [γ고용체]가 일어나는 온도는 약 몇 ℃인가?

① 768℃   ② 910℃
③ 1,130℃   ④ 1,490℃

69 로크웰경도시험(HRA~HRH, HRK)에 사용되는 총시험하중에 해당되지 않는 것은?

① 588.4N(60kgf)
② 980.7N(100kgf)
③ 1,471N(150kgf)
④ 1961.3N(200kgf)

70 니켈-크롬합금강에서 뜨임메짐을 방지하는 원소는?

① Cu   ② Ti
③ Mo   ④ Zr

[해설] 몰리브덴(Mo)은 니켈-크롬합금강에서 뜨임메짐을 방지하는 원소이다.

71 유압펌프 중 용적형 펌프의 종류가 아닌 것은?

① 피스톤펌프
② 기어펌프
③ 베인펌프
④ 축류펌프

[해설] 유압펌프 중 용적형 펌프의 종류에는 피스톤펌프, 기어펌프, 베인(vane)펌프가 있다.

72 유체가 압축되기 어려운 정도를 나타내는 체적탄성계수의 단위와 같은 것은?

① 체적   ② 동력
③ 압력   ④ 힘

[해설] 체적탄성계수(E)의 단위는 압력(P)과 같다(Pa= N/m²).
$$E = -\frac{dP}{\frac{dV}{V}} \text{[Pa]}$$

73 주로 펌프의 흡입구에 설치되어 유압작동유의 이물질을 제거하는 용도로 사용하는 기기는?

① 드레인플러그   ② 블래더
③ 스트레이너   ④ 배플

[해설] 스트레이너(strainer)는 여과기의 일종으로 유압작동유의 불순물(이물질)을 제거하는 용도로 사용된다.

74 다음 중 상시개방형 밸브는?

① 감압밸브   ② 언로드밸브
③ 릴리프밸브   ④ 시퀀스밸브

[해설] 상시개방형 밸브는 감압밸브(reducing valve)이다.

75 압력계를 나타내는 기호는?

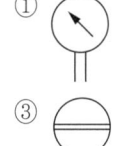

[해설] ① 차압계, ③ 유면계, ④ 온도계

76 속도제어회로의 종류가 아닌 것은?

① 로크(로킹)회로
② 미터 인 회로
③ 미터 아웃 회로
④ 블리드 오프 회로

[해설] 속도제어회로에는 미터 인 회로, 미터 아웃 회로, 블리드 오프 회로가 있다.

77 유압기호요소에서 파선의 용도가 아닌 것은?

① 필터
② 주관로
③ 드레인관로
④ 밸브의 과도위치

해설 주관로(main pipe)는 실선으로 나타낸다.

78 다음 기호의 명칭은?

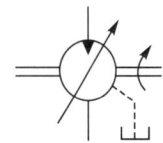

① 공기탱크 ② 유압모터
③ 드레인배출기 ④ 유면계

해설 도시된 유압기호는 유압모터이다.

79 유압장치에서 사용되는 유압유가 갖추어야 할 조건으로 적절하지 않은 것은?

① 열을 방출시킬 수 있어야 한다.
② 동력전달의 확실성을 위해 비압축성이어야 한다.
③ 장치의 운전온도범위에서 적절한 점도가 유지되어야 한다.
④ 비중과 열팽창계수가 크고 비열은 작아야 한다.

해설 유압유는 비중과 열팽창계수가 작고, 비열은 커야 한다.

80 유압을 이용한 기계의 유압기술 특징에 대한 설명으로 적절하지 않은 것은?

① 무단변속이 가능하다.
② 먼지나 이물질에 의한 고장 우려가 있다.
③ 자동제어가 어렵고 원격제어는 불가능하다.
④ 온도의 변화에 따른 점도영향으로 출력이 변할 수 있다.

해설 유압을 이용한 기계의 유압기술은 자동제어가 쉽고 원격제어(remote control)가 가능하다.

제5과목 · 기계제작법 및 기계동력학

81 무게 10kN의 해머(hammer)를 10m의 높이에서 자유낙하시켜서 무게 300N의 말뚝을 박았다. 충돌한 직후에 해머와 말뚝은 일체가 된다고 볼 때 충돌 직후의 속도는 몇 m/s인가?

① 50.4 ② 20.4
③ 13.6 ④ 6.7

해설 ㉠ 해머의 낙하속도
$V_1^2 = V_0^{\cancel{2}\,0} + 2a(S - S_0^{\cancel{0}})$
$V_1^2 = 2gh$
$V_1 = \sqrt{2gh} = \sqrt{2 \times 9.8 \times 10} = 14\text{m/s}$

㉡ $W = mg$
$m = \dfrac{W}{g}$

해머의 질량$(m_1) = \dfrac{W_1}{g} = \dfrac{10 \times 10^3}{9.8} = 1,020\text{kg}$

말뚝의 질량$(m_2) = \dfrac{W_2}{g} = \dfrac{300}{9.8} = 30.6\text{kg}$

㉢ $m_1 V_1 + m_2 \cancel{V_2}^{\,0} = m_1 V_1' + m_2 V_2'$
$m_1 V_1 = (m_1 + m_2) V'$
$\therefore V' = \dfrac{m_1 V_1}{m(= m_1 + m_2)} = \dfrac{1,020 \times 14}{1,020 + 30.6}$
$= 13.59\text{m/s}$

82 중량 2,400N, 회전수 1,500rpm인 공기압축기에 대해 방진고무로 균등하게 6개소를 지지시켜 진동수비를 2.4로 방진하고자 한다. 압축기가 작동하지 않을 때 이 방진고무의 정적수축량은 약 몇 cm인가? (단, 감쇠비는 무시한다.)

① 0.18 ② 0.23
③ 0.29 ④ 0.37

해설 ㉠ $\omega = \dfrac{2\pi N}{60} = \dfrac{2\pi \times 1,500}{60} = 157\text{rad/s}$

㉡ 진동수비$(\phi) = \dfrac{\omega}{\omega_n}$
$\therefore \omega_n = \dfrac{\omega}{\phi} = \dfrac{157}{2.4} = 65.4\text{rad/s}$

㉢ $\omega_n = \sqrt{\dfrac{k}{m}} = \sqrt{\dfrac{g}{\delta}}$
$\therefore \delta = \dfrac{g}{\omega_n^2} = \dfrac{980}{65.4^2} ≒ 0.23\text{cm}$

정답 77.② 78.② 79.④ 80.③ 81.③ 82.②

83 반지름이 r인 균일한 원판의 중심에 200N의 힘이 수평방향으로 가해진다. 원판의 미끄러짐을 방지하는 데 필요한 최소 마찰력(F)은?

① 200N
② 100N
③ 66.67N
④ 33.33N

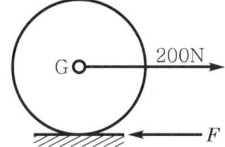

해설 ㉠ $V=r\omega$의 양변을 t로 미분하면

$$\frac{dV}{dt}=r\frac{d\omega}{dt}$$

∴ $a=r\alpha [\text{m/s}^2]$

㉡ $\Sigma M_G=I_G\alpha$

$Fr=\frac{1}{2}mr^2\alpha$

∴ $\alpha=\frac{2F}{mr}[\text{rad/s}^2]$

㉢ $\Sigma F=ma$

$P-F=mr\alpha=2F$

∴ $P=3F$

㉣ $\mu=\frac{P}{3N}=\frac{P}{3mg}$

∴ $F=\mu N=\frac{P}{3}=\frac{200}{3}≒66.67\text{N}$

84 무게가 40kN인 트럭을 마찰이 없는 수평면상에서 정지상태로부터 수평방향으로 2kN의 힘으로 끌 때 10초 후의 속도는 몇 m/s인가?

① 1.9   ② 2.9
③ 3.9   ④ 4.9

해설 $a=\frac{Fg}{W}=\frac{2\times 9.8}{40}=0.49\text{m/s}$

∴ $V=at=0.49\times 10=4.9\text{m/s}$

85 원판의 각속도가 5초만에 0부터 1,800rpm까지 일정하게 증가하였다. 이때 원판의 각가속도는 약 몇 rad/s²인가?

① 360   ② 60
③ 37.7 ④ 3.77

해설 $\alpha=\frac{\omega}{t}=\frac{\frac{2\pi N}{60}}{t}=\frac{2\pi\times 1,800}{5\times 60}≒37.7\text{rad/s}^2$

86 다음 그림과 같이 피벗으로 고정된 질량이 m이고, 반경이 r인 원형판의 진동주기는? (단, g는 중력가속도이고, 진동각도는 상당히 작다고 가정한다.)

① $2\pi\sqrt{\frac{2r}{3g}}$ ② $2\pi\sqrt{\frac{3r}{2g}}$

③ $2\pi\sqrt{\frac{3r}{5g}}$ ④ $2\pi\sqrt{\frac{5r}{3g}}$

87 물방울이 중력에 의해 떨어지기 시작하여 3초 후의 속도는 약 몇 m/s인가? (단, 공기의 저항은 무시하고, 초기속도는 0으로 한다.)

① 29.4   ② 19.6
③ 9.8   ④ 3

해설 $V=V_o+gt=0+9.8\times 3=29.4\text{m/s}$

88 그림 (a)를 그림 (b)와 같이 모형화했을 때 성립되는 관계식은?

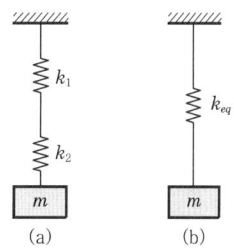

① $\frac{1}{k_{eq}}=\frac{1}{k_1}+\frac{1}{k_2}$ ② $k_{eq}=k_1+k_2$

③ $k_{eq}=k_1+\frac{1}{k_2}$ ④ $k_{eq}=\frac{1}{k_1}+\frac{1}{k_2}$

해설 직렬연결 시 $\frac{1}{k_{eq}}=\frac{1}{k_1}+\frac{1}{k_2}$

∴ $k_{eq}=\frac{1}{\frac{1}{k_1}+\frac{1}{k_2}}=\frac{k_1 k_2}{k_1+k_2}[\text{N/m}]$

정답 83. ③ 84. ④ 85. ③ 86. ② 87. ① 88. ①

89 중심력만을 받으며 등속운동하는 질점에 대한 설명으로 틀린 것은?

① 어느 순간에서나 힘의 중심점에 대한 모멘트의 합은 0이다.
② 중심력에 의하여 운동하는 질점의 각운동량은 크기와 방향이 모두 일정하다.
③ 중심점에 대한 각운동량의 변화율은 0이다.
④ 각운동량은 중심점에서 물체까지의 거리의 제곱에 반비례한다.

해설 $\vec{L} = mvr = m(r\omega)r = mr^2\omega = I_G\omega$
　　　　= 관성모멘트 × 각속도

90 다음 그림과 같은 진동계에서 무게 W는 22.68N, 댐핑계수 C는 0.0579N·s/cm, 스프링정수 K가 0.357N/cm일 때 감쇠비(damping ratio)는 약 얼마인가?

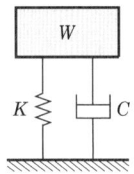

① 0.19　　② 0.22
③ 0.27　　④ 0.32

해설 $\zeta = \dfrac{\text{감쇠계수}(C)}{\text{임계감쇠계수}(C_c)}$

$= \dfrac{C}{2\sqrt{mK}} = \dfrac{C}{2\sqrt{\dfrac{W}{g}K}}$

$= \dfrac{0.0579}{2\sqrt{\dfrac{22.68}{980} \times 0.357}} = 0.32$

91 절삭칩의 형태 중에서 가장 이상적인 칩의 형태는?

① 전단형(shear type)
② 유동형(flow type)
③ 열단형(tear type)
④ 경작형(pluck off type)

해설 유동형 칩은 절삭칩 중 가장 이상적인 칩(chip)의 형태이다.

92 주조의 탕구계시스템에서 라이저(riser)의 역할로서 틀린 것은?

① 수축으로 인한 쇳물 부족을 보충한다.
② 주형 내의 가스, 기포 등을 밖으로 배출한다.
③ 주형 내의 쇳물에 압력을 가해 조직을 치밀화한다.
④ 주물의 냉각도에 따른 균열이 발생되는 것을 방지한다.

해설 라이저의 역할
㉠ 금속이 응고할 때 체적 감소로 인한 쇳물 부족을 보충한다. 주형 내 가드, 기포 등을 밖으로 배출한다.
㉡ 주형 내 쇳물에 압력을 가해 조직을 치밀화(미세화)한다.

93 축방향의 이송을 행하지 않는 플런지컷연삭(plunge cut grinding)이란 어떤 연삭방법에 속하는가?

① 내면연삭　　② 나사연삭
③ 외경연삭　　④ 평면연삭

94 항온열처리 중 담금질온도로 가열한 강재를 Ms점과 Mf점 사이의 항온염욕에서 항온변태를 시킨 후에 상온까지 공랭하는 열처리방법은?

① 마퀜칭
② 마템퍼링
③ 오스포밍
④ 오스템퍼링

해설 마템퍼링이란 마텐자이트가 시작되는 점(Ms)과 마텐자이트가 종료되는 점(Mf) 사이에서 항온처리하는 열처리방법으로, 베이나이트와 마텐자이트의 혼합조직을 얻는다.

95 전기적 에너지를 기계적인 진동에너지로 변환하여 금속, 비금속재료에 상관없이 정밀가공이 가능한 특수가공법은?

① 래핑가공　　② 전조가공
③ 전해가공　　④ 초음파가공

정답 89. ④　90. ④　91. ②　92. ④　93. ③　94. ②　95. ④

96 피복아크용접봉의 피복제(flux)의 역할로 틀린 것은?

① 아크를 안정시킨다.
② 모재표면에 산화물을 제거한다.
③ 용착금속의 탈산정련작용을 한다.
④ 용착금속의 냉각속도를 빠르게 한다.

해설 피복아크용접봉의 피복제는 용착금속의 냉각속도를 느리게 한다.

97 가공물, 미디어(media), 가공액 등을 통 속에 혼합하여 회전시킴으로써 깨끗한 가공면을 얻을 수 있는 특수가공법은?

① 배럴가공(barrel finishing)
② 롤다듬질(roll finishing)
③ 버니싱(burnishing)
④ 블라스팅(blasting)

해설 배럴가공
㉠ 정의 : 회전하는 상자 속에 공작물과 숫돌입자, 공작액, 콤파운드 등을 넣고 서로 충돌시켜 표면의 요철을 제거하며 매끈한 가공면(광택)을 얻는 가공법이다.
㉡ 특징
 • 작업이 간단하고 기계설비가 저렴하다.
 • 복잡한 형상의 가공물을 동시에 가공한다.
 • 금속, 비금속재료에 관계없이 가공이 가능하다.
 • 다량의 제품을 한 번에 일정한 품질로 가공할 수 있다.

98 길이가 긴 게이지블록에서 굽힘이 발생할 경우에도 양 단면이 항상 평행을 유지하기 위한 지지점인 에어리점(airy point)의 위치는? (단, L은 게이지블록의 길이이다.)

① $0.2113L$　　② $0.2203L$
③ $0.2232L$　　④ $0.2386L$

해설 에어리점이란 2개의 측정평면을 가진 블록게이지를 2개의 지지점으로 수평 및 대칭으로 지지할 때 자중으로 변형한 후에도 그 평면이 평행을 이루는 지지점을 말한다. 전체 길이가 L이라 할 때 양쪽 끝에서부터 $0.2113L$의 위치에 있다.

99 두께 1.5mm인 연강판에 지름 3.2mm의 구멍을 펀칭할 때 전단력은 약 몇 kN인가? (단, 연강판의 전단강도는 250MPa이다.)

① 2.07　　② 3.77
③ 4.86　　④ 5.87

해설 $P_s = \tau A = \tau \pi d t$
　　　$= 250 \times \pi \times 3.2 \times 1.5 \times 10^{-3} = 3.77\text{kN}$

100 지름 350mm 롤러로 폭 300mm, 두께 30mm의 연강판을 1회 열간압연하여 두께 24mm가 될 때 압하율은 몇 %인가?

① 10　　② 15
③ 20　　④ 25

해설 $\phi = \dfrac{H_o - H'}{H_o} \times 100 = \left(1 - \dfrac{H'}{H_o}\right) \times 100$
　　　$= \left(1 - \dfrac{24}{30}\right) \times 100 = 20\%$

정답　96. ④　97. ①　98. ①　99. ②　100. ③

2022 제2회 출제문제

| 2022. 4. 24. 시행 |

제1과목 · 재료역학

01 다음 그림과 같은 부정정보가 등분포하중(w)을 받고 있을 때 B점의 반력 R_B는?

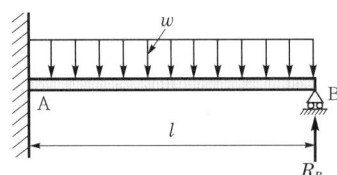

① $\dfrac{1}{8}wl$ ② $\dfrac{1}{3}wl$

③ $\dfrac{3}{8}wl$ ④ $\dfrac{5}{8}wl$

해설 $\delta_1 = \dfrac{wl^4}{8EI}$, $\delta_2 = \dfrac{R_B l^3}{3EI}$

지점 B에서는 처짐량이 0이므로
$\delta_1 = \delta_2$

$\dfrac{wl^4}{8EI} = \dfrac{R_B l^3}{3EI}$

$\therefore R_B = \dfrac{3}{8}wl$

02 안지름 1m, 두께 5mm의 구형 압력용기에 길이 15mm 스트레인게이지를 다음 그림과 같이 부착하고 압력을 가하였더니 게이지의 길이가 0.009mm만큼 증가했을 때 내압 p의 값은 약 몇 MPa인가? (단, 세로탄성계수는 200GPa, 푸아송비는 0.3이다.)

① 3.43MPa   ② 6.43MPa
③ 13.4MPa   ④ 16.4MPa

해설 $\varepsilon_x = \dfrac{\sigma_x}{E} - \dfrac{\sigma_y}{mE} = \dfrac{\sigma_x}{E} - \dfrac{\nu \sigma_y}{E} = \dfrac{\sigma}{E}(1-\nu)$

$\sigma_x = \sigma_y = \sigma = \dfrac{pd}{4t}$ [MPa]

$\dfrac{\lambda}{L} = \dfrac{pd}{4tE}(1-\nu)$

$\therefore p = \dfrac{4tE\lambda}{dL(1-\nu)} = \dfrac{4 \times 5 \times 200 \times 10^3 \times 0.009}{1{,}000 \times 15 \times (1-0.3)}$
$= 3.43$MPa

03 비례한도까지 응력을 가할 때 재료의 변형에너지밀도(탄력계수, modulus of resilience)를 옳게 나타낸 식은? (단, E는 세로탄성계수, σ_{pl}은 비례한도를 나타낸다.)

① $\dfrac{E^2}{2\sigma_{pl}}$ ② $\dfrac{\sigma_{pl}}{2E^2}$

③ $\dfrac{\sigma_{pl}^2}{2E}$ ④ $\dfrac{E}{2\sigma_{pl}^2}$

해설 $u = \dfrac{U}{V} = \dfrac{\sigma_{pl}^2}{2E}$ [kJ/m³]

04 지름이 d인 중실환봉에 비틀림모멘트가 작용하고 있고 환봉의 표면에서 봉의 축에 대하여 45° 방향으로 측정한 최대 수직변형률이 ε이었다. 환봉의 전단탄성계수를 G라고 한다면 이때 가해진 비틀림모멘트 T의 식으로 가장 옳은 것은? (단, 발생하는 수직변형률 및 전단변형률은 다른 값에 비해 매우 작은 값으로 가정한다.)

① $\dfrac{\pi G \varepsilon d^3}{2}$ ② $\dfrac{\pi G \varepsilon d^3}{4}$

③ $\dfrac{\pi G \varepsilon d^3}{8}$ ④ $\dfrac{\pi G \varepsilon d^3}{16}$

해설 $T = \tau Z_p = \tau \dfrac{\pi d^3}{16} = \dfrac{G\gamma \pi d^3}{16}$
$= \dfrac{G(2\varepsilon)\pi d^3}{16} = \dfrac{G\varepsilon \pi d^3}{8}$

정답 01. ③ 02. ① 03. ③ 04. ③

05 굽힘모멘트 20.5kN·m의 굽힘을 받는 보의 단면은 폭 120mm, 높이 160mm의 사각 단면이다. 이 단면이 받는 최대 굽힘응력은 약 몇 MPa인가?

① 10MPa ② 20MPa
③ 30MPa ④ 40MPa

해설 $M_{max} = \sigma z = \sigma \dfrac{bh^2}{6}$

$\therefore \sigma = \dfrac{6M_{max}}{bh^2} = \dfrac{6 \times 20.5 \times 10^6}{120 \times 160^2} = 40\text{MPa}$

06 비틀림모멘트 T를 받는 평균반지름이 r_m이고 두께가 t인 원형의 박판튜브에서 발생하는 평균 전단응력의 근사식으로 가장 옳은 것은?

① $\dfrac{2T}{\pi t r_m^2}$ ② $\dfrac{4T}{\pi t r_m^2}$
③ $\dfrac{T}{2\pi t r_m^2}$ ④ $\dfrac{T}{4\pi t r_m^2}$

해설 $\tau_{mean} = \dfrac{T}{Z_p} = \dfrac{T}{2\pi t r_m^2}$ [MPa]

07 한쪽을 고정한 L형보에 다음 그림과 같이 분포하중(w)과 집중하중(50N)이 작용할 때 고정단 A점에서의 모멘트는 얼마인가?

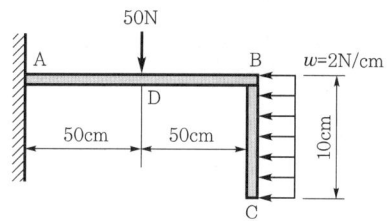

① 2,600N·cm ② 2,900N·cm
③ 3,200N·cm ④ 3,500N·cm

해설 $M_A = wl\dfrac{l}{2} + PL_1 = (2 \times 10) \times \dfrac{10}{2} + 50 \times 50$
$= 2,600\text{N} \cdot \text{cm}$

08 한 변의 길이가 10mm인 정사각형 단면의 막대가 있다. 온도를 초기온도로부터 60°C만큼 상승시켜서 길이가 늘어나지 않게 하기 위해 8kN의 힘이 필요할 때 막대의 선팽창계수(α)는 약 몇 °C^{-1}인가? (단, 세로탄성계수 $E=200$GPa이다.)

① $\dfrac{5}{3} \times 10^{-6}$ ② $\dfrac{10}{3} \times 10^{-6}$
③ $\dfrac{15}{3} \times 10^{-6}$ ④ $\dfrac{20}{3} \times 10^{-6}$

해설 $P = EA\alpha\Delta t$ [N]

$\therefore \alpha = \dfrac{P}{EA\Delta t} = \dfrac{8,000}{200 \times 10^3 \times 10^2 \times 60}$

$= \dfrac{20}{3} \times 10^{-6}$ °C^{-1}

09 다음 단면에서 도심의 y축 좌표는 얼마인가? (단, 길이단위는 mm이다.)

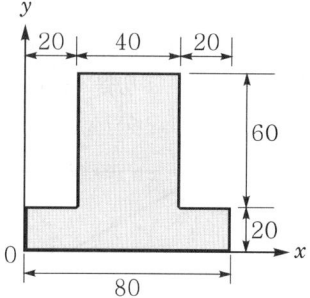

① 32mm ② 34mm
③ 36mm ④ 38mm

해설 $G_x = \int_A y dA = A\bar{y}$

$\therefore \bar{y} = \dfrac{G_x}{A} = \dfrac{A_1\bar{y}_1 + A_2\bar{y}_2}{A_1 + A_2}$

$= \dfrac{(20 \times 80) \times 10 + (40 \times 60) \times 50}{20 \times 80 + 40 \times 60} = 34\text{mm}$

10 다음과 같은 평면응력상태에서 최대 전단응력은 약 몇 MPa인가?

- x방향 인장응력 : 175MPa
- y방향 인장응력 : 35MPa
- xy방향 전단응력 : 60MPa

① 127 ② 104
③ 76   ④ 92

해설 $\tau_{max} = \sqrt{\left(\dfrac{\sigma_x - \sigma_y}{2}\right)^2 + \tau_{xy}^2}$

$= \sqrt{\left(\dfrac{175-35}{2}\right)^2 + 60^2} = 92.2\text{MPa}$

정답 05. ④ 06. ③ 07. ① 08. ④ 09. ② 10. ④

11 다음 그림과 같은 사각 단면보에 100kN의 인장력이 작용하고 있다. 이때 부재에 걸리는 인장응력은 약 얼마인가?

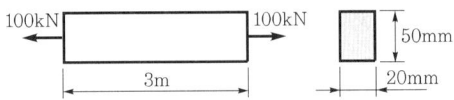

① 100Pa
② 100kPa
③ 100MPa
④ 100GPa

해설 $\sigma = \dfrac{P}{A} = \dfrac{P}{bh} = \dfrac{100 \times 10^3}{20 \times 50} = 100\text{MPa}$

12 다음 그림과 같이 강선이 천장에 매달려 100kN의 무게를 지탱하고 있을 때 AC강선이 받고 있는 힘은 약 몇 kN인가?

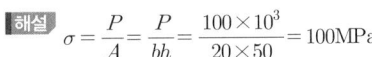

① 50
② 25
③ 86.6
④ 13.3

해설 $\dfrac{100}{\sin 90°} = \dfrac{F_{\overline{AC}}}{\sin 150°}$

$\therefore F_{\overline{AC}} = 100 \times \dfrac{\sin 150°}{\sin 90°} = 100 \times \dfrac{1}{2} = 50\text{kN}$

13 양단이 고정된 막대의 한 점(B점)에 다음 그림과 같이 축방향 하중 P가 작용하고 있다. 막대의 단면적이 A이고 탄성계수가 E일 때 하중작용점(B점)의 변위 발생량은?

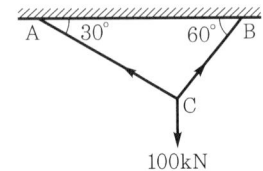

① $\dfrac{abP}{EA(a+b)}$
② $\dfrac{abP}{2EA(a+b)}$
③ $\dfrac{abP}{EA(b-a)}$
④ $\dfrac{abP}{2EA(b-a)}$

해설

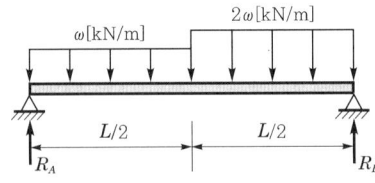

$R_A = \dfrac{Pb}{a+b}$ [N], $R_B = \dfrac{Pa}{a+b}$ [N]

$\therefore \lambda_B = \dfrac{R_A a}{AE} = \dfrac{Pab}{AE(a+b)}$ [cm]

14 다음 그림과 같은 분포하중을 받는 단순보의 반력 R_A, R_B는 각각 몇 kN인가?

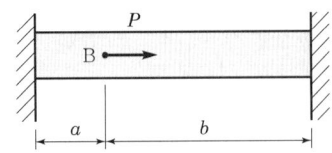

① $R_A = \dfrac{3}{8}wL$, $R_B = \dfrac{9}{8}wL$
② $R_A = \dfrac{5}{8}wL$, $R_B = \dfrac{7}{8}wL$
③ $R_A = \dfrac{9}{8}wL$, $R_B = \dfrac{3}{8}wL$
④ $R_A = \dfrac{7}{8}wL$, $R_B = \dfrac{5}{8}wL$

해설 ㉠ $\sum M_B = 0$

$R_A L - \dfrac{wL}{2} \times \dfrac{3L}{4} - wL \times \dfrac{L}{4} = 0$

$\therefore R_A = \dfrac{\dfrac{3wL^2}{8} + \dfrac{wL^2}{4}}{L} = \dfrac{5}{8}wL$ [N]

㉡ $\sum F_y = 0$

$R_A + R_B - \dfrac{wL}{2} - wL = 0$

$\therefore R_B = \dfrac{3wL}{2} - R_A = \dfrac{3wL}{2} - \dfrac{5wL}{8} = \dfrac{7}{8}wL$ [N]

15 가로탄성계수가 5GPa인 재료로 된 봉의 지름이 4cm이고 길이가 1m이다. 이 봉의 비틀림강성(단위회전각을 일으키는데 필요한 토크, torsional stiffness)은 약 몇 kN·m인가?

① 1.26
② 1.08
③ 0.74
④ 0.53

정답 11. ③ 12. ① 13. ① 14. ② 15. ①

해설 $\theta = \dfrac{TL}{GI_p} = \dfrac{32TL}{G\pi d^4}$ [rad]

$\therefore T = \dfrac{G\pi d^4 \theta}{32L} = \dfrac{5 \times 10^6 \times \pi \times 0.04^4 \times 1}{32 \times 1}$
$\fallingdotseq 1.26 \text{kN} \cdot \text{m}(=\text{kJ})$

16 다음 그림과 같이 크기가 같은 집중하중 P를 받고 있는 외팔보에서 자유단의 처짐값을 구한 식으로 옳은 것은? (단, 보의 전체 길이는 l이며, 세로탄성계수는 E, 보의 단면 2차 모멘트는 I이다.)

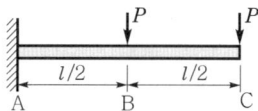

① $\dfrac{2Pl^3}{3EI}$　　② $\dfrac{5Pl^3}{8EI}$

③ $\dfrac{7Pl^3}{16EI}$　　④ $\dfrac{5Pl^3}{24EI}$

해설 $\delta_{\max} = \delta_1 + \delta_2 + \delta_3$

$= \dfrac{Pl^3}{3EI} + \dfrac{P\left(\dfrac{l}{2}\right)^3}{3EI} + \dfrac{P\left(\dfrac{l}{2}\right)^2}{2EI} \times \dfrac{l}{2}$

$= \dfrac{Pl^3}{3EI} + \dfrac{Pl^3}{24EI} + \dfrac{Pl^3}{16EI} = \dfrac{7Pl^3}{16EI}$ [cm]

17 직사각형 단면을 가진 단순지지보의 중앙에 집중하중 w를 받을 때 보의 길이 l이 단면의 높이 h의 10배라 하면 보에 생기는 최대 굽힘응력 $\sigma_{\max}$와 최대 전단응력 $\tau_{\max}$의 비 $\left(\dfrac{\sigma_{\max}}{\tau_{\max}}\right)$는?

① 4　　② 8
③ 16　　④ 20

해설 $\sigma_{\max} = \dfrac{M_{\max}}{Z} = \dfrac{\dfrac{wl}{4}}{\dfrac{bh^2}{6}} = \dfrac{6wl}{4bh^2} = \dfrac{6w \times 10h}{4bh^2}$

$= \dfrac{30w}{2bh}$ [MPa]

$\tau_{\max} = \dfrac{3V}{2A} = \dfrac{3 \times \dfrac{w}{2}}{2bh} = \dfrac{3w}{4bh}$ [MPa]

$\therefore \dfrac{\sigma_{\max}}{\tau_{\max}} = \dfrac{30w}{2bh} \times \dfrac{4bh}{3w} = 20$

18 다음 그림과 같은 단순보에 w의 등분포하중이 작용하고 있을 때 보의 양단에서의 처짐각(θ)은 얼마인가? (단, E는 세로탄성계수, I는 단면 2차 모멘트이다.)

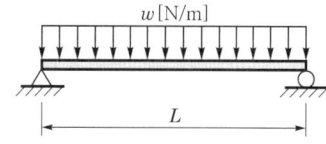

① $\theta = \dfrac{wL^3}{16EI}$　　② $\theta = \dfrac{wL^3}{24EI}$

③ $\theta = \dfrac{wL^3}{48EI}$　　④ $\theta = \dfrac{3wL^3}{128EI}$

해설 균일분포하중(w[N/m])을 받는 단순보에서 최대 처짐각 $\left(\dfrac{dy}{dx}\right)_{\max} = \theta_A = \theta_B = \dfrac{wL^3}{24EI}$ [rad]

19 다음 그림과 같이 일단 고정 타단 자유인 기둥이 축방향으로 압축력을 받고 있다. 단면은 한쪽 길이가 10cm의 정사각형이고, 길이(l)는 5m, 세로탄성계수는 10GPa이다. Euler공식에 따라 좌굴에 안전하기 위한 하중은 약 몇 kN인가? (단, 안전계수를 10으로 적용한다.)

① 0.72
② 0.82
③ 0.92
④ 1.02

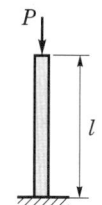

해설 $P_B = n\pi^2 \dfrac{EI_G}{l^2} = \dfrac{1}{4}\pi^2 \times \dfrac{10 \times 10^6 \times \dfrac{0.1^4}{12}}{5^2} \fallingdotseq 8.22$kN

$\therefore P_a = \dfrac{P_B}{S} = \dfrac{8.22}{10} = 0.822$kN

20 단면적이 같은 원형과 정사각형의 도심축을 기준으로 한 단면계수의 비는? (단, 원형 : 정사각형의 비율이다.)

① 1 : 0.509　　② 1 : 1.18
③ 1 : 2.36　　④ 1 : 4.68

정답 16. ③　17. ④　18. ②　19. ②　20. ②

[해설] ㉠ $\frac{\pi d^2}{4}=a^2$이므로 $a=\frac{\sqrt{\pi}}{2}d$[cm]

㉡ 원형 단면(z_1) $=\frac{\pi d^3}{32}$ [cm³]

㉢ 정사각형 단면(z_2) $=\frac{a^3}{6}=\frac{\left(\frac{\sqrt{\pi}}{2}d\right)^3}{6}$
$=\frac{\pi\sqrt{\pi}d^3}{48}$ [cm³]

∴ $z_1 : z_2 = \frac{\pi d^3}{32} : \frac{\pi\sqrt{\pi}d^3}{48} = 1 : 1.18$

제2과목 · 기계열역학

21 온도가 20℃, 압력은 100kPa인 공기 1kg을 정압과정으로 가열팽창시켜 체적을 5배로 할 때 온도는 약 몇 ℃가 되는가? (단, 해당 공기는 이상기체이다.)

① 1,192℃ ② 1,242℃
③ 1,312℃ ④ 1,442℃

[해설] $P=C$
$\frac{V}{T}=C$
$\frac{V_1}{T_1}=\frac{V_2}{T_2}$
∴ $T_2 = T_1 \frac{V_2}{V_1} = (20+273)\times 5 = 1,465K - 273$
$= 1,192℃$

22 압력 1MPa, 온도 50℃인 R-134a의 비체적의 실제 측정값이 0.021796m³/kg이었다. 이상기체방정식을 이용한 이론적인 비체적과 측정값과의 오차$\left(=\frac{\text{이론값}-\text{실제 측정값}}{\text{실제 측정값}}\right)$는 약 몇 %인가? (단, R-134a 이상기체의 기체상수는 0.0815kPa·m³/kg·K이다.)

① 5.5% ② 12.5%
③ 20.8% ④ 30.8%

[해설] $Pv=RT$
$v=\frac{RT}{P}=\frac{0.0815\times(50+273)}{1\times 10^3}=0.0263$m³/kg

∴ 오차 $=\left(\frac{\text{이론값}-\text{실제 측정값}}{\text{실제 측정값}}\right)\times 100$
$=\left(\frac{0.0263-0.021796}{0.021796}\right)\times 100 ≒ 20.8\%$

23 공기 표준 사이클로 작동되는 디젤사이클의 이론적인 열효율은 약 몇 %인가? (단, 비열비는 1.4, 압축비는 16이며, 체절비(cut-off ratio)는 1.8이다.)

① 50.1 ② 53.2
③ 58.6 ④ 62.4

[해설] $\eta_{thd}=\left[1-\left(\frac{1}{\varepsilon}\right)^{k-1}\frac{\sigma^k-1}{k(\sigma-1)}\right]\times 100$
$=\left[1-\left(\frac{1}{16}\right)^{1.4-1}\times\frac{1.8^{1.4}-1}{1.4\times(1.8-1)}\right]\times 100 = 62.4\%$

24 다음 그림과 같은 열기관사이클이 있을 때 실제 가능한 공급열량(Q_H)과 일량(W)은 얼마인가? (단, Q_L은 방열열량이다.)

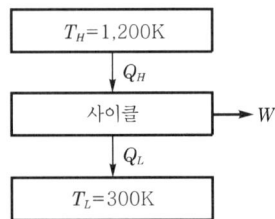

① Q_H=100kJ, W=80kJ
② Q_H=110kJ, W=80kJ
③ Q_H=100kJ, W=90kJ
④ Q_H=110kJ, W=90kJ

[해설] $\eta_c = 1-\frac{T_L}{T_H}=1-\frac{300}{1,200}=0.75(=75\%)$

$\eta = \frac{W_{net}}{Q_H}=\frac{80}{110}=0.727(=72.7\%)$

∴ Q_H=110kJ, W=80kJ일 때 $\eta_c > \eta$이므로 실제 조건이 만족된다.

25 다음 압력값 중에서 표준대기압(1atm)과 차이(절대값)가 가장 큰 압력은?

① 1MPa ② 100kPa
③ 1bar ④ 100hPa

해설 표준대기압(1atm)=101.325kPa이므로
① 1MPa=10^3kPa
③ 1bar=10^5Pa=100kPa
④ 1hPa=100Pa=0.1kPa이므로 100hPa=10kPa

26 어떤 기체동력장치가 이상적인 브레이턴사이클로 다음과 같이 작동할 때 이 사이클의 열효율은 약 몇 %인가? (단, 온도(T)-엔트로피(s)선도에서 $T_1=30℃$, $T_2=200℃$, $T_3=1,060℃$, $T_4=160℃$이다.)

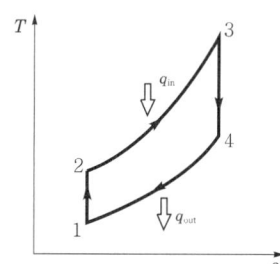

① 81% ② 85%
③ 89% ④ 76%

해설 $\eta_{thB} = \left(1 - \dfrac{q_{out}}{q_{in}}\right) \times 100 = \left(1 - \dfrac{T_4 - T_1}{T_3 - T_2}\right) \times 100$

$= \left[1 - \dfrac{(160+273)-(30+273)}{(1,060+273)-(200+273)}\right] \times 100 ≒ 85\%$

27 질량이 m으로 동일하고 온도가 각각 T_1, T_2 ($T_1 > T_2$)인 두 개의 금속덩어리가 있다. 이 두 개의 금속덩어리가 서로 접촉되어 온도가 평형상태에 도달하였을 때 총엔트로피변화량(ΔS)은? (단, 두 금속의 비열은 C로 동일하고, 다른 외부로의 열교환은 전혀 없다.)

① $mC\ln\dfrac{T_1-T_2}{2\sqrt{T_1T_2}}$

② $mC\ln\dfrac{T_1-T_2}{\sqrt{T_1T_2}}$

③ $2mC\ln\dfrac{T_1+T_2}{2\sqrt{T_1T_2}}$

④ $2mC\ln\dfrac{T_1+T_2}{\sqrt{T_1T_2}}$

28 어떤 물질 1,000kg이 있고 부피는 1.404m³이다. 이 물질의 엔탈피가 1344.8kJ/kg이고 압력이 9MPa이라면 물질의 내부에너지는 약 몇 kJ/kg인가?

① 1,332 ② 1,284
③ 1,048 ④ 875

해설 $U = h - pv = h - p\dfrac{V}{m}$

$= 1344.8 - 9 \times 10^3 \times \dfrac{1.404}{1,000} ≒ 1332.2$kJ/kg

29 3kg의 공기가 400K에서 830K까지 가열될 때 엔트로피변화량은 약 몇 kJ/K인가? (단, 이때 압력은 120kPa에서 480kPa까지 변화하였고, 공기의 정압비열은 1.005kJ/kg·K, 공기의 기체상수는 0.287kJ/kg·K이다.)

① 0.584 ② 0.719
③ 0.842 ④ 1.007

해설 $\Delta S = mC_p\ln\dfrac{T_2}{T_1} + mR\ln\dfrac{P_1}{P_2}$

$= 3 \times 1.005 \times \ln\dfrac{830}{400} + 3 \times 0.287 \times \ln\dfrac{120}{480}$

$≒ 1.007$kJ/K

30 다음 그림과 같이 작동하는 냉동사이클(압력(P)-엔탈피(h)선도)에서 $h_1 = h_4 = 98$kJ/kg, $h_2 = 246$kJ/kg, $h_3 = 298$kJ/kg일 때 이 냉동사이클의 성능계수(COP)는 약 얼마인가?

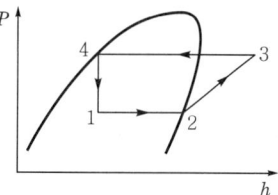

① 4.95 ② 3.85
③ 2.85 ④ 1.95

해설 $\varepsilon_R = \dfrac{q_2}{w_c} = \dfrac{h_2 - h_1(=h_4)}{h_3 - h_2}$

$= \dfrac{246-98}{298-246} ≒ 2.85$

정답 26. ② 27. ③ 28. ① 29. ④ 30. ③

31 0°C 얼음 1kg이 열을 받아서 100°C 수증기가 되었다면 엔트로피 증가량은 약 몇 kJ/K인가? (단, 얼음의 융해열은 336kJ/kg이고, 물의 기화열은 2,264kJ/kg이며, 물의 정압비열은 4.186kJ/kg·K이다.)

① 8.6　　② 10.2
③ 12.8　　④ 14.4

해설
$$\Delta S = mC_p \ln\frac{T_2}{T_1} + \frac{m(\gamma_o + R_o)}{T_2}$$
$$= 1 \times 4.186 \times \ln\frac{100+273}{0+273} + \frac{1 \times (336+2,264)}{100+273}$$
$$\fallingdotseq 8.28 \text{kJ/K}$$

32 다음 그림과 같이 선형스프링으로 지지되는 피스톤-실린더장치 내부에 있는 기체를 가열하여 기체의 체적이 V_1에서 V_2로 증가하였고, 압력은 P_1에서 P_2로 변화하였다. 이때 기체가 피스톤에 행한 일을 옳게 나타낸 식은? (단, 실린더와 피스톤 사이에 마찰은 무시하며, 실린더 내부의 압력(P)은 실린더 내부부피(V)와 선형관계($P = aV$, a는 상수)에 있다고 본다.)

① $P_2V_2 - P_1V_1$
② $P_2V_2 + P_1V_1$
③ $\frac{1}{2}(P_2 + P_1)(V_2 - V_1)$
④ $\frac{1}{2}(P_2 + P_1)(V_2 + V_1)$

해설
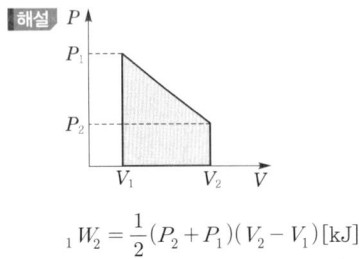
$$_1W_2 = \frac{1}{2}(P_2 + P_1)(V_2 - V_1)[\text{kJ}]$$

33 피스톤-실린더 내부에 존재하는 온도 150°C, 압력 0.5MPa의 공기 0.2kg은 압력이 일정한 과정에서 원래 체적의 2배로 늘어난다. 이 과정에서의 일은 약 몇 kJ인가? (단, 공기는 기체상수가 0.287kJ/kg·K인 이상기체로 가정한다.)

① 12.3　　② 16.5
③ 20.5　　④ 24.3

해설 $P_1V_1 = mRT_1$
$$V_1 = \frac{mRT_1}{P_1} = \frac{0.2 \times 0.287 \times (150+273)}{0.5 \times 10^3}$$
$$= 0.048 \text{m}^3$$
$$\therefore {}_1W_2 = \int_1^2 PdV = P(V_2 - V_1)$$
$$= PV_1\left(\frac{V_2}{V_1} - 1\right)$$
$$= 0.5 \times 10^3 \times 0.048 \times (2-1) = 24.3 \text{kJ}$$

34 밀폐시스템에서 가역정압과정이 발생할 때 다음 중 옳은 것은? (단, U는 내부에너지, Q는 열량, H는 엔탈피, S는 엔트로피, W는 일량을 나타낸다.)

① $dH = dQ$　　② $dU = dQ$
③ $dS = dQ$　　④ $dW = dQ$

해설 정압과정($P = C$) 시 가열량(dQ)은 엔탈피변화량($dH = mC_p dT$)과 크기가 같다.

35 시간당 380,000kg의 물을 공급하여 수증기를 생산하는 보일러가 있다. 이 보일러에 공급하는 물의 비엔탈피는 830kJ/kg이고, 생산되는 수증기의 비엔탈피는 3,230kJ/kg이라고 할 때 발열량이 32,000kJ/kg인 석탄을 시간당 34,000kg씩 보일러에 공급한다면 이 보일러의 효율은 약 몇 %인가?

① 66.9%　　② 71.5%
③ 77.3%　　④ 83.8%

해설 $\eta_B = \dfrac{G_a(h_2 - h_1)}{H_L m_f} \times 100$
$$= \frac{380,000 \times (3,230 - 830)}{32,000 \times 34,000} \times 100 \fallingdotseq 83.8\%$$

36 밀폐시스템에서 압력(P)이 다음과 같이 체적(V)에 따라 변한다고 할 때 체적이 0.1m³에서 0.3m³로 변하는 동안 이 시스템이 한 일은 약 몇 J인가? (단, P의 단위는 kPa, V의 단위는 m³이다.)

$$P = 5 - 15V$$

① 200 ② 400
③ 800 ④ 1,600

해설 $_1W_2 = \int_1^2 (5-15V)dV$
$= 5(V_2 - V_1) - 15\left(\dfrac{V_2^2 - V_1^2}{2}\right)$
$= 5 \times (0.3-0.1) - 15 \times \left(\dfrac{0.3^2 - 0.1^2}{2}\right)$
$= 0.4\text{kJ} = 400\text{J}$

37 출력 10,000kW의 터빈플랜트의 시간당 연료소비량이 5,000kg/h이다. 이 플랜트의 열효율은 약 몇 %인가? (단, 연료의 발열량은 33,440kJ/kg이다.)

① 25.4% ② 21.5%
③ 10.9% ④ 40.8%

해설 $\eta = \dfrac{3,600 kW}{H_L m_f} \times 100$
$= \dfrac{3,600 \times 10,000}{33,440 \times 5,000} \times 100 ≒ 21.53\%$

38 이상적인 증기압축 냉동사이클의 과정은?

① 정적방열과정 → 등엔트로피 압축과정 → 정적증발과정 → 등엔탈피 팽창과정
② 정압방열과정 → 등엔트로피 압축과정 → 정압증발과정 → 등엔탈피 팽창과정
③ 정적증발과정 → 등엔트로피 압축과정 → 정적방열과정 → 등엔탈피 팽창과정
④ 정압증발과정 → 등엔트로피 압축과정 → 정압방열과정 → 등엔탈피 팽창과정

해설 증기압축 냉동사이클의 과정 : 정압증발과정→등엔트로피 압축과정→정압방열과정→등엔탈피 팽창과정

39 열교환기를 흐름배열(flow arrangement)에 따라 분류할 때 다음 그림과 같은 형식은?

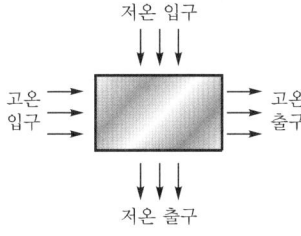

① 평행류 ② 대향류
③ 병행류 ④ 직교류

해설 도시된 열교환기의 형식은 직교류(cross flow type) 방식이다.

40 −15℃와 75℃의 열원 사이에서 작동하는 카르노사이클 열펌프의 난방성능계수는 얼마인가?

① 2.87 ② 3.87
③ 6.16 ④ 7.16

해설 $\varepsilon_{HP} = \dfrac{T_1}{T_1 - T_2} = \dfrac{75+273}{(75+273)-(-15+273)} ≒ 3.87$

제3과목 · 기계유체역학

41 다음 중 무차원수가 되는 것은? (단, ρ : 밀도, μ : 점성계수, F : 힘, Q : 부피유량, V : 속도, P : 동력, D : 지름, L : 길이이다.)

① $\dfrac{\rho V^2 D^2}{\mu}$ ② $\dfrac{P}{\rho V^3 D^5}$
③ $\dfrac{Q}{VD^3}$ ④ $\dfrac{F}{\mu VL}$

해설 ① $\dfrac{\rho V^2 D^2}{\mu} = \dfrac{\text{N} \cdot \text{s}^2/\text{m}^4 \times \text{m}^2/\text{s}^2 \times \text{m}^2}{\text{N} \cdot \text{s}/\text{m}^2}$
$= \text{m}^2/\text{s} = \text{L}^2\text{T}^{-1}$
② $\dfrac{F}{\rho V^3 D^5} = \dfrac{\text{N}}{\text{N} \cdot \text{s}^2/\text{m}^4 \times \text{m}^3/\text{s}^3 \times \text{m}^5}$
$= \text{s}/\text{m}^4 = \text{L}^{-4}\text{T}$
③ $\dfrac{Q}{VD^3} = \dfrac{\text{m}^3/\text{s}}{\text{m/s} \times \text{m}^3} = \text{m}^{-1} = \text{L}^{-1}$
④ $\dfrac{F}{\mu VL} = \dfrac{\text{N}}{\text{N} \cdot \text{s}/\text{m}^2 \times \text{m/s} \times \text{m}} = 1$(무차원수)

정답 36. ② 37. ② 38. ④ 39. ④ 40. ② 41. ④

42 지름 20cm인 구의 주위에 물이 2m/s의 속도로 흐르고 있다. 이때 구의 항력계수가 0.2라고 할 때 구에 작용하는 항력은 약 몇 N인가?

① 12.6 ② 204
③ 0.21 ④ 25.1

[해설] $D = C_D \dfrac{\rho A V^2}{2} = 0.2 \times \dfrac{1,000 \times \dfrac{\pi \times 0.2^2}{4} \times 2^2}{2} ≒ 12.6\text{N}$

43 물의 체적탄성계수가 2×10^9Pa일 때 물의 체적을 4% 감소시키려면 약 몇 MPa의 압력을 가해야 하는가?

① 40 ② 80
③ 60 ④ 120

[해설] $E = -\dfrac{dP}{\dfrac{dV}{V}}$ [Pa]

$\therefore dP = E\left(-\dfrac{dV}{V}\right) = 2 \times 10^9 \times 0.04$
$= 80 \times 10^6 \text{Pa} = 80 \times 10^3 \text{kPa} = 80\text{MPa}$

44 손실계수(K_L)가 15인 밸브가 파이프에 설치되어 있다. 이 파이프에 물이 3m/s의 속도로 흐르고 있다면 밸브에 의한 손실수두는 약 몇 m인가?

① 67.8 ② 22.3
③ 6.89 ④ 11.26

[해설] $h_L = K_L \dfrac{V^2}{2g} = 15 \times \dfrac{3^2}{2 \times 9.8} ≒ 6.89\text{m}$

45 남극 바다에 비중이 0.917인 해빙이 떠 있다. 해빙의 수면 위로 나와 있는 체적이 40m³일 때 해빙의 전체 중량은 약 몇 kN인가? (단, 바닷물의 비중은 1.025이다.)

① 2,487 ② 2,769
③ 3,138 ④ 3,414

[해설] ㉠ $W = F_B$
$\gamma V = \gamma' V'$
$9.8 \times 0.917 \times V = 9.8 \times 1.025 \times (V - 40)$
$\therefore V ≒ 380\text{m}^3$
여기서, V' : 잠겨진 체적
㉡ $W = \gamma V = 9.8 \times 0.917 \times 380 ≒ 3414.91\text{kN}$

46 공기가 게이지압력 2.06bar의 상태로 지름이 0.15m인 관속을 흐르고 있다. 이때 대기압은 1.03bar이고 공기유속이 4m/s라면 질량유량(mass flow rate)은 약 몇 kg/s인가? (단, 공기의 온도는 37℃이고, 기체상수는 287.1J/kg·K이다.)

① 0.245 ② 2.17
③ 0.026 ④ 32.4

[해설] $P = P_o + P_g = 1.03 + 2.06 = 3.09\text{bar}$
$= 3.09 \times 10^5 \text{Pa}(= \text{N/m}^2)$
$\therefore \dot{m} = \rho A V = \dfrac{P}{RT} A V$
$= \dfrac{3.09 \times 10^5}{287.1 \times (37 + 273)} \times \dfrac{\pi}{4} \times 0.15^2 \times 4$
$≒ 0.245\text{kg/s}$
[참고] $1\text{bar} = 10^5\text{Pa}(= \text{N/m}^2)$

47 다음 그림과 같은 시차액주계에서 A, B점의 압력차 $P_A - P_B$는? (단, $\gamma_1, \gamma_2, \gamma_3$는 각 액체의 비중량이다.)

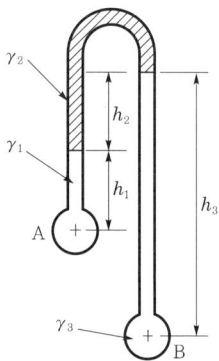

① $\gamma_3 h_3 - \gamma_1 h_1 + \gamma_2 h_2$ ② $\gamma_1 h_1 + \gamma_2 h_2 - \gamma_3 h_3$
③ $\gamma_1 h_1 - \gamma_2 h_2 + \gamma_3 h_3$ ④ $\gamma_3 h_3 - \gamma_1 h_1 - \gamma_2 h_2$

[해설] $P_A - \gamma_1 h_1 - \gamma_2 h_2 = P_B - \gamma_3 h_3$
$\therefore P_A - P_B = \gamma_1 h_1 + \gamma_2 h_2 - \gamma_3 h_3$

48 길이가 50m인 배가 8m/s의 속도로 진행하는 경우에 대해 모형 배를 이용하여 조파저항에 관한 실험을 하고자 한다. 모형 배의 길이가 2m이면 모형 배의 속도는 약 몇 m/s로 하여야 하는가?

① 1.60 ② 1.82
③ 2.14 ④ 2.30

정답 42.① 43.② 44.③ 45.④ 46.① 47.② 48.①

해설 $(F_r)_p = (F_r)_m$

$$\left(\frac{V}{\sqrt{Lg}}\right)_p = \left(\frac{V}{\sqrt{Lg}}\right)_m$$

$g_p \fallingdotseq g_m$

$\therefore V_m = V_p\sqrt{\frac{L_m}{L_p}} = 8\sqrt{\frac{2}{50}} = 1.6\text{m/s}$

49 넓은 평판과 나란한 방향으로 흐르는 유체의 속도 u[m/s]는 평판 벽으로부터의 수직거리 y[m]만의 함수로 다음과 같이 주어진다. 유체의 점성계수가 1.8×10^{-5}kg/m·s이라면 벽면에서의 전단응력은 약 몇 N/m²인가?

$$u(y) = 4 + 200y$$

① 1.8×10^{-5} ② 3.6×10^{-5}
③ 1.8×10^{-3} ④ 3.6×10^{-3}

해설 $u(y) = 4 + 200y$[m/s]에서 y에 대해 미분하면

$\frac{du}{dy} = 200\text{sec}^{-1}$

$\therefore \tau = \mu\frac{du}{dy} = 1.8 \times 10^{-5} \times 200$
$= 3.6 \times 10^{-3}\text{Pa}(= \text{N/m}^2)$

50 파이프 내의 유동에서 속도함수 V가 파이프 중심에서 반지름방향으로의 거리 r에 대한 함수로 다음과 같이 나타날 때 이에 대한 운동에너지계수(또는 운동에너지수정계수, kinetic energy coefficient) α는 약 얼마인가? (단, V_0는 파이프 중심에서의 속도, V_m은 파이프 내의 평균속도, A는 유동 단면, R은 파이프 안쪽 반지름이고, 유속방정식과 운동에너지계수 관련 식은 다음과 같다.)

- 유속방정식 $\frac{V}{V_0} = \left(1 - \frac{r}{R}\right)^{1/6}$
- 운동에너지계수 $\alpha = \frac{1}{A}\int\left(\frac{V}{V_m}\right)^3 dA$

① 1.01   ② 1.03
③ 1.08   ④ 1.12

해설 $V_m = \frac{1}{A}\int V dA$

$= \frac{1}{\pi R^2}\int_0^R V_0\left(\frac{r}{R}\right)^{\frac{1}{6}} 2\pi(R-r)dr$

$= \frac{2V_0}{R^2 R^{\frac{1}{6}}}\int_0^R \left(Rr^{\frac{1}{6}} - r^{\frac{7}{6}}\right)dr$

$= \frac{2V_0}{R^2 R^{\frac{1}{6}}}\left[R\frac{6}{7}r^{\frac{7}{6}} - \frac{6}{13}r^{\frac{13}{6}}\right]_0^R$

$= 2V_0\left(\frac{6}{7} - \frac{6}{13}\right)$

$= \frac{36}{45.5}V_0$

$\alpha = \frac{1}{A}\int\left(\frac{V}{V_m}\right)^3 dA$

$= \frac{1}{\pi R^2}\int_0^R k^3\left(\frac{r}{R}\right)^{\frac{3}{6}} 2\pi(R-r)dr$

$= \frac{2k^3}{R^2 R^{\frac{3}{6}}}\int_0^R \left(Rr^{\frac{3}{6}} - r^{\frac{9}{6}}\right)dr$

$= \frac{2k^3}{R^2 R^{\frac{3}{6}}}\left[R\frac{6}{9}r^{\frac{9}{6}} - \frac{6}{15}r^{\frac{15}{6}}\right]_0^R$

$= 2k^3\left(\frac{6}{9} - \frac{6}{15}\right)$

$= \frac{36}{67.5}k^3$

$V_m = \frac{36}{45.5}V_0$에서 $k = \frac{45.5}{36}$이므로

$\therefore \alpha = \frac{36}{67.5} \times \left(\frac{45.5}{36}\right)^3 \fallingdotseq 1.08$

51 다음 중 점성계수(viscosity)의 차원을 옳게 나타낸 것은? (단, M은 질량, L은 길이, T는 시간이다.)

① MLT
② ML^{-1}T^{-1}
③ MLT^{-2}
④ ML^{-2}T^{-2}

해설 점성계수(μ)의 단위는 Pa·s=N·s/m²=kg/m·s이다.

$\therefore \mu = \text{ML}^{-1}\text{T}^{-1} = \text{FTL}^{-2}$

정답 49. ④ 50. ③ 51. ②

52 자동차의 브레이크시스템의 유압장치에 설치된 피스톤과 실린더 사이의 환형 틈새 사이를 통한 누설유동은 두 개의 무한평판 사이의 비압축성, 뉴턴유체의 층류유동으로 가정할 수 있다. 실린더 내 피스톤의 고압측과 저압측의 압력차를 2배로 늘렸을 때 작동유체의 누설유량은 몇 배가 될 것인가?

① 2배
② 4배
③ 8배
④ 16배

해설 $\Delta P = \dfrac{128\mu QL}{\pi d^4}$ [Pa]

∴ $\Delta P \propto Q$하므로 압력차를 2배로 늘리면 누설유량(Q)은 2배가 된다.

53 다음 그림과 같이 폭이 3m인 수문 AB가 받는 수평성분 F_H와 수직성분 F_V는 각각 약 몇 N인가?

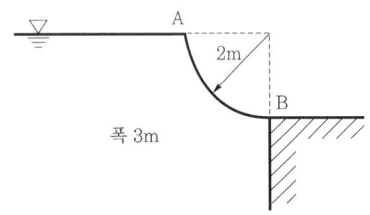

① $F_H = 24,400$, $F_V = 46,181$
② $F_H = 58,800$, $F_V = 46,181$
③ $F_H = 58,800$, $F_V = 92,362$
④ $F_H = 24,400$, $F_V = 92,362$

해설 ㉠ $F_H = \gamma h \overline{A}$
$= 9,800 \times 1 \times (2 \times 3) = 58,800$N
㉡ $F_V = \gamma V$
$= 9,800 \times \dfrac{\pi \times 2^2}{4} \times 3 ≒ 92,362$N

54 다음 그림과 같이 속도 V인 유체가 곡면에 부딪혀 θ의 각도로 유동방향이 바뀌어 같은 속도로 분출된다. 이때 유체가 곡면에 가하는 힘의 크기를 θ에 대한 함수로 옳게 나타낸 것은? (단, 유동 단면적은 일정하고, θ의 각도는 0°≤ θ ≤180° 이내에 있다고 가정한다. 또한 Q는 체적유량, ρ는 유체밀도이다.)

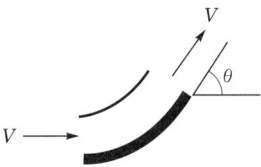

① $F = \dfrac{1}{2}\rho QV\sqrt{1-\cos\theta}$
② $F = \dfrac{1}{2}\rho QV\sqrt{2(1-\cos\theta)}$
③ $F = \rho QV\sqrt{1-\cos\theta}$
④ $F = \rho QV\sqrt{2(1-\cos\theta)}$

55 극좌표계(r, θ)로 표현되는 2차원 퍼텐셜유동에서 속도퍼텐셜(velocity potential, ϕ)이 다음과 같을 때 유동함수(stream function, Ψ)로 가장 적절한 것은? (단, A, B, C는 상수이다.)

$$\phi = A\ln r + Br\cos\theta$$

① $\Psi = \dfrac{A}{r}\cos\theta + Br\sin\theta + C$
② $\Psi = \dfrac{A}{r}\sin\theta - Br\cos\theta + C$
③ $\Psi = A\theta + Br\sin\theta + C$
④ $\Psi = A\theta - Br\cos\theta + C$

해설 극좌표계의 퍼텐셜유동

$u_r = -\dfrac{1}{r}\dfrac{\partial \Psi}{\partial \theta} = -\dfrac{\partial \phi}{\partial r}$, $u_\theta = \dfrac{\partial \Psi}{\partial r} = -\dfrac{1}{r}\dfrac{\partial \phi}{\partial \theta}$

$-\dfrac{1}{r}\dfrac{\partial \Psi}{\partial \theta} = -\dfrac{\partial(A\ln r + Br\cos\theta)}{\partial r} = -\dfrac{A}{r} + B\cos\theta$

$\partial \Psi = (A + Br\cos\theta)\partial\theta$

$\int \partial \Psi = \int (A + Br\cos\theta)\partial\theta$

∴ $\Psi = A\theta + Br\sin\theta + C$

정답 52. ① 53. ③ 54. ④ 55. ③

56 다음 그림과 같은 피토관의 액주계 눈금이 $h = 150\text{mm}$이고 관속의 물이 6.09m/s로 흐르고 있다면 액주계 액체의 비중은 얼마인가?

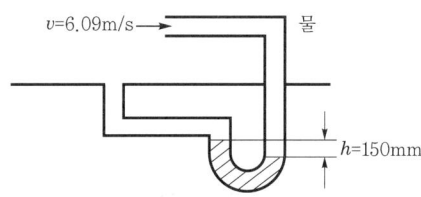

① 8.6 ② 10.8
③ 12.1 ④ 13.6

[해설] $v = \sqrt{2gh\left(\dfrac{S_o}{S} - 1\right)}$ [m/s]

$\therefore S_o = \dfrac{Sv^2}{2gh} + 1 = \dfrac{1 \times 6.09^2}{2 \times 9.8 \times 0.15} + 1 = 13.615$

여기서, S : 물의 비중(=1)

57 원관 내의 완전층류유동에 관한 설명으로 옳지 않은 것은?

① 관마찰계수는 Reynolds수에 반비례한다.
② 마찰계수는 벽면의 상대조도에 무관하다.
③ 유속은 관 중심을 기준으로 포물선분포를 보인다.
④ 관 중심에서의 유속은 전체 평균유속의 $\sqrt{2}$ 배이다.

[해설] 원관 내 완전층류유동 시 관 중심에서의 유속은 전체 평균유속의 $\dfrac{1}{2}$ 배이다($U_{\max} = 2U_{mean}$).

58 정지된 물속의 작은 모래알이 낙하하는 경우 Stokes Flow(스토크스유동)가 나타날 수 있는데, 이 유동의 특징은 무엇인가?

① 압축성유동
② 저속유동
③ 비점성유동
④ 고속유동

[해설] 스토크스유동은 비압축성($\rho = c$) 저속유동인 경우 ($Re < 0.6$) 적용한다.

59 정상 2차원 속도장 $\vec{V} = 2x\vec{i} - 2y\vec{j}$ 내의 한 점 (2, 3)에서 유선의 기울기 $\dfrac{dy}{dx}$는?

① $-\dfrac{3}{2}$ ② $-\dfrac{2}{3}$
③ $\dfrac{2}{3}$ ④ $\dfrac{3}{2}$

[해설] $\dfrac{dy}{dx} = \dfrac{-v}{u} = \dfrac{-2y}{2x} = \dfrac{-2 \times 3}{2 \times 2} = -\dfrac{3}{2}$

60 다음 그림과 같이 큰 탱크의 수면으로부터 h [m] 아래에 파이프를 연결하여 액체를 배출하고자 한다. 마찰손실을 무시한다고 가정할 때 파이프를 통해서 분출되는 물의 속도(가)를 v라고 할 경우 같은 조건에서의 오일(비중 0.9)탱크에서 분출되는 속도(나)는?

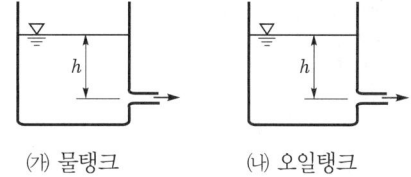

(가) 물탱크   (나) 오일탱크

① $0.81v$ ② $0.9v$
③ v ④ $1.1v$

[해설] 토리첼리정리 $v = \sqrt{2gh}$ [m/s]에서 (가) 물탱크나 (나) 오일탱크의 분출유속은 같다.

제4과목 · 기계재료 및 유압기기

61 피로한도에 대한 설명 중 틀린 것은?

① 지름이 크면 피로한도는 작아진다.
② 노치가 있는 시험편의 피로한도는 작다.
③ 표면이 거친 것이 고운 것보다 피로한도가 높아진다.
④ 노치가 없을 때와 있을 때의 피로한도비를 노치계수라 한다.

[해설] 표면이 거친 것이 고운 것보다 피로한도(fatigue limit)가 낮아진다.

정답 56. ④ 57. ④ 58. ② 59. ① 60. ③ 61. ③

62 알루미늄합금 중 개량처리(modification)한 Al-Si 합금은?

① 라우탈　　② 실루민
③ 두랄루민　④ 하이드로날륨

[해설] 실루민은 알루미늄(Al)합금으로 개량처리된 Al-Si계 합금이다.

63 서브제로(sub-zero)처리에 관한 설명으로 틀린 것은?

① 내마모성 및 내피로성이 감소한다.
② 잔류오스테나이트를 마텐자이트화한다.
③ 담금질을 한 강의 조직이 안정화된다.
④ 시효변화가 적으며 부품의 치수 및 형상이 안정된다.

[해설] 서브제로처리는 잔류오스테나이트를 제거하고 마텐자이트조직으로 변화시키는 열처리로 내마모성과 내피로성이 증가한다.

64 플라스틱의 성형가공성을 좋게 하는 방법이 아닌 것은?

① 가공온도를 높여준다.
② 폴리머의 중합도를 내린다.
③ 성형기의 표면미끄럼 정도를 좋게 한다.
④ 폴리머의 극성을 높게 하여 분자 간 응집력을 크게 한다.

65 5~20%의 Zn의 황동을 말하며 강도는 낮으나 전연성이 좋고 색깔이 금색에 가까우므로 모조금이나 판 및 선 등에 사용되는 구리합금은?

① 톰백
② 문쯔메탈
③ 네이벌황동
④ 애드미럴티메탈

[해설] 톰백(tombac)은 황금색을 띠고 있는 모조금으로서 장식용 주물 등에 사용된다. Zn 5~20%, Cu 80~90%, Sn 0~1%를 함유한 황동으로 강도는 낮으나 전연성이 좋다.

66 고망간(Mn)강에 관한 설명으로 틀린 것은?

① 오스테나이트조직을 갖는다.
② 광석·암석의 파쇄기 부품 등에 사용된다.
③ 열처리에 수인법(water toughening)이 이용된다.
④ 열전도성이 좋고 팽창계수가 작아 열변형을 일으키지 않는다.

[해설] ㉠ 저Mn강 : 펄라이트계, 1~2% Mn 항복점과 인장강도가 대단히 크다. 전연성의 감소가 비교적 적다(듀콜강).
㉡ 고Mn강 : 오스테나이트계, 10~14% Mn 경도는 낮으나 내마모성이 크다(수인강).

67 강의 표면경화처리에서 침탄법과 비교하였을 때 질화법의 특징으로 틀린 것은?

① 침탄한 것보다 경도가 높다.
② 질화 후에 열처리가 필요 없다.
③ 침탄법보다 경화에 의한 변형이 적다.
④ 침탄법보다 단시간 내에 같은 경화깊이를 얻을 수 있다.

[해설] 침탄법과 질화법의 비교

침탄법	질화법
• 경도가 작다.	• 경도가 크고 취성이 있다.
• 열처리가 필요하다.	• 열처리가 불필요하다.
• 변형이 생긴다.	• 변형이 적다.
• 수정이 가능하다.	• 수정이 불가능하다.
• 침탄층은 단단하다.	• 질화층은 여리다.

[참고] 경화층의 두께는 침탄법이 질화법보다 깊다.

68 다음 파일럿전환밸브의 포트수, 위치수로 옳은 것은?

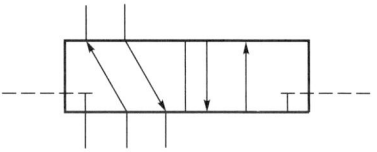

① 2포트 4위치　② 2포트 5위치
③ 5포트 2위치　④ 6포트 2위치

[해설] 도시된 파일럿(---)유압기호는 5포트 2위치 전환밸브이다.

정답　62.② 63.① 64.④ 65.① 66.④ 67.④ 68.③

69 아공정주철의 탄소함유량은 약 몇 %인가?

① 약 0.025~0.80% C
② 약 0.80~2.0% C
③ 약 2.0~4.3% C
④ 약 4.3~6.67% C

[해설] ㉠ 공정주철 : 4.3% C
㉡ 아공정주철 : 2.0~4.3% C
㉢ 과공정주철 : 4.3~6.67% C

70 순철(α-Fe)의 자기변태온도는 약 몇 ℃인가?

① 210℃
② 768℃
③ 910℃
④ 1,410℃

[해설] 순철(α-Fe)의 자기변태온도는 768℃(A_2변태점)로 퀴리점(Curie point)라고도 한다.
[참고] 210℃(시멘타이트 자기변태온도), 910℃(A_3변태점)와 1,400℃(A_4변태점)는 순철의 동소변태온도이다.

71 고속도공구강에 대한 설명으로 틀린 것은?

① 2차 경화현상을 나타낸다.
② 500~600℃까지 가열하여도 뜨임에 의해 연화되지 않는다.
③ SKH2는 Mo가 함유되어 있는 Mo계 고속도공구강의 강재이다.
④ 내마모성 및 인성을 가지므로 바이트, 드릴 등의 절삭공구에 사용된다.

[해설] SKH2는 텅스텐(W)계 고속도강재(HSS)이다(SKH3, SKH4, SKH10).
[참고] SKH50~SKH59는 몰리브덴(Mo)계 고속도 강재이다.

72 다음 기호에 대한 설명으로 틀린 것은?

① 유압모터이다.
② 4방향 유동이다.
③ 가변용량형이다.
④ 외부드레인이 있다.

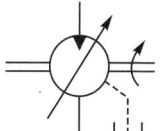

[해설] 도시된 그림은 1방향(가변용량형) 회전모터이다.

73 두 개의 유입관로의 압력에 관계없이 정해진 출구유량이 유지되도록 합류하는 밸브는?

① 집류밸브
② 셔틀밸브
③ 적층밸브
④ 프리필밸브

74 속도제어회로의 종류가 아닌 것은?

① 미터 인 회로
② 미터 아웃 회로
③ 블리드 오프 회로
④ 로크(로킹)회로

[해설] 속도제어회로의 종류 : 미터 인 회로, 미터 아웃 회로, 블리드 오프 회로 등

75 스트레이너에 대한 설명으로 적절하지 않은 것은?

① 스트레이너의 연결부는 오일탱크의 작동유를 방출하지 않아도 분리가 가능하도록 하여야 한다.
② 스트레이너의 여과능력은 펌프흡입량의 1.2배 이하의 용적을 가져야 한다.
③ 스트레이너가 막히면 펌프가 규정유량을 토출하지 못하거나 소음을 발생시킬 수 있다.
④ 스트레이너의 보수는 오일을 교환할 때마다 완전히 청소하고 주기적으로 여과재를 분리하여 손질하는 것이 좋다.

[해설] 스트레이너(strainer)의 여과능력은 펌프흡입량의 2배 이상의 용적을 가져야 한다.

76 일반적인 유압장치에 대한 설명과 특징으로 가장 적절하지 않은 것은?

① 유압장치 자체의 자동제어에 제약이 있을 수 있으나 전기, 전자부품과 조합하여 사용하면 그 효과를 증대시킬 수 있다.
② 힘의 증폭방법이 같은 크기의 기계적 장치(기어, 체인 등)에 비해 간단하여 크게 증폭시킬 수 있으며, 그 예로 소형 유압잭, 거대한 건설기계 등이 있다.
③ 인화의 위험과 이물질에 의한 고장 우려가 있다.
④ 점도의 변화에 따른 출력변화가 없다.

[해설] 유압장치는 점도변화에 따른 출력변화가 있다.

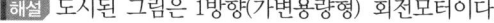

정답 69.③ 70.② 71.③ 72.② 73.① 74.④ 75.② 76.④

77 일반적인 용적형 펌프의 종류가 아닌 것은?

① 기어펌프
② 베인펌프
③ 터빈펌프
④ 피스톤(플런저)펌프

해설 용적형 펌프 : 기어펌프, 베인펌프, 플런저(피스톤)펌프, 나사펌프
[참고] 터빈(디퓨저)펌프는 원심펌프로 고양정 저유량펌프이며 가이드베인(안내날개)이 있다(비용적형 펌프).

78 유압·공기압도면기호(KS B 0054)에 따른 기호에서 필터, 드레인관로를 나타내는 선의 명칭으로 옳은 것은?

① 파선
② 실선
③ 1점 이중쇄선
④ 복선

해설 필터, 드레인관로를 나타내는 선은 파선(---)이다.

79 유압작동유의 첨가제로 적절하지 않은 것은?

① 산화 방지제
② 소포제 및 방청제
③ 점도지수 강하제
④ 유동점 강하제

해설 유압작동유 첨가제 : 산화 방지제, 유동점 강하제, 소포제(거품 제거제), 방청제(녹 방지제), 유성 향상제, 점도지수 향상제

80 다음 중 유압을 이용한 기기(기계)의 장점이 아닌 것은?

① 자동제어가 가능하다.
② 유압 에너지원을 축적할 수 있다.
③ 힘과 속도를 무단으로 조절할 수 있다.
④ 온도변화에 대해 안정적이고 고압에서 누유의 위험이 없다.

해설 온도변화에 대해 불안정(민감)이고 고압에서 누유의 위험이 있다.

제5과목 · 기계제작법 및 기계동력학

81 질량 m인 공이 h의 높이에서 자유낙하하여 콘크리트 바닥과 충돌하였다. 공과 바닥 사이의 반발계수를 e라고 할 때 공이 첫 번째 튀어 오른 높이는?

① $\sqrt{2}\,eh$ ② eh
③ $2eh$ ④ $e^2 h$

해설 $e = \dfrac{\sqrt{2gh'}}{\sqrt{2gh}} = \sqrt{\dfrac{h'}{h}}$

$\therefore\ h' = e^2 h\,[m]$

82 지표면에서 공을 초기속도 v_0로 수직 상방으로 던졌다. 공이 제자리로 돌아올 때까지 걸린 시간(t)은? (단, g는 중력가속도이고, 공기저항은 무시한다.)

① $t = \dfrac{v_0}{g}$ ② $t = \dfrac{2v_0}{g}$
③ $t = \dfrac{3v_0}{g}$ ④ $t = \dfrac{4v_0}{g}$

해설 $v = v_o + at\,[m/s]$

나중속도$(v) = v_0 - gt$에서 $v = 0$이므로 $v_0 = gt$

공이 최대 높이까지 올라간 시간$(t) = \dfrac{v_0}{g}$

$\therefore$ 공이 제자리로 돌아올 때까지 걸린 시간(t')

$t' = 2t = \dfrac{2v_0}{g}\,[sec]$

83 10kg의 상자가 경사면방향으로 초기속도가 15m/s인 상태로 올라갔다. 상자와 경사면 사이의 운동마찰계수가 0.15일 때 상자가 올라갈 수 있는 최대 거리 x는 약 몇 m인가?

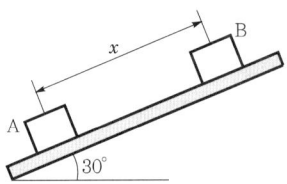

① 13.7   ② 15.7
③ 18.2   ④ 21.2

정답 77.③ 78.① 79.③ 80.④ 81.④ 82.② 83.③

해설

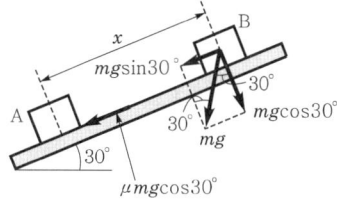

$\Delta KE = \dfrac{1}{2}m(V_B^2 - V_A^2)$ 에서 $V_B = 0$ 이므로

$(-mg\sin 30° - \mu mg\cos 30°)x = -\dfrac{1}{2}mV_A^2$

$x(mg\sin 30° + \mu mg\cos 30°) = \dfrac{1}{2}mV_A^2$

$\therefore x = \dfrac{\dfrac{1}{2}mV_A^2}{mg\sin 30° + \mu mg\cos 30°}$

$= \dfrac{\dfrac{1}{2}\times 10 \times 15^2}{10\times 9.8 \times \sin 30° + 0.15\times 10\times 9.8\times \cos 30°}$

$= 18.22\text{m}$

84 다음 그림과 같이 스프링에 질량 m을 달고 상하로 진동시킬 때 주기와 질량(m)과의 관계는? (단, k는 스프링상수이다.)

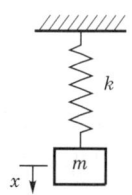

① 주기는 $\sqrt{m}$ 에 반비례한다.
② 주기는 $\sqrt{m}$ 에 비례한다.
③ 주기는 m^2 에 반비례한다.
④ 주기는 m^2 에 비례한다.

해설 $m\ddot{x} + kx = 0$

$\ddot{x} + \dfrac{k}{m}x = 0$

$\ddot{x} + \omega_n^2 x = 0$

이때 $\omega_n = \sqrt{\dfrac{k}{m}}$

$f_n = \dfrac{\omega_n}{2\pi} = \dfrac{1}{2\pi}\sqrt{\dfrac{k}{m}}$ [Hz]

$T = \dfrac{1}{f_n} = \dfrac{2\pi}{\omega_n} = 2\pi\sqrt{\dfrac{m}{k}}$ [sec]

$\therefore T \propto \sqrt{m}$

85 길이가 1m이고 질량이 5kg인 균일한 막대가 다음 그림과 같이 지지되어 있다. A점은 힌지로 되어 있어 B점에 연결된 줄이 갑자기 끊어졌을 때 막대는 자유로이 회전한다. 여기서 막대가 수직위치에 도달한 순간 각속도는 약 몇 rad/s 인가?

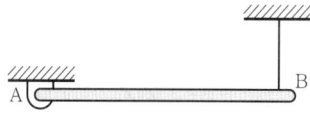

① 2.62
② 3.43
③ 4.61
④ 5.42

해설 중력퍼텐셜에너지$(PE) = mg\dfrac{l}{2}$

운동에너지$(KE) = \dfrac{1}{2}J_A\omega^2 = \dfrac{1}{2}\left(\dfrac{ml^2}{3}\right)\omega^2$

$PE = KE$

$mg\dfrac{l}{2} = \dfrac{ml^2}{6}\omega^2$

$\therefore \omega = \sqrt{\dfrac{3g}{l}} = \sqrt{\dfrac{3\times 9.8}{1}} = 5.42\text{rad/s}$

86 정지상태의 비행기가 100m의 직선 활주로를 달려서 이륙속도 360km/h에 도달하려고 한다. 가속도의 크기가 일정하다고 가정하면 비행기의 가속도는 약 몇 m/s²인가?

① 10
② 20
③ 50
④ 100

해설 $v = v_0 + at$

$\dfrac{360}{36} = 0 + at$

$at = 100$ ········ ㉠

$s = v_0 t + \dfrac{1}{2}at^2$

$100 = 0\times t + \dfrac{1}{2}at^2$

$at^2 = 200$ ········ ㉡

식 ㉠을 ㉡에 대입하면

$t = 2$초

$\therefore a = \dfrac{100}{t} = \dfrac{100}{2} = 50\text{m/s}^2$

정답 84. ② 85. ④ 86. ③

87 다음 그림과 같이 막대 AB가 양쪽 벽면을 따라 움직인다. A가 8m/s의 일정한 속도로 오른쪽으로 이동한다고 할 때 $x=2$m인 위치에서 B의 가속도의 크기는 약 몇 m/s²인가?

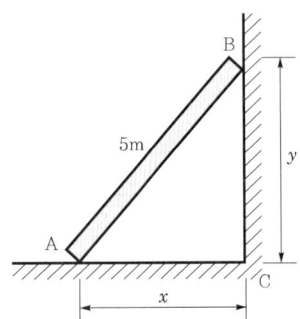

① 10.3m/s^2 ② 12.4m/s^2
③ 14.7m/s^2 ④ 16.6m/s^2

해설 $5^2 = x^2 + y^2$
$y = \sqrt{5^2 - 2^2} = \sqrt{21}$
AB길이를 r이라 하면
$r^2 = x^2 + y^2$ ·················· ㉠
식 ㉠을 시간(t)에 대해 미분하면 A와 B의 속도를 구할 수 있다.
$\dfrac{dr^2}{dt} = \dfrac{dx^2}{dt} + \dfrac{dy^2}{dt}$
$2r\dfrac{dr}{dt} = 2x\dfrac{dx}{dt} + 2y\dfrac{dy}{dt}$
r은 일정($r=C$)하므로 $\dfrac{dr}{dt} = 0$이다.
$2x\dfrac{dx}{dt} + 2y\dfrac{dy}{dt} = 0$
$2xV_A + 2yV_B = 0$
$xV_A + yV_B = 0$ ·················· ㉡
$2 \times 8 + \sqrt{21} \times V_B = 0$
$\therefore V_B = -\dfrac{16}{\sqrt{21}} ≒ 3.49\text{m/s}$
식 ㉡을 시간(t)에 대해 미분하여 A와 B의 가속도를 구할 수 있다.
$\dfrac{dx}{dt}V_A + x\dfrac{dV_A}{dt} + \dfrac{dy}{dt}V_B + y\dfrac{dV_B}{dt} = 0$
$V_A^2 + xa_A + V_B^2 + ya_B = 0$
$8^2 + 2 \times 0 + (-3.49)^2 + \sqrt{21} \times a_B = 0$
$\therefore a_B ≒ 16.6\text{m/s}^2$

88 비감쇠자유진동수 ω_n와 감쇠자유진동수 ω_d 사이의 관계를 나타낸 식은? (단, ζ는 감쇠비를 나타낸다.)

① $\omega_d = \omega_n\sqrt{1-\zeta^2}$
② $\omega_n = \omega_d\sqrt{1-\zeta}$
③ $\omega_d = \omega_n(1-\zeta^2)$
④ $\omega_n = \omega_d(1-\zeta)$

해설 감쇠자유자동수(ω_d)
= 비감쇠자유진동수(ω_n) × $\sqrt{1-\text{감쇠비}^2(\xi^2)}$ [rad/s]

89 기계진동의 전달률(transmissibility ratio)을 1 이하로 조정하기 위해서는 진동수비(ω/ω_n)를 얼마로 하면 되는가?

① $\sqrt{2}$ 이상으로 한다.
② $\sqrt{2}$ 이하로 한다.
③ 2 이상으로 한다.
④ 2 이하로 한다.

해설 전달률(TR)<1이면 진동수비$\left(\gamma = \dfrac{\omega}{\omega_n}\right) > \sqrt{2}$ 이상으로 한다.

90 주철과 같이 메진 재료를 저속으로 절삭할 때 일반적인 칩의 모양은?

① 경작형 ② 균열형
③ 유동형 ④ 전단형

해설 주철과 같이 메진(취성) 재료의 저속절삭 시 칩(chip)의 형태는 균열형이다.

91 펀치와 다이를 프레스에 설치하여 판금재료로부터 목적하는 형상의 제품을 뽑아내는 전단가공은?

① 스웨이징 ② 엠보싱
③ 블랭킹 ④ 브로칭

해설 펀치와 다이를 프레스에 설치하여 판금재료로부터 목적하는 형상의 제품을 뽑아내는 전단가공은 블랭킹(blanking)이다.

정답 87. ④ 88. ① 89. ① 90. ② 91. ③

92 래핑다듬질에 대한 특징 중 틀린 것은?

① 게이지류나 광학렌즈의 표면다듬질에 사용된다.
② 가공면에 랩제가 잔류하여 표면의 부식과 마모 촉진을 막아준다.
③ 평면도, 진원도, 직선도 등의 이상적인 기하학적 형상을 얻을 수 있다.
④ 가공면의 윤활성 및 내마모성이 좋아진다.

해설 래핑(lapping)
마모현상을 기계가공에 응용한 것으로 그 기본은 마모이며 일반적으로 공작물과 랩공구 사이에 미분말 상태의 랩제와 윤활제를 넣어 이들 사이에 상대운동을 시켜 표면을 매끈하게 가공하는 방법이다.
㉠ 다듬질면이 매끈하고 유리면을 얻을 수 있다.
㉡ 정밀도가 높은 제품을 만들 수 있다.
㉢ 윤활성이 좋게 된다.
㉣ 마찰계수가 적어진다.
㉤ 내식성 및 내마모성이 증가된다.

93 밀링가공에서 지름이 50mm인 밀링커터를 사용하여 60m/min의 절삭속도로 절삭하는 경우 밀링커터의 회전수는 약 몇 rpm인가?

① 284
② 382
③ 468
④ 681

해설 $V = \dfrac{\pi d N}{1,000}$ [m/min]

$\therefore N = \dfrac{1,000\,V}{\pi d} = \dfrac{1,000 \times 60}{\pi \times 50} ≒ 382 \text{rpm}$

94 다이에 아연, 납, 주석 등의 연질금속을 넣고 제품형상의 펀치로 타격을 가하여 길이가 짧은 치약튜브, 약품튜브 등을 제작하는 압출방법은 어느 것인가?

① 간접압출
② 열간압출
③ 직접압출
④ 충격압출

해설 충격압출은 다이에 아연(Zn), 납(Pb), 주석(Sn) 등의 연질금속을 넣고 제품형상의 펀치로 타격을 가하여 길이가 짧은 치약튜브, 약품튜브 등을 제작하는 압출방법이다.

95 조화진동 $x_1 = 4\cos wt$와 $x_2 = 5\sin wt$의 합성진동진폭은 약 얼마인가?

① 10.2
② 8.2
③ 6.4
④ 4.4

해설 $x = \sqrt{x_1^2 + x_2^2} = \sqrt{4^2 + 5^2} = 6.4$

96 300mm×500mm인 주철주물을 만들 때 필요한 주입추는 약 몇 kg인가? (단, 쇳물아궁이높이가 120mm, 주물밀도는 7,200kg/m³이다.)

① 129.6
② 149.6
③ 169.6
④ 189.6

해설 $F = \rho A h = \rho a b h = 7,200 \times 0.3 \times 0.5 \times 0.12 = 129.6$kg

97 초음파가공에 대한 설명으로 틀린 것은?

① 가공물표면에서의 증발현상을 이용한다.
② 전기에너지를 기계적 진동에너지로 변화시켜 가공한다.
③ 혼의 재료는 황동, 연강 등을 사용한다.
④ 입자는 가공물에 연속적인 해머작용으로 가공한다.

해설 초음파가공은 표면다듬질가공에 이용된다.

98 다음 중 나사의 주요 측정요소가 아닌 것은?

① 피치
② 유효지름
③ 나사의 길이
④ 나사산의 각도

해설 나사의 주요 측정요소 : 피치, 유효지름, 나사산의 각도

99 전기저항용접과 관계되는 법칙은?

① 줄(Joule)의 법칙
② 뉴턴의 법칙
③ 암페어의 법칙
④ 플레밍의 법칙

해설 전기저항용접은 줄(Joule)의 법칙과 관계있다.
$Q = I^2 Rt$ [J] $= 0.24 I^2 Rt$ [cal]

정답 92. ② 93. ② 94. ④ 95. ③ 96. ① 97. ① 98. ③ 99. ①

100 강재의 표면에 Si를 침투시키는 방법으로 내식성, 내열성 등을 향상시키는 방법은?

① 브로나이징
② 칼로라이징
③ 크로마이징
④ 실리코나이징

[해설] 강재의 표면에 규소(Si)를 침투시키는 방법으로 내식성, 내열성 등을 향상시키는 방법은 실리코나이징이다.
[참고] 금속침투법(cementation) : 브로나이징(B), 크로마이징(Cr), 칼로라이징(Al), 세라다이징(Zn)

정답 100. ④

2024 제1회 복원문제

| 2024. 2. 17. 시행 |

제1과목 · 기계제도 및 설계

01 CAD시스템을 이용한 설계에서 얻을 수 있는 좋은 점이 아닌 것은?

① 설계의 표준화
② 설계오류 증가
③ 설계시간 단축
④ 도면품질 향상

해설 CAD시스템을 사용할 경우 설계오류를 감소시킬 수 있다.

02 다음은 일반적인 CAD시스템에서 도형의 작성방법이다. 잘못 연결된 것은?

① 직선 : 시작점과 끝점 사이의 일직선(line 명령어로 생성)
② 원 : 중심점과 반지름(지름)을 이용(기본명령어는 circle이며, 단축키는 C)
③ 원호 : 중심점, 시작점, 끝점을 이용
④ 원호 : 중심점과 반지름을 이용

해설 CAD에서 원호(arc)의 주요 작성방법
㉠ 세 점(시작점, 끝점, 하나의 점)을 이용
㉡ 시작점, 끝점, 반지름을 이용
㉢ 시작점, 중심점, 각도를 이용
㉣ 중심점, 시작점, 끝점을 이용
㉤ 명령어 arc(단축키 A)를 이용
[참고] 원은 전체이며 폐곡선으로 구성된 도형이고, 원호는 그 원에서 일부만 떼어낸 곡선구간이다.

03 끼워맞춤에서 최대 죔새를 구하는 방법은?

① 축의 최대 허용치수−구멍의 최소 허용치수
② 구멍의 최소 허용치수−축의 최대 허용치수
③ 구멍의 최대 허용치수−축의 최소 허용치수
④ 축의 최소 허용치수−구멍의 최대 허용치수

해설 끼워맞춤
㉠ 최대 죔새=축의 최대 허용치수−구멍의 최소 허용치수
㉡ 최소 죔새=축의 최소 허용치수−구멍의 최대 허용치수

04 다음 중 치수 기입원칙에 어긋나는 것은?

① 관련되는 치수는 되도록 한 곳에 모아서 기입한다.
② 치수는 되도록 공정마다 배열을 분리하여 기입한다.
③ 중복된 치수 기입을 피한다.
④ 치수는 각 투상도에 고르게 분포되도록 한다.

해설 치수는 되도록 주투상도에 집중하여 기입하고, 관련되는 치수는 되도록 한 곳에 모아서 기입한다. 단, 가공자의 편의를 위해서는 분산 기입할 수 있다.

05 기하공차의 종류와 기호설명이 틀린 것은?

① // : 평행도
② ↗ : 원주흔들림
③ ○ : 동축도 또는 동심도
④ ⊥ : 직각도

해설 ㉠ ○ : 진원도
㉡ ◎ : 동축도(동심도)

06 다음 용접기호 중 틀린 것은?

① 심용접 : ⊖ 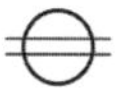
② 점용접 : ○
③ 필릿용접 : △
④ 이면용접 : ⊓

해설 ㉠ ⊓ : 플러그용접
㉡ ⌣ : 이면용접

정답 01.② 02.④ 03.① 04.④ 05.③ 06.④

07 제1각법과 제3각법의 설명 중 틀린 것은?

① 제1각법은 물체를 1상한에 놓고 정투상법으로 나타낸 것이다.
② 제1각법은 눈→투상면→물체의 순서로 나타낸다.
③ 제3각법은 물체를 3상한에 놓고 정투상법으로 나타낸 것이다.
④ 한 도면에 제1각법과 제3각법을 같이 사용해서는 안 된다.

해설 제1각법은 눈→물체→투상면의 순서로 나타낸다.

08 기하공차 표시에서 다음 그림과 같이 수치에 사각형 테두리를 씌운 것은 무엇을 나타내는가?

$$\boxed{52}$$

① 데이텀
② 돌출공차역
③ 이론적으로 정확한 치수
④ 최대 실체공차방식

해설 기하공차의 부가기호

표시하는 기호		기호
공차붙이 형체	직접 표시하는 경우	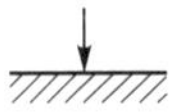
	문자기호에 의하여 표기하는 경우	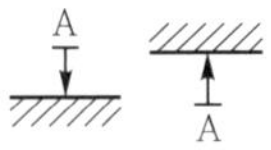
데이텀	직접 표시하는 경우	
	문자기호에 의하여 표기하는 경우	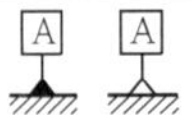
데이텀표적 기입틀 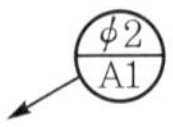		
이론적으로 정확한 치수	50	직사각형 테두리를 표시
돌출공차역		ⓟ
최대 실체공차방식(MMS)		ⓜ	최대 질량의 실체를 갖는 조건
최소 실체조건		ⓛ	최소 질량의 실체를 갖는 조건
형체치수무관계(RFS)		ⓢ	규제기호로 표시하지 않음

09 도면에서 구멍의 치수가 $\phi 60^{+0.03}_{-0.02}$로 표기되어 있을 때 아래치수허용차의 값은 얼마인가?

① +0.03   ② +0.01
③ -0.02   ④ -0.01

해설 위치수허용차는 +0.03이고, 아래치수허용차는 -0.02이다.
[참고] 100 +0.25 ← 위치수허용차
(기준치수) -0.15 ← 아래치수허용차
• 위치수허용차=최대 허용치수-기준치수
• 아래치수허용차=최소 허용치수-기준치수

10 18Js7의 공차표시가 옳은 것은? (단, 기본공차의 수치는 18μm이다.)

① $18^{+0.018}_{0}$ ② $18^{0}_{-0.018}$
③ 18 ± 0.009 ④ 18 ± 0.018

해설 공차는 위치수허용차에서 아래치수허용차를 뺀 값으로 표시한다. 여기서 18μm은 0.018mm를 의미하고, 끼워맞춤공차 Js는 ±값으로 표현되므로 18±0.009가 된다.

11 나사의 피치가 10mm인 2줄나사를 2회전시키면 나사의 리드(lead)는 몇 mm인가?

① 10   ② 20
③ 30   ④ 40

해설 $l = 2np = 2 \times 2 \times 10 = 40$mm

12 기계장치를 볼트로 고정시킬 때 너트의 풀림 방지법으로 틀린 것은?

① 로크너트를 사용하는 방법
② 자동죔너트를 사용하는 방법
③ 분할핀을 사용하는 방법
④ 캡너트를 사용하는 방법

해설 너트의 풀림 방지법
㉠ 로크너트(lock nut)를 사용하는 방법
㉡ 분할핀(split pin)을 사용하는 방법
㉢ 철사를 사용하는 방법
㉣ 와셔(스프링와셔, 혀붙이와셔, 고무와셔 등)를 사용하는 방법
㉤ 자동죔너트를 사용하는 방법

정답 07. ② 08. ③ 09. ③ 10. ③ 11. ④ 12. ④

13 한쪽 구배인 코터의 자립조건은? (단, 경사각은 α, 마찰각은 ρ이다.)

① $\alpha \leq \rho$ ② $\alpha \leq 2\rho$
③ $\rho \leq \alpha$ ④ $\rho = 2\alpha$

해설 코터의 자립조건
  ㉠ 양쪽 구배인 경우 : $\alpha \leq \rho$
  ㉡ 한쪽 구배인 경우 : $\alpha \leq 2\rho$

14 판두께 25mm, 리벳의 지름이 18mm, 리벳구멍의 지름이 20mm, 피치가 50mm인 1열 리벳 겹치기이음에서 강판의 효율은?

① 50% ② 60%
③ 70% ④ 75%

해설 $\eta_t = \dfrac{1\text{피치 내 구멍이 있는 강판의 인장강도}}{1\text{피치 내 구멍이 없는 강판의 인장강도}}$
$= \dfrac{\sigma_t(p-d)t}{\sigma_t pt} = \left(1 - \dfrac{d}{p}\right) \times 100\%$
$= \left(1 - \dfrac{20}{50}\right) \times 100\% = 60\%$

15 주로 굽힘을 받으며 회전 또는 정지축에 사용되는 축은?

① 전동축 ② 플렉시블축
③ 차축   ④ 스핀들축

해설 차축(axial shaft)은 주로 굽힘만을 받는 축으로 정지축에 사용된다.

16 축의 위험속도를 N_c, 축 자체만의 위험속도를 N_0, 각 회전체를 각각 단독으로 축에 설치하였을 때의 위험속도를 N_1, N_2라 하면 던커레이(Dunkerly)의 실험공식은 어느 것인가?

① $\dfrac{1}{N_c^2} = \dfrac{1}{N_0^2} + \dfrac{1}{N_1^2} + \dfrac{1}{N_2^2}$

② $N_c = N_0 + N_1 + N_2$

③ $\dfrac{1}{N_c^2} = N_0 + N_1 + N_2$

④ $\sqrt{\dfrac{1}{N_c^2}} = \sqrt{\dfrac{1}{N_0^2}} + \sqrt{\dfrac{1}{N_1^2}} + \sqrt{\dfrac{1}{N_2^2}}$

해설 $\dfrac{1}{N_c^2} = \dfrac{1}{N_0^2} + \dfrac{1}{N_1^2} + \dfrac{1}{N_2^2}$

17 마찰차의 종류가 아닌 것은?

① 홈붙이 마찰차 ② 변속마찰차
③ 이붙이 마찰차 ④ 원통마찰차

해설 마찰차의 종류 : 원통마찰차, 원추마찰차(원뿔마찰차), 홈붙이 마찰차, 변속마찰차

18 베어링에서 수명계수식(f_h)을 옳게 나타낸 것은? (단, P : 베어링하중, C : 기본부하용량, f_n : 속도계수, γ : 베어링지수)

① $f_h = f_n\left(\dfrac{C}{P}\right)^\gamma$

② $f_h = f_n(CP)^\gamma$

③ $f_h = \dfrac{10}{3} f_n (CP)^\gamma$

④ $f_h = \dfrac{10}{3} f_n \left(\dfrac{P}{C}\right)^\gamma$

해설 $f_h = f_n\left(\dfrac{C}{P}\right)^\gamma = \dfrac{\sqrt[3]{33.3}}{N}\left(\dfrac{C}{P}\right)^\gamma$

19 물림률(contact ratio)이란?

① 접촉각과 접촉호의 비
② 접촉호와 원주피치와의 비
③ 접촉각과 원주피치와의 비
④ 접촉호와 지름피치와의 비

해설 물림률 $= \dfrac{\text{접촉호길이}}{\text{원주피치}(P)} = \dfrac{\text{물림길이}}{\text{법선피치}}$

20 웜기어에서 N_1은 웜의 회전수(rpm), N_2는 웜휠의 회전수(rpm), D는 웜휠의 피치원지름, l은 웜의 리드라고 할 때 속도비(ε)를 나타내는 식은?

① $\varepsilon = \dfrac{\pi l}{D}$ ② $\varepsilon = \dfrac{l}{\pi D}$
③ $\varepsilon = \dfrac{\pi D}{l}$ ④ $\varepsilon = \dfrac{D}{\pi l}$

해설 $\varepsilon = \dfrac{N_2}{N_1} = \dfrac{Z_w}{Z_g} = \dfrac{l/p_s}{\pi D/p_s} = \dfrac{l}{\pi D}$

정답 13. ② 14. ② 15. ③ 16. ① 17. ③ 18. ① 19. ② 20. ②

제2과목 · 기계재료 및 제작

21 가공열처리방법에 해당되는 것은?
① 마퀜칭(marquenching)
② 오스포밍(ausforming)
③ 마템퍼링(martempering)
④ 오스템퍼링(austempering)

해설 오스포밍은 오스테나이트강의 재결정온도 이하 Ms점(마텐자이트 시작점) 이상의 온도범위에서 소성가공을 한 후 담금질하는 조작이다.

22 주철에 대한 설명으로 틀린 것은?
① 흑연이 많을 경우에는 그 파단면이 회색을 띤다.
② C와 P의 양이 적고 냉각이 빠를수록 흑연화하기 쉽다.
③ 주철 중에 전 탄소량은 유리탄소와 화합탄소를 합한 것이다.
④ C와 Si의 함량에 따른 주철의 조직관계를 마우러조직도라 한다.

해설 주철(cast iron)은 탄소(C)와 인(P)의 양이 많으며 냉각속도가 느릴수록 흑연화가 쉽다.

23 와이어방전가공액 비저항값에 대한 설명으로 틀린 것은?
① 비저항값이 낮을 때에는 수돗물을 첨가한다.
② 일반적으로 방전가공에서는 10~100kΩ · cm의 비저항값을 설정한다.
③ 비저항값이 높을 때에는 가공액을 이온교환장치로 통과시켜 이온을 제거한다.
④ 비저항값이 과다하게 높을 때에는 방전간격이 넓어져서 방전효율이 저하된다.

해설 비저항값이 낮으면 방전간격(gap)은 넓어져서 방전효율이 향상된다.

24 대표적인 주조경질합금으로 코발트를 주성분으로 한 Co-Cr-W-C계 합금은?
① 라우탈(lautal) ② 실루민(silumin)
③ 세라믹(ceramic) ④ 스텔라이트(stellite)

해설 주조경질합금(대표합금 : 스텔라이트)은 주조한 상태로 연삭하여 사용하는 공구로 열처리가 불필요하며 Co-Cr-W-C합금이다.

25 서브제로(sub-zero)처리에 관한 설명으로 틀린 것은?
① 마모성 및 피로성이 향상된다.
② 잔류오스테나이트를 마텐자이트화한다.
③ 담금질을 한 강의 조직이 안정화된다.
④ 시효변화가 적으며 부품의 치수 및 형상이 안정된다.

해설 서브제로처리는 잔류오스테나이트를 제거하고 마텐자이트조직으로 변화시키는 열처리로 내마모성과 내피로성이 증가한다.

26 소성가공에 포함되지 않는 가공법은?
① 널링가공 ② 보링가공
③ 압출가공 ④ 전조가공

해설 소성가공은 가공형식에 따라 단조가공, 압연가공, 압출가공, 전조가공, 프레스가공 등으로 나눈다.
[참고] 보링(boring)은 드릴로 뚫은 구멍을 크게 하는 것을 의미한다.

27 다음 중 Ni-Fe계 합금이 아닌 것은?
① 인바 ② 톰백
③ 엘린바 ④ 플래티나이트

해설 톰백(tombac)은 황동의 일종으로 구리(Cu)에 아연(Zn)을 5~20% 함유시킨 재료로서 색상이 금과 비슷해서 모조금으로 많이 사용된다.

28 베이나이트(bainite)조직을 얻기 위한 항온열처리조작으로 가장 적합한 것은?
① 마퀜칭
② 소성가공
③ 노멀라이징
④ 오스템퍼링

해설 베이나이트조직은 오스템퍼링을 하면 얻어지며 하부베이나이트담금질이라고도 한다.

정답 21.② 22.② 23.④ 24.④ 25.① 26.② 27.② 28.④

29 이미 가공되어 있는 구멍에 다소 큰 강철볼을 압입하여 통과시켜서 가공물의 표면을 소성변형시켜 정밀도가 높은 면을 얻는 가공법은?

① 버핑(buffing)
② 버니싱(burnishing)
③ 쇼트피닝(shot peening)
④ 배럴다듬질(barrel finishing)

해설 버니싱은 이미 가공되어 있는 구멍에 다소 큰 강철볼을 압입하여 통과시켜서 가공물의 표면을 소성변형시켜 정밀도가 높은 면을 얻는 가공법이다.

30 공작물을 양극으로 하고 전기저항이 적은 Cu, Zn을 음극으로 하여 전해액 속에 넣고 전기를 통하면 가공물표면이 전기에 의한 화학적 작용으로 매끈하게 가공되는 가공법은?

① 전해연마
② 전해연삭
③ 워터젯가공
④ 초음파가공

해설 전해연마는 전해액 중에 공작물을 양극으로 하고 전기저항이 적은 Cu, Zn을 음극으로 하여 전해액 속에 넣고 전기를 통하면 가공물표면이 전기에 의한 화학적 작용으로 매끈하게 가공되는 가공법이다. 전해액은 황산, 과염소산, 인산, 청화알칼리 등을 사용한다.

31 공작물의 길이가 340mm이고, 행정여유가 25mm, 절삭평균속도가 15m/min일 때 셰이퍼의 1분간 바이트 왕복횟수는 약 얼마인가? (단, 바이트 1왕복시간에 대한 절삭행정시간의 비는 3/5이다.)

① 20회
② 25회
③ 30회
④ 35회

해설 $V = \dfrac{Nl}{1,000a}$ [m/min]

$\therefore N = \dfrac{1,000aV}{l} = \dfrac{1,000 \times \frac{3}{5} \times 15}{340} = 26.47$회/min

32 다음 중 순철(α-Fe)의 자기변태온도는 약 몇 ℃인가?

① 210℃
② 768℃
③ 910℃
④ 1,410℃

해설 순철의 자기변태온도는 A_2변태점 768℃이다(퀴리점, curie point).

33 Fe-C평형상태도에서 나타나는 철강의 기본조직이 아닌 것은?

① 페라이트
② 펄라이트
③ 시멘타이트
④ 마텐자이트

해설 마텐자이트(martensite)조직은 강의 열처리조직이다. 반면 페라이트, 펄라이트, 시멘타이트조직은 철의 기본조직으로 Fe-C상태도에 나타난다.

34 4개의 조가 각각 단독으로 이동하여 불규칙한 공작물의 고정에 적합하고 편심가공이 가능한 선반척은?

① 연동척
② 유압척
③ 단동척
④ 콜릿척

해설
① 연동척 : 3개의 조가 동시에 동작하므로 대칭인 공작물을 고정하는 데 적합하다.
② 유압척 : 유압에 의해 척의 조가 움직여 공작물을 고정하게 되므로 동작이 쉽고 정확하며 큰 힘으로 고정이 가능하다. 따라서 큰 공작물을 척에 고정할 때 유리하고 정밀가공할 때 가공정밀도를 높일 수 있다.
④ 콜릿척 : 자동선반이나 터릿(turret)선반 등에서 주축을 통하여 봉재를 물릴 때에 사용한다.

35 배빗메탈이라고도 하는 베어링용 합금인 화이트메탈의 주요 성분으로 옳은 것은?

① Pb-W-Sn
② Fe-Sn-Al
③ Sn-Sb-Cu
④ Zn-Sn-Cr

해설 베어링합금에서 배빗메탈이라고도 불리는 화이트메탈은 주석(Sn)-안티몬(Sb)-구리(Cu)의 합금이다.

정답 29. ② 30. ① 31. ② 32. ② 33. ④ 34. ③ 35. ③

36 열경화성 수지에 해당하는 것은?
① ABS수지 ② 폴리스티렌
③ 폴리에틸렌 ④ 에폭시수지

해설 열경화성 수지(thermo setting resin)
㉠ 열을 가하여 어떤 모양을 만든 다음 다시 열을 가해도 돌려지지 않는 수지이다.
㉡ 종류 : 에폭시수지, 페놀수지, 요소수지, 멜라민수지, 폴리에스테르, 폴리우레탄, 비닐에스테르수지

37 연삭 중 숫돌의 떨림현상이 발생하는 원인으로 가장 거리가 먼 것은?
① 숫돌의 결합도가 약할 때
② 숫돌축이 편심되어 있을 때
③ 숫돌의 평형상태가 불량할 때
④ 연삭기 자체에서 진동이 있을 때

해설 연삭(grinding) 중 숫돌떨림현상의 발생원인
㉠ 숫돌이 불균형일 때
㉡ 숫돌이 진원이 아닐 때
㉢ 센터 및 방진구가 부적당할 때
㉣ 숫돌의 측면에 무리한 압력이 가해졌을 때

38 플라스틱재료의 일반적인 특징을 설명한 것 중 틀린 것은?
① 완충성이 크다.
② 성형성이 우수하다.
③ 자기윤활성이 풍부하다.
④ 내식성은 낮으나 내구성이 높다.

해설 플라스틱재료의 일반적인 특징
㉠ 완충성(충격흡수)이 크다.
㉡ 성형성이 우수하다.
㉢ 자기윤활성이 풍부하다.
㉣ 전기전열성이 좋다(전기를 잘 전달하지 않는다).
㉤ 내식성이 크고 내약품성도 뛰어나며 알칼리에도 잘 견딘다.
㉥ 마찰계수가 작고 기계적 성질이 우수하다(가볍고 튼튼하다, 비중 1~1.5).
㉦ 단단하나 열에 약하다.

39 금속재료에 외력을 가했을 때 미끄럼이 일어나는 과정에서 생긴 국부적인 격자배열의 선결함은?
① 전위 ② 공공
③ 적층결함 ④ 결정립경계

해설 전위(dislocation)는 금속재료에 외력을 가했을 때 미끄럼이 일어나는 과정에서 생긴 국부적인 격자배열의 선결함이다.

40 정격 2차 전류 300A인 용접기를 이용하여 실제 270A의 전류로 용접을 했을 때 허용사용률이 94%이었다면 정격사용률은 약 몇 %인가?
① 68 ② 72
③ 76 ④ 80

해설 정격사용률 $= \left(\dfrac{\text{실제 용접전류}}{\text{정격 2차 전류}}\right)^2 \times$ 허용사용률
$= \left(\dfrac{270}{300}\right)^2 \times 94$
$= 76.14\%$

제3과목 · 구조 해석

41 양단이 고정된 축을 다음 그림과 같이 $m-n$ 단면에서 T 만큼 비틀면 고정단 AB에서 생기는 저항비틀림모멘트의 비 T_A/T_B는?

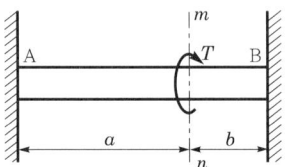

① $\dfrac{b^2}{a^2}$ ② $\dfrac{b}{a}$
③ $\dfrac{a}{b}$ ④ $\dfrac{a^2}{b^2}$

해설 $m-n$ 단면의 좌우비틀림각은 같아야 하므로
$\theta_A = \theta_B$
$\dfrac{T_A a}{GI_P} = \dfrac{T_B b}{GI_P}$
$\therefore \dfrac{T_A}{T_B} = \dfrac{b}{a}$

정답 36. ④ 37. ① 38. ④ 39. ① 40. ③ 41. ②

42 다음 그림과 같은 트러스구조물의 AC, BC부재가 핀 C에서 수직하중 $P=1,000\text{N}$의 하중을 받고 있을 때 AC부재의 인장력은 약 몇 N인가?

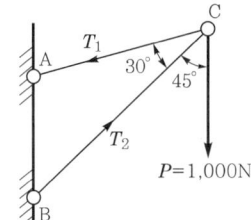

① 141 ② 707
③ 1,414 ④ 1,732

해설 $\dfrac{1,000}{\sin 30°}=\dfrac{T_1}{\sin 45°}$

∴ $T_1=\dfrac{1,000\times\sin 45°}{\sin 30°}=1414.2\text{N}$

43 일단 고정 타단 롤러로 지지된 부정정보의 중앙에 집중하중 P를 받고 있을 때 롤러지지점의 반력은 얼마인가?

① $\dfrac{3}{16}P$ ② $\dfrac{5}{16}P$
③ $\dfrac{7}{16}P$ ④ $\dfrac{9}{16}P$

해설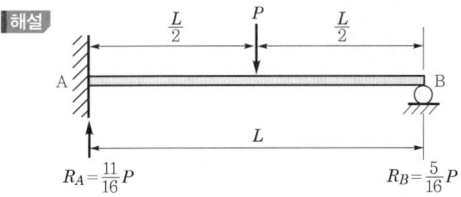

44 정육면체형상의 짧은 기둥에 다음 그림과 같이 측면에 홈이 파여 있다. 도심에 작용하는 하중 P로 인하여 단면 $m-n$에 발생하는 최대 압축응력은 홈이 없을 때 압축응력의 몇 배인가?

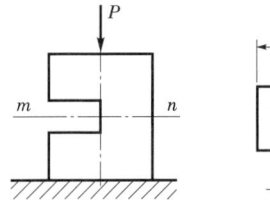 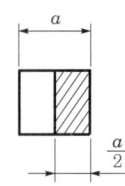

① 2 ② 4
③ 8 ④ 12

해설 $\sigma_{\max}=\sigma_c+\sigma_b=\dfrac{P}{A}+\dfrac{M}{Z}$

$=\dfrac{2P}{a^2}+\dfrac{P\dfrac{a}{4}}{\dfrac{a\left(\dfrac{a}{2}\right)^2}{6}}=\dfrac{8P}{a^2}=8\sigma_c$

∴ $\dfrac{\sigma_{\max}}{\sigma_c}=8$

45 다음 그림과 같이 지름 d인 강철봉이 안지름 d, 바깥지름 D인 동관에 끼워져서 두 강체평판 사이에서 압축되고 있다. 강철봉 및 동관에 생기는 응력을 각각 σ_s, σ_c라고 하면 응력의 비 (σ_s/σ_c)의 값은? (단, 강철(E_s) 및 동(E_c)의 탄성계수는 각각 $E_s=200\text{GPa}$, $E_c=120\text{GPa}$이다.)

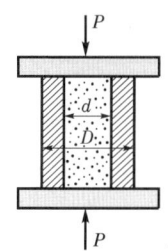

① $\dfrac{3}{5}$ ② $\dfrac{4}{5}$
③ $\dfrac{5}{4}$ ④ $\dfrac{5}{3}$

해설 $\dfrac{\sigma_s}{\sigma_c}=\dfrac{E_s}{E_c}=\dfrac{200}{120}=\dfrac{5}{3}$

46 균일분포하중을 받고 있는 길이가 L인 단순보의 처짐량을 δ로 제한한다면 균일분포하중의 크기는 어떻게 표현되겠는가? (단, 보의 단면은 폭이 b이고 높이가 h인 직사각형이고, 탄성계수는 E이다.)

① $\dfrac{32Ebh^3\delta}{5L^4}$ ② $\dfrac{32Ebh^3\delta}{7L^4}$
③ $\dfrac{16Ebh^3\delta}{5L^4}$ ④ $\dfrac{16Ebh^3\delta}{7L^4}$

정답 42. ③ 43. ② 44. ③ 45. ④ 46. ①

해설 $\delta = \dfrac{5wL^4}{384EI}$

$\therefore w = \dfrac{384EI\delta}{5L^4} = \dfrac{384E \times \dfrac{bh^3}{12} \times \delta}{5L^4} = \dfrac{32Ebh^3\delta}{5L^4}$ [N/m]

47 다음 그림과 같이 길이와 재질이 같은 두 개의 외팔보가 자유단에 각각 집중하중 P를 받고 있다. 첫째 보 (1)의 단면치수는 $b \times h$이고, 둘째 보 (2)의 단면치수는 $b \times 2h$라면 보 (1)의 최대 처짐 δ_1과 보 (2)의 최대 처짐 δ_2의 비(δ_1/δ_2)는 얼마인가?

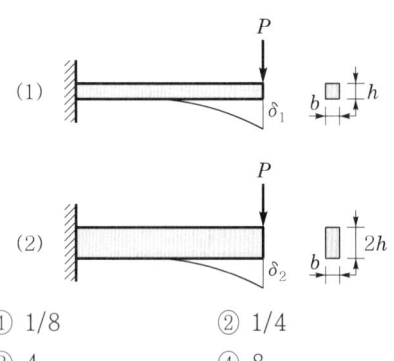

① 1/8 ② 1/4
③ 4   ④ 8

해설 $\dfrac{\delta_1}{\delta_2} = \dfrac{I_2}{I_1} = \dfrac{b(2h)^3}{12} \times \dfrac{12}{bh^3} = 8$

48 직경 20mm인 구리합금봉에 30kN의 축방향 인장하중이 작용할 때 체적변형률은 대략 얼마인가? (단, 탄성계수 $E=100$GPa, 푸아송비 $\mu = 0.3$)

① 0.38   ② 0.038
③ 0.0038 ④ 0.00038

해설 $\varepsilon_V = \dfrac{\Delta V}{V} = \varepsilon(1-2\mu) = \dfrac{\sigma}{E}(1-2\mu) = \dfrac{P}{AE}(1-2\mu)$

$= \dfrac{4 \times 30}{\pi \times 0.02^2 \times 100 \times 10^6} \times (1-2 \times 0.3) = 0.00038$

49 동일한 길이와 재질로 만들어진 두 개의 원형 단면축이 있다. 각각의 지름이 d_1, d_2일 때 각 축에 저장되는 변형에너지 u_1, u_2의 비는? (단, 두 축은 모두 비틀림모멘트 T를 받고 있다.)

① $\dfrac{u_1}{u_2} = \left(\dfrac{d_2}{d_1}\right)^4$ ② $\dfrac{u_2}{u_1} = \left(\dfrac{d_2}{d_1}\right)^3$

③ $\dfrac{u_1}{u_2} = \left(\dfrac{d_2}{d_1}\right)^3$ ④ $\dfrac{u_2}{u_1} = \left(\dfrac{d_2}{d_1}\right)^4$

해설 $u = \dfrac{T^2 l}{2GI_P}$ [kJ]

$u \propto \dfrac{1}{I_P}$, $u \propto \dfrac{1}{d^4}\left(I_P = \dfrac{\pi d^4}{32} \text{ 일 때}\right)$

$\therefore \dfrac{u_1}{u_2} = \dfrac{I_{P_2}}{I_{P_1}} = \left(\dfrac{d_2}{d_1}\right)^4$

50 두께가 1cm, 지름 25cm의 원통형 보일러에 내압이 작용하고 있을 때 면내 최대 전단응력이 -62.5MPa이었다면 내압 P는 몇 MPa인가?

① 5   ② 10
③ 15 ④ 20

해설 $\tau_{\max} = \dfrac{1}{2}(\sigma_1 - \sigma_2) = \dfrac{1}{2}\left(\dfrac{Pd}{2t} - \dfrac{Pd}{4t}\right) = \dfrac{Pd}{8t}$

$\therefore P = \dfrac{8t\tau_{\max}}{d} = \dfrac{8 \times 10 \times 62.5}{250} = 20$MPa

51 T형 단면을 갖는 외팔보에 5kN·m의 굽힘모멘트가 작용하고 있다. 이 보의 탄성선에 대한 곡률반지름은 몇 m인가? (단, 탄성계수 $E=150$GPa, 중립축에 대한 2차 모멘트 $I=868 \times 10^{-9}$m^{4}이다.)

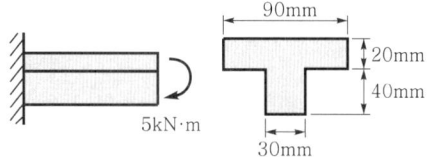

① 26.04 ② 36.04
③ 46.04 ④ 56.04

해설 $\dfrac{1}{\rho} = \dfrac{M}{EI} = \dfrac{\sigma}{Ey}$

$\therefore \rho = \dfrac{EI}{M} = \dfrac{150 \times 10^6 \times 868 \times 10^{-9}}{5} = 26.04$m

정답 47.④ 48.④ 49.① 50.④ 51.①

52 다음 그림과 같이 20cm×10cm의 단면적을 갖고 양단이 회전단으로 된 부재가 중심축방향으로 압축력 P가 작용하고 있을 때 장주의 길이가 2m라면 세장비는?

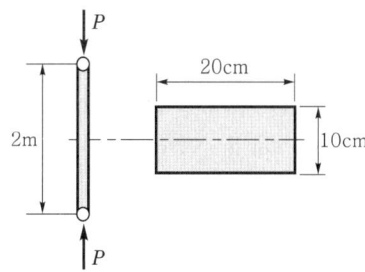

① 89　　② 69
③ 49　　④ 20

해설 $\lambda = \dfrac{l}{k_G} = \dfrac{l}{\dfrac{h}{2\sqrt{3}}} = \dfrac{2\sqrt{3}\, l}{h} = \dfrac{2\sqrt{3} \times 200}{10} = 69.28$

53 원형 단면축이 비틀림을 받을 때 그 속에 저장되는 탄성변형에너지 U는 얼마인가? (단, T : 토크, L : 길이, G : 가로탄성계수, I_P : 극관성모멘트, I : 관성모멘트, E : 세로탄성계수이다.)

① $U = \dfrac{T^2 L}{2GI}$　　② $U = \dfrac{T^2 L}{2EI}$

③ $U = \dfrac{T^2 L}{2EI_P}$　　④ $U = \dfrac{T^2 L}{2GI_P}$

해설 $\theta = \dfrac{TL}{GI_P}$

$\therefore U = \dfrac{T\theta}{2} = \dfrac{T \cdot \dfrac{TL}{GI_P}}{2} = \dfrac{T^2 L}{2GI_P}\,[\text{kJ}]$

54 다음 그림에 표시한 단순지지보에서의 최대 처짐량은? (단, 보의 굽힘강성은 EI 이고, 자중은 무시한다.)

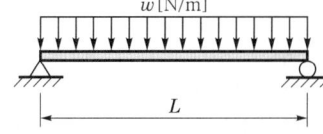

① $\dfrac{wl^3}{48EI}$　　② $\dfrac{wl^4}{24EI}$

③ $\dfrac{5wl^3}{253EI}$　　④ $\dfrac{5wl^4}{384EI}$

해설 $\delta_{\max} = \dfrac{5wl^4}{384EI}\,[\text{m}]$

55 원통형 압력용기에 내압 P가 작용할 때 원통부에 발생하는 축방향의 변형률 ε_x 및 원주방향 변형률 ε_y는? (단, 강판의 두께 t는 원통의 지름 D에 비하여 충분히 작고, 강판재료의 탄성계수 및 푸아송비는 각각 E, ν이다.)

① $\varepsilon_x = \dfrac{PD}{4tE}(1-2\nu),\ \varepsilon_y = \dfrac{PD}{4tE}(1-\nu)$

② $\varepsilon_x = \dfrac{PD}{4tE}(1-2\nu),\ \varepsilon_y = \dfrac{PD}{4tE}(2-\nu)$

③ $\varepsilon_x = \dfrac{PD}{4tE}(2-\nu),\ \varepsilon_y = \dfrac{PD}{4tE}(1-\nu)$

④ $\varepsilon_x = \dfrac{PD}{4tE}(1-\nu),\ \varepsilon_y = \dfrac{PD}{4tE}(2-\nu)$

해설 $\varepsilon_x = \dfrac{\sigma_x}{E} - \dfrac{\sigma_y}{mE} = \dfrac{PD}{4tE} - \dfrac{\nu PD}{2tE} = \dfrac{PD}{4tE}(1-2\nu)$

$\varepsilon_y = \dfrac{\sigma_y}{E} - \dfrac{\sigma_x}{mE} = \dfrac{PD}{2tE} - \dfrac{\nu PD}{4tE} = \dfrac{PD}{4tE}(2-\nu)$

56 다음 그림에서 클램프(clamp)의 압축력이 $P=$ 5kN일 때 $m-n$ 단면의 최소 두께 h를 구하면 약 몇 cm인가? (단, 직사각형 단면의 폭 $b=$ 10mm, 편심거리 $e=$50mm, 재료의 허용응력 $\sigma_w =$200MPa이다.)

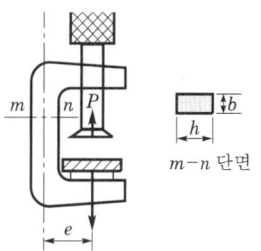

① 1.34　　② 2.34
③ 2.86　　④ 3.34

[해설] $M = Pe = 5,000 \times 5 = 25,000 \text{N} \cdot \text{cm}$
$A = h$
$Z = \dfrac{h^2}{6}$
$\sigma = \dfrac{P}{A} + \dfrac{M}{Z} = \dfrac{5,000}{h} + \dfrac{6 \times 25,000}{h^2} = 20,000 \text{N/cm}^2$
$20,000h^2 - 5,000h - 6 \times 25,000 = 0$
$h^2 - 0.25h - 7.5 = 0$
$\therefore h = 2.86 \text{cm}$
[참고] 2차 방정식의 근의 공식
$ax^2 + bx + c = 0 \ (a \neq 0)$
$\therefore x = \dfrac{-b \pm \sqrt{b^2 - 4ac}}{2a}$

57 다음 1자유도 진동계의 고유각진동수는? (단, 3개의 스프링에 대한 스프링상수는 k이며, 물체의 질량은 m이다.)

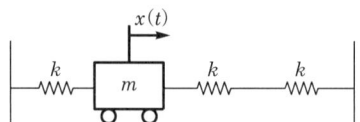

① $\sqrt{\dfrac{2m}{3k}}$　　② $\sqrt{\dfrac{3k}{2m}}$

③ $\sqrt{\dfrac{2k}{3m}}$　　④ $\sqrt{\dfrac{3m}{2k}}$

[해설] 등가스프링상수$(k_e) = k + \dfrac{1}{\dfrac{1}{k} + \dfrac{1}{k}} = \dfrac{3}{2}k[\text{N/cm}]$

$\therefore$ 고유각진동수$(\omega_u) = \sqrt{\dfrac{k_e}{m}} = \sqrt{\dfrac{3k}{2m}}[\text{rad/s}]$

58 주기운동의 변위 $x(t)$가 $x(t) = A\sin\omega t$로 주어졌을 때 가속도의 최대값은 얼마인가?

① A　　② ωA
③ $\omega^2 A$　　④ $\omega^3 A$

[해설] ㉠ 변위$(x) = A\sin\omega t[\text{m}]$
㉡ 속도$(\dot{x}) = A\omega\cos\omega t[\text{m/s}]$
$\therefore V_{\max} = A\omega[\text{m/s}]$
㉢ 가속도$(\ddot{x}) = A\omega^2\sin\omega t[\text{m/s}^2]$
$\therefore a_{\max} = A\omega^2[\text{m/s}^2]$

59 20Mg의 철도차량이 0.5m/s의 속력으로 직선운동하여 정지되어 있는 30Mg의 화물차량과 결합한다. 결합하는 과정에서 차량에 공급되는 동력은 없으며 브레이크도 풀려 있다. 결합 직후의 속력은 약 몇 m/s인가?

① 0.25　　② 0.20
③ 0.15　　④ 0.10

[해설] 운동량보존의 법칙 적용(충돌 전 운동량과 충돌 후 운동량이 같다)
$m_1 v_1 - m_2 v_2 = (m_1 + m_2)v'$
$\therefore v' = \dfrac{m_1 v_1 + m_2 v_2}{m_1 + m_2} = \dfrac{20 \times 0.5 + 30 \times 0}{20 - 30} = 0.2 \text{m/s}$

60 무게가 5.3kN인 자동차가 시속 80km로 달릴 때 선형운동량의 크기는 약 몇 N·s인가?

① 4,240
② 8,480
③ 12,010
④ 16,020

[해설] 선형운동량 $= mv = \dfrac{w}{g}v$
$= \dfrac{5,300}{9.8} \times \dfrac{80}{3.6} \fallingdotseq 12,010 \text{N} \cdot \text{s}$

제4과목·열·유체 해석

61 랭킨사이클의 열효율 증대방법에 해당하지 않는 것은?

① 복수기(응축기)의 압력 저하
② 보일러압력 증가
③ 터빈의 질량유량 증가
④ 보일러에서 증기를 고온으로 과열

[해설] 랭킨사이클의 열효율 증대방법
㉠ 복수기(condenser)의 압력 저하(응축기 배압 저하)
㉡ 보일러압력 증가
㉢ 보일러에서 증기를 고온으로 과열시킴

정답 57. ②　58. ③　59. ②　60. ③　61. ③

62 체적이 0.01m³인 밀폐용기에 대기압의 포화혼합물이 들어있다. 용기체적의 반은 포화액체, 나머지 반은 포화증기가 차지하고 있다면 포화혼합물 전체의 질량과 건도는? (단, 대기압에서 포화액체와 포화증기의 비체적은 각각 0.001044m³/kg, 1.6729m³/kg이다.)

① 전체 질량 : 0.0119kg, 건도 : 0.50
② 전체 질량 : 0.0119kg, 건도 : 0.00062
③ 전체 질량 : 4.792kg, 건도 : 0.50
④ 전체 질량 : 4.792kg, 건도 : 0.00062

해설
$$V = \frac{0.01}{2} = 5 \times 10^{-3} \text{m}^3$$
$$m' = \frac{V}{v'} = \frac{5 \times 10^{-3}}{0.001044} = 4.789\text{kg}$$
$$m'' = \frac{V}{v''} = \frac{5 \times 10^{-3}}{1.6729} = 2.99 \times 10^{-3}\text{kg}$$
∴ 전체 질량$(m) = m' + m''$
$$= 4.789 + 2.99 \times 10^{-3}$$
$$= 4.792\text{kg}$$
건도$(x) = \frac{m''}{m} = \frac{2.99 \times 10^{-3}}{4.792} = 0.00062$

63 물 2kg을 20℃에서 60℃가 될 때까지 가열할 경우 엔트로피변화량은 약 몇 kJ/K인가? (단, 물의 비열은 4.184kJ/kg·K이고, 온도변화과정에서 체적은 거의 변화가 없다고 가정한다.)

① 0.78 ② 1.07
③ 1.45 ④ 1.96

해설
$$\Delta s = \frac{\delta Q}{T} = \frac{mCdT}{T}$$
$$\int_1^2 \Delta s = mC \int_1^2 \frac{1}{T} dT = mC[\ln T]_1^2$$
$$= mC(\ln T_2 - \ln T_1) = mC\ln\frac{T_2}{T_1}$$
$$= 2 \times 4.184 \times \ln\frac{60+273}{20+273} = 1.07\text{kJ/K}$$

64 다음 그림과 같이 속도 3m/s로 운동하는 평판에 속도 10m/s인 물 분류가 직각으로 충돌하고 있다. 분류의 단면적이 0.01m²라고 하면 평판이 받는 힘은 몇 N이 되겠는가?

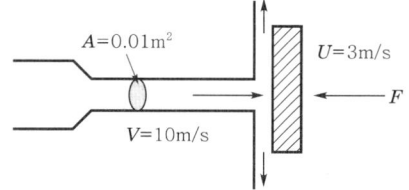

① 295 ② 490
③ 980 ④ 16,900

해설
$$F = \rho Q(V-U) = \rho A(V-U)^2$$
$$= 1,000 \times 0.01 \times (10-3)^2 = 490\text{N}$$

65 수평으로 놓인 지름 10cm, 길이 200m인 파이프에 완전히 열린 글로브밸브가 설치되어 있고, 흐르는 물의 평균속도는 2m/s이다. 파이프의 관마찰계수가 0.020이고, 전체 수두손실이 10m이면 글로브밸브의 손실계수는?

① 0.4 ② 1.8
③ 5.8 ④ 9.0

해설
$$H_L = \left(K + f\frac{l}{d}\right)\frac{V^2}{2g}[\text{m}]$$
$$10 = \left(K + 0.02 \times \frac{200}{0.1}\right) \times \frac{2^2}{2 \times 9.8}$$
∴ $K = 9$

66 안지름 D_1, D_2의 관이 직렬로 연결되어 있다. 비압축성 유체가 관 내부를 흐를 때 지름 D_1인 관과 D_2인 관에서의 평균유속이 각각 V_1, V_2이면 D_1/D_2는?

① $\frac{V_1}{V_2}$ ② $\sqrt{\frac{V_1}{V_2}}$
③ $\frac{V_2}{V_1}$ ④ $\sqrt{\frac{V_2}{V_1}}$

해설 $Q = AV[\text{m}^3/\text{s}]$일 때
$A_1 V_1 = A_2 V_2$
$$\frac{V_2}{V_1} = \frac{A_1}{A_2} = \left(\frac{D_1}{D_2}\right)^2$$
∴ $\frac{D_1}{D_2} = \sqrt{\frac{V_2}{V_1}}$

정답 62. ④ 63. ② 64. ② 65. ④ 66. ④

67 20℃의 공기 5kg이 정압과정을 거쳐 체적이 2배가 되었다. 공급한 열량은 약 몇 kJ인가? (단, 정압비열은 1kJ/kg · K이다.)

① 1,465   ② 2,198
③ 2,931   ④ 4,397

해설
$$Q = mC_p(T_2 - T_1) = mC_pT_1\left(\frac{T_2}{T_1} - 1\right)$$
$$= mC_pT_1\left(\frac{V_2}{V_1} - 1\right)$$
$$= 5 \times 1 \times (20+273) \times (2-1) = 1,465 \text{kJ}$$

68 오토사이클의 압축비가 6인 경우 이론열효율은 약 몇 %인가? (단, 비열비=1.4이다.)

① 51   ② 54
③ 59   ④ 62

해설
$$\eta_{tho} = 1 - \left(\frac{1}{\varepsilon}\right)^{k-1} = 1 - \left(\frac{1}{6}\right)^{1.4-1} \fallingdotseq 0.512 = 51.2\%$$

69 밀도 1,000kg/m³인 물이 단면적 0.01m²인 관 속을 2m/s의 속도로 흐를 때 질량유량은?

① 20kg/s
② 2.0kg/s
③ 50kg/s
④ 5.0kg/s

해설 $\dot{m} = \rho AV = 1,000 \times 0.01 \times 2 = 20 \text{kg/s}$

70 정지된 액체 속에 잠겨있는 평면이 받는 압력에 의해 발생하는 합력에 대한 설명으로 옳은 것은?

① 크기는 액체의 비중량에 반비례한다.
② 크기는 도심에서의 압력에 면적을 곱한 것과 같다.
③ 작용점은 평면의 도심과 일치한다.
④ 수직평면의 경우 작용점이 도심보다 위쪽에 있다.

해설 $F = PA = \gamma hA[\text{N}]$

71 지름은 200mm에서 지름 100mm로 단면적이 변하는 원형관 내의 유체흐름이 있다. 단면적변화에 따라 유체밀도가 변경 전 밀도의 106%로 커졌다면 단면적이 변한 후의 유체속도는 약 몇 m/s인가? (단, 지름 200mm에서 유체의 밀도는 800kg/m³, 속도는 20m/s이다.)

① 52   ② 66
③ 75   ④ 89

해설 $\dot{m} = \rho AV = c$(질량유량의 연속방정식)일 때
$$\rho_1 A_1 V_1 = \rho_2 A_2 V_2$$
$$\therefore V_2 = \frac{\rho_1}{\rho_2}\frac{A_1}{A_2}V_1 = \frac{\rho_1}{\rho_2}\left(\frac{d_1}{d_2}\right)^2 V_1$$
$$= \frac{800}{800 \times 1.06} \times \left(\frac{200}{100}\right)^2 \times 20 = 75.47 \text{m/s}$$

72 노즐을 통하여 풍량 $Q = 0.8\text{m}^3/\text{s}$일 때 마노미터 수두높이차 h는 약 몇 m인가? (단, 공기의 밀도는 1.2kg/m³, 물의 밀도는 1,000kg/m³이며, 노즐유량계의 송출계수는 1로 가정한다.)

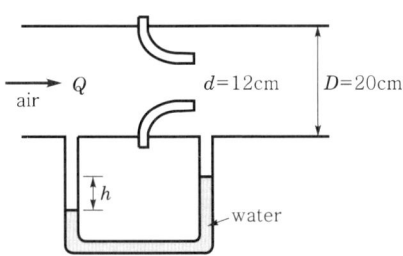

① 0.13   ② 0.27
③ 0.48   ④ 0.62

해설
$$\text{유량계수}(C) = \frac{C_v}{\sqrt{1-\left(\frac{d}{D}\right)^4}} = \frac{1}{\sqrt{1-\left(\frac{12}{20}\right)^4}} = 1.073$$
$$Q = CAV = CA\sqrt{2gh\left(\frac{\rho_w}{\rho_{air}} - 1\right)}\,[\text{m}^3/\text{s}]$$
$$0.8 = 1.073 \times \frac{\pi}{4} \times 0.12^2 \times \sqrt{2 \times 9.8 \times h \times \left(\frac{1,000}{1.2} - 1\right)}$$
$$\therefore h \fallingdotseq 0.27\text{m}$$

정답 67. ① 68. ① 69. ① 70. ② 71. ③ 72. ②

73 다음에 제시된 에너지값 중 가장 크기가 작은 것은?

① 400N · cm
② 4cal
③ 40J
④ 4,000Pa · m³

해설 ① 400N · cm = 4N · m = 4J
② 4cal = 4×4.186 = 16.72J (1cal = 4.186J)
③ 40J
④ 4,000Pa · m³ = 4,000N · m = 4,000J
∴ ④ > ③ > ② > ①

74 1kg의 기체가 압력 50kPa, 체적 2.5m³의 상태에서 압력 1.2MPa, 체적 0.2m³의 상태로 변하였다. 엔탈피의 변화량은 약 몇 kJ인가? (단, 내부에너지의 변화는 없다.)

① 365
② 206
③ 155
④ 115

해설 $H_2 - H_1 = (U_2 - U_1)^0 + (P_2V_2 - P_1V_1)$
$= 1.2 \times 10^3 \times 0.2 - 50 \times 2.5$
$= 115 \text{kJ}$

75 이상적인 증기압축냉동사이클의 과정은?

① 정적방열과정 → 등엔트로피 압축과정 → 정적증발과정 → 등엔탈피 팽창과정
② 정압방열과정 → 등엔트로피 압축과정 → 정압증발과정 → 등엔탈피 팽창과정
③ 정적증발과정 → 등엔트로피 압축과정 → 정적방열과정 → 등엔탈피 팽창과정
④ 정압증발과정 → 등엔트로피 압축과정 → 정압방열과정 → 등엔탈피 팽창과정

해설 증기압축냉동사이클의 과정 : (정온)정압증발과정 → 등엔트로피 압축과정 → 정압방열과정 → 등엔탈피 팽창과정(교축과정)

76 지름이 2cm인 관에 밀도 1,000kg/m³, 점성계수 0.4N · s/m²인 기름이 수평면과 일정한 각도로 기울어진 관에서 아래로 흐르고 있다. 초기 측정위치의 유량이 1×10⁻⁵m³/s이었고, 초기 측정위치에서 10m 떨어진 곳에서의 유량도 동일하다고 하면, 이 관은 수평면에 대해 약 몇 ° 기울어져 있는가? (단, 관내 흐름은 완전발달층류 유동이다.)

① 6°
② 8°
③ 10°
④ 12°

해설 $\Delta P = \gamma h = \gamma L \sin\theta$
$Q = \dfrac{\Delta P \pi d^4}{128\mu L} = \dfrac{\gamma L \sin\theta \pi d^4}{128\mu L}$
$\sin\theta = \dfrac{128\mu Q}{\gamma \pi d^4} = \dfrac{128 \times 0.4 \times 1 \times 10^{-5}}{9,800 \times \pi \times 0.02^4} = 0.1039$
∴ $\theta = \sin^{-1} 0.1039 ≒ 6°$

77 일률(power)을 기본차원인 M(질량), L(길이), T(시간)로 나타내면?

① L^2T^{-2}
② $MT^{-2}L^{-1}$
③ ML^2T^{-2}
④ ML^2T^{-3}

해설 일률(동력) = $\dfrac{일량}{시간}$ = J/s = N · m/s = kg · m²/s³
$= ML^2T^{-3}$

78 주날개의 평면도 면적이 21.6m²이고 무게가 20kN인 경비행기의 이륙속도는 약 몇 km/h 이상이어야 하는가? (단, 공기의 밀도는 1.2kg/m³, 주날개의 양력계수는 1.2이고, 항력은 무시한다.)

① 41
② 91
③ 129
④ 141

해설 양력 $(L) = C_L \dfrac{\rho A V^2}{2}$ [N]
$V = \sqrt{\dfrac{2L}{C_L \rho A}} = \sqrt{\dfrac{2 \times 20 \times 10^3}{1.2 \times 1.2 \times 21.6}} = 35.86 \text{m/s}$
$= 35.86 \times 3.6 = 129 \text{km/h}$
이때 초속(m/s)을 시속(km/h)으로 환산하려면 3.6을 곱한다.

정답 73. ① 74. ④ 75. ④ 76. ① 77. ④ 78. ③

79 다음 냉동사이클에서 열역학 제1법칙과 제2법칙을 모두 만족하는 Q_1, Q_2, W는?

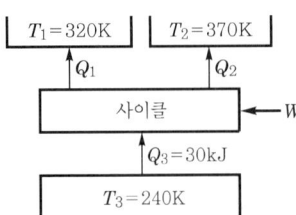

① $Q_1=20\text{kJ}, Q_2=20\text{kJ}, W=20\text{kJ}$
② $Q_1=20\text{kJ}, Q_2=30\text{kJ}, W=20\text{kJ}$
③ $Q_1=20\text{kJ}, Q_2=20\text{kJ}, W=10\text{kJ}$
④ $Q_1=20\text{kJ}, Q_2=15\text{kJ}, W=5\text{kJ}$

해설 열역학 제1법칙(에너지보존의 법칙) 적용
$W + Q_3 = Q_1 + Q_2$
$S_3 = \dfrac{Q_3}{T_3} = \dfrac{30}{240} = 0.125\text{kJ/K}$
또한 고열원에서 엔트로피 S_1, S_2는
$S_1 = \dfrac{Q_1}{T_1} = \dfrac{20}{320} = 0.0625\text{kJ/K}$
$S_2 = \dfrac{Q_2}{T_2} = \dfrac{30}{370} = 0.0811\text{kJ/K}$
∴ $S_3 < S_1 + S_2$
    $0.125 < 0.0625 + 0.0811 = 0.1436$
엔트로피가 증가함을 알 수 있다(열역학 제2법칙=엔트로피 증가법칙).

80 압력 5kPa, 체적이 0.3m³인 기체가 일정한 압력 하에서 압축되어 0.2m³로 되었을 때 이 기체가 한 일은? (단, +는 외부로 기체가 일을 한 경우이고, −는 기체가 외부로부터 일을 받은 경우이다.)

① $-1,000\text{J}$ ② $1,000\text{J}$
③ -500J ④ 500J

해설 $_1W_2 = \int_1^2 PdV = P(V_2 - V_1)$
$= 5 \times 10^3 \times (0.2 - 0.3) = -500\text{J}$

정답 79. ② 80. ③

2024 제2회 복원문제

| 2024. 5. 11. 시행 |

제1과목 · 기계제도 및 설계

01 공학적인 해석을 할 때 사용되는 여러 가지 물리적 성질(무게중심, 관성모멘트 등)을 제공할 수 있는 모델링은?

① 솔리드모델링
② 서피스모델링
③ 와이어프레임모델링
④ 시스템모델링

해설 솔리드(solid)모델링은 사용자가 좀 더 명확하고 오류 없이 물체를 이해할 수 있도록 물체를 솔리드형태로 디스플레이하는 기법이다.
㉠ 간섭체크가 용이하다.
㉡ 물리적 성질의 계산이 가능하다.
㉢ 불리언(boolean)연산을 통한 복잡한 형상표현이 가능하다.
㉣ 단면도 작성이 용이하다.
㉤ 정확한 형체의 표현이 가능하다.
㉥ 메모리 및 데이터의 처리용량이 크다.

02 다음 중 3차원 기하학적 형상모델링과 관계가 먼 것은?

① 서피스모델링
② 솔리드모델링
③ 데이터모델링
④ 와이어프레임모델링

해설 3차원 모델링은 솔리드모델링, 서피스모델링, 와이어프레임모델링이 있다.

03 한국산업규격에서 재료기호 STS가 의미하는 것은?

① 스테인리스강 ② 탄소공구강
③ 스프링강재   ④ 탄소주강품

해설 ① 스테인리스강 : STS(SUS)
② 탄소공구강 : STC
③ 스프링강재 : SPS
④ 탄소주강품 : SC

[참고] • SS : 일반구조용 압연강재
• SM : 기계구조용 강
• GC : 회주철품

04 3차원 모델링 중 은선 처리가 가능하고 면의 구분이 가능하므로 일반적인 NC가공에 가장 적합한 모델링은?

① 와이어프레임모델링
② 이미지모델링
③ 솔리드모델링
④ 서피스모델링

해설 서피스모델링이란 와이어프레임모델이 선으로 둘러싸인 부분을 면으로 정의하는 방식이다.
㉠ 장점
• 단면도 작성이 가능하다.
• 은선 제거가 가능하다.
• NC형상과 가공데이터를 얻을 수 있다.
• 면과 면의 교선을 구할 수 있다.
㉡ 단점
• 물리적 성질의 계산이 힘들다.
• FEM의 적용을 위한 해석모델이 어렵다.

05 구멍기준식 끼워맞춤에 사용되는 기준구멍의 공차범위는?

① $h_5 \sim h_9$ ② $H_5 \sim H_9$
③ $h_6 \sim h_{10}$ ④ $H_6 \sim H_{10}$

해설 구멍기준식 끼워맞춤에 사용되는 기준구멍의 공차범위는 $H_6 \sim H_{10}$이다.

06 축의 지름이 $\phi 50^{+0.025}_{-0.020}$일 때 공차는?

① 0.025   ② 0.020
③ 0.045   ④ 0.005

해설 공차 = 위치수허용차 − 아래치수허용차
= 0.025 − (−0.020) = 0.045

정답 01. ① 02. ③ 03. ① 04. ④ 05. ④ 06. ③

07 다음 도면은 제3각법에 의한 평면도와 우측면도 이다. 정면도로 가장 적합한 것은?

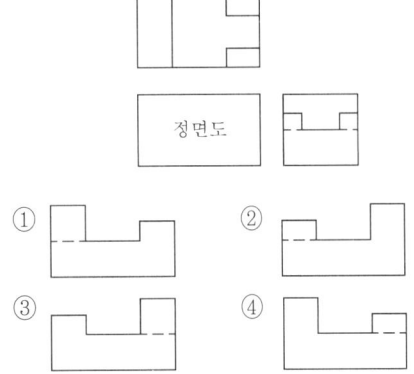

08 KS규격 중 기계에 해당되는 분류기호는?

① KS A   ② KS B
③ KS C   ④ KS D

해설

기호	A	B	C	D	E	F
부문	기본 (통칙)	기계	전기 전자	금속	광산	건설

09 다음 그림과 같은 원뿔을 단면선을 따라 평면으로 절단시킨 경우 구성되는 단면형태는?

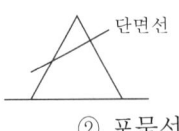

① 쌍곡선   ② 포물선
③ 타원   ④ 원

해설

① 쌍곡선 :

② 포물선 :

④ 원 :

10 최대 높이 거칠기 값이 25S로 표시되어 있을 때 측정값은?

① 0.025mm   ② 0.25mm
③ 2.5mm   ④ 25mm

해설 거칠기 값은 μm단위이므로
$25S = \dfrac{25}{1,000} = 0.025mm$

11 나사의 크기는 어느 것으로 나타내는가?

① 수나사의 바깥지름
② 암나사의 바깥지름
③ 암나사의 유효지름
④ 수나사의 유효지름

해설 나사의 크기(호칭지름)는 수나사의 바깥지름으로 나타낸다.

12 다음 중 회전력(전달력)이 가장 큰 키(key)는?

① 성크키   ② 접선키
③ 플랫키   ④ 안장키

해설 키의 회전력(전달력) 높은 순서 : 세레이션 > 스플라인 > 접선키 > 성크키(묻힘키) > 반달키 > 플랫키(평키) > 안장키(새들키)

13 코터의 3요소가 아닌 것은?

① 로드   ② 축
③ 소켓   ④ 피치

해설 코터의 3요소 : 소켓, 축, 로드

14 용접이음이 리벳이음에 비해 우수한 점이 아닌 것은?

① 공정수를 줄일 수 있다.
② 재료를 절감할 수 있다.
③ 잔류응력을 남기지 않는다.
④ 이음효율이 높다.

해설 용접이음은 고열이 발생하므로 재료가 변형되기 쉽고 잔류응력이 발생되며 진동을 감쇠시키기가 어렵다.

정답 07.④ 08.② 09.③ 10.① 11.① 12.② 13.④ 14.③

15 축의 설계 시 고려해야 할 점이 아닌 것은?

① 축의 강도 고려
② 피로, 충격 고려
③ 응력집중의 영향 고려
④ 사용회전수를 무제한으로 사용 유무

해설 축 설계 시 고려사항
㉠ 축의 강도 고려
㉡ 피로, 충격 고려
㉢ 응력집중의 영향 고려
㉣ 축의 고유진동을 살펴 사용회전수가 안전한가 검토

16 다음 그림과 같이 외경이 같은 중실축과 중공축이 전달할 수 있는 토크의 비 T_1/T_2의 값은?

   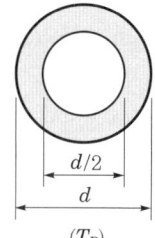

(T_A)   (T_B)

① $\dfrac{15}{16}$ ② $\dfrac{16}{15}$

③ $\dfrac{16}{9}$ ④ $\dfrac{9}{16}$

해설 $T_1 = \tau Z_p = \tau \dfrac{\pi d^3}{16}$

$T_2 = \tau Z_p = \tau \dfrac{\pi[d^4-(d/2)^4]}{16d}$

$\therefore \dfrac{T_1}{T_2} = \dfrac{d^3}{\dfrac{d^4-(d/2)^4}{d}} = \dfrac{16}{15}$

17 마찰차에서는 접촉면에 마찰을 크게 하기 위하여 마찰재를 쓰고 축압력을 높여주는데, 이렇게 하면 베어링에 무리가 생기게 된다. 이런 결점을 없애고 접촉면에 마찰력을 높인 마찰차는 어느 것인가?

① 원뿔마찰차   ② 변속마찰차
③ 홈붙이 마찰차   ④ 변속마찰차

해설 접촉면에 마찰력(friction force)을 높인 마찰차는 홈붙이 마찰차이다.

18 두 축이 평행하고 이 끝이 직선인 기어는?

① 스퍼기어
② 헬리컬기어
③ 베벨기어
④ 스파이럴베벨기어

해설 스퍼기어(spur gear, 평기어)는 두 축이 평행하고 이 끝이 직선인 기어이다.

19 언더컷을 방지하기 위한 한계잇수에 대한 설명 중 맞는 것은?

① 압력각을 크게 하거나 어덴덤을 표준보다 높게 할수록 커진다.
② 압력각을 적게 하거나 어덴덤을 표준보다 적게 할수록 적어진다.
③ 압력각을 크게 하거나 어덴덤을 표준보다 낮게 할수록 적어진다.
④ 압력각을 크게 하거나 어덴덤을 표준보다 낮게 할수록 커진다.

해설 α(압력각)가 크거나 a(어덴덤)가 적으면 Z_g(한계잇수)는 적어진다.

$Z_g = \dfrac{2a}{m\sin^2\alpha}$

20 스퍼기어에서 모듈(m)은 3, 이의 폭(b)은 60mm, 치형계수(y)는 0.362, 원주속도(v)는 2.5m/s, 허용응력(σ_a)이 200MPa일 때 전달동력은(kW) 얼마인가?

① 15.93kW   ② 16.63kW
③ 17.93kW   ④ 18.63kW

해설 $f_v = \dfrac{3.05}{3.05+v} = \dfrac{3.05}{3.05+2.5} = 0.55$

$F = f_v \sigma_a bmy$
$= 0.55 \times 200 \times 60 \times 3 \times 0.362$
$= 7167.6\text{N} ≒ 7.17\text{kN}$

$\therefore$ 전달동력 $= Fv = 7.17 \times 2.5 = 17.93\text{kW}$

제2과목 · 기계재료 및 제작

21 니켈-크롬합금강에서 뜨임메짐을 방지하는 원소는?

① Cu ② Mo
③ Ti ④ Zr

해설 니켈-크롬 특수강(합금강)에서 뜨임메짐(취성)을 방지하는 원소는 Mo, W, V 등이 있다.
[참고] 뜨임메짐(500~650℃)은 담금질(퀜칭) 후 뜨임(템퍼링)하면 충격치가 극히 감소되는 현상이다.

22 금속재료에서 단위격자 소속원자수가 2이고 충전율이 68%인 결정구조는?

① 단순입방격자
② 면심입방격자
③ 체심입방격자
④ 조밀육방격자

해설

결정격자	격자 내의 원자수	충전율
체심입방격자(BCC)	2개	68%
면심입방격자(FCC)	4개	74%
조밀육방격자(HCP)	2개	74%

23 공작물의 길이가 600mm, 지름이 25mm인 강재를 다음의 조건으로 선반가공할 때 소요되는 가공시간(t)은 약 몇 분인가? (단, 1회 가공이다.)

- 절삭속도 : 180m/min
- 절삭깊이 : 2.5mm
- 이송속도 : 0.24mm/rev

① 1.1 ② 2.1
③ 3.1 ④ 4.1

해설 ㉠ $V = \dfrac{\pi dN}{1,000}$ [m/min]

∴ $N = \dfrac{1,000V}{\pi d} = \dfrac{1,000 \times 180}{\pi \times 25} ≒ 2,292 \text{rpm}$

㉡ $t = \dfrac{l}{Nv} = \dfrac{600}{2,292 \times 0.24} = 1.1 \text{min}$

24 두랄루민의 합금조성으로 옳은 것은?

① Al – Cu – Zn – Pb
② Al – Cu – Mg – Mn
③ Al – Zn – Si – Sn
④ Al – Zn – Ni – Mn

해설 두랄루민(D)은 Al-Cu-Mg-Mn계 합금으로 시효경화시키면 기계적 성질이 향상된다(항공기, 자동차 등의 재료로 사용).

25 C와 Si의 함량에 따른 주철의 조직을 나타낸 조직분포도는?

① Gueiner, Klingenstein조직도
② 마우러(Maurer)조직도
③ Fe-C복평형상태도
④ Guilet조직도

해설 마우러조직도(Maurer's diagram)는 탄소(C)와 규소(Si)의 함량에 따른 주철(cast iron)의 조직을 나타낸 조직분포도이다.

26 용제와 와이어가 분리되어 공급되고 아크가 용제 속에서 발생되므로 불가시아크용접이라고 불리는 용접법은?

① 피복아크용접
② 탄산가스아크용접
③ 가스텅스텐아크용접
④ 서브머지드아크용접

해설 서브머지드아크용접(submerged arc welding)
㉠ 아크나 발생가스가 다 같이 용제 속에 잠겨있어서 잠호용접이라고 하며, 상품명으로는 링컨용접법이라고도 한다(유니언멜트용접).
㉡ 용제(flux)와 와이어가 분리되어 공급되고 아크가 용제 속에서 발생되므로 불가시아크용접이라고도 한다.

27 구리합금 중에서 가장 높은 경도와 강도를 가지며 피로한도가 우수하여 고급 스프링 등에 쓰이는 것은?

① Cu-Be합금 ② Cu-Cd합금
③ Cu-Si합금 ④ Cu-Ag합금

정답 21. ② 22. ③ 23. ① 24. ② 25. ② 26. ④ 27. ①

해설 Cu-Be합금은 구리합금 중에서 가장 높은 경도와 강도를 가지며 피로한도가 우수하여 고급 스프링 등에 쓰이는 합금이다. 뜨임시효경화성이 있어 내식성, 내열성, 내피로성이 좋다.

28 철과 아연을 접촉시켜 가열하면 양자의 친화력에 의하여 원자 간의 상호확산이 일어나서 합금화하므로 내식성이 좋은 표면을 얻는 방법은?

① 칼로라이징
② 크로마이징
③ 세라다이징
④ 보로나이징

해설 ① 칼로라이징 : 알루미늄(Al) 침투
② 크로마이징 : 크롬(Cr) 침투
③ 세라다이징 : 아연(Zn) 침투
④ 보로나이징 : 붕소(B) 침투

29 오토콜리메이터의 부속품이 아닌 것은?

① 평면경
② 콜리프리즘
③ 펜타프리즘
④ 폴리곤프리즘

해설 ① 평면(반사)경 : 평면도, 평행도 측정
③ 펜타프리즘 : 직각도 측정
④ 폴리곤프리즘 또는 각도게이지 : 회전각도분할장치, 공작기계의 일정 회전각도 및 회전테이블측정
[참고] 오토콜리메이터의 부속품에는 콜리프리즘이라는 것은 없다.

30 제작개수가 적고 큰 주물품을 만들 때 재료와 제작비를 절약하기 위해 골격만 목재로 만들고 골격 사이를 점토로 메워 만든 모형은?

① 현형
② 골격형
③ 긁기형
④ 코어형

해설 제작개수가 적고 큰 주물품을 만들 때 재료와 제작비를 절약하기 위해 골격만 목재로 만들고 골격 사이를 점토로 메워 만든 모형은 골격형이다.

31 얇은 판재로 된 목형은 변형되기 쉽고 주물의 두께가 균일하지 않으면 용융금속이 냉각응고 시에 내부응력에 의해 변형 및 균열이 발생할 수 있으므로, 이를 방지하기 위한 목적으로 쓰고 사용한 후에 제거하는 것은?

① 구배
② 덧붙임
③ 수축여유
④ 코어프린트

해설 덧붙임(stop off)이란 두께가 균일하지 않거나 형상이 복잡한 주물은 냉각 시에 내부응력에 의하여 변형되고 파손되기 쉬우므로 이를 방지하기 위하여 휨방지보강대를 설치한다. 덧붙임은 냉각 후에 제거한다.

32 황동가공재, 특히 관·봉 등에서 잔류응력에 기인하여 균열이 발생하는 현상은?

① 자연균열
② 시효경화
③ 탈아연부식
④ 저온풀림경화

해설 ① 자연균열 : 담금질 또는 뜨임(tempering)한 금속재료나 냉간가공 등에 의해 재료의 내부에 생긴 잔류응력 때문에 실온에서 자연방치되어 있는 사이에 발생하는 균열을 말한다.
② 시효경화 : 재료가 적당한 온도에서 자연방치되었을 때 시간이 지나면서 자연적으로 단단하게 경화되는 현상을 말한다.
③ 탈아연부식 : 아연이 해수에 녹아 없어지는 현상을 말한다.
④ 저온풀림경화 : 저온풀림의 반대현상으로 변태점 이하의 온도에서 풀림처리를 하는 과정에서 경화가 발생하는 현상을 말한다.

33 피아노선재의 조직으로 가장 적당한 것은?

① 페라이트(ferrite)
② 소르바이트(sorbite)
③ 오스테나이트(austenite)
④ 마텐자이트(martensite)

해설 피아노선재는 페라이트와 시멘타이트의 기계적 혼합상태인 고탄소강을 고온(900℃ 이상)으로 가열한 후 납(430~520℃) 속에서 담금질처리기법으로 패터링(patenting)처리하면 강하고 질긴 성질의 소르바이트(sorbite)조직이 된다.

정답 28. ③ 29. ② 30. ② 31. ② 32. ① 33. ②

34 다음 중 지름 100mm, 판의 두께 3mm, 전단저항 45kgf/mm²인 SM40C강판을 전단할 때 전단하중은 약 몇 kgf인가?

① 42,410
② 53,240
③ 67,420
④ 70,680

해설 $\tau = \dfrac{P_s}{A_s}$

$\therefore P_s = \tau A_s = \tau \pi dt = 45 \times \pi \times 100 \times 3 = 42411.5 \text{kgf}$

35 전기전도율이 높은 것에서 낮은 순으로 나열된 것은?

① Al > Au > Cu > Ag
② Au > Cu > Ag > Al
③ Cu > Au > Al > Ag
④ Ag > Cu > Au > Al

해설 전기전도율 크기순서 : Ag > Cu > Au > Al > Mg > Zn > Ni > Fe > Pb > Sb

36 마템퍼링(martempering)에 대한 설명으로 옳은 것은?

① 조직은 완전한 펄라이트가 된다.
② 조직은 베이나이트와 마텐자이트가 된다.
③ Ms점 직상의 온도까지 급랭한 후 그 온도에서 변태를 완료시키는 것이다.
④ Mf점 이하의 온도까지 급랭한 후 그 온도에서 변태를 완료시키는 것이다.

해설 마템퍼링이란 마텐자이트가 시작되는 점(Ms)과 마텐자이트가 종료되는 점(Mf) 사이에서 항온처리하는 열처리방법으로, 베이나이트와 마텐자이트의 혼합조직을 얻는다.

37 Taylor의 공구수명에 관한 실험식에서 세라믹공구를 사용하여 지수(n)=0.5, 상수(C)=200, 공구수명(T)을 30min으로 조건을 주었을 때 적합한 절삭속도는 약 몇 m/min인가?

① 30.3
② 32.6
③ 34.4
④ 36.5

해설 테일러(Taylor)의 공구수명공식 $VT^n = C$

$\therefore V = \dfrac{C}{T^n} = \dfrac{200}{30^{0.5}} = 36.5 \text{m/min}$

38 주철에 대한 설명으로 옳은 것은?

① 주철은 액상일 때 유동성이 좋다.
② 주철은 C와 Si 등이 많을수록 비중이 커진다.
③ 주철은 C와 Si 등이 많을수록 용융점이 높아진다.
④ 흑연이 많을 경우 그 파단면은 백색을 띠며 백주철이라 한다.

해설 주철(cast iron)은 액상일 때 유동성(주조성)이 좋다.

39 배빗메탈(babbitt metal)에 관한 설명으로 옳은 것은?

① Sn-Sb-Cu계 합금으로서 베어링재료로 사용된다.
② Cu-Ni-Si계 합금으로서 도전율이 좋으므로 강력도전재료로 이용된다.
③ Zn-Cu-Ti계 합금으로서 강도가 현저히 개선된 경화형 합금이다.
④ Al-Cu-Mg계 합금으로서 상온시효처리하여 기계적 성질을 개선시킨 합금이다.

해설 배빗메탈은 베어링합금으로서 주석(Sn)-안티몬(Sb)-구리(Cu)계 합금으로 고온, 고압에 견딜 수 있고 화이트메탈이라고도 한다.

40 다음 중 심냉처리(sub-zero treatment)에 대한 설명으로 가장 적절한 것은?

① 강철을 담금질하기 전에 표면에 붙은 불순물을 화학적으로 제거시키는 것
② 처음에 기름으로 냉각한 다음 계속하여 물 속에 담그고 냉각하는 것
③ 담금질 직후 바로 템퍼링하기 전에 얼마 동안 0℃에 두었다가 템퍼링하는 것
④ 담금질 후 0℃ 이하의 온도까지 냉각시켜 잔류오스테나이트를 마텐자이트화하는 것

해설 심냉처리는 담금질(퀜칭) 후 0℃ 이하의 온도까지 냉각시켜 잔류오스테나이트를 마텐자이트조직으로 변화시키는 열처리법이다.

정답 34.① 35.④ 36.② 37.④ 38.① 39.① 40.④

제3과목 · 구조 해석

41 다음 그림과 같은 장주(long column)에 하중 P_{cr}을 가했더니 오른쪽 그림과 같이 좌굴이 일어났다. 이때 오일러좌굴응력 σ_{cr}은? (단, 세로탄성계수는 E, 기둥 단면의 회전반경(radius of gyration)은 r, 길이는 L 이다.)

① $\dfrac{\pi^2 E r^2}{4L^2}$
② $\dfrac{\pi^2 E r^2}{L^2}$
③ $\dfrac{\pi E r^2}{4L^2}$
④ $\dfrac{\pi E r^2}{L^2}$

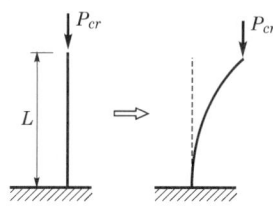

해설 ㉠ 좌굴하중 $(P_{cr}) = n\pi^2 \dfrac{EI_G}{L^2} = n\pi^2 \dfrac{EAk_G^2}{L^2}$ [N]

㉡ 좌굴응력 $(\sigma_{cr}) = \dfrac{P_{cr}}{A} = n\pi^2 \dfrac{Er^2}{L^2} = \dfrac{\pi^2 Er^2}{4L^2}$ [MPa]

42 다음 그림과 같은 일단 고정 타단 지지보에 등분포하중 w가 작용하고 있다. 이 경우 반력 R_A와 R_B는? (단, 보의 굽힘강성 EI는 일정하다.)

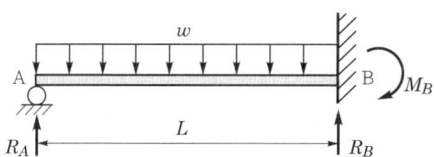

① $R_A = \dfrac{4}{7}wL,\ R_B = \dfrac{3}{7}wL$
② $R_A = \dfrac{3}{7}wL,\ R_B = \dfrac{4}{7}wL$
③ $R_A = \dfrac{5}{8}wL,\ R_B = \dfrac{3}{8}wL$
④ $R_A = \dfrac{3}{8}wL,\ R_B = \dfrac{5}{8}wL$

해설
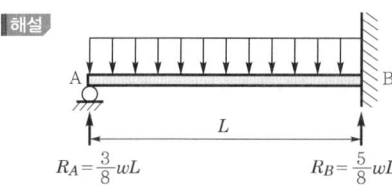

43 지름 100mm의 양단 지지보의 중앙에 2kN의 집중하중이 작용할 때 보 속의 최대 굽힘응력이 16MPa일 경우 보의 길이는 약 몇 m인가?

① 1.51 ② 3.14
③ 4.22 ④ 5.86

해설 $\sigma = \dfrac{M_{\max}}{Z} = \dfrac{\dfrac{PL}{4}}{\dfrac{\pi d^3}{32}} = \dfrac{8PL}{\pi d^3}$ [MPa]

$\therefore L = \dfrac{\pi d^3 \sigma}{8P} = \dfrac{\pi \times 0.1^3 \times 16}{8 \times 2 \times 10^{-3}} = 3.14\text{m}$

44 다음 그림과 같이 단붙이 원형축(stepped circular shaft)의 풀리에 토크가 작용하여 평형상태에 있다. 이 축에 발생하는 최대 전단응력은 몇 MPa인가?

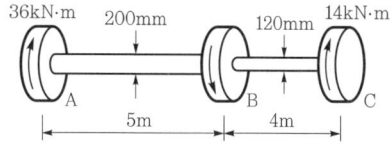

① 18.2 ② 22.9
③ 41.3 ④ 147.4

해설 $\tau_A = \dfrac{T_A}{Z_{PA}} = \dfrac{T_A}{\dfrac{\pi d_A^3}{16}} = \dfrac{16 T_A}{\pi d_A^3} = \dfrac{16 \times 36 \times 10^6}{\pi \times 200^3}$

$= 22.92\text{MPa}$

$\tau_C = \dfrac{T_C}{Z_{PC}} = \dfrac{T_C}{\dfrac{\pi d_C^3}{16}} = \dfrac{16 T_C}{\pi d_C^3} = \dfrac{16 \times 14 \times 10^6}{\pi \times 120^3}$

$\fallingdotseq 41.3\text{MPa}$

$\therefore \tau_{C(\max)} > \tau_A$

45 오일러공식이 세장비 $\dfrac{l}{k} > 100$에 대해 성립한다고 할 때 양단이 힌지인 원형 단면기둥에서 오일러공식이 성립하기 위한 길이 l과 지름 d와의 관계가 옳은 것은?

① $l > 4d$ ② $l > 25d$
③ $l > 50d$ ④ $l > 100d$

해설 $\lambda = \dfrac{l}{k} = \dfrac{l}{\sqrt{\dfrac{I}{A}}} = \dfrac{4l}{d} > 100$

$\therefore l > 25d$

정답 41. ① 42. ④ 43. ② 44. ③ 45. ②

46 회전수 120rpm과 35kW를 전달할 수 있는 원형 단면축의 길이가 2m이고 지름이 6cm일 때 축 단(軸端)의 비틀림각도는 약 몇 rad인가? (단, 이 재료의 가로탄성계수는 83GPa이다.)

① 0.019   ② 0.036
③ 0.053   ④ 0.078

해설 $T = 9.55 \times 10^6 \dfrac{kW}{N} = 9.55 \times 10^6 \times \dfrac{35}{120}$
$= 2785416.67 \text{N} \cdot \text{mm}$
$\therefore \theta = \dfrac{Tl}{GI_P} = \dfrac{2785416.67 \times 2,000}{83 \times 10^3 \times \dfrac{\pi \times 60^4}{32}} \fallingdotseq 0.053 \text{rad}$

47 동일재료로 만든 길이 L, 지름 D인 축 A와 길이 $2L$, 지름 $2D$인 축 B를 동일각도만큼 비트는 데 필요한 비틀림모멘트의 비 T_A/T_B의 값은 얼마인가?

① $\dfrac{1}{4}$ ② $\dfrac{1}{8}$
③ $\dfrac{1}{16}$ ④ $\dfrac{1}{32}$

해설 $\theta = \dfrac{TL}{GI_P} = \dfrac{32TL}{G\pi D^4}$
$\therefore \dfrac{T_A}{T_B} = \left(\dfrac{L_B}{L_A}\right)\left(\dfrac{D_A}{D_B}\right)^4 = \left(\dfrac{2L}{L}\right)\left(\dfrac{D}{2D}\right)^4 = \dfrac{1}{8}$

48 다음 그림과 같은 하중을 받고 있는 수직봉의 자중을 고려한 총신장량은? (단, 하중 : P, 막대 단면 : A, 비중량 : γ, 탄성계수 : E이다.)

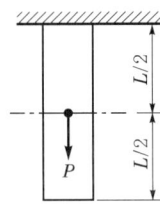

① $\dfrac{L}{E}\left(\gamma L + \dfrac{P}{A}\right)$ ② $\dfrac{L}{2E}\left(\gamma L + \dfrac{P}{A}\right)$
③ $\dfrac{L^2}{2E}\left(\gamma L + \dfrac{P}{A}\right)$ ④ $\dfrac{L^2}{E}\left(\gamma L + \dfrac{P}{A}\right)$

해설 균일 단면봉에서
$\lambda = \dfrac{PL}{AE} + \dfrac{\gamma L^2}{2E} = \dfrac{P\left(\dfrac{L}{2}\right)}{AE} + \dfrac{\gamma L^2}{2E}$
$= \dfrac{PL}{2AE} + \dfrac{\gamma L^2}{2E} = \dfrac{L}{2E}\left(\dfrac{P}{A} + \gamma L\right)[\text{m}]$

49 다음 그림과 같이 전체 길이가 $3L$인 외팔보에 하중 P가 B점과 C점에 작용할 때 자유단 B에서의 처짐량은? (단, 보의 굽힘강성 EI는 일정하고, 자중은 무시한다.)

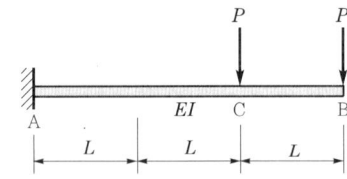

① $\dfrac{35PL^3}{3EI}$ ② $\dfrac{37PL^3}{3EI}$
③ $\dfrac{41PL^3}{3EI}$ ④ $\dfrac{44PL^3}{3EI}$

해설 $\delta_B = \dfrac{P(3L)^3}{3EI} + \dfrac{P(2L)^3}{3EI} + \theta_C L$
$= \dfrac{P(3L)^3}{3EI} + \dfrac{P(2L)^3}{3EI} + \dfrac{P(2L)^2}{2EI}L$
$= \dfrac{41PL^3}{3EI}[\text{cm}]$

50 다음 그림과 같은 1단 고정 타단 지지보의 중앙에 $P=4,800$N의 하중이 작용하면 지지점의 반력(R_B)은 약 몇 kN인가?

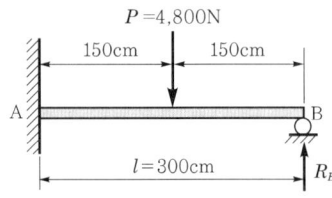

① 3.2   ② 2.6
③ 1.5   ④ 1.2

해설 $R_B = \dfrac{5}{16}P = \dfrac{5}{16} \times 4.8 = 1.5\text{kN}$

정답 46. ③ 47. ② 48. ② 49. ③ 50. ③

51 다음 그림과 같은 단순지지보에서 반력 R_A는 몇 kN인가?

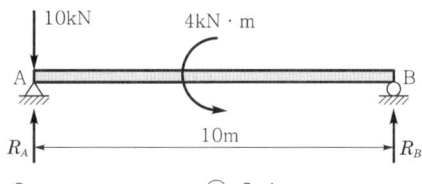

① 8 ② 8.4
③ 10 ④ 10.4

해설 $\Sigma M_B = 0$
$R_A \times 10 - 10 \times 10 - 4 = 0$
$\therefore R_A = 10.4 \text{kN}$

52 길이가 L인 외팔보의 자유단에 집중하중 P가 작용할 때 최대 처짐량은? (단, E : 탄성계수, I : 단면 2차 모멘트이다.)

① $\dfrac{PL^3}{8EI}$ ② $\dfrac{PL^3}{4EI}$
③ $\dfrac{PL^3}{3EI}$ ④ $\dfrac{PL^3}{2EI}$

해설 외팔보(cantilever beam) 자유단에서 집중하중(P)을 받는 경우 최대 처짐량($\delta_{\max}$) = $\dfrac{PL^3}{3EI}$ [cm]이다.

53 다음 그림의 H형 단면의 도심축인 Z축에 관한 회전반경(radius of gyration)은 얼마인가?

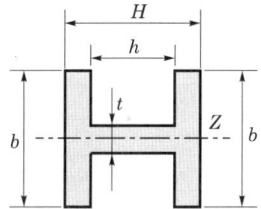

① $K_z = \sqrt{\dfrac{Hb^3 - (b-t)^3 b}{12(bH - bh + th)}}$

② $K_z = \sqrt{\dfrac{12Hb^3 + (b-t)^3 b}{bH + bh + th}}$

③ $K_z = \sqrt{\dfrac{ht^3 + Hb^3 - hb^3}{12(bH - bh + th)}}$

④ $K_z = \sqrt{\dfrac{12Hb^3 + (b+t)^3 b}{bH + bh - th}}$

해설 $K_z = \sqrt{\dfrac{I_G}{A}} = \sqrt{\dfrac{ht^3 + Hb^3 - hb^3}{12(bH - bh + th)}}$ [m]

54 평면응력상태에서 $\varepsilon_x = -150 \times 10^{-6}$, $\varepsilon_y = -280 \times 10^{-6}$, $\gamma_{xy} = 850 \times 10^{-6}$일 때 최대 주변형률($\varepsilon_1$)과 최소 주변형률($\varepsilon_2$)은 각각 약 얼마인가?

① $\varepsilon_1 = 215 \times 10^{-6}$, $\varepsilon_2 = -645 \times 10^{-6}$
② $\varepsilon_1 = 645 \times 10^{-6}$, $\varepsilon_2 = 215 \times 10^{-6}$
③ $\varepsilon_1 = 315 \times 10^{-6}$, $\varepsilon_2 = -645 \times 10^{-6}$
④ $\varepsilon_1 = -545 \times 10^{-6}$, $\varepsilon_2 = 315 \times 10^{-6}$

해설
$\varepsilon_1 = \dfrac{1}{2}(\varepsilon_x + \varepsilon_y) + \sqrt{\left(\dfrac{\varepsilon_x - \varepsilon_y}{2}\right)^2 + \left(\dfrac{\gamma_{xy}}{2}\right)^2}$
$= \dfrac{1}{2}(\varepsilon_x + \varepsilon_y) + \dfrac{1}{2}\sqrt{(\varepsilon_x - \varepsilon_y)^2 + \gamma_{xy}^2}$
$= \dfrac{1}{2} \times (-150 \times 10^{-6} - 280 \times 10^{-6})$
$+ \dfrac{1}{2}\sqrt{(-150 \times 10^{-6} + 280 \times 10^{-6})^2 + (850 \times 10^{-6})^2}$
$= 215 \times 10^{-6}$

$\varepsilon_2 = \dfrac{1}{2}(\varepsilon_x + \varepsilon_y) - \dfrac{1}{2}\sqrt{(\varepsilon_x - \varepsilon_y)^2 + \gamma_{xy}^2}$
$= \dfrac{1}{2} \times (-150 \times 10^{-6} - 280 \times 10^{-6})$
$- \dfrac{1}{2}\sqrt{(-150 \times 10^{-6} + 280 \times 10^{-6})^2 + (850 \times 10^{-6})^2}$
$= -645 \times 10^{-6}$

55 지름 20mm, 길이 1,000mm의 연강봉이 50kN의 인장하중을 받을 때 발생하는 신장량은 약 몇 mm인가? (단, 탄성계수 $E = 210\text{GPa}$이다.)

① 7.58
② 0.758
③ 0.0758
④ 0.00758

해설 $\lambda = \dfrac{Pl}{AE} = \dfrac{Pl}{\dfrac{\pi d^2}{4}E} = \dfrac{4Pl}{\pi d^2 E}$

$= \dfrac{4 \times 50 \times 10^3 \times 1,000}{\pi \times 20^2 \times 210 \times 10^3}$

$= 0.758 \text{mm}$

정답 51. ④ 52. ③ 53. ③ 54. ① 55. ②

56 지름 d인 장봉의 지름을 2배로 했을 때 비틀림 강도는 몇 배가 되는가?

① 2배 ② 4배
③ 8배 ④ 16배

해설 $T = \tau Z_P = \tau \dfrac{\pi d^3}{16} [\text{N} \cdot \text{m}]$

$T \propto d^3$

$\therefore \dfrac{T_2}{T_1} = \left(\dfrac{2d_1}{d_1}\right)^3 = 8$

57 등가속도운동에 관한 설명으로 옳은 것은?

① 속도는 시간에 대하여 선형적으로 증가하거나 감소한다.
② 변위는 시간에 대하여 선형적으로 증가하거나 감소한다.
③ 속도는 시간의 제곱에 비례하여 증가하거나 감소한다.
④ 변위는 속도의 세제곱에 비례하여 증가하거나 감소한다.

해설 등가속도운동(uniform acceleration motion)
㉠ 속도$(V) = V_0 + at\,[\text{m/s}]$
㉡ 변위$(S) = S_0 + V_0 t + \dfrac{1}{2}at^2\,[\text{m}]$
여기서, V_0 : 초기속도, a : 가속도, t : 시간, S_0 : 초기변위

58 질량이 100kg이고 반지름이 1m인 구의 중심에 420N의 힘이 다음 그림과 같이 작용하여 수평면 위에서 미끄러짐 없이 구르고 있다. 바퀴의 각가속도는 몇 rad/s²인가?

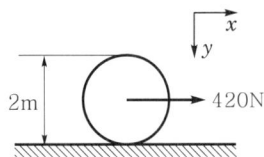

① 2.2 ② 2.8
③ 3   ④ 3.2

해설 $\sum M_0 = J_0 \alpha$

$P = (J_G + mr^2)\alpha = \left(\dfrac{2mr^2}{5} + mr^2\right)\alpha = \dfrac{7mr^2}{5}\alpha$

$\therefore \alpha = \dfrac{5P}{7mr^2} = \dfrac{5 \times 420}{7 \times 100 \times 1^2} = 3\,\text{rad/s}^2$

59 고유진동수 f[Hz], 고유원진동수 ω[rad/s], 고유주기 T[s] 사이의 관계를 바르게 나타낸 식은?

① $T = \dfrac{\omega}{2\pi}$ ② $T\omega = f$
③ $Tf = 1$ ④ $f\omega = 2\pi$

해설 $f = \dfrac{\omega}{2\pi} = \dfrac{1}{T}[\text{Hz}]$

$\therefore Tf = 1$

주파수(f)와 주기(T)는 역비례한다.

60 질량과 탄성스프링으로 이루어진 시스템이 다음 그림과 같이 높이 h에서 자유낙하를 하였다. 그 후 스프링의 반력에 의해 다시 튀어 오른다고 할 때 탄성스프링의 최대 변형량($x_{\max}$)은? (단, 탄성스프링 및 밑판의 질량은 무시하고, 스프링상수는 k, 질량은 m, 중력가속도는 g이다. 또한 그림은 스프링의 변형이 없는 상태를 나타낸다.)

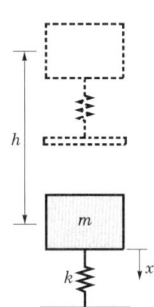

① $\sqrt{2gh}$
② $\sqrt{\dfrac{2mgh}{k}}$
③ $\dfrac{mg + \sqrt{(mg)^2 + 2kmgh}}{k}$
④ $\dfrac{mg + \sqrt{(mg)^2 + kmgh}}{k}$

해설 초기위치를 물체가 떨어져 지면에 접하는 순간으로 하고, 최종위치를 스프링이 최대 변위를 일으켰을 때라고 하면 물체의 속도(V)는 초기속도(V_1)나 최종속도(V_2) 모두 0이므로

$T_1 = \dfrac{1}{2}m V_1^{\,2} = 0$

$T_2 = \dfrac{1}{2}m V_2^{\,2} = 0$

$U_{12} = T_2 - T_1 = 0$

정답 56. ③ 57. ① 58. ③ 59. ③ 60. ③

스프링이 하는 일 $U_1 = \int_0^{x_{max}} kx dx = -\dfrac{kx_{max}^2}{2}$[kJ]

물체가 하는 일 $U_2 = mg(h+x_{max})$[kJ]

$U_{12} = U_1 + U_2 = -\dfrac{kx_{max}^2}{2} + mg(h+x_{max}) = 0$

$kx_{max}^2 - 2mgx_{max} - 2mgh = 0$

근의 공식을 적용하면

$\therefore x_{max} = \dfrac{mg \pm \sqrt{(-mg)^2 - k(-2mgh)}}{k}$

$= \dfrac{mg \pm \sqrt{(mg)^2 + 2kmgh}}{k}$

제4과목 · 열 · 유체 해석

61 실린더 내부에 기체가 채워져 있고 실린더에는 피스톤이 끼워져 있다. 초기압력 50kPa, 초기체적 0.05m³인 기체를 버너로 $PV^{1.4}$=constant 가 되도록 가열하여 기체체적이 0.2m³가 되었다면 이 과정 동안 시스템이 한 일은?

① 1.33kJ   ② 2.66kJ
③ 3.99kJ   ④ 5.32kJ

해설 가역단열팽창일

$_1W_2 = \int_1^2 PdV = \dfrac{1}{k-1}(P_1V_1 - P_2V_2)$

$= \dfrac{P_1V_1}{k-1}\left[1 - \dfrac{P_2V_2}{P_1V_1}\right] = \dfrac{P_1V_1}{k-1}\left[1 - \left(\dfrac{V_1}{V_2}\right)^{k-1}\right]$

$= \dfrac{50 \times 0.05}{1.4-1} \times \left[1 - \left(\dfrac{0.05}{0.2}\right)^{1.4-1}\right] = 2.66$kJ

62 여름철 외기의 온도가 30℃일 때 김치냉장고의 내부를 5℃로 유지하기 위해 3kW의 열을 제거해야 한다. 필요한 최소 동력은 약 몇 kW인가? (단, 이 냉장고는 카르노냉동기이다.)

① 0.27   ② 0.54
③ 1.54   ④ 2.73

해설 $(COP)_R = \dfrac{T_2}{T_1 - T_2} = \dfrac{5+273}{(30+273)-(5+273)}$

$= 11.12$

$(COP)_R = \dfrac{Q_e}{W_c}$

$\therefore W_c = \dfrac{Q_e}{(COP)_R} = \dfrac{3}{11.12} = 0.27$kW

63 한 시간에 3,600kg의 석탄을 소비하여 6,050kW를 발생하는 증기터빈을 사용하는 화력발전소가 있다면 이 발전소의 열효율은 약 몇 %인가? (단, 석탄의 발열량은 29,900kJ/kg이다.)

① 약 20%   ② 약 30%
③ 약 40%   ④ 약 50%

해설 $\eta = \dfrac{3,600kW}{H_L m_f} \times 100\% = \dfrac{3,600 \times 6,050}{29,900 \times 3,600} \times 100\%$

$\fallingdotseq 20.23\%$

64 다음 그림에서 h=100cm이다. 액체의 비중이 1.50일 때 A점의 계기압력은 몇 kPa인가?

① 9.8
② 14.7
③ 9,800
④ 14,700

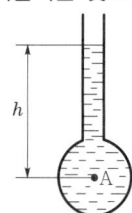

해설 $P = \gamma h = 9.8sh = 9.8 \times 1.5 \times 1 = 14.7$kPa

65 물이 흐르는 관의 중심에 피토관을 삽입하여 압력을 측정하였다. 전압력은 20mAq, 정압은 5mAq일 때 관 중심에서 물의 유속은 약 몇 m/s인가?

① 10.7   ② 17.2
③ 5.4   ④ 8.6

해설 $V = \sqrt{2g\Delta h} = \sqrt{2 \times 9.81 \times (20-5)} \fallingdotseq 17.2$m/s

66 1/10크기의 모형 잠수함을 해수에서 실험한다. 실제 잠수함을 2m/s로 운전하려면 모형 잠수함은 약 몇 m/s의 속도로 실험하여야 하는가?

① 20   ② 5
③ 0.2   ④ 0.5

해설 잠수함은 레이놀즈수를 만족시켜야 한다.

$Re = \dfrac{VL}{\nu}$

$\left(\dfrac{VL}{\nu}\right)_p = \left(\dfrac{VL}{\nu}\right)_m$

$\nu_p \simeq \nu_m$

$\therefore V_m = V_p\left(\dfrac{L_p}{L_m}\right) = 2 \times \dfrac{10}{1} = 20$m/s

정답 61. ② 62. ① 63. ① 64. ② 65. ② 66. ①

67 질량 1kg의 공기가 밀폐계에서 압력과 체적이 100kPa, 1m³이었는데 폴리트로픽과정($PV^n=$ 일정)을 거쳐 체적이 0.5m³가 되었다. 최종온도(T_2)와 내부에너지의 변화량(ΔU)은 각각 얼마인가? (단, 공기의 기체상수는 287J/kg·K, 정적비열은 718J/kg·K, 정압비열은 1,005J/kg·K, 폴리트로프지수는 1.3이다.)

① $T_2=459.7\text{K}$, $\Delta U=111.3\text{kJ}$
② $T_2=459.7\text{K}$, $\Delta U=79.9\text{kJ}$
③ $T_2=428.9\text{K}$, $\Delta U=80.5\text{kJ}$
④ $T_2=428.9\text{K}$, $\Delta U=57.8\text{kJ}$

해설 ㉠ $P_1V_1=mRT_1$
$$\therefore T_1=\frac{P_1V_1}{mR}=\frac{100\times1}{1\times0.287}=348.4\text{K}$$
㉡ $\frac{T_2}{T_1}=\left(\frac{V_1}{V_2}\right)^{n-1}$
$$\therefore T_2=T_1\left(\frac{V_1}{V_2}\right)^{n-1}=348.4\times\left(\frac{1}{0.5}\right)^{1.3-1}$$
$$=428.9\text{K}$$
㉢ $\Delta U=mC_v(T_2-T_1)$
$$=1\times0.718\times(428.9-348.4)≒57.8\text{kJ}$$

68 비열비가 k인 이상기체로 이루어진 시스템이 정압과정으로 부피가 2배로 팽창할 때 시스템이 한 일이 W, 시스템에 전달된 열이 Q일 때 $\frac{W}{Q}$는 얼마인가? (단, 비열은 일정하다.)

① k
② $\frac{1}{k}$
③ $\frac{k}{k-1}$
④ $\frac{k-1}{k}$

해설 $\frac{W}{Q}=\frac{pdV}{mC_pdT}=\frac{mRdT}{mC_pdT}=\frac{R}{C_p}=\frac{C_p-C_v}{C_p}$
$$=1-\frac{C_v}{C_p}=1-\frac{1}{k}=\frac{k-1}{k}$$

69 카르노열기관사이클 A는 0℃와 100℃ 사이에서 작동되며, 카르노열기관사이클 B는 100℃와 200℃ 사이에서 작동된다. 사이클 A의 효율(η_A)과 사이클 B의 효율(η_B)을 각각 구하면?

① $\eta_A=26.80\%$, $\eta_B=50.00\%$
② $\eta_A=26.80\%$, $\eta_B=21.14\%$
③ $\eta_A=38.75\%$, $\eta_B=50.00\%$
④ $\eta_A=38.75\%$, $\eta_B=21.14\%$

해설 $\eta_A=1-\frac{T_{A2}}{T_{A1}}=1-\frac{0+273}{100+273}=0.268=26.8\%$
$\eta_B=1-\frac{T_{B2}}{T_{B1}}=1-\frac{100+273}{200+273}=0.2114=21.14\%$

70 국소대기압이 710mmHg일 때 절대압력 50kPa은 게이지압력으로 약 얼마인가?

① 44.7Pa 진공   ② 44.7Pa
③ 44.7kPa 진공   ④ 44.7kPa

해설 $P_a=P_o+P_g$
$$\therefore P_g=P_a-P_o=50-\frac{710}{760}\times101.325$$
$$=-44.7\text{kPa}=44.7\text{kPa}(진공)$$

71 스프링상수가 10N/cm인 4개의 스프링으로 평판 A를 벽 B에 다음 그림과 같이 장착하였다. 유량 0.01m³/s, 속도 10m/s인 물제트가 평판 A의 중앙에 직각으로 충돌할 때 평판과 벽 사이에서 줄어드는 거리는 약 몇 cm인가?

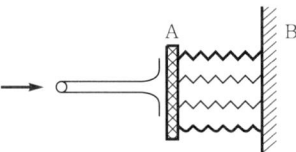

① 2.5   ② 1.25
③ 10.0   ④ 5.0

해설 $F=kn\delta=\rho QV[\text{N}]$
$$\therefore \delta=\frac{\rho QV}{kn}=\frac{1,000\times0.01\times10}{1,000\times4}=0.025\text{m}=2.5\text{cm}$$

정답 67.④ 68.④ 68.② 70.③ 71.①

72 지름 D인 파이프 내에 점성 μ인 유체가 층류로 흐르고 있다. 파이프길이가 L일 때 유량과 압력손실 Δp의 관계로 옳은 것은?

① $Q = \dfrac{\pi \Delta p D^2}{128\mu L}$ ② $Q = \dfrac{\pi \Delta p D^2}{256\mu L}$

③ $Q = \dfrac{\pi \Delta p D^4}{128\mu L}$ ④ $Q = \dfrac{\pi \Delta p D^4}{256\mu L}$

해설 수평층류원관의 유동인 경우

유량$(Q) = \dfrac{\pi \Delta p D^4}{128\mu L}[\text{m}^3/\text{s}]$

73 열역학적 관점에서 일과 열에 관한 설명 중 틀린 것은?

① 일과 열은 온도와 같은 열역학적 상태량이 아니다.
② 일의 단위는 J(joule)이다.
③ 일의 크기는 힘과 그 힘이 작용하여 이동한 거리를 곱한 값이다.
④ 일과 열은 점함수(point function)이다.

해설 일량과 열량은 도정함수(경로함수)이다.

74 고열원의 온도가 157℃이고, 저열원의 온도가 27℃인 카르노냉동기의 성적계수는 약 얼마인가?

① 1.5 ② 1.8
③ 2.3 ④ 3.2

해설 $(COP)_R = \dfrac{T_L}{T_H - T_L} = \dfrac{27+273}{(157+273)-(27+273)} \fallingdotseq 2.31$

75 폴리트로픽변화의 관계식 "$PV^n = $일정"에 있어서 n이 무한대로 되면 어느 과정이 되는가?

① 정압과정 ② 등온과정
③ 정적과정 ④ 단열과정

해설 $PV^n = C$에서
㉠ $n=0$, $PV^0 = C$, $P = C$
㉡ $n=1$, $PV^1 = C(T=C)$
㉢ $n=k$, $PV^k = C$(가역단열변화)
㉣ $n=\infty$, $PV^\infty = C(V=C)$
[참고] $P^{\frac{1}{\infty}}V = C^{\frac{1}{\infty}}$
$P^0 V = C^0 (1 \times V = C)$

76 안지름 0.25m, 길이 100m인 매끄러운 수평강관으로 비중 0.8, 점성계수 0.1Pa·s인 기름을 수송한다. 유량이 100L/s일 때의 관마찰손실수두는 유량이 50L/s일 때의 몇 배 정도가 되는가? (단, 층류의 관마찰계수는 $64/Re$이고, 난류일 때의 관마찰계수는 $0.3164/Re^{-1/4}$이며, 임계레이놀즈수는 2,300이다.)

① 1.55 ② 2.12
③ 4.13 ④ 5.04

해설 $\nu = \dfrac{\mu}{\rho} = \dfrac{0.1}{800} = 1.25 \times 10^{-4} \text{m}^2/\text{s}$

㉠ 유량이 100L/s일 때

$V = \dfrac{Q}{A} = \dfrac{4Q}{\pi d^2} = \dfrac{4 \times 0.1}{\pi \times 0.25^2} \fallingdotseq 2.04 \text{m/s}$

$Re = \dfrac{\rho V d}{\mu} = \dfrac{Vd}{\nu} = \dfrac{4Q}{\pi d\nu} = \dfrac{4 \times 0.1}{\pi \times 0.25 \times 1.25 \times 10^{-4}}$
$= 4074.37 > 4,000$(난류)

$f = \dfrac{0.3164}{Re^{-\frac{1}{4}}} = \dfrac{0.3164}{4074.37^{-\frac{1}{4}}} = 0.0396$

$\therefore h_{L1} = f\dfrac{L}{d}\dfrac{V^2}{2g} = 0.0396 \times \dfrac{100}{0.25} \times \dfrac{2.04^2}{2 \times 9.8}$
$= 3.354\text{m}$

㉡ 유량이 50L/s일 때

$V = \dfrac{Q}{A} = \dfrac{4Q}{\pi d^2} = \dfrac{4 \times 0.05}{\pi \times 0.25^2} \fallingdotseq 1.02 \text{m/s}$

$Re = \dfrac{\rho V d}{\mu} = \dfrac{Vd}{\nu} = \dfrac{4Q}{\pi d\nu} = \dfrac{4 \times 0.05}{\pi \times 0.25 \times 1.25 \times 10^{-4}}$
$= 2037.18 > 2,000$(층류)

$f = \dfrac{64}{Re} = \dfrac{64}{2037.18} = 0.03142$

$\therefore h_{L2} = f\dfrac{L}{d}\dfrac{V^2}{2g} = 0.03142 \times \dfrac{100}{0.25} \times \dfrac{1.02^2}{2 \times 9.8}$
$= 0.667\text{m}$

$\therefore \dfrac{h_{L1}}{h_{L2}} = \dfrac{3.354}{0.667} = 5.03$

77 동점성계수가 $15.68 \times 10^{-6}\text{m}^2/\text{s}$인 공기가 평판 위를 길이방향으로 0.5m/s의 속도로 흐르고 있다. 선단으로부터 10cm 되는 곳의 경계층두께의 2배가 되는 경계층의 두께를 가지는 곳은 선단으로부터 몇 cm 되는 곳인가?

① 14.14 ② 20
③ 40 ④ 80

정답 72. ③ 73. ④ 74. ③ 75. ③ 76. ④ 77. ③

해설
$$R_{ex} = \frac{u_\infty x}{\nu} = \frac{0.5 \times 0.1}{15.68 \times 10^{-6}}$$
$$= 3188.78 < 5 \times 10^5 \text{(층류)}$$

층류인 경우 경계층의 두께(δ)는 $x^{\frac{1}{2}}(=\sqrt{x})$에 비례한다.

$$\frac{\delta_2}{\delta_1} = \sqrt{\frac{x_2}{x_1}} = 2$$

$$\frac{x_2}{x_1} = \left(\frac{\delta_2}{\delta_1}\right)^2 = 2^2 = 4$$

$$\therefore x_2 = 4x_1 = 4 \times 10 = 40\text{cm}$$

78 다음 중 2차원 비압축성 유동의 연속방정식을 만족하지 않는 속도벡터는?

① $V = (16y - 12x)i + (12y - 9x)j$
② $V = -5xi + 5yj$
③ $V = (2x^2 + y^2)i + (-4xy)j$
④ $V = (4xy + y)i + (6xy + 3x)j$

해설
① $\vec{V} = \frac{\partial u}{\partial x} + \frac{\partial v}{\partial y} = -12 + 12 = 0$(만족)
② $\vec{V} = \frac{\partial u}{\partial x} + \frac{\partial v}{\partial y} = -5 + 5 = 0$(만족)
③ $\vec{V} = \frac{\partial u}{\partial x} + \frac{\partial v}{\partial y} = 4x - 4x = 0$(만족)
④ $\vec{V} = \frac{\partial u}{\partial x} + \frac{\partial v}{\partial y} = 4y + 6x \neq 0$(성립 안 됨)

79 4kg의 공기가 들어있는 체적 0.4m³의 용기(A)와 체적이 0.2m³인 진공의 용기(B)를 밸브로 연결하였다. 두 용기의 온도가 같을 때 밸브를 열어 용기 A와 B의 압력이 평형에 도달했을 경우 이 계의 엔트로피 증가량은 약 몇 J/K인가? (단, 공기의 기체상수는 0.287kJ/kg·K이다.)

① 712.8
② 595.7
③ 465.5
④ 348.2

해설
$$\Delta S = mR\ln\frac{V_2}{V_1} = 4 \times 287 \times \ln\frac{0.6}{0.4} \fallingdotseq 465.5\text{J/K}$$

80 오토사이클로 작동되는 기관에서 실린더의 간극체적이 행정체적의 15%라고 하면 이론열효율은 약 얼마인가? (단 비열비 $k=1.4$이다.)

① 45.2%
② 50.6%
③ 55.7%
④ 61.4%

해설
$$\text{압축비}(\varepsilon) = 1 + \frac{V_s}{V_c} = 1 + \frac{1}{0.15}\frac{V_s}{V_s} = 7.67$$

$$\therefore \eta_{tho} = 1 - \left(\frac{1}{\varepsilon}\right)^{k-1} = 1 - \left(\frac{1}{7.67}\right)^{1.4-1}$$
$$= 0.557 = 55.7\%$$

정답 78. ④ 79. ③ 80. ③

2024 제3회 복원문제

| 2024. 7. 6. 시행 |

제1과목 · 기계제도 및 설계

01 다음 서피스모델(surface model)을 설명한 것 중 틀린 것은?

① 은선 제거가 가능하다.
② 단면도 작성이 가능하다.
③ NC가공정보를 얻을 수 있다.
④ 물리적 성질 등의 계산이 가능하다.

[해설] 서피스모델이란 와이어프레임모델이 선으로 둘러싸인 부분을 면으로 정의하는 방식이다.
㉠ 장점
 • 단면도 작성이 가능하다.
 • 은선 제거가 가능하다.
 • NC형상과 가공데이터를 얻을 수 있다.
 • 면과 면의 교선을 구할 수 있다.
㉡ 단점
 • 물리적 성질의 계산이 힘들다.
 • FEM의 적용을 위한 해석모델이 어렵다.

02 단면도 작성이 용이하며 물리적 성질(체적 등)의 계산이 용이한 3차원 모델링은?

① 솔리드모델링
② 서피스모델링
③ 와이어프레임모델링
④ 공간모델링

[해설] 물리적 계산을 할 수 있는 모델링은 솔리드모델링(solid modeling)이다.

03 CAD시스템에 사용되는 출력장치에 해당하지 않는 것은?

① 플로터   ② 잉크젯프린터
③ 디스플레이장치   ④ 태블릿

[해설] 태블릿은 입력장치에 해당한다.

04 구멍의 최소 치수가 축의 최대 치수보다 큰 경우이며 항상 틈새가 생기는 끼워맞춤으로 직선운동이나 회전운동이 필요한 기계부품의 조립에 적용하는 것은?

① 억지 끼워맞춤
② 중간 끼워맞춤
③ 헐거운 끼워맞춤
④ 구멍기준 끼워맞춤

[해설] 헐거운 끼워맞춤은 끼워맞춤 시 구멍이 축보다 항상 크며 보통 운동하는 부분의 조립에 나타낸다.

05 다음 그림과 같은 제3각법 정투상도에서의 평면도에 해당하는 것은?

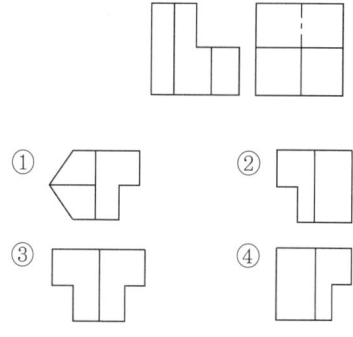

06 도면에서 대상물의 보이지 않은 부분의 모양을 표시하는 선은?

① 파선   ② 굵은 실선
③ 가는 1점쇄선   ④ 가는 2점쇄선

[해설] 파선은 대상물의 보이지 않는 부분의 모양을 표시하는 데 사용한다.

정답 01. ④ 02. ① 03. ④ 04. ③ 05. ③ 06. ①

07 다음 중 가장 고운 다듬면을 나타내는 것은?

① ∇ ② 0.2 ∇
③ 5.3 ∇ ④ 2.5 ∇

해설 중심선평균거칠기의 숫자가 작을수록 고운 다듬면을 의미한다.

08 다음 그림에서 표시된 기하공차기호는?

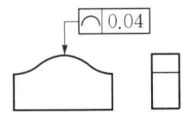

① 선의 윤곽도
② 면의 윤곽도
③ 원통도
④ 위치도

해설 기하공차의 종류와 기호(KS B 0608)

적용하는 형체	공차의 종류		기호
단독 형체 (데이텀 불필요)	모양공차	진직도	─
		평면도	▱
		진원도	○
		원통도	⌭
단독 형체 또는 관련 형체		선의 윤곽도	⌒
		면의 윤곽도	⌓
관련 형체 (데이텀 필요)	자세공차	평행도	∥
		직각도	⊥
		경사도	∠
	위치공차	위치도	⊕
		동심도	◎
		대칭도	≡
	흔들림공차	원주흔들림	↗
		온흔들림	↗↗

09 일반적으로 CAD시스템에서 수행되는 3차원 모델링의 종류가 아닌 것은?

① 와이어프레임모델링
② 서피스모델링
③ 솔리드모델링
④ 시스템모델링

해설 3차원 모델링의 종류에는 와이어프레임모델링, 서피스모델링, 솔리드모델링 등이 있다.

10 기계제도에서 가는 실선으로 나타내는 것이 아닌 것은?

① 치수선
② 회전단면선
③ 외형선
④ 해칭선

해설 외형선은 굵은 실선을 사용한다.
[참고] 가는 실선은 치수선, 치수보조선, 지시선, 중심선, 회전단면선, 수준면선, 해칭 등에 사용한다.

11 인치계 사다리꼴나사의 표시기호로 옳은 것은?

① UNF ② TW
③ UNC ④ TM

해설 ① UNF : 유니파이 가는 나사
③ UNC : 유니파이 보통나사
④ TM : 미터계 사다리꼴나사(나사산각(α)=30°)
[참고] 인치계 사다리꼴나사(TW)의 나사산각(α)은 29°이다.

12 큰 토크를 전달할 수 있어 자동차, 항공기 터빈 등의 속도변환기구에 주로 사용되는 키는?

① 안장키
② 원뿔키
③ 스플라인
④ 반달키

해설 스플라인(spline)은 큰 토크를 전달할 수 있어 자동차, 항공기 터빈 등의 속도변환기구에 주로 사용한다.

정답 07.② 08.① 09.④ 10.③ 11.② 12.③

13 리벳작업에서 코킹(caulking)을 하는 목적은 무엇인가?

① 기밀, 수밀을 유지하기 위함
② 리벳구멍을 뚫기 위함
③ 강판의 강도를 보강하기 위함
④ 패킹재료를 끼우기 위함

해설 코킹
㉠ 리벳작업이 끝난 뒤에 강판의 가장자리를 정 등으로 때려 그 부분을 밀착시켜 틈을 없앤다.
㉡ 정(chisel)의 각도는 75~85° 정도로 한다.
㉢ 기밀, 수밀, 유밀을 유지하기 위함이다.

14 용접에 생긴 잔류응력을 제거하려면 어떻게 해야 하는가?

① 담금질한다. ② 뜨임한다.
③ 불림한다. ④ 풀림한다.

해설 용접의 잔류응력을 제거하려면 어닐링(풀림) 처리를 한다.

15 둥근 축에서 굽힘응력을 σ_a, 단면계수를 Z라 할 때 굽힘모멘트 M을 구하는 식은?

① $M = \sigma_a Z$ ② $M = \pi \sigma_a Z$
③ $M = \dfrac{Z}{\sigma_a}$ ④ $M = \dfrac{\sigma_a}{Z}$

해설 $M = \sigma_a Z = \sigma_a \dfrac{\pi d^3}{32}$ [N·mm]

∴ $d = \sqrt[3]{\dfrac{10.2M}{\sigma_a}}$ [mm]

16 유니버설이음에서 두 축의 중심선이 기울어진 각(입력축의 회전각)을 α, 두 축이 이루는 이음각(shaft angle)을 θ라고 하면 종동축과 구동축의 각속도비(ω_B/ω_A)는?

① $\dfrac{1}{1+\cos^2\theta\sin\alpha}$ ② $\dfrac{1}{1-\sin^2\theta\sin^2\alpha}$
③ $\dfrac{1+\cos\theta\sin^2\alpha}{\sin\alpha}$ ④ $\dfrac{\cos\alpha}{1-\sin^2\theta\sin^2\alpha}$

해설 유니버설이음은 두 축이 일직선상에 있지 않고 중심선이 30° 이내로 교차할 때 사용한다.

∴ 속도비(ε) = $\dfrac{\text{출력축(종동축) 각속도}(\omega_B)}{\text{입력축(구동축) 각속도}(\omega_A)}$

$= \dfrac{\cos\alpha}{1-\sin^2\theta\sin^2\alpha}$

[참고] 만약 축이 일직선($\alpha=0$)이라면 $\dfrac{\omega_B}{\omega_A}=1$이다.

17 다음 그림과 같은 원추마찰차에서 속도비(ε)를 나타내는 식은?

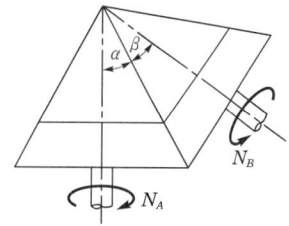

① $\varepsilon = \dfrac{N_B}{N_A} = \dfrac{\sin\alpha}{\sin\beta}$ ② $\varepsilon = \dfrac{N_B}{N_A} = \dfrac{\sin\beta}{\sin\alpha}$
③ $\varepsilon = \dfrac{N_B}{N_A} = \dfrac{\cos\alpha}{\cos\beta}$ ④ $\varepsilon = \dfrac{N_B}{N_A} = \dfrac{\cos\beta}{\cos\alpha}$

해설 속도비(ε) = $\dfrac{\text{종동차 회전수}(N_B)}{\text{원동차 회전수}(N_A)} = \dfrac{\sin\alpha}{\sin\beta}$

18 이의 홈과 이두께의 차를 무엇이라 하는가?

① 이틈 ② 백래시
③ 이 끝의 틈 ④ 피치

해설 기어회전 시 이면과 이면 사이의 틈새를 백래시라 한다.

19 인벌류트기어에서 압력각을 증가시켰을 때 일어나는 현상 중 틀린 것은?

① 언더컷을 방지시킬 수 있다.
② 물림률이 증대된다.
③ 잇면의 미끄럼률이 감소된다.
④ 이의 강도가 커진다.

해설 압력각을 크게 하면
㉠ 언더컷 방지
㉡ 물림률 감소
㉢ 잇면의 미끄럼률 감소
㉣ 베어링에 걸리는 하중 증가
㉤ 받칠 수 있는 접촉압력 커짐
㉥ 이의 강도 증대

정답 13. ① 14. ④ 15. ① 16. ④ 17. ① 18. ② 19. ②

20 벨트를 걸었을 때 이완측에 설치하여 벨트와 벨트 풀리의 접촉각을 크게 하는 것은?

① 긴장차 ② 안내차
③ 공전차 ④ 단차

[해설] 벨트 풀리에 벨트를 걸어 회전시키면 회전방향에 따라 다음 그림과 같이 이완측과 긴장측이 생긴다. 위쪽이 이완측이 되면 벨트와 풀리의 접촉각이 커 전동효율이 좋으나, 반대로 위쪽이 긴장측이 되면 전동효율이 떨어진다. 이를 방지하기 위해 이완측에 긴장차를 설치하여 전동효율을 높여준다.

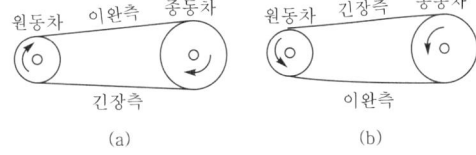

제2과목・기계재료 및 제작

21 재료의 연성을 알기 위해 구리판, 알루미늄판 및 그 밖의 연성판재를 가압성형하여 변형능력을 시험하는 것은?

① 굽힘시험 ② 압축시험
③ 비틀림시험 ④ 에릭센시험

[해설] 에릭센시험(erichsen test)은 재료의 연성(ductility)을 알아보기 위한 시험으로 구리판, 알루미늄판 및 기타 연성판재를 가압성형하여 변형능력을 시험하는 것이며 커핑시험(supping test)이라고도 한다.

22 오스테나이트형 스테인리스강의 예민화(sensitize)를 방지하기 위하여 Ti, Nb 등의 원소를 함유시키는 이유는?

① 입계부식을 촉진한다.
② 강 중의 질소(N)와 질화물을 만들어 안정화시킨다.
③ 탄화물을 형성하여 크롬탄화물의 생성을 억제한다.
④ 강 중의 산소(O)와 산화물을 형성하여 예민화를 방지한다.

[해설] 18(Cr)-8(Ni)스테인리스강은 오스테나이트조직으로 용접성이 좋고 비자성체로 티탄(Ti), 니오브(Nb) 등의 원소를 함유시키는 이유는 탄화물을 형성하여 크롬탄화물의 생성을 억제시키기 위함이다.

23 주물사로 사용되는 모래에 수지, 시멘트, 석고 등의 점결제를 사용하며, 경화시간을 단축하기 위하여 경화촉진제를 사용하여 조형하는 주형법은?

① 원심주형법
② 셸몰드주형법
③ 자경성주형법
④ 인베스트먼트주형법

[해설] 자경성주형법이란 모래에 특수한 점결제와 경화제를 혼합한 다음 조형하게 되면 건조나 가스취입 없이 자연적으로 경화반응이 진행되어 경화하게 된다. 이와 같은 원리를 이용하여 조형하는 방법이다. 점결제로는 수지, 시멘트, 석고, 물유리 등이 사용된다.

24 강의 열처리방법 중 표면경화법에 해당하는 것은?

① 마퀜칭 ② 오스포밍
③ 침탄질화법 ④ 오스템퍼링

[해설] 강의 표면경화법
㉠ 물리적 표면경화법 : 고주파경화법, 화염경화법
㉡ 화학적 표면경화법 : 침탄법, 질화법, 청화법
㉢ 금속침투법 : 세라다이징(Zn), 크로마이징(Cr), 칼로라이징(Al), 실리코나이징(Si), 보로나이징(B)

25 과공석강의 탄소함유량(%)으로 옳은 것은?

① 약 0.01~0.02%
② 약 0.02~0.80%
③ 약 0.80~2.0%
④ 약 2.0~4.3%

[해설] 탄소(C)함유량에 따른 강의 분류
㉠ 아공석강 : 0.02~0.80%
㉡ 공석강 : 0.80%
㉢ 과공석강 : 0.80~2.11%

정답 20. ① 21. ④ 22. ③ 23. ③ 24. ③ 25. ③

26 주조에서 주물의 중심부까지의 응고시간(t), 주물의 체적(V), 표면적(S)과의 관계로 옳은 것은? (단, K는 주형상수이다.)

① $t = K\dfrac{V}{S}$ ② $t = K\left(\dfrac{V}{S}\right)^2$

③ $t = K\sqrt{\dfrac{V}{S}}$ ④ $t = K\left(\dfrac{V}{S}\right)^3$

해설 중심부까지의 응고시간(t)은 주물의 체적(V)과 표면적(S)과의 비의 제곱에 비례한다.
$t = K\left(\dfrac{V}{S}\right)^2$

27 탄소를 제품에 침투시키기 위해 목탄을 부품과 함께 침탄상자 속에 넣고 900~950℃의 온도범위로 가열로 속에서 가열유지시키는 처리법은?

① 질화법
② 가스침탄법
③ 시멘테이션에 의한 경화법
④ 고주파 유도 가열경화법

해설 가스침탄법은 탄소를 제품에 침투시키기 위해 목탄을 부품과 함께 침탄상자 속에 넣고 900~950℃의 온도범위로 가열로 속에서 가열유지시키는 처리법이다.

28 담금질조직 중 가장 경도가 높은 것은?

① 펄라이트   ② 마텐자이트
③ 소르바이트 ④ 트루스타이트

해설 담금질조직의 경도크기순서 : M>T>S>P>A>F

29 다음 빈칸에 들어갈 숫자가 옳게 짝지어진 것은?

> 지름 100mm의 소재를 드로잉하여 지름 60mm의 원통을 가공할 때 드로잉률은 (A)이다. 또한 이 60mm의 용기를 재드로잉률 0.8로 드로잉을 하면 용기의 지름은 (B)mm가 된다.

① A : 0.36, B : 48
② A : 0.36, B : 75
③ A : 0.6, B : 48
④ A : 0.6, B : 75

해설
㉠ 드로잉률 = $\dfrac{\text{제품의 지름}(d_1)}{\text{소재의 지름}(d_0)} = \dfrac{60}{100} = 0.6$

㉡ 재드로잉률 = $\dfrac{\text{용기의 지름}}{\text{제품의 지름}(d_1)}$

∴ 용기의 지름 = 재드로잉률 × 제품의 지름
= 0.8 × 60 = 48mm

30 용접을 기계적인 접합방법과 비교할 때 우수한 점이 아닌 것은?

① 기밀, 수밀, 유밀성이 우수하다.
② 공정수가 감소되고 작업시간이 단축된다.
③ 열에 의한 변질이 없으며 품질검사가 쉽다.
④ 재료가 절약되므로 공작물의 중량을 가볍게 할 수 있다.

해설 용접은 열에 의한 변질이 있으며 기계적인 접합방법의 경우보다 품질검사가 어렵다. 전기저항불꽃은 3,500~6,000℃이므로 열변형이 생기기 쉽고 품질검사(QC)가 곤란하다.

31 밀링머신에서 직경 100mm, 날수 8인 평면커터로 절삭속도 30m/min, 절삭깊이 4mm, 이송속도 240m/min에서 절삭할 때 칩의 평균두께 t_m [mm]은?

① 0.0584   ② 0.0596
③ 0.0625   ④ 0.0734

해설
㉠ 절삭속도(V) = $\dfrac{\pi dN}{1,000}$[m/min]

∴ $N = \dfrac{1,000\,V}{\pi d} = \dfrac{1,000 \times 30}{\pi \times 100} = 95.5\text{rpm}$

㉡ 이동속도(f) = $f_z NZ$[m/min]

∴ $f_z = \dfrac{f}{NZ} = \dfrac{240}{95.5 \times 8} = 0.314\text{mm}$

㉢ $t_m = f_z\sqrt{\dfrac{t}{d}} = 0.314\sqrt{\dfrac{4}{100}} = 0.0628\text{mm}$

32 스테인리스강을 조직에 따라 분류한 것 중 틀린 것은?

① 페라이트계   ② 마텐자이트계
③ 시멘타이트계 ④ 오스테나이트계

해설 시멘타이트(Fe_3C)조직은 철의 탄화철조직이다.

정답 26. ② 27. ② 28. ② 29. ③ 30. ③ 31. ③ 32. ③

[참고] • 오스테나이트계 : 스테인리스강의 대략 70%를 차지하고 Cr(18)+Ni(8)의 표준 스테인리스강의 조직으로 상온의 열처리하지 않은 조직이다.
• 페라이트계 : 강에 Cr이 18% 함유한 스테인리스강의 조직으로 열처리되지 않은 조직이다.
• 마텐자이트계 : 철에 Cr이 11.5% 함유한 담금질조직으로 Cr 13% 강의 열처리조직이다.
• 듀플렉스조직 : 듀얼조직인 오스테나이트+페라이트의 혼합조직으로 강도 및 내식성이 좋아 내해수용, 고강도용 스테인리스강으로 사용되고 있다.

33 마텐자이트(martensite)변태의 특징에 대한 설명으로 틀린 것은?

① 마텐자이트는 고용체의 단일상이다.
② 마텐자이트변태는 확산변태이다.
③ 마텐자이트변태는 협동적 원자운동에 의한 변태이다.
④ 마텐자이트의 결정 내에는 격자결함이 존재한다.

[해설] 마텐자이트변태는 무확산변태로 높은 경도를 갖는 대신 취성이 존재하여 잘 깨진다. 펄라이트의 경우 강하고 단단하며 인성이 존재한다.
[참고] 무확산변태(martensite transformation)는 상변태에 있어 원자의 확산을 수반하지 않는 변태를 말한다(원자의 배열이 확산 없이 바뀌는 반응).

34 초음파가공의 특징으로 틀린 것은?

① 부도체도 가공이 가능하다.
② 납, 구리, 연강의 가공이 쉽다.
③ 복잡한 형상도 쉽게 가공한다.
④ 공작물에 가공변형이 남지 않는다.

[해설] 초음파가공
㉠ 초음파전류로 진동하는 초음파공구(진동자)의 끝이 공작물에 연속적으로 충돌되어 미세한 파편 모양으로 공작물의 표면을 파괴하면서 가공하는 방법으로 정밀도가 높다.
㉡ 혼의 모양에 따라 복잡한 형상의 가공면도 쉽게 가공이 가능하다.
㉢ 담금질강 또는 경질합금 등의 가공이 용이하며 보석이나 유리 등의 비금속 경질물질과 같은 취성재료도 쉽게 가공된다.

35 게이지용 강이 갖추어야 할 조건으로 틀린 것은?

① HRC 55 이상의 경도를 가져야 한다.
② 담금질에 의한 변형 및 균열이 적어야 한다.
③ 오랜 시간 경과하여도 치수의 변화가 적어야 한다.
④ 열팽창계수는 구리와 유사하며 취성이 커야 한다.

[해설] 게이지용 강은 열팽창계수가 강과 유사하며 내마모성, 내식성 등이 크고 담금질(퀜칭)변형이 적어야 한다.

36 α-Fe과 Fe_3C의 층상조직은?

① 펄라이트
② 시멘타이트
③ 오스테나이트
④ 레데부라이트

[해설] ㉠ 펄라이트(P) : 탄소 약 0.8%의 γ고용체가 723℃ (A_1변태 : 공석점)에서 분열하여 생긴 페라이트(F)와 시멘타이트(Fe_3C)의 공석조직으로 페라이트(α-Fe)와 시멘타이트의 층상조직
㉡ 레데부라이트(L) : γ철(오스테나이트)+Fe_3C(시멘타이트), 공정조직(4.3% C)

37 펀치와 다이를 프레스에 설치하여 판금재료로부터 목적하는 형상의 제품을 뽑아내는 전단가공은?

① 스웨이징 ② 엠보싱
③ 브로싱   ④ 블랭킹

[해설] 블랭킹(blanking)은 전단가공으로 판재에서 소정의 제품을 따내는 가공으로서 남은 쪽이 폐품(쓰레기)이고, 뽑아낸 쪽이 제품이다.

38 특수강을 제조하는 목적이 아닌 것은?

① 절삭성 개선
② 고온강도 저하
③ 담금질성 향상
④ 내마멸성, 내식성 개선

[해설] 특수강(합금강 : 탄소강의 성질을 개선시킨 강)의 제조 목적 : 절삭성, 내마멸성, 내식성 개선, 담금질성 향상

정답 33.② 34.② 35.④ 36.① 37.④ 38.②

39 Fe-C평형상태도에서 나타날 수 있는 반응이 아닌 것은?

① 포정반응   ② 공정반응
③ 공석반응   ④ 편정반응

해설 Fe-C평형상태도에서 불변반응 3가지 : 포정반응(1,495℃), 공정반응(1,148℃), 공석반응(723℃)
[참고] 편정반응(단정반응) : 하나의 액상으로부터 다른 액상 및 고용체를 동시에 일으키는 반응

40 다음 측정기구 중 진직도를 측정하기에 적합하지 않은 것은?

① 실린더게이지   ② 오토콜리메이터
③ 측미현미경   ④ 정밀수준기

해설 실린더게이지는 구멍의 깊은 부분 내경측정용 게이지이다.

제3과목 · 구조 해석

41 다음 그림과 같이 최대 q_o인 삼각형 분포하중을 받는 버팀외팔보에서 B지점의 반력 R_B를 구하면 얼마인가?

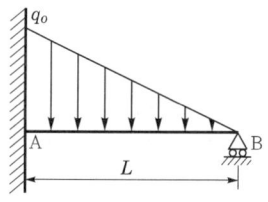

① $\dfrac{q_o L}{4}$ ② $\dfrac{q_o L}{6}$
③ $\dfrac{q_o L}{8}$ ④ $\dfrac{q_o L}{10}$

해설 지점에서 처짐량이 0인 조건
$$\dfrac{R_B L^3}{3EI} = \dfrac{q_o L^4}{30EI}$$
$$\therefore R_B = \dfrac{q_o L}{10}[\text{N}]$$

42 길이가 3.14m인 원형 단면의 축지름이 40mm일 때 이 축이 비틀림모멘트 100N·m를 받는다면 비틀림각은? (단, 전단탄성계수는 80GPa이다.)

① 0.156°   ② 0.251°
③ 0.895°   ④ 0.625°

해설 $\theta = 57.3 \dfrac{TL}{GI_P} = 57.3 \dfrac{TL}{G \dfrac{\pi d^4}{32}} = 57.3 \dfrac{32 TL}{G\pi d^4} \fallingdotseq 584 \dfrac{TL}{Gd^4}$

$= 584 \times \dfrac{100 \times 3.14}{8 \times 10^9 \times 0.04^4} = 0.895°$

43 다음 그림의 구조물이 수직하중 $2P$를 받을 때 구조물 속에 저장되는 탄성변형에너지는? (단, 단면적 A, 탄성계수 E는 모두 같다.)

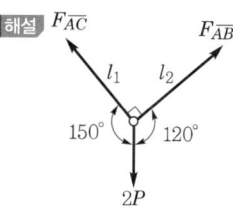

① $\dfrac{P^2 h}{4AE}(1+\sqrt{3})$ ② $\dfrac{P^2 h}{2AE}(1+\sqrt{3})$
③ $\dfrac{P^2 h}{AE}(1+\sqrt{3})$ ④ $\dfrac{2P^2 h}{AE}(1+\sqrt{3})$

해설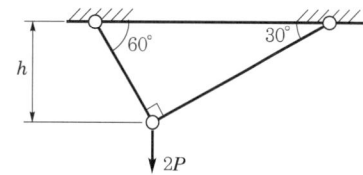

$\dfrac{2P}{\sin 90°} = \dfrac{F_{\overline{AC}}}{\sin 120°} = \dfrac{F_{\overline{AB}}}{\sin 150°}$

$\therefore F_{\overline{AB}} = P[\text{N}], \ F_{\overline{AC}} = \sqrt{3}P[\text{N}]$

$l_1 = \dfrac{h}{\sin 60°} = \dfrac{2h}{\sqrt{3}}$

$l_2 = \dfrac{h}{\sin 30°} = 2h$

$\therefore U = U_{\overline{AB}} + U_{\overline{AC}}$

$= \dfrac{P^2 \times 2h}{2AE} + \dfrac{(\sqrt{3}P)^2}{2AE} \times \dfrac{2\sqrt{3}}{3}h$

$= \dfrac{P^2 h}{AE}(1+\sqrt{3})[\text{kJ}]$

정답 39. ④ 40. ① 41. ④ 42. ③ 43. ③

44 다음 그림과 같이 벽돌을 쌓아 올릴 때 최하단 벽돌의 안전계수를 20으로 하면 벽돌의 높이 h를 얼마만큼 높이 쌓을 수 있는가? (단, 벽돌의 비중량은 16kN/m³, 파괴압축응력을 11MPa로 한다.)

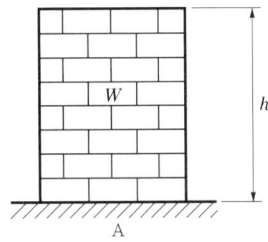

① 34.3m ② 25.5m
③ 45.0m ④ 23.8m

해설 $\sigma_a = \dfrac{\sigma_u}{S} = \dfrac{11}{20} = 0.55\text{MPa}$

$\sigma_a = \gamma_a h$

$\therefore h = \dfrac{\sigma_a}{\gamma_a} = \dfrac{0.55 \times 10^3}{16} \fallingdotseq 34.4\text{m}$

45 단면적이 A, 탄성계수가 E, 길이가 L인 막대에 길이방향의 인장하중을 가하여 그 길이가 δ만큼 늘어났다면 이때 저장된 탄성변형에너지는?

① $\dfrac{AE\delta^2}{L}$ ② $\dfrac{AE\delta^2}{2L}$

③ $\dfrac{EL^3\delta^2}{A}$ ④ $\dfrac{EL^3\delta^2}{2A}$

해설 $\delta = \dfrac{PL}{AE}[\text{cm}]$

$P = \dfrac{AE\delta}{L}[\text{kN}]$

$\therefore U = \dfrac{P\delta}{2} = \dfrac{\left(\dfrac{AE\delta}{L}\right)\delta}{2} = \dfrac{AE\delta^2}{2L}[\text{kJ}]$

46 지름이 1.2m, 두께가 10mm인 구형 압력용기가 있다. 용기재질의 허용인장응력이 42MPa일 때 안전하게 사용할 수 있는 최대 내압은 약 몇 MPa인가?

① 1.1 ② 1.4
③ 1.7 ④ 2.1

해설 $\sigma = \dfrac{Pd}{4t}$

$\therefore P = \dfrac{4t\sigma}{d} = \dfrac{4 \times 10 \times 42}{1,200} = 1.4\text{MPa}$

47 단면 2차 모멘트가 251cm⁴인 I형강보가 있다. 이 단면의 높이가 20cm라면 굽힘모멘트 $M = 2,510\text{N}\cdot\text{m}$를 받을 때 최대 굽힘응력은 몇 MPa인가?

① 100 ② 50
③ 20   ④ 5

해설 $M = \sigma Z$

$\therefore \sigma = \dfrac{M}{Z} = \dfrac{My}{I_G} = \dfrac{2,510 \times 10^3 \times 100}{251 \times 10^4} = 100\text{MPa}$

48 다음 그림과 같은 양단 고정보 AB 사이에 집중하중 $P=14\text{kN}$이 작용할 때 B점의 반력 R_B(kN)는?

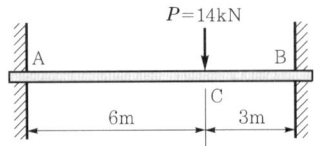

① $R_B = 8.06$ ② $R_B = 9.25$
③ $R_B = 10.37$ ④ $R_B = 11.08$

해설

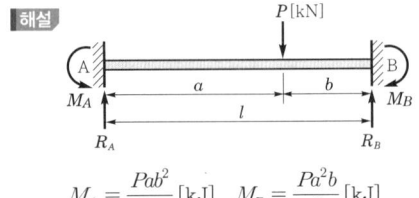

$M_A = \dfrac{Pab^2}{l^2}[\text{kJ}]$, $M_B = \dfrac{Pa^2b}{l^2}[\text{kJ}]$

반력은 $\sum M_i = 0$을 적용하면

㉠ B점을 기준으로 하면
$R_A l - Pb - M_A + M_B = 0$

$\therefore R_A = \dfrac{Pb^2(3a+b)}{l^3}[\text{kN}]$

㉡ A점을 기준으로 하면
$-M_A = -M_B + R_B l - Pa$

$\therefore R_B = \dfrac{Pa^2(3b+a)}{l^3} = \dfrac{14 \times 6^2 \times (3 \times 3 + 6)}{9^3}$

$= 10.37\text{kN}$

정답 44.① 45.② 46.② 47.① 48.③

49 오일러의 좌굴응력에 대한 설명으로 틀린 것은?
① 단면의 회전반경의 제곱에 비례한다.
② 길이의 제곱에 반비례한다.
③ 세장비의 제곱에 비례한다.
④ 탄성계수에 비례한다.

해설 $\sigma_B = n\pi^2 \dfrac{E}{\lambda^2} = n\pi^2 \dfrac{E}{\left(\dfrac{l}{k_G}\right)^2} = n\pi^2 \dfrac{E k_G^2}{l^2}$ [MPa]

좌굴응력(σ_B)은 세장비(λ)의 제곱에 반비례한다.

50 동일한 전단력이 작용할 때 원형 단면보의 지름을 d에서 $3d$로 하면 최대 전단응력의 크기는? (단, τ_{max}는 지름이 d일 때의 최대 전단응력이다.)
① $9\tau_{max}$ ② $3\tau_{max}$
③ $\dfrac{1}{3}\tau_{max}$ ④ $\dfrac{1}{9}\tau_{max}$

해설 $\tau_{max} = \dfrac{4F}{3A} = \dfrac{16F}{3\pi d^2}$ [MPa]

$\tau_{max} \propto \dfrac{1}{d^2}$

$\therefore \tau_{max}' = \tau_{max}\left(\dfrac{d_1}{d_2}\right)^2 = \dfrac{1}{9}\tau_{max}$

51 다음 그림과 같이 두 가지 재료로 된 봉이 하중 P를 받으면서 강체로 된 보를 수평으로 유지시키고 있다. 강봉에 작용하는 응력이 150MPa일 때 Al봉에 작용하는 응력은 몇 MPa인가? (단, 강과 Al의 탄성계수의 비는 $\dfrac{E_s}{E_a} = 3$이다.)

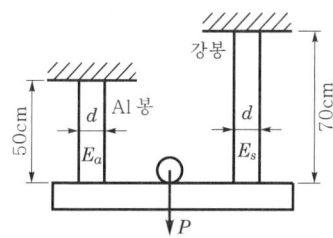

① 70 ② 270
③ 555 ④ 875

해설 $\dfrac{l_s}{l_a} \dfrac{E_a}{E_s} = \dfrac{\sigma_a}{\sigma_s}$

$\therefore \sigma_a = \sigma_s \dfrac{l_s}{l_a} \dfrac{E_a}{E_s} = 150 \times \dfrac{70}{50} \times \dfrac{1}{3} = 70$MPa

52 바깥지름이 46mm인 중공축이 120kW의 동력을 전달하는데, 이때의 각속도는 40rev/s이다. 이 축의 허용비틀림응력이 $\tau = 80$MPa일 때 최대 안지름은 약 몇 mm인가?
① 35.9 ② 41.9
③ 45.9 ④ 51.9

해설 ㉠ $T = 9.55 \times 10^6 \dfrac{kW}{N} = 9.55 \times 10^6 \times \dfrac{120}{40 \times 60}$
  $= 477,500$ N·mm

㉡ $T = \tau Z_p = \tau \dfrac{\pi d_2^3}{16}(1-x^4)$

$\therefore x = \sqrt[4]{1 - \dfrac{16T}{\tau \pi d_2^3}} = \sqrt[4]{1 - \dfrac{16 \times 477,500}{80 \times \pi \times 46^3}} = 0.91$

㉢ 내외경비$(x) = \dfrac{d_1}{d_2}$

$\therefore d_1 = x d_2 = 0.91 \times 46 ≒ 41.9$mm

53 다음 그림과 같이 전길이에 걸쳐 균일분포하중 w를 받는 보에서 최대 처짐 δ_{max}를 나타내는 식은? (단, 보의 굽힘강성계수는 EI이다.)

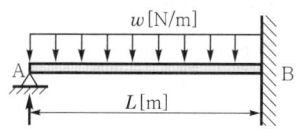

① $\dfrac{wL^4}{64EI}$ ② $\dfrac{wL^4}{128.5EI}$
③ $\dfrac{wL^4}{184.6EI}$ ④ $\dfrac{wL^4}{192EI}$

해설 일단 고정 타단 지지보(균일분포하중을 받는 경우)의 최대 처짐량

$\delta_{max} = \dfrac{wL^4}{184.6EI} = 0.0054 \dfrac{wL^4}{EI}$ [cm]

정답 49. ③ 50. ④ 51. ① 52. ② 53. ③

54 길이 6m인 단순지지보에 등분포하중 q가 작용할 때 단면에 발생하는 최대 굽힘응력이 337.5MPa이라면 등분포하중 q는 약 몇 kN/m인가? (단, 보의 단면은 폭×높이=40mm×100mm이다.)

① 4　　② 5
③ 6　　④ 7

해설 $M_{\max} = \sigma Z = \sigma \dfrac{bh^2}{6} = \dfrac{qL^2}{8}$

$\dfrac{qL^2}{8} = \sigma \dfrac{bh^2}{6}$

$\therefore q = \dfrac{4}{3} \dfrac{\sigma bh^2}{L^2} = \dfrac{4}{3} \times \dfrac{337.5 \times 10^3 \times 0.04 \times 0.1^2}{6^2}$
$= 5\text{kN/m}$

55 지름이 0.1m이고 길이가 15m인 양단 힌지인 원형강 장주의 좌굴임계하중은 약 몇 kN인가? (단, 장주의 탄성계수는 200GPa이다.)

① 43　　② 55
③ 67　　④ 79

해설 $P_{cr} = n\pi^2 \dfrac{EI_G}{L^2} = 1 \times \pi^2 \times \dfrac{200 \times 10^6 \times \dfrac{\pi \times 0.1^4}{64}}{15^2}$
$\fallingdotseq 43\text{kN}$

56 강선의 지름이 5mm이고 코일의 반지름이 50mm인 15회 감긴 스프링이 있다. 이 스프링에 힘이 작용할 때 처짐량이 50mm일 때 P는 약 몇 N인가? (단, 재료의 전단탄성계수 G=100GPa이다.)

① 18.32　　② 22.08
③ 26.04　　④ 28.43

해설 코일스프링인 경우 $\delta_{\max} = \dfrac{8nD^3P}{Gd^4}$

$\therefore P = \dfrac{Gd^4 \delta_{\max}}{8nD^3} = \dfrac{100 \times 10^3 \times 5^4 \times 50}{8 \times 15 \times 100^3} = 26.04\text{N}$

57 질량이 12kg, 스프링상수가 150N/m, 감쇠비가 0.033인 진동계를 자유진동시키면 5회 진동 후 진폭은 최초 진폭의 몇 %인가?

① 15%　　② 25%
③ 35%　　④ 45%

해설 대수감쇠율(δ) $= \dfrac{2\pi\xi}{\sqrt{1-\xi^2}} = \dfrac{2\pi \times 0.033}{\sqrt{1-0.033^2}} = 0.21$

$\dfrac{X_0}{X_n} = e^{n\delta}$

$\therefore \dfrac{X_n}{X_0} = \dfrac{1}{e^{n\delta}} = \dfrac{1}{e^{5 \times 0.21}} \fallingdotseq 0.35 = 35\%$

58 x방향에 대한 운동방정식이 다음과 같이 나타날 때 이 진동계에서의 감쇠고유진동수(damped natural frequency)는 약 몇 rad/s인가?

$$2\ddot{x} + 3\dot{x} + 8x = 0$$

① 2.75　　② 1.35
③ 2.25　　④ 1.85

해설 $m=2$, $c=3$, $k=8$

$\omega_n = \sqrt{\dfrac{k}{m}} = \sqrt{\dfrac{8}{2}} = 2$

$\xi = \dfrac{c}{c_{cr}} = \dfrac{c}{2\sqrt{mk}} = \dfrac{3}{2\sqrt{2 \times 8}} = 0.375$

$\therefore \omega_{nd} = \omega_n \sqrt{1-\xi^2} = 2\sqrt{1-0.375^2} = 1.854\text{rad/s}$

59 정지된 물에서 0.5m/s의 속도를 낼 수 있는 뱃사공이 있다. 이 뱃사공이 0.1m/s로 흐르는 강물을 거슬러 400m를 올라가는 데 걸리는 시간은?

① 10분
② 13분 20초
③ 16분 40초
④ 22분 13초

해설 $v = 0.5 - 0.1 = 0.4\text{m/s}$

$v = \dfrac{s}{t}$ [m/s]

$\therefore t = \dfrac{s}{v} = \dfrac{400}{0.4} = 1{,}000\text{sec} = 16$분 40초

정답 54. ② 55. ① 56. ③ 57. ③ 58. ④ 59. ③

60 같은 차종인 자동차 B, C가 브레이크가 풀린 채 정지하고 있다. 이때 같은 차종의 자동차 A가 1.5m/s의 속력으로 B와 충돌하면 이후 B와 C가 다시 충돌하게 되어 결국 3대의 자동차가 연쇄충돌하게 된다. 이때 B와 C가 충돌한 직후 자동차 C의 속도는 약 몇 m/s인가? (단, 모든 자동차 간 반발계수는 $e=0.75$이다.)

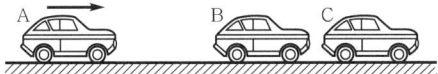

① 0.16 ② 0.39
③ 1.15 ④ 1.31

해설
$V_B' = \cancel{V_B}^0 + \frac{m_A}{m_A + m_B}(1+e)(V_A - \cancel{V_B}^0)$
$= \frac{1}{2} \times (1+0.75) \times 1.5 = 1.3125 \text{m/s}$

$\therefore V_C' = \cancel{V_C}^0 + \frac{m_B'}{m_B' + m_C}(1+e)(V_B' - \cancel{V_C}^0)$
$= \frac{1}{2} \times (1+0.75) \times 1.3125 ≒ 1.15 \text{m/s}$

제4과목・열・유체 해석

61 증기압축냉동기에서 냉매가 순환되는 경로를 올바르게 나타낸 것은?

① 증발기 → 팽창밸브 → 응축기 → 압축기
② 증발기 → 압축기 → 응축기 → 팽창밸브
③ 팽창밸브 → 압축기 → 응축기 → 증발기
④ 응축기 → 증발기 → 압축기 → 팽창밸브

해설 증기압축냉동기의 냉매순환경로 : 증발기 → 압축기 → 응축기 → 팽창밸브

62 질량이 m이고 비체적이 v인 구(sphere)의 반지름이 R이면 질량이 $4m$이고 비체적이 $2v$인 구의 반지름은?

① $2R$ ② $\sqrt[3]{2}R$
③ $\sqrt[3]{3}R$ ④ $\sqrt[3]{5}R$

해설
㉠ $V = mv = \frac{4}{3}\pi R^3 [\text{m}^3]$
$\therefore R^3 = \frac{3mv}{4\pi}$

㉡ $V' = 4m \times 2v = \frac{4}{3}\pi R'^3 [\text{m}^3]$
$\therefore R'^3 = \frac{3 \times 4m \times 2v}{4\pi} = 8 \times \frac{3mv}{4\pi} = 2^3 R^3$
$\therefore R' = 2R$

63 2개의 정적과정과 2개의 등온과정으로 구성된 동력사이클은?

① 브레이턴(Brayton)사이클
② 에릭슨(Ericsson)사이클
③ 스털링(Stirling)사이클
④ 오토(Otto)사이클

해설 스털링사이클은 2개의 정적과정과 2개의 등온과정으로 구성된 동력사이클이다.

64 다음 그림과 같이 수평원관 속에서 완전히 발달된 층류유동이라고 할 때 유량 Q의 식으로 옳은 것은? (단, μ는 점성계수, Q는 유량, P_1과 P_2는 1과 2지점에서의 압력을 나타낸다.)

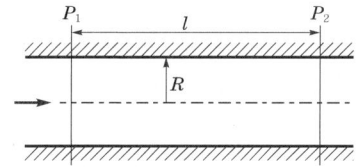

① $Q = \frac{\pi R^4}{8\mu l}(P_1 - P_2)$

② $Q = \frac{\pi R^3}{6\mu l}(P_1 - P_2)$

③ $Q = \frac{8\pi R^4}{\mu l}(P_1 - P_2)$

④ $Q = \frac{6\pi R^2}{\mu l}(P_1 - P_2)$

해설 하겐–포아젤방정식(수평원관유동에서 유량을 구하는 식)
$Q = \frac{\pi R^4}{8\mu l}(P_1 - P_2) = \frac{\Delta P \pi d^4}{128\mu l}[\text{m}^3/\text{s}]$

65 골프공(지름 D=4cm, 무게 W=0.4N)이 50m/s의 속도로 날아가고 있을 때 골프공이 받는 항력은 골프공무게의 몇 배인가? (단, 골프공의 항력계수 C_D=0.24이고, 공기의 밀도는 1.2kg/m³이다.)

① 4.52배 ② 1.7배
③ 1.13배 ④ 0.452배

해설
$$D' = C_D \frac{\rho A V^2}{2} = 0.24 \times \frac{1.2 \times \frac{\pi}{4} \times 0.04^2 \times 50^2}{2}$$
$$= 0.452N$$
$$\therefore \frac{\text{항력}(D')}{\text{골프공무게}(W)} = \frac{0.452}{0.4} = 1.13 \text{배}$$

66 비중 0.9, 점성계수 5×10^{-3}N·s/m²의 기름이 안지름 15cm의 원형관 속을 0.6m/s의 속도로 흐를 경우 레이놀즈수는 약 얼마인가?

① 16,200 ② 2,755
③ 1,651   ④ 3,120

해설
$$Re = \frac{\rho V d}{\mu} = \frac{(1,000 \times 0.9) \times 0.6 \times 0.15}{5 \times 10^{-3}}$$
$$= 16,200 > 4,000 \text{(난류)}$$

67 밀폐계의 가역정적변화에서 다음 중 옳은 것은? (단, U : 내부에너지, Q : 전달된 열, H : 엔탈피, V : 체적, W : 일이다.)

① $dU = dQ$ ② $dH = dQ$
③ $dV = dQ$ ④ $dW = dQ$

해설 $\delta Q = \Delta U + pdV$[kJ]
정적변화($dV=0$)인 경우 가열량과 내부에너지변화량은 같다.
$\therefore \delta Q = \Delta U = mC_v dT$[kJ]

68 온도 T_2인 저온체에서 열량 Q_A를 흡수해서 온도가 T_1인 고온체로 열량 Q_R를 방출할 때 냉동기의 성능계수(coefficient of performance)는?

① $\frac{Q_R - Q_A}{Q_A}$ ② $\frac{Q_B}{Q_A}$
③ $\frac{Q_A}{Q_R - Q_A}$ ④ $\frac{Q_A}{Q_R}$

해설 냉동기의 성능계수
$$(COP)_R = \frac{Q_A}{Q_R - Q_A} = \frac{T_2}{T_1 - T_2}$$

69 열역학적 상태량은 일반적으로 강도성 상태량과 용량성 상태량으로 분류할 수 있다. 강도성 상태량에 속하지 않는 것은?

① 압력   ② 온도
③ 밀도   ④ 체적

해설 강도성 상태량(intensive quantity of state)은 물질의 양과 무관한 상태량으로 압력, 온도, 밀도(비질량) 등이 있고, 체적은 물질의 양에 비례하는 용량성 상태량(종량성 상태량)이다.

70 조종사가 2,000m의 상공을 일정 속도로 낙하산으로 강하하고 있다. 조종사의 무게가 1,000N, 낙하산의 지름이 7m, 항력계수가 1.3일 때 낙하속도는 약 몇 m/s인가? (단, 공기밀도는 1kg/m³이다.)

① 5.0   ② 6.3
③ 7.5   ④ 8.2

해설 항력$(D) = C_D \frac{\rho A V^2}{2}$[N]
$$\therefore V = \sqrt{\frac{2D}{\rho A C_D}} = \sqrt{\frac{2 \times 1,000}{1 \times \frac{\pi}{4} \times 7^2 \times 1.3}} = 8.22 \text{m/s}$$

71 다음 중 유량을 측정하기 위한 장치가 아닌 것은?

① 위어(weir)
② 오리피스(orifice)
③ 피에조미터(piezo meter)
④ 벤투리미터(venturi meter)

해설 피에조미터는 비중이 같은(동일한) 유체의 압력을 측정하는 계기이다.

72 무차원수인 스트라홀수(Strouhal number)와 가장 관계가 먼 항목은?

① 점도   ② 속도
③ 길이   ④ 진동흐름의 주파수

정답 65.③ 66.① 67.① 68.③ 69.④ 70.④ 71.③ 72.①

해설 스트라홀수 $S_t = \dfrac{fd}{V}$

여기서, f : 소용돌이 열의 한쪽 1열에서 관측된 소용돌이 주파수
d : 원주의 직경
V : 주류속도

73 5kg의 산소가 정압하에서 체적이 0.2m³에서 0.6m³로 증가했다. 산소를 이상기체로 보고 정압비열 C_p=0.92kJ/kg·K로 하여 엔트로피의 변화를 구하였을 때 그 값은 약 얼마인가?

① 1.857kJ/K ② 2.746kJ/K
③ 5.054kJ/K ④ 6.507kJ/K

해설 $\Delta S = \dfrac{\delta Q}{T} = \dfrac{mC_p dT}{T} = mC_p \ln \dfrac{T_2}{T_1} = mC_p \ln \dfrac{V_2}{V_1}$
$= 5 \times 0.92 \times \ln \dfrac{0.6}{0.2} = 5.054 \text{kJ/K}$

74 성능계수가 3.2인 냉동기가 시간당 20MJ의 열을 흡수한다. 이 냉동기를 작동하기 위한 동력은 몇 kW인가?

① 2.25 ② 1.74
③ 2.85 ④ 1.45

해설 $kW = \dfrac{Q_e}{3,600\varepsilon_R} = \dfrac{20 \times 10^3}{3,600 \times 3.2} = 1.74 \text{kW}$

75 피스톤-실린더장치에 들어있는 100kPa, 26.85℃의 공기가 600kPa까지 가역단열과정으로 압축된다. 비열비 k=1.4로 일정하다면 이 과정 동안에 공기가 받은 일은 약 얼마인가? (단, 공기의 기체상수는 0.287kJ/kg·K이다.)

① 263kJ/kg ② 171kJ/kg
③ 144kJ/kg ④ 116kJ/kg

해설 $W_t = \dfrac{1}{k-1} RT_1 \left[1 - \left(\dfrac{P_2}{P_1}\right)^{\frac{k-1}{k}} \right]$
$= \dfrac{1}{1.4-1} \times 0.287 \times (26.85 + 273)$
$\times \left[1 - \left(\dfrac{600}{100}\right)^{\frac{1.4-1}{1.4}} \right]$
$= -144 \text{kJ/kg} [= 144 \text{kJ/kg 받는 일}(-)]$

76 절대압력 700kPa의 공기를 담고 있고 체적은 0.1m³, 온도는 20℃인 탱크가 있다. 순간적으로 공기는 밸브를 통해 바깥으로 단면적 75mm²를 통해 방출되기 시작한다. 이 공기의 유속은 310m/s이고, 밀도는 6kg/m³이며 탱크 내의 모든 물성치는 균일한 분포를 갖는다고 가정한다. 방출하기 시작하는 시각에 탱크 내 밀도의 시간에 따른 변화율은 몇 kg/m³·s인가?

① -12.338 ② -2.582
③ -20.381 ④ -1.395

해설 $\dfrac{\partial \rho}{\partial t} = -\dfrac{\rho VA}{v} = -\dfrac{6 \times 310 \times 75 \times 10^{-6}}{0.1}$
$= -1.395 \text{kg/m}^3 \cdot \text{s}$

77 비중 8.16의 금속을 비중 13.6의 수은에 담근다면 수은 속에 잠기는 금속의 체적은 전체 체적의 약 몇 %인가?

① 40% ② 50%
③ 60% ④ 70%

해설 $F_B = \gamma V = 9,800 SV [\text{N}]$
금속의 무게(W)=부력(F_B)
$\gamma V = \gamma_{\text{Hg}} V'$
$9,800 \times 8.16 V = 9,800 \times 13.6 V'$
$\therefore \dfrac{V'}{V} = \dfrac{8.16}{13.6} = 0.6 = 60\%$

여기서, V' : 잠겨진 체적(수은)
V : 전체 체적(금속)

78 뉴턴의 점성법칙은 어떤 변수(물리량)들의 관계를 나타낸 것인가?

① 압력, 속도, 점성계수
② 압력, 속도기울기, 동점성계수
③ 전단응력, 속도기울기, 점성계수
④ 전단응력, 속도, 동점성계수

해설 뉴턴의 점성법칙 $\tau = \mu \dfrac{du}{dy} [\text{Pa}]$

여기서, τ : 전단응력(Pa)
μ : 절대점성계수(Pa·s)
$\dfrac{du}{dy}$: 속도구배($\sec^{-1}$)(전단변형률=각변형률)

정답 73. ③ 74. ② 75. ③ 76. ④ 77. ③ 78. ③

79 증기터빈의 입구조건은 3MPa, 350℃이고 출구의 압력은 30kPa이다. 이때 정상 등엔트로피 과정으로 가정할 경우 유체의 단위질량당 터빈에서 발생되는 출력은 약 몇 kJ/kg인가? (단, 표에서 h는 단위질량당 엔탈피, s는 단위질량당 엔트로피이다.)

구분	h[kJ/kg]	s[kJ/kg·K]
터빈 입구	3115.3	6.7428

구분	엔트로피(kJ/kg·K)		
	포화액 s_f	증발 s_{fg}	포화증기 s_g
터빈 출구	0.9439	6.8247	7.7686

구분	엔탈피(kJ/kg)		
	포화액 h_f	증발 h_{fg}	포화증기 h_g
터빈 출구	289.2	2336.1	2625.3

① 679.2　② 490.3
③ 841.1　④ 970.1

해설 등엔트로피과정($S=C$)이므로
$s_1 = s_2 = s_f + x(s_g - s_f) = 6.7428$
$\therefore x = \dfrac{s_2 - s_f}{s_g - s_f} = \dfrac{6.7428 - 0.9439}{7.7686 - 0.9439} ≒ 0.8497$
터빈 출구에서 비엔탈피 h_2는
$h_2 = h_f + x(h_g - h_f)$
　$= 289.2 + 0.8497 \times (2625.3 - 289.2)$
　$= 2274.184 \text{kJ/kg}$
터빈에서 발생되는 출력(w_t)은 터빈에서의 비엔탈피 감소량이므로
$\therefore w_t = \Delta h = h_1 - h_2 = 3115.3 - 2274.184$
　　　$≒ 841.12 \text{kJ/kg}$

80 온도 300K, 압력 100kPa 상태의 공기 0.2kg이 완전히 단열된 강체용기 안에 있다. 패들(paddle)에 의하여 외부로부터 공기에 5kJ의 일이 행해질 때 최종온도는 약 몇 K인가? (단, 공기의 정압비열과 정적비열은 각각 1.0035kJ/kg·K, 0.7165kJ/kg·K이다.)

① 315　② 275
③ 335　④ 255

해설 $_1Q_2 = mC_v(T_2 - T_1) \text{[kJ]}$
$\therefore T_2 = T_1 + \dfrac{_1Q_2}{mC_v} = 300 + \dfrac{5}{0.2 \times 0.7165} ≒ 335\text{K}$

정답 79. ③　80. ③

2025 제1회 복원문제

| 2025. 2. 15. 시행 |

제1과목 · 기계제도 및 설계

01 CAD시스템의 입력장치 중 사진, 그림, 문서 등을 컴퓨터 메모리에 디지털화하여 입력시키는 기능을 가진 것은?

① 태블릿(tablet)
② 트랙볼(track ball)
③ 스캐너(scanner)
④ 조이스틱(joy stick)

해설 스캐너
㉠ 기존의 그려진 모형을 CAD시스템에 이용하여 CAD의 데이터베이스에 입력하는 장치이다.
㉡ 픽셀의 데이터를 래스터방식으로 얻기 때문에 래스터스캐너라 부른다.

02 치수공차의 기입법 중 $\phi 25E8$ 구멍의 공차역은? (단, IT 8급의 기본공차는 0.033mm이고, 25에 대한 E구멍의 기초가 되는 치수허용차는 0.040mm이다.)

① $\phi 25^{+0.073}_{+0.040}$
② $\phi 25^{+0.040}_{+0.033}$
③ $\phi 25^{+0.073}_{+0.033}$
④ $\phi 25^{+0.073}_{+0.007}$

해설 구멍의 기초가 되는 치수는 아래치수이므로
$x - 0.040 = 0.033$
∴ $x = 0.073$
따라서 $\phi 25E8$의 공차역은 $\phi 25^{+0.073}_{+0.040}$이다.
[참고] 공차=위치수허용차－아래치수허용차

03 다음 정면도와 측면도를 보고 평면도에 해당하는 것은? (단, 제3각법의 경우)

① 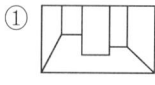 ②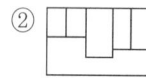

③  ④

04 CAD시스템에서 마지막 점에서 다음 점까지의 각도와 거리를 입력하여 선긋기를 하는 입력방법은?

① 절대좌표 입력방법
② 상대좌표 입력방법
③ 원통좌표 입력방법
④ 상대극좌표 입력방법

해설 마지막 점에서 다음 점까지 각도와 거리를 입력하는 좌표는 상대극좌표이다.

05 원호의 길이를 나타내는 치수보조기호는?

① □50   ② $\phi 50$
③ $\overset{\frown}{50}$ ④ t50

해설 ① □ : 정사각형
② ϕ : 지름
④ t : 두께

정답 01. ③ 02. ① 03. ① 04. ④ 05. ③

06 다음 그림은 공간상의 선을 이용하여 3차원 물체의 가장자리 능선을 표시해주는 모델이다. 이러한 모델링은?

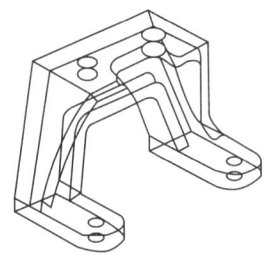

① 서피스모델링
② 와이어프레임모델링
③ 솔리드모델링
④ 이미지모델링

해설 점과 선(line)으로 표시하는 모델링을 와이어프레임(wire frame)모델링이라 한다.

07 다음 그림에서 사용된 치수의 배치방법으로 옳은 것은?

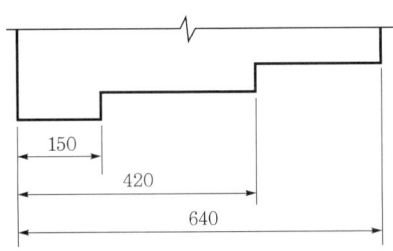

① 직렬치수 기입법
② 병렬치수 기입법
③ 누진치수 기입법
④ 좌표치수 기입법

해설 병렬치수 기입법
㉠ 병렬로 기입하는 개개의 치수공차는 다른 치수의 공차에는 영향을 주지 않는다.
㉡ 이 경우 기준이 되는 치수보조선의 위치는 기능, 가공 등의 조건을 고려하여 적절히 선택한다.

08 다음 그림과 같은 $\phi 50H7 - \phi 50r6$ 끼워맞춤에서 최소 죔새는 얼마인가?

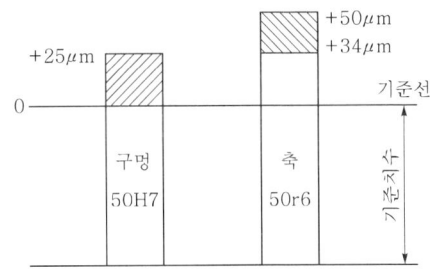

① 0.009
② 0.025
③ 0.034
④ 0.05

해설 최소 죔새
 = 축의 최소 허용치수 − 구멍의 최대 허용치수
 = 0.034 − 0.025
 = 0.009

09 도면의 크기 중 420mm×594mm 크기를 갖는 제도용지규격은?

① A1
② A2
③ A3
④ A4

해설 도면크기(mm)
㉠ A0 : 841×1,189
㉡ A1 : 594×841
㉢ A2 : 420×594
㉣ A3 : 297×420
㉤ A4 : 210×297

10 IT 기본공차는 치수공차와 끼워맞춤에 있어서 정해진 모든 치수를 의미하는 것으로 국제표준화기구(ISO)의 공차방식에 따라 분류한다. 구멍기준 끼워맞춤에 해당되는 공차의 등급범위는?

① IT 3~IT 5
② IT 6~IT 10
③ IT 11~IT 14
④ IT 16~IT 18

정답 06. ② 07. ② 08. ① 09. ② 10. ②

해설 IT 기본공차는 치수공차와 끼워맞춤에 있어서 정해진 모든 치수공차를 의미하는 것으로, 국제표준화기구(ISO)의 공차방식에 따라 분류하며 IT 01부터 IT 18까지 총 20등급으로 구분하여 규정한다.

구분	게이지 제작공차	끼워 맞춤공차	끼워맞춤 이외 공차
구멍	IT 1~IT 5	IT 6~IT 10	IT 11~IT 18
축	IT 1~IT 4	IT 5~IT 9	IT 10~IT 18

11 나사의 자립상태 시 최대 효율은 몇 % 미만인가?

① 30 ② 40
③ 50 ④ 60

해설 자립상태 시 나사효율은 반드시 50% 미만이다.
$$\eta_{max} = \frac{1}{2}(1-\tan^2\rho) < 0.5$$

12 길이가 200mm, 허용전단응력이 20MPa인 성크키에 40kN의 하중이 작용할 때 이 키의 폭(b)은 얼마인가?

① 10mm ② 20mm
③ 30mm ④ 40mm

해설 $\tau_k = \dfrac{W}{A} = \dfrac{W}{bL}$ [MPa]
$$\therefore b = \frac{W}{\tau_k L} = \frac{40 \times 10^3}{20 \times 200} = 10\text{mm}$$

13 판두께 14mm, 리벳지름 22mm, 피치 54mm로 리벳 중심에서 판 끝까지 1열 리벳 겹치기이음하여 한 피치당 인장하중 13,500N이 작용할 때 강판에 작용하는 인장응력(σ_t)은 몇 MPa인가?

① 25.15 ② 30.13
③ 35.25 ④ 40.13

해설 $\sigma_t = \dfrac{W}{A} = \dfrac{W}{(p-d)t} = \dfrac{13,500}{(54-22) \times 14} = 30.13$MPa

14 직교하는 2개의 면을 접합하는 용접으로 삼각형 단면의 형상을 갖는 용접은?

① 맞대기용접 ② 플러그용접
③ 필릿용접 ④ 프로젝션용접

해설 필릿(fillet)용접
㉠ 직교하는 2개의 면을 결합하는 용접으로 용접부의 단면 모양은 삼각형이다.
㉡ 전면 필릿, 측면 필릿, 경사필릿 등이 있다.

15 축의 강도 계산에서 중실축의 지름을 d, 중공축의 바깥지름을 d_2라 할 때 두 축의 강도가 같다고 하면 양쪽의 지름비 d_2/d는?

① $\dfrac{1}{\sqrt{1-x^4}}$ ② $\dfrac{1}{\sqrt[3]{1-x^4}}$
③ $\sqrt[3]{\dfrac{1}{1-x^4}}$ ④ $\sqrt{\dfrac{1}{1-x^4}}$

해설 굽힘모멘트를 받는 축일 경우
$$d = \sqrt[3]{\frac{10.2M}{\sigma_a}}$$
$$d_2 = \sqrt[3]{\frac{10.2M}{(1-x^4)\sigma_a}}$$
$$\therefore \frac{d_2}{d} = \sqrt[3]{\frac{1}{1-x^4}}$$

여기서, x : 내외경비

16 베어링의 기본부하용량은?

① 23.3rpm으로서 50시간의 수명을 유지할 수 있는 하중
② 33.3rpm으로서 500시간의 수명을 유지할 수 있는 하중
③ 10⁶회전으로서 500시간의 수명을 유지할 수 있는 하중
④ 33.3rpm으로서 10⁵회전의 수명을 유지할 수 있는 하중

해설 베어링의 기본부하용량은 33.3rpm으로서 500시간의 수명을 유지할 수 있는 하중이다.

정답 11. ③ 12. ① 13. ② 14. ③ 15. ③ 16. ②

17 두 축의 축각이 θ인 원추마찰차에서 A의 원추각이 α이고 속도비$(\varepsilon)=\dfrac{\omega_B}{\omega_A}$일 때 $\tan\alpha$를 구하는 식은?

① $\tan\alpha = \dfrac{\sin\theta}{\varepsilon+\cos\theta}$

② $\tan\alpha = \dfrac{\cos\theta}{\varepsilon+\sin\theta}$

③ $\tan\alpha = \dfrac{\tan\theta}{\sin\theta+\varepsilon\cos\theta}$

④ $\tan\alpha = \dfrac{\sin\theta}{\dfrac{1}{\varepsilon}+\cos\theta}$

해설 $\tan\alpha = \dfrac{\sin\theta}{\dfrac{\omega_A}{\omega_B}+\cos\theta} = \dfrac{\sin\theta}{\dfrac{1}{\varepsilon}+\cos\theta}$

18 기어에서 이의 크기를 표시하는 방법이 될 수 없는 것은?

① 모듈   ② 원주피치
③ 피치원의 지름   ④ 지름피치

해설 기어에서 이의 크기는 모듈(m), 원주피치(P), 지름피치(P_d)로 나타낸다.

19 표준 스퍼기어에서 바깥지름(D_o)을 구하는 식은?

① $D_o = mZ$ ② $D_o = \dfrac{m}{Z}$

③ $D_o = m(2+Z)$ ④ $D_o = \dfrac{2+Z}{m}$

해설 표준 스퍼기어에는 모듈과 어덴덤이 같으므로($m=a$)
$D_o = mZ+2a = mZ+2m = m(Z+2)$ [mm]

20 벨트전동에서 유효장력을 P_e, 마찰계수를 μ, 접촉각을 θ라고 할 때 긴장측 장력(T_t)을 나타내는 식은?

① $T_t = P_e\left(\dfrac{1}{e^{\mu\theta}-1}\right)$ ② $T_t = P_e\left(\dfrac{e^{\mu\theta}}{e^{\mu\theta}+1}\right)$

③ $T_t = P_e\left(\dfrac{e^{\mu\theta}}{e^{\mu\theta}-1}\right)$ ④ $T_t = P_e\left(\dfrac{1}{e^{\mu\theta}+1}\right)$

해설 $T_t = P_e\left(\dfrac{e^{\mu\theta}}{e^{\mu\theta}-1}\right)$ [N]

제2과목 · 기계재료 및 제작

21 Y합금의 주성분으로 옳은 것은?

① Al+Cu+Ni+Mg   ② Al+Cu+Mn+Mg
③ Al+Cu+Sn+Zn   ④ Al+Cu+Si+Mg

해설 Y합금(alloy)은 Al-Cu-Ni-Mg계 합금으로 주로 내연기관의 피스톤, 실린더 등 열을 많이 받는 부분에 내열합금으로 사용한다.

22 고망간강에 관한 설명으로 틀린 것은?

① 오스테나이트조직을 갖는다.
② 광석·암석의 파쇄기의 부품 등에 사용된다.
③ 열처리에 수인법(water toughening)이 이용된다.
④ 열전도성이 좋고 팽창계수가 작아 열변형을 일으키지 않는다.

해설 ㉠ 저Mn강 : 펄라이트계, 1~2% Mn 항복점과 인장강도가 대단히 크다. 전연성의 감소가 비교적 적다(듀콜강).
㉡ 고Mn강 : 오스테나이트계, 10~14% Mn 경도는 크고 내마멸성, 내마모성이 크며 열처리가 필요하다(수인강).

23 순철의 변태점이 아닌 것은?

① A_1 ② A_2
③ A_3 ④ A_4

해설 ㉠ A_2변태점(768℃, 퀴리점(curie point)) : 순철의 자기변태점
㉡ A_3변태점(910℃), A_4변태점(1,400℃) : 순철의 동소변태점
※ A_1변태점(723℃) : 강에만 있는 변태점

24 질화법에 관한 설명 중 틀린 것은?

① 경화층은 비교적 얇고, 경도는 침탄한 것보다 크다.
② 질화법은 재료 중심까지 경화하는 데 그 목적이 있다.
③ 질화법의 기본적인 화학반응식은 $2NH_3 \rightarrow 2N+3H_2$이다.
④ 질화법의 효과를 높이기 위해 첨가되는 원소는 Al, Cr, Mo 등이 있다.

정답 17. ④ 18. ③ 19. ③ 20. ③ 21. ① 22. ④ 23. ① 24. ②

해설 질화법은 암모니아가스(NH_3)를 고온에서 분해하여 나오는 질소(N_2)가스를 침투시켜 표면을 경화시키는 것이 목적이다. 질화법의 효과를 높이기 위해 첨가시키는 원소는 Al, Cr, Mo 등이 있다.

25 고속도공구강(SKH2)의 표준 조성에 해당되지 않는 것은?

① W ② V
③ Al ④ Cr

해설 표준형 고속도강(SKH) : W(18%)-Cr(4%)-V(1%)

26 경화된 작은 철구(鐵球)를 피가공물에 고압으로 분사하여 표면의 경도를 증가시켜 기계적 성질, 특히 피로강도를 향상시키는 가공법은?

① 버핑 ② 버니싱
③ 쇼트피닝 ④ 슈퍼피니싱

해설 쇼트피닝(shot peening)은 금속으로 만든 경화된 작은 구를 고속으로 가공물표면에 분사하여 피로강도, 표면경화, 기계적 성질 등을 향상시키기 위한 일종의 냉간가공법이다.

27 절삭가공 시 절삭유(cutting fluid)의 역할로 틀린 것은?

① 공구와 칩의 친화력을 돕는다.
② 공구나 공작물의 냉각을 돕는다.
③ 공작물의 표면조도 향상을 돕는다.
④ 공작물과 공구의 마찰 감소를 돕는다.

해설 절삭유는 금속을 기계가공하는 작업에서 공구와 칩 또는 공작물과의 경계면에서 마모, 마찰, 용착 등을 방지하고, 또한 발열의 억제와 제거에 의해서 공구의 수명을 연장하고 다듬질면의 향상과 공작물의 정도를 유지하는 데 있다.

28 Al에 10~13% Si를 함유한 합금은?

① 실루민 ② 라우탈
③ 두랄루민 ④ 하이드로날륨

해설 ① 실루민 : Al+Si(10~13%), 알팩스라고도 한다.
② 라우탈 : Al+Cu+Si
③ 두랄루민 : Al+Cu+Mg+Mn
④ 하이드로날륨 : Al+Mg

29 절삭가공 시 발생하는 절삭온도측정방법이 아닌 것은?

① 부식을 이용하는 방법
② 복사고온계를 이용하는 방법
③ 열전대(thermocouple)에 의한 방법
④ 칼로리미터(calorimeter)에 의한 방법

해설 절삭온도측정방법
㉠ 복사고온계를 이용하는 방법
㉡ 열전대(thermocouple)에 의한 방법
㉢ 칼로리미터(calorimeter)에 의한 방법
㉣ 칩색깔에 의한 방법

30 버니싱가공에 관한 설명으로 틀린 것은?

① 주철만을 가공할 수 있다.
② 작은 지름의 구멍을 매끈하게 마무리할 수 있다.
③ 드릴, 리머 등 전단계의 기계가공에서 생긴 스크래치 등을 제거하는 작업이다.
④ 공작물의 지름보다 약간 더 큰 지름의 볼(ball)을 압입통과시켜 구멍 내면을 가공한다.

해설 버니싱(burnishing)은 원통의 내면을 다듬질하기 위하여 원통의 안지름보다 약간 지름이 큰 볼(ball)을 압입함으로써 소성변형을 시켜 매끈한 면으로 다듬질하는 방법이다. 드릴, 리머 등 전단계 기계가공에서 생긴 스크래치(scratch) 등을 없애고 다듬질면을 매끄럽게 하는데 시간이 적게 걸린다.

31 방전가공의 특징으로 틀린 것은?

① 전극이 필요하다.
② 가공 부분에 변질층이 남는다.
③ 전극 및 가공물에 큰 힘이 가해진다.
④ 통전되는 가공물은 경도와 관계없이 가공이 가능하다.

해설 방전가공이란 공작물을 가공액이 들어있는 탱크 속에 가공할 형상의 전극과 공작물 사이에 전압을 주면서 가까운 거리로 접근시키면 아크방전에 의한 열작용과 가공액의 기화폭발작용으로 공작물을 미소량씩 용해하여 용융 소모시켜 가공용 전극의 형상에 따라 가공하는 방법이다.

정답 25. ③ 26. ③ 27. ① 28. ① 29. ① 30. ① 31. ③

32 고속도공구강재를 나타내는 한국산업표준기호로 옳은 것은?

① SM20C　　② STC
③ STD　　　④ SKH

해설 ① SM : 기계구조용 탄소강
② STC : 탄소공구강
③ STD : 다이스강

33 6 : 4황동에 Pb을 약 1.5~3.0%를 첨가한 합금으로 정밀가공을 필요로 하는 부품 등에 사용되는 합금은?

① 쾌삭황동　　② 강력황동
③ 델타메탈　　④ 애드미럴티황동

해설 쾌삭황동(free cutting brass)은 피절삭성을 향상시키기 위하여 황동에 납을 0.5~3% 첨가한 것으로, 납은 동합금에 고용되지 않고 황동 중에 아주 작게 분산하여 윤활제로서 작용한다. 따라서 절삭성이 좋아지고 칩(chip)이 작아지나 납으로 인하여 밀착불량을 발생시킬 수 있다.

34 프레스가공에서 전단가공의 종류가 아닌 것은?

① 셰이빙　　② 블랭킹
③ 트리밍　　④ 스웨이징

해설 스웨이징(swaging)가공
단조와 같은 압축가공 시 사용되는 이형공구의 일종으로 선, 관, 봉재 등의 다양한 단면의 모양을 성형하고자 할 때 사용되는 공구의 다이를 스웨이징블록이라 하며, 이 공구 사이에서 소재를 넣고 압축성형하는 방법이다. 두께나 지름, 길이 등을 감소시키거나 폭을 늘리는 것을 말한다.

35 구상흑연주철의 구상화 첨가제로 주로 사용되는 것은?

① Mg, Ca　　② Ni, Co
③ Cr, Pb　　　④ Mn, Mo

해설 구상흑연주철은 보통 주철을 용융상태에서 Mg, Ca, Ce를 첨가하여 흑연을 구상화시킨 주철이다.

36 다음 중 전기저항용접의 종류에 해당하지 않는 것은?

① 심용접　　② 스폿용접
③ 테르밋용접　　④ 프로젝션용접

해설 전기저항용접의 종류
㉠ 겹치기용접 : 점(spot)용접, 심(seam)용접, 프로젝션(projection)용접
㉡ 맞대기용접 : 업셋(upset)용접, 플래시(flash)비트용접, 퍼커션(percussion)용접

37 버니어캘리퍼스에서 어미자 49mm를 50등분 한 경우 최소 읽기값은 몇 mm인가? (단, 어미자의 최소 눈금은 1.0mm이다.)

① $\dfrac{1}{50}$　　② $\dfrac{1}{25}$
③ $\dfrac{1}{24.5}$　　④ $\dfrac{1}{20}$

해설 최소 측정값 $= \dfrac{어미자의\ 눈금(A)}{등분수(n)}$
$= \dfrac{1}{50}\text{mm}(=0.02\text{mm})$

38 확산에 의한 경화방법이 아닌 것은?

① 고체침탄법　　② 가스질화법
③ 쇼트피닝　　　④ 침탄질화법

해설 확산에 의한 경화방법 : 고체침탄법, 가스질화법, 침탄질화법

39 다음 가공법 중 연삭입자를 사용하지 않는 것은?

① 초음파가공　　② 방전가공
③ 액체호닝　　　④ 래핑

해설 연삭입자가공의 종류 : 초음파가공, 액체호닝, 래핑(습식, 건식), 슈퍼피니싱

40 전해연마의 특징에 대한 설명으로 틀린 것은?

① 가공변질층이 없다.
② 내부식성이 좋아진다.
③ 가공면에는 방향성이 있다.
④ 복잡한 형상을 가진 공작물의 연마도 가능하다.

정답　32. ④　33. ①　34. ④　35. ①　36. ③　37. ①　38. ③　39. ②　40. ③

해설 전해연마(electrolytic polishing)는 비철금속의 공작물을 인산 또는 황산(H_2SO_4) 등의 전해액 속에 넣어 DC(직류)를 짧은 시간 동안 통전하여 표면을 녹여 아름답고 방향성이 없는 매끈한 표면처리를 얻는 가공법이다.

제3과목 · 구조 해석

41 보의 길이 L에 등분포하중 w를 받는 직사각형 단순보의 최대 처짐량에 대하여 옳게 설명한 것은? (단, 보의 자중은 무시한다.)

① 보의 폭에 정비례한다.
② L의 3승에 정비례한다.
③ 보의 높이의 2승에 반비례한다.
④ 세로탄성계수에 반비례한다.

해설 $\delta_{max} = \dfrac{5wL^4}{384EI}$[cm]

42 바깥지름이 46mm인 속이 빈 축이 120kW의 동력을 전달하는데, 이때의 각속도는 40rev/s이다. 이 축의 허용비틀림응력이 80MPa일 때 안지름은 약 몇 mm 이하이어야 하는가?

① 29.8　　② 41.8
③ 36.8　　④ 48.8

해설 $T = 9.55 \times 10^6 \dfrac{kW}{N} = 9.55 \times 10^6 \times \dfrac{120}{40 \times 60}$
$= 477,500 \text{N} \cdot \text{mm}$
$T = \tau Z_P = \tau \dfrac{\pi d_2^3}{16}(1-x^4)$
$\therefore x = \left(1 - \dfrac{16T}{\pi \tau d_2^3}\right)^{0.25} = \left(1 - \dfrac{16 \times 477,500}{80 \times \pi \times 46^3}\right)^{0.25}$
$= 0.91$
$\therefore d_1 = xd_2 = 0.91 \times 46 = 41.92\text{mm}$

43 바깥지름 30cm, 안지름 10cm인 중공원형 단면의 단면계수는 약 몇 cm^3인가?

① 2,618　　② 3,927
③ 6,584　　④ 1,309

해설 $Z = \dfrac{\pi d_2^3}{32}(1-x^4) = \dfrac{\pi \times 30^3}{32} \times \left[1 - \left(\dfrac{1}{3}\right)^4\right] = 2,618 \text{cm}^3$

44 지름이 동일한 봉에 그림 (a)와 같이 하중이 작용할 때 단면에 발생하는 축하중선도는 그림 (b)와 같다. 단면 C에 작용하는 하중(F)은 얼마인가?

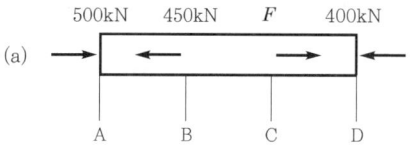
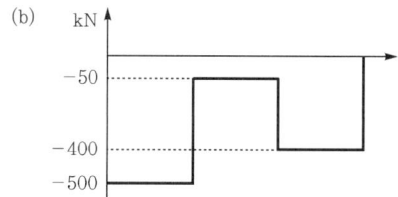

① 150　　② 250
③ 350　　④ 450

해설 $\sum F_x = 0 (\overset{\oplus}{\rightarrow} \overset{\ominus}{\leftarrow})$ put
$500 - 450 + F - 400 = 0$
$\therefore F = 350\text{N}$

45 다음 그림과 같은 단순보의 중앙점(C)에서 굽힘모멘트는?

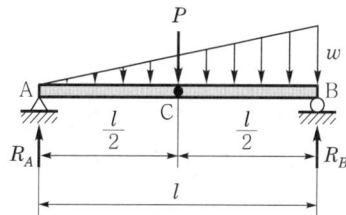

① $\dfrac{Pl}{2} + \dfrac{wl^2}{8}$　　② $\dfrac{Pl}{4} + \dfrac{wl^2}{16}$
③ $\dfrac{Pl}{2} + \dfrac{wl^2}{48}$　　④ $\dfrac{Pl}{4} + \dfrac{5}{48}wl^2$

해설 $\sum M_B = 0$(B점 기준)
$R_A \times l - P \times \dfrac{l}{2} - \dfrac{wl}{2} \times \dfrac{l}{3} = 0$
$\therefore R_A = \dfrac{P}{2} + \dfrac{wl}{6}$[N]
$\therefore M_C = R_A \times \dfrac{l}{2} - \dfrac{1}{2} \times \dfrac{l}{2} \times \dfrac{w}{2} \times \left(\dfrac{l}{2} \times \dfrac{1}{3}\right)$
$= \left(\dfrac{P}{2} + \dfrac{wl}{6}\right) \times \dfrac{l}{2} - \dfrac{wl}{8} \times \dfrac{l}{6}$
$= \dfrac{Pl}{4} + \dfrac{wl^2}{16}$

정답 41. ④　42. ②　43. ①　44. ③　45. ②

46 지름 4cm의 원형 알루미늄봉을 비틀림재료시험기에 걸어 표면의 45° 나선에 부착한 스트레인 게이지로 변형도를 측정하였더니 토크 120N·m일 때 변형률 $\varepsilon=150\times10^{-6}$을 얻었다. 이 재료의 전단탄성계수는?

① 31.8GPa ② 38.4GPa
③ 43.1GPa ④ 51.2GPa

해설 $\varepsilon=\dfrac{\gamma}{2}$

$\therefore \gamma=2\varepsilon[\text{rad}]$

$\tau=G\gamma=G(2\varepsilon)=2G\varepsilon$

$T=\tau Z_P=2G\varepsilon Z_P$

$\therefore G=\dfrac{T}{2\varepsilon Z_P}=\dfrac{120\times10^3}{2\times150\times10^{-6}\times\dfrac{\pi\times40^3}{16}}$

$=31,847\text{MPa}\fallingdotseq 31.85\text{GPa}$

47 다음 그림과 같은 외팔보에 하중 P_1, P_2가 작용될 때 최대 굽힘모멘트의 크기는?

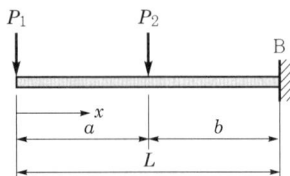

① P_1a+P_2b ② P_1b+P_2a
③ $(P_1+P_2)L$ ④ P_1L+P_2b

해설 $M_{\max}=P_1(a+b)+P_2b=P_1L+P_2b[\text{kJ}]$

48 길이가 l이고 원형 단면의 직경이 d인 외팔보의 자유단에 하중 P가 가해진다면 이 외팔보의 전체 탄성에너지는? (단 재료의 탄성계수는 E이다.)

① $U=\dfrac{3P^2l^3}{64\pi Ed^4}$ ② $U=\dfrac{62P^2l^3}{9\pi Ed^4}$
③ $U=\dfrac{32P^2l^3}{3\pi Ed^4}$ ④ $U=\dfrac{64P^2l^3}{3\pi Ed^4}$

해설 $U=\int_0^l\dfrac{M_x^2}{2EI}dx=\dfrac{1}{2EI}\int_0^l(-Px)^2dx=\dfrac{P^2}{2EI}\left[\dfrac{x^3}{3}\right]_0^l$

$=\dfrac{P^2l^3}{6EI}=\dfrac{P^2l^3}{6E\times\dfrac{\pi d^4}{64}}=\dfrac{32P^2l^3}{3E\pi d^4}[\text{kJ}]$

49 직경 d, 길이 l인 봉의 양단을 고정하고 단면 $m-n$의 위치에 비틀림모멘트 T를 작용시킬 때 봉의 A 부분에 작용하는 비틀림모멘트는?

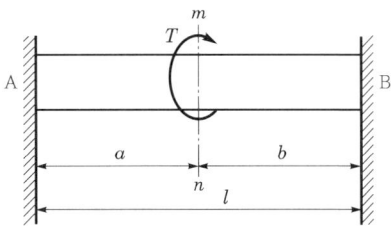

① $T_A=\dfrac{a}{l+a}T$ ② $T_A=\dfrac{a}{a+b}T$
③ $T_A=\dfrac{b}{a+b}T$ ④ $T_A=\dfrac{a}{l+b}T$

해설 $\theta_A=\theta_B$

$\dfrac{T_Aa}{GI_P}=\dfrac{T_Bb}{GI_P}$

$T_B=T_A\dfrac{a}{b}[\text{kJ}]$

$T=T_A+T_B=T_A+T_A\left(\dfrac{a}{b}\right)$

$=T_A\left(1+\dfrac{a}{b}\right)=T_A\left(\dfrac{b+a}{b}\right)=T_A\dfrac{l}{b}[\text{kJ}]$

$\therefore T_A=\dfrac{Tb}{a+b}=\dfrac{Tb}{l}[\text{kJ}]$

50 다음 그림과 같은 부정정보의 전길이에 균일분포하중이 작용할 때 전단력이 0이 되고 최대 굽힘모멘트가 작용하는 단면은 B단에서 얼마나 떨어져 있는가?

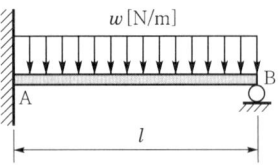

① $\dfrac{2}{3}l$ ② $\dfrac{3}{8}l$
③ $\dfrac{5}{8}l$ ④ $\dfrac{3}{4}l$

해설 $R_B = \dfrac{3}{8}wl$

㉠ B점에서 임의의 x지점 전단력
$$F_x = R_B - wx = \dfrac{3}{8}wl - wx$$

㉡ 전단력이 0인 위치
$$0 = \dfrac{3}{8}wl - wx$$
$$\therefore x = \dfrac{3}{8}l[\mathrm{m}]$$

51 다음 그림에서 블록 A를 이동시키는 데 필요한 힘 P는 몇 N 이상인가? (단, 블록과 접촉면과의 마찰계수 $\mu = 0.40$이다.)

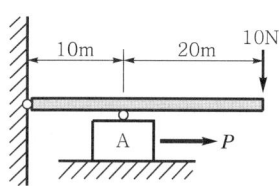

① 4   ② 8
③ 10   ④ 12

해설 $\sum M_{\text{hinge}} = 0$
$10 \times 30 - V \times 10 = 0$
$\therefore V = 30\mathrm{N}$
$\therefore P = \mu V = 0.4 \times 30 = 12\mathrm{N}$

52 다음 그림과 같은 사각 단면의 상승모멘트(product of inertia) I_{xy}는 얼마인가?

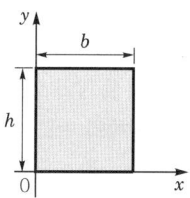

① $\dfrac{b^2 h^2}{4}$ ② $\dfrac{b^2 h^2}{3}$
③ $\dfrac{b^2 h^3}{4}$ ④ $\dfrac{b h^3}{3}$

해설 $I_{xy} = \dfrac{A^2}{4} = \dfrac{(bh)^2}{4} = \dfrac{b^2 h^2}{4}[\mathrm{cm}^4]$

[별해] $I_{xy} = \int_A xy\,dA = \int_0^b \int_0^h xy\,dx\,dy$
$= \int_0^b x\,dx \int_0^h y\,dy = \left[\dfrac{x^2}{2}\right]_0^b \left[\dfrac{y^2}{2}\right]_0^h$
$= \dfrac{b^2}{2} \times \dfrac{h^2}{2} = \dfrac{b^2 h^2}{4}[\mathrm{cm}^4]$

53 지름이 60mm인 연강축이 있다. 이 축의 허용전단응력은 40MPa이며, 단위길이 1m당 허용회전각도는 1.5°이다. 연강의 전단탄성계수를 80GPa이라 할 때 이 축의 최대 허용토크는 약 몇 N·m인가?

① 696   ② 1,696
③ 2,664   ④ 3,664

해설 $T = \tau Z_P = \tau \dfrac{\pi d^3}{16} = 40 \times 10^6 \times \dfrac{\pi \times 0.06^3}{16}$
$= 1,696\mathrm{N} \cdot \mathrm{m}$

54 보의 자중을 무시할 때 다음 그림과 같이 자유단 C에 집중하중 $2P$가 작용할 때 B점에서 처짐곡선의 기울기각은? (단, 세로탄성계수 E, 단면 2차 모멘트를 I라고 한다.)

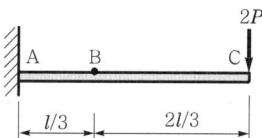

① $\dfrac{5}{9}\dfrac{Pl^2}{EI}$ ② $\dfrac{5}{18}\dfrac{Pl^2}{EI}$
③ $\dfrac{5}{27}\dfrac{Pl^2}{EI}$ ④ $\dfrac{5}{36}\dfrac{Pl^2}{EI}$

해설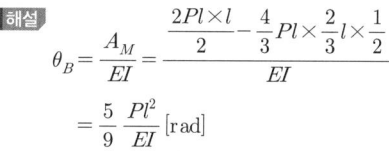
$= \dfrac{5}{9}\dfrac{Pl^2}{EI}[\mathrm{rad}]$

정답 51. ④ 52. ① 53. ② 54. ①

55 다음과 같이 3개의 링크를 핀을 이용하여 연결하였다. 2,000N의 하중 P가 작용할 경우 핀에 작용되는 전단응력은 약 몇 MPa인가? (단, 핀의 직경은 1cm이다.)

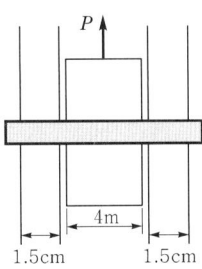

① 12.73 ② 13.24
③ 15.63 ④ 16.56

해설 $\tau = \dfrac{P_s}{2A} = \dfrac{2,000}{2 \times \dfrac{\pi \times 10^2}{4}}$
$= 12.73 \text{MPa}(= \text{N/mm}^2)$

56 다음 그림과 같이 단순지지보가 B점에서 반시계방향의 모멘트를 받고 있다. 이때 최대의 처짐이 발생하는 곳은 A점으로부터 얼마나 떨어진 거리인가?

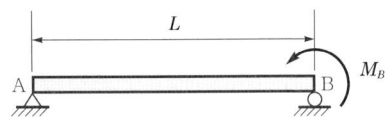

① $\dfrac{L}{2}$

② $\dfrac{L}{\sqrt{2}}$

③ $L\left(1 - \dfrac{1}{\sqrt{3}}\right)$

④ $\dfrac{L}{\sqrt{3}}$

해설 A에서 전단력$(F) = \dfrac{dM}{dx}$이 0이 되는 위험 단면의 위치는 $\dfrac{L}{\sqrt{3}}$만큼 떨어진 지점(굽힘모멘트 최대)이다.

57 반경이 r인 실린더가 위치 1의 정지상태에서 경사를 따라 높이 h만큼 굴러 내려갔을 때 실린더 중심의 속도는? (단, g는 중력가속도이며, 미끄러짐은 없다고 가정한다.)

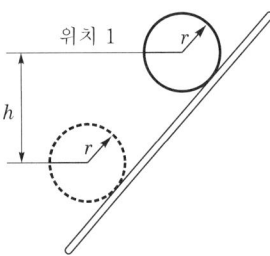

① $0.707\sqrt{2gh}$ ② $0.816\sqrt{2gh}$
③ $0.845\sqrt{2gh}$ ④ $\sqrt{2gh}$

해설 경사면에서의 평면운동이므로 에너지보존의 법칙을 적용하면
㉠ 경사면에서의 운동에너지
$T = T_1 + T_2 = \dfrac{1}{2}mv^2 + \dfrac{1}{2}J_G w^2$
$= \dfrac{1}{2}mv^2 + \dfrac{1}{2} \times \dfrac{1}{2}mr^2 \times \left(\dfrac{v}{r}\right)^2$
$= \dfrac{3}{4}mv^2$

㉡ 중력퍼텐셜에너지
$V_g = mgh$

㉢ 에너지보존의 법칙에 의해
$T = V_g$
$\dfrac{3}{4}mv^2 = mgh$
$\therefore v = 0.816\sqrt{2gh}\,[\text{m/s}]$

58 기중기 줄에 200N과 160N의 일정한 힘이 작용하고 있다. 처음에 물체의 속도는 밑으로 2m/s였는데, 5초 후에 물체의 속도크기는 약 몇 m/s인가?

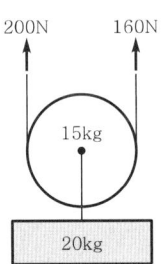

① 0.18m/s ② 0.28m/s
③ 0.38m/s ④ 0.48m/s

정답 55. ① 56. ④ 57. ② 58. ③

해설) $\sum F = ma$ [N]
$360 - 35 \times 9.81 = 35 \times a$
$\therefore a = 0.476 \text{m/s}^2$
$\therefore V = V_0 + at = -2 + 0.476 \times 5 = 0.38 \text{m/s}$

59 고유진동수가 1Hz인 진동측정기를 사용하여 2.2Hz의 진동을 측정하려고 한다. 측정기에 의해 기록된 진폭이 0.05cm라면 실제 진폭은 약 몇 cm인가? (단, 감쇠는 무시한다.)

① 0.01cm ② 0.02cm
③ 0.03cm ④ 0.04cm

해설) 비감쇠진동 시이므로 기록된 진폭(Z)과 실제 진폭(Y)의 비는
$\dfrac{Z}{Y} = \dfrac{r^2}{|1-r^2|} = \dfrac{2.2^2}{|1-2.2^2|} = 1.26$
$\therefore Y = \dfrac{Z}{1.26} = \dfrac{0.05}{1.26} = 0.04 \text{cm}$

60 1자유도 진동시스템의 운동방정식은 $m\ddot{x} + c\dot{x} + kx = 0$으로 나타내고 고유진동수가 ω_n일 때 임계감쇠계수로 옳은 것은? (단, m은 질량, c는 감쇠계수, k는 스프링상수를 나타낸다.)

① $2\sqrt{mk}$ ② $\sqrt{\dfrac{\omega_n}{2k}}$
③ $\sqrt{2m\omega_n}$ ④ $\sqrt{\dfrac{2k}{\omega_n}}$

해설) $C_{cr} = 2\sqrt{mk} = 2m\omega_n = \dfrac{2k}{\omega_n}$ [N·s/m]

제4과목·열·유체 해석

61 준평형 정적과정을 거치는 시스템에 대한 열전달량은? (단, 운동에너지와 위치에너지의 변화는 무시한다.)

① 0이다.
② 이루어진 일량과 같다.
③ 엔탈피변화량과 같다.
④ 내부에너지변화량과 같다.

해설) $\delta Q = dU + pdV$ [kJ]
정적과정($V = C$) $dV = 0$
$\therefore \delta Q = dU = mC_v dT$ [kJ]
가열량과 내부에너지변화량은 같다.
$_1Q_2 = U_2 - U_1$ [kJ]

62 비열비가 1.29, 분자량이 44인 이상기체의 정압비열은 약 몇 kJ/kg·K인가? (단, 일반기체상수는 8.314kJ/kmol·K이다.)

① 0.51 ② 0.69
③ 0.84 ④ 0.91

해설) $C_p = \left(\dfrac{k}{k-1}\right)R = \left(\dfrac{k}{k-1}\right)\dfrac{\overline{R}}{m}$
$= \dfrac{1.29}{1.29-1} \times \dfrac{8.314}{44} = 0.84 \text{kJ/kg·K}$

63 밀폐시스템이 압력 P_1 = 200kPa, 체적 V_1 = 0.1m³인 상태에서 P_2 = 100kPa, V_2 = 0.3m³인 상태까지 가역팽창되었다. 이 과정이 $P-V$선도에서 직선으로 표시된다면 이 과정 동안 시스템이 한 일은 약 몇 kJ인가?

① 10 ② 20
③ 30 ④ 45

해설) $P-V$선도의 면적은 일량을 의미한다.
$_1W_2 = \dfrac{(P_1 - P_2)\Delta V}{2} + P_2\Delta V$
$= \dfrac{(200-100) \times (0.3-0.1)}{2} + 100 \times (0.3-0.1)$
$= 30 \text{kJ}$

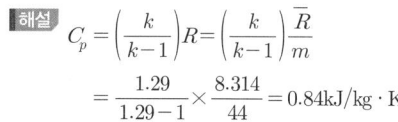

64 다음 중 동점성계수(kinematic viscosity)의 단위는?

① N·s/m² ② kg/m·s
③ m²/s ④ m/s²

정답 59. ④ 60. ① 61. ④ 62. ③ 63. ③ 64. ③

[해설] 동점성계수의 단위는 m^2/s이다.
$$\nu = \frac{\mu}{\rho} = \frac{N \cdot s/m^2}{N \cdot s^2/m^4} = \frac{kg/m \cdot s}{kg/m^3} = m^2/s$$

65 어떤 액체가 800kPa의 압력을 받아 체적이 0.05% 감소한다면 이 액체의 체적탄성계수는 얼마인가?

① 1,265kPa ② 16×10^4kPa
③ 1.6×10^6kPa ④ 2.2×10^6kPa

[해설] $E = -\dfrac{dp}{\dfrac{dv}{v}} = \dfrac{800}{\dfrac{0.05}{100}} = 1.6 \times 10^6 \text{kPa}$

66 점성계수는 0.3poise, 동점성계수는 2stokes인 유체의 비중은?

① 6.7 ② 1.5
③ 0.67 ④ 0.15

[해설] $\nu = \dfrac{\mu}{\rho}$ [cm^2/s=stokes]
$\rho = \dfrac{\mu}{\nu} = \dfrac{0.3}{2} = 0.15 g/cm^3$
$\therefore$ 비중$(s) = \dfrac{\rho}{\rho_w} = \dfrac{0.15}{1} = 0.15$

67 온도가 150℃인 공기 3kg이 정압냉각되어 엔트로피가 1.063kJ/K만큼 감소되었다. 이때 방출된 열량은 약 몇 kJ인가? (단, 공기의 정압비열은 1.1kJ/kg·K이다.)

① 27 ② 384
③ 538 ④ 715

[해설] $T_2 = T_1 e^{-\frac{\Delta s}{mC_p}} = (150+273) \times e^{-\frac{1.063}{3 \times 1.1}} = 306.51K$
$\therefore Q = mC_p(T_2 - T_1) = 3 \times 1.1 \times (306.51 - 423)$
$\qquad = -387 kJ$

68 30℃, 100kPa의 물을 800kPa까지 압축한다. 물의 비체적이 0.001m^3/kg으로 일정하다고 할 때 단위질량당 소요된 일(공업일)은?

① 167J/kg ② 602J/kg
③ 700J/kg ④ 1,400J/kg

[해설] $W_t = -\int_1^2 vdP = -v(P_2 - P_1)$
$\qquad = v(P_1 - P_2) = 0.001 \times (800 - 100)$
$\qquad = 0.7 kJ/kg = 700 J/kg$

69 수소(H_2)를 이상기체로 생각하였을 때 절대압력 1MPa, 온도 100℃에서의 비체적은 약 몇 m^3/kg인가? (단, 일반기체상수는 8.3145kJ/kmol·K이다.)

① 0.781 ② 1.26
③ 1.55 ④ 3.46

[해설] $Pv = RT$
$\therefore v = \dfrac{RT}{P} = \dfrac{\dfrac{\overline{k}}{M}T}{P} = \dfrac{\dfrac{8.3145}{2} \times (100+273)}{1 \times 10^3}$
$\qquad = 1.55 m^3/kg$

70 수면의 높이차이가 H인 두 저수지 사이에 지름 d, 길이 l인 관로가 연결되어 있을 때 관로에서의 평균유속(V)을 나타내는 식은? (단, f는 관마찰계수이고, g는 중력가속도이며, K_1, K_2는 관 입구와 출구에서 부차적 손실계수이다.)

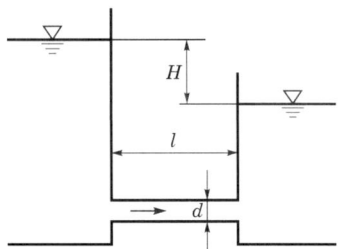

① $V = \sqrt{\dfrac{2gdH}{K_1 + fl + K_2}}$

② $V = \sqrt{\dfrac{2gH}{K_1 + f + K_2}}$

③ $V = \sqrt{\dfrac{2gH}{K_1 + \dfrac{f}{l} + K_2}}$

④ $V = \sqrt{\dfrac{2gH}{K_1 + f\dfrac{l}{d} + K_2}}$

정답 65. ③ 66. ④ 67. ② 68. ③ 69. ③ 70. ④

해설
$$H = K_1\frac{V^2}{2g} + f\frac{l}{d}\frac{V^2}{2g} + K_2\frac{V^2}{2g}$$
$$= \left(K_1 + f\frac{l}{d} + K_2\right)\frac{V^2}{2g}\,[\text{m}]$$
$$\therefore V = \sqrt{\frac{2gH}{K_1 + f\frac{l}{d} + K_2}}\,[\text{m/s}]$$

71 다음 중 무차원수를 모두 고른 것은?

a. Reynolds수
b. 관마찰계수
c. 상대조도
d. 일반기체상수

① a, c   ② a, b
③ a, b, c ④ b, c, d

해설 일반기체상수(universal gas constant) $\overline{R}$는 단위가 있다(무차원수가 아니다).
$\overline{R} = mR =$ 분자량×각 기체상수 $= 8.314\text{kJ/kmol}\cdot\text{K}$

72 지름비가 1 : 2 : 3인 모세관의 상승높이비는 얼마인가? (단, 다른 조건은 모두 동일하다고 가정한다.)

① 1 : 2 : 3
② 1 : 4 : 9
③ 3 : 2 : 1
④ 6 : 3 : 2

해설 $h = \dfrac{4\cos\beta}{\gamma d}\,[\text{mm}]$에서 $h \propto \dfrac{1}{d}$이므로
$\therefore h_1 : h_2 : h_3 = 1 : \dfrac{1}{2} : \dfrac{1}{3} = 6 : 3 : 2$

73 어느 이상기체 2kg이 압력 200kPa, 온도 30℃의 상태에서 체적 0.8m³를 차지한다. 이 기체의 기체상수는 약 몇 kJ/kg·K인가?

① 0.264   ② 0.528
③ 2.67   ④ 3.53

해설 $PV = mRT$
$\therefore R = \dfrac{PV}{mT} = \dfrac{200 \times 0.8}{2 \times (30+273)} = 0.264\text{kJ/kg}\cdot\text{K}$

74 다음 그림과 같은 이상적인 Rankine Cycle에서 각각의 엔탈피는 $h_1 = 168\text{kJ/kg}$, $h_2 = 173\text{kJ/kg}$, $h_3 = 3{,}195\text{kJ/kg}$, $h_4 = 2{,}071\text{kJ/kg}$일 때 이 사이클의 열효율은 약 얼마인가?

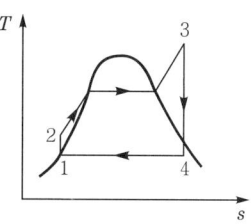

① 30%   ② 34%
③ 37%   ④ 43%

해설
$$\eta_R = \frac{(h_3 - h_4) - (h_2 - h_1)}{h_3 - h_2} \times 100\%$$
$$= \frac{(3{,}195 - 2{,}071) - (173 - 168)}{3{,}195 - 173} \times 100\% = 37\%$$

75 0.6MPa, 200℃의 수증기가 50m/s의 속도로 단열노즐로 유입되어 0.15MPa, 건도 0.99인 상태로 팽창하였다. 증기의 유출속도는? (단, 노즐 입구에서 엔탈피는 2,850kJ/kg, 출구에서 포화액의 엔탈피는 467kJ/kg, 증발잠열은 2,227kJ/kg이다.)

① 약 600m/s   ② 약 700m/s
③ 약 800m/s   ④ 약 900m/s

해설 $h_2 = h' + x(h'' - h') = h' + x\gamma$
$= 467 + 0.99 \times 2{,}227 = 2671.73\text{kJ/kg}$
$\therefore V_2 = 44.72\sqrt{h_1 - h_2} = 44.72\sqrt{2{,}850 - 2671.73}$
$\fallingdotseq 600\text{m/s}$

76 관로 내에 흐르는 완전발달층류유동에서 유속을 1/2로 줄이면 관로 내 마찰손실수두는 어떻게 되는가?

① 1/4로 줄어든다.   ② 1/2로 줄어든다.
③ 변하지 않는다.   ④ 2배로 늘어난다.

해설
$$h_L = f\frac{L}{d}\frac{V^2}{2g} = \frac{64}{Re}\frac{L}{d}\frac{V^2}{2g} = \left(\frac{64\mu}{\rho Vd}\right)\frac{L}{d}\frac{V^2}{2g} = \frac{32\mu LV}{\rho g d^2}$$
$$= \frac{32\mu LV}{\gamma d^2}\,[\text{m}]$$
$\therefore h_L$은 V에 비례하므로 1/2로 줄어든다.

정답 71. ③ 72. ④ 73. ① 74. ③ 75. ① 76. ②

77 다음 그림과 같이 비중 0.85인 기름이 흐르고 있는 개수로에 피토관을 설치하였다. Δh =30mm, h =100mm일 때 기름의 유속은 약 몇 m/s 인가?

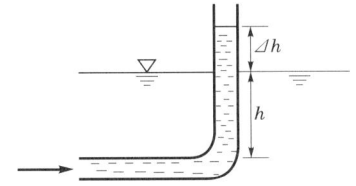

① 0.767   ② 0.976
③ 6.25   ④ 1.59

해설 $V = \sqrt{2g\Delta h} = \sqrt{2 \times 9.8 \times 0.03} = 0.767\text{m/s}$

78 다음 그림과 같이 U자관 액주계가 x방향으로 등가속운동하는 경우 x방향 가속도 a_x는 약 몇 m/s²인가? (단, 수은의 비중은 13.6이다.)

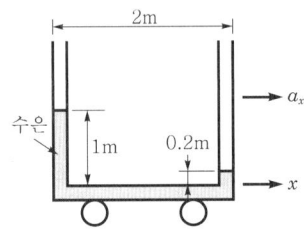

① 0.4   ② 0.98
③ 3.92   ④ 4.9

해설 $\tan\theta = \dfrac{a_x}{g} = \dfrac{h_1 - h_2}{L}$

$\therefore a_x = \dfrac{g(h_1 - h_2)}{L} = \dfrac{9.8 \times (1 - 0.2)}{2} = 3.92\text{m/s}^2$

79 이상적인 증기압축냉동사이클에서 엔트로피가 감소하는 과정은?

① 증발과정   ② 압축과정
③ 팽창과정   ④ 응축과정

해설 증기압축냉동사이클에서 응축과정은 엔트로피가 감소하는 과정이다.
[참고] 응축기는 압력($p = c$)이 일정할 때 고온체에 열량을 방출하는 장치이다.

80 물 1kg이 포화온도 120℃에서 증발할 때 증발잠열은 2,203kJ이다. 증발하는 동안 물의 엔트로피 증가량은 약 몇 kJ/K인가?

① 4.3   ② 5.6
③ 6.5   ④ 7.4

해설 $\Delta S = \dfrac{Q_2}{T_s} = \dfrac{2,203}{120 + 273} = 5.6\text{kJ/K}$

정답 77. ①   78. ③   79. ④   80. ②

2025 제2회 복원문제
| 2025. 5. 17. 시행 |

제1과목 · 기계제도 및 설계

01 수주로부터 설계, 제조, 출하에 이르는 모든 기능과 공정을 컴퓨터로 통합해 공정업무를 효율화하여 전략적 경영을 가능하게 하는 시스템을 무엇이라고 하는가?

① CAD   ② CIM
③ CAE   ④ CAM

해설 CIM(Computer Integrated Manufacturing)은 설계에서부터 제조공정, 공급에 이르기까지 모든 기능을 컴퓨터를 통해 통합화하는 시스템을 말한다.

02 가는 실선으로 사용하는 선이 아닌 것은?

① 치수선   ② 치수보조선
③ 해칭선   ④ 숨은선

해설 숨은선은 중간 굵기의 파선을 사용한다.
[참고] 가는 실선은 치수선, 치수보조선, 지시선, 중심선, 회전단면선, 수준면선, 해칭 등에 사용한다.

03 도면에서 서로 겹치는 경우 가장 우선적으로 나타내야 하는 것은?

① 치수보조선   ② 중심선
③ 절단선   ④ 기호

해설 도면에서 서로 겹치는 경우 치수문자나 기호를 가장 우선하여 나타낸다.
[참고] 선의 우선순위 : 외형선>숨은선>절단선>중심선>무게중심선>치수보조선

04 한국산업규격에서 규정하고 있는 표면거칠기를 구하는 종류에 속하지 않는 것은?

① 최대 높이(Ry)
② 10점 평균거칠기(Rz)
③ 산술평균거칠기(Ra)
④ 회전면 평균거칠기(Rc)

해설 KS에서 규정하고 있는 거칠기는 최대 높이, 10점 평균거칠기, 중심선평균거칠기(산술평균거칠기)가 있다.

05 IT공차에 대한 설명으로 옳은 것은?

① IT 01부터 IT 18까지 20등급으로 구분되어 있다.
② IT 01~IT 4는 구멍기준공차에서 게이지제작공차이다.
③ IT 6~IT 10은 축기준공차에서 끼워맞춤공차이다.
④ IT 10~IT 18은 구멍기준공차에서 끼워맞춤 이외의 공차이다.

해설 ② IT 1~IT 5는 구멍기준공차에서 게이지제작공차이다.
③ IT 5~IT 9은 축기준공차에서 끼워맞춤공차이다.
④ IT 11~IT 18은 구멍기준공차에서 끼워맞춤 이외의 공차이다.

06 CAD프로그램에서 사용되지 않는 좌표계는?

① 직교좌표계
② 극좌표계
③ 원통좌표계
④ 원형좌표계

해설 원형좌표계는 CAD에서 사용하지 않는다.

07 다음 중 도형 내의 특정한 부분이 평면이라는 것을 나타낼 때 사용하는 선은?

① 2점쇄선   ② 1점쇄선
③ 굵은 실선   ④ 가는 실선

해설 특수한 용도의 선(가는 실선)
㉠ 외형선 및 숨은선의 연장을 표시하는 데 사용한다.
㉡ 평면을 나타내거나 위치를 명시하는 데 사용한다.

 01.② 02.④ 03.④ 04.④ 05.① 06.④ 07.④

08 정사각형의 변길이를 나타내는 기호는?

① □ ② φ
③ C ④

해설 ② φ : 지름
③ C : 45° 모따기
④  : 기계가공을 필요로 하는 다듬질기호

09 모양공차를 표기할 때 다음 그림과 같은 직사각형의 틀(공차 기입틀)에 기입하는 내용은?

| A | B |

① A : 공차값, B : 공차의 종류기호
② A : 공차의 종류기호, B : 데이텀문자기호
③ A : 데이텀문자기호, B : 공차값
④ A : 공차의 종류기호, B : 공차값

해설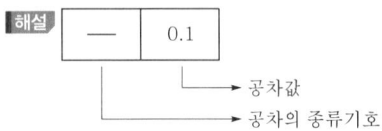

10 다음 설명에 해당하는 3차원 모델링에 해당하는 것은?

- 데이터의 구조가 간단하다.
- 처리속도가 빠르다.
- 단면도 작성이 불가능하다.
- 은선 제거가 불가능하다.

① 와이어프레임모델링
② 서피스모델링
③ 솔리드모델링
④ 시스템모델링

해설 ㉠ 와이어프레임모델링(wire frame modeling)
- 물체의 형상을 철사줄로 엮어서 만든 모양으로 2D/3D형상을 점과 선으로 표현한다.
- 장점
  - 형상모델링작업이 용이하다.
  - 데이터 구조가 간단하다(데이터 용량이 가장 작다).
  - 투시도 작성이 쉽다.
  - 처리속도가 빠르다.

- 단점
  - 물리적 성질의 계산(질량 및 관성모멘트)이 불가능하다.
  - 단면도 작성 및 은선 제거가 불가능하다.
  - 해석용 모델로 부적합하다.
㉡ 서피스모델링(surface modeling)
- 와이어프레임모델이 선(line)으로 둘러싸인 부분을 면(face)으로 정의하는 방식이다.
- 장점
  - 단면도 작성이 가능하다.
  - 은선 제거가 가능하다.
  - NC형상과 가공데이터를 얻을 수 있다.
  - 면과 면의 교선을 구할 수 있다.
- 단점
  - 물리적 성질의 계산이 불가능하다.
  - FEM(유한요소법)의 적용을 위한 해석모델이 어렵다.
㉢ 솔리드모델링(solid modeling)
- 사용자가 좀 더 명확하고 오류 없이 물체를 이해할 수 있도록 물체를 솔리드형태로 디스플레이하는 기법이다.
- 특징
  - 물리적 성질의 계산이 가능하다.
  - 단면도 작성이 용이하다.
  - 정확한 형체표현이 가능하다.
  - 메모리 및 데이터의 처리가 크다.
  - 간섭(interference)체크가 용이하다.
  - 불리언(boolean)연산을 통한 복잡한 형상표현이 가능하다.

11 마찰계수를 μ, 마찰각을 ρ라 할 때 마찰계수는 어떻게 표시하나?

① $\mu = \sin\rho$ ② $\mu = \cos\rho$
③ $\mu = \cot\rho$ ④ $\mu = \tan\rho$

해설 $\mu = \tan\rho$

12 토크(T)를 받고 있는 성크키에서 $\dfrac{\tau_k}{\sigma_c} = \dfrac{1}{3}$일 때 키의 높이($h$)와 폭($b$)의 관계로 옳은 것은? (단, 전단응력을 τ_k, 압축응력을 σ_c이라 한다.)

① $h = b$ ② $h = \dfrac{b}{2}$
③ $h = \dfrac{b}{3}$ ④ $h = \dfrac{2}{3}b$

정답 08. ① 09. ④ 10. ① 11. ④ 12. ④

해설 $\sigma_c = 3\tau_k$

$\dfrac{4T}{hld} = 3\dfrac{2T}{bld}$

$\therefore h = \dfrac{2}{3}b$

[참고] • 전단응력(τ_k) = $\dfrac{2T}{bld}$

• 압축응력(σ_c) = $\dfrac{4T}{hld}$

13 강판의 효율이 25%, 리벳이음에서 피치가 50mm 이면 리벳구멍의 지름(mm)은?

① 15
② 27.5
③ 25
④ 37.5

해설 $\eta_1 = \left(1 - \dfrac{d}{p}\right) \times 100\%$

$\therefore d = p\left(1 - \dfrac{\eta_1}{100}\right) = 50 \times \left(1 - \dfrac{25}{100}\right) = 37.5\text{mm}$

14 다음 그림과 같이 겹치기이음을 필릿용접하였다. 허용인장응력(σ_t)이 80MPa이면 용접길이는 얼마인가? (단, W=50kN, h=12mm)

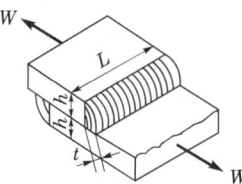

① 35mm
② 37mm
③ 40mm
④ 45mm

해설 $\sigma_t = \dfrac{W}{A} = \dfrac{W}{2tL}$

$\therefore L = \dfrac{W}{2t\sigma_t} = \dfrac{W}{2(0.707h)\sigma_t}$

$= \dfrac{50,000}{2 \times 0.707 \times 12 \times 80} \fallingdotseq 37\text{mm}$

[참고] • 용접면이 2개이므로 $A = 2tL$

• $t = \dfrac{h}{\sqrt{2}} = 0.707h$

15 축에 비틀림모멘트 3kJ와 굽힘모멘트 4kJ이 동시에 작용할 때 상당비틀림모멘트와 상담굽힘모멘트의 합은 얼마인가?

① 5kJ
② 9.5kJ
③ 10kJ
④ 13.5kJ

해설 $T_e = \sqrt{M^2 + T^2} = \sqrt{4^2 + 3^2} = 5\text{kJ}$

$M_e = \dfrac{1}{2}(M + \sqrt{M^2 + T^2})$

$= \dfrac{1}{2}(M + T_e) = \dfrac{1}{2} \times (4+5) = 4.5\text{kJ}$

$\therefore T_e + M_e = 5 + 4.5 = 9.5\text{kJ}$

16 레이디얼 볼베어링이 호칭번호가 6202라면 베어링의 안지름(d)은 얼마인가?

① 12mm
② 15mm
③ 10mm
④ 17mm

해설 호칭번호 끝의 2자리는 베어링 안지름을 나타낸다.
㉠ 00이면 10mm
㉡ 01이면 12mm
㉢ 02라면 15mm
㉣ 03이면 17mm
㉤ 04부터는 숫자×5

17 저널의 단위투영면적당의 마찰열을 나타내는 것은?

① 마찰계수×수압력
② 마찰계수×발열계수
③ 마찰×속도×압력
④ 압력속도계수×수압력

해설 마찰열 = 마찰계수×발열계수
$= \mu pv$
$= \text{N/mm}^2 \times \text{m/s}$
$= \text{N} \cdot \text{m/mm}^2 \cdot \text{s} (= \text{J/mm}^2 \cdot \text{s})$

18 모듈을 바르게 설명한 것은?

① 피치원의 원주를 잇수로 나눈 원호의 길이
② 피치원의 지름을 잇수로 나눈 값
③ 잇수를 인치로 나타낸 피치원의 지름으로 나눈 값
④ 원주율과 피치의 곱

정답 13. ④ 14. ② 15. ② 16. ② 17. ② 18. ②

해설 $D = mZ$

$\therefore m = \dfrac{D}{Z}$

여기서, m : 모듈, D : 피치원의 지름, Z : 잇수

19 스퍼기어에서 원동차와 종동차의 잇수를 각각 Z_1, Z_2, 지름을 D_1, D_2, 회전수를 N_1, N_2라 할 때 속도비(ε)를 나타내는 식은?

① $\varepsilon = \dfrac{N_2}{N_1} = \dfrac{D_1}{D_2} = \dfrac{Z_1}{Z_2}$

② $\varepsilon = \dfrac{N_2}{N_1} = \dfrac{D_2}{D_1} = \dfrac{Z_1}{Z_2}$

③ $\varepsilon = \dfrac{N_2}{N_1} = \dfrac{D_2}{D_1} = \dfrac{Z_2}{Z_1}$

④ $\varepsilon = \dfrac{N_2}{N_1} = \dfrac{D_1}{D_2} = \dfrac{Z_2}{Z_1}$

해설 $\varepsilon = \dfrac{N_2}{N_1} = \dfrac{D_1}{D_2} = \dfrac{Z_1}{Z_2}$

20 벨트전동에서 긴장측의 장력을 T_t, 이완측의 장력을 T_s, 마찰계수를 μ, 접촉각을 θ라 할 때 이들 사이의 관계식은?

① $\dfrac{T_t}{T_s} = e^{\mu\theta}$ ② $\dfrac{T_s}{T_t} = e^{\mu\theta}$

③ $T_t T_s = e^{\mu\theta}$ ④ $\dfrac{T_s}{T_t} = \dfrac{\mu}{e^{\mu\theta}}$

해설 장력비($e^{\mu\theta}$) = $\dfrac{T_t (\text{긴장측 장력})}{T_s (\text{이완측 장력})}$

제2과목 · 기계재료 및 제작

21 다음 중 다이아몬드, 수정 등 보석류가공에 가장 적합한 가공법은?

① 방전가공   ② 전해가공
③ 초음파가공   ④ 슈퍼피니싱가공

해설 초음파가공법은 다이아몬드, 수정 등의 보석류가공에 적합한 가공법이다.

22 다음 중 비중이 가장 작아 항공기부품이나 전자 및 전기용 제품의 케이스용도로 사용되고 있는 합금재료는?

① Ni합금
② Cu합금
③ Pb합금
④ Mg합금

해설 마그네슘(Mg)은 경금속으로 실용금속 중 가장 가벼우며 비중이 작아(비중 1.74) 항공기부품이나 전자·전기용 케이스용도로 사용되고 있는 합금재료이다.

23 압출가공(extrusion)에 관한 일반적인 설명으로 틀린 것은?

① 직접압출보다 간접압출에서 마찰력이 적다.
② 직접압출보다 간접압출에서 소요동력이 적게 든다.
③ 압출방식으로는 직접(전방)압출과 간접(후방)압출 등이 있다.
④ 직접압출이 간접압출보다 압출 종료 시 컨테이너에 남는 소재량이 적다.

해설 압출가공
㉠ 직접압출 : 램(ram)의 진행방향과 압출재(billet)의 이동방향이 동일한 경우이다. 압출재는 외부의 마찰로 인하여 내부가 효과적으로 압축된다. 압출이 끝나면 20~30%의 압출재가 잔류한다(전방압출).
㉡ 간접압출 : 램의 진행방향과 압출재의 이동방향이 반대인 경우이다. 직접압출에 비해 재료의 손실이 적고 소요동력이 적게 드는 이점이 있으나, 조작이 불편하고 표면상태가 좋지 못한 단점이 있다(후방압출).
㉢ 충격압출 : 특수압출방법으로 단시간에 압출 완료되는 것으로 보통 크랭크프레스를 사용하며 상온가공으로 작업한다. 충격압출에 사용되는 재료로는 Zn, Sn, Pb, Al, Cu 등의 순금속과 일부 합금 등이 사용된다. 이 방법의 제품은 두께가 얇은 원통형상인 치약튜브, 화장품케이스, 건전지케이스용 등의 제작에 사용된다.

정답 19. ① 20. ① 21. ③ 22. ④ 23. ④

24 절삭유가 갖추어야 할 조건으로 틀린 내용은?

① 마찰계수가 작고 인화점, 발화점이 높을 것
② 냉각성이 우수하고 윤활성, 유동성이 좋을 것
③ 장시간 사용해도 변질되지 않고 인체에 무해할 것
④ 절삭유의 표면장력이 크고 칩의 생성부에는 침투되지 않을 것

해설 절삭유의 구비조건
㉠ 마찰계수가 작고 인화점, 발화점이 높을 것
㉡ 절삭유의 표면장력이 작고 칩(chip)의 생성부까지 침투가 잘 될 것
㉢ 칩분리가 용이하여 회수가 쉬울 것
㉣ 공작물과 공구에 녹이 슬지 않을 것
㉤ 윤활성, 냉각성, 유동성이 좋을 것
㉥ 화학적으로 안전하고 위생상 해롭지 않을 것
㉦ 휘발성이 없고 인화점, 발화점이 높을 것
㉧ 단색 투명하며 절삭 부분이 잘 보일 것
㉨ 가격이 저렴하고 쉽게 구할 수 있을 것

25 강의 5대 원소만을 나열한 것은?

① Fe, C, Ni, Si, Au
② Ag, C, Si, Co, P
③ C, Si, Mn, P, S
④ Ni, C, Si, Cu, S

해설 금속(탄소강)의 5대 원소 : C, Si, Mn, P, S

26 CNC공작기계의 이동량을 전기적인 신호로 표시하는 회전피드백장치는?

① 리졸버
② 볼스크루
③ 리밋스위치
④ 초음파센서

해설 리졸버(resolver)는 CNC공작기계의 움직임을 전기적인 신호로 표시하는 일종의 회전피드백장치이다.

27 판두께 5mm인 연강판에 직경 10mm의 구멍을 프레스로 블랭킹하려고 할 때 총소요동력(P_t)은 약 몇 kW인가? (단, 프레스의 평균속도는 7m/min, 재료의 전단강도는 300N/mm², 기계의 효율은 80%이다.)

① 5.5
② 6.9
③ 26.9
④ 68.7

해설 $\tau = \dfrac{P_s}{A}[\text{N/mm}^2 = \text{MPa}]$

$\therefore P_s = \tau A = \tau \pi dt = 300 \times \pi \times 10 \times 5 = 47,124\text{N}$

$V_m = 7\text{m/min} = 0.117\text{m/s}$

$\therefore \text{소요동력} = \dfrac{P_s V_m}{\eta_m} = \dfrac{47,124 \times 0.117}{0.8}$

$= 6872.25\text{W} ≒ 6.9\text{kW}$

28 탄소강에서 인(P)으로 인하여 발생하는 취성은?

① 고온취성
② 불림취성
③ 상온취성
④ 뜨임취성

해설 상온취성(cold shortness)은 인(P)의 영향으로 충격치가 감소하고 냉간가공 시 균열이 발생한다.
[참고] 강은 100℃ 부근에서 충격값이 최대이다.

29 나사측정방법 중 삼침법(three wire method)에 대한 설명으로 옳은 것은?

① 나사의 길이를 측정하는 법
② 나사의 골지름을 측정하는 법
③ 나사의 바깥지름을 측정하는 법
④ 나사의 유효지름을 측정하는 법

해설 삼침법은 나사의 유효지름을 측정하는 법으로 가장 정밀도가 높다.

정답 24. ④ 25. ③ 26. ① 27. ② 28. ③ 29. ④

30 용접 시 발생하는 불량(결함)에 해당하지 않는 것은?

① 오버랩 ② 언더컷
③ 용입 불량 ④ 콤퍼지션

해설 용접 시 구조상 결함 : 오버랩, 언더컷, 용입 불량, 스패터, 기공(blow hole), 균열(crack), 슬랙(slack) 섞임, 은점(fish eye)

31 담금질한 강을 상온 이하의 적합한 온도로 냉각시켜 잔류오스테나이트를 마르텐자이트조직으로 변화시키는 것을 목적으로 하는 열처리방법은?

① 심냉처리 ② 가공경화법처리
③ 가스침탄법처리 ④ 석출경화법처리

해설 서브제로처리(sub-zero treatment, 심냉처리)는 잔류오스테나이트(A)를 0℃ 이하로 냉각하여 마텐자이트(M)화하는 열처리방법이다.

32 경도가 매우 큰 담금질한 강에 적당한 강인성을 부여할 목적으로 A_1변태점 이하의 일정 온도로 가열조작하는 열처리법은?

① 퀜칭(quenching)
② 템퍼링(tempering)
③ 노멀라이징(normalizing)
④ 마퀜칭(marquenching)

해설 ㉠ 담금질(quenching) : 금속재료를 고온(강의 담금질 가열온도 A_3변태점 이상 30~50℃)으로 가열한 후 재료를 물이나 기름 속에서 급랭하여 강도와 경도를 증가시키는 것을 목적으로 하는 열처리방법이다.
㉡ 뜨임(tempering) : 담금질한 강을 A_1변태점 이하로 가열하여 공기 중에서 냉각시켜 경화된 강을 연화해 연성 및 인성의 증가를 목적으로 하는 열처리방법이다.
㉢ 풀림(annealing) : 금속재료를 적당한 온도로 가열한 다음 서서히 상온으로 냉각시켜 가공 또는 담금질로 강화된 재료의 내부응력을 제거하고 결정입자를 미세화하며 전연성을 높게 하는 열처리방법이다.
㉣ 불림(normalizing) : 강을 표준상태로 만들기 위해 오스테나이트의 단상이 되는 온도범위로 가열하여 대기 속에서 방랭시켜 주조 또는 과열조직(조대조직)을 미세화하고 냉간가공, 단조 등에 의한 내부응력을 제거하며 강의 성질을 표준화시키는 열처리방법이다.

33 표면경화법에서 금속침투법 중 아연을 침투시키는 것은?

① 칼로라이징 ② 세라다이징
③ 크로마이징 ④ 실리코나이징

해설 금속침투법(cementation)
㉠ 칼로라이징 : Al(알루미늄) 침투
㉡ 세라다이징 : Zn(아연) 침투
㉢ 크로마이징 : Cr(크롬) 침투
㉣ 실리코나이징 : Si(규소) 침투
㉤ 보로나이징 : B(붕소) 침투

34 용탕의 충전 시에 모래의 팽창력에 의해 주형이 팽창하여 발생하는 것으로, 주물표면에 생기는 불규칙한 형상의 크고 작은 돌기 모양을 하는 주물결함은?

① 스캡 ② 탕경
③ 블로홀 ④ 수축공

해설 스캡(scab)이란 주물결함의 일종으로, 주물표면에 모래 파손에 의해 나타나는 결함이다. 즉 불규칙한 형상의 크고 작은 돌기 모양의 주물결함이다.

35 전기아크용접에서 언더컷의 발생원인으로 틀린 것은?

① 용접속도가 너무 빠를 때
② 용접전류가 너무 높을 때
③ 아크길이가 너무 짧을 때
④ 부적당한 용접봉을 사용했을 때

해설 전기아크용접(arc welding)에서 언더컷(under cut)의 발생원인은 용접속도가 빠르고 용접전류가 높으며 부적당한 용기재(용접봉)을 사용했을 때 발생한다.

정답 30. ④ 31. ① 32. ② 33. ② 34. ① 35. ③

36 방전가공에서 전극재료의 구비조건으로 가장 거리가 먼 것은?

① 기계가공이 쉬워야 한다.
② 가공전극의 소모가 커야 한다.
③ 가공정밀도가 높아야 한다.
④ 방전이 안전하고 가공속도가 빨라야 한다.

해설 방전가공 시 전극재료의 구비조건
㉠ 기계가공이 쉬울 것
㉡ 가공전극의 소모가 적을 것
㉢ 가공정밀도가 높을 것
㉣ 방전이 안전하고 가공속도가 빠를 것
㉤ 구입이 용이하고 값이 저렴할 것
㉥ 절삭·연삭가공이 쉬울 것

37 전기도금의 반대현상으로 가공물을 양극, 전기저항이 적은 구리, 아연을 음극에 연결한 후 용액에 침지하고 통전하여 금속표면의 미소돌기 부분을 용해하여 거울면과 같이 광택이 있는 면을 가공할 수 있는 특수가공은?

① 방전가공
② 전주가공
③ 전해연마
④ 슈퍼피니싱

해설 전해연마(electrolytic polishing)는 물품을 양극으로 하여 전해액 속에 매달고 적당한 조건 아래서 전해하여 평활면을 얻는 방법이다. 가공에 의한 힘이나 열의 영향이 없고 가공변질층이 생기지 않는 것, 연질금속의 양면 마무리가 되는 것, 복잡한 형상이나 세선, 박막 등의 가공이 되는 이점이 있다. 연마속도가 늦은 것이나 각부가 둥글게 되기 쉬운 것 등은 결점이다.

38 조미니시험(Jominy test)은 무엇을 알기 위한 시험방법인가?

① 부식성
② 마모성
③ 충격인성
④ 담금질성

해설 조미니시험은 담금질성 경화능시험이다.

39 다음 중 주물의 첫 단계인 모형(pattern)을 만들 때 고려사항으로 가장 거리가 먼 것은?

① 목형구배
② 수축여유
③ 팽창여유
④ 기계가공여유

해설 모형제작 시 고려사항 : 수축여유, 가공여유, 라운딩, 목형구배(테이퍼), 덧붙임(stop off), 코어프린트(core print)

40 냉간가공에 의하여 경도 및 항복강도가 증가하나 연신율은 감소하는데, 이 현상을 무엇이라 하는가?

① 가공경화
② 탄성경화
③ 표면경화
④ 시효경화

해설 냉간가공 시 경도 및 항복강도는 증가하나 연신율은 감소하는 현상을 가공경화라 한다. 가공경화된 재료는 항복점이 높아져서 경도가 증가하지만 전연성이 저하되고 취성이 나타나므로 가공을 계속하면 파단되는 상태에 이르게 된다.

제3과목·구조 해석

41 지름 d인 원형 단면으로부터 절취하여 단면 2차 모멘트 I가 가장 크도록 사각형 단면(폭(b)×높이(h))을 만들 때 단면 2차 모멘트를 사각형 폭(b)에 관한 식으로 옳게 나타낸 것은?

① $\dfrac{\sqrt{3}}{4}b^4$
② $\dfrac{\sqrt{3}}{4}b^3$
③ $\dfrac{4}{\sqrt{3}}b^3$
④ $\dfrac{4}{\sqrt{3}}b^4$

해설 우측 그림에서 $d^2 = b^2 + h^2$ ················ ㉠

$\therefore b = \sqrt{d^2-h^2} = (d^2-h^2)^{\frac{1}{2}}$

$I = \dfrac{bh^3}{12} = \dfrac{(d^2-h^2)^{\frac{1}{2}}h^3}{12}$ 에서

$\dfrac{dI}{dh} = 0$으로 놓고 정리하면

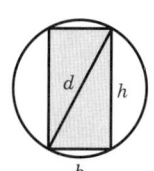

$\dfrac{dI}{dh} = \dfrac{3h^2}{12}(d^2-h^2)^{\frac{1}{2}} - \dfrac{h^3}{12} \times \dfrac{(d^2-h^2)^{-\frac{1}{2}} \times 2h}{2} = 0$

$\therefore d^2 = \dfrac{4}{3}h^2$ ················ ㉡

정답 36. ② 37. ③ 38. ④ 39. ③ 40. ① 41. ①

ⓒ을 ⓐ에 대입하면

$\frac{4}{3}h^2 = b^2 + h^2$

$\therefore h = \sqrt{3}\,b$

$\therefore I = \frac{bh^3}{12} = \frac{b(\sqrt{3}\,b)^3}{12} = \frac{\sqrt{3}}{4}b^4$

42 직사각형 단면(폭×높이)이 4cm×8cm이고 길이 1m의 외팔보의 전길이에 6kN/m의 등분포하중이 작용할 때 보의 최대 처짐각은? (단, 탄성계수 E =210GPa이고, 보의 자중은 무시한다.)

① 0.0028rad ② 0.0028°
③ 0.0008rad ④ 0.0008°

해설 $\theta_{max} = \frac{wL^3}{6EI} = \frac{12 \times 6 \times 10^9}{6 \times 210 \times 10^3 \times 40 \times 80^3}$
$= 0.0028\text{rad}$

43 다음 그림과 같은 일단 고정 타단 롤러로 지지된 등분포하중을 받는 부정정보의 B단에서 반력은 얼마인가?

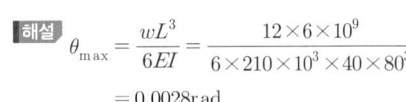

① $\frac{1}{3}wL$ ② $\frac{5}{8}wL$
③ $\frac{2}{3}wL$ ④ $\frac{3}{8}wL$

해설

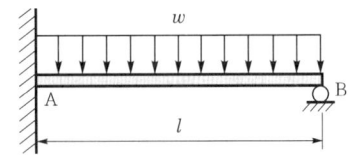

$R_A = \frac{5}{8}wl \qquad R_B = \frac{3}{8}wl$

44 강재의 인장시험 후 얻어진 응력-변형률선도로부터 구할 수 없는 것은?

① 안전계수 ② 탄성계수
③ 인장강도 ④ 비례한도

해설 응력-변형률선도에서 안전율(안전계수)은 구할 수 없다.

45 지름 d 인 원형 단면기둥에 대하여 오일러좌굴식의 회전반경은 얼마인가?

① $\frac{d}{2}$ ② $\frac{d}{3}$
③ $\frac{d}{4}$ ④ $\frac{d}{6}$

해설 $K_G = \sqrt{\frac{I_G}{A}} = \sqrt{\frac{\pi d^4}{64} \times \frac{4}{\pi d^2}} = \sqrt{\frac{d^2}{16}} = \frac{d}{4}[\text{m}]$

46 다음 그림과 같은 벨트구조물에서 하중 W 가 작용할 때 P 값은? (단, 벨트는 하중 W 의 위치를 기준으로 좌우대칭이며 $0°<\alpha<180°$ 이다.)

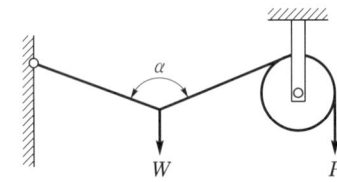

① $P = \dfrac{2W}{\cos\dfrac{\alpha}{2}}$ ② $P = \dfrac{W}{\cos\dfrac{\alpha}{2}}$

③ $P = \dfrac{W}{2\cos\alpha}$ ④ $P = \dfrac{W}{2\cos\dfrac{\alpha}{2}}$

해설 $\Sigma F_y = 0(\uparrow \oplus, \downarrow \ominus)$
$W' - W = 0$
$2P\cos\dfrac{\alpha}{2} - W = 0$
$\therefore P = \dfrac{W}{2\cos\dfrac{\alpha}{2}}[\text{N}]$

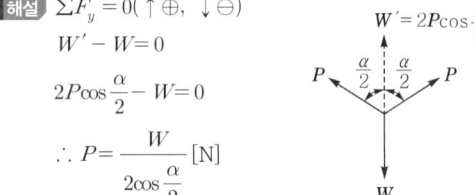

47 열응력에 대한 다음 설명 중 틀린 것은?

① 재료의 선팽창계수와 관계있다.
② 세로탄성계수와 관계있다.
③ 재료의 비중과 관계있다.
④ 온도차와 관계있다.

해설 열응력$(\sigma) = E\alpha\Delta t$
여기서, E : 재료의 세로탄성계수(GPa)
α : 재료의 선팽창계수
Δt : 온도의 변화량(온도차)

정답 42. ① 43. ④ 44. ① 45. ③ 46. ④ 47. ③

48 단순지지보의 중앙에 집중하중(P)이 작용한다. 점 C에서의 기울기를 $\dfrac{M}{EI}$ 선도를 이용하여 구하면? (단, E : 재료의 종탄성계수, I : 단면 2차 모멘트)

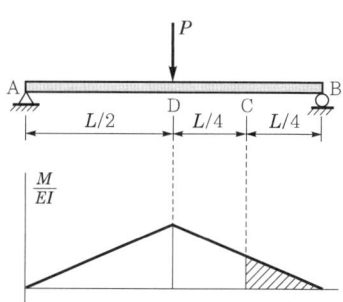

① $\dfrac{1}{64}\dfrac{PL^2}{EI}$ ② $\dfrac{1}{32}\dfrac{PL^2}{EI}$

③ $\dfrac{3}{64}\dfrac{PL^2}{EI}$ ④ $\dfrac{1}{16}\dfrac{PL^2}{EI}$

해설 $\theta_C = \dfrac{AM}{EI} = \dfrac{1}{EI}\left(\dfrac{PL^2}{16} - \dfrac{PL^2}{64}\right) = \dfrac{3PL^2}{64EI}[\text{rad}]$

49 다음 그림과 같은 단순보에서 전단력이 0이 되는 위치는 A지점에서 몇 m 거리에 있는가?

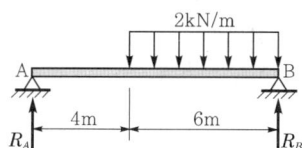

① 4.8   ② 5.8
③ 6.8   ④ 7.8

해설 ㉠ $\sum M_B = 0$
$R_A \times 10 - (2 \times 6) \times 3 = 0$
∴ $R_A = 3.6\text{kN}$
㉡ $F_x = R_A - 2(x-4)$
$0 = 3.6 - 2(x-4)$
∴ $x = 5.8\text{m}$

50 다음 그림과 같이 한 변의 길이가 d인 정사각형 단면의 $Z-Z$축에 관한 단면계수는?

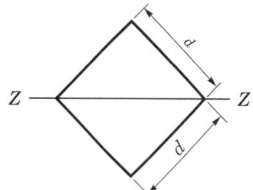

① $\dfrac{\sqrt{2}}{6}d^3$ ② $\dfrac{\sqrt{2}}{12}d^3$

③ $\dfrac{d^3}{24}$ ④ $\dfrac{\sqrt{2}}{24}d^3$

해설 $z = \dfrac{I_Z}{y} = \dfrac{\frac{d^4}{12}}{d\sin 45°} = \dfrac{\frac{d^4}{12}}{\frac{d}{\sqrt{2}}} = \dfrac{\sqrt{2}}{12}d^3[\text{cm}^3]$

51 길이가 L이고 직경이 d인 강봉을 벽 사이에 고정하고 온도를 ΔT만큼 상승시켰다. 이때 벽에 작용하는 힘은 어떻게 표현되나? (단, 강봉의 탄성계수는 E이고, 선팽창계수는 α이다.)

① $\dfrac{\pi E\alpha\Delta Td^2L}{16}$ ② $\dfrac{\pi E\alpha\Delta Td^2}{2}$

③ $\dfrac{\pi E\alpha\Delta Td^2L}{8}$ ④ $\dfrac{\pi E\alpha\Delta Td^2}{4}$

해설 열응력(σ_t) = $E\alpha\Delta T[\text{MPa}]$
∴ $F = \sigma_t A = EA\alpha\Delta T = E\dfrac{\pi d^2}{4}\alpha\Delta T[\text{N}]$

52 지름 50mm인 중실축 ABC가 A에서 모터에 의해 구동된다. 모터는 600rpm으로 50kW의 동력을 전달한다. 기계를 구동하기 위해서 기어 B는 35kW, 기어 C는 15kW를 필요로 한다. 즉 ABC에 발생하는 최대 전단응력은 몇 MPa인가?

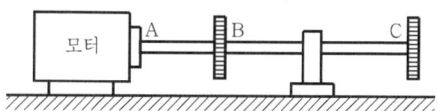

① 9.73   ② 22.7
③ 32.4   ④ 64.8

정답 48. ③ 49. ② 50. ② 51. ④ 52. ③

해설
$$T = 9.55 \times 10^6 \frac{kW}{N} = 9.55 \times 10^6 \times \frac{50}{600}$$
$$= 795833.33 \text{ N} \cdot \text{mm}$$
$$\therefore \tau_{max} = \frac{T}{Z_p} = \frac{T}{\frac{\pi d^3}{16}} = \frac{16T}{\pi d^3}$$
$$= \frac{16 \times 795833.33}{\pi \times 50^3} = 32.43 \text{MPa}$$

53 다음 그림에서 784.8N과 평형을 유지하기 위한 힘 F_1과 F_2는?

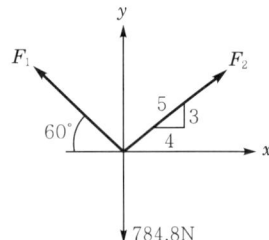

① $F_1 = 395.2\text{N}, \ F_2 = 632.4\text{N}$
② $F_1 = 790.4\text{N}, \ F_2 = 632.4\text{N}$
③ $F_1 = 790.4\text{N}, \ F_2 = 395.2\text{N}$
④ $F_1 = 632.4\text{N}, \ F_2 = 395.2\text{N}$

해설 ㉠ $\Sigma F_x = 0$
제시된 그림에서 $\cos\theta = \frac{4}{5}$
$\cos 60° F_1 = \cos\theta F_2$
$\frac{1}{2} F_1 = \frac{4}{5} F_2$
$\therefore F_1 = 1.6 F_2 \text{ [N]}$

㉡ $\Sigma F_y = 0$
제시된 그림에서 $\sin\theta = \frac{3}{5}$
$\sin 60° F_1 + \sin\theta F_2 = 784.8\text{N}$
$\frac{\sqrt{3}}{2} \times 1.6 F_2 + \frac{3}{5} F_2 = 784.8\text{N}$
$\therefore F_2 ≒ 395.2\text{N}$
$\therefore F_1 = 1.6 F_2 = 1.6 \times 395.2 ≒ 632.4\text{N}$

54 다음 그림과 같이 길이가 동일한 2개의 기둥 상단에 중심압축하중 2,500N이 작용할 경우 전체 수축량은 약 몇 mm인가? (단, 단면적 $A_1 = 1,000\text{mm}^2$, $A_2 = 2,000\text{mm}^2$, 길이 $L = 300\text{mm}$, 재료의 탄성계수 $E = 90\text{GPa}$이다.)

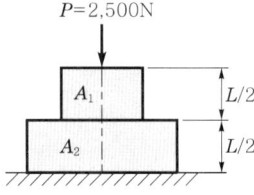

① 0.625
② 0.0625
③ 0.00625
④ 0.000625

해설 $\lambda_{total} = \lambda_1 + \lambda_2 = \frac{PL}{2E}\left(\frac{1}{A_1} + \frac{1}{A_2}\right)$
$= \frac{2,500 \times 300}{2 \times 90 \times 10^3} \times \left(\frac{1}{1,000} + \frac{1}{2,000}\right)$
$= 0.00625\text{mm}$

55 다음 그림과 같이 원형 단면을 갖는 외팔보에 발생하는 최대 굽힘응력 σ_b는?

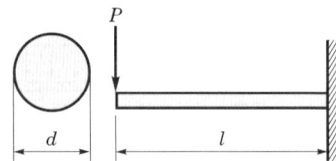

① $\frac{32Pl}{\pi d^3}$
② $\frac{32Pl}{\pi d^4}$
③ $\frac{6Pl}{\pi d^2}$
④ $\frac{\pi d}{6Pl}$

해설 $M_{max} = \sigma_b Z$
$\therefore \sigma_b = \frac{M_{max}}{Z} = \frac{Pl}{\frac{\pi d^3}{32}} = \frac{32Pl}{\pi d^3} \text{[MPa]}$

정답 53. ④ 54. ③ 55. ①

56 다음 그림과 같은 양단 고정보에서 고정단 A에서 발생하는 굽힘모멘트는? (단, 보의 굽힘강성계수는 EI이다.)

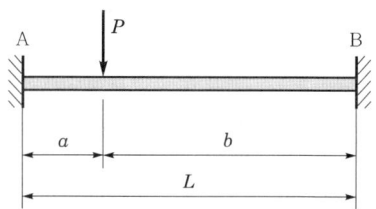

① $M_A = \dfrac{Pab}{L}$ ② $M_A = \dfrac{Pab(a-b)}{L}$

③ $M_A = \dfrac{Pab}{L}\left(\dfrac{a}{L}\right)$ ④ $M_A = \dfrac{Pab}{L}\left(\dfrac{b}{L}\right)$

해설 $M_A = \dfrac{Pab^2}{L^2}$, $M_B = \dfrac{Pa^2b}{L^2}$

57 평면에서 강체가 다음 그림과 같이 오른쪽에서 왼쪽으로 운동하였을 때 이 운동의 명칭으로 가장 옳은 것은?

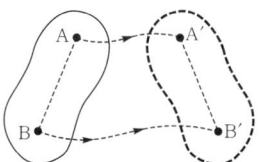

① 직선병진운동   ② 곡선병진운동
③ 고정축회전운동   ④ 일반평면운동

해설

강체의 운동학	평면운동의 형태		특징
병진운동	직선병진운동		모든 질점의 속도, 가속도가 동일크기와 방향을 유지(직선궤적을 따름)
	곡선병진운동		모든 순간마다 속도, 가속도의 방향 및 크기가 변함(곡선궤적을 따름)
고정축에 대한 회전운동			강체의 모든 입자들이 회전축을 중심으로 원운동 $V = r\omega$[m/s] $a_t = r\alpha$[m/s²]
일반평면운동			일반평면운동 = 병진운동 + 회전운동

58 어떤 사람이 정지상태에서 출발하여 직선방향으로 등가속도운동을 하여 5초 만에 10m/s의 속도가 되었다. 출발하여 5초 동안 이동한 거리는 몇 m인가?

① 5   ② 10
③ 25   ④ 50

해설 $S = S_0^{\,0} + V_0^{\,0}t + \dfrac{1}{2}at^2 = \dfrac{1}{2}at^2 = \dfrac{1}{2}\dfrac{V}{t}t^2 = \dfrac{1}{2}Vt$
$= \dfrac{1}{2} \times 10 \times 5 = 25\text{m}$

여기서, S_0 : 처음 변위, S : 나중 변위

59 질량관성모멘트가 20kg·m²인 플라이휠(flywheel)을 정지상태로부터 10초 후 3,600rpm으로 회전시키기 위해 일정한 비율로 가속하였다. 이때 필요한 토크는 약 몇 N·m인가?

① 654
② 754
③ 854
④ 954

해설 $\alpha = \dfrac{dw}{dt} = \dfrac{\dfrac{2\pi \times 3,600}{60} - \dfrac{2\pi \times 0}{60}}{10} = 37.699\,\text{rad/s}^2$
∴ $T = J\alpha = 20 \times 37.699 = 754\text{N} \cdot \text{m}$

60 질량 20kg의 기계가 스프링상수 10kN/m인 스프링 위에 지지되어 있다. 100N의 조화가진력이 이 기계에 작용할 때 공진진폭은 약 몇 cm인가? (단, 감쇠계수는 6kN·s/m이다.)

① 0.75
② 7.5
③ 0.0075
④ 0.075

해설 $\omega_n = \sqrt{\dfrac{k}{m}} = \sqrt{\dfrac{10 \times 10^3}{20}} = 22.36\,\text{rad/s}$
∴ 공진진폭$(X_n) = \dfrac{F_0}{C\omega_n} = \dfrac{100}{6 \times 10^3 \times 22.36}$
$= 0.000745\text{m} = 0.0745\text{cm}$

정답 56. ④ 57. ④ 58. ③ 59. ② 60. ④

제4과목 · 열 · 유체 해석

61 4kg의 공기가 들어있는 용기 A(체적 0.5m³)와 진공용기 B(체적 0.3m³) 사이를 밸브로 연결하였다. 이 밸브를 열어서 공기가 자유팽창하여 평형에 도달했을 경우 엔트로피 증가량은 약 몇 kJ/K인가? (단, 온도변화는 없으며 공기의 기체상수는 0.287kJ/kg·K이다.)

① 0.54　② 0.49
③ 0.42　④ 0.37

해설 $\Delta S = mR\ln\left(\dfrac{V_A+V_B}{V_A}\right) = 4 \times 0.287 \times \ln\dfrac{0.5+0.3}{0.5}$
　　　$\approx 0.54\,\text{kJ/K}$

62 계가 비가역사이클을 이룰 때 클라우지우스(Clausius)의 적분을 옳게 나타낸 것은? (단, T는 온도, Q는 열량이다.)

① $\oint \dfrac{\delta Q}{T} < 0$　② $\oint \dfrac{\delta Q}{T} > 0$
③ $\oint \dfrac{\delta Q}{T} \geq 0$　④ $\oint \dfrac{\delta Q}{T} \leq 0$

해설 클라우지우스의 부등식은 가역사이클이면 등호, 비가역사이클이면 부등호이다.
∴ $\oint \dfrac{\delta Q}{T} < 0$

63 고온 400℃, 저온 50℃의 온도범위에서 작동하는 Carnot사이클열기관의 열효율을 구하면 몇 %인가?

① 37　② 42
③ 47　④ 52

해설 $\eta_c = 1 - \dfrac{T_2}{T_1} = 1 - \dfrac{50+273}{400+273} = 0.52 = 52\%$

64 30m의 폭을 가진 개수로(open channel)에 20cm의 수심과 5m/s의 유속으로 물이 흐르고 있다. 이 흐름의 Froude수는 얼마인가?

① 0.57　② 1.57
③ 2.57　④ 3.57

해설 $Fr = \dfrac{V}{\sqrt{Lg}} = \dfrac{5}{\sqrt{0.2 \times 9.8}} = 3.57$

65 반지름 R인 원형수문이 수직으로 설치되어 있다. 수면으로부터 수문에 작용하는 물에 의한 전압력의 작용점까지의 수직거리는? (단, 수문의 최상단은 수면과 동일위치에 있으며, h는 수면으로부터 원판의 중심(도심)까지의 수직거리이다.)

① $h + \dfrac{R^2}{16h}$　② $h + \dfrac{R^2}{8h}$
③ $h + \dfrac{R^2}{4h}$　④ $h + \dfrac{R^2}{2h}$

해설 $y_p = \bar{y} + \dfrac{I_G}{A\bar{y}} = h + \dfrac{\dfrac{\pi R^4}{4}}{\pi R^2 h} = h + \dfrac{R^2}{4h}\,[\text{m}]$

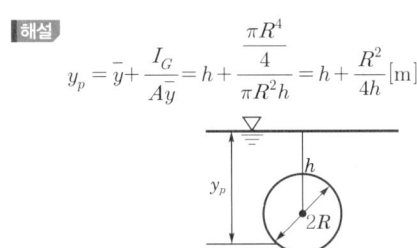

66 평판에서 층류경계층의 두께는 다음 중 어느 값에 비례하는가? (단, 여기서 x는 평판의 선단으로부터의 거리이다.)

① $x^{-\frac{1}{2}}$　② $x^{\frac{1}{4}}$
③ $x^{\frac{1}{7}}$　④ $x^{\frac{1}{2}}$

해설 $\delta = \dfrac{5x}{\sqrt{R_{ex}}} = \dfrac{5x}{\left(\dfrac{U_\infty x}{\nu}\right)^{\frac{1}{2}}} = x^{1-\frac{1}{2}} = x^{\frac{1}{2}}$

∴ 층류경계층의 두께(δ)는 평판 선단에서부터 잰 거리(x)의 1/2제곱에 비례한다 $\left(\delta \propto x^{\frac{1}{2}}\right)$.

67 냉동기 냉매의 일반적인 구비조건으로서 적합하지 않은 사항은?

① 임계온도가 높고, 응고온도가 낮을 것
② 증발열이 적고, 증기의 비체적이 클 것
③ 증기 및 액체의 점성이 작을 것
④ 부식성이 없고, 안정성이 있을 것

해설 냉매는 증발열(잠열)이 크고, 비체적이 작을 것

정답 61.① 62.① 63.④ 64.④ 65.③ 66.④ 67.②

68 냉동실에서의 흡수열량이 5냉동톤(RT)인 냉동기의 성능계수(COP)가 2, 냉동기를 구동하는 가솔린엔진의 열효율이 20%, 가솔린의 발열량이 43,000kJ/kg일 경우 냉동기 구동에 소요되는 가솔린의 소비율은 약 몇 kg/h인가? (단, 1냉동톤은 약 3.86kW이다.)

① 1.28kg/h   ② 2.54kg/h
③ 4.04kg/h   ④ 4.85kg/h

해설 ㉠ $(COP)_R = \dfrac{Q_e}{W_c} = \dfrac{3.86RT}{W_c}$

$\therefore W_c = \dfrac{3.86kW}{(COP)_R} = \dfrac{3.86 \times 5}{2} = 9.65\text{kW}$

㉡ $\eta = \dfrac{3,600\,W_c}{H_L m_f}$

$\therefore m_f = \dfrac{3,600\,W_c}{H_L \eta} = \dfrac{3,600 \times 9.65}{43,000 \times 0.2} = 4.04\text{kg/h}$

69 다음 그림과 같은 Rankine사이클의 열효율은 약 몇 %인가? (단, h_1=191.8kJ/kg, h_2=193.8kJ/kg, h_3=2799.5kJ/kg, h_4=2007.5kJ/kg이다.)

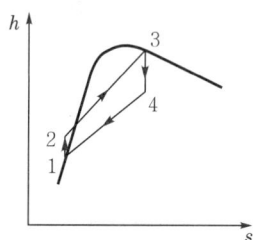

① 30.3%   ② 39.7%
③ 46.9%   ④ 54.1%

해설 $\eta_R = \dfrac{(h_3-h_4)-(h_2-h_1)}{h_3-h_2} \times 100\%$

$= \dfrac{(2799.5-2007.5)-(193.8-191.8)}{2799.5-193.8} \times 100\%$

$= 30.3\%$

70 2차원 속도장이 으로 주어질 때 (1, 2) 위치에서 가속도의 크기는 약 얼마인가?

① 4   ② 6
③ 8   ④ 10

해설 $\vec{a} = u\dfrac{\partial \vec{V}}{\partial x} + v\dfrac{\partial \vec{V}}{\partial y}$

$= y^2(-y\hat{j}) + (-xy)(2y\hat{i}-x\hat{j})$
$= -y^3\hat{j} - 2xy^2\hat{i} + x^2y\hat{j}$
$= -2xy^2\hat{i} + (x^2y - y^3)\hat{j}$
$= (-2 \times 1 \times 2^2)\hat{i} + (1^2 \times 2 - 2^3)\hat{j} = -8\hat{i} - 6\hat{j}$

$\therefore a = \sqrt{8^2+6^2} = 10\text{m/s}^2$

71 낙차가 100m이고 유량이 500m³/s인 수력발전소에서 얻을 수 있는 최대 발전용량은?

① 50kW   ② 50MW
③ 490kW   ④ 490MW

해설 최대 발전용량 $= \gamma_w QH$
$= 9.8 \times 500 \times 100$
$= 490,000\text{kW} = 490\text{MW}$

72 지름이 0.01m인 관내로 점성계수 0.005N·s/m², 밀도 800kg/m³인 유체가 1m/s의 속도로 흐를 때 이 유동의 특성은?

① 층류유동
② 난류유동
③ 천이유동
④ 위 조건으로는 알 수 없다.

해설 $Re = \dfrac{\rho V d}{\mu}$
$= \dfrac{800 \times 1 \times 0.01}{0.005}$
$= 1,600 < 2,100$ (층류유동)

73 공기 1kg을 t_1=10℃, P_1=0.1MPa, V_1=0.8m³ 상태에서 단열과정으로 t_2=167℃, P_2=0.7MPa까지 압축시킬 때 압축에 필요한 일량은 약 얼마인가? (단, 공기의 정압비열과 정적비열은 각각 1.0035kJ/kg·K, 0.7165kJ/kg·K이고, t는 온도, P는 압력, V는 체적을 나타낸다.)

① 112.5J
② 112.5kJ
③ 157.5J
④ 157.5kJ

정답 68. ③　69. ①　70. ④　71. ④　72. ①　73. ②

해설 $k = \dfrac{C_p}{C_v} = \dfrac{1.0035}{0.7165} = 1.4$

$\therefore {}_1W_2 = \dfrac{1}{k-1}mR(t_1 - t_2)$

$\qquad = \dfrac{1}{k-1}m(C_p - C_v)(t_1 - t_2)$

$\qquad = \dfrac{1}{1.4-1} \times 1 \times (1.0035 - 0.7165) \times (10 - 167)$

$\qquad ≒ -112.65 \text{kJ}$

74 압력(P)과 부피(V)의 관계가 'PV^k=일정하다'고 할 때 절대일(W_{12})과 공업일(W_t)의 관계로 옳은 것은?

① $W_t = kW_{12}$ ② $W_t = \dfrac{1}{k}W_{12}$

③ $W_t = (k-1)W_{12}$ ④ $W_t = \left(\dfrac{1}{k-1}\right)W_{12}$

해설 가역단열과정 시 공업일(W_t)은 절대일(W_{12})보다 비열비$\left(k = \dfrac{C_p}{C_v}\right)$만큼 더 크다.

$\therefore W_t = kW_{12} [\text{kJ}]$

75 물질의 양에 따라 변화하는 종량적 상태량(extensive property)은?

① 밀도   ② 체적
③ 온도   ④ 압력

해설 밀도(비질량), 온도, 압력 등은 물질의 양과 무관한 강도성(강도적) 상태량이고, 체적, 엔탈피, 엔트로피, 내부에너지 등은 물질의 양에 비례하는 종량적(종량성) 상태량이다.

76 물이 흐르는 어떤 관에서 압력이 120kPa, 속도가 4m/s일 때 에너지선(energy line)과 수력기울기선(hydraulic grade line)의 차이는 약 몇 cm인가?

① 41   ② 65
③ 71   ④ 82

해설 EL(에너지선)−HGL(수력기울기선)

$= \dfrac{P}{\gamma} + \dfrac{V^2}{2g} + Z - \left(\dfrac{P}{\gamma} + Z\right)$

$= \dfrac{V^2}{2g} = \dfrac{4^2}{2 \times 9.8} = 0.82\text{m} ≒ 82\text{cm}$

77 원관(pipe) 내에 유체가 완전발달한 층류유동일 때 유체유동에 관계한 가장 중요한 힘은 다음 중 어느 것인가?

① 관성력과 점성력
② 압력과 관성력
③ 중력과 압력
④ 표면장력과 점성력

해설 층류원관유동 시 중요시되는 무차원수는 레이놀즈수(Re) $= \dfrac{관성력}{점성력} = \dfrac{\rho Vd}{\mu} = \dfrac{Vd}{\nu} = \dfrac{4Q}{\pi d \nu}$이다.

78 다음 그림과 같은 밀폐된 탱크 안에 각각 비중이 0.7, 1.0인 액체가 채워져 있다. 여기서 각도 θ가 20°로 기울어진 경사관에서 3m 길이까지 비중 1.0인 액체가 채워져 있을 때 점 A의 압력과 점 B의 압력차이는 약 몇 kPa인가?

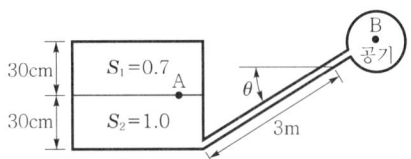

① 0.8   ② 2.7
③ 5.8   ④ 7.1

해설 $P_A + \gamma_1 h_1 = P_B + \gamma l \sin\theta$

$\therefore P_A - P_B = \gamma l \sin\theta - \gamma_1 h_1 = 9.8(S_2 l \sin\theta - S_1 h_1)$

$\qquad = 9.8 \times (1 \times 3 \times \sin 20° - 1 \times 0.3)$

$\qquad = 7.12 \text{kPa}$

79 분자량이 M이고 질량이 $2V$인 이상기체 A가 압력 P, 온도 T(절대온도)일 때 부피가 V이다. 동일한 질량의 다른 이상기체 B가 압력 $2P$, 온도 $2T$(절대온도)일 때 부피가 $2V$이면 이 기체의 분자량은 얼마인가?

① $0.5M$ ② M
③ $2M$ ④ $4M$

해설 완전가스상태방정식 $PV = mRT = m\dfrac{\overline{R}}{M}T$

$\dfrac{M'}{M} = \dfrac{m\overline{R}T'}{P'V'} \times \dfrac{PV}{m\overline{R}T} = \dfrac{2T}{2P \times 2V} \times \dfrac{PV}{T} = 0.5$

$\therefore M' = 0.5M$

80 단열된 가스터빈의 입구측에서 가스가 압력 2MPa, 온도 1,200K으로 유입되어 출구측에서 압력 100kPa, 온도 600K으로 유출된다. 5MW의 출력을 얻기 위한 가스의 질량유량은 약 몇 kg/s 인가? (단, 터빈의 효율은 100%이고, 가스의 정압 비열은 1.12kJ/kg · K이다.)

① 6.44 ② 7.44
③ 8.44 ④ 9.44

해설 $W_t = \dot{m} \Delta h = \dot{m} C_p (T_1 - T_2)$

$\therefore \dot{m} = \dfrac{W_t}{C_p (T_1 - T_2)} = \dfrac{5 \times 10^3}{1.12 \times (1,200 - 600)}$

$= 7.44 \text{kg/s}$

정답 80. ②

2025 제3회 복원문제

| 2025. 8. 23. 시행 |

제1과목 · 기계제도 및 설계

01 서피스모델을 임의의 평면으로 절단했을 때 어떤 도형으로 나타나는가?

① 선(line)
② 점(point)
③ 면(face)
④ 표면(surface)

해설 서피스모델(surface model)이란 와이어프레임모델이 선(line)으로 둘러싸인 부분을 면(face)으로 정의하는 방식이다.

02 다음 도면에서 ◎ $\phi0.08$ A-B 표시의 옳은 설명은?

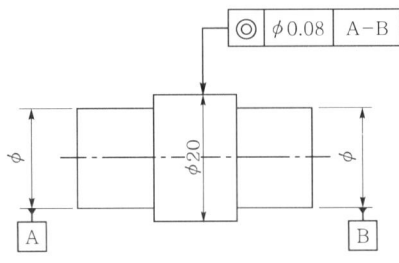

① 데이텀 A-B를 기준으로 흔들림공차가 지름 0.08mm의 원통 안에 있어야 한다.
② 데이텀 A-B를 기준으로 동심공차가 지름 0.08mm의 두 평면 안에 있어야 한다.
③ 데이텀 A-B를 기준으로 동축도공차가 지름 0.08mm의 원통 안에 있어야 한다.
④ 데이텀 A-B를 기준으로 원통도공차가 지름 0.08mm의 두 평면 안에 있어야 한다.

해설 ◎ $\phi0.08$ A-B 는 데이텀 A-B를 기준으로 동축도(동심도)공차가 지름 0.08mm의 원통 안에 있어야 한다.

03 도면을 접어서 사용하거나 보관하고자 할 때 앞부분에 나타내어 보이도록 하는 부분은?

① 부품번호가 있는 부분
② 표제란이 있는 부분
③ 조립도가 있는 부분
④ 도면이 그려지지 않은 뒷면

해설 도면을 접어서 보관할 때는 A4를 기준으로 하고 우측 하단의 표제란이 보이도록 해야 한다.

04 다음 그림과 같이 도형을 표시하는 투상도의 명칭은?

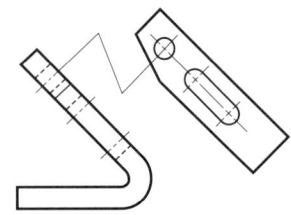

① 보조투상도   ② 부분투상도
③ 국부투상도   ④ 회전투상도

해설 경사면부가 대상물에서 그 경사면의 실형을 표시할 필요가 있는 경우에는 보조투상도를 사용한다.

05 끼워맞춤에서 최대 죔새를 구하는 방법은?

① 축의 최대 허용치수 - 구멍의 최소 허용치수
② 구멍의 최소 허용치수 - 축의 최대 허용치수
③ 구멍의 최대 허용치수 - 축의 최소 허용치수
④ 축의 최소 허용치수 - 구멍의 최대 허용치수

해설 끼워맞춤
㉠ 최대 죔새 = 축의 최대 허용치수 - 구멍의 최소 허용치수
㉡ 최소 죔새 = 축의 최소 허용치수 - 구멍의 최대 허용치수

정답 01.③ 02.③ 03.② 04.① 05.①

06 구멍치수가 $\phi 50^{+0.039}_{0}$ 이고 축치수가 $\phi 50^{-0.025}_{-0.050}$ 일 때 최소 틈새는?

① 0 ② 0.025
③ 0.050 ④ 0.089

해설 최소 틈새=구멍의 최소 허용치수−축의 최대 허용치수
$$=0-(-0.025)$$
$$=0.025$$

07 다음 기하공차 중에서 데이텀 없이 단독 형체로 적용되는 것은?

① 평행도 ② 진원도
③ 동심도 ④ 대칭도

해설 기하공차의 종류와 기호(KS B 0608)

적용하는 형체	공차의 종류		기호
단독 형체 (데이텀 불필요)	모양공차	진직도	—
		평면도	▱
		진원도	○
		원통도	⌭
단독 형체 또는 관련 형체		선의 윤곽도	⌒
		면의 윤곽도	⌓
관련 형체 (데이텀 필요)	자세공차	평행도	∥
		직각도	⊥
		경사도	∠
	위치공차	위치도	⊕
		동심도	◎
		대칭도	≡
	흔들림공차	원주흔들림	↗
		온흔들림	↗↗

08 다음과 같은 치수가 있을 경우 끼워맞춤의 종류로 맞는 것은?

구분	구멍	축
최대 허용치수	50.025	50.050
최소 허용치수	50.000	50.034

① 헐거운 끼워맞춤 ② 억지 끼워맞춤
③ 중간 끼워맞춤 ④ 상대 끼워맞춤

해설 억지 끼워맞춤
㉠ 구멍의 최대 치수가 축의 최소 치수보다 작은 경우이다.
㉡ 물려 있는 부품이나 반영구적인 곳에 적용된다.
㉢ 죔새가 발생한다.

09 치수 기입 중 치수의 배치방법이 아닌 것은?

① 누진치수 기입법
② 병렬치수 기입법
③ 가로치수 기입법
④ 좌표치수 기입법

해설 치수의 배치방법
㉠ 직렬치수 기입법
㉡ 병렬치수 기입법
㉢ 누진치수 기입법
㉣ 좌표치수 기입법

10 도면에서 표면상태를 줄무늬방향의 기호로 표시할 경우 R은 무엇을 뜻하는가?

① 가공에 의한 커터의 줄무늬방향이 투상면에 평행
② 가공에 의한 커터의 줄무늬방향이 레이디얼 모양
③ 가공에 의한 커터의 줄무늬방향이 동심원 모양
④ 가공에 의한 커터의 줄무늬방향이 경사지고 두 방향으로 교차

해설 ① 가공에 의한 커터의 줄무늬방향이 투상면에 평행 : =
③ 가공에 의한 커터의 줄무늬방향이 동심원 모양 : C
④ 가공에 의한 커터의 줄무늬방향이 경사지고 두 방향으로 교차 : X
[참고] • M : 가공에 의한 커터의 줄무늬가 여러 방향으로 교차 또는 무방향
• ⊥ : 가공에 의한 커터의 줄무늬방향이 기호를 기입한 그림의 투상면에 직각

정답 06. ② 07. ② 08. ② 09. ③ 10. ②

11 삼각나사에서 나사산각을 α, 삼각나사의 마찰계수를 μ라 할 때 상당마찰계수(μ')는?

① $\mu' = \dfrac{\mu}{\cos\alpha}$ ② $\mu' = \dfrac{\mu}{\sin\alpha}$

③ $\mu' = \dfrac{\mu}{\sin\dfrac{\alpha}{2}}$ ④ $\mu' = \dfrac{\mu}{\cos\dfrac{\alpha}{2}}$

해설 삼각나사의 상당마찰계수

$\mu' = \dfrac{\mu}{\cos\dfrac{\alpha}{2}}$

12 다음 중 일반적인 코터의 기울기는?

① $\dfrac{1}{5} \sim \dfrac{1}{10}$ ② $\dfrac{1}{20}$

③ $\dfrac{1}{50}$ ④ $\dfrac{1}{50} \sim \dfrac{1}{100}$

해설 코터의 기울기(경사각)
㉠ 일반적인 것 : $\dfrac{1}{20}$
㉡ 반영구적인 것 : $\dfrac{1}{100}$
㉢ 분해하기 쉬운 것 : $\dfrac{1}{5} \sim \dfrac{1}{10}$

13 리벳이음에서 리벳지름을 d, 피치를 p라 할 때 강판의 효율(η_t)은?

① $\eta_t = \left(1 - \dfrac{d}{p}\right) \times 100\%$

② $\eta_t = \left(1 + \dfrac{d}{p}\right) \times 100\%$

③ $\eta_t = \left(1 + \dfrac{p}{d}\right) \times 100\%$

④ $\eta_t = \left(1 - \dfrac{p}{d}\right) \times 100\%$

해설 ㉠ 강판의 효율(η_t) = $\left(1 - \dfrac{d}{p}\right) \times 100\%$

㉡ 리벳의 효율(η_s)
$= \dfrac{1\text{피치 내 리벳의 전단강도}}{1\text{피치 내 구멍이 없는 강판의 인장강도}} \times 100\%$
$= \dfrac{\tau \dfrac{\pi d^2}{4} n}{\sigma_t p t} = \dfrac{\tau \pi d^2 n}{4 \sigma_t p t} \times 100\%$

14 필릿용접이음에서 강판의 두께를 h, 하중을 W, 용접길이를 L이라 할 때 인장응력(σ_t) 계산식으로 바른 것은?

① $\sigma_t = \dfrac{W}{hL}$ ② $\sigma_t = \dfrac{0.707W}{hL}$

③ $\sigma_t = \dfrac{W}{0.707hL}$ ④ $\sigma_t = \dfrac{WL}{0.707h}$

해설 $\sigma_t = \dfrac{W}{A} = \dfrac{W}{hL}$ [MPa]

15 2개의 축이 평행하고 그 축의 중심선의 위치가 약간 어긋났을 경우 각속도의 변화 없이 회전동력을 전달시키려고 할 때 사용되는 가장 적합한 커플링은?

① 플랜지커플링 ② 올덤커플링
③ 플렉시블커플링 ④ 유니버설커플링

해설 올덤커플링
㉠ 2개의 축이 평행하고 축의 중심선의 위치가 약간 어긋났을 때 각속도의 변화 없이 회전력을 전달시키기 위한 커플링이다.
㉡ 각속도비가 일정하지만 원판의 마찰이 크고 윤활이 어렵고 질량이 커서 진동이 발생하기 쉬우므로 고속회전에는 부적당하다.

16 볼베어링에 있어서 계산수명을 L_n, 기본부하용량을 C, 베어링에 걸리는 하중을 P라 할 때 다음 중 옳은 것은?

① $L_n = \left(\dfrac{C}{P}\right)^3 \times 10^6$

② $L_n = \left(\dfrac{P}{C}\right)^3 \times 10^6$

③ $L_n = \left(\dfrac{P}{C}\right)^{\frac{10}{3}} \times 10^6$

④ $L_n = \left(\dfrac{C}{P}\right)^{\frac{10}{3}} \times 10^6$

해설 베어링의 수명 $L_n = \left(\dfrac{C}{P}\right)^\gamma \times 10^6$

여기서, γ : 베어링지수(볼베어링은 3, 롤러베어링은 10/3)

정답 11. ④ 12. ② 13. ① 14. ① 15. ② 16. ①

[참고] 수명시간(L_h)
- 볼베어링 : $L_h = 500 f_h^3$
- 롤러베어링 : $L_h = 500\left(f_h \dfrac{C}{P}\right)^{\frac{10}{3}}$

여기서, f_h : 수명계수$\left(= f_n \dfrac{C}{P} = \sqrt[3]{\dfrac{L_h}{500}}\right)$

f_n : 속도계수$\left(= \dfrac{\sqrt[3]{33.3}}{N}\right)$

17 배빗메탈의 주성분은 어느 것인가?
① Sn-Sb-Cu ② Sn-Pb-Zn
③ Sn-Zn-Cu ④ Cu-Pb-Si

해설 배빗메탈은 주성분이 Sn-Sb-Cu인 주석계 화이트 메탈로서, 주로 베어링의 부시메탈로 이용된다.

18 다음 설명 중 틀린 것은?
① 지름피치는 모듈의 역수이다.
② 모듈이 클수록 잇수가 커진다.
③ 지름피치가 적을수록 이가 커진다.
④ 원주피치가 적을수록 잇수는 적어진다.

해설 원주피치가 클수록 잇수가 적어진다.
$P = \dfrac{\pi D}{Z}$

19 한 쌍의 헬리컬기어에서 잇수를 각각 Z_1, Z_2, 치직각모듈을 m_n, 비틀림각을 β라 할 때 중심거리 C를 나타내는 식은?
① $C = \dfrac{\cos\beta(Z_1 + Z_2)}{3m_n}$
② $C = \dfrac{m_n(Z_1 + Z_2)}{2\cos\beta}$
③ $C = \dfrac{2m_n \cos\beta}{Z_1 + Z_2}$
④ $C = \dfrac{3Z_1 m_n}{Z_2 \cos\beta}$

해설 $C = \dfrac{m_n(Z_1 + Z_2)}{2\cos\beta} = \dfrac{D_{s1} + D_{s2}}{2} = \dfrac{m_s(Z_1 + Z_2)}{2}$ [mm]

20 브레이크용량을 표시하는 식은?
① 마찰계수×속도변화율
② 마찰계수×압력×속도
③ 압력계수×속도
④ 마찰력×속도계수

해설 브레이크용량이란 브레이크의 단위시간, 단위면적당 일량을 말한다.
브레이크용량=$\mu q v$
=마찰계수×허용압력속도계수
=마찰계수×압력×속도[N/mm² · m/s]

제2과목 · 기계재료 및 제작

21 호브 절삭날의 나사를 여러 줄로 한 것으로 거친 절삭에 주로 쓰이는 호브는?
① 다줄호브   ② 단체호브
③ 조립호브   ④ 초경호브

해설 다줄호브는 호브 절삭날의 나사를 여러 줄로 한 것으로 거친 절삭에 주로 쓰이는 호브로서 절삭가공의 생산성이 높다.

22 다음 그림은 3성분계를 표시하는 다이어그램이다. X합금에 속하는 B의 성분은?

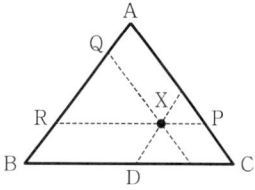

① $\overline{XD}$이다.   ② $\overline{XR}$이다.
③ $\overline{XQ}$이다.   ④ $\overline{XP}$이다.

해설 3원합금의 농도표시법
㉠ Gibb's의 농도표시법 : 삼각형 내 점의 높이로 표시한다.
㉡ Rooseboom의 농도표시법 : 삼각형 변의 길이로 표시한다. 3성분계 X조성에서 B성분의 양은 $\overline{XP}$, A성분의 양은 $\overline{XD}$, C성분의 양은 $\overline{XQ}$이다.

정답 17. ① 18. ④ 19. ② 20. ② 21. ① 22. ④

23 전기저항용접 중 맞대기용접의 종류가 아닌 것은?

① 업셋용접
② 퍼커션용접
③ 플래시용접
④ 프로젝션용접

해설 ㉠ 겹치기용접 : 점(spot)용접, 심(seam)용접, 프로젝션(projection)용접 등
㉡ 맞대기용접 : 플래시(flash)용접, 버트(butt)용접, 퍼커션(percussion)용접 등

24 플러그게이지에 대한 설명으로 옳은 것은?

① 진원도도 검사할 수 있다.
② 통과측이 통과되지 않을 경우는 기준구멍보다 큰 구멍이다.
③ 플러그게이지는 치수공차의 합격 유무만을 검사할 수 있다.
④ 정지측이 통과할 때에는 기준구멍보다 작고, 통과측보다 마멸이 심하다.

해설 플러그게이지(plug gauge)는 구멍용 한계게이지로서 보통 링게이지와 한 조로 되어 있다. 직접 공작품의 구멍이나 지름을 검사하는 데 사용하며 치수공차의 합격 유무만을 검사할 수 있다.

25 다음 중 비중이 가장 큰 금속은?

① Fe ② Al
③ Pb ④ Cu

해설 비중의 크기순서 : Pb(11.36)>Cu(8.96)>Fe(7.87)>Al(2.7)

26 허용동력이 3.6kW인 선반의 출력을 최대한으로 이용하기 위하여 취할 수 있는 허용 최대 절삭 면적은 몇 mm²인가? (단, 경제적 절삭속도는 120m/min을 사용하며, 피삭재의 비절삭저항이 45kgf/mm², 선반의 기계효율이 0.80이다.)

① 3.26 ② 6.26
③ 9.26 ④ 12.26

해설 $kW = \dfrac{FV}{\eta_m} = \dfrac{\tau A V}{\eta_m}$ [kW]

$\therefore A = \dfrac{\eta_m kW}{\tau V} = \dfrac{0.8 \times 3.6 \times 10^3}{(45 \times 9.8) \times \dfrac{120}{60}} = 3.26 \, mm^2$

27 래핑다듬질에 대한 특징 중 틀린 것은?

① 내식성이 증가된다.
② 마멸성이 증가된다.
③ 윤활성이 좋게 된다.
④ 마찰계수가 적어진다.

해설 래핑(lapping)
마모현상을 기계가공에 응용한 것으로, 그 기본은 마모이며 일반적으로 공작물과 랩공구 사이에 미분말상태의 랩제와 윤활제를 넣어 이들 사이에 상대운동을 시켜 표면을 매끈하게 가공하는 방법이다.
㉠ 다듬질면이 매끈하고 유리면을 얻을 수 있다.
㉡ 정밀도가 높은 제품을 만들 수 있다.
㉢ 윤활성이 좋게 된다.
㉣ 마찰계수가 적어진다.
㉤ 내식성 및 내마모성이 증가된다.

28 면심입방격자(FCC)금속의 원자수는?

① 2 ② 4
③ 6 ④ 8

해설 면심입방격자(FCC)금속의 원자수는 4개이다. 즉 1/2개짜리가 6면에 있으며 1/8개짜리가 8꼭지에 존재하므로 원자수가 각각 3개와 1개로 총 4개가 존재한다.

29 다이에 아연, 납, 주석 등의 연질금속을 넣고 제품형상의 펀치로 타격을 가하여 길이가 짧은 치약튜브, 약품튜브 등을 제작하는 압출방법은?

① 간접압출 ② 열간압출
③ 직접압출 ④ 충격압출

해설 충격압출(impact extruding)은 다이에 아연, 납, 주석 등의 연질금속을 넣고 제품형상의 펀치로 타격을 가하여 길이가 짧은 치약튜브, 약품튜브 등을 제작하는 압출방법이다.

정답 23.④ 24.③ 25.③ 26.① 27.② 28.② 29.④

30 단조에 관한 설명 중 틀린 것은?

① 열간단조에는 콜드헤딩, 코이닝, 스웨이징이 있다.
② 자유단조는 앤빌 위에 단조물을 고정하고 해머로 타격하여 필요한 형상으로 가공한다.
③ 형단조는 제품의 형상을 조형한 한 쌍의 다이 사이에 가열한 소재를 넣고 타격이나 높은 압력을 가하여 제품을 성형한다.
④ 업셋단조는 가열된 재료를 수평틀에 고정하고 한쪽 끝을 돌출시키고 돌출부를 축방향으로 압축하여 성형한다.

해설 **단조(forging)**
㉠ 가열한 금속에 프레스나 해머 등으로 힘을 가해 소성변형으로 성형하는 것을 말한다.
㉡ 종류
  • 열간단조 : 해머단조, 프레스단조, 업셋단조, 압연단조
  • 냉간단조 : 콜드헤딩, 코이닝(coining), 스웨이징
  • 형단조(die forging)

31 빌트 업 에지(built up edge)의 크기를 좌우하는 인자에 관한 설명으로 틀린 것은?

① 절삭속도 : 고속으로 절삭할수록 빌트 업 에지는 감소된다.
② 칩두께 : 칩두께를 감소시키면 빌트 업 에지의 발생이 감소한다.
③ 윗면경사각 : 공구의 윗면경사각이 클수록 빌트 업 에지는 커진다.
④ 칩의 흐름에 대한 저항 : 칩의 흐름에 대한 저항이 클수록 빌트 업 에지는 커진다.

해설 **구성인선(built up edge) 방지법**
㉠ 공구(bite)의 윗면경사각을 크게 할 것
㉡ 절삭속도를 크게 할 것(120m/min 이상)
㉢ 절삭깊이를 적게 할 것
㉣ 절삭성(윤활성)이 좋은 절삭유를 사용할 것
㉤ 절삭공구의 인선을 예리하게 할 것
㉥ 마찰계수가 적은 절삭공구를 사용할 것

32 음영으로 표시한 입방격자면의 밀러지수는?

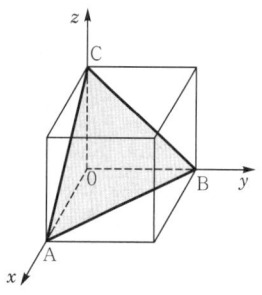

① (100) ② (010)
③ (110) ④ (111)

해설 밀러지수(miller index)는 금속원자의 결정면 혹은 방향을 표시하는 방법으로, 제시된 그림의 좌표값은 (111)을 나타낸다.

33 피복아크용접에서 피복제의 주된 역할이 아닌 것은?

① 용착효율을 높인다.
② 아크를 안정하게 한다.
③ 질화를 촉진한다.
④ 스패터를 적게 발생시킨다.

해설 피복제의 역할 중 하나는 용접부와 공기를 차단해준다는 것이다. 따라서 공기 중에 있는 산소와 질소에 의한 영향을 차단하므로 산화 및 질화를 방지한다.

34 테르밋용접(thermit welding)의 일반적인 특징으로 틀린 것은?

① 전력소모가 크다.
② 용접시간이 비교적 짧다.
③ 용접작업 후의 변형이 작다.
④ 용접작업장소의 이동이 쉽다.

해설 **테르밋용접**
㉠ 산화철과 Al_2O_3(알루미늄분말)을 3 : 1로 배합한 테르밋을 용접부에 점화하면 3,000℃ 정도의 고열을 발생시켜 용접하는 방식이다.
㉡ 특징으로는 용접작업이 단순하고 기구가 간단하며 작업 후 변형이 적고 용접시간이 짧다. 이때 전력은 필요로 하지 않는다. 반응은 30~120초 사이에 완료된다.
㉢ 레일접합에 많이 사용한다.

정답 30. ① 31. ③ 32. ④ 33. ③ 34. ①

35 Ni-Fe합금으로 불변강이라 불리는 것이 아닌 것은?

① 인바 ② 엘린바
③ 콘스탄탄 ④ 플래티나이트

해설 콘스탄탄이란 Cu(55%)-Ni(45%)이 함유된 합금(alloy)으로서 전기저항이 크고 온도계수가 적으며 전기저항선, 열전쌍재료로 사용한다.

36 기계부품, 식기, 전기저항선 등을 만드는 데 사용되는 양은의 성분으로 적절한 것은?

① Al의 합금
② Ni과 Ag의 합금
③ Zn과 Sn의 합금
④ Cu, Zn 및 Ni의 합금

해설 양은(new silver)은 구리(Cu)에 아연(Zn) 15~30%, 니켈(Ni) 10~20%을 넣은 합금으로 기계부품, 식기, 장식품, 악기 등에 쓰인다.

37 주조에 사용되는 주물사의 구비조건으로 옳지 않는 것은?

① 통기성이 좋을 것
② 내화성이 적을 것
③ 주형제작이 용이할 것
④ 주물표면에서 이탈이 용이할 것

해설 주물사의 구비조건
㉠ 통기성이 좋을 것
㉡ 내화성이 클 것
㉢ 주형제작이 용이할 것(쉬울 것)
㉣ 주물표면에서 이탈이 용이할 것

38 기계태엽, 정밀계측기, 다이얼게이지 등을 만드는 재료로 가장 적합한 것은?

① 인청동 ② 엘린바
③ 미하나이트 ④ 애드미럴티

해설 엘린바(elinvar)는 실온 부근에서 온도변화가 있더라도 탄성계수가 변화하지 않는 Fe+36% Ni+12% Cr합금으로 기계태엽, 정밀계측기, 전자기장치, 다이얼게이지 등에 널리 사용되는 재료이다.

39 선반에서 주분력이 1.8kN, 절삭속도가 150m/min일 때 절삭동력은 약 몇 kW인가?

① 4.5 ② 6
③ 7.5 ④ 9

해설 절삭동력 $= Fv = 1.8 \times \dfrac{150}{60} = 4.5$ kN·m/s ($=$ kW)

40 다음 중 자유단조에 속하지 않는 것은?

① 업세팅(up-setting)
② 블랭킹(blanking)
③ 늘리기(drawing)
④ 굽히기(bending)

해설 블랭킹은 전단가공에 속한다.
[참고] 단조가공(forging)은 재료를 기계나 해머로 두들겨 성형하는 가공으로 조직을 미세화시키고 균질상태로 성형하며 자유단조와 형단조가 있다.
㉠ 자유단조 : 절단, 늘리기, 넓히기, 굽히기, 압축, 구멍뚫기, 비틀림, 단짓기 등
㉡ 형단조(금형을 사용하여 가공하는 방법) : 균일한 제품을 빠르게 대량생산하는 장점이 있으나 금형의 가격이 비싸다.

제3과목·구조 해석

41 재료시험에서 연강재료의 세로탄성계수가 210GPa로 나타났을 때 푸아송비(ν)가 0.303이면 이 재료의 전단탄성계수 G는 몇 GPa인가?

① 8.05 ② 10.51
③ 35.21 ④ 80.58

해설 $G = \dfrac{mE}{2(m+1)} = \dfrac{E}{2(1+\nu)} = \dfrac{210}{2 \times (1+0.303)} = 80.58$ GPa

42 반지름 r인 원형 단면의 단순보에 전단력 F가 가해졌다면, 이때 단순보에 발생하는 최대 전단응력은?

① $\dfrac{2F}{3\pi r^2}$ ② $\dfrac{2F}{2\pi r^2}$
③ $\dfrac{4F}{3\pi r^2}$ ④ $\dfrac{5F}{3\pi r^2}$

정답 35.③ 36.④ 37.② 38.② 39.① 40.② 41.④ 42.③

해설 $\tau_{max} = \dfrac{4F}{3A} = \dfrac{4F}{3\pi r^2}$ [MPa]

43 전단력 10kN이 작용하는 지름 10cm인 원형 단면의 보에서 그 중립축 위에 발생하는 최대 전단응력은 약 몇 MPa인가?

① 1.3　　② 1.7
③ 130　　④ 170

해설 $\tau_{max} = \dfrac{4F}{3A} = \dfrac{4\times 10 \times 10^3}{3\times \pi \times 50^2} \fallingdotseq 1.7 \text{N/mm}^2 (= \text{MPa})$

44 다음 그림과 같이 하중을 받는 보에서 전단력의 최대값은 약 몇 kN인가?

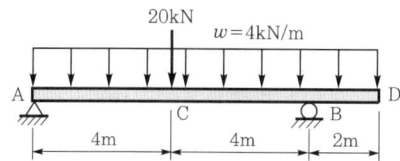

① 11kN　　② 25kN
③ 27kN　　④ 35kN

해설 $\sum M_B = 0$
$R_A \times 8 - 20 \times 4 + 8 \times 1 - 32 \times 4 = 0$
$\therefore R_A = 25\text{kN}$
$R_B = 60 - R_A = 60 - 25 = 35\text{kN}$
$\therefore F_{max} = -8 + R_B = -8 + 35 = 27\text{kN}$

45 어떤 직육면체에서 x방향으로 40MPa의 압축응력이 작용하고 y방향과 z방향으로 각각 10MPa씩 압축응력이 작용한다. 이 재료의 세로탄성계수는 100GPa, 푸아송비는 0.25, x방향 길이는 200mm일 때 x방향 길이의 변화량은?

① -0.07mm　　② 0.07mm
③ -0.085mm　　④ 0.085mm

해설 $\varepsilon_x = -\dfrac{\sigma_x}{E} + \dfrac{\sigma_y}{mE} + \dfrac{\sigma_z}{mE}$

$\dfrac{\lambda_x}{l_x} = \dfrac{1}{E}(-\sigma_x + \mu\sigma_y + \mu\sigma_z)$

$\therefore \lambda_x = \dfrac{l_x}{E}(-\sigma_x + \mu\sigma_y + \mu\sigma_x)$

$= \dfrac{200}{100\times 10^3} \times (-40 + 0.25 \times 10 + 0.25 \times 10)$

$= -0.07\text{mm}$

46 다음 그림과 같이 분포하중이 작용할 때 최대 굽힘모멘트가 일어나는 곳은 보의 좌측으로부터 얼마나 떨어진 곳에 위치하는가?

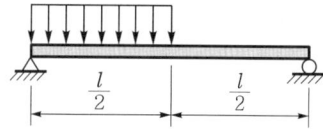

① $\dfrac{1}{4}l$　　② $\dfrac{3}{8}l$
③ $\dfrac{5}{12}l$　　④ $\dfrac{7}{16}l$

해설 ㉠ $R_A \times l - w \times \dfrac{1}{2} \times \left(\dfrac{l}{4} + \dfrac{l}{2}\right) = 0$

$\therefore R_A = \dfrac{3wl}{8}$

㉡ $F_x = R_A - wx = 0$

$\dfrac{3wl}{8} - wx = 0$

$\therefore x = \dfrac{3}{8}l$

47 다음 그림과 같이 원형 단면의 원주에 접하는 x-x축에 관한 단면 2차 모멘트는?

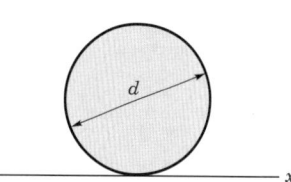

① $\dfrac{\pi d^4}{32}$　　② $\dfrac{\pi d^4}{64}$
③ $\dfrac{3\pi d^4}{64}$　　④ $\dfrac{5\pi d^4}{64}$

해설 평행축정리 적용

$I_{x-x} = I_G + Ab^2 = \dfrac{\pi d^4}{64} + \dfrac{\pi d^2}{4}\left(\dfrac{d}{2}\right)^2 = \dfrac{5}{64}\pi d^4 [\text{m}^4]$

정답　43. ②　44. ③　45. ①　46. ②　47. ④

48 다음 그림과 같은 단순보에서 보 중앙의 처짐으로 옳은 것은? (단, 보의 굽힘강성 EI는 일정하고, M_o는 모멘트, l은 보의 길이이다.)

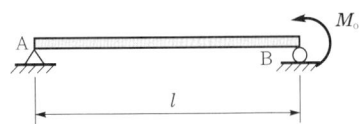

① $\dfrac{M_o l^2}{16EI}$ ② $\dfrac{M_o l^2}{48EI}$

③ $\dfrac{M_o l^2}{120EI}$ ④ $\dfrac{5M_o l^2}{384EI}$

[해설] $\delta_c = \dfrac{M_o l^2}{16EI}[\text{cm}]$, $\theta_A = \dfrac{M_o l}{6EI}[\text{rad}]$, $\theta_B = -\dfrac{M_o l}{3EI}[\text{rad}]$,

$y_{\max} = \dfrac{M_o l^2}{9\sqrt{3}\,EI}[\text{cm}]$

[참고] 우력(M_o)이 작용하는 쪽의 처짐각은 항상 $\theta = \dfrac{M_o l}{3EI}[\text{rad}]$이다.

49 다음 그림과 같이 강선이 천장에 매달려 100kN의 무게를 지탱하고 있을 때 AC강선이 받고 있는 힘은 약 몇 kN인가?

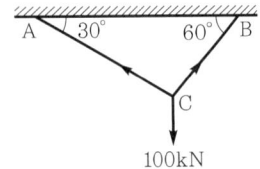

① 30 ② 40
③ 50 ④ 60

[해설] $\dfrac{100}{\sin 90°} = \dfrac{T_{AC}}{\sin 150°} = \dfrac{T_{BC}}{\sin 120°}$

$\therefore T_{AC} = 100 \times \dfrac{\sin 150°}{\sin 90°} = 50\text{kN}$

50 다음 그림과 같은 직사각형 단면을 갖는 단순지지보에 3kN/m의 균일분포하중과 축방향으로 50kN의 인장력이 작용할 때 단면에 발생하는 최대 인장응력은 약 몇 MPa인가?

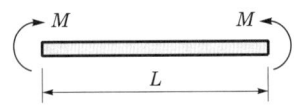

① 0.67 ② 3.33
③ 4 ④ 7.33

[해설] $M_{\max} = \dfrac{wl^2}{8} = \dfrac{3 \times 2,000^2}{8} = 1,500,000\,\text{N}\cdot\text{mm}$

$\therefore \sigma_{\max} = \sigma_t + \sigma_b = \dfrac{P}{A} + \dfrac{M_{\max}}{Z}$

$= \dfrac{P}{bh} + \dfrac{6M_{\max}}{bh^2} = \dfrac{1}{bh}\left(P + \dfrac{6M_{\max}}{h}\right)$

$= \dfrac{1}{100 \times 150} \times \left(50,000 + \dfrac{6 \times 1,500,00}{150}\right)$

$= 7.33\,\text{MPa}$

51 탄성(elasticity)에 대한 설명으로 옳은 것은?
① 물체의 변형률을 표시하는 것
② 물체에 작용하는 외력의 크기
③ 물체에 영구변형을 일어나게 하는 성질
④ 물체에 가해진 외력이 제거되는 동시에 원형으로 되돌아가려는 성질

[해설] 탄성이란 물체에 가해진 외력이 제거되는 동시에 원형으로 되돌아가려는 성질을 말한다.

52 길이가 L인 균일 단면막대기에 굽힘모멘트 M이 다음 그림과 같이 작용하고 있을 때 막대에 저장된 탄성변형에너지는? (단, 막대기의 굽힘강성 EI는 일정하고, 단면적은 A이다.)

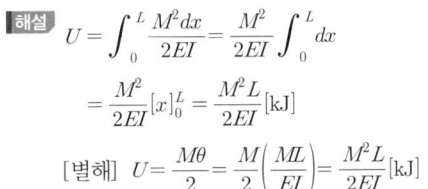

① $\dfrac{M^2 L}{2AE^2}$ ② $\dfrac{L^3}{4EI}$

③ $\dfrac{M^2 L}{2AE}$ ④ $\dfrac{M^2 L}{2EI}$

[해설] $U = \displaystyle\int_0^L \dfrac{M^2 dx}{2EI} = \dfrac{M^2}{2EI}\int_0^L dx$

$= \dfrac{M^2}{2EI}[x]_0^L = \dfrac{M^2 L}{2EI}[\text{kJ}]$

[별해] $U = \dfrac{M\theta}{2} = \dfrac{M}{2}\left(\dfrac{ML}{EI}\right) = \dfrac{M^2 L}{2EI}[\text{kJ}]$

53 지름 3cm인 강축이 26.5rev/s의 각속도로 26.5kW 의 동력을 전달하고 있다. 이 축에 발생하는 최대 전단응력은 약 몇 MPa인가?

① 30 ② 40
③ 50 ④ 60

해설
$T = 9.55 \times 10^3 \dfrac{kW}{N} = 9.55 \times 10^3 \times \dfrac{26.5}{26.5 \times 60}$
$= 159.17 \text{N} \cdot \text{m} = 159.17 \times 10^3 \text{N} \cdot \text{mm}$
$\therefore \tau = \dfrac{T}{Z_P} = \dfrac{16T}{\pi d^3} = \dfrac{16 \times 159.17 \times 10^3}{\pi \times 30^3} = 30 \text{MPa}$

54 다음 그림과 같이 A, B의 원형 단면봉은 길이가 같고 지름이 다르며 양단에서 같은 압축하중 P를 받고 있다. 응력은 각 단면에서 균일하게 분포된다고 할 때 저장되는 탄성변형에너지의 비 $\dfrac{U_B}{U_A}$는 얼마가 되겠는가?

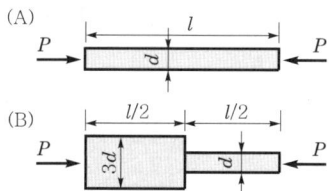

① $\dfrac{1}{3}$ ② $\dfrac{5}{9}$
③ 2 ④ $\dfrac{9}{5}$

해설
$U_A = \dfrac{P^2 l}{2EA} = \dfrac{4P^2 l}{2E\pi d^2} [\text{kJ}]$

$U_B = \dfrac{4P^2 \left(\dfrac{l}{2}\right)}{2E\pi d^2} + \dfrac{4P^2 \left(\dfrac{l}{2}\right)}{2E\pi (3d)^2} = \dfrac{4P^2 l}{2E\pi d^2}\left(\dfrac{1}{2} + \dfrac{1}{18}\right)$
$= \dfrac{4P^2 l}{2E\pi d^2}\left(\dfrac{10}{18}\right)[\text{kJ}]$

$\therefore \dfrac{U_B}{U_A} = \dfrac{10}{18} = \dfrac{5}{9}$

55 다음 단면에서 도심의 y축좌표는 얼마인가?

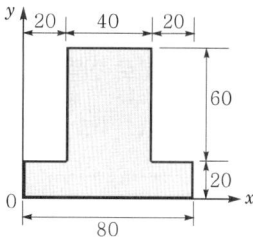

① 30 ② 34
③ 40 ④ 44

해설
$G_X = \displaystyle\int_A y dA = A\bar{y}[\text{cm}^3]$

$\therefore \bar{y} = \dfrac{G_X}{A} = \dfrac{\int_A y dA}{A} = \dfrac{A_1 \bar{y_1} + A_2 \bar{y_2}}{A_1 + A_2}$
$= \dfrac{1,600 \times 10 + 2,400 \times 50}{1,600 + 2,400} = 34 \text{cm}$

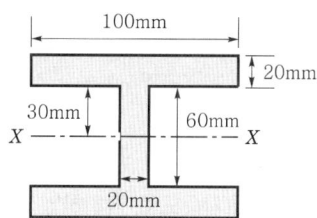

56 다음 단면의 도심축($X-X$)에 대한 관성모멘트는 약 몇 m⁴인가?

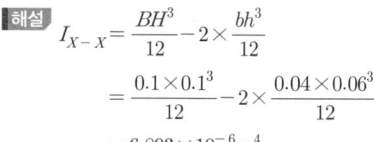

① 3.627×10^{-6} ② 4.267×10^{-7}
③ 4.933×10^{-7} ④ 6.893×10^{-6}

해설
$I_{X-X} = \dfrac{BH^3}{12} - 2 \times \dfrac{bh^3}{12}$
$= \dfrac{0.1 \times 0.1^3}{12} - 2 \times \dfrac{0.04 \times 0.06^3}{12}$
$= 6.893 \times 10^{-6} \text{m}^4$

정답 53. ① 54. ② 55. ② 56. ④

57 질량 m인 기계가 강성계수 $k/2$인 2개의 스프링에 의해 바닥에 지지되어 있다. 바닥이 $y = 6\sin\sqrt{\dfrac{4k}{m}}\,t$[mm]로 진동하고 있다면 기계의 진폭은 얼마인가? (단, t는 시간이다.)

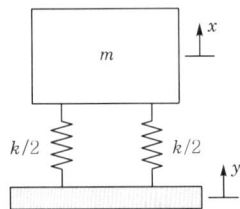

① 1mm   ② 2mm
③ 3mm   ④ 6mm

[해설] $\gamma = \dfrac{\omega}{\omega_r} = \dfrac{\sqrt{\dfrac{4k}{m}}}{\sqrt{\dfrac{k}{m}}} = 2$

$\therefore 진폭(X) = \dfrac{X_o}{\gamma^2-1} = \dfrac{6}{2^2-1} = 2\text{mm}$

58 스프링으로 지지되어 있는 질량의 정적처짐이 0.5cm일 때 이 진동계의 고유진동수는 몇 Hz인가?

① 3.53   ② 7.05
③ 14.09 ④ 21.15

[해설] $f_n = \dfrac{1}{2\pi}\sqrt{\dfrac{g}{\delta_{st}}} = \dfrac{1}{2\pi}\sqrt{\dfrac{980}{0.5}} = 7.05\,\text{Hz}$

59 질량 70kg인 군인이 고공에서 낙하산을 펼치고 10m/s의 초기속도로 낙하하였다. 공기의 저항이 350N일 때 20m 낙하한 후의 속도는 약 몇 m/s인가?

① 16.4m/s   ② 17.1m/s
③ 18.9m/s   ④ 20.0m/s

[해설] $\sum F_y = ma_y$
$mg - 350 = ma_y$
$\therefore a_y = \dfrac{mg-350}{m} = \dfrac{70\times 9.8 - 350}{70} = 4.8\,\text{m/s}^2$

$2a_y s = v_2^2 - v_1^2$
$2\times 4.8 \times 20 = v_2^2 - 10^2$
$\therefore v_2 ≒ 17.1\,\text{m/s}$

60 스프링으로 지지되어 있는 어떤 물체가 매분 60회 반복하면서 상하로 진동한다. 만약 조화운동으로 움직인다면 이 진동수를 rad/s단위와 Hz단위로 옳게 나타낸 것은?

① 6.28rad/s, 0.5Hz
② 6.28rad/s, 1Hz
③ 12.56rad/s, 0.5Hz
④ 12.56rad/s, 1Hz

[해설] $\omega = \dfrac{2\pi N}{60} = \dfrac{2\pi \times 60}{60} = 2\pi = 6.28\,\text{rad/s}$

$\therefore f = \dfrac{\omega}{2\pi} = \dfrac{2\pi}{2\pi} = 1\,\text{Hz(CPS)}$

제4과목 · 열 · 유체 해석

61 기체가 열량 80kJ을 흡수하여 외부에 대하여 20kJ의 일을 하였다면 내부에너지변화는 몇 kJ인가?

① 20   ② 60
③ 80   ④ 100

[해설] $_1Q_2 = (U_2 - U_1) + _1W_2\,[\text{kJ}]$
$\therefore U_2 - U_1 = {_1Q_2} - {_1W_2} = 80 - 20 = 60\,\text{kJ}$

62 온도 600℃의 구리 7kg을 8kg의 물속에 넣어 열적평형을 이룬 후 구리와 물의 온도가 64.2℃가 되었다면 물의 처음 온도는 약 몇 ℃인가? (단, 이 과정 중 열손실은 없고, 구리의 비열은 0.386kJ/kg·K이며, 물의 비열은 4.184kJ/kg·K이다.)

① 6   ② 15
③ 21   ④ 84

[해설] 구리의 방열량 = 물의 흡열량
$7 \times 0.386 \times (600 - 64.2) = 8 \times 4.184 \times (64.2 - t_1)$
$\therefore t_1 ≒ 21℃$

정답 57. ② 58. ② 59. ② 60. ② 61. ② 62. ③

63 내부에너지가 40kJ, 절대압력이 200kPa, 체적이 0.1m³, 절대온도가 300K인 계의 엔탈피는 약 몇 kJ인가?

① 42 ② 60
③ 80 ④ 240

해설 $H = U + mRT = U + pV$
$= 40 + 200 \times 0.1 = 60\,\text{kJ}$

64 물제트가 연직하방향으로 떨어지고 있다. 높이 12m 지점에서의 제트지름은 5cm, 속도는 24m/s였다. 높이 4.5m 지점에서의 물제트의 속도는 약 몇 m/s인가? (단, 손실수두는 무시한다.)

① 53.9 ② 42.7
③ 35.4 ④ 26.9

해설 $\dfrac{P_1}{\gamma} + \dfrac{V_1^2}{2g} + z_1 = \dfrac{P_2}{\gamma} + \dfrac{V_2^2}{2g} + z_2$
$P_1 = P_2 = P_0 = 0$이므로
$\dfrac{24^2}{2 \times 9.8} + 7.5 = \dfrac{V_2^2}{2 \times 9.8}$
$\therefore V_2 \fallingdotseq 26.9\,\text{m/s}$

65 다음과 같은 수평으로 놓인 노즐이 있다. 노즐의 입구는 면적이 0.1m²이고, 출구의 면적은 0.02m²이다. 정상, 비압축성이며 점성의 영향이 없다면 출구의 속도가 50m/s일 때 입구와 출구의 압력차($P_1 - P_2$)는 약 몇 kPa인가? (단, 이 공기의 밀도는 1.23kg/m³이다.)

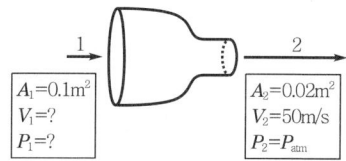

① 1.48 ② 14.8
③ 2.96 ④ 29.6

해설 ㉠ $Q = A_1 V_1 = A_2 V_2 \,[\text{m}^3/\text{s}]$
$\therefore V_1 = V_2 \left(\dfrac{A_2}{A_1}\right) = 50 \times \dfrac{0.02}{0.1} = 10\,\text{m/s}$

㉡ $\dfrac{P_1}{\rho_1} + \dfrac{V_1^2}{2} = \dfrac{P_2}{\rho_2} + \dfrac{V_2^2}{2}$
$\therefore P_1 - P_2 = \dfrac{\rho}{2}(V_2^2 - V_1^2) = \dfrac{1.23}{2} \times (50^2 - 10^2)$
$= 1,476\,\text{Pa} \fallingdotseq 1.48\,\text{kPa}$

66 다음 중 수력기울기선(Hydraulic Grade Line)은 에너지구배선(Energy Line)에서 어떤 것을 뺀 값인가?

① 위치수두값
② 속도수두값
③ 압력수두값
④ 위치수두와 압력수두를 합한 값

해설 수력기울기선(HGL) $= \dfrac{P}{\gamma} + z$
$=$ 에너지구배선(EL) $- \dfrac{v^2}{2g}$
∴ 수력기울기선은 에너지구배선보다 항상 속도수두만큼 아래에 있다.

67 공기 1kg을 정적과정으로 40℃에서 120℃까지 가열하고, 다음에 정압과정으로 120℃에서 220℃까지 가열한다면 전체 가열에 필요한 열량은 약 얼마인가? (단, 정압비열은 1.00kJ/kg · K, 정적비열은 0.71kJ/kg · K이다.)

① 127.8kJ/kg ② 141.5kJ/kg
③ 156.8kJ/kg ④ 185.2kJ/kg

해설 $Q_{total} = Q_v + Q_p$
$= mC_v(t_2 - t_1) + mC_p(t_2 - t_1)$
$= 1 \times 0.71 \times (120 - 40) + 1 \times 1.00 \times (220 - 120)$
$= 156.8\,\text{kJ}$

68 이상기체에서 엔탈피 h와 내부에너지 u, 엔트로피 s 사이에 성립하는 식으로 옳은 것은? (단, T는 온도, v는 체적, P는 압력이다.)

① $Tds = dh + vdP$
② $Tds = dh - vdP$
③ $Tds = du - Pdv$
④ $Tds = dh + d(Pv)$

해설 $\delta q = dh - vdP$
$\therefore Tds = dh - vdP\,[\text{kJ/kg}]$

정답 63. ② 64. ④ 65. ① 66. ② 67. ③ 68. ②

69 과열증기를 냉각시켰더니 포화영역 안으로 들어와서 비체적이 0.2327m³/kg이 되었다. 이때의 포화액과 포화증기의 비체적이 각각 1.079× 10^{-3}m³/kg, 0.5243m³/kg이라면 건도는?

① 0.964　② 0.772
③ 0.653　④ 0.443

해설 $v_x = v' + x(v'' - v')$

$\therefore x = \dfrac{v_x - v'}{v'' - v'} = \dfrac{0.2327 - 1.079 \times 10^{-3}}{0.5243 - 1.079 \times 10^{-3}} \fallingdotseq 0.443$

70 수면에 떠 있는 배의 저항문제에 있어서 모형과 원형 사이에 역학적 상사(相似)를 이루려면 다음 중 어느 것이 중요한 요소가 되는가?

① Reynolds number, Mach number
② Reynolds number, Froude number
③ Weber number, Euler number
④ Mach number, Weber number

해설 수면에 떠 있는 배의 저항문제에 있어서 역학적 상사를 만족시키려면 점성력과 중력이 중요시되므로 Reynolds number(레이놀즈수)와 Froude number(프루드수)를 만족시켜야 한다.

㉠ 레이놀즈수 = $\dfrac{관성력}{점성력}$

㉡ 프루드수 = $\dfrac{관성력}{중력}$

71 Blausius의 해석결과에 따라 평판 주위의 유동에 있어서 경계층두께에 관한 설명으로 틀린 것은?

① 유체속도가 빠를수록 경계층두께는 작아진다.
② 밀도가 클수록 경계층두께는 작아진다.
③ 평판길이가 길수록 평판 끝단부의 경계층 두께는 커진다.
④ 점성이 클수록 경계층두께는 작아진다.

해설 블라우지우스(Blausius)의 해석결과에 따라 평판 주위의 유동에서 점성이 크게 작용할수록 경계층의 두께는 두꺼워진다. 즉 층류 → 천이구역 → 난류로 발달되어 흐른다.

72 평판으로부터의 거리를 y라고 할 때 평판에 평행한 방향의 속도분포[$u(y)$]가 다음과 같은 식으로 주어지는 유동장이 있다. 여기에서 U와 L은 각각 유동장의 특성속도와 특성길이를 나타낸다. 유동장에서는 속도 $u(y)$만 있고, 유체는 점성계수가 μ인 뉴턴유체일 때 $y = L/8$에서의 전단응력은?

$$u(y) = U\left(\dfrac{y}{L}\right)^{\frac{2}{3}}$$

① $\dfrac{2\mu U}{3L}$　② $\dfrac{4\mu U}{3L}$
③ $\dfrac{8\mu U}{3L}$　④ $\dfrac{16\mu U}{3L}$

해설
$\tau = \mu \dfrac{dU}{dy} = \mu U \dfrac{\frac{2}{3}y^{-\frac{1}{3}}}{L^{\frac{2}{3}}} = \dfrac{2}{3}\mu U \dfrac{\left(\frac{L}{8}\right)^{-\frac{1}{3}}}{L^{\frac{2}{3}}}$

$= \dfrac{2}{3}\mu U\left(\dfrac{1}{8}\right)^{-\frac{1}{3}} L^{-\frac{1}{3}-\frac{2}{3}} = \dfrac{4}{3}\mu U L^{-1} = \dfrac{4\mu U}{3L}$ [Pa]

73 공기표준 Brayton사이클기관에서 최고압력이 500kPa, 최저압력은 100kPa이다. 비열비(k)는 1.4일 때 이 사이클의 열효율은?

① 약 3.9%　② 약 18.9%
③ 약 36.9%　④ 약 26.9%

해설
$\eta_B = 1 - \left(\dfrac{1}{\gamma}\right)^{\frac{k-1}{k}} = 1 - \left(\dfrac{P_1}{P_2}\right)^{\frac{k-1}{k}}$

$= 1 - \left(\dfrac{100}{500}\right)^{\frac{1.4-1}{1.4}} \fallingdotseq 0.369 = 36.9\%$

74 분자량이 29이고, 정압비열이 1,005J/kg·K인 이상기체의 기체상수는 약 몇 J/kg·K인가? (단, 일반기체상수는 8314.5J/kmol·K이다.)

① 976　② 287
③ 718　④ 546

해설 $mR = \overline{R} = 8314.5$ J/kmol·K

$\therefore R = \dfrac{8314.5}{분자량(m)} = \dfrac{8314.5}{29} = 718$ J/kg·K

정답 69. ④　70. ②　71. ④　72. ②　73. ③　74. ③

75 다음 중 비체적의 단위는?

① kg/m^3 ② m^3/kg
③ $m^3/kg \cdot s$ ④ $m^3/kg \cdot s^2$

해설 비체적(specific volume)의 단위는 m^3/kg로 밀도 (ρ)의 역수이다.
$$v = \frac{V}{m} = \frac{1}{\rho}[m^3/kg]$$
[참고] 밀도$(\rho) = \frac{m}{V} = \frac{1}{v}[kg/m^3]$

76 비점성, 비압축성 유체의 균일한 유동장에 유동 방향과 직각으로 정지된 원형 실린더가 놓여 있다고 할 때 실린더에 작용하는 힘에 관하여 설명한 것으로 옳은 것은?

① 항력과 양력이 모두 영(0)이다.
② 항력은 영(0)이고, 양력은 영(0)이 아니다.
③ 양력은 영(0)이고, 항력은 영(0)이 아니다.
④ 항력과 양력 모두 영(0)이 아니다.

해설 이상유체(비점성, 비압축성 유체)인 경우 항력과 양력은 모두 0이다.

77 유체 내에 수직으로 잠겨있는 원형판에 작용하는 정수역학적 힘의 작용점에 관한 설명으로 옳은 것은?

① 원형판의 도심에 위치한다.
② 원형판의 도심 위쪽에 위치한다.
③ 원형판의 도심 아래쪽에 위치한다.
④ 원형판의 최하단에 위치한다.

해설 수직으로 잠겨있는 원형판에 작용하는 정수역학적 힘의 작용점은 원형판의 도심 아래쪽$\left(\frac{I_G}{A\bar{y}}<1\right)$에 위치한다.
$$y_p = \bar{y} + \frac{I_G}{A\bar{y}}$$
$$\therefore y_p - \bar{y} = \frac{I_G}{A\bar{y}} < 1$$

78 잠수함의 거동을 조사하기 위해 바닷물 속에서 모형으로 실험을 하고자 한다. 잠수함의 실형과 모형의 크기비율은 7 : 1이며 실제 잠수함이 8m/s로 운전한다면 모형의 속도는 약 몇 m/s인가?

① 28   ② 56
③ 87   ④ 132

해설 잠수함에 작용하는 힘은 관성력과 점성력이므로 역학적 상사가 이루어지려면 Reynolds수가 같아야 한다.
$$\left(\frac{VL}{\nu}\right)_p = \left(\frac{VL}{\nu}\right)_m$$
$$\nu_p \simeq \nu_m$$
$$\therefore V_m = V_p\left(\frac{L_p}{L_m}\right) = 8 \times \frac{7}{1} = 56m/s\,(=201.6km/h)$$

79 폴리트로픽과정 $PV^n = C$에서 지수 $n = \infty$인 경우는 어떤 과정인가?

① 등온과정   ② 정적과정
③ 정압과정   ④ 단열과정

해설

구분 종류	폴리트로픽 지수(n)	폴리트로픽 비열(C_n)
정압과정	0	C_p
등온과정	1	∞
단열과정	k	0
정적과정	∞	C_v

80 다음에 열거한 시스템의 상태량 중 종량적 상태량인 것은?

① 엔탈피   ② 온도
③ 압력   ④ 비체적

해설 종량적(용량적) 상태량은 물질의 양에 비례하는 상태량으로 체적, 엔탈피, 엔트로피, 물질의 양 등이 있고, 온도, 압력, 비체적 등은 물질의 양과는 무관한 강도적 상태량이다.

정답 75. ② 76. ① 77. ③ 78. ② 79. ② 80. ①

PART 03

CBT 대비 실전 모의고사

실전 모의고사

1 기계제도 및 설계

01 다음 중 도면에 반드시 기재해야 하는 사항은?
① 표제란 ② 비교눈금
③ 도면의 구역 ④ 재단마크

02 다음 선의 종류 중 가는 실선을 사용하지 않는 것은?
① 피치선 ② 치수보조선
③ 지시선 ④ 해칭선

03 끼워맞춤에서 최대 죔새를 구하는 방법은?
① 축의 최대 허용치수 – 구멍의 최소 허용치수
② 구멍의 최소 허용치수 – 축의 최대 허용치수
③ 구멍의 최대 허용치수 – 축의 최소 허용치수
④ 축의 최소 허용치수 – 구멍의 최대 허용치수

04 다음 중 3차원의 기하학적 형상모델링의 종류가 아닌 것은?
① 와이어프레임모델링(wire frame modeling)
② 서피스모델링(surface modeling)
③ 솔리드모델링(soild modeling)
④ 시스템모델링(system modeling)

05 도면의 축소, 확대 복사의 취급을 할 때 만드는 것으로 옳은 것은?
① 도면구역 ② 중심마크
③ 재단마크 ④ 비교눈금

06 다음 그림 중 호의 길이를 표시하는 치수 기입법이 옳게 된 것은?

① 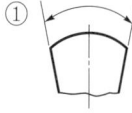 ②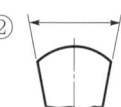

③ 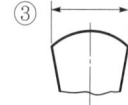 ④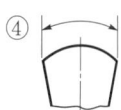

07 다음 용접보조기호의 표시 중 틀린 것은?
① ‿ : 오목형
② ⌣ : 토를 매끄럽게 함
③ M : 제거 가능한 이면판재 사용
④ —— : 평면

08 다음 도면의 치수 기입에 대한 설명 중 틀린 것은?

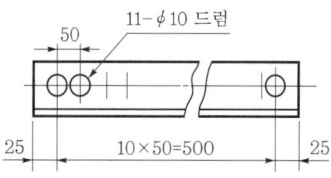

① 구멍의 수는 11개이다.
② 구멍의 지름은 10mm이다.
③ 전체 길이는 600mm이다.
④ 구멍 사이의 피치는 50mm이다.

09 다음과 같이 특정한 가공방법을 지시하려고 한다. 가공방법의 지시기호위치로 옳은 것은?

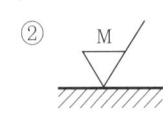

10 2줄나사의 피치가 0.75mm일 때 이 나사의 리드(lead)는 얼마인가?

① 0.75mm ② 1.5mm
③ 3mm   ④ 3.75mm

11 키의 전달토크를 T, 키의 규격을 $b \times h \times l$, 축의 지름을 d라고 할 때 키에 생기는 전단응력(τ_k)의 계산식은?

① $\tau_k = \dfrac{2T}{bdl}$ ② $\tau_k = \dfrac{4T}{bdl}$

③ $\tau_k = \dfrac{2Tb}{hdl}$ ④ $\tau_k = \dfrac{2T}{hbl}$

12 지름 75mm의 강축에 250rpm으로 90마력을 전달시키는 성크키의 길이는 얼마인가? (단, 규격표에서 $d=75$mm에 대하여 키폭 $b=20$mm이고 높이 $h=13$mm이며 키재료의 응력 $\tau=47$N/mm²이다.)

① 62mm   ② 72mm
③ 82mm   ④ 92mm

13 비틀림모멘트(T)만을 받는 둥근 축의 지름을 구하는 식은?

① $d = \sqrt[3]{\dfrac{5.1T}{\tau_a}}$ ② $d = \sqrt[4]{\dfrac{5.1T}{\tau_a}}$

③ $d = \sqrt[3]{\dfrac{T}{5.1\tau_a}}$ ④ $d = \sqrt[4]{\dfrac{T}{16\tau_a}}$

14 지름 50mm의 연강축을 300rpm으로 축길이 1m당 1/4° 이내로 비틀림을 허용할 경우 몇 kW을 전달할 수 있는가? (단, 연강의 가로탄성계수는 8,300N/mm²이다.)

① 7   ② 9
③ 15   ④ 27

15 기본부하용량이 24,000N인 볼베어링이 베어링하중 2,000N을 받고 500rpm으로 회전할 때 베어링의 수명은 약 몇 시간인가?

① 57600시간   ② 75600시간
③ 45600시간   ④ 65000시간

16 10kW, 750rpm의 원동축에서 축간거리 820mm, 250rpm의 종동차에 전달하고자 한다. 롤러체인을 사용하여 체인의 평균속도 3m/s, 안전율을 15로 할 때 양 스프로킷의 잇수(개)는 얼마인가? (단, 피치는 19.05mm이다.)

① $Z_1 = 13$, $Z_2 = 39$
② $Z_1 = 15$, $Z_2 = 45$
③ $Z_1 = 20$, $Z_2 = 60$
④ $Z_1 = 30$, $Z_2 = 90$

17 방향제어밸브기호 중 다음과 같은 설명에 해당하는 기호는?

- 3/2-way밸브이다.
- 정상상태에서 P는 외부와 차단된 상태이다.

① 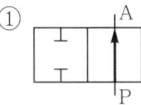   ②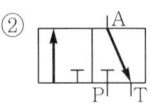

③ 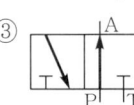   ④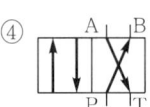

18 베인펌프의 1회전당 유량이 40cc일 때 1분당 이론토출유량이 25리터이면 회전수는 약 몇 rpm인가? (단, 내부누설량과 흡입저항은 무시한다.)

① 62　　② 625
③ 125　　④ 745

19 유압프레스의 작동원리는 다음 중 어느 이론에 바탕을 둔 것인가?

① 파스칼의 원리
② 보일의 법칙
③ 토리첼리의 원리
④ 아르키메데스의 원리

20 다음 그림과 같은 실린더를 사용하여 $F=3kN$의 힘을 발생시키는 데 최소한 몇 MPa의 유압이 필요한가? (단, 실린더의 내경은 45mm이다.)

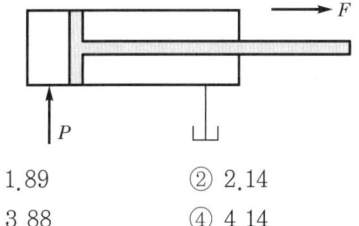

① 1.89　　② 2.14
③ 3.88　　④ 4.14

2　기계재료 및 제작

21 재료의 연성을 알기 위해 구리판, 알루미늄판 및 그 밖의 연성판재를 가압형성하여 변형능력을 시험하는 것은?

① 굽힘시험　　② 압축시험
③ 비틀림시험　　④ 에릭센시험

22 다음 중 Ni-Fe계 합금이 아닌 것은?

① 인바　　② 톰백
③ 엘린바　　④ 플래티나이트

23 압출가공(extrusion)에 관한 일반적인 설명으로 틀린 것은?

① 직접압출보다 간접압출에서 마찰력이 적다.
② 직접압출보다 간접압출에서 소요동력이 적게 든다.
③ 압출방식으로는 직접(전방)압출과 간접(후방)압출 등이 있다.
④ 직접압출이 간접압출보다 압출 종료 시 컨테이너에 남는 소재량이 적다.

24 대표적인 주조경질합금으로 코발트를 주성분으로 한 Co-Cr-W-C계 합금은?

① 라우탈(lautal)
② 실루민(silumin)
③ 세라믹(ceramic)
④ 스텔라이트(stellite)

25 경화된 작은 철구(鐵球)를 피가공물에 고압으로 분사하여 표면의 경도를 증가시켜 기계적 성질, 특히 피로강도를 향상시키는 가공법은?

① 버핑　　② 버니싱
③ 쇼트피닝　　④ 슈퍼피니싱

26 이미 가공되어 있는 구멍에 다소 큰 강철볼을 압입하여 통과시켜서 가공물의 표면을 소성 변형시켜 정밀도가 높은 면을 얻는 가공법은?

① 버핑(buffing)
② 버니싱(burnishing)
③ 쇼트피닝(shot peening)
④ 배럴다듬질(barrel finishing)

27 자기변태의 설명으로 옳은 것은?

① 상은 변하지 않고 자기적 성질만 변한다.
② Fe-C상태에서 자기변태점은 A_3, A_4이다.
③ 한 원소로 이루어진 물질에서 결정구조가 바뀌는 것이다.
④ 원자 내부의 변화로 자기적 성질이 비연속적으로 변화한다.

28 버니싱가공에 관한 설명으로 틀린 것은?
① 주철만을 가공할 수 있다.
② 작은 지름의 구멍을 매끈하게 마무리할 수 있다.
③ 드릴, 리머 등 전단계의 기계가공에서 생긴 스크래치 등을 제거하는 작업이다.
④ 공작물의 지름보다 약간 더 큰 지름의 볼(ball)을 압입통과시켜 구멍 내면을 가공한다.

29 다음 중 순철(α-Fe)의 자기변태온도는 약 몇 ℃인가?
① 210℃   ② 768℃
③ 910℃   ④ 1,410℃

30 표면경화법에서 금속침투법 중 아연을 침투시키는 것은?
① 칼로라이징   ② 세라다이징
③ 크로마이징   ④ 실리코나이징

31 다음 그림은 3성분계를 표시하는 다이어그램이다. X합금에 속하는 B의 성분은?

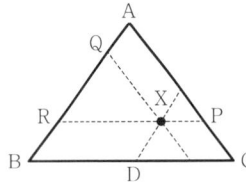

① $\overline{XD}$이다.   ② $\overline{XR}$이다.
③ $\overline{XQ}$이다.   ④ $\overline{XP}$이다.

32 용제와 와이어가 분리되어 공급되고 아크가 용제 속에서 발생되므로 불가시아크용접이라고 불리는 용접법은?
① 피복아크용접
② 탄산가스아크용접
③ 가스텅스텐아크용접
④ 서브머지드아크용접

33 공작물의 길이가 600mm, 지름이 25mm인 강재를 다음의 조건으로 선반가공할 때 소요되는 가공시간(t)은 약 몇 분인가? (단, 1회 가공이다.)

- 절삭속도 : 180m/min
- 절삭깊이 : 2.5mm
- 이송속도 : 0.24mm/rev

① 1.1   ② 2.1
③ 3.1   ④ 4.1

34 서브제로(sub-zero)처리에 관한 설명으로 틀린 것은?
① 마모성 및 피로성이 향상된다.
② 잔류오스테나이트를 마텐자이트화한다.
③ 담금질을 한 강의 조직이 안정화된다.
④ 시효변화가 적으며 부품의 치수 및 형상이 안정된다.

35 구리합금 중에서 가장 높은 경도와 강도를 가지며 피로한도가 우수하여 고급 스프링 등에 쓰이는 것은?
① Cu-Be합금   ② Cu-Cd합금
③ Cu-Si합금   ④ Cu-Ag합금

36 나사 측정방법 중 삼침법(three wire method)에 대한 설명으로 옳은 것은?
① 나사의 길이를 측정하는 법
② 나사의 골지름을 측정하는 법
③ 나사의 바깥지름을 측정하는 법
④ 나사의 유효지름을 측정하는 법

37 고속도강(SKH51)을 퀜칭, 템퍼링하여 HRC64 이상으로 하려면 퀜칭온도(quenching temperature)는 약 몇 ℃인가?
① 720℃   ② 910℃
③ 1,220℃   ④ 1,580℃

38 방전가공의 특징으로 틀린 것은?
① 전극이 필요하다.
② 가공 부분에 변질층이 남는다.
③ 전극 및 가공물에 큰 힘이 가해진다.
④ 통전되는 가공물은 경도와 관계없이 가공이 가능하다.

39 경도가 매우 큰 담금질한 강에 적당한 강인성을 부여할 목적으로 A_1변태점 이하의 일정 온도로 가열조작하는 열처리법은?
① 퀜칭(quenching)
② 템퍼링(tempering)
③ 노멀라이징(normalizing)
④ 마퀜칭(marquenching)

40 초음파가공의 특징으로 틀린 것은?
① 부도체도 가공이 가능하다.
② 납, 구리, 연강의 가공이 쉽다.
③ 복잡한 형상도 쉽게 가공한다.
④ 공작물에 가공변형이 남지 않는다.

3 구조 해석

41 양단이 고정된 축을 다음 그림과 같이 $m-n$ 단면에서 T 만큼 비틀면 고정단 AB에서 생기는 저항비틀림모멘트의 비 T_A/T_B는?

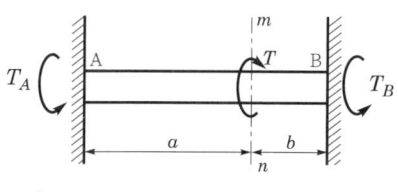

① $\dfrac{b^2}{a^2}$ ② $\dfrac{b}{a}$
③ $\dfrac{a}{b}$ ④ $\dfrac{a^2}{b^2}$

42 다음 그림과 같은 일단 고정 타단 롤러로 지지된 등분포하중을 받는 부정정보의 B단에서 반력은 얼마인가?

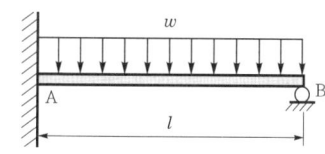

① $\dfrac{1}{3}wL$ ② $\dfrac{5}{8}wL$
③ $\dfrac{2}{3}wL$ ④ $\dfrac{3}{8}wL$

43 단면적이 A, 탄성계수가 E, 길이가 L인 막대에 길이방향의 인장하중을 가하여 그 길이가 δ만큼 늘어났다면 이때 저장된 탄성변형에너지는?
① $\dfrac{AE\delta^2}{L}$ ② $\dfrac{AE\delta^2}{2L}$
③ $\dfrac{EL^3\delta^2}{A}$ ④ $\dfrac{EL^3\delta^2}{2A}$

44 단면 2차 모멘트가 251cm⁴인 I형강보가 있다. 이 단면의 높이가 20cm라면 굽힘모멘트 $M=2,510$N·m를 받을 때 최대 굽힘응력은 몇 MPa인가?
① 100 ② 50
③ 20 ④ 5

45 다음 그림과 같이 전체 길이가 $3L$인 외팔보에 하중 P가 B점과 C점에 작용할 때 자유단 B에서의 처짐량은? (단, 보의 굽힘강성 EI는 일정하고, 자중은 무시한다.)

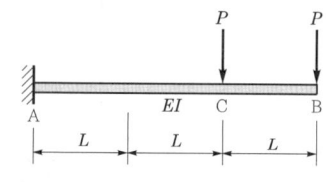

① $\dfrac{35PL^3}{3EI}$ ② $\dfrac{37PL^3}{3EI}$
③ $\dfrac{41PL^3}{4EI}$ ④ $\dfrac{44PL^3}{3EI}$

46 다음 그림과 같은 단순지지보에서 반력 R_A는 몇 kN인가?

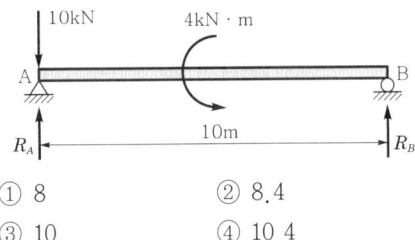

① 8　　　② 8.4
③ 10　　　④ 10.4

47 다음과 같은 평면응력상태에서 최대 전단응력은 약 몇 MPa인가?

- x방향 인장응력 : 175MPa
- y방향 인장응력 : 35MPa
- xy방향 전단응력 : 60MPa

① 38　　　② 53
③ 92　　　④ 108

48 회전수 120rpm과 35kW를 전달할 수 있는 원형 단면축의 길이가 2m이고 지름이 6cm일 때 축단(軸端)의 비틀림각도는 약 몇 rad인가? (단, 이 재료의 가로탄성계수는 83GPa이다.)

① 0.019　　　② 0.036
③ 0.053　　　④ 0.078

49 다음 그림과 같은 하중을 받고 있는 수직봉의 자중을 고려한 총신장량은? (단, 하중 : P, 막대 단면적 : A, 비중량 : γ, 탄성계수 : E)

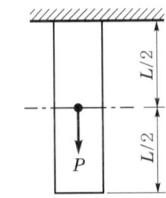

① $\dfrac{L}{E}\left(\gamma L + \dfrac{P}{A}\right)$　　② $\dfrac{L}{2E}\left(\gamma L + \dfrac{P}{A}\right)$

③ $\dfrac{L^2}{2E}\left(\gamma L + \dfrac{P}{A}\right)$　　④ $\dfrac{L^2}{E}\left(\gamma L + \dfrac{P}{A}\right)$

50 다음 그림과 같은 단순보에서 전단력이 0이 되는 위치는 A지점에서 몇 m 거리에 있는가?

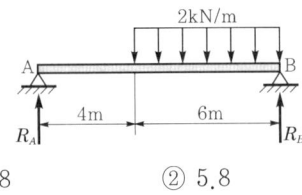

① 4.8　　　② 5.8
③ 6.8　　　④ 7.8

51 바깥지름이 46mm인 중공축이 120kW의 동력을 전달하는데, 이때의 각속도는 40rev/s이다. 이 축의 허용비틀림응력이 τ_a=80MPa일 때 최대 안지름은 약 몇 mm인가?

① 35.9　　　② 41.9
③ 45.9　　　④ 51.9

52 다음 1자유도 진동계의 고유각진동수는? (단, 3개의 스프링에 대한 스프링상수는 k이며, 물체의 질량은 m이다.)

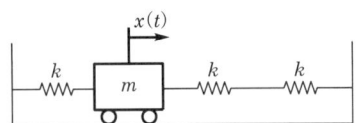

① $\sqrt{\dfrac{2m}{3k}}$　　② $\sqrt{\dfrac{3k}{2m}}$

③ $\sqrt{\dfrac{2k}{3m}}$　　④ $\sqrt{\dfrac{3m}{2k}}$

53 36km/h의 속력으로 달리던 자동차 A가 정지하고 있던 자동차 B와 충돌하였다. 충돌 후 자동차 B는 2m만큼 미끄러진 후 정지하였다. 두 자동차 사이의 반발계수 e는 약 얼마인가? (단, 자동차 A, B의 질량은 동일하며, 타이어와 노면의 동마찰계수는 0.8이다.)

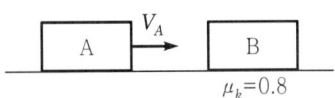

① 0.06　　　② 0.08
③ 0.10　　　④ 0.12

54 20Mg의 철도차량이 0.5m/s의 속력으로 직선운동하여 정지되어 있는 30Mg의 화물차량과 결합한다. 결합하는 과정에서 차량에 공급되는 동력은 없으며 브레이크도 풀려 있다. 결합 직후의 속력은 약 몇 m/s인가?

① 0.25 ② 0.20
③ 0.15 ④ 0.10

55 무게가 5.3kN인 자동차가 시속 80km로 달릴 때 선형운동량의 크기는 약 몇 N·s인가?

① 4,240 ② 8,480
③ 12,010 ④ 16,020

56 두 조화운동 $x_1 = 4\sin 10t$와 $x_2 = 4\sin 10.2t$를 합성하면 맥놀이(beat)현상이 발생하는데, 이때 맥놀이진동수(Hz)는? (단, t의 단위는 sec이다.)

① 31.4 ② 62.8
③ 0.0159 ④ 0.0318

57 반경이 r인 실린더가 위치 1의 정지상태에서 경사를 따라 높이 h만큼 굴러 내려갔을 때 실린더 중심의 속도는? (단, g는 중력가속도이며, 미끄러짐은 없다고 가정한다.)

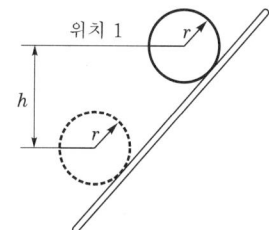

① $0.707\sqrt{2gh}$ ② $0.816\sqrt{2gh}$
③ $0.845\sqrt{2gh}$ ④ $\sqrt{2gh}$

58 감쇠비 ζ가 일정할 때 전달률을 1보다 작게 하려면 진동수비는 얼마의 크기를 가지고 있어야 하는가?

① 1보다 작아야 한다.
② 1보다 커야 한다.
③ $\sqrt{2}$ 보다 작아야 한다.
④ $\sqrt{2}$ 보다 커야 한다.

59 질량관성모멘트가 20kg·m²인 플라이휠(fly wheel)을 정지상태로부터 10초 후 3,600rpm으로 회전시키기 위해 일정한 비율로 가속하였다. 이때 필요한 토크는 약 몇 N·m인가?

① 654 ② 754
③ 854 ④ 954

60 질량 20kg의 기계가 스프링상수 10kN/m인 스프링 위에 지지되어 있다. 100N의 조화가진력이 기계에 작용할 때 공진진폭은 약 몇 cm인가? (단, 감쇠계수는 6kN·s/m이다.)

① 0.75 ② 7.5
③ 0.0075 ④ 0.075

4 열·유체 해석

61 20℃의 공기 5kg이 정압과정을 거쳐 체적이 2배가 되었다. 공급한 열량은 약 몇 kJ인가? (단, 정압비열은 1kJ/kg·K이다.)

① 1,465 ② 2,198
③ 2,931 ④ 4,397

62 다음 그림과 같이 속도 3m/s로 운동하는 평판에 속도 10m/s인 물 분류가 직각으로 충돌하고 있다. 분류의 단면적이 0.01m²라고 하면 평판이 받는 힘은 몇 N이 되겠는가?

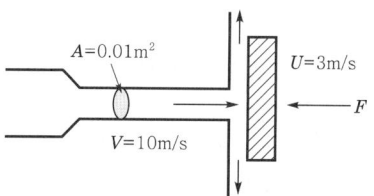

① 295 ② 490
③ 980 ④ 16,900

63 랭킨사이클의 열효율 증대방법에 해당하지 않는 것은?
① 복수기(응축기)의 압력 저하
② 보일러압력 증가
③ 터빈의 질량유량 증가
④ 보일러에서 증기를 고온으로 과열

64 국소대기압이 710mmHg일 때 절대압력 50kPa은 게이지압력으로 약 얼마인가?
① 44.7Pa 진공   ② 44.7Pa
③ 44.7kPa 진공 ④ 44.7kPa

65 열역학적 관점에서 일과 열에 관한 설명 중 틀린 것은?
① 일과 열은 온도와 같은 열역학적 상태량이 아니다.
② 일의 단위는 J(joule)이다.
③ 일의 크기는 힘과 그 힘이 작용하여 이동한 거리를 곱한 값이다.
④ 일과 열은 점함수(point function)이다.

66 안지름 0.25m, 길이 100m인 매끄러운 수평강관으로 비중 0.8, 점성계수 0.1Pa·s인 기름을 수송한다. 유량이 100L/s일 때의 관마찰손실수두는 유량이 50L/s일 때의 몇 배 정도가 되는가? (단, 층류의 관마찰계수는 $64/Re$이고, 난류일 때의 관마찰계수는 $0.3164/Re^{-1/4}$이며, 임계레이놀즈수는 2,300이다.)
① 1.55   ② 2.12
③ 4.13   ④ 5.04

67 냉매의 요구조건으로 옳은 것은?
① 비체적이 커야 한다.
② 증발압력이 대기압보다 낮아야 한다.
③ 응고점이 높아야 한다.
④ 증발열이 커야 한다.

68 8℃의 이상기체를 가역단열압축하여 그 체적을 1/5로 하였을 때 기체의 온도는 약 몇 ℃인가? (단, 이 기체의 비열비는 1.4이다.)
① −125℃   ② 294℃
③ 222℃   ④ 262℃

69 높이 1.5m의 자동차가 108km/h의 속도로 주행할 때의 공기흐름상태를 높이 1m의 모형을 사용해서 풍동실험하여 알아보고자 한다. 여기서 상사법칙을 만족시키기 위한 풍동의 공기속도는 약 몇 m/s인가? (단, 그 외 조건은 동일하다고 가정한다.)
① 20   ② 30
③ 45   ④ 67

70 이상적인 증기-압축냉동사이클에서 엔트로피가 감소하는 과정은?
① 증발과정   ② 압축과정
③ 팽창과정   ④ 응축과정

71 한 시간에 3,600kg의 석탄을 소비하여 6,050kW를 발생하는 증기터빈을 사용하는 화력발전소가 있다면 이 발전소의 열효율은 약 몇 %인가? (단, 석탄의 발열량은 29,900kJ/kg이다.)
① 약 20%   ② 약 30%
③ 약 40%   ④ 약 50%

72 어떤 액체가 800kPa의 압력을 받아 체적이 0.05% 감소한다면 이 액체의 체적탄성계수는 얼마인가?
① 1,265kPa
② 16×10^4kPa
③ 1.6×10^6kPa
④ 2.2×10^6kPa

73 열역학적 상태량은 일반적으로 강도성 상태량과 용량성 상태량으로 분류할 수 있다. 강도성 상태량에 속하지 않는 것은?
① 압력 ② 온도
③ 밀도 ④ 체적

74 지름 D인 파이프 내에 점성 μ인 유체가 층류로 흐르고 있다. 파이프길이가 L일 때 유량과 압력손실 Δp의 관계로 옳은 것은?
① $Q = \dfrac{\pi \Delta p D^2}{128 \mu L}$ ② $Q = \dfrac{\pi \Delta p D^2}{256 \mu L}$
③ $Q = \dfrac{\pi \Delta p D^4}{128 \mu L}$ ④ $Q = \dfrac{\pi \Delta p D^4}{256 \mu L}$

75 분자량이 29이고, 정압비열이 1,005J/kg · K인 이상기체의 정적비열은 약 몇 J/kg · K인가? (단, 일반기체상수는 8314.5J/kmol · K이다.)
① 976 ② 287
③ 718 ④ 546

76 원관(pipe) 내에 유체가 완전 발달한 층류유동일 때 유체유동에 관계한 가장 중요한 힘은 다음 중 어느 것인가?
① 관성력과 점성력
② 압력과 관성력
③ 중력과 압력
④ 표면장력과 점성력

77 지름 5cm의 구가 공기 중에서 매초 40m의 속도로 날아갈 때 항력은 약 몇 N인가? (단, 공기의 밀도는 1.23kg/m³이고, 항력계수는 0.6이다.)
① 1.16 ② 3.22
③ 6.35 ④ 9.23

78 점성계수의 차원으로 옳은 것은? (단, F는 힘, L은 길이, T는 시간의 차원이다.)
① FLT^{-2} ② FL^2T
③ $FL^{-1}T^{-1}$ ④ $FL^{-2}T$

79 열전달분석에서 FEM(Finite Element Method)의 장점이 아닌 것은?
① 유연성 ② 정밀도
③ 효율성 ④ 설계 최적화

80 레이놀즈 평균화된 나비에-스톡스(Navier-Stokes)방정식을 해석하는 시간평균기법이다. 정상상태 해석 시에 사용 가능하며 산업분야에서 가장 많이 이용하고 있는 난류모델 시뮬레이션은?
① LES ② RANS
③ SRS ④ DNS

제1회 실전 모의고사 정답 및 해설

01	02	03	04	05	06	07	08	09	10	11	12	13	14	15	16	17	18	19	20
①	①	①	④	④	④	③	③	④	②	①	②	①	①	①	①	②	②	①	①
21	22	23	24	25	26	27	28	29	30	31	32	33	34	35	36	37	38	39	40
④	②	④	④	③	②	①	①	②	②	④	④	①	①	①	④	③	③	②	②
41	42	43	44	45	46	47	48	49	50	51	52	53	54	55	56	57	58	59	60
②	④	②	①	③	③	③	②	②	②	②	④	③	③	①	④	②	②	②	④
61	62	63	64	65	66	67	68	69	70	71	72	73	74	75	76	77	78	79	80
①	②	③	③	④	④	④	③	④	④	①	③	④	③	③	③	①	①	②	②

01 ㉠ 반드시 도면에 그려 넣어야 할 사항 : 윤곽선, 중심마크, 표제란
㉡ 필요에 따라 그리는 사항 : 비교눈금, 도면의 구역, 재단마크

02 ㉠ 가는 실선

명칭	선의 용도
치수선	• 치수를 기입하기 위하여 쓰인다.
치수보조선	• 치수를 기입하기 위하여 도형으로부터 끌어내는 데 쓰인다.
지시선	• 기술 및 지시사항을 기입하기 위하여 끌어내는 데 쓰인다.
회전단면선	• 도형 내에 그 부분의 절단한 곳을 90° 회전하여 표시하는 데 쓰인다.
수준면선	• 수면, 유면 등의 위치를 표시하는 데 쓰인다.
해칭선	• 도형의 한정된 특정 부분을 다른 부분과 구별하는 데 사용한다. 예를 들면, 단면도의 절단된 부분을 나타낸다.
특수한 용도의 선	• 외형선 및 숨은선의 연장을 표시하는 데 사용한다. • 평면을 나타내거나 위치를 명시하는 데 사용한다.

㉡ 피치선 : 가는 일점쇄선을 사용하며, 되풀이 하는 도형의 피치를 취하는 기준을 표시하는 데 쓰인다.

03 최대 죔새=축의 최대 허용치수 - 구멍의 허용치수

04 3차원 모델링은 와이어프레임모델링, 서피스모델링, 솔리드모델링 등이 있다.

05 ① 도면구역 : 도면 중의 특정 부분의 위치를 지시하는 편의를 위하여 마련
② 중심마크 : 도면의 마이크로필름 촬영, 복사 등의 편의를 위하여 마련
③ 재단마크 : 복사한 도면을 재단하는 경우의 편의를 위하여 마련

06 ① 각도치수
② 치수 기입에 없음
③ 현의 길이

07 ㉠ [MR] : 제거 가능한 이면판재 사용
㉡ [M] : 영구적인 이면판재 사용

08 전체 길이(L) $= 500 + 2 \times 25 = 550$mm

09 가공방법의 약호 / 표면거칠기 상한 — 상한 기준길이 / 표면거칠기 하한 — 하한 기준길이 / 가공모양의 기호

10 $l = np = 2 \times 0.75 = 1.5$mm

11 ㉠ $\tau_k = \dfrac{W}{A} = \dfrac{W}{bl} = \dfrac{\left(\dfrac{2T}{d}\right)}{bl} = \dfrac{2T}{bld}$ [N/mm²]

㉡ $\sigma_c = \dfrac{W}{A} = \dfrac{W}{tl} = \dfrac{W}{\dfrac{h}{2}l} = \dfrac{2W}{hl}$

$= \dfrac{2\left(\dfrac{2T}{d}\right)}{hl} = \dfrac{4T}{hld}$ [N/mm²]

12 ㉠ $T = 7.02 \times 10^6 \dfrac{PS}{N} = 7.02 \times 10^6 \times \dfrac{90}{250}$
$= 2,527,200 \text{N} \cdot \text{mm}$

㉡ $\tau = \dfrac{W}{A} = \dfrac{W}{bl} = \dfrac{2T}{bdl}$ [MPa]

∴ $l = \dfrac{2T}{\tau bd} = \dfrac{2 \times 2,527,200}{47 \times 20 \times 75} = 72 \text{mm}$

13 $T = \tau_a Z_p = \tau_a \dfrac{\pi d^3}{16}$

∴ $d = \sqrt[3]{\dfrac{16T}{\pi \tau_a}}$

14 $\theta = 584 \dfrac{TL}{Gd^4}$ [°]

$\dfrac{1}{4}° = 584 \times \dfrac{9.55 \times 10^6 \times \dfrac{kW}{300} \times 1,000}{83,000 \times 50^4}$

∴ $kW = \dfrac{83,000 \times 50^4 \times 300}{4 \times 584 \times 9.55 \times 10^9} \fallingdotseq 7\text{kW}$

15 $L_h = \dfrac{L_n}{60N} = \dfrac{\left(\dfrac{C}{P}\right)^2 \times 10^6}{60N}$

$= \dfrac{\left(\dfrac{24,000}{2,000}\right)^2 \times 10^6}{60 \times 500} = 57600$시간

16 ㉠ $V = \dfrac{PZ_1 N_1}{60,000}$ [m/s]

∴ $Z_1 = \dfrac{60,000 V}{PN_1} = \dfrac{60,000 \times 3}{19.05 \times 750} \fallingdotseq 13$개

㉡ $\varepsilon = \dfrac{N_2}{N_1} = \dfrac{Z_1}{Z_2} = \dfrac{250}{750} = \dfrac{1}{3}$

㉢ $Z_2 = 3Z_1 = 3 \times 13 = 39$개

17 방향제어밸브 중 ②는 2위치 3포트밸브로 정상상태에서 P는 외부와 차단된 상태에 있다.

18 $Q = qN$ [L/min]

∴ $N = \dfrac{Q}{q} = \dfrac{25 \times 10^3}{40} = 625 \text{rpm}$

19 **파스칼의 원리(Pascal's principle)** : 밀폐된 용기 속에 있는 유체(기체, 액체)에 가한 압력은 모든 방향에서 같은 크기로 전달된다는 원리

20 $P = \dfrac{F}{A} = \dfrac{F}{\dfrac{\pi d^2}{4}} = \dfrac{4F}{\pi d^2} = \dfrac{4 \times 3 \times 10^3}{\pi \times 45^2} = 1.89\text{MPa}$

21 에릭센시험(Erichsen test)은 재료의 연성(ductility)을 알아보기 위한 시험으로 구리판, 알루미늄판 및 기타 연성판재를 가압성형하여 변형능력을 시험하는 것이며 커핑시험(cupping test)이라고도 한다.

22 톰백(tombac)은 황동의 일종으로 구리(Cu)에 아연(Zn)을 5~20% 함유시킨 재료로서 색상이 금과 비슷해서 모조금으로 많이 사용된다.

23 압출가공(extrusion process)
㉠ 직접압출 : 램(ram)의 진행방향과 압출재의 이동방향이 동일한 경우이다. 압출재는 외주의 마찰로 인하여 내부가 효과적으로 압축된다. 압출이 끝나면 20~30%의 압출재가 잔류한다(전방압출).
㉡ 간접압출 : 램의 진행방향과 압출재의 이동방향이 반대인 경우이다. 직접압출에 비하여 재료의 손실이 적고 소요동력이 적게 드는 이점이 있으나 조작이 불편하고 표면상태가 좋지 못한 단점이 있다(후방압출).
㉢ 충격압출 : 특수압출방법으로 단시간에 압출 완료되는 것으로 보통 크랭크프레스를 사용하며 상온가공으로 작업한다. 충격압출에 사용되는 재료로는 Zn, Sn, Pb, Al, Cu 등의 순금속과 일부 합금 등이 사용된다. 이 방법의 제품은 두께가 얇은 원통형상인 치약튜브, 화장품케이스, 건전지케이스용 등의 제작에 사용된다.

24 주조경질합금(대표합금 : 스텔라이트)은 주조한 상태로 연삭하여 사용하는 공구로 열처리가 불필요하며 Co-Cr-W-C합금이다.

25 쇼트피닝(shot peening)은 금속으로 만든 경화된 작은 구를 고속으로 가공물표면에 분사하여 피로강도, 표면경화, 기계적 성질 등을 향상시키기 위한 일종의 냉간가공법이다.

26 버니싱은 이미 가공되어 있는 구멍에 다소 큰 강철볼을 압입하여 통과시켜서 가공물의 표면을 소성변형시켜 정밀도가 높은 면을 얻는 가공법이다.

27 순철의 자기변태는 A_2(768℃)변태이다. Fe, Ni, Co 등과 같은 강자성체인 금속을 가열하면 일정한 온도 이상에서 금속의 결정구조는 변하지 않으나 자성을 잃어 상자성체로 변한다. A_3변태(910℃), A_4변태(1,400℃)는 동소변태이다.

28 버니싱(burnishing)은 원통의 내면을 다듬질하기 위하여 원통의 안지름보다 약간 지름이 큰 볼(ball)을 압입함으로써 소성변형을 시켜 매끈한 면으로 다듬질하는 방법이다. 드릴, 리머 등 전단계 기계가공에서 생긴 스크래치(scratch) 등을 없애고 다듬질면을 매끄럽게 하는데 시간이 적게 걸린다.

29 순철의 자기변태온도는 A_2변태점 768℃이다(큐리에점, curie point).

30 금속침투법(cementation)
   ㉠ 칼로라이징 : Al(알루미늄) 침투
   ㉡ 세라다이징 : Zn(아연) 침투
   ㉢ 크로마이징 : Cr(크롬) 침투
   ㉣ 실리코나이징 : Si(규소) 침투
   ㉤ 보로나이징 : B(붕소) 침투

31 3원합금의 농도 표시법
   ㉠ Gibb's의 농도 표시법 : 삼각형 내 점의 높이로 표시
   ㉡ Rooseboom의 농도 표시법 : 삼각형 변의 길이로 표시한다. 3성분계 X조성에서 B성분의 양은 $\overline{XP}$, A성분의 양은 $\overline{XD}$, C성분의 양은 $\overline{XQ}$이다.

32 서브머지드아크용접(submerged arc welding)
   ㉠ 아크나 발생가스가 다 같이 용제 속에 잠겨 있어서 잠호용접이라고 하며, 상품명으로는 링컨용접법이라고도 한다(유니언멜트용접).
   ㉡ 용제(flux)와 와이어가 분리되어 공급되고 아크가 용제 속에서 발생되므로 불가시아크용접이라고도 한다.

33 ㉠ $V = \dfrac{\pi d N}{1,000}$ [m/min]
   $\therefore N = \dfrac{1,000 V}{\pi d} = \dfrac{1,000 \times 180}{\pi \times 25} \fallingdotseq 2,292 \mathrm{rpm}$
   ㉡ $t = \dfrac{l}{Nv} = \dfrac{600}{2,292 \times 0.24} = 1.1 \min$

34 심냉처리(서브제로처리)는 담금질 직후 0℃ 이하에서 냉각시킨다는 의미로, 잔류오스테나이트를 마텐자이트화하는 것이다. 공구강의 경도가 증가하여 기계적 성질(내마모성, 내피로성)이 향상되고 측정기 또는 베어링 등의 정밀기계조직을 안정하게 하여 시효에 의한 모양 및 치수변화(경년변화)를 방지할 수 있다.

35 Cu-Be합금은 구리합금 중에서 가장 높은 경도와 강도를 가지며 피로한도가 우수하여 고급 스프링 등에 쓰이는 합금이다. 뜨임시효경화성이 있어 내식성, 내열성, 내피로성이 좋다.

36 삼침법은 나사의 유효지름을 측정하는 법으로 가장 정밀도가 높다.

37 고속도강(SKH)
   ㉠ 풀림온도 : 800~900℃(예열)
   ㉡ 담금질온도 : 1,250~1,300℃(1차 경화)
   ㉢ 뜨임온도 : 550~580℃(2차 경화)

38 방전가공이란 공작물을 가공액이 들어있는 탱크 속에 가공할 형상의 전극과 공작물 사이에 전압을 주면서 가까운 거리로 접근시키면 아크방전에 의한 열작용과 가공액의 기화폭발작용으로 공작물을 미소량씩 용해하여 용융 소모시켜 가공용 전극의 형상에 따라 가공하는 방법이다.

39 ㉠ 담금질(quenching) : 금속재료를 고온(강의 담금질 가열온도 A_3변태점 이상 30~50℃)으로 가열한 후 재료를 물이나 기름 속에서 급랭하여 강도와 경도를 증가시키는 것을 목적으로 하는 열처리방법
   ㉡ 뜨임(tempering) : 담금질한 강을 A_1변태점 이하로 가열하여 공기 중에서 냉각시켜 경화된 강을 연화해 연성 및 인성의 증가를 목적으로 하는 열처리방법
   ㉢ 풀림(annealing) : 금속재료를 적당한 온도로 가열한 다음 서서히 상온으로 냉각시켜 가공 또는 담금질로 강화된 재료의 내부응력을 제거하고 결정입자를 미세화하며 전연성을 높게 하는 열처리방법
   ㉣ 불림(normalizing) : 강을 표준상태로 만들기 위해 오스테나이트의 단상이 되는 온도범위로 가열하여 대기 속에서 방랭시켜 주조 또는 과열조직(조대조직)을 미세화하고 냉간가공, 단조 등에 의한 내부응력을 제거하며 강의 성질을 표준화시키는 열처리방법

40 ㉠ 초음파가공의 초음파전류로 진동하는 초음파공구(진동자)의 끝이 공작물에 연속적으로 충돌되어 미세한 파편모양으로 공작물의 표면을 파괴하면서 가공하는 방법으로 정밀도가 높다.
   ㉡ 혼의 모양에 따라 복잡한 형상의 가공면도 쉽게 가공이 가능하다.

ⓒ 담금질강 또는 경질합금 등의 가공이 용이하며 보석이나 유리 등의 비금속 경질물질과 같은 취성재료도 쉽게 가공된다.

41 $m-n$ 단면의 좌우비틀림각은 같아야 하므로
$\theta_A = \theta_B$
$\dfrac{T_A a}{GI_P} = \dfrac{T_B b}{GI_P}$
$\therefore \dfrac{T_A}{T_B} = \dfrac{b}{a}$

42
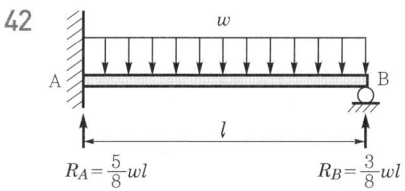
$R_A = \dfrac{5}{8}wl \qquad R_B = \dfrac{3}{8}wl$

43 $\delta = \dfrac{PL}{AE}$ [cm]
$P = \dfrac{AE\delta}{L}$ [kN]
$\therefore U = \dfrac{P\delta}{2} = \dfrac{\left(\dfrac{AE\delta}{L}\right)\delta}{2} = \dfrac{AE\delta^2}{2L}$ [kJ]

44 $M = \sigma Z$
$\therefore \sigma = \dfrac{M}{Z} = \dfrac{My}{I_G} = \dfrac{2{,}510 \times 10^3 \times 100}{251 \times 10^4} = 100\text{MPa}$

45 $\delta_B = \dfrac{P(3L)^3}{3EI} + \dfrac{P(2L)^3}{3EI} + \theta_C L$
$= \dfrac{P(3L)^3}{3EI} + \dfrac{P(2L)^3}{3EI} + \dfrac{P(2L)^2}{2EI}L$
$= \dfrac{54PL^3}{6EI} + \dfrac{16PL^3}{6EI} + \dfrac{12PL^3}{6EI}$
$= \dfrac{41PL^3}{3EI}$ [cm]

46 $\Sigma M_B = 0$
$R_A \times 10 - 10 \times 10 - 4 = 0$
$\therefore R_A = 10.4\text{kN}$

47 $\tau_{\max} = \sqrt{\left(\dfrac{\sigma_x - \sigma_y}{2}\right)^2 + \tau_{xy}^2} = \sqrt{\left(\dfrac{175-35}{2}\right)^2 + 60^2}$
$= 92.2\text{MPa}$

48 $T = 9.55 \times 10^6 \dfrac{kW}{N} = 9.55 \times 10^6 \times \dfrac{35}{120}$
$= 2785416.67\text{N}\cdot\text{mm}$
$\therefore \theta = \dfrac{Tl}{GI_P} = \dfrac{2785416.67 \times 2{,}000}{83 \times 10^3 \times \dfrac{\pi \times 60^4}{32}} \fallingdotseq 0.053\text{rad}$

49 균일 단면봉에서
$\lambda = \dfrac{PL}{AE} + \dfrac{\gamma L^2}{2E} = \dfrac{P\left(\dfrac{L}{2}\right)}{AE} + \dfrac{\gamma L^2}{2E}$
$= \dfrac{PL}{2AE} + \dfrac{\gamma L^2}{2E} = \dfrac{L}{2E}\left(\dfrac{P}{A} + \gamma L\right)$ [m]

50 ㉠ $\Sigma M_B = 0$
$R_A \times 10 - (2 \times 6) \times 3 = 0$
$\therefore R_A = \dfrac{36}{10} = 3.6\text{kN}$
㉡ $F_x = R_A - 2(x-4)$
$0 = 3.6 - 2x + 8$
$2x = 11.6$
$\therefore x = 5.8\text{m}$

51 ㉠ $T = 9.55 \times 10^6 \dfrac{kW}{N} = 9.55 \times 10^6 \times \dfrac{120}{2{,}400}$
$= 477{,}500\text{N}\cdot\text{mm}$
㉡ $T = \tau Z_p = \tau \dfrac{\pi d_2^3}{16}(1-x^4)$
$x^4 = 1 - \dfrac{16T}{\tau\pi d_2^3}$
$\therefore x = \sqrt[4]{1 - \dfrac{16T}{\tau\pi d_2^3}} = \sqrt[4]{1 - \dfrac{16 \times 477{,}500}{80 \times \pi \times 46^3}} = 0.91$
㉢ 내외경비$(x) = \dfrac{d_1}{d_2}$
$\therefore d_1 = xd_2 = 0.91 \times 46 \fallingdotseq 41.9\text{mm}$

52 등가스프링상수$(k_e) = k + \dfrac{1}{\dfrac{1}{k}+\dfrac{1}{k}} = \dfrac{3}{2}k$ [N/cm]
$\therefore$ 고유각진동수$(w_u) = \sqrt{\dfrac{k_e}{m}} = \sqrt{\dfrac{3k}{2m}}$ [rad/s]

53 ㉠ 충돌 전의 속도(V_A, V_B)
$V_A = 36\text{km/h} = \dfrac{36}{3.6} = 10\text{m/s}$
$V_B = 0$
㉡ 충돌 후의 속도$(V_A{}', V_B{}')$
$V_A{}' = 10 - 5.6 = 4.4\text{m/s}$

$V_B' = 5.6 \text{m/s}$

[별해] $E = \mu mgS = \frac{1}{2}m V_B'^2$

$\mu gS = \frac{1}{2} V_B'^2$

$0.8 \times 9.8 \times 2 = \frac{1}{2} V_B'^2$

$\therefore V_B' = 5.6 \text{m/s}$

ⓒ 반발계수 $(e) = \dfrac{V_B' - V_A'}{V_A - V_B} = \dfrac{5.6 - 4.4}{10 - 0} = 0.12$

54 운동량보존의 법칙 적용(충돌 전 운동량과 충돌 후 운동량이 같다)

$m_1 v_1 - m_2 v_2 = (m_1 + m_2) v'$

$\therefore v' = \dfrac{m_1 v_1 + m_2 v_2}{m_1 + m_2} = \dfrac{20 \times 0.5 + 30 \times 0}{20 - 30} = 0.2 \text{m/s}$

55 선형운동량 $= mv = \dfrac{w}{g}v$

$= \dfrac{5,300}{9.8} \times \dfrac{80}{3.6} \approx 12,010 \text{N} \cdot \text{s}$

56 $f_b = \dfrac{\omega_2 - \omega_1}{2\pi} = \dfrac{10.2 - 10}{2\pi} = 0.0318 \text{Hz}$

57 경사면에서의 평면운동이므로 에너지보존의 법칙을 적용하면

ⓐ 경사면에서의 운동에너지는 $T = T_1 + T_2$이므로

$T = \dfrac{1}{2}mv^2 + \dfrac{1}{2}J_G w^2$

$= \dfrac{1}{2}mv^2 + \dfrac{1}{2} \times \dfrac{1}{2}mr^2 \times \left(\dfrac{v}{r}\right)^2$

$= \dfrac{1}{2}mv^2 + \dfrac{1}{4}mv^2 = \dfrac{3}{4}mv^2$

ⓑ 중력퍼텐셜에너지 $V_g = mgh$

ⓒ 에너지보존의 법칙에 의해 $T = V_g$에서

$\dfrac{3}{4}mv^2 = mgh$

$v^2 = \dfrac{2}{3} \times 2gh$

$\therefore v = 0.816\sqrt{2gh}\ [\text{m/s}]$

58 전달률(TR)과 진동수비 $\left(\gamma = \dfrac{w}{w_n}\right)$의 관계

ⓐ $TR = 1$이면 $\gamma = \sqrt{2}$

ⓑ $TR < 1$이면 $\gamma > \sqrt{2}$

ⓒ $TR > 1$이면 $\gamma < \sqrt{2}$

59 $\alpha = \dfrac{dw}{dt} = \dfrac{\dfrac{2\pi \times 3,600}{60} - \dfrac{2\pi \times 0}{60}}{10} = 37.699 \text{rad/s}^2$

$\therefore T = J\alpha = 20 \times 37.699 = 754 \text{N} \cdot \text{m}$

60 $w_n = \sqrt{\dfrac{k}{m}} = \sqrt{\dfrac{10 \times 10^3}{20}} = 22.36 \text{rad/s}$

$\therefore$ 공진진폭$(X_n) = \dfrac{F_0}{Cw_n} = \dfrac{100}{6 \times 10^3 \times 22.36}$

$= 0.000745 \text{m} = 0.0745 \text{cm}$

61 $Q = mC_p(T_2 - T_1) = mC_p T_1 \left(\dfrac{T_2}{T_1} - 1\right)$

$= mC_p T_1 \left(\dfrac{V_2}{V_1} - 1\right)$

$= 5 \times 1 \times (20 + 273) \times (2 - 1) = 1,465 \text{kJ}$

62 $F = \rho Q(V - U) = \rho A(V - U)^2$

$= 1,000 \times 0.01 \times (10 - 3)^2 = 490 \text{N}$

63 랭킨사이클의 열효율 증대방법

ⓐ 복수기(condenser)의 압력 저하(응축기 배압 저하)

ⓑ 보일러압력 증가

ⓒ 보일러에서 증기를 고온으로 과열시킴

64 $P_a = P_o + P_g$

$\therefore P_g = P_a - P_o = 50 - \dfrac{710}{760} \times 101.325$

$= -44.7 \text{kPa} = 44.7 \text{kPa}(진공)$

65 일량과 열량은 도정함수(경로함수)이다.

66 $\nu = \dfrac{\mu}{\rho} = \dfrac{0.1}{800} = 1.25 \times 10^{-4}\ \text{m}^2/\text{s}$

ⓐ 유량이 100L/s일 때

$V = \dfrac{Q}{A} = \dfrac{4Q}{\pi d^2} = \dfrac{4 \times 0.1}{\pi \times 0.25^2} \approx 2.04 \text{m/s}$

$Re = \dfrac{\rho Vd}{\mu} = \dfrac{Vd}{\nu} = \dfrac{4Q}{\pi d\nu}$

$= \dfrac{4 \times 0.1}{\pi \times 0.25 \times 1.25 \times 10^{-4}}$

$= 4074.37 > 4,000 (난류)$

$f = \dfrac{0.3164}{Re^{-\frac{1}{4}}} = \dfrac{0.3164}{4074.37^{-\frac{1}{4}}} = 0.0396$

$\therefore h_{L1} = f \dfrac{L}{d} \dfrac{V^2}{2g} = 0.0396 \times \dfrac{100}{0.25} \times \dfrac{2.04^2}{2 \times 9.8}$

$= 3.354 \text{m}$

ⓛ 유량이 50L/s일 때

$$V = \frac{Q}{A} = \frac{4Q}{\pi d^2} = \frac{4 \times 0.05}{\pi \times 0.25^2} ≒ 1.02 \text{m/s}$$

$$Re = \frac{\rho Vd}{\mu} = \frac{Vd}{\nu} = \frac{4Q}{\pi d \nu}$$

$$= \frac{4 \times 0.05}{\pi \times 0.25 \times 1.25 \times 10^{-4}}$$

$$= 2037.18 > 2,000 \text{(층류)}$$

$$f = \frac{64}{Re} = \frac{64}{2037.18} = 0.03142$$

$$\therefore h_{L2} = f\frac{L}{d}\frac{V^2}{2g} = 0.03142 \times \frac{100}{0.25} \times \frac{1.02^2}{2 \times 9.8}$$

$$= 0.667 \text{m}$$

$$\therefore \frac{h_{L1}}{h_{L2}} = \frac{3.354}{0.667} = 5.03$$

67 냉매의 구비조건
ⓐ 비체적이 작을 것
ⓑ 증발압력이 낮을 것(단, 대기압보다는 높을 것)
ⓒ 응고점이 낮을 것
ⓓ 증발잠열이 클 것(냉동효과가 클 것)
ⓔ 응축기 압력은 낮을 것
ⓕ 압축비가 낮을 것

68 $TV^{k-1} = C$
$T_1 V_1^{k-1} = T_2 V_2^{k-1}$

$$\therefore T_2 = T_1 \left(\frac{V_1}{V_2}\right)^{k-1} = (8+273) \times \left(\frac{5}{1}\right)^{1.4-1}$$

$$= 535\text{K} - 273 = 262℃$$

69 $(Re)_c = (Re)_a$

$$\left(\frac{Vh}{\nu}\right)_c = \left(\frac{Vh}{\nu}\right)_a$$

$\nu_c ≒ \nu_a$

$$\therefore V_a = V_c \frac{h_c}{h_a} = \frac{108}{3.6} \times \frac{1.5}{1} = 45\text{m/s}$$

70 증기압축냉동사이클에서 응축과정은 엔트로피가 감소하는 과정이다. 응축기는 압력($p=c$)이 일정할 때 고온체에 열량을 방출하는 장치이다.

71 $\eta = \frac{3,600kW}{H_L m_f} \times 100\% = \frac{3,600 \times 6,050}{29,900 \times 3,600} \times 100\%$

$≒ 20.23\%$

72 $E = -\frac{dp}{\frac{dv}{v}} = \frac{800}{\frac{0.05}{100}} = 1.6 \times 10^6 \text{kPa}$

73 강도성 상태량(intensive quantity of state)은 물질의 양과 무관한 상태량으로 압력, 온도, 밀도(비질량) 등이 있다. 체적은 물질의 양에 비례하는 용량성 상태량(종량성 상태량)이다.

74 수평층류원관유동인 경우

유량$(Q) = \frac{\pi \Delta p D^4}{128 \mu L}$ [m³/s]

75 $mR = \overline{R} = 8314.5 \text{J/kmol} \cdot \text{K}$

$$\therefore R = \frac{8314.5}{\text{분자량}(m)} = \frac{8314.5}{29} = 718 \text{J/kg} \cdot \text{K}$$

76 층류원관유동 시 중요시되는 무차원수는

레이놀즈수$(Re) = \frac{\text{관성력}}{\text{점성력}} = \frac{\rho Vd}{\mu} = \frac{Vd}{\nu} = \frac{4Q}{\pi d \nu}$

이다.

77 $D = C_D \frac{\rho V^2}{2} A = 0.6 \times \frac{1.23 \times 40^2}{2} \times \frac{\pi \times 0.05^2}{4}$

$≒ 1.16\text{N}$

78 $\text{Pa} \cdot \text{s} = \text{N} \cdot \text{s/m}^2 = FL^{-2}T$

79 FEM(Finite Element Method)의 장점
ⓐ 유연성 : FEM은 복잡한 형상, 불균일한 재료 속성 및 다양한 경계조건을 처리할 수 있으므로 광범위한 열전달문제에 적용할 수 있다.
ⓑ 정확도 : FEM은 적절한 메시 세분화 및 재료의 모델링을 통해 온도분포 및 열유속에 대한 정확한 예측을 제공할 수 있다.
ⓒ 효율성 : FEM을 사용하면 크고 복잡한 열전달시스템을 더 작은 요소로 나누어 분석할 수 있으므로 정확도를 손상시키지 않으면서 계산 요구사항을 줄일 수 있다.
ⓓ 설계 최적화 : FEM은 다양한 설계대안을 평가하여 단열, 열교환기 또는 냉각시스템과 같은 열전달 설계의 최적화를 용이하게 할 수 있다.

80 ① LES(Large Eddy Simulation) : 나비에-스 톡스방정식(Navier-Stokes equation)의 격자에 공간평균을 취하는 레이놀즈(Reynolds) 방정식에 기초를 두지 않는 계산방법이다.
② RANS(Reynolds Average Navier-Stokes Simulation) : 레이놀즈 평균화된 나비에-스 톡스방정식을 해석하는 시간평균기법이다. 정상상태 해석 시 사용가능하며 산업분야에서 가장 많이 사용하는 난류모델 시뮬레이션이다.

③ SRS(Scale Resolving Simulation) : 비정상 상태 해법이고 큰 eddy(소용돌이)유동 해석기법을 포함하고 있고 큰 eddy는 직접 계산하고 격자보다 작은 eddy모델링하는 방법이다.

④ DNS(Direct Numerical Simulation, 직접수치모사) : 난류유동에 사용되는 방정식인데, 가장 작은 난류 eddy와 가장 빠른 변동까지 포착하기 위해 충분히 세밀한 격자망과 충분히 작은 시간간격으로 시간변화의 해를 직접 구하는 방법이다.

2 실전 모의고사

1 기계제도 및 설계

01 한국산업규격 중 기계분야에 관한 규격기호는?
① KS A ② KS B
③ KS C ④ KS D

02 기계제도 도면에 사용되는 척도의 설명으로 틀린 것은?
① 도면에 그려지는 길이와 대상물의 실제 길이와의 비율로 나타낸다.
② 한 도면에서 공통적으로 사용되는 척도는 표제란에 기입한다.
③ 같은 도면에서 다른 척도를 사용할 때에는 필요에 따라 그림 부근에 기입한다.
④ 배척은 대상물보다 크게 그리는 것으로 2 : 1, 3 : 1, 4 : 1, 10 : 1 등 제도자가 임의로 비율을 만들어 사용한다.

03 표면거칠기 표시법에서 10점 평균거칠기를 표시하는 기호는?
① Ry ② Ra
③ Rz ④ Sm

04 다음 솔리드모델(solid model)의 특징 중 틀린 것은?
① 형상을 절단한 단면도 작성이 용이하다.
② 물리적 성질 등의 계산이 가능하다.
③ 컴퓨터의 메모리량이 많고 데이터 처리가 많아진다.
④ 이동, 회전 등을 통한 정확한 형상 파악이 곤란하다.

05 다음 중 외형선은 무슨 선으로 표시하는가?
① 굵은 실선 ② 가는 실선
③ 파선 ④ 쇄선

06 다음 중 합금공구강은?
① STS ② SKH
③ STK ④ STC

07 다음 용접기호 중 틀린 것은?
① 심용접 : ⊖ ② 점용접 : ○
③ 필릿용접 : ▷ ④ 이면용접 : ⊓

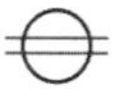

08 가공에 의한 커터의 줄무늬방향이 다음 그림과 같을 때 (가) 부분의 기호는?
① C 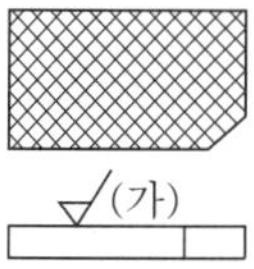
② M
③ R
④ X

09 어떤 구멍의 치수 $\phi 20^{+0.041}_{+0.025}$에 대한 설명으로 틀린 것은?
① 구멍의 기준치수는 $\phi 20$이다.
② 구멍의 위치수허용차는 $+0.041$이다.
③ 최대 허용한계치수는 $\phi 20.041$이다.
④ 구멍의 공차는 0.066이다.

10 유니파이 보통나사 $\frac{1}{4}$-20UNC의 피치는 얼마인가?
① 0.25mm ② 0.8mm
③ 1.27mm ④ 2.54mm

11 성크키에 생기는 전단응력 τ_k, 압축응력 σ_c에 대해서 $\frac{\tau_k}{\sigma_c} = \frac{1}{4}$이면 키폭 b와 키높이 h의 관계식은?
① $h = \frac{b}{2}$ ② $h = b$
③ $h = \frac{b}{3}$ ④ $h = \frac{b}{4}$

12 리벳작업에서 코킹(caulking)을 하는 이유는?
① 패킹재료를 끼우기 위해서
② 리벳구멍을 뚫기 위해서
③ 기밀을 좋게 하기 위해서
④ 파손된 부분을 수리하기 위해서

13 전동축에서 토크를 T, 전달동력을 kW, 회전수를 N이라 할 때 T[N·cm]를 계산하는 식은?
① $T = 716.2 \frac{kW}{N}$
② $T = 9.55 \times 10^5 \frac{kW}{N}$
③ $T = 974 \frac{kW}{N}$
④ $T = 9.55 \times 10^6 \frac{kW}{N}$

14 롤링베어링의 호칭번호가 6202라면 베어링의 안지름은 얼마인가?
① 10mm ② 12mm
③ 15mm ④ 17mm

15 비틀림모멘트 T[N·mm]와 굽힘모멘트 M[N·mm]을 동시에 받는 전동축에 등가비틀림모멘트(상당비틀림모멘트) T_e를 구하는 식은?
① $T_e = \frac{1}{2}(M + \sqrt{M^2 + T^2})$
② $T_e = M + \sqrt{M^2 + T^2}$
③ $T_e = \sqrt{M^2 + T^2}$
④ $T_e = \frac{1}{2}\sqrt{M^2 + T^2}$

16 한 쌍의 헬리컬기어에서 잇수를 각각 Z_1, Z_2, 모듈 m_n, 비틀림각 β라 할 때 중심거리 C를 나타내는 식은?
① $C = \frac{(Z_1 + Z_2)\cos\beta}{3m_n}$
② $C = \frac{(Z_1 + Z_2)m_n}{2\cos\beta}$
③ $C = \frac{2m_n\cos\beta}{Z_1 + Z_2}$
④ $C = \frac{3Z_1 m_n}{Z_2 \cos\beta}$

17 주로 시스템의 작동이 정부하일 때 사용되며, 실린더의 속도제어를 실린더에 공급되는 입구측 유량을 조절하여 제어하는 회로는?
① 로크회로 ② 무부하회로
③ 미터 인 회로 ④ 미터 아웃 회로

18 다음 중 유량제어밸브에 속하는 것은?
① 릴리프밸브 ② 시퀀스밸브
③ 교축밸브 ④ 체크밸브

19 압력제어밸브들로만 구성되어 있는 것은?
① 릴리프밸브, 무부하밸브, 스로틀밸브
② 무부하밸브, 체크밸브, 감압밸브
③ 셔틀밸브, 릴리프밸브, 시퀀스밸브
④ 카운터밸런스밸브, 시퀀스밸브, 릴리프밸브

20 다음 그림과 같은 실린더에서 A측에서 3MPa의 압력으로 기름을 보낼 때 B측 출구를 막으면 B측에 발생하는 압력 P_B는 몇 MPa인가? (단, 실린더 안지름은 50mm, 로드지름은 25mm이며, 로드에는 부하가 없는 것으로 가정한다.)

① 1.5
② 3.0
③ 4.0
④ 6.0

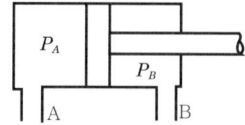

2 기계재료 및 제작

21 Y합금의 주성분으로 옳은 것은?

① Al+Cu+Ni+Mg
② Al+Cu+Mn+Mg
③ Al+Cu+Sn+Zn
④ Al+Cu+Si+Mg

22 전기저항용접 중 맞대기용접의 종류가 아닌 것은?

① 업셋용접 ② 퍼커션용접
③ 플래시용접 ④ 프로젝션용접

23 강의 열처리방법 중 표면경화법에 해당하는 것은?

① 마퀜칭 ② 오스포밍
③ 침탄질화법 ④ 오스템퍼링

24 허용동력이 3.6kW인 선반의 출력을 최대한으로 이용하기 위하여 취할 수 있는 허용최대 절삭면적은 몇 mm²인가? (단, 경제적 절삭속도는 120m/min을 사용하며, 피삭재의 비절삭저항이 45kgf/mm², 선반의 기계효율이 0.80이다.)

① 3.26 ② 6.26
③ 9.26 ④ 12.26

25 탄소를 제품에 침투시키기 위해 목탄을 부품과 함께 침탄상자 속에 넣고 900~950℃의 온도범위로 가열로 속에서 가열유지시키는 처리법은?

① 질화법
② 가스침탄법
③ 시멘테이션에 의한 경화법
④ 고주파 유도 가열경화법

26 다음 빈칸에 들어갈 숫자가 옳게 짝지어진 것은?

> 지름 100mm의 소재를 드로잉하여 지름 60mm의 원통을 가공할 때 드로잉률은 (A)이다. 또한 이 60mm의 용기를 재드로잉률 0.8로 드로잉을 하면 용기의 지름은 (B)mm가 된다.

① A : 0.36, B : 48 ② A : 0.36, B : 75
③ A : 0.6, B : 48 ④ A : 0.6, B : 75

27 A_1변태점 이하에서 인성을 부여하기 위하여 실시하는 가장 적합한 열처리는?

① 뜨임 ② 풀림
③ 담금질 ④ 노멀라이징

28 단조에 관한 설명 중 틀린 것은?

① 열간단조에는 콜드헤딩, 코이닝, 스웨이징이 있다.
② 자유단조는 앤빌 위에 단조물을 고정하고 해머로 타격하여 필요한 형상으로 가공한다.
③ 형단조는 제품의 형상을 조형한 한 쌍의 다이 사이에 가열한 소재를 넣고 타격이나 높은 압력을 가하여 제품을 성형한다.
④ 업셋단조는 가열된 재료를 수평틀에 고정하고 한쪽 끝을 돌출시키고 돌출부를 축방향으로 압축하여 성형한다.

29 스테인리스강을 조직에 따라 분류한 것 중 틀린 것은?
① 페라이트계　② 마텐자이트계
③ 시멘타이트계　④ 오스테나이트계

30 피복아크용접에서 피복제의 주된 역할이 아닌 것은?
① 용착효율을 높인다.
② 아크를 안정하게 한다.
③ 질화를 촉진한다.
④ 스패터를 적게 발생시킨다.

31 금속재료에서 단위격자 소속원자수가 2개이고 충전율이 68%인 결정구조는?
① 단순입방격자　② 면심입방격자
③ 체심입방격자　④ 조밀육방격자

32 주물사로 사용되는 모래에 수지, 시멘트, 석고 등의 점결제를 사용하며, 경화시간을 단축하기 위하여 경화촉진제를 사용하여 조형하는 주형법은?
① 원심주형법
② 셸몰드주형법
③ 자경성주형법
④ 인베스트먼트주형법

33 C와 Si의 함량에 따른 주철의 조직을 나타낸 조직분포도는?
① Gueiner, Klingenstein조직도
② 마우러(Maurer)조직도
③ Fe-C복평형상태도
④ Guilet조직도

34 절삭가공 시 절삭유(cutting fluid)의 역할로 틀린 것은?
① 공구와 칩의 친화력을 돕는다.
② 공구나 공작물의 냉각을 돕는다.
③ 공작물의 표면조도 향상을 돕는다.
④ 공작물과 공구의 마찰 감소를 돕는다.

35 철과 아연을 접촉시켜 가열하면 양자의 친화력에 의하여 원자 간의 상호확산이 일어나서 합금화하므로 내식성이 좋은 표면을 얻는 방법은?
① 칼로라이징　② 크로마이징
③ 세라다이징　④ 보로나이징

36 다이에 아연, 납, 주석 등의 연질금속을 넣고 제품형상의 펀치로 타격을 가하여 길이가 짧은 치약튜브, 약품튜브 등을 제작하는 압출방법은?
① 간접압출　② 열간압출
③ 직접압출　④ 충격압출

37 Al-Cu-Si계 합금의 명칭은?
① 실루민　② 라우탈
③ Y합금　④ 두랄루민

38 인발가공 시 다이의 압력과 마찰력을 감소시키고 표면을 매끈하게 하기 위해 사용하는 윤활제가 아닌 것은?
① 비누　② 석회
③ 흑연　④ 사염화탄소

39 Fe-C평형상태도에서 나타나는 철강의 기본 조직이 아닌 것은?
① 페라이트　② 펄라이트
③ 시멘타이트　④ 마텐자이트

40 프레스가공에서 전단가공의 종류가 아닌 것은?
① 셰이빙　② 블랭킹
③ 트리밍　④ 스웨이징

3 구조 해석

41 다음 그림과 같은 장주(long column)에 하중 P_{cr}을 가했더니 오른쪽 그림과 같이 좌굴이 일어났다. 이때 오일러좌굴응력 σ_{cr}은? (단, 세로탄성계수는 E, 기둥 단면의 회전반경(radius of gyration)은 r, 길이는 L이다.)

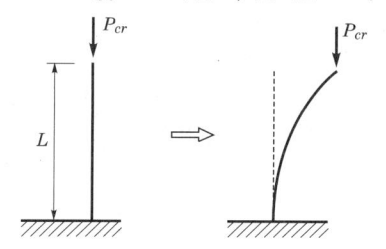

① $\dfrac{\pi^2 E r^2}{4L^2}$ ② $\dfrac{\pi^2 E r^2}{L^2}$

③ $\dfrac{\pi E r^2}{4L^2}$ ④ $\dfrac{\pi E r^2}{L^2}$

42 다음 그림과 같은 단순지지보의 중앙에 집중하중 P가 작용할 때 단면이 (가)일 경우의 처짐 y_1은 단면이 (나)일 경우의 처짐 y_2의 몇 배인가? (단, 보의 전체 길이 및 보의 굽힘강성은 일정하며 자중은 무시한다.)

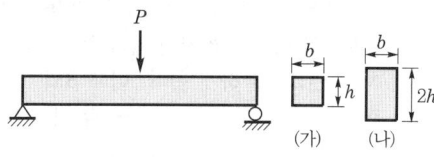

① 4 ② 8
③ 16 ④ 32

43 다음 그림과 같은 단순보의 중앙점(C)에서 굽힘모멘트는?

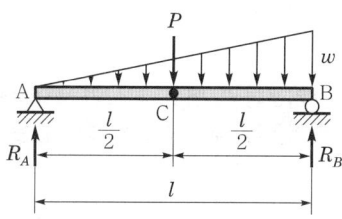

① $\dfrac{Pl}{2} + \dfrac{wl^2}{8}$ ② $\dfrac{Pl}{4} + \dfrac{wl^2}{16}$

③ $\dfrac{Pl}{2} + \dfrac{wl^2}{48}$ ④ $\dfrac{Pl}{4} + \dfrac{5}{48}wl^2$

44 열응력에 대한 다음 설명 중 틀린 것은?
① 재료의 선팽창계수와 관계있다.
② 세로탄성계수와 관계있다.
③ 재료의 비중과 관계있다.
④ 온도차와 관계있다.

45 오일러의 좌굴응력에 대한 설명으로 틀린 것은?
① 단면의 회전반경의 제곱에 비례한다.
② 길이의 제곱에 반비례한다.
③ 세장비의 제곱에 비례한다.
④ 탄성계수에 비례한다.

46 최대 굽힘모멘트 $M=8\text{kN}\cdot\text{m}$를 받는 단면의 굽힘응력을 60MPa로 하려면 정사각형 단면에서 한 변의 길이는 약 몇 cm인가?
① 8.2 ② 9.3
③ 10.1 ④ 12.0

47 다음 그림과 같은 일단 고정 타단 지지보에 등분포하중 w가 작용하고 있다. 이 경우 반력 R_A와 R_B는? (단, 보의 굽힘강성 EI는 일정하다.)

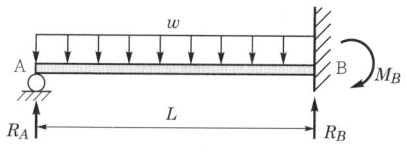

① $R_A = \dfrac{4}{7}wL$, $R_B = \dfrac{3}{7}wL$

② $R_A = \dfrac{3}{7}wL$, $R_B = \dfrac{4}{7}wL$

③ $R_A = \dfrac{5}{8}wL$, $R_B = \dfrac{3}{8}wL$

④ $R_A = \dfrac{3}{8}wL$, $R_B = \dfrac{5}{8}wL$

48 지름이 1.2m, 두께가 10mm인 구형 압력용기가 있다. 용기재질의 허용인장응력이 42MPa일 때 안전하게 사용할 수 있는 최대 내압은 약 몇 MPa인가?

① 1.1　　② 1.4
③ 1.7　　④ 2.1

49 길이가 l이고 원형 단면의 직경이 d인 외팔보의 자유단에 하중 P가 가해진다면 이 외팔보의 전체 탄성에너지는? (단 재료의 탄성계수는 E이다.)

① $U = \dfrac{3P^2l^3}{64\pi Ed^4}$　　② $U = \dfrac{62P^2l^3}{9\pi Ed^4}$

③ $U = \dfrac{32P^2l^3}{3\pi Ed^4}$　　④ $U = \dfrac{64P^2l^3}{3\pi Ed^4}$

50 다음 그림과 같은 단순보(단면 8cm×6cm)에 작용하는 최대 전단응력은 몇 kPa인가?

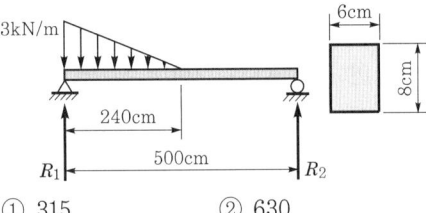

① 315　　② 630
③ 945　　④ 1,260

51 다음 그림과 같은 사각 단면의 상승모멘트(product of inertia) I_{xy}는 얼마인가?

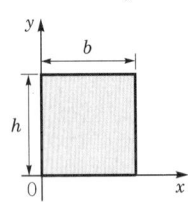

① $\dfrac{b^2h^2}{4}$　　② $\dfrac{b^2h^2}{3}$

③ $\dfrac{b^2h^3}{4}$　　④ $\dfrac{bh^3}{3}$

52 질점의 단순조화진동을 $y = C\cos(w_n t - \phi)$라 할 때 이 진동의 주기는?

① $\dfrac{\pi}{w_n}$　　② $\dfrac{2\pi}{w_n}$

③ $\dfrac{w_n}{2\pi}$　　④ $2\pi w_n$

53 어떤 사람이 정지상태에서 출발하여 직선방향으로 등가속도운동을 하여 5초 만에 10m/s의 속도가 되었다. 출발하여 5초 동안 이동한 거리는 몇 m인가?

① 5　　② 10
③ 25　　④ 50

54 고유진동수 f[Hz], 고유원진동수 ω[rad/s], 고유주기 T[s] 사이의 관계를 바르게 나타낸 식은?

① $T = \dfrac{\omega}{2\pi}$　　② $T\omega = f$

③ $Tf = 1$　　④ $f\omega = 2\pi$

55 같은 차종인 자동차 B, C가 브레이크가 풀린 채 정지하고 있다. 이때 같은 차종의 자동차 A가 1.5m/s의 속력으로 B와 충돌하면 이후 B와 C가 다시 충돌하게 되어 결국 3대의 자동차가 연쇄충돌하게 된다. 이때 B와 C가 충돌한 직후 자동차 C의 속도는 약 몇 m/s인가? (단, 모든 자동차 간 반발계수는 $e = 0.75$이다.)

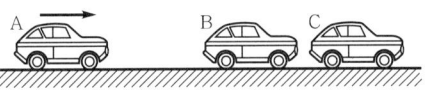

① 0.16　　② 0.39
③ 1.15　　④ 1.31

56 주기운동의 변위 $x(t)$가 $x(t) = A\sin\omega t$로 주어졌을 때 가속도의 최대값은 얼마인가?

① A　　② ωA
③ $\omega^2 A$　　④ $\omega^3 A$

57 질량이 30kg인 모형 자동차가 반경 40m인 원형경로를 20m/s의 일정한 속력으로 돌고 있을 때 이 자동차가 법선방향으로 받는 힘은 약 몇 N인가?

① 100　　② 200
③ 300　　④ 600

58 평면에서 강체가 다음 그림과 같이 오른쪽에서 왼쪽으로 운동하였을 때 이 운동의 명칭으로 가장 옳은 것은?

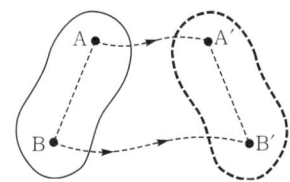

① 직선병진운동　② 곡선병진운동
③ 고정축회전운동　④ 일반평면운동

59 질량 70kg인 군인이 고공에서 낙하산을 펼치고 10m/s의 초기속도로 낙하하였다. 공기의 저항이 350N일 때 20m 낙하한 후의 속도는 약 몇 m/s인가?

① 16.4m/s　　② 17.1m/s
③ 18.9m/s　　④ 20.0m/s

60 작은 공이 다음 그림과 같이 수평면에 비스듬히 충돌한 후 튕겨 나갔을 경우에 대한 설명으로 틀린 것은? (단, 공과 수평면 사이의 마찰, 그리고 공의 회전은 무시하며 반발계수는 1이다.)

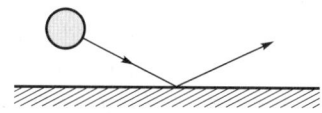

① 충돌 직전과 직후 공의 운동량은 같다.
② 충돌 직전과 직후 공의 운동에너지는 보존된다.
③ 충돌과정에서 공이 받은 충격량과 수평면이 받은 충격량의 크기는 같다.
④ 공의 운동방향이 수평면과 이루는 각의 크기는 충돌 직전과 직후가 같다.

4 열·유체 해석

61 증기압축냉동기에서 냉매가 순환되는 경로를 올바르게 나타낸 것은?

① 증발기 → 팽창밸브 → 응축기 → 압축기
② 증발기 → 압축기 → 응축기 → 팽창밸브
③ 팽창밸브 → 압축기 → 응축기 → 증발기
④ 응축기 → 증발기 → 압축기 → 팽창밸브

62 다음 중 동점성계수(kinematic viscosity)의 단위는?

① $N \cdot s/m^2$　　② $kg/m \cdot s$
③ m^2/s　　④ m/s^2

63 밀폐계의 가역정적변화에서 다음 중 옳은 것은? (단, U: 내부에너지, Q: 전달된 열, H: 엔탈피, V: 체적, W: 일)

① $dU=dQ$　　② $dH=dQ$
③ $dV=dQ$　　④ $dW=dQ$

64 2차원 속도장이 $\vec{V}=y^2\hat{i}-xy\hat{j}$으로 주어질 때 (1, 2) 위치에서 가속도의 크기는 약 얼마인가?

① 4　　② 6
③ 8　　④ 10

65 다음 중 수력기울기선(Hydraulic Grade Line)은 에너지구배선(Energy Line)에서 어떤 것을 뺀 값인가?

① 위치수두값
② 속도수두값
③ 압력수두값
④ 위치수두와 압력수두를 합한 값

66 어느 이상기체 2kg이 압력 200kPa, 온도 30℃의 상태에서 체적 0.8m³를 차지한다. 이 기체의 기체상수는 약 몇 kJ/kg·K인가?

① 0.264　② 0.528
③ 2.67　④ 3.53

67 절대압력 700kPa의 공기를 담고 있고 체적은 0.1m³, 온도는 20℃인 탱크가 있다. 순간적으로 공기는 밸브를 통해 바깥으로 단면적 75mm²를 통해 방출되기 시작한다. 이 공기의 유속은 310m/s이고, 밀도는 6kg/m³이며 탱크 내의 모든 물성치는 균일한 분포를 갖는다고 가정한다. 방출하기 시작하는 시각에 탱크 내 밀도의 시간에 따른 변화율은 몇 kg/m³·s인가?

① -12.338　② -2.582
③ -20.381　④ -1.395

68 오토사이클로 작동되는 기관에서 실린더의 간극체적이 행정체적의 15%라고 하면 이론 열효율은 약 얼마인가? (단 비열비 $k=1.4$이다.)

① 45.2%　② 50.6%
③ 55.7%　④ 61.4%

69 다음 그림의 랭킨사이클(온도(T)-엔트로피(s)선도)에서 각각의 지점에서 엔탈피는 다음 표와 같을 때 이 사이클의 효율은 약 몇 %인가?

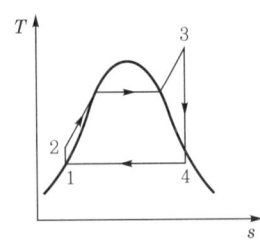

구분	엔탈피(kJ/kg)	구분	엔탈피(kJ/kg)
1지점	185	3지점	3,100
2지점	210	4지점	2,100

① 33.7%　② 28.4%
③ 25.2%　④ 22.9%

70 무게가 1,000N인 물체를 지름 5m인 낙하산에 매달아 낙하할 때 종속도는 몇 m/s가 되는가? (단, 낙하산의 항력계수는 0.8, 공기의 밀도는 1.2kg/m³이다.)

① 5.3　② 10.3
③ 18.3　④ 32.2

71 두께가 4cm인 무한히 넓은 금속평판에서 가열면의 온도를 200℃, 냉각면의 온도를 50℃로 유지하였을 때 금속판을 통한 정상상태의 열유속이 300kW/m²이면 금속판의 열전도율(thermal conductivity)은 약 몇 W/m·K인가? (단, 금속판에서의 열전달은 Fourier 법칙을 따른다고 가정한다.)

① 20　② 40
③ 60　④ 80

72 고온 400℃, 저온 50℃의 온도범위에서 작동하는 Carnot사이클열기관의 열효율을 구하면 몇 %인가?

① 37　② 42
③ 47　④ 52

73 새로 개발한 스포츠카의 공기역학적 항력을 기온 25℃(밀도는 1.184kg/m³), 점성계수는 1.849×10⁻⁵kg/m·s, 100km/h 속력에서 예측하고자 한다. 1/3축척 모형을 사용하여 기온이 5℃(밀도는 1.269kg/m³), 점성계수는 1.754×10⁻⁵kg/m·s인 풍동에서 항력을 측정할 때 모형과 원형 사이의 상사를 유지하기 위해 풍동 내 공기의 유속은 약 몇 km/h가 되어야 하는가?

① 153　② 266
③ 442　④ 549

74 수소(H_2)를 이상기체로 생각하였을 때 절대압력 1MPa, 온도 100℃에서의 비체적은 약 몇 m^3/kg인가? (단, 일반기체상수는 8.3145kJ/kmol·K이다.)

① 0.781　② 1.26
③ 1.55　④ 3.46

75 다음 중 단위계(system of unit)가 다른 것은?

① 항력(drag)
② 응력(stress)
③ 압력(pressure)
④ 단위면적당 작용하는 힘

76 0.6MPa, 200℃의 수증기가 50m/s의 속도로 단열노즐로 유입되어 0.15MPa, 건도 0.99인 상태로 팽창하였다. 증기의 유출속도는? (단, 노즐 입구에서 비엔탈피는 2,850kJ/kg, 출구에서 포화액의 비엔탈피는 467kJ/kg, 증발잠열은 2,227kJ/kg이다.)

① 약 600m/s　② 약 700m/s
③ 약 800m/s　④ 약 900m/s

77 주날개의 평면도 면적이 $21.6m^2$이고 무게가 20kN인 경비행기의 이륙속도는 약 몇 km/h 이상이어야 하는가? (단, 공기의 밀도는 $1.2kg/m^3$, 주날개의 양력계수는 1.2이고, 항력은 무시한다.)

① 41　② 91
③ 129　④ 141

78 5℃의 물(밀도 $1,000kg/m^3$, 점성계수 $1.5 \times 10^{-3} kg/m \cdot s$)이 안지름 3mm, 길이 9m인 수평파이프 내부를 평균속도 0.9m/s로 흐르게 하는 데 필요한 동력은 약 몇 W인가?

① 0.14　② 0.28
③ 0.42　④ 0.58

79 유한요소법(FEM)의 특성 중 옳지 않은 것은?

① 비뉴턴유체(Non-Newtonian fluid)도 적용이 가능하다.
② 높은 정확도를 얻을 수 있다.
③ 복잡한 형상의 경계에도 적합하다.
④ 계산량이 적으나 적용범위가 넓다.

80 실무현장에서 가장 널리 쓰이는 시뮬레이션 기법은?

① $\kappa - \varepsilon$ 모델
② $\kappa - \omega$ 모델
③ 스팔랏-알마라스모델
④ 레이놀즈 평균화된 나비에-스톡스방정식(RANS)

제2회 실전 모의고사 정답 및 해설

01	02	03	04	05	06	07	08	09	10	11	12	13	14	15	16	17	18	19	20
①	④	③	④	①	①	④	④	④	③	①	③	②	③	③	②	③	③	④	③
21	22	23	24	25	26	27	28	29	30	31	32	33	34	35	36	37	38	39	40
①	④	③	①	②	③	①	①	③	③	③	③	②	①	③	④	②	④	④	④
41	42	43	44	45	46	47	48	49	50	51	52	53	54	55	56	57	58	59	60
①	②	②	③	③	②	④	③	③	①	②	③	③	①	③	③	③	②	②	①
61	62	63	64	65	66	67	68	69	70	71	72	73	74	75	76	77	78	79	80
②	③	①	④	②	③	③	①	②	④	④	④	②	③	①	③	④	④	③	④

01 KS의 분류기호

기호	부문	기호	부문	기호	부문
A	기본(통칙)	I	환경	S	서비스
B	기계	J	생물	T	물류
C	전기전자	K	섬유	V	조선
D	금속	L	요업	W	항공우주
E	광산	M	화학	X	정보
F	건설	P	의료	Z	기타
G	일용품	Q	품질경영		
H	식품	R	수송기계		

02 ㉠ 척도
- 도면의 표제란에 기입한다.
- 같은 도면 다른 척도를 사용할 때는 필요에 따라 그 그림 부근에도 기입한다.
- 도형이 치수에 비례하지 않는 경우에는 그 취지를 적당한 곳에 명기한다.
- 이들 척도의 표시는 잘못 볼 염려가 없을 경우에는 기입하지 않아도 좋다.

㉡ 축척, 현척 및 배척의 값

종류	난	값
축척	1	1:2, 1:5, 1:10, 1:20, 1:50, 1:100, 1:200
	2	1:$\sqrt{2}$, 1:2.5, 1:2$\sqrt{2}$, 1:3, 1:4, 1:5$\sqrt{2}$, 1:25, 1:250
현척	−	1:1
배척	1	2:1, 5:1, 10:1, 20:1, 50:1
	2	$\sqrt{2}$:1, 2.5$\sqrt{2}$:1, 100:1

※ 비고 : 1란의 척도를 우선으로 사용한다.

03 ① Ry : 최대 높이
② Ra : 산술평균거칠기
④ Sm : 요철의 평균간격

04 솔리드모델(solid model)
사용자가 좀 더 명확하고 오류 없이 물체를 이해할 수 있도록 물체를 solid형태로 표현하는 기법이다.
㉠ 물리적 성질의 계산이 가능하다.
㉡ 간섭체크(interference)가 용이하다.
㉢ boolean연산을 통한 복잡한 형상표현이 가능하다.
㉣ 단면도 작성이 용이하다.
㉤ 정확한 형체의 표현이 가능하다.
㉥ 메모리 및 데이터의 처리가 크다.

05 대상물의 보이는 부분의 모양을 표시하는 외형선은 굵은 실선으로 표시한다.

06 ② SKH : 고속도 공구강강재
③ STK : 일반구조용 탄소강관
④ STC : 탄소공구강강재

07 ㉠ ⊓ : 플러그용접
㉡ ⌣ : 이면용접

08

가공으로 생긴 앞줄의 방향이 기호를 기입한 그림의 투상면에 평행	가공으로 생긴 앞줄의 방향이 기호를 기입한 그림의 투상면에 직각
(그림)	(그림)

가공으로 생긴 선이 두 방향으로 교차	가공으로 생긴 선이 다방면으로 교차 또는 무방향
∨X	∨M
가공으로 생긴 선이 거의 동심원	가공으로 생긴 선이 거의 방사상
∨C	∨R

09 치수공차＝최대 허용치수－최소 허용치수
　　　　＝0.041－0.025
　　　　＝0.016

10 $\frac{1}{4}$은 나사의 바깥(호칭)지름을 나타내며, 이것은 인치계열의 나사이므로 바깥지름이 $\frac{1}{4}''$(인치)를 뜻한다. 20은 1인치당 나사산의 수를 나타내고, UNC는 유니파이 보통나사이며, UNF는 유니파이 가는 나사이다.
나사의 피치는 1인치를 나사산의 수로 나누어서 얻어지므로 $\frac{25.4}{20} = 1.27$mm이다.

11 $\frac{\tau_k}{\sigma_c} = \frac{1}{4}$

$\sigma_c = 4\tau_k$

$\frac{4T}{hdl} = 4 \times \frac{2T}{bdl}$

∴ $h = \frac{b}{2}$

12 기밀을 요하는 경우는 코킹작업을 하고, 강판두께가 5mm 이하인 경우는 코킹효과가 없으므로 종이, 대마, 천, 석면 같은 패킹재료를 강판 사이에 끼워 리벳팅작업을 한다. 코킹 시 끝(정)의 작업경사각도는 75~85°로 한다.

13 ㉠ $T = 7.02 \times 10^5 \frac{PS}{N}$[N·cm]

　　　 $= 7.02 \times 10^6 \frac{PS}{N}$[N·mm]

㉡ $T = 9.55 \times 10^5 \frac{kW}{N}$[N·cm]

　　 $= 9.55 \times 10^6 \frac{kW}{N}$[N·mm]

14 호칭번호 끝의 2자리는 베어링 안지름을 나타내며, 00이면 10mm, 01이면 12mm, 02라면 15mm, 03이면 17mm이며, 04부터는 5배수가 안지름이다.

15 ㉠ 상당(등가)비틀림모멘트(T_e)
　　　 $= \sqrt{M^2 + T^2}$ [N·m]
㉡ 상당(등가)굽힘모멘트(M_e)
　　　 $= \frac{1}{2}(M + T_e) = \frac{1}{2}(M + \sqrt{M^2 + T^2})$ [N·m]

16 $C = \frac{D_{s1} + D_{s2}}{2} = \frac{m_s(Z_1 + Z_2)}{2}$

　　 $= \frac{m_n(Z_1 + Z_2)}{2\cos\beta}$ [mm]

17 미터 인 회로(meter in circuit)는 실린더에 공급되는 입구측 유량을 조절하여 속도를 제어하는 회로이다.

18 ① 릴리프밸브 : 압력제어밸브
② 시퀀스밸브 : 압력제어밸브
④ 체크밸브 : 방향제어밸브

19 **압력제어밸브** : 릴리프밸브, 시퀀스밸브, 무부하밸브(언로딩밸브), 카운터밸런스밸브, 감압밸브, 압력스위치, 유체퓨즈

20 $P_A A_A = P_B A_A$

$P_A \frac{\pi D^2}{4} = P_B \frac{\pi(D^2 - d^2)}{4}$

∴ $P_B = P_A \left(\frac{D^2}{D^2 - d^2}\right) = 3 \times \frac{50^2}{50^2 - 25^2} = 4$MPa

21 Y합금(alloy)은 Al-Cu-Ni-Mg계 합금으로 주로 내연기관의 피스톤, 실린더 등 열을 많이 받는 부분에 내열합금으로 사용한다.

22 전기저항용접
㉠ 겹치기용접 : 점(spot)용접, 심(seam)용접, 프로젝션(projection)용접 등
㉡ 맞대기용접 : 플래시(flash)용접, 버트(butt)용접, 퍼커션(percussion)용접 등

23 강의 표면경화법
  ㉠ 물리적 표면경화법 : 고주파경화법, 화염경화법
  ㉡ 화학적 표면경화법 : 침탄법, 질화법, 청화법
  ㉢ 금속침투법 : 세라다이징(Zn), 크로마이징(Cr), 칼로라이징(Al), 실리콘나이징(Si), 보로나이징(B)

24 $kW = \dfrac{FV}{\eta_m} = \dfrac{\tau AV}{\eta_m}$ [kW]

$\therefore A = \dfrac{\eta_m kW}{\tau V} = \dfrac{0.8 \times 3.6 \times 10^3}{(45 \times 9.8) \times \dfrac{120}{60}} = 3.26\,\text{mm}^2$

25 가스침탄법은 탄소를 제품에 침투시키기 위해 목탄을 부품과 함께 침탄상자 속에 넣고 900~950℃의 온도범위로 가열로 속에서 가열유지시키는 처리법이다.

26 ㉠ 드로잉률 = $\dfrac{\text{제품의 지름}(d_1)}{\text{소재의 지름}(d_0)} = \dfrac{60}{100} = 0.6$

  ㉡ 재드로잉률 = $\dfrac{\text{용기의 지름}}{\text{제품의 지름}(d_1)}$

  ∴ 용기의 지름 = 재드로잉률 × 제품의 지름
   = 0.8 × 60 = 48mm

27 뜨임(tempering)은 A_1변태점(723℃) 이하에서 인성(내충격성)을 부여하기 위한 열처리이다.

28 단조(forging)
가열한 금속에 프레스나 해머 등으로 힘을 가해 소성변형을 하게 해서 버리는 형상으로 성형하는 것을 말한다.
  ㉠ 열간단조 : 해머단조, 프레스단조, 업셋단조, 압연단조
  ㉡ 냉간단조 : 콜드헤딩, 코이닝(coining), 스웨이징
  ㉢ 형단조(die forging)

29 ㉠ 오스테나이트계 : 스테인레스강의 대략 70%를 차지하고 Cr(18)+Ni(8)의 표준스테인레스강의 조직으로 상온의 열처리하지 않은 조직이다.
  ㉡ 페라이트계 : 강에 Cr이 18% 함유한 스테인레스강의 조직으로 열처리되지 않은 조직이다.
  ㉢ 마텐자이트계 : 철에 Cr이 11.5% 함유한 담금질조직으로 Cr 13% 강의 열처리조직이다.
  ㉣ 듀플렉스조직 : 듀얼조직인 오스테나이트+페라이트의 혼합조직으로 강도 및 내식성이 좋아 내해수용, 고강도용 스테인레스강으로 사용되고 있다.
※ 시멘타이트(Fe_3C)조직은 철의 탄화철조직이다.

30 피복제의 역할 중 하나는 용접부와 공기를 차단해 준다. 따라서 공기 중에 있는 산소와 질소에 의한 영향을 차단하므로 산화 및 질화를 방지한다.

31

결정격자	격자 내의 원자수	충전율
체심입방격자(BCC)	2개	68%
면심입방격자(FCC)	4개	74%
조밀육방격자(HCP)	2개	74%

32 자경성주형법이란 모래에 특수한 점결제와 경화제를 혼련한 다음 조형하게 되면 건조나 가스취입 없이 자연적으로 경화반응이 진행되어 경화하게 된다. 이와 같은 원리를 이용하여 조형하는 방법이다. 점결제로는 수지, 시멘트, 석고, 물유리 등이 사용된다.

33 마우러조직도(Maurer's diagram)는 탄소(C)와 규소(Si)의 함량에 따른 주철(cast iron)의 조직을 나타낸 조직분포도이다.

34 절삭유는 금속을 기계가공하는 작업에서 공구와 칩 또는 공작물과의 경계면에서 마모, 마찰, 용착 등을 방지하고, 또한 발열의 억제와 제거에 의해서 공구의 수명을 연장하고 다듬질면의 향상과 공작물의 정도를 유지하는 데 있다.

35 ① 칼로라이징 : 알루미늄(Al) 침투
  ② 크로마이징 : 크롬(Cr) 침투
  ③ 세라다이징 : 아연(Zn) 침투
  ④ 보로나이징 : 붕소(B) 침투

36 충격압출(impact extruding)은 다이에 아연, 납, 주석 등의 연질금속을 넣고 제품형상의 펀치로 타격을 가하여 길이가 짧은 치약튜브, 약품튜브 등을 제작하는 압출방법이다.

37 라우탈(lautal)은 Al-Cu-Si계 합금이다.

38 인발가공에서 윤활법 : 마찰력 감소, 다이의 마모 감소, 냉각효과를 주기 위해 석회, 그리스, 비누, 흑연 등의 윤활제를 사용하며, 경질금속은 Pb, Zn을 도금하여 사용한다.

39 마텐자이트(martensite)조직은 강의 열처리조직이다. 페라이트, 펄라이트, 시멘타이트조직은 철의 기본조직에 있다. 즉 Fe-C상태도에 나타난다.

40 스웨이징(swaging)가공
단조와 같은 압축가공 시 사용되는 이형공구의 일종으로 선, 관, 봉재 등의 다양한 단면의 모양을 성형하고자 할 때 사용되는 공구의 다이를 스웨이징블록이라 하며, 이 공구 사이에서 소재를 넣고 압축성형하는 방법이다. 두께나 지름, 길이 등을 감소시키거나 폭을 늘리는 것을 말한다.

41 ㉠ 좌굴하중$(P_{cr}) = n\pi^2 \dfrac{EI_G}{L^2} = n\pi^2 \dfrac{EAk_G^2}{L^2}$[N]

㉡ 좌굴응력$(\sigma_{cr}) = \dfrac{P_{cr}}{A} = n\pi^2 \dfrac{Er^2}{L^2}$
$= \dfrac{\pi^2 Er^2}{4L^2}$[MPa]

42 $y_{max} = \dfrac{PL^3}{48EI}$[cm]에서 $y \propto \dfrac{1}{I}$

$\dfrac{y_1}{y_2} = \dfrac{I_2}{I_1} = \dfrac{\dfrac{b(2h)^3}{12}}{\dfrac{bh^3}{12}} = 8$

$\therefore y_1 = 8y_2$

43 $\sum M_B = 0$(B점 기준)

$R_A \times l - P \times \dfrac{l}{2} - \dfrac{wl}{2} \times \dfrac{l}{3} = 0$

$\therefore R_A = \dfrac{P}{2} + \dfrac{wl}{6}$[N]

$\therefore M_C = R_A \times \dfrac{l}{2} - \dfrac{1}{2} \times \dfrac{l}{2} \times \dfrac{w}{2} \times \left(\dfrac{l}{2} \times \dfrac{1}{3}\right)$

$= \left(\dfrac{P}{2} + \dfrac{wl}{6}\right) \times \dfrac{l}{2} - \dfrac{wl}{8} \times \dfrac{l}{6}$

$= \dfrac{Pl}{4} + \dfrac{wl^2}{12} - \dfrac{wl^2}{48} = \dfrac{Pl}{4} + \dfrac{wl^2}{16}$

44 열응력$(\sigma) = E\alpha \Delta t$
여기서, E : 재료의 세로탄성계수
α : 재료의 선팽창계수
Δt : 온도의 변화량(온도차)

45 $\sigma_B = n\pi^2 \dfrac{E}{\lambda^2} = n\pi^2 \dfrac{E}{\left(\dfrac{l}{k_G}\right)^2} = n\pi^2 \dfrac{Ek_G^2}{l^2}$[MPa]

좌굴응력(σ_B)은 세장비(λ)의 제곱에 반비례한다.

46 $M_{max} = \sigma_b Z = \sigma_b \dfrac{a^3}{6}$

$\therefore a = \sqrt[3]{\dfrac{6M_{max}}{\sigma_b}} = \sqrt[3]{\dfrac{6 \times 8 \times 10^5}{6,000}} = 9.3$cm

47 균일분포하중을 받는 일단 고정 타단 지지보(부정정보)의 경우

㉠ $R_A = \dfrac{3}{8}wL$[N]

㉡ $R_B = \dfrac{5}{8}wL$[N]

48 $\sigma = \dfrac{Pd}{4t}$

$\therefore P = \dfrac{4t\sigma}{d} = \dfrac{4 \times 10 \times 42}{1,200} = 1.4$MPa

49 $U = \int_0^l \dfrac{M_x^2}{2EI}dx = \dfrac{1}{2EI}\int_0^l (-Px)^2 dx = \dfrac{P^2}{2EI}\left[\dfrac{x^3}{3}\right]_0^l$

$= \dfrac{P^2 l^3}{6EI} = \dfrac{P^2 l^3}{6E \times \dfrac{\pi d^4}{64}} = \dfrac{32P^2 l^3}{3E\pi d^4}$[kJ]

50 $\sum M_i = 0$

$R_1 \times 5 - \dfrac{3 \times 2.4}{2} \times 4.2 = 0$

$\therefore R_1 = \dfrac{3.6 \times 4.2}{5} = 3.024$kN

$\therefore \tau_{max} = \dfrac{3R_1}{2A} = \dfrac{3 \times 3.024}{2 \times 0.06 \times 0.08} = 945$kPa

51 $I_{xy} = \dfrac{A^2}{4} = \dfrac{(bh)^2}{4} = \dfrac{b^2 h^2}{4}$[cm^4]

[별해] $I_{xy} = \int_A xy dA = \int_\infty^b \int_A^h xy dx dy$

$= \int_0^b x dx \int_0^h y dy = \left[\dfrac{x^2}{2}\right]_0^b \left[\dfrac{y^2}{2}\right]_0^h$

$= \dfrac{b^2}{2} \times \dfrac{h^2}{2} = \dfrac{b^2 h^2}{4}$[cm^4]

52 진동주기$(T) = \dfrac{1}{f} = \dfrac{2\pi}{w_n}$[sec]

53 $S = \cancel{S_0}^0 + \cancel{V_0 t}^0 + \dfrac{1}{2}at^2 = \dfrac{1}{2}at^2 = \dfrac{1}{2}\dfrac{V}{t}t^2 = \dfrac{1}{2}Vt$

$= \dfrac{1}{2} \times 10 \times 5 = 25$m

여기서, S_0 : 처음 변위, S : 나중 변위

54 $f = \dfrac{w}{2\pi} = \dfrac{1}{T}$ [Hz]

∴ $Tf = 1$

주파수(f)와 주기(T)는 역비례한다.

55 $V_B' = \cancel{V_B}^0 + \dfrac{m_A}{m_A + m_B}(1+e)(V_A - \cancel{V_B}^0)$

$= \dfrac{1}{2} \times (1+0.75) \times 1.5 = 1.3125\text{m/s}$

∴ $V_C' = \cancel{V_C}^0 + \dfrac{m_B'}{m_B' + m_C}(1+e)(V_B' - \cancel{V_C}^0)$

$= \dfrac{1}{2} \times (1+0.75) \times 1.3125 ≒ 1.15\text{m/s}$

56 ㉠ 변위(x) = $A\sin\omega t$ [m]

㉡ 속도($\dot{x}$) = $A\omega\cos\omega t$ [m/s]

∴ $V_{max} = A\omega$ [m/s]

㉢ 가속도($\ddot{x}$) = $A\omega^2\sin\omega t$ [m/s²]

∴ $a_{max} = A\omega^2$ [m/s²]

57 원심력(F_3) = 질량(m) × 구심가속도(a_n)

$= ma_n = m(r\omega)^2 = m\dfrac{v^2}{r}$

$= 30 \times \dfrac{20^2}{40} = 300\text{N}$

58

강체의 운동학	평면운동의 형태	특징
병진운동	직선 병진 운동	모든 질점의 속도, 가속도가 동일 크기와 방향을 유지(직선궤적을 따름)
	곡선 병진 운동	모든 순간마다 속도, 가속도의 방향 및 크기가 변함(곡선궤적을 따름)
고정축에 대한 회전운동		강체의 모든 입자들이 회전축을 중심으로 원운동 $V = rw$ [m/s] $a_t = r\alpha$ [m/s²]
일반평면운동		일반평면운동 = 병진운동 + 회전운동

59 $\Sigma F_y = ma_y$

$mg - 350 = ma_y$

∴ $a_y = \dfrac{mg - 350}{m} = \dfrac{70 \times 9.8 - 350}{70} = 4.8\text{m/s}^2$

$2a_y s = v_2^2 - v_1^2$

$2 \times 4.8 \times 20 = v_2^2 - 10^2$

∴ $v_2 ≒ 17.1\text{m/s}$

60 완전 탄성충돌은 반발계수(e) = 1일 때 충돌 직전과 직후 공의 전체 에너지(운동량과 운동에너지)는 보존된다.

61 증기압축냉동기의 냉매순환경로 : 증발기 → 압축기 → 응축기 → 팽창밸브

62 동점성계수의 단위는 m²/s이다.

$\nu = \dfrac{\mu}{\rho} = \dfrac{\text{N} \cdot \text{s/m}^2}{\text{N} \cdot \text{s}^2/\text{m}^4} = \dfrac{\text{kg/m} \cdot \text{s}}{\text{kg/m}^3} = \text{m}^2/\text{s}$

63 $\delta Q = \Delta U + pdV$ [kJ]

정적변화($dV = 0$)인 경우 가열량과 내부에너지변화량은 같다.

∴ $\delta Q = \Delta U = mC_v dT$ [kJ]

64 $\vec{a} = u\dfrac{\partial \vec{V}}{\partial x} + v\dfrac{\partial \vec{V}}{\partial y}$

$= y^2(-y\hat{j}) + (-xy)(2y\hat{i} - x\hat{j})$

$= -y^3\hat{j} - 2xy^2\hat{i} + x^2y\hat{j}$

$= -2xy^2\hat{i} + (x^2y - y^3)\hat{j}$

$= (-2 \times 1 \times 2^2)\hat{i} + (1^2 \times 2 - 2^3)\hat{j} = -8\hat{i} - 6\hat{j}$

∴ $a = \sqrt{8^2 + 6^2} = 10\text{m/s}^2$

65 수력기울기선(HGL) = $\dfrac{P}{\gamma} + z$

= 에너지구배선(EL) $- \dfrac{v^2}{2g}$

∴ 수력기울기선은 에너지구배선보다 항상 속도수두만큼 아래에 있다.

66 $PV = mRT$

∴ $R = \dfrac{PV}{mT} = \dfrac{200 \times 0.8}{2 \times (30 + 273)} = 0.264\text{kJ/kg} \cdot \text{K}$

67 $\dfrac{\partial \rho}{\partial t} = -\dfrac{\rho_1 V_1 A_1}{V} = -\dfrac{6 \times 310 \times 75 \times 10^{-6}}{0.1}$

$= -1.395\text{kg/m}^3 \cdot \text{s}$

68 압축비(ε) = $1 + \dfrac{V_s}{V_c} = 1 + \dfrac{1}{0.15}\dfrac{V_s}{V_s} = 7.67$

$$\therefore \eta_{tho} = 1 - \left(\frac{1}{\varepsilon}\right)^{k-1} = 1 - \left(\frac{1}{7.67}\right)^{1.4-1}$$
$$= 0.557 = 55.7\%$$

69 $$\eta_R = \frac{w_{net}}{q_1} = \frac{(h_3 - h_4) - (h_2 - h_1)}{h_3 - h_2} \times 100\%$$
$$= \frac{(3,100 - 2,100) - (210 - 185)}{3,100 - 210} \times 100\% = 33.7\%$$

70 $$D = C_D \frac{\rho A V^2}{2} [\text{N}]$$
$$\therefore V = \sqrt{\frac{2D}{C_D \rho A}} = \sqrt{\frac{2 \times 1,000}{0.8 \times 1.2 \times \frac{\pi}{4} \times 5^2}}$$
$$= 10.3 \text{m/s}$$

71 푸리에의 열전도법칙 적용
$$q_c = \frac{Q_c}{A} = \lambda \frac{T_1 - T_2}{L} [\text{W/m}^2]$$
$$\therefore \lambda = \frac{q_c L}{T_1 - T_2} = \frac{300 \times 10^3 \times 0.04}{200 - 50} = 80 \text{W/m} \cdot \text{K}$$

72 $$\eta_c = 1 - \frac{T_2}{T_1} = 1 - \frac{50 + 273}{400 + 273} = 0.52 = 52\%$$

73 $$(Re)_P = (Re)_m$$
$$\left(\frac{\rho V l}{\mu}\right)_P = \left(\frac{\rho V l}{\mu}\right)_m$$
$$\frac{1.184 \times 100 \times l}{1.849 \times 10^{-5}} = \frac{1.269 \times V_m \times \frac{l}{3}}{1.754 \times 10^{-5}}$$
$$\therefore V_m \fallingdotseq 266 \text{km/h}$$

74 $$Pv = RT$$
$$\therefore v = \frac{RT}{P} = \frac{\frac{\overline{R}}{M} T}{P} = \frac{\frac{8.3145}{2} \times (100 + 273)}{1 \times 10^3}$$
$$= 1.55 \text{m}^3/\text{kg}$$

75 ㉠ 항력은 힘(N)의 단위이다.
㉡ 응력=압력(단위면적당 작용하는 힘)
$\text{N/m}^2 = \text{Pa}$

76 $$h_2 = h' + x(h'' - h') = h' + x\gamma$$
$$= 467 + 0.99 \times 2,227 = 2671.73 \text{kJ/kg}$$
$$\therefore V_2 = 44.72 \sqrt{h_1 - h_2} = 44.72 \sqrt{2,850 - 2671.73}$$
$$\fallingdotseq 600 \text{m/s}$$

77 양력$(L) = C_L \frac{\rho A V^2}{2} [\text{N}]$
$$\therefore V = \sqrt{\frac{2L}{C_L \rho A}} = \sqrt{\frac{2 \times 20 \times 10^3}{1.2 \times 1.2 \times 21.6}} = 35.86 \text{m/s}$$
$$= 35.86 \times 3.6 = 129 \text{km/h}$$
이때 초속(m/s)을 시속(km/h)으로 환산하려면 3.6을 곱한다.

78 $$Re = \frac{\rho V d}{\mu} = \frac{1,000 \times 0.9 \times 0.003}{1.5 \times 10^{-3}}$$
$$= 1,800 < 2,100 (\text{층류})$$
$$\Delta p = \gamma h_L = f \frac{l}{d} \frac{\rho V^2}{2} = \left(\frac{64}{Re}\right) \frac{l}{d} \frac{\rho V^2}{2}$$
$$= \frac{64}{1,800} \times \frac{9}{0.003} \times \frac{1,000 \times 0.9^2}{2}$$
$$= 43,200 \text{Pa} (= \text{N/m}^2)$$
$$\therefore \text{동력(power)} = \Delta p Q = 43,200 \times \frac{\pi}{4} \times 0.003^2 \times 0.9$$
$$\fallingdotseq 0.28 \text{W}$$

79 기존 프로그램의 활용이 편리한 유한요소법(FEM : Finite Elements Method)의 가장 큰 특징은 반복 계산에 있다(iteration). 즉 계산량이 많고 적용범위도 넓다.

80 ① $\kappa - \varepsilon$ 모델 : 경계층이 없거나 경계층이 중요하지 않는 문제 해석 시 적용(난류($Re > 4,000$))
② $\kappa - \omega$ 모델 : 난류경계층이 있는 문제 해석 시 적용
③ 스팔랏-알마라스(Spalart-Allmaras)모델 : 유선형 물체 해석에 주로 사용

3 실전 모의고사

1 기계제도 및 설계

01 도면에서 NS로 표시된 것은 무엇을 말하는가?
① 나사를 표시한 것임
② 비례척이 아님
③ 남과 북을 표시한 것임
④ 철하는 곳을 표시한 것임

02 다음 중 물체의 특징이 가장 잘 나타나는 투상면은?
① 평면도 ② 정면도
③ 측면도 ④ 배면도

03 도면의 종류 중 사용목적에 따른 분류에 속하지 않는 것은?
① 계획도 ② 제작도
③ 조립도 ④ 주문도

04 다음 서피스모델링(surface modeling)의 특징을 설명한 것 중 옳지 않은 것은?
① 복잡한 형상의 표현이 가능하다.
② 단면도를 작성할 수 없다.
③ 물리적 성질을 계산하기가 곤란하다.
④ NC가공정보를 얻을 수 있다.

05 가는 실선을 사용하지 않는 것은?
① 치수선 ② 해칭선
③ 회전 단면선 ④ 은선

06 다음 용접기호에 대한 설명 중 틀린 것은?
① △ : 필릿용접
② ⊓ : 플러그용접
③ ⌣ : 점용접
④ 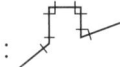 : 전체 둘레 현장용접

07 다음 신축조인트의 도면기호 중 잘못된 것은?
① 루프형 : ⌒
② 스위블형 :
③ 슬리브형 : ⋈
④ 벨로즈형 : ⋀⋁⋀

08 다음 그림과 같은 투상도의 명칭은?

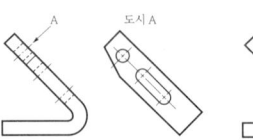

① 부분투상도 ② 보조투상도
③ 국부투상도 ④ 회전투상도

09 구멍의 최소 치수가 축의 최대 치수보다 큰 경우는 무슨 끼워맞춤인가?
① 헐거운 끼워맞춤
② 중간 끼워맞춤
③ 억지 끼워맞춤
④ 강한 억지 끼워맞춤

10 나사의 유효지름 63.5mm, 피치 3.17mm, 나사잭으로 50kN의 중량을 올리는데 레버의 길이를 얼마로 하는 것이 좋은가? (단, 레버를 누르는 힘은 300N, 마찰계수 $\mu=0.1$로 한다.)

① 480mm ② 520mm
③ 615mm ④ 720mm

11 축지름 50mm, 키폭 5mm일 때 키가 전단으로 파괴되지 않기 위한 키의 길이는 얼마인가? (단, 축과 키는 동일 재료이다.)

① 197mm ② 166mm
③ 180mm ④ 170mm

12 지름 500mm, 압력 100N/cm²의 보일러용 리벳이음에서 강판의 인장강도는 350MPa이고, 안전율은 5일 때 여기에 사용될 판의 두께는 얼마인가? (단, $\eta=60\%$)

① 2mm ② 3mm
③ 5mm ④ 7mm

13 다음과 같은 단면의 축이 전달할 수 있는 토크의 비 $\dfrac{T_A}{T_B}$의 값은 얼마인가? (단, 재질은 같다.)

 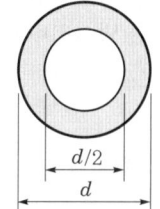

(T_A)   (T_B)

① $\dfrac{15}{16}$ ② $\dfrac{9}{16}$
③ $\dfrac{16}{9}$ ④ $\dfrac{16}{15}$

14 회전수 900rpm으로 베어링하중 5,300N을 받는 엔드저널베어링의 지름을 구하면? (단, 허용베어링압력 $P=0.85$N/mm², 허용압력속도계수 $pv=2$N/mm²·m/s, 마찰계수 $\mu=0.006$이다.)

① 40mm ② 50mm
③ 60mm ④ 70mm

15 브레이크드럼축에 565,000N·mm의 토크가 작용하고 있을 때 이 축을 정지시키는 데 필요한 최소 제동력은 얼마인가? (단, 브레이크드럼의 지름은 500mm이다.)

① 1,120N ② 1,260N
③ 2,260N ④ 2,130N

16 다음 그림과 같은 유성기어에서 암을 화살표 방향으로 1회전하면 기어 G의 회전은? (단, 시계방향의 회전을 (+), 반시계방향의 회전을 (-)로 한다.)

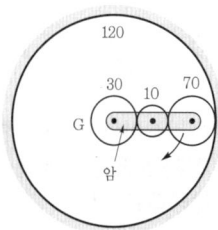

① -3 ② +3
③ -4 ④ +4

17 다음 그림과 같은 유압기호의 설명으로 틀린 것은?

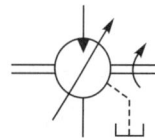

① 유압펌프를 의미한다.
② 1방향 유동을 나타낸다.
③ 가변용량형 구조이다.
④ 외부드레인을 가졌다.

18 유압작동유의 점도가 너무 높은 경우 발생되는 현상으로 거리가 먼 것은?
① 내부마찰이 증가하고 온도가 상승한다.
② 마찰손실에 의한 펌프동력소모가 크다.
③ 마찰 부분의 마모가 증대된다.
④ 유동저항이 증대하여 압력손실이 증가된다.

19 다음 중 점성계수의 차원으로 옳은 것은? (단, M은 질량, L은 길이, T는 시간이다.)
① $ML^{-2}T^{-1}$
② $ML^{-1}T^{-1}$
③ MLT^{-2}
④ $ML^{-2}T^{-2}$

20 유압펌프의 토출압력이 6MPa, 토출유량이 40cm³/min일 때 소요동력은 몇 W인가?
① 240
② 4
③ 0.24
④ 0.4

2 기계재료 및 제작

21 다음 중 비중이 가장 작아 항공기부품이나 전자 및 전기용 제품의 케이스용도로 사용되고 있는 합금재료는?
① Ni합금
② Cu합금
③ Pb합금
④ Mg합금

22 와이어방전가공액 비저항값에 대한 설명으로 틀린 것은?
① 비저항값이 낮을 때에는 수돗물을 첨가한다.
② 일반적으로 방전가공에서는 10~100kΩ·cm의 비저항값을 설정한다.
③ 비저항값이 높을 때에는 가공액을 이온교환장치로 통과시켜 이온을 제거한다.
④ 비저항값이 과다하게 높을 때에는 방전 간격이 넓어져서 방전효율이 저하된다.

23 강의 5대 원소만을 나열한 것은?
① Fe, C, Ni, Si, Au
② Ag, C, Si, Co, P
③ C, Si, Mn, P, S
④ Ni, C, Si, Cu, S

24 소성가공에 포함되지 않는 가공법은?
① 널링가공
② 보링가공
③ 압출가공
④ 전조가공

25 Al에 10~13% Si를 함유한 합금은?
① 실루민
② 라우탈
③ 두랄루민
④ 하이드로날륨

26 절삭가공 시 발생하는 절삭온도 측정방법이 아닌 것은?
① 부식을 이용하는 방법
② 복사고온계를 이용하는 방법
③ 열전대(thermocouple)에 의한 방법
④ 칼로리미터(calorimeter)에 의한 방법

27 다음 중 비파괴시험방법이 아닌 것은?
① 충격시험법
② 자기탐상시험법
③ 방사선비파괴시험법
④ 초음파탐상시험법

28 밀링머신에서 직경 100mm, 날수 8인 평면커터로 절삭속도 30m/min, 절삭깊이 4mm, 이송속도 240m/min에서 절삭할 때 칩의 평균두께 t_m[mm]은?
① 0.0584
② 0.0596
③ 0.0625
④ 0.0734

29 고속도 공구강재를 나타내는 한국산업표준기호로 옳은 것은?

① SM20C ② STC
③ STD   ④ SKH

30 다음 중 지름 100mm, 판의 두께 3mm, 전단저항 45N/mm²인 SM40C강판을 전단할 때 전단하중은 약 몇 N인가?

① 42,410 ② 53,240
③ 67,420 ④ 70,680

31 순철의 변태점이 아닌 것은?

① A_1 ② A_2
③ A_3 ④ A_4

32 절삭유가 갖추어야 할 조건으로 틀린 내용은?

① 마찰계수가 적고 인화점, 발화점이 높을 것
② 냉각성이 우수하고 윤활성, 유동성이 좋을 것
③ 장시간 사용해도 변질되지 않고 인체에 무해할 것
④ 절삭유의 표면장력이 크고 칩의 생성부에는 침투되지 않을 것

33 고망간강에 관한 설명으로 틀린 것은?

① 오스테나이트조직을 갖는다.
② 광석·암석의 파쇄기의 부품 등에 사용된다.
③ 열처리에 수인법(water toughening)이 이용된다.
④ 열전도성이 좋고 팽창계수가 작아 열변형을 일으키지 않는다.

34 판두께 5mm인 연강판에 직경 10mm의 구멍을 프레스로 블랭킹하려고 할 때 총소요동력(P_t)은 약 몇 kW인가? (단, 프레스의 평균속도는 7m/min, 재료의 전단강도는 300N/mm², 기계의 효율은 80%이다.)

① 5.5   ② 6.9
③ 26.9 ④ 68.7

35 담금질조직 중 가장 경도가 높은 것은?

① 펄라이트   ② 마텐자이트
③ 소르바이트 ④ 트루스타이트

36 공작물을 양극으로 하고 전기저항이 적은 Cu, Zn을 음극으로 하여 전해액 속에 넣고 전기를 통하면 가공물표면이 전기에 의한 화학적 작용으로 매끈하게 가공되는 가공법은?

① 전해연마   ② 전해연삭
③ 워터젯가공 ④ 초음파가공

37 탄소강이 950℃ 전후의 고온에서 적열메짐(red brittleness)을 일으키는 원인이 되는 것은?

① Si ② P
③ Cu ④ S

38 빌트 업 에지(built up edge)의 크기를 좌우하는 인자에 관한 설명으로 틀린 것은?

① 절삭속도 : 고속으로 절삭할수록 빌트 업 에지는 감소된다.
② 칩두께 : 칩두께를 감소시키면 빌트 업 에지의 발생이 감소한다.
③ 윗면경사각 : 공구의 윗면경사각이 클수록 빌트 업 에지는 커진다.
④ 칩의 흐름에 대한 저항 : 칩의 흐름에 대한 저항이 클수록 빌트 업 에지는 커진다.

39 6 : 4황동에 Pb을 약 1.5~3.0%를 첨가한 합금으로 정밀가공을 필요로 하는 부품 등에 사용되는 합금은?

① 쾌삭황동 ② 강력황동
③ 델타메탈 ④ 애드미럴티황동

40 테르밋용접(thermit welding)의 일반적인 특징으로 틀린 것은?

① 전력소모가 크다.
② 용접시간이 비교적 짧다.
③ 용접작업 후의 변형이 작다.
④ 용접작업장소의 이동이 쉽다.

3 구조 해석

41 보의 길이 L에 등분포하중 w를 받는 직사각형 단순보의 최대 처짐량에 대하여 옳게 설명한 것은? (단, 보의 자중은 무시한다.)

① 보의 폭에 정비례한다.
② L의 3승에 정비례한다.
③ 보의 높이의 2승에 반비례한다.
④ 세로탄성계수에 반비례한다.

42 지름 35cm의 차축이 0.2°만큼 비틀렸다. 이때 최대 전단응력이 49MPa이고, 재료의 전단탄성계수가 80GPa이라고 하면 이 차축의 길이는 약 몇 m인가?

① 2.0 ② 2.5
③ 1.5 ④ 1.0

43 균일분포하중을 받고 있는 길이가 L인 단순보의 처짐량을 δ로 제한한다면 균일분포하중의 크기는 어떻게 표현되겠는가? (단, 보의 단면은 폭이 b이고 높이가 h인 직사각형이고, 탄성계수는 E이다.)

① $\dfrac{32Ebh^3\delta}{5L^4}$ ② $\dfrac{32Ebh^3\delta}{7L^4}$
③ $\dfrac{16Ebh^3\delta}{5L^4}$ ④ $\dfrac{16Ebh^3\delta}{7L^4}$

44 다음 그림과 같이 원형 단면의 원주에 접하는 $x-x$축에 관한 단면 2차 모멘트는?

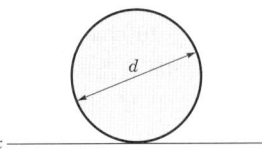

① $\dfrac{\pi d^4}{32}$ ② $\dfrac{\pi d^4}{64}$
③ $\dfrac{3\pi d^4}{64}$ ④ $\dfrac{5\pi d^4}{64}$

45 직경 d, 길이 l인 봉의 양단을 고정하고 단면 $m-n$의 위치에 비틀림모멘트 T를 작용시킬 때 봉의 A 부분에 작용하는 비틀림모멘트는?

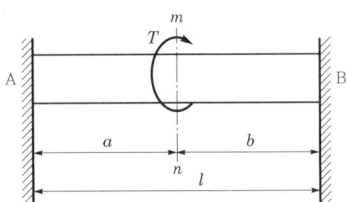

① $T_A = \dfrac{a}{l+a}T$ ② $T_A = \dfrac{a}{a+b}T$
③ $T_A = \dfrac{b}{a+b}T$ ④ $T_A = \dfrac{a}{l+b}T$

46 다음 그림과 같이 20cm×10cm의 단면적을 갖고 양단이 회전단으로 된 부재가 중심축방향으로 압축력 P가 작용하고 있을 때 장주의 길이가 2m라면 세장비는?

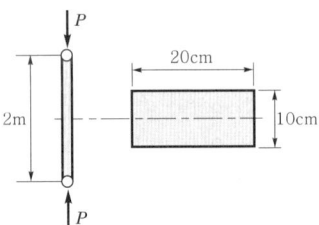

① 89 ② 69
③ 49 ④ 20

47 길이가 3.14m인 원형 단면의 축지름이 40mm일 때 이 축이 비틀림모멘트 100N·m를 받는다면 비틀림각은? (단, 전단탄성계수는 80GPa이다.)

① 0.156° ② 0.251°
③ 0.895° ④ 0.625°

48 다음 그림과 같이 분포하중이 작용할 때 최대 굽힘모멘트가 일어나는 곳은 보의 좌측으로부터 얼마나 떨어진 곳에 위치하는가?

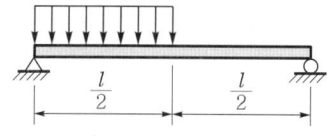

① $\dfrac{1}{4}l$ ② $\dfrac{3}{8}l$
③ $\dfrac{5}{12}l$ ④ $\dfrac{7}{16}l$

49 동일한 길이와 재질로 만들어진 두 개의 원형 단면축이 있다. 각각의 지름이 d_1, d_2일 때 각 축에 저장되는 변형에너지 u_1, u_2의 비는? (단, 두 축은 모두 비틀림모멘트 T를 받고 있다.)

① $\dfrac{u_1}{u_2}=\left(\dfrac{d_2}{d_1}\right)^4$ ② $\dfrac{u_2}{u_1}=\left(\dfrac{d_2}{d_1}\right)^3$
③ $\dfrac{u_1}{u_2}=\left(\dfrac{d_2}{d_1}\right)^3$ ④ $\dfrac{u_2}{u_1}=\left(\dfrac{d_2}{d_1}\right)^4$

50 다음 그림과 같은 부정정보의 전길이에 균일 분포하중이 작용할 때 전단력이 0이 되고 최대 굽힘모멘트가 작용하는 단면은 B단에서 얼마나 떨어져 있는가?

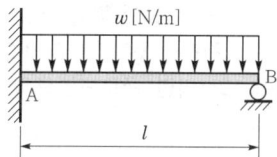

① $\dfrac{2}{3}l$ ② $\dfrac{3}{8}l$
③ $\dfrac{5}{8}l$ ④ $\dfrac{3}{4}l$

51 길이가 L인 균일 단면막대기에 굽힘모멘트 M이 다음 그림과 같이 작용하고 있을 때 막대에 저장된 탄성변형에너지는? (단, 막대기의 굽힘강성 EI는 일정하고, 단면적은 A이다.)

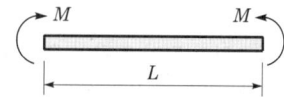

① $\dfrac{M^2L}{2AE^2}$ ② $\dfrac{L^3}{4EI}$
③ $\dfrac{M^2L}{2AE}$ ④ $\dfrac{M^2L}{2EI}$

52 질량이 12kg, 스프링상수가 150N/m, 감쇠비가 0.033인 진동계를 자유진동시키면 5회 진동 후 진폭은 최초 진폭의 몇 %인가?

① 15% ② 25%
③ 35% ④ 45%

53 스프링으로 지지되어 있는 질량의 정적처짐이 0.5cm일 때 이 진동계의 고유진동수는 몇 Hz인가?

① 3.53 ② 7.05
③ 14.09 ④ 21.15

54 정지된 물에서 0.5m/s의 속도를 낼 수 있는 뱃사공이 있다. 이 뱃사공이 0.1m/s로 흐르는 강물을 거슬러 400m를 올라가는 데 걸리는 시간은?

① 10분
② 13분 20초
③ 16분 40초
④ 22분 13초

55 1자유도 진동시스템의 운동방정식은 $m\ddot{x}+c\dot{x}+kx=0$으로 나타내고 고유진동수가 ω_n일 때 임계감쇠계수로 옳은 것은? (단, m은 질량, c는 감쇠계수, k는 스프링상수를 나타낸다.)

① $2\sqrt{mk}$ ② $\sqrt{\dfrac{\omega_n}{2k}}$

③ $\sqrt{2m\omega_n}$ ④ $\sqrt{\dfrac{2k}{\omega_n}}$

56 다음 그림과 같이 질량이 동일한 두 개의 구슬 A, B가 있다. 초기에 A의 속도는 v이고, B는 정지되어 있다. 충돌 후 A와 B의 속도에 관한 설명으로 옳은 것은? (단, 두 구슬 사이의 반발계수는 1이다.)

 →

① A와 B 모두 정지한다.
② A와 B 모두 v의 속도를 가진다.
③ A와 B 모두 $v/2$의 속도를 가진다.
④ A는 정지하고, B는 v의 속도를 가진다.

57 두 질점이 충돌할 때 반발계수가 1인 경우에 대한 설명 중 옳은 것은?

① 두 질점의 상대적 접근속도와 이탈속도의 크기는 다르다.
② 두 질점의 운동량의 합은 증가한다.
③ 두 질점의 운동에너지의 합은 보존된다.
④ 충돌 후에 열에너지나 탄성파 발생 등에 의한 에너지 소실이 발생한다.

58 x방향에 대한 운동방정식이 다음과 같이 나타날 때 이 진동계에서의 감쇠고유진동수(damped natural frequency)는 약 몇 rad/s인가?

$$2\ddot{x}+3\dot{x}+8x=0$$

① 2.75 ② 1.35
③ 2.25 ④ 1.85

59 다음 그림과 같이 질량 100kg의 상자를 동마찰계수가 $\mu_1=0.2$인 길이 2.0m의 바닥 a와 동마찰계수가 $\mu_2=0.3$인 길이 2.5m의 바닥 b를 지나 A지점에서 C지점까지 밀려고 한다. 사람이 해야 할 일은 약 몇 J인가?

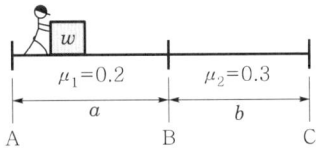

① 1,128J ② 2,256J
③ 3,760J ④ 5,640J

60 스프링으로 지지되어 있는 어떤 물체가 매분 60회 반복하면서 상하로 진동한다. 만약 조화운동으로 움직인다면 이 진동수를 rad/s단위와 Hz로 옳게 나타낸 것은?

① 6.28rad/s, 0.5Hz
② 6.28rad/s, 1Hz
③ 12.56rad/s, 0.5Hz
④ 12.56rad/s, 1Hz

4 열·유체 해석

61 기체가 열량 80kJ을 흡수하여 외부에 대하여 20kJ의 일을 하였다면 내부에너지변화는 몇 kJ인가?

① 20 ② 60
③ 80 ④ 100

62 수평으로 놓인 지름 10cm, 길이 200m인 파이프에 완전히 열린 글로브밸브가 설치되어 있고, 흐르는 물의 평균속도는 2m/s이다. 파이프의 관마찰계수가 0.02이고, 전체 수두손실이 10m이면 글로브밸브의 손실계수는?

① 0.4 ② 1.8
③ 5.8 ④ 9.0

63 비열비가 k인 이상기체로 이루어진 시스템이 정압과정으로 부피가 2배로 팽창할 때 시스템이 한 일이 W, 시스템에 전달된 열이 Q일 때 $\dfrac{W}{Q}$는 얼마인가? (단, 비열은 일정하다.)

① k ② $\dfrac{1}{k}$
③ $\dfrac{k}{k-1}$ ④ $\dfrac{k-1}{k}$

64 지름은 200mm에서 지름 100mm로 단면적이 변하는 원형관 내의 유체흐름이 있다. 단면적변화에 따라 유체밀도가 변경 전 밀도의 106%로 커졌다면 단면적이 변한 후의 유체속도는 약 몇 m/s인가? (단, 지름 200mm에서 유체의 밀도는 800kg/m³, 속도는 20m/s이다.)

① 52 ② 66
③ 75 ④ 89

65 1kg의 기체가 압력 50kPa, 체적 2.5m³의 상태에서 압력 1.2MPa, 체적 0.2m³의 상태로 변하였다. 엔탈피의 변화량은 약 몇 kJ인가? (단, 내부에너지의 변화는 없다.)

① 365 ② 206
③ 155 ④ 115

66 물이 흐르는 어떤 관에서 압력이 120kPa, 속도가 4m/s일 때 에너지선(energy line)과 수력기울기선(hydraulic grade line)의 차이는 약 몇 cm인가?

① 41 ② 65
③ 71 ④ 82

67 10°C에서 160°C까지 공기의 평균정적비열은 0.7315kJ/kg·K이다. 이 온도변화에서 공기 1kg의 내부에너지변화는 약 몇 kJ인가?

① 101.1kJ ② 109.7kJ
③ 120.6kJ ④ 131.7kJ

68 100kPa, 25°C 상태의 공기가 있다. 이 공기의 엔탈피가 298.615kJ/kg이라면 내부에너지는 약 몇 kJ/kg인가? (단, 공기는 분자량 28.97인 이상기체로 가정한다.)

① 213.05kJ/kg ② 241.07kJ/kg
③ 298.15kJ/kg ④ 383.72kJ/kg

69 유효낙차가 100m인 댐의 유량이 10m³/s일 때 효율 90%인 수력터빈의 출력은 약 몇 MW인가?

① 8.83 ② 9.81
③ 10.9 ④ 12.4

70 물의 증발열은 101.325kPa에서 2,257kJ/kg이고, 이때 비체적은 0.00104m³/kg에서 1.67m³/kg으로 변화한다. 이 증발과정에 있어서 내부에너지의 변화량(kJ/kg)은?

① 237.5 ② 2,375
③ 208.8 ④ 2,088

71 내부에너지가 40kJ, 절대압력이 200kPa, 체적이 0.1m³, 절대온도가 300K인 계의 엔탈피는 약 몇 kJ인가?

① 42 ② 60
③ 80 ④ 240

72 1/10 크기의 모형 잠수함을 해수에서 실험한다. 실제 잠수함을 2m/s로 운전하려면 모형 잠수함은 약 몇 m/s의 속도로 실험하여야 하는가?

① 20 ② 5
③ 0.2 ④ 0.5

73 다음 중 비체적의 단위는?

① kg/m^3 ② m^3/kg
③ $m^3/kg \cdot s$ ④ $m^3/kg \cdot s^2$

74 과열증기를 냉각시켰더니 포화영역 안으로 들어와서 비체적이 0.2327m³/kg이 되었다. 이 때의 포화액과 포화증기의 비체적이 각각 1.079×10⁻³m³/kg, 0.5243m³/kg이라면 건도는?

① 0.964 ② 0.772
③ 0.653 ④ 0.443

75 평판으로부터의 거리를 y라고 할 때 평판에 평행한 방향의 속도분포[$u(y)$]가 다음과 같은 식으로 주어지는 유동장이 있다. 여기에서 U와 L은 각각 유동장의 특성속도와 특성길이를 나타낸다. 유동장에서는 속도 $u(y)$만 있고, 유체는 점성계수가 μ인 뉴턴유체일 때 $y = L/8$에서의 전단응력은?

$$u(y) = U\left(\frac{y}{L}\right)^{\frac{2}{3}}$$

① $\dfrac{2\mu U}{3L}$ ② $\dfrac{4\mu U}{3L}$
③ $\dfrac{8\mu U}{3L}$ ④ $\dfrac{16\mu U}{3L}$

76 잠수함의 거동을 조사하기 위해 바닷물 속에서 모형으로 실험을 하고자 한다. 잠수함의 실형과 모형의 크기비율은 7 : 1이며 실제 잠수함이 8m/s로 운전한다면 모형의 속도는 약 몇 m/s인가?

① 28   ② 56
③ 87   ④ 132

77 안지름 10cm의 원관 속을 0.0314m³/s의 물이 흐를 때 관 속의 평균유속은 약 몇 m/s인가?

① 1.0 ② 2.0
③ 4.0 ④ 8.0

78 동점성계수가 0.1×10⁻⁵m²/s인 유체가 안지름 10cm인 원관 내에 1m/s로 흐르고 있다. 관마찰계수가 0.022이며 관의 길이가 200m일 때의 손실수두는 약 몇 m인가? (단, 유체의 비중량은 9,800N/m³이다.)

① 22.2 ② 11.0
③ 6.58 ④ 2.24

79 다음 중 유한요소법(FEM) 해석에서 사용하는 격자가 아닌 것은?

① 삼각형 ② 삼각기둥
③ 육면체 ④ 오각형

80 전산유체역학(CFD)에서 유동 해석의 진행과정 중 옳은 것은?

① 전처리과정 → 수치 해석 → 후처리과정
② 경계조건과정 → 전처리과정 → 후처리과정
③ 전처리과정 → 후처리과정 → 수치 해석
④ 수치 해석 → 전처리과정 → 실험적 처리과정

제3회 실전 모의고사 정답 및 해설

01	02	03	04	05	06	07	08	09	10	11	12	13	14	15	16	17	18	19	20
②	②	③	②	④	③	③	②	①	③	①	④	④	②	③	①	①	③	②	②
21	22	23	24	25	26	27	28	29	30	31	32	33	34	35	36	37	38	39	40
④	④	③	②	①	①	①	③	④	①	①	④	④	②	②	①	②	④	①	①
41	42	43	44	45	46	47	48	49	50	51	52	53	54	55	56	57	58	59	60
④	④	①	④	②	③	②	①	②	④	③	②	①	④	③	②	④	③	①	②
61	62	63	64	65	66	67	68	69	70	71	72	73	74	75	76	77	78	79	80
②	④	②	③	④	④	①	①	④	②	①	③	④	②	②	②	③	④	④	①

01 척도의 종류
　㉠ 축척 : 물체를 축소해서 그린 것
　㉡ 실척(현척) : 실제 물체의 크기로 그린 것
　㉢ 배척 : 물체를 확대해서 그린 것
　㉣ NS(Not to Scale) : 비례척이 아닌 것

02 물체의 특징을 가장 명료하게 나타내는 쪽을 정면도로 선택하고, 이것을 중심으로 하여 측면도 및 평면도 등을 보충한다.

03 사용목적에 따라 도면은 계획도, 제작도, 주문도, 승인도, 설명도, 견적도 등으로 분류한다.

04 서피스모델링(surface modeling)
와이어프레임모델이 선으로 둘러싸인 부분을 면으로 정의하는 방식이다.
　㉠ 장점
　　• 은선 제거가 가능하다.
　　• 단면도 작성이 가능하다.
　　• 면과 면의 교선을 구할 수 있다.
　　• NC형상과 가공데이터를 얻을 수 있다.
　㉡ 단점
　　• 물리적 성질 계산이 힘들다.
　　• FEM의 적용을 위한 해석모델이 어렵다.

05 ㉠ 가는 실선

명칭	선의 용도
치수선	• 치수를 기입하기 위하여 쓰인다.
치수보조선	• 치수를 기입하기 위하여 도형으로부터 끌어내는 데 쓰인다.
지시선	• 기술 및 지시사항을 기입하기 위하여 끌어내는 데 쓰인다.

명칭	선의 용도
회전 단면선	• 도형 내에 그 부분의 절단한 곳을 90° 회전하여 표시하는 데 쓰인다.
수준면선	• 수면, 유면 등의 위치를 표시하는 데 쓰인다.
해칭선	• 도형의 한정된 특정 부분을 다른 부분과 구별하는 데 사용한다. 예를 들면, 단면도의 절단된 부분을 나타낸다.
특수한 용도의 선	• 외형선 및 숨은선의 연장을 표시하는 데 사용한다. • 평면을 나타내거나 위치를 명시하는 데 사용한다.

　㉡ 은선(숨은선) : 중간 굵기의 파선을 사용하며, 대상물의 보이지 않는 부분의 모양을 표시하는 데 쓰인다.

06 ㉠ ◯ : 점용접
　㉡ ⌣ : 이면용접

07 ㉠ 슬리브형 : ─┤　├─
　㉡ 나사이음 : ─▷◁─

08 보조투상도
경사면부가 대상물에서 그 경사면의 실형을 표시할 필요가 있는 경우에는 다음에 의하여 보조투상도로 표시한다.
　㉠ 대상물 경사면의 실형을 도시할 필요가 있을 경우에는 그 경사면과 맞서는 위치에 보조투상도로서 표시한다.
　㉡ 지면의 관계 등으로 보조투상도로 경사면에 맞서는 위치에 배치할 수 없는 경우에는 그 뜻

을 화살표와 영문자의 대문자로 나타낸다. 다만, 그림에 나타낸 것과 같이 구부린 중심선에서 연결하여 투상관계를 나타내도 좋다.
  ㉢ 보조투상도(필요 부분의 투상도 포함)의 배치 관계가 분명치 않을 경우에는 표시글자의 각각에 상대방 위치의 도면구역의 구분기호를 표기한다.

09 끼워맞춤의 종류
  ㉠ 헐거운 끼워맞춤(clearance fit) : 구멍은 축 사이에 항상 틈새가 있는 끼워맞춤으로, 축의 허용구역은 완전히 구멍의 허용구역보다 아래이다.
  ㉡ 억지 끼워맞춤(interference fit) : 축과 구멍 사이에 항상 죔새가 있는 끼워맞춤으로, 축의 허용구역이 완전히 구멍의 허용구역보다 위이다.
  ㉢ 중간 끼워맞춤(transition fit) : 축, 구멍을 각각 허용한계치수 내에서 다듬질을 하여 그들을 끼워 맞출 때 그 실제 치수에 따라 틈새가 있거나 죔새가 있을 때의 끼워맞춤이다.

10 ㉠ $T = W\dfrac{d_e}{2}\left(\dfrac{p+\mu\pi d_e}{\pi d_e - \mu p}\right)$
$= 50{,}000 \times \dfrac{63.5}{2} \times \dfrac{3.17 + 0.1 \times \pi \times 63.5}{\pi \times 63.5 - 0.1 \times 3.17}$
$= 184{,}280\,\text{N}\cdot\text{mm}$

  ㉡ $T = Fa$
$\therefore a = \dfrac{T}{F} = \dfrac{184{,}280}{300} \fallingdotseq 615\,\text{mm}$

11 $T = W\dfrac{d}{2} = \tau_k bl \dfrac{d}{2} = \tau_s Z_p = \tau_s \dfrac{\pi d^3}{16}\,[\text{N}\cdot\text{m}]$에서
$\tau_s = \tau_k$이므로
$\therefore l = \dfrac{\pi d^3}{8b} = \dfrac{\pi \times 50^2}{8 \times 5} \fallingdotseq 197\,\text{mm}$

12 $t = \dfrac{PDS}{200\sigma_u \eta} + C = \dfrac{100 \times 500 \times 5}{200 \times 350 \times 0.6} + 1 \fallingdotseq 7\,\text{mm}$

13 $T_A = \tau_a \dfrac{\pi d^3}{16}$

$T_B = \tau_a \dfrac{\pi}{16} \dfrac{d^4 - \left(\dfrac{d}{2}\right)^4}{d}$

$\therefore \dfrac{T_A}{T_B} = \dfrac{d^3}{\dfrac{d^4 - \left(\dfrac{d}{2}\right)^4}{d}} = \dfrac{d^4}{d^4 - \dfrac{d^4}{16}}$

$= \dfrac{d^4}{\dfrac{15}{16}d^4} = \dfrac{16}{15}$

14 ㉠ $pv = \dfrac{P}{dl}\left(\dfrac{\pi d N}{60{,}000}\right)$
$\therefore l = \dfrac{\pi P N}{60{,}000 pv} = \dfrac{\pi \times 5{,}300 \times 900}{60{,}000 \times 2}$
$= 125\,\text{mm}$

  ㉡ $p = \dfrac{P}{A} = \dfrac{P}{dl}$
$\therefore d = \dfrac{P}{pl} = \dfrac{5{,}300}{0.85 \times 125} \fallingdotseq 50\,\text{mm}$

15 $T = f\dfrac{P}{2}\,[\text{N}\cdot\text{mm}]$
$\therefore f = \dfrac{2T}{D} = \dfrac{2 \times 565{,}000}{500} = 2{,}260\,\text{N}$

16

구분	전체 고정	암(arm) 고정	정미 회전수
A	+1	−1	0
B	+1	$-1 \times \dfrac{Z_A}{Z_B} = -1 \times \dfrac{120}{70}$ $= -1.71$	−1.71
C	+1	$-1.71 \times (-1) \times \dfrac{Z_B}{Z_C}$ $= 1.71 \times \dfrac{70}{10}$ $= 11.97$	12.97
G	+1	$11.97 \times (-1) \times \dfrac{Z_C}{Z_G}$ $= -11.97 \times \dfrac{10}{30}$ $\fallingdotseq -4$	−3
arm	+1	0	+1

$\therefore$ 기어 G는 반시계방향으로 3회전한다.

17 도시된 기호는 가변용량형 유압모터, 1방향 유동, 외부드레인을 가졌다.

18 마찰 부분의 마모가 증대되는 것은 유압작동유의 점도가 너무 낮은 경우에 발생되는 현상이다.

19 점성계수(μ)의 단위와 차원
$$Pa \cdot s = N \cdot s/m^2 = kg/m \cdot s = FTL^{-2}$$
$$= (MLT^{-2})TL^{-2} = ML^{-1}T^{-1}$$

20 소요동력(kW) $= PQ = \dfrac{6 \times 10^6 \times 40 \times 10^{-6}}{60} = 4W$

[참고] $1W = 1N \cdot m/s = 1J/s$

21 마그네슘(Mg)은 경금속(비중이 1.74)으로 실용 금속 중 가장 가벼우며 비중이 작아(가볍기 때문) 항공기부품이나 전자·전기용 케이스용도로 사용되고 있는 합금재료이다.

22 비저항값이 낮으면 방전간격(gap)은 넓어져서 방전효율이 향상된다.

23 금속(탄소강)의 5대 원소 : C, Si, Mn, P, S

24 소성가공은 가공형식에 따라 단조가공, 압연가공, 압축가공, 전조가공, 프레스가공 등으로 나눈다.
※ 보링(boring)은 드릴로 뚫은 구멍을 크게 하는 것을 의미한다.

25 ① 실루민(알팩스) : Al+Si(10~13%)
② 라우탈 : Al+Cu+Si
③ 두랄루민 : Al+Cu+Mg+Mn
④ 하이드로날륨 : Al+Mg

26 절삭온도 측정방법
㉠ 복사고온계를 이용하는 방법
㉡ 열전대(thermocouple)에 의한 방법
㉢ 칼로리미터(calorimeter)에 의한 방법
㉣ 칩색깔에 의한 방법

27 충격시험(impact test)은 기계적 성질(내충격성)을 알기 위한 파괴시험이다.

28 ㉠ 절삭속도(V) $= \dfrac{\pi d N}{1,000}$[m/min]
∴ $N = \dfrac{1,000 V}{\pi d} = \dfrac{1,000 \times 30}{\pi \times 100} = 95.5$rpm
㉡ 이동속도(f) $= f_z NZ$[m/min]
∴ $f_z = \dfrac{f}{NZ} = \dfrac{240}{95.5 \times 8} = 0.314$mm
㉢ $t_m = f_z \sqrt{\dfrac{t}{d}} = 0.314 \sqrt{\dfrac{4}{100}} = 0.0628$mm

29 ① SM : 기계구조용 탄소강
② STC : 탄소공구강
③ STD : 다이스강

30 $\tau = \dfrac{P_s}{A_s}$
∴ $P_s = \tau A_s = \tau \pi dt = 45 \times (\pi \times 100 \times 3)$
$= 42411.5$N

31 ㉠ A_2변태점(768℃, 퀴리에점(curie point)) : 순철의 자기변태점
㉡ A_3변태점(910℃), A_4변태점(1,400℃) : 순철의 동소변태점
※ A_1변태점(723℃) : 강에만 있는 변태점

32 절삭유의 구비조건
㉠ 마찰계수가 작고 인화점, 발화점이 높을 것
㉡ 절삭유의 표면장력이 작고 칩(chip)의 생성부까지 침투가 잘 될 것
㉢ 칩분리가 용이하여 회수가 쉬울 것
㉣ 공작물과 공구에 녹이 슬지 않을 것
㉤ 윤활성, 냉각성, 유동성이 좋을 것
㉥ 화학적으로 안전하고 위생상 해롭지 않을 것
㉦ 휘발성이 없고 인화점, 발화점이 높을 것
㉧ 단색 투명하며 절삭 부분이 잘 보일 것
㉨ 가격이 저렴하고 쉽게 구할 수 있을 것

33 ㉠ 저Mn강 : 펄라이트계, 1~2% Mn 항복점과 인장강도가 대단히 크다. 전연성의 감소가 비교적 적다(듀콜강).
㉡ 고Mn강 : 오스테나이트계, 10~14% Mn 경도는 낮으나 내마모성이 크다(수인강).

34 $\tau = \dfrac{P_S}{A}$[N/mm² = MPa]
$P_S = \tau A = \tau \pi dt = 300 \times (\pi \times 10 \times 5) = 47,124$N
$V_m = 7$m/min $= \dfrac{7}{60} = 0.117$m/s
∴ 소요동력 $= \dfrac{P_S V_m}{\eta_m} = \dfrac{47,124 \times 0.117}{0.8}$
$= 6872.25W ≒ 6.9$kW

35 담금질조직의 경도크기순서 : 마텐자이트 > 트루스타이트 > 소르바이트 > 펄라이트 > 오스테나이트 > 페라이트

36 전해연마는 전해액 중에 공작물을 양극으로 하고 전기저항이 적은 Cu, Zn을 음극으로 하여 전해액

속에 넣고 전기를 통하면 가공물표면이 전기에 의한 화학적 작용으로 매끈하게 가공되는 가공법이다. 전해액은 황산, 과염소산, 인산, 청화알칼리 등을 사용한다.

37 탄소강이 900~950℃ 부근에서 고온취성(적열취성)을 일으키는 원인은 황(S)이며, 망간(Mn)은 적열취성 방지원소이다.

38 구성인선(built up edge) 방지법
㉠ 공구(bite)의 윗면경사각을 크게 할 것
㉡ 절삭속도를 크게 할 것(120m/min 이상)
㉢ 절삭깊이를 적게 할 것
㉣ 절삭성(윤활성)이 좋은 절삭유를 사용할 것
㉤ 절삭공구의 인선을 예리하게 할 것
㉥ 마찰계수가 적은 절삭공구를 사용할 것

39 쾌삭황동(free cutting brass)은 피절삭성을 향상시키기 위하여 황동에 납을 0.5~3% 첨가한 것으로, 납은 동합금에 고용키지 않고 황동 중에 아주 작게 분산하여 윤활제로서 작용하도록 한다. 따라서 절삭성이 좋아지고 칩(chip)이 작아지나 납으로 인하여 밀착 불량을 발생시킬 수 있다.

40 테르밋용접
㉠ 산화철과 Al_2O_3(알루미늄분말)을 3 : 1로 배합한 테르밋을 용접부에 점화하면 3,000℃ 정도의 고열을 발생시켜 용접하는 방식이다.
㉡ 특징으로는 용접작업이 단순하고 기구가 간단하며 작업 후 변형이 작고 용접시간이 짧다. 이때 전력은 필요로 하지 않는다. 반응은 30~120초 사이에 완료된다.
㉢ 레일접합에 많이 사용한다.

41 $\delta_{max} = \dfrac{5wL^4}{384EI}$ [cm]

42 $\theta = 57.3 \dfrac{TL}{GI_P} = 57.3 \dfrac{TL}{G\dfrac{\pi d^4}{32}} \fallingdotseq 584 \dfrac{TL}{Gd^4}$ [deg]

$\therefore L = \dfrac{Gd^4\theta}{584T} = \dfrac{Gd^4\theta}{584\tau_a Z_p}$

$= \dfrac{80 \times 10^3 \times 350^4 \times 0.2}{584 \times 49 \times \dfrac{\pi \times 350^3}{16}} \fallingdotseq 997\text{mm} \fallingdotseq 1\text{m}$

43 $\delta = \dfrac{5wL^4}{384EI}$

$\therefore w = \dfrac{384EI\delta}{5L^4}$

$= \dfrac{384E \times \dfrac{bh^3}{12} \times \delta}{5L^4} = \dfrac{32Ebh^3\delta}{5L^4}$ [N/m]

44 평행축정리 적용

$I_{x-x} = I_G + Ab^2 = \dfrac{\pi d^4}{64} + \dfrac{\pi d^2}{4}\left(\dfrac{d}{2}\right)^2 = \dfrac{5}{64}\pi d^4$

45 ㉠ $\theta_A = \theta_B$

$\dfrac{T_A a}{GI_P} = \dfrac{T_B b}{GI_P}$

$\therefore T_B = T_A \dfrac{a}{b}$ [kJ]

㉡ $T = T_A + T_B = T_A + T_A\left(\dfrac{a}{b}\right)$

$= T_A\left(1 + \dfrac{a}{b}\right) = T_A\left(\dfrac{b+a}{b}\right) = T_A\dfrac{l}{b}$ [kJ]

$\therefore T_A = \dfrac{Tb}{a+b} = \dfrac{Tb}{l}$ [kJ]

46 $\lambda = \dfrac{l}{k_G} = \dfrac{l}{\dfrac{h}{2\sqrt{3}}} = \dfrac{2\sqrt{3}\,l}{h} = \dfrac{2\sqrt{3} \times 200}{10} = 69.28$

47 $\theta = 57.3\dfrac{TL}{GI_P} = 57.3\dfrac{TL}{G\dfrac{\pi d^4}{32}} = 57.3\dfrac{32TL}{G\pi d^4} \fallingdotseq 584\dfrac{TL}{Gd^4}$

$= 584 \times \dfrac{100 \times 3.14}{8 \times 10^9 \times 0.04^4} = 0.895°$

48 ㉠ $R_A \times l - w \times \dfrac{1}{2} \times \left(\dfrac{l}{4} + \dfrac{l}{2}\right) = 0$

$\therefore R_A = \dfrac{3wl}{8}$

㉡ $F_x = R_A - ux = 0$

$\therefore x = \dfrac{3}{8}l$

49 $u = \dfrac{T^2 l}{2GI_P}$ [kJ]

$u \propto \dfrac{1}{I_P},\ u \propto \dfrac{1}{d^4}\left(I_P = \dfrac{\pi d^4}{32}\ \text{일 때}\right)$

$\therefore \dfrac{u_1}{u_2} = \dfrac{I_{P_2}}{I_{P_1}} = \left(\dfrac{d_2}{d_1}\right)^4$

50 $R_B = \dfrac{3}{8}wl$

㉠ B점에서 임의의 x지점 전단력
$$F_x = R_B - wx = \dfrac{3}{8}wl - wx$$

㉡ 전단력이 0인 위치
$$0 = \dfrac{3}{8}wl - wx$$
$$wx = \dfrac{3}{8}wl$$
$$\therefore x = \dfrac{3}{8}l[\text{m}]$$

51 $U = \displaystyle\int_0^L \dfrac{M_x^{\,2}dx}{2EI} = \dfrac{M^2}{2EI}\int_0^L dx$
$\quad = \dfrac{M^2}{2EI}[x]_0^L = \dfrac{M^2 L}{2EI}[\text{kJ}]$

[별해] $U = \dfrac{M\theta}{2} = \dfrac{M}{2}\left(\dfrac{ML}{EI}\right) = \dfrac{M^2 L}{2EI}[\text{kJ}]$

52 대수감쇠율(δ) $= \dfrac{2\pi\xi}{\sqrt{1-\xi^2}} = \dfrac{2\pi\times 0.033}{\sqrt{1-0.033^2}} = 0.21$

$\dfrac{X_0}{X_n} = e^{n\delta}$

$\therefore \dfrac{X_n}{X_0} = \dfrac{1}{e^{n\delta}} = \dfrac{1}{e^{5\times 0.21}} \fallingdotseq 0.35 = 35\%$

53 $f_n = \dfrac{1}{2\pi}\sqrt{\dfrac{g}{\delta_{st}}} = \dfrac{1}{2\pi}\sqrt{\dfrac{980}{0.5}} = 7.05\,\text{Hz}$

54 $v = 0.5 - 0.1 = 0.4\,\text{m/s}$

$v = \dfrac{s}{t}$

$\therefore t = \dfrac{s}{v} = \dfrac{400}{0.4} = 1{,}000\,\text{sec} = 16분\,40초$

55 $C_{cr} = 2\sqrt{mk} = 2m\omega_n = \dfrac{2k}{\omega_n}[\text{N}\cdot\text{s/m}]$

56 반발계수(e)가 1이면 완전 탄성충돌로 충돌 전·후 상대속도의 크기가 같다. A는 정지하고, B는 $v[\text{m/s}]$의 속도를 가진다.

57 완전 탄성충돌($e=1$)은 충돌 전·후 운동량과 운동에너지가 보존된다.

58 $m=2,\ c=3,\ k=8$

$w_n = \sqrt{\dfrac{k}{m}} = \sqrt{\dfrac{8}{2}} = 2$

$\xi = \dfrac{c}{c_{cr}} = \dfrac{c}{2\sqrt{mk}} = \dfrac{3}{2\sqrt{2\times 8}} = 0.375$

$\therefore w_{nd} = w_n\sqrt{1-\xi^2} = 2\sqrt{1-0.375^2} = 1.854\,\text{rad/s}$

59 $W_f = \mu_1 mga + \mu_2 mgb$
$\quad = (0.2\times 100\times 9.81\times 2) + (0.3\times 100\times 9.81\times 2.5)$
$\quad \fallingdotseq 1128.15\,\text{J}$

60 $\omega = \dfrac{2\pi N}{60} = \dfrac{2\pi\times 60}{60} = 2\pi = 6.28\,\text{rad/s}$

$\therefore f = \dfrac{\omega}{2\pi} = \dfrac{2\pi}{2\pi} = 1\,\text{Hz(CPS)}$

61 $_1Q_2 = (U_2 - U_1) + {_1W_2}[\text{kJ}]$

$\therefore U_2 - U_1 = {_1Q_2} - {_1W_2} = 80 - 20 = 60\,\text{kJ}$

62 $H_L = \left(K + f\dfrac{l}{d}\right)\dfrac{V^2}{2g}[\text{m}]$

$10 = \left(K + 0.02\times\dfrac{200}{0.1}\right)\times\dfrac{2^2}{2\times 9.8}$

$\therefore K = 9$

63 $\dfrac{W}{Q} = \dfrac{pdV}{mC_p dT} = \dfrac{mRdT}{mC_p dT} = \dfrac{R}{C_p} = \dfrac{C_p - C_v}{C_p}$
$\quad = 1 - \dfrac{C_v}{C_p} = 1 - \dfrac{1}{k} = \dfrac{k-1}{k}$

64 $\dot{m} = \rho AV = C$ (질량유량의 연속방정식)

$\rho_1 A_1 V_1 = \rho_2 A_2 V_2$

$\therefore V_2 = \dfrac{\rho_1}{\rho_2}\dfrac{A_1}{A_2}V_1 = \dfrac{\rho_1}{\rho_2}\left(\dfrac{d_1}{d_2}\right)^2 V_1$

$\quad = \dfrac{800}{848}\times\left(\dfrac{200}{100}\right)^2\times 20 = 75.47\,\text{m/s}$

65 $H_2 - H_1 = (U_2 - U_1) + (P_2 V_2 - P_1 V_1)$
$\quad = 1.2\times 10^3\times 0.2 - 50\times 2.5 = 115\,\text{kJ}$

66 EL(에너지선) − HGL(수력기울기선)
$= \dfrac{P}{\gamma} + \dfrac{V^2}{2g} + Z - \left(\dfrac{P}{\gamma} + Z\right)$
$= \dfrac{V^2}{2g} = \dfrac{4^2}{2\times 9.8} = 0.82\,\text{m} \fallingdotseq 82\,\text{cm}$

67 $\Delta U = mC_v(T_2 - T_1)$
$\quad = 1\times 0.7315\times (160-10) = 109.725\,\text{kJ}$

68 $h = u + pv = u + RT[\text{kJ/kg}]$

$\therefore u = h - RT$
$\quad = 298.615 - \dfrac{8.314}{28.97}\times(25+273) = 213.09\,\text{kJ/kg}$

69 $P = 9.806 QH\eta \times 10^{-3}$
$= 9.806 \times 10 \times 100 \times 0.9 \times 10^{-3} ≒ 8.83\text{MW}$

70 증발열(γ) = 내부증발열(ρ) + 외부증발열(ϕ)
$\therefore \rho = \gamma - \phi = \gamma - P(v_2 - v_1)$
$= 2,257 - 101.325 \times (1.67 - 0.00104)$
$≒ 2,088 \text{ kJ/kg}$

71 $H = U + pV = U + mRT$
$= 40 + 200 \times 0.1 = 60 \text{kJ}$

72 잠수함은 레이놀즈수를 만족시켜야 한다.
$Re = \dfrac{VL}{\nu}$
$\left(\dfrac{VL}{\nu}\right)_p = \left(\dfrac{VL}{\nu}\right)_m$
$\nu_p \simeq \nu_m$
$\therefore V_m = V_p \left(\dfrac{L_p}{L_m}\right) = 2 \times \dfrac{10}{1} = 20 \text{m/s}$

73 비체적(specific volume)의 단위는 m^3/kg로 밀도(ρ)의 역수이다.
$v = \dfrac{V}{m} = \dfrac{1}{\rho}[\text{m}^3/\text{kg}]$
[참고] 밀도$(\rho) = \dfrac{m}{V} = \dfrac{1}{v}[\text{kg/m}^3]$

74 $v_x = v' + x(v'' - v')$
$\therefore x = \dfrac{v_x - v'}{v'' - v'} = \dfrac{0.2327 - 1.079 \times 10^{-3}}{0.5243 - 1.079 \times 10^{-3}} ≒ 0.443$

75 $\tau = \mu \dfrac{dU}{dy} = \mu U \dfrac{\frac{2}{3}y^{-\frac{1}{3}}}{L^{\frac{2}{3}}} = \dfrac{2}{3}\mu U \dfrac{\left(\frac{L}{8}\right)^{-\frac{1}{3}}}{L^{\frac{2}{3}}}$
$= \dfrac{2}{3}\mu U \left(\dfrac{1}{8}\right)^{-\frac{1}{3}} L^{-\frac{1}{3}-\frac{2}{3}} = \dfrac{4}{3}\mu U L^{-1} = \dfrac{4\mu U}{3L}[\text{Pa}]$

76 잠수함에 작용하는 힘은 관성력과 점성력이므로 역학적 상사가 이루어지려면 Reynolds수가 같아야 한다.
$\left(\dfrac{VL}{\nu}\right)_p = \left(\dfrac{VL}{\nu}\right)_m$
$\nu_p \simeq \nu_m$
$\therefore V_m = V_p \left(\dfrac{L_p}{L_m}\right) = 8 \times \dfrac{7}{1} = 56 \text{m/s} (= 201.6 \text{km/h})$

77 $Q = AV[\text{m}^3/\text{s}]$
$\therefore V = \dfrac{Q}{A} = \dfrac{0.0314}{\dfrac{\pi}{4} \times 0.1^2} ≒ 4 \text{m/s}$

78 $h_L = f \dfrac{l}{d} \dfrac{V^2}{2g} = 0.022 \times \dfrac{200}{0.1} \times \dfrac{1^2}{2 \times 9.8} = 2.24 \text{m}$

79 유한요소 메시(mesh)형태 : 삼각형, 사변형, 육면체, 삼각기둥

80 전산유체역학(CFD : Computational Fluid Dynamics)에서 유동 해석은 '전처리과정 → 수치 해석 → 후처리과정'으로 진행한다.

1 기계제도 및 설계

01 A1 제도용지의 크기는 몇 mm인가?
① 420×594
② 297×420
③ 841×1189
④ 594×841

02 다음 선의 종류 중 가는 실선을 사용하지 않는 것은?
① 피치선 ② 치수보조선
③ 지시선 ④ 해칭선

03 다음 중 국제표준화기구의 약호는?
① ISA ② ISO
③ USASI ④ KS A

04 회화적 투상법에 해당되지 않는 것은?
① 투시도 ② 등각투상도
③ 사투상도 ④ 정투상도

05 다음에 나타낸 정면도에 해당되는 평면도는?

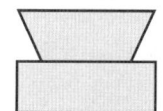

①  ②
③  ④

06 도면에서 표시된 투상법을 제3각법으로 표시할 필요가 있을 경우에 알맞은 것은?
①  ②
③  ④

07 다음 그림 중 호의 길이를 표시하는 치수 기입법이 옳게 된 것은?
① 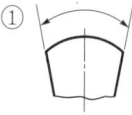 ②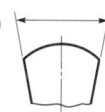
③ 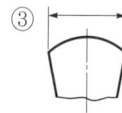 ④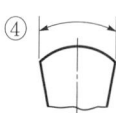

08 역지밸브(check valve)의 도면 표시기호는?
① 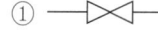 ②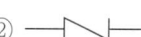
③ ④

09 다음 중 최대 죔새를 나타내는 것은?
① 구멍의 최대 허용치수 − 축의 최소 허용치수
② 축의 최대 허용치수 − 구멍의 최소 허용치수
③ 구멍의 최소 허용치수 − 축의 최대 허용치수
④ 축의 최소 허용치수 − 구멍의 최대 허용치수

10 CAD시스템에서 점을 정의하기 위해 사용하는 좌표계가 아닌 것은?
① 직교좌표계   ② 타원좌표계
③ 극좌표계   ④ 구면좌표계

11 나사의 크기는 다음 중 어느 것으로 나타내는가?
① 안지름   ② 유효지름
③ 골지름   ④ 바깥지름

12 코터의 기울기가 α, 코터와 로드 및 소켓 사이의 마찰각을 ρ라 할 때 한쪽 구배인 경우 자립조건은?
① $\alpha \leq 2\rho$ ② $\alpha \leq \rho$
③ $\alpha \geq 2\rho$ ④ $\alpha \geq \rho$

13 573,000N·mm의 토크를 전달하는 축지름이 60mm이고 15mm×10mm×85mm인 키의 허용전단응력은 얼마인가?
① 15MPa   ② 18MPa
③ 21MPa   ④ 25MPa

14 보(beam)에서 굽힘응력을 σ_a, 단면계수를 Z라 할 때 굽힘모멘트(M)를 구하는 식은?
① $M = \dfrac{\sigma_a}{Z}$ ② $M = \sigma_a Z$
③ $M = \dfrac{Z}{\sigma_a}$ ④ $M = \pi \sigma_a Z$

15 굽힘모멘트 M[N·mm]을 받는 축지름 d[mm]는? (단, σ_a는 허용굽힘응력(MPa)이다.)
① $d = \sqrt[3]{\dfrac{8M}{\pi \sigma_a}}$ ② $d = \sqrt[3]{\dfrac{64M}{\pi \sigma_a}}$
③ $d = \sqrt[3]{\dfrac{16M}{\pi \sigma_a}}$ ④ $d = \sqrt[3]{\dfrac{32M}{\pi \sigma_a}}$

16 다음 축이음 중 서로 평행한 두 축 사이에 회전을 전달하는 것은?
① 물리클러치   ② 플랜지커플링
③ 올덤커플링   ④ 훅의 만능이음

17 다음 그림과 같이 스프링을 직렬로 연결할 때 합성스프링장치에서 처짐량이 60mm이다. 이때 작용하는 하중을 구하면 얼마인가? (단, k_1=60N/cm, k_2=20N/cm)

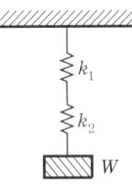

① 40N   ② 60N
③ 80N   ④ 90N

18 부하가 급격히 변화하였을 때 그 자중이나 관성력 때문에 소정의 제어를 못하게 된 경우 배압을 걸어주어 자유낙하를 방지하는 역할을 하는 유압제어밸브로 체크밸브가 내장된 것은?
① 카운터밸런스밸브
② 릴리프밸브
③ 스로틀밸브
④ 감압밸브

19 체크밸브, 릴리프밸브 등에서 압력이 상승하고 밸브가 열리기 시작하여 어느 일정한 흐름의 양이 인정되는 압력은?
① 토출압력   ② 서지압력
③ 크래킹압력   ④ 오버라이드압력

20 다음 중 유량제어밸브에 의한 속도제어회로를 나타낸 것이 아닌 것은?
① 미터 인 회로   ② 블리드 오프 회로
③ 미터 아웃 회로 ④ 카운터회로

2 기계재료 및 제작

21 Y합금의 주성분으로 옳은 것은?
① Al+Cu+Ni+Mg
② Al+Cu+Mn+Mg
③ Al+Cu+Sn+Zn
④ Al+Cu+Si+Mg

22 대표적인 주조경질합금으로 코발트를 주성분으로 한 Co-Cr-W-C계 합금은?
① 라우탈(lautal)
② 실루민(silumin)
③ 세라믹(ceramic)
④ 스텔라이트(stellite)

23 Al에 10~13% Si를 함유한 합금은?
① 실루민   ② 라우탈
③ 두랄루민   ④ 하이드로날륨

24 A_1변태점 이하에서 인성을 부여하기 위하여 실시하는 가장 적합한 열처리는?
① 뜨임   ② 풀림
③ 담금질   ④ 노멀라이징

25 스테인리스강을 조직에 따라 분류한 것 중 틀린 것은?
① 페라이트계   ② 마텐자이트계
③ 시멘타이트계   ④ 오스테나이트계

26 다음 중 심냉처리를 하는 주요 목적으로 옳은 것은?
① 오스테나이트조직을 유지시키기 위해
② 시멘타이트변태를 촉진시키기 위해
③ 베이나이트변태를 진행시키기 위해
④ 마텐자이트변태를 완전히 진행시키기 위해

27 플라스틱재료의 일반적인 특징을 설명한 것 중 틀린 것은?
① 완충성이 크다.
② 성형성이 우수하다.
③ 자기윤활성이 풍부하다.
④ 내식성은 낮으나 내구성이 높다.

28 기계태엽, 정밀계측기, 다이얼게이지 등을 만드는 재료로 가장 적합한 것은?
① 인청동   ② 엘린바
③ 미하나이트   ④ 애드미럴티

29 다음 합금 중 베어링용 합금이 아닌 것은?
① 화이트메탈   ② 켈밋합금
③ 배빗메탈   ④ 문쯔메탈

30 0°C 이하의 온도로 냉각하는 작업으로 강의 잔류오스테나이트를 마텐자이트로 변태시키는 것을 목적으로 하는 열처리는?
① 마칭   ② 마템퍼링
③ 오스포밍   ④ 심냉처리

31 경도시험에서 압입체의 다이아몬드 원추각이 120°이며 기준하중이 100N인 시험법은?
① 쇼어경도시험   ② 브리넬경도시험
③ 비커스경도시험 ④ 로크웰경도시험

32 전기저항용접 중 맞대기용접의 종류가 아닌 것은?
① 업셋용접   ② 퍼커션용접
③ 플래시용접   ④ 프로젝션용접

33 소성가공에 포함되지 않는 가공법은?
① 단조가공   ② 보링가공
③ 압출가공   ④ 전조가공

34 공작물을 양극으로 하고 전기저항이 적은 Cu, Zn을 음극으로 하여 전해액 속에 넣고 전기를 통하면 가공물표면이 전기에 의한 화학적 작용으로 매끈하게 가공되는 가공법은?
① 전해연마 ② 전해연삭
③ 워터젯가공 ④ 초음파가공

35 담금질한 강을 상온 이하의 적합한 온도로 냉각시켜 잔류오스테나이트를 마르텐자이트 조직으로 변화시키는 것을 목적으로 하는 열처리방법은?
① 심냉처리 ② 가공경화법처리
③ 가스침탄법처리 ④ 석출경화법처리

36 다음 중 지름 100mm, 판의 두께 3mm, 전단저항 450MPa인 SM40C강판을 전단할 때 전단하중은 약 몇 kN인가?
① 424.12 ② 532.12
③ 674.12 ④ 706.82

37 방전가공에서 전극재료의 구비조건으로 가장 거리가 먼 것은?
① 기계가공이 쉬워야 한다.
② 가공전극의 소모가 커야 한다.
③ 가공정밀도가 높아야 한다.
④ 방전이 안전하고 가공속도가 빨라야 한다.

38 절삭유제를 사용하는 목적이 아닌 것은?
① 능률적인 칩 제거
② 공작물과 공구의 냉각
③ 절삭열에 의한 정밀도 저하 방지
④ 공구 윗면과 칩 사이의 마찰계수 증대

39 절삭공구에 발생하는 구성인선의 방지법이 아닌 것은?
① 절삭깊이를 작게 할 것
② 절삭속도를 느리게 할 것
③ 절삭공구의 인선을 예리하게 할 것
④ 공구의 윗면경사각(rake angle)을 크게 할 것

40 지름이 50mm인 연삭숫돌로 지름이 10mm인 공작물을 연삭할 때 숫돌바퀴의 회전수는 약 몇 rpm인가? (단, 숫돌의 원주속도는 1,500m/min이다.)
① 4,759 ② 5,809
③ 7,449 ④ 9,549

3 구조 해석

41 보의 길이 L에 등분포하중 w를 받는 직사각형 단순보의 최대 처짐량에 대하여 옳게 설명한 것은? (단, 보의 자중은 무시한다.)
① 보의 폭에 정비례한다.
② L의 3승에 정비례한다.
③ 보의 높이의 2승에 반비례한다.
④ 세로탄성계수에 반비례한다.

42 다음 그림과 같은 일단 고정 타단 지지보에 등분포하중 w가 작용하고 있다. 이 경우 반력 R_A와 R_B는? (단, 보의 굽힘강성 EI는 일정하다.)

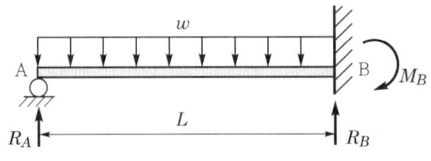

① $R_A = \frac{4}{7}wL$, $R_B = \frac{3}{7}wL$
② $R_A = \frac{3}{7}wL$, $R_B = \frac{4}{7}wL$
③ $R_A = \frac{5}{8}wL$, $R_B = \frac{3}{8}wL$
④ $R_A = \frac{3}{8}wL$, $R_B = \frac{5}{8}wL$

43 일단 고정 타단 롤러로 지지된 부정정보의 중앙에 집중하중 P를 받고 있을 때 롤러지지점의 반력은 얼마인가?

① $\dfrac{3}{16}P$ ② $\dfrac{5}{16}P$
③ $\dfrac{7}{16}P$ ④ $\dfrac{9}{16}P$

44 전단력 10kN이 작용하는 지름 10cm인 원형단면의 보에서 그 중립축 위에 발생하는 최대 전단응력은 약 몇 MPa인가?

① 1.3 ② 1.7
③ 130 ④ 170

45 단면적이 A, 탄성계수가 E, 길이가 L인 막대에 길이방향의 인장하중을 가하여 그 길이가 δ만큼 늘어났다면 이때 저장된 탄성변형에너지는?

① $\dfrac{AE\delta^2}{L}$ ② $\dfrac{AE\delta^2}{2L}$
③ $\dfrac{EL^3\delta^2}{A}$ ④ $\dfrac{EL^3\delta^2}{2A}$

46 다음 그림과 같이 분포하중이 작용할 때 최대 굽힘모멘트가 일어나는 곳은 보의 좌측으로부터 얼마나 떨어진 곳에 위치하는가?

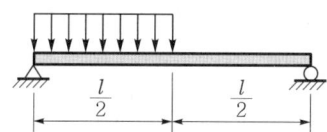

① $\dfrac{1}{4}l$ ② $\dfrac{3}{8}l$
③ $\dfrac{5}{12}l$ ④ $\dfrac{7}{16}l$

47 열응력에 대한 다음 설명 중 틀린 것은?
① 재료의 선팽창계수와 관계있다.
② 세로탄성계수와 관계있다.
③ 재료의 비중과 관계있다.
④ 온도차와 관계있다.

48 전단탄성계수가 80GPa인 강봉(steel bar)에 전단응력이 1kPa로 발생했다면 이 부재에 발생한 전단변형률은?

① 12.5×10^{-3}
② 12.5×10^{-6}
③ 12.5×10^{-9}
④ 12.5×10^{-12}

49 오일러의 좌굴응력에 대한 설명으로 틀린 것은?
① 단면의 회전반경의 제곱에 비례한다.
② 길이의 제곱에 반비례한다.
③ 세장비의 제곱에 비례한다.
④ 탄성계수에 비례한다.

50 다음 그림에서 블록 A를 이동시키는 데 필요한 힘 P는 몇 N 이상인가? (단, 블록과 접촉면과의 마찰계수 $\mu = 0.4$이다.)

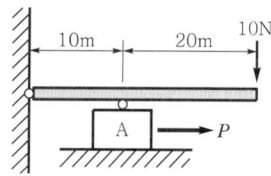

① 4 ② 8
③ 10 ④ 12

51 양단이 힌지로 지지되어 있고 길이가 1m인 기둥이 있다. 단면이 30mm×30mm인 정사각형이라면 임계하중은 약 몇 kN인가? (단, 탄성계수는 210GPa이고, Euler의 공식을 적용한다.)

① 133 ② 137
③ 140 ④ 146

52 다음 그림의 H형 단면의 도심축인 Z축에 관한 회전반경(radius of gyration)은 얼마인가?

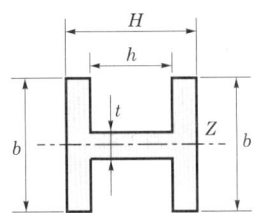

① $K_z = \sqrt{\dfrac{Hb^3-(b-t)^3b}{12(bH-bh+th)}}$

② $K_z = \sqrt{\dfrac{12Hb^3+(b-t)^3b}{bH+bh+th}}$

③ $K_z = \sqrt{\dfrac{ht^3+Hb^3-hb^3}{12(bH-bh+th)}}$

④ $K_z = \sqrt{\dfrac{12Hb^3+(b+t)^3b}{bH+bh-th}}$

53 최대 사용강도 400MPa의 연강보에 30kN의 축방향의 인장하중이 가해질 경우 강봉의 최소 지름은 몇 cm까지 가능한가? (단, 안전율은 5이다.)

① 2.69
② 2.99
③ 2.19
④ 3.02

54 다음 1자유도 진동계의 고유각진동수는? (단, 3개의 스프링에 대한 스프링상수는 k이며, 물체의 질량은 m이다.)

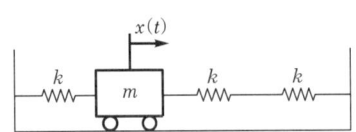

① $\sqrt{\dfrac{2m}{3k}}$ ② $\sqrt{\dfrac{3k}{2m}}$
③ $\sqrt{\dfrac{2k}{3m}}$ ④ $\sqrt{\dfrac{3m}{2k}}$

55 감쇠비 ζ가 일정할 때 전달률을 1보다 작게 하려면 진동수비는 얼마의 크기를 가지고 있어야 하는가?

① 1보다 작아야 한다.
② 1보다 커야 한다.
③ $\sqrt{2}$ 보다 작아야 한다.
④ $\sqrt{2}$ 보다 커야 한다.

56 고유진동수 f[Hz], 고유원진동수 ω[rad/s], 고유주기 T[s] 사이의 관계를 바르게 나타낸 식은?

① $T = \dfrac{\omega}{2\pi}$
② $T\omega = f$
③ $Tf = 1$
④ $f\omega = 2\pi$

57 무게가 5.3kN인 자동차가 시속 80km로 달릴 때 선형운동량의 크기는 약 몇 N·s인가?

① 4,240
② 8,480
③ 12,010
④ 16,020

58 다음 그림과 같이 질량이 m이고 길이가 L인 균일한 막대에 대하여 A점을 기준으로 한 질량관성모멘트를 나타내는 식은?

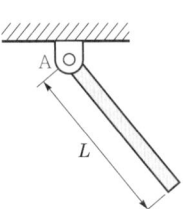

① mL^2 ② $\dfrac{1}{3}mL^2$
③ $\dfrac{1}{4}mL^2$ ④ $\dfrac{1}{12}mL^2$

59 다음 그림은 2톤의 질량을 가진 자동차가 18km/h의 속력으로 벽에 충돌하는 상황을 위에서 본 것이며 범퍼를 병렬스프링 2개로 가정하였다. 충돌과정에서 스프링의 최대 압축량이 0.2m라면 스프링상수 k는 얼마인가? (단, 타이어와 노면의 마찰은 무시한다.)

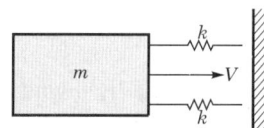

① 625kN/m ② 312.5kN/m
③ 725kN/m ④ 1,450kN/m

60 펌프가 견고한 지면 위의 네 모서리에 하나씩 총 4개의 동일한 스프링으로 지지되어 있다. 이 스프링의 정적처짐이 3cm일 때 이 기계의 고유진동수는 약 몇 Hz인가?

① 3.5 ② 7.6
③ 2.9 ④ 4.8

4 열·유체 해석

61 증기압축냉동기에서 냉매가 순환되는 경로를 올바르게 나타낸 것은?

① 증발기 → 팽창밸브 → 응축기 → 압축기
② 증발기 → 압축기 → 응축기 → 팽창밸브
③ 팽창밸브 → 압축기 → 응축기 → 증발기
④ 응축기 → 증발기 → 압축기 → 팽창밸브

62 기체가 열량 80kJ을 흡수하여 외부에 대하여 20kJ의 일을 하였다면 내부에너지변화는 몇 kJ인가?

① 20 ② 60
③ 80 ④ 100

63 온도 600℃의 구리 7kg을 8kg의 물속에 넣어 열적평형을 이룬 후 구리와 물의 온도가 64.2℃가 되었다면 물의 처음 온도는 약 몇 ℃인가? (단, 이 과정 중 열손실은 없고, 구리의 비열은 0.386kJ/kg·K이며, 물의 비열은 4.184kJ/kg·K이다.)

① 6℃ ② 15℃
③ 21℃ ④ 84℃

64 20℃의 공기 5kg이 정압과정을 거쳐 체적이 2배가 되었다. 공급한 열량은 약 몇 kJ인가? (단, 정압비열은 1kJ/kg·K이다.)

① 1,465 ② 2,198
③ 2,931 ④ 4,397

65 수소(H_2)를 이상기체로 생각하였을 때 절대압력 1MPa, 온도 100℃에서의 비체적은 약 몇 m^3/kg인가? (단, 일반기체상수는 8.3145kJ/kmol·K이다.)

① 0.781 ② 1.26
③ 1.55 ④ 3.46

66 어느 이상기체 2kg이 압력 200kPa, 온도 30℃의 상태에서 체적 0.8m^3를 차지한다. 이 기체의 기체상수는 약 몇 kJ/kg·K인가?

① 0.264 ② 0.528
③ 2.67 ④ 3.53

67 폴리트로픽변화의 관계식 "PV^n=일정"에 있어서 n이 무한대로 되면 어느 과정이 되는가?

① 정압과정 ② 등온과정
③ 정적과정 ④ 단열과정

68 이상적인 증기-압축냉동사이클에서 엔트로피가 감소하는 과정은?

① 증발과정 ② 압축과정
③ 팽창과정 ④ 응축과정

69 오토사이클로 작동되는 기관에서 실린더의 간극체적이 행정체적의 15%라고 하면 이론열효율은 약 얼마인가? (단 비열비 $k=1.4$이다.)

① 45.2% ② 50.6%
③ 55.7% ④ 61.4%

70 출력 10,000kW의 터빈플랜트의 시간당 연료소비량이 5,000kg/h이다. 이 플랜트의 열효율은 약 몇 %인가? (단, 연료의 발열량은 33,440kJ/kg이다.)

① 25.4% ② 21.5%
③ 10.9% ④ 40.8%

71 온도 15℃, 압력 100kPa 상태의 체적이 일정한 용기 안에 어떤 이상기체 5kg이 들어 있다. 이 기체가 50℃가 될 때까지 가열되는 동안의 엔트로피 증가량은 약 몇 kJ/K인가? (단, 이 기체의 정압비열과 정적비열은 각각 1.001kJ/kg·K, 0.7171kJ/kg·K이다.)

① 0.411 ② 0.486
③ 0.575 ④ 0.732

72 냉매의 요구조건으로 옳은 것은?

① 비체적이 커야 한다.
② 증발압력이 대기압보다 낮아야 한다.
③ 응고점이 높아야 한다.
④ 증발열이 커야 한다.

73 다음 그림과 같이 속도 3m/s로 운동하는 평판에 속도 10m/s인 물 분류가 직각으로 충돌하고 있다. 분류의 단면적이 $0.01m^2$라고 하면 평판이 받는 힘은 몇 N이 되겠는가?

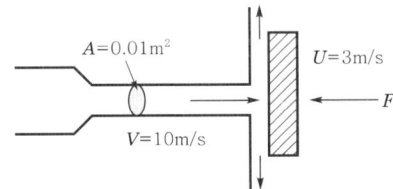

① 295 ② 490
③ 980 ④ 16,900

74 물제트가 연직하방향으로 떨어지고 있다. 높이 12m 지점에서의 제트지름은 5cm, 속도는 24m/s였다. 높이 4.5m 지점에서의 물제트의 속도는 약 몇 m/s인가? (단, 손실수두는 무시한다.)

① 53.9 ② 42.7
③ 35.4 ④ 26.9

75 다음 중 수력기울기선(Hydraulic Grade Line)은 에너지구배선(Energy Line)에서 어떤 것을 뺀 값인가?

① 위치수두값
② 속도수두값
③ 압력수두값
④ 위치수두와 압력수두를 합한 값

76 무차원수인 스트라홀수(Strouhal number)와 가장 관계가 먼 항목은?

① 점도
② 속도
③ 길이
④ 진동흐름의 주파수

77 지름이 2cm인 관에 밀도 $1,000kg/m^3$, 점성계수 $0.4N·s/m^2$인 기름이 수평면과 일정한 각도로 기울어진 관에서 아래로 흐르고 있다. 초기 측정위치의 유량이 $1×10^{-5}m^3/s$이었고, 초기 측정위치에서 10m 떨어진 곳에서의 유량도 동일하다고 하면, 이 관은 수평면에 대해 약 몇 ° 기울어져 있는가? (단, 관내 흐름은 완전발달층류유동이다.)

① 6° ② 8°
③ 10° ④ 12°

78 원관 내의 완전발달된 층류유동에서 유체의 최대 속도(V_c)와 평균속도(V)의 관계는?

① $V_c = 1.5V$ ② $V_c = 2V$
③ $V_c = 4V$ ④ $V_c = 8V$

79 유효낙차가 100m인 댐의 유량이 10m³/s일 때 효율 90%인 수력터빈의 출력은 약 몇 MW인가?

① 8.83
② 9.81
③ 10.9
④ 12.4

80 다음 중 유한체적법(FVM) Cell의 형태가 아닌 것은?

① prism
② triangle
③ hexahedron
④ dragon

제4회 실전 모의고사 정답 및 해설

01	02	03	04	05	06	07	08	09	10	11	12	13	14	15	16	17	18	19	20
④	①	②	④	②	②	④	②	②	②	④	①	①	②	④	③	④	①	③	④
21	22	23	24	25	26	27	28	29	30	31	32	33	34	35	36	37	38	39	40
①	④	①	①	③	④	④	②	④	④	④	④	③	①	④	①	②	④	②	④
41	42	43	44	45	46	47	48	49	50	51	52	53	54	55	56	57	58	59	60
④	④	②	②	④	④	③	③	③	④	③	④	③	③	④	④	③	④	①	③
61	62	63	64	65	66	67	68	69	70	71	72	73	74	75	76	77	78	79	80
②	②	③	①	③	①	③	④	③	②	①	④	②	④	②	①	①	②	①	④

01 도면 크기의 종류 및 윤곽치수

구분		A0	A1	A2	A3	A4
$a \times b$		841 ×1189	594 ×841	420 ×594	297 ×420	210 ×297
c(최소)		20			10	
d (최소)	철하지 않을 때	20			10	
	철할 때	25				

02 ㉠ 가는 실선

명칭	선의 용도
치수선	• 치수를 기입하기 위하여 쓰인다.
치수보조선	• 치수를 기입하기 위하여 도형으로부터 끌어내는 데 쓰인다.
지시선	• 기술 및 지시사항을 기입하기 위하여 끌어내는 데 쓰인다.
회전 단면선	• 도형 내에 그 부분의 절단한 곳을 90° 회전하여 표시하는 데 쓰인다.
수준면선	• 수면, 유면 등의 위치를 표시하는 데 쓰인다.
해칭선	• 도형의 한정된 특정 부분을 다른 부분과 구별하는 데 사용한다. 예를 들면, 단면도의 절단된 부분을 나타낸다.
특수한 용도의 선	• 외형선 및 숨은선의 연장을 표시하는 데 사용한다. • 평면을 나타내거나 위치를 명시하는 데 사용한다.

㉡ 피치선 : 가는 일점쇄선을 사용하며, 되풀이하는 도형의 피치를 취하는 기준을 표시하는 데 쓰인다.

03 ㉠ ISA : 만국규격통일협회
㉡ ISO : 국제표준화기구
㉢ USASI : 미국규격협회
㉣ KS A : KS규격의 기본
㉤ BS : 영국표준규격
㉥ JIS : 일본공업규격
㉦ ANSI : 미국표준규격
㉧ DIN : 독일공업규격

04 회화적 투상법에는 투시도, 등각투상도, 부등각 투상도, 사투상도 등이 있다.

05 3각법으로 정면도를 기준으로 위에서 바라본 평면도를 그린다.

06

07 ① 각도치수
② 치수 기입에 없음
③ 현의 길이

08 ① 슬루스밸브(사절밸브)
③ 글로브밸브(옥형밸브)
④ 나사이음용 안전밸브

09 끼워맞춤
㉠ 최소 틈새=구멍의 최소 허용치수-축의 최대 허용치수
㉡ 최대 틈새=구멍의 최대 허용치수-축의 최소 허용치수

ⓒ 최소 죔새=축의 최소 허용치수-구멍의 최대 허용치수
ⓔ 최대 죔새=축의 최대 허용치수-구멍의 최소 허용치수

10 CAD에서 사용하는 좌표계
   ⓐ 직교좌표계
   ⓑ 극(polar)좌표계
   ⓒ 구면(spherical)좌표계
   ⓓ 원기둥(cylindrical)좌표계 등

11 나사의 크기(호칭지름)는 바깥지름으로 나타낸다.

12 코터이음의 자립조건
   ⓐ 한쪽 구배인 경우 $\alpha \leq 2\rho$
   ⓑ 양쪽 구배인 경우 $\alpha \leq \rho$

13 $\tau = \dfrac{W}{A} = \dfrac{W}{bl} = \dfrac{2T}{bdl} = \dfrac{2 \times 573{,}000}{15 \times 60 \times 85} \fallingdotseq 15\text{MPa}$

14 보에서 굽힘모멘트(M), 허용굽힘응력(σ_a), 단면계수(Z)와의 관계식
$M = \sigma_a Z [\text{N} \cdot \text{mm}]$

15 $M = \sigma_a Z = \sigma_a \dfrac{\pi d^3}{32} [\text{N} \cdot \text{mm}]$
$\therefore d = \sqrt[3]{\dfrac{32M}{\pi \sigma_a}} [\text{mm}]$

16 ① 물림클러치(claw clutch) : 마찰클러치와 더불어 운전 중에 동력의 단속이 쉽고 두 축이 일직선으로 되어 있는 경우이다.
② 플랜지커플링(flange coupling) : 영구축이음으로 두 축이 일직선으로 되어 있는 축이음이다.
④ 훅의 만능이음(Hooke's universal joint) : $\alpha \leq 30°$의 변화각을 가지며 두 축이 한 평면위에 있고 어느 각도로 교차하는 축이음이다.

17 직렬연결일 때
$k = \dfrac{1}{\dfrac{1}{k_1} + \dfrac{1}{k_2}} = \dfrac{1}{\dfrac{1}{60} + \dfrac{1}{20}} = 15\text{N/cm}$
$\therefore P = k\delta = 15 \times 6 = 90\text{N}$

18 카운터밸런스밸브(counter balance valve)는 유압제어밸브로 중력에 의한 낙하를 방지하기 위해 배압(back pressure)을 걸어주어 자유낙하를 방지해주는 밸브로 체크밸브가 내장되어 있다.

19 ⓐ 크래킹압력(cracking pressure) : 체크밸브, 릴리프밸브 등에서 압력이 상승하고 밸브가 열리기 시작하여 어느 일정한 흐름의 양이 인정되는 압력
ⓑ 오버라이드압력(override pressure) : 설정압력과 크래킹압력의 차이로, 압력차가 클수록 릴리프밸브의 성능이 나쁘고 포핏진동을 일으키는 원인이 됨

20 속도제어회로의 종류 : 미터 인 회로, 미터 아웃 회로, 블리드 오프 회로

21 Y합금(alloy)은 Al-Cu-Ni-Mg계 합금으로 주로 내연기관의 피스톤, 실린더 등 열을 많이 받는 부분에 내열합금으로 사용한다.

22 주조경질합금(대표합금 : 스텔라이트)은 주조한 상태로 연삭하여 사용하는 공구로 열처리가 불필요하며 Co-Cr-W-C합금이다.

23 ① 실루민 : Al+Si(10~13%), 알팩스라고도 한다.
② 라우탈 : Al+Cu+Si
③ 두랄루민 : Al+Cu+Mg+Mn
④ 하이드로날륨 : Al+Mg

24 뜨임(tempering)은 A_1변태점(723℃) 이하에서 인성(내충격성)을 부여하기 위한 열처리이다.

25 ⓐ 오스테나이트계 : 스테인리스강의 대략 70%를 차지하고 Cr(18)+Ni(8)의 표준 스테인리스강의 조직으로 상온의 열처리하지 않은 조직이다.
ⓑ 페라이트계 : 강에 Cr이 18% 함유한 스테인리스강의 조직으로 열처리되지 않는 조직이다.
ⓒ 마텐자이트계 : 철에 Cr이 11.5% 함유한 담금질조직으로 Cr 13% 강의 열처리조직이다.
ⓓ 듀플렉스조직 : 듀얼조직인 오스테나이트+페라이트의 혼합조직으로 강도 및 내식성이 좋아 내해수용, 고강도용 스테인리스강으로 사용되고 있다.
[참고] 시멘타이트(Fe_3C)조직은 철의 탄화철조직이다.

26 심냉처리(sub-zero treatment)란 0℃ 이하의 온도에서 잔류오스테나이트를 마텐자이트(martensite)조직으로 변화시키는 열처리이다.

27 플라스틱재료의 일반적인 특징
ⓐ 완충성(충격흡수)이 크다.
ⓑ 성형성이 우수하다.
ⓒ 자기윤활성이 풍부하다.
ⓓ 전기전열성이 좋다(전기를 잘 전달하지 않는다).
ⓔ 내식성이 크고 내약품성도 뛰어나며 알칼리에도 잘 견딘다.

ⓑ 마찰계수가 작고 기계적 성질이 우수하다(가볍고 튼튼하다. 비중 1~1.5).
ⓢ 단단하나 열에 약하다.

28 엘린바(elinvar)는 실온 부근에서 온도변화가 있더라도 탄성계수가 변화하지 않는 Fe+36% Ni+12% Cr합금으로 기계태엽, 정밀계측기, 전자기장치, 다이얼게이지 등에 널리 사용되는 재료이다.

29 ㉠ 베어링용 합금 : 화이트메탈, 배빗메탈, 켈밋메탈
   ㉡ 문쯔메탈(6 : 4황동) : Cu−Zn합금에 납을 첨가, 인장강도 최대

30 심냉처리(sub-zero treatment)는 0℃ 이하의 온도로 냉각시켜 강의 잔류오스테나이트를 마텐자이트로 변태하므로 담금질경도를 증가시키는 열처리이다.

31 로크웰경도시험은 압입체의 다이아몬드 원추각이 120°이며 기준하중은 100N이다(B스케일은 1,000N, C스케일은 1,500N=100N+1,400N).

32 전기저항용접 중 겹치기용접에는 점(spot)용접, 심(seam)용접, 프로젝션(projection)용접 등이 있고, 맞대기용접에는 플래시(flash)용접, 버트(butt)용접, 퍼커션(percussion)용접 등이 있다.

33 소성가공은 가공형식에 따라 단조가공, 압연가공, 압축가공, 전조가공, 프레스가공 등으로 나눈다.
   [참고] 보링(boring)은 드릴로 뚫은 구멍을 크게 하는 것을 의미한다.

34 전해연마는 전해액 중에 공작물을 양극으로 하고 전기저항이 적은 Cu, Zn을 음극으로 하여 전해액 속에 넣고 전기를 통하면 가공물표면이 전기에 의한 화학적 작용으로 매끈하게 가공되는 가공법이다. 전해액은 황산, 과염소산, 인산, 청화알칼리 등을 사용한다.

35 서브제로처리(sub-zero treatment, 심냉처리)는 잔류오스테나이트(A)를 0℃ 이하로 냉각하여 마텐자이트(M)화하는 열처리방법이다.

36 $\tau = \dfrac{P_s}{A_s}$
   ∴ $P_s = \tau A_s = \tau \pi dt = 450 \times (\pi \times 100 \times 3)$
   $= 424,115\text{N} \fallingdotseq 424.12\text{kN}$

37 방전가공 시 전극재료의 구비조건
   ㉠ 기계가공이 쉬울 것
   ㉡ 가공전극의 소모가 적을 것
   ㉢ 가공정밀도가 높을 것
   ㉣ 방전이 안전하고 가공속도가 빠를 것
   ㉤ 구입이 용이하고 값이 저렴할 것
   ㉥ 절삭·연삭가공이 쉬울 것

38 절삭유제의 사용목적
   ㉠ 능률적인 칩 제거
   ㉡ 공작물과 공구의 냉각
   ㉢ 절삭열에 의한 정밀도 저하 방지
   ㉣ 공구 윗면과 칩 사이의 마찰계수 감소

39 구성인선(built up edge)의 방지법
   ㉠ 절삭깊이를 작게 할 것
   ㉡ 절삭속도를 빠르게(120m/min 이상) 할 것
   ㉢ 절삭공구의 인선을 예리하게 할 것
   ㉣ 공구의 윗면경사각을 크게(30° 이상) 할 것

40 $V = \dfrac{\pi d N}{1,000}$ [m/min]
   ∴ $N = \dfrac{1,000\,V}{\pi d} = \dfrac{1,000 \times 1,500}{\pi \times 50} \fallingdotseq 9,549\text{rpm}$

41 $\delta_{\max} = \dfrac{5wL^4}{384EI}$ [cm]

42 균일분포하중을 받는 일단 고정 타단 지지보(부정정보)의 경우
   ㉠ $R_A = \dfrac{3}{8}wL$ [N]
   ㉡ $R_B = \dfrac{5}{8}wL$ [N]

43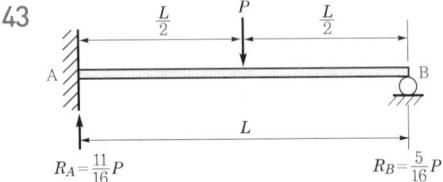

※ 항상 고정단 반력이 크다는 사실을 주지하기 바란다.

44 $\tau_{\max} = \dfrac{4F}{3A} = \dfrac{4 \times 10 \times 10^3}{3 \times \dfrac{\pi \times 100^2}{4}} = 1.7\text{N/mm}^2 (= \text{MPa})$

45 $\delta = \dfrac{PL}{AE}$ [cm]
   $P = \dfrac{AE\delta}{L}$ [kN]
   ∴ $U = \dfrac{P\delta}{2} = \dfrac{\left(\dfrac{AE\delta}{L}\right)\delta}{2} = \dfrac{AE\delta^2}{2L}$ [kJ]

46 ㉠ $R_A \times l - w \times \frac{1}{2} \times \left(\frac{l}{4} + \frac{l}{2}\right) = 0$

$\therefore R_A = \frac{3wl}{8}$

㉡ $F_x = R_A - wx = 0$

$\frac{3wl}{8} - wx = 0$

$\therefore x = \frac{3}{8}l$

47 열응력$(\sigma) = E\alpha\Delta t$
여기서, E : 재료의 세로탄성계수(GPa)
α : 재료의 선팽창계수
Δt : 온도의 변화량(온도차)

48 $\tau = G\gamma$

$\therefore \gamma = \frac{\tau}{G} = \frac{1}{80 \times 10^6} = 12.5 \times 10^{-9} \text{rad}$

49 $\sigma_B = n\pi^2 \frac{E}{\lambda^2} = n\pi^2 \frac{E}{\left(\frac{l}{k_G}\right)^2} = n\pi^2 \frac{E k_G^2}{l^2}$ [MPa]

좌굴응력(σ_B)은 세장비(λ)의 제곱에 반비례한다.

50 $\sum M_{\text{hinge}} = 0$

$10 \times 30 - V \times 10 = 0$

$\therefore V = \frac{10 \times 30}{10} = 30\text{N}$

$\therefore P = \mu V = 0.4 \times 30 = 12\text{N}$

51 $P_{cr} = n\pi^2 \frac{EI_G}{L^2}$

$= 1 \times \pi^2 \times \frac{210 \times 10^6 \times \frac{(30 \times 10^{-3})^4}{12}}{1^2} = 140\text{kN}$

52 $K_z = \sqrt{\frac{I_G}{A}} = \sqrt{\frac{ht^3 + Hb^3 - hb^3}{12(bH - bh + th)}}$ [m]

53 ㉠ $S = \frac{\sigma_{\max}}{\sigma_a}$

$\therefore \sigma_a = \frac{\sigma_{\max}}{S} = \frac{400}{5} = 80\text{MPa}$

㉡ $\sigma_a = \frac{P_t}{A} = \frac{4P_t}{\pi d^2}$

$\therefore d = \sqrt{\frac{4P_t}{\pi \sigma_a}} = \sqrt{\frac{4 \times 30,000}{\pi \times 80}}$

$= 21.85\text{mm} ≒ 2.19\text{cm}$

54 등가스프링상수$(k_e) = k + \frac{1}{\frac{1}{k} + \frac{1}{k}} = \frac{3}{2}k$ [N/cm]

$\therefore$ 고유각진동수$(\omega_u) = \sqrt{\frac{k_e}{m}} = \sqrt{\frac{3k}{2m}}$ [rad/s]

55 전달률(TR)과 진동수비$\left(\gamma = \frac{\omega}{\omega_n}\right)$의 관계

㉠ $TR = 1$이면 $\gamma = \sqrt{2}$
㉡ $TR < 1$이면 $\gamma > \sqrt{2}$
㉢ $TR > 1$이면 $\gamma < \sqrt{2}$

56 $f = \frac{\omega}{2\pi} = \frac{1}{T}$ [Hz]

$\therefore Tf = 1$

주파수(f)와 주기(T)는 역비례한다.

57 선형운동량 $= mv = \frac{w}{g}v$

$= \frac{5,300}{9.8} \times \frac{80}{3.6} ≒ 12,010\text{N} \cdot \text{s}$

58 $J_A = J_G + m\left(\frac{L}{2}\right)^2$

$= \frac{mL^2}{12} + \frac{mL^2}{4} = \frac{mL^2}{3}$ [kg·m²]

여기서, J_G : 질량 중심의 관성모멘트

59 운동에너지$(KE) =$ 탄성에너지$(E) = \frac{1}{2}(2k)x^2$

$\frac{1}{2}mV^2 = kx^2$

$\frac{1}{2} \times 2,000 \times \left(\frac{18}{3.6}\right)^2 = k \times 0.2^2$

$\therefore k = 625 \times 10^3 \text{N/m} = 625\text{kN/m}$

60 $f_n = \frac{\omega}{2\pi} = \frac{1}{2\pi}\sqrt{\frac{k}{m}} = \frac{1}{2\pi}\sqrt{\frac{g}{\delta}} = \frac{1}{2\pi}\sqrt{\frac{980}{3}}$

$= 2.9\text{Hz(CPS)}$

61 증기압축냉동기의 냉매순환경로 : 증발기 → 압축기 → 응축기 → 팽창밸브

62 $_1Q_2 = (U_2 - U_1) + _1W_2$ [kJ]

$\therefore U_2 - U_1 = _1Q_2 - _1W_2 = 80 - 20 = 60\text{kJ}$

63 구리의 방열량 = 물의 흡열량
$7 \times 0.386 \times (600 - 64.2) = 8 \times 4.184 \times (64.2 - t_1)$
$1447.73 = 33.47 \times (64.2 - t_1)$

$\therefore t_1 = 64.2 - \frac{1447.73}{33.47} ≒ 21℃$

64 $Q = mC_p(T_2 - T_1) = mC_pT_1\left(\dfrac{T_2}{T_1} - 1\right)$

$= mC_pT_1\left(\dfrac{V_2}{V_1} - 1\right)$

$= 5 \times 1 \times (20 + 273) \times (2 - 1) = 1,465\text{kJ}$

65 $Pv = RT$

$\therefore v = \dfrac{RT}{P} = \dfrac{\dfrac{\bar{k}}{M}T}{P}$

$= \dfrac{\dfrac{8.3145}{2} \times (100 + 273)}{1 \times 10^3} = 1.55\text{m}^3/\text{kg}$

66 $PV = mRT$

$\therefore R = \dfrac{PV}{mT} = \dfrac{200 \times 0.8}{2 \times (30 + 273)} = 0.264\text{kJ/kg} \cdot \text{K}$

67 $PV^n = C$에서
- ㉠ $n = 0$, $PV^0 = C$, $P \times 1 = C$
- ㉡ $n = 1$, $PV^1 = C(T = C)$
- ㉢ $n = k$, $PV^k = C$(가역단열변화)
- ㉣ $n = \infty$, $PV^\infty = C(V = C)$

[참고] $P^{\frac{1}{\infty}}V = C^{\frac{1}{\infty}}$

$P^0V = C^0(1 \times V = C)$

68 증기압축냉동사이클에서 응축과정은 엔트로피가 감소하는 과정이다. 압축기는 압력($P = C$)이 일정할 때 고온체에 열량을 방출하는 장치이다.

69 압축비(ε) = $1 + \dfrac{V_s}{V_c} = 1 + \dfrac{1}{0.15}\dfrac{V_s}{V_s} = 7.67$

$\therefore \eta_{tho} = 1 - \left(\dfrac{1}{\varepsilon}\right)^{k-1} = 1 - \left(\dfrac{1}{7.67}\right)^{1.4-1}$

$\phantom{\therefore \eta_{tho}} = 0.557 = 55.7\%$

70 $\eta = \dfrac{3,600kW}{H_L m_f} \times 100\%$

$= \dfrac{3,600 \times 10,000}{33,440 \times 5,000} \times 100\% = 21.5\%$

71 $\Delta S = mC_v \ln \dfrac{T_2}{T_1}$

$= 5 \times 0.7171 \times \ln \dfrac{50 + 273}{15 + 273} = 0.411\text{kJ/K}$

72 냉매의 구비조건
- ㉠ 비체적이 작을 것
- ㉡ 증발압력이 낮을 것(단, 대기압보다는 높을 것)
- ㉢ 응고점이 낮을 것
- ㉣ 증발잠열이 클 것(냉동효과가 클 것)
- ㉤ 응축기 압력은 낮을 것
- ㉥ 압축비가 낮을 것

73 $F = \rho Q(V - U) = \rho A(V - U)^2$

$= 1,000 \times 0.01 \times (10 - 3)^2 = 490\text{N}$

74 $\dfrac{P_1}{\gamma} + \dfrac{V_1^2}{2g} + z_1 = \dfrac{P_2}{\gamma} + \dfrac{V_2^2}{2g} + z_2$

$P_1 = P_2 = P_0 = 0$이므로

$\dfrac{24^2}{2 \times 9.8} + (12 - 4.5) = \dfrac{V_2^2}{2 \times 9.8}$

$\therefore V_2 = \sqrt{2 \times 9.8 \times 36.89} \fallingdotseq 26.9\text{m/s}$

75 수력기울기선(HGL) $= \dfrac{P}{\gamma} + z$

$ = \text{에너지구배선(EL)} - \dfrac{v^2}{2g}$

$\therefore$ 수력기울기선은 에너지구배선보다 항상 속도 수두만큼 아래에 있다.

76 스트라홀수 $S_t = \dfrac{fd}{V}$

여기서, f : 소용돌이 열의 한쪽 1열에서 관측된 소용돌이 주파수
d: 원주의 직경
V: 주류속도(m/s)

77 $\Delta P = \gamma h = \gamma L \sin\theta$

$Q = \dfrac{\Delta P \pi d^4}{128\mu L} = \dfrac{\gamma L \sin\theta \pi d^4}{128\mu L}$

$\sin\theta = \dfrac{128\mu Q}{\gamma \pi d^4} = \dfrac{128 \times 0.4 \times 1 \times 10^{-5}}{9,800 \times \pi \times 0.02^4} = 0.1039$

$\therefore \theta = \sin^{-1} 0.1039 \fallingdotseq 6°$

78 $V_c = 2V = 2\dfrac{Q}{A}$[m/s]

원관인 경우 관의 중심에서 최대 속도는 평균속도의 2배이다.

79 $P = 9.806 QH\eta \times 10^{-3}$

$= 9.806 \times 10 \times 100 \times 0.9 \times 10^{-3} \fallingdotseq 8.83\text{MW}$

80 FVM(유한체적법) Cell의 형태
- ㉠ tetrahedron(사면체)
- ㉡ hexahedron(육면체)
- ㉢ quadrilateral(사변형)
- ㉣ prism(각기둥)
- ㉤ pyramid(피라미드)
- ㉥ triangle(삼각형)

5 실전 모의고사

1 기계제도 및 설계

01 도면을 접을 때 그 크기의 기준은 얼마로 하여야 하는가?
① A1(594×841)   ② A2(420×594)
③ A3(297×420)   ④ A4(210×297)

02 다음 중 물체의 보이는 겉모양을 표시하는 선은?
① 외형선   ② 은선
③ 절단선   ④ 가상선

03 다음 중 대칭선과 중심선을 나타내는 선은?
① 가는 실선   ② 가는 이점쇄선
③ 가는 일점쇄선   ④ 굵은 쇄선

04 제1각법과 제3각법 설명 중 틀린 것은?
① 제3각법은 정면도를 기준으로 평면도를 위에 그린다.
② 제1각법은 정면도를 기준으로 평면도를 우측에 그린다.
③ 제3각법은 정면도를 기준으로 우측면도를 우측에 그린다.
④ 제1각법은 정면도를 기준으로 우측면도를 좌측에 그린다.

05 나사의 종류를 나타내는 다음 기호 중 틀린 것은?
① R : 관용테이퍼 수나사
② S : 미니추어나사
③ UNC : 유니파이나사
④ TM : 29° 사다리꼴나사

06 도면에서 어떤 경우에 해칭(hatching)을 하는가?
① 가상 부분을 표시할 경우
② 절단 단면을 표시할 경우
③ 회전 부분을 표시할 경우
④ 부품이 겹치는 부분을 표시할 경우

07 다음 그림을 보고 설명한 것이 맞는 것은?

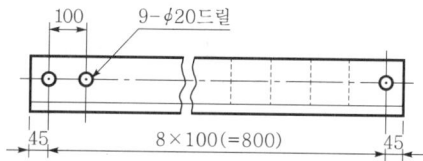

① L형강에 양단 45mm씩 띄어서 100mm의 피치를 지름 20mm, 깊이 9mm의 구멍을 8개 드릴로 뚫는다.
② L형강에 양단 45mm씩 띄어서 800mm의 사이에 100mm의 피치로 지름 20mm의 구멍을 9개 드릴로 뚫는다.
③ L형강에 양단 45mm씩 띄어서 좌단은 또다시 100mm 띄어 8mm의 피치로 800mm의 사이에 지름 20mm, 길이 9mm의 구멍을 100개 드릴로 뚫는다.
④ L형강에 양단 45mm씩 띄어서 8mm의 피치로 지름 20mm, 깊이 9mm의 구멍을 100개 드릴로 뚫는다.

08 제품의 표면거칠기를 나타내는 방법이 아닌 것은?
① 산술평균거칠기(Ra)
② 최대 높이(Ry)
③ 10점 평균거칠기(Rz)
④ 평균면적거칠기(Rs)

09 다음 그림은 20H7-p6로 억지 끼워맞춤을 나타낸 것이다. 최대 죔새는?

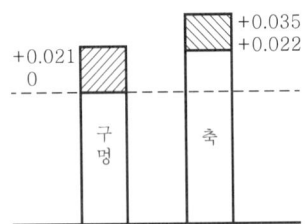

① 0.001
② 0.014
③ 0.035
④ 0.043

10 치수 기입 시 사용되는 보조기호와 설명이 일치하지 않는 것은?
① □ : 정사각형
② R : 반지름
③ φ : 지름
④ C : 구의 지름

11 유니파이 가는 나사 $\frac{1}{4}$-28UNF의 바깥(호칭)지름은 얼마인가?
① 5.25mm
② 5.85mm
③ 6.35mm
④ 7.25mm

12 성크키에서 전달토크 T, 키의 높이×폭×길이가 $h×b×l$이고, 축의 지름을 d라 할 때 키에 생기는 압축응력은 다음 중 어느 것인가?
① $\sigma_c = \frac{2T}{hld}$
② $\sigma_c = \frac{2T}{bld}$
③ $\sigma_c = \frac{4T}{hld}$
④ $\sigma_c = \frac{4T}{bld}$

13 리벳구멍의 지름 17mm, 피치 75mm, 판두께 10mm인 양쪽 덮개판 두 줄 맞대기 리벳이음의 효율은 얼마인가? (단, 리벳의 전단강도는 판의 인장강도의 85%이다.)
① 70.2%
② 77.3%
③ 85.5%
④ 92%

14 굽힘과 비틀림을 동시에 받는 축에서 상당굽힘모멘트(M_e)를 구하는 식은?
① $M_e = \sqrt{M^2 + T^2}$
② $M_e = M + \sqrt{M^2 + T^2}$
③ $M_e = \frac{1}{2}(M + T)$
④ $M_e = \frac{1}{2}(M + \sqrt{M^2 + T^2})$

15 베어링하중 15,000N을 받는 저널베어링의 지름은 얼마인가? (단, 허용베어링압력 p = 1MPa, 폭의 지름비 l/d = 1.5이다.)
① 80mm
② 85mm
③ 90mm
④ 100mm

16 유니버설조인트(자재이음)에서 원동차와 종동차의 각속도가 ω_A, ω_B이고, 원동축과 종동축의 교각을 α, 원동축의 회전각을 θ라 할 경우 두 축의 각속도비 $\frac{\omega_B}{\omega_A}$를 나타낸 식은? (단, $\alpha \leq 30°$)
① $\frac{\omega_B}{\omega_A} = \frac{\cos\alpha}{1 - \sin^2\theta \sin^2\theta}$
② $\frac{\omega_B}{\omega_A} = \frac{\cos\alpha}{1 - \sin^2\alpha \sin^2\theta}$
③ $\frac{\omega_B}{\omega_A} = \frac{1 - \cos\theta \sin\theta}{\sin\alpha}$
④ $\frac{\omega_B}{\omega_A} = \frac{1 - \cos\theta \sin^2\alpha}{\sin\alpha}$

17 벨트전동에서 유효장력 P를 구하는 식은?

① $P = T_s - T_t$
② $P = \dfrac{T_s}{T_t}$
③ $P = T_t - T_s$
④ $P = \dfrac{T_t - T_s}{2}$

18 다음 중 어큐뮬레이터의 용도에 대한 설명으로 틀린 것은?

① 에너지축적용
② 펌프 맥동흡수용
③ 충격압력의 완충용
④ 유압유 냉각 및 가열용

19 유압기본회로 중 미터 인 회로에 대한 설명으로 옳은 것은?

① 유량제어밸브는 실린더에서 유압작동유의 출구측에 설치한다.
② 유량제어밸브를 탱크로 바이패스되는 관로 쪽에 설치한다.
③ 릴리프밸브를 통하여 분기되는 유량으로 인한 동력손실이 크다.
④ 압력설정회로로 체크밸브에 의하여 양 방향만의 속도가 제어된다.

20 유압실린더에서 피스톤로드가 부하를 미는 힘이 50kN, 피스톤속도가 5m/min인 경우 실린더 내경이 8cm이라면 소요동력은 약 몇 kW인가? (단, 편로드형 실린더이다.)

① 2.5
② 3.17
③ 4.17
④ 5.3

2 기계재료 및 제작

21 순철의 변태점이 아닌 것은?

① A_1
② A_2
③ A_3
④ A_4

22 C와 Si의 함량에 따른 주철의 조직을 나타낸 조직분포도는?

① Gueiner, Klingenstein조직도
② 마우러(Maurer)조직도
③ Fe-C복평형상태도
④ Guilet조직도

23 철과 아연을 접촉시켜 가열하면 양자의 친화력에 의하여 원자 간의 상호확산이 일어나서 합금화하므로 내식성이 좋은 표면을 얻는 방법은?

① 칼로라이징
② 크로마이징
③ 세라다이징
④ 보로나이징

24 같은 조건하에서 금속의 냉각속도가 빠르면 조직은 어떻게 변화하는가?

① 결정입자가 미세해진다.
② 금속의 조직이 조대해진다.
③ 소수의 핵이 성장해서 응고된다.
④ 냉각속도와 금속의 조직과는 관계가 없다.

25 6 : 4황동에 Pb을 약 1.5~3.0%를 첨가한 합금으로 정밀가공을 필요로 하는 부품 등에 사용되는 합금은?

① 쾌삭황동
② 강력황동
③ 델타메탈
④ 애드미럴티황동

26 열경화성 수지에 해당하는 것은?

① ABS수지
② 폴리스티렌
③ 폴리에틸렌
④ 에폭시수지

27 조미니시험(Jominy test)은 무엇을 알기 위한 시험방법인가?

① 부식성
② 마모성
③ 충격인성
④ 담금질성

28 Fe-C평형상태도에서 나타날 수 있는 반응이 아닌 것은?
① 포정반응　② 공정반응
③ 공석반응　④ 편정반응

29 상온에서 순철의 결정격자는?
① 체심입방격자　② 면심입방격자
③ 조밀육방격자　④ 정방격자

30 금속을 소성가공할 때 냉간가공과 열간가공을 구분하는 온도는?
① 변태온도　② 단조온도
③ 재결정온도　④ 담금질온도

31 순철의 변태에 대한 설명 중 틀린 것은?
① 동소변태점은 A_3점과 A_4점이 있다.
② Fe의 자기변태점은 약 768℃ 정도이며 큐리(curie)점이라고도 한다.
③ 동소변태는 결정격자가 변하는 변태를 말한다.
④ 자기변태는 일정온도에서 급격히 비연속적으로 일어난다.

32 절삭유가 갖추어야 할 조건으로 틀린 내용은?
① 마찰계수가 적고 인화점, 발화점이 높을 것
② 냉각성이 우수하고 윤활성, 유동성이 좋을 것
③ 장시간 사용해도 변질되지 않고 인체에 무해할 것
④ 절삭유의 표면장력이 크고 칩의 생성부에는 침투되지 않을 것

33 용제와 와이어가 분리되어 공급되고 아크가 용제 속에서 발생되므로 불가시아크용접이라고 불리는 용접법은?
① 피복아크용접
② 탄산가스아크용접
③ 가스텅스텐아크용접
④ 서브머지드아크용접

34 용접을 기계적인 접합방법과 비교할 때 우수한 점이 아닌 것은?
① 기밀, 수밀, 유밀성이 우수하다.
② 공정수가 감소되고 작업시간이 단축된다.
③ 열에 의한 변질이 없으며 품질검사가 쉽다.
④ 재료가 절약되므로 공작물의 중량을 가볍게 할 수 있다.

35 빌트 업 에지(built up edge)의 크기를 좌우하는 인자에 관한 설명으로 틀린 것은?
① 절삭속도 : 고속으로 절삭할수록 빌트 업 에지는 감소된다.
② 칩두께 : 칩두께를 감소시키면 빌트 업 에지의 발생이 감소한다.
③ 윗면경사각 : 공구의 윗면경사각이 클수록 빌트 업 에지는 커진다.
④ 칩의 흐름에 대한 저항 : 칩의 흐름에 대한 저항이 클수록 빌트 업 에지는 커진다.

36 테르밋용접(thermit welding)의 일반적인 특징으로 틀린 것은?
① 전력소모가 크다.
② 용접시간이 비교적 짧다.
③ 용접작업 후의 변형이 작다.
④ 용접작업장소의 이동이 쉽다.

37 전기도금의 반대현상으로 가공물을 양극, 전기저항이 적은 구리, 아연을 음극에 연결한 후 용액에 침지하고 통전하여 금속표면의 미소돌기 부분을 용해하여 거울면과 같이 광택이 있는 면을 가공할 수 있는 특수가공은?
① 방전가공　② 전주가공
③ 전해연마　④ 슈퍼피니싱

38 다음 중 자유단조에 속하지 않는 것은?
① 업세팅(up-setting)
② 블랭킹(blanking)
③ 늘리기(drawing)
④ 굽히기(bending)

39 다음 중 아크(arc)용접봉의 피복제 역할에 대한 설명으로 가장 적절한 것은?
① 용착효율을 낮춘다.
② 전기통전작용을 한다.
③ 응고와 냉각속도를 촉진시킨다.
④ 산화 방지와 산화물의 제거작용을 한다.

40 압연공정에서 압연하기 전 원재료의 두께를 50mm, 압연 후 재료의 두께를 30mm로 한다면 압하율(draft percent)은 얼마인가?
① 20% ② 30%
③ 40% ④ 50%

3 구조 해석

41 다음 그림과 같은 원형 단면봉에 하중 P가 작용할 때 이 봉의 신장량은? (단, 봉의 단면적은 A, 길이는 L, 세로탄성계수는 E이고, 자중 W를 고려해야 한다.)

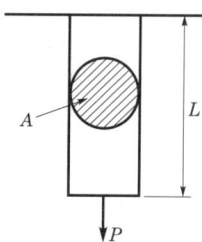

① $\dfrac{PL}{AE}+\dfrac{WL}{2AE}$ ② $\dfrac{2PL}{AE}+\dfrac{2WL}{AE}$
③ $\dfrac{PL}{2AE}+\dfrac{WL}{AE}$ ④ $\dfrac{PL}{AE}+\dfrac{WL}{AE}$

42 길이가 3.14m인 원형 단면의 축지름이 40mm일 때 이 축이 비틀림모멘트 100N·m를 받는다면 비틀림각은? (단, 전단탄성계수는 80GPa이다.)
① 0.156° ② 0.251°
③ 0.895° ④ 0.625°

43 다음 그림의 구조물이 수직하중 $2P$를 받을 때 구조물 속에 저장되는 탄성변형에너지는? (단, 단면적 A, 탄성계수 E는 모두 같다.)

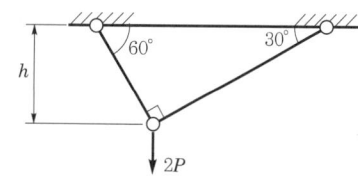

① $\dfrac{P^2h}{4AE}(1+\sqrt{3})$ ② $\dfrac{P^2h}{2AE}(1+\sqrt{3})$
③ $\dfrac{P^2h}{AE}(1+\sqrt{3})$ ④ $\dfrac{2P^2h}{AE}(1+\sqrt{3})$

44 지름 35cm의 차축이 0.2°만큼 비틀렸다. 이때 최대 전단응력이 49MPa이고, 재료의 전단탄성계수가 80GPa이라고 하면 이 차축의 길이는 약 몇 m인가?
① 2.0 ② 2.5
③ 1.5 ④ 1.0

45 균일분포하중을 받고 있는 길이가 L인 단순보의 처짐량을 δ로 제한한다면 균일분포하중의 크기는 어떻게 표현되겠는가? (단, 보의 단면은 폭이 b이고 높이가 h인 직사각형이고, 탄성계수는 E이다.)
① $\dfrac{32Ebh^3\delta}{5L^4}$ ② $\dfrac{32Ebh^3\delta}{7L^4}$
③ $\dfrac{16Ebh^3\delta}{5L^4}$ ④ $\dfrac{16Ebh^3\delta}{7L^4}$

46 동일재료로 만든 길이 L, 지름 D인 축 A와 길이 $2L$, 지름 $2D$인 축 B를 동일각도만큼 비트는 데 필요한 비틀림모멘트의 비 T_A/T_B의 값은 얼마인가?

① $\dfrac{1}{4}$ ② $\dfrac{1}{8}$
③ $\dfrac{1}{16}$ ④ $\dfrac{1}{32}$

47 길이가 l이고 원형 단면의 직경이 d인 외팔보의 자유단에 하중 P가 가해진다면 이 외팔보의 전체 탄성에너지는? (단 재료의 탄성계수는 E이다.)

① $U = \dfrac{3P^2 l^3}{64\pi E d^4}$
② $U = \dfrac{62P^2 l^3}{9\pi E d^4}$
③ $U = \dfrac{32P^2 l^3}{3\pi E d^4}$
④ $U = \dfrac{64P^2 l^3}{3\pi E d^4}$

48 동일한 길이와 재질로 만들어진 두 개의 원형 단면축이 있다. 각각의 지름이 d_1, d_2일 때 각 축에 저장되는 변형에너지 u_1, u_2의 비는? (단, 두 축은 모두 비틀림모멘트 T를 받고 있다.)

① $\dfrac{u_1}{u_2} = \left(\dfrac{d_2}{d_1}\right)^4$
② $\dfrac{u_2}{u_1} = \left(\dfrac{d_2}{d_1}\right)^3$
③ $\dfrac{u_1}{u_2} = \left(\dfrac{d_2}{d_1}\right)^3$
④ $\dfrac{u_2}{u_1} = \left(\dfrac{d_2}{d_1}\right)^4$

49 다음 그림과 같이 한 변의 길이가 d인 정사각형 단면의 Z-Z축에 관한 단면계수는?

① $\dfrac{\sqrt{2}}{6} d^3$
② $\dfrac{\sqrt{2}}{12} d^3$
③ $\dfrac{d^3}{24}$
④ $\dfrac{\sqrt{2}}{24} d^3$

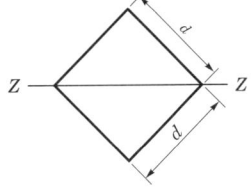

50 다음 그림과 같은 사각 단면의 상승모멘트(product of inertia) I_{xy}는 얼마인가?

① $\dfrac{b^2 h^2}{4}$
② $\dfrac{b^2 h^2}{3}$
③ $\dfrac{b^2 h^3}{4}$
④ $\dfrac{bh^3}{3}$

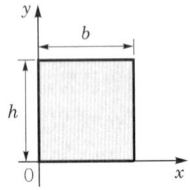

51 비틀림모멘트 T를 받고 있는 직경이 d인 원형축의 최대 전단응력은?

① $\tau = \dfrac{8T}{\pi d^3}$ ② $\tau = \dfrac{16T}{\pi d^3}$
③ $\tau = \dfrac{32T}{\pi d^3}$ ④ $\tau = \dfrac{64T}{\pi d^3}$

52 다음 그림과 같이 전길이에 걸쳐 균일분포하중 w를 받는 보에서 최대 처짐 $\delta_{\max}$를 나타내는 식은? (단, 보의 굽힘강성계수는 EI이다.)

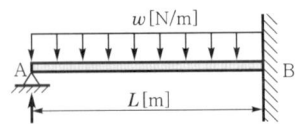

① $\dfrac{wL^4}{64EI}$ ② $\dfrac{wL^4}{128.5EI}$
③ $\dfrac{wL^4}{184.6EI}$ ④ $\dfrac{wL^4}{192EI}$

53 다음 그림과 같이 A, B의 원형 단면봉은 길이가 같고 지름이 다르며 양단에서 같은 압축하중 P를 받고 있다. 응력은 각 단면에서 균일하게 분포된다고 할 때 저장되는 탄성변형에너지의 비 $\dfrac{U_B}{U_A}$는 얼마가 되겠는가?

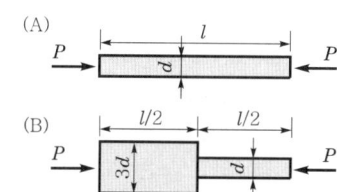

① $\dfrac{1}{3}$ ② $\dfrac{5}{9}$

③ 2   ④ $\dfrac{9}{5}$

54 질점의 단순조화진동을 $y = C\cos(\omega_n t - \phi)$라 할 때 이 진동의 주기는?

① $\dfrac{\pi}{\omega_n}$ ② $\dfrac{2\pi}{\omega_n}$

③ $\dfrac{\omega_n}{2\pi}$ ④ $2\pi\omega_n$

55 스프링으로 지지되어 있는 질량의 정적처짐이 0.5cm일 때 이 진동계의 고유진동수는 몇 Hz인가?

① 3.53   ② 7.05
③ 14.09   ④ 21.15

56 질량, 스프링, 댐퍼로 구성된 단순화된 1자유도 감쇠계에서 다음 중 그 값만으로 직접감쇠비(damped ratio, ζ)를 구할 수 있는 것은?

① 대수 감소율(logarithmic decrement)
② 감쇠고유진동수(damped natural frequency)
③ 스프링상수(spring coefficient)
④ 주기(period)

57 같은 차종인 자동차 B, C가 브레이크가 풀린 채 정지하고 있다. 이때 같은 차종의 자동차 A가 1.5m/s의 속력으로 B와 충돌하면 이후 B와 C가 다시 충돌하게 되어 결국 3대의 자동차가 연쇄충돌하게 된다. 이때 B와 C가 충돌한 직후 자동차 C의 속도는 약 몇 m/s인가? (단, 모든 자동차 간 반발계수는 $e = 0.75$이다.)

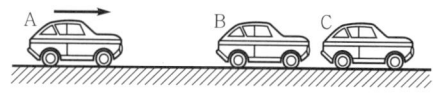

① 0.16   ② 0.39
③ 1.15   ④ 1.31

58 스프링으로 지지되어 있는 어느 물체가 매분 120회를 진동할 때 진동수는 약 몇 rad/s인가?

① 3.14   ② 6.28
③ 9.42   ④ 12.57

59 질량이 30kg인 모형 자동차가 반경 40m인 원형경로를 20m/s의 일정한 속력으로 돌고 있을 때 이 자동차가 법선방향으로 받는 힘은 약 몇 N인가?

① 100   ② 200
③ 300   ④ 600

60 다음 그림과 같은 진동계에서 무게 W는 22.68N, 댐핑계수 C는 0.0579N·s/cm, 스프링정수 K가 0.357N/cm일 때 감쇠비(damping ratio)는 약 얼마인가?

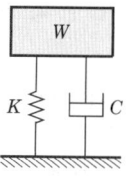

① 0.19   ② 0.22
③ 0.27   ④ 0.32

4 열·유체 해석

61 준평형 정적과정을 거치는 시스템에 대한 열전달량은? (단, 운동에너지와 위치에너지의 변화는 무시한다.)
① 0이다.
② 이루어진 일량과 같다.
③ 엔탈피변화량과 같다.
④ 내부에너지변화량과 같다.

62 여름철 외기의 온도가 30℃일 때 김치냉장고의 내부를 5℃로 유지하기 위해 3kW의 열을 제거해야 한다. 필요한 최소 동력은 약 몇 kW인가? (단, 이 냉장고는 카르노냉동기이다.)
① 0.27   ② 0.54
③ 1.54   ④ 2.73

63 한 시간에 3,600kg의 석탄을 소비하여 6,050kW를 발생하는 증기터빈을 사용하는 화력발전소가 있다면 이 발전소의 열효율은 약 몇 %인가? (단, 석탄의 발열량은 29,900kJ/kg이다.)
① 약 20%   ② 약 30%
③ 약 40%   ④ 약 50%

64 냉동기 냉매의 일반적인 구비조건으로서 적합하지 않은 사항은?
① 임계온도가 높고, 응고온도가 낮을 것
② 증발열이 적고, 증기의 비체적이 클 것
③ 증기 및 액체의 점성이 작을 것
④ 부식성이 없고, 안정성이 있을 것

65 1kg의 기체가 압력 50kPa, 체적 2.5m³의 상태에서 압력 1.2MPa, 체적 0.2m³의 상태로 변하였다. 엔탈피의 변화량은 약 몇 kJ인가? (단, 내부에너지의 변화는 없다.)
① 365   ② 206
③ 155   ④ 115

66 다음 중 비체적의 단위는?
① kg/m^3
② m^3/kg
③ $m^3/kg \cdot s$
④ $m^3/kg \cdot s^2$

67 압력 5kPa, 체적이 0.3m³인 기체가 일정한 압력하에서 압축되어 0.2m³로 되었을 때 이 기체가 한 일은? (단, +는 외부로 기체가 일을 한 경우이고, -는 기체가 외부로부터 일을 받은 경우이다.)
① -1,000J
② 1,000J
③ -500J
④ 500J

68 피스톤-실린더시스템에 100kPa의 압력을 갖는 1kg의 공기가 들어있다. 초기체적은 0.5m³이고, 이 시스템에 온도가 일정한 상태에서 열을 가하여 부피가 1.0m³가 되었다. 이 과정 중 전달된 에너지는 약 몇 kJ인가?
① 30.7   ② 34.7
③ 44.8   ④ 50.0

69 압력이 $10^6 N/m^2$, 체적이 1m³인 공기가 압력이 일정한 상태에서 400kJ의 일을 하였다. 변화 후의 체적은 약 몇 m³인가?
① 1.4   ② 1.0
③ 0.6   ④ 0.4

70 다음 중 비가역과정으로 볼 수 없는 것은?
① 마찰현상
② 낮은 압력으로의 자유팽창
③ 등온열전달
④ 상이한 조성물질의 혼합

71 밀폐된 실린더 내의 기체를 피스톤으로 압축하는 동안 300kJ의 열이 방출되었다. 압축일의 양이 400kJ이라면 내부에너지변화량은 약 몇 kJ인가?

① 100
② 300
③ 400
④ 700

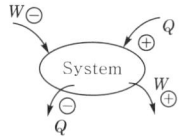

72 다음 그림과 같이 수평원관 속에서 완전히 발달된 층류유동이라고 할 때 유량 Q의 식으로 옳은 것은? (단, μ는 점성계수, Q는 유량, P_1과 P_2는 1과 2지점에서의 압력을 나타낸다.)

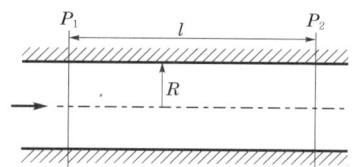

① $Q = \dfrac{\pi R^4}{8\mu l}(P_1 - P_2)$

② $Q = \dfrac{\pi R^3}{6\mu l}(P_1 - P_2)$

③ $Q = \dfrac{8\pi R^4}{\mu l}(P_1 - P_2)$

④ $Q = \dfrac{6\pi R^2}{\mu l}(P_1 - P_2)$

73 골프공(지름 D=4cm, 무게 W=0.4N)이 50m/s의 속도로 날아가고 있을 때 골프공이 받는 항력은 골프공무게의 몇 배인가? (단, 골프공의 항력계수 C_D=0.24이고, 공기의 밀도는 1.2kg/m³이다.)

① 4.52배
② 1.7배
③ 1.13배
④ 0.452배

74 1/10크기의 모형 잠수함을 해수에서 실험한다. 실제 잠수함을 2m/s로 운전하려면 모형 잠수함은 약 몇 m/s의 속도로 실험하여야 하는가?

① 20
② 5
③ 0.2
④ 0.5

75 수면의 높이차이가 H인 두 저수지 사이에 지름 d, 길이 l인 관로가 연결되어 있을 때 관로에서의 평균유속(V)을 나타내는 식은? (단, f는 관마찰계수이고, g는 중력가속도이며, K_1, K_2는 관 입구와 출구에서 부차적 손실계수이다.)

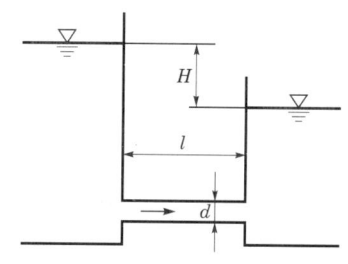

① $V = \sqrt{\dfrac{2gdH}{K_1 + fl + K_2}}$

② $V = \sqrt{\dfrac{2gH}{K_1 + f + K_2}}$

③ $V = \sqrt{\dfrac{2gH}{K_1 + \dfrac{f}{l} + K_2}}$

④ $V = \sqrt{\dfrac{2gH}{K_1 + f\dfrac{l}{d} + K_2}}$

76 평판으로부터의 거리를 y라고 할 때 평판에 평행한 방향의 속도분포[$u(y)$]가 다음과 같은 식으로 주어지는 유동장이 있다. 여기에서 U와 L은 각각 유동장의 특성속도와 특성길이를 나타낸다. 유동장에서는 속도 $u(y)$만 있고, 유체는 점성계수가 μ인 뉴턴유체일 때 $y = L/8$에서의 전단응력은?

$$u(y) = U\left(\dfrac{y}{L}\right)^{\frac{2}{3}}$$

① $\dfrac{2\mu U}{3L}$
② $\dfrac{4\mu U}{3L}$
③ $\dfrac{8\mu U}{3L}$
④ $\dfrac{16\mu U}{3L}$

77 일률(power)을 기본차원인 M(질량), L(길이), T(시간)로 나타내면?

① L^2T^{-2} ② $MT^{-2}L^{-1}$
③ ML^2T^{-2} ④ ML^2T^{-3}

78 안지름 10cm의 원관 속을 0.0314m³/s의 물이 흐를 때 관 속의 평균유속은 약 몇 m/s인가?

① 1.0   ② 2.0
③ 4.0   ④ 8.0

79 나란히 놓인 두 개의 무한한 평판 사이의 층류 유동에서 속도분포는 포물선형태를 보인다. 이때 유동의 평균속도(V_{av})와 중심에서의 최대 속도(V_{max})의 관계는?

① $V_{av} = \dfrac{1}{2} V_{max}$ ② $V_{av} = \dfrac{2}{3} V_{max}$
③ $V_{av} = \dfrac{3}{4} V_{max}$ ④ $V_{av} = \dfrac{\pi}{4} V_{max}$

80 난류유동 해석을 하기 위해서는 난류의 특성을 정확히 파악하고 해석하고자 하는 범위를 정한 다음 그것에 맞는 난류모델을 선택해야 한다. 여러 난류모델 중 단순한 형태에도 불구하고 매우 높은 예측성과 해의 수렴성을 가지며 다양한 형태의 유동장에 가장 널리 적용되는 것은?

① 표준 $\kappa - \varepsilon$ 모델
② $\kappa - \omega SST$ 모델
③ RNG $\kappa - \varepsilon$ 모델
④ 낮은 Re $\kappa - \varepsilon$ 모델

제5회 실전 모의고사 정답 및 해설

01	02	03	04	05	06	07	08	09	10	11	12	13	14	15	16	17	18	19	20
④	①	③	②	④	②	②	④	③	④	③	③	③	②	④	④	②	③	④	③
21	22	23	24	25	26	27	28	29	30	31	32	33	34	35	36	37	38	39	40
①	②	③	①	①	④	④	④	①	③	④	④	④	③	③	①	③	②	④	③
41	42	43	44	45	46	47	48	49	50	51	52	53	54	55	56	57	58	59	60
①	③	③	④	①	②	③	①	②	①	②	③	②	②	①	③	④	③	③	④
61	62	63	64	65	66	67	68	69	70	71	72	73	74	75	76	77	78	79	80
④	①	①	②	④	②	④	③	①	③	①	①	③	①	①	④	④	②	②	①

01 도면을 접을 때 그 크기의 기준은 A4(210×297) 크기로 하며, 표제란을 겉으로 나오게 한다.
[참고] 원도는 일반적으로 접어서 보관하지 않고 말아서 보관하며, 복사도 등은 접어서 보관한다.

02

명칭	선의 종류	선의 용도
외형선	굵은 실선	대상물의 보이는 부분의 모양을 표시한다.
은선 (숨은선)	중간 굵기의 파선	대상물의 보이지 않는 부분의 모양을 표시하는 데 쓰인다.
절단선	가는 일점쇄선으로 끝부분 및 방향이 변하는 부분을 굵게 한 것	단면도를 그리는 경우 그 절단위치를 대응하는 그림에 표시하는 데 쓰인다.
가상선	가는 이점쇄선	가공 전·후의 모양, 인접 부분의 참고, 조립상대면 혹은 상대운동의 위치 등을 표현하기 위해 사용한다.

03 대칭선과 중심선을 나타내는 가는 일점쇄선의 굵기는 0.3mm 이하이며 기어나 체인의 피치선, 피치원의 표시에 쓰인다.

04 제1각법은 정면도를 기준으로 평면도를 아래에 그린다.

05 나사기호

나사의 종류		나사의 종류를 표시하는 기호	나사의 호칭에 대한 표시방법의 예
미니추어나사		S	S0.5
유니파이 보통나사		UNC	3/8-16UNC
유니파이 가는 나사		UNF	No.8-36UNF
미터사다리꼴나사		Tr	Tr10×2
관용 테이퍼 나사	테이퍼 수나사	R	R3/4
	테이퍼 암나사	Rc	Rc3/4
	평행 암나사	Rp	Rp3/4
30° 사다리꼴나사		TM	TM18
29° 사다리꼴나사		TW	TW20

06 해칭
㉠ 가는 실선의 규칙적인 줄을 늘어놓은 것
㉡ 단면도의 절단된 부분을 나타냄

07 제시된 그림은 L형강에 양단 45mm씩 띄어서 800mm의 사이에 100mm의 피치로 지름 20mm의 구멍을 9개 드릴로 뚫는다.

08 다듬질의 매끄러운 정도는 표면거칠기(surface roughness, KS B 0161)에 따른다.
㉠ 최대 높이(Ry)
㉡ 10점 평균거칠기(Rz)
㉢ 산술평균거칠기(Ra, 가장 많이 사용)

09 최대 죔새
=축의 최소 허용치수-구멍의 최대 허용치수
=0.035-0=0.035

10 치수기호
  ㉠ ϕ : 지름
  ㉡ R : 반지름
  ㉢ Sϕ : 구의 지름
  ㉣ SR : 구의 반지름
  ㉤ □ : 정사각형
  ㉥ t : 두께
  ㉦ C : 45° 모따기
  ㉧ P : 피치

11 유니파이 가는 나사(UNF)나 유니파이 보통나사(UNC)는 첫 번째 숫자가 바깥지름$\left(\frac{1}{4}''\right)$을 나타낸다.

∴ 바깥(호칭)지름 = $25.4 \times \frac{1}{4} = 6.35$mm

[참고] 1인치 = 25.4mm

12 $\sigma_c = \frac{4T}{hld}$

13 ㉠ 강판효율
$\eta_t = 1 - \frac{d}{p} = 1 - \frac{17}{75} = 0.773 = 77.3\%$

㉡ 리벳효율 : 리벳 1개의 전단면이 2개이나 2배로 하지 않고 1.8배로 계산한다.

$\eta_s = \frac{n\tau\frac{\pi}{4}d^2}{\sigma_t p_t}$

$= \frac{(2 \times 1.8) \times 0.85 \times \frac{\pi}{4} \times 17^2}{1 \times 75 \times 17} = 0.925 = 92.5\%$

∴ 리벳이음의 효율은 강판효율(η_t)과 리벳효율(η_s) 중 작은 값을 선택하므로 77.3%이다.

14 ㉠ 상당비틀림모멘트(T_e)
$= \sqrt{M^2 + T^2} = M\sqrt{1 + \left(\frac{T}{M}\right)^2}$

㉡ 상당굽힘모멘트(M_e)
$= \frac{1}{2}(M + \sqrt{M^2 + T^2}) = \frac{1}{2}(M + T_e)$

15 $l = 1.5d$이므로
$P = pdl = 1.5pd^2$
∴ $d = \sqrt{\frac{P}{1.5p}} = \sqrt{\frac{15,000}{1.5 \times 1}} = 100$mm

[참고] 저널베어링이란 레이디얼(반지름방향)하중을 받는 미끄럼베어링이다.

16 유니버설이음의 각속도비
$\frac{\omega_B}{\omega_A} = \frac{\cos\alpha}{1 - \sin^2\alpha\sin^2\theta}$

17 유효장력(P) = 긴장측 장력(T_t) - 이완측 장력(T_s)[N]

18 어큐뮬레이터(accumulator, 축압기)의 용도
  ㉠ 에너지축적용(유압에너지저장)
  ㉡ 펌프 맥동흡수용
  ㉢ 충격압력의 완충용
  ㉣ 고장, 정전 시 긴급유압원으로 사용(펌프역할 대용)
  ㉤ 2차 회로보상(사이클방출시간 단축)

19 미터 인 회로(meter in circuit)는 유량제어밸브를 실린더 입구측에 설치한 회로로 릴리프밸브를 통하여 분기되는 유량으로 속도제어회로 중 동력손실이 가장 크다.

20 $kW = \frac{FV}{1,000} = \frac{50,000 \times \frac{5}{60}}{1,000} = 4.17$kW

21 ㉠ A_2변태점(768℃, 큐리에점(curie point)) : 순철의 자기변태점
  ㉡ A_3변태점(910℃), A_4변태점(1,400℃) : 순철의 동소변태점
  [참고] A_1변태점(723℃) : 강에만 있는 변태점

22 마우러조직도(Maurer's diagram)는 탄소(C)와 규소(Si)의 함량에 따른 주철(cast iron)의 조직을 나타낸 조직분포도이다.

23 ① 칼로라이징 : 알루미늄(Al) 침투
  ② 크로마이징 : 크롬(Cr) 침투
  ③ 세라다이징 : 아연(Zn) 침투
  ④ 보로나이징 : 붕소(B) 침투

24 같은 조건에서 금속의 냉각속도가 빠르면 결정입자가 미세해진다. 냉각속도가 느리면 금속조직이 조대해진다.

25 쾌삭황동(free cutting brass)은 피절삭성을 향상시키기 위하여 황동에 납을 0.5~3% 첨가한 것으로, 납은 동합금에 고용키지 않고 황동 중에 아주 작게 분산하여 윤활제로서 작용한다. 따라서 절삭성이 좋아지고 칩(chip)이 작아지나 납으로 인하여 밀착불량을 발생시킬 수 있다.

26 열경화성 수지(thermo setting resin)
   ㉠ 열을 가하여 어떤 모양을 만든 다음 다시 열을 가해도 돌려지지 않는 수지이다.
   ㉡ 종류 : 에폭시수지, 페놀수지, 요소수지, 멜라민수지, 폴리에스테르, 폴리우레탄, 비닐에스테르수지
   [참고] ABS(아크릴로니트릴, 부타디엔, 스티렌) 수지는 열가소성 수지이다.

27 조미니시험은 담금질성 경화능시험이다.

28 Fe-C평형상태도에서 불변반응 3가지 : 포정반응(1,495℃), 공정반응(1,148℃), 공석반응(723℃)
   [참고] 편정반응(단정반응) : 하나의 액상으로부터 다른 액상 및 고용체를 동시에 일으키는 반응

29 상온에서 순철(pure iron)의 결정격자는 체심입방격자(BCC)이다(α-Fe, δ-Fe).

30 냉간가공과 열간가공의 기준(구별)온도는 재결정온도이다.

31 동소변태는 일정온도에 급격히 비연속적으로 일어나고, 자기변태는 넓은 온도범위에서 연속적으로 변화한다.

32 절삭유의 구비조건
   ㉠ 마찰계수가 작고 인화점, 발화점이 높을 것
   ㉡ 절삭유의 표면장력이 작고 칩(chip)의 생성부까지 침투가 잘 될 것
   ㉢ 칩분리가 용이하여 회수가 쉬울 것
   ㉣ 공작물과 공구에 녹이 슬지 않을 것
   ㉤ 윤활성, 냉각성, 유동성이 좋을 것
   ㉥ 화학적으로 안전하고 위생상 해롭지 않을 것
   ㉦ 휘발성이 없고 인화점, 발화점이 높을 것
   ㉧ 단색 투명하며 절삭 부분이 잘 보일 것
   ㉨ 가격이 저렴하고 쉽게 구할 수 있을 것

33 서브머지드아크용접(submerged arc welding)
   ㉠ 아크나 발생가스가 다 같이 용제 속에 잠겨 있어서 잠호용접이라고 하며, 상품명으로는 링컨용접법이라고도 한다(유니언멜트용접).
   ㉡ 용제(flux)와 와이어가 분리되어 공급되고 아크가 용제 속에서 발생되므로 불가시아크용접이라고도 한다.

34 용접은 열에 의한 변질이 있으며 기계적인 접합방법의 경우보다 품질검사가 어렵다. 전기저항불꽃은 3,500~6,000℃이므로 열변형이 생기기 쉽고 품질검사(QC)가 곤란하다.

35 구성인선(built up edge) 방지법
   ㉠ 공구(bite)의 윗면경사각을 크게 할 것
   ㉡ 절삭속도를 크게 할 것(120m/min 이상)
   ㉢ 절삭깊이를 적게 할 것
   ㉣ 절삭성(윤활성)이 좋은 절삭유를 사용할 것
   ㉤ 절삭공구의 인선을 예리하게 할 것
   ㉥ 마찰계수가 적은 절삭공구를 사용할 것

36 테르밋용접
   ㉠ 산화철과 Al_2O_3(알루미늄분말)을 3 : 1로 배합한 테르밋을 용접부에 점화하면 3,000℃ 정도의 고열을 발생시켜 용접하는 방식이다.
   ㉡ 특징으로는 용접작업이 단순하고 기구가 간단하며 작업 후 변형이 적고 용접시간이 짧다. 이때 전력은 필요로 하지 않는다. 반응은 30~120초 사이에 완료된다.
   ㉢ 레일접합에 많이 사용한다.

37 전해연마(electrolytic polishing)는 물품을 양극으로 하여 전해액 속에 매달고 적당한 조건 아래서 전해하여 평활면을 얻는 방법이다. 가공에 의한 힘이나 열의 영향이 없고 가공변질층이 생기지 않는 것, 연질금속의 양면 마무리가 되는 것, 복잡형상이나 세선, 박막 등의 가공이 되는 이점이 있다. 연마속도가 늦은 것이나 각부가 둥글게 되기 쉬운 것 등은 결점이다.

38 단조가공(forging)
   재료를 기계나 해머로 두들겨 성형하는 가공으로 조직을 미세화시키고 균질상태로 성형하며 자유단조와 형단조가 있다.
   ㉠ 자유단조 : 절단, 늘리기, 넓히기, 굽히기, 압축, 구멍뚫기, 비틀림, 단짓기 등
   ㉡ 형단조(금형을 사용하여 가공하는 방법) : 균일한 제품을 빠르게 대량생산하는 장점이 있으나 금형의 가격이 비싸다.
   [참고] 블랭킹은 전단가공에 속한다.

39 아크용접봉의 피복제(flux) 역할
   ㉠ 아크를 안정화시킨다.
   ㉡ 산화 및 질화를 방지한다.
   ㉢ 산화 방지와 산화물의 제거작용을 한다.
   ㉣ 용착효율을 향상시킨다.
   ㉤ 응고와 냉각속도를 느리게 한다.
   ㉥ 전기통전작용을 방지(억제)한다.

40 압하율$(\phi) = \dfrac{H_o - H}{H_o} \times 100\% = \left(1 - \dfrac{H}{H_o}\right) \times 100\%$

$= \left(1 - \dfrac{30}{50}\right) \times 100\% = 40\%$

41 신장량$(\lambda) = \dfrac{PL}{AE} + \dfrac{WL}{2AE}$ [cm]

여기서, $\dfrac{PL}{AE}$: 외력(P)에 의한 늘음량

$\dfrac{WL}{2AE}$: 균일 단면봉에서 자중에 의한 늘음

량$\left(=\dfrac{\gamma L^2}{2E}\right)$

42 $\theta = 57.3\dfrac{TL}{GI_P} = 57.3\dfrac{TL}{G\dfrac{\pi d^4}{32}} = 57.3\dfrac{32TL}{G\pi d^4} \fallingdotseq 584\dfrac{TL}{Gd^4}$

$= 584 \times \dfrac{100 \times 3.14}{8 \times 10^9 \times 0.04^4} = 0.895°$

43

㉠ $\dfrac{2P}{\sin 90°} = \dfrac{F_{\overline{AC}}}{\sin 120°} = \dfrac{F_{\overline{AB}}}{\sin 150°}$

$\therefore F_{\overline{AB}} = P$[N], $F_{\overline{AC}} = \sqrt{3}\,P$[N]

㉡ $l_1 = \dfrac{h}{\sin 60°} = \dfrac{2h}{\sqrt{3}}$

$l_2 = \dfrac{h}{\sin 30°} = 2h$

$\therefore U = U_{\overline{AB}} + U_{\overline{AC}}$

$= \dfrac{P^2 \times 2h}{2AE} + \dfrac{(\sqrt{3}\,P)^2}{2AE} \times \dfrac{2\sqrt{3}}{3}h$

$= \dfrac{P^2 h}{AE} + \dfrac{\sqrt{3}\,P^2 h}{AE} = \dfrac{P^2 h}{AE}(1+\sqrt{3})$ [kJ]

44 $\theta = 57.3\dfrac{TL}{GI_P} = 57.3\dfrac{TL}{G\dfrac{\pi d^4}{32}} \fallingdotseq 584\dfrac{TL}{Gd^4}$ [deg]

$\therefore L = \dfrac{Gd^4\theta}{584T} = \dfrac{Gd^4\theta}{584\tau_a Z_p}$

$= \dfrac{80 \times 10^3 \times 350^4 \times 0.2}{584 \times 49 \times \dfrac{\pi \times 350^3}{16}}$

$\fallingdotseq 997$mm $\fallingdotseq 1$m

45 $\delta = \dfrac{5wL^4}{384EI}$

$\therefore w = \dfrac{384EI\delta}{5L^4} = \dfrac{384E \times \dfrac{bh^3}{12} \times \delta}{5L^4} = \dfrac{32Ebh^3\delta}{5L^4}$ [N/m]

46 $\theta = \dfrac{TL}{GI_P} = \dfrac{32TL}{G\pi D^4}$

$\therefore \dfrac{T_A}{T_B} = \left(\dfrac{L_B}{L_A}\right)\left(\dfrac{D_A}{D_B}\right)^4 = \left(\dfrac{2L}{L}\right)\left(\dfrac{D}{2D}\right)^4 = \dfrac{1}{8}$

47 $U = \displaystyle\int_0^l \dfrac{M_x^2}{2EI}dx = \dfrac{1}{2EI}\int_0^l (-Px)^2 dx = \dfrac{P^2}{2EI}\left[\dfrac{x^3}{3}\right]_0^l$

$= \dfrac{P^2 l^3}{6EI} = \dfrac{P^2 l^3}{6E \times \dfrac{\pi d^4}{64}} = \dfrac{32P^2 l^3}{3E\pi d^4}$ [kJ]

48 $u = \dfrac{T^2 l}{2GI_P}$ [kJ]

$u \propto \dfrac{1}{I_P}$, $u \propto \dfrac{1}{d^4}\left(I_P = \dfrac{\pi d^4}{32}\right.$일 때$\left.\right)$

$\therefore \dfrac{u_1}{u_2} = \dfrac{I_{P_2}}{I_{P_1}} = \left(\dfrac{d_2}{d_1}\right)^4$

49 $z = \dfrac{I_Z}{y} = \dfrac{\dfrac{d^4}{12}}{d\sin 45°} = \dfrac{\dfrac{d^4}{12}}{\dfrac{d}{\sqrt{2}}} = \dfrac{\sqrt{2}}{12}d^3$ [cm³]

50 $I_{xy} = \dfrac{A^2}{4} = \dfrac{(bh)^2}{4} = \dfrac{b^2 h^2}{4}$ [cm⁴]

[별해] $I_{xy} = \displaystyle\int_A xy\,dA = \int_\infty^b \int_A^h xy\,dx\,dy$

$= \displaystyle\int_0^b x\,dx \int_0^h y\,dy = \left[\dfrac{x^2}{2}\right]_0^b \left[\dfrac{y^2}{2}\right]_0^h$

$= \dfrac{b^2}{2} \times \dfrac{h^2}{2} = \dfrac{b^2 h^2}{4}$ [cm⁴]

51 $T = \tau Z_p = \tau \dfrac{\pi d^3}{16}$ [N·m]

$\therefore \tau = \dfrac{16T}{\pi d^3}$ [MPa]

52 일단 고정 타단 지지보(균일분포하중을 받는 경우)의 최대 처짐량

$\delta_{\max} = \dfrac{wL^4}{184.6EI} = 0.0054\dfrac{wL^4}{EI}$ [cm]

53 $U_A = \dfrac{P^2 l}{2EA} = \dfrac{4P^2 l}{2E\pi d^2}$ [kJ]

$U_B = \dfrac{4P^2\left(\dfrac{l}{2}\right)}{2E\pi d^2} + \dfrac{4P^2\left(\dfrac{l}{2}\right)}{2E\pi(3d)^2} = \dfrac{4P^2 l}{2E\pi d^2}\left(\dfrac{1}{2} + \dfrac{1}{18}\right)$

$= \dfrac{4P^2 l}{2E\pi d^2}\left(\dfrac{10}{18}\right)$ [kJ]

$\therefore \dfrac{U_B}{U_A} = \dfrac{10}{18} = \dfrac{5}{9}$

54 진동주기(T) $= \dfrac{1}{f} = \dfrac{2\pi}{\omega_n}$ [sec]

55 $f_n = \dfrac{1}{2\pi}\sqrt{\dfrac{g}{\delta_{st}}} = \dfrac{1}{2\pi}\sqrt{\dfrac{980}{0.5}} = 7.05\,\text{Hz}$

56 초기진폭 x_0, n번째 진폭 x_n, 감쇠비 ζ일 때 대수감소율 $\delta = \dfrac{1}{n}\ln\dfrac{x_0}{x_n} = \dfrac{2\pi\zeta}{\sqrt{1-\zeta^2}}$ 이므로 질량, 스프링, 댐퍼로 구성된 단순화된 1자유도 감쇠계에서 그 값만으로 직접감쇠비(ζ)를 구할 수 있는 것은 대수 감소율(δ)이다.

여기서, 감쇠비(ξ) $= \dfrac{C}{C_c} = \dfrac{C}{2\sqrt{mk}}$

57 $V_B' = \cancel{V_B}^0 + \dfrac{m_A}{m_A + m_B}(1+e)(V_A - \cancel{V_B}^0)$

$= \dfrac{1}{2} \times (1+0.75) \times 1.5 = 1.3125\,\text{m/s}$

$\therefore V_C' = \cancel{V_C}^0 + \dfrac{m_B'}{m_B' + m_C}(1+e)(V_B' - \cancel{V_C}^0)$

$= \dfrac{1}{2} \times (1+0.75) \times 1.3125 ≒ 1.15\,\text{m/s}$

58 $\omega = \dfrac{2\pi N}{60} = \dfrac{2\pi \times 120}{60} ≒ 12.57\,\text{rad/s}$

59 원심력(F_3) = 질량(m) × 구심가속도(a_n)

$= ma_n = m(r\omega)^2 = m\dfrac{v^2}{r}$

$= 30 \times \dfrac{20^2}{40} = 300\,\text{N}$

60 $\xi = \dfrac{C}{C_c} = \dfrac{C}{2\sqrt{mK}} = \dfrac{C}{2\sqrt{\dfrac{W}{g}K}}$

$= \dfrac{0.0579}{2\sqrt{\dfrac{22.68}{980} \times 0.357}} ≒ 0.32$

61 $\delta Q = dU + pdV$ [kJ]

정적과정($V = C$) $dV = 0$

$\therefore \delta Q = dU = mC_v dT$ [kJ]

가열량과 내부에너지변화량은 같다.

$_1Q_2 = U_2 - U_1$ [kJ]

62 ㉠ $(COP)_R = \dfrac{T_2}{T_1 - T_2}$

$= \dfrac{5+273}{(30+273)-(5+273)} = 11.12$

㉡ $(COP)_R = \dfrac{Q_e}{W_c}$

$\therefore W_c = \dfrac{Q_e}{(COP)_R} = \dfrac{3}{11.12} = 0.27\,\text{kW}$

63 $\eta = \dfrac{3,600\,kW}{H_L m_f} \times 100\%$

$= \dfrac{3,600 \times 6,050}{29,900 \times 3,600} \times 100\% ≒ 20.23\%$

64 냉매는 증발열(잠열)이 크고, 비체적이 작을 것

65 $H_2 - H_1 = (U_2 - U_1) + (P_2 V_2 - P_1 V_1)$

$= 0 + 1.2 \times 10^3 \times 0.2 - 50 \times 2.5 = 115\,\text{kJ}$

66 비체적(specific volume)의 단위는 m³/kg로 밀도(ρ)의 역수이다.

$v = \dfrac{V}{m} = \dfrac{1}{\rho}$ [m³/kg]

[참고] 밀도(ρ) $= \dfrac{m}{V} = \dfrac{1}{v}$ [kg/m³]

67 $_1W_2 = \displaystyle\int_1^2 PdV = P(V_2 - V_1)$

$= 5 \times 10^3 \times (0.2 - 0.3) = -500\,\text{J}$

68 등온변화(isothermal change)이므로

$Q = {_1W_2} = W_t$

$\therefore {_1W_2} = P_1 V_1 \ln\dfrac{V_2}{V_1} = 100 \times 0.5 \times \ln\dfrac{1}{0.5} = 34.66\,\text{kJ}$

69 $_1W_2 = \displaystyle\int_1^2 PdV = P(V_2 - V_1)$ [kJ]

$\therefore V_2 = V_1 + \dfrac{{_1W_2}}{P} = 1 + \dfrac{400}{1,000} = 1.4\,\text{m}^3$

70 등온(isothermal)열전달은 가역과정이다.

71 밀폐계 에너지식
$Q = \Delta U +_1 W_2 \,[\text{kJ}]$
$\therefore \Delta U = Q -_1 W_2$
$= -300 - (-400) = 100\text{kJ}$

72 하겐-포아젤방정식(수평원관유동에서 유량을 구하는 식)
$Q = \dfrac{\pi R^4}{8\mu l}(P_1 - P_2) = \dfrac{\Delta P \pi d^4}{128\mu l}\,[\text{m}^3/\text{s}]$

73 $D' = C_D \dfrac{\rho A V^2}{2}$
$= 0.24 \times \dfrac{1.2 \times \dfrac{\pi}{4} \times 0.04^2 \times 50^2}{2} = 0.452\text{N}$
$\therefore \dfrac{\text{항력}(D')}{\text{골프공무게}(W)} = \dfrac{0.452}{0.4} = 1.13\text{배}$

74 잠수함은 레이놀즈수를 만족시켜야 한다.
$Re = \dfrac{VL}{\nu}$
$\left(\dfrac{VL}{\nu}\right)_p = \left(\dfrac{VL}{\nu}\right)_m$
$\nu_p \simeq \nu_m$
$\therefore V_m = V_p\left(\dfrac{L_p}{L_m}\right) = 2 \times \dfrac{10}{1} = 20\text{m/s}$

75 $H = K_1 \dfrac{V^2}{2g} + f\dfrac{l}{d}\dfrac{V^2}{2g} + K_2\dfrac{V^2}{2g}$
$= \left(K_1 + f\dfrac{l}{d} + K_2\right)\dfrac{V^2}{2g}\,[\text{m}]$
$\therefore V = \sqrt{\dfrac{2gH}{K_1 + f\dfrac{l}{d} + K_2}}\,[\text{m/s}]$

76 $\tau = \mu \dfrac{dU}{dy} = \mu U \dfrac{\dfrac{2}{3}y^{-\frac{1}{3}}}{L^{\frac{2}{3}}} = \dfrac{2}{3}\mu U \dfrac{\left(\dfrac{L}{8}\right)^{-\frac{1}{3}}}{L^{\frac{2}{3}}}$
$= \dfrac{2}{3}\mu U\left(\dfrac{1}{8}\right)^{-\frac{1}{3}} L^{-\frac{1}{3} - \frac{2}{3}} = \dfrac{4}{3}\mu U L^{-1} = \dfrac{4\mu U}{3L}\,[\text{Pa}]$

77 일률(동력) $= \dfrac{\text{일량}}{\text{시간}} = \text{J/s} = \text{N}\cdot\text{m/s} = \text{kg}\cdot\text{m}^2/\text{s}^3$
$= \text{ML}^2\text{T}^{-3}$

78 $Q = AV\,[\text{m}^3/\text{s}]$
$\therefore V = \dfrac{Q}{A} = \dfrac{0.0314}{\dfrac{\pi}{4} \times 0.1^2} \fallingdotseq 4\text{m/s}$

79 두 평행평판 사이의 층류유동 시 최대 속도는 평균 속도의 1.5배이다.
$\therefore V_{av} = \dfrac{2}{3}V_{\max}$

80 CFD 해석 전 모델 설정(유체유동 해석 시 자주 사용되는 모델)
  ㉠ Laminar
    • 층류 : $Re < 2,100$
    • 천이영역 : $2,100 < Re < 4,000$
    • 난류 : $Re > 4,000$
  ㉡ Standard(표준) $\kappa - \varepsilon$: 난류에 적용. 산업분야에서 가장 널리 사용되고 있는 모델. 단, 큰 압력구배, 강한 회전 등이 있는 유동에서는 정확도 감소
  ㉢ RNG $\kappa - \varepsilon$: 난류에 적용. 모델상수를 재규정화(renormalization)를 통해 구함. 표준 $\kappa - \varepsilon$ 보다 더 좋은 결과를 얻을 수 있음
  ㉣ Realizable $\kappa - \varepsilon$: 난류에 적용. Realizability 조건을 고려해서 $\kappa - \varepsilon$ 모델 중 가장 정확한 결과를 얻을 수 있음
  ㉤ Reynolds stress model : 난류에 적용. 각 방향에 대한 6개의 레이놀즈수 응력에 대한 각각의 수송방정식을 해석하여 결과를 얻음. $\kappa - \varepsilon$ 모델에 비해 해석의 정확성은 높지만 시간이 오래 걸림

기계의 진리 시리즈

공기업 기계직 전공 필기시험 대비

공기업 기계직 전공 대비
실제 기출문제 | 에너지공기업편
기계의 진리 공기업 기계직 01
공기업 기계직 기출문제와 실전 모의고사로 완벽대비!!

장태용 지음 / 4·6배판 / 836쪽 / 38,000원

▲QR 바로가기

공기업 기계직 전공 대비
실제 기출문제 | 철도 및 교통공사편
기계의 진리 공기업 기계직 02
공기업 기계직 기출문제와 실전 모의고사로 완벽대비!!

장태용 지음 / 4·6배판 / 872쪽 / 38,000원

▲QR 바로가기

기계의 진리 공무원 9급 지방직
기계일반 기출문제풀이집
단기간에 가장 효율적으로 학습할 수 있는 수험서

장태용 지음 / 4·6배판 / 292쪽 / 22,000원

▲QR 바로가기

공기업 기계직 전공필기
기출변형문제집 최신 경향 문제 수록
기계의 진리 민트 에디션
최신 출제경향을 반영한 원샷!원킬! 합격비법서

공기업 기계직 전공필기 연구소 지음 / 4·6배판 / 272쪽 / 19,000원

▲QR 바로가기

공기업 기계직 전공필기
기출변형문제집 최신 경향 문제 수록
기계의 진리 벚꽃 에디션
최신 출제경향을 반영한 원샷!원킬! 합격비법서

공기업 기계직 전공필기 연구소 지음 / 4·6배판 / 232쪽 / 19,000원

▲QR 바로가기

성안당 쇼핑몰 QR코드 ▶ 다양한 전문서적을 빠르고 신속하게 만나실 수 있습니다.

경기도 파주시 문발로 112 파주 출판 문화도시 TEL. 031-950-6300 FAX. 031-955-0510

BM (주)도서출판 **성안당**

공기업 기계직 전공 필기시험 대비

기계의 진리 시리즈

공기업 기계직 전공필수
기계공작법 372제 100% 기출문제 수록
기계의 진리 01

공기업 기계직 기계공작법 100% 기출문제로 완벽대비!!

공기업 기계직 전공필기 연구소 장태용 지음 / 4·6배판 / 268쪽 / 22,900원

▲QR 바로가기

공기업 기계직 전공필기
기계공학 필수문제 [기계설계]
기계의 진리 02

기계설계 필수문제로 기계설계 이론문제 완전정복!

공기업 기계직 전공필기 연구소 지음 / 4·6배판 / 228쪽 / 19,800원

▲QR 바로가기

공기업 기계직 전공필기
기 출 변 형 문 제 집
기계의 진리 03

실제 기출 100% 수록한 원샷!원킬! 합격비법서

장태용 지음 / 4·6배판 / 312쪽 / 20,000원

▲QR 바로가기

공기업 기계직 전공필기
기출변형모의고사 300제
기계의 진리 04

엄선된 기출복원 모의고사로 전공필기시험 완벽 대비!!

공기업 기계직 전공필기 연구소 지음 / 4·6배판 / 192쪽 / 19,000원

▲QR 바로가기

공기업 기계직 전공필기
기출변형문제집 최신 경향 문제 수록
기계의 진리 05

최신 출제경향을 반영한 원샷!원킬! 합격비법서

장태용·유창민·이지윤 지음 / 4·6배판 / 200쪽 / 19,000원

▲QR 바로가기

 성안당 쇼핑몰 QR코드 ▶ 다양한 전문서적을 빠르고 신속하게 만나실 수 있습니다.

경기도 파주시 문발로 112 파주 출판 문화도시   TEL. 031-950-6300   FAX. 031-955-0510

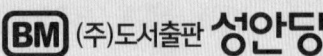

저자 소개

허원회

한양대학교 대학원(공학석사)
한국항공대학교 대학원(공학박사 수료)
현, 하이클래스 군무원 기계공학 대표교수
　　열공on 기계공학 대표교수
　　(주)금새인터랙티브 기술이사
- 목포과학대학교 자동차과 겸임교수 역임
- 인천대학교 기계과 겸임교수 역임
- 지안공무원학원 기계공학 대표교수 역임
- 수도철도아카데미 기계일반 대표교수 역임
- 배울학 일반기계기사 대표교수 역임
- 한성냉동기계기술학원 기계분야 공조냉동 대표교수 역임
- 고려기계용접기술학원 원장 역임
- 수도기술고시학원/덕성기술고시학원 원장 겸 기계 대표교수 역임
- (주)부원동력 기술이사 역임
- PHK 차량기계융합연구소 기술이사 역임
- 정안기계주식회사 기술이사 역임
- (주)녹스코리아 기술이사 역임

자격증
- 공조냉동기계기사, 에너지관리기사, 일반기계기사, 건설기계설비기사, 소방설비기사(기계분야, 전기분야) 외 다수

주요 저서
《알기 쉬운 재료역학》(성안당)
《알기 쉬운 열역학》(성안당)
《알기 쉬운 유체역학》(성안당)
《에너지관리기사[필기]》(성안당)
《7개년 과년도 에너지관리기사[필기]》(성안당)
《에너지관리기사[실기]》(성안당)
《공조냉동기계기사[필기]》(성안당)
《공조냉동기계기사[실기]》(성안당)
《공조냉동기계산업기사[필기]》(성안당)
《일반기계기사[필기]》(일진사)
《일반기계기사 필답형[실기]》(일진사)
《일반기계공학 문제해설 총정리》(일진사)
《건설기계설비기사 필기 총정리》(일진사) 외 다수

동영상 강의
- 알기 쉬운 재료역학
- 알기 쉬운 열역학
- 알기 쉬운 유체역학
- 에너지관리기사[필기] / 실기[필답형]
- 일반기계기사[필기] / 실기[필답형]
- 공조냉동기계기사[필기] / 실기[필답형]
- 공조냉동기계산업기사[필기]

박만재

국민대학교 자동차전문대학원(공학박사)
현, 서정대학교 스마트자동차과 전임교수
　　PHK 차량기계융합연구소 소장
　　ISO 국제심사위원
　　대한상사중재원 중재인
　　자동차소비자보호원 심사위원
　　한국산업기술평가원 심사위원
　　한국산업기술진흥원 심사위원
　　국가과학기술인 등록
- 쌍용자동차 4WD설계실 선임연구원 역임
- 동양미래대학교 기계과 조교수 역임
- 경기과학기술대학 신재생에너지과 조교수 역임
- 수원과학대학교 자동차과 조교수 역임
- 국민대학교 자동차과 강사 역임
- 인천대학교 자동차과 강사 역임

자격증
- 차량기술사, 기계제작기술사, 기술지도사

주요 저서
《알기 쉬운 열역학》(성안당)
《공조냉동기계기사[필기]》(성안당)
《공조냉동기계산업기사[필기]》(성안당)

7개년 과년도 일반기계기사 필기

2020. 1. 17. 초 판 1쇄 발행
2026. 1. 7. 개정증보 6판 1쇄 발행

지은이 | 허원회, 박만재
펴낸이 | 이종춘
펴낸곳 | BM ㈜도서출판 성안당

주소 | 04032 서울시 마포구 양화로 127 첨단빌딩 3층(출판기획 R&D 센터)
     | 10881 경기도 파주시 문발로 112 파주 출판 문화도시(제작 및 물류)
전화 | 02) 3142-0036
     | 031) 950-6300
팩스 | 031) 955-0510
등록 | 1973. 2. 1. 제406-2005-000046호
출판사 홈페이지 | www.cyber.co.kr
ISBN | 978-89-315-1207-6 (13550)
정가 | 32,000원

이 책을 만든 사람들

기획 | 최옥현
진행 | 이희영
교정·교열 | 문 황
전산편집 | 이지연
표지 디자인 | 박원석
홍보 | 김계향, 임진성, 김주승, 최정민, 이해솔
국제부 | 이선민, 조혜란
마케팅 | 구본철, 차정욱, 오영일, 나진호, 강호묵
마케팅 지원 | 장상범
제작 | 김유석

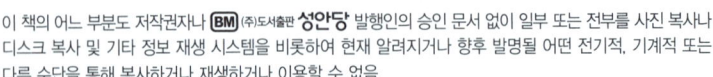

이 책의 어느 부분도 저작권자나 BM ㈜도서출판 성안당 발행인의 승인 문서 없이 일부 또는 전부를 사진 복사나 디스크 복사 및 기타 정보 재생 시스템을 비롯하여 현재 알려지거나 향후 발명될 어떤 전기적, 기계적 또는 다른 수단을 통해 복사하거나 재생하거나 이용할 수 없음.

※ 잘못된 책은 바꾸어 드립니다.